Handbuch der Eisen- und Stahlgießerei

Unter Mitarbeit von

Professor Dr. P. Aulich - Duisburg, Professor Dr.-Ing. e. h. O. Bauer - Berlin-Dahlem, Professor Dr. Dr.-Ing. e. h. L. Beck † - Biebrich, Dr.-Ing. H. Bitter - Dortmund, E. Brütsch - Winterthur, Ing. Georg Buzek - Wegierska Górka-Kleinpolen, T. Cremer - Düsseldorf, Dr.-Ing. K. Daeves - Düsseldorf, Werkschulleiter F. Dellwig - Gelsenkirchen, Dr.-Ing. K. Dornhecker - Schaffhausen, Professor Dr.-Ing. R. Durrer - Berlin, Obering. M. Escher - Durlach, Professor Dipl.-Ing. G. Fiek - Berlin-Dahlem, Professor Dipl.-Ing. G. Hellenthal - Mülheim-Ruhr, Oberbergrat J. Hornung - Rosenheim, Ing. C. Irresberger - Salzburg, Obering. Dr.-Ing. Th. Klingenstein - Eßlingen, Gießereiingenieur H. Kopp - Eßlingen, Professor Dipl.-Ing. U. Lohse - Hamburg, Dipl.-Ing. Fr. Märtens - Aachen, Berat. Ing. Joh. Mehrtens - Berlin, Dr.-Ing. M. Philips - Düsseldorf, Direktor Dr.-Ing. E. Schüz - Königsbronn, Dr.-Ing. C. Schwarz - Hamborn, Dr.-Ing. A. Stadeler - Hattingen-Ruhr, Dr.-Ing. R. Stotz - Düsseldorf-Lohausen, Obering. H. Tillmann - Büttgen b. Neuß, Werksdirektor L. Treuheit - Elberfeld, Dr.-Ing. P. Uebbing - Warstein i. Westf., Dipl.-Ing. S. J. Waldmann - Dortmund, Ingenieur Fr. Wernicke - Görlitz, Professor A. Widmaier - Stuttgart, Dipl.-Ing. H. Witte - Sterkrade

herausgegeben von

Dr.-Ing. C. Geiger

Professor an der Staatl. Württemb. Höheren Maschinenbauschule in Eßlingen a. N.

Zweite, erweiterte Auflage

Vierter Band

Betriebswissenschaft
Bau von Gießereianlagen, Nachträge

Mit 526 Abbildungen im Text und auf 5 Tafeln

Springer-Verlag Berlin Heidelberg GmbH

1931

ISBN 978-3-540-01138-5 ISBN 978-3-662-11958-7 (eBook)
DOI 10.1007/978-3-662-11958-7

Ursprünglich erschienen bei Julius Springer in Berlin 1931.
Softcover reprint of the hardcover 2nd edition 1931

Vorwort.

Im Vorwort zum ersten Band dieses Handbuches sind bereits als Inhalt für den vorliegenden Schlußband Bau von Gießereianlagen, Kalkulation der Gußwaren und Organisation von Gießereien genannt worden. Dazu sind als Folge der raschen Fortschritte in Wissenschaft und Betrieb während der wenigen Jahre seit dem Erscheinen der zweiten Auflage des ersten Bandes ergänzende Nachträge nötig geworden.

Selbstkostenrechnung und Betriebsorganisation bilden heute Teilgebiete der Betriebswissenschaft, die durch die Not der Nachkriegszeit auf allen Zweigen der Technik eine besondere Förderung erhalten hat. Ihre grundlegende Bedeutung für die Leistungsfähigkeit der Werke wird auch von den Gießereifachleuten anerkannt, und so mußte in diesem Handbuch den Gebieten der Betriebswissenschaft eine weit stärkere Berücksichtigung zuteil werden, als ursprünglich geplant war. Neben einer eingehenden Darlegung der in den Gießereien heute üblichen Verfahren für die Selbstkostenrechnung durften Abschnitte über Akkordwesen und Zeitstudien, über Rationalisierung und fließende Fertigung, über Normung im Gießereifach, über Arbeiterschutz, Facharbeiterhaltung, Lehrlingsausbildung und Wirtschaftspsychologie (Psychotechnik) nicht fehlen. Sind auch diese Gebiete heute in lebhaftester Bewegung, so war es doch das einmütige Bestreben der Mitarbeiter, durchweg ein abgerundetes und zutreffendes Bild des bis in die allerletzte Zeit Erreichten und weiterhin Ausblicke in der Richtung zu geben, wie sich voraussichtlich die Dinge gestalten werden. Dadurch ergaben sich allerdings wiederholt Änderungen und Erweiterungen der bereits fertigen Beiträge, die leider eine Verzögerung im Herauskommen dieses Bandes zur Folge hatten.

Für den Teil „Anlage, Bau und Einrichtung von Gießereien“ (Abschnitt VII) war ursprünglich Herr Dr. Ing. E. Leber † gewonnen worden, der auch schon in Vorkriegsjahren zahlreiche bildliche Unterlagen gesammelt und vorbereitet hatte. Eine gründliche Sichtung des Vorhandenen ergab aber so vielfache Überholung — was nach fast zwei Jahrzehnten nicht zu verwundern ist —, daß es auch für eine Neubearbeitung nicht ausreichen konnte. Der nunmehrige Verfasser, Herr Ing. C. Irresberger in Salzburg, ist daher eigene Wege gegangen und konnte nur noch wenige der Leberschen Abbildungen unterbringen. Auch war er zu einer von ihm oft recht schmerzlich empfundenen Beschränkung des Stoffes und der Darstellung genötigt. Immerhin hofft auch er, daß es ihm gelungen ist, ein allgemeines Bild des heutigen Erstellens von Gießereianlagen zu bringen und dabei nicht bloß die Vereinfachung der Anordnung und Ausführung, sondern auch die erhöhte Leistungsfähigkeit bei geringsten Anlagekosten im Auge behalten zu haben.

Die Nachträge konnten auf die Darstellung des hochwertigen Gußeisens und die Formstoffprüfung beschränkt werden, wo während der letzten Jahre besonders wichtige Fortschritte erzielt wurden, da in den vorgenannten Abschnitten zu zeitgemäßer Ergänzung anderer Gebiete Gelegenheit gegeben war.

Bei der Gestaltung aller Beiträge waren die Verfasser aufs eifrigste bestrebt, den Wünschen der Kritik auf knappste Fassung zu entsprechen, nur mußte dabei Sorge getragen werden, daß trotzdem der Ratsuchende genügende Auskunft erhält.

Aus Mitarbeiterkreisen ist endlich angeregt worden, an Stelle der bisherigen Schreibweise „Kuppelofen“ im vorliegenden Bande „Kupolofen“ anzuwenden. Meines Wissens hat in der ehrlichen Absicht, das Wort zu verdeutschen, Wedding aus dem „Cupolofen" seinerzeit das Wort „Kuppelofen" gebildet, das sich denn auch Jahrzehnte hindurch gehalten hat. Es kann hier nicht der Platz sein, auf die Gründe für die neuerdings wieder geänderte und auch von maßgebenden Fachzeitschriften angenommene Schreibweise einzugehen. Nachdem jedoch in den ersten drei Bänden dieses Handbuches die bis dahin übliche Schreibweise angewandt ist, konnte aus Einheitlichkeitsgründen in dieser Auflage keine Änderung mehr vorgenommen werden.

Mit dem Erscheinen dieses vierten Bandes ist nun das vor Jahren begonnene Handbuch zum Abschluß gekommen, und es bleibt mir nur noch übrig, auch an dieser Stelle den Herren Mitarbeitern, der Verlagsbuchhandlung Julius Springer in Berlin und allen anderen, die mitgeholfen haben, für ihre treue und selbstlose Arbeit nochmals herzlich zu danken.

Mitarbeiter, Herausgeber und die Verlagsbuchhandlung hoffen, ein Werk geschaffen zu haben, das sowohl dem erfahrenen Gießereifachmann als auch dem Anfänger von dauerndem Nutzen sein wird. Möge das Handbuch diese Erwartungen auch fernerhin erfüllen und damit ein kräftiges Mittel zur Förderung des deutschen Eisen- und Stahlgießereiwesens sein.

Eßlingen, im April 1931.

Dr.-Ing. C. Geiger.

Inhaltsverzeichnis.

Nachträge.

IX. Neuere Anschauungen über das Wesen des Formsandes und seine Prüfung.
Von Professor Dr. P. Aulich.

Seite

X. Der Faktor „Mensch“ im Gießereibetriebe. Von Friedrich Dellwig.

I. Die Selbstkostenberechnung in der Eisen- und Stahlgießerei.

Von

Ernst Brütsch.

Bedeutung und Aufgabe der Selbstkostenrechnung.

Jedes industrielle Unternehmen ist als lebendige Wirtschaftszelle organisch in den großen und vielgestaltigen Bau der Volks- und Weltwirtschaft eingefügt und steht mit dem Wirtschaftsganzen in ununterbrochener Wechselwirkung. Es ist allen Einflüssen ausgesetzt, die bestimmend auf den Gang der Gesamtwirtschaft einwirken, greift aber auch selbst nach Maßgabe seiner Bedeutung fördernd oder hemmend in das überaus empfindliche Triebwerk der Wirtschaft ein.

Durch ihre Leistungen, die Erzeugung und den Verkauf von Gebrauchs- oder Verbrauchsgütern, stellt sich die industrielle Unternehmung in den Dienst der Bedarfsdeckung und erfüllt damit eine lebenswichtige Aufgabe der Volkswirtschaft. Das Hauptziel ihrer Tätigkeit sieht sie allerdings weder in dieser volkswirtschaftlichen Dienstleistung, noch in der Vervollkommnung ihrer Erzeugnisse, sondern im geschäftlichen und finanziellen Erfolg.

Die Anforderungen der Gesamtwirtschaft zu wirtschaftlicher Dienstleistung und das individuelle Gewinnstreben der Einzelunternehmung scheinen in ihrer Zielrichtung sehr auseinander zu gehen, — hier Einzelinteresse, dort Gesamtinteresse —, und doch besteht auf lange Sicht zwischen beiden keine Gegensätzlichkeit. Denn das individuelle, die gedeihliche Entwicklung des eigenen Werkes anstrebende Ziel der einzelnen Unternehmung ist auf die Dauer nur durch fortwährende Anpassung der Erzeugung und des Verkaufs an die Bedürfnisse der Wirtschaft zu erreichen. Daher müssen sich die einzelnen Unternehmungen schon aus Gründen der Selbsterhaltung nach den höheren Bedürfnissen des Wirtschaftsganzen richten.

Die richtige Einstellung eines Werkes auf das Ziel „Geschäftlicher Erfolg durch wirtschaftliche Dienstleistung“ stellt im heutigen Wirtschaftsleben große Anforderungen an die Leitung eines Unternehmens. Nach außen hin erfordern Stand und Entwicklung der Technik und Wirtschaft, der Markt- und Absatzverhältnisse, sowie der politischen Lage dauernd scharfe Beachtung, um in richtiger Einschätzung der jeweiligen Verhältnisse die für das Unternehmen zweckdienlichen Maßnahmen treffen zu können. Der inneren Führung des Werkes stellt sich anderseits die Aufgabe, die technische Leistung des Betriebes zu erhöhen und zu verbessern und die Wirtschaftlichkeit der Herstellung zu fördern, um die Selbstkosten der Erzeugnisse möglichst tief zu halten und die Verkaufspreise immer wieder den Marktverhältnissen und dem Wettbewerb anpassen zu können.

Inwieweit die Maßnahmen der Geschäftsleitung mit Bezug auf die Gestehungskosten von Erfolg begleitet sind, darüber hat das Rechnungswesen rasch klare und möglichst erschöpfende Auskunft zu geben. Diese Anforderung an das Rechnungswesen bedeutet eine große und keineswegs leichte Aufgabe. Denn bei der Vielgestaltigkeit des heutigen Produktionsapparates und dem Ineinander- und Übereinandergreifen der Wertumbildungsvorgänge im industriellen Großbetrieb ist die Aufhellung und Klarlegung des betrieblichen Geschehens und der bei der Produktion sich vollziehenden Wertumsetzungen nur auf Grund eines klar und zweckmäßig aufgebauten Rechnungswesens möglich.

Die zahlenmäßige Durchleuchtung des betrieblichen Geschehens ist im Rahmen des industriellen Rechnungswesens besonders Aufgabe der Selbstkostenrechnung und der Kostenanalyse. Die Selbstkostenrechnung soll ein rasch und sicher reagierender Registrierapparat sein, der laufend das Zahlenbild der Produktions- und Betriebsvorgänge in geldlichen Werten wiedergibt und über die rechnungsmäßigen Auswirkungen des ganzen Produktionsvorgangs bis in die Einzelheiten klare und richtige Auskunft erteilt. Schon aus der Größe dieser Aufgabe erkennen wir, welche grundlegende Bedeutung der Selbstkostenrechnung in einem industriellen Unternehmen zukommt und welchen Einfluß sie auf den geschäftlichen Erfolg haben muß.

Nicht immer wurde die Selbstkostenrechnung in ihrer vollen Bedeutung erkannt. Erst in der Nachkriegszeit hat sich in deren Einschätzung eine entscheidende Wandlung vollzogen. Unter dem Druck der äußeren Verhältnisse und belehrt durch mancherlei kostspielige Erfahrungen räumt jetzt manches Unternehmen diesem früher oft vernachlässigten Gebiet des Rechnungswesens die ihm nach seiner Bedeutung zukommende Stellung ein. Mit Recht. Denn nur durch das Mittel einer zuverlässigen Betriebsanalyse und Selbstkostenrechnung, die als Kostenbarometer alle Wertumsetzungen und alle Veränderungen des Kostenbildes rasch und sicher aufzeigt, ist ein Unternehmen in der Lage, einerseits die Kosten laufend zu kontrollieren, Unstimmigkeiten und Mängel aufzudecken und zu beheben, und andererseits durch richtige Preisstellung und Preiskontrolle vorschauend und vorausbestimmend auf den Geschäftserfolg einzuwirken.

Berufene Fachleute und große Wirtschafts- und Fachverbände haben sich namentlich in der Nachkriegszeit bemüht, Klarheit in das verwickelte Gebiet des industriellen Rechnungswesens zu bringen, richtige Grundsätze für den Aufbau der Kalkulation aufzustellen und deren Anwendung in der Praxis zu fördern. Es sei hier besonders auf die wertvollen Schriften des Vereins Deutscher Maschinenbau-Anstalten und des Ausschusses für wirtschaftliche Fertigung beim Reichskuratorium für Wirtschaftlichkeit in Industrie und Handwerk verwiesen[1]).

Längere Zeit stand in dieser Hinsicht das Gießereigewerbe gegenüber dem Maschinenbau zurück. Seit Kriegsende sind aber auch in der Abklärung der Fragen des Gießereirechnungswesens, insbesondere der Selbstkostenrechnung, bemerkenswerte Fortschritte zu verzeichnen. Besondere Erwähnung verdienen die Bestrebungen des Vereins Deutscher Eisengießereien, der in der Harzburger Druckschrift zu Händen seiner Mitglieder einheitliche Kalkulationsgrundsätze und ein einheitliches Kalkulationsverfahren aufgestellt hat und mit Nachdruck auf die Notwendigkeit einer richtigen Selbstkostenberechnung als Grundbedingung für den Geschäftserfolg hinweist. Wenn auch die vom Verein Deutscher Eisengießereien aufgestellten Grundsätze und Richtlinien für die Kalkulation und Preisbildung noch nicht das anzustrebende Ziel bedeuten, so können sie doch als brauchbare Grundlage gelten, auf der ein weiterer Ausbau erfolgen kann und soll.

Ein großer Teil der deutschen Eisengießereien kalkuliert nach den Grundsätzen der Harzburger Druckschrift; daneben finden aber in und außer Deutschland noch eine ganze Reihe anderer Kalkulationsverfahren Anwendung, die sich in ihrem Aufbau wesentlich von den Grundsätzen der Harzburger Druckschrift unterscheiden. Wir stellen hier diese Tatsache fest, ohne ein Werturteil über irgendein Kalkulationsverfahren abzugeben.

Als Folge dieser Verschiedenheit der zur Anwendung gelangenden Kalkulationsweisen zeigt sich die Tatsache, daß für Gußstücke, die nach demselben Verfahren und unter gleichen Bedingungen hergestellt sind, ganz ungleich hohe Selbstkosten errechnet

[1]) Vgl. S. 157/158.

werden, je nachdem die eine oder andere Kalkulationsweise angewendet wird. Die Unterschiede können unter Umständen sehr groß sein und müssen sich zwangläufig in der Preisstellung auswirken. Preisdiskrepanzen, die nicht auf tatsächlichen Unterschieden in den Herstellungskosten, sondern auf verschiedenartigem Aufbau der Kalkulation und des Kalkulationsverfahrens beruhen, schädigen aber nicht nur das einzelne Unternehmen, sondern das ganze Gewerbe; denn sie bringen Unstetigkeit und Unsicherheit in die Preisbildung. Darum liegt es im Interesse des ganzen Gewerbes, daß alle Unternehmen auf richtige Kalkulation und Preisstellung halten.

Dieses Ziel ist nicht so leicht und rasch zu erreichen. Jedem Gießereifachmann ist bekannt, daß gerade in dem vielgestaltigen Gießereigewerbe eine richtige Selbstkostenberechnung nicht unerhebliche Schwierigkeiten bereitet. Der Grund hierfür ist in den besonderen Eigentümlichkeiten des Gußherstellungsverfahrens und in der Verschiedenartigkeit der Arbeitsweisen zu suchen. Um so notwendiger erscheint es, sich in das Kalkulationsproblem der Gießerei zu vertiefen und nach sachgemäßen, in der Praxis anwendbaren Lösungen zu suchen.

Die Hauptaufgaben der Selbstkostenrechnung lassen sich wie folgt umschreiben:

1. Erfassung und Sammlung der Kosten nach ihrer Art auf die Orte ihres Verbrauchs, die Kostenstellen. Sachgemäße Verteilung der Kosten auf die Erzeugnisse als letzte Kostenträger, zwecks Festsetzung und Kontrolle der Verkaufspreise. Dieser Aufgabe ordnen sich organisch ein die Vorkalkulation als Schätzung und Berechnung der Kosten vor der Ausführung und die Nachkalkulation als Nachrechnung der Kosten auf Grund der Ausführung.

2. Orientierung über den Kostenaufbau, das Kostenbild und über die Rentabilität des Betriebes und seiner Unterabteilungen durch periodisch aufzustellende Kosten- und Erfolgsrechnungen. Ermittlung der Gemeinkostenzuschläge auf Grund von Abteilungskostenrechnungen.

3. Aufstellung von Kostenvergleichen aller Art unter Verwendung sachgemäßer Maß- und Bezugsgrößen. Damit in Zusammenhang: Überwachung der Kosten und der Betriebsführung, Kontrolle über die Wirtschaftlichkeit und Rentabilität der Produktion und des gesamten Geschäftsbetriebes.

Es erscheint nicht überflüssig, hier noch eine grundsätzliche Bemerkung anzubringen über die Abgrenzung der Kalkulation vom Verkauf. Nicht selten begegnet man im Aufbau der Selbstkostenrechnung einer Einflußnahme von seiten des Verkaufs in dem Sinne, daß bei der Verteilung der Gemeinkosten verkaufspolitische Erwägungen mit hineinspielen und die Verteilung nicht restlos nach sachgemäßen Grundsätzen erfolgt. Gegenüber solchen Bestrebungen ist zu sagen, daß die ganze Arbeit der Selbstkostenrechnung sich auf feststehende Tatsachen und Kostenzusammenhänge des Produktionsvorgangs gründen muß. Ihre Aufgabe besteht daher immer in der Feststellung und Wertung von Tatsachen; sie darf niemals durch betriebs- oder verkaufspolitische Erwägungen in ihrem Aufbau beeinflußt sein. Nur unter dieser Voraussetzung ist sie imstande, ein wirklichkeitsgemäßes Bild des Kostenaufwandes und zahlenmäßig richtige Unterlagen für die Beurteilung der Wirtschaftlichkeit und der Rentabilität zu geben. Werden außer ihr liegende Gesichtspunkte in den Aufbau der Selbstkostenberechnung hineingetragen, so ist sie nicht mehr in der Lage, ihre Aufgabe richtig zu erfüllen.

Kommt die Betriebs- und Selbstkostenrechnung ihrer Aufgabe aber richtig nach, so ist sie für die Geschäftsleitung ein wertvolles Instrument, um Kosten, Rentabilität und Wirtschaftlichkeit rasch und sicher zu messen und Veränderungen zwangläufig anzuzeigen.

Im folgenden sollen alle einschlägigen Fragen der Selbstkostenrechnung in Eisen- und Stahlgießereien gründlich erörtert werden. Die Ausführungen gelten in gleicher Weise für Stahlguß wie für Eisenguß; denn vom Standpunkt der Selbstkostenrechnung aus gesehen ist die Herstellung von Eisenguß und von Stahlguß gleichartig. Die Erzeugung erfolgt in den nämlichen Fertigungsstufen. Diese unterscheiden sich nur im Kostenbild voneinander, weisen aber keine Unterschiede grundsätzlicher Art im Kostenaufbau und in den maßgebenden Einflußgrößen auf. Somit stellen sich für die Selbstkostenberechnung in Eisen- und Stahlgießereien die gleichen Probleme. Sie können daher auch unter Hinweis auf besondere Eigentümlichkeiten gemeinsam erörtert werden.

Wir behandeln zuerst die grundlegenden Fragen des Kostenwesens, die Kalkulationsgrundsätze und den Aufbau der Selbstkostenrechnung und daran anschließend die Preisbildung, um am Schluß noch auf die wichtigsten in der Praxis angewendeten Kalkulationsverfahren näher einzutreten.

Die Kosten.

Der Begriff der Selbstkosten.

Was verstehen wir unter Selbstkosten? Schon in dieser grundlegenden Frage stimmen die Anschauungen der Fachleute nicht überein. Wir begegnen vielmehr verschiedenartigen Auffassungen, die zu erheblichen Abweichungen in den Kalkulationsergebnissen führen können. Soll die Selbstkostenrechnung nach einheitlichen Grundsätzen erfolgen, so ist es notwendig, diese Differenzen zu beheben und sich über den Begriff der Selbstkosten zu einigen.

Während ohne weiteres klar ist, daß die unmittelbaren geldlichen Aufwendungen für die Herstellung der Gußstücke in die Selbstkosten einzurechnen sind, gehen die Anschauungen darüber auseinander, wie die Kapitalzinsen, die Abschreibungen auf den Anlagen, die Dienstleistungen des Geschäftsinhabers, in der Selbstkostenrechnung zu berücksichtigen sind. Es gibt Unternehmen, welche keine Zinsen in die Selbstkosten einrechnen; sie betrachten den Zins schon als Gewinn. Vielfach sind dies Unternehmen, die ausschließlich mit eigenem Kapital arbeiten. Andere machen einen Unterschied zwischen dem Eigenkapital und dem Leihkapital. Während sie für das erstere die zu bezahlenden Zinsen in die Selbstkostenrechnung einschließen, verzichten sie darauf, in gleicher Weise auch das Eigenkapital zur Verzinsung heranzuziehen. Wieder von andern wird der Standpunkt vertreten, es sei für das ganze im Geschäft arbeitende Kapital, ob Eigen- oder Fremdkapital, eine Zinsvergütung einzusetzen.

Ähnliche Fragen stellen sich bei Privatunternehmen für die Dienstleistungen des Geschäftsinhabers. Soll für die Arbeit des Unternehmers ein entsprechender Betrag als Entgelt für seine Arbeitsleistung in die Selbstkostenrechnung einbezogen werden, oder hat der Geschäftsinhaber diese Entschädigung schon als Geschäftsgewinn zu betrachten?

Die sachgemäße Antwort auf vorstehende Fragen wird uns nicht schwer, wenn wir zwischen dem Unternehmen und dessen Inhabern unterscheiden, und ein Geschäft als einen selbständigen Organismus betrachten, der für jede Leistung eine Gegenleistung schuldet. Jedes Unternehmen verfügt über ein gewisses Anlage- und Betriebskapital, das es seinen Kapitalgebern als Geschäft in jedem Falle schuldet, ob es sich nun um ein Einzel- oder um ein Gesellschaftsunternehmen handelt. So gut es für die geleistete Arbeit einen Lohn zu bezahlen hat, schuldet es, wirtschaftlich betrachtet, auch für das ihm zur Verfügung gestellte Kapital einen angemessenen Zins, selbst wenn eine bindende rechtliche Verpflichtung für Zinszahlung nicht vorliegt, wie das für das Eigenkapital zutrifft. Vom Standpunkt der Selbstkostenrechnung aus besteht für den Geschäftsbetrieb kein Unterschied zwischen dem Eigenkapital und dem Fremdkapital. Beide arbeiten in gleicher Weise und vermengt im Unternehmen und haben darum auch gleichermaßen Anspruch auf einen angemessenen Ertrag. So verhält es sich auch mit der Entschädigung für die Arbeit des Geschäftsinhabers. Dieser hat für seine Arbeitsleistung einen Anspruch an das Geschäft. Was er sich hierfür bezahlen oder gutschreiben läßt, ist noch nicht Gewinn.

Wenn wir die Berechtigung dieser Auffassung anerkennen, beseitigen wir damit auch die durch die besonderen Verhältnisse und durch abweichende Anschauungen verursachten Unterschiede in der Auffassung des Begriffes der Selbstkosten. Wir rechnen ganz einfach zu den Selbstkosten alle Aufwendungen und Werteinbußen, welche einer Gießerei mittelbar oder unmittelbar für die Herstellung und den Verkauf der Erzeugnisse tatsächlich erwachsen oder erwachsen würden, wenn das Geschäft ausschließlich mit fremdem Kapital und mit bezahlten Arbeitskräften arbeitet. Demgemäß sind in die Selbstkosten auch alle Zinsen für das investierte Kapital einzurechnen und — wenn es sich um ein Privatunternehmen handelt — eine angemessene Entschädigung für die Dienstleistungen des Geschäftsinhabers. Auch der Verein Deutscher Eisengießereien bringt in der Harzburger Druckschrift diese Auffassung zur Geltung, indem er sagt:

„Auch auf die Verzinsung des Betriebskapitals soll noch besonders aufmerksam gemacht werden. Das gesamte Betriebskapital muß zur Verzinsung eingesetzt werden, gleichviel ob es sich um Eigenkapital der Firma oder der Inhaber handelt oder ob mit Hypotheken oder sonstigem Leihkapital ganz oder teilweise gearbeitet wird. Ein Gewinn kommt ja auch für alle Unternehmungen nur dann erst in Frage, wenn eine normale Verzinsung vorher erübrigt ist." — „Ferner erscheint es notwendig, darauf hinzuweisen, daß bei Privatbetrieben die Arbeitsleistungen der Gießereiinhaber mit einem angemessenen Gehalt in der Selbstkostenberechnung bewertet und je nach Art der Tätigkeit unter den Betriebsunkosten oder Handlungsunkosten, in manchen Fällen auch anteilig auf beide Konten, verrechnet werden. Würde der gleiche Betrieb in Form einer Aktiengesellschaft oder G. m. b. H. geführt, so würden die gleichen Herren mit einem entsprechenden Gehalt besoldet sein."

Der Verein Deutscher Maschinenbau-Anstalten bezeichnet in seiner Schrift „Selbstkostenrechnung im Maschinenbau" als objektive Selbstkosten alle unmittelbaren und mittelbaren Aufwendungen, Wertminderungen und Werteinbußen, die zwecks Herstellung und Vertrieb eines Erzeugnisses unter der Voraussetzung gemacht werden müssen, daß das betreffende Unternehmen ganz mit geliehenem Kapital und bezahlten Arbeitskräften arbeitet. Diese Begriffsbestimmung können wir für die Selbstkostenberechnung der Gießereien unverändert annehmen.

Art und Gliederung der Kosten.

Kostenelemente und Kostenquellen.

Nach rein sachlichen Gesichtspunkten, d. h. nach der Leistung, für die sie entstehen, können wir die Kosten wie folgt gliedern:

1. Entschädigung für Arbeitsleistungen der Arbeiter und Angestellten = Löhne und Gehälter;
2. Kosten des Werkstoffs = Werkstoffe und Hilfsstoffe;
3. Entschädigungen für Arbeitsleistungen Fremder;
4. Entschädigungen für sonstige Lieferungen oder Leistungen Fremder (elektrischer Strom, Wasser, Gas usw.);
5. Kapitalzinsen;
6. Abschreibungen auf Anlagen und Einrichtungen;
7. Soziale Aufwendungen für Arbeiter und Beamte;
8. Steuern und Abgaben;
9. Sonstige Kosten wie Verkehrsausgaben, Bürowaren, Verbandsbeiträge, Lizenzen, Provisionen usw.

Die wichtigsten Kostenquellen für diese Aufwendungen sind:

1. die Werksanlagen,
2. die Herstellungsvorgänge,
3. die Werksverwaltung,
4. Sonderanforderungen.

Kosten der Werksbereitschaft. Kosten entstehen nicht nur für die Herstellung als solche, sondern schon vorgängig dieser und völlig unabhängig von den Herstellungsvorgängen. Damit Gußstücke überhaupt hergestellt werden können, sind nicht nur Arbeitskräfte und Rohstoffe, sondern auch zweckentsprechende Gebäude, Maschinen, Einrichtungen und Werkzeuge erforderlich. Schon das bloße Vorhandensein einer Gießereianlage verursacht ganz bedeutende Aufwendungen für die Verzinsung des in den Anlagen angelegten Kapitals, für Abschreibungen, die zum Ausgleich der Wertminderung der Anlagen zufolge Alterns und Gebrauchs notwendig werden, für Versicherungen und nötigenfalls für Bewachung des Werkes. Diese Kosten sind von den Herstellungsvorgängen und dem ganzen Arbeitsbetrieb unabhängig und bestehen in gleicher Höhe, ob der Betrieb voll- oder nur teilweise beschäftigt ist oder ob er stillgelegt ist. Ihre Höhe ist bedingt einerseits durch den Anlagewert und anderseits durch die entstehenden Wertminderungen; sie wachsen an nach Maßgabe der Zeit. Wir bezeichnen diese vom Betrieb zu tragenden Kosten für die Benützung und das Zurverfügunghalten der Anlagen als „Werksmiete".

Mit der Zeit und durch den Gebrauch erleiden Gebäude, Maschinen, Einrichtungen und Werkzeuge Schädigungen aller Art, die hemmend auf ihre Funktion einwirken oder ihre Gebrauchsmöglichkeit völlig aufheben. Um das Werk ständig in voller Produktionsbereitschaft zu erhalten, müssen diese Schäden durch entsprechende Reparatur- und Ergänzungsarbeiten immer wieder behoben werden. Die hierfür entstehenden Kosten bilden die Gruppe der Anlage-Instandhaltungskosten. Beide Kostengruppen, Werksmiete und Instandhaltungskosten, dienen zur Erhaltung des Werkes und dessen Produktionsbereitschaft. Wir fassen sie daher zusammen unter dem Titel: Kosten der Werksbereitschaft.

Unmittelbare Kosten der Herstellung. Wir verstehen darunter alle unmittelbaren und mittelbaren Kosten, welche bei Vorhandensein produktionsbereiter Anlagen durch die Herstellungsvorgänge als solche verursacht sind. Zu dieser Kostengruppe sind demgemäß zu rechnen:

a) alle Löhne, welche im Betrieb mittelbar oder unmittelbar für die Erzeugung der Gußstücke aufgewendet werden, nämlich die Fertigungslöhne der Former, Kernmacher und Gußputzer, sowie die Löhne der Schmelzer, Sandmischer, Kranenführer, Plattenformer, Handlanger und sonstigen Hilfsarbeiter;

b) alle Stoffe, die für die Herstellung erforderlich sind, nämlich die eigentlichen Werkstoffe (Roheisen, Gußbruch, Alteisen), die durch den Schmelzprozeß umgewandelt und für die Gußstücke als Substanz verbraucht werden; ebenso alle Hilfsstoffe wie Brennstoffe, Formstoffe und sonstige Hilfsstoffe, die der Betrieb für die Herstellung benötigt;

c) alle Gemeinkosten, die durch die Herstellungsvorgänge bedingt sind, wie Kraft, Licht, Heizung, Wasser, Preßluft, chemische und physikalische Untersuchungen, Nacharbeiten, Transport und Speditionsdienst einschl. Versicherungen und Fürsorge zugunsten der Arbeiter usw.

Diese Aufwendungen erfolgen unmittelbar für die Herstellungsvorgänge; deren Höhe ist darum auch fast ausschließlich durch diese bedingt. Die unmittelbaren Kosten der Herstellung stehen in einem annähernd festen Verhältnis zum Arbeitsbetrieb und zum Beschäftigungsgrad; sie steigen und sinken etwa im gleichen Verhältnis, wie dieser zu- oder abnimmt. Die vom Umfang der Fertigung abhängigen Kosten werden daher als veränderliche Kosten bezeichnet, im Gegensatz zu den festen Kosten der Werksbereitschaft, die für das Geschäft auch bei wechselndem Beschäftigungsgrad annähernd in gleicher Höhe anfallen.

Die unmittelbaren Kosten der Herstellung und die Werksbereitschaftskosten bilden zusammen die Herstellungskosten; sie schließen alle mittelbaren und unmittelbaren Aufwendungen ein, welche für die Betriebsanlagen und deren Produktionsbereitschaft einerseits und für die Herstellungsvorgänge andererseits entstehen.

Die Verwaltungskosten. Die Herstellungskosten sind noch nicht die gesamten Selbstkosten. Um Aufträge hereinzubringen, um den inneren und äußeren Geschäftsverkehr verwaltungstechnisch und kaufmännisch richtig abzuwickeln, um die Erzeugnisse zu verkaufen, benötigt jedes Unternehmen auch einen entsprechenden Verwaltungsapparat, der für sich eine Kostenquelle darstellt, die letzterdings auf die Erzeugnisse abgewälzt werden muß. Wir bezeichnen die für die Werksverwaltung, für die Werbe- und Verkaufsabteilung entstehenden Kosten als Verwaltungs- und Verkaufskosten. Die Harzburger Druckschrift bezeichnet diese Kostengruppe als Handlungsunkosten.

Die Verwaltungskosten umfassen alle Aufwendungen für die Leitung und Verwaltung des Unternehmens, nämlich Gehälter und anteilige Personalfürsorgekosten, Bürounkosten, Steuern und Abgaben, Verbandsbeiträge, Verkehrsausgaben aller Art, Werbung usw. Je nach Art des Betriebes wird es angezeigt sein, die Verwaltungskosten aufzuteilen in allgemeine Verwaltungskosten und Werbe- und Verkaufskosten; dies, weil die verschiedenen Betriebsabteilungen und Erzeugnisse die Werbe- und Verkaufsabteilung in ganz ungleichem Maße beanspruchen und demgemäß auch mit verschieden hohen Anteilen zu belasten sind.

Die Sonderkosten. Wir bezeichnen als Sonderkosten alle Aufwendungen, welche nicht zu den normalen Herstellungs- und Verwaltungskosten gehören, sondern für einen einzelnen Auftrag oder für einzelne Erzeugnisse besonders anfallen. Solche Kosten sind beispielsweise Gußbearbeitungskosten, besondere Wärmebehandlung für Grauguß (Glühen), außerordentliche Transport- und Verpackungskosten, Lizenzen, Provisionen usw. Diese nur für bestimmte Aufträge und Erzeugnisse oder Erzeugnisgruppen in Betracht kommenden Aufwendungen sind in der Selbstkostenrechnung als Sonderkosten zu behandeln und nur denjenigen Aufträgen zu verrechnen, auf die sie entfallen.

Zusammenfassung. Die Ausscheidung der Kosten nach den Hauptkostenquellen einer Gießerei ergibt folgenden Aufbau der Selbstkosten:

1. Unmittelbare Kosten der Herstellung
\+ 2. Kosten der Werksbereitschaft: a) Werksmiete
b) Instandhaltungskosten
= Herstellungskosten
\+ 3. Verwaltungs- und Verkaufskosten
\+ 4. Sonderkosten = Selbstkosten.

Einzelkosten und Gemeinkosten.

Eine Hauptaufgabe der Selbstkostenrechnung ist, möglichst zuverlässig festzustellen, wie viel von den gesamten Aufwendungen auf die verschiedenen Erzeugnisgruppen und auf die einzelnen Gußstücke entfallen, wie hoch sich die Kosten für jedes einzelne Gußstück stellen. Gerade diese Aufgabe der Kostenverteilung auf die Erzeugnisse ist aber nicht leicht zu lösen. Die Sache wäre einfach, wenn die Aufwendungen für jedes Gußstück unmittelbar ermittelt und dem Stück verrechnet werden könnten. Dies ist jedoch praktisch unmöglich, weil ein großer Teil der Kosten auf alle Gußstücke oder auf eine ganze Fertigungsabteilung gemeinsam anfällt und daher mit Hilfe eines Schlüssels auf die einzelnen Erzeugnisse verteilt werden muß. Zu diesen gemeinsamen Kosten gehören vor allem die Kosten der Werksbereitschaft, aber auch ein großer Teil der unmittelbaren Herstellungskosten.

Als unmittelbar für das einzelne Gußstück aufgewendet lassen sich nur feststellen die Kosten des ungeschmolzenen Werkstoffes, d. h. der kalten Eisengattierung, die Fertigungslöhne der Former, der Kernmacher und der Putzer. Diese Aufwendungen können den Gußstücken unmittelbar verrechnet werden. Alle übrigen Kosten aber sind mittelbare Aufwendungen, die sich nur als für eine Abteilung oder für den ganzen Betrieb verbraucht feststellen lassen. Sie können deshalb nur auf Grund von Schlüsselzahlen und in Form von Zuschlägen auf bekannte Maßgrößen auf die Erzeugnisse abgewälzt werden.

Nicht einmal die Stoffkosten der Form lassen sich dem Stück unmittelbar verrechnen. Jeder Fachmann weiß, daß die Schwierigkeiten hierfür so groß sind, daß an eine individuelle Verrechnung der Formstoffe in der Praxis nicht zu denken ist. Darum ist auch der Anregung von E. Leber in seinem Buch „Die Frage der Selbstkostenberechnung von Gußstücken in Theorie und Praxis"[1]) gerade in der Praxis keine Folge gegeben worden. Auch eine noch so ausgeklügelte individuelle Verrechnung würde mit viel Zeitaufwand doch nicht die Genauigkeit erreichen, die damit eigentlich angestrebt wird. Daher wird in allen Kalkulationssystemen, welche in der Praxis Anwendung finden, von vorneherein auf die unmittelbare Verrechnung der Stoffkosten der Form verzichtet und auf einem andern Weg eine hinreichend genaue Lösung versucht.

[1]) Verlag Stahleisen, Düsseldorf 1910.

Diejenigen Kosten, welche sich als für das einzelne Gußstück unmittelbar aufgewendet feststellen und diesem verrechnen lassen, bezeichnen wir als unmittelbare Kosten oder nach Vorgang des Vereins Deutscher Maschinenbau-Anstalten als Einzelkosten; alle übrigen Aufwendungen, die nur auf Grund einer Schlüsselzahl verteilt und in Form von Zuschlägen den Gußstücken anteilig belastet werden müssen, nennen wir Unkosten oder nach dem V.D.M.A. Gemeinkosten. In seiner Schrift „Selbstkostenrechnung im Maschinenbau" erläutert der V.D.M.A. den Begriff der Einzel- und Gemeinkosten wie folgt:

„Einzelkosten (oder unmittelbare Kosten) sind solche, welche unmittelbar für das einzelne Erzeugnis oder den einzelnen Auftrag (Kostenträger) festgestellt werden können; Einzelkosten sind in erster Linie das unmittelbar in die Erzeugnisse hineingearbeitete Material (Einzelmaterial), und die unmittelbar für die Bearbeitung aufgewendeten Löhne (Einzellöhne); aber auch andere Kosten, z. B. Konstrukteurgehalt, Lizenzgebühren, können Einzelkosten sein.

Gemeinkosten (oder mittelbare Kosten) sind alle anderen Kosten, die für die Gesamtheit der Kostenträger oder für einen größeren oder kleineren Teil derselben ermittelt werden, so daß zu ihrer Verteilung auf die einzelnen Erzeugnisse oder einzelnen Aufträge eine Verteilungsrechnung nach irgendeinem Schlüssel oder Maßstab erforderlich ist."

Diese Begriffsbestimmung gilt nicht nur für den Maschinenbau, sondern sinngemäß auch für die Gießerei.

Kostenanalysen.

In Anwendung der dargelegten Gesichtspunkte gliedern und gruppieren wir die Selbstkosten einer Gießerei nach ihrer Art, nach der Kostenquelle und nach ihrer Verrechnungsmöglichkeit auf die einzelnen Erzeugnisse. Wie weit die Unterteilung nach Kostenarten gehen soll, hängt von der Größe und der Organisation eines Betriebes sowie von den besonderen Bedürfnissen der Selbstkostenrechnung, der Betriebs- und Kostenüberwachung ab. Ein allgemein gültiger Vordruck läßt sich darum hierfür nicht aufstellen, wohl aber Richtlinien, nach denen die Aufteilung erfolgen kann. Als einfachste Aufteilung, die den Bedürfnissen und Anforderungen einer richtigen Selbstkostenrechnung noch entspricht, käme die Unterteilung und Gruppierung nach dem Muster der Zahlentafel 1 in Frage.

Eine Gießerei, die auf richtige Kostenüberwachung hält, wird sich mit der Kenntnis vorgenannter Hauptkostengruppen nicht zufrieden geben, sondern diese noch weiter unterteilen, um einen klaren Einblick in die Höhe und Zusammensetzung der Kosten und in die Ursachen etwaiger Veränderungen zu erhalten.

Die einzelnen Kostengruppen können z. B. wie folgt unterteilt werden:

Hilfslöhne: Fertigungslöhne auf Ausschußstücke, sonstige Unkostenlöhne der Fertigungsarbeiter, Schmelzer und Ofenarbeiter, Sandmischer, Plattenformer, Kranenführer, Handlanger, Transport- und Speditionsarbeiter, sonstige Hilfsarbeiter, Aufsichts- und Kontrollöhne, Arbeiterversicherung und -fürsorge.

Form- und Hilfsstoffe: Formstoffe, Brennstoffe, sonstige Hilfsstoffe, mit gesonderter Verbrauchsermittlung für Koks, Formsand, Steinkohlenstaub, Formerstiften, Kernstützen usw., bei Elektro-Schmelzbetrieb für Schmelzstrom, Elektroden, feuerfeste Stoffe.

Gehälter: Gehälter, Sonder-Gehaltsvergütungen, Beamtenversicherung und -fürsorge.

Sonstige Betriebsunkosten: Kraft, Licht, Heizung, Wasser, Preßluft, chemische und physikalische Untersuchungen, Nacharbeiten.

Werksbereitschaftskosten: Abschreibungen, Zinsen, Instandhaltungskosten je für Gebäude, Maschinen- und Betriebseinrichtungen, Werkzeuge, Modelle.

Verwaltungskosten: Beamtengehälter, Beamtenversicherung und -fürsorge, Bürounkosten, Steuern und Abgaben, Reisespesen und sonstige Verkehrsausgaben, Bankspesen, Verbandsbeiträge usw.

Erst eine gründliche Analyse der Kosten gibt der Geschäftsleitung den notwendigen Einblick in den Aufbau, in die Bewegungen und inneren Verschiebungen des gesamten Kostenwesens. Nur auf Grund rechnungsmäßig vorliegender Tatsachen ist ein Geschäft in der Lage, Fehlerquellen aufzuspüren und zu deren Behebung in der Betriebsführung

Zahlentafel 1.

Beispiel für eine einfache Unterteilung der Kosten.

	Mk.	Mk.
A. Unmittelbare Kosten (Einzelkosten)		
I. Satzkosten = Eisenrohstoff		—,—
II. Fertigungslöhne der Former	—,—	
„ Kernmacher	—,—	
„ Gußputzer	—,—	—,—
Zusammen		—,—
B. Gemeinkosten (durch Zuschläge zu decken)		
III. Betriebsgemeinkosten		
a) Herstellung: Hilfslöhne	—,—	
Hilfsstoffe	—,—	
Gehälter des Betriebspersonals	—,—	
Sonstige Betriebsunkosten	—,—	
Zusammen	—,—	
b) Werksbereitschaft: Werksmiete: Abschreibungen auf Anlagen und Werkzeuge	—,—	
Verzinsung des Anlagekapitals	—,—	
Instandhaltung der Anlagen und Werkzeuge	—,—	
Zusammen	—,—	
Insgesamt		—,—
I—III = Herstellungskosten		—,—
IV. Verwaltungs- und Verkaufskosten (Gehälter, Steuern, Büro, Reise, usw.)		—,—
C. Sonderkosten		—,—
Summa = Selbstkosten		

sachgemäße Anordnungen zu treffen. Dabei muß es allerdings nicht nur die Kostenfaktoren kennen, sondern auch über deren Verhältniszahlen zu den in Betracht kommenden Maßgrößen (Gewicht, Zeit, Platz usw.) und über die Verbrauchsstellen unterrichtet sein. Für mittlere und große Gießereien dürfte sich eine Gliederung der Kosten nach Art der Zahlentafel 2 als zweckmäßig erweisen. Die Aufstellung, in der jede Kostenart durch eine Nummer bezeichnet ist, kann je nach den Bedürfnissen weiter ausgebaut oder mehr zusammengefaßt werden.

Die Abschreibungen auf Anlagen.

Die Anlagen erleiden durch die Zeit und durch den Gebrauch, sowie durch das Veralten infolge technischer Überholung eine Wertminderung, die in den Preis der Erzeugnisse eingerechnet werden muß. Die Abschreibungen sind eine Geldrückstellung für diese Werteinbuße der Anlagen, sie dienen der Erhaltung der Substanz. Wenn die Kaufkraft des Geldes nach dem Zeitpunkt der Anschaffung keine wesentliche Veränderung erfahren hat, wird der Sachwert gleich sein dem Anschaffungswert. In diesem Fall ist es zweckmäßig, die Abschreibungen auf Grundlage des Anschaffungspreises zu berechnen. Anders verhält es sich, wenn beispielsweise die Kaufkraft des Geldes sinkt, d. h wenn gleichwertige Anlagen später nur zu einem wesentlich höheren Kaufpreis zu beschaffen wären. Dann sind die Abschreibungen nicht auf Grund des Anschaffungswertes, sondern nach dem Wiederbeschaffungspreis einzusetzen. Wird die Abschreibung nur auf dem niedrigeren Anschaffungspreis berechnet, dem heute eine geringere Kaufkraft innewohnt, so kann durch die Abschreibungen nicht der volle Wertverlust der Anlagen eingebracht werden; es wird damit ein Teil des Anlagewertes an die Käufer der Erzeugnisse verschenkt.

Müßten beispielsweise für Maschinen und Einrichtungen, die vor Jahren 200 000 Mk. gekostet haben, infolge Sinkens der Kaufkraft des Geldes bei Wiederbeschaffung 300 000 Mk. ausgelegt werden, so wäre die Amortisation auf Grund dieses Wiederbeschaffungspreises von 300 000 Mk. einzusetzen. Denn in dem Zeitpunkt, in dem die Maschinen und Einrichtungen als betriebsunfähig ausgeschaltet werden müssen,

Zahlentafel 2.

Gliederung der Kosten für mittlere und große Gießereien.

Kostenarten.

A. Gemeinkosten.
- I. Hilfslöhne.
  - 1. Schmelzer und Ofenarbeiter.
  - 2. Sandmischer.
  - 3. Kranführer.
  - 4. Handlanger für Eisen-, Abfall- und Gußtransport.
  - 5. Handlanger, übrige.
  - 6. Sonstige Hilfsarbeiter.
  - 7. Aufsicht und Kontrolle, Werkstattschreiber.
  - 8. Zulagen für Überzeit.
  - 9. Zulagen für Schichtarbeit und Sonstiges.
- II. Verlorene Löhne von Fertigungsarbeitern.
  - 10. Fertigungslöhne auf Ausschuß vor Gußablieferung.
  - 11. Fertigungslöhne auf Ausschuß nach Gußablieferung.
  - 12. Vergütungen für Mehrarbeit und Flickarbeiten.
  - 13. Vergütungen für Wartezeit, Betriebsstörungen, Anlernen.
  - 14. Nicht verrechenbare Lohnaufzahlungen.
- III. Soziale Aufwendungen für Arbeiter.
  - 20. Ferien- und Urlaubsvergütungen.
  - 21. Beiträge an Versicherungen aller Art (Kranken-, Unfall-, Lebensversicherungen usw.).
  - 22. Soziale Zulagen.
  - 23. Arbeiterfürsorge, Unterstützungen.
- IV. Brennstoffe.
  - 30. Koks.
  - 31. Sonstige Brennstoffe.
  - 32. Schmelzstrom.
- V. Form- und Hilfsstoffe.
  - 40. Formsand, Gebläsesand, Ton.
  - 41. Kernöle.
  - 42. Übrige Stoffe für Sand- und Lehmmischungen.
  - 43. Übrige Formstoffe.
  - 44. Hilfsstoffe.
- VI. Gehälter.
  - 50. Gehälter einschließlich Zulagen.
  - 51. Vergütungen für Überzeit.
  - 52. Gratifikationen und Sondervergütungen.
  - 53. Soziale Aufwendungen für Beamte und Meister.
- VII. Verschiedene Betriebsunkosten.
  - 60. Nach- und Mehrarbeiten an Gußstücken (flicken, schweißen, Bearbeitungskosten).
  - 61. Proben und Versuche.
  - 62. Verschiedene Unkosten.
- VIII. Instandhaltung und Ergänzungen.
  - a) Werkzeuge:
    - 70. Formkasten und Kastenteile.
    - 71. Gießkessel, Pfannen, Tiegel.
    - 72. Preßluftwerkzeuge.
    - 73. Handwerkzeuge aller Art.
    - 74. Werkzeuge, übrige.
  - b) Modelle und Modellplatten:
    - 75. Neue Modelle.
    - 76. Modellreparaturen, Modelländerungen und -ersatz.
    - 77. Modellplatten.
  - c) Maschinen und Betriebseinrichtungen:
    - 80. Formmaschinen, Kernblasmaschinen.
    - 81. Schmelzöfen, Trocken- und Glühöfen.
    - 82. Sandaufbereitanlagen.
    - 83. Sandtransportanlagen.
    - 84. Krane und Hebezeuge.
    - 85. Fördereinrichtungen aller Art, Fahrzeuge.
    - 86. Werkzeugmaschinen (Abstechbänke, Kaltsägen, Schleifmaschinen usw.).
    - 87. Hilfsmaschinen, Motoren.
    - 88. Leitungen (Kraft, Licht, Heizung, Wasser, Luft).

Zahlentafel 2 (Fortsetzung).

89. Gleise, Drehscheiben, Rampen.
90. Sonstige Betriebseinrichtungen.
91. Abbruch und Umstellung von Maschinen.

d) 95. Mobiliar.
e) 96. Gebäude und Grundstücke.

IX. Werksmiete.
a) Abschreibungen auf Anlagen:
101. Werkzeuge (soweit nicht schon unter Gruppe VIII abgeschrieben).
102. Modelle und Modellplatten (soweit nicht schon unter Gruppe VIII abgeschrieben).
103. Maschinen und Betriebseinrichtungen (soweit nicht schon unter Gruppe VIII abgeschrieben).
104. Mobiliar.
105. Gebäude und Grundstücke.

c) 107. Verzinsung des Anlagekapitals.
d) 108. Versicherung der Anlagen.

X. Kraft, Licht, Heizung = unmittelbar und Anteile aus Kostenstellen.
110. Kraftkosten.
111. Preßluft.
112. Lichtkosten.
113. Heizung.
114. Wasser.

XI. Übrige Hilfsbetriebe = Anteile von Kostenstellen.
120. Reparaturwerkstätte (soweit nicht unter Gruppe VII und VIII).
121. Versuchsanstalt.
122. Hofkranbetrieb und Hofhandlager, Fallwerk.
123. Gemeinsamer Transportdienst.
124. Allgemeiner Betrieb.

XII. Steuern und Abgaben.
130. Vermögenssteuer.
131. Ertragssteuer.
132. Sonstige Steuern und Abgaben.

XIII. Allgemeine Unkosten.
140. Verzinsung des Betriebskapitals.
141. Bürozeug.
142. Werbekosten, Reise, Vertreter.
143. Verkehrsausgaben (Porti, Fernsprecher, Telegramme usw.).
144. Patente, Lizenzen.
145. Zuwendungen an Dritte.
146. Verschiedene Unkosten (Bankspesen, Gebühren und Honorare, Berufsverbände usw.).

B. Fertigungslöhne.
150. Former.
151. Kernmacher.
152. Putzer.
153. Abstecher, Presser.

C. Satzkosten.
160. Roheisen.
161. Altstoffe.
(160 und 161 = Unterteilt nach Stoffgattung.)

D. Sonderkosten.
170. Sonderkosten.

soll durch den Verkauf der Erzeugnisse ein Gegenwert von 300 000 Mk. herausgewirtschaftet sein, um daraus wieder Maschinen und Einrichtungen gleicher Art zu beschaffen. Stehen dem Unternehmen aber auf Grund der vorgenommenen Abschreibungen nur 200 000 Mk. = Anschaffungspreis, zur Verfügung, so hat es tatsächlich ein Drittel des Anlagewertes verschenkt und muß 100 000 Mk. zulegen, um den gleichen Sachwert zu beschaffen. Die Richtigkeit der dargelegten Abschreibungsgrundsätze sollte uns durch die Inflation der Nachkriegszeit eindrücklich genug zum Bewußtsein gekommen sein.

Über die Höhe der Abschreibungssätze lassen sich allgemeinverbindliche Richtlinien nicht aufstellen. Der Abschreibungsprozentsatz ist abhängig von der voraussichtlichen Lebensdauer der Anlagen. Für Gebäude dürfte ein Satz von 3—5% ausreichend sein, während für Maschinen und Einrichtungen je nach Verhältnissen ein solcher von

10—20% in Anwendung kommen muß, für Werkzeuge, Formkasten usw. 20—100%. Auch für buchmäßig vollständig abgeschriebene Anlagen, die noch gebrauchsfähig sind, ist eine ermäßigte Abschreibungsquote in die Selbstkostenrechnung einzusetzen. Wird davon Umgang genommen, so stellen wir die Anlagen der Kundschaft kostenlos zur Verfügung und verstoßen dadurch gegen den Geschäftsgrundsatz, daß für jede Leistung eine Gegenleistung zu erfolgen hat und eine solche auch immer in die Selbstkostenrechnung einzusetzen ist. Die Abschreibungsquote ,die in die Selbstkostenrechnung einzusetzen ist, deckt sich natürlich nicht mit den bilanzmäßigen Abschreibungen eines Unternehmens, für deren Höhe der Geschäftsgang und das Geschäftsergebnis wesentlich mitbestimmend sind. Die bilanzmäßigen Abschreibungen weisen daher viel größere Schwankungen auf. Es ist selbstverständlich, daß die Abschreibungen, die für die Unkostenbuchhaltung maßgebend sind, nach dem investierten Anlagekapital auf die einzelnen Fertigungs- und Hilfsabteilungen zu verteilen sind, da nur auf diese Weise eine gerechte Umlegung der Anlagekosten auf die Erzeugnisse der verschiedenen Produktionsabteilungen möglich ist.

Die Anlagezinsen.

Für das gesamte in einer Gießerei angelegte Kapital, ob Fremd- oder Eigenkapital, ist eine angemessene Verzinsung in die Selbstkostenrechnung einzusetzen. Die hierfür maßgebenden Gründe wurden schon im vorangehenden erörtert. Es sei hier nur noch auf einige wichtige Punkte besonders hingewiesen. Rechnen wir überhaupt keine Zinsen, oder nur solche für das Leihkapital, so kalkulieren wir die Selbstkosten zu niedrig oder berechnen verschiedene Werte je nach dem wechselnden Verhältnis von Fremd- und Eigenkapital. Nichtberücksichtigung oder nur unvollständige Anrechnung des Zinses kann zu erheblicheren Fehlern in der Kalkulation führen. Diejenigen Abteilungen, in deren Anlagen verhältnismäßig große Kapitalbeträge investiert sind (Maschinenformerei, Großstückformerei), haben richtigerweise durch ihre Erzeugnisse für die anteiligen Anlagezinsen aufzukommen, während Abteilungen, die wenig Kapital beanspruchen (Kleinstück-Handformerei, Klein-Kernmacherei) nur ihrem geringen Kapitalbedarf entsprechend mit Zinsen belastet werden dürfen. Die Zinsen können nur dann in gerechter Weise auf die Erzeugnisse verteilt werden, wenn sie in der Kostenrechnung auf die Abteilungen umgelegt und bei der Kalkulation in die Abteilungsunkosten einbezogen werden. Geschieht dies nicht oder nur teilweise, so werden die kapitalstarken Betriebsabteilungen gegenüber den kapitalarmen begünstigt. Die Selbstkosten der ersteren sind zu niedrig, die der letzteren zu hoch berechnet. Es ist auch nicht möglich, die Wirtschaftlichkeit und Rentabilität der verschiedenen Produktionsabteilungen richtig zu beurteilen und zu vergleichen, wenn die Kalkulation deshalb kein vollständiges Bild der Kosten gibt, weil dem Betrieb das in seinen Anlagen angelegte Kapital zinslos zur Verfügung gestellt wird. Die Verrechnung der Zinsen in den Selbstkosten erweist sich als eine Notwendigkeit sowohl für eine richtige Kostenberechnung, als auch für die Beurteilung der Wirtschaftlichkeit und Rentabilität des Betriebes und der verschiedenen Produktionsabteilungen.

Wenn wir die Zinsen für das Anlagekapital grundsätzlich als einen Teil der Selbstkosten auffassen, so hindert dies nicht, in Zeiten ungünstiger Marktlage oder bei scharfem Wettbewerb auf Einrechnung der Zinsen zu verzichten. Dadurch, daß die Zinsen abteilungsweise ermittelt werden und deren Anteil im Gemeinkostensatz bekannt ist, sind wir in der Lage, das Zinsbetreffnis im Gemeinkostensatz festzustellen und ausnahmsweise in den Preis nicht einzubeziehen. Ein solches Vorgehen soll jedoch als Ausnahme gelten und nur angewandt werden, wenn zwingende Gründe dafür vorliegen; Regel bleibt, daß der Betrieb für alles, was ihm zur Verfügung gestellt ist, Arbeitsleistung, Werkstoffe, Kapital, auch den Gegenwert in den Erzeugnissen einzubringen hat.

Instandhaltungskosten und Reparaturen.

Dazu rechnen wir alle Aufwendungen für die Erhaltung der vollen Produktionsbereitschaft der Anlagen. Es fallen daher unter den Begriff der Instandhaltungskosten alle Reparaturen an Gebäuden, an Maschinen und Betriebseinrichtungen, an Formkasten und Werkzeugen, sowie die Änderungen und die Instandhaltung eigener Modelle. Nicht zu den Instandhaltungskosten zählen die unmittelbaren Aufwendungen für den Betrieb und den Gebrauch der Maschinen und Einrichtungen, wie Putz- und Schmiermittel, Reinigungsarbeiten usw. Diese Kosten werden zweckmäßiger den unmittelbaren Betriebsunkosten zugeteilt. Bei den Instandhaltungskosten zeigen sich große Unterschiede zwischen stark mechanisierten Betrieben und Betriebsabteilungen einerseits und mehr handwerklich arbeitenden Betrieben und Betriebsabteilungen anderseits, zwischen Abteilungen oder Betrieben, die teure Einrichtungen bedingen, wie die Großstückformerei und die Maschinenformerei, und solchen mit wenig Betriebseinrichtungen, wie die Kleinstück-Handformerei. Während erstere verhältnismäßig hohe Instandhaltungskosten aufweisen, namentlich wenn es sich um ältere Einrichtungen handelt, kommen für letztere nur verhältnismäßig geringe Instandhaltungskosten in Frage.

Da sich meist erhebliche Unterschiede in den Instandhaltungskosten zwischen neueingerichteten Abteilungen und solchen mit älteren Einrichtungen zeigen, könnte die Frage aufgeworfen werden, ob es nicht angezeigt sei, in den ersten Jahren des Gebrauchs einen höheren Abschreibungssatz in die Selbstkosten einzurechnen und diesen Betrag in späteren Jahren zu ermäßigen, in denen die Instandhaltungskosten beträchtlich ansteigen. Unseres Erachtens hätte ein solches Vorgehen gewichtige Gründe für sich; denn setzen wir die Abschreibungsquote für alle Jahre in gleicher Höhe an, so begünstigen wir damit die ersten Jahre der größten Produktionsfähigkeit und geringer Instandhaltungskosten auf Kosten der späteren Jahre, in denen die Einrichtungen vielleicht schon nicht mehr allen Anforderungen genügen und dazu noch hohe Instandhaltungskosten verursachen.

Modellkosten.

Besitzt ein Werk eine Modellwerkstätte, so ist diese als selbständiger Fertigungsbetrieb zu behandeln und von der Gießerei getrennt abzurechnen. Die Kosten für die Anfertigung neuer Modelle sollen, wenn möglich, nicht in die Selbstkosten des Gusses einbezogen werden. Es ist zu empfehlen, diese Kosten dem Besteller unmittelbar zu verrechnen. Dieser ist auch eher in der Lage zu beurteilen, auf wie viel Abgüsse er die Kosten der Modelle zu verteilen hat. Anders verhält es sich, wenn eine Gießerei Gußstücke nicht erst auf Bestellung, sondern unmittelbar für den Verkauf herstellt. In diesem Fall werden die Modellkosten zweckmäßig in die Selbstkosten der Gußstücke eingerechnet.

Kleinere Modelländerungen oder nicht erhebliche Kosten für die Instandhaltung von Modellen können dagegen in die Gußselbstkosten einbezogen werden; immerhin ist auch da Zurückhaltung geboten. Stellt der Kunde die Modelle zur Verfügung, so hat er grundsätzlich auch für die Änderungskosten und für die normalen Instandhaltungsarbeiten selbst aufzukommen. Dagegen sind die für maschinelle Formerei herzustellenden Modellplatten für Eisen- und Metallmodelle, sowie die Kosten für die Anordnung der Modelle auf den Formplatten als Betriebsunkosten zu betrachten und in die Selbstkosten der Gußstücke einzurechnen.

Gußstücke für Selbstbedarf.

Wie sind die Gußstücke, die als Werkzeuge oder als Ersatz- und Reparaturteile im eigenen Betrieb Verwendung finden, in der Selbstkostenrechnung zu behandeln? Als Reparatur- und Ersatzstücke bilden sie einen Teil der Unkosten, und es ist die Frage, ob die Fertigungszeit für diese Unkostenaufträge ebenfalls mit zur Unkostendeckung herangezogen werden soll, oder ob für den Eigenbedarfguß nur die Einzelkosten (Eisenmischung und Fertigungslöhne) anzurechnen seien. Vielfach wird der Standpunkt vertreten, auf Gußstücke für Instandhaltung und für Werkzeug seien keine Gemeinkosten zu verrechnen. Wir können dieser Auffassung nicht beipflichten; denn für die Herstellungskosten der Gußstücke ist es ganz ohne Belang, welche Verwendung die Stücke später finden und an wen sie verrechnet werden. Es ist daher nicht einzusehen, warum auf die Fertigungsstunden oder Löhne der für Selbstbedarf hergestellten Gußstücke keine Unkosten angerechnet werden sollten, trotzdem ohne weiteres klar ist, daß solche in ganz gleicher Weise anfallen, wie auf die für den Verkauf bestimmten Abgüsse. Der

Grundsatz erscheint uns richtig, daß alle brauchbaren Gußstücke, welche Bestimmung sie auch haben mögen, zur Gemeinkostendeckung heranzuziehen und zum vollen Selbstkostenpreis zu verrechnen sind.

Sind Gußstücke als Werkzeuge oder Reparaturteile den Instandhaltungskosten zu verrechnen, so werden die dafür in Anrechnung gebrachten vollen Selbstkosten durch diese Verrechnung zu Unkosten. Sobald wir uns vorstellen, diese Gußstücke müßten erst an einen fremden Besteller geliefert und nachher von diesem wieder bezogen werden, finden wir es ganz selbstverständlich, daß die gegenseitige Verrechnung zum vollen Wert zu erfolgen hat. Gar nicht anders verhält es sich, wenn die Gießerei unter Umgehung eines Dritten für die Eigenbedarfsgußstücke Abgeber und Empfänger, Erzeuger und Verbraucher zugleich ist, wie dies bei der Erzeugung für Selbstbedarf der Fall ist. Es kann bei starker Arbeitsbelastung oder aus sonstwelchen Gründen auch tatsächlich vorkommen, daß für den eigenen Bedarf benötigte Gußstücke von fremden Lieferanten bezogen werden. Würden nun einzelne Unkostenaufträge, weil von auswärts beliefert, mit vollen Kosten belastet und andere bei Selbstherstellung nur mit den auf sie entfallenden Einzelkosten, so müßten sich aus einer derart unterschiedlichen Behandlung der eigenen und der fremden Lieferungen ganz bedeutende Unterschiede in den Kosten ergeben, die jeden Vergleich von vornherein ausschließen würden. Ein sachgemäßer Aufbau der Selbstkostenrechnung ist nur dann gewährleistet, wenn die für Selbstbedarf hergestellten Gußstücke in der Gemeinkostenrechnung und Kalkulation genau gleich behandelt werden, wie die übrigen Erzeugnisse.

Die für Instandhaltungsaufträge hergestellten Gußstücke sind daher zum vollen Selbstkostenpreis an den eigenen Betrieb zu verrechnen. Durch die Verrechnung erhält der Betrieb als Erzeuger Gutschrift für die von ihm hergestellte Ware, gleichzeitig wird er als Verbraucher mit dem vollen Selbstkostenwert der Gußstücke auf Gemeinkosten belastet. Daß für wertvermehrende Aufträge für die Anlagen des eigenen Werkes, d. h. für eigentliche Neuanlagen ohnehin nur volle Kostenverrechnung in Frage kommen kann, sollte ohne weiteres einleuchtend sein und keiner besonderen Begründung bedürfen.

Die Kostenstellen.

Fertigungs- und Hilfskostenstellen.

Auch eine noch so weitgehende Gliederung der Kosten nach ihrer Art genügt den Anforderungen der Kostenüberwachung und der Selbstkostenrechnung nicht. Für jede Kostenart muß zugleich die Verbrauchstelle ausgewiesen werden, d. h. die Kosten sind auf die Abteilungen, denen sie mittelbar oder unmittelbar anfallen, zu sammeln. Nur von den eigentümlichen Verhältnissen jeder Kostenstelle aus lassen sich die Aufwendungen sachgemäß beurteilen und für den Aufbau der Selbstkostenrechnung nach ihrer Beziehung zu den Herstellungsvorgängen richtig eingliedern.

Fertigungsabteilungen. An der Herstellung arbeiten
für die Anfertigung der Form: die Formerei und Kernmacherei,
für die Verflüssigung der Rohstoffe: der Schmelzbetrieb,
für das Reinigen der gegossenen Stücke: die Putzerei.

Wir bezeichnen diese Abteilungen als Fertigungsabteilungen, weil sie unmittelbar an der Herstellung der Gußstücke beteiligt sind.

Hilfsabteilungen. Anderen Abteilungen sind Zubereitungsarbeiten oder sonstige Hilfsverrichtungen zugewiesen. Die Abteilungen, welche nur mittelbar teils für die Herstellungsvorgänge, teils für die Instandhaltung der Werksanlagen arbeiten, bezeichnen wir als Hilfsabteilungen. Hierzu gehören folgende:

Sandaufbereitung,
Formen- und Kerntrocknerei,
Plattenformerei,
Glüherei,
Kranbetrieb,
Modellwerkstätte,
Reparaturwerkstätte,
Transport- und Versandabteilung,
Fallwerk,
Versuchsanstalt,
Kraftversorgungsanlage,
Preßluftversorgung usw.

Je nach der Größe und Organisation einer Gießerei können diese Hilfsabteilungen einem Unterbetrieb (Eisengießerei, Großstückgießerei, Kleinstückgießerei, Stahlgießerei) angehören oder sie können Hilfsabteilungen des Gesamtbetriebes sein, d. h. mehreren selbständigen Unterbetrieben gemeinsam dienen. In diesem Fall gruppieren wir die Hilfsabteilungen in Hilfskostenstellen des Einzelbetriebes und Hilfskostenstellen des Gesamtbetriebes. Zu ersteren werden meist gehören die Sandaufbereitung, die Formen- und Kerntrocknerei, die Glüherei, der Kranbetrieb, die Plattenformerei, während Versuchsanstalt, Modell- und Reparaturwerkstätte, Preßluft-Versorgungsanlage, Transport- und Versandabteilung, Fallwerk, Kraft- und Lichtversorgungsanlage in den meisten größeren Werken Hilfskostenstellen des Gesamtbetriebes sind.

Stoffkostenstellen. Zu den an der Herstellung beteiligten Abteilungen des Betriebes kommen noch die Kostenstellen der Lagerhaltung, die Magazine und sonstigen Lagerstellen für die Rohstoffe und Hilfsstoffe; wir bezeichnen sie als Stoffkostenstellen.

Jede Gießerei ist genötigt, Vorräte an Roheisen, Bruch und Schrott, Brennstoffen, Formstoffen und sonstigen Hilfsstoffen zu halten, die jederzeit der Produktion zur Verfügung stehen müssen. Die für die Lagerräume, für die Inempfangnahme der Stoffe, die Lagerhaltung und die Abgabe an den Betrieb entstehenden Kosten müssen festgestellt und in Zuschlägen auf den Stoffpreis verrechnet werden. Wie weit eine Unterteilung der Stoffkostenstellen nötig und zu wünschen ist, hängt von der Größe und der Organisation der Gießerei ab und muß nach diesen besonderen Verhältnissen beurteilt werden. Größere Betriebe tun gut, eine Unterteilung nach Hauptstoffgruppen vorzunehmen und folgende Stoffkostenstellen getrennt zu führen: Roheisen, Gußbruch und Altstoffe, Brennstoffe, Lager für verschiedene Bedarfstoffe, wie Formsand, Kalksteine, Steinkohlenstaub usw., Speicher für Kleinzeug aller Art. Für kleinere Gießereien dagegen dürfte die Führung von zwei Stoffkostenstellen genügen, nämlich: „Werkstoffe“ und „übrige Stoffvorräte“.

Werksverwaltung. Zu den Kostenstellen des Betriebes und der Stofflager kommen als dritte Gruppe die Kostenstellen der Werksverwaltung. Auch hier läßt sich eine Unterteilung vornehmen, z. B. in Einkaufsbüro, Betriebsverwaltung, allgemeine Verwaltung, Verkaufsabteilung. Ob und wie weit unterteilt werden soll, hängt wieder von der Art und den Bedürfnissen des Werkes ab. In vielen Fällen wird eine Unterteilung der Verwaltungskosten nach ihrer Art ausreichen, ohne daß eine besondere Gliederung in einzelne Kostenstellen der Verwaltung vorgenommen werden muß.

Grundsätze für die Aufteilung des Betriebes in Kostenstellen.

Warum und wie weit ist für die Selbstkostenrechnung eine Gliederung des gesamten Werkes in Kostenstellen nötig?

Das ideale Ziel der Selbstkostenrechnung wäre die unmittelbare Feststellung aller Kosten, wie sie für jedes Gußstück anfallen und deren unmittelbare Verrechnung bei der Kalkulation. Dieses Ziel ist jedoch, wie wir bereits gesehen haben, in der Praxis nicht zu erreichen; denn nur ein verhältnismäßig kleiner Teil der Kosten läßt sich für jedes Gußstück unmittelbar feststellen und verrechnen. Als solche Einzelkosten kommen nur in Betracht die Satzkosten und die Fertigungslöhne der Former, Kernmacher und Putzer. Alle übrigen Kosten sind Gemeinkosten einer Abteilung oder des ganzen Werkes und müssen nach irgendeinem Schlüssel auf die Gußstücke verteilt werden. Die so zu verrechnenden Gemeinkosten betragen etwa 40—70% der gesamten Selbstkosten; deren Anteil ist beim maschinengeformten Guß größer als beim Handformguß, bei Stahlguß höher als bei Grauguß. Daher kommt den Gemeinkosten und deren Umlegung auf die Abteilungen und Gußstücke in der Gießereikalkulation eine sehr große Bedeutung zu; ja die Richtigkeit der kalkulierten Selbstkosten ist in hohem Maße von der Richtigkeit der Gemeinkostenverteilung und den daraus sich ergebenden Gemeinkostenzuschlägen abhängig. Aus diesem Grunde ist es notwendig, die Gemeinkosten nicht nur für den ganzen

Betrieb zu erfassen, sondern an den Orten ihres Verbrauchs, und sie nach einer sachgemäßen Bezugsgröße auf die Gußstücke zu verteilen.

Könnte die Gießerei für den Aufbau der Selbstkostenrechnung als eine Einheit betrachtet werden, wäre die Sache verhältnismäßig einfach. Es würde sich dann nur darum handeln, für die ermittelten Gemeinkosten die zutreffenden Maßgrößen zu deren Verteilung zu finden.

Diese Voraussetzung trifft jedoch nicht zu. Die Herstellungsvorgänge scheiden sich klar in zwei Gruppen, nämlich:

1. Arbeiten für die Formgebung, ausgeführt durch die Formerei, Kernmacherei und Putzerei und deren Hilfsabteilungen;
2. Arbeiten für die Werkstoffumwandlung durch Schmelzen, der Schmelzbetrieb.

Die Werkstoff- und Schmelzkosten sind abhängig von der Gattierung und der Menge, d. h. dem Gewicht des geschmolzenen Eisens, während für die Kosten der Formgebung die Konstruktion, die Abmessungen und die Oberflächengestaltung der Gußstücke, das Herstellungsverfahren und der zur Verwendung gelangende Formstoff maßgebend sind. Beide Kostengruppen sind in ihrem Aufbau völlig unabhängig voneinander. Die Kosten des Schmelzbetriebes müssen daher in jedem Fall von denjenigen der Formgebung und des übrigen Betriebes getrennt werden.

Aber auch diese rechnungsmäßige Zweiteilung der Gießerei in Schmelzbetrieb und Formgebungsabteilungen genügt für eine zuverlässige Selbstkostenrechnung nicht. Meist wird der Schmelzbetrieb produktionstechnisch eine Einheit darstellen und als solche abgerechnet werden können. Wenn aber in einer Gießerei für das Schmelzen verschiedene Verfahren angewendet werden, Kuppelofenschmelzen, Tiegelschmelzen, Elektroschmelzen, dann ist auch eine entsprechende Unterteilung des Schmelzbetriebes nach dem Schmelzverfahren notwendig, weil die Schmelzkosten für jedes Verfahren wieder verschiedene Höhe und Zusammensetzung haben.

Erfolgt in vielen Gießereien das Schmelzen nach einem einheitlichen Verfahren, und kann der Schmelzbetrieb daher meist in seiner Gesamtheit als eine Fertigungskostenstelle betrachtet werden, so ist dies nicht der Fall bei den Formgebungsabteilungen Formerei, Kernmacherei und Putzerei. Diese lassen sich in den seltensten Fällen für die Gemeinkostenberechnung in eine Einheit zusammenfassen, weil sie in ihrem Kostenaufbau meist erhebliche Unterschiede aufweisen. Gerade diese Unterschiede im Kostenaufbau müssen aber bei einer richtigen Selbstkostenrechnung zur Darstellung kommen, weil nur auf Grund einer Kostenrechnung, die ein zuverlässiges Bild des Kostenaufbaus jeder Fertigungsabteilung gibt, auch richtige Gemeinkostenzuschläge errechnet werden können.

Die rechnungsmäßige Aufteilung des Gießereibetriebes in die Fertigungskostenstellen Formerei, Kernmacherei, Putzerei, Schmelzbetrieb und unter Umständen Glüherei, mit den zugehörigen Hilfskostenstellen, wird für diejenigen Gießereien genügen, in denen Gußstücke von nicht sehr großen Unterschieden der Abmessungen und der Stückgewichte nach dem gleichen Verfahren hergestellt werden. Dies dürfte beispielsweise zutreffen für eine Gießerei, die kleinere und mittlere Gußstücke bis zu einigen 100 kg Stückgewicht von Hand formt oder wieder für eine Gießerei, die für die Formerei maschinell eingerichtet ist und mit Formmaschinen ungefähr gleicher Art und Leistungsfähigkeit arbeitet. In vielen Gießereien werden aber die verschiedenartigsten Gußstücke von den kleinsten bis zu den größten Abmessungen und Gewichten hergestellt, und zwar unter Anwendung ganz verschiedener Formverfahren. Die Gußstücke werden teils von Hand geformt, teils wenn größere Serien gleicher Abgüsse anzufertigen sind, mit Hilfe von Formmaschinen. Sie können nach Modell oder mit Hilfe von Schablonen geformt werden, in Sand oder in gemauerter Form (Lehmformerei). Kleinere und einfache Gußstücke lassen sich in nasse Formen abgießen, für andere, namentlich für größere und verwickelte Stücke, sind getrocknete Formen erforderlich. Nach den Abmessungen der Gußstücke können wir die Klein- und Mittelgießerei und die Großgießerei unterscheiden, nach den Formverfahren die Maschinenformerei und Handformerei, bei letzterer wieder die Bankformerei, Bodenformerei, Sandformerei, Lehmformerei usw. Es bestehen somit wesentliche Unterschiede sowohl bezüglich des Formverfahrens als auch hinsichtlich der Gußart, der Abmessungen und der Stückgewichte. Diese ungleichen Verhältnisse bei der Herstellung bedingen auch verschiedenartige Einrichtungen und entsprechende Unterschiede in der Höhe und Zusammensetzung der Kosten.

Die durch die produktionstechnische Eigenart bedingten besonderen Verhältnisse einer Fertigungsabteilung müssen in der Kostenrechnung wirklichkeitsgemäß zur Darstellung kommen. Nur unter dieser Voraussetzung sind ein brauchbarer Kostenvergleich und eine richtige Ermittlung der Gemeinkostensätze möglich. In größeren Gießereien werden ohnehin die Kleinstückgießerei und die Großstückgießerei, ebenso die Maschinenformerei und die Handformerei räumlich voneinander getrennt sein, vielleicht sogar eigene Unterbetriebe bilden, die für die Kostenrechnung als selbständige Gießereien gelten. Oder es werden produktionstechnisch gleichartige Abteilungen bestimmten Produktionsfeldern entsprechen, die räumlich gegeneinander abgegrenzt sind und deren Kosten sich daher rechnungsmäßig erfassen lassen. Größeren Schwierigkeiten begegnen wir hinsichtlich der Aufteilung der Kostenrechnung bei kleineren Betrieben, bei denen oft eine rechnungsmäßige Gliederung nach produktionstechnischen Gesichtspunkten nicht möglich ist, weil je nach den Aufträgen auch die Arbeit und das Arbeitsverfahren sich ändern. Hier muß auf andere Weise versucht werden, eine annähernd genaue Ermittlung der Selbstkosten zu erzielen. Wir werden im folgenden noch auf diese Frage zurückkommen.

Die Notwendigkeit einer weiteren Unterteilung der Formgebungsabteilungen liegt immer dann vor, wenn durch wesentliche Unterschiede im Herstellungsverfahren auch entsprechende Unterschiede im Kostenaufwand sich zeigen. Solche Unterschiede bestehen z. B. zwischen einer Klein- oder Mittelstückformerei einerseits und einer Großstückformerei anderseits. Letztere erfordert, auf die Arbeitsstunde bezogen, mehr Formfläche, stellt größere Ansprüche an Hilfsarbeit, sie arbeitet auch mit kostspieligeren Einrichtungen (Krane und Hebezeuge). Daher sind die Kosten der Werksbereitschaft auf die Zeiteinheit in der Großstückformerei wesentlich größer als in der Kleinstückgießerei, in der an Werkbänken oder auf Gießereiflur mit wenig Platzbedarf, wenig Hilfsarbeitern und mit einfachen Einrichtungen gearbeitet werden kann. Ähnliche Unterschiede bestehen zwischen der Sandformerei und Lehmformerei und vor allem zwischen der Maschinenformerei und der Handformerei. Wir können diese Unterschiede in den Kosten nur dadurch richtig erfassen, daß wir für jede dieser Unterabteilungen eine eigene Kostenstelle schaffen und den gesamten Kostenaufwand jeder Kostenstelle rechnungsmäßig feststellen.

Auf die Notwendigkeit, ungleichartige Fertigungsabteilungen in produktionstechnisch gleichartige Kostenstellen aufzuteilen und für jede Kostenstelle eine Kostenrechnung aufzustellen, muß mit besonderem Nachdruck hingewiesen werden, weil in Literatur und Praxis dieser wichtige Grundsatz einer richtigen Selbstkostenrechnung bisher merkwürdigerweise wenig beachtet wurde, trotzdem er eigentlich sehr nahe liegt. In den Maschinenbauanstalten gehört die Kostenaufteilung auf die Kostenstellen zu den elementaren Forderungen einer richtigen Selbstkostenrechnung; in der Gießerei muß er sich erst noch Geltung schaffen. Was nützt es, mit allen möglichen Untersuchungen und Feinheiten der Unterscheidung zu ermitteln, welche Maßgrößen für die Verteilung der Gemeinkosten angewendet werden sollen, ob Fertigungszeit, Fertigungslohn, Gewicht oder Platzbedarf, wenn diese einfache, klare und dazu natürlich gegebene Abgrenzung unterschiedlicher Kostenstellen innerhalb der gleichen Fertigungsabteilung nicht vorgenommen wird, und so Unterabteilungen, welche nach der Zusammensetzung ihrer Belegschaft und dem Aufbau der Kosten vollständig verschieden sind, in der Kostenrechnung ohne Unterschied zusammengelegt werden? Verfasser hat in seiner Schrift „Selbstkostenberechnung in der Gießerei"[1]) auf diese Grundforderung richtiger Selbstkostenberechnung wie folgt hingewiesen:

„Besteht eine Fertigungsabteilung aus mehreren produktionstechnisch ungleichartigen Unterabteilungen, deren Unkostenverhältniszahlen auf die in Betracht fallenden Bezugsgrößen wesentlich voneinander abweichen, so ist auch die Kostenrechnung, welche für die Ermittlung der Unkostensätze maßgebend ist, weiter zu unterteilen. Denn der Kostenaufwand und die Unkostenverhältnis-

[1]) Berlin: Julius Springer 1926.

zahlen innerhalb einer Produktivabteilung (Formerei, Kernmacherei, Putzerei) sind nur in dem Bereich und so weit gleichartig, als in derselben Gußstücke von einer gewissen Einheitlichkeit in den Größenabmessungen durch eine Arbeitsgruppe von gleichartiger Zusammensetzung auf die nämliche Art und unter Anwendung derselben technischen Mittel hergestellt werden.“. . . .

„Diese durch die besondere Art des Herstellungsvorganges und der Produktionsmittel bedingten Unterschiede im Unkostenaufwand sollen in einer richtigen Kalkulation so zur Geltung kommen, daß die Gußstücke in dem Verhältnis, wie Former, Kernmacher und Putzer daran mit Arbeit beteiligt sind, ja auch mit den anfallenden und anteiligen Abteilungskosten belastet werden. Bei Anwendung eines durchschnittlichen Unkostensatzes aus der Rechnung eines ganzen Betriebes werden die tatsächlich bestehenden Unterschiede in den Unkosten vorgenannter Produktivabteilungen verwischt und infolgedessen für die einzelnen Stücke vielfach unrichtige Selbstkosten berechnet.

So groß die Unterschiede in den anfallenden Unkosten zwischen Formerei, Kernmacherei und Putzerei sind, so groß können diese auch innerhalb jeder Produktivabteilung sein, wenn eine solche aus verschiedenartigen Unterabteilungen besteht, deren arbeitstündlicher Form- und Unkostenmaterialverbrauch und deren Ansprüche an Formraum, an Hilfsarbeit und Betriebseinrichtungen unter sich sehr ungleich sind (Bankformerei, Maschinenformerei, Großstückformerei usw.). In diesem Falle dürfen die Unkostensätze für die Berechnung des Formarbeitswertes nicht auf Grund einer Gesamtkostenrechnung der Formerei oder Kernmacherei ermittelt werden; deren Bestimmung hat vielmehr zu erfolgen auf Grundlage von speziellen Kostenrechnungen der einzelnen Unterabteilungen, in denen die durch Formart und Produktionsmittel bedingten Unterschiede im Kostenaufwand und in den Unkostenverhältniszahlen rechnungsmäßig zum Ausdruck kommen.

Das in der Kalkulation vielfach übliche Verfahren, die Arbeit des Formers oder Kernmachers, in welcher Abteilung und mit welchen Produktionsmitteln diese auch arbeiten, im Verhältnis zu Zeit oder Lohn mit dem gleichen Unkostensatz zu belasten, ist daher völlig verkehrt und steht in augenfälligem Widerspruch zu den durch die besondere Art des Herstellungsvorganges bedingten Unterschieden im Kostenaufbau und in den Unkostenverhältniszahlen der einzelnen Fertigungsabteilungen.“

Die Kostenverteilung.

Kontierungs- und Verrechnungsgrundsätze. Betriebsbuchhaltung.

Um die Kosten nach ihrer Art und nach den Orten ihres Verbrauchs richtig zu erfassen, ist eine zweckentsprechende Organisation des Rechnungswesens notwendig. Die kaufmännische Buchhaltung kann die besonderen Aufgaben der Betriebs- und Selbstkostenrechnung mit ihrem Kontensystem allein nicht lösen. Sie wird die Aufwendungen nach Hauptkostenarten, für die sie je ein Konto führt, feststellen und auf einige Hauptkonten der Stoffe, des Betriebes und der Verwaltung verteilen können. Jede weitergehende Unterteilung auf die für den Aufbau der Selbstkostenrechnung und für die Ermittlung der Gemeinkostensätze maßgebenden Kostenstellen muß durch eine besondere Abteilung, die Betriebsbuchhaltung (Betriebsstatistik, Unkostenbuchhaltung) vorgenommen werden.

Die kaufmännische Buchhaltung ordnet ihre Konten nach den allgemeinen Gesichtspunkten und Bedürfnissen des gesamten Werkes und besorgt vorwiegend den Geld- und Wertverkehr nach außen. Die Betriebsbuchhaltung dagegen soll über die inneren Wertverschiebungen Aufschluß geben und die Grundlagen für die Selbstkostenrechnung liefern. Sie baut ihr Kontensystem daher nach den Bedürfnissen der Selbstkostenrechnung auf. Die Betriebsbuchhaltung soll organisch mit der Geschäftsbuchhaltung verbunden sein. In welcher Weise diese Verbindung herzustellen ist, wird von der Größe und der Organisation des Werkes abhängen. In einem kleineren Unternehmen kann das Kontensystem der Geschäftsbuchhaltung auch den Bedürfnissen der Betriebsbuchhaltung angepaßt sein. Dann ist diese eine an die Buchhaltung angegliederte statistische Abteilung, welche die Konten für die Zwecke der Selbstkostenrechnung zergliedert und die unter dem Oberbegriff eines Kontos zusammengefaßten Kosten auf die einzelnen Kostenstellen des Werkes verteilt. In größeren Unternehmen ist eine klare Scheidung zwischen der kaufmännischen Buchhaltung und der Betriebsbuchhaltung zu empfehlen, dies immerhin so, daß beide organisch miteinander verbunden sind. Einem oder mehreren Konten der Geschäftsbuchhaltung muß immer eine bestimmte Kontengruppe der Betriebsbuchhaltung entsprechen. Die Geschäftsbuchhaltung führt beispielsweise für die Kostenstellen nur ein Sammelkonto „Rohstoffe und Betriebsstoffe“ und ein Konto „Gießereibetrieb“. Die Betriebsbuchhaltung zerlegt diese Sammelkonten der Stoffe und des

Betriebes in die entsprechenden Einzelkonten und löst diese wieder statistisch in Kostenstellen auf. Oder die Geschäftsbuchhaltung führt nur ein Sammelkonto „Gießereibetrieb", dem alle Aufwendungen belastet und die verkauften Erzeugnisse gut geschrieben werden, während die Betriebsbuchhaltung mit einem den besonderen Bedürfnissen der Selbstkostenrechnung angepaßten Kontensystem arbeitet. In diesem Falle werden alle Geschäftsvorfälle innerhalb der Konten- und Kostenstellen der Gießerei nur in den Konten der Betriebsbuchhaltung gebucht.

Für den Kontenplan der Betriebsbuchhaltung läßt sich kein allgemein gültiger Vordruck aufstellen; doch soll er den Bedürfnissen der Kostenaufteilung und den Zwecken der Selbstkostenrechnung genügen und daher die Hauptgliederung des Werkes nach Kostenstellen wiedergeben. Diesen Anforderungen dürfte folgendes Kontensystem entsprechen:

Kontengruppe.

I. Rohstoffe und Betriebsstoffe.
- Roheisen.
- Gußbruch und Altstoffe.
- Brennstoffe.
- Speicher für Kleinzeug.
- Verschiedene Vorräte.

II. Konto der Löhne (Durchgangskonto).

III. Konto des Betriebes, bzw. Konten der Betriebe.
- Gießereibetrieb A.
- Gießereibetrieb B usw.
- Modellwerkstätte.
- Hilfsbetriebe (Reparaturwerkstätte, Versuchsanstalt, Transport- und Speditionsdienst, Kraft- und Lichtversorgung).

IV. Verrechnungskonto der Werksgemeinkosten. (Gehälter, Steuern und Abgaben, Angestelltenversicherungen, allgemeine Verwaltungskosten, Abschreibungen, Zinsen usw.).

V. Gußvorräte.

VI. Verkaufskonto, mit entsprechender statistischer Unterteilung.

Als Grundlagen für die Belastung und Verrechnung der Kosten dienen

für eingehende Stoffe und Arbeitsleistungen Fremder: die Lieferantenrechnungen;

für die Löhne: die Lohnabrechnungen und die Zeitnotierungen über Arbeitsleistungen;

für die im eigenen Betrieb verbrauchten Stoffe: die Bestellscheine, gegen die die Bedarfstoffe von den Lagerstellen abgegeben werden oder entsprechende schriftliche Aufzeichnungen des Betriebes über den Verbrauch z. B. für Koks, Formsand, Steinkohlenstaub usw.

Wir gehen hier nicht auf Einzelheiten und Vordrucke ein; letztere sind den Bedürfnissen des Betriebes anzupassen. Als Grundsatz soll gelten, daß für jede Verrechnung ein Grundbeleg vorliegen muß, sei dies nun eine Lieferantenrechnung, ein Bedarfstoff-Bezugschein, eine Arbeitsbestellung, eine Lohnabrechnung oder sonst eine Aufzeichnung der Aufsichts- und Verwaltungsorgane der Gießerei.

Die Stoffkonten. Die Gemeinkosten der Stoffe sollen in den Stoffverrechnungspreis eingehen. Den Stoffkonten sind demnach zu belasten die Rechnungen für die eingehenden Stoffe, die zugehörigen Frachten und Abladelöhne. Im weiteren gehen zu Lasten der Stoffkonten alle Aufwendungen für die Inempfangnahme, die Lagerhaltung und die Abgabe der Stoffe an den Betrieb, nämlich die Löhne der Speicherleute und Lagerverwalter, anteilige Kosten des Einkaufs, der Heizung, Beleuchtung, Instandhaltung der Speicher und Lagerräume, Abschreibung und Verzinsung des in den Gebäuden und Einrichtungen investierten Anlagekapitals. Da in den verschiedenen Lagern immer ein gewisser Vorrat an Stoffen gehalten werden muß, ist für diese Vorräte auch ein Zins anzurechnen und zwar auf Grund des mittleren Lagerbestandes.

Die Speicher und Lagerstellen geben die Bedarfstoffe auf Anforderung des Betriebes gegen entsprechende Bezugscheine oder mit sonstiger Aufschreibung des Bedarfstoffausgangs ab. Für gewisse Stoffe, wie Formsand, Steinkohlenstaub usw. kann der Verbrauch auch je Ende Monats durch Aufnahme des Vorrates und Gegenüberstellung mit dem Anfangsbestand festgestellt oder nachgeprüft werden.

Die Verrechnung erfolgt zum Selbstkostenpreis = Einstandspreis + Lagerspesen. Eine Verrechnung zu Tagespreisen ist vom Standpunkt der Selbstkostenrechnung aus nicht zu empfehlen.

Verrechnungskonto der Werksgemeinkosten. Das Konto der Werksgemeinkosten wird in der Geschäftsbuchhaltung laufend mit den anfallenden Kosten belastet. Ein großer Teil dieser Kosten fällt jedoch nicht regelmäßig und auch nicht auf bestimmte Kostenstellen an. Gewisse Ausgabeposten, wie Steuern, Zinsen, Versicherungen, Ferienentschädigungen, Heizung usw. verteilen sich ganz ungleichmäßig auf die verschiedenen Rechnungsmonate oder erscheinen sogar nur einmal im Jahr. Andere sind keine tatsächlichen geldlichen Aufwendungen, sondern nur rechnungsmäßige Kosten und Bilanzposten, wie z. B. Abschreibungen, Rückstellungen usw.

Um eine gleichmäßige Verteilung dieser unregelmäßig anfallenden Kosten auf die Betriebsrechnung zu erzielen, ist es zweckmäßig, entsprechende Verrechnungskonten einzuführen. Für jede Kostenart der Werksgemeinkosten wird der Jahresbetrag geschätzt und ein Zwölftel dieses Betrages monatlich den in Betracht kommenden Konten und Kostenstellen verrechnet zugunsten des Verrechnungskontos der Werksgemeinkosten. Auf diese Weise wird eine gleichmäßige Verteilung dieser Kosten auf die einzelnen Rechnungsmonate erreicht. Zeigt sich im Laufe des Jahres, daß der geschätzte Anteil zu hoch oder zu niedrig ist, so kann eine entsprechende Richtigstellung vorgenommen werden. Der Ausgleich zwischen dem endgültig zu tragenden Anteil an den Werksgemeinkosten und der vorläufigen Verrechnung erfolgt beim Jahresabschluß.

Konten des Betriebes. Die Gießerei-Betriebskonten werden monatlich für die Löhneaufwendungen, den Stoffverbrauch, die Arbeitsleistungen der Hilfsbetriebe und mit sonstigen anteiligen Kosten belastet. An Werksgemeinkosten wird ihnen monatlich je ein Zwölftel der geschätzten Jahressumme verrechnet. Sie erhalten anderseits Gutschrift für die abgelieferten Erzeugnisse und zwar entweder zum kalkulierten Selbstkostenwert oder zum Verkaufspreis der Gußstücke. Im ersten Fall werden die Selbstkosten einem Verkaufskonto belastet, das seinerseits wieder Gutschrift erhält für den Verkaufswert der Erzeugnisse und durch den Saldo den Erfolg ausweist. Werden die Gußlieferungen unmittelbar dem Betriebskonto gutgeschrieben, so ist dieses zugleich auch Erfolgskonto.

In Gießereien, die kleinere und mittlere Gußstücke herstellen, läßt sich schon ohne Ermittlung des Arbeitswertes der angefangenen, noch nicht abgegossenen Stücke eine annähernd zuverlässige kurzfristige Erfolgsrechnung (monatlich) für jeden in sich geschlossenen Unterbetrieb aufstellen. Hierzu ist nach Vornahme sämtlicher Buchungen noch notwendig

1. die Aufteilung der auf 2 Monate entfallenden Löhnungsperioden auf die beiden Rechnungsmonate im Verhältnis der Arbeitstage oder Arbeitsstunden;

2. schätzungsweise Aufnahme und Bewertung der noch nicht zur Ablieferung und Verrechnung gelangten Gußstücke zwecks Gutschrift an das Betriebskonto und Belastung eines Rohgußvorratskontos, das den Ende Monat übernommenen Bestand auf Anfang des nächsten Rechnungsmonates wieder an den Betrieb zurückverrechnet.

Für Großstückgießereien werden diese Unterlagen noch zu ergänzen sein durch Feststellung des Arbeitswertes der am Monatsanfang übernommenen, noch nicht abgegossenen Stücke und des Wertes der am Monatsschluß in Arbeit befindlichen Stücke. Aus der Gegenüberstellung ergibt sich entweder ein Produktionswert-Zugang oder -Abgang auf angefangene Stücke, der auf das Rechnungsergebnis des Betriebes unter Umständen von merklichem Einfluß sein kann.

Unterteilung der Konten. Es wurde bereits darauf hingewiesen, daß für richtigen Aufbau der Selbstkostenrechnung eine möglichst weitgehende Unterteilung der Gießerei in Kostenstellen notwendig ist. Wollte man diese Kostenstellen in das Kontensystem der Betriebsbuchhaltung eingliedern durch Einführung je eines Kostenstellenkontos, so würde diese weitgehende Unterteilung des Kontenplanes die Arbeit der Betriebsbuchhaltung und auch die Übersicht erschweren. Es ist zweckmäßiger, die Unterteilung auf statistischem Wege vorzunehmen und zwar so, daß die Kostenstellen immer unter dem Oberbegriff eines Kontos zusammengefaßt sind. Dadurch wird der lückenlose Zusammenhang mit der Buchhaltung hergestellt.

Für die Gliederung des Werkes in einzelne Kostenstellen ist die Einführung eines Systems von Gemeinkostennummern zu empfehlen. Jede Kostenstelle wird durch eine Nummer bezeichnet, die durch das Gemeinkostennummern-Verzeichnis für jede Kostenstelle festgelegt ist. Die Bezeichnung mit einer Nummer ist kurz und klar und erleichtert die Verarbeitung, insbesondere dann, wenn sie teilweise auf mechanischem Wege erfolgt. Auch die Kostenart kann in gleicher Weise durch eine Nummer ausgedrückt werden. Setzen wir die Kostenartnummer als Index vor die Kostenstellennummer, so können wir mit zwei Nummern die Kostenart und den Ort ihres Verbrauchs, die Kostenstelle, gleichzeitig angeben.

Beispiel: Kostenartnummer der Hilfslöhne = 3.
Kostenstellennummer der Maschinenformerei = 212.
Somit Bezeichnung für: Hilfslöhne der Maschinenformerei = 3/212.

In Zahlentafel 3 geben wir ein Muster für die Gliederung einer größeren Gießerei in Kostenstellen, die je durch eine Nummer bezeichnet sind. Diese Gliederung läßt sich sinngemäß auch für kleinere Betriebe mit entsprechend weniger Kostenstellen anwenden.

Zahlentafel 3.

Muster für die Gliederung einer größeren Gießerei in Kostenstellen.

Kostenstellen.

I. Stofflager und Speicher.

a) Werkstoffe.

201 Roheisen.
202 Gußbruch, Gußspäne.
203 Altstahl, Stahlspäne.
204 Modellholzlager.

b) Form- und Betriebstoffe.

205 Brennstoffe.
206 Speicher für Kleinzeuge.
207 Formstoffe und Betriebstoffe.

II. Fertigungsbetriebe.

1. Klein- und Mittelstück-Gießerei.

a) Fertigungsabteilungen.

210 Schmelzbetrieb Kuppelofen.
211 Schmelzbetrieb Elektroofen.
212 Maschinenformerei A.
213 Maschinenformerei B.
214 Handformerei A.
215 Handformerei B.
216 Formerei, allgemein.
217 Kernmacherei A.
218 Kernmacherei B.
219 Putzerei.

b) Hilfsabteilungen.

225 Plattenformerei.
226 Sandaufbereitung.
227 Formentrocknerei.
228 Kerntrocknerei.
231 Gußprüfung.
232 Allgemeiner Betrieb.

2. Großstückgießerei.

a) Fertigungsabteilungen.

240 Schmelzbetrieb Kuppelofen.
241 Rüttelmaschinenformerei.
242 Lehmformerei.
243 Sand-Modellformerei.
244 Sand-Schablonenformerei.
245 Kernmacherei.
246 Putzerei Allgemein.
247 Hydraulische Putzerei.
248 Abstecherei.

b) Hilfsabteilungen.

250 Sandaufbereitung.
251 Formentrocknerei.
252 Kerntrocknerei.
255 Allgemeiner Betrieb.

3. Stahlgießerei.

270—299 im gleichen Sinne unterteilt mit Einschaltung der Kostenstellen: „Glüherei," und „Schweißerei".

Zahlentafel 3 (Fortsetzung).

III. Gemeinsame Hilfsbetriebe.
- 401 Modellschreinerei.
- 402 Modellschlosserei.
- 403 Reparaturwerkstätte.
- 404 Versuchsanstalt.
- 405 Hofkranbetrieb und Hofhandlanger.
- 406 Gemeinsamer Transportdienst.
- 407 Kraftversorgung.
- 408 Preßluftversorgung.
- 409 Lichtversorgung.
- 410 Heizung.
- 411 Fallwerk.
- 412 Versandabteilung.
- 415 Allgemeiner Gießereibetrieb.

IV. Werksleitung und -Verwaltung.
- 420 Betriebsverwaltung (nach Bedarf unterteilt).
- 421 Allgemeine Werksverwaltung.
- 422 Einkauf.
- 423 Verkaufsabteilung.

V. Fertigerzeugnisse.
- 430 Rohgußvorräte.

VI. Sammelnummern für Anlagezugänge.

Die Verteilung der Gemeinkosten.

Unmittelbar anfallende Kosten. Sämtliche Kosten werden zunächst dem Konto und der Kostenstelle, auf die sie unmittelbar anfallen, belastet. Ein großer Teil dieser Belastungen gehört zur Gruppe der Gemeinkosten, die den Erzeugnissen nicht unmittelbar verrechnet werden können. Gemeinkosten fallen an auf die Kostenstellen der Stoffe, auf die Fertigungs- und Hilfsabteilungen. Damit die Gemeinkosten in einem

Zahlentafel 4a.

Verteilungsschlüssel für die Werksgemeinkosten.

Kostenart.	Verteilungsschlüssel.
1. Abschreibung und Verzinsung der Anlagen.	Anlagewerte.
2. Zinsen für das Betriebskapital.	Mittlerer Lagerbestand der Stoffkonten, Kapitalbedarf der Abteilungen.
3. Versicherung und Bewachung der Anlagen.	Anlagewerte.
4. Gehälter der Betriebs- und Werksverwaltung.	Unmittelbar und Schätzung der Inanspruchnahme, auch nach Lohnsummen.
5. Angestelltenversicherung und Fürsorge, Ferienentschädigungen usw.	Nach Lohnsummen.
6. Steuern und Abgaben.	Je nach Art: Verkaufswert der Erzeugnisse, Anlagewerte, Lohnsummen.
7. Verkehrsausgaben, Reise.	Nach Beanspruchung.
8. Allgemeine Verwaltungskosten.	Verteilung nur auf Hauptkonten nach Schätzung und nach angemessen erscheinenden Schlüsseln. (Herstellungskosten, Verkaufswert, Löhne und Gehälter.)
9. Verkaufsunkosten.	Verkaufswert, Schätzung.

Zuschlag auf die Erzeugnisse als Kostenträger abgewälzt werden können, müssen sie auf diejenigen Kostenstellen übergeführt werden, auf denen sie in unmittelbare Beziehung zu den Kostenträgern, d. h. den Erzeugnissen gebracht werden können. Wir bezeichnen diese Stellen vom Gesichtspunkt der Kostenverteilung aus als letzte Kostenstellen. Als solche kommen in Betracht die Kostenstellen der Stoffe und die Fertigungsabteilungen.

Kostenträger für die auf die Stoffkostenstellen anfallenden Gemeinkosten sind die Stoffe. Die Gemeinkosten werden in den Stoffpreis, gewöhnlich in Form eines prozentualen Wertzuschlages eingerechnet und mit dem Stoff an die stoffempfangenden Stellen verrechnet. Die Werksgemeinkosten, die Kosten der Hilfsabteilungen und gemeinsamer Hilfsbetriebe müssen letzterdings auf die Fertigungsabteilungen umgelegt werden, damit sie dort nach einer sachgemäßen Maßgröße in die Selbstkosten der Erzeugnisse eingerechnet werden können (s. Zahlentafel 4a). Die Aufteilung der Posten 6—9 und teilweise 4 auf die einzelnen Kostenstellen der Betriebe ist nicht mehr zu empfehlen, da meist ein richtiger Maßstab hierfür fehlt. Es ist angezeigt, diese Kosten nur den Gießereibetriebskonten und teilweise den Stoffkonten zu belasten und sie durch einen prozentualen Zuschlag auf die Herstellungskosten im Preis der Erzeugnisse zu decken.

Gemeinsame Hilfsbetriebe. Die Hilfsbetriebe werden mit den unmittelbar anfallenden Kosten und mit den anteiligen Werksgemeinkosten ohne Verwaltungskosten belastet. Sie verrechnen ihre Leistungen nach den aus der Kostenrechnung sich ergebenden Ansätzen je Einheit der zu verrechnenden Leistung (Betriebsstunden, Arbeitsstunden, Kilowattstunden). Die Verrechnung soll soweit möglich auf Grund von unmittelbaren Aufschreibungen über die zeitliche Inanspruchnahme erfolgen. Wo dies nicht ohne Schwierigkeiten möglich, ist ein sachgemäßer Schlüssel anzuwenden (s. Zahlentafel 4b).

Zahlentafel 4b.

Verteilungsschlüssel für die gemeinsamen Hilfsbetriebe.

Kostenstelle.	Verteilungsschlüssel.
Modellwerkstätte.	Notierungen auf Auftragsnummern (Kundenaufträge, Gemeinkostennummern).
Reparaturwerkstätte.	Notierungen auf Auftragsnummern (Kundenaufträge, Gemeinkostennummern).
Gemeinsamer Transport- und Speditionsdienst.	Nach Inanspruchnahme oder nach Gewicht der ein- und ausgehenden Waren.
Kraft und Licht, Preßluft.	Nach Messung und Schätzung des Verbrauchs unter Berücksichtigung der Motorenstärke und der täglichen Betriebsstunden.
Heizung.	Rauminhalt und Schätzung.
Fallwerk.	Nach Inanspruchnahme.
Versuchsanstalt.	Nach Inanspruchnahme und Notierung auf Auftragsnummern.
Hilfsabteilungen des Betriebes.	
Plattenformerei.	Nach Aufträgen.
Sandaufbereitung, Formsand.	Nach Stoffanforderung der Abteilungen, Abgabenotierungen in Kubikmeter oder Gewicht unter Zugrundelegung des Mischungswertes.
Formen- und Kerntrocknerei.	Unmittelbare Ermittlung wenn möglich, oder Schätzung der Inanspruchnahme durch sachkundige Betriebsbeamte.
Kranbetrieb.	Unmittelbar oder Schätzung der Inanspruchnahme.
Gemeinsamer Betrieb.	Nach Lohnsummen und Gewicht der Erzeugung.
Gußkontrolle.	Nach Schätzung der Inanspruchnahme auf Formereiabteilungen.
Gebäude-Unterhaltungskosten.	Nach Raumbedarf der Abteilungen.

Zahlentafel 5 auf S. 24 zeigt einen Vordruck für die Aufteilung und Umlegung der Gemeinkosten nach ihrer Art auf die Kostenstellen des Werkes, bei der die vorstehend dargelegten Grundsätze zur Anwendung kommen sollen.

Zahlentafel 5. Vordruck für die Aufteilung und Umlegung der Gemeinkosten nach Kostenarten auf die Kostenstellen.

Kostenart	Kostenarten ↓	Kostenstellen																																							
		Werks-Verwaltung				Stoff-Lager							Anlagezugänge	Fertigwaren	Fertigungs-Betrieb A[1]																Gemeinsame Hilfsbetriebe										
						Werkstoffe				Betriebsstoffe					Fertigungsabteilungen										Hilfsabteilungen																
		Betriebsverwaltung	Werksverwaltung	Einkaufsabteilung	Verkaufsabteilung	Roheisen-Lager	Gußbruch-Lager	Altstahl-Lager	Modellholz-Lager	Brennstoffe	Speicher für Kleinzeug	Form- und Betriebsstoffe	Sammelnummern für Anlagezugänge	Guß-Vorräte	Schmelzbetrieb Kuppelofen	Schmelzbetrieb Elektroofen	Maschinenformerei A	Maschinenformerei B	Handformerei A	Handformerei B	Formerei Allgemein	Kernmacherei A	Kernmacherei B	Putzerei	Plattenformerei	Sandaufbereitung	Formentrocknerei	Kerntrocknerei	Gußkontrolle	Allgemeiner Betrieb	Modellschreinerei	Modellschlosserei	Reparaturwerkstätte	Versuchsanstalt	Hofkranbetr. u. Handlanger	Gemeins. Transportdienst	Kraft-Versorgung	Preßluft-Versorgung	Licht-Versorgung	Heizung	Fallwerk
Kostenstellen Nr.	→	420	421	422	423	201	202	203	204	205	206	207		430	210	211	212	213	214	215	216	217	218	219	225	226	227	228	231	232	401	402	403	404	405	406	407	408	409	410	411
I. Hilfslöhne																																									
II. Ausfall an Fertigungslöhnen																																									
III. Soz. Aufwendungen f. Arbeiter																																									
IV. Brennstoffe																																									
V. Form- und Hilfsstoffe																																									
VI. Gehälter																																									
VII. Verschied. Betriebsunkosten																																									
VIII. Instandhaltg. u. Ergänzungen																																									
IX. Werksmiete																																									
X. Kraft, Licht, Heizung																																									
XI. Übrige Hilfsbetriebe																																									
XII. Steuern und Abgaben																																									
XIII. Allgemeine Unkosten																																									
Gesamt																																									
Anteile von Hilfsabteilungen:	Nr.																																								
Plattenformerei	225																																								
Sandaufbereitung	226																																								
Formentrocknerei	227																																								
Kerntrocknerei	228																																								
Gußkontrolle	231																																								
Allgemeiner Betrieb	232																																								
Gesamt																																									

Verrechnung an die Kostenstellen auf Grund von unmittelbaren Belegen über Lieferung oder Leistung bzw. Verteilung und Umlegung auf Grund sachverständiger Schätzung oder mittels sachgemäßer Schlüsselzahlen

Werks-Verwaltung (420–423): Nach Schätzung der Inanspruchnahme auf Fertigungsbetriebe verteilt und gedeckt durch Zuschlag auf die Herstellungskosten

Stoff-Lager (201–207): Als Zuschläge auf Stoffpreise

Anlagezugänge: Auf Anlage-Konto

Fertigungsabteilungen (210–219): Als Gemeinkosten-Zuschläge auf Gewicht der Erzeugung (210, 211) bzw. Fertigungszeit bzw. Lohn und Gewicht

Hilfsabteilungen (225–232): Nach sachgemäßen Schlüsseln und nach Inanspruchnahme auf Fertigungskostenstellen 210—219

Gemeinsame Hilfsbetriebe (401–411): Nach Aufschreibungen, Messungen, Schätzungen, Schlüsselzahlen als Kostenarten in Gruppen VII, VIII, X, XI auf die Kostenstellen

[1]) Übrige Fertigungsbetriebe sinngemäß unterteilt wie Betrieb A.

Aufbau der Kalkulation und Ermittlung der Gemeinkostenzuschläge.

Allgemeines.

Die Betriebsbuchhaltung verteilt die Kosten nach ihrer Art auf die Kostenstellen des Werkes und legt die Kosten gemeinsamer Hilfsbetriebe und der Fertigungshilfskostenstellen um auf die Fertigungsabteilungen. Das Ergebnis ihrer Arbeit sind die Kosten- und Erfolgsrechnungen, wie sie in den Zahlentafeln 6 und 7 auf S. 26 und 27 dargestellt sind. Wenn die Verteilungsarbeit der Betriebsbuchhaltung beendigt ist, erscheinen sämtliche Kosten auf den Rechnungen der Fertigungsabteilungen als letzte Kostenstellen. Von hier aus müssen sie auf die Erzeugnisse umgelegt werden. Wie geschieht das? Die auf den Fertigungsabteilungen auflaufenden Einzelkosten, nämlich die Eisenrohstoffkosten und die Fertigungslöhne auf den brauchbaren Gußstücken können diesen unmittelbar verrechnet werden. Schwieriger zu lösen ist die Frage, wie die auf die Gesamtheit der Erzeugnisse einer Abteilung oder des ganzen Betriebes anfallenden Gemeinkosten den Erzeugnissen zu belasten sind. Da stets mehrere Fertigungsabteilungen an der Herstellung eines Gußstückes beteiligt sind, sollen die Gußstücke auch entsprechend ihrer Beanspruchung an den Gemeinkosten jeder an der Herstellung beteiligten Fertigungsabteilung Anteil haben. Wie läßt sich diese Beanspruchung messen, und wie kann sie als Wert den einzelnen Gußstücken verrechnet werden? Diese Frage ist zu beantworten für den Schmelzbetrieb einerseits und für die Formgebungsarbeiten der Formerei, Kernmacherei und Putzerei anderseits.

Wir teilen somit für den Aufbau der Kalkulation die Kosten in zwei Gruppen, nämlich in solche, welche für die Formherstellung und die Formgebung der Stücke aufgebracht werden, und solche, welche mit dem Stoffgewicht und dem Stoffwert der Gußstücke im Zusammenhang stehen. Die für den Eisenrohstoff und dessen Umwandlung durch den Schmelzvorgang entstehenden Kosten des Eisens im fertigen Gußstück bezeichnen wir als Gußeisenwert. Wir rechnen dazu auch alle Kosten, die außerhalb des Schmelzvorganges für den Stoff der Gußstücke und für dessen Bewegung aufzubringen sind, d. h. die sog. gewichtsproportionalen Betriebs-Gemeinkosten. Die Kosten für die Formherstellung, für das Abgießen und das Putzen der Gußstücke fassen wir zusammen unter unter der Bezeichnung Gußformkosten. Wir haben im folgenden zu untersuchen, wie diese Werte für die einzelnen Erzeugnisse oder Erzeugnisgruppen ermittelt werden können.

Der Gußeisenwert.

Allgemeines.

Der Gußeisenwert setzt sich zusammen aus:

1. dem Eisenrohstoffwert = Satzkosten,
2. den Schmelzkosten,
3. den gewichtsproportionalen Betriebs-Gemeinkosten.

Die Kostenstelle für die Umwandlung der Rohstoffe ist der Schmelzbetrieb; dieser ist in der Betriebs- und Gemeinkostenrechnung in jedem Fall von den Fertigungsabteilungen, denen die Formgebung obliegt, zu trennen. Die Kostenrechnung des Schmelzbetriebes gibt Aufschluß über die Gesamtkosten der verschmolzenen Rohstoffe und über die Kosten des Schmelzvorganges. Ferner soll aus der Kostenrechnung des Schmelzbetriebes ersichtlich sein:

1. Das Gewicht des geschmolzenen Eisens (Satzgut).

2. Gewicht und Wert des vom Rohstofflager an den Schmelzbetrieb abgegebenen Eisenrohstoffs (Roheisen, Gußbruch und sonstiges Alteisen).

3. Das Gewicht des wiedereingeschmolzenen Abfalleisens (Eingüsse, Trichter, Ausschußstücke).

Zahlentafel 6.

Vordruck für die Kosten- und Erfolgsrechnung eines Gießereibetriebes.

Rechnungsabschnitt: ....

	Erzeugung	Fertigungs- Stunden	Fertigungs- Löhne	Stundenverdienst
	kg		Mk.	
1. Normalbeschäftigung: a) Brutto	....	....	....	....
b) Netto	....	....	....	....
2. Beschäftigung im Rechnungsabschnitt:				
a) Brutto	....	....	....	....
b) Ausschuß usw.	....	....	....	
c) Netto	....	....	....	
Beschäftigungsgrad = Verhältnis 2a : 1a	.....%	.....%	.....%	

	Betrag	Verhältniszahlen auf 100 kg brauchbarem Guß		Verhältniszahlen auf 1 Fertigungsstunde (Netto)	Verhältniszahlen auf 1 Mk. Fertigungslohn (Netto)
A. Gemeinkosten.	Mk.	Mk.	Pf.	Pf.	Pf.
a) für Herstellung.					
1. Hilfslöhne					
2. Soziale Aufwendungen					
3. Ausfall an Fertigungslöhnen					
4. Brennstoffe					
5. Form- und Hilfsstoffe					
6. Gehälter der Meister und Betriebsbeamten					
7. Verschiedene Betriebsunkosten					
8. Kraft, Preßluft, Licht, Heizung					
9. Übrige Hilfsbetriebe					
a) Zusammen	....	.....	..	....	....
b) für Werksbereitschaft.					
10. Instandhaltung und Reparaturen					
11. Werksmiete:					
a) Abschreibungen					
b) Verzinsung und Versicherung					
b) Zusammen	....	.....	..	....	....
Gemeinkosten — Insgesamt	....	.....	..	....	....
B. Fertigungslöhne der Former					
Kernmacher					
Gußputzer					
Zusammen	....	.....	..	....	....
A + B = Fertigungskosten	....	.....	..	....	....
C. Satzkosten (Eisen-Rohstoffkosten)					
A + B + C = Herstellungskosten	....	.....	..	....	....
D. Anteilige Verwaltungskosten.					
Steuern und Abgaben					
Betriebsverwaltung					
Allgemeine Werksverwaltung					
Verkaufskosten					
Zusammen	....	.....	..	....	....
E. Sonderkosten	....	.....	..	....	....
Rohgußselbstkosten = Summe A — E	....	.....	..	....	....
Rohguß-Verkaufswert	....	.....	..	....	....
Gewinn oder Verlust	....	.....	..	....	....
Gewinn oder Verlust = % Selbstkosten					

Zahlentafel 7.

Vordruck für die Kostenrechnung einer Fertigungs-Abteilung.

Rechnungsabschnitt ....

	Erzeugung	Fertigungs-		Stundenverdienst
		Stunden	Löhne	
	kg		Mk.	
1. Normalbeschäftigung: a) Brutto	....	....	....	....
b) Netto	....	....	....	....
2. Beschäftigung im Rechnungsabschnitt				
a) Brutto	....	....	....	....
b) Ausschuß usw.	....	....	....	
c) Netto	....	....	....	
Beschäftigungsgrad = Verhältnis 2a : 1a	.....%	.....%	.....%	

	Betrag	Kostenanteile (Verhältniszahlen) auf			
		100 kg brauchbarem Guß		1 Fertigungsstunde (Netto)	1 Mk. Fertigungslohn (Netto)
	Mk.	Mk.	Pf.	Pf.	Pf.
A. Gemeinkosten.					
I. Unmittelbare Abteilungsgemeinkosten.					
a) für Herstellung.					
1. Hilfslöhne					
2. Soziale Aufwendungen					
3. Ausfall an Fertigungslöhnen					
4. Brennstoffe					
5. Form- und Hilfsstoffe					
6. Gehälter der Meister u. Betriebsbeamten					
7. Verschiedene Betriebsunkosten					
8. Kraft, Preßluft, Licht, Heizung					
9. Übrige Hilfsbetriebe					
a) Zusammen	....	.....	..	....	....
b) für Werksbereitschaft.					
10. Instandhaltung und Ergänzungen					
11. Werksmiete:					
a) Abschreibungen					
b) Verzinsung und Versicherung					
b) Zusammen	....	.....	..	....	....
I. Insgesamt	....	.....	..	....	....
II. Anteile an Hilfsabteilungen.					
Kostenstelle:					
.... Plattenformerei					
.... Sandaufbereitung					
.... Formentrocknerei					
.... Kerntrocknerei					
.... Glüherei					
.... Gußkontrolle					
.... Allgemeiner Betrieb					
II. Insgesamt	....	.....	..	....	....
I + II = Gemeinkosten zusammen	....	.....	..	....	....
B. Fertigungslöhne der	....	.....	..	....	....
A + B = Fertigungskosten	....	.....	..	....	....

4. Der Zugang oder Abgang an Abfalleisen am Ende des Rechnungsabschnitts gegenüber dem übernommenen Bestand.

5. Das Gewicht der Bruttoerzeugung, des Ausschusses und der brauchbaren Gußstücke (Nettoerzeugung).

6. Der Eisenverlust durch Abbrand, Spritzeisen, Putzen, Schleifen usw. Dieser ergibt sich aus der Gegenüberstellung des vom Rohstofflager an den Schmelzbetrieb

abgegebenen Rohstoffs, vermehrt oder vermindert um den Abgang oder Zugang von Trichtern und Abfalleisen zu dem Gewicht der brauchbaren Gußstücke, d. h. der Nettoerzeugung.

Setzen wir das Gewicht des brauchbaren Gusses zum Gewicht des Satzgutes ins Verhältnis, so erhalten wir den Prozentsatz der Ausbeute.

Die Satzkosten.

Die Ermittlung der gesamten Satzkosten eines Rechnungsabschnittes verursacht keine besonderen Schwierigkeiten. Es ist notwendig, daß über das geschmolzene Eisen von der Ofenabteilung täglich Rechnung geführt wird, am zweckmäßigsten nach Gattierungen. Je nach den Betriebsverhältnissen kann auch die Abgabe vom Rohstofflager für jede Eisensorte aufgeschrieben und als Gegenprüfung für die Aufzeichnungen der Ofenabteilung benutzt werden. Von Zeit zu Zeit ist eine körperliche Aufnahme der Bestände wiederum als Nachprüfung zu empfehlen.

Zahlentafel 8.

Mengen- und Wertrechnung für den Schmelzbetrieb.

	kg	Preis	Betrag
Roheisen:			
Bezeichnung			
Gesamt	....	....	....
Gußbruch			
Altstahl			
Sonstiges Alteisen			
Bezüge von Rohstofflagern zusammen	....	....	....
+ oder ·/· Abgang oder Zugang von Trichtern, Ausschuß, Eingüssen usw..			
Gesamtverbrauch (Satzkosten)	....	....	....
+ wieder verschmolzene Trichter und sonstiges Abfalleisen .	....		
= Satzgut	....		
Brutto-Erzeugung	....	= % Satzgut	
Abzüglich Ausschuß	....	= % „	
= Nettoerzeugung	....	= % „	= Ausbeute
Stoffverbrauch, wie oben	....		
Stoffverlust	....	= ...% Verbrauch	

Das zu setzende Eisen soll an den verbrauchenden Betrieb zum Selbstkostenpreis, d. h. zum Einstandspreis + Lagerkosten verrechnet werden. Die anfallenden Eingüsse, Trichter, Ausschußstücke usw. werden im Laufe des Monats in der Stoffverrechnung an den Schmelzbetrieb am zweckmäßigsten gar nicht berücksichtigt, sondern als nicht wieder zu verrechnendes Wandereisen behandelt. Erst am Schluß des Rechnungsabschnittes (Monatsende) wird der Überschuß an Abfalleisen gegenüber dem übernommenen Bestand den Satzkosten gutgeschrieben und dem Alteisenkonto belastet, oder die Abnahme, weil durch den Betrieb verbraucht, den Satzkosten belastet und dem Stoffkonto gutgeschrieben. Eine tägliche Feststellung des entstehenden und wieder eingeschmolzenen Abfalls mit entsprechender Verrechnung wäre für die meisten Betriebe nicht ohne erhebliche Schwierigkeiten möglich und würde nur unnötige Mehrarbeit bedeuten.

Die Mengen- und Wertrechnung für das an den Schmelzbetrieb abgegebene Eisen stellt sich wie in Zahlentafel 8.

Die Berechnung der reinen Satzkosten, d. h. des Eisenrohstoffwertes der für ein Gußstück verwendeten Gattierung bietet keine Schwierigkeiten. Wenn wir die Gattierung und die Preise der gesetzten Rohstoffe kennen, können wir die Satzkosten wie folgt berechnen.

Satzkosten für 100 kg Ofeneinsatz.

Gattierung: .... (hochwertiger Maschinenguß).

	kg	Preis $^0/_0$-kg Mk.	Kosten Mk.
Hämatitroheisen	25	10,–	2,50
Gießereiroheisen I	25	9,60	2,40
Kohlenstoffarmes Roheisen	10	12,50	1,25
Gußbruch und Trichter	40	7,20	2,88
	100		9,03

Auf einen Punkt muß noch besonders hingewiesen werden. Es ist vielfach üblich, den in der Gattierung verwendeten Abfall zum Durchschnittswert der Mischung ohne Trichter einzusetzen. Dieses Verfahren müssen wir als unrichtig ablehnen. Die anfallenden Eingüsse, Trichter, Steiger, Ausschußstücke usw. haben tatsächlich nur Alteisenwert und sollen daher bei ihrer Wiederverwendung in der Satzkostenberechnung auch nur zu dem für das Alteisen zu erzielenden Verkaufspreis eingesetzt werden. Hat eine Gießerei Überschuß an Abfalleisen, so kann sie bei dessen Verkauf auch keinen höheren Preis erzielen. Verrechnen wir das Abfalleisen zum höheren Wert der Gattierung ohne Trichtereinsatz, so werden die Gußstücke, die mit mehr Abfall als in der Mischung wieder eingesetzt werden, begünstigt gegenüber solchen mit weniger Abfall als in der Gattierung enthalten, weil ersteren für das Abfalleisen ein zu hoher Wert gutgeschrieben und letztere in der Satzkostenberechnung entsprechend zu viel belastet werden.

Die Schmelzkosten.

Zu den Schmelzkosten sind zu rechnen alle mittelbaren und unmittelbaren Kosten des Schmelzbetriebes bis zum Ablauf des flüssigen Eisens aus dem Ofen. Es empfiehlt sich, die Grenze der Schmelzkosten hier zu ziehen, trotzdem die Kosten für den Transport der Schmelzstoffe und das Vergießen, sowie für die Rückgewinnung des Abfalls ebenfalls den Stoffkosten zuzurechnen sind. Denn die Gruppe dieser Kosten läßt sich in den meisten Fällen nicht mehr so klar abgrenzen, da sie teilweise mit den Arbeiten der Formgebungsabteilungen zusammenhängt und oft auch von diesen zugeteilten Hilfskräften besorgt wird. Der Wirkungsbereich des Schmelzbetriebes geht demgemäß vom Rohstofflager bis zum Ofenabstich. Die Heranschaffung der Rohstoffe und der Brennstoffe ist bereits zu den Schmelzkosten zu rechnen, ebenso das Brechen der Roheisenmasseln, die Kosten für die Zerkleinerung von Ausschußstücken, Eingüssen, Trichtern usw. durch das Fallwerk, um die Stücke ofengerecht zu machen.

Zu den Schmelzkosten rechnen wir demgemäß folgende Aufwendungen:

Schmelz- und Füllkoks, Kalksteine und andere nichtmetallische Einsätze;
Brennstoffe zum Anfeuern und zum Trocknen der Schmelzöfen und Gießkessel;
Löhne der Schmelzer und Ofenarbeiter, der Eisenschläger, Kosten für die Zufuhr der Stoffe vom Rohstofflager zum Schmelzofen;
Unterhalt und Reparatur der Schmelzöfen und Kessel;
Kraftverbrauch für Gebläse, Begichtungskran, Aufzug usw.;
Anteilige Kosten der chemischen und physikalischen Versuchsanstalt;
Aufsicht und Leitung des Schmelzbetriebes;
Anteil an Betriebs-Gemeinkosten, Gebäudeunterhalt, Beleuchtung;
Abschreibung und Verzinsung der Schmelzanlage;
Anteil an Abschreibung und Verzinsung der Gebäude.

Beim Elektroschmelzbetrieb treten an Stelle von Schmelzkoks die Kosten für elektrischen Strom und für Kohlen- oder Graphitelektroden.

Aus der Kostenrechnung des Schmelzbetriebes ergeben sich die gesamten Schmelzkosten für das geschmolzene Eisen. Daraus läßt sich ohne weiteres berechnen, wie hoch sich im Mittel die Schmelzkosten für 100 kg Ofeneinsatz stellen. Diese Ermittlung genügt jedoch den Ansprüchen einer richtigen Kalkulation noch nicht. Die Schmelzkosten je 100 kg eingesetztes Eisen müssen vielmehr in Beziehung gebracht werden zu dem Erzeugnis, das aus dem geschmolzenen Eisen hergestellt wird. Denn als letzter Kostenträger für die Schmelzkosten kommt nur das verrechenbare Fertiggewicht der Gußwaren in Betracht; die Schmelzkosten müssen ganz und ausschließlich vom brauchbaren Guß getragen werden. Wenn die Gattierung und das Verhältnis zwischen Fertiggewicht und Ofeneinsatz bei allen Gußstücken übereinstimmen würden, ließe sich der Wert des durch den Schmelzvorgang umgewandelten Eisens je 100 kg Fertigware schon aus der Kostenrechnung des Schmelzbetriebes errechnen. Diese Voraussetzung trifft jedoch für jede Gießerei, die verschiedenartige Gußstücke aus verschieden zusammengesetzten Gattierungen herstellt, nicht zu. Sehr oft bestehen hier große Unterschiede zwischen dem Fertiggewicht der einzelnen Gußstücke und dem hierfür erforderlichen Ofeneinsatz. Eingüsse, Steiger, Trichter, Überläufe, Ausschußgefahr sind bei den einzelnen Gußstücken im Verhältnis zu ihrem Fertiggewicht sehr ungleich. Kleine Gußstücke weisen meist prozentual höheren Abfall auf als schwere Gußstücke. Beim Stahlguß ist der Abfall durchschnittlich viel größer als beim Grauguß. Die auf das Fertiggewicht entfallenden Schmelzkosten stellen sich um so höher, je größer der Abfall im Verhältnis zum Fertiggewicht ist. Für das nämliche Gewicht an brauchbarem Guß sind je nach Art und Größe der Gußstücke ganz verschiedene Einsatzmengen nötig; jedes Gußstück soll aber mit denjenigen Schmelzkosten belastet werden, die es tatsächlich verursacht.

Die Berechnung des Gußeisenwertes.

Für die Berechnung des Eisenwertes eines Gußstückes sind zu ermitteln:

a) aus der Kostenrechnung des Schmelzbetriebes:
   1. die Schmelzkosten je 100 kg Ofeneinsatz;
   2. der Abbrand durch Schmelzen und der sonstige Eisenverlust;

b) durch individuelle Feststellung:
   3. die verwendete Gattierung und deren Kosten;
   4. das Fertiggewicht des Gußstückes;
   5. der Abfall durch Eingüsse, Trichter, Steiger usw.;
   6. die Ausschußgefahr.

Die Schmelzkosten. Diese sind aus der Schmelzkostenrechnung ohne weiteres ersichtlich. Deren Zusammensetzung wurde schon im vorangehenden behandelt.

Abbrand und Eisenverlust. Durch den Schmelzvorgang geht ein Teil des eingesetzten Eisens verloren. Wir bezeichnen den Eisenverlust durch Schmelzen als Schmelzverlust oder Abbrand [1]). Im Kuppelofen ergibt sich je nach Mischung ein Abbrand von 2—5% des eingesetzten Eisens. Beim Elektroschmelzen ist der Eisenverlust meist größer (5—10%), weil als Satzgut ein sehr hoher Prozentsatz von Alteisen und Spänen verwendet wird.

Außerhalb des Schmelzbetriebes geht noch Eisen verloren beim Gießen, Putzen und Schleifen. Es ist am zweckmäßigsten und praktisch auch allein richtig durchführbar, wenn der Verlust durch Abbrand mit dem Verlust beim Gießen, Putzen und Glühen zusammen ermittelt wird durch Gegenüberstellung der in die Schmelzung eingegangenen Eisenstoffe und der Erzeugung an brauchbaren Gußstücken. Eine solche mengenmäßige Stoffabrechnung soll periodisch, mindestens aber jährlich vorgenommen werden.

Das Fertiggewicht. Für Erstausführungen läßt sich das Gewicht auf Grund der in der Zeichnung angegebenen Maße annähernd genau berechnen. Die Nachkalkulation soll die vorberechneten Gewichte kontrollieren und ihrer Berechnung das durch Wägung ermittelte tatsächliche Stückgewicht zugrunde legen [2]). Für große Stücke, bei denen die Stückgewichte verschiedener Abgüsse innerhalb der zulässigen Grenzwerte von 5—10% des Gewichtes voneinander abweichen können, ist das durchschnittliche Gewicht mehrerer Abgüsse einzusetzen. Dies gilt auch für kleinere und mittlere Stücke, die in größeren Serien auszuführen sind.

Der Abfall. Um das Gewicht des für ein Gußstück oder für eine Reihe von Gußstücken zu schmelzenden Eisens zu ermitteln, müssen wir nicht nur das Fertiggewicht

[1]) Vgl. auch Bd. 3, S. 140. [2]) Vgl. S. 165, 169, 173.

und den Eisenverlust, sondern auch den Anfall an Eingüssen, Trichtern, Steigern, Überläufen usw. kennen. Das Verhältnis von Abfall und Fertiggewicht weist bei den verschiedenen Gußstücken große Unterschiede auf. Die Erfahrungen im Betrieb und besonders durchgeführte Erhebungen zeigen, daß im allgemeinen der Abfall im Verhältnis zum Fertiggewicht mit zunehmendem Stückgewicht abnimmt oder mit abnehmendem Stückgewicht ansteigt. Kleine und kleinste Gußstücke von wenigen 100 g Stückgewicht erfordern im Verhältnis zu ihrem Fertiggewicht sehr viel Eingüsse und Trichter. Bei Stücken unter 1 kg Stückgewicht ist das Gewicht des Abfalls meist größer als das Fertiggewicht der Gußstücke, während Gußstücke von mehreren Tonnen Stückgewicht meist nur einen verhältnismäßig geringen Abfall aufweisen.

Über das Verhältnis von Abfall und Fertiggewicht bei Graugußstücken und über dessen Berücksichtigung bei der Kalkulation sagt die Harzburger Druckschrift:

„Der Abgang an Trichtern, Läufen, verlorenen Köpfen, Spritzeisen, Gräten und sonstiger Abfall ist möglichst für die einzelnen Stücke von Fall zu Fall festzusetzen und entsprechend für die Vorkalkulation zu benutzen. Da es aber in manchen Gießereien bei der Verschiedenartigkeit der Gußstücke kaum möglich sein wird, Einzelwerte festzustellen, so empfiehlt es sich, die Abfallwerte zu staffeln, da die Menge dieser Abfälle im allgemeinen in dem Maße steigt, wie die Stückgewichte geringer werden. Bei Gießereien, die in der Hauptsache schwierigen Guß herstellen, werden im allgemeinen die Abfallwerte höher, bei Handelsgießereien mit einfachen Gußteilen und Massenartikeln werden sie niedriger sein."

Auf Grund einer Umfrage bei einer größeren Anzahl deutscher Eisengießereien wird der Abfall nach Gewichtsklassen gestaffelt. Die Gußstücke werden nach ihrem Stückgewicht in folgende Klassen eingeteilt: Stückgewicht bis 1 kg, 1—2, 2—5, 5—10, 10—25, 25—50, 50—100, 100—250, 250—500, 500—1000, 1000—2000, 2000—5000 kg. Für alle Gußstücke innerhalb einer Gewichtsklasse wird das Verhältnis des Ofeneinsatzes zum Fertiggewicht in gleicher Höhe angenommen. Der Ausschuß ist im Mittel mit 8%, der Abbrand mit 7% des Ofeneinsatzes eingesetzt. Als Durchschnittswerte für je 100 kg Fertigware wurden z. B. ermittelt bei einem

Stückgewicht von	Abfall kg	Ofeneinsatz kg
bis 1 kg	200	330
5—10 kg	65	185
25—50 kg	30	148
2000—5000 kg . . .	7	123

Werken, die viel Kleinguß herstellen, wird empfohlen, die Staffelung der Abfallprozente noch weiter durchzuführen für Stücke von 600, 400, 200, 100 und 50 g.

Interessante Ausführungen über das Verhältnis von Abfall- und Fertiggewicht finden wir auch bei A. Lischka „Die Selbstkostenrechnung in der Eisengießerei"[1]). Der Verfasser versucht, die Größe des Abfalls in eine gesetzmäßige Beziehung zum Stückgewicht zu bringen, und kommt bei seinen Untersuchungen zum Ergebnis, daß innerhalb eines kleinen Intervalles einer nach ansteigendem Gewicht geordneten Gruppe von Gußstücken der Abfall als in seinen Größen gleich angesehen werden kann. Demgemäß wird bei einem Steigen des Stückgewichtes das Verhältnis des Abfalls zur Gewichtseinheit geringer. Lischka kommt bei seinen Untersuchungen über die Abhängigkeit des Abfalls vom Gußgewicht zu ähnlich verlaufenden Kurven, wie sie die Harzburger Druckschrift als Richtlinien angibt.

Bei den bestehenden großen Unterschieden im Verhältnis von Ofeneinsatz und Fertiggewicht der einzelnen Gußstücke, namentlich zwischen Großguß und Kleinguß, wäre es völlig verkehrt, die Gußstücke nach ihrem Fertiggewicht mit Schmelzkosten zu belasten; denn für die Schmelzkosten ist nicht das Fertiggewicht der Gußstücke maßgebend, sondern das Gewicht des Eisens, das geschmolzen werden muß, um dieses Fertiggewicht zu erzeugen. Bei großen Gußstücken läßt sich der Abfall individuell ermitteln, für kleinere und mittlere Gußstücke ist dies in den meisten Fällen praktisch nicht wohl durchführbar. Es ist daher zu empfehlen, die Gußstücke nach dem Verhältnis von Abfall und Fertiggewicht in Gewichtsklassen einzuteilen und für Gußstücke innerhalb

[1]) Verlag R. Oldenbourg, München und Berlin 1926.

zweier Grenzen des Stückgewichtes gleich hohe Abfallprozente anzusetzen. Selbstverständlich soll die Klassierung auf Grund eigener Erhebungen erfolgen. Es wird immerhin gut sein, wenn eine Gießerei die Ergebnisse ihrer Erhebungen mit den diesbezüglichen Richtlinien der Harzburger Druckschrift und mit den Ergebnissen anderer Untersuchungen vergleicht. Die Zahlen der Harzburger Druckschrift dürfen als Durchschnittswerte betrachtet werden für Gießereien, die nicht Sondergußarten herstellen. Bloße Übernahme derselben ohne Überprüfung im eigenen Werk ist jedoch nicht zu empfehlen.

Zahlentafel 9.

Berechnung des Gußeisenwertes.

1. Ermittlung des zu schmelzenden Satzgutes.

	kg		% Fertiggewicht
Fertiggewicht des Gußstückes	270	=	100%
+ Abfall (Trichter, Steiger, Eingüsse usw.)	85	=	31%
+ Ausschußgefahr = 7% vom Einsatz	25	=	9%
	380		
+ Abbrand und Verlust = 4% vom Einsatz	16	=	6%
Satzgut zusammen	396	=	146%

2. Berechnung des Gußeisenwertes.

a) Unmittelbar nach Stückgewicht und Ofeneinsatz.

	Gewicht kg	%-kg Mk.		Kosten Mk.
Satzkosten	396	9,03	=	35,75
+ Schmelzkosten		1,80	=	7,13
= Einsatz, geschmolzen	396	10,83		42,88
— Gutschrift: Alteisenwert für Abfall und Ausschuß	110	7,20	=	7,92
— Abbrand und Verlust	16			—,—
Gußeisenwert	270		=	**34,96**
Gußeisenwert von	**100**			**12,95**

b) Je 100 kg Fertiggewicht (Ofeneinsatz nach Berechnung 1 = 146%).

	Gewicht kg	%-kg Mk.	Kosten Mk.
Satzkosten	146	9,03	13,18
+ Schmelzkosten		1,80	2,63
= Einsatz, geschmolzen	146	10,83	15,81
— Gutschrift für Abfall und Ausschuß	40	7,20	2,88
— Abbrand und Verlust	6		—,—
Gußeisenwert von	**100**		**12,93**

Die Ausschußgefahr. Für alle Gußstücke besteht auch bei sorgfältiger Ausführung eine Gefahr des Ausschußwerdens. Die Gefahr ist für die verschiedenen Gußstücke allerdings ungleich groß[1]). Einfache, leicht zu formende Gußstücke werden im allgemeinen geringere Ausschußgefahr aufweisen als verwickelte Gußstücke mit viel Kernarbeit oder Gußstücke, die besondere Ansprüche an die Mischung stellen. Der Ausschuß kann verursacht sein durch ungeeignete Formstoffe, durch Ausführungsfehler an der Form, durch das vergossene Eisen, durch Fehler beim Gießen, durch die Putzerei, durch Modell- und Zeichnungsfehler usw. Es ist mithin für alle Gußstücke mit einem Mindestausschußrisiko zu rechnen, das wir mit 2—4% der Bruttoerzeugung ansetzen dürfen. Der Durchschnittsprozentsatz an Ausschußstücken geht aber meist nicht unerheblich über diesen Mindestsatz hinaus, teils infolge mangelnder Sorgfalt bei der Ausführung, teils infolge besonderer Schwierigkeiten, die das Stück beim Formen und Gießen bereitet. Das Ausschußrisiko ist besonders groß bei verwickelt konstruierten Gußstücken, wie Blockzylindern, Rippenzylindern und anderen Stücken für die Fahrzeugindustrie. Bei diesen Gußstücken kann der Ausschußprozentsatz auf 10—20% und darüber ansteigen.

[1]) Vgl. auch Bd. II, S. 3.

Für die Berechnung des Gußeisenwertes kommen nur die Mehrkosten des Eisens durch Entwertung infolge Ausschußwerdens und die zusätzlichen Schmelzkosten in Betracht. Die Mehrkosten für die Formherstellung sind bei der Berechnung des Gußformwertes zu berücksichtigen. Die Frage ist, wie weit bei der Berechnung des Gußeisenwertes dem Grade der Ausschußgefahr Rechnung getragen werden soll und kann.

Eine mehr oder weniger der Art des Gußstückes entsprechende Berücksichtigung des Ausschußrisikos ist nur auf Grund fortlaufender Aufzeichnungen über das Verhältnis der brauchbaren und der Ausschuß gewordenen Stücke möglich. Bei verwickelten Gußstücken mit großer Ausschußgefahr ist eine individuelle Einrechnung des Ausschußrisikos am Platze. Im übrigen dürfte es in der Praxis zweckmäßig sein, sich mit der Einrechnung eines durchschnittlichen Ausschußrisikos für die einzelnen Fertigungsabteilungen

Zahlentafel 10.

Berechnung des Eisenwertes von 100 kg Fertiggewicht.

Annahme: Satzkosten für 100 kg = Mk. 9,—; Schmelzkosten für 100 kg Einsatz = Mk. 1,80; Alteisenwert für 100 kg = Mk. 7,20

Gewichtsrechnung					Kostenberechnung				
1.	2.	3.	4.	5.	6.	7.	8.	9.	10.
Ofeneinsatz	Gewichtsverlust durch Abbrand usw. = 4 %	Abfall und Ausschuß	Fertiggewicht	Ausbringen = 4 : 1	Satzkosten	Schmelzkosten	Kosten des geschmolzenen Einsatzes	Vergütung für Abfall und Ausschuß zum Alteisenwert	Eisenwert von 100 kg Fertiggewicht
kg	kg	kg	kg	%	Mk.	Mk.	Mk.	Mk.	Mk.
110	4	6	100	91	9,90	1,98	11,88	—,42	11,46
120	5	15	100	83	10,80	2,16	12,96	1,05	11,91
130	5	25	100	77	11,70	2,34	14,04	1,75	12,29
140	6	34	100	71	12,60	2,52	15,12	2,38	12,74
150	6	44	100	67	13,50	2,70	16,20	3,08	13,12
160	6	54	100	63	14,40	2,88	17,28	3,78	13,50
170	7	63	100	59	15,30	3,06	18,36	4,41	13,95
180	7	73	100	56	16,20	3,24	19,44	5,11	14,33
190	8	82	100	53	17,10	3,42	20,52	5,74	14,78
200	8	92	100	50	18,—	3,60	21,60	6,44	15,16
210	8	102	100	48	18,90	3,78	22,68	7,14	15,54
220	9	111	100	45	19,80	3,96	23,76	7,77	15,99
230	9	121	100	43	20,70	4,14	24,84	8,47	16,37
240	10	130	100	42	21,60	4,32	25,92	9,10	16,82
260	10	150	100	38	23,40	4,68	28,08	10,50	17,58
280	11	169	100	36	25,20	5,04	30,24	11,83	18,41
300	12	188	100	33	27,—	5,40	32,40	13,16	19,24
usw.									

zu begnügen, wie dies auch die Harzburger Druckschrift empfiehlt, und nur größere Abweichungen nach oben oder unten besonders zu berücksichtigen.

Bei richtiger Berücksichtigung der allgemeinen und der individuellen Kalkulationsgrundlagen gestaltet sich die Berechnung des Gußeisenwertes wie in Zahlentafel 9. Die Ergebnisse der beiden Berechnungsarten müssen sich selbstverständlich decken. Die Ausrechnung auf je 100 kg Fertiggewicht hat den Vorteil, daß sie in Tafelform ausgewertet werden kann, indem je für ein bestimmtes Verhältnis von Ofeneinsatz und Fertiggewicht der Gußeisenwert von 100 kg brauchbarem Guß einer bestimmten Gattierung berechnet und ausgesetzt wird (siehe Zahlentafel 10).

Das auf der Eisenwert-Tafel ersichtliche starke Ansteigen des Gußeisenwertes im fertigen Gußstück bei Zunahme des Abfalls und der infolgedessen geringer werdenden Ausbeute zeigt mit aller Deutlichkeit, daß eine Differenzierung der Eisenkosten nach dem Verhältnis von Ofeneinsatz und Fertiggewicht für eine richtige Selbstkostenberechnung unerläßlich ist. Beim Stahlguß liegt diese Notwendigkeit ganz besonders vor, weil sich die Schmelzkosten auf die Gewichtseinheit wesentlich höher stellen als für Grauguß, und weil die Unterschiede zwischen Ofeneinsatz und Fertiggewicht bei den verschiedenen Gußstücken noch größer sind als in der Eisengießerei.

Die Gußformkosten.

Allgemeines.

Als Gußformkosten bezeichnen wir alle mittelbaren und unmittelbaren Aufwendungen für die Formgebung der Gußstücke in Formerei, Kernmacherei und Gußputzerei, sowie alle sonstigen nicht gewichtsproportionalen Kosten der Herstellung. Um diese Kosten für ein Gußstück richtig berechnen zu können, sind nötig:

1. Kenntnis der für die Formgebung unmittelbar aufgewendeten Fertigungszeit und der Fertigungslöhne der Former, Kernmacher und Gußputzer.
2. Rechnungsmäßige Erfassung sämtlicher Kosten und deren sachgemäße Verteilung auf die Kostenstellen des Werkes. Periodische Zusammenstellung der Ergebnisse in Form von Kostenrechnungen für jede Fertigungs-Kostenstelle.
3. Anwendung sachgemäßer Bezugsgrößen für die Umlegung der auf den Kostenrechnungen ausgewiesenen Gemeinkosten auf die Gußstücke als letzte Kostenträger.
4. Kenntnis und Berücksichtigung der Ausschußgefahr.
5. Berücksichtigung des Beschäftigungsgrades für die sog. festen Kosten bei der Errechnung der Gemeinkostenzuschläge.
6. Einrechnung allfälliger Sonderkosten.

Wir geben uns im folgenden darüber Rechenschaft, wie diese Forderungen im Aufbau der Kalkulation und bei der Berechnung der Selbstkosten eines Gußstückes erfüllt werden können.

Fertigungszeit und Fertigungslöhne.

In den meisten Gießereien besteht für die Formerei und Kernmacherei das System der Stücklöhne oder Stückakkorde, d. h. es wird für die Herstellung der Formen und der Kerne je ein fester Preis angesetzt, der bei der Kalkulation dem Gußstück unmittelbar verrechnet werden kann. Dieser Preis ist entweder als Geldwert angegeben oder als Zeitwert in Stunden und Minuten. Erstere Entlöhnungsart bezeichnen wir als das Geld-Akkord- oder Stücklohnsystem, letztere als das Zeit-Akkordsystem.

Auch der Stücklohn beruht auf einer Schätzung oder Berechnung der Ausführungszeit. Daß diese Schätzung oder Berechnung richtig und zuverlässig sei, ist eine grundlegende Forderung richtiger Kalkulation; wird doch auf Grund der berechneten Ausführungszeit nicht nur der Stücklohn bestimmt, sondern Stückzeit oder Stücklohn sind auch Maßgrößen für die Gemeinkostenzuschläge. Fehler in der Stückzeit- oder Stücklohnfestsetzung werden daher bei der Kalkulation mit dem Gemeinkostensatz vervielfacht und müssen auch bei sonst richtigen Unterlagen zu einem ganz falschen Ergebnis der Selbstkostenberechnung führen. Richtiger Ermittlung und Festsetzung der Stückzeiten und Stücklöhne wird darum in neuerer Zeit mit Recht ganz besondere Aufmerksamkeit geschenkt. Die Stückzeitberechnungen können einem Abteilungsmeister oder einem besonderen Akkordbeamten übertragen werden. Für diese Berechnungen leisten statistische Aufzeichnungen über die Ausführungszeiten gute Dienste, ebenso Vergleiche mit andern ähnlichen Gußstücken. Ein wichtiges Hilfsmittel für die Zeitschätzung ist die Zerlegung der Gesamtarbeitszeit in die einzelnen Arbeitsvorgänge. Es soll auch ein Unterschied zwischen Einzelausführung und Serienherstellung gemacht werden. Bei letzterer läßt sich gegenüber der Einzelausführung merklich Zeit einsparen durch Kürzung und Wegfall der Vorbereitungs- und Einarbeitungszeiten. Demgemäß sind die Stückzeiten und Stücklöhne für Serienaufträge entsprechend niedriger anzusetzen.

Der Verein Deutscher Eisengießereien hat sich in Verbindung mit dem Reichsausschuß für Arbeitszeitermittlung (Refa) eingehend mit den Fragen der Stückzeitermittlung in der Gießerei befaßt und in der Refa-Mappe für Gießereiwesen sehr beachtenswerte und wertvolle Richtlinien für das Vorgehen bei der Stückzeitbestimmung aufgestellt. Die Fertigungsarbeiten werden darin unterteilt in Formen, Kernmachen, Gießen, Ausleeren und Putzen. Fünf Fälle der Arbeitsteilung werden für diese fünf Hauptverrichtungen unterschieden, je nachdem jede einzelne von einer besonderen Arbeitskraft oder Arbeitsgruppe erledigt wird oder gewisse Verrichtungen in einem Stücklohn zusammengefaßt sind. Die Gesamtzeit der Fertigung wird eingeteilt in Einrichtezeit und Stückzeit, die Einrichtezeit wieder in eigentliche Einrichtezeit und Verlustzeit, die Stückzeit in Grundzeit und Verlustzeit. Unter der eigentlichen Einrichtezeit ist diejenige Zeit verstanden, welche ausschließlich der Vorbereitung des Arbeitsplatzes, des Fertigungsvorganges, der Einrichtung der Maschinen, der Einrichtung und Beschaffung der Werkzeuge und der Abrüstung dient und nur einmal für einen Auftrag auf beliebige Stückzahlen vorkommt. Grundzeit heißt die für die Ausführung des Arbeitsganges einer Form bzw. eines Werkstückes veranschlagte oder durch Zeitaufnahmen gemessene genaue Fertigungszeit. Verlustzeit ist diejenige Zeit, die sich unregelmäßig auf die einzelnen Arbeitsgänge verteilt und deren Dauer von den jeweiligen Betriebsverhältnissen und von der Werkstättenorganisation abhängt. An Hand von Beispielen wird der Herstellungsvorgang in die einzelnen Arbeitsverrichtungen zerlegt und die Zugehörigkeit der einzelnen Verrichtungen zu Einrichtezeit, Grundzeit oder Verlustzeit angegeben.

Eine auf genauer Unterteilung der Fertigungsvorgänge beruhende Stückzeitermittlung ist nur möglich bei unmittelbarer Zeitaufnahme durch einen erfahrenen Fachmann, der die Fertigungsvorgänge nach der Art ihrer Erledigung und nach der Zeit, in der sie ausgeführt werden, beobachtet, mißt, überprüft und, wenn nötig, Anregungen zu Verbesserungen der Arbeitsweise gibt. Wir können an dieser Stelle nicht auf den ganzen Fragenumfang der äußerst wichtigen Stückzeitermittlung eintreten[1]). Es sei aber jedem Gießereifachmann genaues Studium der Refablätter empfohlen[2]). Wenn auch nicht jede Gießerei in der Lage ist, die Stückzeiten so sorgfältig auf Grund von Zeitmessungen zu ermitteln, so wird sie doch mancherlei Anregungen erhalten, die ihr bei der Akkordfestlegung schätzenswerte Dienste leisten.

Bestimmung der Akkordzeiten durch Zeitaufnahmen nach dem in den Refablättern angegebenen Muster ist praktisch nur in solchen Betrieben möglich, welche entweder große Gußstücke herstellen oder für kleinere und mittlere Gußstücke Serienaufträge zu erledigen haben. Für Gießereien, in denen sehr viele verschiedenartige Modelle in oft geringer Anzahl abzugießen sind, wäre eine in alle Einzelheiten gehende Ermittlung der Stückzeiten auf Grund einer Zerlegung der Fertigungsvorgänge in Einzelverrichtungen und auf Grund entsprechender Zeitaufnahmen nicht lohnend und würde im Verhältnis zu dem zu erzielenden Ergebnis zu viel Arbeitsaufwand erfordern. Auf eine gewisse, wenn auch nicht so weit gehende Unterteilung der Fertigungsvorgänge kann aber auch in solchen Fällen nicht verzichtet werden. Jede Gießerei wird nach ihren besonderen Verhältnissen entscheiden müssen, wie weit sie bei ihrer Akkordbestimmung die Unterteilung der Fertigungsvorgänge durchführen will.

Als Norm für die zu bewilligende Akkordzeit soll die Durchschnittsleistung eines mittleren bis guten Berufsarbeiters angenommen werden. Da alle Entlöhnung auf Grundlage der aufzuwendenden Arbeitszeit erfolgt, ist es empfehlenswert, als Akkord nicht unmittelbar den Geldbetrag, sondern nur die Ausführungszeit anzugeben, d. h. nicht das Geldakkordsystem, sondern den Zeitakkord zu wählen. Während der Inflationszeit ist der Zeitakkord unter dem Zwang der Verhältnisse von vielen Unternehmungen in Deutschland eingeführt worden, und es ist zu wünschen, daß dieses in jeder Hinsicht klare und sachgemäße Entlöhnungssystem beibehalten werde und in der Industrie überhaupt mehr und mehr Eingang finde, da ihm manche Vorzüge gegenüber dem Geldakkordsystem zukommen. Wir möchten im folgenden auf einige dieser Vorzüge hinweisen.

Der Zeitakkord stellt auf eine genau meßbare und unter gleichen Betriebsverhältnissen sich nicht ändernde Größe, die Ausführungszeit, ab und ist nicht den Schwankungen des Geldwertes unterworfen. Auf längere Dauer kann nur die Ausführungszeit bestimmt werden, nicht aber der dafür auszurichtende Lohn. Dieser wird je nach den besonderen beruflichen Anforderungen, nach dem Stand der Lebenskosten, nach der allgemeinen Lage und den Bedingungen des Arbeitsmarktes verschieden sein. Es ist daher angezeigt, die sich ändernden Faktoren des Geldwertes und der Entlöhnung

[1]) Näheres vgl. Abschnitt „Akkordwesen und Zeitstudien usw.". S. 80ff.

[2]) Beuth-Verlag, Berlin NW 7.

nicht in das Akkordsystem aufzunehmen, sondern nur die gleichbleibende Entlöhnungsgrundlage, die Ausführungszeit, anzugeben und für Lohnzahlung und Kalkulation den Geldbetrag durch Umrechnung mit dem jeweils gültigen Stundenlohnsatz der in Frage kommenden Arbeitsgruppe zu bestimmen. Auf diese Weise wird der Zeitakkord ein so lange gültiges Maß der Leistung, wie die Herstellungsbedingungen sich nicht ändern, und ist zugleich auch das unveränderliche Maß der Entlöhnung, das von Schwankungen der Lohnhöhe nicht beeinflußt wird.

Änderungen in der geldlichen Bewertung der Arbeitsleistung lassen sich jederzeit durch entsprechende Änderung des Entlöhnungsfaktors vornehmen. In dieser Hinsicht ist der Zeitakkord viel anpassungsfähiger als der Geldakkord, weil bei letzterem die Anpassung nur durch unmittelbare Änderung des Stückakkordes oder durch prozentuale Erhöhung oder Senkung erfolgen kann. Wird das letztgenannte Verfahren gewählt, so muß bei Bestimmung von neuen Akkorden immer wieder auf den Akkordgrundlohn zurückgerechnet werden. Solche Rückrechnungen sind aber nicht nur umständlich, sondern auch eine nicht zu unterschätzende Fehlerquelle. Werden die Akkorde bei Änderungen des Stundenlohnsatzes immer wieder neu gerechnet, so verursacht dies viel Arbeit, und man gelangt zu periodisch mit der Lohnbewegung wechselnden Stückakkorden, bei denen Vergleiche für zeitlich weiter auseinanderliegende Ausführungen dadurch sehr erschwert sind, daß sie nicht unmittelbar, sondern erst auf Grund einer Umrechnung vorgenommen werden können. Es ist daher viel zweckmäßiger, nur auf Zeit zu akkordieren und nicht auf das sich ändernde Produkt aus Zeit und Entlöhnungsfaktor.

Der Zeitakkord hat gegenüber dem Geldakkord noch weitere Vorzüge. Als ein solcher ist seine Klarheit und Eindeutigkeit zu nennen. Beim Zeitakkord weiß jeder Arbeiter genau, welche Zeit ihm für die Ausführung bewilligt ist. Er kann daran seine Leistung unmittelbar messen und nachprüfen. Beim Geldakkord fehlt diese eindeutige Bestimmung, sowohl hinsichtlich der Ausführungszeit als auch mit Bezug auf den angewandten Stundenlohnsatz. Infolgedessen ist die Nachprüfung erschwert, und es wird dadurch Akkordstreitigkeiten Vorschub geleistet.

Beim Geldakkord besteht die Gefahr, daß der Meister oder Akkordbeamte den Stücklohn nur schätzungsweise festsetzt, ohne die Ausführungszeit zu berechnen. Diese Tatsache führt leicht zu ungenauer und willkürlicher Akkordfestsetzung. Beim System des Zeitakkordes dagegen wird der Akkordbeamte zur Angabe der Ausführungszeit gezwungen und damit auch zu sorgfältiger Schätzung und Berechnung.

Auch für die Lohnrechnung und die Kalkulation bietet der Zeitakkord erhebliche Vorteile. Durch Aufrechnung der Akkordstunden und Umrechnung mit dem bewilligten Lohnsatz läßt sich der Gesamtlohn ohne Einzelausrechnung für jeden Arbeiter leicht ermitteln. Die Gegenüberstellung der wirklichen Arbeitszeit und der Akkordstunden ergibt schon bei der Lohnausrechnung für jeden Arbeiter und jede Arbeitsgruppe eine Leistungsbilanz, die dem Arbeiter und dem Unternehmen Aufschluß über das Maß der Einsparung oder der Überschreitung der bewilligten Ausführungszeiten gibt. Allfällige Unstimmigkeiten in der Arbeitsleistung oder bei der Akkordfestlegung kommen dabei zutage und lassen sich rasch beheben.

Sodann gibt der Zeitakkord für die Selbstkostenberechnung bessere Unterlagen als der Geldakkord, weil die Bezugsgröße „Zeit" ein unveränderliches Maß darstellt sowohl für die dem Stück zu verrechnenden Fertigungslöhne als auch für die anteiligen Gemeinkostenzuschläge. Der nach Berufsgruppen und außerbetrieblichen Einflüssen sich ändernde Fertigungslohn dagegen ist ein veränderliches Maß und eignet sich darum nicht als Zuschlagsgrundlage für die Gemeinkosten.

Zuschlagsgrundlagen für die Gemeinkosten der Formerei und Kernmacherei.

Wir haben bereits dargelegt, daß richtige Selbstkostenermittlung nur möglich ist auf Grund einer dem besonderen Aufgabenkreis und Charakter der Abteilungen entsprechenden rechnungsmäßigen Gliederung des Betriebes mit Darstellung des Kostenaufbaues in Abteilungskostenrechnungen. Es handelt sich nun darum, zu untersuchen, wie die auf den Fertigungsabteilungen ausgewiesenen Gemeinkosten auf die Gußstücke als letzte Kostenträger umzulegen sind, und welche Maßgrößen für die Überwälzung der Gemeinkosten anzuwenden sind. Als Zuschlagsgrundlagen können in Betracht kommen: Das Gewicht der Erzeugung, der Gußeisenwert, die Fertigungszeit oder die Fertigungslöhne, manchmal auch der Platzbedarf.

Gemeinkostenverteilung nach dem Gewicht der Erzeugung.

Das Gewicht der hergestellten Gußstücke wird als Zuschlagsgrundlage in Betracht kommen für alle Gemeinkosten, die mit dem erzeugten Gewicht ursächlich zusammenhängen und daher mehr oder weniger proportional mit dem erzeugten Gewicht steigen oder fallen. Zur Gruppe der gewichtsproportionalen Gemeinkosten gehören in jedem Fall die Schmelzkosten. Die Frage ist, ob nicht auch die Kosten der Formgebung und sonstige Aufwendungen ganz oder teilweise als gewichtsproportional zu behandeln sind und daher bei der Kalkulation den Gußstücken im Verhältnis zu ihrem Fertiggewicht zugeschlagen werden sollen. Mehrtens [1]) z. B. legt die gesamten Betriebsunkosten um nach dem Fertiggewicht der Gußstücke. Messerschmitt [2]) behandelt als gewichtsproportional die Hilfslöhne sowie die Modellerhaltungskosten und verrechnet diese zusammen mit den Satz- und Schmelzkosten in einem Durchschnittswert je 100 kg Fertiggewicht der Gußstücke. Auch in anderen Kalkulationsverfahren wird ein Teil der Fertigungs- und Betriebsgemeinkosten nach dem Gewicht auf die Erzeugnisse umgelegt, so z. B. auch in dem von der „National Association of Cost Accountants" veröffentlichten amerikanischen Selbstkostenberechnungssystem [3]), bei dem ein großer Teil der Formereiunkosten den Gußstücken auf Grundlage des Gewichtes zugeschlagen wird. Lischka [4]) empfiehlt den Zuschlag der gesamten für den Transport aufzuwendenden Kosten und teilweise auch der Formstoffe nach dem Gewicht der Erzeugung.

Die Frage, ob und wie weit Fertigungs- und Betriebsgemeinkosten den Erzeugnissen im Verhältnis zu ihrem Fertiggewicht zuzurechnen sind, hängt davon ab, ob und in welchem Maße diese mit dem Gewicht der Erzeugung ursächlich zusammenhängen und nach Maßgabe des Gewichtes steigen oder fallen. In dieser Hinsicht ist folgendes festzustellen:

Maßgebend für die Kosten der Form sind Volumen, Gliederung, Oberflächengestaltung, sowie Art und Wert der für die Herstellung der Form verwendeten Stoffe. Die Form selbst wird bestimmt durch die Größe und Gestalt des Gußstückes, nicht aber durch dessen Gewicht. Gewiß steigt mit Zunahme der Abmessungen der Gußstücke auch deren Gewicht, doch besteht zwischen Volumen und Abmessungen der Form einerseits und dem Gewicht des Gußstückes andererseits keine Proportionalität. Gußstücke, deren Formen nach Abmessungen und Inhalt nicht wesentlich voneinander abweichen, können zufolge ungleicher Wandstärken in ihrem Fertiggewicht sehr verschieden sein. Die Herstellungskosten der Form sind dann nahezu gleich, während die Fertiggewichte sehr große Abweichungen aufweisen.

Diese Feststellung wollen wir an einem einfachen Beispiel veranschaulichen, ohne daß damit gesagt sein soll, daß die Verhältnisse immer so augenscheinlich klar vorliegen. Angenommen, es seien zwei größere Zylindermäntel von gleicher Höhe und gleichem Durchmesser in Lehm zu formen. Der eine hat eine Wandstärke von 25 mm, der andere eine solche von 50 mm; dementsprechend ist das Gewicht des ersten Zylinders 5000 kg, dasjenige des zweiten etwa 10 000 kg. Rechnen wir nun die gesamten Formerei-Gemeinkosten als Konstante auf das Gewicht, so stellen sich die auf die Form entfallenden Gemeinkosten für den dickwandigeren Zylindermantel nach der Berechnung doppelt so hoch wie für den leichteren Zylindermantel, während die wirklichen Herstellungskosten für beide Formen gleich hoch sind. Auch wenn nur die Hälfte der Abteilungsgemeinkosten proportional zum Stückgewicht umgelegt wird, sind die auf den schwereren Zylindermantel entfallenden Gemeinkosten immer noch etwa 50% höher als für den leichteren.

[1]) Stahleisen 1906. S. 1062/67, 1132/37.
[2]) Kalkulation in der Eisengießerei. 4. Aufl. Essen a. d. Ruhr 1908. [3]) Siehe S. 74.
[4]) Die Selbstkostenberechnung in der Eisengießerei. München und Berlin 1926.

Tatsächlich ist aber das Stückgewicht für beide Gußstücke ohne Einfluß auf die Herstellungskosten der Form. Weder erhält der Former einen höheren Stückakkord für den schwereren Zylinder, noch sind die auf diesen entfallenden Gemeinkosten von denjenigen des ersten verschieden. Ähnliche Beispiele ließen sich in beliebiger Zahl auch für andere Gußstücke anführen.

Beobachtungen und Erhebungen im Betrieb und das Aufsuchen der Kostenzusammenhänge bei der Herstellung der Formen führen zur Erkenntnis, daß jedenfalls die Stoffkosten der Form und die Gemeinkosten der Formerei und Kernmacherei nicht nach Maßgabe des erzeugten Gewichtes steigen und fallen. Die Formen werden hergestellt ohne irgendwelchen Zusammenhang mit dem Gewicht des Eisens, das nachher in diese gegossen wird. Es kann daher auch zwischen den Gemeinkosten der Formerei und Kernmacherei und dem Gewicht der erzeugten Gußstücke keine feste Proportionalität bestehen. Wäre die Stoffumwandlung durch Schmelzen einerseits und die Formherstellung anderseits zwei verschiedenen Werken zugewiesen, so würde dem Formereiunternehmen niemals einfallen, die Herstellungskosten der gießfertigen Formen nach dem Volumen der Hohlräume in der Form bzw. nach den Mitteilungen des anderen Werkes über das Fertiggewicht der Gußstücke zu berechnen. Ein solches Vorgehen würden auch alle diejenigen als verkehrt und unsachgemäß bezeichnen, die nach dem von ihnen angewendeten Kalkulationsverfahren die Formstoffe und die Gemeinkosten der Formherstellung ganz oder teilweise auf Grundlage des Gewichtes verrechnen. Ein Zuschlag der Gemeinkosten auf Grundlage des Fertiggewichtes der Gußstücke wäre nur dann einigermaßen angängig, wenn es sich um die Herstellung ähnlicher Gußstücke mit einer gewissen Einheitlichkeit der Größenabmessungen und der Wandstärken handelt. In diesem Fall wäre das Stückgewicht als Maßgröße der Form zu betrachten. In der Regel aber bestehen große Verschiedenheiten in Größe, Konstruktion und Wandstärke der herzustellenden Gußstücke.

Von der Richtigkeit unserer Feststellung, daß die Gemeinkosten der Formherstellung nicht proportional mit dem erzeugten Gewicht steigen oder sinken, können wir uns auch durch Vergleich der Grenzfälle im Verhältnis von Formwert und Stückgewicht überzeugen. Vergleichen wir z. B. zwei Arbeitsgruppen gleicher Zusammensetzung, von denen die eine Block- und Rippenzylinder herstellt, während die andere Bremsklötze formt. Entsprechend der Einfachheit und Massigkeit der Gußstücke erzeugt die Bremsklotz-Formergruppe 10—20mal mehr an Gewicht als die Zylindergruppe. Kein Gießereifachmann wird aber deswegen behaupten wollen, daß für den Verbrauch der Formstoffe und die Abteilungs-Gemeinkosten das Gesetz der Gewichtsproportionalität gelte, demzufolge die Summe der Gemeinkosten der Bremsklotzformerei den 10—20fachen Betrag des Gemeinkostenaufwandes der Zylinderformergruppe erreiche. Die Verhältnisse liegen eher so, daß die Summe der Gemeinkosten in der Zylinderabteilung trotz der viel geringeren Erzeugung an Gewicht noch bedeutend höher sind als diejenigen der Bremsklotzgruppe, weil die erstere für ihren Qualitätsguß viel teurere Formstoffe benötigt und weil die Ausschußgefahr wesentlich höher ist.

Diese Darlegungen dürften genügen, um klarzulegen, daß das Gewicht der Gußstücke keine sachgemäße Bezugsgröße für den Zuschlag der Gemeinkosten der Formherstellung ist. Weder die Stoffkosten der Form noch die Transportkosten der Formstoffe zur Sandaufbereitung und zur Formstelle, noch die Trockenkosten und die Transportkosten für Formen und Kerne sind proportional zum Gewicht der Gußstücke.

Und doch findet der Grundsatz der Gewichtszuschläge für einen Teil der Gemeinkosten der Formerei immer wieder seine Verteidiger und Anhänger. Es müssen also gewisse Gründe für die Umlegung eines Teils der Gemeinkosten nach dem Gewicht der Erzeugung vorhanden sein. Solche liegen tatsächlich dann vor, wenn eine Gießerei mit einem durchschnittlichen Gemeinkostensatz kalkuliert. In einer Gießerei, die kleine und große Gußstücke herstellt, zeigt es sich, daß auf die Zeiteinheit des Großstückformers höhere Kosten entfallen für Formstoffe, Hilfslöhne, Kraft, Abschreibungen, Verzinsung und Instandhaltung der Betriebsanlagen, als in der Kleinstückformerei, die nach gleichem Formverfahren arbeitet. Erfolgt nun in der Rechnung keine Trennung zwischen Kleinstückformerei und Großstückformerei, so werden die großen Gußstücke mit dem Durchschnitts-Gemeinkostensatz nicht für ihre vollen wirklichen Kosten belastet, während die Selbstkosten der kleinen Gußstücke zu hoch berechnet sind. Dieser offenbaren Unrichtigkeit kann dadurch teilweise begegnet werden, daß im Aufbau der Selbstkostenrechnung ein Teil der Gemeinkosten auf Grund des Gewichtes umgelegt wird. Auf diese Weise erhalten die großen Gußstücke entsprechend der größeren Gewichtserzeugung je Fertigungsstunde auch einen größeren Anteil an den Abteilungsgemeinkosten.

Wenn in einer Gießerei, die kleine und große Gußstücke herstellt, mit einem durchschnittlichen Gemeinkostensatz kalkuliert wird, ist die Überwälzung eines Teils der Gemeinkosten auf Grund des Fertiggewichtes richtiger als der Zuschlag sämtlicher Gemeinkosten auf die Fertigungsstunden oder Fertigungslöhne, weil dadurch der unrichtige Durchschnitts-Kalkulationssatz wenigstens teilweise richtig gestellt wird. Doch decken sich die so kalkulierten Gemeinkosten nicht mit den wirklichen Gemeinkosten, wie sie durch die Abteilungskostenrechnungen ausgewiesen werden.

Für die Umlegung der Gemeinkosten der Kernmacherei wird auch von den Befürwortern der Gewichtszuschläge das Lohnzuschlagsverfahren empfohlen, weil hier die Unmöglichkeit, einen Zusammenhang mit dem Gußgewicht zu erstellen, zu augenfällig in Erscheinung tritt. Es muß aber als folgewidrig bezeichnet werden, wenn für die Gemeinkosten der Formerei eine Proportionalität mit dem Stückgewicht gefordert wird und für die Kernmacherei, die ebenfalls Teile der Form herstellt, dieses Gesetz als nicht mehr gültig oder nicht anwendbar erklärt wird. Wir können solche Widersprüche vermeiden, wenn wir die Selbstkostenrechnung nach den wirklichen Kostenzusammenhängen aufbauen. Damit scheidet aber das Stückgewicht als Bezugsgröße für die Gemeinkosten der Formherstellung aus; denn die Kosten der für ein Gußstück verbrauchten Formstoffe und die Gemeinkosten der Formerei und Kernmacherei stehen, soweit sie sich auf die Formherstellung beziehen, nicht in einem festen Verhältnis zu dem erzeugten Gewicht und dürfen daher in der Selbstkostenberechnung den Gußstücken auch nicht auf Grundlage des Gewichtes zugeschlagen werden.

Wenn wir auf Grund vorstehender Erwägungen die Kosten der Formstoffe und die Gemeinkosten der Formherstellung als nicht gewichtsproportional bezeichnen müssen, erkennen wir andererseits das Gewicht als sachgemäße Zuschlagsgrundlage für alle Kosten an, die außerhalb des Schmelzbetriebes für den Werkstoff der Gußstücke, für den Transport der Rohstoffe und der Gußstücke selbst erwachsen. Demgemäß zählen zur Gruppe der gewichtsproportionalen Gemeinkosten alle Aufwendungen für den Transport des flüssigen Eisens zur Gießstelle, für das Gießen und dessen Vorbereitung, für die Rückgewinnung der Trichter, Eingüsse und des sonstigen Eisenabfalls, für den Transport der Gußstücke vom Gießplatz in die Putzerei und von hier zur Versandstelle. In den wenigsten Gießereien wird es wohl möglich sein, diese Kosten genau zu ermitteln; sie lassen sich aber auf Grund von Beobachtungen und periodischen Aufzeichnungen annähernd richtig schätzen. Es ergibt sich dabei, daß im Durchschnitt nicht mehr als etwa 10—20% der Abteilungsgemeinkosten der Formerei als gewichtsproportional zu betrachten sind.

Gemeinkostenzuschläge nach der Fertigungszeit.

Nachdem unsere Untersuchungen über die Deckung der Gemeinkosten der Formherstellung durch Gewichtszuschläge zu einem negativen Ergebnis geführt haben, bleibt zu prüfen, ob sich die Fertigungszeit als sachgemäße Zuschlagsgrundlage erweist. Dies ist dann der Fall, wenn die Gemeinkosten der Formherstellung in einem festen Verhältnis zur Fertigungszeit stehen.

Teilen wir den Gießereibetrieb nach den dargelegten Grundsätzen rechnungsmäßig in produktionstechnisch einheitliche Fertigungsabteilungen auf, so ist jede als Kalkulationseinheit ausgeschiedene Fertigungsstelle nicht nur nach ihrem Arbeitsverfahren, sondern auch in ihrem Kostenaufbau ziemlich gleichartig. Die in der nämlichen Abteilung und nach dem gleichen Formverfahren herzustellenden Gußstücke zeigen eine gewisse Gleichartigkeit in ihren Abmessungen und Gewichten (Großstückformerei, Mittelstückformerei,

Kleinstückformerei, Blockzylinderformerei usw.) und sind daher auch in den Herstellungsbedingungen nicht wesentlich voneinander verschieden. Soweit die Kosten veränderlich sind, stehen sie in einem annähernd festen Verhältnis zur aufgewendeten Fertigungszeit und steigen oder fallen innerhalb der gleichen Fertigungsabteilung nach Maßgabe der aufgewendeten Arbeitsstunden. In dem Maße, wie eine Form die Zeit des Formers oder Kernmachers beansprucht, hat sie auch Anteil an den Gemeinkosten der Abteilung. Als zeitproportional sind zu betrachten der Verbrauch von Form- und Hilfsstoffen, die Trockenkosten, die Hilfslöhne, die Ausgaben für Kraft, Licht, Heizung, Aufsicht. Zur Gruppe der zeitproportionalen Gemeinkosten zählen demgemäß auch die Transportkosten der Formstoffe vom Lager zur Sandaufbereitung, von dieser zur Formstelle und der Rücktransport des Altsandes zur Sandaufbereitung; ebenso die Kosten für den Transport der Formkasten, der Modelle und Modellplatten. Diese Aufwendungen sollen nach Möglichkeit für jede Fertigungsabteilung erfaßt oder geschätzt werden. Auch für die Kosten der Werksbereitschaft, d. h. für Abschreibung, Verzinsung und Instandhaltung der Anlagen und Werkzeuge, ist die Fertigungszeit die richtige Bezugsgröße. Es ist für die Summe der zeitproportionalen Abteilungs-Gemeinkosten ohne Einfluß, ob die Belegschaft einfachere und dickwandige Gußstücke herstellt und demgemäß viel an Gewicht erzeugt, oder ob sie formschwierigere und dünnwandige Gußstücke herzustellen hat und demzufolge ein viel kleineres Fertiggewicht herausbringt.

Wenn wir die Fertigungszeit als sachgemäße Zuschlagsgrundlage für die Gemeinkosten der Formherstellung bezeichnen, will das nicht heißen, daß die Umlegung der Abteilungsgemeinkosten nach der Fertigungszeit in jedem Fall absolute Richtigkeit und letzte Genauigkeit bedeute. Eine solche ist in der Kalkulation überhaupt nicht zu erreichen. Wir können immer nur Annäherungswerte bestimmen und müssen zufrieden sein, wenn wir auf einfachem Wege eine möglichst große Genauigkeit erzielen und Fehlerquellen tunlichst ausschalten können. Dieses Ziel ist durch eine sachgemäße Aufteilung der Kosten auf die Fertigungsabteilungen und durch Umlegung der gemeinsamen Kosten nach deren Zusammenhängen mit bekannten Maßgrößen zu erreichen. Die auch bei solchem Vorgehen immer noch bestehenden Unterschiede sind jedenfalls nicht mehr solcher Art, daß sie schwerwiegende Fehler im Ergebnis der Selbstkostenberechnung zur Folge hätten, wie dies bei Anwendung eines durchschnittlichen Gemeinkostensatzes für den ganzen Formerei- und Kernmachereibetrieb der Fall ist. Durch die rechnungsmäßige Gliederung des Betriebes wird für jede produktionstechnisch gleichartige Fertigungsabteilung der Kostenaufbau in seiner Eigentümlichkeit erfaßt und in der Abteilungskostenrechnung zur Darstellung gebracht. Die Fehlerquellen, die beim Zusammenfassen des ganzen Formerei- und Kernmacherei-Betriebes in einer Einheit vorhanden sein müssen, sind dadurch behoben, und es bestehen nur noch die für das Ergebnis der Selbstkostenrechnung ziemlich belanglosen Unterschiede innerhalb einer Fertigungsabteilung selbst.

Die eingangs gestellte Frage betr. die Zeitproportionalität der Gemeinkosten der Formherstellung ist also in positivem Sinn zu beantworten: Formstoffe und Gemeinkosten der Formherstellung einschließlich Trockenkosten, ebenso die Transportkosten für die Formstoffe, für Formen und Kerne, für Kasten und Modelle bewegen sich innerhalb einer produktionstechnisch gleichartigen Fertigungsabteilung proportional zur aufgewendeten Fertigungszeit und sollen daher den Gußstücken auf Grund der Abteilungskostenrechnungen in einem festen Zuschlag je Fertigungsstunde verrechnet werden.

Gemeinkostenzuschläge nach dem Fertigungslohn.

Bei den gebräuchlichen Kalkulationsverfahren werden die zeitproportionalen Gemeinkosten meist in einem festen Prozentsatz auf die Fertigungslöhne zugeschlagen. Auch die Harzburger Druckschrift deckt die Gemeinkosten durch Zuschläge auf die Summe der Fertigungslöhne. Bei diesem Verfahren wird die Fertigungszeit durch den ihr entsprechenden Geldwert ersetzt. Dieses Verfahren setzt voraus, daß die Fertigungszeit im Fertigungslohn zum Ausdruck kommt. Das Lohnzuschlagverfahren für die Deckung der Gemeinkosten ist sehr einfach, wenn eine Gießerei nach dem Geldakkordsystem entlohnt. Dies ist wohl auch der Grund, warum es in der Praxis bei den meisten Kalkulationssystemen zur Anwendung kommt.

So weit die Annahme zutrifft, daß die Fertigungszeit im Fertigungslohn rein zum Ausdruck kommt, ist der Zuschlag der Gemeinkosten auf Grund der Fertigungslöhne durchaus berechtigt. Es darf aber nicht übersehen werden, daß diese Voraussetzung sehr oft nicht zutrifft, und es erscheint angezeigt, auf die Fehlermöglichkeiten und Schwächen dieses Verfahrens hinzuweisen.

Einmal muß grundsätzlich festgestellt werden, daß nicht der Lohn des Fertigungsarbeiters die Gemeinkosten verursacht, sondern seine Arbeitsleistung und die für diese Leistung aufgewendete Zeit. Die Abteilungsgemeinkosten wären nicht weniger hoch, wenn dem Fertigungsarbeiter ein niedrigerer Lohn ausgerichtet würde, oder wenn er sogar auf eine Entschädigung für seine Arbeitsleistung verzichten würde. Die Abteilungsgemeinkosten steigen aber auch nicht, wenn und weil der Stückakkord erhöht wird. Träger der Gemeinkosten ist vielmehr die Fertigungszeit. Sodann werden die Stückakkorde in den verschiedenen Fertigungsabteilungen und innerhalb einer Fertigungsabteilung selbst nicht auf Grundlage des gleichen Stundenverdienstes gerechnet. Dieser ist je nach der Arbeiterklasse und nach den Anforderungen, die an das Können des Arbeiters gestellt werden, verschieden. Diese Unterschiede müssen bei der Umrechnung der Fertigungszeit in den Stückakkord zum Ausdruck kommen. Die Unterschiede in den bei der Akkordfestsetzung zugrunde gelegten Lohnsätzen bedingen aber noch keine Unterschiede in den auf die Herstellung entfallenden Gemeinkosten. Werden nun die Abteilungsgemeinkosten in einem festen Satz auf die Fertigungslöhne zugeschlagen, so sind die durch die Arbeitsgüte bedingten Unterschiede in den Fertigungslöhnen zu Unrecht auf die Gemeinkosten übertragen. Schwierigere Stücke, für die ein höherer Stundenverdienst bewilligt wird, werden demzufolge mit einem höheren Anteil an den Gemeinkosten belastet, als ihnen wirklich zukommt, während einfachere Stücke, die zu einem niedrigeren Stundenlohnsatz akkordiert werden, nicht die vollen Grundkosten zu tragen haben, die sie gemäß der beanspruchten Fertigungszeit verursachten. Die Kalkulation ergibt dann nicht mehr das wirkliche Bild der Selbstkosten, weil die Gemeinkosten den Gußstücken nach der veränderlichen Maßgröße „Lohn" belastet sind. Für jede Messung wird als Selbstverständlichkeit betrachtet, daß sie nach einem festen Maß erfolge. Beim Lohnzuschlagsverfahren wird diese Grundforderung jeder Messung nicht beachtet, denn der Lohn schließt alle Schwankungen in der Lohnhöhe nach Arbeitsgüte und Arbeiterklasse und nach den Lebenskosten ein und ist daher eine sich stets ändernde Maßgröße, während die Arbeitszeit ein festes und unveränderliches Maß darstellt.

Das System der Lohnzuschläge hat auch den Nachteil, daß durchgehende Lohnerhöhungen oder Lohnsenkungen ohne weiteres schon eine Änderung des Gemeinkostensatzes bedingen, weil die Bezugsgröße, auf welche die Gemeinkosten übersetzt werden, eine Wertänderung erfahren hat. Ein anderer Nachteil ist der, daß bei Lohnzuschlägen ein richtiger Vergleich der Gemeinkostensätze verschiedener Zeitabschnitte sowohl innerhalb des gleichen Unternehmens als auch zwischen verschiedenen Werken nicht möglich ist; ein solcher kann nur zwischen zeitbezogenen Kalkulationszuschlägen angestellt werden.

Aus den dargelegten Gründen ist für die Deckung der Gemeinkosten der Formherstellung dem System der Zeitzuschläge der Vorzug gegenüber dem Lohnzuschlagsverfahren zu geben. Am besten läßt sich das System der Zeitzuschläge durchführen, wenn auch für die Entlöhnung der Zeitakkord eingeführt ist. In Gießereien mit dem Geldakkord-Entlöhnungssystem wird das Zeitzuschlagsverfahren für die Gruppen- und Gesamtnachrechnung oft nicht ohne weiteres anwendbar sein, da die Feststellung der tatsächlich aufgewendeten Fertigungszeit erhebliche Schwierigkeiten bietet und größeren Zeitaufwand erfordert. In solchen Fällen ist zu empfehlen, für die Gruppen- und Gesamtnachrechnung das Lohnzuschlagsverfahren auf Grund der bekannten Stückakkorde anzuwenden. Fehler, die sich bei der Stücknachrechnung auf Grund des Fertigungslohnes in voller Schärfe auswirken, sind bei der Gesamtnachrechnung annähernd wieder ausgeglichen.

Kosten der Gußputzerei.

Die Kosten der Gußputzerei werden wie diejenigen der Formerei und Kernmacherei periodisch durch Abteilungskostenrechnungen festgestellt. Die Putzerei ist eine Fertigungsabteilung und bildet je nach den Verhältnissen eine oder mehrere Kostenstellen (Großstückputzerei, Klein- und Mittelstückputzerei, Nachputzerei usw.). Die Putzerlöhne rechnen wir ebenfalls zu den Fertigungslöhnen, weil sie für unmittelbare Arbeit am Stück aufgewendet werden und sich daher den Gußstücken als Einzelkosten verrechnen lassen. Die Putzerlöhne können als Stückakkorde oder als Gewichtsakkorde mit entsprechender Unterteilung nach Gußarten und Staffelung nach Stückgewichten angesetzt werden. Die Entlöhnung kann aber auch in Form eines festen Prozentsatzes zu der aufgewendeten Former- und Kernmacherzeit oder zu den entsprechenden Fertigungslöhnen erfolgen. Für größere und mittlere Stücke empfiehlt es sich, Stückakkorde anzusetzen, während solche bei kleinen Gußstücken für die Lohnausrechnung und für die Kalkulation sich als umständlich erweisen, sofern es sich nicht um Stücke handelt, die in großen Serien herzustellen sind. Der Einfachheit halber sind daher für kleine und mittlere Gußstücke in den meisten Gießereien Gewichtsakkorde eingeführt und zwar entweder Durchschnittsakkorde für den gesamten Kleinguß oder Gruppenakkorde mit Unterteilung nach Gußarten und Abstufung nach Gewichtsklassen. Je mehr diese Gruppenakkorde unterteilt und dem Charakter der Gußstücke angepaßt sind, um so eher können sie als brauchbare Grundlage für die Entlöhnung und für den Zuschlag der Abteilungsgemeinkosten gelten.

Es ist aber zu sagen, daß das Gewicht eines Gußstückes keine richtige Bezugsgröße für die darauf entfallenden Putzerkosten darstellt. Die Kosten der Gußputzerei sind viel mehr abhängig von den Abmessungen, der Konstruktion und Oberflächengestaltung der Gußstücke, d. h. von denjenigen Faktoren, welche auch im wesentlichen für die Former- und Kernmacherzeit ausschlaggebend sind. So stehen die Putzereikosten im allgemeinen in einem festen Verhältnis zur Former- und Kernmacherzeit. Die Verhältniszahl ist allerdings verschieden zwischen Großguß und Kleinguß. Kleinguß erfordert gewöhnlich im Verhältnis zur aufgewandten Former- und Kernmacherzeit einen prozentual größeren Zeitaufwand des Putzers als Großguß.

Von besonderer Bedeutung sind die Putzerkosten in der Stahlgießerei. Der Stahlguß erfordert viel mehr Putzerarbeit als der Eisenguß teils wegen der größeren Zähigkeit des Werkstoffs, teils wegen der vielen und verhältnismäßig großen Aufgüsse, die durch Sägen oder Abbrennen entfernt werden müssen. Dazu kommt noch das Nachputzen und Entschlacken nach dem Glühen. Der Stahlguß benötigt meist mehr Zeit für das Putzen als für die Herstellung der Form. Daher übersteigen die auf die Gußstücke entfallenden Putzerlöhne nicht selten Former- und Kernmacherlöhne. Der Deckung der Putzerkosten ist darum beim Stahlguß ganz besondere Aufmerksamkeit zu schenken. Für mittlere und größere Stücke, sowie für kleinere Stücke, die in größeren Serien ausgeführt werden, lassen sich ohne erhebliche Schwierigkeiten feste Stückakkorde ansetzen. Dabei ist immerhin dem Umstand Rechnung zu tragen, daß die Stahlgußputzerarbeit in das Vor- und Nachputzen zerfällt und daher nicht in einem Arbeitsgang und oft auch nicht von der nämlichen Arbeitsgruppe erledigt werden kann. Es wird zweckmäßig sein, das Vor- und Nachputzen bei der Akkordierung zu trennen. Können für das Putzen der kleineren Stahlgußstücke keine festen Stückpreise angesetzt werden, so läßt sich für die Entlöhnung das System der Gruppenakkorde nach bestimmten Gußklassen einführen, und zwar in der Weise, daß für jede Gruppe die bewilligte Putzerzeit in einem festen Prozentsatz zur Summe der Former- und Kernmacherzeit angegeben wird. Natürlich müssen diesen Akkordsätzen sorgfältige Erhebungen zugrunde gelegt werden. Für die Deckung der Putzerkosten in der Stückkalkulation gelten beim Stahlguß die gleichen Grundsätze wie in der Eisengießerei.

In allen Fällen, in denen feste Stückakkorde als Stückzeit oder Stücklohn angesetzt sind, sollen diese den Gußstücken als Einzelkosten verrechnet werden. Die Abteilungsgemeinkosten der Putzerei stehen wie die Gemeinkosten der Formerei und Kernmacherei in einem festen Verhältnis zur Fertigungszeit des Putzers, nicht aber zum Gewicht der

Gußstücke. Sie sollen daher den Stücken in einem festen Zuschlag auf die Fertigungsstunden der Putzer verrechnet werden. Der anzuwendende Gemeinkostensatz ist zu ermitteln auf Grund einer Kostenrechnung, die den charakteristischen Kostenaufbau der Putzereiabteilung zur Darstellung bringt. Auch in den Gemeinkosten der Putzerei werden sich meist Unterschiede zeigen zwischen Großstückputzerei und Kleinstückputzerei und den Putzereiabteilungen für Sonder-Gußarten, wie Rippenzylinder, Blockzylinder, Heizelemente usw., die in der Kalkulation ihre Berücksichtigung erfahren müssen.

Sind aber für die Putzerarbeiten keine festen Stückakkorde angesetzt, so empfiehlt es sich, die gesamten Putzerkosten in einem durch die Kostenrechnungen ermittelten festen Prozentsatz auf die Fertigungszeit der Former und Kernmacher zuzuschlagen. Dieser Zuschlag wird in einer Gießerei, in der Groß- und Kleinguß und vielleicht noch Sonder-Gußarten hergestellt werden, nicht für alle Gußstücke einheitlich, sondern abteilungsweise besonders bestimmt sein. Wird Maschinenformguß und Handformguß beim Putzen untereinander vermengt, so ist bei den maschinengeformten Stücken als Bezugsgröße für die Putzerkosten nicht die einfache Formzeit, sondern die der Handformherstellung entsprechende Fertigungszeit zugrunde zu legen. Besorgt eine Großstückgießerei auch das Abstechen der Aufgüsse, dann sollen diese Kosten getrennt ermittelt und nach Beanspruchung den einzelnen Gußstücken verrechnet werden; es ist nicht richtig, die Kosten der Abstecherei in die allgemeinen Putzereikosten einzuschließen und auch auf diejenigen Gußstücke umzulegen, die diese Unterabteilung nicht beanspruchen.

Das Glühen. Für die Kalkulation von Stahlguß kommt als weitere Fertigungsstufe die Wärmebehandlung, das Glühen, in Frage. Die Kosten für das Glühen des Stahlgusses werden am zweckmäßigsten auf Grundlage des erzeugten Gewichtes verteilt und in der Kalkulation durch einen festen Satz auf die Tonne Fertigware eingebracht. Da bei gleichem Stückgewicht die Raumbeanspruchung aber sehr verschieden ist, kann auch eine Teilung der Glühkosten in der Weise vorgenommen werden, daß den Stücken 50% auf Grundlage des Gewichtes und 50% in einem festen Satz auf die Formerstunden zugerechnet werden.

Die Deckung der Ausschußgefahr.

Jede Gießerei hat mit einem gewissen Prozentsatz von Fehlgüssen und Ausschußstücken zu rechnen. Die Höhe des Ausschußprozentsatzes schwankt nicht nur zwischen verschiedenen Gießereien je nach der Art ihrer Erzeugnisse und der Sorgfalt der Betriebsführung sehr stark, sondern es zeigen sich auch innerhalb des gleichen Unternehmens große Unterschiede zwischen den verschiedenen Fertigungsabteilungen und bei den einzelnen Gußstücken. Im allgemeinen wird der Prozentsatz der fehlgegossenen Stücke größer sein für formschwierige, verwickelte Abgüsse mit viel Kernarbeit, wie z. B. Blockzylinder und Rippenzylinder, als bei einfach gebauten Stücken. Ferner ist bei Kleinguß die Ausschußgefahr meist höher als bei Großguß und in der Maschinenformerei größer als bei Handformausführung. Wie schon auf S. 32 erwähnt, kann der Ausschuß durch verschiedene Fehler verursacht sein. Als Hauptursachen kommen in Betracht: ungeeignete Formstoffe, Ausführungsfehler an Formen und Kernen, ungenügende Trocknung der Formen und Kerne, unrichtige Anordnung der Trichter und Steiger, unzweckmäßiges Gießverfahren, ungeeignete Gattierung, Unzulänglichkeit der Schmelz- und Flüssigeisentemperaturen, Modell- und Zeichnungsfehler.

Jede Gießerei, die auf wirtschaftliche Betriebsführung hält, soll sich über den Ausschuß und dessen Ursachen laufend Rechenschaft geben durch entsprechende statistische Aufzeichnungen, unterteilt nach Fertigungsabteilungen und Gußklassen. Für einzelne besonders schwierige Stücke oder für Serienaufträge sind oft individuelle Erhebungen notwendig. Es wird auch bei sorgfältigster Betriebsführung noch ein gewisser Prozentsatz an Ausschußstücken verbleiben, deren Kosten auf die brauchbaren Gußstücke abgewälzt werden müssen. Über die Deckung des Verlustes an den Werkstoffen (Schmelzkosten und Werteinbuße der Stoffe) haben wir uns bereits auf S. 33 Rechenschaft gegeben.

Hier handelt es sich noch um die Deckung des durch Ausschußstücke verloren gehenden Formwertes. Da dieser meist den Eisenwert erheblich übersteigt, ist auch der Verlust an dem Formwert entsprechend größer. In den meisten Betrieben läßt sich nur ein verhältnismäßig kleiner Teil der für die Ausschußstücke aufgewandten Fertigungslöhne der Former und Kernmacher oder Gußputzer in Abzug bringen, während der größere Teil zu Lasten des Geschäftes geht. Aber auch dann, wenn der Arbeiter, der den Ausschuß schuldhaft verursacht hat, die ganze Lohneinbuße tragen muß, bleibt für das Unternehmen noch der große Anteil an Gemeinkosten, der oft ein Mehrfaches des Fertigungslohnes ausmacht, namentlich bei maschinengeformten Stücken. Die Kosten für Ausschußstücke sind zufolge der durch sie verursachten Mehrarbeit in Betrieb und Verwaltung meist größer als für die brauchbaren Stücke.

Wie ist die Ausschußgefahr im Aufbau der Selbstkostenrechnung und bei der Auftragsvorkalkulation zu decken? Es steht fest, daß die Kosten der Fehlgüsse in den Verkaufspreis des brauchbaren Gusses eingerechnet werden müssen, weil ein Unternehmen sich nur auf diese Weise gegen die Verluste durch Ausschuß decken kann. Es dürfen daher schon im Aufbau der Selbstkostenrechnung nur die auf den brauchbaren Guß entfallenden Fertigungslöhne als verrechenbare Einzelkosten behandelt werden. Die Fertigungslöhne auf Ausschußstücke können nicht als Gemeinkostenträger in Betracht kommen, sie müssen vielmehr selbst der Gruppe der Gemeinkosten zugewiesen werden. Es ist unerläßlich, die Fertigungslöhne auf Ausschußstücke in den Abteilungskostenrechnungen als einen besonderen Posten aufzuführen und deren Bewegung für jede Fertigungsabteilung ständig zu verfolgen. Wenn beim Aufbau der Selbstkostenrechnung die Fertigungslöhne auf Ausschuß als Gemeinkosten in die für die Berechnung der Kalkulationszuschläge maßgebende Kostenrechnung eingesetzt werden, so ist die durchschnittliche Ausschußgefahr abteilungsweise durch den Gemeinkostensatz gedeckt. Damit ist bereits eine wertvolle Trennung in der kalkulatorischen Behandlung der Ausschußstücke erreicht, die jedenfalls einer bloßen Durchschnittsberechnung für den ganzen Betrieb, wie sie noch vielfach angewandt wird, vorzuziehen ist.

Es darf aber auch eine solche Trennung nicht für alle Fälle als genügend erachtet werden. Vielmehr ist es notwendig, Gußklassen und einzelne Gußstücke mit besonders großer Ausschußgefahr auch gesondert zu behandeln. Dies kann in der Weise geschehen, daß der Ausschußprozentsatz und der entsprechende Verlust für solche Stücke oder Gußklassen durch statistische Aufzeichnungen festgestellt und die höhere Ausschußgefahr durch einen Sonderzuschlag gedeckt wird. Sinngemäß hätte auch eine Reduktion einzutreten für solche Stücke, deren Ausschuß dauernd unter dem durchschnittlichen Abteilungsmittel steht. Wie weit eine solche getrennte Behandlung wünschbar und notwendig ist, kann nicht allgemein verbindlich angegeben werden. Jede Gießerei wird sich nach ihren besonderen Verhältnissen richten müssen im Bestreben, die richtige Grenze zwischen Durchschnittsverrechnung und Einzelverrechnung der Ausschußkosten zu ziehen. Selbstverständlich ist es praktisch nicht möglich, bei kleineren Aufträgen auf einzelne Stücke immer auch die volle Ausschußgefahr zu decken, da sonst der Preis eine Höhe erreichen könnte, die einen Verkauf unmöglich machen würde.

Bei der Deckung der Ausschußgefahr darf nicht nur auf den durch den Betrieb tatsächlich ausgewiesenen Ausschußprozentsatz abgestellt werden, gleichgültig welche Höhe der Ausschuß im Verhältnis zum brauchbaren Guß erreiche. Es soll vielmehr in den Kalkulationssatz kein höherer Ausschußbetrag eingerechnet werden, als er bei guter Betriebsführung für ein Stück oder eine Gußklasse oder für die Erzeugnisse einer ganzen Abteilung noch als angängig betrachtet werden kann. Der über diese Grenze hinausgehende Ausschuß ist ein Verlust infolge Mängel der Betriebsführung, der nicht auf die Erzeugnisse abgewälzt werden darf, sondern durch Behebung der Fehlerquellen im Betriebe selbst beseitigt werden soll.

Die Höhe des Ausschußprozentsatzes ist von ganz erheblichem Einfluß auf den Gemeinkostensatz und damit auch auf die Gestehungskosten. Diese Tatsache sei hier an einem einfachen Beispiel veranschaulicht:

Annahme: Gesamtfertigungslöhne der Former . . . . Mk. 65 000.—
Abteilungsgemeinkosten ohne Ausschuß . . . . „ 130 000.— = 200 %

Fertigungslöhne auf Ausschußstücke . .	5 %	10 %	20 %	30 %
Fertigungslöhne auf brauchbaren Guß .	61 750,—	58 500,—	52 000,—	45 500,—
Gemeinkosten einschließl. Ausschußlöhne	133 250,—	136 500,—	143 000,—	149 500,—
In % der Fertigungslöhne	= 216 %	233 %	275 %	328 %

Berechnung der Gußformkosten mit obigen Gemeinkostenzuschlägen:

Formerlohn	75,—	75,—	75,—	75,—
Gemeinkostenzuschlag	162,—	175,—	206,—	246,—
Gußformkosten	237,—	250,—	281,—	321,—
	= 105,3 %	111,1 %	125 %	142,5 %

der Gußformkosten bei Annahme von 0 % Ausschuß.

Werden die Gemeinkosten bei der Ermittlung des Kalkulationszuschlages auf die brutto anfallenden Fertigungsstunden bezogen, so ist die Ausschußgefahr durch einen besonderen Risikozuschlag auf die Herstellungskosten zu decken.

Die Verwaltungs- und Verkaufskosten, Sonderkosten.

Den Gießereien, die das Kundengußgeschäft betreiben, ist zu empfehlen, die Kosten für Kundenwerbung und für den Verkauf der Erzeugnisse so weit wie möglich von den allgemeinen Verwaltungskosten zu trennen. Diese Notwendigkeit liegt namentlich für gemischte Unternehmen vor, die teils die eigenen Werkstätten, teils fremde Kundschaft beliefern. Für das Kundengußgeschäft entstehen Sonderkosten, wie Anzeigen in Zeitschriften, Drucksachen, Werbekosten, Reisespesen, Gehälter der Korrespondenzabteilung und der Debitorenbuchhaltung, Postgebühren, Fernsprecher, Vertreterprovisionen, Zahlungseinbußen. Diese Kosten dürfen nicht auf die Gesamtheit der Erzeugnisse abgewälzt werden, sondern sollen ausschließlich zu Lasten des Kundengusses gehen, der sie verursacht.

Wie sind die Verwaltungs- und Verkaufskosten in der Selbstkostenberechnung bzw. durch die Kalkulationszuschläge zu decken? Jedem in der Praxis stehenden Gießereifachmann dürfte es klar sein, daß eine richtige Aufteilung der Verwaltungskosten auf die einzelnen Kostenstellen sehr schwierig, wenn nicht überhaupt unmöglich ist, da der größte Teil der Verwaltungskosten nicht als für eine einzelne Abteilung, sondern nur als für das Gesamtunternehmen verbraucht, festzustellen ist. Darum ist eine wirklich sachgemäße Verteilung der Verwaltungskosten auf die Fertigungs- und Stoffkostenstellen des Werkes entsprechend der Beanspruchung nicht wohl möglich. Wir erachten es daher als richtiger und als zweckmäßig, daß kleinere Betriebe die Verwaltungskosten überhaupt nicht auf die einzelnen Kostenstellen aufteilen, und größere Unternehmen diese Verteilung nur nach in sich geschlossenen Unterbetrieben (Großstück-Eisengießerei, Kleinstück-Eisengießerei, Stahlgießerei, Tempergießerei, Metallgießerei) vornehmen, innerhalb der einzelnen Betriebe aber von einer Aufteilung der Verwaltungskosten auf die Kostenstellen absehen.

Die Aufteilung der Verwaltungs- und Verkaufskosten auf die einzelnen Unterbetriebe eines Großunternehmens erfolgt am besten auf Grund einer sorgfältigen Schätzung der Ansprüche jedes Unterbetriebes an jede einzelne Kostengruppe oder Verwaltungsabteilung. Auf Grund dieser Schätzung oder einer sachgemäßen Bezugsgröße ist der maßgebende Verteilungsschlüssel zu bestimmen. Bei der Schätzung der Beanspruchung soll für jeden Unterbetrieb normale Beschäftigung angenommen werden. Minderbeschäftigung oder Überbeschäftigung dürfen nur dann berücksichtigt werden, wenn sie die Ansprüche der einzelnen Unterbetriebe an die Verwaltung auf längere Dauer verändern. Die Forderung, daß die Verteilung der Verwaltungskosten unter Annahme von Normalbeschäftigung erfolge, gründet sich auf die Tatsache, daß die Verwaltung den Bedürfnissen der einzelnen Unterbetriebe bei normaler Beschäftigung angepaßt ist, und daß sie sich nur langsam und nur teilweise auf eintretende Änderungen im Beschäftigungsgrad des ganzen Unternehmens und der Unterbetriebe einstellen kann. Ein Stamm tüchtiger Kräfte muß auch in ungünstigen Zeiten durchgehalten werden. Aus diesen Gründen rechtfertigt es sich, die Verwaltungs- und Verkaufskosten nicht auf Grund der stärkeren Schwankungen unterworfenen tatsächlichen Inanspruchnahme während eines kürzeren Zeitabschnittes zu verteilen, sondern nach Maßgabe der Ansprüche, die sie bei Normalbeschäftigung an die Verwaltung stellen. Für einzelne Kostengruppen sind sachgemäße Verteilungsschlüssel gegeben; so kommen z. B. für Steuern je nach deren Art als Verteilungsschlüssel in Betracht die Verkaufsumme, die Lohnsumme, der Anlagewert, für Wohlfahrts- und Fürsorge-Einrichtungen die Arbeiterzahl, für Verbandsbeiträge und sonstige Abgaben wieder die Lohnsummen.

In Zahlentafel 11 sei zur Veranschaulichung des Gesagten ein Muster für die Aufteilung der Verwaltungs- und Verkaufskosten auf die Unterbetriebe eines Großunternehmens gegeben.

Zahlentafel 11.

Aufteilung der Verwaltungs- und Verkaufskosten.

	Schlüssel	Unterbezirk: A %	B %	C %	D %
Einkaufsabteilung	Schätzung, Umsatz				
Geschäftsbuchhaltung	„ „				
Betriebsbuchhaltung	„ „				
Allgemeine Verwaltung und Leitung	Herstellungskosten				
Korrespondenz und Verkaufsabteilung	Schätzung				
Bürospesen, Drucksachen usw.	Herstellungskosten				
Verkehrsausgaben, Reisen	Schätzung, Umsatz				
Steuern und Abgaben	Verkaufsumme, Anlagewert				
Wohlfahrts- und Fürsorgeeinrichtungen	Arbeiterzahl				
Verbandsbeiträge	Lohnsummen				
Sonstige Verwaltungskosten	Herstellungskosten				
	Zusammen				

Ein klareres Bild über die Belastung der Erzeugnisse mit Verwaltungs- und Verkaufskosten ist zu gewinnen, wenn die Hilfsbetriebe und Stoffkonten nicht mit Verwaltungskosten belastet werden, sondern nur die eigentlichen Fertigungsbetriebe, deren Erzeugnisse letzterdings als Kostenträger für die Verwaltungskosten in Betracht kommen.

Sind die Verwaltungskosten auf die Unterbetriebe verteilt, so handelt es sich noch darum, die sachgemäße Zuschlagsgrundlage für die Verrechnung der Verwaltungskosten an die Erzeugnisse zu finden. Als Verteilungsschlüssel können in Frage kommen das erzeugte Gewicht, die Fertigungszeit oder Fertigungslöhne, der Herstellungswert. Das Gewicht kann als Zuschlagsgrundlage nur für denjenigen Teil der Verwaltungskosten in Frage kommen, der auf die gewichtsproportionalen Kostenfaktoren entfällt, während es für die mit dem Formwert zusammenhängenden Kosten keine richtige Maßgröße darstellt. Auch die Fertigungszeit oder der Fertigungslohn können nicht als Zuschlagsgrundlage für die gesamten Verwaltungskosten gelten, da sie nicht als Maß der mit dem Gußstoffwert zusammenhängenden Kosten angewendet werden dürfen. Eine tatsächlich richtige Trennung der Verwaltungskosten in gewichtsproportionale und zeitproportionale Kostengruppen ist nicht durchführbar. Der Wirklichkeit am nächsten kommt der Zuschlag der Verwaltungskosten nach dem Verhältnis der Herstellungskosten, da im Herstellungswert alle Kostenfaktoren eingeschlossen sind, auf die auch Verwaltungskosten entfallen, und zwar Stoffe und Löhne nach Maßgabe ihres Verbrauchs. Selbstredend wird auch dieser Grundsatz für die Umlegung der Verwaltungskosten nicht in jedem Einzelfall genau der Beanspruchung entsprechen; er stellt aber einen brauchbaren Annäherungswert dar, der durch einen besseren auf einfache Weise nicht zu ersetzen ist.

Auch die Harzburger Druckschrift empfiehlt, die Handlungskosten prozentual auf den Wert der Erzeugung zu schlagen. Die Begründung hierfür kann allerdings nicht als glücklich bezeichnet werden. Die Druckschrift sagt nämlich:

„Die Handlungsunkosten werden zweckmäßig auf die gesamten Herstellungskosten zusammen verrechnet, damit einfachere und schwerere Teile ihrem Gewicht entsprechend einen gewissen Betrag aufbringen und andererseits die schwierigen Gußstücke entlastet werden, die schon hohe Fertigungslöhne haben und einen entsprechend größeren Anteil an den Betriebsunkosten tragen müssen. Durch diese Zuschlagsart soll ein gewisser Ausgleich geschaffen werden."

In dieser Begründung liegt das Eingeständnis, daß die Berechnung der Herstellungskosten nach dem Harzburger Verfahren Fehler enthält, die durch die Zuschlagsart der Handlungskosten eine gewisse Richtigstellung erfahren müssen. Messerschmitt [1]) und Winkler [2]) setzen die Verwaltungskosten in ein festes Verhältnis zu den Former- und Kernmacherlöhnen und decken sie in der Kalkulation durch einen prozentualen Zuschlag auf die Fertigungslöhne, während in dem bereits auf S. 37 erwähnten amerikanischen Selbstkosten-Berechnungsverfahren die Verwaltungskosten teilweise auf die Fertigungsabteilungen umgelegt und in die Lohnzuschläge eingeschlossen werden.

Wir haben uns im vorangehenden darüber Rechenschaft gegeben, was gegen eine Verteilung der Verwaltungskosten auf die einzelnen Fertigungsabteilungen spricht, und warum dem Zuschlag der Verwaltungskosten auf Grundlage der Herstellungskosten der Vorzug gegenüber demjenigen auf die Fertigungslöhne zu geben ist. Werden die Verkaufskosten gesondert ermittelt, dann sind diese nur denjenigen Erzeugnisgruppen zu verrechnen, welche solche verursachen, d. h. dem Kundenguß, nicht aber auch den Gußlieferungen an die eigenen Werkstätten. Die Deckung der Verkaufskosten erfolgt am zweckmäßigsten durch einen prozentualen Zuschlag auf die Herstellungskosten.

Als Sonderkosten kommen in Frage besondere Transportkosten, Bearbeitungskosten, wie Abstechen von Aufgüssen und Überschruppen, Modellkosten, Sonderbehandlung, wie Glühen von Graugußstücken, ferner Lizenzen, Provisionen usw. Diese Kosten sollen je für den in Frage stehenden Auftrag unmittelbar ermittelt und diesem unmittelbar belastet werden; denn sie stehen nicht in irgendeinem festen Verhältnis zu den übrigen Kosten, sondern betreffen nur den einzelnen Auftrag und sind daher dem Gußstück als Einzelkosten zu verrechnen.

Feste und veränderliche Kosten.

Nach der Ursache ihrer Entstehung haben wir unterschieden:

1. unmittelbare Kosten der Herstellung,
2. Kosten der Werksbereitschaft:
   a) Instandhaltung der Anlagen,
   b) Werksmiete (Abschreibung, Verzinsung, Versicherung der Anlagen).
3. Verwaltungs- und Verkaufskosten.

Diese Gruppierung der Kosten nach der Kostenquelle ist von Bedeutung für den Aufbau der Kalkulation, weil sie im wesentlichen zugleich eine Gruppierung nach der Beziehung der Kosten zu den Erzeugungsvorgängen und zum Beschäftigungsgrad ist, die sich im Aufbau der Selbstkostenrechnung auswirken muß. Die unmittelbaren Kosten der Herstellung stehen größtenteils im unmittelbaren Zusammenhang mit dem Arbeitsaufwand und der Erzeugungsmenge und sind daher abhängig vom Beschäftigungsgrad. Sie steigen proportional der Beschäftigungszunahme und sinken annähernd in dem Maße, wie die Beschäftigung abnimmt. Wir bezeichnen diese vom Arbeitsaufwand und vom Beschäftigungsgrad unmittelbar abhängigen Kosten als veränderliche Kosten. Zu dieser Gruppe gehören die Fertigungslöhne, die Gußstoffkosten, die Hilfslöhne, die Form- und Hilfsstoffe, die Kraftkosten, während die Löhne und Gehälter für die Werkmeister und Betriebsbeamten, die Kosten für Heizung und zum Teil auch für Beleuchtung nicht in unmittelbarer Abhängigkeit vom Beschäftigungsgrad stehen. Letztere gehören zur Gruppe der festen Kosten, die vom Beschäftigungsgrad völlig oder auf längere Dauer unabhängig sind und in gleicher Höhe anfallen, ob das Werk voll oder nur teilweise beschäftigt ist, oder ob der Betrieb still gelegt ist.

Zur Gruppe der festen Kosten gehört vor allem die Werksmiete, d. h. die Aufwendungen für Abschreibung, Verzinsung und Versicherung der Anlagen. Diese Kosten

[1]) a. a. O. [2]) a. a. O.

entstehen nicht erst bei und infolge der Herstellung, sondern schon mit dem Vorhandensein der für die Fertigung bereitgestellten Anlagen und lasten daher in gleicher Höhe auf dem Unternehmen, ob die Beschäftigung zu- oder abnimmt.

Die Instandhaltungs- und Reparaturkosten nehmen eine Zwischenstellung ein. Sie sind nicht unmittelbar für die Fertigung aufzubringen, werden aber doch zum Teil durch diese verursacht, teils erfordern auch die außer Betrieb gesetzten Anlagen Instandhaltungskosten zur Erhaltung der Fertigungsbereitschaft. Vor allem trifft dies zu für die Gebäude-Instandhaltung, die daher zu den festen Kosten zu rechnen ist. Aber auch die Instandhaltungskosten für Maschinen, Betriebseinrichtungen und Werkzeuge steigen und fallen nicht proportional zum Grad der Beschäftigung. Wir könnten sie als degressiv proportionale Kosten bezeichnen, weil sie bei zunehmender Beschäftigung langsamer ansteigen, als die Beschäftigung zunimmt und bei Abnahme der Beschäftigung nicht in gleichem Maße niedriger werden. Rechnen wir die Instandhaltungskosten der Gebäude ganz und von der Instandhaltung der übrigen Betriebsanlagen ein Drittel zu den festen Kosten und zwei Drittel zu den veränderlichen Kosten, so dürften wir damit der Wirklichkeit ziemlich nahe kommen.

Auch der größte Teil der Verwaltungs- und Verkaufskosten ist zu den festen Kosten zu rechnen. So wie jedes Unternehmen die Fertigungsanlagen für eine bestimmte Arbeitsleistung und Beschäftigung eingerichtet hat, die es glaubt erreichen zu können, so benötigt es auch einen dieser Fertigungsfähigkeit angepaßten Verwaltungsapparat, den es bei Abnahme der Beschäftigung nicht entsprechend abbauen kann, sondern in seinem wesentlichen Bestand erhalten muß. Aus diesem Grunde lassen sich die Verwaltungskosten bei Abnahme der Beschäftigung nicht wesentlich und jedenfalls nicht in kurzer Zeit verringern. Sie erhöhen sich aber auch nicht bei zunehmender Beschäftigung entsprechend dieser Zunahme, sondern bleiben innerhalb weitgezogener Grenzen des Beschäftigungsgrades auf längere Dauer in ihrer absoluten Höhe gleich. Die Verkaufskosten werden sich sogar in Zeiten ungenügender Beschäftigung oft noch höher stellen als bei Normalbeschäftigung wegen vermehrter Arbeit für Auftragswerbung.

Auch die veränderlichen Kosten steigen und fallen nicht genau proportional zum Beschäftigungsgrad. Bei sinkender Beschäftigung lassen sie sich zufolge ungünstiger und unwirtschaftlicher Arbeitsweise und Ausnutzung des Betriebes nicht entsprechend der Beschäftigungsabnahme senken. Bei einem stark über den normalen Stand hinausgehenden Beschäftigungsgrad steigen sie nicht selten rascher, als die Beschäftigung zunimmt. Die Ursache hierfür liegt meist in Lohnzuschlägen für Überzeit, für Schichtbetrieb und Nachtarbeit und in größeren Kosten für die Beleuchtung.

Die Grenze zwischen den festen und veränderlichen Kosten kann nicht scharf gezogen werden; sie ist eine fließende. Es ist aber wichtig, das Verhältnis zwischen den veränderlichen und den festen Kosten festzustellen. Die Ausscheidung ist auch notwendig für eine richtige Berechnung der Kalkulationszuschläge. Je mehr ein Betrieb oder einzelne Abteilungen mit technischen Hilfsmitteln ausgerüstet sind, d. h. je mehr die Mechanisierung vorgeschritten ist, um so größer ist auch der Anteil der festen Kosten an den gesamten Selbstkosten, um so stärker macht sich aber auch der Einfluß des Beschäftigungsgrades auf die Gestehungskosten in günstigem und in ungünstigem Sinne geltend. Wir möchten dies zahlenmäßig in Zahlentafel 12 auf S. 49 an einem Beispiel veranschaulichen, das den Einfluß des Beschäftigungsgrades auf die Selbstkosten darstellt für 3 Fälle mit unterschiedlichem Anteil der festen und der veränderlichen Kosten an den Gesamtselbstkosten. Dieser Einfluß ist auch in Abb. 1 „Feste und veränderliche Kosten" graphisch dargestellt.

Wie ist das Verhältnis der festen und der veränderlichen Kosten bei der Berechnung der Gemeinkostenzuschläge zu berücksichtigen? Der wesentliche Unterschied in Ursache und Entstehung der beiden Kostengruppen muß auch im Aufbau der Selbstkostenrechnung zur Geltung kommen. Die veränderlichen Kosten sind durch die Herstellungsvorgänge unmittelbar verursacht und sollen daher auch mit ihrem vollen Betrag an die Erzeugnisse verrechnet werden. Anders die festen Kosten. Diese sind nicht durch die Fertigung selbst bedingt, sondern durch den für eine bestimmte Erzeugung eingerichteten

Zahlentafel 12.

Einfluß des Beschäftigungsgrades auf die Selbstkosten der Erzeugungseinheit nach Maßgabe des Anteils der festen Kosten an den Gesamt-Gestehungskosten.

Beschäftigungsgrad	100 %	80 %	70 %	60 %	50 %	40 %	30 %
I.							
Feste Kosten	15	15	15	15	15	15	15
Veränderliche Kosten	85	68	59,50	51	42,50	34	25,50
Selbstkosten	100	83	74,50	66	57,50	49	40,50
Erhöhung der Selbstkosten		3,7 %	6,5 %	10 %	15 %	22,5 %	35 %
II.							
Feste Kosten	30	30	30	30	30	30	30
Veränderliche Kosten	70	56	49	42	35	28	21
Selbstkosten	100	85	79	72	65	58	51
Erhöhung der Selbstkosten		7,5 %	12,8 %	20 %	30 %	45 %	70 %
III.							
Feste Kosten	40	40	40	40	40	40	40
Veränderliche Kosten	60	48	42	36	30	24	18
Selbstkosten	100	88	82	76	70	64	58
Erhöhung der Selbstkosten		10 %	17,1 %	26,6 %	40 %	60 %	93,3 %

Fertigungs- und Verwaltungsapparat. Sie dürfen daher auch nur mit demjenigen Teil auf die einzelnen Erzeugnisse umgelegt werden, der diesen bei normaler Ausnutzung des Fertigungs- und Verwaltungsapparates verhältnismäßig zukommt. Für die Belastung der festen Kosten muß demgemäß die bei normaler Beschäftigung auf den einzelnen Auftrag entfallende Inanspruchnahme maßgebend sein. Es geht nicht an, daß ein Werk in der Selbstkostenberechnung die hergestellten Erzeugnisse noch zusätzlich mit denjenigen Kosten belastet, die dem Unternehmen durch den Auftragsausfall erwachsen. Eine Überwälzung dieser Kosten auf die Besteller, die dem Werk noch Beschäftigung sichern, wäre nicht nur ungerecht, sondern auch vom Standpunkt der Selbstkostenrechnung völlig verkehrt. Ein Erzeugnis darf nicht deswegen im Preis höher zu stehen kommen, weil Aufträge für andere Erzeugnisse nicht in genügendem Maße eingehen.

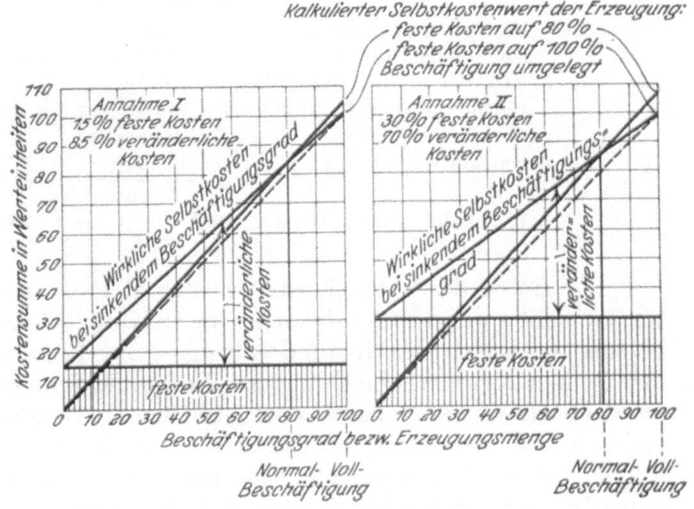

Abb. 1. Feste und veränderliche Kosten.

Bei der Berechnung der Gemeinkostenzuschläge sind daher für die festen Kosten nicht die tatsächliche Beschäftigung und die ihr entsprechenden Maßgrößen (Fertigungszeit, Fertigungslöhne, Erzeugungsmenge oder Herstellungswert) zugrunde zu legen, sondern eine durchschnittliche Normalbeschäftigung und die ihr entsprechenden Bezugsgrößen. Die Beschäftigung soll immerhin eher an der unteren Grenze der Normalbeschäftigung angenommen werden, da ein Werk nicht auf längere Dauer mit voller Arbeitsbelegung rechnen kann. Für die Berechnung des Gemeinkostenzuschlages der festen Kosten dürfte die Annahme einer Beschäftigung von 80—90 % der Vollausnutzung des Betriebes etwa das Richtige treffen.

Ist der Betrieb voll beschäftigt, so übersteigen die durch die Gemeinkostenzuschläge gedeckten Kosten die wirklichen Aufwendungen, während bei geringerer Ausnutzung des Betriebes die anfallenden Kosten durch die Kalkulationszuschläge nicht voll gedeckt sind. Überdeckung der Gemeinkosten durch die Kalkulationszuschläge in günstigen Zeiten und Unterdeckung bei abnehmender Beschäftigung sollen sich, auf längere Dauer gerechnet, wieder ausgleichen.

Der Beschäftigungsgrad der Fertigungsabteilungen Formerei, Kernmacherei und Gußputzerei wird angegeben als Verhältniszahl der wirklich geleisteten Fertigungsstunden zu den als normal angenommenen Arbeitsstunden jeder Abteilung, die Beschäftigung des Schmelzbetriebes als Verhältniszahl des wirklichen Ofeneinsatzgewichtes zu dem als normal angenommenen Ofeneinsatz. Aus der auf einen gemeinsamen Nenner gebrachten Summe der beiden Faktoren Fertigungszeit und Ofeneinsatz bzw. Gewichtserzeugung gewinnen wir das Maß für die Ermittlung des Beschäftigungsgrades eines in sich abgeschlossenen Unterbetriebes und des Gesamtbetriebes. Der gemeinsame Nenner ist der kalkulierte Herstellungswert. Fertigungszeit und erzeugtes Gewicht werden in den ihnen entsprechenden Herstellungswert umgerechnet und ihr verhältnismäßiger Anteil an den Herstellungskosten ermittelt. Auf diese Weise lassen sich einerseits die Fertigungszeit und anderseits das erzeugte Gewicht nach ihrer Bedeutung und ihrem Einfluß auf den Beschäftigungsgrad erfassen und in Prozenten der Beschäftigung ausdrücken.

Beispiel: Normalbeschäftigung.

		Mk.	Prozentualer Anteil an den Herstellungskosten
Fertigungsstunden: 60 000, ...	Zeitproport.-Kosten	200 000	63%
Nettoerzeugung in kg 1 000 000	Gewichtsproport.-Kosten	120 000	37%
		320 000	100%

1% Beschäftigung = 968 Fertigungsstunden
oder = 26 300 kg Nettoerzeugung
nämlich: $\frac{60\,000 \text{ Stunden}}{63}$ oder $\frac{1\,000\,000 \text{ kg}}{37}$

Wirkliche Beschäftigung.

Fertigungsstunden . . . . . 48 000 = 80% der Normalbeschäftigung
Nettoerzeugung kg . . . . . 900 000 = 90% der Normalbeschäftigung
Ermittlung des Beschäftigungsgrades:
Formgebungsabteilungen $= \frac{48\,000}{968}$ = 49,6% der Gesamtbeschäftigung
Gewichtserzeugung . . . $= \frac{900\,000}{27\,000}$ = 33,3% der Gesamtbeschäftigung
Wirklicher Beschäftigungsgrad . . = 82,9% der Normalbeschäftigung.

Der Anteil der festen Kosten an den Herstellungskosten, nämlich die Aufwendungen für Aufsichts- und Betriebsbeamte, für Heizung, Werksmiete und der zu den festen Kosten gerechnete Anteil der Instandhaltungs- und Reparaturkosten sind bei der Ermittlung der Gemeinkostenzuschläge zu den Normalfertigungsstunden, bzw. beim Schmelzbetrieb zu dem als normal angenommenen Ofeneinsatzgewicht ins Verhältnis zu setzen. Es ergeben sich demgemäß als Zuschlagsgrundlagen

a) für die veränderlichen Kosten: die wirklich geleisteten Fertigungsstunden auf brauchbaren Guß und das tatsächliche Ofeneinsatzgewicht;

b) für die festen Kosten: die für Normalbeschäftigung angenommenen Fertigungsstunden auf brauchbaren Guß und der als normal angenommene Ofeneinsatz.

Als Zuschlagsgrundlage für die Verwaltungskosten erweist sich als richtig der Herstellungswert bei Annahme von Normalbeschäftigung bzw. der auf Grundlage der Normalbeschäftigung kalkulierte Herstellungswert. Dieser letztere ist in jeder Einzel- oder Gesamtkalkulation Bezugsgröße für den Zuschlag der Verwaltungs- und Verkaufskosten.

Es erscheint nicht unnötig, darauf hinzuweisen, daß bei der Errechnung des Gemeinkostensatzes als Zuschlagsgrundlage für die Verwaltungskosten nicht der vom Beschäftigungsgrad beeinflußte wirkliche Herstellungswert, sondern der auf Normalbeschäftigung abgestimmte Kalkulationswert in Frage kommt. Der Hinweis erfolgt deshalb, weil in den meisten Fachschriften, so auch in der Harzburger Druckschrift, nur allgemein von einem prozentualen Zuschlag der Verwaltungs- oder Handlungsunkosten auf die Herstellungskosten die Rede ist, ohne daß auf diese durch den Beschäftigungsgrad bedingte Ungleichheit der rechnungsmäßig sich ergebenden Maßgröße „Herstellungskosten" und des der Selbstkostenberechnung zugrunde liegenden Wertes hingewiesen wird.

Die Zuschlagsgrundlage bei der Berechnung des Gemeinkostensatzes muß mit der in der Kalkulation tatsächlich zur Anwendung kommenden Bezugsgröße übereinstimmen.

Die Ausscheidung in feste und veränderliche Kosten wird auch dann von Bedeutung sein, wenn es sich in Zeiten ungünstiger Marktlage oder bei scharfem Wettbewerb darum handelt, durch niedrige Verkaufspreise dem Werke Beschäftigung zu sichern. In diesem Falle müssen vor allem die veränderlichen Kosten, d. h. die durch die Aufträge unmittelbar entstehenden Aufwendungen, voll gedeckt sein. Auf die Deckung der festen Kosten, die dem Geschäft ohnehin anfallen, kann ausnahmsweise ganz oder teilweise verzichtet werden. Mit dem vollen Abzug der festen Kosten erreichen wir die unterste Grenze für den Verkaufspreis, zu dem äußerst und ausnahmsweise noch Aufträge hereingenommen werden dürfen. Es muß aber auf die allgemein schädigende Wirkung solcher Preisunterbietungen mit allem Nachdruck hingewiesen werden. Ein Geschäft soll sich zum Grundsatz machen, nur aus zwingenden Gründen und nur ausnahmsweise von den gesunden Grundlagen der Preisbildung mit mindestens voller Deckung der Selbstkosten abzuweichen.

Zusammenfassung. Kalkulationsmuster.

Arbeitsgang für die Betriebs- und Gemeinkostenrechnung.

Die Betriebs- und Gemeinkostenrechnung soll Aufschluß geben über den Kostenaufbau des Betriebes und seiner Kostenstellen und die Kosten in Beziehung setzen zu den durch die Zusammenhänge im Herstellungsverfahren gegebenen sachgemäßen Maßgrößen. Sie schafft durch Ermittlung der Verhältniszahlen betriebs- und abteilungsweise die allgemeinen Grundlagen für die Auftrags-Vor- und Nachrechnung. Die Abwicklung der Arbeiten von der wertmäßigen Erfassung der einzelnen Geschäftsvorgänge bis zur Ermittlung der Verhältniszahlen für die Gemeinkostenzuschläge geschieht in zwangläufiger Folge in nachstehend verzeichneter Weise:

1. Buchung der von außen und innen anfallenden Kosten auf die Konten der Geschäftsbuchhaltung und die Konten und Gemeinkostennummern der Betriebsbuchhaltung.
2. Buchung der Löhne und Gehälter.
3. Verrechnung und Verteilung der von außen und innen anfallenden Kosten nach ihrer Art auf die Kostenstellen des Werkes und entsprechende Buchung auf den Konten der Betriebsbuchhaltung.
4. Umlegung und Verrechnung der Kosten der Hilfs- und Stoffkostenstellen des Gesamtunternehmens auf die Fertigungs- und Hilfskostenstellen der erzeugenden Unterbetriebe.
5. Aufstellung von Abteilungskostenrechnungen und von Gesamtkostenrechnungen der Unterbetriebe.
6. Umlegung der Kosten der Hilfsabteilungen der Unterbetriebe auf die Fertigungskostenstellen Schmelzbetrieb, Formerei, Kernmacherei und Gußputzerei und deren Unterabteilungen.
7. Fertigstellung der Kostenrechnungen für die Fertigungsabteilungen im Sinne des Musters auf S. 26 u. 27.

Auf Grund der vollständigen Abteilungskostenrechnungen der Fertigungsabteilungen:

8. Invergleichsetzen der einzelnen Kostengruppen zu den sachgemäßen Maßgrößen (Fertigungszeit und Fertigungslöhne auf brauchbaren Guß, Nettogewicht der Erzeugung, Ofeneinsatz) und Ermittlung der entsprechenden Verhältniszahlen.
9. Ausscheidung der zeitproportionalen und der gewichtsproportionalen Gemeinkosten und Unterteilung jeder Gruppe in veränderliche und feste Kosten.

10. Ermittlung der Verhältniszahlen zu den in Betracht kommenden Maßgrößen: Veränderliche Kosten bezogen auf die wirkliche Beschäftigung.

Feste Kosten

a) bezogen auf die wirkliche Beschäftigung.

b) bezogen auf die Normalbeschäftigung. Feststellung der Über- oder Unterdeckung der festen Kosten beim tatsächlichen Beschäftigungsgrad im Vergleich zur angenommenen Normalbeschäftigung.

11. Ermittlung der Gemeinkosten-Zuschläge aus der Verhältniszahl der veränderlichen Kosten zu den Zuschlagsgrundlagen der wirklichen Beschäftigung und der Verhältniszahl der festen Kosten zu den Zuschlagsgrundlagen der Normalbeschäftigung.

12. Invergleichsetzung der Verwaltungs- und Verkaufskosten

a) zu den wirklichen Herstellungskosten,

b) zu den bei Annahme von Normalbeschäftigung kalkulierten Herstellungskosten.

Prozentualer Verwaltungs- und Verkaufskostenzuschlag = Verhältniszahl der Verwaltungs- und Verkaufskosten zu den für Normalbeschäftigung kalkulierten Herstellungskosten.

Die Arbeiten Posten 1—5 sind laufend und monatlich zu erledigen, Posten 6—12 vierteljährlich und jährlich.

Allgemeine Grundlagen für die Selbstkostenberechnung.

Durch vorstehend dargestellten Arbeitsgang werden ermittelt:

1. Für die Berechnung des Gußeisenwertes:

a) die Schmelzkosten für 100 kg Ofeneinsatz;

b) der Abbrand- und Eisenverlust beim Schmelzen, Gießen und Putzen;

c) der durchschnittliche Prozentsatz an fehlgegossenen Stücken.

2. für die Berechnung des Gußformwertes:

a) die zeitproportionalen veränderlichen Abteilungsgemeinkosten je Fertigungsstunde auf brauchbaren Guß;

b) die zeitproportionalen festen Abteilungsgemeinkosten je Fertigungsstunde;

c) die gewichtsproportionalen veränderlichen Abteilungsgemeinkosten je 100 kg brauchbaren Guß;

d) die gewichtsproportionalen festen Abteilungsgemeinkosten je 100 kg brauchbaren Guß.

Die ermittelten Werte werden angegeben als Verhältniszahlen zur Fertigungszeit, zum Fertigungslohn oder zum erzeugten Gewicht.

e) Die Gußputzereikosten als Verhältniszahl zur Fertigungszeit oder zu den Fertigungslöhnen der Former und Kernmacher;

f) der durchschnittliche Prozentsatz an Ausschußstücken.

3. Für den Zuschlag der Verwaltungs- und Verkaufskosten:

a) das prozentuale Verhältnis der Verwaltungs- und Verkaufskosten zu den wirklichen Herstellungskosten und zu den bei Annahme der Normalbeschäftigung kalkulierten Herstellungskosten;

b) die Verhältniszahlen der Verwaltungs- und Verkaufskosten bezogen auf das erzeugte Gewicht und auf die Fertigungsstunden auf brauchbaren Guß.

Individuelle Grundlagen für die Auftrags-Vor- und Nachkalkulation.

Um auf Grund der durch die Betriebs- und Gemeinkostenrechnung ermittelten Verhältniszahlen die Selbstkosten eines Gußstückes oder einer Reihe von Gußstücken berechnen zu können, sind noch folgende individuelle Angaben erforderlich:

die Gattierung,
das Fertiggewicht des Gußstückes,
Gewicht des Abfalls (Trichter, Eingüsse, verlorene Köpfe),
die Ausschußgefahr, in Prozenten der Erzeugung,
die Fertigungsabteilungen,
Fertigungszeit und Fertigungslöhne je der Former, Kernmacher und Gußputzer.

Aus den dargelegten Grundsätzen über den Aufbau der Selbstkostenberechnung und über die erforderlichen allgemeinen und individuellen Grundlagen ergibt sich der aus Zahlentafel 14 (S. 54) ersichtliche Kalkulationsvordruck. Derselbe ist durch ein Kalkulationsbeispiel auf S. 55 näher erläutert.

Zahlentafel 13.

Kalkulationstafel für die Gußformkosten von 100 kg Fertigware.

Betrieb ....

	Fertigungszeit	Formereiabteilungen				Kernmacherei	
	= Min %kg.	I.	II.	III.	IV.	I.	II.
		Mk.	Mk.	Mk.	Mk.	Mk.	Mk.
Kosten auf 1 Stunde:							
Fertigungslöhne		1,40	1,15	1,10	1,30	1,20	1,00
+ Gemeinkosten[1])		3,40	4,50	3,20	2,20	2,50	1,80
= Gußformkosten		**4,80**	**5,65**	**4,30**	**3,50**	**3,70**	**2,80**
„ für 1 Min.	Pf.	8	9,42	7,16	5,83	6,17	4,67
	10	—,80	—,95	—,70	—,60	—,60	—,45
	20	1,60	1,90	1,45	1,15	1,25	—,95
	30	2,40	2,85	2,15	1,75	1,85	1,40
	40	3,20	3,75	2,85	2,35	2,45	1,85
	50	4,—	4,70	3,60	2,90	3,10	2,35
	60	**4,80**	**5,65**	**4,30**	**3,50**	**3,70**	**2,80**
	70	5,60	6,60	5,—	4,10	4,30	3,25
	80	6,40	7,55	5,75	4,65	4,95	3,75
	90	7,20	8,50	6,45	5,25	5,55	4,20
	100	8,—	9,40	7,15	5,85	6,15	4,65
	110	8,80	10,35	7,90	6,40	6,80	5,15
	120	**9,60**	**11,30**	**8,60**	**7,—**	**7,40**	**5,60**
	130	10,40	12,25	9,30	7,60	8,—	6,05
	140	11,20	13,20	10,—	8,15	8,65	6,55
	150	12,—	14,15	10,75	8,75	9,25	7,—
	160	12,80	15,05	11,45	9,35	9,85	7,45
	170	13,60	16,—	12,15	9,90	10,50	7,95
	180	**14,40**	**16,95**	**12,90**	**10,50**	**11,10**	**8,40**
	190	15,20	17,90	13,60	11,10	11,70	8,85
	200	16,—	18,85	14,30	11,65	12,35	9,35
	210	16,80	19,80	15,05	12,25	12,95	9,80
	220	17,60	20,70	15,75	12,80	13,60	10,25
	230	18,40	21,65	16,45	13,40	14,20	10,75
	240	**19,20**	**22,60**	**17,20**	**14,—**	**14,80**	**11,20**
	usw.	—,—	—,—	—,—	—,—	—,—	—,—
		—,—	—,—	—,—	—,—	—,—	—,—
	600	48,—	56,50	42,95	35,—	37,—	28,—
	660	52,80	62,15	47,25	38,50	40,70	30,80
	720	57,60	67,80	51,55	42,—	44,40	33,60
	780	62,40	73,45	55,85	45,50	48,10	36,40

Wie zur Ermittlung des Eisenwertes lassen sich auch für die Berechnung der Guß-Formkosten Kalkulationstafeln aufstellen, von denen die Gußformkosten je 100 kg Fertigware auf Grund der Fertigungszeit oder der Fertigungslöhne der Former und Kernmacher abgelesen werden können. Es ist zweckmäßig, auf den Kalkulationstafeln in die Gemeinkostenzuschläge der Formerei und Kernmacherei je auch die anteiligen Putzerei- und Verwaltungskosten einzubeziehen. Damit wird die Möglichkeit geschaffen, auf Grund der Fertigungszeit oder des Fertigungslohnes die gesamten zeit- oder lohn-

[1]) Einschl. Putzereikosten und Verwaltungskostenanteil.

Zahlentafel 14.
Kalkulationsvordruck.

A. Kalkulationsgrundlagen.

Stückbezeichnung .... Modellnummer .... Gattierung ....

	kg
Fertiggewicht:	....
+ Abfall (Trichter, Steiger, Aufguß, Überläufe)	....
+ Abbrand und Verlust = ... % Einsatz	....
= Ofeneinsatz	....
+ Ausschuß-Risiko = ... % = ...	....
= Ofeneinsatz-Kalkulationswert	....

Ausführender Betrieb: ....

Fertigungsabteilungen:	Stückzeit Std.	Stückzeit % kg	Std.-Lohn Satz Mk.	Stücklohn Mk.	Stücklohn % kg Mk.
Formerei	....	....	....	....	....
Kernmacherei	....	....	....	....	....
Gußputzerei	....	....	....	....	....
Zusammen	....	....	....	....	....

Bemerkungen über Sonderkosten usw. ....

B. Kalkulation.

	Std. % kg	je Std. Mk.	% kg Mk.	% kg Fertiggewicht Mk.
I. Gußeisenwert				
Reiner Eisenwert (Satzkosten + Schmelzkosten)				....
Gewichtsproportionale Betriebsgemeinkosten				....
Zusammen				....
II. Gußformkosten.				
a) Fertigungslöhne der Former			....	
„ Kernmacher			....	
„ Gußputzer			....	
Zusammen			....	
b) Abteilungsgemeinkosten (Zeitproportional)				
der Formerei	....	....	....	
„ Kernmacherei	....	....	....	
„ Gußputzerei	....	....	....	
Zusammen	....	....	....	
II Zusammen				....
I + II = Herstellungskosten				....
III. a) Verwaltungskosten = ... % Herstellungskosten				....
b) Verkaufskosten = ... % „				....
IV. Sonderkosten: Höheres Ausschußrisiko = ... %				....
Frachtauslagen				....
Bearbeitungskosten				....
....				....

	Stück Mk.	% kg Mk.
I—IV = Selbstkosten	....	....
Gewinnzuschlag = ... % Selbstkosten	....	....
Verkaufspreis	....	....

Kalkulations-Beispiel.

A. Kalkulationsgrundlagen.

Angaben über anfragende oder bestellende Firma, Anfrage, Stückzahl, besondere Vorschriften usw.
Stückbezeichnung .... Modellnummer .... Gattierung ....

	kg	
Fertiggewicht	3 460	
+ Abfall (Trichter, Steiger, Kopf, Überläufe)	580	
+ Abbrand und Verlust = 4 % vom Einsatz	162	
= Ofeneinsatz	4 202	
+ Ausschußrisiko = 7 % vom Einsatz	294	
= Ofeneinsatz-Kalkulationswert	4496	= 130 %

Ausführender Betrieb: Großstück-Gießerei.

Fertigungsabteilungen	Stückzeit		Std.-Lohn	Stücklohn	
	Gesamt Std.	% kg Mk.	Satz Mk.	Gesamt Mk.	% kg Mk.
Sand-Modellformerei	120	3,47	1,40	168,—	4,86
Kernmacherei A	72	2,08	1,20	86,—	2,48
Gußputzerei	38	1,10	1,05	40,—	1,16
Zusammen	230	6,65		294.—	8,50

Bemerkungen über Sonderkosten usw. ....
Fracht bis .... Mk. 41,50.

B. Kalkulation.

	Std. % kg	je Std. Mk.	% kg Mk.	% kg Fertig-gewicht
I. Gußeisenwert.				Mk.
Reiner Eisenwert nach Tafel				12,30
Gewichtsproport. Betriebsgemeinkosten				1,50
Zusammen				13,80
II. Gußformkosten.				
a) Fertigungslöhne der Former			4,86	
„ Kernmacher			2,48	
„ Gußputzer			1,16	
Zusammen			8,50	
b) Abteilungsgemeinkosten (Zeitproportional) der Formerei	3,47	2,70	9,37	
„ Kernmacherei	2,08	1,90	3,95	
„ Gußputzerei	1,10	1,20	1,32	
Zusammen	6,65	2,21	14,64	
II Zusammen				23,14
I + II = Herstellungskosten				36,94
III. a) Verwaltungskosten = 8 % Herstellungskosten				2,96
b) Verkaufskosten = 3 % „				1,11
IV. Sonderkosten: höheres Ausschußrisiko = ... %				......
Fracht-Auslagen				1,20
....				......
			Stück Mk.	
I — IV = Selbstkosten			1,461,—	42,21
Gewinnzuschlag = 10 % Selbstkosten			149,—	4,29
Verkaufspreis			1,610,—	46,50

bezogenen Kosten auf 100 kg Fertigware von der Tafel in einem bzw. zwei Zahlenwerten abzulesen.

Zahlentafel 13 auf S. 53 zeigt eine auf Grund der Fertigungszeit aufgestellte Kalkulationstafel für die Gußformkosten. Für den praktischen Gebrauch ist Angabe der Fertigungszeit in Minuten zu empfehlen. Werden die Gemeinkosten durch Lohnzuschläge gedeckt, so läßt sich eine gleiche Tafel auf Grund der Fertigungslöhne und der Lohnzuschläge aufstellen. Die in Zahlentafel 10 auf S. 33 dargestellte Eisenwerttafel kann in gleicher Weise durch Einrechnung der gewichtsproportionalen Betriebsgemeinkosten und der auf den Eisenwert entfallenden Verwaltungskosten vervollständigt werden.

Die tafelartige Aufrechnung der Kalkulationswerte in der Eisenwerttafel 10 und in der Gußformkostentafel 13 gibt die Möglichkeit, bei vorhandenen Kalkulationsunterlagen die Selbstkosten durch einfaches Ablesen und Addieren des Eisenwertes und der Gußformkosten rasch zu ermitteln und damit die rechnerische Arbeit bei der Kalkulation auf ein Mindestmaß zu beschränken. Die Kalkulationstafeln sind nicht nur für rasche Vorkalkulation der Kosten von großem Nutzen, sondern ebenso für die laufende Erledigung der Nachkalkulationsarbeiten.

Platzstundenkosten.

Wir haben die Gestehungskosten nach ihrer Beziehung zum Beschäftigungsgrad in veränderliche und feste Kosten unterteilt. Die veränderlichen, von der Beschäftigung abhängigen Kosten, wurden für die Ermittlung des Gemeinkostenzuschlages ins Verhältnis gesetzt zur tatsächlichen Fertigungszeit oder zum erzeugten Gewicht, während die festen Kosten auf die bei Normalbeschäftigung sich ergebenden Maßgrößen Fertigungszeit oder Warengewicht bezogen wurden. Bei genauer Prüfung erweisen sich aber Fertigungszeit und Gewicht der Waren nicht immer als einwandfreie Zuschlagsgrundlagen für die Verrechnung der festen Kosten. Ein großer Teil derselben, nämlich die Werksmiete, die Instandhaltung der Gebäude, die Heizungs- und zum Teil auch die Beleuchtungskosten, ist bedingt durch den Wert der Anlagen und durch die Zeit, während der diese der Fertigung zur Verfügung stehen. Diese Kosten stehen somit nicht in Abhängigkeit von Fertigungsstunden und Erzeugung, auch nicht wenn diese auf Normalbeschäftigung bezogen werden. Als Platzkosten oder Platzmiete sind sie innerhalb einer Fertigungsabteilung je Quadratmeter Bodenfläche und je Betriebsstunde bzw. je Arbeitstag konstant.

Der Zuschlag der festen Kosten auf die Fertigungszeit und das Gewicht der Erzeugung ist nur dann sachgemäß und richtig, wenn der Platzbedarf für die Herstellung der verschiedenen Gußstücke annähernd gleich groß ist, und wenn Fertigungszeit und einfache Herstellungszeit (Platzbenützungszeit) sich decken. Diese Voraussetzungen treffen jedoch vielfach nicht zu, namentlich nicht in der Großstückgießerei. Einmal sind die Platzkosten innerhalb eines Betriebes nicht für jede Fertigungsabteilung gleich groß, weil der Anlagewert, bezogen auf den Quadratmeter Bodenfläche, oft sehr verschieden ist. Es bestehen z. B. erhebliche Unterschiede zwischen der Kleinstückgießerei und der Großstückgießerei, zwischen Maschinenformerei und Handformerei. Eine Kleinstückgießerei stellt viel geringere Ansprüche an die Gebäudehöhe und an die Betriebseinrichtungen als eine Großstückgießerei, die hohe Form- und Gießhallen und kostspielige Krane und Hebezeuge erfordert. Die Anlagekosten werden daher in der Großstückgießerei auf den Quadratmeter Bodenfläche wesentlich höher sein als in der Kleinstückgießerei; ebenso stellen sich die Platzkosten in der Maschinenformerei bedeutend höher als in der entsprechenden Handformereiabteilung. Sodann ist der Platzbedarf für die einzelnen Gußstücke je nach deren Abmessungen sehr verschieden. Wenn eine Gießerei für die Ermittlung der Gemeinkostenzuschläge in produktionstechnisch einheitliche Fertigungskostenstellen aufgeteilt ist, werden die Unterschiede in den Platzkosten rechnungsmäßig erfaßt, da jede Abteilung mit der auf sie entfallenden Platzmiete belastet werden kann. So läßt sich durch sachgemäße Gliederung des Betriebes in vielen Fällen schon eine ausreichende

Zuverlässigkeit und Genauigkeit der Kalkulationszuschläge erreichen, auch wenn die Platzkosten nicht besonders ausgeschieden und verrechnet werden.

Dies trifft jedoch nicht mehr zu, wenn innerhalb einer Fertigungs-Abteilung der Platzbedarf für die Herstellung der Gußstücke, bezogen auf die Fertigungszeit, sehr ungleich ist. In diesem Falle können die Fertigungsstunden nicht als richtige Zuschlagsgrundlage für die Verrechnung der Platzkosten gelten. Solche Unterschiede zeigen sich namentlich in einer Großstückgießerei, und zwar mit Bezug auf den Platzbedarf und hinsichtlich der Beanspruchung der Bodenfläche im Verhältnis zu den aufgewendeten Fertigungsstunden. Eine richtige Erfassung der Platzkosten ist daher in der Großstückgießerei nur möglich, wenn diese nicht auf die Fertigungsstunden, sondern nach der Größe und der zeitlichen Beanspruchung der Bodenfläche verrechnet werden. Das Maß für die Verrechnung der Platzkosten ist die Quadratmeter-Platzstunde. Wir verstehen darunter die Belegung von 1 m^2 Bodenfläche während einer Betriebsstunde. Die Belegung beginnt mit der Arbeitsvorbereitung und endigt mit der Herstellungsbereitschaft des Platzes für ein neues Gußstück.

Wird beispielsweise für die Herstellung eines großen Gußstückes ein Arbeitsplatz von 110 m^2 während 25 Arbeitstagen = 200 Betriebsstunden belegt, so ist das hergestellte Gußstück für $110 \times 200 = 22\,000$ m^2-Platzstunden mit Platzkosten zu belasten, nämlich für die Betriebszeit, während der der Formplatz belegt ist, gerechnet von der Inarbeitnahme des Gußstückes bis zur vollendeten Bereitstellung des Platzes für die Herstellung eines neuen Gußstückes. Kann die einfache Herstellungszeit, Durchlaufszeit, durch stärkere Besetzung der Arbeitsgruppe auf 18 Tage verkürzt werden, so entfallen auf das Gußstück bei der gleichen Anzahl Fertigungsstunden nur $110 \times 144 = 15\,840$ m^2-Platzstunden. Die Herstellungskosten würden dadurch bei der gleichen Anzahl Fertigungsstunden tatsächlich um die Einsparung an den Platzkosten verringert. Die Dauer der Herstellungszeit wird unter sonst gleichen Verhältnissen maßgebend bestimmt durch das berufliche Können der Arbeiter und durch die schwächere oder stärkere Besetzung der Arbeitsgruppe. Die Herstellungskosten von Gußstücken großer Abmessungen können daher bei genügendem Auftragsbestand dadurch vermindert werden, daß die Ausführung einer möglichst starken und beruflich geeigneten Arbeitsgruppe übertragen wird, weil sich auf diese Weise die Durchlaufszeit und demzufolge auch die Platzkosten auf das erreichbare Mindestmaß herabsetzen lassen. Wird durch Hilfsarbeit, die z. T. außer der eigentlichen Betriebszeit vorgenommen werden soll, dafür gesorgt, daß die gegossenen Stücke ohne Zeitverlust in die Putzerei befördert werden, und der Formplatz für ein neues Gußstück rasch wieder bereitgestellt wird, so ist dadurch nicht nur eine Erhöhung der Erzeugungsfähigkeit, sondern auch eine Verminderung der Platzkosten und damit der Selbstkosten erreicht.

Die Platzkosten je Quadratmeter Bodenfläche und je Betriebsstunde werden auf Grund der Abteilungskostenrechnungen ermittelt durch Umlegung der gesamten Platzkosten auf die für Normalbeschäftigung in Betracht kommenden Quadratmeter-Platzstunden. Werden als Normalbeschäftigung 85% der Vollbeschäftigung angenommen und mit einem durchschnittlichen Ausschußrisiko von 6% gerechnet, so sind die Platzkosten auf 79% der gesamten Quadratmeter-Platzstunden umzulegen. Die in Abzug gebrachten 21% der Platzstunden gehen verloren für zeitweise nicht belegte Grundfläche und für Ausschußstücke und dürfen darum nicht als Kostenträger in den Platzkostenzuschlag einbezogen werden.

Eine Ausscheidung der Platzkosten mit getrennter Zuschlagsrechnung auf die Platzstunden ist für eine genaue Selbstkostenermittlung dann nötig, wenn innerhalb einer Fertigungsabteilung für die Herstellung der Gußstücke große Unterschiede im Platzbedarf bestehen, und wenn Fertigungszeit und Platzbenutzungs- bzw. Durchlaufszeit stark voneinander abweichen, wie dies in der Großstückgießerei oft der Fall ist. In der Klein- und Mittelstückgießerei ist eine getrennte Zuschlagsrechnung der Platzkosten gewöhnlich nicht notwendig. Die Unterschiede im Platzbedarf der einzelnen Fertigungsarbeiter sind in diesen Abteilungen meist ohne Belang, denn Fertigungszeit und Platzbenutzungszeit stehen meist in annähernd gleichem Verhältnis zueinander und sind nicht wesentlich voneinander verschieden. Der Formplatz wird nicht wie in der Großstückgießerei nach dem Gießen noch tage- und wochenlang durch das Gußstück und für die Zubereitung des Arbeitsplatzes belegt, sondern ist bald nach dem Gießen wieder für die Herstellung neuer Gußstücke frei.

In manchen kleinen und mittleren Gießereien kann eine rechnungsmäßige Gliederung des Betriebes in gleichartige Fertigungskostenstellen nicht vorgenommen werden, weil kleine und große Gußstücke im selben Fertigungsfeld hergestellt werden und dazu oft noch nach ungleichem Formverfahren. Da hier eine Trennung der Gemeinkostenzuschläge auf Grund von Abteilungskostenrechnungen nicht möglich ist, empfiehlt es sich, wenigstens die Platzkosten zu ermitteln und deren Anteil je Fertigungsstunde und Quadratmeter Bodenfläche zu berechnen. Weichen nun einzelne Gußstücke großer Abmessungen stark vom mittleren Platzbedarf ab, so läßt sich den Gußstücken der Platzkostenanteil individuell verrechnen. Dadurch sind sonst unvermeidliche Fehler durchschnittlicher Betriebs- und Gemeinkostenzuschläge auf einfache Weise annähernd wieder richtig gestellt. Durch die Einführung der Platzstunden als Maß für die Belastung der Platzkosten gelingt es, die besonderen Verhältnisse eines Gußstückes mit Bezug auf die Inanspruchnahme der Betriebsanlagen rechnungsmäßig zu erfassen und in der Selbstkostenberechnung in richtiger Weise zum Ausdruck zu bringen. In vielen Fällen ist die Platzkostenzuschlagsrechnung unerläßlich für genaue Ermittlung der Selbstkosten und zu betriebswirtschaftlichen Vergleichskostenrechnungen für verschiedenartige Ausführungen.

Die Preisbildung.

Die Selbstkostenberechnung als Auftrags-Vor- und Nachrechnung bildet die Grundlage für die Festsetzung und die Kontrolle der Gußverkaufspreise. Richtige Preisbildung ist nur möglich auf Grund einer sachgemäßen und zuverlässigen Vor- und Nachkalkulation der Selbstkosten. Selbstkostenberechnung und Preisbildung müssen daher in engster Berührung stehen. Soweit möglich, sollen die Verkaufspreise in einem durch die Marktlage und die Rentabilitätsmöglichkeit gegebenen festen Verhältnis zum Selbstkostenpreis stehen. Da dieser alle die Herstellung betreffenden Kostenfaktoren einschließt, ist es richtig, den Gewinnzuschlag prozentual auf die kalkulierten Selbstkosten zu rechnen. Der Gewinnzuschlag ist grundsätzlich so anzusetzen, daß er dem Unternehmen bei normaler Beschäftigung einen angemessenen Ertrag sichert und die notwendigen Reservestellungen für Gefahren aller Art und für Gewinnausfall in Zeiten ungünstiger wirtschaftlicher Verhältnisse ermöglicht. Wenn in Zeiten wirtschaftlichen Niedergangs oder mit Rücksicht auf den sich geltend machenden Wettbewerb auf einen Gewinnzuschlag verzichtet werden muß, und wenn die zu erzielenden Verkaufspreise die Selbstkosten nicht voll decken, so dürfen die Preise doch nicht wahllos angenommen werden. Sie sind vielmehr auch dann, und dann ganz besonders, an den kalkulierten Selbstkosten zu prüfen. Die sicheren Grundlagen der Selbstkostenberechnung dürfen bei der Preisbildung nie verlassen werden. Auch tief angesetzte Verkaufspreise sollen in jedem Fall noch zum mindesten die veränderlichen Kosten und, wenn möglich, einen Teil der festen Kosten decken. In vielen Fällen wird der Verkaufspreis durch die Marktverhältnisse oder durch Wettbewerbsangebote bestimmt; es bleibt dann zu prüfen, ob der zu erzielende Preis einen angemessenen Gewinn sichert. Ist dies nicht der Fall, so hat die Geschäftsleitung zu entscheiden, ob und wieweit sie unter Umständen auf einen Gewinnzuschlag oder auf volle Deckung der Selbstkosten verzichten will. Dabei soll sie sich stets der schwerwiegenden Folgen bewußt sein, die Preisunterbietungen sowohl für das eigene Werk als auch für das Preisgebaren im ganzen Gießereigewerbe haben müssen und darum nur ausnahmsweise und aus zwingenden Gründen von dem Grundsatz abweichen, daß der Verkaufspreis zum mindesten volle Deckung der Selbstkosten gewährleisten soll.

Sollen die Gußverkaufspreise als Gewichts- bzw. Kilopreise oder als feste Stückpreise angegeben werden? Von den meisten Gießereien werden die Gußwaren zu Kilopreisen verrechnet und zwar entweder als Durchschnittspreise für eine größere Liefermenge, als Gruppenpreise, die nach Gewichts- und Schwierigkeitsklassen gestaffelt sind, oder als Einzelpreis für jedes hergestellte Gußstück. Der Kilopreis ist ein Festpreis für die Gewichtseinheit; auf das Gußstück bezogen ist er ein veränderlicher Preis. Da die Stückgewichte verschiedener Abgüsse des gleichen Modells bis zu 10 und mehr Prozent voneinander abweichen können, sind bei Kilopreisverrechnung auch die Verkaufswerte der einzelnen Abgüsse entsprechend verschieden. Die Frage ist, ob es richtig ist, dem Gewicht des Gußstückes einen ausschlaggebenden Einfluß auf die Preisbildung zu geben und den Preis für das nämliche Gußstück nach den Gewichtsschwankungen der verschiedenen Abgüsse zu ändern.

Die hergebrachte Preisstellung nach dem Gewicht läßt sich dann rechtfertigen, wenn Gewichts- und Stoffwert von ausschlaggebendem Einfluß auf die Gestehungskosten sind, z. B. für Metallguß. In Eisen- und Stahlgießereien jedoch trifft diese Voraussetzung meist nicht zu, weil die Formgebung wesentlich höhere Kosten verursacht als das Gußeisen. Es ist daher nicht richtig, wenn die den Eisenwert überwiegenden Formgebungskosten bei der Preisbildung in ein festes Verhältnis zum Gewicht gebracht und den Gewichtsschwankungen unterworfen werden, so daß für das nämliche Gußstück mit Zu- oder Abnahme des Gewichtes auch der Verkaufspreis sich ändert.

Beim Kilopreis besteht somit sowohl für die Gießerei als auch für den Besteller eine Unklarheit über den Verkaufswert, da dieser je nach dem größeren oder geringeren Gewicht der Abgüsse innerhalb der bewilligten Grenzwerte verschieden ist. Die Schwankungen im Stückgewicht bedingen aber weder einen höheren, noch einen geringeren Wert des Gußstückes. Auch dessen Kosten steigen nicht entsprechend der Gewichtszunahme und sinken nicht im Verhältnis zur Gewichtsverminderung. Es erscheint daher grundsätzlich nicht richtig, den Hauptteil der Selbstkosten, nämlich den Formwert, im Verkaufspreis vom schwankenden Gewichtsfaktor abhängig zu machen, mit dem er in keinem ursächlichen Zusammenhang steht. Und noch viel weniger ist es richtig, den Verkaufspreis für das nämliche Gußstück bald so, bald anders anzusetzen, je nachdem das Stückgewicht größer oder geringer ist. Unseres Erachtens ist dem festen Stückpreis der Vorzug zu geben, da ihm die oben angeführten Mängel der Gewichtspreise nicht anhaften.

Der Stückpreis ist ein Festpreis für das Stück; er ermöglicht eindeutige klare Preisstellung für jedes Gußstück und, weil er Einzelpreis ist, auch genaue Anpassung des Verkaufswertes an die kalkulierten Selbstkosten. Er ist unabhängig von den Schwankungen des Stückgewichtes, die auf den Wert des Gußstückes ohne Einfluß sind und darum auch nicht auf den Verkaufspreis übertragen werden sollen. Damit der Preis nach seinem Verhältnis zum Gewicht beurteilt und mit anderen Stücken verglichen werden kann, soll auch der feste Stückpreis immer in einen Kilo-Richtpreis auf das normale Fertiggewicht des Gußstückes umgerechnet werden.

Der Stückpreis läßt sich jedenfalls für große Gußstücke ohne Schwierigkeiten allgemein anwenden und für kleinere und mittlere Stücke dann, wenn sie in großer Zahl bestellt werden. Etwas anders liegen die Verhältnisse bei kleineren Gußstücken, die nicht in großen Serien herzustellen sind. Für diese Gußklasse dürfte die Anwendung von Kilopreisen unter der Voraussetzung angängig sein, daß eine Staffelung nach Gewichts- und Schwierigkeitsklassen erfolgt, und daß diese Gruppen-Durchschnittspreise durch Vor- und Nachkalkulation laufend geprüft werden. Es darf nicht außer Acht gelassen werden, daß Durchschnittspreise für den Lieferanten immer ein großes Risiko einschließen, da seitens des Bestellers in Art und Stückverhältnis der in einer Preisklasse zusammengefaßten Abgüsse Verschiebungen vorgenommen werden können, die eine Änderung der Selbstkosten und damit auch des Verkaufspreises bedingen. Darum verlangen Durchschnittspreise laufend strenge Kontrolle durch Vor- und Nachrechnung der Kosten.

Wird für einen bestimmten Auftrag oder für eine größere Liefermenge ein Durchschnittspreis angesetzt, so hat dies zur Voraussetzung, daß die Gußstücke gleicher Art sind und im gleichen Stückverhältnis bestellt werden, wie sie in der für das Angebot maßgebenden Vorkalkulation eingesetzt waren. Die liefernde Gießerei soll schon bei Auftragseingang prüfen, ob die Stücke in der dem Angebot zugrunde liegenden Zusammensetzung bestellt sind. Werden einzelnen Bestellern Durchschnittspreise für ganze Maschinen gewährt, deren sämtliche Teile nicht in einem einzigen Auftrag zusammengefaßt sind, dann soll für jeden Teilauftrag durch Vorkalkulation festgestellt werden, wie sich die Selbstkosten zum angesetzten Durchschnittsverkaufspreis stellen. Wird dieser Grundsatz befolgt und über Unterschreitung oder Überschreitung der Selbstkosten laufend Rechnung geführt, so läßt sich schon bei Auftragsannahme ein allfälliger Schaden abwenden, der durch eine vom Besteller vorgenommene Verschiebung in der Zusammensetzung der Gußstücke zu ungunsten der liefernden Gießerei entstehen könnte. Es soll als Regel gelten, daß kein Auftrag in Ausführung genommen wird ohne Vorkalkulation der Kosten, außer es handle sich um Aufträge, deren Kosten bei früheren Ausführungen bereits gerechnet worden sind[1]).

Vor- und Nachkalkulation. Kostenkontrolle.

Die Grundsätze für den Aufbau der Selbstkostenrechnung und die in Abteilungskostenrechnungen zusammengefaßten Ergebnisse der Kostensammlung und Kostenverteilung finden ihre praktische Anwendung in der Kalkulation der angefragten, der bestellten und der ausgeführten Gußstücke. Nach Umfang und Inhalt der Kalkulation unterscheiden wir die Stück- oder Gruppenkalkulation und die Gesamt- oder Betriebskalkulation. Erstere bezieht sich auf einzelne Gußstücke oder eine Gruppe von Gußstücken, letztere dagegen auf die gesamte Erzeugung einer Abteilung oder des ganzen Betriebes. Nach den Kalkulationsunterlagen und deren Beziehung zur Ausführung unterscheiden wir die Vorrechnung und Nachrechnung bzw. die Vorkalkulation und Nachkalkulation.

Als Vorkalkulation bezeichnen wir die Berechnung der Kosten vor der Ausführung auf Grund der geschätzten Ausführungszeit und des vorberechneten Stückgewichtes, als Nachkalkulation oder Nachrechnung die Berechnung der wirklich aufgewendeten Kosten nach der Ausführung auf Grund des ermittelten Stückgewichtes und der für die Ausführung bewilligten oder benötigten Stückzeiten und Stücklöhne. Durch die Vorkalkulation sollen die Kosten angefragter und in Auftrag genommener Gußstücke möglichst genau vorberechnet und die Grundlagen für die Preisstellung oder die Preiskontrolle geschaffen werden. Die Nachkalkulation dagegen hat auf Grund der Ausführung die tatsächlichen Selbstkosten festzustellen. Durch Vergleich der vorberechneten und der wirklichen Kosten ist die Vorkalkulation auf ihre Richtigkeit zu prüfen.

Der notwendige Zusammenhang zwischen der Auftrags-Vorkalkulation und der Nachkalkulation läßt sich wie folgt herstellen: Ein Angebot darf nur auf Grund sorgfältiger Vorkalkulation der Kosten abgegeben werden. Auf den Vordrucken für die Vorkalkulation sind die maßgebenden individuellen Kalkulationsunterlagen anzugeben, nämlich die ausführenden Abteilungen, das angenommene Stückgewicht, die Gattierung, die Fertigungszeit und die Fertigungslöhne. Jede Vorkalkulation erhält eine Ordnungsnummer, auf die im Angebot verwiesen ist. Erfolgt die Bestellung, so sind die Unterlagen der Vorkalkulation in der Bestellungs- oder Akkordkartei einzutragen und ebenso die endgültig angesetzten Stückzeiten oder Stücklöhne und das tatsächliche Stückgewicht. Es ist strenge darauf zu achten, daß die bewilligten Akkordzeiten und Stücklöhne mit den vorkalkulierten Werten übereinstimmen. Jede Abweichung soll mit Angabe der Bestell- und Angebotnummer an die Kalkulationsabteilung gemeldet werden. So kommt diese schon vor der Ausführung und nicht erst nachher in die Lage, die durch solche Änderungen sich ergebende Kostenerhöhung oder Kostenverminderung gegenüber der Auftragsvorkalkulation vorzumerken und über Kostenüberschreitungen und Kosteneinsparungen zufolge Akkord- und Stückgewichtsänderungen Rechnung zu führen.

Die Nachrechnung erfolgt am besten laufend oder monatsweise, und zwar lückenlos für alle Aufträge, sei es nun, daß die Aufträge nach deren Erledigung abgerechnet werden,

[1]) Vgl. hierzu noch den Abschnitt Tillmann: „Akkordwesen und Zeitstudien usw." S. 80ff.

oder daß von einer auftragsweisen Nachrechnung abgesehen wird und die Nachkalkulation alle Lieferungen eines bestimmten Zeitabschnittes (Woche, Monat, Vierteljahr) an einen Kunden oder an eine Kundengruppe umfaßt. Welcher Weg zu wählen ist, hängt von den besonderen Verhältnissen und Bedürfnissen eines Unternehmens und dessen Kundschaft, sowie von der Zahl der Bestellungen und Ablieferungen ab. Für die Mehrzahl der Gießereien wird eher die periodische Lieferungsnachkalkulation als die auftragsweise Nachrechnung in Betracht kommen. Wichtig ist, daß die Nachrechnung immer erfolgt und daß über die Abweichungen der Nachkalkulation von der Vorkalkulation zwangsläufige Kontrolle besteht.

Es empfiehlt sich, zwecks Nachrechnung der Ablieferungen, auf Versandlisten oder Fakturen auch die Kalkulationsunterlagen (Stückzeit oder Stücklöhne) einzusetzen und diese je nach der Abrechnungsart bestellnummernweise oder nach Kunden und Kundengruppen aufzurechnen. Dieser Weg ist wohl für die meisten Gießereien praktisch gangbar und richtiger als die kundenweise Aufteilung der Lohnlisten, da für die Nachrechnung nur die fertigen und an das Gußwaren-Konto oder an die Besteller abgelieferten Stücke in Betracht kommen. Die Aufteilung der Lohnlisten dagegen enthält auch die Löhne auf den in Arbeit befindlichen und den noch nicht abgelieferten Stücken. In diesem Fall entsprechen die Kalkulationsgrundlagen und die daraus errechneten Werte nicht den Ablieferungen und deren Verkaufs- bzw. Selbstkostenwert, wodurch die Zuverlässigkeit der Kalkulationsergebnisse stark beeinträchtigt werden kann.

Der Zusammenhang zwischen Betriebsrechnung und Kalkulation. Die Auftrags-Vor- und Nachrechnung soll stets zwangläufig mit der Betriebsrechnung verbunden sein und den durch diese ausgewiesenen Kostenaufwand auf die verschiedenen Aufträge verteilen. Jede Abweichung der Auftrags-Nachkalkulation von der Vorkalkulation und von den Zahlen der Betriebsrechnung muß lückenlos nachgewiesen werden.

Fertigungslöhne: Der Vergleich der ausbezahlten Fertigungslöhne mit den durch die Nachkalkulation an die abgelieferten Gußwaren verrechneten Löhnen kann nur richtig durchgeführt werden, wenn in den Zeit- und Lohnabrechnungen der Arbeiter die auf Ausschußstücke fallenden Löhne und sonstige Vergütungen für Überzeit, Wartezeiten, Hilfsverrichtungen usw. ausgeschieden und von den brutto ausbezahlten Fertigungslöhnen in Abzug gebracht werden. Die verbleibende Summe stellt dann die an die Fertigung verrechenbaren Fertigungslöhne dar. Ein Beispiel möge dies beleuchten:

Ausbezahlte und verrechenbare Fertigungslöhne der Abteilung ....

	Brutto-Lohnzahlung	Verlust an Fertigungslöhnen zu Lasten			Auf brauchbaren Guß verrechenbar $1 \div (2+3)$
		Geschäft		Arbeiter	
		Ausschuß	Sonstiges		
	1.	2.	3.	4.	5.
Löhnungsperioden: von ..... bis	....	....	....	....	....
Zusammen	....	....	....	....	....
von ..... bis	....	....	....	....	....
Zusammen	....	....	....	....	....

Der Unterschied zwischen den für brauchbaren Guß ausbezahlten und den an die Gußablieferungen verrechneten Fertigungslöhnen ergibt die Löhne auf die in Arbeit befindlichen Gußstücke. Die abteilungsweise Ermittlung des Fertigungswertes der Stücke in Arbeit und der Vergleich zwischen den ausbezahlten Fertigungslöhnen und den an die fertigen Gußwaren verrechneten Löhnen wird am zweckmäßigsten monatlich vorgenommen, wie folgendes Beispiel zeigt:

Abteilung ....
Fertigungswert der Stücke in Fabrikation:

	Fertigungslöhne auf			Fertigungswert der Stücke in Arbeit
	brauchbaren Guß		Stücke in Arbeit	
	verrechenbar Pos. 5	verrechnet 6	= 5 ÷ 6	
Übernommener Bestand	....	....		
Monat	....	....		
Zusammen bis	....	....	....	....
Monat	....	....		
Zusammen bis	....	....	....	....

Da die Löhnungsperioden nicht mit den Kalendermonaten zusammenfallen, müssen die rechnungsmäßige Lohnbelastung und die durch die Nachkalkulation erfolgende Lohnverrechnung an die Erzeugnisse in zeitliche Übereinstimmung gebracht werden. Zu diesem Zwecke werden die auf zwei Monate fallenden Löhnungsperioden nach dem Verhältnis der zugehörigen Arbeitstage oder Arbeitsstunden zwischen den beiden Rechnungsmonaten aufgeteilt. Damit ist der lückenlose Zusammenhang zwischen Lohnzahlung und Löhneverrechnung an die Erzeugnisse anderseits hergestellt.

Gemeinkosten. Durch die Auftragsnachrechnung werden die Herstellungskosten auf die Waren abgewälzt. Da die auf Grund früherer Gemeinkostenrechnungen ermittelten Kalkulationszuschläge, die bei der Nachrechnung angewendet werden, nicht genau mit den wirklichen Gemeinkosten des Rechnungsabschnittes übereinstimmen, ergibt die Nachkalkulation entweder Überdeckung oder Unterdeckung gegenüber den rechnungsmäßig ermittelten Kosten. Die Abweichungen zwischen Betriebsrechnung und Nachkalkulation sind periodisch, d. h. monatlich, vierteljährlich und jährlich festzustellen. Der Vergleich für die Fertigungsbetriebe soll monatlich erfolgen, während für die Fertigungsabteilungen vierteljährliche und jährliche Feststellungen genügen, da eine vollständige Gemeinkostenverteilung auf den Monat keinen großen praktischen Wert haben dürfte. Wenn die Betriebsrechnung eines größeren Zeitabschnittes ein gegen früher stark verändertes Kostenbild aufweist, sind die für die Nachkalkulation anzuwendenden Gemeinkostenzuschläge entsprechend richtig zu stellen. Auf Monatsrechnungen, die natürlicherweise große Schwankungen aufweisen, darf dabei aber nicht abgestellt werden.

Kostenkontrolle. Notwendig und wichtig ist die Kostenkontrolle auf Grund der Abteilungskostenrechnungen, die laufend, d. h. monatlich über die Kostenbewegung und die Neigung in der Kostenbildung Aufschluß geben. Dadurch wird es möglich, festgestellte Veränderungen im Kostenbild auf ihre produktions- und betriebstechnischen Ursachen hin zu untersuchen und die notwendigen Anordnungen zur Behebung von Mängeln zu treffen. Zwecks richtiger Durchführung der Kostenkontrolle können die Betriebs- und Abteilungskostenrechnungen, wie sie in Zahlentafel 6 und 7 auf S. 26 und 27 in Form von Vordrucken dargestellt sind, nach Bedürfnis weiter ausgebaut werden durch Vermehrung der Kostenartposten im Sinne von Kostenartvordruck Zahlentafel 5 S. 24. Solche Kostenrechnungen sollen Aufschluß geben über Höhe und Zusammensetzung der Kosten und über deren Verhältnis zu den in Betracht kommenden Maß- und Einflußgrößen (Gewicht der Erzeugung, Fertigungszeit und Fertigungslöhne). Die für die Kostenkontrolle aufgestellten Abteilungskostenrechnungen müssen den durch Ausschuß usw. nicht beeinflußten tatsächlichen Kostenaufbau zeigen. Fertigungsstunden und Fertigungslöhne sind deshalb mit ihrem vollen Bruttobetrag einschließlich Ausfall auf Ausschußguß einzusetzen, weil nur so wirklich vergleichbare Werte und Verhältniszahlen zu erzielen sind. Eine vergleichende Zusammenstellung der Kosten und ihrer Verhältniszahlen in verschiedenen Zeitabschnitten unterrichtet die Betriebsleitung über Aufbau und Bewegung der Kosten und macht sie rechtzeitig auf Veränderungen im Kostenbild aufmerksam.

Es ist zu empfehlen, einzelne Kostengruppen eingehender zu untersuchen. Diese Notwendigkeit liegt namentlich bei den Löhnen vor, für die z. B. eine Statistik über Zeitaufwand und Löhne der hauptsächlichsten Arbeiterklassen und über deren Verhältnis zum Gewicht der Erzeugung gute Dienste leistet. Diese Statistik kann wertvoll erweitert werden durch Ermittlung der Verhältniszahlen für den Zeitaufwand und die Löhne der verschiedenen Hilfsarbeiterklassen zu dem Stunden- und Lohnaufwand der Fertigungsarbeiter.

Eine Statistik über die Ausschußmengen, die Ausschußursachen und den Lohnverlust auf Ausschußstücke, gegliedert nach Fertigungs- und Meisterabteilungen, gibt Aufschluß über Zu- oder Abnahme der Fehlgüsse und deren Ursachen und über die Erhöhung oder Verringerung der Gestehungskosten zufolge Ausschuß.

Wichtig und aufschlußreich sind auch statistische Aufstellungen über die Verbrauchsmengen der hauptsächlich in Betracht kommenden Betriebsstoffe, wie Koks, Formsand, Steinkohlenstaub, Kalksteine, Ton und Schamotte usw. Der Elektroschmelzbetrieb erfordert eine Statistik über den Schmelzstrom- und den Elektrodenverbrauch. Für alle mengen- und wertmäßig erfaßten Verbrauchszahlen sind die entsprechenden Verhältniswerte (Ofeneinsatz, Gewicht der Erzeugung, Fertigungszeit und Fertigungslohn) zu berechnen.

Ebenso ist über das Gewicht, den Selbstkosten- und Verkaufswert der Waren eine nach Fertigungsabteilungen und Hauptkunden gegliederte Statistik zu führen mit der Angabe der durchschnittlichen Verkaufspreise, bezogen auf die Gewichtseinheit. Diese Statistik soll durch eine solche über die Ausschußrücklieferungen und über den Gießereiausschuß ergänzt werden.

Es ist zu empfehlen, die wichtigsten statistischen Werte und zwar sowohl für die Kosten, als auch für die Verkaufswerte graphisch aufzuzeichnen, da graphische Darstellungen ein viel besseres Bild über die Bewegung der Kosten und der Preise zu geben vermögen, als die bloße Gegenüberstellung der Zahlenwerte. Eine Gießerei, die auf sorgfältige Betriebsüberwachung und wirtschaftliche Betriebsführung Wert legt, wird auf statistische Erhebungen und Aufstellungen nicht verzichten, sondern sie als zweckdienliches Mittel zur Erforschung der wirtschaftlichen Auswirkung der Betriebsvorgänge benützen und zugleich als Wegweiser für die Behebung von Mängeln und für die rationelle Gestaltung des Betriebes.

Kalkulationsverfahren.

Allgemeines.

Das ideale Ziel der Selbstkostenberechnung wäre die unmittelbare genaue Feststellung und Verrechnung der Kosten für jedes einzelne Gußstück. Einen Versuch, dieses Ziel zu erreichen oder ihm doch möglichst nahe zu kommen, macht E. Leber in seinem Buch „Die Frage der Selbstkostenberechnung von Gußstücken in Theorie und Praxis“ [1]. Er will für jedes Gußstück nicht nur die unmittelbaren Kosten, sondern auch den Wert der verbrauchten Form- und Hilfsstoffe, der anteiligen Hilfslöhne und sonstiger Gemeinkosten unmittelbar berechnen. Wir haben bereits darauf hingewiesen, daß eine genaue Feststellung dieser gemeinsamen Kostenfaktoren auf das Stück gar nicht möglich ist. Auch Leber kommt nur mittels verwickelter Berechnungs- und Kostenumlegungsverfahren zu seinen Ergebnissen. Trotzdem ist das erstrebte Ziel, auch den Formstoffverbrauch und die sonstigen Gemeinkosten für jedes Gußstück individuell genau zu bestimmen, nicht erreicht, und es kann um so weniger erreicht werden, je mehr das Arbeitsverfahren mechanisiert ist und die Gemeinkosten demgemäß gegenüber den unmittelbaren Kosten stark ansteigen. Weil viel zu umständlich und doch nicht restlos genau, ist dieses Kalkulationssystem nicht in die Praxis umgesetzt worden und wird wohl auch weiterhin theoretischer Versuch bleiben.

Das Gegenstück zu diesem Verfahren, das möglichst genaue individuelle Berechnung

[1] Verlag Stahleisen, Düsseldorf 1910.

der Kosten für jedes einzelne Gußstück anstrebt, ist der Verzicht auf jegliche Differenzierung und die gleichmäßige Verrechnung der Kosten auf die Erzeugungseinheit, d. h. auf das Fertiggewicht der Gußwaren. Es ist ohne weiteres klar, daß eine gleichmäßige Verteilung der Kosten auf die Gewichtseinheit nur für gleichartige Erzeugnisse in Frage kommen könnte. Gießereien, die völlig gleichartige Erzeugnisse herstellen, werden aber schon sehr selten sein. Umfaßt die Herstellung viele nach Form, Abmessungen und Stückgewicht unterschiedliche Gußstücke, dann sind die auf die Gewichtseinheit entfallenden Fertigungslöhne und Unkosten sehr verschieden. Sie können bei einem Gußstück auf die 100 kg das Mehrfache von den entsprechenden Kosten eines anderen Stückes betragen. Eine gleichmäßige Umlegung der Kosten nach dem Fertiggewicht der Gußstücke müßte daher zu den größten Fehlern führen und würde einem Unternehmen bei der als Folge solcher Berechnung sich einstellenden Zunahme der Bestellungen für zu niedrig angebotene arbeitshochwertige Gußstücke schwere Verluste bringen. Die Divisionskalkulation, d. h. die gleichmäßige Verteilung der Kosten auf die Erzeugungseinheit, muß daher als ein völlig unzureichendes und zu falschen Ergebnissen führendes Verfahren bezeichnet werden.

Die in der Praxis angewandten Kalkulationsverfahren kommen ohne eine Differenzierung der Kosten nicht aus. Die Differenzierung erweist sich als nötig sowohl bei den Fertigungslöhnen und dem Eisenwert, als auch bei den Gemeinkostenzuschlägen. Sie erfolgt in der Weise, daß die unmittelbar festzustellenden Kosten, Satzkosten und Fertigungslöhne, den Gußstücken als Einzelkosten verrechnet und die auf eine Gruppe von Erzeugnissen oder auf die Gesamtheit derselben entfallenden Gemeinkosten durch Zuschläge gedeckt werden. Wir bezeichnen diese Art der Kalkulation als Zuschlagskalkulation.

Nach ihrem Aufbau und nach der Fähigkeit, die Kosten möglichst wirklichkeitsgemäß zu erfassen und zu bestimmen, sind die in der Praxis gebräuchlichen Kalkulationsverfahren immerhin noch sehr verschieden. Sie werden gekennzeichnet:

1. durch ihre Grundsätze betreffend die rechnungsmäßige Gliederung des Betriebes und der Fertigungsvorgänge und die daraus sich ergebende Differenzierung der Gemeinkostenzuschläge;

2. durch die Wahl der Zuschlagsgrundlagen für die Deckung der Gemeinkosten.

Nach der ihnen zugrunde liegenden Gliederung des Betriebes und der Fertigungsvorgänge ergeben sich folgende Möglichkeiten für den Aufbau der Selbstkostenberechnung:

a) Ohne Gliederung und Unterteilung des Betriebes.

Die Gießerei bildet für die Kalkulation eine Einheit. Die Gemeinkosten werden durch einen einheitlichen Betriebsgemeinkostenzuschlag auf eine bekannte Maßgröße gedeckt. Vertreter dieses Systems sind die vor Jahren veröffentlichten, ursprünglichen Kalkulationsverfahren von Joh. Mehrtens[1]) und Carl Rein[2]).

b) Mit Aufteilung der Fertigung in Stoffumwandlung (Schmelzbetrieb) und Formgebung (Formerei, Kernmacherei, Putzerei usw. in eine Einheit zusammengefaßt).

Die Gemeinkosten werden durch einheitliche Gewichts- und Lohn- oder Zeitwert-Zuschläge gedeckt. Zu dieser Gruppe gehören die Kalkulationsverfahren von A. Messerschmitt[3]), H. Winkler[4]) und die Harzburger Druckschrift des Vereins deutscher Eisengießereien[5]).

c) Mit Aufbau der Kalkulation nach Fertigungsstufen (Schmelzen, Formen, Kernmachen, Putzen) und Deckung der Gemeinkosten durch entsprechende Abteilungsgemeinkostenzuschläge.

= Kalkulationsverfahren der amerikanischen „National Association of Cost Accountants“[6]).

[1]) Stahleisen 1906. S. 1062/67, 1132/37. [2]) Die Wertberechnung von Gießereierzeugnissen. Hannover 1913. [3]) Kalkulation in der Eisengießerei, 4. Aufl. Essen a. d. Ruhr 1908. [4]) Die kaufmännische Verwaltung einer Eisengießerei. Berlin 1906. [5]) Verein Deutscher Eisengießereien. Düsseldorf 1919. [6]) Siehe S. 74.

d) Mit Aufteilung der Fertigungsstufen in produktionstechnisch und kostenmäßig gleichartige Unterabteilungen und Deckung der Gemeinkosten durch differenzierte Abteilungsgemeinkostenzuschläge.

= Kalkulationsverfahren E. Brütsch[1]).

Als Zuschlagsgrundlagen kommen in den verschiedenen Kalkulationssystemen zur Anwendung:

1. das Gewicht des brauchbaren Gusses,
2. das Gewicht des Ofeneinsatzes,
3. Fertigungszeit oder Fertigungslöhne,
4. Stoffwert und Fertigungslohnwert,
5. die Platzstunden.

Je nach der Aufteilung und Gliederung des Betriebes und der Fertigungsvorgänge und nach den angewandten Maßgrößen für den Zuschlag der Gemeinkosten kommen diese Zuschlagsgrundlagen in den einzelnen Kalkulationsverfahren in verschiedener Weise und in verschiedener Zusammenstellung zur Anwendung.

Wir kommen im folgenden kurz zu den wichtigsten der gebräuchlichen Kalkulationsverfahren.

Kalkulationsverfahren mit einheitlichen Betriebsgemeinkostenzuschlägen auf das Gewicht des brauchbaren Gusses.

Kalkulationsverfahren nach Mehrtens und Rein.

In einem „Beitrag zur Kalkulation in der Eisengießerei“[2]) behandelte Joh. Mehrtens den ganzen Gießereibetrieb als eine Kalkulationseinheit. Wird in dieser, später ergänzten Arbeit auch teilweise der Wert des flüssigen Eisens ermittelt, so ist zwischen Schmelzbetrieb und Formgebung doch keine richtige Trennung. Zum Selbstkostenpreis des flüssigen Eisens werden nämlich nur die Eisenrohstoffkosten nach Gattierung, Koks und Abbrand gerechnet; die Löhne der Schmelzer, der Ofenunterhalt und die sonstigen Schmelzkosten sind nicht in den Flüssigeisenwert einbezogen. Diese Kostenfaktoren werden zu sammen mit den Gemeinkosten der Formgebung in einem festen Satz auf das Gewicht des brauchbaren Gusses zugeschlagen. Das Kalkulationsgerippe zeigt folgenden Aufbau:

Flüssiges Eisen je 100 kg brauchbaren Guß
\+ Produktivlöhne der Former, Kernmacher und Putzer
\+ Betriebsunkosten je 100 kg brauchbaren Guß
= Gestehungskosten
\+ Verwaltungskosten = ...% der Gestehungskosten
= Selbstkosten.

Ähnlich ist das Kalkulationsverfahren nach C. Rein[3]). Es unterscheidet sich von dem erstgenannten dadurch, daß die Betriebsgemeinkosten nicht auf das Gewicht der Erzeugung, sondern prozentual auf den Wert des flüssigen Eisens geschlagen werden, und daß die Kernmacherlöhne in dem Betriebsgemeinkostenzuschlag eingeschlossen sind. Es bedarf hier keiner näheren Begründung mehr, daß die Kernmacherlöhne nicht zu den Betriebsunkosten gehören, sondern den Gußstücken als Einzelkosten zu verrechnen sind. Die Nichtbeachtung dieser Tatsache ist ein schwerwiegender Fehler in dem Kalkulationsverfahren Rein.

Keines der beiden ursprünglichen Verfahren gewährleistet eine zuverlässige Berechnung der Selbstkosten, insbesondere dann nicht, wenn in einer Gießerei Gußstücke verschiedener Abmessungen und Stückgewichte nach ungleichartigem Formverfahren hergestellt werden, weil die Gemeinkosten keine Differenzierung erfahren, sondern mit einem durchschnittlichen Zuschlag auf die willkürlich gewählten Maßgrößen Fertiggewicht oder Flüssigeisenwert gedeckt werden. Für die Deckung der Gemeinkosten der Formgebung erweisen sich jedoch Gewicht und Flüssigeisenwert nicht als durch die Kostenzusammenhänge

[1]) Selbstkostenberechnung in der Gießerei. Berlin 1926. [2]) Stahleisen 1906. S. 1062/67, 1132/37.
[3]) Die Wertberechnung von Gießereierzeugnissen. Hannover 1913.

gegebene sachgemäße Bezugsgrößen. Wir haben nachgewiesen, daß die Gemeinkosten der Formgebung viel mehr von der Fertigungszeit als vom Gewicht der Erzeugung abhängig sind und daß sie zudem in den verschiedenen Fertigungsabteilungen sehr ungleich sein können. Der Mangel jeglicher Gliederung im Aufbau der Kalkulation und die Wahl unrichtiger Maßgrößen für den Zuschlag der Formgebungskosten müssen als schwerwiegende Fehler beider Verfahren bezeichnet werden. Bei Anwendung dieser Verfahren werden einfache Gußstücke viel zu hoch mit Unkosten belastet, während arbeitshochwertige, verwickelte Gußstücke nur einen Teil der wirklich auf sie entfallenden Gemeinkosten zu tragen haben. Die Folge solcher Kalkulation ist, daß die Verkaufspreise für arbeitshochwertige Gußstücke zu tief angesetzt werden, und daß infolgedessen gerade für solche Stücke Aufträge eingehen, während einfachere Stücke, weil im Preis übersetzt, bei anderen Werken bestellt werden. Eine Kalkulation nach diesem allzu einfachen Verfahren geht über eine Durchschnittsrechnung nicht hinaus und kann auf Richtigkeit und Zuverlässigkeit keinen Anspruch erheben.

Mehrtens weist selbst auf den Unterschied in der Berechnung hin, der dadurch entsteht, daß für die Deckung der Gemeinkosten von dem einen Unternehmen das Gewicht, vom andern der Fertigungslohn als Zuschlagsgrundlage gewählt wird. Er zeigte an einem Beispiel, wie bei gleichen Kalkulationsgrundlagen im einen Fall ein Selbstkostenpreis von 28,95 Mk. je 100 kg, im anderen ein solcher von 35,84 Mk. errechnet wird. Doch beanstandete er zu Unrecht, daß viele Gießereien ihre Betriebsunkosten durch Lohnzuschläge decken und dabei ganz verschiedene Prozentzuschläge, beispielsweise von 100—300 % und darüber, anwenden. Diese von Mehrtens abgelehnte Differenzierung der Zuschläge entspricht oft den wirklichen Verhältnissen, während der von ihm angewendete Durchschnittszuschlag auf das Gewicht der Erzeugung in den meisten Fällen keine richtige Berechnung ermöglicht. Wenn Mehrtens die Einfachheit und Übersichtlichkeit des Verfahrens als Vorzug hervorhebt, so muß gerade dieser Vorzug als die Schwäche des Verfahrens bezeichnet werden. Es genügt nicht, daß ein Kalkulationsverfahren einfach und übersichtlich ist, es muß vor allem eine der Wirklichkeit möglichst nahe kommende Berechnung der Kosten gewährleisten. Diese Forderung erfüllen die vorgenannten Kalkulationsverfahren[1]) nicht.

Kalkulationsverfahren mit nicht unterteilten Betriebsgemeinkostenzuschlägen auf Werkstoffe und Arbeit.

Allgemeines.

Zu dieser Gruppe gehören die Kalkulationsverfahren von Messerschmitt, Winkler und die Harzburger Druckschrift. Diesen Verfahren ist gemeinsam die Aufteilung der Betriebsgemeinkosten zwischen Werkstoffen und Arbeit und die Deckung der Gemeinkosten je durch einen festen Zuschlag auf den Werkstoff als Gewichts- oder Wertzuschlag und einen solchen auf die Arbeit, als Zeit- oder Lohnzuschlag. Die Satz- und Schmelzkosten sind mehr oder weniger von den übrigen Kosten der Herstellung getrennt. Die drei Kalkulationsverfahren unterscheiden sich in der Zuteilung einzelner Gemein-

[1]) Wie aus verschiedenen Mitteilungen, unter anderem in Gieß.-Zg. 1919, S. 41, hervorgeht, hat Mehrtens die Schwäche des in seinem „Beitrag zur Kalkulation in der Eisengießerei" genannten Kalkulationsverfahrens erkannt und war später eifrig bemüht, seine Vorschläge zu ergänzen. Das von ihm in Stahleisen 1906 gegebene Beispiel einer Selbstkosten-Rechnung — mit anteiligen Betriebskosten auf 100 kg Fertigguß — bezog sich auf einen bestimmten Fall und sollte insbesondere auf die Erfassung und Auswertung der Einzel-Betriebskosten hinweisen. Dies trat jedoch nicht eindeutig genug in die Erscheinung.

Mehrtens hat auch im Deutschen Gießereitaschenbuch Abschnitt L: „Die Betriebs- und Selbstkostenrechnung" S. 450/455 (München und Berlin 1923) eine bessere Gliederung und Verfeinerung der Selbstkostenrechnung empfohlen und dabei auf die Bestrebungen zur Vereinheitlichung der Selbstkostenrechnung in der Gießerei, insbesondere auf die Gemeinschaftsarbeit des Vereins Deutscher Eisengießereien mit dem Fachausschuß für Rechnungswesen beim R.K.W. hingewiesen. Er erwähnt in seiner Arbeit auch die Erfolge der „Harzburger Druckschrift" seit 1919 und empfiehlt eine richtige Einzelkostenermittlung mit möglichst genauer Erfassung und Verteilung der Gemeinkosten.

kostengruppen zu den Stoff- oder Arbeitskosten und durch die Wahl der Zuschlagsgrundlagen (Ofeneinsatz, brauchbarer Guß, Flüssigeisenwert, Fertigungslöhne).

Kalkulationsverfahren Messerschmitt.

A. Messerschmitt[1]) teilt die Selbstkosten auf in solche, die vom Gewicht des Gußstückes abhängig sind, und in solche, die mit dessen Herstellungskosten, dem Lohn, in unmittelbarem Zusammenhang stehen. Er sagt:

„Es kann ein Gegenstand viel wiegen und wenig Löhne zu seiner Herstellung erfordern und umgekehrt; daher müssen auch die Einflüsse, welche mit seinem Gewicht eigentümlich verknüpft sind, von denen, welche dem Lohn anhaften, getrennt dargestellt werden. Nur durch diese Ausscheidung und das richtige Benutzen der gefundenen Werte ist eine gute und richtige Kalkulation möglich. Um diese Ausscheidung bewirken zu können, müssen wir bilden:

a) Einen Wert für den Schmelzprozeß, bestehend in den dafür verwandten Materialien samt Tagelöhnen, der Unterhaltung und Bedienung des Kuppelofens, dem Ausschmieren der Pfannen wie auch Herbeischaffen oder Zerkleinern der Masseln usw. Dieser gefundene Wert kann als konstant dem Gewichtsverhältnis zugewiesen werden.

b) Einen prozentualen Wert, der mit den Herstellungskosten des Gegenstandes, dem Formerlohne, direkt steigt und fällt und ganz unabhängig ist von dessen Gewicht.

c) Ein Betriebsmaß, durch welches der jeweilige Wert der konstanten Betriebskosten und der Konstanten überhaupt (Gebäudeunterhalt, Krankenkasse, Büro, Spesen, Steuern, Beleuchtung, Dampf, Heizung, Gehälter, Zinsen) mit Rücksicht auf die bei einer Kalkulation herrschende Geschäftslage, der Größe oder Kleinheit des Betriebsumfanges zum sicheren Ausdruck gebracht wird."

Messerschmitt teilt die Selbstkosten in folgende Gruppen:

I. Roheisen, Brucheisen, einschließlich Fracht, Zoll und Spesen franko Werk.
II. Arbeitslöhne für Sandformer, Kernmacher, Lehmformer.
III. Formereistoffe, nämlich Brennstoffe, Formstoffe, Hilfsstoffe, Kastenreparaturen usw.
IV. Abbrand, einschließlich Verlust durch Trichter und Ausschuß.
V. Betriebskosten (Magazinkosten, Gebäudeunterhalt, Verwaltung, Steuern, Kraft, Licht, Heizung.
VI. Putzerlöhne.
VII. Tagelöhne der Hilfsarbeiter auf dem Werkplatz und in der Gießerei.
VIII. Konstante = Gehälter und Zinsen.

Er bemerkt zutreffend über die Gruppe der Formereistoffe:

„Diese stehen im innigsten Zusammenhang mit den produktiven Löhnen. Es ist ganz verkehrt, sich hierfür aus den Ausgabebüchern einen Extrakt zu machen und ein bestimmtes Maß pro 1000 kg ein für allemal festzusetzen, wie es vielfach geschieht; denn es ist doch ganz klar, daß mit dem Formerlohne diese Ausgaben steigen und fallen müssen. Zahlt man einen hohen Formerlohn, d. h. muß man einen Gegenstand, weil er klein und leicht ist, so viel mal mehr einformen und abgießen, um ein Gewicht von 1000 kg zu erreichen, so ist auch der Verbrauch an Formsand, Schwärze, Stiften, Koks, Stroh, Brennholz usw. dementsprechend höher, im andern Fall findet das Umgekehrte statt."

Zur Gruppe der vom Gewicht der Erzeugung abhängigen und darum als Konstante auf das Fertiggewicht zu verrechnenden Kosten zählt Messerschmitt:

die kalte Eisenmischung nach Gattierung;

den Abbrand mit 8% obigen Wertes (einschließlich Verlust durch Abfall und Ausschuß),

die Schmelzkosten (Koks und Brennstoffe, Löhne der Ofenarbeiter, Ofenunterhalt, Wiedereinschmelzen von 10% Trichter);

die Hilfslöhne;

die Modellerhaltungskosten.

Alle übrigen Kosten werden in ein prozentuales Verhältnis zu den Produktivlöhnen der Former und Kernmacher gesetzt, nämlich die Putzerlöhne, die Form- und Hilfsstoffe, die Betriebsunkosten, Abschreibung und Verzinsung. Sogar der Gewinnzuschlag wird prozentual auf die Fertigungslöhne gerechnet, auf einen Gewinnzuschlag auf die Stoffkosten wird verzichtet.

Für die unter der Gruppe der Betriebskosten und der Konstanten zusammengefaßten Kosten führt Messerschmitt den Begriff des Betriebsmaßes ein, indem er diese

[1]) Kalkulation in der Eisengießerei, 4. Aufl. Essen/Ruhr 1908.

Kosten, die wir als feste Kosten bezeichnen können, in Beziehung bringt zum Beschäftigungsgrad und das prozentuale Verhältnis dieser Kosten feststellt:

1. zu einer großen Beschäftigung bei Vollausnützung des Betriebes und der Einrichtungen;
2. zu einer mittleren Beschäftigung;
3. zu einer geringen Beschäftigung.

Er sagt:

„Wir bilden diesen Wert, indem wir für eine gegebene Gießerei denjenigen Umfang feststellen, der sich infolge der Einrichtung oder der herrschenden Geschäftslage als höchst zu erreichender approximativ bemessen läßt. Er ist also ein Wert der herrschenden oder höchstwahrscheinlich zu erreichenden Ausbeute in bezug auf die zu fertigenden Gegenstände. Er hängt von der nach Umfang und Einrichtung des Etablissements voraussichtlich zu erreichenden Beschäftigung ab und muß unfehlbar durch die demgemäß etwa auszugebenden und zu fixierenden produktiven Löhne für Former, Kernmacher und Lehmformer ausgedrückt werden."

Das Betriebsmaß ist demgemäß das Verhältnis der konstanten oder festen Kosten zu der Summe der Former- und Kernmacherlöhne, oder nach der Kostengruppierung Messerschmitts

$$\frac{\text{Betriebskosten} + \text{Gehälter} + \text{Zinsen.}}{\text{Produktivlöhne der Former} + \text{Kernmacher.}}$$

Der Verhältniswert wird größer bei Abnahme der Beschäftigung, da die festen Kosten zur entsprechend niedrigeren Lohnsumme ins Verhältnis gesetzt werden; das Umgekehrte ist bei zunehmender Beschäftigung der Fall.

Messerschmitt legt großes Gewicht auf die Feststellung und den richtigen Gebrauch des Betriebsmaßes in der Kalkulation. Er nennt das Betriebsmaß sogar den Hauptfaktor der ganzen Kalkulation. Es ist sein Verdienst, durch Einführung des Betriebsmaßes als Verhältnis der festen Kosten zur Produktivlohnsumme den Einfluß des Beschäftigungsgrades auf die Gestehungskosten und den Kalkulationssatz gemessen und dargestellt zu haben. Er will jedoch in der Kalkulation nicht den tatsächlich ermittelten Wert anwenden, sondern es ist als Betriebsmaß in die Kalkulation einzusetzen das Verhältnis der festen Kosten zu den Produktivlöhnen bei Annahme einer mittleren Beschäftigung. Der kalkulierte Selbstkostenpreis muß einer mittleren Beschäftigung entsprechen und darf nicht von dem sich verändernden Beschäftigungsgrad beeinflußt werden. Der Beschäftigungsgrad wird einzig durch die Produktivlöhne gemessen, das Gewicht der Erzeugung darf nicht als Maß für die Beschäftigung in Betracht kommen. Die Abschreibungsquote ist nicht in das Betriebsmaß eingeschlossen, wird jedoch im übrigen nach den gleichen Grundsätzen in die Kalkulation eingestellt.

Unter Berücksichtigung der Abhängigkeit der einzelnen Kostenfaktoren vom Gewicht der Erzeugung, von den Fertigungslöhnen und vom Beschäftigungsgrad ergibt sich nach Messerschmitt folgendes Muster für den Aufbau der Kalkulation:

Selbstkosten bezogen auf 100 kg brauchbaren Guß:
1. Satzkosten (kalte Gattierung).
2. Gewichtszuschläge für Abbrand, Schmelzkosten, Hilfslöhne, Modellerhaltung.
3. Produktivlöhne der Former und Kernmacher.
4. Putzerlöhne = ... % von Position 3.
5. Unkosten = ... % „ „ „
6. Betriebsmaß = ... % „ „ „ bezogen auf mittlere Beschäftigung.
7. Amortisation = ... % „ „ „ „ „ „ „

Summe = Selbstkosten
\+ Gewinnzuschlag .... % von Position 3.

= Verkaufspreis

Außer den fraglos vom Gewicht der Erzeugung abhängigen Schmelzkosten behandelt Messerschmitt auch einen Teil der Gemeinkosten der Formgebungsabteilungen als gewichtsproportional. Zu diesen durch Gewichtszuschläge zu deckenden Gemeinkosten werden die Hilfslöhne und die Modellerhaltungskosten gerechnet, während alle übrigen Kostenfaktoren als vom Fertigungslohn bzw. von der Fertigungszeit abhängig durch einen prozentualen Zuschlag auf die Produktivlöhne gedeckt werden. Damit wird ein Grundsatz in die Kalkulation eingeführt, der auch heute noch Geltung hat. Dieses Verdienst bleibt Messerschmitt, wenn auch die Ausscheidung zwischen den beiden Kostengruppen heute nicht mehr als ganz sachgemäß bezeichnet werden kann. Denn auch der größte Teil der Hilfslöhne ist mehr von der Fertigungszeit als vom erzeugten Gewicht abhängig und soll daher auch durch einen Zeitzuschlag gedeckt werden. Ferner bezeichnet er die Formereistoffe mit Recht als vom Fertigungslohne abhängige Kosten. Es widerspricht aber dieser Erkenntnis, wenn die auf die Zubereitung und den Transport der Form- und Hilfsstoffe entfallenden Löhne zu den gewichtsproportionalen Kosten gerechnet und durch Gewichtszuschläge gedeckt werden. Der Fehler in der Zuteilung der Kostenfaktoren zu den gewichts- und lohnproportionalen Kosten wird jedoch dadurch nahezu aufgehoben, daß Messerschmitt alle übrigen Kosten in die Lohnzuschläge einrechnet und daher die Werkstoffe namentlich mit Verwaltungskosten und Amortisation zu wenig belastet.

Die Berechnung der Werkstoffkosten zeigt insofern nicht unerhebliche Mängel, als die Schmelzkosten in einem festen Satz je 100 kg Fertiggewicht zugeschlagen werden. Der Abfall, Ausschuß und das Verhältnis von Ofeneinsatz und Fertiggewicht werden bei der Kalkulation eines Gußstückes nicht berücksichtigt. Eine Abstufung des Eisenwertes erscheint aber als durchaus notwendig, da die Unterschiede zwischen den einzelnen Gußstücken, namentlich zwischen solchen von kleinem und großem Stückgewicht, recht bedeutend sind. Besonders bei der Kalkulation von Stahlguß müßte ein Fehlen dieser Abstufungen zu einer unrichtigen Berechnung des Gußeisenwertes führen, da das Verhältnis von Ofeneinsatz und Fertiggewicht infolge verhältnismäßig größeren Abfalls hier ungünstiger liegt als beim Grauguß, und weil zudem die Schmelzkosten für den Stahlguß sich wesentlich höher stellen als für den Grauguß.

Auch die Verluste an Formgebungskosten zufolge Ausschuß werden bei Errechnung des Unkostenzuschlages auf die Produktivlöhne nicht in genügender Weise berücksichtigt. Es gehen bei Ausschußstücken meist die vollen Kosten verloren, nicht nur die veränderlichen, sondern auch die festen Kosten, die Messerschmitt nicht zu den Ausschußverlusten rechnet. Nicht einwandfrei ist auch der Zuschlag der Amortisation nur auf Grundlage der Produktivlöhne; denn auch die Werkstoffe beanspruchen die Betriebsanlagen und sollen demgemäß auch mit einem Anteil an Abschreibungen belastet werden. Das nämliche trifft zu für die Aufrechnung des Gewinnes in einem prozentualen Zuschlag auf die Produktivlöhne statt auf die kalkulierten Herstellungskosten, die doch die Summe aller Aufwendungen darstellen und daher als richtige Zuschlagsgrundlage für den Gewinn bezeichnet werden müssen.

In besserer Weise als Mehrtens und Rein berücksichtigt Messerschmitt im Aufbau der Kalkulation die Kostenzusammenhänge in der Herstellung und sucht die Gemeinkosten durch Zuschläge auf diejenigen Maßgrößen zu decken, die diese Zusammenhänge zum Ausdruck bringen. Sein Verfahren ermöglicht daher auch eine der Wirklichkeit viel näher kommende Berechnung der Selbstkosten. Für Betriebe, in denen die Zusammensetzung der Belegschaft in den verschiedenen Fertigungsabteilungen und das Herstellungsverfahren keine großen Unterschiede aufweisen, werden die nach dem Kalkulationsverfahren Messerschmitts berechneten Selbstkosten annähernd den wirklichen Kosten entsprechen, immerhin unter der Voraussetzung, daß das Verhältnis von Abfall und Fertiggewicht bei den verschiedenen Gußstücken nicht stark verschieden ist. Die bloße durchschnittliche Belastung der Schmelzkosten auf die Gewichtseinheit der fertigen Gußwaren ergibt für das einzelne Gußstück nicht die wirklichen Kosten des flüssigen Eisens. Für Betriebe mit großen Unterschieden im Kostenaufbau und entsprechenden Unterschieden in der Art der herzustellenden Stücke und in den zur Anwendung kommenden Arbeitsverfahren ist freilich auch dieses Verfahren nicht zureichend, da es keine Gliederung des Betriebes in Fertigungskostenstellen und abteilungsweise Differenzierung der Gemeinkostenzuschläge kennt und darum die oft recht bedeutenden Unterschiede im Kostenaufbau bei der Kalkulation nicht zum Ausdruck bringen kann.

Kalkulationsverfahren Winkler.

H. Winkler[1]) kennt wie Messerschmitt keine Gliederung des Betriebes in Fertigungskostenstellen; er deckt die nur für den ganzen Betrieb und nicht für einzelne Kostenstellen ausgewiesenen Gemeinkosten durch einheitliche Zuschläge auf das Eisen und auf die produktiven Löhne.

Eisenwert. Der Eisenwert in der gelieferten Ware wird bestimmt unter Berücksichtigung des Einsatzgewichtes, des Abbrandes und des Bruchwertes für den zurückgewonnenen Abfall. Zu den Kosten des Eisens werden nach dem Verhältnis des Ofeneinsatzes zum Fertiggewicht hinzugerechnet der Schmelzkoksverbrauch und die Schmelzerlöhne, nicht aber die übrigen Kosten des Schmelzbetriebes. Die Kosten des flüssigen Eisens sind mithin nicht vollständig berechnet, da ein Teil der Schmelzkosten nicht eingeschlossen ist. Während Messerschmitt bei der Berechnung des Flüssigeisenpreises einen Durchschnittswert auf 100 kg brauchbaren Guß einsetzt, differenziert Winkler die Satz- und Schmelzkosten nach Ofeneinsatz und Fertiggewicht. Er sagt:

„Der Wert des Eisens, sowie Schmelzkoks und die Schmelzerlöhne werden sich danach richten, wie viel Eisen man schmelzen muß, um ein bestimmtes Stück zu gießen, also nach dem Abfallprozentsatz (Eingüsse und Trichter), wobei für das Eisen besonders noch die Entwertung der Abfälle als Brucheisen in Betracht kommt."

Die von Winkler und später auch von E. Leber geforderte Differenzierung des Eisenwertes nach Ofeneinsatz, Abbrand, Abfall, Ausschuß und Fertiggewicht bedeutet einen erheblichen Fortschritt gegenüber der Durchschnittsberechnung, die wir bei Mehrtens und Messerschmitt finden. Mit Recht findet daher der Grundsatz der Differenzierung des Eisenwertes nach Ofeneinsatz und Fertiggewicht in allen neueren Kalkulationsverfahren Anwendung.

Formgebungskosten. Die Former- und Kernmacherlöhne sind dem Stück unmittelbar zu verrechnen, ebenso die Putzerlöhne, wenn für diese Stück- oder gestaffelte Gewichtsakkorde bestehen. Von den Betriebsgemeinkosten werden die Hilfslöhne, die Trockenstoffe, die Form- und Hilfsstoffe prozentual auf die Summe der Former- und Kernmacherlöhne geschlagen. Die übrigen Gemeinkosten werden gedeckt durch einen prozentualen Zuschlag auf die Lohn- und Stoffkosten, wie sie durch vorerwähnte Berechnungen ermittelt sind. Die Begründung dieser Art von Zuschlagsrechnung erscheint allerdings nicht stichhaltig. Sie lautet:

„Wollte man in der Gießerei auch nur auf produktive Löhne die Unkosten verrechnen, so würde man mit einem Durchschnittsprozentsatz für die verschiedenen Arten von Guß nicht auskommen, da die produktiven Löhne pro 100 kg sehr schwanken, während bei der gleichmäßigen Verteilung der Unkosten auf sämtliche Löhne und Materialien mit einem verhältnismäßig geringeren Prozentsatz ein Ausgleich geschaffen wird."

Der Aufbau der Kalkulation nach dem Verfahren Winklers läßt sich durch folgendes Muster darstellen:

1. Flüssiges Eisen nach Ofeneinsatz.
+ 2. Former- und Kernmacherlöhne.
+ 3. Hilfslöhne, Form- und Hilfsstoffe = ...% von Position 2.
+ 4. Putzerlöhne, nach Stück- oder Gewichtsakkorden.
____
= 5. Lohn- und Stoffkosten.
= ....% Unkosten von Position 5.
____
= Selbstkosten.

Der Fortschritt des Winklerschen Kalkulationsverfahrens liegt vor allem in der Differenzierung des Eisenwertes nach dem Verhältnis des Ofeneinsatzes zum Fertiggewicht. Im übrigen ist der Aufbau der Kalkulation ähnlich wie bei Messerschmitt, mit dem Unterschied, daß durch den Zuschlag der allgemeinen Unkosten und der Verwaltungskosten prozentual auf den Stoff- und Lohnwert der Werkstoffe stärker mit Unkosten belastet wird als bei dem Verfahren von Messerschmitt, das die Betriebs- und Verwaltungsunkosten ausschließlich durch einen Zuschlag auf die Fertigungslöhne deckt. Durch die Wahl des Eisens als Zuschlagsgrundlage auch für die Gemeinkosten der Form-

---
[1]) Die kaufmännische Verwaltung einer Eisengießerei. Berlin 1906.

gebungsabteilungen bringt Winkler Fehler in die Berechnung der Formgebungskosten, weil das Eisen zum Kostenträger gesetzt ist für Unkosten, mit denen es in keinem ursächlichen Zusammenhang steht. Es geht nicht an, einen Teil der Gemeinkosten der Formgebung vom Ofeneinsatz abhängig zu machen, wie dies bei dem Winklerschen Verfahren tatsächlich geschieht.

Verkaufspreise. Winkler empfiehlt den Kunden, nach Möglichkeit Einzelpreise zu verrechnen und mit den leidigen Durchschnitts- und Gruppenpreisen zu räumen, bei denen doch die Gießerei fast immer der leidtragende Teil ist, da die Kunden, die Durchschnittspreise haben, immer wieder versuchen werden, recht schwere und günstige Stücke von anderen Gießereien zu billigeren Einzelpreisen geliefert zu erhalten. Auch für Lieferungen an das eigene Werk hält Winkler die Anwendung von Einzelpreisen für wünschenswert. Dieser Hinweis verdient auch heute noch volle Beachtung, denn die Gießereien haben mit Bezug auf die Preisbildung noch wenig Fortschritte gemacht.

Die Harzburger Druckschrift.

Diese wurde 1919 von einem besonderen Ausschuß des Vereins Deutscher Eisengießereien unter Leitung von Alfred Seidel herausgegeben, um im deutschen Gießereigewerbe allgemein gültige Kalkulationsgrundsätze und ein einheitliches Kalkulationsverfahren einzuführen. Dadurch sollten die großen Unterschiede in der Selbstkosten- und Preisberechnung beseitigt werden, die in verschiedenartigem Aufbau der Selbstkostenrechnung ihre Ursache haben. Dieses Kalkulationsverfahren hat im deutschen Gießereigewerbe große Verbreitung gefunden und dürfte daher in Fachkreisen bekannt sein. In Anbetracht der Bedeutung, die dem Harzburger Kalkulationsverfahren schon dadurch zukommt, daß es vom Verein Deutscher Eisengießereien herausgegeben ist und seinen Mitgliedern zur Anwendung empfohlen wird, erachten wir eine kurze Darstellung und Besprechung der Harzburger Druckschrift für angezeigt.

Die Aufteilung der Gestehungskosten. Die Kosten werden in folgende Gruppen aufgeteilt:

1. flüssiges Eisen,
2. gesamte Fertigungslöhne (Produktivlöhne),
3. Betriebsunkosten,
4. Handlungsunkosten,
5. Zuschlag für Risiko und Gewinn.

Flüssiges Eisen. Hierzu werden gerechnet die Satzkosten und die Schmelzkosten unter Einschluß der Eisenverluste durch Abbrand, Abfall und Ausschuß. In den Schmelzkosten sind enthalten die Löhne für Ofenbedienung und Stoffzufuhr, Koks und Hilfsstoffe, Ofenunterhalt und Reparaturen, Kraftverbrauch, Kosten für chemische Untersuchungen. Von der Werksmiete (Abschreibung, Verzinsung und Versicherung der Gebäude und Betriebsanlagen), sowie von den Instandhaltungskosten der Gebäude sind dagegen keine Anteile in den Kosten des flüssigen Eisens eingerechnet. Diese Kostenfaktoren sind in die Gruppe der Betriebsunkosten eingereiht.

Fertigungslöhne. Als solche kommen in Betracht die Löhne der Former, Kernmacher und Gußputzer einschließlich etwaiger Sonderzulagen.

Betriebsunkosten. Diese enthalten sämtliche Stoffe, Kleinzeug und Hilfslöhne mit Ausnahme derjenigen, welche zum flüssigen Eisen gerechnet werden. Hiezu gehören ferner die Fertigungslöhne auf Ausschußstücke und alle sonstigen Betriebsunkosten, wie Gehälter der Betriebsbeamten einschließlich zugehöriger Versicherungen, Transportkosten, Kraft, Licht, Heizung, Instandstellungskosten, Abschreibung und Verzinsung der Betriebsanlagen, Modellunterhaltung, Lager- und Magazinkosten.

Handlungsunkosten (Verkaufs- oder Geschäftsunkosten). Als solche gelten alle kaufmännischen Gehälter, einschließlich Beamtenversicherung, Krankenkasse usw., Reisespesen, Provisionen, Werbung, Zinsen für das Betriebskapital, Sachversicherung, Steuern und Abgaben, Bürobedürfnisse, Wohlfahrtseinrichtungen.

Zuschlag für Risiko nnd Gewinn. Allgemeines Fabrikationsrisiko (ohne Ausschußrisiko), Zahlungsrisiken, Geschäftsgewinn.

Die Zuschlagsberechnung.

Der Wert des flüssigen Eisens wird nach dem Verhältnis von Ofeneinsatz und Fertiggewicht berechnet unter Berücksichtigung des Abfalls, eines durchschnittlichen Ausschußrisikos von 8% und eines Abbrandes von 7% des Ofeneinsatzes. Die Staffelung erfolgt nach Gewichtsklassen. Der Abfall ist bei den kleinsten Stückgewichten verhältnismäßig am größten, er nimmt mit Zunahme des Stückgewichtes ab. Den Verhältniszahlen von Ofeneinsatz bzw. Abfall und Fertiggewicht für die verschiedenen Gewichtsklassen sind Erfahrungswerte zugrunde gelegt.

Die Betriebsunkosten werden ohne weitere Unterteilung in einem Durchschnittsprozentsatz auf die Fertigungslöhne zugeschlagen.

Die Handlungsunkosten werden durch einen prozentualen Zuschlag auf die kalkulierten Herstellungskosten gedeckt. Der Gewinnzuschlag erfolgt prozentual auf die errechneten Selbstkosten. Die Gemeinkostenzuschläge sollen nach der Harzburger Druckschrift auf Grund einer Beschäftigung von 40—60% der Vollbeschäftigung berechnet werden.

Bei Anwendung dieser Kalkulationsgrundsätze ergibt sich folgendes Muster für den Aufbau der Selbstkostenberechnung:

	Fertigungslöhne.
+	....% Betriebsunkosten auf diese.
+	Flüssiges Eisen.
=	Summe der Herstellungskosten.
+	....% Handlungsunkosten.
=	Summe der Selbstkosten.
+	....% für Risiko und Gewinn.
=	Verkaufswert.

Für besondere Gußarten, wie Lehm- und Masseguß, feuer- und säurebeständiger Guß, Trockenguß, Qualitätsguß aller Art, sperrige Stücke und für besonders hohes Ausschußrisiko werden Sonderzuschläge auf die berechneten Selbstkosten empfohlen, die schätzungsweise zu ermitteln sind.

Die kritische Würdigung der Harzburger Kalkulationsgrundsätze ergibt sich aus den Ausführungen in den vorangehenden Abschnitten. Wir wollen sie an dieser Stelle kurz zusammenfassen:

Die Aufteilung der Gestehungskosten in die Gruppen flüssiges Eisen, Fertigungslöhne, Betriebsunkosten, Handlungsunkosten und besondere Risiken ist sachgemäß. Es fehlt aber der notwendige Hinweis auf die Beziehung der einzelnen Kostengruppen zum Beschäftigungsgrad und auf den Einfluß des Beschäftigungsgrades auf die Höhe der Gestehungskosten.

Die Ausscheidung zwischen den Kosten des flüssigen Eisens und den Betriebsunkosten ist nicht einwandfrei, da auf das flüssige Eisen kein Anteil an der Werksmiete, an den Gebäude-Instandhaltungskosten, an Lager- und Magazinspesen eingerechnet ist. Es ist nicht einzusehen, warum diese Kostenfaktoren, an denen die Rohstoffe und der Schmelzbetrieb ebensogut Anteil haben, wie die Formgebungsabteilungen, ganz und ausschließlich in die Formgebungskosten eingerechnet werden sollen.

Zuschlagsgrundlagen. Als solche kommen zur Anwendung:

für die Schmelzkosten das Gewicht des Ofeneinsatzes,
für die Betriebsunkosten die Fertigungslöhne,
für die Handlungsunkosten der Herstellungswert,
für den Gewinnzuschlag die Selbstkosten.

Die Staffelung des Flüssigeisenwertes nach dem Verhältnis von Ofeneinsatz und Fertiggewicht wird mit Recht und nachdrücklich für eine richtige Selbstkostenberechnung verlangt. Die auf Grund einer Umfrage ermittelten Abfallverhältniszahlen für die verschiedenen Gewichtsklassen, wie sie in einer Tafel aufgestellt sind, können als Richtlinien gelten, immerhin so, daß sie durch eigene Erhebungen zu überprüfen und, wenn nötig, den Verhältnissen des eigenen Werkes anzupassen sind. Der Abbrand ist mit 7% des Ofeneinsatzes für Eisengußwaren entschieden zu hoch angenommen; auch das Ausschußrisiko von 8% ist für gewöhnlichen Maschinenguß reichlich hoch bemessen.

Die Verrechnung der Betriebsunkosten in einem Zuschlag auf die Fertigungslöhne sollte ersetzt werden durch einen solchen auf die Fertigungszeit. Ein diesbezüglicher Hinweis findet sich übrigens schon in der Harzburger Druckschrift, doch ohne daß dem Gedanken im Kalkulationsmuster Folge gegeben wäre. Der Zuschlag der Betriebsunkosten nur auf die Fertigungslöhne entspricht nicht ganz den wirklichen Kostenzusammenhängen; denn derjenige Teil der Betriebsunkosten, welcher für das Eisen und dessen Bewegung entsteht, steigt proportional zum Gewicht der Erzeugung bzw. zum Ofeneinsatzgewicht und ist in keinem ursächlichen Zusammenhang mit den Fertigungslöhnen, denen er prozentual zugeschlagen wird. Der hierdurch entstehende Fehler wird bei dem Harzburger Kalkulationsverfahren noch vergrößert durch die Einbeziehung eines Teils der Schmelzkosten in die Betriebsunkosten, worauf wir im vorangehenden schon hingewiesen haben. Infolge dieser zum Teil unsachgemäßen Verteilung der Gemeinkosten auf das Gewicht der Erzeugung und die Fertigungslöhne werden die arbeitshochwertigen Gußstücke über ihre wirkliche Beanspruchung hinaus mit Unkosten belastet, während einfache und massige Gußstücke mit ihrem verhältnismäßig größeren Gußeisenwert nicht den vollen Teil der auf sie entfallenden Unkosten zu tragen haben.

Der Zuschlag der Handlungsunkosten prozentual auf die Herstellungskosten erscheint zweckmäßig und sachgemäß, da Stoffe und Arbeit die Verwaltungsabteilung beanspruchen, und da eine richtige Aufteilung dieser Werksgemeinkosten auf die einzelnen Abteilungen in den meisten Betrieben doch nicht möglich ist.

Zu beanstanden ist der Hinweis, daß die Gemeinkostenzuschläge nur auf Grund einer 40—60%igen Beschäftigung errechnet werden sollen, da bei solcher Berechnungsart zum vorneherein eine Überbelastung mit den Kosten einer zur Hälfte nicht ausgenützten Anlage und des zugehörigen Verwaltungsapparates erfolgt, die nicht gerechtfertigt ist und meist auch nicht tragbar sein wird. Die Selbstkosten sollen auf Grund einer normalen Ausnutzung der Anlage, also etwa auf Grund eines Beschäftigungsgrades von 70—90% berechnet werden. Es geht nicht an, einen Beschäftigungsgrad von 40—60% als normal anzunehmen; denn bei einem gesunden Wirtschaftsgebahren darf nicht dauernd mit nur zur Hälfte ausgenützten Anlagen gearbeitet werden, sonst erweist sich eine Einschränkung des Produktionsapparates als notwendig.

Der größte Mangel des Harzburger Kalkulationsverfahrens, das doch für neuzeitliche Verhältnisse gelten soll, ist die Anwendung eines bloßen Durchschnittsgemeinkostensatzes für den ganzen Gießereibetrieb, statt unterteilter Abteilungsgemeinkostenzuschläge, wie sie sich bei einer sachgemäßen Gliederung des Betriebes in produktionstechnisch und kostenmäßig einheitliche Fertigungsabteilungen auf Grund aufgeteilter Kostenrechnungen ergeben. Es wurde schon mehrmals darauf hingewiesen, daß in allen Gießereien, in denen vielerlei Erzeugnisse nach verschiedenartigen Formverfahren hergestellt werden, sich große Unterschiede im Kostenaufbau der einzelnen Fertigungsabteilungen zeigen, die eine richtige Selbstkostenberechnung zwangsläufig zum Ausdruck bringen soll.

Wenn in der Harzburger Druckschrift der Verzicht auf jegliche Differenzierung der Gemeinkostenzuschläge damit begründet wird, daß die Betriebsunkosten, gleichviel welche der drei Unterabteilungen (Formerei, Kernmacherei, Putzerei) in Frage kommt, zu den aufgewandten Fertigungslöhnen normalerweise in einem bestimmten Verhältnis stehen, das für die einzelnen Firmen verschieden hoch sein kann, so muß gesagt werden, daß dieses Verhältnis nicht nur zwischen den einzelnen Firmen verschieden ist, sondern auch — und das ist das Entscheidende — im gleichen Werk verschieden ist und zwar nicht nur zwischen den Fertigungsabteilungen Formerei, Kernmacherei und Putzerei, sondern auch zwischen den Fertigungsunterabteilungen, wenn diese im Arbeitsverfahren und in der technischen Einrichtung ungleichartig sind. Für eine Selbstkostenrechnung, die auf Richtigkeit Anspruch erheben will, ist in einem größeren Werk ohne Gliederung des Betriebes in produktionstechnisch gleichartige Fertigungskostenstellen und entsprechende Differenzierung der Gemeinkostenzuschläge nicht auszukommen. Für kleinere und gleichartige Betriebe dürfte das Harzburger Selbstkostenberechnungsverfahren genügen, für mittlere und größere Werke mit verschiedenartiger Erzeugung aber ist es in seiner jetzigen Form nicht ausreichend. Die Kostenunterschiede können nicht, wie empfohlen, nur schätzungsweise durch Sonderzuschläge berücksichtigt werden, denn für solche Schätzungen fehlen meist die sicheren Grundlagen. Ein weiterer Ausbau des Harzburger Verfahrens in der angegebenen Richtung wird sich als notwendig erweisen.

Volle Beachtung verdienen die Hinweise der Harzburger Druckschrift auf die für jede Gießerei vorliegende Notwendigkeit, die tatsächlichen Betriebsunkosten selbst rechnungsmäßig zu ermitteln und die Preise den errechneten Selbstkosten nach Möglichkeit anzupassen. Mit der Aufstellung von allgemeinen Richtpreisen dagegen dürfte sie eher zu weit gegangen sein, da die Gefahr besteht, daß solche Preistafeln kritiklos übernommen werden und die geforderte Selbstkostenrechnung vernachlässigt wird.

Kalkulationsverfahren mit Aufbau der Kalkulation nach Fertigungsstufen und Deckung der Gemeinkosten durch entsprechende Abteilungsgemeinkostenzuschläge.

Hauptvertreter dieses Kalkulationssystems ist das Kalkulationsverfahren der amerikanischen „National Association of Cost Accountants". A. Lischka hat dieses System in seinem Buch „Die Selbstkostenrechnung in der Eisengießerei" [1]) eingehend beschrieben. Es bedeutet einen wesentlichen Fortschritt gegenüber den besprochenen Kalkulationsverfahren, bei denen die Formgebungsabteilungen für den Aufbau der Kalkulation in eine Einheit zusammengefaßt sind. Das amerikanische Verfahren nimmt eine Aufteilung der Formgebungskosten nach den Fertigungsstufen vor, die als selbständige Rechnungsgruppen und Kalkulationseinheiten behandelt werden. Die daraus sich ergebende Unterteilung der Gemeinkostenzuschläge nach dem Kostenbild jeder Fertigungsabteilung ermöglicht eine der Wirklichkeit schon bedeutend näher kommende Berechnung der Selbstkosten.

Die Kosten werden wie folgt gegliedert:

1. Flüssiges Eisen
2. Fertigungslöhne, a) der Former,
   b) der Kernmacher,
   c) der Putzer.
3. Formerunkosten, a) auf den Formerlohn bezogen,
   b) auf das Gewicht der Erzeugung bezogen.
4. Kernmacherunkosten.
5. Putzerunkosten.

Die Aufwendungen sind weitgehend unterteilt; für jede Gemeinkostengruppe ist der Verteilungsschlüssel angegeben. Hinsichtlich Kostenerfassung und Kostenverteilung ist das System sehr klar und übersichtlich.

Das flüssige Eisen wird richtig berechnet, d. h. einschließlich anteiliger Werksmiete, Gebäudeinstandhaltung usw., während alle bisher besprochenen Systeme die Schmelzkosten nur unvollständig ausweisen. Nicht einwandfrei erscheint aber die Art, wie die Gemeinkosten der Formerei auf Formerlohn und Gußgewicht umgelegt und in der Kalkulation durch entsprechende Zuschläge auf Fertigungslöhne und Gußgewicht gedeckt werden. Ein großer Teil der Formereiunkosten, der nicht mit dem Gewicht zusammenhängt, wird als gewichtsproportional behandelt und durch Gewichtszuschläge gedeckt. Der Gruppe der gewichtsproportionalen Formerunkosten sind zugerechnet die Formstoffe einschließlich deren Aufbereitung, sämtliche Transportkosten, Lager- und Speditions-

[1]) München und Berlin 1926.

kosten, Miete, Versicherung und Instandhaltung der Formmaschinen, der Formkasten und Werkzeuge, Unterhalt und Reparatur der Modelle.

Ausgenommen die Kosten, die für den eigentlichen Werkstoff, das Eisen, und dessen Transport aufgebracht werden müssen, sind die vorgenannten als gewichtsproportional behandelten Kostengruppen nicht vom Gewicht der Erzeugung abhängig und dürfen daher in einer richtigen Selbstkostenberechnung auch nicht durch Gewichtszuschläge gedeckt werden. Das glauben wir im vorangehenden überzeugend nachgewiesen zu haben. Miete und Instandhaltung der Formmaschinen, die Kosten für Formkasten, Werkzeuge und Modelle stehen ganz fraglos in unmittelbarem Zusammenhang mit der Zeit und mit dem Gebrauch, nicht aber mit dem erzeugten Gewicht. Auch die angenommene Proportionalität der Formstoffe zum Gußgewicht müssen wir als nicht den wirklichen Verhältnissen entsprechend ablehnen.

Bei dem amerikanischen Kalkulationsverfahren haben die Grundsätze, welche für die Verteilung und den Zuschlag der Gemeinkosten der Formerei zur Anwendung kommen, in der Kernmacherei und Putzerei keine Geltung mehr. Sämtliche Unkosten der Kernmacherei und Putzerei werden nämlich ausschließlich durch Lohnzuschläge gedeckt. Dieser Wechsel der Zuschlagsgrundlage für die nämlichen Kostenfaktoren in der Kernmacherei und Formerei entbehrt jeder sachlichen Begründung und muß als Willkürlichkeit und als eine unrichtige Darstellung der Kostenzusammenhänge bezeichnet werden. Für die Kernmacherei tritt die Unmöglichkeit, einen sachlichen Zusammenhang der Kernmacherunkosten mit dem Gußgewicht zu konstruieren, so offensichtlich zutage, daß für die Deckung der Kernmacherunkosten ohne weiteres von Gewichtszuschlägen abgesehen wird. Ein solcher Zusammenhang ist aber ebensowenig für die Formereiunkosten, so weit sie nicht den Werkstoff betreffen, nachzuweisen. Wenn Lischka sagt, daß auch in der Kernmacherei und Putzerei die Betriebsunkosten getrennt nach Lohn und Gewicht verrechnet werden sollten, so können wir dem nicht zustimmen. Unseres Erachtens muß die Richtigstellung gerade im umgekehrten Sinn erfolgen, nämlich so, daß die zu unrecht auf das Gewicht bezogenen Formereiunkosten auf die Fertigungszeit umgelegt und durch Zeit- bzw. Lohnzuschläge gedeckt werden.

In der Aufteilung eines Teil der Verwaltungskosten auf die Fertigungsabteilungen geht das amerikanische Verfahren wohl etwas weit. Im allgemeinen ist die Aufteilung der Verwaltungskosten auf die Fertigungsabteilungen nicht zu empfehlen, da die Umlegung doch zumeist nicht auf Grund unmittelbarer Kenntnis der Beanspruchung, sondern auf Grund einer Schätzung oder eines Verteilungsschlüssels erfolgen muß.

Trotz dieser Mängel weist dieses Verfahren durch seine sachgemäße Gliederung des Betriebes für den Aufbau der Kalkulation und durch die klare Gruppierung und Aufteilung der Kosten beachtenswerte Vorzüge gegenüber den besprochenen Kalkulationsverfahren auf. Doch genügt auch diese Aufteilung des Betriebes in die Fertigungsstufen und die Anwendung entsprechender Abteilungsgemeinkostenzuschläge für große Betriebe mit verschiedenartigen Erzeugnissen und Arbeitsverfahren nicht zu einer zuverlässigen Berechnung der Selbstkosten. Eine solche erfordert eine noch weitergehende Gliederung des Betriebes und wirklichkeitsgemäße Berücksichtigung der Kostenzusammenhänge im Aufbau der Kalkulation in der Art, wie dies in den vorangehenden Abschnitten ausgeführt wurde. Wir vergegenwärtigen uns noch einmal kurz die Hauptgrundsätze dieses verfeinerten Berechnungsverfahren, das von Lischka und Brütsch zur Anwendung empfohlen wird.

Kalkulationsverfahren mit Aufteilung der Fertigungsstufen in produktionstechnisch und kostenmäßig gleichartige Fertigungsunterabteilungen und Deckung der Gemeinkosten durch differenzierte Abteilungsgemeinkostenzuschläge.

Ein solches Verfahren ist vom Verfasser in seiner Schrift „Selbstkostenberechnung in der Gießerei“ [1]), sowie in der vorliegenden Arbeit eingehend begründet und dargelegt worden. Es ist durch folgende Grundsätze und Merkmale gekennzeichnet.

---

[1]) E. Brütsch: Selbstkostenberechnung in der Gießerei. Berlin 1926.

1. Gliederung des Betriebes. Die Fertigungsstufen Schmelzbetrieb, Formerei, Kernmacherei, Putzerei dürfen nur dann als Kalkulationseinheiten behandelt werden, wenn der Kostenaufbau in ihrem ganzen Wirkungsbereich annähernd gleichartig ist. Sofern diese Voraussetzung nicht zutrifft, sind die Fertigungsstufen zu unterteilen in produktionstechnisch und in ihrem Kostenbild gleichartige Fertigungsabteilungen, die als selbständige Rechnungsgruppen und Kalkulationseinheiten zu behandeln sind. Für die Unterteilung der Fertigungsstufen ist die betriebstechnische Eigenart der Unterabteilungen maßgebend, soweit durch sie der Charakter des Kostenbildes bestimmt und gegenüber dem Kostenbild anderer Unterabteilungen der gleichen Fertigungsstufe wesentlich verändert wird. Ist ein solcher Unterschied im Kostenaufbau nicht vorhanden, so kann auf eine Unterteilung der Fertigungsabteilungen verzichtet werden, sofern sich eine solche nicht zur richtigen Kostenüberwachung als notwendig erweist.

2. Kostenerfassung und Kostenverteilung. Die Kosten sind vollständig und gegliedert nach ihrer Art auf die Verbrauchsstellen des Werkes zu sammeln. Die Kosten der Hilfsabteilungen werden nach ihrer Beanspruchung auf Grund von Aufschreibungen oder unter Anwendung sachgemäßer Verteilungsschlüssel auf die Fertigungskostenstellen umgelegt, auf denen zwecks Ermittlung der Gemeinkostenzuschläge alle Kosten des Betriebes letzterdings erscheinen müssen.

3. Gemeinkostenzuschläge. Diese werden für jede als Kalkulationseinheit in Betracht kommende Fertigungskostenstelle auf Grund vollständiger Kostenrechnungen ermittelt unter Berücksichtigung maßgebender Einflußgrößen wie Beschäftigungsgrad, Ausschuß usw. und unter Anwendung der sachgemäßen Bezugsgrößen als Zuschlagsgrundlagen.

4. Zuschlagsgrundlagen. Als solche kommen zur Anwendung:

das Gewicht des Ofeneinsatzes für die Schmelzkosten;

die Fertigungszeit, unter Umständen der Fertigungslohn für die Gemeinkosten der Formgebungsabteilungen;

das Fertiggewicht der Gußstücke für die gewichtsproportionalen Betriebsgemeinkosten der Formgebungsabteilungen, soweit sie durch den Werkstoff (Eisen) und dessen Bewegung verursacht sind;

unter Umständen die Platzstunden für die Werksmiete in der Großstückgießerei und in der Maschinenformerei;

die Herstellungskosten für die Verwaltungs- und Verkaufskosten;

die Selbstkosten für den Gewinnzuschlag.

5. Preisbildung. Anpassung der Preise an die kalkulierten Selbstkosten durch feste Stückpreise für Großguß und für arbeitshochwertige oder in großen Serien angefertigte Gußstücke, mit Angabe von Kilo-Richtpreisen. Für Kleinguß aller Art Kilostaffelpreise nach Gewichts- und Schwierigkeitsklassen.

Lischka entwickelt mit Bezug auf die Kostensammlung und die Aufteilung des Betriebes in Kalkulationseinheiten ähnliche Grundsätze wie Brütsch; doch legt er weniger Nachdruck auf die Notwendigkeit horizontaler Unterteilung der Fertigungsstufen und differenzierter Abteilungsgemeinkostenzuschläge.

In der Wahl der Zuschlagsgrundlagen für die Umlegung und Deckung der Gemeinkosten in der Kalkulation weichen Lischka und Brütsch stark voneinander ab. Ersterer befürwortet die Umlegung eines großen Teils der Formerei- und zum Teil auch der Kernmacherei- und Putzereiunkosten nach dem Gewicht der Erzeugung und die Deckung dieses Teils der Gemeinkosten durch Gewichtszuschläge. Brütsch vertritt die Auffassung, daß nur die Aufwendungen für den Werkstoff und dessen Transport als gewichtsproportional zu betrachten und durch Gewichtszuschläge zu decken seien, während die übrigen Gemeinkosten der Formgebungsabteilungen durch Zuschläge auf die Fertigungszeit gedeckt werden sollen.

Das Ziel.

Wir haben versucht, aus Art und Ablauf der Erzeugungsvorgänge und auf Grund der Kostenzusammenhänge die Grundsätze und den Aufbau einer zuverlässigen Selbstkostenberechnung in Gießereien klarzulegen und darzustellen. Anschließend wurden die in der Praxis hauptsächlich zur Anwendung kommenden Kalkulationsverfahren kurz besprochen und auf ihren Wert und ihre Brauchbarkeit geprüft.

Die heute noch bestehenden Unterschiede grundsätzlicher Art im Aufbau der Selbstkostenrechnung und in den angewendeten Kalkulationsverfahren haben oft unbegreiflich groß erscheinende Verschiedenheiten in den Kalkulationsergebnissen und den Preisen für gleiche Gußstücke zur Folge und bringen zum Schaden des ganzen Gewerbes Unsicherheit und Verwirrung in die Preisbildung. Eine Einigung auf richtige und allgemein gültige Kalkulationsgrundsätze und auf sachgemäße Kalkulationsverfahren erscheint darum als eine zwingende Notwendigkeit.

Es handelt sich dabei nicht darum, dieses oder jenes der gebräuchlichen Kalkulationsverfahren unverändert zu übernehmen; vielmehr sollen die maßgebenden Grundsätze für den Aufbau der Selbstkostenrechnung aufgestellt und praktisch gangbare Wege gewiesen werden zu einer wirklichkeitsgemäßen Ermittlung der Gestehungskosten. Nur mit einer Einigung in diesem Sinne, und nicht mit einer solchen auf ein starres Kalkulationsmuster ist dem Gießereigewerbe als Ganzes und jedem einzelnen im Wettbewerb stehenden Unternehmen wirklich gedient. Auch die vorstehenden Ausführungen sollen in erster Linie zur Abklärung der grundlegenden Fragen der Selbstkostenberechnung in Gießereien beitragen und zeigen, wie durch sachgemäßen Aufbau der Zahlenunterlagen auf verhältnismäßig einfachem Wege eine den praktischen Anforderungen genügende, zuverlässige Berechnung der Selbstkosten erreicht werden kann.

Literatur.

a) Werke.

Messerschmitt, A.: Kalkulation in der Eisengießerei. 4. Aufl. Essen/Ruhr 1908.

Winkler, H.: Die kaufmännische Verwaltung einer Eisengießerei. Berlin 1906.

Leber, E.: Die Frage der Selbstkostenberechnung von Gußstücken in Theorie und Praxis. Düsseldorf 1910.

Wagner, H.: Selbstkostenberechnung gemischter Werke der Großeisenindustrie. Berlin 1912.

Rein, C.: Die Wertberechnung von Gießereierzeugnissen. Hannover 1913.

Verein Deutscher Eisengießereien: Harzburger Druckschrift 1919.

Lischka, A.: Die Selbstkostenrechnung in der Eisengießerei. München und Berlin 1926.

Brütsch, Ernst: Selbstkostenberechnung in der Gießerei. Berlin 1926.

Refa-Mappe für Gießereiwesen (Richtlinien für Stückzeitberechnung). Berlin, Beuth-Verlag 1926.

Tillmann, H.: Lehrbuch der Stückzeitermittlung in der Maschinenformerei. München und Berlin 1927.

Verein Deutscher Eisengießereien und Reichskuratorium für Wirtschaftlichkeit: Einheits-Buchführung für Eisengießereien (Ergänzung der Harzburger Druckschrift). Dortmund 1929.

Becker, E.: Organisation und Selbstkostenberechnung in den Metallgießereien. Halle/Saale 1929.

Peiser, H.: Der Einfluß des Beschäftigungsgrades auf die industrielle Kostenentwicklung. 2. Aufl. Berlin 1929.

b) Abhandlungen.

Messerschmitt, A.: Die Preislisten in der Eisengießerei oder „Was ist Grundpreis?“ Stahleisen 1904. S. 1017/21.

Mehrtens, J. jun.: Ein Beitrag zur Kalkulation in der Eisengießerei. Stahleisen 1906. S. 1063/67, 1132/37.

Freytag, E.: Wie können die Produktionskosten einer Gießerei herabgezogen werden? Stahleisen 1906. S. 1324/29.

Leyde, O.: Über Kalkulationswesen in der Eisengießerei. Stahleisen 1911. S. 293/303.

Leber, E.: Zur Frage der Selbstkostenberechnung und Klassierung von Gußstücken. Stahleisen 1910. S. 563/67, 700/707; Zuschriften S. 1921.

Leber, E. und O. Leyde: Zur Frage der Stückkalkulation (Zuschriften). Stahleisen 1911. S. 676/681.

Andres, G. E.: Vergleichsaufstellungen aller Aufwände in der Gießerei. Foundry 1911. Mai, p. 93; Iron Coal Trades Rev. 1911. p. 959; auszugsw. E. Leber: Stahleisen 1911. S. 1794/1799.
Treuheit, J. und L.: Wertberechnung und Wirtschaftlichkeit in der Gießerei. Stahleisen 1913. S. 680/690.
Rein, C.: Ein neues Wertberechnungsverfahren für Gießereierzeugnisse. Stahleisen 1913. S. 1263/1270. Zuschriften S. 1604/1610.
Leyde, O.: Gießereikalkulation. Gieß.-Zg. 1913. S. 271/280.
Döll, Rich.: Die Wertberechnung im Gießereiwesen. Stahleisen 1913. S. 1965/1969, 2142/2148.
Ramp, H. M.: Die Selbstkostenfrage bei Kundengießereien. Iron Age 1914. p. 90/91.
Beckert, A. O.: Feststellung des Verkaufspreises von Gußstücken (Bericht Amer. Foundrymen's Assoc.) Stahleisen 1915. S. 564/565.
Treuheit, J. und L.: Wertberechnung in der Gießerei. Stahleisen 1915. S. 1093/1100.
Vorschläge zur einheitlichen Selbstkostenberechnung. Bericht eines Sonderausschusses der Amer. Foundrymen's Assoc. Foundry 1915. Nov., p. 451/454.
Sinzheimer, Dr.: Bezahlung von Fehlguß. Gieß. 1916. S. 27/29.
Wiedemann, A.: Die Rentabilität der Eisen- und Stahlgießereien unter besonderer Berücksichtigung einer neueren Akkordlohnbestimmung. Stahleisen 1917. S. 173/177; Gieß.-Zg. 1917. S. 209/213.
Chrapkowski, M.: Grund- und Verkaufspreise für Handels- und Maschinenguß. Gieß. 1917. S. 110/118.
Mehrtens, Joh.: Die Betriebskosten in der Eisengießerei. Gieß. 1918. S. 1/8.
Rein, C.: Die Kalkulation von Gießereierzeugnissen unter Berücksichtigung der heutigen Lohnverhältnisse. Gieß.-Zg. 1919. S. 167/171.
Buschkühler: Normal-Betriebsbuchführung für Eisengießereien. Stahleisen 1920. S. 1451/1452.
Mehrtens, Joh.: Einheitliche Unterlagen und Leitsätze für die Herstellung und Bewertung der Gießereierzeugnisse. Gieß. 1921. S. 129/133.
May, Howell, B.: Die Unkosten in Gießereien und Maschinenfabriken. Iron Trades Rev. 1921. p. 1218/1221, 1356/1358, 1485/1489, 1619/1622, 1630. Foundry 1924. p. 339/341. Auszugsw. Stahleisen 1925. S. 1040.
Steinbacher, Th.: Preisbildungsfragen für Eisengußerzeugnisse. Gieß.-Zg. 1924. S. 101/108.
Resow, H.: Wie kommen wir zu einer einheitlichen Akkordbestimmung in der Gießerei? Stahleisen 1924. S. 1363/1370.
Schumacher, Joh.: Die Grundzüge der Kalkulation in der Eisengießerei. Gieß.-Zg. 1924. S. 437/441.
Holländer, H.: Verrechnung der Betriebsunkosten, insbesondere in Gießereien. Gieß. 1925. S. 6/7.
Spittal, J.: Einige Gesichtspunkte zur Selbstkostenberechnung. Foundry 1925. p. 33/35, 48/51.
Corbett, W. J.: Selbstkostenvermittlung in Gießereibetrieben. Transact. Amer. Foundrymen's Assoc. 1925. 1. Teil, p. 32/43. Auszugsw. Stahleisen 1925. S. 1037/1040.
Lischka, A.: Über die Verrechnung des Abfalls von Gußstücken. Gieß. 1925. S. 634/636.
Gießereikosten und andere Fragen. Erörterung auf der Jahresversammlung der Amer. Foundrymen's Ass. 1925. Iron Age 1925. p. 689/690.
Weber, Th.: Neuzeitliche Kalkulation in Gießereien. Gieß. 1926. S. 416/418.
Smith, Th.: Ermittlung der Herstellungskosten einzelner Gußstücke. Iron Age 1926. p. 762/763.
Runge, E. T.: Selbstkostenberechnung für Gießereien. Transact. Foundrymen's Assoc. 1926. p. 139/147; auszugsw. Stahleisen 1926. S. 404.
Peters, H.: Die Errechnung der Unkostensätze in der Eisengießerei. Gieß. 1926. S. 445/451, 461/467.
Schmid, L.: Das Rechnungswesen in den Gießereiunternehmen. Gieß. 1926. S. 765/774, 785/793.
Lischka, A.: Der Einfluß des Beschäftigungsgrades auf die Selbstkosten. Gieß. 1926. S. 840/845.
Prohaczka, Steffen: Die rechnerische Erfassung des Materialschwundes in der Gießerei. Gieß. 1927. S. 281/282.
Bagshawe, A. W. G.: Die Kostenverteilung im Gießereibetrieb. Foundry 1927. p. 162/165, 189/192, 217/221, 240/242.
Jänicke, W.: Die Kurventafel in der Gießerei. Gieß. 1927. S. 307/308.
Taylor, E. M.: Zur Kenntnis der Gießereiselbstkosten. Iron Age 1927. p. 27/31.
Dengler, F.: Die Gußkalkulation bei schwankendem Beschäftigungsgrad. Gieß.-Zg. 1927. S. 469/477.
Aarst, van H.: Selbstkostenberechnung von Gußwaren. Gieterij. 1928, p. 49/52.
Riebold, A.: Trotz Vorrechnung ungenügendes Endergebnis. Gieß. 1928. S. 732/734.
Heimbeck, Gust.: Falsche und richtige Kalkulation in der Stahlgießerei. Gieß. 1928. S. 1000/1002.
Becker, Erich: Die richtige Ermittlung des Unkostenzuschlags in der Gießereikkalulation. Gieß.-Zg., 1928. S. 395/396.
Zadach, O.: Grundsätzliche Betrachtungen über Selbstkostenrechnungen in Gießereien. Gieß.-Zg. 1928. S. 460/463.
Ewens, J. J.: Falsche Preisberechnung. Transact. Amer. Foundrymen's Assoc. 1928. p. 63/72, 908/912; auszugsw. Stahleisen 1928. S. 1558.
Selbstkostenerrechnung für Stahlgießereien. Transact. Foundrymen's Assoc. 1928, p. 25/62, 900/908. Stahleisen 1928, S. 1557/1558.

Wolff, G.: „Normaler Beschäftigungsgrad“ und „normale Selbstkosten“ oder „normaler Betriebsnutzungsgrad“ und „normale Herstellungskosten“. Betriebswirtsch. Rdsch. 1929. S. 195/200.
Flothow, H.: Zum Abschreibungsproblem. Betriebswirtsch. Rdsch. 1929. S. 187/190, 242/248, 277/280.
Hirschfeld, C. F.: Betrachtungen über die Einwirkungen verschiedener Größen auf die Kraftkosten. Mech. Engg. 1929, p. 842/848.
Hempel, K.: Selbstkosten und Preisbildung bei schwankendem Beschäftigungsgrad. Masch. 1930, S. 13/16.
Das Selbstkostenschema für Gußeisen des Gray Iron Institute. Foundry 1930, p. 81/83, 104.
Krebs, G.: Das Gewichtsverhältnis der Eingußtrichter zu den Gußstücken und die Feststellung für die einzelnen Stückgewichte. Zentral-Europ. Gieß.Zg. 1930, S. 1/3.
Seyderhelm, K.: Die Wechselwirkung von Unkostensatz und Beschäftigungsgrad in Gießereien. Gieß. 1930, S. 81/84.
Achsel, G.: Die buchhalterische Erfassung der Gemeinkosten unter besonderer Berücksichtigung des Beschäftigungsgrades. Z. f. Betriebswirtsch. 1930, S. 196/207.

II. Akkordwesen und Zeitstudien in der Eisen- und Stahlgießerei.

Von

Oberingenieur Heinrich Tillmann.

Allgemeines.

Die Selbstkosten der Gießereierzeugnisse bestehen zu einem großen Teil aus Löhnen, und zwar wächst dieser Lohnanteil normalerweise mit der Schwierigkeit der Herstellung der Gußstücke. Für die Entlöhnung der am Fertigungsvorgang beschäftigten Arbeiter sind in Deutschland zwei Verfahren vornehmlich in Gebrauch:

Die Bezahlung je Stunde Arbeit und
die Bezahlung je Stück Arbeit.

In den letzten Jahren hat die Bezahlung nach der Stückzahl immer mehr Verbreitung gefunden, da sie dem Unternehmer die zahlenmäßig unveränderte Grundlage für die Bemessung des Verkaufspreises gibt und dem Arbeiter einen recht wirksamen Anreiz bietet, möglichst viele Stücke in der Zeiteinheit fertigzustellen, da sein Verdienst hierbei in gleichem Maße wächst. In Amerika werden teilweise auch noch Prämiensysteme verschiedener Art benutzt. Aber diese haben auch drüben keine sehr große Verbreitung gefunden, ein Beweis, daß die Bezahlung je Stück die einfachere ist.

Der richtigen Bemessung der Löhne kommt eine sehr große Bedeutung zu, da sie eine Grundbedingung zur Erzielung und zum dauernden Bestande hoher Leistungen ist. Die jetzt gebräuchlichen Kalkulationssysteme erfassen häufig die Gemeinkosten in Form eines Prozentzuschlages zu den Fertigungslöhnen, so daß sich daher Fehler in der Feststellung der Löhne als grobe Fehler in der Kalkulation und den Verkaufspreisen bemerkbar machen[1]).

Die Bedeutung einer richtigen Stückpreisbestimmung hat man schon früh erkannt. Aber erst in den letzten Jahren hat sich die Erkenntnis allgemein Bahn gebrochen, daß man nicht Stückpreise, sondern Stückzeiten ermitteln sollte, weil die Zeit als ein wertbeständiges, objektives Maß angesehen werden kann, mit dem man die einem Arbeiter zur Erledigung übergebene Arbeitsleistung einwandfrei messen kann; ein Maß, das auch durch den Arbeiter anerkannt werden muß, weil die zur Ausführung einer Arbeit notwendige Zeit von ihm selbst nachgeprüft werden kann. Die Untersuchungen und Veröffentlichungen über Stückpreise in den früheren Jahren kranken leider zum großen Teile an dem Fehler, daß nicht die Zeit als vergleichbarer Maßstab gewählt wurde.

Vor dem Kriege wurde im allgemeinen ein bestimmter Markbetrag je 100 kg an die Former gezahlt. Die Akkordberechnung war eine verhältnismäßig einfache Multiplikationsrechnung:

Formerpreise nach dem Gewichtsakkordsystem.

Friktions- und Schablonscheiben	je 100 kg	5,— Mk.
Walzen	„ „	2,— „
Fundamentplatten und Gestellwände	„ „	3,50 „
Schwere Schablonenschwungräder	„ „	3,50 „
Windkessel in Masse	„ „	3,— „
Verschiedene Gußstücke bis 10 kg	„ „	7,— „
„ „ 10—50 kg	„ „	5,— „
„ „ über 50 kg	„ „	4,25 „

[1]) Vgl. ds. Hdb. S. 6/8, 34/41, 63/76.

Man hat aber früh eingesehen, daß das Gewicht überhaupt kein Maßstab für die Arbeitsleistung ist, denn es kann doch ohne weiteres der Fall eintreten, daß das Gewicht eines Gußstückes aus konstruktiven Gründen erhöht wird, während damit unter Umständen eine Vereinfachung des Formens verbunden ist. Anstatt also mehr dafür zu zahlen, müßte weniger gezahlt werden. Diese Unstimmigkeiten versuchte man durch besondere Zuschläge auszugleichen, ohne aber damit den auftretenden Schwierigkeiten beizukommen. A. Messerschmitt [1]) gibt Richtlinien für eine Stückpreisbestimmung unabhängig vom Gewicht, indem er sich teils auf die Formkastenoberfläche, teils auf das Sandvolumen des Kastens bezieht. J. u. L. Treuheit [2]) beziehen die Formerstücklöhne auf die Oberfläche des Gußstückes und geben gleichzeitig eine vereinfachte Form der Oberflächenberechnung aus Gewicht und Wandstärke an. Sie bilden einen Formwert je Quadratdezimeter Oberfläche des Gußstückes und nehmen an, daß dieser für gleichartige Gußstücke gleich ist. A. Wiedemann [3]) legt das Modellvolumen der Stückpreisbemessung zugrunde, vergleicht aber nur geometrisch gleiche Gußstücke, die sich bloß in der Größe unterscheiden. Für diese lassen sich nach seiner Meinung Kurven aufstellen, die sich sogar durch eine mathematische Gleichung ausdrücken lassen. H. Resow [4]) kommt unabhängig von den eben Genannten zu einem Verhältnis zwischen Oberfläche und Formzeit.

Alle diese Verfahren haben bis heute keine allgemeine Einführung gefunden, ein Zeichen dafür, daß sie die Schwierigkeiten der Stückpreisbestimmung noch nicht ganz meistern. Sie haben, genau wie das seit jeher geübte graphische Vergleichen der Preise sonst gleichartiger, aber in der Größenordnung verschiedener Gußstücke, den Nachteil, daß sie nur den Stückpreis oder die Stückzeit im ganzen betrachten, also einer kritischen Betrachtung des Arbeitsvorganges selbst keinen Raum geben. Sie können infolgedessen, starr angewendet, leistung- und fortschritthemmend wirken.

Daß man bislang in der Stückpreisbestimmung nicht so recht weitergekommen ist, liegt an der Eigenart des Arbeitens in der Gießerei und an dem völligen Fehlen irgendwelcher Bezugsgrundlagen. In den oben genannten Veröffentlichungen stecken wohl eine ganze Menge Vergleichsunterlagen, aber ihrer richtigen Verwendung stellen sich große Schwierigkeiten entgegen, weil, abgesehen davon, daß die früheren Markpreise mit den heutigen nicht vergleichbar sind, die Verfasser auch nichts oder nur sehr wenig über die Art der Arbeitsausführung sagen. Von dieser ist natürlich die Arbeitszeit und damit auch die Preisbemessung in hohem Maße abhängig.

Die Bemessung der Stückpreise erfolgte bislang meist von den Meistern oder von aus dem Meisterstande hervorgegangenen Fachleuten. Man nahm gern die Meister hierzu, weil sie durch ihre dauernde Fühlung mit den Arbeitern die beste Gewähr für die reibungslose Durchführung der Stückpreisarbeit boten und auch als Fachleute die Art der Arbeitausführung sehr gut beurteilen konnten. Bei dem Fehlen jeglichen Systems für die Bemessung der Stückpreise konnten sie nur rein gefühlsmäßig die zur Arbeitsausführung nötige Zeit und damit auch den Stückpreis bestimmen, sie waren also gezwungen, die Zeit zu schätzen. Dieses muß immer zu großen Unzuträglichkeiten führen, wobei die Festsetzung und Vereinbarung des Stückpreises nach Beendigung der Arbeit noch als kleinstes Übel angesehen werden soll. Da auch die Meister selber erkannten, daß das reine Schätzen nicht immer den Erfolg verbürgte, so sammelten sie die Preise für öfter vorkommende Arbeiten in ihren Notizbüchern, um dann bei ähnlichen Stücken Vergleiche anstellen zu können. Sie benutzten auch in gewissen Faustregeln das Gewicht oder das Formkastenvolumen als Bezugsmasse zum Vergleich der Stückpreise. Wie bereits erwähnt, sind dies jedoch zwei Größen, die nicht immer proportional dem Zeitverbrauche für die Arbeit sind.

Man hat öfters die Möglichkeit bezweifelt, überall gültige Richtlinien für die Bemessung von Stückpreisen aufzustellen, und erst die Bestrebungen für die Stückzeitermittlung in den Maschinenfabriken bewiesen den Gießereien, daß es nur möglich war,

[1]) Die Kalkulation in der Eisengießerei. Baedeker, Essen 1913. [2]) Stahleisen 1913. S. 680/690 und 1915. S. 1093/1100. [3]) Gieß.-Zg. 1917. S. 209/213 und Stahleisen 1917. S. 173/177. [4]) Stahleisen 1926. S. 706/714.

einwandfreie Stückpreise zu erhalten, wenn man richtige Stückzeiten vorher bestimmte. Der den Stückpreis ausmachende Geldbetrag ist ein Entgelt für die zur Erledigung der Arbeit aufgewendete Zeit. Infolgedessen ist bei einer Stückpreisbestimmung die Festlegung der zur Arbeitsausführung notwendigen Zeit das Primäre und die Festlegung des Stückpreises, also Zeitverbrauch mal Stundenverdienst des Arbeiters, das Sekundäre, Der Zeitverbrauch ist etwas Feststehendes, während die Lohnhöhe je Arbeitstunde ziemlichen Schwankungen unterliegen kann (Nachkriegszeit!). Allgemein vergleichbar sind also nur Stückzeiten.

Stückzeiten.

Die Eigenart der Gießereiarbeiten als Handarbeiten machte die Bestimmung einwandfreier Zeiten sehr schwierig. Dem Vorgehen des Vereins Deutscher Eisengießereien in Düsseldorf und des Reichsausschusses für Arbeitszeitermittlung (Refa) in Berlin NW 7 ist es zu danken, daß auch in den Gießereien das Interesse für die Bestimmung richtiger Stückzeiten geweckt worden ist [1]).

Wenn man sich entschließt, an Stelle des Stückpreises die Stückzeit treten zu lassen, so regt der Zeitbegriff bei seiner Einführung schon ohne weiteres zum Vergleich an. Man findet, daß der Arbeiter neben seiner eigentlichen Arbeit, z. B. dem Formen eines oder mehrerer Stücke, auch noch andere Arbeiten verrichten muß, die, streng genommen, mit seiner eigentlichen Arbeit nichts oder nur wenig zu tun haben, die aber trotzdem zur Fertigung unumgänglich notwendig sind. Es sind dies die Vorbereitungsarbeiten sowie die Nebenarbeiten und die Arbeitsverluste. Die vorkommenden Tätigkeiten und Zeiten zeigt Abb. 2 nach dem vom Refa aufgestellten, sehr klaren Schema der Zeitgliederung für die Fertigung, mit einigen Ergänzungen für die Gießerei.

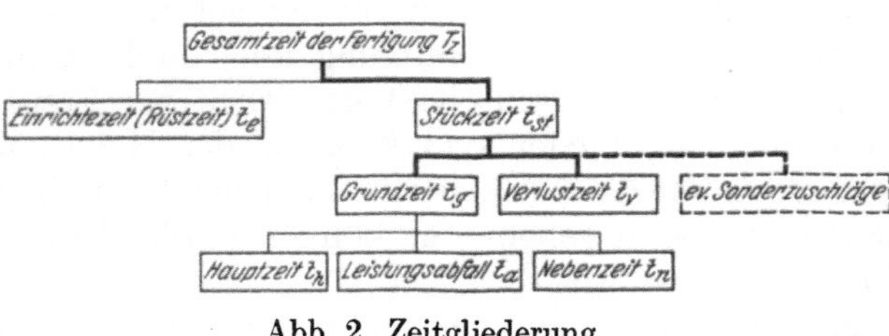

Abb. 2. Zeitgliederung.

Grundsätzlich ist hier zwischen der Einrichtezeit und der Stückzeit unterschieden. Nach den Begriffsbestimmungen des Refa [2]) dient die Einrichtezeit ausschließlich der Vorbereitung des Arbeitsplatzes, des Arbeitsvorganges, des Arbeiters, der Einrichtung der Maschine und der Abrüstung, d. h. der Rückversetzung in den ursprünglichen Zustand und kommt nur einmal für einen Auftrag auf beliebige Stückzahlen vor. Die Stückzeit wird gemäß dem Schema noch unterteilt in Grundzeit und Verlustzeit.

Unter Verlustzeit wird diejenige Zeit verstanden, die sich unregelmäßig auf die einzelnen Arbeitsvorgänge verteilt, und deren Dauer in der Hauptsache von den jeweiligen Betriebsverhältnissen und von der Werkstättenorganisation abhängt.

Einrichte- und Grundzeit sind die großen Gruppen der Gliederung. Die eigentliche Einrichtezeit wird nur einmal, die Grundzeit so oft eingesetzt, wie die Arbeit vorkommt. Die Grundzeit bedeutet die eigentliche Fertigungszeit. Sie setzt sich zusammen aus:

Hauptzeit, derjenige Teil der Grundzeit, während dessen ein Fortschritt im Sinne des Auftrages unmittelbar am Stück entsteht;

Nebenzeit, derjenige Teil der Grundzeit, welcher regelmäßig, aber nur mittelbar zu einem Fortschritt im Sinne des Auftrages notwendig ist;

Leistungsabfall ist die Verminderung der Leistung durch Ermüdung. Zum Ausgleich hierfür wird dem Arbeiter ein Zeitzuschlag gegeben.

Sonderzuschläge. Diese können unter Umständen bei besonderen Arbeitsbedingungen, abweichend von den normalen, erforderlich werden [3]).

---

[1]) Beide zusammen haben die Refa-Mappe für Gießereiwesen herausgegeben (Beuth-Verlag Berlin). [2]) Refa-Buch, Einführung in die Arbeitszeitermittlung. 1928, Beuth-Verlag Berlin. [3]) Näheres hierüber siehe S. 89.

Die Zugehörigkeit der auftretenden Verlustzeiten hängt, wie oben schon bemerkt, von der Art der Werkstättenorganisation ab. Das gleiche kann jedoch auch bei den Nebenzeiten der Fall sein.

Herrscht in einer Werkstatt die Organisationsform Fall 1 der Zahlentafel 15[1]), also völlige Arbeitsteilung, so ist z. B. das „Kerneholen" beim Maschinenformer in die Verlustzeit zu nehmen, während es bei allen anderen Fällen sicherlich eine Nebenzeit ist. In praxi wird derartigen Verschiedenheiten manchmal dadurch Rechnung getragen, daß bei einfacheren Organisationsformen, Fall 4 und 5 der Zahlentafel 15, die Zeit meist nicht so genau ermittelt und nicht so klar gegliedert wird.

Zahlentafel 15.

Verschiedene Arten der Arbeitsteilung.

Fall 1.

Die Arbeitsteilung ist vollständig durchgeführt, d. h. jede Verrichtung wird von besonderer Arbeitskraft bzw. -gruppe erledigt.

Formen	Kernmachen	Gießen	Ausleeren	Putzen

Fall 2.

Nur Formen und Gießen sind zusammengefaßt, alle übrigen Verrichtungen werden in einem besonderen Stücklohn erledigt.

Formen Gießen	Kernmachen	Ausleeren	Putzen

Fall 3.

Formen, Gießen und Ausleeren sind zusammengefaßt, Kernmachen und Putzen werden getrennt ausgeführt (ein zur Zeit noch sehr gebräuchlicher Fall).

Formen Gießen Ausleeren	Kernmachen	Putzen

Fall 4.

Nur die Putzarbeit ist abgesondert.

Formen Kernmachen Gießen Ausleeren	Putzen

Fall 5.

Sämtliche Hauptverrichtungen sind in einem Stücklohn zusammengefaßt.

Formen Kernmachen Gießen Ausleeren Putzen

Die Herstellung eines Gußstückes bedingt eine Menge Teilarbeiten, die alle zu der vorhin behandelten Hauptzeit gehören. Um einen klaren Einblick in die Eigenart der Arbeitsvorgänge zu erhalten, genügt die in Abb. 2 gegebene Darstellung der unmittelbar und nur mittelbar notwendigen Zeiten nicht, sondern es muß die eigentliche Arbeitszeit, also die Hauptzeit weiter unterteilt werden. Während man also bei der ersten Unterteilung von einer waagerechten Gliederung sprechen konnte, soll nun die senkrechte behandelt werden. Zahlentafel 16 zeigt die Gliederung der Fertigung eines Gußstückes in der Maschinenformerei auf einer Abhebemaschine. Hierin bedeuten:

F e r t i g u n g s a u f t r a g: Kennzeichnung des Gesamtumfanges der Fertigung (früher Kommission, Order, Bestellung genannt) zum Zwecke der Fertigungseinleitung und -durchführung.

[1]) Entnommen aus Refa-Mappe Blatt G I—1.

Fertigungsplan: Zusammenfassung aller Arbeitsgänge für ein Erzeugnis im Sinne des Fertigungsauftrages.

Arbeitsgang: Abgeschlossene Arbeitsverrichtung zum Zwecke der Fertigung, ausgeführt von einem Arbeiter oder von einer Gruppe von Arbeitern an einem Arbeitsplatz.

Arbeitsstufe: Abschnitt einer Arbeitsverrichtung zum Zwecke einer Fertigung, ausgeführt an einem Arbeitsplatz.

Griff: Abgeschlossene Betätigung des Arbeiters zum Zwecke der Fertigung oder deren Vorbereitung, bestehend aus Griffelementen einer Arbeitsverrichtung.

Griffelement: Kleinster meßbarer Teil einer Arbeitsverrichtung zum Zwecke der Fertigung oder deren Vorbereitung, bestehend aus einer abgeschlossenen Bewegung.

Zahlentafel 16.

Gliederung der Fertigung eines Gußstückes in der Maschinenformerei.

Fertigungsauftrag	Fertigungsplan	Arbeitsgang (Hauptverrichtungen)	Arbeitsstufe	Griffe	Griffelemente
Fertigung eines Gußstückes in der Maschinenformerei		Formen	Herstellung des Unterkastens	Kasten aufsetzen	Stampfer ergreifen
		Kernmachen	Herstellung des Oberkastens	Modellsand einsieben	Stampfen
		Giessen	Kerne einlegen	Trichter stellen	Stampfer wegstellen
		Ausleeren	Zulegen	Sand andrücken	Hammer ergreifen
		Putzen	Kasten abheben	Füllsand einschaufeln	Klopfen
			Kasten ausschlagen	Vorstampfen	Hammer weglegen
			Guß zusammenlegen	Füllsand nachschaufeln	
			Sand zusammenschaufeln	Flachstampfen	
			Trichter abschlagen	Abstreichen	
			Transport zur Putzerei	Luft stechen	
				Trichter herausnehmen	
				Einguß machen	
				Abheben	
				Einguß fertigmachen	
				Wegsetzen (zulegen)	
				Modellplatte abblasen u. Stifte absenken	
				mit Hammer klopfen	
				Kasten hinlegen	

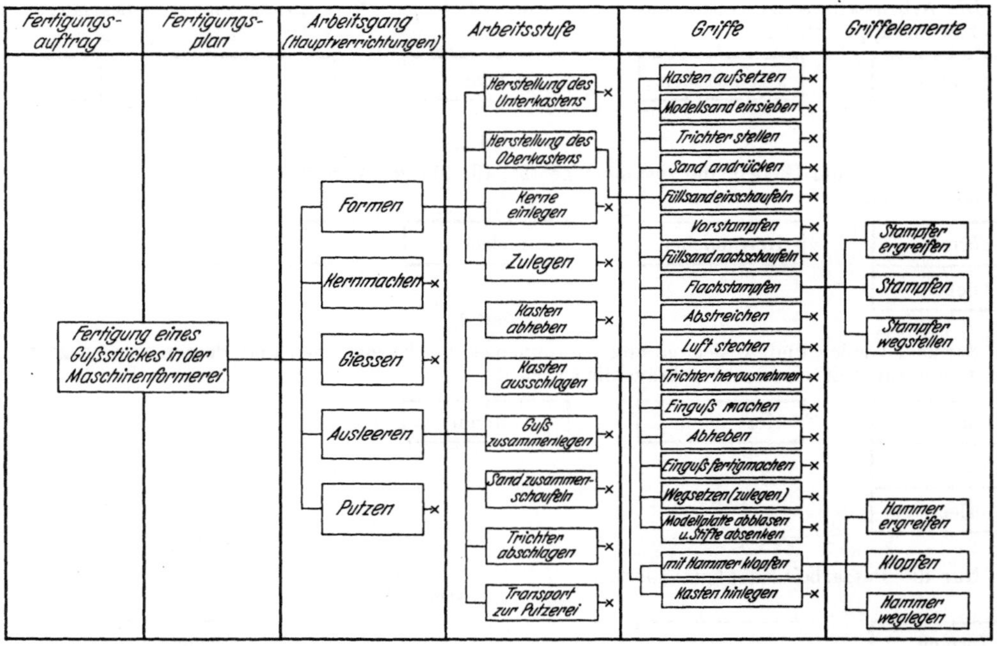

Für die Gliederung eines Fertigungsauftrages sind Art und Umfang des Auftrages und die Art seiner Ausführung in der Werkstatt von Einfluß. Hierbei sind die Fälle wohl denkbar, besonders wenn es sich um sog. Kundenaufträge handelt, daß Fertigungsauftrag und Fertigungsplan, ja sogar beide mit dem Arbeitsgang zusammenfallen.

Sehr große Bedeutung hat diese Unterteilung der Arbeit für die später zu besprechenden Zeituntersuchungen und für den Aufbau der Stückzeit. Bei handwerklicher Herstellung, also bei Arbeiten in der Handformerei, bei Transportarbeiten usw. ist eine ziemlich grobe Zeitfestsetzung üblich, die sich unter Umständen summarisch auf den ganzen Auftrag, seltener bis in einzelne Arbeitsgänge hinein erstreckt. Bei der fabrikmäßigen Herstellung, also von der kleinen Reihenfertigung an, wird man schon weiter unterteilen, um bei der Massenfertigung am allergenauesten zu arbeiten und unter Umständen auf Griffelemente zurückzugehen. Mit ausschlaggebend kann auch die Art des Betriebes sein. Eine Kundengießerei kleineren Umfanges wird z. B. schon aus Gründen der Kostenersparnis eine nicht allzu weitgehende Unterteilung wählen.

Die Stückzeitbestimmung ergibt sich aus dem in Abb. 2 gezeigten Schema mit den auf S. 82 gegebenen Erläuterungen. Es kann der Fall eintreten, daß sich die Hauptzeiten nicht immer reinlich von den Nebenzeiten trennen lassen. In diesem Falle muß eben die Grundzeit als die letzte Gliederung gelten. Die Nebenzeiten treten in verschiedener Art auf und zwar in der Hauptsache so, daß sie sich entweder unmittelbar oder

Zahlentafel 17.

Zugehörigkeit der Gießereiarbeiten zur Einrichtezeit, Grundzeit oder Verlustzeit.

Das folgende Beispiel ist der Handformerei entnommen. Sämtliche Verrichtungen sind in der dem Former vorzugebenden Stückzeit enthalten mit Ausnahme der mit *** gekennzeichneten Arbeiten. Diese sollen eigentlich von einer besonderen Gruppe ausgeführt werden. Falls sie trotzdem vom Former miterledigt werden, sind sie diesem getrennt anzurechnen.

Das Beispiel soll nicht als Vorschrift für Einzelheiten gelten, sondern soll nur dazu dienen, zu zeigen, wie im Einzelfalle vorgegangen werden kann.

Reihenfolge der Verrichtungen	Fall 1[1]) Die Arbeitsteilung ist vollständig durchgeführt. Für jede Verrichtung eine besondere Gruppe				Fall 3 Formen, Gießen u. Ausleeren sind in einem Stücklohn zusammengefaßt. Die Arbeitsteilung ist weniger weit durchgeführt				Fall 5 Sämtliche Hauptverrichtungen sind in einem Stücklohn zusammengefaßt			
		t_g				t_g				t_g		
	t_{ee}	t_h	t_n	t_v	t_{ee}	t_h	t_n	t_v	t_{ee}	t_h	t_n	t_v
Werkzeug herauslegen	—	—	—	○	—	—	—	○	—	—	—	○
Aufträge empfangen	○	—	—	—	○	—	—	—	○	—	—	—
Modelle holen	○	—	—	—	○	—	—	—	○	—	—	—
Modellsand holen	—	—	○	—	—	—	○	—	—	—	○	—
Kerne bestellen	○	—	—	—	○	—	—	—	○	—	—	—
Kasten und Aufstampfboden besorgen	○	—	—	—	○	—	—	—	○	—	—	—
Modell in Kasten legen	—	○	—	—	—	○	—	—	—	○	—	—
Arbeitsausführung mit Meister besprechen	○	—	—	—	○	—	—	—	○	—	—	—
Lohnreklamation im Lohnbüro	—	—	—	○	—	—	—	○	—	—	—	○
Verbaustoffe bestellen	○	—	—	—	○	—	—	—	○	—	—	—
Sand formgerecht machen	—	—	○	—	—	—	○	—	—	—	○	—
Stampfer anwärmen	—	—	—	○	—	—	—	○	—	—	—	○
Unterkasten aufstampfen	—	○	—	—	—	○	—	—	—	○	—	—
Auf Kran warten	—	—	—	○	—	—	—	○	—	—	—	○
Kasten wenden und abpolieren	—	○	—	—	—	○	—	—	—	○	—	—
Oberkasten aufsetzen	—	○	—	—	—	○	—	—	—	○	—	—
Sandhaken holen	○	—	—	—	○	—	—	—	○	—	—	—
Austreten	—	—	—	○	—	—	—	○	—	—	—	○
Allgemeines Gespräch mit Meister	—	—	—	○	—	—	—	○	—	—	—	○
Oberkasten aufstampfen	—	○	—	—	—	○	—	—	—	○	—	—
Böcke zum Untersetzen des Oberkastens holen	○	—	—	—	○	—	—	—	○	—	—	—
Abheben, wenden und hinsetzen	—	○	—	—	—	○	—	—	—	○	—	—
Flickstück besorgen	—	—	—	○	—	—	—	○	—	—	—	○
Modell herausnehmen und Kasten fertig machen	—	○	—	—	—	○	—	—	—	○	—	—
Hilfsarbeiter holen zum Kerntransport	—	—	—	***	—	—	—	○	—	—	—	○
Kerne holen	—	—	***	—	—	—	○	—	—	—	○	—
Kerne einlegen	—	○	—	—	—	○	—	—	—	○	—	—
Zulegen	—	○	—	—	—	○	—	—	—	○	—	—
Trichterkasten besorgen	○	—	—	—	○	—	—	—	○	—	—	—
Trichter aufbauen	—	○	—	—	—	○	—	—	—	○	—	—
Schienen besorgen zum Aufsetzen der Gewichte	○	—	—	—	○	—	—	—	○	—	—	—
Belasten	—	○	—	—	—	○	—	—	—	○	—	—
Werkzeug zusammenlegen	—	—	—	○	—	—	—	○	—	—	—	○
Auf Eisen warten	—	—	—	○	—	—	—	○	—	—	—	○
Gießen	—	***	—	—	—	○	—	—	—	○	—	—
Pumpen der Steiger	—	***	—	—	—	○	—	—	—	○	—	—
Abbeschweren	—	***	—	—	—	○	—	—	—	○	—	—
Arbeitsplatz säubern	—	—	—	○	—	—	—	○	—	—	—	○
Ausleeren und Sand anfeuchten	—	***	—	—	—	○	—	—	—	○	—	—
Guß wegbringen zur Putzerei	—	***	—	—	—	○	—	—	—	○	—	—
Putzen	—	***	—	—	—	***	—	—	—	○	—	—

nur mittelbar auf das Stück umlegen lassen. Die unmittelbaren Nebenzeiten werden solche sein, welche bei jedem oder fast jedem Stücke auftreten und sich infolgedessen leicht ermitteln und auf das einzelne Stück beziehen lassen. Anders ist es bei den mittelbaren oder periodisch auftretenden Nebenzeiten. Diese lassen sich in vielen Fällen nicht sofort

[1]) der Zahlentafel 15.

auf das Stück umlegen. Man sollte aber immer den Versuch machen, sie nachher auf das Stück zu beziehen, indem man unter Umständen zuerst überschläglich die Stückzeit bestimmt und bei einer zweiten genaueren Rechnung die auf das Stück bezogenen Nebenzeiten berücksichtigt. Ausnahmen hiervon können bei der Fertigung größerer Stücke auftreten, worüber später noch einiges gesagt werden soll. Daß auch die Zugehörigkeit einer Arbeit zu Neben- oder andern Zeiten von der Organisationsform abhängt, zeigt Zahlentafel 17 [1]).

Die Verlustzeiten t_v, die in Zahlentafel 17 für die Handformerei beispielsweise aufgezählt sind, gliedern sich nach ihrer Natur in

abzugeltende,
von Fall zu Fall abzugeltende und
nicht abzugeltende.

Abzugeltende Zeitverluste sind solche persönlicher oder sachlicher Natur, die dem Arbeiter vergütet werden müssen, weil sie auch trotz seines guten Willens nicht vermeidbar sind. Abgelten muß man ihm z. B. das Säubern seines Arbeitsplatzes, das Warten auf den Kran, Gespräche mit Vorgesetzten, Gänge für persönliche Bedürfnisse usw. Von Fall zu Fall abgegolten werden besondere Wartezeiten, Betriebsstörungen usw.

Nicht abgelten wird man ihm z. B. Zuspätkommen, Unterhaltungen außerdienstlicher Art, eigenmächtige Verlängerung von Pausen usw.

Bei einer kritischen Betrachtung von Verlustzeiten wird man unschwer einsehen, daß diese nach ihrer Natur täglich und wöchentlich verschieden sein können. Es wird ja Verlustzeiten geben, die nur wöchentlich auftreten, wie z. B. Gänge zum Lohnbüro, wöchentliche Arbeitsplatz- und Maschinenreinigung usw. Für genaue Untersuchungen müßte man also die Verlustzeit eigentlich in täglich und wöchentlich auftretende unterteilen, weil besonders die täglich auftretenden Verlustzeiten unter Umständen eine gewisse Abhängigkeit von der Art der ausgeführten Arbeit besitzen können. Diese Unterteilung wird jedoch in der Gießerei in den meisten Fällen zu weit gehen.

Aus dem eben Gesagten ergibt sich aber, daß kurze, gelegentliche Beobachtungen keine zufriedenstellenden Werte für Verlustzeiten geben können. Es ist daher erforderlich, daß zu diesem Zwecke eine Reihe von aufeinanderfolgenden Untersuchungen vorgenommen werden müssen, die sich je nach Umständen über Wochen erstrecken können. Da ferner die Verlustzeiten unregelmäßig auftreten, so können sie nicht mit absoluten Zeitwerten den Grund- und eigentlichen Einrichtezeiten zugeordnet werden. Man ermittelt sie als einen Durchschnittsprozentsatz der eigentlichen Einrichte- und Grundzeiten und schlägt diesen hinzu.

Obgleich streng genommen der Verlustzeitzuschlag für jeden Arbeitsplatz verschieden sein kann, geht man indessen praktisch so vor, daß man ihn für eine bestimmte Gruppe gleichartiger Arbeiten als Durchschnitt ermittelt, z. B. für Klein- und Großkernmacherei getrennt. Sein Ausmaß bildet zum Teil einen Gradmesser für die Güte der Betriebsverhältnisse. Wie man richtige Verlustzeitzuschläge bestimmt, wird später des näheren ausgeführt [2]).

Es ist von größter Wichtigkeit, die Verlustzeiten, besonders im Bereich der Reihen- und Massenfertigung so genau wie möglich zu erfassen, denn die Genauigkeit der Stückzeit steht und fällt mit der Genauigkeit des Verlustzeitzuschlages. Ein Unterschied im Verlustzeitzuschlag von 5% kann unter Umständen einem jährlichen Arbeitsausfall von einem halben Monat entsprechen. Man sieht hieraus, daß bei der Ermittlung die allergrößte Sorgfalt obwalten muß.

In der Zeitgliederung (Abb. 2) wurde bereits zwischen der Verlustzeit bei der eigentlichen Einrichtezeit und bei der Grundzeit unterschieden. In der Gießerei wird man diese Zuschläge in den meisten Fällen gleich hoch ansetzen. Es kommt hier der Einrichtezeit nicht die Bedeutung zu, wie in der Maschinenfabrik, da sie in der Gießerei meist wesentlich kürzer ist. Man wird manchmal überhaupt von einem Verlustzeitzuschlag zur Einrichtezeit absehen, wenn man nicht, wie meist in der Handformerei bei der

[1]) Refa-Mappe für Gießereien, Blatt G I—3. [2]) Siehe S. 105ff.

Fertigung größerer Stücke und zweckmäßiger Arbeitsteilung, überhaupt von der Berücksichtigung einer Einrichtezeit absieht. Bei der Fertigung großer Stücke z. B. sind die Begriffe Einrichtezeit und Nebenzeit überhaupt nicht klar abgegrenzt. Ja, man kann sogar öfters noch im Zweifel sein, ob es sich um eine Neben- oder Verlustzeit im gerade vorliegenden Falle handelt. In solchen Fällen wird man von einer genauen Unterteilung absehen, um sich nicht in Einzelheiten zu verlieren.

Neben dem allgemeinen Verlustzeitzuschlag gibt es jedoch in der Gießerei noch andere Zuschläge, die in manchen Fällen berücksichtigt werden müssen. Dies sind der Zuschlag für L e i s t u n g s a b f a l l und die S o n d e r z u s c h l ä g e.

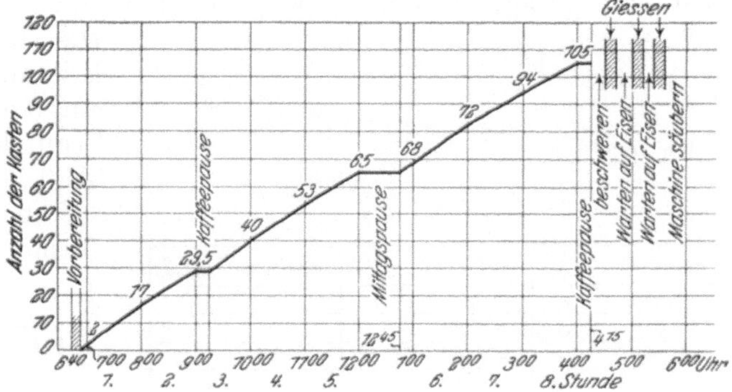

Abb. 3. Tagesschaubild.

Wenn die Zeit eines Arbeiters mittlerer Leistung unter Ausschaltung aller Pausen bei einer Arbeit festgestellt wird, so ist das die Zeit für die Erledigung der beobachteten Arbeit, wenn es sich um reine Handarbeiten handelt. In den weitaus wenigsten Fällen wird der Arbeiter das Arbeitstempo, das bei der Zeitmessung herrschte, den ganzen Tag einhalten können. Die Ermüdung bewirkt ein Abfallen seiner Leistung, und dieser Leistungsabfall muß berücksichtigt werden, wenn eine gerechte Stückzeit festgestellt werden soll. Die in der Zeiteinheit geleistete Arbeitsmenge sinkt infolge der Ermüdung. Es ist nicht immer gesagt, daß sich die wirkliche Arbeitszeit, die Hauptzeit t_h, verlängert. Das Sinken der Arbeitsleistung, wird meist dadurch entstehen, daß kleine, schlecht meßbare Störungen und Aufenthalte im Arbeitsablauf bei fortschreitender Ermüdung zunehmen. Die Gesamtzeit für die Fertigung eines Stückes wird mit Schwankungen immer länger, ohne daß die Einzelzeiten für Griffe großen Schwankungen unterliegen. Allgemein ausgedrückt äußert sich der Leistungsabfall darin, daß die Arbeit dem Manne nicht mehr so wie früher von der Hand geht.

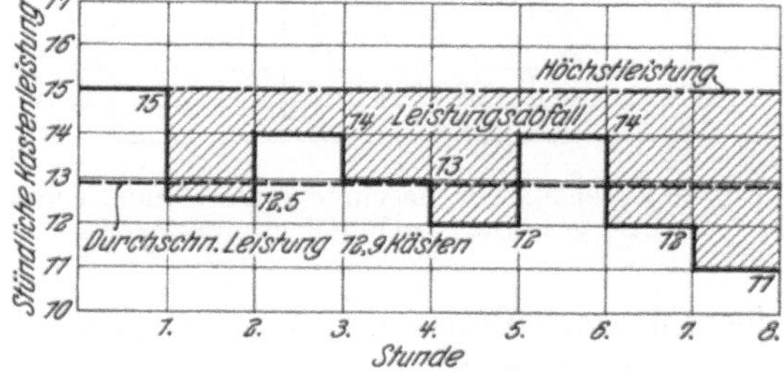

Abb. 4. Stundenschaubild.

Wissenschaftliche Ermüdungs- und Leistungsabfallmessungen haben sich bislang in der Praxis nicht einführen können, da Messungen des Blutdruckes, der ausgeatmeten Kohlensäure usw. sehr umständlich sind. Es ist daher der Weg beschritten worden, den Leistungsabfall dadurch zu messen, daß die Durchschnittsleistung zur Höchstleistung ins Verhältnis gesetzt wurde. Dies wurde erreicht durch eine laufende Leistungskontrolle, durch Tagesschaubilder (Abb. 3), woraus Leistungsschaubilder für stündliche Leistungen (Abb. 4) gezeichnet wurden. Die damals noch nicht bekannten, selbstschreibenden Zeitmeßgeräte (siehe S. 107 ff.) hätten diese Arbeit wesentlich erleichtern können.

Die Arbeitsleistung, die ja eigentlich durch die Formel

$$\text{Leistung} = \text{Kraft} \times \text{Weg in der Zeiteinheit}$$

ausgedrückt werden könnte, mußte zu der gemessenen Leistungsverminderung in irgendeine Beziehung gesetzt werden. Es ergab sich, daß man bei gleichartigen Arbeiten den Weg in der Formel unberücksichtigt lassen, und man die Arbeitsleistung in diesem Falle in Kilogramm ausdrücken konnte. Man sagt dann, bei der Arbeit werden so und so viele Kilogramm umgesetzt, der Kilogrammumsatz hat eine bestimmte Höhe. Wie sich aus der Natur der Sache schon ergibt, werden bei der Bestimmung des

Kilogrammumsatzes nur die muskelbeanspruchenden Arbeiten berücksichtigt. In der Maschinenformerei z. B. sind dies:

1. Kastenaufsetzen (Kastengewicht).
2. Sand einfüllen (Sandgewicht).
3. Stampfen.
4. Kasten abnehmen und wegtragen (Kastengewicht + Sandgewicht).

Auch das Sandstampfen wurde durch einen Kilogrammumsatz ausgedrückt, der empirisch gefunden wurde. Für das normale Stampfen von 1 dm³ Sand in der Formerei wurden 2,75 kg, bei hohen Sandschichten und in der Kernmacherei 3,25 kg gefunden.

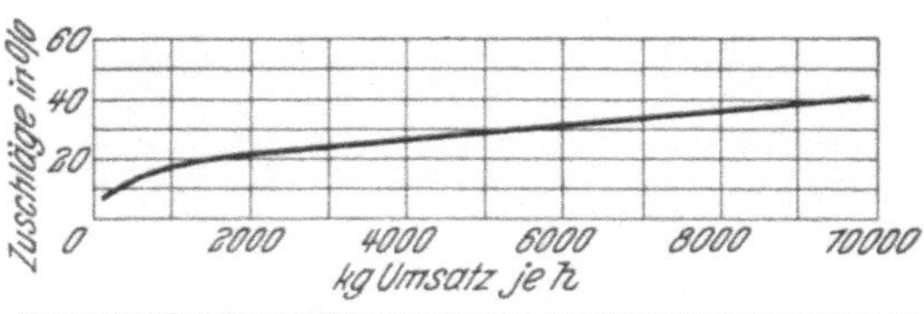

kg Umsatz	% Zuschlag	kg Umsatz	% Zuschlag	kg Umsatz	% Zuschlag
– 100	7,5	– 3840	27		
– 120	8	– 4170	28		
– 140	9	– 4500	29		
– 160	10	– 4840	30		
– 200	11	– 5170	31		
– 250	12	– 5500	32		
– 300	13	– 5830	33		
– 370	14	– 6170	34		
– 448	15	– 6500	35		
– 560	16	– 6840	36		
– 700	17	– 7160	37		
– 880	18	– 7500	38		
– 1180	19	– 7830	39		
– 1500	20	– 8170	40		
– 1840	21	– 8500	41		
– 2170	22	– 8840	42		
– 2500	23	– 9170	43		
– 2830	24	– 9510	44		
– 3170	25	– 9850	45		
– 3500	26	– 10190	46		

Abb. 5. Zuschläge für Maschinenformer und Kernmacher, gestaffelt nach Kilogrammumsatz.

Die zu den verschiedenen Prozentsätzen des Leistungsabfalles gehörenden Kilogrammumsätze sind in Abb. 5 dargestellt. Zur Ermittlung des Zuschlages aus der Kurve (Abb. 5) ist es nötig, den Kilogrammumsatz auf die Stunde zu beziehen. In folgender Formel bedeute:

t_h = Zeitverbrauch (Hauptzeit)
kg = Kilogrammumsatz in der Hauptzeit
KG = Kilogrammumsatz je Stunde

$$KG = \frac{60}{t_h}\,\text{kg}.$$

Ist z. B. in der Hauptzeit $t_h = 3{,}6$ Minuten ein Kilogrammumsatz kg = 145 Kilogramm vorhanden, so ist:

$$KG = \frac{60}{3{,}6}\,145 = 2410 \text{ Kilogramm je Stunde.}$$

Nach Abb. 5 würde dies einen Zuschlag für Leistungsabfall von 23% erfordern[1]).

Der Leistungsabfall wird immer auf die Hauptzeit bezogen. Alle anderen Arbeiten sind wohl auch ermüdend für den Arbeiter, stellen aber im Gegensatz zu der Arbeit in der Hauptzeit gewissermaßen Erholungspausen dar, da andere Muskelgruppen beansprucht werden[2]). Mitunter führt die Leistungsabfallrechnung unter Zugrundelegung des Kilogrammumsatzes nicht zum Ziele, weil der Kilogrammumsatz je Stunde so gering wird, daß dann nach der Kurve kein Zuschlagswert zustande käme.

Dies wird insbesondere dann der Fall sein, wenn es sich um länger dauernde Fertigungszeiten handelt. Hierbei kann der Leistungsabfall nicht allein aus der körperlichen Ermüdung herrühren, sondern auch von dem Nachlassen der geistigen Konzentrationsfähigkeit. Für solche Arbeiten also, die nicht in der Hauptsache Muskelarbeiten darstellen, wurden aus Untersuchungen in der Handformerei und Großkernmacherei die Werte der Kurve Abb. 6 gefunden. Hierbei dient nur die Zeit für die Erledigung der Arbeit als Maßstab. Auch in diesem Falle kommt als Bezugsgröße genau wie bei den Zuschlagswerten nach dem Kilogrammumsatz auch nur die Hauptzeit t_h in Frage. Da, wie bereits auf S. 87 erwähnt, die Hauptzeit bei länger dauernden Arbeiten zur Vereinfachung der Rechnung nicht immer klar herausgestellt wird, so wird man den letzteren Zuschlag des öfteren auch auf die Gesamtzeit der Fertigung beziehen. Der hierdurch gemachte Fehler ist nicht groß, wenn der Anteil an Neben- und Verlustzeiten an der Gesamtstückzeit keine besondere Höhe erreicht.

---

[1]) Die Richtigkeit der auf obiger Grundlage berechneten Zuschläge auch für das Schaufeln von Sand wurde durch Versuche festgestellt. Z. f. ind. Psychotechnik 1926. S. 109.

[2]) Nach W. Weber: Eine psychologische Methode, die Leistungsfähigkeit ermüdeter menschlicher Muskeln zu erhöhen. Arch. f. Anat. u. Physiol. Leipzig 1914.

Da die Kilogrammumsatzrechnung genauere Werte zum Ausgleich des Leistungsabfalles ergibt, so wird man sie immer zuerst zur Bestimmung des Zuschlages anwenden und erst, wenn sie versagt, auf die Kurve Abb. 6 zurückgreifen.

In manchen Fällen kann es notwendig sein, zu der Stückzeit einen Zuschlag zu machen, der einen Ausgleich für vorkommende, nicht bezahlte Ausschußarbeit geben soll. In der Maschinenformerei ist ein derartiger Zuschlag üblich und seine Höhe und Art meist tariflich geregelt. Es gibt jedoch auch noch andere Arbeiten, wo derartige Zuschläge gegeben werden, wie z. B. bisweilen in der Kleinkernmacherei, um den Ausschuß im Kernmagazin und beim Kerntransport abzugelten.

Die Fertigungszeiten, die bei den üblichen Stückzahlen in der Massen- oder großen Reihenfertigung auskömmlich sind, wird man bei der Herstellung eines einzelnen oder nur weniger Stücke höher ansetzen müssen, als Zuschlag für geringe Stückzahlen. Dies kommt daher, daß sich der Arbeitsrhythmus erst nach einiger Zeit einstellt. Sind z. B. in der Maschinenformerei nur wenige Abgüsse von einer Platte zu machen, so hat der Arbeiter keine Zeit, in den Arbeitsrhythmus hineinzukommen, ihm fehlt die Einarbeitungszeit für diese Platte, und die Formzeit wird länger sein. Diese Einarbeitungszeit ist bei schwierigeren Arbeiten länger als bei einfachen, und dementsprechend müssen auch die Zuschläge bemessen werden. Es hat sich in der Maschinenformerei als Regel herausgebildet, nur Stückzahlen unter 25 in obiger Form mit Zuschlägen zu bedenken. Dies gilt natürlich nur bedingt für neue oder ganz besonders schwierige Platten[1]).

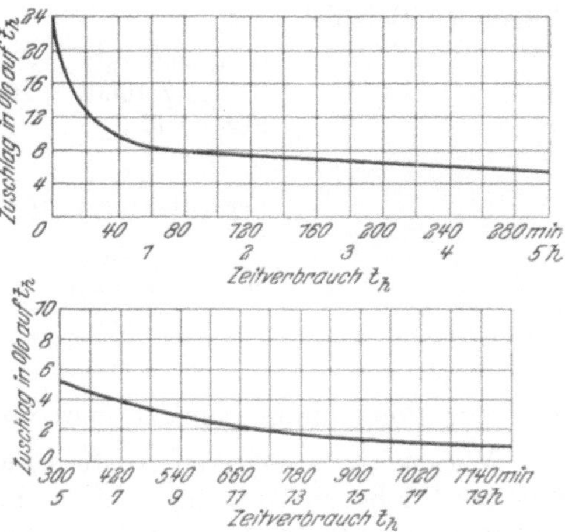

Abb. 6. Zuschläge nach Zeitverbrauch.

Die Stückzeit soll nur für einen normalen Arbeitsverlauf unter normalen Arbeitsbedingungen festgelegt werden. Treten also anormale Arbeitsbedingungen auf, Modellfehler, Wartezeiten usw., die Mehrarbeit irgendwelcher Art bedingen, so muß diese Mehrarbeit natürlich dem Arbeiter bezahlt werden. Um den Stückzeitwert nicht zu verfälschen, ist die Zeit für die Mehrarbeit als Ausnahme deutlich erkennbar auf der Arbeitskarte zu vermerken. Es empfiehlt sich, diese Ausnahmezuschläge ganz besonders scharf zu prüfen und in jedem einzelnen Falle durch die Betriebsleitung genehmigen zu lassen.

Stückzeitberechnung.

Aus den bereits besprochenen Einzelheiten wird dann nach dem Schema der Abb. 2 die Stückzeit nach den Formeln der Zahlentafel 18 ermittelt. Um die grundsätzliche Klärung dieser Gleichungen hat sich der Refa große Verdienste erworben.

Zahlentafel 18.

Entwicklung der Kalkulationsgleichung.

$$
\begin{aligned}
T_p &= t_e + p \cdot t_{st} \\
t_e &= t_{ee} + t_v \\
&= t_{ee} + v \cdot t_{ee} \\
t_{st} &= t_g + t_v + t_z \\
&= t_h + t_a + t_n + t_v + t_z \\
&= t_h + a \cdot t_h + t_n + v\,(t_h + a \cdot t_h + t_n) + t_z.
\end{aligned}
$$

[1]) Hierzu siehe auch: H. Tillmann: Lehrbuch der Stückzeitermittlung in der Maschinenformerei. München und Berlin 1927. S. 123ff.

Erläuterung zu Zahlentafel 18.

p = Anzahl der vorgegebenen Stücke.
T_p = Zeit für p-Stücke.
t_{st} = Zeit für ein Stück ohne etwa nötige Einrichtezeit.
t_e = Einrichtezeit, gesamt.
t_{ee} = Einrichtezeit, eigentliche.
v = Verlustzeitziffer.
t_v = Verlustzeit.
t_g = Grundzeit.
t_z = Zuschlagzeit (etwaige Sonderzuschläge)
a = Ziffer für Leistungsabfall
t_a = Zeit für Leistungsabfall.
t_n = Nebenzeit.
t_h = Hauptzeit.

Als Beispiel für die Stückzeitberechnung nach den Formeln der Zahlentafel 18 diene folgendes Beispiel:

Hauptzeit t_h	2,00	Minuten
Leistungsabfall = 30% von t_h . . .	0,60	„
Nebenzeit t_n	0,40	„
t_g	3,00	„
Verlustfaktor $v \cdot tg$ (0,08)	0,16	„
t_{st}	3,16	„
Sonderzuschläge	—	„
T_{st}	3,20	Minuten.

Zur Berechnung benutzt man vorteilhaft den Vordruck (Zahlentafel 19).

Wie sich aus späteren Ausführungen ergeben wird, läßt sich in manchen Fällen in der beschriebenen Ausführlichkeit schlecht kalkulieren, und es muß dann das gegebene Schema entsprechend vereinfacht und verkürzt zur Anwendung gelangen. Näheres über ein derartiges Sonderverfahren siehe S. 93ff.

Nachdem nun die Zeit festgestellt ist, bleibt nur mehr übrig, sie mit einem Faktor zu vervielfachen, um den Verdienst des Arbeiters bei seiner jeweiligen Abrechnung als Geldbetrag zu erhalten. Trotzdem die Höhe des Geldwertes, mit dem eine in einem bestimmten Zeitraume verrichtete Arbeit abzugelten ist, tariflich fast überall geregelt ist, so ergeben sich doch hier die meisten Unterschiede. Man kann in fast allen Gebieten Deutschlands die Erscheinung beobachten, daß der Akkordarbeiter einen weit höheren Durchschnitt verdient, als die tariflich festgelegte Akkordbasis beträgt. Diese ist sogar meist niedriger als die Stundenbasis, die man dem Arbeiter auf Grund der wirtschaftlichen Verhältnisse zubilligen muß (siehe Zahlentafel 20).

Es gibt nun zwei Möglichkeiten für die Umrechnung; man kann die vereinbarte Stückzeit mit der tariflichen Akkordbasis vervielfachen, muß dann aber die Stückzeit erhöhen, um den höheren Verdienst zu erhalten, oder man muß die tarifliche Akkordbasis erhöhen (Fall I, Zahlentafel 20). Da nun das Letztere meistens aus Gründen tariflicher Bindungen nicht angängig ist, so wählt man leider öfters den Weg, die Stückzeit zu erhöhen, also als Stundenverdienst nicht 60 Minuten, sondern eine höhere Minutenzahl zugrunde zu legen. Man rechnet dann nicht mehr mit wirklichen Arbeitsminuten, sondern mit sog. Akkordminuten. Das ist ein grundlegender Fehler, denn die Klarheit des Zeitakkordes, also der Vorgabe von Stückzeiten, geht unbedingt bei dieser Umrechnung verloren. Besser ist ein anderer Weg, den durch Multiplikation der Stückzeit mit dem Tariffaktor gefundenen Stückpreis um einen bestimmten prozentualen Betrag zu erhöhen, um den wirklichen Akkordstundenverdienst zu berücksichtigen (Fall III, Zahlentafel 20). Der öfter begangene Weg, die Haupt- und Nebenzeiten einfach zu erhöhen, um auf diese Weise den Mehrverdienstzuschlag in die Kalkulation hineinzubekommen, kann nicht genug verurteilt werden.

Zahlentafel 19. **Vordruck zur Stückzeitberechnung.**

Abteilung: II.	Berechnungsbogen Nr. 628 für Stückzeit	Modell-Nr.: oder Zeichngs.-Nr.: oder Type: F 12
Maschinen oder Platz Nr: 9		
Platten- oder Kastengröße: 355/355		Fertigungsauftrag: 4982/IV.
Anzahl d. Mod. je Kasten: 6	Gegenstand und Arbeitsgang:	
Beobachtete Stückzahl: 7	Klammerplatten auf Masch. formen.	
Vorgegebene Stückzahl: 500		
Kilogrammumsatz in der Hauptzeit t_h: 320 kg.		

Lfd. Nr.	Unterteilung	Zeit in Minuten		Bemerkungen
	Hauptzeit t_h			
	Unterkasten			
1	Kasten aufsetzen	0	09	
2	Klammern	0	11	
3	Modellsand aufsieben	0	22	
4	Füllsand aufschaufeln	0	11	
5	Vorstampfen	0	17	
6	Füllsand nachschaufeln	0	06	
7	Nachstampfen	0	19	
8	Abstreichen	0	10	
9	Wenden u. Absenken	0	18	
10	Klammern lösen	0	10	
11	Klopfen u. abheben	0	11	
12	Kasten wegsetzen	0	15	
	Sa Unterkasten	1	59	
	Oberkasten = Unterkasten	1	59	
	Sonderarbeit:			
	Trichter stellen	0	12	
	" aus Kratzen	0	19	
	Sa	3	49	
	t_h	3	49	

Lfd. Nr.	Unterteilung	Zeit in Minuten		Bemerkungen
	Nebenzeit t_n			
1	Kerne holen	0	12	
2	Kerne einsetzen	0	60	
3	Gießen	0	27	
	t_n	0	99	
	Eigentliche Einrichtezeit t_{ee}			
1	Maschine fertigmachen	10	-	
2	Platz aufräumen	6	-	
	t_{ee}	16	-	

Zusammenstellung

t_h	3	49	t_{ee}	16	-
Leistungsabfall 32%	1	10	t_v (v = 6%)	0	96
t_n	0	99	t_e	16	96
t_g	5	58	Vorzugebende Einrichtezeit	17	-
t_v (v = 6%)	0	33	Vorzugebende Kastenzeit	5	90
t_{st}	5	91			
Ausnahmezuschlag	-	-	Vorzugebende Stückzeit 5.90/7	0	85
Summe	5	91			

Bemerkungen zur Stückzeitberechnung:

Firma:

Buchung		Kontrolle		Berechnung	
Datum	Name	Datum	Name	Datum	Name
20/12 24	Oe	20/12	[illegible]	18/12 24	Oe.

Zahlentafel 20.

Akkordverdienst und tarifliche Basis.

Gewollter Akkordverdienst . . .	0,90 Mk./Std. = 1,5 Pfg./Minute.
Tarifliche Basis	0,72 Mk./Std. = 1,2 Pfg./Minute.

Gewollter Verdienst 25% höher als tariflicher.

Wirkliche Stückzeit mit allen Zeitzuschlägen 20 Minuten.

I. Erhöhung der Tarifbasis:

20 × 1,5 = 0,30 M. . . . . Richtig, aber unter Umständen tariflich falsch.

II. Prozentualer Zuschlag zur Arbeitszeit:

(20 + 25%) 1,2 = 0,30 . . . . Falsch, da Zeit verfälscht.

III. Prozentualer Zuschlag auf den Stückpreis:

(20 × 1,2) + 25% = 0,30 . . . . Richtig, da unverfälschte Stückzeit.

Kalkulationsverfahren.

Je nach der erforderlichen Genauigkeit und dem wirtschaftlich zulässigen Zeitaufwand für den einzelnen Fall wendet man eines der folgenden Verfahren an:

1. Schätzen.
2. Rechnen mit Erfahrungswerten.
3. Zeitstudien.
4. Vergleichen.

Wenn sich auch die einzelnen Verfahren nicht scharf voneinander trennen lassen, da das Schätzen auch auf gewissen Erfahrungen beruht und auch Erfahrungswerte oft durch Zeitaufnahmen erst gefunden oder als richtig erkannt sind, so haben doch die oben aufgeführten Kalkulationsarten grundlegende Unterschiede aufzuweisen.

Schätzen.

Das Schätzen ist die gröbste Art des Kalkulierens; die jetzt in den Gießereien bestehenden Akkorde sind meist mit diesem Kalkulationsverfahren gefunden worden. Wenn man beim Schätzen rein gefühlsmäßig vorgeht, indem man etwa die Zeit für einen größeren Arbeitsbetrag, mitunter sogar für den ganzen Fertigungsauftrag zusammen angibt, so ist dies nicht zu empfehlen, weil die Ungenauigkeiten zu hoch werden. Das gefühlsmäßige Bestimmen der Arbeitszeit in Bausch und Bogen ist leider in den Gießereien zur Zeit noch am gebräuchlichsten. Es kann bei diesen Verfahren vorkommen, daß für die gleiche Arbeit Zeiten von 75, 90 und 105 Minuten von ein und demselben Kalkulator geschätzt werden, wenn er sie in größeren zeitlichen Abständen zu bewerten hat! Das persönliche Moment beeinflußt eben das Ergebnis des Schätzens sehr stark. Im allgemeinen werden Arbeitszeiten reichlich hoch geschätzt, da die meisten Menschen zu einer Überschätzung neigen. Es ist zu empfehlen, die Schätzungsarbeit von einem erfahrenen Fachmann in der Form vornehmen zu lassen, daß dieser sich den ganzen Arbeitsverlauf gedanklich vorstellt und dann auf Grund seiner Erfahrung für die einzelnen Teilarbeiten Zeiten festlegt. Deren Summe ergibt eine wesentlich genauere Stückzeit als die rein gefühlsmäßige Bestimmung der Gesamtzeit. Es ist natürlich nicht von der Hand zu weisen, daß auch dieses Verfahren große Ungenauigkeiten haben kann, wenn es sich um eine Schätzung solcher Arbeiten handelt, welche ziemlich weitgehend unterteilt sind. Es wäre z. B. falsch, Zeiten für Griffe zu schätzen, da kleine Ungenauigkeiten dann einen sehr hohen Betrag im Endergebnis erreichen können, wenn sich die Arbeiten aus einer großen Zahl von Griffen zusammensetzen. Man darf also bei der Unterteilung der Arbeiten nicht zu weit gehen, und man wird es vorteilhaft bei der Einteilung in Arbeitsstufen bewenden lassen. Ein typisches Beispiel einer derartigen Kalkulation zeigen Zahlentafel 21 und Abb. 7, Einformen eines Peltongehäuses für die Handformerei. Neben- und Verlustzeiten sind hier in die geschätzte Einzelzeit mit eingeschlossen. Dies kann bei Schätzungen für länger dauernde Arbeiten in der Handformerei und Großkernmacherei zulässig sein, im allgemeinen sollte man aber die Gesamtarbeitszeit auch hier aus Haupt-, Neben- und Verlustzeiten aufbauen. Das Schätzen in der Formerei kann man sich dadurch vereinfachen und die Ergebnisse genauer machen, daß man die Arbeiten einteilt in solche, welche mit der Kastengröße schwanken und solche, welche mit der Modellart sich ändern. Man erhält infolgedessen Kastenzeitwerte und Modellzeitwerte [1]). Durch geschicktes Gruppieren dieser Zeitwerte, durch das später zu besprechende Verfahren des Vergleichens

Zahlentafel 21.

Kalkulation für Peltongehäuse.

(Im Boden geformt.)

Loch auswerfen	120 Minuten
Modell fertig machen zum Formen (alle Nocken losmachen)	30 „
Modell einstampfen	700 „
Oberkasten aufstampfen, abheben und fertigmachen	500 „
Modell herausnehmen	60 „
Die unteren Leisten 670 × 1530 flicken und Stifte stecken	120 „
Die ganze Form fertig machen	600 „
Schwärzen	60 „
Hauptkern einlegen	80 „
Die beiden Seitenkerne einlegen, einschließlich Versteifung durch Doppelstützen	160 „
Oberkasten aufsetzen	20 „
Trichter aufbauen	30 „
Auflasten, Gießen und Ablasten	60 „
	Summa 2540 Minuten

erhält man recht bald zuverlässige Werte für das Schätzen, die aber dann eigentlich schon als Erfahrungswerte anzusprechen sind. Ähnliche Verfahren lassen sich für alle vorkommenden Arten von Arbeiten anwenden.

Es wurde schon erwähnt, daß man beim Schätzen mit der Unterteilung der Arbeit nicht zu weit gehen soll. Dies gilt insbesondere für kürzere Arbeiten, da dann die Ungenauigkeiten zu hoch werden. Bei kürzeren Arbeiten, besonders solchen in

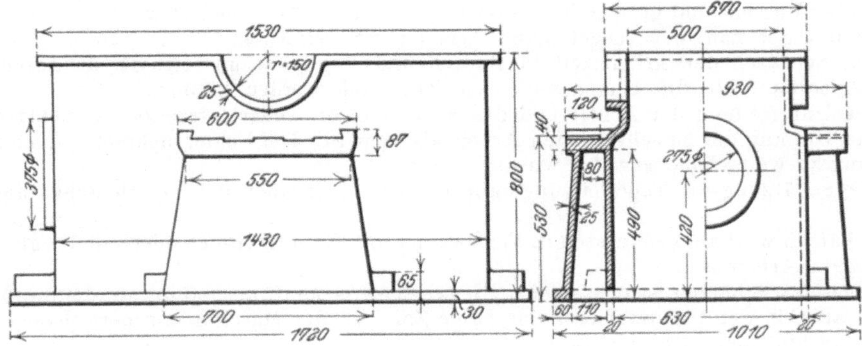

Abb. 7. Peltongehäuse.

der Bank-, Maschinenformerei und Kleinkernmacherei, kann man bei der Stückzeitschätzung auch so vorgehen, daß man nicht die Stückzeit schätzt, sondern die in der Zeiteinheit (Tag oder Stunde) herstellbaren Mengen. Ein erfahrener Fachmann kann eher die Frage beantworten, wieviel Stück macht man je Tag, als, wie lange dauert die Fertigung eines einzelnen Stückes. Um die Genauigkeit hier ohne Mehrarbeit noch weiter zu treiben, nimmt man den Tag als Grundlage und zieht von der gesamten täglichen Arbeitszeit zuerst alle Verlust- und Nebenzeiten, so weit sie bekannt sind, ab. Die dann verbleibende, sog. reine Arbeitszeit dient als Grundlage für die Schätzung der Tagesleistung. Man setzt bei dieser Rechnung alle Zeitwerte in Minuten ein und zieht auch die Verlustzeiten nicht in Prozentsätzen, sondern in Minuten ab. Für den mit der Zeitkalkulation noch

[1]) Siehe hierüber auch S. 123.

nicht völlig vertrauten Kalkulator ist dies ein Vorteil, denn er kann sich bei einer Annahme von 9% Verlustzeiten nicht so viel vorstellen, wie wenn man ihm sagt, daß bei achtstündiger Arbeitszeit im vorliegenden Falle 43 Minuten als Verlustzeit in Abrechnung zu bringen sind. In der Maschinenformerei z. B. ist der Rechnungsgang folgender:

Tagesarbeitszeit 8 Stunden = 480 Minuten

Verlust-, Neben- und Einrichtezeit je Tag:

Maschine fertig machen und Platte anwärmen	10 Minuten
Modellsand in Sandkasten bringen	12 „
Kerne holen	6 „
Persönliche Bedürfnisse, Gespräche mit Meister, Arbeit empfangen usw., aus Verlustzeitbeobachtungen ermittelt	32 „
Gießen und Warten auf Eisen bei normaler Arbeit durchschnittlich	75 „
Arbeitsplatz in Ordnung bringen	15 „
Zusammen	150 Minuten

Gesamte Arbeitszeit	480 Minuten
Verlust, Einrichte- und Nebenzeit	150 „
Reine Arbeitszeit	330 Minuten

Leistung geschätzt in 330 Minuten 60 Kasten

Stückzeit 480 : 60 = 8 Minuten [1]).

Die sich aus Obigem ergebenden Grundsätze für das richtige Schätzen sind in Zahlentafel 22 nochmals zusammengefaßt. Durch das Vergleichen der durch Schätzen gefundenen Zeiten mit den bei der ausgeführten Arbeit tatsächlich gebrauchten ergeben sich eine ganze Reihe Unterlagen als wertvolle Erfahrungswerte.

Zahlentafel 22.

Richtlinien für das Schätzen.

1. Da Schätzen die ungenaueste Art der Stückzeitermittlung ist, sollte es nur da angewendet werden, wo genaue Berechnungen sich aus Zeitmangel oder wegen der Kosten für genaue Untersuchungen verbieten.
2. In der Massen- und großen Reihenfertigung sollte nicht geschätzt werden, da die Schätzungsfehler sich mit der Zahl der ausgeführten Arbeiten vervielfachen.
3. Ein Schätzen der Arbeitszeit in Bausch und Bogen ist unstatthaft, da durch das Fehlen jeglicher Anhaltspunkte die Ungenauigkeiten sehr hoch werden können.
4. Die Unterteilung der Arbeit und das Schätzen von Teilarbeitszeiten vermehrt die Genauigkeit, da der Umfang der zu schätzenden Arbeit klarer wird. Die Fehler nehmen jedoch zu, wenn die Unterteilung zu weitgehend gewählt wurde.
5. Die Schätzung der Tagesleistung kann manchmal genauer sein als die Schätzung der Einzelstückzeit.
6. Schätzen wird am genauesten in Verbindung mit Zeitaufnahmen oder mit Vergleichen gleicher oder ähnlicher Arbeiten.
7. Auch das Schätzen ist eine Arbeit, die sehr gewissenhaft ausgeführt werden muß. Eine halbe Stunde ist auch in der Handformerei eine lange Zeit. In der Maschinenformerei lassen sich in einer Minute oft 10 und mehr Kerne einlegen.

Rechnen mit Erfahrungswerten.

Das Rechnen mit Erfahrungswerten unterscheidet sich von dem Schätzen dadurch, daß die veranschlagten Arbeitszeiten nicht unmittelbar aus der Erinnerung heraus oder auf Grund roher Überschlagsrechnungen vorgegeben, sondern systematisch geordneten und kritisch geprüften Zusammenstellungen entnommen werden. Zuerst müssen also bei diesem Verfahren die Zusammenstellungen geschaffen werden.

In manchen Betrieben betrachtet man als Erfahrungswerte die Zeiten aus der gleichen oder ähnlichen Arbeitsausführung.

---

[1]) Hierzu s. auch: H. Tillmann: Ein Beitrag zum rationellen Studium der Handarbeit in Formmaschinenbetrieben. Gieß. 1925. S. 218 und Derselbe: Lehrbuch der Stückzeitermittlung. S. 130.

Es kann nicht dringend genug davor gewarnt werden, die aus den abgelegten Zetteln der Nachkalkulation entnommenen Zeiten kritiklos zu übernehmen, weil hierbei ein objektives Urteil über die Angemessenheit der verbrauchten Arbeitszeit in den seltensten Fällen möglich ist. Einige, sehr wesentlich die frühere Arbeitszeit beeinflussende Umstände, z. B. Behinderungen, Arbeitswille, Art der Arbeitsausführung, Leistungsfähigkeit des Ausführenden usw. sind meist nicht mehr zuverlässig erfaßbar. Wenn es möglich sein sollte, die früher gebrauchten Zeiten noch nachträglich kritisch auszuwerten, so könnte der Anwendung dieses Verfahrens nichts im Wege stehen. Dies wird in den seltensten Fällen durchführbar sein. Hiermit soll aber nicht gesagt sein, daß derartige Vergleiche mit früheren Ausführungen, wenn sie vom eng mit der Werkstatt verbundenen Fachmann vorgenommen werden, nicht sehr nützlich sein können. Trägt man sie nach dem später zu besprechenden Verfahren des Vergleichens zusammen, so können sich unter Umständen die unvermeidlich bestehenden Zeitschwankungen ausgleichen. Bedeutung hat dieser Vergleich aber meistens nur für die Schaffung von Unterlagen zu der Angebotskalkulation, da man für zuverlässige Stückzeitkalkulationen besser mehr in Einzelheiten geht.

Zahlentafel 23.

Abladelöhne, für je 10 Tonnen.

Roheisen in Masseln:	
1. Nur aus dem Wagen werfen, so daß sie beim Fallen auf eine eiserne Walze in Stücke zerbrechen, forttragen und aufstapeln	3,5—4 Stunden
2. Nur entladen, in ganzen Stücken forttragen und aufstapeln	2,5—3 „
Gußbruch:	
Dickwandig	2,5—3 „
Dünnwandig	3,5 „
Koks	3,5 „
Kalkstein	3,5 „
Sand	3,5 „
Kohlenstaub	10,0 „

Trotzdem die Gießereiarbeiten als durchweg reine Handarbeiten der formelmäßigen Rechnung schlecht zugänglich sind, so gibt es doch eine ganze Menge Arbeiten, die sich berechnen lassen, wobei die Berechnungsgrundlagen aus Erfahrungswerten entwickelt werden können.

Dies trifft in großem Maße bei Transportarbeiten zu. Zahlentafel 23 zeigt einige Erfahrungswerte für das Abladen von Rohstoffen. Auf Erfahrungswerte baut sich meist auch die Stückzeit in der Putzerei auf, die je Tonne fertigen Guß als Bezugsgröße, oft in jahrelanger Anwendung im betreffenden Betrieb ihre Richtigkeit bewiesen hat.

Manchmal haben Erfahrungswerte schon eine derartige Beweiskraft gehabt, daß sie tariflich festgelegt wurden. So gibt es z. B. Tarife für Transportarbeiter, in denen der Stückpreis für das Abladen von Waggons angegeben ist. Auch Formerarbeiten sind schon tariflich festgelegt worden, wofür als Beispiel die Zahlentafel 24 „Kerne einlegen“ gegeben ist. Diese Zahlentafel wurde als Stückpreis vereinbart, aber vom Verfasser auf Stückzeit umgerechnet, um Vergleichswerte zu bieten.

Auch für das Gießen benutzt man oft Erfahrungswerte und sagt, daß z. B. in einem bestimmten Betrieb ein Maschinenformer nicht mehr als 6 kg flüssiges Eisen je Minute vergießen kann, wenn nicht seine Ermüdung zu stark zunehmen soll. In der Kernmacherei rechnet man öfters sehr gut mit Erfahrungswerten, die sich auf den Rauminhalt der Kerne beziehen. So beträgt z. B. die Arbeitszeit für Armkerne zu schablonierten Riemenscheiben 0,13 Minuten je Kubikdezimeter Kernvolumen. In der Großformerei rechnet man wiederum mit einer Arbeitszeit von 6 Stunden zum Stampfen von 1 m^3 Sand.

Erfahrungswerte werden nicht allein für Hauptzeiten angewandt, sondern auch für Neben- und Verlustzeiten. Das Warten auf Eisen ist gewöhnlich ein Erfahrungswert, der nur durch die Art der Disposition beeinflußt werden kann. Durch die Verbindung des Verfahrens des Schätzens mit der des Rechnens mit Erfahrungswerten ergeben sich

Zahlentafel 24.

Tariflich vereinbarte Preise zum Einlegen von Kernen bei Gießereien für Massenguß.

Preistafel für das Einlegen von kleinen, liegenden Kernen, die ohne Schwierigkeiten einzulegen sind. Die Preise bedeuten wirkliche Arbeitsminuten.

Anzahl der Kerne je Kasten	Sorten				
	1—2	3—4	5—6	7—8	9—10
1— 5	0,18	0,20	0,22	—	—
6—10	0,35	0,40	0,42	0,47	0,50
11—15	0,54	0,60	0,64	0,70	0,76
16—20	0,72	0,79	0,86	0,93	1,01
21—25	0,90	0,98	1,08	1,17	1,26
26—30	1,08	1,18	1,29	1,40	1,51
31—35	1,26	1,38	1,51	1,64	1,75
36—40	1,44	1,59	1,72	1,87	2,01

öfters schon recht genaue Kalkulationen. Ein derartiges Beispiel zeigt Zahlentafel 25 für die Stückzeit zur Bedienung des Kuppelofens mit Schrägaufzug.

Es sei noch einmal ausdrücklich betont, daß Erfahrungswerte nur solche sind, welche bereits kritisch geprüft wurden. Es sind Durchschnittswerte, also mittlere Arbeitszeiten. Will man jedoch in gewissen Fällen ein genaueres Ergebnis haben, so genügen solche Durchschnittswerte nicht mehr, und man muß genaue Zeituntersuchungen vornehmen.

Zahlentafel 25.

Kuppelofenbedienung, Arbeitszeiterrechnung.

Arbeit	Basis	Arbeitszeit in Minuten bei einem Einsatz				
		10 t	15 t	20 t	25 t	30 t
Roheisen zerschlagen, aufladen und auf Wagen an der Waage stehen lassen	20% Roheisen, je Tonne 45 Minuten	90	135	180	225	270
Bruch schlagen, aber liegen lassen	je Tonne 10 Minuten Basis 80% Bruch	80	120	160	200	240
Koksreste und Schlacke wegfahren, Schmelzzone ausbessern	—	360	380	400	420	440
Füllkoks setzen	6 Wagen je 3,0 Minuten	18	18	18	18	18
Roheisen und Koks setzen	Bis 20 t 2 Mann, über 20 t 3 Mann, Periode 5 Minuten	200	300	400	500 (250) (Koksfahrer)	600 (300) (Koksfahrer)
Pfannen ausschmieren	240 Minuten	240	300	360	420	480
Abstechen, Vorherd und Schlackensammler machen	1 Mann	525	525	525	525	525
Ofen fallen lassen	3 Mann je $^1/_2$ Stunde	90	90	90	90	90
Wartezeiten	2 Setzer je 45 Minuten	90	90	90	135	135
Gesamt-Arbeitsminuten		1693	1958	2223	2783	3098
Minuten je Tonne		169,30	131	111	111,5	103
Leute bei 525 Minuten/Tag		3,22	3,75	4,25	5,50	5,90

Hieraus ergeben sich aber dann auch wieder kritisch geprüfte Erfahrungswerte für alle Handarbeiten, und man erkennt durch die bei den Zeituntersuchungen notwendige Arbeitsunterteilung klar etwaige Gesetzmäßigkeiten (siehe auch S. 118). Die Zusammentragung derartiger Erfahrungswerte geht nun ziemlich langsam vor sich. Es liegt nahe, die Zeit zum Zusammentragen dadurch abzukürzen, daß man auch Erfahrungswerte aus fremden, aber sonst gleichartigen Betrieben zusammenträgt. Ein Vergleich von Betrieb zu Betrieb ist allerdings nicht so ohne weiteres möglich. Wenn auch bei den

Werten für Hauptzeiten ein Vergleich oft möglich sein wird, so wird man doch die Nebenzeiten nicht immer vergleichen dürfen, da sie von der Art des Betriebs sehr abhängig sind. Erfahrungswerte für Verlustzeiten lassen sich überhaupt nicht übernehmen. Die Kenntnis ihrer relativen Höhe kann lediglich zu Vergleichen und damit auch zu Verbesserungen anregen. Da man unter einem Betriebsvergleich meist nur den Vergleich der gesamten Stückzeiten versteht, so ist der Austausch von Erfahrungswerten der Gesamtstückzeit nicht zu empfehlen.

Zeitstudien.

Die Zeitstudie ist die Messung der verbrauchten Zeit für Arbeitsgänge, Arbeitsstufen usw. bei gleichzeitiger Prüfung des Arbeitsverfahrens. Es wird also die Arbeit nach zwei Richtungen hin untersucht:

1. wie sie verrichtet wird,
2. in welcher Zeit sie verrichtet wird.

Aus der Untersuchung „wie verrichtet", folgt zwangsläufig eine Prüfung des Arbeitsverfahrens nach Zweckmäßigkeit und Wirtschaftlichkeit. Hieraus kann dann die Verbesserung der Arbeitsausführung durch die Rationalisierung entstehen.

Die Zeitstudie hat für den Stückzeitaufbau den Wert, den Anteil an Haupt-, Neben- und Verlustzeit nach dem Schema (Abb. 2) zu ermitteln und durch ihre Zusammenfassung die Stückzeit zu bilden.

In weitaus den meisten Fällen gibt man sich mit der einfachen Kenntnis des Zeitwertes für Haupt-, Neben- und Verlustzeiten nicht zufrieden, sondern will auch die Einzeltätigkeiten und ihre Zeitwerte kennen lernen, um über die Art der Arbeitsverrichtung ein Urteil fällen zu können. Man greift dann auf die in Zahlentafel 16 gebrachte Fertigungsunterteilung zurück und wird je nach dem gewünschten Grad der Genauigkeit bis auf Griffe unterteilen. Dies wird man jedoch nur tun, wenn es sich lohnt, d. h. wenn die Arbeit in der gleichen Form öfters wiederkehrt oder die Möglichkeit besteht, Zeiten für Teile der Arbeit bei der Zeitberechnung für andere vorkommende Verrichtungen zu verwerten. Unter Berücksichtigung des Zuletztgesagten wird man planmäßig darauf hinarbeiten, die Ergebnisse der Zeitaufnahmen möglichst umfassend in der Form zu verwerten, daß man ein Tafelwerk für Richtzeiten, d. h. für solche Zeiten schafft, die uns eine Richtschnur bei ähnlichen Arbeitsausführungen bringen sollen. Um in dieser Weise vorzugehen, ist eine Unterteilung der Arbeit gemäß Zahlentafel 16 unbedingt notwendig. Zur Stückzeitermittlung ist dies, streng genommen, nicht erforderlich. Eine kritische Betrachtung der Begriffsbestimmungen in Zahlentafel 16 ergibt klar den Unterschied. Man kann z. B. in der Maschinenformerei die Zeit messen für:

1. den Fertigungsauftrag. Dies ist gleichbedeutend mit der Feststellung der Gesamtzeit. Hier wird also z. B. nur festgestellt: für den Fertigungsauftrag von 500 Stück sind 54 Stunden erforderlich. Die Stückzeit ermittelt sich dann durch Division der Gesamtzeit durch die Anzahl der hergestellten Stücke. Man kann hier von einer Zeituntersuchung nicht reden, da dieses Verfahren schon von jeher zur Nachprüfung der Stücklöhne angewandt worden ist.

2. den Fertigungsplan. Hierbei ist die Arbeit in ihre Hauptverrichtungen unterteilt. Die eigentliche Formarbeit ist von den anderen, auch noch zur Fertigung dienenden, losgelöst. Diese Unterteilung ist erforderlich, wenn nicht die ganze Fertigung von einem Mann oder einer Kolonne als Gesamtarbeit verrichtet wird. Bei dieser Unterteilung ist schon ein genauerer Einblick in den Arbeitsablauf möglich. Aber immer noch erscheint der Zeitverbrauch in Bausch und Bogen für z. B. einen Kasten.

3. den Arbeitsgang. Diese Unterteilung ist schon wesentlich genauer. Man könnte die hier ermittelten Zeitwerte schon zum Aufbau der Stückzeit benutzen. Eine Untersuchung über einen längeren Zeitraum hinweg ist aber erforderlich, um aus den erhaltenen, selbstverständlich mehr oder minder schwankenden Zeitwerten positive Schlüsse ziehen zu können. Die bei der Zeitmessung auftretenden Schwankungen sind meist durch irgendwelche Unregelmäßigkeiten hervorgerufen.

Soll nun der Grund dieser Schwankungen näher untersucht werden, so muß noch weiter unterteilt werden.

4. Arbeitsstufen. Die Unterteilung ist etwas weiter getrieben, Anhaltspunkte für die Untersuchung der schwankenden Zeiten sind schon gegeben, weil beim Formen die Zeit für Unterkasten und Oberkasten getrennt ermittelt wird. Aber für eingehendere Untersuchungen genügt diese Unterteilung noch nicht, weil das Bild des Arbeitsablaufes immer noch ziemlich verschwommen ist.

5. Griffe. Erst hier ist die Unterteilung gegeben, die gestattet, einen klaren Einblick in den Arbeitsablauf zu gewinnen. Man sieht die Arbeit plastisch aufgebaut vor Augen, kann ein Urteil über nötige und unnötige Griffe fällen und somit auch den Gesamtzeitverbrauch mit Hilfe der Einzelzeitwerte kritisch betrachten. Aber noch eine weitere Möglichkeit ist hierdurch gegeben: Der Ort der Zeitschwankungen kann zuverlässig festgestellt werden. Es ist selbstverständlich, daß derartige Studien der Arbeit, unterteilt in Griffe, nicht längere Zeit hindurch, etwa einen ganzen Tag, vorgenommen werden können.

6. Griffelemente. Wenn bei der vorigen Unterteilung der Ort der Zeitschwankungen festgestellt wurde, so wird hier die Ursache der Schwankungen ermittelt, da durch die Unterteilung in Elemente, also in Bewegungen genau ersichtlich ist, wo die Ursache liegt. Derartige Untersuchungen nennt man Bewegungsstudien. Diese geben ein Mittel an die Hand, festzustellen, wo durch Ausschaltung unnützer Bewegungen die Fertigung verbessert werden kann. Dem Wort „Bewegungsstudien" haftet ein gewisser Beigeschmack an. Und doch sind Bewegungsstudien so etwas Einfaches und Selbstverständliches, daß sie schon ausgeführt wurden, als man noch nichts von Zeitstudien kannte. Sieht man z. B. einem Manne beim Schaufeln von Sand zu und bemerkt, daß er nicht recht mit der Schaufel umgehen kann, so zeigt man ihm die Handhabung der Schaufel. Das erste, das Sehen der unzweckmäßigen Bewegungen, war eine Bewegungsaufnahme. Die Auswertung und Rationalisierung folgte der Bewegungsaufnahme gleich auf dem Fuße, indem man dem Arbeiter die zweckmäßige Handhabung der Schaufel zeigte.

Bei der Unterteilung des Arbeitsvorganges werden sich oft schon Verbesserungsmöglichkeiten der Arbeit ergeben. Man wird z. B. sehen, daß der Arbeitsplatz nicht in Ordnung, das Werkzeug nicht zweckmäßig ist, daß Formkasten klemmen usw. Diese Fehler wird man zuerst abstellen, bevor eine Zeitaufnahme gemacht wird. Die Gefahr, daß nachher Idealleistungen gemessen werden, ist nicht ganz von der Hand zu weisen. Es sollte daher beim Vorbereiten der Arbeit und Ausschalten von Störungen nur soviel getan werden, wie später im Dauerbetriebe auch bleiben kann. Um aber bei der Zeitaufnahme auch zuverlässige Vergleichswerte zu erhalten, ist es wichtig, alle Nebenumstände, die die Leistung bestimmend beeinflussen können, genau schriftlich festzulegen[1]). In der Maschinenformerei sind diese z. B. Art und Größe der Maschine und Kasten, Lage von Kasten zur Maschine, Weglängen, verwendete Werkzeuge usw. Wichtig kann ferner bei anstrengenden Arbeiten die Aufzeichnung der Tageszeit sein, damit der Leistungsabfall, der sich natürlich nicht auf die Leistung eines ermüdeten, sondern eines normal leistungsfähigen Arbeiters bezieht, entsprechende Berücksichtigung finden kann.

Für das Gelingen der Zeitaufnahme ist die Wahl der richtigen Person des Zeitnehmers und auch des beobachteten Arbeiters sehr wichtig. Der Ausschuß für wirtschaftliche Fertigung (AWF) hat Richtlinien für die Auswahl der Zeitnehmer aufgestellt (Zahlentafel 26).

Auch der zu beobachtende Arbeiter ist sorgfältig auszulesen, da von seiner richtigen Wahl in vielen Fällen die reibungslose Durchführung der Zeitaufnahmen abhängig sein kann. Zeitaufnahmen können zwar an jedem Arbeiter durchgeführt werden, da aber die durchschnittlich günstigste Herstellungszeit für den Stückzeitaufbau gemessen werden soll, so muß die gemessene Zeit von einem Durchschnittsarbeiter eingehalten werden können. Nach den Begriffsbestimmungen des Reichsausschusses für Arbeitszeitermittlung[2]) (Refa) ist ein Arbeiter mittlerer Leistung ein fleißiger, fachmännisch geschulter, im Betriebe gut eingearbeiteter Mann. Die Beurteilung, ob der beobachtete

[1]) Vgl. Abb. 29 auf S. 113. [2]) Vgl. S. 82.

Zahlentafel 26.

Richtlinien für die Auswahl des Zeitnehmers.

a) Anforderungen an die beruflichen Kenntnisse.
Gründliche Kenntnis der Bearbeitungsmaschinen, Werkzeuge und Arbeitsverfahren. Hierzu gehört längere Tätigkeit in dem betreffenden Betrieb (möglichst auf dem Sondergebiet der in Frage kommenden Fertigung) und möglichst abgeschlossene technische Ausbildung.
Vertrautsein mit der Organisation des betreffenden Betriebes.

b) Anforderungen an den Charakter.
Takt, ruhiges Auftreten und Gerechtigkeitsempfinden.
Zielbewußtes Wesen, Entschlußkraft und Zähigkeit, die nicht in Eigensinn ausarten darf.
Gewissenhaftigkeit und Ordnungssinn.

c) Geistige Fähigkeiten.
Schnelle Auffassungsgabe verbunden mit kurzer Reaktionszeit.
Praktisch-kritischer Blick und die Fähigkeit, Verbesserungen anzuregen.
Überzeugungsgabe.

Arbeiter dem Durchschnitte entspricht, liegt dem Zeitnehmer ob. Es kommt aber nicht so sehr auf die Feststellung der Leistungsfähigkeit des Mannes auf Grund seiner Akkorddurchschnittsverdienste u. dgl. an, wie auf die Feststellung der Leistung während der Aufnahmen. Diese kann öfters von seinen sonstigen Leistungen wesentlich verschieden sein, wenn der Mann nicht die richtige Einstellung zur Zeitaufnahme hatte. Der Leistungsgrad des Durchschnittsarbeiters wird mit 100% bewertet.

Technik der Zeitmessung.

Über die Technik der Zeitaufnahmen besteht eine so reichhaltige Literatur [1]), daß hier nur kurz darauf eingegangen werden kann. Zur Zeitmessung benutzt man meist die gebräuchlichen Stoppuhren. Bei Beginn der Arbeit wird die Uhr in Gang gesetzt und bei Beendigung angehalten. Es ist vorteilhaft, diese sog. Industriestoppuhren nicht mit Sekundenteilung, sondern mit $^1/_{100}$ Minutenteilung zu wählen, weil sich mit Dezimalminuten besser rechnen läßt als mit Sekunden. Für manche Zwecke, z. B. Verlustzeitaufnahmen und Aufnahmen mit grober Unterteilung (bisweilen Handformerei usw.) kann eine Taschenuhr mit genügender Genauigkeit benutzt werden. Zu genaueren Messungen bei weiter laufender Uhr werden die Stoppuhren oft mit Schleppzeiger ausgerüstet (Abb. 8), der durch einen Druck auf einen Knopf in der augenblicklichen Stellung festgehalten werden kann, während der Hauptzeiger weiter läuft. Durch einen zweiten Druck auf den Knopf wird der Schleppzeiger gelöst und schließt sich dem weiterlaufenden Hauptzeiger wieder an [2]).

Abb. 8. Stoppuhr mit Schleppzeiger.

Man kann entweder durch unmittelbare Ablesung die Zeit für jede Teilarbeit erhalten (Abstoppen von Einzelzeiten) oder die Uhr von Beginn bis Ende der ganzen Aufnahme durchlaufen lassen. Die Zeiten werden im letzten Falle von der laufenden Uhr abgelesen. Man nennt sie Fortschrittzeiten und ermittelt später durch Subtraktion zweier aufeinanderfolgender Fortschrittzeiten die dazwischenliegenden Einzelzeiten.

[1]) Refa-Buch, Reichsausschuß für Arbeitszeitermittlung. Berlin; Grundlagen der Arbeitsvorbereitung, ADB, Berlin, VDI-Verlag. Michel, E.: Wie macht man Zeitstudien? Berlin 1920. Tillmann, H.: Lehrbuch der Stückzeitermittlung in der Maschinenformerei. München und Berlin 1927. Freund, H.: Zeitstudien. Berlin 1929.

[2]) Für die zweckmäßige Wahl und Ausführung von Stoppuhren sind vom AWF Richtlinien aufgestellt worden.

Das erste Verfahren ist von Ablesefehlern nicht ganz frei. Das Anhalten der Uhr, Ablesen und Wiederingangsetzen erfordert eine gewisse, wenn auch sehr kurze Zeit, so daß erhebliche Beobachtungsfehler sich einschleichen können. Man hat versucht, diesen Nachteil dadurch zu umgehen, daß man zwei Uhren gleichzeitig zur Messung verwendet. Es wird durch den gleichen Druck die erste Uhr stillgesetzt und die zweite in Gang gebracht und umgekehrt, wobei dann die Teilzeiten jeweils von der stillstehenden Uhr abgelesen werden können. Aber auch hier können Fehler beim Stoppen und Ablesen, besonders bei kurzen Teilzeiten, sehr störend werden.

Das Verfahren der Messung mit laufender Uhr ist jedoch von Ablesefehlern ziemlich frei und deshalb am meisten zu empfehlen, wenn auch mit ihr etwas Mehrarbeit durch die Errechnung der Einzelzeiten verbunden ist. Man hat außerdem den Vorteil, daß die Summe aller Einzelzeiten und damit die Gesamtzeit im Beobachtungsbogen als Endzeit erscheint, wodurch eine wirksame Nachprüfung der Ausrechnung gegeben ist.

Abb. 9. Platz des Beobachters bei der Zeitmessung.

Die aufgenommenen Zeiten werden in die Beobachtungsbogen (Zahlentafel 27 und 28) für Zeitaufnahmen eingetragen. Der Beobachtungsbogen (Zahlentafel 27) ist für Aufnahmen in der großen Reihen- und Massenfertigung bestimmt, wo mehrere gleiche Arbeiten hintereinander beobachtet werden können. Der Vordruck (Zahlentafel 28) dient zur Aufnahme einzelner länger dauernder Arbeiten. Er kann, wie die Zahlentafel zeigt, auch mit Vorteil angewendet werden, um einen Einblick in den Ablauf einer Arbeit bei großer Reihenfertigung während längerer Zeit zu gewinnen. Zu genauen Untersuchungen, insbesondere bei solchen, welche zur Arbeitsverbesserung benutzt werden sollen, schreibt man alle Nebenumstände auf einen besonderen Stammbogen, der in Zahlentafel 29 für den Gebrauch in der Maschinenformerei dargestellt ist. Dieser Stammbogen dient als Umschlagblatt für eine Reihe gleicher Zeitaufnahmen. Die Angaben des Stammbogens können zweckmäßig durch Lageskizzen des Arbeitsplatzes, Skizzen des Werkstückes und sonstige Bemerkungen ergänzt werden, um die bei der Aufnahme vorhandenen Verhältnisse eindeutig festzulegen.

Die Arbeitseinteilung muß beim Beobachtungsbogen (Zahlentafel 27) vor Beginn der Aufnahme gemacht werden. Da es sich um sieben gleiche Beobachtungen handelt, so muß die Arbeit störungsfrei verlaufen, denn Störungen verursachen unliebsame Unterbrechungen der Beobachtungen. Es muß also, wie bereits einmal erwähnt wurde, zur Ausschaltung von Störungen am Arbeitsplatz alles getan werden. Aber auch der Zeitaufnehmer selber muß Störungen und Ungenauigkeiten dadurch ausschalten, daß er die Meßpunkte immer an ein und dieselbe Stelle legt. Zweckmäßig unterteilt er so, daß Beginn oder Ende jeder Verrichtung mit gewissen markanten Geräuschen, z. B. dem Schlag beim Aufsetzen des Kastens auf die Formmaschine, verbunden sind. Bei der Notierung der oft kurzen Zeiten muß der Aufnehmer möglichst von selbst auf Beendigung einer jeden Teilarbeit reagieren. Dies erreicht er auch dadurch, daß er seinen Beobachtungsplatz so wählt, daß Auge, Uhr und zu beobachtende Arbeit in einer Linie liegen (Abb. 9) und daß er bei Vornahme der Arbeitsunterteilung sich so in den Arbeitsvorgang hineindenkt, daß er mit in den Arbeitsrhythmus hineinkommt.

Etwas anderes ist es, wenn bei Untersuchungen einer einzelnen Arbeit der Beobachtungsbogen (Zahlentafel 28) benutzt wird. Hier sind die Zeiten meistens länger, und es wird deshalb die Unterteilung während der Aufnahme aufgeschrieben, also alles dem

Zahlentafel 27. **Beobachtungsbogen für Zeitaufnahmen.**

Abteilung: 526	Beobachtungsbogen Nr. 84 für Zeitaufnahmen	~~Modell-Nr.~~ oder ~~Zeichnungs-Nr.~~: oder Type: Gr. 6
Maschine oder Platz Nr.: 73		
Arb. Name: H		Fertigungsauftrag: 83529
Arb. Nr.: 2624 Leistgsgr.: 2-3	Gegenstand und Arbeitsgang:	
Tarifklasse: I	Schalenkupplung Unterkasten formen.	
3 Jahre mit ähnl. Arb. besch.		

Lfd. Nr.	Unterteilung	Fortschr. Zeit / Einzelzeit	Aufnahmen der gleichen Art 1	2	3	4	5	6	7	Quersumme	Mittelwert	Bemerkungen z. B. Unterbrechungen
1	Modellplatte heben und abfangen	E	~~0.26~~	0.06	0.07	0.09	0.37	0.17	0.14	0.53	0.11	Verlust von
		F	0.26	1.66	3.12	4.92	7.08	10.23	12.52			10.23 - 11.17 = 0,94
2	Kasten aufsetzen	E	0.10	0.09	0.10	0.09	0.08	0.09	0.11	0.66	0.09	
		F	0.36	1.75	3.22	5.01	7.16	11.26	12.63			
3	Sand sieben	E	0.20	0.24	0.30	0.32	0.25	0.22	0.27	1.80	0.26	
		F	0.56	1.99	3.52	5.33	7.41	11.48	12.90			
4	Sand andrücken	E	0.08	0.09	0.07	0.07	0.06	0.06	0.09	0.52	0.07	
		F	0.64	2.08	3.59	5.40	7.47	11.54	12.99			
5	Sand einschaufeln	E	0.09	0.11	0.10	0.16	0.17	0.08	~~0.21~~	0.71	0.12	
		F	0.73	2.19	3.69	5.56	7.54	11.62	13.20			
6	Vorstampfen	E	0.10	0.10	0.12	0.13	0.14	0.09	0.10	0.78	0.11	
		F	0.83	2.29	3.81	5.69	7.78	11.71	13.30			
7	Sand einschaufeln	E	0.14	0.14	0.15	0.17	0.19	0.12	0.16	1.07	0.15	
		F	0.97	2.43	3.96	5.86	7.97	11.83	13.46			
8	Flachstampfen.	E	0.25	0.28	0.36	~~0.40~~	0.34	0.25	0.36	1.84	0.31	
		F	1.22	2.71	4.32	6.26	8.31	12.08	13.82			
9	Abspitzen	E	0.05	0.03	0.05	0.04	0.06	0.05	0.05	0.33	0.05	
		F	1.27	2.74	4.37	6.30	8.37	12.13	13.87			
10	Abheben u. Absetzen	E	0.33	0.31	0.25	~~0.41~~	~~0.41~~	0.25	0.35	1.49	0.29	
		F	1.60	3.05	4.62	6.71	8.78	12.38	14.22			
	Unterbrechung	E			0.21					0.21	1.56	
		F			4.83							
	Bett machen für 9 Unterkasten	E					1.28			1.28		
		F					10.06					
		E										
		F										
		E										
		F										
		E										
		F										
		E										
		F										
		E										
		F										
		E										
		F										
		E										
		F										
		E										
		F										
		E										
		F										
	Summe der Einzelzeiten		1.60	1.45	1.78	1.88	3.35	1.38	1.84			

Firma:	Prüfung		Auswertung		Beobachtung			
	Datum	Name	Datum	Name	Datum	Anfang	Ende	Name
	18/11 25	B	17/11 25	[illegible]	17/11 25	9 30	9 45	[illegible]

Zahlentafel 28. **Beobachtungsbogen für Arbeitsaufnahmen.**

Abteilung: 526	Beobachtungsbogen Nr. 204 für Arbeitsaufnahmen	Modell-Nr.: oder ~~Zeichnungs-Nr.~~: oder ~~Type~~: 1320 c
Maschine oder Platz Nr.: 33		
Arb. Name: K.		Fertigungsauftrag: 87523/IV.
Arb. Nr.: 1017 Leistgsgr.: 3	Gegenstand und Arbeitsgang:	
Tarifklasse: II	Rollenhebel formen, 10 Modelle auf d. Platte	
2 Jahre mit ähnl. Arb. besch.	Kasten 440 x 360 zu 115 hoch.	

Lfd. Nr.	Unterteilung	Fortschr. Zeit / Einzelzeit	Beob-achtung	Be-merkungen	Lfd. Nr.	Unterteilung	Fortschr. Zeit / Einzelzeit	Beob-achtung	Be-merkungen
	Maschine fertigmachen	E	10.40	beginn 6^{00}		Oberkasten aus abheben	E	2.30	
		F	10.40				F	11.88	
	Unter Kasten	E	5.60			Unter Kasten	E	6.40	
		F	16.–				F	18.28	
	Ober "	E	5.20			Ober "	E	6.30	
		F	21.20				F	24.58	
	Unter "	E	4.93			Unter "	E	7.00	
		F	26.13				F	1.58	
	Ober "	E	5.60			Ober "	E	7.30	8^{39}
		F	31.73				F	8.88	
	Unter "	E	5.25			z. Toilette	E	6.40	8^{45}
		F	6.98				F	15.28	
	Ober "	E	5.45			Kaffeepause	E	16.30	9^{02}
		F	12.43				F	1.58	
	Unter "	E	5.05			Unter Kasten	E	6.20	
		F	17.48				F	7.78	
	Ober "	E	7.50	einschl. bett machen		Ober "	E	7.00	
		F	24.98				F	14.78	
	Unter "	E	4.65	7^{00}		Unter "	E	5.30	
		F	29.63				F	20.08	
	Ober "	E	5.85			Ober "	E	5.60	
		F	5.48				F	25.68	
	Unter "	E	6.40			Unter "	E	5.60	
		F	11.88				F	1.28	
	Ober "	E	6.95			Ober "	E	4.90	
		F	18.83				F	6.18	
	Unter "	E	6.55	7^{26}		Unter "	E	4.70	9^{42}
		F	25.38				F	10.88	
	Ober "	E	6.00			Ober "	E	6.70	einschl. bett machen
		F	1.38				F	17.58	
	Unter "	E	5.50			Unter "	E	5.00	
		F	6.88				F	22.58	
	Ober "	E	6.35			Ober "	E	5.05	
		F	13.23				F	27.63	
	Unter "	E	6.35			Unter "	E	5.65	
		F	19.58				F	3.28	
	Ober "	E	6.50			Ober "	E	5.00	
		F	26.08				F	8.28	
	Unter "	E	7.00	aufgeschlagen		Unter "	E	4.95	
		F	3.08				F	13.23	
	Ober "	E	6.50			Ober "	E	5.25	10^{20}
		F	9.58				F	18.48	

Firma:	Prüfung		Auswertung		Beobachtung			
	Datum	Name	Datum	Name	Datum	Anfang	Ende	Name
			16/4 26	[illegible]	16/4 26 Fortsetzung	6^{00} blatt	10^{20} a.	[illegible]

Zahlentafel 29. **Stammbogen.**

Abteilung: 526	Stammbogen Nr. 25		Modell-Nr.: oder Type: G 1
Arb. Name: Müller			Werkstück Zeichngs.-Nr.: 51/1519
Arb. Nr.: 2612 Leistgsgr.: II	Beobachtungsbogen Unterkasten	Nr. 2-5	Modell Zeichngs.-Nr.: 51/1519
Tarifklasse: I	Beobachtungsbogen Oberkasten	Nr. 1	Werkstoff: G. E.
7 Jahre mit ähnl. Arb. besch.	Lageplan	Nr. 29/520	Gewicht: 4.- Gießgewicht: 5,2
Bemerkungen:	Verlustzeitbogen	Nr. –	Fertigungsauftrag: 99520
	Aufnahme für Leistungsabfall	Nr. –	Vorgegebene Stückzahl: 25
	Stückzeitberechnung	Nr. 617	Beobachtete Stückzahl: 7
			Anzahl der Modelle je Platte oder Kasten: 1

Gegenstand und Arbeitsgang:

Teller G 1 formen

Kerne und lose Modellteile: Keine.

Maschine und Kasten			Werkzeug	Bemerkungen zu Maschine, Werkzeug od. Arbeitsgang
Maschine: Abdruckmaschine			Sieb Maschenweite: 4 mm, 500 ⌀	
Invent. Nr.: 16.			Schaufel: Patent No. 2.	
Plattengröße 320 × 320 mm.			Größe: 250 × 290	
Kasten	Unterkasten	Oberkasten	Spitzstampfer	
Lichte Weite	355/355	355/355	Größe: 600 × 120	
Höhe	120	90	Gewicht: 2 Kg	
Kasteninhalt dm³	15.2	11.4	Flachstampfer	
Kasten-Oberfläche dm²	12.6	12.6	Größe: 600 × 150	
Sandvolumen gestampft dm³	15	13	Gewicht: 3 Kg	
Gewicht leer kg	17	11.7		
Gewicht gestampft kg	41.5	30.5		
Kilogrammumsatz je Kasten	125	128		

Zweck der Aufnahme und Ergebnis der Auswertung:

Firma:	Kontrolle		Auswertung		Beobachtung	
	Datum	Name	Datum	Name	Datum	Name
	8/4 26	Bm	30/3 26	Ling	29/3 26	Fr.

Arbeitsablauf entsprechend aufgenommen. Natürlich muß man auch hierbei sich von Anfang an darüber klar werden, was aufgenommen werden soll, damit man sich nicht in Einzelheiten verliert, wie es z. B. bei der Fertigung größerer Stücke in der Handformerei vorkommen könnte. Man teilt sich am besten den zu beobachtenden Arbeitsvorgang in größere Gruppen von Teilarbeiten, z. B. Aufstampfen von Unter- und Oberkasten, Abpolieren, Ausputzen, Schwärzen usw. und verteilt die aufgenommenen Zeiten nachher auf diese einzelnen Gruppen.

Nach der Aufnahme in der Werkstatt erfolgt die Auswertung der Aufnahme im Büro. Wenn Fortschrittzeiten (FZ) notiert wurden, so ist als erstes die Ausrechnung der Einzelzeiten (EZ) vorzunehmen. Für die weitere Auswertung schlägt der Ausschuß für wirtschaftliche Fertigung folgende Verfahren vor[1]):

Mittelwertverfahren,
Zentralwertverfahren,
Minimaverfahren.

Das Mittelwertverfahren ist wegen seiner Einfachheit heute noch am weitesten verbreitet. Man scheidet hierbei auffallend abweichende Einzelzeitwerte, soweit sie als falsch erkannt sind, aus der Beobachtung aus, bildet die Quersumme der Einzelzeiten und errechnet den Mittelwert durch Division der Quersumme durch die Zahl der gültigen Zeitwerte. Das Ausscheiden der auffällig aus dem Rahmen fallenden Zeitwerte ist bisweilen nicht einfach. Macht man in einem Betriebe, der nicht gut eingerichtet ist, d. h. schlechte Maschinen, schlechte Kasten und mangelhaftes Werkzeug hat, oder wo die Arbeit nicht störungsfrei abläuft, Zeitaufnahmen, so werden die gemessenen Zeiten große Schwankungen aufweisen. Das Gleiche wird eintreten, wenn man Zeiten aus der Einzel- und kleinen Reihenfertigung miteinander vergleicht, oder auch dort, wo der Arbeiter noch nicht eingearbeitet ist. Die hierbei auftretenden, auffallend aus dem Rahmen fallenden Zeitwerte dürfen nicht vernachlässigt werden, da sie durch die Art des Arbeitsablaufes bedingt sind. Geht dagegen die Arbeit in ununterbrochenem Fluß von statten, so sind etwa auftretende grobe Schwankungen meist die Folge von anormalen Störungen und können deshalb unbedenklich vernachlässigt werden. Als Richtlinie kann man annehmen, daß die Zeiten um $\pm$ 15% um einen Mittelwert schwanken dürfen. Bei Betrieben, die mit Zeitstudien und der Rationalisierung erst anfangen, können Schwankungen bis $\pm$ 25% vom Mittelwert, unter Umständen sogar noch höhere, auftreten. Alle auftretenden größeren Schwankungen zeigen, daß entweder der Ablauf der Arbeit besser gestaltet werden muß, oder daß sie unbedenklich vernachlässigt werden können, wenn sie nicht öfters auftreten. Die Summe der errechneten Mittelwerte ergibt den Gesamtmittelwert der Beobachtung. Dieser kann unter Berücksichtigung der nötigen Zuschläge zum Aufbau der Stückzeit verwendet werden.

Bei dem Zentralwertverfahren bestimmt man nach dem Verfahren der Statistik einen Häufigkeitswert durch richtiges Gruppieren der Einzelzeitwerte nach ihrer Größenordnung. Man hat hierbei den Vorteil, daß eine vorherige Ausscheidung augenfällig abweichender Zeitwerte nicht erforderlich ist, der Unterschied gegenüber dem Mittelwertverfahren besteht darin, daß nicht auf einem rechnerischen Mittelwert, sondern auf einem wirklich gemessenen Werte aufgebaut wird. Die erhaltenen Ergebnisse unterscheiden sich aber meist nicht wesentlich von den errechneten Mittelwerten.

Im Gegensatz zu dem Mittelwert- und Zentralwertverfahren, die beide auf einem Mittelwert aufbauen, geht das Minimaverfahren von dem kleinsten beobachteten Zeitwert als Bestleistung aus. Selbstverständliche Voraussetzung dabei ist, daß dem Minimum eine richtige Ablesung zugrunde liegt. Zu dem Minimumwert wird ein Zuschlag nach der Barthschen Kurve[2]) gemacht, um den gefundenen Bestwert in einen Mittelwert umzuwandeln. Die Barthsche Kurve ist der Niederschlag umfangreicher systematischer

[1]) Ausschuß für wirtschaftliche Festigung, Berlin, Zeitstudien S. 109ff.

[2]) Michel, E.: Wie macht man Zeitstudien?; AWF, Grundlagen der Arbeitsvorbereitung, Zeitstudien; Refa-Buch, Einführung in die Arbeitszeitermittlung.

Messungen über Ermüdung und sonstige Leistungsverluste in der amerikanischen Metallindustrie und enthält verschiedene Werte, je nach dem Anteil, den die Maschinenzeit an der Gesamtarbeitszeit hat. Da es sich in der Gießerei meist um reine Handarbeiten handeln wird, so ist die Kurve nach Barth nur bedingt und nicht ohne gewissenhafte vorherige Prüfung anzuwenden.

Für jede Unterteilung wird dann durch den Bruch $\frac{\text{Mittelwert}}{\text{Minimum}}$ die Einzelschwankung und für den ganzen Arbeitsvorgang durch den Bruch $\frac{\text{Summe der Mittelwerte}}{\text{Summe der Minima}}$ der Schwankungsfaktor bestimmt.

Der große praktische Wert dieser Verhältniszahlen liegt in der Möglichkeit, mit ihrer Hilfe bei einiger Erfahrung die Griffe oder Arbeitsstufen zu erkennen, die wegen ihres unregelmäßigen Ablaufes noch verbesserungsfähig sind.

Wegen seiner rechnerischen Umständlichkeit ist dieses Verfahren in Gießereien wenig gebräuchlich, sein Anwendungsgebiet liegt trotz der rechnerischen Mehrarbeit wegen seiner großen Genauigkeit hauptsächlich in der Massenfertigung.

Genaue Richtlinien, welches Auswertungsverfahren im einzelnen Falle anzuwenden ist, lassen sich nicht aufstellen. Ausschlaggebend sind die Art der Fertigung und die geforderte Genauigkeit des Zeitwertes. In den Gießereien hat sich das Mittelwertverfahren allgemein eingeführt. Das Minima- und Zentralwertverfahren könnten in der Massenfertigung auch Vorteile bringen. Dies wird aber nur dann der Fall sein, wenn die Arbeit bereits rationalisiert ist, also richtig und in einem ununterbrochenem Fluß abläuft.

Die Verlustzeitbeobachtungen sollen alle vorkommenden Verlustzeiten planmäßig ermitteln, damit die Höhe und Art der Verlustzeiten einwandfrei erkannt und entsprechende Maßnahmen zu ihrer Verringerung getroffen werden können. Dadurch wird es auch möglich, den Wirkungsgrad der Werkstatt zu verbessern und die erforderlichen Zuschläge bei der Stückzeitbestimmung in richtiger Höhe festzusetzen. Die Aufnahmen müssen unbedingt bei normalen Betriebsverhältnissen durchgeführt werden. Die Methodik der Aufnahmen ist hier wesentlich einfacher, da man es im allgemeinen nicht mit so kurzen Zeiten wie bei den eigentlichen Zeitaufnahmen zu tun hat. Dafür sind die Aufnahmen aber langwieriger, weil die Beobachtungszeit sehr lang sein muß, um lebenswahre Durchschnitte zu erhalten. Für die Beobachtung genügt meistens die Taschenuhr, da Stoppuhrgenauigkeit nur selten erforderlich ist; sie bietet überdies den Vorteil, weil sie die Tageszeit angibt, ein klares Bild über den Zeitpunkt des Eintrittes der Verlustzeit zu liefern. Es wird oft möglich sein, gleichzeitig mehrere Arbeitsplätze durch eine gemeinsame Beobachtung zu untersuchen, wenn die Plätze im Blickfeld des Beobachters liegen. Die durch planmäßige Verlustzeitbeobachtung gefundenen Verlustzeiten der einzelnen Arbeitsplätze werden vorteilhaft kontrolliert durch Verlustzeitmessungen während normaler Zeitaufnahmen. Die bei diesen gefundenen, systematisch gesammelten Werte können später vielleicht auch ohne langwierige Verlustzeitbeobachtungen zur Feststellung einwandfreier Zuschläge dienen. Es ist hierbei jedoch, wie auch bei planmäßigen Verlustzeitmessungen, zu bedenken, daß Zeitverluste durch Ermüdung infolge anstrengender Muskel- oder Sinnesarbeit grundsätzlich nicht zur Verlustzeit gehören, sondern als Leistungsabfall anzusehen sind, der durch einen besonderen Zuschlag erfaßt wird.

Für planmäßige Verlustzeitaufnahmen benutzt man den Beobachtungsbogen (Zahlentafel 30). Es liegt in der Natur dieser Beobachtungen, daß nicht wie bei Zeitaufnahmen alle Verrichtungen gemessen werden, sondern nur diejenigen, welche als Unterbrechungen bei der normalen Arbeit auftreten. Während also bei der Zeitaufnahme sich die Einzelzeiten durch Subtraktion der Fortschrittzeiten der einzelnen Verrichtungen ergeben, ist es hier nötig, Anfang und Ende jeder Arbeitsunterbrechung festzulegen. Man kann allerdings, um eine größere Genauigkeit der gemessenen Zeiten zu erreichen, auch so vorgehen, daß man den Anfang der Verlustzeit durch Notierung der Tageszeit eindeutig bestimmt und dann die Stoppuhr bis zum Ende der Verlustzeit in Gang setzt. Dies gibt

Zahlentafel 30. **Beobachtungsbogen für Verlustzeitaufnahmen.**

Abteilung: 525	Beobachtungsbogen Nr. 14 für Verlustzeitaufnahmen	Modell-Nr.: oder ~~Zeichnungs-Nr.~~ oder ~~Type:~~ SL 9
Maschine oder Platz Nr.: –		
Arb. Name: R		Fertigungsauftrag: 38718
Arb. Nr.: 2511 Leistgsgr.: 3	Gegenstand und Arbeitsgang:	
Tarifklasse: I	Radscheiben formen SL 9, Naßguß.	
9 Jahre mit ähnl. Arb. besch.		

Lfd. Nr.	Art des Zeitverlustes	Beginn Ende	Verluste der gleichen Art 1 Fortschrittzeit	1 Einzelzeit	2 Fortschrittzeit	2 Einzelzeit	3 Fortschrittzeit	3 Einzelzeit	abzugeltende Zeiten	nicht abzugeltende Zeiten	von Fall zu Fall abzugeltende Zeiten		
1	Zu spät kommen	B	7.00	4						4			
		E	7.04										
2	Werkzeug herantragen	B	7.04	8					8				
		E	7.12										
3	Auf Kran warten	B	7.40	3	9.14	5	11.10	4	12				
		E	7.43		9.19		11.14						
4	Austreten	B	8.12	3	12.50	9			12				
		E	8.15		12.59								
5	Gespräch m. Meister	B	8.21	2	11.30	1	2.42	3	6				
		E	8.23		11.31		2.45						
6	zum Lohnbüro	B	8.23	5					5				
		E	8.28										
7	Hilfsarbeiter holen	B	11.20	3					3				
		E	11.23										
8	Gespräch mit Kollegen	B	11.31	5						5			
		E	11.36										
9	Kran auslassen	B	11.37	16							16		
		E	11.53										
10	Auf Kran warten	B	1.40	2					2				
		E	1.42										
11	Auf Eisen warten	B	3.40	7					7				
		E	3.47										
12	Arbeitsplatz aufräumen	B	4.07	6					6				
		E	4.13										
13	Zu früh z. Waschraum	B	4.13	2						2			
		E	4.15										
		B											
		E											
		B											
		E											
		B											
		E											
		B											
		E											
		B											
		E											
		B											
		E											
		B											
		E											

abzugeltende Verlustzeit	61 -	Zu leistende Arbeitzeit	540 -	Summe	61 11 16
nicht abzugeltende „	11 -	Gesamte Verlustzeit	88 -	Zuschlag für abzugeltende Verlustzeit bezogen auf die reine Arbeitzeit	$\frac{61}{452}$ = 13,5%
besonders „ „	16 -	Reine Arbeitzeit	452 -		
Gesamte Verlustzeit	88 -				

Firma:	Kontrolle Datum	Kontrolle Name	Auswertung Datum	Auswertung Name	Beobachtung Datum	Beobachtung Anfang	Beobachtung Ende	Beobachtung Dauer	Beobachtung Name
	11/2 26	[illegible]	11/2 26	O	10/2 26	7.00	4.15	9 Std. 540 Min.	Gr.

genauere Werte für die Verlustzeit, ist aber dann nicht immer anwendbar, wenn mehrere Arbeitsplätze zugleich untersucht werden. Bei der Auswertung der Verlustzeitmessungen werden die Zeiten auf die einzelnen Gruppen (vgl. S. 86):

abzugeltende,
nicht abzugeltende,
von Fall zu Fall abzugeltende

verteilt und dann daraus der Verlustzeitfaktor nach dem Beispiel der Zahlentafel 31 errechnet.

Schon früh setzten Bestrebungen ein, die Zeitaufnahme zu mechanisieren, um von dem Beobachtungsvermögen und der Reaktionsschnelligkeit des Menschen unabhängig zu sein und auch den Menschen bei der Aufnahme zu sparen. Das Letztere ist bislang

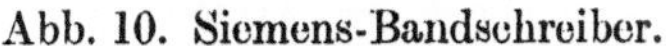
Abb. 10. Siemens-Bandschreiber.

Abb. 11. Druckknopfplatte.

noch nicht immer gelungen, es ist aber nicht allein aus Gründen der Kostenverminderung, sondern noch mehr aus psychologischen Gründen erstrebenswert; denn nicht jeder Arbeiter sieht es gern, daß er bei der Arbeit genau beobachtet wird.

Zahlentafel 31.

Auswertung.

Tatsächlich geleistete reine Arbeitszeit (Grund und eigentliche Einrichtezeit) . . .	2605 Minuten
Zuzüglich nicht abzugeltende Verlustzeit	22 „
Reine Sollarbeitszeit im Akkord	2627 Minuten
Zuzüglich abzugeltende Verlustzeit	218 „
Zuzüglich von Fall zu Fall abzugeltende Verlustzeit	35 „
Gesamte Sollarbeitszeit	2880 Minuten

$$\text{Verlustzeitzuschlag} = \frac{\text{abzugeltende Verlustzeit} \times 100}{\text{reine Sollarbeitszeit}} = \frac{218 \times 100}{2627} = 8{,}3\,\%.$$

Die mechanischen Hilfsmittel für Zeitaufnahmen haben in der spanabhebenden Formung schon eine ziemliche Verbreitung gefunden, da eine Kuppelung der Zeitmeßgeräte mit den Arbeitsmaschinen keine besondere Schwierigkeit bietet. Man unterscheidet von diesen Hilfsmitteln solche, welche die Zeit selbsttätig aufschreiben, und solche, welche von einem besonderen Beobachter betätigt werden [1]).

Nur die letzteren haben bislang vereinzelt in der Gießerei Anwendung gefunden. Sie sind eigentlich nichts anderes als Stoppuhren, welche die verbrauchte Zeit auf einem Papierstreifen markieren. Sie bieten gegenüber der Stoppuhraufnahme den Vorteil, daß ein Aufschreiben der Zeit durch den Beobachter nicht erforderlich ist. Dieser ist also weniger in Anspruch genommen als bei der Stoppuhraufnahme und hat mehr Zeit, auf den Ablauf der Arbeit zu achten.

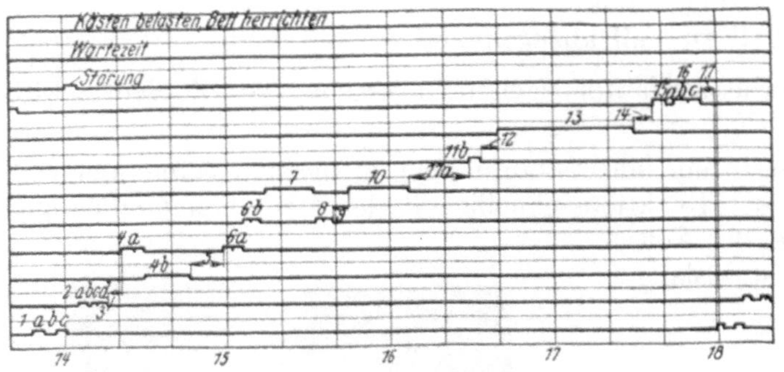

Abb. 12. Zeitkurve, mittels Siemens-Schreiber an einer Formmaschine aufgenommen.

Allen diesen selbstschreibenden Instrumenten ist gemeinsam, daß, von einem Uhrwerk angetrieben, ein Papierstreifen mit einer bestimmten, genau bekannten Geschwindigkeit je Minute abläuft. Die Aufzeichnung geschieht bei den sog. Streifenschreibern durch eine Anzahl von Schreibfedern (bis zu 10). Jeder Feder ist von vornherein die Registrierung eines bestimmten

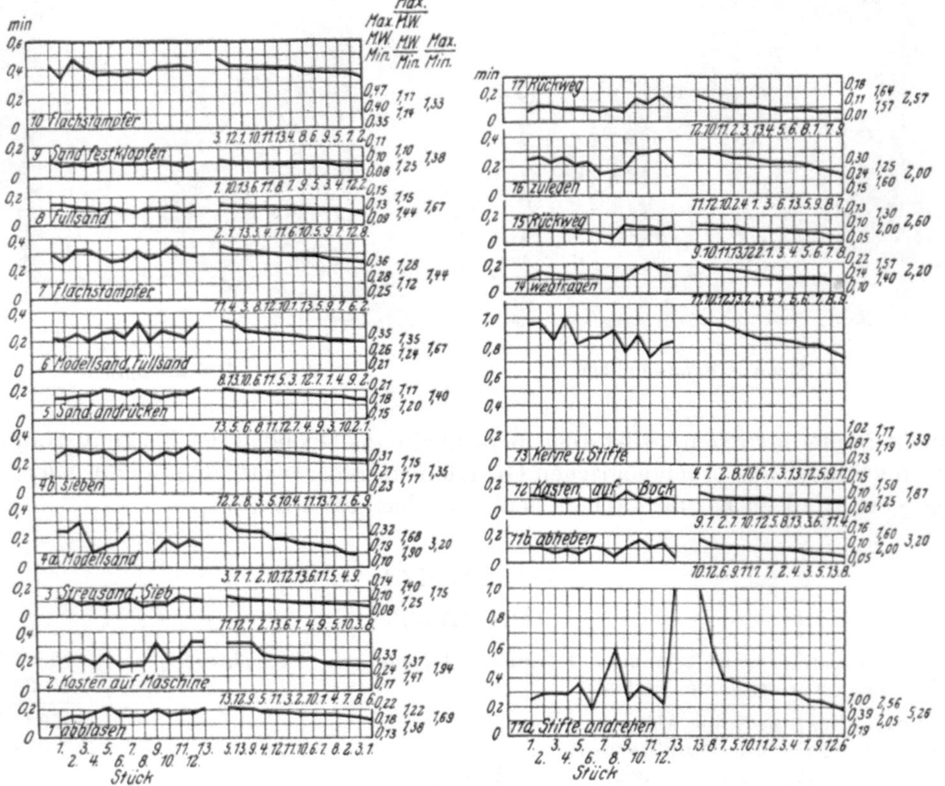

Abb. 13. Zusammenstellung der Einzel-Zeitwerte bei Formmaschinenarbeit.

Arbeitsvorganges, z. B. eines Griffes, zugewiesen. Eine Ausführungsform eines derartigen Gerätes, den Siemens-Bandschreiber, zeigt Abb. 10. Mittels einer Druckknopf-

[1]) Hierzu vgl.: Gieß. 1926. S. 937; Masch. 1928. S. 854, 1052, 1157; 1929. S. 80; 1927. S. 113; 1927. S. 109; Werkst.-Techn. 1929. S. 229/37 und 264/70). Peiseler, G.: Richtige Akkorde. Berlin: Julius Springer 1928. W. Poppelreuter: Die Arbeitsschauuhr, ein Beitrag zur praktischen Psychologie. Halle: Marhold 1918. Die Abb. 10—17 sind diesen Veröffentlichungen entnommen.

platte (Abb. 11) steuert der Beobachter den von einem Akkumulator gelieferten Strom, der die einzelnen Schreibfedern betätigt. Abb. 12 zeigt eine derartige Aufnahme an einer Formmaschine. Man sieht, daß es auch möglich ist, mehrere durcheinanderlaufende Arbeiten gleichzeitig zu beobachten. Ein Nachteil ist, daß eine besondere Aufnahmeniederschrift geführt werden muß, da, abgesehen von Registrierungsmarken, nichts auf das Band geschrieben werden kann. Unter Zuhilfenahme der Niederschrift muß dann eine Zusammenstellung der Einzelzeitwerte erfolgen. Eine derartige Zusammenstellung in graphischer Form zeigt Abb. 13.

Eine andere Gruppe von Instrumenten stellt den Arbeitsverlauf innerhalb eines Koordinatensystems als Kurvenzug oder Flächenbild, nach Zeit, Menge, Weg dar. Diese

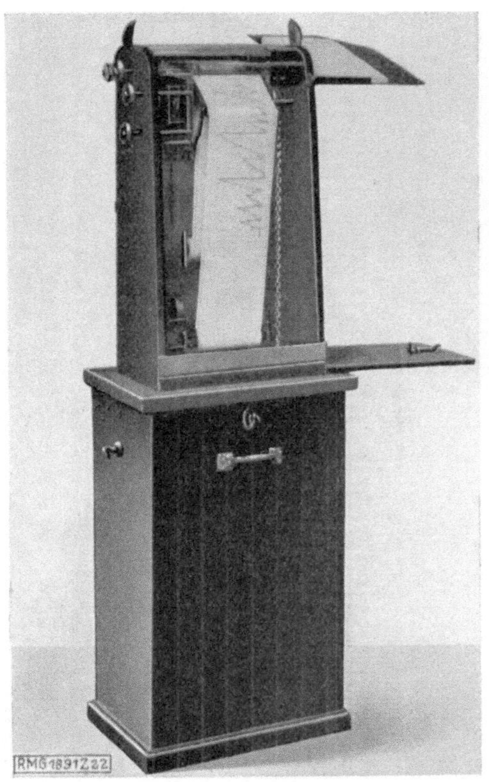

Abb. 14. Arbeitsschauuhr nach Poppelreuter.

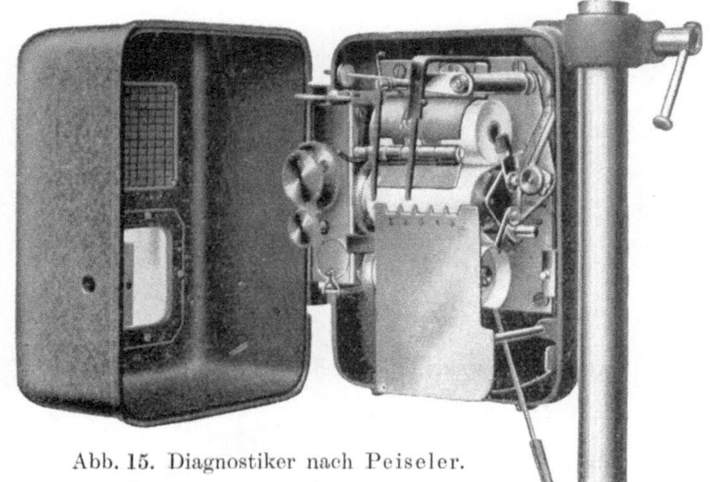

Abb. 15. Diagnostiker nach Peiseler.

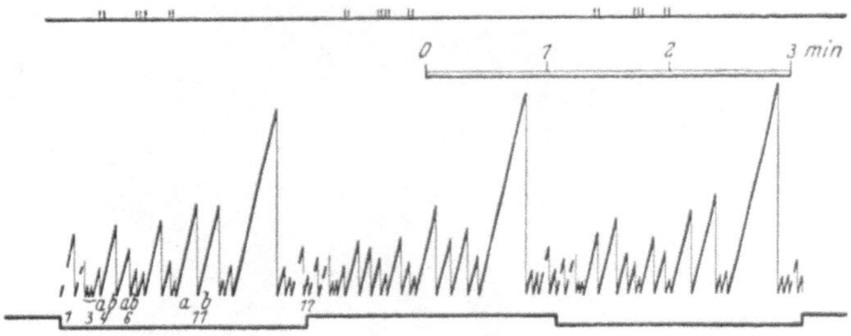

Abb. 16. Formvorgang, mit Arbeitsschauuhr aufgenommen.

Geräte haben nur eine Schreibfeder, die eine Querbewegung auf dem ablaufenden Papierstreifen ausführt. Der Beobachter ist in der Lage, die Querbewegung bei Beginn einer Teilarbeit ein- und bei ihrer Beendigung wieder auszuschalten. Infolgedessen wird auf dem ablaufenden Papierstreifen die Tageszeit gekennzeichnet, während die Querbewegung des Schreibstiftes ein Maß für die Stückzeit ist. Zur Markierung besonderer Punkte dient vielfach noch eine besondere Markierfeder, die nach Art der Federn des beschriebenen Bandschreibers arbeitet. Die bekanntesten Geräte dieser Art sind die Arbeitsschauuhr von Poppelreuter (Abb. 14) und der Diagnostiker von Peiseler (Abb. 15), die sich ziemlich allgemein anwenden lassen. Abb. 16 zeigt die Aufnahme des Formvorganges nach Abb. 12 mit der Arbeitsschauuhr von Poppelreuter; aus Abb. 17 sind die verschiedenen Anwendungsmöglichkeiten dieses Instrumentes ersichtlich. Weitere Möglichkeiten ergeben sich durch Benutzung von Schreibschablonen, wodurch z. B. der Diagnostiker in eine Art Bandschreiber verwandelt werden kann.

Die Auswertung aller dieser Aufzeichnungen ist nicht sehr bequem. Eine graphische Form, ohne Mittelwertserrechnung, wurde in Abb. 13 gezeigt. Da die Werte der nacheinander aufgenommenen gleichen Arbeiten räumlich auf dem Papierstreifen auseinanderliegen, so ist ein augenscheinlicher Vergleich sehr schwierig. Diesen Nachteil der umständlichen

Auswertung vermeidet geschickt das Diagnostikermodell A (Abb. 18). Dieses arbeitet ohne laufenden Papierstreifen. Der durch das Uhrwerk quer bewegte Schreibstift schreibt nur Säulen, deren Höhe ein Maßstab für die Zeit der gemessenen Verrichtung ist. Durch einen sinnvollen Mechanismus kommen bei sich wiederholenden Arbeiten die zusammengehörenden Zeiten auch im Schaubild zusammen (Abb. 19).

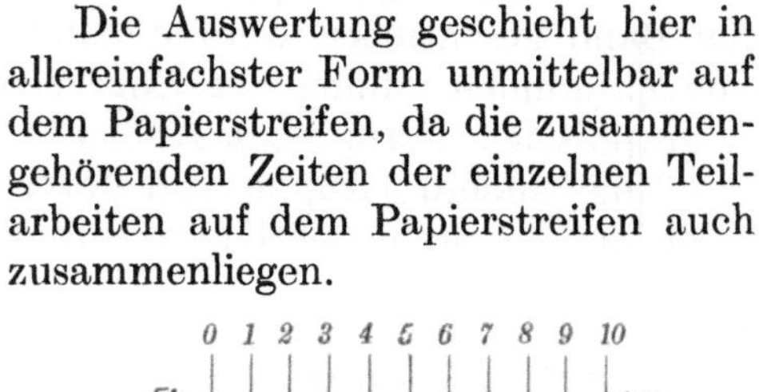

Die Auswertung geschieht hier in allereinfachster Form unmittelbar auf dem Papierstreifen, da die zusammengehörenden Zeiten der einzelnen Teilarbeiten auf dem Papierstreifen auch zusammenliegen.

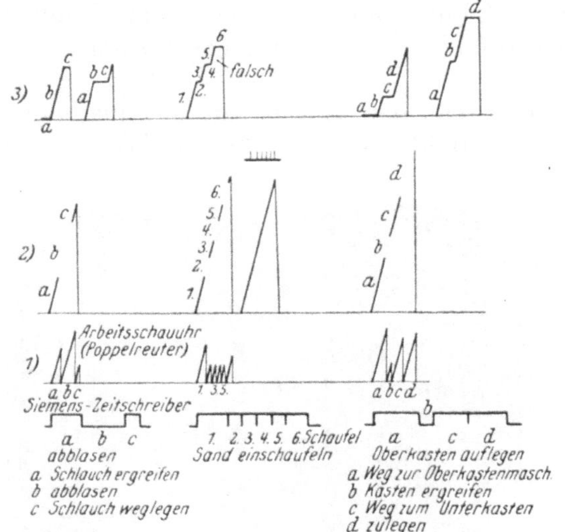

Abb. 17. Anwendungsmöglichkeiten der Arbeitsschauuhr.

Abb. 18. Diagnostiker von Peiseler. Modell A.

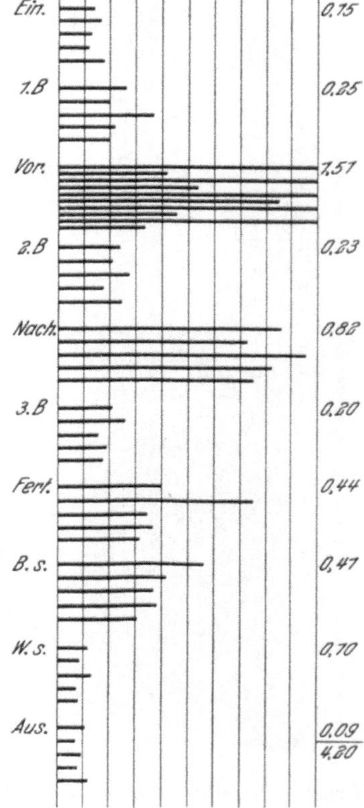

Abb. 19. Schaubild, mit Diagnostiker, Modell A, aufgenommen.

Der bereits erwähnte Nachteil aller dieser Apparate, die Notwendigkeit, eine besondere Beobachtungsniederschrift zu führen, wird ihre Anwendung meist wohl nur auf die Massen- und große Reihenfertigung, bei rhythmisch verlaufender Arbeit, beschränken. Für Verlustzeitbeobachtungen aller Art bedeuten jedoch die Geräte auch jetzt schon eine Arbeitserleichterung. Der Akkordaufbau aus den durch Zeitmessungen gefundenen Einzelzeitwerten ist sehr einfach.

Vergleichen und das Finden von Richtzeiten.

Allgemeines.

Die bisher behandelten Verfahren zum Aufbau von Stückzeiten mit Ausnahme des Schätzens gehen auf Einzelheiten des Arbeitsablaufes ein, wodurch die Rechnung, da meist eine größere Anzahl von Einzelwerten zu addieren ist, bisweilen recht umständlich werden kann. Es liegt nun nahe, bei einer Reihe gleichartiger, jedoch in ihrer Größe verschiedener Arbeiten nur einige Zeitwerte nach den geschilderten genaueren Verfahren zu bestimmen und die dazwischen liegenden Werte durch Vergleichen

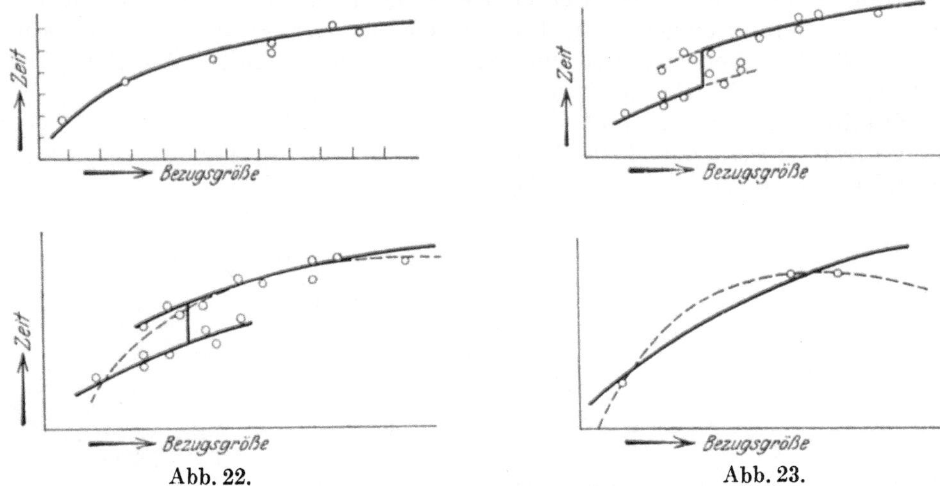

Abb. 22. Abb. 23.

Abb. 20—23. Einzeichnen der Mittelwertkurve.

(Interpolieren) zu finden. Die Genauigkeit dieses Verfahrens hängt zunächst von der Genauigkeit der Ausgangswerte ab. Durch Schätzung gewonnene Arbeitszeiten ergeben beim Vergleichen keine höhere Genauigkeit, als durch Schätzen zu erreichen ist, jedoch wird durch Anwendung des Vergleichverfahrens die Stückzeit selbst als solche genauer. Vergleichen kann man sowohl Einzelzeiten als auch Gesamtzeiten und zwar mit Hilfe von Zahlentafeln oder schaubildlichen (graphischen) Darstellungen. Die graphische Darstellungsweise ist unbedingt vorzuziehen, weil sie am klarsten die Zusammenhänge mit einem Blick zu überschauen gestattet. Das Wichtigste ist die Wahl der Bezugsgröße für die Zeit. Ob man in der Formerei bei runden Körpern

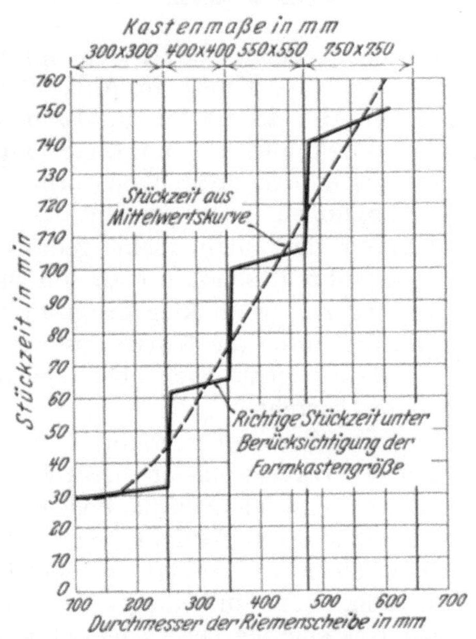

Abb. 24. Berücksichtigung der Formkastengrößen beim Vergleich nach Mittelwerten.

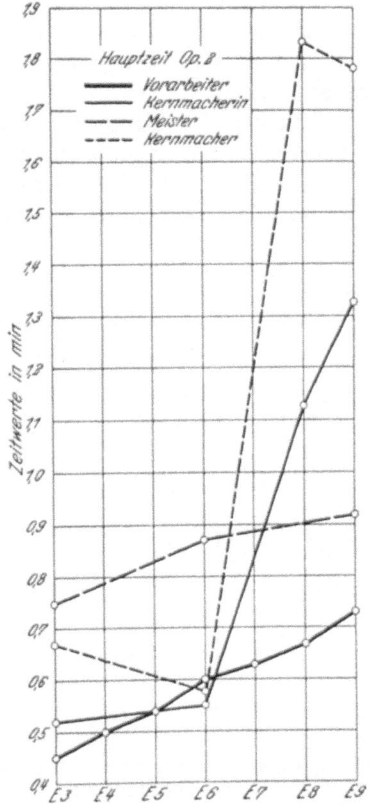

Abb. 25. Streuungen bei einer Zeitaufnahme in der Kernmacherei.

den Durchmesser, bei andersgestalteten die Oberfläche oder den Kubikinhalt nimmt, ist nur im einzelnen Falle zu entscheiden. Die durch Messen, Schätzen oder auf Grund der Erfahrung gefundenen Werte werden zweckmäßig in einem rechtwinkligen Koordinatensystem als Punkte eingetragen. Das Einzeichnen der Mittelwertkurve (Abb. 20)[1]), die auch für alle Zwischenwerte der Bezugsgröße die durchschnittlichen Fertigungszeiten abzulesen gestattet, sollte nur nach sorgfältigem Studium der Arbeit und ihres Ablaufes erfolgen. Erhält man keine fortlaufende Zeitkurve, so sind entweder die bisher eingetragenen Zeitwerte zu ungenau, oder sie werden noch durch irgendwelche, bislang unberücksichtigt gebliebene Arbeitsbedingungen beeinflußt. Die Kurve kann dabei wie Abb. 21 aussehen und man wird versuchen, den Grund dafür festzustellen.

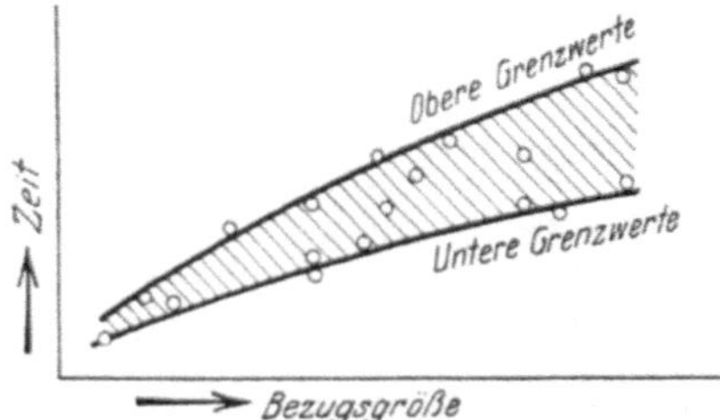

Abb. 26. Kurve der oberen und unteren Grenzwerte.

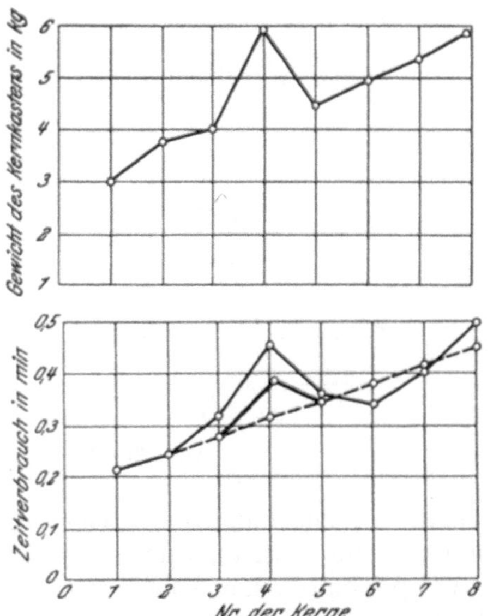

Abb. 27. Die Gewichte der Kernkasten verursachen Schwankungen.

Bei stärkerer Streuung der Punkte ist man leicht geneigt, die Kurve durch die stärkeren Punktanhäufungen zu ziehen, wie die gestrichelte Kurve in Abb. 22 zeigt. Dies kann falsch sein. Der gestrichelte Linienzug in Abb. 23 ist falsch, da er nicht den wirklichen Verlauf zum Ausdruck bringt. Die stark ausgezogene Linie dagegen entspricht den tatsächlich vorliegenden Bedingungen. Die freien Äste der Kurven darf man nicht gedankenlos weiterführen, sondern man soll sie nur verlängern, wenn klar festgestellt ist, daß die durch die Kurve ausgedrückte Gesetzmäßigkeit nach oben oder unten weiter besteht.

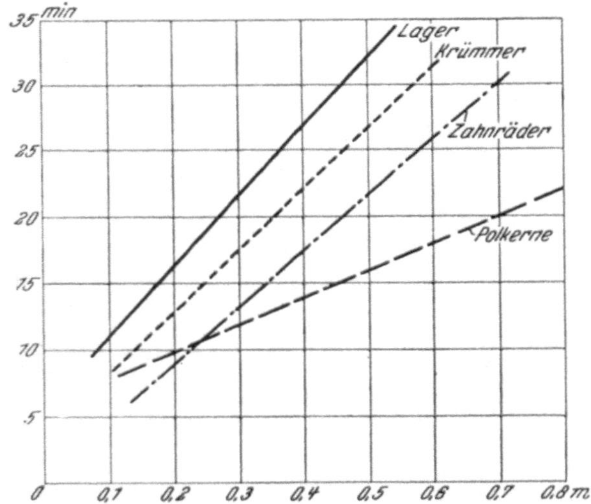

Abb. 28. Verhältniszahlen zur Ermittlung der Formzeiten in der Stahlgießerei.

Im allgemeinen kommt jedoch der Mittelwertkurve in der Gießerei für den Akkordvergleich nicht die Bedeutung zu, wie bei anderen Fertigungsarten. In der Kastenformerei, besonders bei kleineren Kasten, muß unbedingt der Einfluß der Kastengröße berücksichtigt werden, wenn man nicht aus der Mittelwertkurve falsche Stückzeiten ablesen will. Formt man z. B. einfache ungeteilte Riemscheiben in der Handformerei, so liegen nach Eintragung der bekannten Zeitwerte in ein Koordinatensystem (Abb. 24) die unbekannten Werte auf der gestrichelt eingezogenen Linie. Diese abgelesenen Zwischenwerte wären richtig, wenn man zu jedem Modell einen genau passenden Kasten hätte. Da dies aber in den seltensten Fällen zutreffen wird, so sind im oberen Teil der Abb. 24

[1]) Abb. 20—23 und 26 sind entnommen aus Refa-Buch, Einführung in die Arbeitszeitermittlung.

die in dem betreffenden Betriebe vorhandenen Kastengrößen eingetragen. Infolgedessen verläuft die Stückzeitlinie nicht geradlinig, sondern zeigt Sprünge und Absätze. Diese richtige Stückzeitlinie ist in Abb. 24 stark ausgezogen. Die Abweichungen von der geraden Linie werden um so größer sein, je einfacher das Gußstück herzustellen ist, weil dann der Einfluß der Kastengröße mehr hervortritt. Bei schwieriger herzustellenden Gußstücken werden die Abweichungen geringer sein. In der Lehmformerei werden normalerweise überhaupt keine Abweichungen auftreten, weil hier die Außenform der Modellgröße genau angepaßt ist.

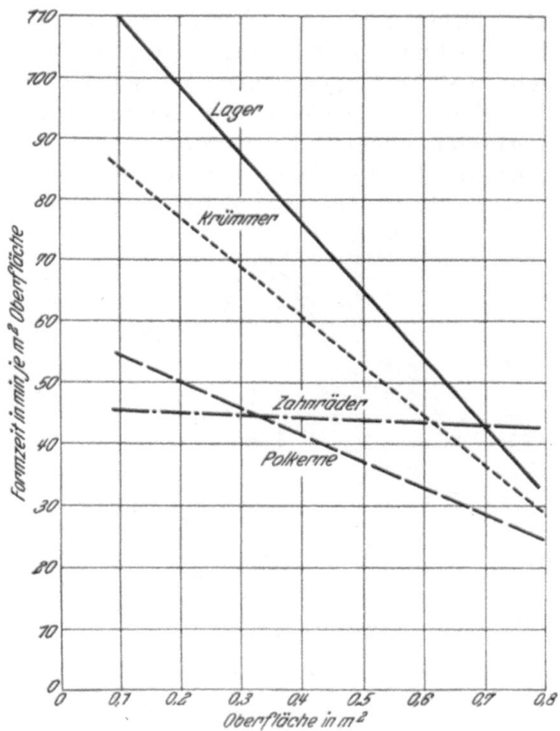

Abb. 29. Zeitwerte je Flächeneinheit für Stahlguß.

Beim graphischen Vergleich von Zeitaufnahmewerten können größere Streuungen auch durch die unterschiedliche Leistung der beobachteten Arbeiter verursacht werden. Ein charakteristisches Beispiel hierfür aus der Kernmacherei zeigt Abb. 25. In solchen Fällen muß man die Zeiten des einzelnen Mannes besonders kenntlich machen, um dann erst zur Ziehung einer Mittelwertkurve zu schreiten. Ein Beispiel für die Ursache solcher Streuungen zeigt Abb. 27. Bei gröberen Kalkulationsverfahren streuen die ermittelten Zeitwerte oft so stark, daß man zweckmäßig statt einer Mittelwertkurve zuerst eine Kurve der oberen und unteren Grenzwerte zeichnet (Abb. 26). Dies erleichtert das Auffinden der richtigen Mittelwertkurve, ermöglicht aber auch ein besseres Abschätzen von Arbeiten, die kleinere Unterschiede gegenüber den dargestellten aufweisen.

Will man die Gesamtzeiten gleichartiger, aber in der Größe verschiedener Stücke vergleichen, so ist es wesentlich schwieriger, die Gesetzmäßigkeiten, nach denen die Stücke sich ändern, zu erkennen und die richtige Vergleichsbasis zu finden. Soll man die Formzeit für einen Räderkasten, der gegenüber einer früheren Ausführung größer ist, bestimmen, so kann es vorkommen, daß der bisher benutzte Formkasten, weil zu klein, nicht mehr gebraucht werden kann. Es muß ein z. B. um die Hälfte größerer Kasten genommen werden, weil kein anderer vorhanden ist. Der Kasten ist natürlich nicht ganz ausgenutzt, muß aber doch vom Former vollgestampft werden. Es ist nun falsch, den Vergleich so anzustellen, daß der bisherige Formerpreis um 50% erhöht wird, weil der Kasten ein um den gleichen Betrag größeres Volumen hat. Dieser Vergleich, der auch heute noch in manchen Betrieben gang und gäbe ist, **muß** falsch sein. Richtig wäre es, die Formermehrarbeit zu unterteilen in:

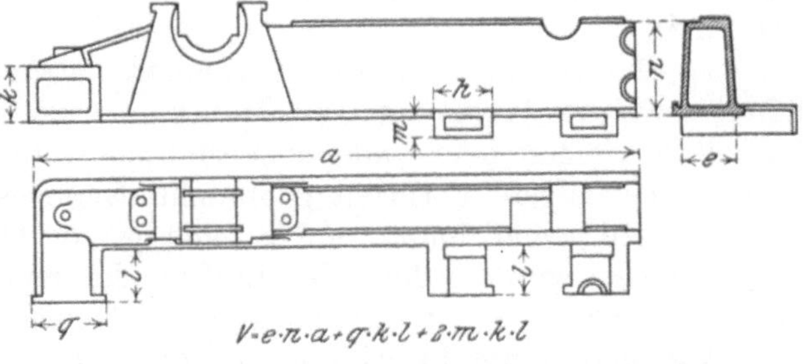

a	e	h	k	l	m	n	q	Volumen V	Akkordpreis Mk. gesamt	Mk. je dm³
6145	540	460	715	650	200	985	540	3640	155	4,25
6660	570	460	600	605	200	1035	570	4291	170	4,00
7265	750	520	700	830	390	1185	750	7880	270	3,40

Abb. 30. Maschinenrahmenakkorde auf das angenäherte Modellvolumen bezogen.

1. Mehrarbeit durch das größere Sandvolumen ... m³ Sand mehr stampfen je 6 Stunden.

2. Mehrarbeit beim Formen des Modells, weil es größer ist, und für jeden dieser Teile die Stückzeit besonders zu bestimmen.

Daß auch kleine Nebenumstände den Vergleich entscheidend beeinflussen können, zeigt Abb. 27, wo die Schwankungen der Einzelzeiten dadurch entstanden sind, daß die einzelnen eisernen Kernkasten im Gewicht sehr verschieden waren. Das größere Kernkastengewicht bedingte die größere Ermüdung und damit auch die längere Einzelzeit. (Stark ausgezogener Teil der Kurve, Abb. 27, unten.)

Beim Vergleichen von Gesamtzeiten sind schon früher die verschiedenartigsten Verfahren angewendet worden. J. und L. Treuheit[1]) schlagen einheitliche Formzeitwerte für die Oberfläche von Gußstücken vor. H. Resow[2]), der in seinen Untersuchungen bahnbrechend für die Zeitakkorde in der Stahlgießerei war, bildet Formzeitwerte für die Oberfläche von Stahlgußstücken, abhängig von der Art der Stücke und der gesamten Oberflächengröße, und beweist durch Versuche die Richtigkeit seiner Werte. Aus den von ihm gegebenen Verhältnislinien zur Ermittlung der Formzeiten für verschiedenartige Gegenstände (Abb. 28) ergeben sich die in Abb. 29 dargestellten Zeitwerte je Flächeneinheit, die für ähnliche Formarbeiten in der Stahlgießerei gute Vergleiche geben können.

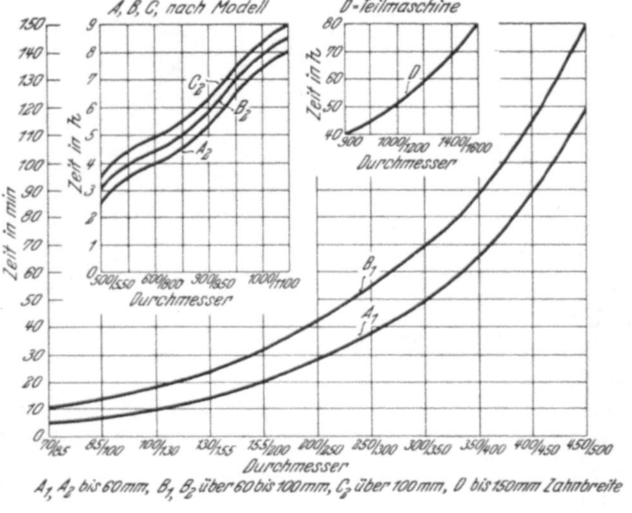

Abb. 31. Akkorde für hand- und maschinengeformte Zahnräder.

A. Wiedemann[3]) vergleicht die Stückpreise mit den Modellvolumen, ein Verfahren, das nach seiner Darstellung nur für vollkommen gleichartige Stücke verwendbar ist. Da es scheinbar auch bei vereinfachter Form der Volumenberechnung (Abb. 29) gute Vergleichswerte liefert, so mag es in manchen Fällen mit Erfolg angewendet werden können. Runde Gegenstände lassen sich vorteilhaft nach Durchmesser und Breite miteinander vergleichen. Einige Beispiele hierfür bringen Abb. 31 und 32[4]).

Bei den vorhin genannten Verfassern haben die Vergleiche nach Oberfläche, Modellinhalt usw. gute Werte ergeben. Man kann jedoch daraus nicht unbedingt auf die Brauchbarkeit des einen oder anderen Verfahrens schließen, da ein Gußstück bestimmter Art immer eine längere Formzeit gebraucht, wenn es größer wird. Das Wachsen der Größe bedingt naturgemäß immer ein Anwachsen von Oberfläche, Modellinhalt usw. Bei keinem der Verfasser wurde jedoch der Einfluß der Kastengröße berücksichtigt, wodurch die in den angezogenen Veröffentlichungen gegebenen Werte teilweise nicht ganz richtig sind.

Wie schon einmal erwähnt, sind die Vergleiche von Gesamtzeiten mehr oder minder ungenau. Ein Vergleich von Zeiten des einen Werkes mit denen eines anderen Werkes ist aber nur mit großer Vorsicht auszuführen, da die Art der Arbeitsausführung, Organisationsform (Zahlentafel 15) und die Art der Arbeitsteilung den Zeitverbrauch außerordentlich beeinflussen. Hinzu kommt, daß frühere Veröffentlichungen meist nicht auf Zeit, sondern auf Geld aufbauen, und deshalb ein Vergleich wegen der verschiedenen Durchschnittsverdienste ganz besonders schwierig ist. Nach diesen Gesichtspunkten müssen die Angaben der Abb. 28—32 bewertet werden.

Beim Vergleich von Einzelzeiten gelten ebenfalls die schon eingangs dieses Abschnittes behandelten Gesetzmäßigkeiten. Diesen Vergleich wird man meist nach Vornahme von

[1]) Stahleisen 1913. S. 680/690. [2]) Stahleisen 1926. S. 706. [3]) Gieß.-Zg. 1917. S. 209/213.
[4]) F. Dengler: Die Gußkalkulation bei schwankendem Beschäftigungsgrad. Gieß.-Zg. 1927. S. 471.

Zeitstudien anstellen. Die oft hohen Kosten der Zeitstudien lassen sich erst dann völlig rechtfertigen, wenn die durch sie gefundenen Werte auch für Kalkulationen anderer Arbeiten verwendet werden. Aus den Beobachtungen ergeben sich mit der Zeit eine große Anzahl von Zeiten, die in Tafelform oder graphisch gesammelt, und aus denen Durchschnittswerte als Richtzeiten errechnet werden können. Es ist möglich, daß diese Richtzeiten nicht nur von einem Faktor, sondern von mehreren abhängig sind. Aus diesem Grunde sollte man, um die Genauigkeit und Klarheit soweit wie möglich zu treiben, bei den Untersuchungen in die Einzelheiten gehen, denn die Genauigkeit wird um so höher sein, je klarer man die Gesetzmäßigkeit der Abhängigkeit erkennt. Ein Eingehen in Einzelheiten ist sehr ratsam und gilt ganz besonders bei Untersuchungen für die Massenfertigung.

Da man es bei den Richtzeiten oft mit solchen für kleine Teilarbeiten zu tun hat, so kann der Stückzeitaufbau langwierig werden. Man vereinfacht selbstverständlich auch hier möglichst weit, um die Kalkulationsarbeit zu verringern. Nachstehend sind einige Richtzeiten für die verschiedensten Gießereiarbeiten gegeben. Der Übersichtlichkeit halber wurde in große Gruppen von Fertigungsarten eingeteilt und jeweils die Vereinfachung der Kalkulation angegeben.

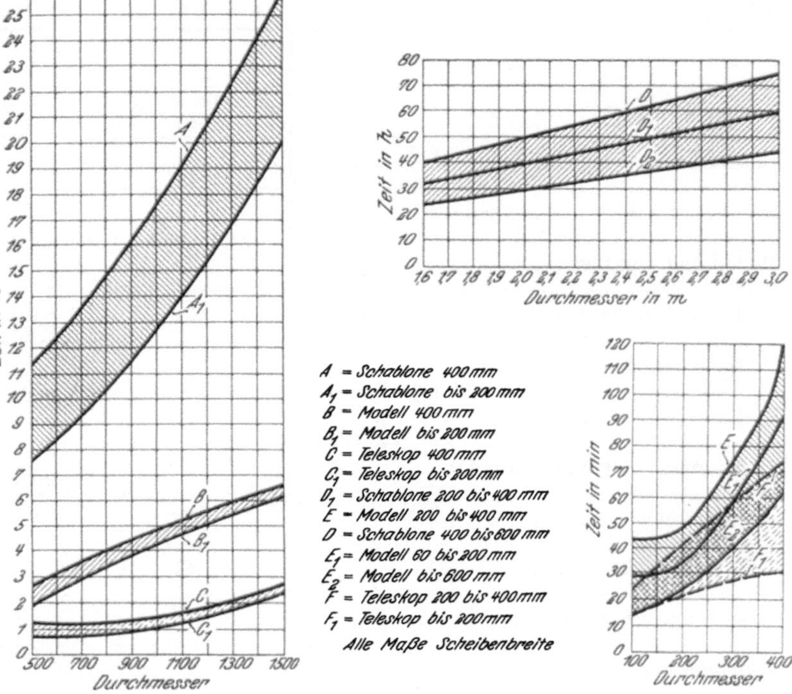

Abb. 32. Akkorde für Riemenscheiben handgeformt, schabloniert und auf Teleskopmaschine geformt.

Maschinenformerei.

Die Richtzeiten werden hier, da es sich um Fertigung größerer Serien handelt, auf Grund von Zeitaufnahmen ermittelt. Die Anzahl der Richtzeiten ist für normale Formmaschinen gar nicht so sehr groß und man kommt, wie aus Zahlentafel 32 ersichtlich, sogar mit 21 Zeitwerten für die gesamte Maschinenformerei aus. Die Ableitung aller dieser Einzelzeiten hier zu bringen, würde zu weit führen, und es sollen nur einige besonders charakteristische Beispiele angeführt werden[1]).

Bei der Untersuchung von Zeiten für Modellsand-Sieben an der Formmaschine[2]) zeigte es sich, daß hierbei die Zeit von der Menge des Sandes, der gesiebt werden soll, und von der Maschenweite des Siebes abhängig ist. Die Unterschiede in den gemessenen Zeitwerten ließen aber darauf schließen, daß noch eine weitere Abhängigkeit vorhanden sein müsse. Man fand, daß die Zeit um so größer wurde, je mehr Sand auf einmal in das Sieb eingeschaufelt wurde. Wenn mehrere Schaufeln Sand zugleich eingefüllt werden, so backt der Sand zusammen und geht erheblich schlechter durch das Sieb, als wenn man nur eine Schaufel einfüllt. Die Abb. 33 zeigt die relativen Verhältnisse und Abb. 34

[1]) Nach H. Tillmann: Lehrbuch der Stückzeitermittlung für die Maschinenformerei. München und Berlin 1927. [2]) a. a. O. S. 50ff. u. S. 62.

Zahlentafel 32.

Übersicht über die in der Maschinenformerei hauptsächlich vorkommenden Griffe.

Art der Griffe	Maschinen mit vollkommener Handbedienung[1])	Preß-maschinen	Rüttel-maschinen
	Bei jedem Kasten.		
Kasten aufsetzen	○	○	○
Kasten klammern	wenn nötig ◌	wenn nötig ◌	wenn nötig ◌
Einstauben	○	○	○
Sandhaken stellen	○	○	○
Modellsand einfüllen	○	○	○
Modellsand andrücken	○	○	◌
Füllsand einschaufeln	○	○	○
Füllsand abstreichen	—	○	—
Vorstampfen mit Spitzstampfer	○	◌ in bes. Fällen	—
Flachstampfen	○	—	○
Luft stechen	○	○	○
Kasten mit Platte wenden	◌	◌	◌
Klopfen oder vibrieren	○	○	○
Abheben oder durchziehen	○	○	○
Wegsetzen	○	○	○
Kerne einsetzen	○	○	○
	Nur beim Oberkasten.		
Trichter stellen	○	○	○
Trichter ausbohren oder -kratzen	○	◌ in bes. Fällen	○
	Gemeinarbeiten[2]).		
Trichter aufbauen	○	○	○
Belasten	○	○	○
Gießen	○	○	○

die daraufhin ermittelten Richtzeiten. Einige weitere Richtzeiten für die Maschinenformerei sind in Abb. 35—39 dargestellt[3]).

Die Akkordberechnung in der Maschinenformerei könnte durch Addition der einzelnen Richtzeiten erfolgen. Man kann aber die Berechnung noch wesentlich dadurch weiter vereinfachen, daß man die Zeiten für gewisse immer wiederkehrende Griffe für

[1]) Stiftenabhebe-, Durchzieh- und Wendemaschinen. [2]) Treten bei allen Maschinenarten auf. [3]) a. a. O. S. 57, 69, 83, 84, 88.

Zahlentafel 33.

Arbeitszeiten.

Unterkasten.

Zeit für den Normalkasten 400 × 400 mm, 150 mm hoch	2,11	Minuten
Mehrarbeit:		
Eine Schaufel Modellsand mehr einsieben (5 mm Sieb), Unterschied 0,42—0,22 Minuten	0,20	„
8 Ballen vordrücken je 0,04 Minuten	0,32	„
Zweimal durch den Kasten stampfen Linie a — b = 2 × 0,4 m = 0,8 m	0,07	„
Luftstechen Linie c — d, e — f, g — h, i — k je 0,26 m, Abstand 20 mm, 2,60 m	0,37	„
Summa Unterkasten	3,07	Minuten

Oberkasten.

Zeit für einen Normalkasten 400 × 400 mm, 120 mm hoch	1,69	Minuten
Mehrarbeit:		
Trichter stellen 0,06 Minuten	0,06	„
Zweimal durch den Kasten stampfen Linie a—b 2 × 0,4 = 0,8 m	0,07	„
Trichter auskratzen, normal 15 Ø	0,19	„
Summa Oberkasten	2,01	Minuten

Als Gesamtzeitverbrauch ergibt sich somit:

Unterkasten	3,07	Minuten
Oberkasten	2,01	„
Summa	5,08	Minuten

Hierzu kommen noch die Zuschläge.

jede Kastengröße zusammenstellt und nur diejenigen Griffe offen läßt, welche für besondere Fälle in Frage kommen. Die Arbeit an einer Formmaschine ist ja meist die gleiche, wenn es sich um gleichgroße Formkasten und um Stücke mit ähnlicher Formschwierigkeit handelt. Es steht dem also nichts im Wege, die Arbeitszeit für Stücke ähnlicher Formschwierigkeit so festzustellen, daß man zu einem gewissen Grundwert bei anders gearteten Stücken ohne weiteres den Wert für die Mehrarbeit hinzurechnet, um richtige Stückzeiten zu erhalten.

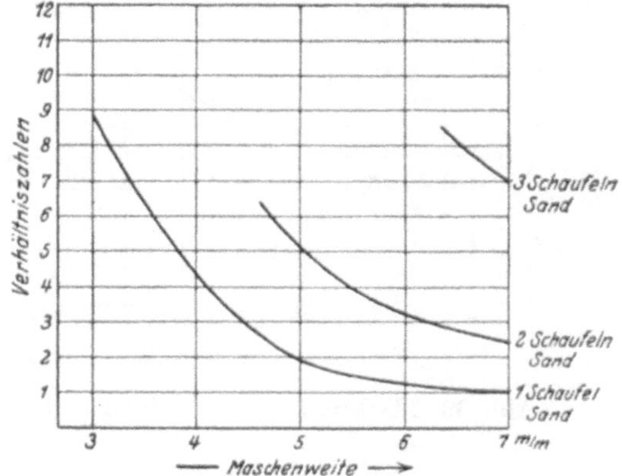

Abb. 33. Sanddurchgang durch Siebe verschiedener Maschenweite.

Am deutlichsten zeigt sich dies, wenn man die Herstellung einer Form auf einer der gebräuchlichen Preßformmaschinen betrachtet. Es wurde für eine solche Maschine z. B. die Herstellungszeit eines glatten Unterkastens mit einem Modell allereinfachster Art zu 2,11 Minuten ermittelt. Jeder Unterkasten wird also auf dieser Maschine 2,11 Minuten Arbeitszeit erfordern, wenn zu seiner Herstellung nicht mehr Griffe, als bei dem oben erwähnten glatten Kasten erforderlich sind. Diesen glatten Kasten, also eine Modellplatte allereinfachster Art, nennt man den sog. Normalkasten. Kommt nun eine Modellplatte vor, die eine Mehrarbeit erfordert, so wird man die Zeit für diese Mehrarbeit gesondert ermitteln und zu dem Zeitwert des Normalkastens addieren. Ein Beispiel hierfür zeigt Zahlentafel 33 für das in Abb. 40 und 41 dargestellte Modell und Modellplatte für die Arbeit auf einer Abhebemaschine mit Handstampfung.

Wird dieses Verfahren in Verbindung mit Zeitstudien angewendet und dauernd durch sie nachgeprüft, so ergibt es die genauesten Stückzeiten. Man kann jedoch in der Maschinenformerei noch weitere Vereinfachungen anwenden, um die Stückzeitberechnung zu einer einfachen Ablesung einer Zeit zu gestalten. Vom Normalkasten ausgehend kann man auch mittelschwierige und schwierige Kasten annehmen und hierfür die Zeit feststellen. Man kommt dann zu Kurven für die gesamte Maschinenformerei, ähnlich Abb. 26,

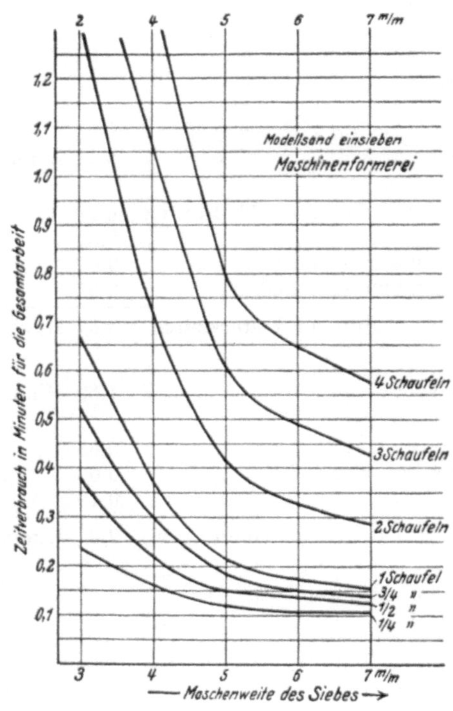

Abb. 34. Modellsand einsieben.

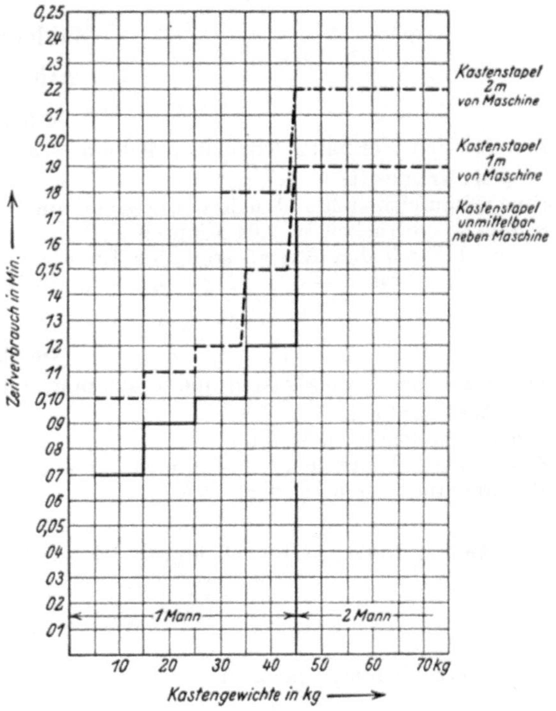

Abb. 35. Kasten aufsetzen.

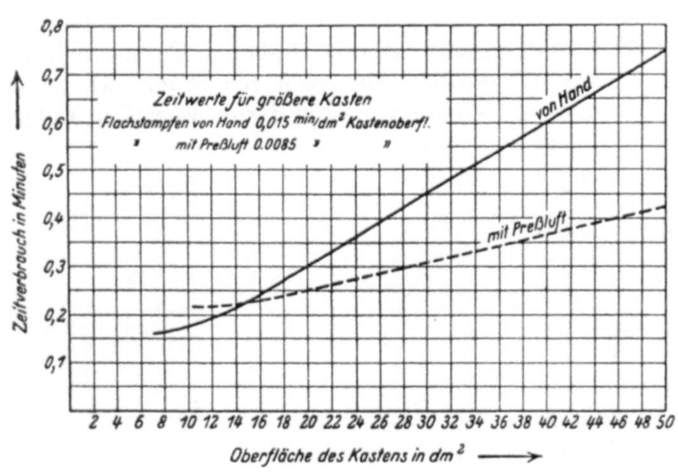

Abb. 36. Flachstampfen von Hand und mit Preßluft.

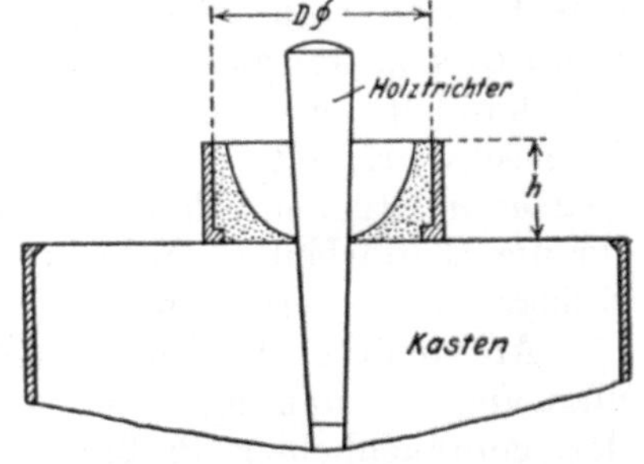

Ringdurchmesser D	Höhe h in mm 50	75	100	125
80	0,58	0,70		
100	0,55	0.58		
120	0,60	0,70	0,85	
140	0,75	0,80	0.90	1,05
160	0,75	0,85	0,95	1.10

Abb. 37. Trichter aufbauen.

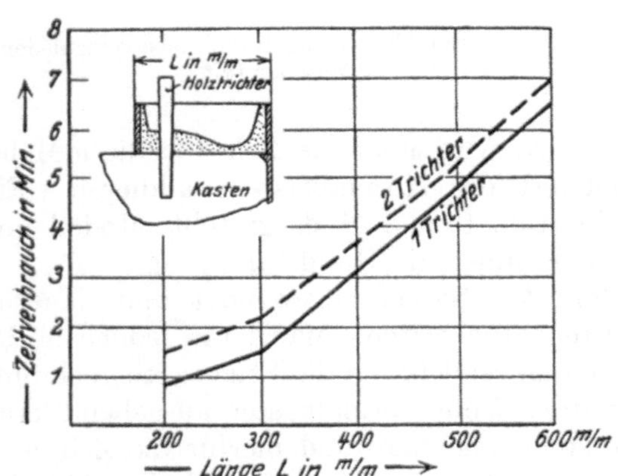

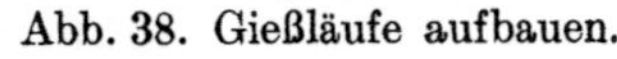

Abb. 38. Gießläufe aufbauen.

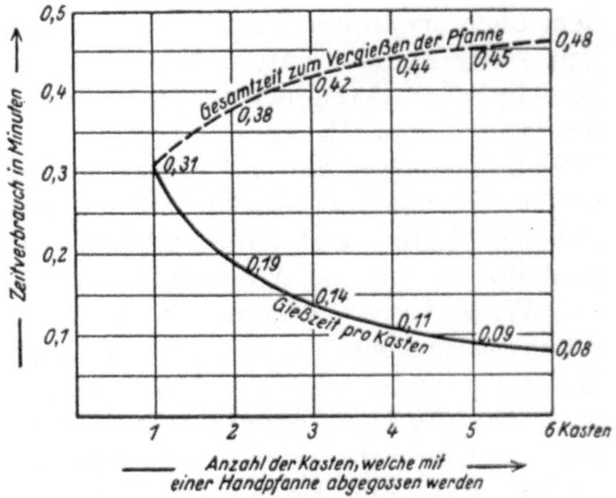

Abb. 39. Reine Gießzeiten für Handpfannen von 25 kg Inhalt.

Zahlentafel 34.
Akkordtafel für Kasten 400 × 400 mm auf Abhebemaschinen.

	Kastenhöhe (gesamt) 250 mm	350 mm
	Minuten	Minuten
Einfache, glatte Arbeiten:		
Ohne Kern	5,0	5,50
Mit 1 einfachen Kern	5,10	5,60
„ 2 einfachen Kernen	5,17	5,67
„ 3 „ „	5,24	5,75
Mittelschwierige Arbeiten:		
Ohne Kern	5,25	5,75
Mit 1 einfachen Kern	5,35	5,85
„ 2 einfachen Kernen	5,42	5,92
„ 3 „ „	5,50	6,00
Schwierige Arbeiten:		
Ohne Kern	5,65	6,15
Mit 1 einfachen Kern	5,75	6,25
„ 2 einfachen Kernen	5,82	6,32
„ 3 „ „	5,90	6,40

Besonders schwierige Formarbeit ist besonders zu bezahlen, ebenso das Einlegen von verwickelten Kernen.

Die Preise verstehen sich für das Formen und Gießen, ohne Ausleeren.

die die Grenzwerte und nachher einen Mittelwert darstellen. Man kann die Schwierigkeitsgruppen etwa folgendermaßen wählen:

Einfach: einfache Ecken, nicht zahlreich; dicke Partien, Teilungslinie in einer Ebene.

Mittelschwierig: mehrere Ecken, Rippen usw., dünne Partien, nicht tief, aber besonderes Formstifte-Stecken erforderlich; Teilungslinie nicht in einer Ebene.

Schwierig: viele Ecken, Rippen, Vorsprünge, Aushöhlungen usw., dünne Partien, tiefe und schmale Partien, die Formstifte erfordern, Teilungslinie sehr unregelmäßig, verwikkelte Form, die das Abheben schwierig macht.

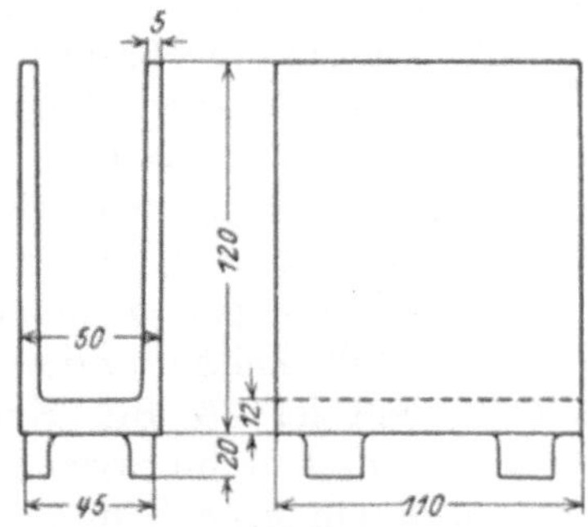

Abb. 40. Klammermodell.

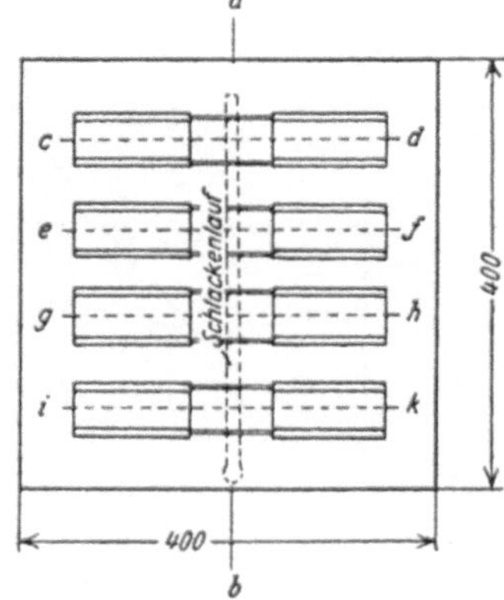

Abb. 41. Modellplatte mit Klammermodellen.

Nach diesen Klassen kann man, abgesehen von Sonderfällen, ziemlich alle Arbeiten in der Maschinenformerei erfassen, und es ist nur notwendig, das Kerne-Einlegen noch besonders zu berücksichtigen. Man fertigt sich dann für jede Kastengröße Tafeln an, ähnlich Zahlentafel 34, die ohne weiteres eine Kalkulation in allerkürzester Zeit gestatten. Für einfache Rechnungen, und um eine Übersicht über die gesamte Maschinenformerei mit einem Blicke zu haben, kann man auch die Darstellung der Abb. 42 in graphischer Form wählen, wobei zu den abgelesenen Werten noch die Zeiten für Sonderarbeiten, Kerne-Einlegen usw. zu addieren sind. Die Darstellung (Abb. 42) ist auf einem Vergleich der Kastenoberflächen aufgebaut, der ohne weiteres in der Maschinenformerei möglich ist, wenn die Kastenhöhen gleich bleiben.

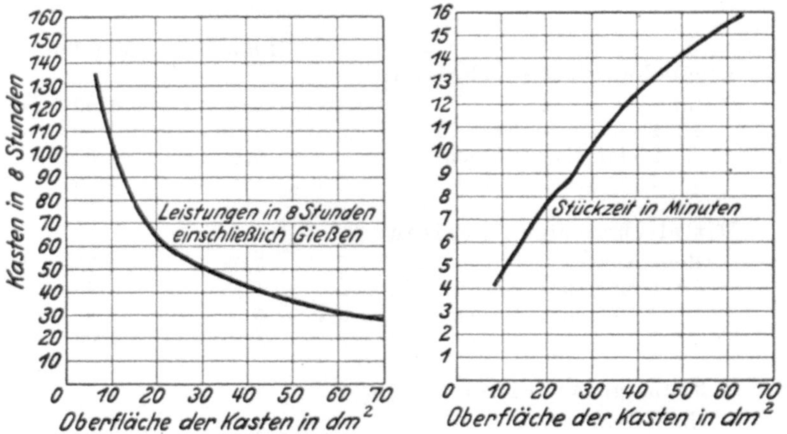

Abb. 42. Normalkastenzeiten für Abhebemaschinen mit Handstampfung. Gesamte Kastenhöhe 250 mm.

Handformerei.

Bei der Entwicklung von Kalkulationsunterlagen für die Handformerei wäre es sehr umständlich, mit Zeitstudien so in die Einzelheiten zu gehen, wie es bei der Besprechung der Maschinenformerei als notwendig angedeutet wurde. Die einzelnen Zeitwerte würden so erheblich streuen, daß man nichts oder nur sehr wenig mit ihnen anfangen könnte. Man verwendet vereinfachte Verfahren zur Zeitbestimmung, da die Zeit je Stück nicht mit der gleichen Genauigkeit wie in der Maschinenformerei errechnet zu werden braucht. Zweckmäßig wird man die Arbeit in größere Gruppen einteilen und für jede der einzelnen Gruppen Richtzeitwerte feststellen. Diese Gruppeneinteilung ist naturgemäß je nach Art der Arbeit verschieden.

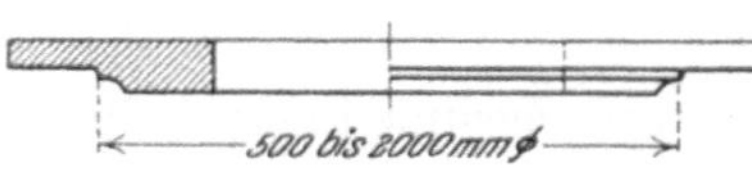

Abb. 43. Deckkern für Seilscheiben.

Beispiel: Die Deckkerne für Seilscheiben (Abb. 43) sollten in Lehm auf einer Platte gedreht und nach dem Schwärzen und Trocknen auseinandergeschnitten werden. Gebraucht wurden derartige Deckel in Durchmessern von 500 bis 2000 mm. Unter der Annahme, daß die Herstellungszeit mit dem Kerndurchmesser wächst, erschien es zulässig, nur einige Punkte der zu bestimmenden Stückzeitkurve genau zu ermitteln. Aus Zeitstudien wurden die Zeiten für die einzelnen Gruppen nach Zahlentafel 35 für Kerne von 600, 1300 und 2000 mm Durchmesser bestimmt. Diese drei Werte wurden in das Schaubild (Abb. 44) eingetragen, und es war danach möglich, ohne weiteres die Mittelwertkurve für die Stückzeit einzuzeichnen.

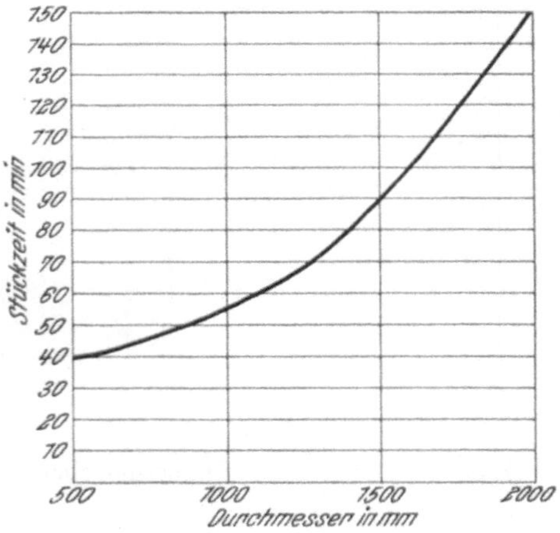

Abb. 44. Mittelwertkurve für die Stückzeit 0. Deckkern.

Bei der Kastenformerei kann man sich entweder einen Zeitwert für einen sog. Normalkasten bilden, wie oben in dem Abschnitt über Maschinenformerei beschrieben ist, oder man kann die Zeiten hier so gruppieren, daß sich ein Zeitwert ergibt, der von dem Kasten, und ein anderer, der vom Modell abhängig ist. Dieser letzte Weg ist der bessere, da die Akkordzusammensetzung einfacher ist, wie nachstehend erläutert wird:

Zahlentafel 35.

Zeitwerte für das Anfertigen von Lehmdeckeln für Seilscheiben.

	Zeitwerte in Minuten		
	600 mm Ø	1300 mm Ø	2000 mm Ø
Vorbereitung:			
Platte und Lehm holen	6,40	11,50	22,40
Schablone anspannen	1,40	4,20	7,10
Anfertigung:			
Roh aufmauern	15,–	33,60	64,–
Schlichten, Schablone abspannen	6,40	11,50	22,40
Waschen, Schwärzen	7,20	12,50	24,–
Auseinanderschneiden	5,20	7,20	10,–
	41,60	70,70	149,90

Zum Kastenwert gehören alle diejenigen Arbeiten, welche bei der Herstellung einer jeden Form auftreten, und deren Art ziemlich unabhängig von der des Modelles ist, z. B. Kasten hinstellen, Modellsand einsieben, Füllsand einwerfen, Vor- und Flachstampfen usw. Es ist bei dieser vereinfachten Art der Akkordberechnung eigentlich ein Ausdruck für die Herstellung eines einfachen, glatten Kastens ohne eingelegtes Modell.

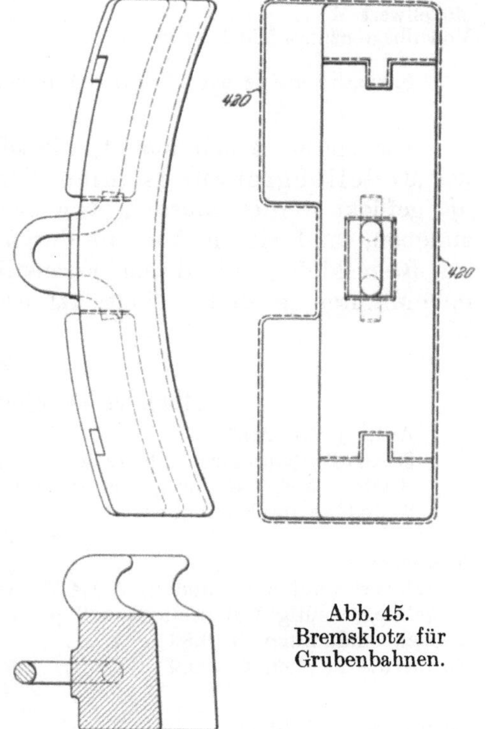

Abb. 45. Bremsklotz für Grubenbahnen.

Der Modellwert dagegen soll alle Arbeiten berücksichtigen, die dem Modell eigentümlich sind. Es sind dies in der Hauptsache:

Modell auflegen,
Oberkasten abheben,
Modell herausnehmen,
Luftstechen,
Modellsand andrücken.

In der Handformerei ist das Flicken und Nachputzen der Form unumgänglich notwendig und muß bei der Stückzeitrechnung berücksichtigt werden. Dies geschieht durch einen Wert, der abhängig von der Länge der Modellbegrenzungslinie ist. Als Modellbegrenzungslinien sind jedoch nur diejenigen Kanten des Modells anzusehen, welche normalerweise auch wirklich ein Nachputzen und Glätten erfordern. Der Zeitwert wurde je Meter Modellbegrenzungslinie ermittelt.

Die Schwierigkeit des Einformens kann man durch richtige Einstufung der Modelle in drei Schwierigkeitsgruppen, wie bei Besprechung der Maschinenformerei (S. 119) schon angegeben, berücksichtigen. Auch die Zeit für das Einlegen der Kerne läßt sich nach Schwierigkeitsgruppen unterteilen. Um die Stückzeitberechnung noch weiter zu vereinfachen, bezieht man die Nebenzeiten gleich in die Zeitwerte für die einzelnen Arbeiten ein. Die Rechnung [1]) ist dann verhältnismäßig einfach nach folgenden Gleichungen:

Einfache Modelle:

$$\text{Ste} = \text{K} + 0{,}14\ \text{L} + \text{MP} + \text{NZ} + \text{FP}$$

Mittelschwierige Modelle:

$$\text{Stm} = \text{K} + 0{,}23\ \text{L} + \text{MP} + \text{NZ} + \text{FP}$$

Schwierige Modelle:

$$\text{Sts} = (\text{K} + 0{,}77\ \text{L} + \text{MP} + \text{NZ} + \text{FP})\ 1{,}10.$$

Hierzu noch Zuschläge für Leistungsabfall und Verlustzeit.

[1]) Hierzu siehe H. Tillmann: Die Stückzeitberechnung in der Handformerei. Düsseldorf 1931.

In diesen Formeln bedeuten:

St_e Stückzeit für einfache Modelle	L Länge der Modellbegrenzungslinien,
St_m Stückzeit für mittelschwierige Modelle	N Anzahl der Kerne,
St_s Stückzeit für schwierige Modelle	Z Kernzeitwert nach Schwierigkeitsgruppe,
M Modellzeitwert	F Zeitwert für Formstifte stecken,
K Kastenwert,	P Anzahl der Modelle.

Die entsprechenden Zeitwerte für einen Kasten von 500 × 400 mm sind in Zahlentafel 36 zusammengestellt. Ein praktisches Beispiel zeigen Abb. 45 und Zahlentafel 37, Formen eines Bremsklotzes für Grubenbahnen.

Zahlentafel 36.

Zeitwerte in Minuten für handgeformte Kasten von 500 × 400 mm.

Kastengröße 500 × 400 mm, Unterkasten 200 mm hoch.

Benennung	Zeitwerte für		
	einfache Modellart	mittelschwierige Modellart	schwierige Modellart
Kastenwert K	21,5	24,5	31,5
Modellwert M	1,40	2,9	6,5
Modellbegrenzungslinie L je m	0,14	0,23	0,77

Kernzeitwerte je nach Schwierigkeit von 0,30—3,85 Minuten.

Die meiste Arbeit macht, wie schon aus den Formeln hervorgeht, die Berechnung der Modellbegrenzungslinien. Man bezeichnet mit diesem Ausdruck alle die Kanten, die geflickt werden müssen. Um in dem gegebenen Beispiele diese Linien klar hervorzuheben, sind sie in Abb. 45 durch besonderen Druck kenntlich gemacht. Die Rille im Bremsklotz muß durch Formstifte gesichert werden, weshalb der Zuschlag von 0,90 Minuten je Modell eingesetzt ist.

Zahlentafel 37.

Stückzeitberechnung für Grubenbahn-Bremsklötze.

Auftrag Nr. 2487.
30 Grubenbahn-Bremsklötze formen in der Bankformerei.
Kasten: 500 × 400 mm, Unterkasten 200 mm hoch, Oberkasten 125 mm hoch.
2 Modelle im Kasten.

Stückzeitberechnung:

Kastenwert	21,50 Minuten
Modellwert (einfaches Modell) = 1,4 Minuten × 2	2,80 „
Modellbegrenzung 1,66 m je Modell je m 0,14 Minuten = 1,66 × 0,14 × 2	4,64 „
2 Ösen eindämmen je 0,83	1,66 „
Formstifte stecken 2 × 0,9	1,80 „
	32,40 Minuten
Leistungsabfall 10,5%	3,40 „
	35,80 Minuten
Verlustzeit 6%	2,15 „
Stückzeit je Kasten	37,95 Minuten

Stückzeit je Bremsklotz 19 Minuten.

Bei großen Gußstücken könnte die oben angegebene Rechnung zu umständlich werden. Da hier auch nicht die hohe Genauigkeit der zu ermittelnden Zeiten erforderlich ist, kann man auf wesentlich einfachere Art zum Ziele kommen. Man teilt die Arbeitszeit wiederum ein in einen Kastenzeitwert und einen Modellzeitwert nach Zahlentafel 38[1]).

Der Kastenzeitwert versteht sich für einen Kasten allereinfachster Art. Man bezieht ihn, der einfachen Rechnung halber, auf das Kastenvolumen. Alle, in ihrer Dauer von der

[1]) Entnommen aus Tillmann: Die Stückzeitberechnung in der Handformerei. Düsseldorf 1931.

Zahlentafel 38.

Unterteilung der Akkordzeit bei großen Gußstücken.

Kastenzeitwerte (fest)	Modellzeitwerte (veränderlich)
Vorbereitung Unterkasten aufstampfen Oberkasten aufstampfen Auch Mittelkasten aufstampfen Gießen als normale Arbeit. Beim Gießen mit Kranpfannen Festwert	Auftretende Schwierigkeiten beim Aufstampfen Abpolieren und Modell herausnehmen Eingüsse und Trichter machen Ausputzen Kerne einlegen Gießen, nötigenfalls als Mehrzeitverbrauch gegenüber normaler Arbeit Belasten

Modellart abhängigen Arbeiten, auch Mehrzeitverbrauch für Stampfschwierigkeiten usw., legt man in den Modellzeitwert. Bei der Annahme, daß große Stücke meist mit der Kranpfanne gegossen werden, kann man auch das Gießen in den Kastenzeitwert einbeziehen. Die Belastungsarbeit hingegen, die sehr von der Modellart abhängt, kann man nur in den Modellzeitwert hineinnehmen. Den Modellzeitwert setzt man für jede Modellart in Beziehung zu irgendeiner mit der Formschwierigkeit wachsenden Größe. Da die Bestimmung der Modelloberfläche etwas umständlich ist, wählt man besser das Modellvolumen, oder unter gewissen Voraussetzungen, sogar das Gußstückgewicht.

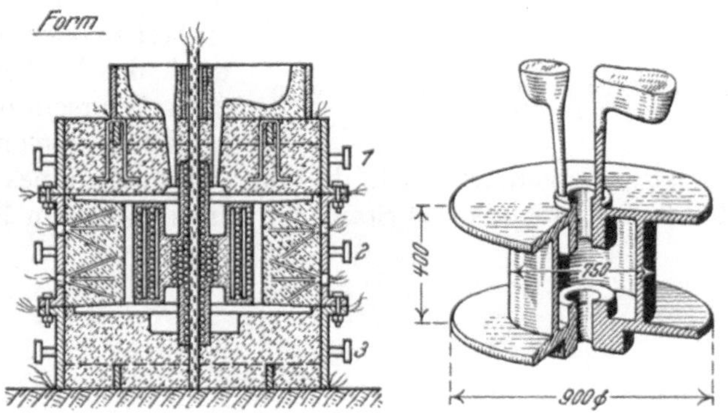

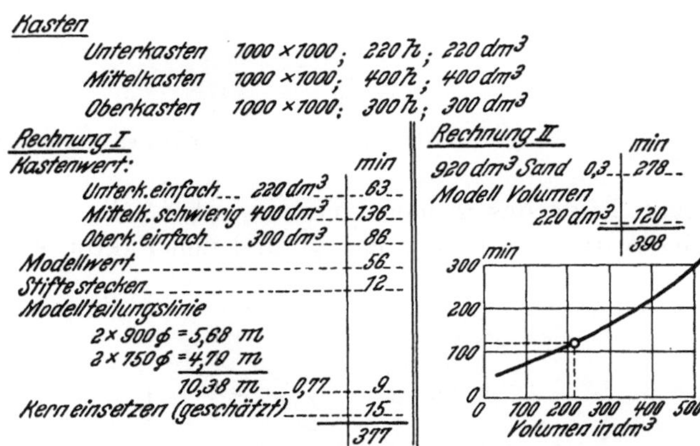

Abb. 46. Stückzeitberechnung für Seiltrommel, handgeformt.

Die Modellzeitwerte muß man nun für jede Art von Gußstücken ermitteln. Bezieht man sie auf das durch Überschlagsrechnung ermittelte Modellvolumen, so erhält man für die verschiedenen Gußstückarten eine große Anzahl von Kurven. Diese lassen sich alle durch die Gleichung ausdrücken: $Z = \frac{V^x}{K}$.

Es bedeutet hierin:

Z Zeit je dm³ Modellvolumen,
V Modellvolumen,
x Konstante, für jede Modellart verschieden,
K Konstante, für jede Modellart verschieden.

Ermittelt man für eine größere Anzahl Gußstücke verschiedenster Art diese Kurven, so zeigt es sich, daß manche der Kurven sich ungefähr decken, man kann sie also, ohne große Fehler zu begehen, als gleich annehmen. Durch diese Zusammenfassung kommt man zu dem überraschenden Ergebnis, daß die Zahl der unter sich wesentlich verschiedenen Kurven gar nicht so sehr groß ist. Bei einer Zusammenfassung auf etwa 80 verschiedene Arten von Kurven kommt man schon zu genügend genauen Modellzeitwerten je dm³ Modellvolumen. Es ist aber ohne weiteres möglich, noch weiter zusammenzufassen, wobei allerdings die Genauigkeit der Stückzeitberechnung sinkt.

Die Modellzeitwerte beziehen sich auf eine bestimmte Gußstückart. Will man von diesen besonderen Arten unabhängig sein, so ist es ohne weiteres möglich, eine bestimmte Modellklassierung nach allgemeinen Gesichtspunkten in bezug auf die Art des Modelles einzuführen.

Den Gang der einfachen Rechnung veranschaulicht Abb. 46, wo unter Rechnung I die erst geschilderte genauere Rechnung mit dem Modellschwierigkeitswert, ausgedrückt durch die Länge der Modellflicklinie (S. 121 ff.) aufgezeichnet ist. Unter Rechnung II ist das oben dargestellte angenäherte Verfahren der Stückzeitrechnung dargestellt. Das letztere wird wohl die am weitesten gehende Vereinfachung darstellen, die in der Stückzeitrechnung der Handformerei überhaupt möglich ist.

Kernmacherei.

Für eine genaue Stückzeitbestimmung, besonders bei schwierigen Kernen oder bei solchen der Massenfertigung, muß man sich Richtzeitwerte für die einzelnen Teilarbeiten schaffen und diese, wie in dem Abschnitt Handformerei erklärt, zu gewissen Gruppen zusammenfassen, um die Rechnung zu erleichtern. Abb. 47 zeigt Zeitwerte für das Hinstellen von Kernkasten. Für das Einfüllen und Stampfen des Sandes ergab sich sonderbarerweise erst nach langwierigen Untersuchungen, daß die Zeit nicht nur davon abhängig ist, ob es sich um die Herstellung einfacher oder schwieriger Kerne handelt, sondern daß auch das Verhältnis der Höhe in der Stampfrichtung zum Querschnitt des Kernes senkrecht zur Stampfrichtung, eine entscheidende Rolle spielt (Abb. 48 u. 49). Es ist ja augenscheinlich, daß das Stampfen eines sehr hohen, aber dünnen Kernes mehr Zeit erfordert, als das Stampfen eines niedrigen Kernes von großem Querschnitte, wenn

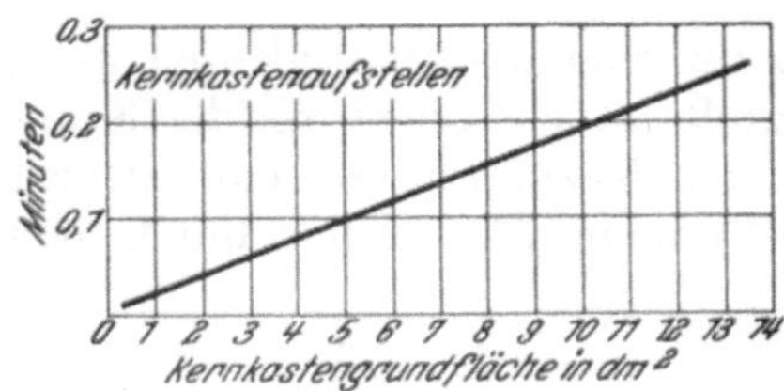

Abb. 47. Zeitwerte für das Hinstellen von Kernkasten.

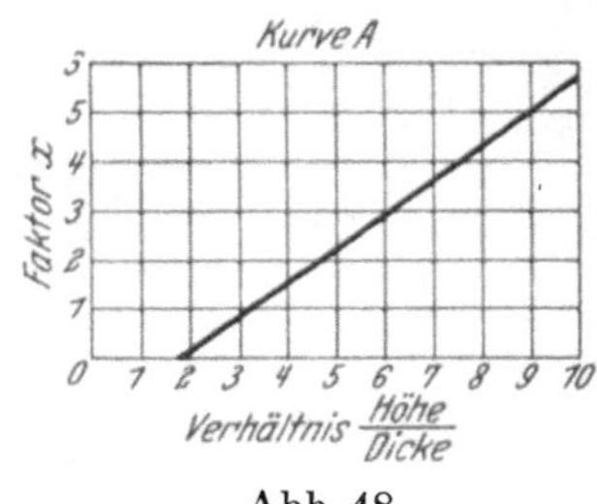

Abb. 48.

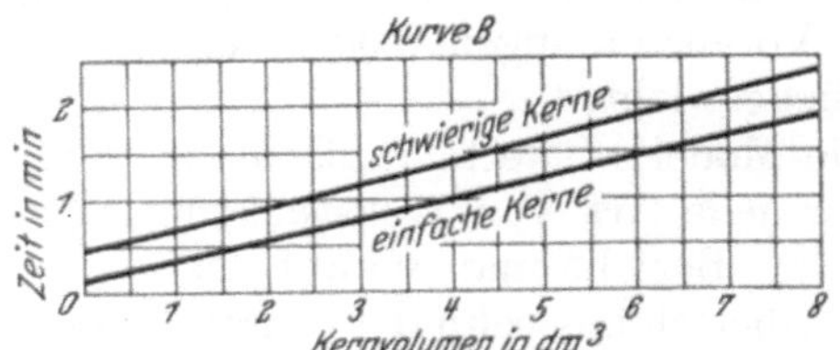

Stückzeit = x · *Zeit der Kurve B.*

Abb. 49.

Abb. 48 und 49. Kernkasten mit Sand füllen und stampfen.

auch beide das gleiche Volumen haben. Die Kurve (Abb. 49) ist so zu verstehen, daß die Werte von B mit dem gefundenen Faktor x (Abb. 48) vervielfacht werden müssen.

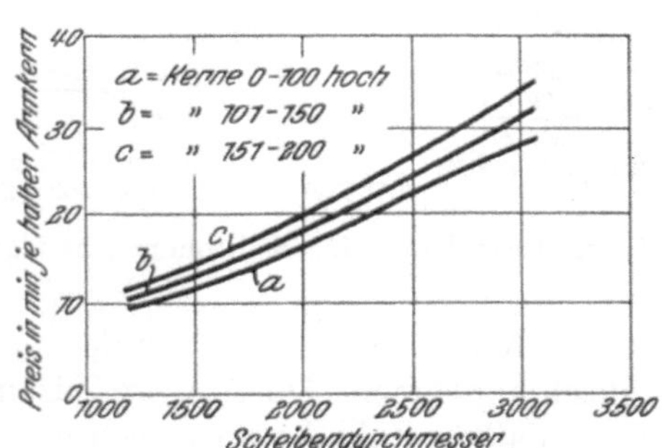

Abb. 50. Stückzeitwerte für halbe Armkerne für schablonierte Riemenscheiben.

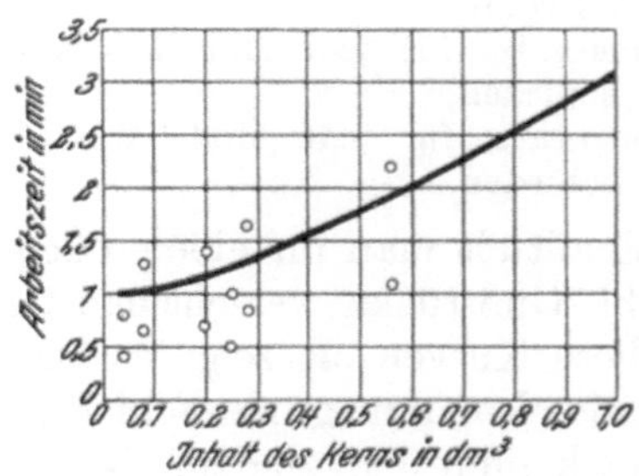

Abb. 51. Zeitwerte für runde Kerne.

Anstatt nun die Stückzeit für die verschiedenen Kerne aus Einzelrichtzeiten aufzubauen, wird man auch hier nach einer Vereinfachung der Rechnungen suchen, indem man sich Richtzeiten z. B. für das Kernvolumen oder die Kernoberfläche zu bilden sucht. Auf S. 95 wurde schon erwähnt, daß sich z. B. bei Armkernen für schablonierte

Riemenscheiben ein Zeitwert je Kubikdezimeter Kernvolumen bilden läßt. Aus dem dort angegebenen Werte wurde die für den Betriebsgebrauch zweckmäßigere Darstellung (Abb. 50) entwickelt. Hier ist der Zeitverbrauch in Abhängigkeit vom Scheibendurchmesser und der Kernhöhe gesetzt, wobei für die Breite der Kerne die im Betriebe normalen Maße angenommen wurden. Dieser Weg wurde deshalb gewählt, weil die jedesmalige Volumenberechnung zu umständlich wäre. Für runde Kerne bis zu 300 mm Länge ergeben sich aus der Darstellung (Abb. 51) Zeitwerte, abhängig vom Kernvolumen. Für den Betriebsgebrauch könnte man daraus vorteilhaft eine andere Darstellung entwickeln, die die Werte gleich für Durchmesser und Länge abzulesen gestattet.

Putzerei.

Wegen der Vielgestaltigkeit der Putzerarbeiten wird ein Stückzeitaufbau aus Richtzeitwerten nur selten möglich sein, ja, man kann sogar sagen, daß die Vornahme von Zeitstudien in der Putzerei verfehlt wäre, und daß in den meisten Fällen der Erfolg hinter dem Aufwand zurückbleiben würde. Eine Ausnahme bildet das Putzen von Massenartikeln, eine Arbeit, bei der Zeituntersuchungen und die Bildung von Richtzeitwerten vorteilhaft sein können. Die Stückzeiten in der Putzerei haben gewöhnlich die Gewichte der Stücke als Grundlage. Es ist verschiedentlich der Versuch gemacht worden, die Putzzeiten ins Verhältnis zu den Former- und Kernmacher-Stückzeiten zu setzen. Klare Beziehungen ließen sich aber hier nicht herausstellen[1]). Der Zeitbedarf für das Putzen von 100 kg Guß bewegt sich zwischen 20 und 120 Minuten Arbeitszeit. Grobe Zeituntersuchungen können aber bei bestimmten, gleichartigen Arbeitsstücken manchmal Anhaltspunkte geben. Abb. 52 zeigt als Beispiel den Zeitbedarf für das Entkernen von Walzen, abhängig vom Kernvolumen.

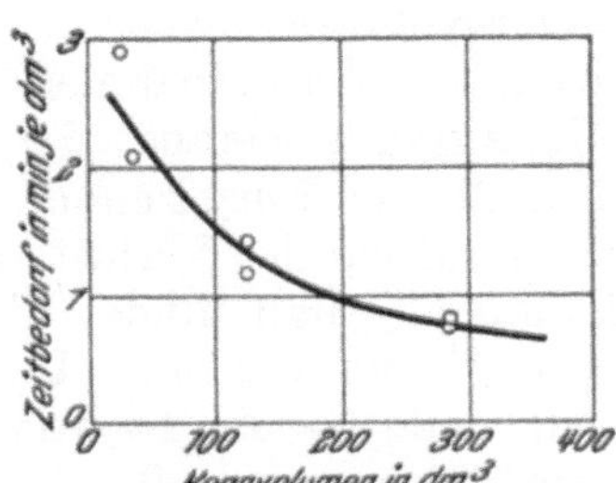

Abb. 52. Zeitbedarf für das Entkernen von Walzen.

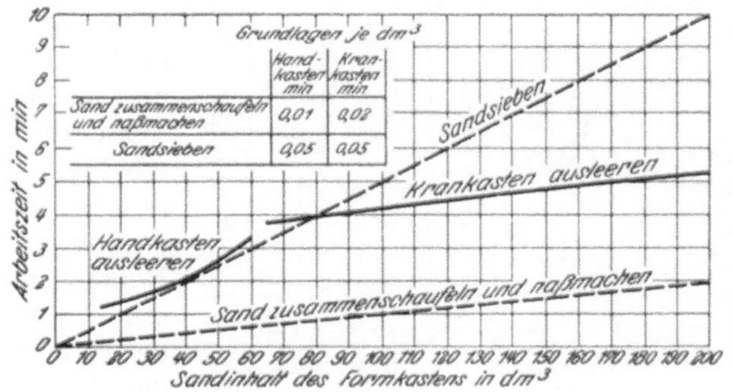

Abb. 53. Zeitwerte für das Kastenausleeren.

Kasten ausleeren.

Hierfür lassen sich leicht Richtzeitwerte bilden, wenn die Arbeit folgendermaßen unterteilt wird:

1. Kasten ausleeren, Aufstapeln, Guß zusammenlegen, 2. Sand naß machen, Durchstechen und Zusammenschaufeln, 3. Sand sieben,	abhängig vom Kastenvolumen.
4. Trichter abschlagen,	abhängig von der Eigenart der Gußstücke, schwankt zwischen 30—60 Minuten je Arbeitsplatz.
5. Guß herausschaffen, 6. Trichter herausschaffen, 7. Sand wegbringen, 8. Gänge säubern.	verschieden je nach Art und Anlage der Gießerei.

Die Zeitwerte für Posten 1—3 zeigt Abb. 53.

[1]) E. Heidebroek: Gieß. 1926. S. 386.

Kuppelofen bedienen.

Für die Bedienung eines Kuppelofens mit Schrägaufzug wurde schon in Zahlentafel 25 (S. 96) eine Zusammenstellung der Arbeiten und der Einzelzeiten gebracht. Abb. 54 zeigt ein Schaubild der gefundenen Gesamtzeit. Es ist hier die Stückzeit je Tonne Einsatz dargestellt. Wie sich aus Zahlentafel 25 ergibt, geht die Berechnung von einem Einsatz von 80% Bruch bei einem Ofen mit Entschweflungsanlage aus. Die Umrechnung auf andere Verhältnisse ist nicht schwierig.

Schlußwort.

Wie bei allen Organisationsarbeiten, so muß man auch bei der Einführung oder Umgestaltung der Stückzeit-Kalkulation sehr bedachtsam vorgehen, und es ist verfehlt, blindlings etwas Neues an Stelle des Alten setzen zu wollen. Es ist zu bedenken, daß zum Einrichten der verfeinerten Stückzeitkalkulation der Betrieb auch innerlich reif sein muß. Zuerst muß man die bisherigen Verfahren prüfen und sich ein Bild über die Richtigkeit und Genauigkeit ihrer Ergebnisse machen. Dies kann durch vergleichende Zeitaufnahmen geschehen. Man greift Akkorde heraus, die als richtig gelten, und mißt die Einzelzeiten, um daraus ein Bild über die Höhe der Verlust- und Nebenzeiten zu gewinnen. Man findet dann schon recht bald, wo die vorhandenen Unterlagen nicht stimmen, und wo die Richtigkeit der Akkorde nachgeprüft werden muß.

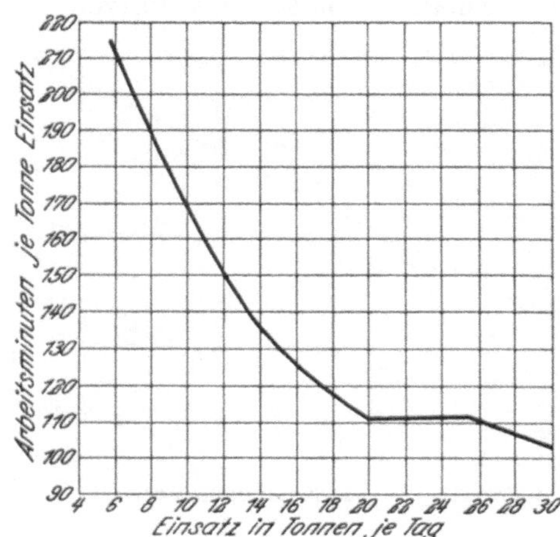

Abb. 54. Gesamtzeit für Kuppelofenbedienung.

Bevor eingehende Zeitaufnahmen vorgenommen werden, sind die gröbsten Fehler, die schon bei einer flüchtigen Arbeitsuntersuchung gefunden wurden, abzustellen. Nach länger dauernden Zeituntersuchungen wird man schon Richtzeitwerte gefunden haben, im allgemeinen zuerst für Nebenzeiten, wie z. B. für Kerne holen in der Maschinenformerei.

Wirtschaftlichkeit muß das Leitmotiv bei der Durchführung und Anwendung der Stückzeiten sein, und man wird in manchen Fällen alle oben geschilderten Verfahren nebeneinander mit Vorteil verwenden.

Die Stellung der Arbeiterschaft zu den Zeituntersuchungen hängt zum großen Teile davon ab, wie die Arbeiten durchgeführt werden. Die Gewinnung des Vertrauens der Arbeiter wird wesentlich gefördert durch vollkommene Gerechtigkeit und Unparteilichkeit, sowie durch richtige Wahl der Persönlichkeit des Zeitnehmers.

Literatur.

Einzelne Werke.

Poppelreuter, W.: Die Arbeitsschauuhr, ein Beitrag zur praktischen Psychologie. Halle 1918.
Michel, E.: Wie macht man Zeitstudien? V. d. I.-Verlag, Berlin 1920.
Peiseler, G.: Zeitgemäße Betriebswirtschaft. Leipzig und Berlin. Teil 1. 1921.
Schilling, A.: Theorie der Lohnmethoden. Berlin 1919.
Fahr, O.: Die Einführung von Zeitstudien in einem Betrieb für Reihen- und Massenfertigung der Metallindustrie. München und Berlin 1922.
Freund, H.: Zeitstudien. Berlin 1929.
Refa-Mappe für Gießereiwesen (Richtlinien für Stückzeitberechnung). Berlin, Beuthverlag 1926.
Tillmann, H.: Lehrbuch der Stückzeit-Ermittlung in der Maschinenformerei. München und Berlin 1927.
— Die Stückzeitberechnung in der Handformerei. Düsseldorf 1931.

Refa-Buch: Einführung in die Arbeitszeit-Ermittlung. Beuthverlag, Berlin 1928.
Peiseler, G.: Richtige Akkorde. Berlin 1928.
Poppelreuter, W.: Arbeitspsychologische Leitsätze für den Zeitnehmer. München und Berlin 1929.

Abhandlungen.

Treuheit, J. und L.: Wertberechnung und Wirtschaftlichkeit in der Gießerei. Stahleisen 1913. S. 680/690; 1915. S. 1093/1100.
Weber, W.: Eine psychologische Methode, die Leistungsfähigkeit ermüdeter menschlicher Muskeln zu erhöhen. Arch. f. Anat. u. Physiol. Leipzig 1914.
Wiedemann, A.: Die Rentabilität der Eisen- und Stahlgießereien unter besonderer Berücksichtigung einer neueren Akkordlohnbestimmung. Stahleisen 1917. S. 173/177; Gieß.-Zg. 1917, S. 209/213.
Tillmann, H.: Ein Beitrag zum rationellen Studium der Handarbeit in Formmaschinenbetrieben. Gieß. 1925. S. 218 ff.
— Arbeit- und Zeitstudien als Grundlage wissenschaftlicher Betriebsführung. Gieß. 1925, S. 738/746.
— Methodik der Zeitstudien in der Gießerei. Gieß. 1926, S. 233/238, 249/252, 269/283.
— Eine Kurve für die Errechnung des Ermüdungszuschlages bei Handarbeiten. Z. ind. Psychotechnik 1926, S. 109/114.
— Zeitstudie für das Formen einer Scheibenkuppelung. Gieß. 1926, S. 398/400, 562/563, 859/862.
Resow, H.: Wie kommen wir zu einer einheitlichen Akkordbestimmung in der Gießerei? Stahleisen 1924. S. 1363/1370.
— Anwendung der Zeitstudien in der Stahlformerei. Stahleisen 1926. S. 706/714.
Heidebroek, E.: Die Grundlagen zur Aufstellung eines gerechten Akkordsystems in der Putzerei. Gieß. 1926. S. 385/388.
Dengler, F.: Die Gußkalkulation bei schwankendem Beschäftigungsgrad. Gieß.-Zg. 1927. S. 469/477.
Drescher, C. W.: Die Zeitkontrolle im Rahmen der Betriebsorganisation. Werkst.-Techn. 1929, S. 229/237, 264/270.
Polak, V.: Zeitstudie und Arbeitszeitermittlung. Arch. f. Eisenhüttenw. 1928/29. S. 871/875.
Euler, H.: Einige neuere betriebswirtschaftliche Zeitmeßgeräte. Stahleisen. 1929. S. 1526/1528.
Bickel, E.: Sind Stücklöhne und Bedaux-Löhne gerechte Arbeitslöhne? Werkst.-Techn. 1930. S. 525/528.

Vgl. auch die Literaturübersicht zu Abschnitt I, Brütsch: Selbstkostenberechnung in der Eisen- und Stahlgießerei, S. 77/79.

III. Grundzüge der Rationalisierung in der Gießerei.

Von

Oberingenieur H. Tillmann.

Allgemeines.

Das Ziel der Rationalisierung, die Verbesserung des finanziellen Betriebsergebnisses, läßt sich auf verschiedenen Wegen erreichen. Gelingt es, durch die Rationalisierung entweder die Selbstkosten zu verringern oder den Umsatz des Betriebskapitals zu steigern, so kann man dies als das erreichte Ziel betrachten. Das letztere, gleichbedeutend mit einer Steigerung der Erzeugung, ist in erster Linie eine kaufmännische Angelegenheit, da es viel schwieriger sein kann, die erhöhte Erzeugung abzusetzen, als sie herzustellen. Hier soll nur die Selbstkostenverringerung betrachtet werden.

Um die Selbstkosten zu verringern, muß man sie kennen. Grundbedingung vor Inangriffnahme der Rationalisierung ist also eine genaue Kenntnis der Selbstkosten, die sich möglichst bis in die Einzelheiten erstrecken soll. Es kann manchmal sehr nützlich sein, die in markmäßiger Höhe bekannten Einzelheiten der Selbstkosten auf eine wertbeständige Grundlage zu bringen, um heutige mit früheren Zahlen vergleichen zu können. Man wird z. B. nicht die Kosten für das flüssige Eisen in einer Summe ermitteln, sondern diese Kostenart etwa aufteilen in die Kosten für:

Kalten Einsatz	Koksverbrauch
Abbrand	Kalksteine
Trichteranteil	feuerfeste Stoffe
Schmelzkosten	Löhne.

Die in Mark je Tonne Eisen hierfür bekannten Kosten wären aber noch nicht genügend vergleichbar, weil Schwankungen in den Rohstoffpreisen Unterschiede dort verursachen, wo Verbrauchsunterschiede nicht vorhanden sind. Man wird also die Rechnung vorteilhaft so aufmachen, daß der Rohstoffpreis ausgeschaltet und im obigen Falle Kilogramm oder Stunden miteinander verglichen werden, z. B. Roheisen und Bruchanteil, Höhe des Abbrandes, Trichteranteil, Koksverbrauch in Prozent, Löhne in Stunden je Tonne usw. Diese wertbeständigen Ziffern gestatten uns dann, mit früheren eigenen Zahlen oder mit Zahlen anderer Werke Vergleiche zu ziehen [1]).

Wenn auf diese Weise die Selbstkosten des ganzen Betriebes festgestellt und verglichen sind, so kann daran gegangen werden, das Ziel der Rationalisierung in Einzelheiten festzulegen und auch die Wege zu erörtern, die zu dem Ziele hinführen sollen; auch die Durchführungszeit kann festgelegt werden.

Bei der Festlegung der Richtlinien für die Rationalisierung eines Werkes werden nun leider oft Fehler gemacht, die den gewünschten Erfolg in das Gegenteil verkehren können. Man vergißt, daß ein jeder Betrieb seine individuellen Eigenheiten hat, und daß man nicht ohne weiteres Erkenntnisse oder Maßnahmen, die in einem Betrieb erfolgreich waren, auf den anderen übertragen kann. Öfters vergißt man auch die Prüfung, ob nicht die Verbilligungen an der einen durch Verteuerungen an einer anderen Stelle mehr als aufgehoben werden! Gerade in Deutschland hat man öfters übersehen, auch den Zinsendienst für die geplanten Änderungen in die Rechnung einzubeziehen,

[1]) Hierzu s. auch S. 138.

wodurch manches Werk bei schwankender Beschäftigung unangenehme Überraschungen erlebt hat. Es ist sehr sorgfältig zu prüfen, ob die leistungssteigernden Maßnahmen nicht auch, um wirtschaftlich zu sein, eine Vermehrung der Erzeugungsmenge bedingen. Das letztere wird in den meisten Fällen abzulehnen sein. In erster Linie soll also die Rationalisierung in ihren Auswirkungen die Erzeugnisse verbilligen, ohne daß eine Mehrerzeugung notwendig ist.

Zahlentafel 39.

Wirtschaftlichkeitsstufen.

Betriebsstufe	Organisationsstand	Durchführung der Büroarbeiten	Durchführung der Arbeiten im Betrieb
I. Handwerksmäßiger Betrieb	Ganz rohe Ansätze einer Organisation.	Keine Vordrucke, jede Büroarbeit wird jedesmal wieder von neuem ausgedacht. Der Erfolg hängt nur von der Tüchtigkeit und Gewissenhaftigkeit des Ausführenden ab. Liefertermine aus dem Handgelenk.	Der Arbeiter holt sich alles selber zusammen und geht bei der Durchführung der Arbeit nach eigenem Gutdünken vor. Hilfsarbeiter für Fertigungsarbeiten sind nur selten vorhanden. Fast nirgendwo Akkordarbeit.
II. Meisterbetrieb	Sowohl Hauptlinien als auch Einzelheiten völlig den persönlichen Ansichten der Ausführenden überlassen.	Für die hauptsächlichen Arbeiten sind Vordrucke vorhanden. Trotzdem ist der Persönlichkeit, Gewissenhaftigkeit und Tüchtigkeit der Beamten alles überlassen. Beamte sind „unentbehrlich", weil Ersatzleute sich lange einarbeiten müssen. Es werden einige Statistiken geführt. Keine Terminkontrolle.	Es sind einige Hilfsarbeiter vorhanden. Trotzdem haben Facharbeiter noch viele Stunden für unproduktive Arbeiten. Den älteren Arbeitern ist die Art der Arbeitsausführung selbst überlassen. Teilweise Akkordarbeit.
III. Ansätze zur planmäßigen Leitung (sehr gebräuchlicher Fall)	In den Hauptlinien zwangläufig nach den Richtlinien des Leiters. Die Einzelheiten sind teilweise den Ausführenden überlassen.	Für alle Arbeiten sind gut durchdachte Vordrucke vorhanden. Die Güte der Arbeit ist nicht mehr so sehr von der Intelligenz und Tüchtigkeit der Beamten abhängig. Es zeigen sich Ansätze zwangläufiger Kontrolle durch die Verwendung der Vordrucke. Die Statistiken gewähren einen guten Einblick. Terminkontrolle durch den Leiter.	Den Facharbeitern wird die unproduktive Arbeit größtenteils abgenommen. Arbeitsverteilung durch Leiter und Meister. Es zeigen sich Ansätze für die vorherige Festlegung der Arbeitsdurchführung. Allgemein wird in Akkord gearbeitet, einige Akkorde auch durch Zeitstudien festgestellt.
IV. Durchgeführte Planmäßigkeit (ein heute noch seltener Fall)	Zwangläufig bis in alle Einzelheiten. Nur teilweise abhängig von der Persönlichkeit des Leiters.	Für alle Büroarbeiten bestehen Vordrucke, deren Verwendung an die Intelligenz des Beamten keine hohen Anforderungen stellt. Zwangläufige Kontrolle. Statistiken auch in bezug auf Selbstkostenrechnung vollkommen und sorgfältig durchgeführt. Gute Terminkontrolle und vorausschauendes Disponieren über die Termine. Eingehende Selbstkostenkontrolle am Monatsende.	Die Facharbeiter sind von allen unproduktiven Arbeiten entlastet. Die Arbeitsverteilung ist ziemlich durchgebildet. Arbeitsweisen werden planmäßig auf Verbesserungsmöglichkeiten untersucht. Akkorde sind auf Grund von Zeitstudien festgelegt.

Die zu planenden Maßnahmen müssen vor allem dazu dienen, den Betrieb auf eine höhere Wirtschaftlichkeitsstufe zu bringen, da eine solche meistens Grundbedingung für die Anwendung verfeinerter Rationalisierungsverfahren ist. Wie Zahlentafel 39 zeigt, haben wir verschiedene Stufen der Wirtschaftlichkeit zu unterscheiden. In der Zahlentafel ist großer Wert auf die Unterschiede in den Organisationsformen gelegt worden. Organisation ist jedoch nur Wegweiser, nicht Selbstzweck! Sie soll sich wie ein roter Faden durch den Betrieb ziehen, soll den Menschen und auch den Rohstoffen sicher den Weg weisen. Durch ihre Wegbereitung und die getreuliche Aufzeichnung der Abweichungen von diesem Wege schafft eine gute Organisation erst die Vorbedingungen zur Rationalisierung. Fehler in der Organisation machen sich in mehrfacher Form bemerkbar. Ist sie dürftig, so sind die Kosten für ihre Durchführung unerheblich, die Nachteile durch die fehlende Betriebsüberwachung können aber groß werden. Bei der Überorganisation hingegen entstehen hohe Kosten nicht allein durch den vermehrten Leutebedarf, sondern auch durch die Aufenthalte, wenn sich insbesondere die technischen Beamten und Angestellten mit Dingen beschäftigen müssen, die zu wissen wohl sehr interessant, aber nicht unumgänglich notwendig ist.

Die Organisation soll das reibungslose Ineinandergreifen der einzelnen Betriebsabteilungen gewährleisten, sie darf aber nicht starr, sondern muß elastisch und anpassungsfähig sein. Darüber hinaus soll sie auch sorgen, daß die Arbeit richtig vorbereitet wird, damit Wartezeiten jeglicher Art zuverlässig vermieden werden.

Transportwesen.

Über das Transportwesen, das in der Gießerei einen breiten Raum einnimmt, sind seitens des Reichskuratoriums für Wirtschaftlichkeit sehr eingehende Untersuchungen angestellt worden [1]). Die Rationalisierung des Transportwesens kann erfolgen durch

Verringerung der Transporte,
Verbilligung der Transporte.

Das erstere wird erleichtert, wenn man an Hand eines großen Planes der Fabrik Überlegungen anstellt über notwendige und nicht notwendige Transporte. Oft lassen sich durch Verlegung der Rohstoffplätze oder einzelner Betriebsabteilungen zahlreiche Transporte sparen. Verbilligung der Transporte erreicht man durch zweckmäßige Durchbildung der Transportmittel, durch gute und kurze Wege. Auch die Organisation kann durch Verminderung der Wartezeiten und bessere Ausnutzung der Transportarbeiter wesentlich zur Verbilligung der Transporte beitragen. Oft schaffen kleine Änderungen ganz erhebliche Verbilligungen [2]). Man muß sich jedoch hüten, aus der Verbesserung der Transporte allzugroße Gewinne zu erhoffen. Die Kosten bei der Anschaffung und dem Gebrauch neuer Transportmittel setzen sich nämlich zusammen aus [3]):

1. Kosten, die beim Transportmittel entstehen.
   a) Sachwert der Anlage
   b) Verzinsung
   c) Abschreibung
   d) Unterhaltungskosten
   e) Betriebskosten (Kraftverbrauch, Verbrauch an Betriebsmitteln, Arbeitslöhne für die Bedienung des Transportmittels)
   f) Kosten für die Wartezeit des Transportarbeiters.
2. Kosten, die bei der zu bedienenden Arbeitsstelle entstehen.
   Kosten für die Wartezeit auf das Transportmittel (Standgelder für Eisenbahnwagen, Stillstand von Arbeitsmaschinen usw., Kosten durch nicht vollständige Maschinenausnutzung, Kosten für die Wartezeit der Arbeiter).

Alle diese Kosten müssen bei der Wirtschaftlichkeitsrechnung berücksichtigt und später von der Nachkalkulation nachgeprüft werden, damit festgestellt wird, ob der erwartete Gewinn auch eingetreten ist.

Maschinenformerei.

Die Maschinenformerei ist das dankbarste Gebiet für die Rationalisierung. Wie der Name schon sagt, soll hier alles maschinenmäßig ablaufen. Es müssen also zuerst alle Vorbedingungen geschaffen werden, damit der Arbeiter dauernd weiter arbeiten kann.

---

[1]) Reichskuratorium für Wirtschaftlichkeit, Berlin NW 6, Luisenstraße. Druckschrift: Die gleislose Flurförderung, Teil I—III.

[2]) Hierzu siehe auch H. Tillmann: Leistungssteigerung in der Gießerei durch Ermüdungsbekämpfung. Gieß. 1925. S. 333/335.

[3]) Nach einer Zusammenstellung des Ausschusses für wirtschaftliche Fertigung.

Alle Störungsursachen, z. B. Fehler an der Maschine, an Formkasten, Fehlen geeigneten Modellsandes usw. sind zuerst zu beheben oder jedenfalls so einzuschränken, daß sie äußerst selten auftreten. Dann erst kann an die Verbesserung des Arbeitsplatzes und auch später an die der Arbeit selbst gegangen werden. Die Herrichtung des Arbeitsplatzes soll so erfolgen, daß der Arbeiter die kürzesten Wege zur Verrichtung seiner Arbeit hat. Alles soll griffgerecht in seiner Nähe liegen. Zum Ergreifen kleinerer Kasten soll er nicht mehr als einen Schritt seitlich tun müssen, um sie auf die Maschine aufzusetzen. Bei Verwendung von Krankasten soll der Kran nach dem Absetzen auf seinem Rückwege den benötigten leeren Kasten gleich mitbringen. In manchen Fällen kann es Vorteile bringen, eine Arbeitsteilung so durchzuführen, daß bei größeren Kasten eine besondere Kolonne das Ausputzen und Fertigmachen zum Gießen erledigt. Sandfüllvorrichtungen an den Formmaschinen tragen zur Arbeitsbeschleunigung bei. Jedoch wird die Ersparnis durch die hohen Anlagekosten in vielen Fällen aufgezehrt.

Abb. 55.
Rationalisierter Arbeitsplatz an einer Wendeformmaschine.

Der richtigen Wahl der Formmaschinen kommt naturgemäß eine sehr große Bedeutung zu. Man muß jedoch überlegen, ob die teuren Hochleistungsmaschinen auch ausgenutzt werden können. Die von den Lieferfirmen genannten hohen Leistungen werden sich dort nie erreichen lassen, wo mit einem öfteren Modellplatten- oder sogar Kastenwechsel gerechnet werden muß[1].

Manche Gußstücke formt man vorteilhaft kastenlos, wobei Unter- und Oberkasten in einem Arbeitsgange gepreßt werden. Die Kasten sind entweder konisch, wobei man vor dem Gießen entsprechende Eisenrahmen darüber setzt, oder es werden beim Formen schmale Eisenrähmchen eingelegt. Dadurch läßt sich die Modellplattenfläche besser ausnutzen, und ein Durchgehen der Kasten ist nicht zu befürchten. Die Formerlöhne sind etwa 25% niedriger als bei der normalen Kastenformerei auf Maschine. Die Modellplatten für dieses Formverfahren lassen sich sehr billig aus einer Aluminiumlegierung oder bei geringen Stückzahlen auch aus Holz herstellen.

In manchen Fällen wird man schon durch kleine Änderungen beachtenswerte Erfolge erzielen. Nach einer richtigen Durchbildung des Arbeitsplatzes für eine Wendeplattenformmaschine (Abb. 55) konnten die Akkorde um etwa 20% gesenkt werden. Die Verteilung des Platzes zum Aufstellen der Kasten erfolgt unter Berücksichtigung der kürzesten Wege. Die freibleibenden Gänge müssen genügend breit sein, damit das Gießen gefahrlos erfolgen kann. Vorteilhaft ist es, zum Aufstellen der Kasten ein hartes Bett vorzusehen, das durch in den Boden eingelegte Eisenschienen festgelegt wird. Auch das Stapeln der fertigen Kasten kann Vorteile bringen, da es das Gießen erleichtert und das Belasten teilweise entbehrlich macht. Die Modellplatten müssen aber dafür entsprechend durchgebildet werden, damit die Eingüsse immer an einer Seite liegen. Wenn die Belastungsgewichte schwerer als 20 kg sind, so verklammert man vorteilhaft die Kasten, anstatt sie zu beschweren, sofern das Verklammern nicht aus anderen Gründen untunlich ist[2].

Für die Erreichung kurzer Arbeitszeiten ist die richtige Auswahl der Werkzeuge wichtig. Das Gewicht der Formkasten hat einen hohen Einfluß auf die Arbeits-

[1] Vgl. auch Bd. II, S. 522/528. [2] Hierzu siehe man auch H. Tillmann: Kasten beschweren oder Kasten klammern. Gieß. 1931. S. 37/39.

leistung [1]). Die Unterkasten sollen möglichst die Stiftführung, die Oberkasten die Lochführung haben, wobei den Führungen besondere Sorgfalt zu schenken ist, da hierdurch manches Ausschußstück durch Versetzen vermieden wird [1]). Es ist nicht nötig, die Führungstifte lang zylindrisch zu machen, da dadurch die Kasten beim Zusammensetzen gerne klemmen. Wie nachgewiesen wurde [2]), kann die Verjüngung bis zu 1 : 25 betragen, ohne daß sich irgendwelche Anstände ergeben. Auch die anderen Werkzeuge, wie Stampfer, Schaufeln usw. sollen zweckmäßig sein. Gerade in Stampfern findet man die verschiedensten Formen, die durchweg entweder für Einhandbedienung eingerichtet oder auch zu leicht sind. In Abb. 56 ist falsches und richtiges Stampfwerkzeug einander gegenübergestellt.

Abb. 56. Falsches und richtiges Maschinenformerwerkzeug.

Durch gute Modelleinrichtungen kann manchmal die Leistung wesentlich gesteigert werden. Als Ersatz für die teuren Metallmodelle ist seit einigen Jahren die Steinmodellmasse auf den Plan getreten, wodurch die Modellherstellung wesentlich verbilligt wurde. Auf die Anfertigung der Platten selbst ist die allergrößte Sorgfalt zu verwenden, da alle durch nicht fachgemäße Herstellung verursachten Aufenthalte beim Formen sich mit der anzufertigenden Stückzahl vervielfachen. Richtige Verjüngungen der senkrechten Flächen und Kernmarken sind sehr wesentlich. Der in Abb. 57 gezeigte neue Trichter mit Stiftführung vermeidet das nach dem Formen notwendige Ausbohren des Trichters. Wenn man nicht an Preßmaschinen Federtrichter verwendet, kann es zweckmäßig sein, die Trichtertümpel an der Preßplatte zu befestigen und mit einzupressen. Allerdings muß in diesem Falle der Preßklotz so durchgebildet sein, daß ein Abstreichen des fertigen Kastens entbehrlich ist.

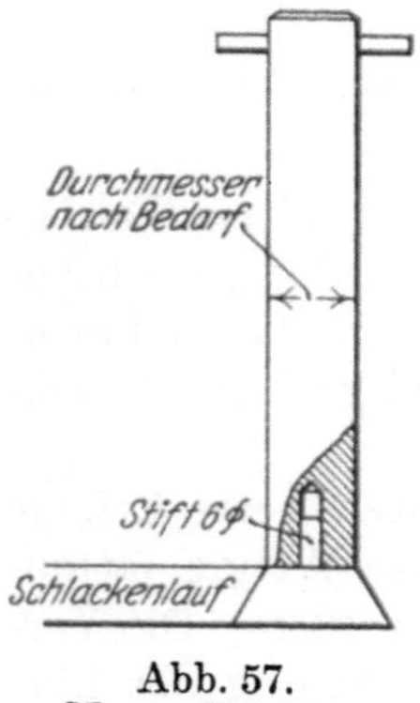

Durchmesser nach Bedarf
Stift 6 ⌀
Schlackenlauf

Abb. 57. Neuer Trichter.

Erst wenn diese Kleinigkeiten alle geändert sind, wenn also Arbeitsplatz, Werkzeuge usw. in Ordnung sind, kann an die Verbesserung der Arbeit selber gegangen werden. Durch Zeitstudien wird zuerst einmal die Art der gegenwärtigen Arbeitsausführung und der Zeitverbrauch dafür festgelegt. Die Zeitschwankungen bei der Zeitaufnahme werden auf ihre Gründe untersucht [3]) und ergeben oft interessante Aufschlüsse über Verbesserungsmöglichkeiten. Durch Vergleiche der einzelnen Arbeiten und ihres Zeitverbrauches mit Richtwerten aus ähnlichen Ausführungen oder solchen von anderer Seite [4]), sieht man dann, wo noch weiter zu verbessern ist. Hierzu muß man sich oft die einzelnen Griffe bei jeder Teilarbeit genau überlegen, um die Bewegungen des Arbeitenden so kurz wie möglich zu machen.

Dann ergeben sich auch noch einige fehlende Kleinigkeiten in der Durchbildung des Arbeitsplatzes oder des Werkzeuges. Nach der völligen Änderung muß der Arbeiter sich zuerst an die neuen Arbeitsbedingungen gewöhnen, da er manchmal völlig umlernen muß. Hernach erfolgt erst die richtige Anleitung durch den Meister oder einen geeigneten Vorarbeiter. Durch eine solche Änderung, verbunden mit richtigem Anleiten, wurde z. B. das Einlegen von 12 Kernen an einer Formmaschine von 1,32 auf 0,975 Minuten ermäßigt [5]).

[1]) Hierzu und auch zur Rationalisierung in der Maschinenformerei s. H. Tillmann: Lehrbuch der Stückzeitermittlung in der Maschinenformerei. München 1927. S. 133 ff. [2]) a. a. O. S. 139 f.
[3]) Siehe Abschnitt Zeitstudien. S. 98. Beispiele hierzu: H. Tillmann: Lehrbuch der Stückzeitermittlung in der Maschinenformerei. S. 151 ff.; derselbe, Gieß. 1926. S. 398/400, 562/563, 859/862.
[4]) H. Tillmann: Lehrbuch der Stückzeitermittlung in der Maschinenformerei. Richtzeitwerte. S. 52 ff.
[5]) a. a. O. S. 154.

Handformerei.

Die Rationalisierung der Handformerei unterscheidet sich von der in der Maschinenformerei in der Hauptsache dadurch, daß nicht so sehr in Einzelheiten gegangen wird. Die sich dauernd wiederholende gleiche Arbeit in der Maschinenformerei erlaubt eine viel eingehendere Untersuchung, als die Arbeit in der Handformerei, die in gleicher oder ähnlicher Form nur selten wiederkehrt. Es soll damit nicht gesagt sein, daß es in der Handformerei nur auf die Berücksichtigung der sogenannten großen Gesichtspunkte ankommt. Auch hier besteht die Rationalisierung meist in einer mühsamen Kleinarbeit.

Eine gute Arbeitsvorbereitung hat hier besondere Vorteile. Die Leistung steigt durch die Entlastung der Facharbeiter von sogenannten unproduktiven Arbeiten. Die dadurch notwendige Vermehrung der Hilfskräfte kann sich zur Unwirtschaftlichkeit auswirken, wenn nicht eine sorgfältige Überwachung stattfindet. Da es nur in seltenen Fällen möglich sein wird, die Hilfsarbeiter im Akkord arbeiten zu lassen, können diese leicht ab und zu nicht voll ausgenutzt werden. Nur wenn eine zuverlässige Überwachung gewährleistet ist, darf eine weitgehende Arbeitsteilung eingeführt werden. Als Normalverhältnis zwischen Formern und Hilfsarbeitern haben sich in der Sand- und Lehmformerei folgende Verhältnisse herausgebildet:

	Former : Hilfsarbeiter
Schwerer Maschinenguß mit viel Bodenarbeit	
Formerkolonnen bis zu 3 Mann	2 : 1
Ganz vereinzelt bis zu	1 : 1
Dasselbe, größere Formerkolonnen	3 : 1
Mittlerer Maschinenguß, vereinzelt schwere Stücke, Boden- und Doppelkastenarbeit	2 : 1 bis 3 : 1
Leichter bis mittelschwerer Maschinenguß mit wenig Bodenarbeit	3 : 1 bis 4 : 1
Leichter Maschinenguß	4 : 1
Bankguß	5 : 1 bis 6 : 1

Diese Zahlen sind naturgemäß je nach Art der Betriebe und nach der mehr oder minder weit geführten Arbeitsteilung verschieden. Die Nebenarbeiten, die man dem Former durch Hilfsarbeiter oder eine gute Arbeitsteilung abnehmen kann, betragen bis zu 30% der Formerarbeitszeit! Es ist aber nicht allein damit getan, dem Former diese Arbeiten abzunehmen und durch Hilfskräfte verrichten zu lassen, da die Verbilligung dann meist nur in der Spanne zwischen Former- und Hilfsarbeiter-Stundenverdienst besteht, sondern man muß unbedingt einen Teil dieser Nebenarbeiten durch gute Organisation zum Verschwinden bringen. Dies ist nicht schwierig, wenn man die Nebenarbeiten in „notwendige“ und „entbehrliche“ trennt und entsprechend untersucht. Zu den „notwendigen“ gehört z. B. das Kastenhereinholen, während eine „entbehrliche“ z. B. das Suchen nach passenden Schoren ist. Um diese letzte Arbeit zu verbessern, soll man nicht Hilfsleute dafür anstellen, diese würden unter Umständen noch eine längere Zeit dafür brauchen als der Former, sondern es muß durch die Organisation dafür gesorgt werden, daß die Arbeit des Suchens ein Minimum wird. Dies erreicht man durch eine gründliche Arbeitsvorbereitung.

Abb. 58. Nicht rationalisierter Handformerplatz.

Die „entbehrlichen“ Arbeiten sind oft solche, welche durch mangelnde Ordnung hervorgerufen werden. Auf einem Formerarbeitsplatz wie in Abb. 58 kann man alles nur bei zeitraubendem Suchen finden. Ebenso sieht es manchmal auf Formkastenlagerplätzen aus, wo alles kunterbunt durcheinandersteht. Mit Verbauzeug, Schoren und Sandhaken ist es öfters noch schlimmer bestellt. Wieviele Ringe und Platten für die Lehmformerei werden neu gemacht, weil man entweder zu bequem war, die alten zu suchen oder sie auch wirklich nicht finden konnte? Derartige Beispiele ließen sich ins Ungemessene vermehren. Viele Arbeitsstunden gehen dadurch verloren, daß die Former im Verein mit den Hilfsarbeitern suchen und sich doch später behelfen müssen? Ordnung halten in Verbindung mit einer guten Arbeitsvorbereitung hilft alle diese Verluste vermeiden. Der Kastenplatz muß zweckmäßig eingeteilt werden, und aus einer Vorratsliste soll die Größe der Kasten und auch ihr Lagerort ersichtlich sein. Die in der Gießerei nicht mehr gebrauchten Kasten müssen nach Möglichkeit hinausgeschafft werden, um den zum Formen nötigen Platz nicht zu beengen.

Um das Verbauzeug schnell heranzuschaffen, empfiehlt es sich, in größeren Betrieben einen besonderen Mann mit der Aufbewahrung und Verwaltung dieser Stücke zu betrauen. Es kann dann auch nicht vorkommen, daß ein Kasten schlecht verbaut wird, weil das nötige Material nicht aufzufinden war. Es wird oft übersehen, daß manchmal in einem richtig verbauten Kasten das zeitraubende Stellen von Sandhaken fast entbehrlich ist.

Die innerbetriebliche Normung der Formkasten kann manche Vorteile bringen. Wenn auch die Normung der Außenabmessungen nicht immer möglich sein wird, so bietet doch die Festlegung der Höhen deshalb Vorteile, weil dann Kopf- und Seitenteile untereinander auswechselbar sind. Das größere Gewicht der zusammengeschraubten Krankasten hat keine Nachteile, wenn die Hebevorrichtungen im Betriebe ausreichen. Auch große Formkasten müssen gute Führungen haben, die natürlich nicht so genau sein können, wie die in der Maschinenformerei. Es genügt nicht, bei größeren starren Kasten ein festgekeiltes Stück Rundeisen oder einen Gießtrichter als Führung zu verwenden, sondern es müssen hier gute Führungen vorhanden sein, wenn man einwandfreie, gratfreie Arbeit verlangt. Bei größeren, zusammengeschraubten Kasten haben sich Dreikantführungen aus Winkeleisen bewährt [1]).

Ersparnisse erzielt man auch durch Arbeitsteilung. In der Einzelfertigung wird diese nur sehr selten möglich sein, aber bei kleinen Serien gleicher oder ähnlicher Stücke lohnt es sich manchmal, besondere Kolonnen zum Aufstampfen, Fertigmachen oder Gießen einzurichten. Dies insbesondere dann, wenn nicht mehr aufgestampft wird, sondern ein großer Rüttler zum Aufrütteln zur Verfügung steht. Auch lassen sich Kolonnen bilden, die mit Preßluftstampfern nur die Formen aufstampfen.

Gutes Werkzeug ist auch in der Handformerei erforderlich. Aus Untersuchungen über die zweckmäßigen Stampfergrößen hat man z. B. in Amerika [2]) gefunden, daß folgende Größen wirtschaftlich sind:

Für normale Arbeit	Gewicht	3,5 kg
Für größere Arbeit	„	4,5 „
Für schwerere Stücke in Trockenguß . . .	+	0,35 „
Für leichtere Stücke in Naßguß	—	0,6 „

Neben dem Stampfergewicht ist auch die Stampfergröße zu beachten. Flachstampfer sollen normal etwa 150 mm Durchmesser haben. Bei Kasten, die eng verbaut sind, kann man in Sonderfällen bis zu 200×200 mm gehen und gute Erfahrungen machen. Es ist in den deutschen Gießereien üblich, daß die Former eigenes Kleinwerkzeug haben. Da dieses in den seltensten Fällen vollständig ist, so lohnt es sich, auch hierauf gelegentlich zu achten, da es nicht vorteilhaft sein kann, wenn der Former sich mit nicht passenden Polierknöpfen oder dergleichen behelfen muß.

In vielen Gießereien geschieht das Schwärzen der Gußformen immer noch mit dem Pinsel, während andere Betriebe mit der Preßluftpistole eine einwandfreie Schwärzeoberfläche erzielen. Da der Zeitverbrauch beim Arbeiten mit der Pistole nur ungefähr $^1/_{10}$ der Handarbeit mit dem Pinsel beträgt, so lohnt es sich, dieses Verfahren allgemein einzuführen.

[1]) Gieß. 1925. S. 945/946. [2]) Foundry 1926. S. 129/132. Vgl. auch Bd. II, S. 5.

Die größten Ersparnisse erzielt man natürlich bei Änderung der Formverfahren. Manche Stücke lassen sich durch eingehende vorherige Überlegungen und kleine Hilfsmittel, wie besondere Schoren, Aufhängeroste usw. erheblich billiger formen. Naßguß ist in vielen Fällen billiger als Trockenguß, da das Trocknen und die damit verbundenen Transporte der Formen wegfallen. Naßgießen ist jedoch nicht in allen Fällen wirtschaftlich. Bei Trockenguß kann der Former bedeutend sorgloser arbeiten, da die Trockenform nicht so empfindlich gegen zu festes Stampfen ist. Bei einer Naßgußform kann unter Umständen ein einziger falscher Stampferstoß zum Ausschuß führen. In Erkenntnis dieser Tatsache stampfen bei Naßguß die Former sehr häufig so lose als möglich und erhalten dann Gußstücke mit Nähten wie in Abb. 59, die auch oft noch ganz erheblich getrieben haben. Das Naßgießen ist, besonders bei großen Stücken, erheblich schwieriger als das Trockengießen. In manchen Gegenden Deutschlands, z. B. in Sachsen, haben sich die Former auf das sorgfältige Arbeiten bei Naßguß so gut eingearbeitet, daß Drehbankbetten von 15 und mehr Tonnen grün gegossen werden. Wenn auch zugegeben werden soll, daß die Erfolge teilweise von der Verwendung besseren, luftdurchlässigeren Sandes kommen, so gehört doch zum Naßguß eine große Geschicklichkeit, weshalb manchmal Versuche zum Naßgießen ungünstige Ergebnisse gehabt haben. Die Gewöhnung der Former ist aber erreichbar, wenn der richtige Formsand zur Verfügung steht.

Abb. 59. Gußstück mit Nähten.

Verbilligungen werden sich auch in vielen Fällen durch Zeitstudien ermöglichen lassen. Die Lohnverminderung wird jedoch hier weniger durch die Erkenntnis der wirklichen Arbeitszeit kommen, als durch die Überlegungen, die man nach einer genauen Kenntnis des Arbeitsganges nach der Aufnahme anstellen kann. Eingehende Studien der Neben- und Verlustzeiten ermöglichen jedoch in fast allen Fällen eine Verringerung des Lohnanteils. Wie schon im vorigen Abschnitt auf S. 120 erwähnt, ist es hier nicht vorteilhaft, bei Zeitstudien allzusehr in Einzelheiten zu gehen, da dies die Aufnahme wesentlich verteuert, ohne entsprechende Gewinne zu bringen.

Kernmacherei.

In der Kernmacherei kann man die Grundsätze der Maschinenformerei anwenden, wenn es sich um kleine Massenkerne handelt und die Grundsätze der Handformerei, wenn größere Kerne in Einzelfertigung hergestellt werden sollen. Die Arbeitszeit wird wesentlich von der Verwendung der verschiedenen Kernfertigungsstoffe beeinflußt. Macht man nur Massenkerne, verwendet also den billigsten Kernstoff, so werden diese Kerne manchmal einen hohen Lohnwert haben, weil sehr sorgfältig beim Stampfen und der Luftabführung gearbeitet werden muß. In Ölsand hergestellte Kerne werden, obwohl der Stoffwert höher ist, meist billiger, weil schneller gearbeitet werden kann und das Schwärzen oft wegfällt. Auch ist es nicht nötig, auf Stampfen und Luftabführung sehr große Sorgfalt zu verwenden. Die Ersparnisse an Arbeitszeit hängen jedoch in großem Maße von den verwendeten Rohstoffen, Bindern usw. ab. Am besten verarbeiten sich die Sande mit Leinölzusatz, wo fast überhaupt kein Stampfen erforderlich ist. Allerdings braucht man hier teure Trockenschalen, wenn es nicht möglich ist, den Kern bis zum nächsten Tage zur oberflächlichen Trocknung im Kasten zu belassen.

In neuerer Zeit macht man sich die amerikanischen Arbeitsweisen, auch große Kerne in Ölsand herzustellen, auch in Deutschland zunutze. Der Zeitverbrauch dabei ist gegenüber der Herstellung von Massenkernen ungefähr 25% geringer, weil man diesen

Sand nicht mehr stampfen muß. Man füllt ihn einfach ein, streicht ab und läßt den Kern im Kasten bis zum nächsten Tage stehen.

Am billigsten sind grüne Kerne, weil sie aus Formsand angefertigt, keine Trockenkosten erfordern. Neben grünen Kernen, die auf Maschine geformt, gleich in dieser eingelegt werden, gibt es auch solche, die sich fast ebenso wie getrocknete Kerne behandeln und einlegen lassen. Sie bestehen aus luftigem Formsand mit einem Bindemittel (Hexolit oder ähnliche Stoffe). Die Festigkeit im lufttrockenen Zustande ist so hoch, daß man sie fast ebenso wie getrocknete Kerne behandeln kann. Die Kosten sind natürlich gegenüber getrockneten Kernen erheblich geringer. Bei Kernen, die in Hälften gefertigt werden, kann man auch als untere Hälfte getrockneten Ölsand und als obere grünen Sand verwenden. Größere Kerne können unter Umständen nur außen eine 3 cm starke Schicht Ölsand haben und innen mit billigem, anderem Sande angefüllt sein. Alle diese Maßnahmen werden zu einer Kernverbilligung führen.

Abb. 60.
Kernmacher-Arbeitsplatz nach der Rationalisierung.

Für die Arbeitsplätze in der Kernmacherei gilt sinngemäß das für die Hand- und Maschinenformerei Gesagte. Auch hier kommt es sehr darauf an, Ordnung zu halten, damit unnötiges Suchen und Zeitverluste vermieden werden. Einen zweckmäßigen Arbeitsplatz für kleine Kerne in Verbindung mit Trockenregal und Hubwagen zeigt Abb. 60. Auch hier ist alles griffgerecht vorhanden. Mit ausschlaggebend für schnelles Arbeiten ist auch die Einrichtung der Kernkasten. Schwierig herzustellende kleine Kerne werden, in Holzkernkasten hergestellt, oft sehr teuer, weil die Kernkasten nach längerem Gebrauch innen nicht mehr glatt genug sind. Man braucht dann vorteilhaft Eisen- oder Metall-Kernkasten. Abb. 61 zeigt in einem Falle den Arbeitszeitverbrauch.

Wird bei Massenkernen jeweils nur ein Stück im Kasten geformt, so wird die Arbeitsleistung erheblich niedriger sein, als wenn mehrere Kerne zugleich in einem Kasten gemacht werden. Das Sandeinfüllen, Abheben usw. geschieht dann für alle Kerne gemeinsam, und die Herstellungszeit des einzelnen Kerns sinkt. Das Kernkastengewicht darf, besonders bei eisernen Kasten, nicht zu hoch sein, da die Ermüdung der Arbeiter dann erheblich und die Leistung entsprechend niedrig ist[1]). Das Schwärzen kleiner Kerne mit dem Pinsel dauert lange. Eintauchen verkürzt auch diese Arbeit.

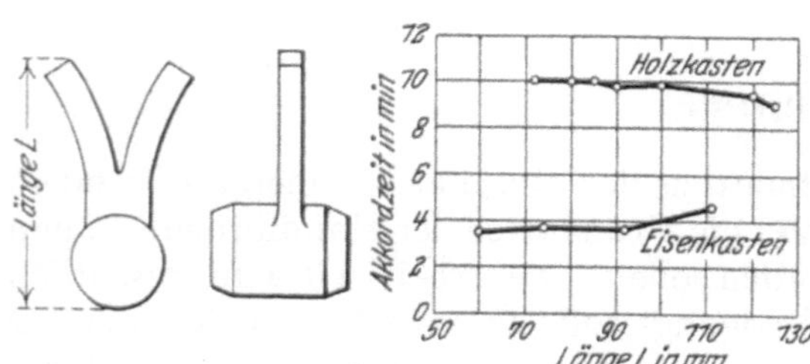

Abb. 61.
Arbeitsverbrauch in Holz- und in Metallkernkasten.

Neben guten Werkzeugen kann man sich auch einige kleine Arbeitsbehelfe zunutze machen. Mittelgroße Kerne stellt man vorteilhaft auf einer Eisenplatte her, unter der ein schwerer Vibrator befestigt ist, wodurch ein großer Teil der Stampfarbeit entbehrlich wird. Alte Wendeformmaschinen und andere Vorrichtungen lassen sich sehr vorteilhaft zum Abheben der Kernkasten verwenden und tragen wesentlich dazu bei, daß saubere und schnellere Arbeit geleistet wird. Bei größeren Kernen ist es manchmal billiger, an Stelle der jeweils neu anzufertigenden Roste einfache querverbundene Stäbe einzulegen. Diese lassen sich aus Resteisen in Kokillen gießen.

Feststellung sowohl der Haupt- als auch der Neben- und Verlustzeiten durch Studien wird in den meisten Fällen erhebliche Vorteile bringen und zu einer zweckmäßigen

[1]) Vgl. Abb. 27 auf S. 112.

Arbeitsteilung führen. Die Neben- und Verlustzeiten, die in einer mittleren Kernmacherei etwa 29% betrugen, konnten durch Bildung von Kolonnen zum Ausputzen und Fertigmachen, sowie durch Herrichtung der Arbeitsplätze nach Abb. 60 auf 12,5% herabgedrückt werden!

Putzerei.

Die Putzkosten werden maßgebend von dem Arbeiten der Formerei beeinflußt. Arbeiten die Former nicht sauber und kommen Gußstücke mit Schalen, angebranntem Sand, zu harten oder eingebrannten Kernen in die Putzerei, so wird man meist sehr hohe Putzkosten haben. Die Verwendung von Ölsandkernen kann hingegen die Ausstoßerkosten erheblich verringern. Da die zu putzenden Stücke nur selten gleichartig sind, so bieten Verbesserungen des Putzverfahrens einzelner Stücke nur in besonderen Fällen wirtschaftliche Vorteile. Es kommt aber sehr darauf an, Neben- und Verlustzeiten so niedrig wie möglich zu halten, da besonders Kranwartezeiten oft erhebliche Beträge erreichen können. Eine gute Überwachung ist zur Verminderung der Zeitverluste und auch zur Lösung der Terminfrage, die mit der Putzerei eng verbunden ist, unumgänglich nötig. Die Bildung von Kolonnen zum Ausstoßen und zum Putzen großer, mittlerer und kleiner Stücke, sowie ihre Ausrüstung mit zweckmäßigen Werkzeugen bringt Vorteile. Die Transporte sollen möglichst kurz und geradlinig erfolgen und einen rhythmischen Fluß in die Arbeitsgänge bringen. Kleine Transporthilfsmittel, wie Verbindungsrutschen zwischen Arbeitständen, Hubkarren und Transportwagen helfen wesentlich an Zeit sparen. Schmirgelscheiben, Sandstrahlgebläse, Putztrommeln und andere Werkzeuge brauchen eine gute Überwachung und Instandhaltung, um wirtschaftlich zu bleiben.

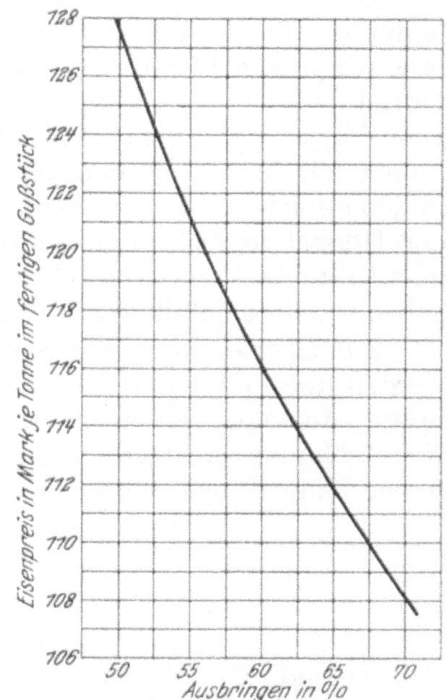

Abb. 62.
Eisenkosten im fertigen Gußstück.

Schmelzbetriebe.

Das Betriebsergebnis wird auch maßgebend von der metallurgischen Führung des Betriebes beeinflußt. Hierauf soll hier nicht näher eingegangen werden, da ausführliche Angaben in den einzelnen Abschnitten der vorhergehenden Bände dieses Handbuches gemacht worden sind. Mancher dieser Fragen wird jedoch in der Praxis leider zu wenig Bedeutung beigemessen, was besonders von dem Trichteranteil gilt. Wie aus Abb. 62 ersichtlich, hat der mehr oder minder hohe Anteil der Trichter einen großen Einfluß auf die Eisenkosten, und die durch Verminderung der Trichtermenge im Jahre eingesparten Beträge können ganz erhebliche Summen erreichen. Die Verminderung der Trichter ist wohl eine metallurgische, aber trotzdem in erster Linie eine Frage der guten Betriebsüberwachung, da die meisten Former Trichter, Anschnitte und Steiger nach dem Gefühl bemessen. Gerade im Trichteranteil findet man in den Gießereien die meisten Unterschiede, die nicht allein von der Art der hergestellten Stücke bedingt sind.

Zusammenfassung.

Wie aus den vorstehenden Ausführungen ersichtlich, bedeutet die Rationalisierung eine ungeheure Kleinarbeit, die sich nicht in kurzer Zeit erledigen läßt. Das vorher aufgestellte Programm muß sehr gewissenhaft und gründlich überwacht werden, da die Wirtschaftlichkeit von sehr vielen Umständen beeinflußt wird. Der Gewinn ist ja schließlich nur die kleine Spanne zwischen allen Ausgaben und Einnahmen. Mangelnde

Beschäftigung, vergrößerter Zinsendienst und andere unvorhergesehene Ereignisse und Ausgaben können die Wirtschaftlichkeit der Maßnahmen wesentlich beeinflussen. Neben den Zahlen der Nachkalkulation, die meist erst verfügbar sind, wenn die Änderungen abgeschlossen sind, muß der Betrieb selbst auch die Möglichkeit haben, die Fortschritte während der Programmdurchführung klar zu erkennen. Diese Vergleichszahlen braucht er in wertbeständiger Form, um von irgendwelchen Preisschwankungen unabhängig zu sein.

Da es für den Betrieb darauf ankommt, entweder die Lohn- oder die Werkstoffkosten zu senken, wobei unter Werkstoffkosten auch die Hilfsstoff- und Unkosten verstanden sein sollen, so muß er Zahlen für eine Lohn- oder Menschenwirtschaftlichkeit und für eine Stoffwirtschaftlichkeit ermitteln. Die Zahlen für beide können mehr oder minder Ausdruck für Betriebseinzelheiten sein, abhängig davon, welche Erkenntnisse man benötigt.

Die Menschenwirtschaftlichkeit, ein anderer Ausdruck für den Lohnanteil je Kilogramm, erfaßt die wertbeständigen Lohnanteile in Stunden je Kilogramm oder ihre reziproken Werte, Leistungen in Kilogramm je Stunde. Sie kann für den Gesamtbetrieb durch das Verhältnis Gesamterzeugung : Gesamte Belegschaftstunden oder auch für jede Abteilung in gleicher Form ermittelt werden. Diesen letzten Weg wird man immer zur klaren Erkenntnis der Leistungsverhältnisse gehen müssen. Schwankungen in den ermittelten Leistungsziffern treten ein, wenn die Art der Arbeit wechselt (Änderung der Herstellungsschwierigkeit oder des Stückgewichtes), oder wenn die Leistung steigt oder fällt. Das erstere läßt sich durch entsprechende Korrekturziffern ausgleichen, dann geben die nötigenfalls geänderten Zahlen einen absoluten Maßstab für den Fortschritt[1]).

Zur Überwachung der Stoffwirtschaftlichkeit können ähnliche Zahlen gebildet werden, die in statistischer Form Aufschluß über Veränderungen im Trichteranteil, Abbrand, Ausschuß, Hilfsstoffverbrauch usw. bieten können. Diese Zahlen sollen nicht die Nachrechnung ersetzen, sondern dem Betriebe nur die Möglichkeit der Überwachung seiner Maßnahmen geben, wenn die Änderungen noch im Fluß sind.

Literatur.

Einzelne Werke.

Hinnenthal, H.: Die deutsche Rationalisierungsbewegung und das Reichskuratorium für Wirtschaftlichkeit. Berlin 1927.

Industrie- und Handelskammer zu Berlin: Die Bedeutung der Rationalisierung für das deutsche Wirtschaftsleben. Berlin 1928.

Handbuch der Rationalisierung. Im Auftrage des Vorstandes herausgegeben vom geschäftsführenden Vorstandsmitglied des Reichskuratoriums für Wirtschaftlichkeit. 2. Aufl. Berlin 1930.

Tillmann, H.: Betriebskennziffern in der Gießerei. Düsseldorf 1931.

Abhandlungen.

Barnes, E. A.: Wirtschaftlichkeitstechniker im Gießereibetrieb. Transact. American Instit. of Metals 1913. S. 184/187; auszugsweise Stahleisen 1914. S. 1853.

Mehrtens, Joh.: Die Erhöhung der Wirtschaftlichkeit in der Eisengießerei durch einheitliche Leitsätze und Unterlagen für die Herstellung und Bewertung der Gußerzeugnisse. Betrieb 1921. 10. Juli. S. 613/617.

Tillmann, H.: Rationelles Studium der Handarbeit in Formmaschinenbetrieben. Gieß. 1925. S. 218.

— Leistungssteigerung in der Gießerei durch Ermüdungsbekämpfung. Gieß. 1925. S. 333/335. Planmäßige Organisation einer Gießerei. Iron Age 1925. S. 193/196.

Köttgen, C.: Staatliche und privatwirtschaftliche Aufgaben der deutschen Rationalisierung. Technik Wirtsch. 1925. S. 133/136.

Tillmann, H.: Einige Ermüdungsstudien im Gießereibetrieb. Ind. Psychotechnik 1925. S. 374/375.

— Das Transportproblem im Gießereibetrieb. Werkst.-Techn. 1926. S. 341/342.

Neuberg, E.: Bedeutung der Produktionsbeschleunigung für die Wirtschaft. Tech. Wirtsch. 1926. S. 103/107.

Rieth, W.: Leistungssteigerung im Gießereibetriebe. Stahleisen 1926. S. 1470/1473.

[1]) Hierzu siehe man auch H. Tillmann: Betriebskennziffern in der Gießerei. Düsseldorf 1931.

Riebold, A.: Transportersparnisse in Gießereien. Gieß. 1927. S. 321/325.
Heidebroek, E.: Grundfragen für Fließarbeit und Rationalisierung im Gießereiwesen. Gieß. 1927. S. 477/481.
Bennington, E. T.: Massentransport in einer Gießerei. Transact. American Foundrymen's Assoc. 1927. S. 45/58.
Grossmann, G.: Zeitgemäßes Arbeiten in der Gießerei und den Nebenwerkstätten. Gieß. 1927. S. 438/440.
Reininger, H.: Wirtschaftliche Produktionsüberwachung in Gießereibetrieben. Gieß. 1928. S. 10/16.
Tillmann, H.: Fortschrittliche Arbeitsmethoden in der Modelltischlerei. Gieß. 1928. S. 1157/1159.
Fraenkel und Lischka: Betriebswirtschaftliche Untersuchungen in Gießereien. Gieß. 1928. S. 1078/1086.
Stern, G.: Die Beanspruchung des Menschen bei den einzelnen Arbeitsvorgängen in der Gießerei. Gieß. 1929. S. 1068/1076.
Freund, H.: Arbeitsverteilung in Gießereibetrieben. Masch.-Bau 1930. S. 301/302.
Tillmann, H.: Kasten beschweren oder Kastenklammern in der Maschinenformerei. Gieß. 1931. S. 37/39.

IV. Das Arbeiten am Band.

Von

Dr.-Ing. P. Uebbing.

Allgemeines.

Nach der Auslegung des Ausschusses für wirtschaftliche Fertigung ist Fließarbeit eine örtlich fortschreitende, zeitlich begrenzte und lückenlose Folge von Arbeitsgängen. An sich ist diese Arbeitsweise nichts Neues und wurde schon seit geraumer Zeit in Webereien, Papier- und Schuhwarenfabriken, bei der Herstellung von Konserven, Kartonagen, chemischen Mitteln, kosmetischen Stoffen u. a. in mehr oder weniger vollendeter Form angewandt, zu dem Zweck, die Gestehungskosten der Ware herabzusetzen, einen niederen Verkaufspreis zu ermöglichen und sie der Kaufkraft der Abnehmer zugänglich zu machen, größere Umsätze und Aufträge zu erzielen.

Ihre Anwendung im Gießereibetrieb treffen wir zum ersten Mal bei der Westinghouse-Luftbremsen-Gesellschaft in Wilmerding bei Pittsburgh, Pa. Dort wurde Ende der 1880er Jahre eine Einrichtung aufgestellt, bei der „die Gußformen auf beweglichen Tischen nach den Kuppelöfen und von hier nach dem Entleerungsraume befördert wurden, worauf die Formkasten wieder an die Stelle, wo das Einformen geschah, zurückgelangten“[1]). Eine allgemeinere Anwendung solcher Einrichtungen wurde erst angeregt und ermöglicht, als die Industrie bei stetig steigenden Arbeitslöhnen zur Fertigung in großen Serien von Maschinen und Bedarfswaren, wie Kraftwagen, Elektromotoren, landwirtschaftliche Geräte, Radiatoren, Nähmaschinen, Röhren u. a. überging und dazu immer größere Mengen gleichartiger Gußteile benötigte. Nachdem auch die Gießereimaschinenfabriken sich den gesteigerten Anforderungen, die an sie gestellt wurden, angepaßt hatten und Formmaschinen schufen, die ein Vielfaches von dem leisteten, was man bisher kannte, stellte es sich heraus, daß nunmehr Ersparnisse bei der Anfertigung einer Gußform einmal noch dadurch zu machen waren, daß man dem Maschinenformer das ermüdende Einfüllen des Formsandes in den Formkasten erleichterte, dann aber auch, indem man alle von ihm ausgeführten Transportwege, wie das Herbeischaffen, Absetzen und Stapeln der Formkasten nach Möglichkeit durch mechanisch angetriebene Transportmittel ausführen ließ.

Die technische Verwirklichung dieser Einsicht führte von selbst zur Bandarbeit; jedoch zeigte es sich bald, daß nur sehr wenige Gießereien bei uns mit der notwendigen Gleichmäßigkeit ihrer Fabrikation, sowie mit der Wahrscheinlichkeit eines ziemlich gleichbleibenden Beschäftigungsgrades ohne allzu große Schwankungen rechnen konnten, welche Bedingungen aber für die Einführung von Bandarbeit gegeben sein müssen. Für Betriebe, die Handformerguß in Einzelfertigung oder auch in kleinen Serien anfertigen und solche Gußteile herstellen, welche Stunden, Tage oder gar Wochen Formzeit benötigen, kommt die Bandarbeit natürlich überhaupt nicht in Betracht. Nur bei der Serien- und Massenfertigung von Gußteilen auf Formmaschinen im Naßgußverfahren, neuerdings auch bei der Herstellung von Kraftwagen-Zylinderblöcken aus getrockneten Kernstücken, führt das Bestreben der Verbilligung von selbst zum Gedanken der Bandarbeit, immer

[1]) Stahleisen 1890. S. 605. Iron Trade Rev. 1897, 28. Okt. Foundry 1897, Dez.-Heft. Stahleisen 1898. S. 461/467.

vorausgesetzt, daß die Sicherheit eines genügend großen Umsatzes besteht; denn wenn einmal Bandarbeit eingeführt ist, so ist es nicht mehr möglich, sich so der Marktlage anzupassen wie bei der alten Arbeitsweise, wo bei Mangel an geeigneten Aufträgen die eine oder andere Formmaschine stillgesetzt werden kann, ohne den übrigen Betrieb empfindlich zu stören.

Vorbereitende Arbeiten.

Die Durchführung des Fließgedankens bedingt eine weitgehende und gewissenhafte Arbeitsvorbereitung, deren Hauptaufgabe ist, das günstigste Fertigungsverfahren für das betreffende Werkstück mit möglichster Genauigkeit festzulegen[1]). Zu diesem Zweck zerlegt man die gesamte am Werkstück aufzuwendende Arbeit in verschiedene Arbeitsgänge, diese wieder in die kleinsten erfaßbaren Handgriffe und stellt fest, welche von ihnen verbesserungsfähig oder überflüssig sind; ob das Stück vielleicht auf einer anderen Maschine günstiger angefertigt werden könnte, ob dem Former dieser oder jener Weg erspart oder verkürzt werden könnte, ob die Modelleinrichtung die geeignetste ist; kurz wie das Gußteil mit den vorhandenen oder noch zu beschaffenden Einrichtungen am besten und in der kürzesten Zeit angefertigt werden kann.

Abgesehen von der Geschicklichkeit des Formers ist die Fertigungszeit abhängig von der Form und Größe des einzuformenden Modells und von der übrigen Einrichtung. Nur erstklassige Formmaschinen, die für den betreffenden Zweck bestens geeignet sind, sollten am Fließband Platz haben; es ist nicht gesagt, daß Formmaschinen mit Rüttel-, Preß- und Umwendevorrichtung für alle Zwecke die besten sind; auf einfachen Pressen mit Stiftenabhebung von Hand lassen sich, sofern es sich um niedrige Modelle handelt, häufig bedeutend bessere Leistungen erzielen als auf den verwickelten vorgenannten Universalmaschinen, die immerhin eine Reihe von Handgriffen mehr erfordern.

Bei der Arbeitsvorbereitung müssen auch schon alle übrigen gießereitechnischen Fragen ihre Erledigung finden; wie die Ausführung der Modellplatten, die Anordnung der Eingüsse und Steiger sein soll; ob grüne oder getrocknete Kerne verwendet werden sollen; alle Betrachtungen haben nach den Gesichtspunkten der Zeitersparnis, Ausschußverringerung und Warenverbesserung zu geschehen.

Gleichzeitig mit der Arbeitsstudie geht die Zeitstudie, die an Hand einer Stoppuhr, Arbeitsschauuhr oder einer anderen geeigneten Zeitmeßeinrichtung die genaue Dauer der einzelnen Handgriffe und der gesamten Formzeit feststellt[2]).

Fließarbeit.

Ist es nun möglich, die einzelnen Arbeiten am Werkstück in zeitlicher und örtlicher Hinsicht so aneinander zu reihen, daß ein ununterbrochener Fluß, eine lückenlose Folge entsteht, so spricht man von Fließbarkeit.

Das örtliche Fortschreiten des Werkstückes von einem Arbeitsplatz zum anderen, von der Formmaschine zum Fördermittel, das den Kasten zur Gieß- und Ausleerstelle und den Guß bis in die Putzerei bringt, ist eine reine Transportfrage, die Bewegung kann mit einem beliebigen Fördermittel, sei es Transportband, Elektrokarren, Schienen- oder Hängebahn, Kranen usw. geschehen. Maßgebend für die Wahl des Fördermittels sind die Entfernung, das Gewicht, die Form, die zu fördernde Menge, die Raumanordnung und nicht zuletzt sein Anschaffungspreis.

Bei der bislang in den Gießereien allgemein geübten Arbeitsweise liegen die Formplätze über den ganzen verfügbaren Bodenraum verteilt; es wird auf ihnen geformt, gegossen, ausgeleert, der Sand zur erneuten Verwendung mit Wasser benetzt, gesiebt oder mit der Sandschleuder gereinigt und aufgelockert. Die Transportwege laufen quer durcheinander; Formkasten, Kerne, Sand, das flüssige Eisen werden mittels Kranen, Schiebkarren, Schienenwagen und von Hand in wagerechten und senkrechten Bewegungen befördert; ein Zustand, der alles weniger als ideal zu bezeichnen ist. Hierin schafft die

[1]) Vgl. hierzu S. 83 ff. [2]) Siehe S. 99 ff.

Fließarbeit Abhilfe und Ordnung. Leere und gefüllte Formkasten, Sand und Kerne lagern nicht mehr auf dem Arbeitsplatz, sie werden beweglich gemacht, während das flüssige Eisen, das sonst durch die ganze Formerei an jeden Arbeitsplatz gebracht wurde, nunmehr auf einen engen Raum, die Gießstelle, beschränkt wird; wir haben also nicht mehr das Heranführen des Eisens an die Gießformen, sondern der Formen an das Eisen.

Natürlich ist auch eine weitgehende Unterteilung der Arbeit Bedingung. Formen, Gießen und Ausleeren, manchmal auch das Einlegen der Kerne, Zulegen der Kasten, Absetzen und Beschweren oder Verklammern werden von verschiedenen Leuten oder Gruppen von Arbeitern ausgeführt; ein Verrichten aller dieser Arbeiten von denselben Leuten, wie man es manchmal in Gießereien noch vorfindet, ist hier ausgeschlossen.

Wichtig ist, daß an allen am Bande arbeitenden Formmaschinen die für die Fertigung eines Formkastens benötigte Zeit ungefähr dieselbe ist, d. h. daß eine möglichst genaue Abstimmung der Formzeiten aufeinander stattfindet, und hierin liegt eine zweite wesentliche Aufgabe der Arbeitsvorbereitung. Da auf dem in dauerndem Umlauf befindlichen Band für jede Formmaschine nur immer in gewissen Zeitabständen ein Absetzplatz für den Formkasten zur Verfügung steht, so bedingt ein Überschreiten der vorgesehenen Formzeit eine Warte- und Verlustzeit, bis erneut sich wieder eine Absetzmöglichkeit bietet. Sind die Formzeiten der am Bande stehenden Maschinen verschieden, sei es, daß bei dem einen Modell mehr Kerne eingelegt werden müssen als beim anderen, so müssen die Formzeiten auf dasselbe Maß gebracht werden, indem man das Kerneinlegen, Absetzen oder andere Teilarbeiten von besonderen Hilfskräften, die unter Umständen mehrere Maschinen zu bedienen haben, ausführen läßt.

Ein großer Teil des Erfolges hängt von der Geschicklichkeit ab, mit der diese Abstimmung vollzogen wird; je genauer sie ist, um so geringer die Verlust- und Wartezeiten und um so besser die Leistung. Je gleichmäßiger die Fabrikation, um so einfacher gestaltet sich die Aufgabe; die Schwierigkeiten wachsen mit der Vielseitigkeit der Fabrikation und mit der geringen Zahl der anzufertigenden Stücke.

Im allgemeinen kann man sagen, daß für die Entscheidung, ob ein Stück sich für die Bandarbeit eignet, dieselben Erwägungen maßgebend sind wie beim normalen Formmaschinenbetrieb, nämlich ob die Kosten für das Maschinenmodell, das Aufsetzen desselben auf die Formplatte und das Abschrauben durch die Ersparnisse bei den geringeren Fertigungslöhnen aufgewogen werden; denn die durch das Auf- und Abschrauben der Modellplatte auf den Formmaschinentisch entstehenden Kosten sind in beiden Fällen dieselben. Es muß natürlich festgestellt werden, ob die Anfertigung am Bande überhaupt wirtschaftlich ist, und ob sich das betreffende Stück nicht besser auf einer anderen Formmaschine herstellen läßt.

Jedes Werk, das mit dem Gedanken umgeht, Fließbandbetrieb für einen Teil seiner Gußwarenerzeugung einzuführen, muß sich also vorerst durchaus darüber im klaren sein, welche Art von Gußteilen es darauf herstellen will; darnach richtet sich die Wahl der Formmaschinen, und es hat späterhin keinen Zweck, mit diesen Maschinen auch solche Gußstücke herstellen zu wollen, welche sich beim alten Verfahren billiger im Fertigungslohn stellen, denn es ist nicht immer gesagt, daß durch die Anwendung der neuen Arbeitsweise notwendigerweise auch die Betriebsunkosten eine Herabsetzung erfahren müssen.

Was das flüssige Eisen anbetrifft, so ist zu bedenken, daß bei Einrichtungen einer Fließbandabteilung mit eigener Ofenanlage unter Beibehaltung der alten Kuppelofenanlage für den übrigen Betrieb letztere entlastet und vielleicht dann nicht mehr voll ausgenutzt werden kann, und daß dadurch, mag die neue Anlage auch noch so wirtschaftlich arbeiten, dennoch für den gesamten Betrieb eine Verteuerung des Eisens durch die doppelten Schmelzerlöhne, Ofenunterhaltung und Kraftverbrauch eintreten kann. Es bedarf also reichlicher Überlegung, ob die bedeutenden Anlagekosten einer Bandanlage durch die später zu erwartenden Ersparnisse wieder hereingebracht werden können.

Es ist von Vorteil, am Bande nur eine Art von Formmaschinen aufzustellen und nur Formkasten mit einheitlicher Zentrierung zu verwenden, die nur in ihrer Tiefe und Höhe je nach Bedarf Maßunterschiede zeigen können. Es wäre natürlich denkbar, an verschiedenen Tagen mit verschieden großen Kasten zu arbeiten, jedoch wird in dieser Hinsicht die Formmaschine keine allzu große Freiheit erlauben.

Die Geschwindigkeit des Fließbandes ist nach oben dadurch begrenzt, daß bei Überschreitung von 3,20—3,50 m in der Minute das Abgießen der Formen schwierig wird; die Gießer müssen bei ihrer Arbeit entsprechend der Bewegung des Fließbandes voranschreiten, und es wird dann schwer, die Eingüsse der Kasten ordnungsmäßig voll zu halten. Will man die Leistung des Bandes jedoch noch weiterhin erhöhen, so muß man dazu übergehen, die Gießer auf ein sich in derselben Richtung und mit derselben Geschwindigkeit voranbewegendes Band zu stellen, wie man es in amerikanischen Gießereien durchgeführt hat. Es ist aber zu bedenken, daß dabei die gesamte Länge des Bandes größer werden muß, damit die benötigte Abkühlungszeit gewonnen wird, andererseits muß man zu künstlicher Kühlung in Kühltunnels, aus denen man die sich entwickelnden Dämpfe absaugt, übergehen. Kleinere Gußteile von 3—6 mm Wandstärke brauchen etwa 12—15 Minuten Abkühlungszeit, man scheut sich nicht mehr, den Guß warm auszuleeren, wie man es früher tat, und je nach der Ware schadet es nicht, wenn er noch rotwarm aus der Form kommt.

Ist unter Berücksichtigung des schon früher in bezug auf Geeignetheit der am Band herzustellenden Teile Gesagten der Rahmen für die Fabrikation festgelegt, wobei noch darauf hingewiesen werden soll, daß gleichzeitig immer nur eine Eisensorte zur Verfügung stehen wird, und auch in bezug auf Wandstärke und Festigkeitseigenschaften eine gewisse Einheitlichkeit bestehen muß; ist auch die verlangte Leistung des Bandes durch die Zusammenstellung der Gußaufträge bekannt, so ist noch die durchschnittlich benötigte Fertigungszeit der Gußstücke zu bestimmen, was auf Grund von Vergleichen und Zeitaufnahmen geschehen muß. Kann man diese nicht von einer in Betrieb befindlichen Fließanlage entnehmen, so sind die benötigten Aufnahmen bei einer in gewöhnlichem Betrieb arbeitenden Maschine zu machen und unter Fortlassung der bei der Bandarbeit nicht in Betracht kommenden Zeitelemente, wie z. B. das Einschaufeln des Sandes von Hand, die Wege für das Absetzen und Stapeln der Kasten, Beschweren usw. auszuwerten.

Angenommen, die stündliche Leistung solle 240 vollständige Formkasten, von der Größe zweimal 400 × 500 × 100 mm betragen; die auf Grund von Zeitaufnahmen vorgeschätzte durchschnittliche Formzeit betrage 3 Minuten, wobei Ober- und Unterkasten gleichzeitig auf verschiedenen Formmaschinen hergestellt werden, so könnten je Maschinengruppe stündlich 20 Kasten fertiggestellt werden, mithin würde die Aufstellung von 12 Paar Formmaschinen sich erforderlich machen, um die vorerwähnte Arbeit zu bewältigen. Die Länge des für diesen Formkasten benötigten Absetzplatzes auf dem Band muß zuzüglich der Länge der Kastengriffe und eines normalen Abstandes von 10 cm nach jeder Seite ungefähr 80 cm betragen; die Gesamtlänge einer Gruppe von 12 Absetztischen für die am Bande aufgestellten Maschinen in diesem Falle beträgt 9,60 m, die in 3 Minuten voranrücken müßten, also hätte die Geschwindigkeit des Bandes 3,20 m in der Minute zu betragen.

Die Gesamtlänge des Fließbandes ist durch die benötigte Abkühlungszeit bestimmt; je größer die Geschwindigkeit des Bandes und je größer die Wandstärke der Gußteile sind, um so länger muß das Band ausgebildet werden. Bei 3,20 m Geschwindigkeit und 15 Minuten benötigter Abkühlungszeit muß die Entfernung von der Gießstelle bis zur Ausleerstelle $3{,}20 \times 15 = 48$ m betragen.

Als Vorteile der Bandfertigung sind zu nennen die große Arbeitsleistung auf die Raumeinheit, Verringerung der in Gestalt von Formkasten festgelegten Geldbeträge, leichtere Überwachung der Leistungen der einzelnen Maschinenformer, Gießer und Hilfsarbeiter, Gleichmäßigkeit des Formsandes, dessen Feuchtigkeit und Brauchbarkeit unter ständiger Aufsicht steht, und sofortige Prüfung der Gußteile in verhältnismäßig kurzer Zeit nach dem Formen, so daß etwaige Fehler, wie z. B. Lunkern des Gusses infolge falscher Anordnung der Eingüsse und Steiger oder falscher Zusammensetzung des Eisens, Zufesthalten der Form, Kochen und Schülpen, falsches Einlegen von Kernen, Nichtauslaufen usw. baldigst entdeckt und richtiggestellt werden können, und es nicht vorkommen kann, daß womöglich die ganze Tageserzeugung eines Formers dem Ausschuß verfällt.

Nachteile bringen die größeren Reparatur- und Unterhaltungskosten an den Transportanlagen, bedingt durch den starken Verschleiß der dem Staub, der Hitze und dem Sand ausgesetzten Teile; die Wahrscheinlichkeit häufigerer Betriebsstörungen durch das Versagen einzelner Teile, wodurch dann meistens die gesamte Anlage zum Stillstand kommt, höhere Kosten für Strom, für Schmiermittel und Ersatzteile, größerer Geldbedarf für die Beschaffung der Fördereinrichtungen, der Sandaufbereitung und der Ofenanlage in nächster Nähe der Gießstelle.

Im allgemeinen wird man auch bei der Bandarbeit mit einem höheren Ausschußprozentsatz rechnen müssen; die Ursachen hierfür, obgleich theoretisch alle durchaus vermeidbar, können mannigfacher Art sein. Nur zu leicht verführt das beschleunigte Tempo den Arbeiter dazu, es an der notwendigen Sorgfalt fehlen zu lassen, kleinere Fehlerquellen an der Form zu übersehen, bei mehreren auf der Modellplatte aufgesetzten Kleinteilen schlechtausgeformte Stücke abzudämmen, da meistens für das Ausflicken der Form keine Zeit vorgesehen wurde.

Es erfordert große Übung beim Abgießen der Kasten, in der Bewegung die Eingüsse vollzuhalten; dadurch kann leicht Schlacke in die Form gelangen; durch Erschütterungen während des Transportes des Formkastens kann aus den Eingüssen Sand in die Form rieseln und unsaubere Abgüsse verursachen, was besonders dann sehr unangenehm in Erscheinung tritt, wenn der Guß wenig Bearbeitung haben darf und später vernickelt werden soll; beim Beschweren der Formkasten können in der Eile die Formen durch Eindrücken beschädigt werden, nicht genügend gekühlter Formsand kann Veranlassung zur Kondensatbildung innerhalb der Form geben; durch Unregelmäßigkeiten im Ofengang, verursacht durch Betriebsunterbrechungen bei Störungen an den Transporteinrichtungen oder durch die normalen Arbeitspausen kann Ausschuß entstehen; kurzum fast alle Fehler, die man bei dem gewöhnlichen Maschinenformen wahrnehmen kann, treten bei der Bandarbeit verstärkt in Erscheinung.

Die Mindestleistung einer Fließanlage ist dadurch gegeben, daß man kleinere Kuppelöfen als solche mit 60 cm Schachtweite, entsprechend einer Stundenleistung von 1,5—2 t Eisen, nicht aufzustellen pflegt, da sie für die tägliche Ausbesserung schlecht zugänglich sind. Kann man während des ganzen Tages das Eisen aus einer anderen Abteilung der Gießerei beziehen oder bei eigener Ofenanlage am Band das überflüssige Eisen an die andere Abteilung abgeben, so könnte man noch weiter heruntergehen, was insbesondere für die Anfertigung leichter Gußware in Betracht kommen könnte; doch wird man bei dieser Art von Guß auf eine eigene Ofenanlage in nächster Nähe der Gießstelle wohl nicht verzichten können, da ein sehr warmes Eisen benötigt wird, beim Transport desselben auf größere Entfernung jedoch ein zu starker Temperaturabfall stattfinden und damit die Gefahr des Nichtauslaufens der Formen bestehen würde.

Wenngleich man bei normalem achtstündigem Betrieb mit einem Kuppelofen auskommen könnte, vorausgesetzt, daß nicht mit zu großer Windmenge und zu hohem Druck gearbeitet wird, und daß überhaupt eine tadellose Ofenführung stattfindet, so ist es doch empfehlenswert, einen zweiten Ofen zum abwechselnden täglichen Betrieb aufzustellen. Hat man nur einen Ofen zur Verfügung, so ist es notwendig, denselben durch Einblasen von Wind oder sogar durch Einspritzen von Wasser nach Stillegung zu kühlen, um dem Maurer zwecks Herrichtung des Ofens den Zugang zum Schacht zu ermöglichen. Diese Arbeitsweise bedingt jedoch höhere Kosten sowohl an Löhnen für die Arbeit, die des Nachts ausgeführt werden muß, als auch für die feuerfesten Steine, die durch die gewaltsame Abkühlung einem sehr starken Verschleiß unterworfen sind.

Die grundsätzliche Arbeitsweise der Fließbandeinrichtung ist folgende: Die an einer Reihe von Formmaschinen laufend hergestellten Formkasten werden auf ein Transportband abgesetzt, beschwert und der Gießstelle zugeführt. Nachdem die Kasten abgegossen sind, gelangen sie über eine Kühlstrecke zur Ausleerstelle, wo sie meistens auf einem Rost ausgeschlagen werden. Die leeren Kasten kommen entweder auf demselben Transportband oder mittels eines Schwerkraftrollenförderers zur Formmaschine zurück, während der vom Sand befreite Guß in die Putzerei wandert. Der gebrauchte Formsand fällt durch den Rost in eine Grube, von der er in die Aufbereitungsanlage gelangt. Hier wird er von Eisenteilchen gereinigt, gesiebt, gekühlt und durchlüftet, gegebenenfalls mit Neusand und Kohlenstaub aufgefrischt und dann mit einem Transportband den über den Formmaschinen angebrachten Bunkern zur erneuten Verwendung zugeführt.

Ausgeführte Anlagen.

Die bisher ausgeführten Fließbänder werden unterschieden in solche mit wagerechtem und solche mit senkrechtem Kastenumlauf. Die Bahn des wagerechten Umlaufs hat in der Regel die Form eines langgestreckten Ovals, seltener kreisförmigen Grundriß. Größere Anpassungsfähigkeit und bessere Zugänglichkeit sind nicht zu unterschätzende Vorteile dieser Bauart. Der senkrechte Umlauf dagegen eignet sich infolge seiner geringen Breite mehr für langgestreckte Räume.

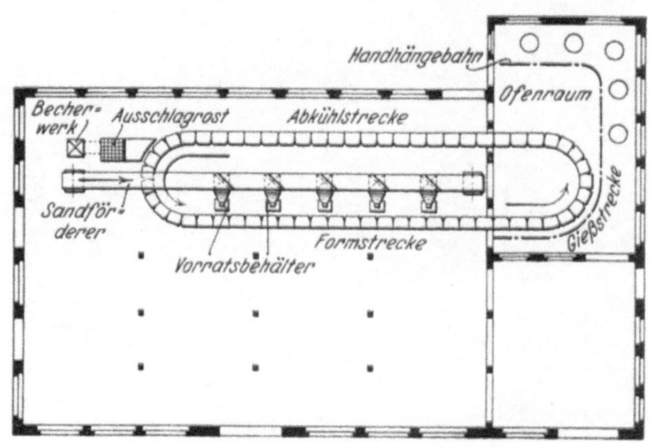

Abb. 63. Fließanlage mit Umlauftisch.

Abb. 63[1]) zeigt eine normale Fließbandanlage mit wagerechtem Kastenumlauf, die in einer Metallgießerei ihre Aufstellung fand. Fünf Formmaschinen setzen stündlich etwa 50 Formkasten auf eine Umlaufstandbahn ab; die Formkasten sind stets zugänglich und unterliegen in ihren Höhenabmessungen keinerlei, durch das Band gegebenen Beschränkung. Die Anlage kann sehr niedrig gehalten werden und befindet sich in allen Teilen über Flur. Die Fördereinrichtung ist aus einzelnen mit Laufrädern versehenen Absetztischen zusammengesetzt und läuft ununterbrochen, die Geschwindigkeit ist in den Grenzen von 25—75 Kasten regulierbar. Der Sand wird mittels eines an der Decke angebrachten Gummitransportbandes weiterbefördert, das die über den Formmaschinen angeordneten Vorratsbehälter beschickt; verstellbare Abstreifer regeln die gleichmäßige Verteilung des Sandes auf die einzelnen Formmaschinen. Die Abstreifer sind vom Flur aus zu bedienen; die Vorratsbehälter sind mit einer Anzeigevorrichtung versehen, die ihre jeweilige Füllung erkennen läßt. Am unteren Ende der Sandbehälter befindet sich ein Zuteilgefäß mit einer Abgabeschurre; durch einfaches Herabziehen der Schurre kann die zur Füllung eines Kastens benötigte Sandmenge entnommen werden. Längs den Formmaschinen läuft unter Flur ein durch Gitterroste abgedecktes Transportband, das den vorbeifallenden und beim Abstreifen des Kastens entfallenden Sand aufnimmt und zur Sandaufbereitanlage zurückbefördert. Das Ofenhaus und die Gießstelle sind von der Formerei durch

Abb. 64. Teilansicht des Fließbandes.

[1]) Bauart der Maschinenfabrik Carl Schenck G. m. b. H. in Darmstadt.

eine Zwischenwand getrennt, so daß die Former von den beim Abstechen des Ofens und beim Vergießen entstehenden Gasen nicht belästigt werden.

In Abb. 64 ist der Teil des Fließbandes von der Ausschlagseite aus gesehen sichtbar. Die Rückbeförderung der leeren Formkasten geschieht hier auf dem Fließband selbst. Einen Blick von der Ofenseite aus gibt Abb. 65, das Gießen geschieht mittels einer zum Ofen führenden Handhängebahn.

Abb. 65. Teilansicht von der Ofenseite aus.

Ein Fließband mit senkrechtem Kastenumlauf bringt Abb. 66[1]). Die einzelnen Wagen werden auf dem unteren Strang von den Treibketten gezogen, auf dem oberen dagegen geschoben; unten greifen die Ketten an den in der Bewegungsrichtung vorn liegenden, oben auf den hinten liegenden Achsen der Wagen an. Auf diese Weise wird erreicht, daß auf dem unteren schwer zugänglichen Teil des Bandes Störungen durch Schiefstellen der Wagen in den Laufschienen vermieden werden. In Abb. 67 ist der Formkastenförderer im Längsschnitt, in Abb. 68 seine Antriebsseite im Grundriß dargestellt. Abb. 69 zeigt die besondere Stellung eines Wagens. Die einzelnen Glieder eines Bandes bilden die auf 4 Rädern oder Rollen laufenden Wagen w, deren eine durch Schraffur gekennzeichnete Achse a mit zwei seitlich angeordneten endlosen Förderketten k

Abb. 66. Fließband mit senkrechtem Kastenumlauf.

verbunden ist. Diese sind an der Antriebsseite über die beiden Kettenräder v und an der Umlenkstelle über zwei Kettenräder s geführt. Mit letzteren sind durch Zahnradübertragung die umlaufenden Hebel h so gekuppelt, daß sie mit ihnen gleichen Drehsinn und gleiche Winkelgeschwindigkeit haben. Diese Hebel dienen dazu, an der Umlenkstelle die freie Achse b der Wagen zu fassen und auf den unteren Schienenstrang so abzusetzen, daß stets die wagerechte Lage der Tischplatten gewahrt bleibt. Während beim Hingang auf dem oberen Strang die mit den Triebketten verbundenen (schraffierten)

[1]) Ausgeführt von der Graue A.-G. in Hannover-Langenhagen.

Wagenachsen a in der durch einen Pfeil gekennzeichneten Förderrichtung hinten liegen, sind sie bei der Umkehr der Bewegungsrichtung vorne, so daß jetzt die einzelnen Wagen gezogen werden.

Die beiden Kettenräder v an der Antriebsseite werden mittels Schnecken- und Zahnradübertragung durch einen am Getriebekasten angeflanschten Motor m angetrieben. Mit diesen Kettenrädern sind die umlaufenden Hebel so gekuppelt, daß sie mit ihnen gleichen Drehsinn und gleiche Winkelgeschwindigkeit haben. Die Hebel g sind geschweift ausgebildet und tragen an ihren Enden Rollen, die unter seitlich an dem Wagen angebrachte Stützflächen greifen. Die Entfernung der Rollen an den Enden der Hebel g voneinander ist größer als der Teilkreisdurchmesser der Kettenräder v. Infolgedessen ergibt sich bei gleicher Winkelgeschwindigkeit ein größerer Weg für die Hebelrollen, so daß der

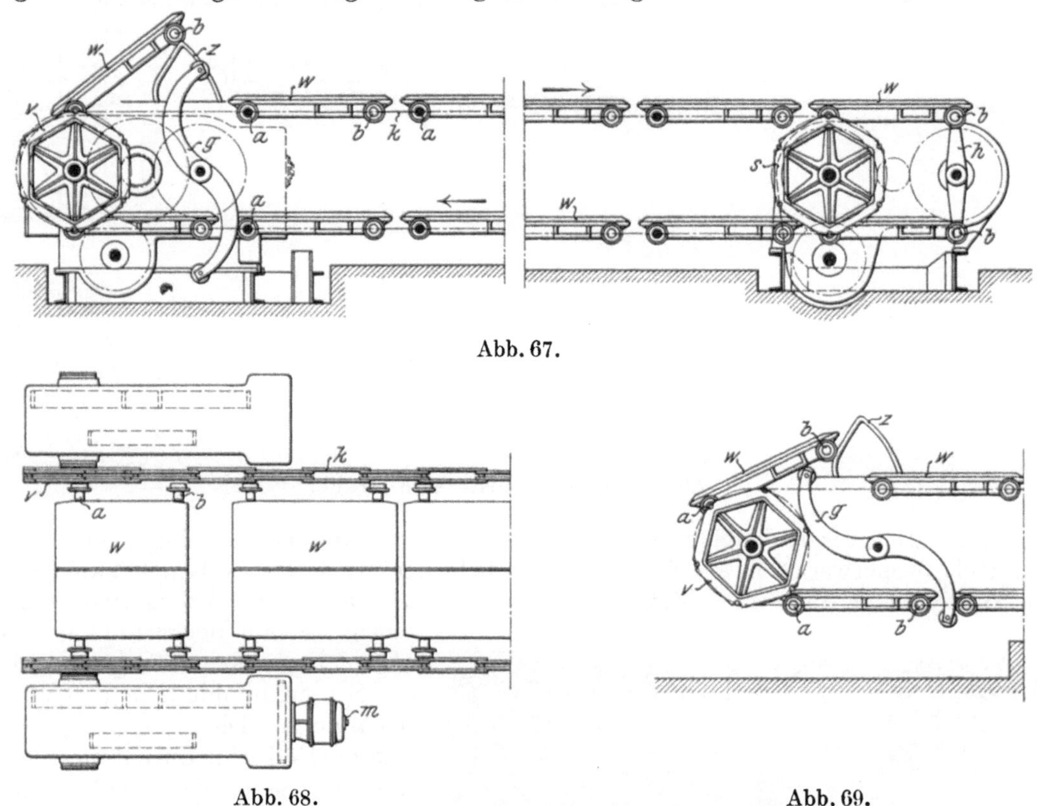

Abb. 67.

Abb. 68. Abb. 69.

Abb. 67—69. Fließband mit senkrechtem Kastenumlauf.

Wagen an der Antriebseite durch die Hebel g beim Hochheben schräg gestellt wird, bis die Räder in den freien Wagenachsen a auf kurvenförmig gestaltete Schienen z treffen, die beim Weiterwandern der Antriebskette ein weiteres Anheben der freien Wagenachsen a und somit eine noch steilere Lage der Tischplatte herbeiführen. Hierdurch wird erreicht, daß die mit den Wagen beförderten Formkasten selbsttätig abrutschen können. Beide seitlichen Förderketten, sowie die Wagenräder nebst Laufschienen sind durch Seitenbleche abgedeckt, so daß sie gegen auffallenden Sand geschützt sind. Ferner ist der Formkastenförderer durch seitliche Bleche verkleidet, die einen Schacht bilden, der ventiliert werden kann, die Abführung der Ausdünstungen gestattet und als Kühltunnel dient.

Abb. 70 zeigt eine vollständige Einrichtung, in der das vorbeschriebene Band eingebaut ist. Zu beiden Seiten des Bandes stehen 12 normale Abhebemaschinen n, von denen je zwei zusammen arbeiten. Die fertigen Kasten werden auf den Wandertisch a abgesetzt und gelangen an die Gießstelle. An der Umkehrstelle wandern die abgegossenen Formen in den Kühltunnel und werden an dessen Ende selbsttätig auf den Ausleerrost abgegeben. An dieser Stelle stehen 2 Arbeiter etwas unter Flur; sie können die ankommenden Kasten bequem erreichen. Die Rückbeförderung der leeren Kasten geschieht hier mit einem besonderen Fördermittel, Schwerkraftrollenförderer oder einer endlosen Transportkette. Die ausgeleerten Gußteile werden in bereitstehende Wagen geladen und der Putzerei

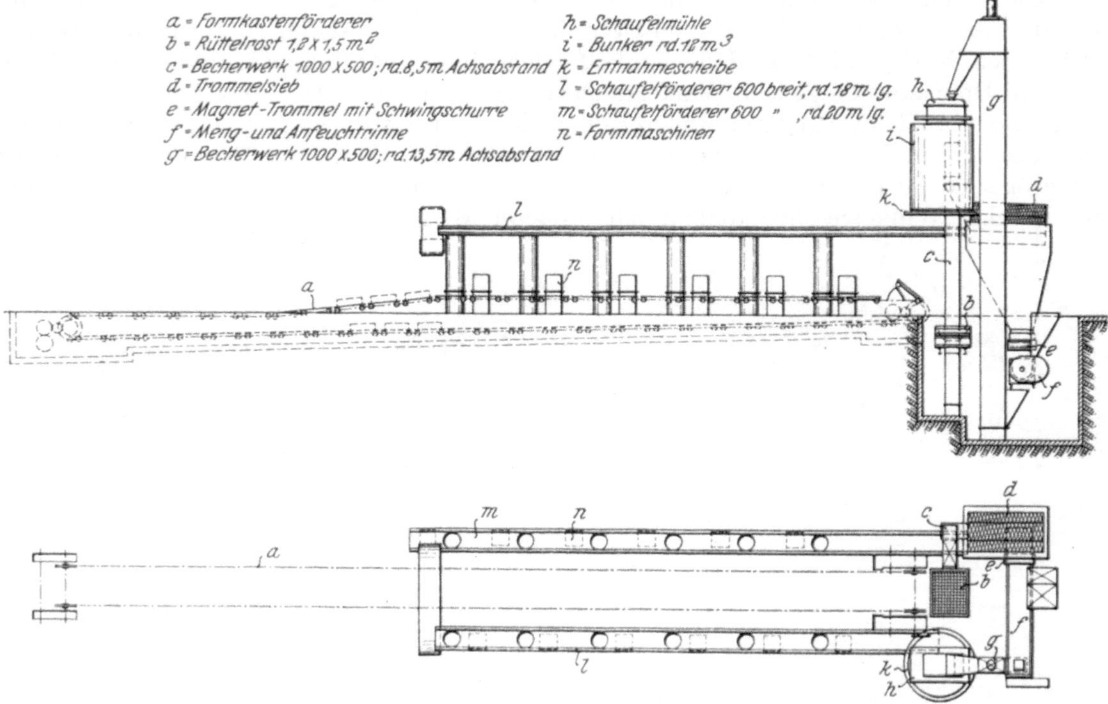

Abb. 70. Formereianlage nach Graue.

zugeführt. Der ausgeschlagene Sand fällt durch den Rüttelrost b in eine Grube, aus der er mittels Becherwerk c in ein Trommelsieb d befördert wird, das die Knollen ausscheidet. Von dort fällt er über einen Magnetscheider e in eine Meng- und Anfeuchtrinne f. Mit einem zweiten Becherwerk g wird er abermals gehoben und gelangt durch die Schaufelmühle h in den Vorratsbehälter i. Dieser hat an seinem unteren Ende eine Entnahmescheibe k, die den Sand gleichmäßig auf die durch ein Transportband miteinander in Verbindung stehenden Schaufelförderer l und m aufgibt und von denen aus die Vorratsbehälter der Formmaschinen mittels Abstreifer gefüllt werden.

Abb. 71. Formereianlage nach Stotz A. G.

Eine ähnliche Bauart läßt Abb. 71 erkennen[1]). Hier ist jedoch nur der obere Strang ausgenutzt. Die am Ausschlagrost ankommenden Kasten gleiten vom Band auf den Rost ab und müssen dort, um Stauungen zu vermeiden, laufend entleert werden.

Den Grundriß einer Eisen- und Metallgießerei[2]) zeigt Abb. 72. Beide Abteilungen sind in einer gemeinsamen großen Halle untergebracht und mit je einem Wandertisch ausgerüstet; in der Stunde können etwa 400—500 Kasten befördert werden. Die Zubringung des Sandes an die Formmaschinen geschieht mit einem Transportband.

[1]) Ausgeführt von A. Stotz A.-G. in Stuttgart.
[2]) Ausgeführt von der Badischen Maschinenfabrik in Durlach.

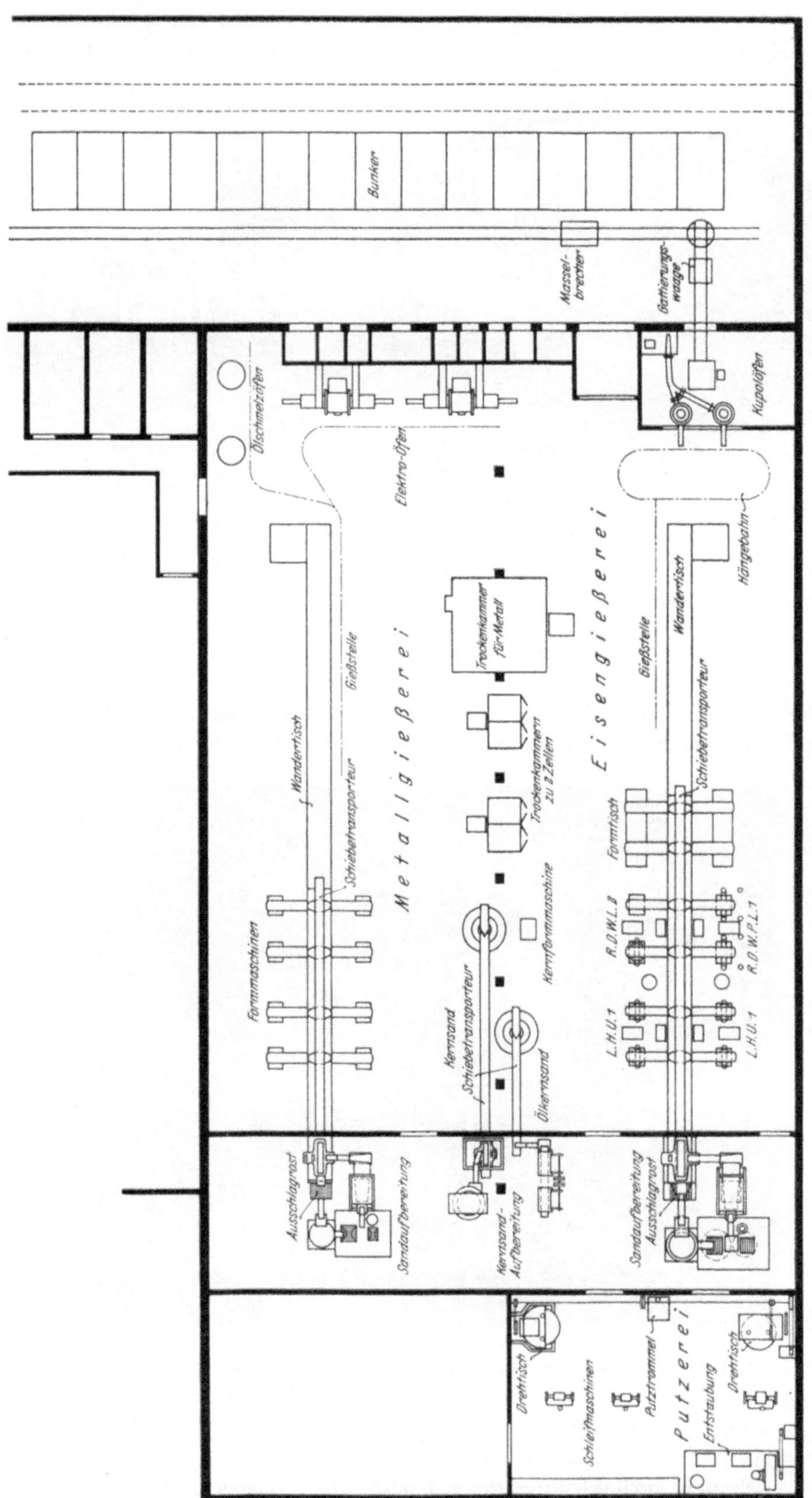

Abb. 72. Formereianlage nach Badische Maschinenfabrik.

In Abb. 73 ist eine Antriebsmaschine für ruckweise Bewegung der Wandertische wiedergegeben[1]). Diese Einrichtung hat einmal den Vorteil der größeren Beweglichkeit in der Einstellung des Arbeitstaktes, dann aber auch den, daß die Formkasten

Abb. 73. Antriebsmaschine.

während der Stillstandsperiode gegossen werden können. Der dauernd laufende Motor treibt eine Klinkenscheibe und die sich in ständigem Umlauf befindliche Zeitscheibe,

Abb. 74. Einrichtung zum selbsttätigen Auflegen und Abheben der Beschwereisen.

die einen gewichtsbelasteten Hebel umlegt, eine Kuppelung herstellt und den Antrieb einschaltet. Eine auf der anderen Seite sitzende Wegscheibe bewirkt das Abkuppeln des Bandes nach der Zurücklegung eines bestimmten Weges. Die Summe einer Still-

[1]) Ausgeführt von der Maschinenfabrik G. F. Lieder G. m. b. H. in Wurzen (Sachsen).

stands- und einer Bewegungsperiode ergibt den Arbeitstakt für den Former. Diese Anlage eignet sich gut für kleinere Erzeugungszahlen und stark wechselnde Aufträge.

Um das kraftraubende Beschweren der Formen von Hand zu vermeiden, ist man neuerdings dazu übergegangen, die Beschwereisen selbsttätig aufzulegen und nach dem Abgießen wieder abzuheben. Wenn man bedenkt, daß bei der täglichen Herstellung von 3000 Formen, die mit je 25 kg belastet werden müßten, allein 75 t Beschwergewichte zu bewegen sind, so ist die Bedeutung einer diese Arbeit verrichtenden mechanischen Einrichtung ohne weiteres verständlich. Eine gut arbeitende Anlage dieser Art läßt Abb. 74 erkennen[1]). Dabei wird eine die Gewichte tragende senkrechte Achse auf Rollen geführt, die in einer unter den Wagen laufenden U-Schiene geführt werden. Diese senkt sich an der für das Beschweren vorgesehenen Stelle ab, wobei die Beschwerplatten durch

Abb. 75. Förderbandofen von Schilde.

ihr eigenes Gewicht auf die Kasten sich aufsetzen, um nach der zur Abkühlung erforderlichen Laufstrecke, an der die Führungsbahn wieder ansteigt, selbsttätig wieder angehoben zu werden.

Kernmacherei.

Auch in der Kernmacherei kann die Fließarbeit angewandt werden, wenn die Bedingungen dafür, also Massen- oder Serienanfertigung von ziemlich gleichartigen Gußteilen bzw. Kernen, gegeben sind, jedoch wird es sich hier meistens nur um eine Verbesserung der Transporte handeln und weniger um die Erzielung eines zwangläufigen Arbeitstaktes.

Soweit eben möglich, arbeitet man heutzutage mit grünen Sandkernen, dann kann man zur Vermeidung unnützer Transporte die Kernmacherei in den meisten Fällen unmittelbar an die Formmaschinen verlegen, bei Bändern mit wagerechtem Umlauf eignet sich das Innere des vom Bande begrenzten Ovals zur Aufstellung der Kernformmaschinen oder der Arbeitstische, falls die Kerne von Hand gemacht werden. Das Arbeiten mit grünen Kernen hat vor den Ölsandkernen, abgesehen von der größeren

[1]) Ausgeführt von Graue A.-G. in Langenhagen bei Hannover.

Wirtschaftlichkeit, noch den Vorteil, daß die verbrannten Kerne den Formsand nicht in dem gleichen Maße verschlechtern.

Hat man eine große Anzahl Ölsandkerne von ungefähr gleicher Größe anzufertigen, so geschieht die Trocknung zweckmäßig in einem Trockenofen, durch den ein Wanderrost sich bewegt; auf diesem werden die Kerne an der einen Seite des Ofens eingesetzt und während des Durchlaufs zum anderen Ende getrocknet. Abb. 75 zeigt einen Förderbandofen[1]). Die Temperatur läßt sich durch ein in den Trockenraum hineinragendes Pyrometer sehr gut überwachen, so daß ein einwandfreies Trocknen erreicht werden kann. Im übrigen können in der Kernmacherei Transportbänder in weitestgehendem Maße für die Beförderung des Kernsandes, der fertigen Kerne zum Trockenofen und von dort an das Fließband Verwendung finden.

Abb. 76. Kerntrockenanlage mit Gasbeheizung.

In Abb. 76 ist eine Kerntrockenanlage mit Gasheizung für geblasene Kerne mit einer stündlichen Leistungsfähigkeit von 500 Kleinkernen wiedergegeben[1]). Die Kernblasmaschine ist im Hintergrund des Bildes zu sehen.

Gußputzerei.

In der Gußputzerei wird es sich ebenfalls in der Regel um die Vermeidung unnützer Transporte der Gußteile und um die Abkürzung der Wege handeln. Besteht räumlich die Möglichkeit, so läßt man die ausgeleerten Gußteile noch warm vom Ausschlagrost auf ein Plattenband laufen, das die Verbindung mit der Gußputzerei herstellt. Abb. 77 zeigt ein solches Band[2]), es besteht im wesentlichen aus nebeneinander gereihten, auf Zugketten befestigten Blechplatten; der Antrieb wird durch Kettenräder bewirkt. Inwieweit sich auch in der Putzerei ein gewisser Arbeitstakt herausbilden läßt, hängt von der Art der Fabrikation ab, es gilt auch hier, daß je größer die Stückzahlen und die Gleichmäßigkeit werden, desto einfacher sich die Erwägungen gestalten, ob Fließarbeit eingerichtet werden kann oder nicht.

Abb. 77. Gußputzerei nach Schenck.

Wirtschaftlichkeit des Arbeitens am Band.

Eine Bandanlage arbeitet dann wirtschaftlich, wenn die Gestehungskosten der auf ihr hergestellten Gußteile bei Einkalkulierung eines angemessenen Gewinnzuschlages

[1]) Ausgeführt von Benno Schilde, Maschinenbau A.-G. in Hersfeld H. N.
[2]) Bauart Carl Schenck G. m. b. H. in Darmstadt.

einen wettbewerbsfähigen Verkaufspreis ermöglichen. Infolgedessen sind bei den Überlegungen, die dem Entschluß der Einführung von Fließarbeit vorausgehen, auch alle preisbildenden Umstände, das flüssige Eisen, die Fertigungslöhne, Betriebs- und Handlungsunkosten, so wie sie sich später stellen würden, genauestens abzuschätzen und in den Berechnungen einzusetzen. Sehr viele Zahlen aus den früheren Selbstkostenaufstellungen werden — sofern es sich nicht um eine neuaufzunehmende Fabrikation handelt —, hierbei ohne Änderung übernommen werden können; bei den Kosten für das flüssige Eisen ist zu unterscheiden, ob durch die Aufstellung einer neuen Ofenanlage am Fließband die alte Anlage infolge der Entlastung noch voll ausgenutzt werden kann und wirtschaftlich bleibt. Die Fertigungslöhne der anzufertigenden Gußwaren sind durch Zeitaufnahmen, die unter Berücksichtigung der geänderten Bedingungen ausgewertet werden, möglichst genau abzuschätzen; über die Wahl der Formmaschine und der Kastengröße ist zu entscheiden. Dann wird die voraussichtlich im Durchschnitt für den Kasten benötigte Formzeit, der Arbeitstakt, bestimmt, hieraus ergibt sich die tägliche Erzeugung einer Formmaschine und durch Division der so erhaltenen Zahl in die täglich verlangte Leistung die Anzahl der aufzustellenden Formmaschinen. Die Länge des von allen Formmaschinen für das einmalige Absetzen der Kasten benötigten Teiles des Bandes — das Längsmaß der Absetztische mal der Anzahl der Formmaschinen —, dividiert durch die Formzeit je Kasten ergibt die minutliche Geschwindigkeit, die, wie schon auf S. 143 erwähnt, 4 m nicht überschreiten sollte.

Folgendes Beispiel diene zur Erläuterung: Es sollen 2400 Kasten von der Größe zweimal $350 \times 450 \times 100$ mm in achtstündiger Arbeitszeit an einem Fließbande geformt werden; die für die Anfertigung eines Kastens benötigte Zeit betrage 3 Minuten, die Absetzwagen des Bandes seien einschließlich des Abstandes zwischen ihnen 75 cm lang. In achtstündiger Arbeit könnten in diesem Falle je Formmaschinenpaar, von denen die eine Maschine den Unterkasten und die andere den Oberkasten gleichzeitig anzufertigen hätte, $480 : 3 = 160$ Kasten angefertigt werden; mithin würde sich die Aufstellung von $2400 : 160 = 15$ Formmaschinenpaaren erforderlich machen. Die Gesamtlänge von 15 Absetztischen beträgt $15 \times 0{,}75 = 11{,}25$ m, die sich mit einer Geschwindigkeit von $11{,}25 : 3 = 3{,}75$ m in der Minute voranbewegen müßten.

Die Löhne für das Herstellen der Kerne, das Einlegen derselben, das Absetzen und Beschweren der Kasten, Gießen, Ausleeren und Putzen der Gußstücke sind vorsichtig abzuschätzen und wie alle übrigen Posten auf 100 kg Fertigware zu beziehen, alle Ermittlungen lassen sich um so leichter durchführen, je genauere Selbstkostenaufstellungen über die bisherige Arbeitsweise vorliegen.

Dies gilt noch mehr für die Feststellung der voraussichtlichen Betriebsunkosten, da bei der Bandarbeit ein großer Teil der Posten ohne Änderung übernommen werden kann; nur die Unkostenlöhne, der Kraftverbrauch für die Transporteinrichtungen, Reparaturkosten, Fertigungslohnausfälle für Ausschußstücke, Abschreibungen für die Einrichtungen und noch einige andere erfordern genauere Betrachtung. Für die Unkostenlöhne wird man sich auf die Angaben der die Einrichtung liefernden Firma verlassen müssen, die für ihre Angaben verantwortlich zu machen ist und auch eine zeitliche Gewähr für das tadellose Arbeiten der Anlage zu leisten hätte.

Die Handlungsunkosten werden nach Einführung der Fließarbeit in der Regel keine allzu große Änderung erleiden, es sei denn, daß auch die Erzeugung wesentlich gesteigert werden könnte, was einen vergrößerten Absatz voraussetzen würde; in diesem Falle wäre auch hier der neue Wert nach vorsichtigen Schätzungen anzunehmen.

Die Gesamtsumme der so erhaltenen Werte auf 100 kg Fertigware bezogen, zuzüglich einem angemessenen Gewinnzuschlag zeigt, ob die Einführung der Bandarbeit wesentliche Vorteile gegenüber dem alten Verfahren bringt. Nur wenn man sich die Gewißheit verschafft hat, daß wesentliche Verbesserungen des alten Verfahrens nicht mehr zu machen sind, sollte man sich zur Bandarbeit entschließen; nur die größte Gewissenhaftigkeit bei der Feststellung aller Voraussetzungen und eingehendste Kenntnis aller Vor- und Nachteile der Bandarbeit können vor Fehlschlägen schützen.

Es ist oftmals behauptet worden, daß die Mechanisierung bei den Arbeitern Unlust und Widerstand hervorruft; die Erfahrungen haben dies jedoch nicht bestätigt. Sofern mit der Einführung der Bandarbeit eine Verminderung physischer Arbeit und eine Verbesserung der Entlohnung eintritt, wird das anfängliche Mißtrauen sich bald beseitigen lassen. Voraussetzung ist natürlich, daß auch für gesundheitlich gute Arbeitsplätze, für Luft und Licht gesorgt ist.

Was die Entlohnung am Band anbetrifft, so findet man noch häufig das System des Gruppenakkords, anderenorts aber auch noch den Einzelakkord. Ersteres hat den Vorteil, daß die Leute mehr aufeinander angewiesen sind und sich gegenseitig helfen. Eigentlich jedoch ist weder das eine noch das andere am Platze, da der Arbeiter an der Einhaltung einer vorgeschriebenen Zahl gebunden ist und er darüber hinaus nicht willkürlich mehr leisten kann. Damit ist auch jeder Anreiz in Form von Akkord oder Prämie überflüssig; vielmehr ist ein der Arbeit angemessener Stundenlohn anzustreben.

Literatur.

Abhandlungen.

Eine neue amerikanische Eisengießerei (Westinghouse-Luftbremsen-Gesellschaft). Stahleisen 1890. S. 605.

Ledebur, A.: Eine amerikanische Gießerei (alte und neue Anlagen der Westinghouse-Luftbremsen-Gesellschaft). Stahleisen 1898. S. 461/464.

Ein ununterbrochenes Verfahren zum Gießen von Wagenrädern. Stahleisen 1905. S. 350/353, 484/485; 1906. S. 226/228.

Die Naben- und Achsenbüchsengießerei von French und Hecht in Davenport, Jowa. Iron Trade Rev. 1911. S. 729. Foundry 1911. S. 115. Auszugsweise Stahleisen 1912. S. 911/913.

Gießerei mit ununterbrochenem Betrieb der Entreprise Mfg. Co. in Cornwells. Iron Age 1913. S. 52/61. Auszugsweise Stahleisen 1913. S. 904/908.

Eine Bremsklotzgießerei mit ununterbrochenem Betrieb. Foundry 1914. S. 11/14. Auszugsweise Gieß.-Zg. 1914. S. 258/262. Stahleisen 1914. S. 1656/1658.

Die Gießerei der Ford Motor Company in Detroit. Foundry 1914. S. 367/375. Auszugsweise Stahleisen 1914. S. 1762/1765.

Sondereinrichtung für Herstellung der Getriebegehäuse für Lastautomobile bei Ferro Foundry and Machine Company in Cleveland. Foundry 1919. S. 654/658. Iron Age 1919. S. 763/766.

Lane, Henry M.: Ununterbrochener Gießereibetrieb für Röhrenfittings. Iron Age 1921. S. 519/524. Foundry 1921. S. 685/688, 725/731.

Neue Gießerei für Zylinderblöcke der Ford Motor Company in River Rouge. Foundry 1921. S. 751 bis 758. Stahleisen 1922. S. 126/128. Gieß.-Zg. 1924. S. 176/180, 195/199, 226/231.

Wagenrädergießerei mit parallel arbeitenden Bewegungseinrichtungen. Iron Age 1924. S. 67/70.

Kontinuierliche Gießereieinrichtung. Iron Age 1925. S. 187/191.

Steinebach, Frank G.: Leistungssteigerung einer Gießerei zur Herstellung kleiner Automobilteile durch Einrichtung von Förderbändern. Foundry 1926. S. 256/261.

Martens, H.: Begriffsbestimmung und Löhnungsart bei Fließarbeit. Technik und Wirtschaft 1927. S. 188/191.

Heidebroek, E.: Grundfragen für Fließarbeit und Rationalisierung im Gießereiwesen. Gieß. 1927. S. 438/440.

Irresberger, C.: Amerikanische Gießereien mit fließendem Betrieb. Stahleisen 1927. S. 1400/1404.

Schmidt, K. H.: Gießarbeit in Fließarbeit. Werksleiter 1927. S. 307/312.

Fließarbeit bei der Buick Motor Co. in Flint, Mich. Iron Age 1927. S. 1217/1223.

Fließarbeit bei der South Bend Gießerei der Studebaker Corporation. Iron Age 1927. S. 1645/1649.

Müller, H. R.: Der gegenwärtige Stand der Fließarbeit. Org. Buchh. Betr. 1928. S. 29/33.

Primavesi, O.: Wirkung der Fließarbeit auf Erzeugungsmenge und Preis. Z. f. Org. 1928. S. 85/90.

Brieger, K.: Fließarbeit in der Gießerei. Gieß. 1928. S. 406/411.

Malengreau, Albert O. J.: Die Fließarbeit in der Gießerei. Rev. Fonderie Mod. 1928. S. 303/305.

Oesterreicher, Kurt: Grundlagen der Fließarbeit. Gieß. 1928. S. 621/626, 1134/1137.

Brieger, K.: Fließarbeit in der Gießerei. Gieß. 1929. S. 375/380.

Gertreuds: Fließarbeit in der Gießerei. Gieß.-Zg. 1929. S. 486/491, 514/518.

Engels, Aug.: Fließarbeit in Ausnutzung des natürlichen Gefälles in einer deutschen Gießerei. Gieß. 1929. S. 570/573.

Rein, Carl: Wirtschaftliche Fertigung durch Fließarbeit unter besonderer Berücksichtigung der Gießereien. Gieß. 1929. S. 714/724, 746/752.

Hager, A. F.: Fließarbeit in der Metallgießerei. Gieß. 1929. S. 1123/1124.

Janssen, F.: Über die Fließarbeit in der Gießerei. Gieß. 1930. S. 269/275.

Götze-Claren, Wilh.: Die Musteranlagen für Fließarbeit im Gießereibetrieb auf der Gießereifachausstellung in Düsseldorf 1929. Gieß. 1930. S. 736/738.

Allendorf, H.: Das neue Fließband der Osborn Co. in Cleveland, Ohio. Gieß. 1930. S. 904/907.

V. Die Normung im Gießereiwesen.

Von

Berat. Ing. Joh. Mehrtens.

Allgemeines.

Die Hauptaufgabe der Rationalisierung, die Normung und Vereinheitlichung, ist nicht nur eine technische, sondern auch eine wirtschaftliche Angelegenheit von außerordentlicher Bedeutung. Schon im Altertum wurde genormt, wenn es sich zunächst auch nur um die Festlegung von Längen-, Flächen- und Hohlmaßen, sowie Gewichten handelte[1]), und da die Normung von jeher eine internationale Entwicklung zeigte, darf angenommen werden, daß sie auch in Zukunft mehr oder weniger durch Vorschriften festgelegt werden muß. Die wirtschaftliche Weiterentwicklung setzt die Normung, d. h. die Vereinfachung oder Vereinheitlichung in der Fertigung und im Vertrieb, voraus, mit ihr wird das regellose Vielerlei beseitigt und damit nicht zuletzt die Erhöhung der Wirtschaftlichkeit gesichert.

Auch die Belange der Gießerei-Industrie als nicht zu unterschätzende Gruppe im Bau-, Hütten- und Maschinenwesen sind in diesen Bestrebungen zu wahren, andernfalls die Gießereibetriebe Gefahr laufen, ihre Absatzgebiete immer mehr zu verlieren. Bereits heute macht sich ein gewisser Abbau in der Verwendung von Gießereierzeugnissen, sowohl von Gußeisen als auch von Temper-, Stahl- und Nichteisenmetallguß überall bemerkbar, die Gießereien haben also alle Veranlassung, einheitliche Normen und Arbeitsverfahren nicht nur auszunutzen, sondern sie auch durch eigene Anregungen weiter auszubilden[2]).

Die Entwicklung der deutschen Normung hat mit der Schaffung einer Beratungsstelle im Verein Deutscher Ingenieure 1914 kurz vor dem Kriege begonnen. Auf der Hauptversammlung 1914 dieses Vereins berichtete Fr. Neuhaus zum ersten Male über den Vereinheitlichungsgedanken und erwähnte alle technischen Maß- und Liefernormen, die bisher von den Industrieverbänden aufgestellt waren. Die führenden technisch-wissenschaftlichen Vereine und Verbände bildeten daraufhin Normenstellen auf den einzelnen Fachgebieten. Während des Krieges wurde die Entwicklung der Normung infolge der Anforderungen der Heeresleitung zunächst in andere Bahnen gelenkt, und es entstand das Fabrikationsbüro für Heeresausrüstung. Aus ihm bildete sich unter Mitwirkung des Vereins Deutscher Ingenieure der Normalienausschuß für den Maschinenbau, später Normenausschuß der Deutschen Industrie, der dann die Richtlinien für den Ausbau der deutschen Industrienormen aufstellte. Aus dem Normenausschuß der Deutschen Industrie wurde im Jahre 1926 der Deutsche Normenausschuß[3]).

Ab 1919 nahmen auch die damals bestehenden Gießereiverbände an den Arbeiten des Normenausschusses teil. Die Anregungen des Verfassers zur Schaffung von Normen für die Gießereibetriebe fanden zuerst im Verein Deutscher Gießereifachleute Unter-

[1]) F. M. Feldhaus: Normung in früheren Zeiten. Z. Organisation 1927. H. 20, S. 112.
[2]) Joh. Mehrtens: Gießereinormen, ihr Stand und weitere Entwicklung. Gieß.-Zg. 1929. S. 659.
[3]) Näheres vgl. Adolf Santz: Die deutschen Industrienormen. Selbstverlag V. D. I. 1919.

stützung, der in seinen Sitzungen häufig Stellung zu den Fragen der Normenbewegung nahm[1]), nachdem schon in früheren Jahren in seiner Vereinszeitschrift Aufsätze aus diesem Fachgebiet erschienen waren[2]). In einer Sitzung der Gießereiverbände in Berlin, Ende 1918, konnte der Verfasser zuerst auf die Mißbräuche in der Benennung der Gießereierzeugnisse hinweisen[3]) und gab dann im Herbst 1919 als Obmann des Fachausschusses für Gießereierzeugnisse die ersten Vorschläge zur Schaffung einheitlicher Benennungen für Gießereierzeugnisse aus Gußeisen, Temper- und Stahlguß bekannt. Rud. Stotz übernahm später die Bearbeitung der Werkstoffnormen für Temperguß als Obmann der Gruppe VIII Temperguß des Werkstoffausschusses Stahl und Eisen und Beauftragter des Vereins Deutscher Tempergießereien[4]), während für den Verein deutscher Stahlformgießereien R. Krieger als Obmann der Gruppe VI Stahlguß des Werkstoffausschusses Stahl und Eisen die Bearbeitung des Blattes „Stahlguß“[5]) durchführte. Beide Blätter liegen heute, nach etwa 10 Jahren Vorarbeit, mit dem Blatte „Gußeisen“ zusammen abgeschlossen vor. Das letztgenannte Blatt konnte in zahlreichen Sitzungen der Gruppe VII „Gußeisen“ unter Leitung des Obmannes L. Scharlibbe, nach den Vorschlägen des Verfassers aufgebaut und abgeschlossen werden.

Neben diesen Fachausschüssen für Eisen und Stahl wurde ein weiterer Fachausschuß für die Nichteisen-Metalle und -Legierungen geschaffen. Die Arbeiten dieses Ausschusses übernahm die Deutsche Gesellschaft für Metallkunde, die für die einzelnen Nichteisen-Metalle Unterausschüsse und Fachgruppen bildete. Auch auf diesem Gebiet ist bereits seit Jahren eine Reihe DIN-Blätter abgeschlossen bzw. in Vorbereitung[6]).

Durchführung der Normungsarbeit.

Der Deutsche Normenausschuß ist ein eingetragener Verein, er wird von einem Präsidium geleitet, und in diesem bildet ein engerer Ausschuß den Vorstand, der auch die Geschäfte führt. Die eigentliche Normungsarbeit wird in den Fachausschüssen geleistet, in denen Hersteller und Verbraucher, Wissenschaft, Handel und Behörden vertreten sind. Der Grundsatz der Normung ist also Gemeinschaftsarbeit aller in Frage kommenden Kreise. Die Geschäftsstelle des Deutschen Normenausschusses sorgt für den Zusammenhang zwischen den einzelnen Fachausschüssen, so daß nichts beschlossen werden kann, was zu anderen Normen in Widerspruch stehen könnte. Durch enge Zusammenarbeit mit dem Auslande wird auch gleichzeitig bei Aufstellung wichtiger Normen soweit wie möglich eine internationale Abgleichung herbeigeführt[7]).

Die Anregungen zur Normung kommen aus der Praxis, sie gehen zur Bearbeitung an die Fachausschüsse, diese geben die Entwürfe an die Geschäftsstelle, die sie an die Normenprüfstelle weiterleitet und zunächst durch die DIN-Mitteilungen und Fachpresse der öffentlichen Kritik unterbreitet. Danach wird der Entwurf im Fachausschuß ergänzt und dem Präsidium des Deutschen Normenausschusses vorgelegt. Nach erfolgter Genehmigung wird das Blatt zur Drucklegung und zum Vertrieb an den Beuth-Verlag in Berlin weitergegeben. Zahlentafel 40 nach Frank[8]), zeigt den Werdegang eines Normblattes. Über weitere Einzelheiten berichten die in der Literaturübersicht auf S. 207 bis 208 angegebenen Werke und Aufsätze.

Um den Bedürfnissen nach der Schaffung von Normen im Gießereiwesen nachzukommen, haben die folgenden Verbände

[1]) Fr. Bock: Normalisierung von Gießereiprodukten. Gieß.-Zg. 1918. S. 113/119.
[2]) M. v. Moellendorf: Nomenklatur und Normalien für Bronzen. Gieß.-Zg. 1914. S. 26/28.
[3]) Joh. Mehrtens: Einheitliche Fachwörter usw. Betrieb 1919. S. 125.
[4]) Dr. Ing. Rud. Stotz: Der Temperguß. Betrieb 1920. S. 148.
[5]) Dr. Ing. R. Krieger: Die Normung von Stahlguß. Stahleisen 1925. S. 837/839.
[6]) Vgl. DIN-Taschenbuch Nr. 4. Werkstoffnormen. 5. Aufl. 1930. Beuth-Verlag Berlin; sowie die Werkstoffhandbücher „Stahl und Eisen“. 2. Aufl. 1929. Verlag Stahleisen G. m. b. H., Düsseldorf und „Nichteisenmetalle“. 2. Aufl. 1919. Beuth-Verlag Berlin.
[7]) Internationale Normung. V.D.I.-Nachrichten 1930, Nr. 6. S. 5.
[8]) Dipl.-Ing. Frank: Wie eine deutsche Norm entsteht. Z. Organisation 1927. S. 543.

Verein Deutscher Eisengießereien, Düsseldorf,
Verein Deutscher Gießereifachleute, Berlin,
Gesamtverband Deutscher Metallgießereien, Hagen i. W.,
Verein deutscher Stahlformgießereien, Düsseldorf,
Verein Deutscher Tempergießereien, Hagen i. W.,

denen sich der Verein deutscher Eisenhüttenleute angeschlossen hat, einen Gießerei-Fachnormenausschuß (Gina) gebildet, dessen Geschäftsstelle sich beim Verein

Zahlentafel 40.

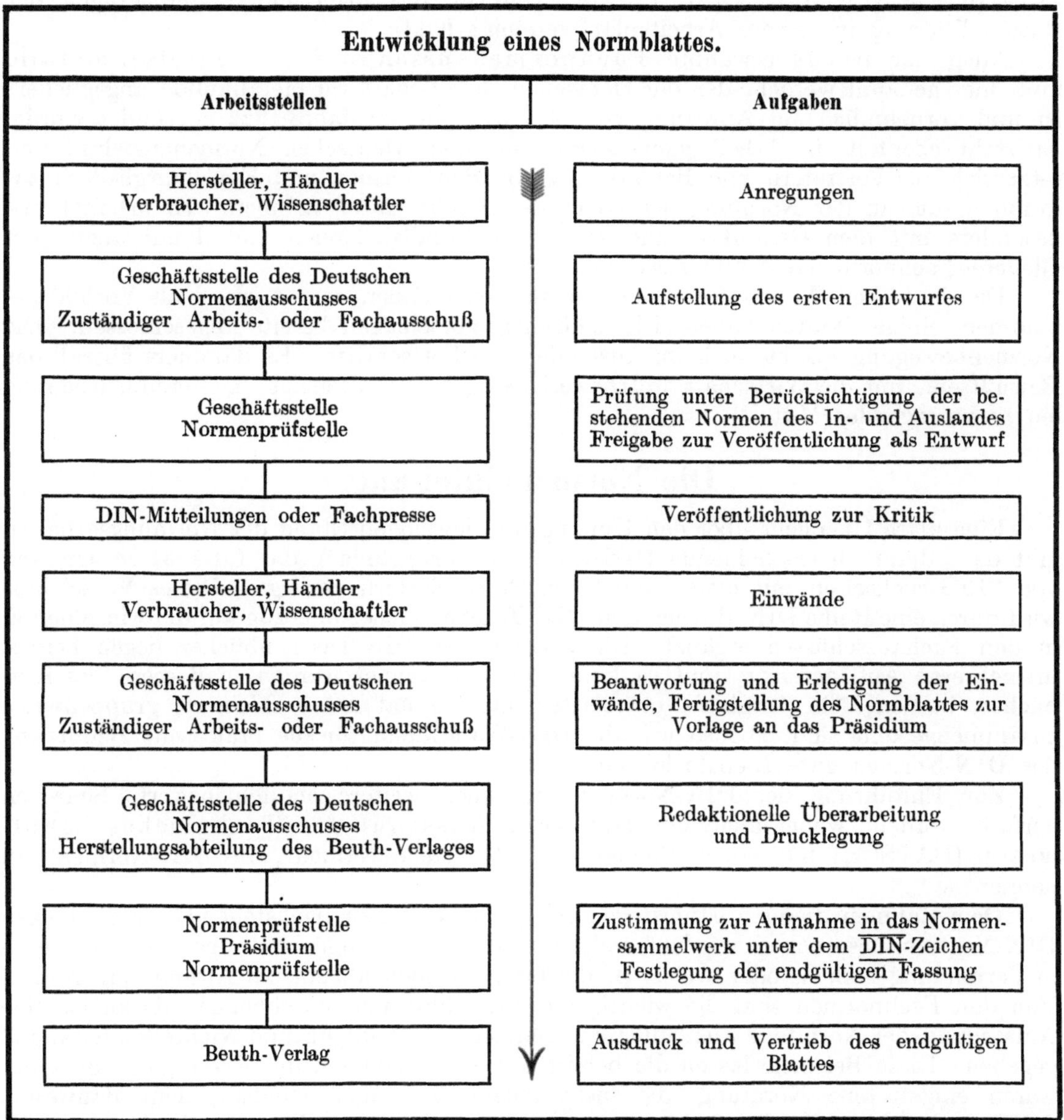

Deutscher Eisengießereien in Düsseldorf befindet. Als Verbindungsmann zwischen der Hauptgeschäftsstelle des Deutschen Normenausschusses, Berlin, und dem Gina ist der Verfasser tätig.

Für die Gemeinschaftsarbeit des Gina mit dem Deutschen Normenausschuß kommen noch folgende Verbände, Fachausschüsse und Behörden in Frage:

Arbeitsgemeinschaft Deutscher Betriebsingenieure (ADB), Ingenieurhaus Berlin NW 7,
Ausschuß für Wirtschaftliche Fertigung (AWF), Berlin NW 6, Luisenstr. 58,

Ausschuß für Wirtschaftliche Verwaltung (AWV), Berlin NW 6, Luisenstr. 58,
Deutscher Verband für die Materialprüfungen der Technik (DVM), Ingenieurhaus, Berlin NW 7,
Reichsausschuß für Lieferbedingungen (RAL), Berlin NW 6, Luisenstr. 58,
Reichsausschuß für Arbeitszeit-Ermittlung (REFA), Ingenieurhaus, Berlin NW 7.

Ferner hat sich das Reichsbahn-Zentralamt in Berlin in hervorragendem Maße an den Arbeiten der Normung im Gießereiwesen beteiligt, und endlich ist der Chemikerausschuß der Gesellschaft Deutscher Metallhütten- und -Bergleute in Berlin für die Mitarbeit gewonnen.

Diese Verbände stehen mehr oder weniger in Verbindung mit dem Reichskuratorium für Wirtschaftlichkeit (RKW), das insbesondere alle Fragen der Rationalisierung in seinem Arbeitsplan vereinigt hat[1]).

Auch der bereits erwähnte Fachnormenausschuß für Nichteisenmetalle muß hier genannt werden, der der Deutschen Gesellschaft für Metallkunde angegliedert ist und vornehmlich auf Anregung von E. Heyn hin im Jahre 1922 gegründet wurde. Er steht ebenfalls in Arbeitsgemeinschaft mit dem Deutschen Normenausschuß und setzt sich aus Vertretern von Behörden, Verbänden, Firmen und Einzelmitgliedern zusammen, die an der Normung der Nichteisenmetalle Anteil nehmen. Er arbeitet insbesondere mit dem Gesamtverband Deutscher Metallgießereien und damit auch dem Gießerei-Fachnormenausschuß zusammen.

Die deutschen Werkstoffnormen sind in vielen Fällen vom Ausland als Vorbild genommen, einige Staaten haben sich deutschen Vorschlägen bereits angeschlossen. Die Normenbewegung macht auch im Auslande gute Fortschritte. Es dämmert überall das Bewußtsein, um die Wirtschaft wettbewerbsfähig zu erhalten ist die Vereinheitlichung ein hervorragendes Mittel[2]).

Die Normeneinteilung.

Eine klare Übersicht über den Umfang und jeweiligen Stand der Normungsarbeiten gibt das alljährlich erscheinende DIN-Normblattverzeichnis[3]), das für 1931 im Umfang von 310 Druckseiten mit etwa 4400 Stück Normblättern vorliegt. Dieses Verzeichnis wird durch eine Reihe DIN-Bücher und DIN-Taschenbücher in bezug auf die Einzelheiten in den Fachausschüssen ergänzt. Die meisten der DIN-Taschenbücher liegen bereits in mehreren Auflagen vor, und es kann damit gerechnet werden, daß diese Taschenbücher, in denen die Original-Normblätter, auf Format A 5 verkleinert, gruppenweise zusammengestellt sind, ebenso wie die DIN-Wandtafeln für die praktische Benutzung der DIN-Normen gute Dienste leisten.

Zur Einführung der DIN-Normen sind noch weitere empfehlenswerte Schriften verfaßt worden, wobei auch der Deutsche Ausschuß für Technisches Schulwesen (DATSCH) mit einem Sonderwerk unter dem Namen „Die DIN-Normen" zu nennen ist[4]).

Dem Rahmen dieser Ausführungen entsprechend sollen nachstehend nur diejenigen DIN-Normen besprochen werden, welche mehr oder weniger mit dem Gießereiwesen in Verbindung stehen, oder wie z. B. die Grundnormen allgemeine Anwendung finden. Von den Fachnormen sind die wichtigsten aufgeführt und anschließend daran ist eine Aufstellung der Normteile aus Gußeisen, Temperguß, Stahlguß und Nichteisenmetallguß gegeben. Diese Beispiele lassen die bereits auf allen Gebieten der Erzeugung von Gußwaren eingetretene Normung, die insbesondere dem Maschinenbau, dem Bauwesen, der Elektrotechnik, der Landwirtschaft usw. zugute kommen, deutlich erkennen. An die Normteile und die eigentlichen Fachnormen im Gießereiwesen wird eine Zusammenstellung der Werk- und Hilfsstoffe für den Gießereibetrieb angeschlossen, die gleichzeitig einen

[1]) Vgl. Handbuch der Rationalisierung. 2. Aufl. Berlin-Wien 1930.

[2]) Joh. Mehrtens: Normen im Gießereibetrieb. Gieß.-Zg. 1930. S. 646. Nach einem Vortrag im Verband der Ungar. Eisenwerke Budapest, Sept. 1930, ferner Ziele der Internationalen Normung. V. D. I.-Nachr. 1931. Nr. 8. S. 3.

[3]) Beuth-Verlag Berlin S 14.

[4]) W. Zimmermann und F. Brinkmann: Die DIN-Normen. Eine Einführung usw. Berlin 1930. 2. Aufl. in Vorbereitung.

Überblick geben soll, welche Arbeiten bereits abgeschlossen sind, welche sich in Bearbeitung befinden und welche noch vorbereitet werden müssen. Die für das Gießereiwesen wichtigsten Normen sind folgende:

A. Grundnormen.

I. Allgemeine Grundnormen.

Formatnormen, Einheiten, Formelgrößen, mathematische Zeichen usw.

II. Technische Grundnormen.

a) Allgemeines: Normaltemperatur und Bezugstemperatur, Normungszahlen, Kegel usw.
b) Zeichnungsnormen: Formate und Maßstäbe, Linien, schräge Blockschrift, Maßeintragung usw.
c) Passungen: Austauschbarkeit, Grundbegriffe, Gütegrade usw.
d) Gewinde: Befestigungsgewinde, Feingewinde, Rohrgewinde usw.

B. Werkstoffnormen für Metalle.

a) Werkstoffprüfung: Zeichen, Begriffe, Allgemeines und Versuche.
b) Stahl und Eisen: Übersicht, Farbkennzeichnung, Flußstahl geschmiedet oder gewalzt, legierte Stähle usw.
c) Stahl gewalzt: Werkzeugstahl-Querschnitte, Formeisen usw.
d) Stahl gezogen: Flachstahl, Rundstahl, Stahldraht usw.
e) Gußeisen, DIN 1691: Begriff, Güteklassen, Prüfung usw.
f) Temperguß, DIN 1692: Begriff, Güteklassen, Prüfverfahren usw.
g) Stahlguß (Stahlformguß) DIN 1681: Begriff, Güteklassen, Prüfung und Abnahme usw.
h) Nichteisenmetalle: Nickel, Zinn, Kupfer, Aluminium, Weißmetall, Messing, Bronze, Rotguß.
i) Halbzeug aus Nichteisenmetallen: Bleche, Bänder, Rohre, Drähte usw.
k) Drähte für Elektrotechnik.

Grundnormen.

Zu den wichtigsten allgemeinen Grundnormen gehören die Normblätter DIN 1301, 1302, 1304 und 1305, Einheiten und Formelgrößen, Formate und graphische Darstellungen, ferner Blatt DIN 238, Zeichnungen, Formate, Maßstäbe.

DIN-Blätter.

Die Normen sind grundlegend für die in technischen und naturwissenschaftlich-mathematischen Berechnungen vorkommenden Einheiten und Benennungen. Für diese Normung ist der Ausschuß für Einheiten und Formelgrößen (AEF) maßgebend. Derselbe hat sich schon vor der Gründung des Deutschen Normenauschusses mit der Vereinheitlichung der Einheiten befaßt[1]), und die Ergebnisse werden als Normblätter herausgegeben. Sein Arbeitsgebiet umfaßt die einheitliche Benennung, Bezeichnung und Begriffsbestimmung wissenschaftlicher und technischer Einheiten, Festsetzung der Zahlenwerte wichtiger Größen und sonstige einheitliche Abmachungen in Fragen der Formelaufstellung auf wissenschaftlichem Gebiet.

Die technischen Grundnormen gelten als Grundlage der technischen Vereinheitlichung. Als beachtenswertes Beispiel ist in Zahlentafel 41 das DIN-Blatt 2430, Bl. 1, Formstücke für Rohrleitungen, angeführt, da dieses auch für die diesbezüglichen Normteile wie z. B. Armaturen, Rohre und Rohrformstücke, für die Gießereien Bedeutung hat.

Bei der Aufstellung der technischen Grundnormen sind zahlreiche Arbeitsausschüsse tätig, insbesondere für Normaltemperatur, Bezugstemperatur, Normungszahlen, Normaldurchmesser, Kegel usw. Für den Gießereifachmann wichtig ist DIN-Blatt 524 „Normale Temperatur". Die Temperatur, bei der physikalische und chemische Messungen für wissenschaftliche und technische Zwecke vorzunehmen oder zu berechnen sind, ist $+ 20^0$ C. Alle erforderlichen Meßgeräte, z. B. Meßkolben, Meßstäbe, Aërometer, elektrische Widerstände, müssen also auf diese Temperatur eingestellt werden[2]).

Die Normungszahlenreihe ist insbesondere für den Konstrukteur bestimmt. Durch die genormten Durchmesser ist eine Beschränkung der Auswahl derselben geschaffen und damit eine Vereinfachung der Herstellung und Verringerung in der Werkzeughaltung gegeben (DIN 3).

[1]) Verhandlungen des Ausschusses für Einheiten und Formelgrößen. Berlin: Julius Springer 1914.
[2]) Ausschuß für Meßwesen. DIN-Mitt. 1931. S. 107.

Zahlentafel 41.

Formstücke für Rohrleitungen
Übersicht und Sinnbilder

Rohrleitungen

DIN 2430
Blatt 1

Bild	Sinnbild	Benennung	Kurzzeichen	DIN
1* 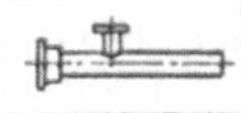	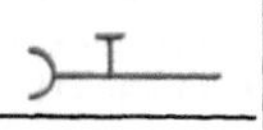	Muffenstück mit Flanschstutzen	A	
2* 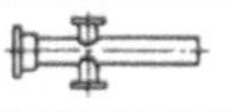	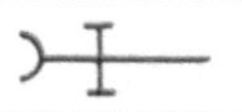	Muffenstück mit zwei Flanschstutzen	AA	
3* 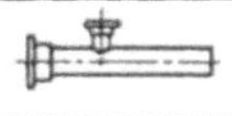		Muffenstück mit Muffenstutzen	B	
4* 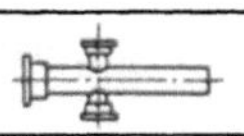	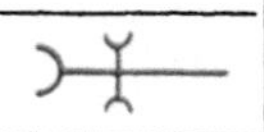	Muffenstück mit zwei Muffenstutzen	BB	
5* 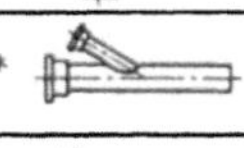	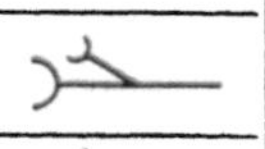	Muffenstück mit Muffenabzweig	C	
6* 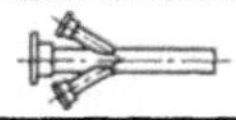	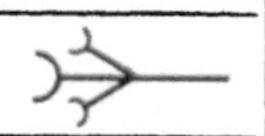	Muffenstück mit zwei Muffenabzweigen	CC	
7* 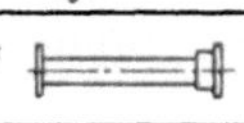	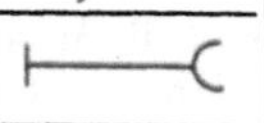	Flanschmuffenstück	E	
9 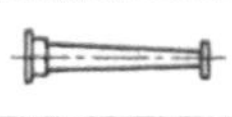		Flanschmuffenübergangsstück	ER	
8 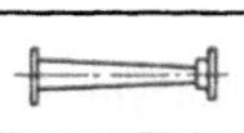	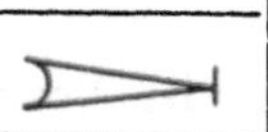	Muffenflanschübergangsstück mit Muffe am weiten Ende	ERw	
10* 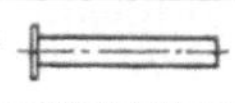		Einflanschstück	F	
11 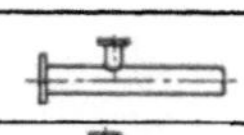	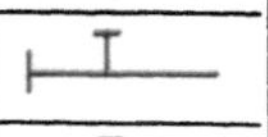	Einflanschstück mit Flanschstutzen	FA	
12 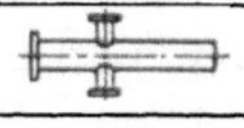	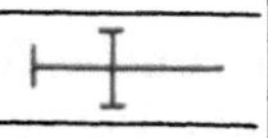	Einflanschstück mit zwei Flanschstutzen	FAA	
13 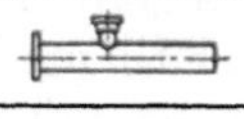	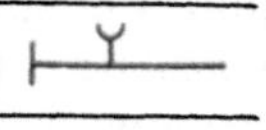	Einflanschstück mit Muffenstutzen	FB	
14 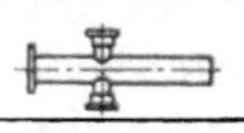	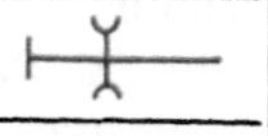	Einflanschstück mit zwei Muffenstutzen	FBB	
15 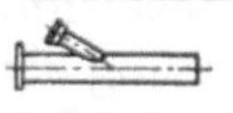	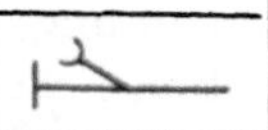	Einflanschstück mit Muffenabzweig	FC	
16 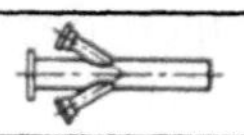	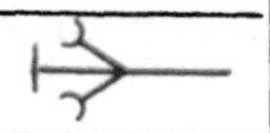	Einflanschstück mit zwei Muffenabzweigen	FCC	
17 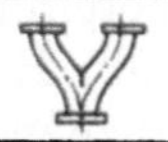		Hosenstück	H	
18 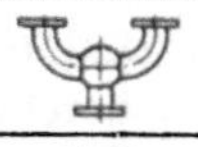		Hosenkugelstück	HKug	
19 		Hosenmuffenstück	HC	

Nur die mit * bezeichneten Formstücke werden von den deutschen Gußrohrwerken als normale Formstücke in Anlehnung an die „Deutschen Rohrnormalien für gußeiserne Muffen- und Flanschenrohre 1882“ angesehen.

Dezember 1929
2. Ausgabe

Fachnormenausschuß für Rohrleitungen

Die schon erwähnten Formate und Maßstäbe (DIN 823) dienen bei der Anfertigung technischer Zeichnungen, ebenso DIN 15 und 16, Linien und Linienfarben, sowie schräge Blockschrift. Für die letztere hat der Deutsche Ausschuß für Technisches Schulwesen ein Sonderblatt herausgegeben[1]). Besondere Normblätter sind für die Gewinde (DIN 202), Toleranzen und Passungen (DIN 406), Schrauben (DIN 27 und 29) aufgestellt.

Werkstoffnormen für Metalle.

Mit DIN 1350 beginnt die Reihe der Normblätter für die metallischen Werkstoffe und deren Prüfung. Dieses Blatt enthält die Zeichen, die in der Statik, Festigkeitslehre und Werkstoffprüfung gebraucht werden, sowie die Bezeichnungen für Form- und Stabeisen. Sein erster Teil, die mathematischen Zeichen, ist eine Wiederholung von DIN 1302, der zweite Teil, Maßeinheiten, legt deren Schreibweise und Bezeichnung fest.

In Zahlentafel 42 und Zahlentafel 43 sind die gebräuchlichen Formelgrößen für die Werkstoffprüfung als wichtig für die Gießereifachleute wiedergegeben.

Für die Prüfung und Bewertung von Gießereierzeugnissen gibt es heute ein so umfassendes Schrifttum, daß der Erzeuger wie Verbraucher, und hier insbesondere der Konstrukteur, kaum das wichtigste verfolgen und auswerten kann. Von den altbekannten Vorschriften für die Lieferung von Gußeisen, die vom Deutschen Verband für die Materialprüfungen der Technik und dem Verein Deutscher Eisengießereien im Jahre 1909 aufgestellt wurden[2]), bis zu den heute vorliegenden, weitgehenden Normen und Prüfverfahren der genannten Arbeitsgemeinschaften, ist es ein weiter Weg gewesen. Immer wieder muß hier auf das Ergebnis der Werkstoffschau in Berlin, 1927, hingewiesen werden, wo alle Gebiete der Werkstoffprüfung zur Darstellung gebracht wurden[3]).

Wenn auch besonders in den letzten Jahren Hervorragendes von den Herstellern geleistet wurde, bedarf es doch noch großer Anstrengungen, um gewisse Lücken in der Frage der Veredlung und richtigen Auswertung, sowie in der Prüfung der Werkstoffe auszufüllen[4]). Es ist deshalb zu begrüßen, wenn auch die Gießereifachleute in bezug auf die Verbesserung und Vereinheitlichung der Prüfverfahren für metallische Werkstoffe mehr als bisher eine Arbeitsgemeinschaft mit den in Frage kommenden Fach- und Unterausschüssen bilden. Damit würde auch die Bildung neuer Unterausschüsse vermieden.

Für die Einführung der Werkstoffnormen ,,Stahl und Eisen'', sinngemäß auch für die Gießereierzeugnisse aus Gußeisen, Temperguß und Stahlguß, hat der Deutsche Normenausschuß Richtlinien aufgestellt, die in Zahlentafel 44 wiedergegeben sind.

Im Gießereifach muß, wie Lennemann und Rautenberg ausführen[5]), bei uns auf dem Gebiete der Normung noch viel mehr getan werden als bisher. Diese Normung hat schon eine Menge Gußwaren den Stückgießereien entzogen und den Sondergießereien zugeführt, wie z. B. Öfen, Radiatoren, sanitäre Einrichtungsgegenstände, Guß für die Automobilindustrie usw. Bei dieser Massenerzeugung ist es in erster Linie möglich, alle Vorteile aus dem zeitgemäßen Arbeitsverfahren zu ziehen und den Betrieb auf diese umzustellen. Vor allen Dingen müssen wir uns aber auch hier daran gewöhnen, die in den Normen festgelegten Richtlinien einzuhalten, da trotz erfolgter Normung selbst die Sondergießereien noch eine Menge verschiedener Sorten anfertigen müssen, um den zahlreichen Wünschen der Abnehmer gerecht zu werden. Die dadurch bedingten Nachteile, wie Herstellung neuer Modelle und Formkasten, häufiger Wechsel der Modelle und Formplatten, sowie die dabei notwendigen zeitraubenden Umstellungen liegen, abgesehen von den dadurch hervorgerufenen Kosten, auf der Hand und können der Einführung von Fließarbeit hinderlich sein.

---

[1]) Deutscher Ausschuß für Technisches Schulwesen, Berlin W, Potsdamer Str. 139.

[2]) Vgl. dieses Handbuch Bd. I, S. 421 ff.

[3]) Vgl. hierzu den Bericht von M. Rudeloff: Die Prüfung der Festigkeitseigenschaften metallischer Baustoffe auf der Werkstoffschau. (Gieß.-Zg. 1928, S. 196/200, 217/225, 237/245, 263/272, 289/297).

[4]) Vgl. E. H. Schulz: Über die Organisation der Materialprüfung bei den Verbrauchern. Z. Maschinenbau 1927, Sonderheft Maschinenschau S. 182/188.

[5]) Gieß. 1930. S. 19.

Zahlentafel 42.

Zeichen in der Statik, Festigkeitslehre, Werkstoffprüfung, für Form- und Stabeisen, Bleche	Auszug aus: DIN 1350

Werkstoffprüfung

a Dicke einer Probe
b Breite einer Probe
d Durchmesser der Probe innerhalb der Meßlänge
F Querschnitt der Probe
l_v Versuchslänge der Probe
l Meßlänge der Probe
n Meßlängenverhältnis ($n = \frac{l}{d}$, d der Durchmesser des Stabes oder des dem Querschnitt F flächengleichen Kreises)
l_s Stützweite beim Biegeversuch
f Pfeilhöhe, Durchbiegung
σ_B, σ_{-B} Bruchspannung (Zug- bzw. Druckfestigkeit), höchste von der Probe getragene Belastung bezogen auf den ursprünglichen Querschnitt F_0
σ_P, σ_{-P} Spannung an der Proportionalitätsgrenze
σ_E, σ_{-E} Spannung an der Elastizitätsgrenze
σ_S Spannung an der Streckgrenze } Fließgrenze
σ_{-S} Spannung an der Quetschgrenze } Fließgrenze
$\frac{\sigma_S}{\sigma_B}$ Streckgrenzeverhältnis
σ'_B Bruchspannung beim Biegeversuch
σ_F Fließspannung beim Biegeversuch
σ_K Knickspannung

Beispiel: Zugversuch

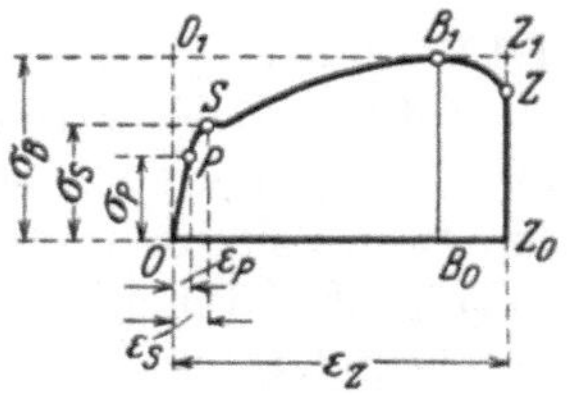

Bemerkung: Die Zeichen für die Abmessungen erhalten den jeweiligen Zeiger des zugehörigen Belastungszustandes.

Werden die Abmessungen des Versuchsstückes vor der Belastung zu den entsprechenden Abmessungen unter Last in Beziehung gesetzt, so erhalten die Formelzeichen der Abmessungen vor der Belastung den Zeiger $_0$.

δ + Bruchdehnung } in vom Hundert der ursprünglichen Meßlänge l_0 $\delta = \frac{\Delta l}{l_0} \cdot 100\%$
δ — Endstauchung }
u Verschiebung (gegenseitige Verschiebung zweier Flächenelemente vom senkrechten Abstand l infolge von Schubspannungen, $u = l \operatorname{tg} \gamma$)
ψ Verdrehungswinkel (die im Bogenmaß gemessene gegenseitige Verdrehung zweier ursprünglich paralleler Linien in parallelen Querschnittsflächen)
ϑ Drillung $\left(\frac{\psi}{l} = \frac{\text{Verdrehungswinkel}}{\text{Abstand der beiden Bezugsquerschnitte bzw. Meßlänge}}\right)$
ε_q Querkürzung (lineare Querzusammenziehung) $\left(\varepsilon_q = \frac{d - d_0}{d_0} = \frac{\Delta d}{d_0}\right)$
m Verhältnis der Längsdehnung zur Querkürzung, Poissonsche Zahl $\left(m = \frac{\text{Längsdehnung}}{\text{Querkürzung}} = \frac{\varepsilon}{\varepsilon_q} = \frac{1}{\mu}\right)$
μ Verhältnis der Querkürzung zur Längsdehnung $\left(\mu = \frac{\varepsilon_q}{\varepsilon} = \frac{1}{m}\right)$
ΔF Querschnittsänderung ($\Delta F = F - F_0$ = Unterschied zwischen dem Querschnitt F und dem Anfangsquerschnitt F_0)
ΔF + Querschnittsvergrößerung
ΔF — Querschnittsverminderung
ψ + Ausbauchung } $\left(\psi = \frac{\Delta F}{F_0} \cdot 100\%\right)$
ψ — Einschnürung }
φ Verhältnis der Durchbiegung f zur Stützweite l_s (Biegepfeil) $\left(\varphi = \frac{f}{l_s} \cdot 100\%\right)$

B_g Biegegröße $\left(B_g = \frac{h_0}{2r} \cdot 100\%\right)$	Dehnung der äußersten Faser beim technologischen Biegeversuch, berechnet aus dem Krümmungshalbmesser r der mittleren Faser und der ursprünglichen Höhe h_0 des Querschnitts
P Belastung	Gesamte auf den Probekörper wirkende Last
P_B Bruchbelastung	Höchste von der Probe getragene Belastung vor ihrem Bruch
H Brinellhärte	Durch den Kugeldruckversuch ermittelte Spannung $\left(H = \frac{\text{Belastung}}{\text{Kalottenfläche des Eindrucks}}\right)$
a_K Kerbzähigkeit	Durch Kerbschlagversuch bis zum Bruch verbrauchte Arbeit des Schlagwerkes, bezogen auf den Kerbquerschnitt des Stabes bei Beginn des Versuches
σ_W Wechselfestigkeit, Ermüdungsgrenze	Größte Spannung, die bei Wechsel zwischen Zug und Druck gleicher Größe gerade noch beliebig oft ertragen wird
σ_U Ursprungsfestigkeit	Größte Spannung, die im Wechsel mit dem spannungslosen Zustand gerade noch beliebig oft ertragen wird

Zahlentafel 43.

Werkstoffprüfung. Begriffe (Festigkeitsversuche) Werkstoffe	DIN 1602

1. Versuchslänge l_v ist die gesamte zylindrische oder prismatische Länge des Probestabes zwischen den Übergängen zu seinen Köpfen und bei in der ganzen Länge prismatischen oder zylindrischen Stäben die Länge zwischen den Einspannungen.

2. Meßlänge l ist derjenige Teil der Versuchslänge bei einem bestimmten Stande des Versuches, an dem die Formänderung (Längenänderung beim Zug- und Druckversuch, Durchbiegung beim Biegeversuch und Verdrehung beim Verdrehungsversuch) gemessen wird. Die Meßlänge am Anfang des Versuches wird mit l_0 bezeichnet.

3. Stützweite l_s ist der Abstand zwischen beiden Auflagestellen des Probestabes beim Biegeversuch. Hierbei wird als Meßlänge zur Bestimmung der Durchbiegung in der Regel die Stützweite l_s gewählt.

4. Die Spannungen σ beim Zug- oder Druckversuch sind gleich dem Quotienten aus Belastung (Spannkraft) P und Querschnitt F_0, den das Probestück vor Beginn des Versuches hatte. $\sigma = \frac{P}{F_0}$. Insbesondere gilt dies auch für die Spannungen σ_S (Spannung an der Streckgrenze siehe Punkt 5) und σ_B (Zugfestigkeit) [1].

5. Spannung an der Fließgrenze ist bei scharfer Ausprägung die Spannung, bei der trotz zunehmender Formänderung die Kraftanzeige der Maschine erstmalig unverändert bleibt oder zurückgeht. Je nach der Versuchsarbeit wird die Spannung an der Fließgrenze bezeichnet mit:

Streckgrenze σ_S beim Zugversuch
Quetschgrenze σ_{-S} beim Druckversuch
Biegegrenze σ_S beim Biegeversuch.

Ist die Streckgrenze σ_S nicht scharf ausgeprägt, so gilt die Spannung, bei der die bleibende Dehnung 0,2% (siehe Punkt 9) beträgt, als Streckgrenze, benannt 0,2 — Grenze ($\sigma_{0,2}$).

6. Höchstbelastung (P_B, P_{-B}) ist die größte vom Stabe getragene Belastung vor seinem Bruch. Mit ihr wird die Zugfestigkeit σ_B [1]), bzw. die Druckfestigkeit σ_{-B}, bzw. die Biegefestigkeit σ_B berechnet. (Siehe Punkt 4.)

7. Streckgrenzeverhältnis ist das Verhältnis der Streckgrenze σ_S zur Zugfestigkeit σ_B. $\left(\frac{\sigma_S}{\sigma_B}\right)$.

8. Verlängerung oder Verkürzung Δl sind die gemessenen Gesamtlängenänderungen; $\Delta l = l - l_0$ = Meßlänge bei der Messung (l) weniger Meßlänge am Anfang des Versuches (l_0). Durchbiegung f ist beim Biegeversuch die in der Stabmitte gemessene Durchbiegung.

9. Dehnung oder Stauchung ε ist das Verhältnis der Längenänderung Δl zur ursprünglichen Meßlänge l_0; $\left(\varepsilon = \frac{\Delta l}{l_0}\right)$.

10. Bruchdehnung δ ist beim Zugversuch die Dehnung nach dem Bruch; sie wird in der Regel in % der ursprünglichen Meßlänge l_0 angegeben $\left(\delta = \frac{\Delta l}{l_0} \cdot 100\%\right)$. Sinngemäß wird beim Druckversuch der Wert $-\delta = \frac{-\Delta l}{l_0} \cdot 100\%$ berechnet und als Endstauchung bezeichnet.

11. Biegepfeil φ ist beim Biegeversuch das Verhältnis der Durchbiegung f zur Stützweite l_s In der Regel wird φ in % angegeben $\left(\varphi = \frac{f}{l_s} \cdot 100\%\right)$.

12. Querschnittsänderung ΔF, Verminderung beim Zugversuch und Vergrößerung beim Druckversuch ist gleich dem Unterschied zwischen dem Querschnitt F bei der Messung und dem Anfangsquerschnitt F_0 ($\Delta F = F - F_0$).

13. Einschnürung oder Ausbauchung ψ ist das Verhältnis der Querschnittsänderung ΔF zum Anfangsquerschnitt F_0. In der Regel wird ψ in % angegeben $\left(\psi = \frac{\Delta F}{F_0} \cdot 100\%\right)$.

14. Kugeldruck- oder Brinellhärte H ist die durch den Kugeldruckversuch nach Brinell ermittelte Spannung, d. h. die Belastung P bezogen auf die Kalottenfläche des Kugeleindruckes (Formel siehe DIN 1605).

[1]) Im Maschinenbau ist hierfür auch das Zeichen K_z im Gebrauch.

August 1929. 3. Ausgabe. Fachnormenausschuß für Prüfverfahren

Zahlentafel 44.

Richtlinien für die Einführung der Werkstoffnormen für Stahl und Eisen.

Die Werkstoffnormen für Stahl und Eisen sind vom Deutschen Normenausschuß als Gemeinschaftsarbeit zwischen Erzeugern und Verbrauchern geschaffen worden, um die Herstellung zu vereinfachen, den Handel zu erleichtern und dem Verbraucher möglichst gleichmäßigen Werkstoff zu verschaffen. Das Ergebnis dieser Gemeinschaftsarbeit ist in dem Beuthheft 1 „Werkstoffnormen, Stahl und Eisen" zusammengefaßt, mit dessen Inhalt sich jeder Erzeuger, Händler und Verbraucher eingehend vertraut machen sollte.

Diese Normen erreichen aber erst ihren Zweck, wenn sie in größtem Umfange in der Praxis angewendet werden. Lieferer und Verbraucher befolgen daher in ihrem eigensten Interesse nachstehende Richtlinien.

Lieferer.

Stellt Stahl möglichst nur in DIN-Marken her (Werkstoffnormen Stahl und Eisen, Beuthheft 1). Schafft keine Sondermarken, wenn nicht eine technisch wirtschaftliche Notwendigkeit vorliegt.

Wendet bei Angeboten, Preislisten und sonstigen Druckschriften **die genormten Markenbezeichnungen an,** und zwar vollständig und sinngemäß.

Stellt in Angeboten, Preislisten und sonstigen Druckschriften **die bisherigen Hausmarken** den entsprechenden **genormten Stahlmarken gegenüber.**

Laßt in den Verkaufsabteilungen mehr als bisher den Techniker zur Geltung kommen, damit der Kunde auch den Stahl bekommt, den er wirklich braucht.

Beratet auf Grund Eurer Erfahrungen **weniger kundige Verbraucher,** damit sie Vertrauen gewinnen und Lieferungen weniger leicht beanstanden.

Verbraucher.

Stellt Eure Fertigung möglichst auf die Verwendung von DIN-Stählen ein (Werkstoffnormen Stahl und Eisen, Beuthheft 1). Besteht nicht auf Sonderwünschen, wenn nicht eine technisch-wirtschaftliche Notwendigkeit vorliegt.

Wendet bei Anfragen und Bestellungen **die genormten Markenbezeichnungen an,** und zwar vollständig und sinngemäß.

Schafft Schlüssellisten, aus denen zu erkennen ist, wie die Stahlbezeichnung im Werke früher war und wie sie den Normen entsprechend lautet.

Beachtet beim Einkauf auch die technischen Gesichtspunkte, damit der Werkstoff beschafft wird, der für die Herstellung der geeignetste ist.

Gebt dem Lieferer **möglichst den Verwendungszweck an,** damit er gegebenenfalls Fehlgriffe verhindern kann.

Macht aus der Normungsfrage keine Preisfrage.

Nach Einführung der DIN-Marken treten die wirtschaftlichen Vorteile von selbst ein.

Der Sinn der Werkstoffnormen ist: Abgestuft genormte Güten zu abgestuft angemessenen Preisen.

Scheltet nicht auf den Normenausschuß, wenn eine Bestimmung unzweckmäßig ist. Vermeidet solche Fehler durch Eure Mitarbeit. Gebt Eure Wünsche mit ausreichender Begründung dem Normenausschuß bekannt, damit sie bei Neubearbeitung berücksichtigt werden können.

Gußeisen.

Wie schon in der Einleitung erwähnt, gehört der Entwurf zum DIN-Blatt 1691 Gußeisen[1]) mit zu den ersten Anregungen, die seiner Zeit vom Verfasser im Fachausschuß für Benennungen der Gießereierzeugnisse gegeben wurden. Nach vielen Sitzungen und Beratungen in den Fachausschüssen der Verbände, nicht zuletzt unter Mitwirkung des Reichsbahn-Zentralamtes und namhafter Wissenschaftler der deutschen Material-Prüfungsanstalten, des Kaiser-Wilhelm-Instituts für Eisenforschung in Düsseldorf und des Staatlichen Materialprüfungsamtes in Berlin-Dahlem, ist das jetzt abgeschlossene und in Zahlentafel 45 wiedergegebene Blatt als DIN 1691 veröffentlicht worden.

Bereits vorher war auf Anregung des Verfassers in einem Sonderblatt „Gußeisen und Temperguß" der Begriff „Gußeisen" festgelegt worden. Das Blatt (DIN 1690) ist inzwischen eingezogen, es ist beabsichtigt, wie auf den Blättern DIN 1692 (Temperguß) und DIN 1681 (Stahlguß), den Wortlaut der Begriffsbestimmung für den Werkstoff „Gußeisen" in einer neuen Auflage DIN 1691 aufzunehmen. Der Zusatz, der wie in den beiden vorgenannten Blättern an erster Stelle stehen würde, lautet (s. Seite 167):

[1]) Vgl. dieses Handbuch Bd. I, S. 191/192.

Zahlentafel 45.

Gußeisen.	DIN 1691

Allgemeine Vorschriften.

Umfang der Prüfungen. Die Prüfungen der Gußstücke erstrecken sich auf: a) äußere Beschaffenheit, b) Form, Abmessungen und Gewichte, c) Eigenschaften des Werkstoffes.

a) Äußere Beschaffenheit. Die Oberfläche der Gußstücke muß allseitig von angebranntem Formsand und Kernsand gereinigt und von allen Unebenheiten, die den Gebrauch beeinträchtigen, befreit sein. Angüsse, Steiger, Gußnähte oder sonstige überflüssige Anhängsel am Gußstück sind zu beseitigen. Das Ausbessern von Fehlstellen durch Schweißen usw. und sonstiges Flicken darf den Gebrauchswert des Gußstückes zweifellos nicht beeinträchtigen.

b) Form, Abmessungen und Gewichte. Form, Abmessungen und Gewichte der Gußstücke sind an Hand der Modelle, Schablonen oder Zeichnungen zu prüfen. Bei der Gewichtsberechnung sind die form- und gießtechnischen Notwendigkeiten zu berücksichtigen. Als Einheitsgewicht ist 7,25 kg/dm³ zugrunde zu legen. Sofern keine besonderen Vereinbarungen getroffen werden, darf das Versandgewicht eines Gußstückes das ermittelte Gewicht bei Modellarbeit höchstens um 5%, bei Schablonenarbeit oder bei Arbeit nach Skelettmodellen höchstens um 10% überschreiten. — Für gußeiserne Rohre und Rohrformstücke gelten besondere Vorschriften.

c) Eigenschaften des Werkstoffes. Das Gußeisen darf keine Mängel haben, die die Verwendbarkeit und nötigenfalls Bearbeitbarkeit[1]) der Gußstücke beeinträchtigen. Die Eigenschaften des Werkstoffes müssen von Fall zu Fall dem Verwendungszweck der Gußstücke angepaßt werden. Zur Untersuchung der Festigkeit dienen Zugversuche und Biegeversuche; weitere Versuche erfolgen nur nach Vereinbarung.

Zugfestigkeit[2]). Die im folgenden Abschnitt angegebenen Werte für die Zugfestigkeit gelten für einen angegossenen Probestab, dessen Durchmesser der mittleren Wanddicke des Gußstückes angepaßt ist, jedoch soll nicht gefordert werden, daß der Rohdurchmesser des Probestabes 30 mm übersteigt. Die Gußhaut ist durch Abdrehen herunterzuarbeiten.

Biegefestigkeit. Die Werte für Biegefestigkeit und Durchbiegung gelten für einen getrennt gegossenen Biegestab von 30 mm Durchmesser und 600 mm Stützweite[3]). Der Stab wird in unbearbeitetem Zustand geprüft.

[1]) Einwandfreie Prüfverfahren zur Feststellung der gleichmäßigen Bearbeitbarkeit können zur Zeit noch nicht angegeben werden. [2]) Diese Angaben gelten nur so lange, bis die beim Deutschen Verband für die Materialprüfungen der Technik (DVM) in Arbeit befindlichen endgültigen Bestimmungen vorliegen. [3]) Diese Stabform ist jedoch nicht endgültig, ihre endgültigen Abmessungen hängen von den mit dem vorläufigen Stab gesammelten Erfahrungen ab.

Klasseneinteilung und Werkstoffeigenschaften.

Klassen	Verwendungsbeispiele[1])	Vorschriften
Bauguß und Handelsguß (siehe Artikelliste des Vereins Deutscher Eisengießereien)	a) Säulen usw. b) Fenster usw. in Kasten- oder Herdguß c) Bau- und Unterlegplatten, Zwischenstücke für Eisen- und Straßenbahngleise, einfache Gewichte usw. d) Herde, Öfen sowie Geschirrguß (roh und emailliert, inoxydiert oder sonstwie verfeinert) usw. e) Heizkörper, Radiatoren, Rippenrohre, Heizkessel, Feuerungsteile dazu, hohle Bügeleisen, Gas-, elektrische und Spirituskocher usw. f) Zubehörteile für Haus- und Straßenentwässerung usw. g) Abflußrohre und Abflußformstücke h) Druckmuffen- und Flanschenrohre mit zugehörigen Formstücken	Siehe Vorschriften des Deutschen Verbandes für die Materialprüfungen der Technik (DVM) vom Oktober 1909
Feinguß und Kunstguß	Zierguß für Säulen, Türen und Möbel, Schmuckkasten, Bilderrahmen, Beleuchtungskörper und ähnliche einfache kunstgewerbliche Gebrauchsgegenstände usw. Kunstgegenstände nach besonderen Entwürfen, wie Statuen, Büsten, Reliefs, Tierfiguren, Schalen, Vasen usw.	
Maschinenguß ohne besondere Gütevorschriften	für den allgemeinen Maschinenbau und Schiffbau, Werkzeugmaschinenteile von untergeordneter Bedeutung, Textilmaschinen, Landmaschinen, Hausmaschinen und Büromaschinen, für die Elektroindustrie Gehäuse und dünnwandige Teile usw.	Gut bearbeitbar. In der Regel findet keine Abnahmeprüfung statt. Die Gießerei gewährleistet eine Mindestzugfestigkeit von 12 kg/mm². Markenbezeichnung: Ge 12.91.

[1]) Modelle: Siehe DIN 1511, Blatt 1 und 2.

August 1929. 2. Ausgabe (geändert)

Fortsetzung Seite 166

Zahlentafel 45. DIN 1691. (Fortsetzung.)

<table>
<tr><th>Klassen</th><th>Verwendungsbeispiele[1])</th><th>Vorschriften</th></tr>
<tr><td>Maschinenguß mit besonderen Gütevorschriften</td><td>für den allgemeinen Maschinenbau und Schiffbau, Werkzeugmaschinen, Zylinder aller Art, Dampfarmaturen- und Dampfrohrleitungsteile, wärmebeständige Gußstücke (bis 420°), Kolbenringe, Kolben, Eisenbahnoberbauteile (Schienenstühle, Futterstücke für Weichen, Weichenböcke, Laternenteller zu Weichenböcken) usw.</td><td>Gut bearbeitbar
<table>
<tr><th>Markenbezeichnung</th><th>Zugfestigkeit σ_B kg/mm² mindest.</th><th>Biegefestigkeit[4]) σ'_B kg/mm² mindest.</th><th>Durchbiegung[1]) f mm mindest.</th></tr>
<tr><td>Ge 14.91</td><td>14</td><td>(28)</td><td>(7)</td></tr>
<tr><td>Ge 18.91</td><td>18</td><td>(34)</td><td>(7)</td></tr>
<tr><td>Ge 22.91</td><td>22</td><td>(40)</td><td>(8)</td></tr>
<tr><td>Ge 26.91</td><td>26</td><td>(46)</td><td>(8)</td></tr>
</table>
Mit Ge 26.91 beginnen die Sondergüten. Der höher liegende Durchbiegungswert des Germanischen Lloyd für Ge 18.91 wird von diesem vorläufig beibehalten.

[4]) Diese Werte gelten nur vorläufig und für den angegebenen Biegestab von 600 mm Stützweite.</td></tr>
<tr><td>Maschinenguß mit besonderen magnetischen Eigenschaften</td><td>Elektrische Maschinen</td><td>Wie Maschinenguß ohne besondere Gütevorschriften, jedoch mit vorgeschriebener magnetischer Induktion

Magnetische Induktion
<table>
<tr><th></th><th>$B_{12,5}$</th><th>B_{25}</th><th>B_{50}</th></tr>
<tr><td>$\frac{\text{Amperewindungen}}{\text{cm}}$ $\left(\frac{\text{Aw}}{\text{cm}}\right)$</td><td>12,5</td><td>25</td><td>50</td></tr>
<tr><td>CGS-Einheiten (Gauß) mindestens</td><td>4000</td><td>6000</td><td>8000</td></tr>
</table>
Markenbezeichnung: Ge 12.91 D</td></tr>
<tr><td>Hartguß</td><td>a) Weißhartguß (ohne Schale durchgehend hart gegossen): Laufräder für Dampfpflüge, hydraulische Kolben, gezahnte Walzen für Walzenbrecher usw.
b) Schalenguß (mit abgeschreckter Oberfläche): Kollergangsringe und -Platten, Kugelmühlplatten, Steinbrecherplatten, Eisenbahnräder (Griffin), Stempel und Ziehringe sowie ähnliche Verschleißteile usw.
c) Walzenguß: Hartgußwalzen (Schalenguß), mildharte, halbharte und Lehmgußwalzen für die Eisen- und Stahlindustrie und Metallindustrie; Walzen für Druckerei-, Müllerei-, Papier-, Gummi- und Textilmaschinen, Zuckermühlen usw.</td><td>Weißstrahlige Schale mit allmählichem Übergang zum grauen weichen Kern</td></tr>
<tr><td>Säurebeständiger Guß und alkalibeständiger Guß</td><td>a) säurebeständiger Guß: Rohre, Schalen, Töpfe, Hähne, Kessel, Säurepumpen usw.
b) alkalibeständiger Guß: Sodaschmelzkessel, Natronkessel usw.</td><td></td></tr>
<tr><td>Feuerbeständiger Guß</td><td>a) ohne besondere Vorschrift: Zubehörteile für Feuerungen, Platten usw., Roststäbe
b) mit besonderer Vorschrift: Schmelzkessel für Nichteisenmetalle, Retorten, Glühtöpfe usw., Roststäbe für Lokomotiven</td><td>Nach besonderer Vereinbarung</td></tr>
<tr><td>Besondere Gußerzeugnisse</td><td>Blockformen (Kokillen) für Stahl und Nichteisenmetalle, Dauerformen für Handelsgußwaren, Rohrformstücke usw., Dauerformen für die Glasindustrie, Schachtringe (Tübbings), Ambosse und ähnliche massive Gußstücke, Bremsklötze für Bahnbedarf, Piano- und Flügelplatten</td><td></td></tr>
</table>

[1]) Modelle: Siehe DIN 1511, Blatt 1 und 2.

Begriff.

Gußeisen wird aus Roheisen allein oder mit Brucheisen, Stahlabfällen und anderen Schmelzzusätzen erschmolzen und in Formen gegossen, jedoch keiner Nachbehandlung zwecks Schmiedbarmachung unterworfen. Je nach der Menge des ausgeschiedenen Graphites ist zu unterscheiden:

a) graues Gußeisen (Grauguß mit reichlicher Graphitausscheidung),
b) halbgraues Gußeisen mit geringer Graphitausscheidung,
c) weißes Gußeisen ohne oder nur mit Spuren von Graphitausscheidung,
d) Schalengußeisen (Hartguß oder Schalenguß) mit weißer Außenzone und grauem Kern.

Bezeichnungen für Gußeisen, die die Art und Herstellung nicht erkennen lassen, z. B. „Halbstahl", „Klangstahl", „Stahleisen" und ähnliche sind irreführend und deshalb unzulässig.

Wegen der Eignung der für Gußeisen zunächst in Vorschlag gebrachten Prüfverfahren konnte noch keine volle Einigung erzielt werden. Zwar liefert der Zugversuch für gewöhnlich den besten Anhalt für die Bewertung des Gußeisens, doch kann in verschiedenen Fällen der Biegeversuch nicht entbehrt werden[1]. Da Gußeisen so gut wie keine Verformung während des Zerreißens erfährt, ist der Zugversuch für die Bewertung zu empfehlen, weil im Gegensatz zum Stahl der Bruchquerschnitt und der Anfangsquerschnitt praktisch gleich sind und der Werkstoff während des Zugversuches keine Veränderung erleidet. Es kommt also weder eine Streckgrenze noch eine nennenswerte Dehnung in Frage. Wenn letztere vom Konstrukteur vorgeschrieben wird, muß eben Temperguß oder Stahlguß oder auch Stahl bestimmter Art gebraucht werden.

Für die Durchführung des Zugversuches ist ein kurzer Probestab gemäß dem Prüfverfahren A 109 des DVM[2] vorgeschlagen, der an dem Gußstück angegossen werden kann.

Der Biegeversuch galt von jeher als einfachster Versuch für die Bewertung des Gußeisens. Er hat aber verschiedene Mängel, vornehmlich einen sehr großen Streuungsbereich[3]. Die Annahme, daß die Biegefestigkeit etwa doppelt so hoch wie die Zugfestigkeit liegt, muß auf Grund der Versuche mit hochwertigem Gußeisen berichtigt werden[4].

Es ist auch versucht worden, den Kerbschlagversuch für die Bewertung des Gußeisens heranzuziehen. Hier wird aber die Natur des Gußeisens verkannt, denn diese Prüfung eignet sich nur für einen sehr zähen Werkstoff, sie gibt keine rechnerischen Unterlagen für den Konstrukteur. Häufiger wird die Härteprüfung für die Bewertung des Gußeisens in Anspruch genommen. Um dabei wesentliche Fehler zu vermeiden, muß mit Kugeln von gleichem Durchmesser und mit gleichen Drücken gearbeitet werden, da sonst große Streuungen bemerkbar werden. Die Vorteile dieses Verfahrens sind erheblich, denn es ist einfach durchzuführen, und das geprüfte Stück bleibt verwendungsfähig. Auch der Druckversuch wird hin und wieder für Gußeisen verwendet, während der Scherversuch insbesondere da, wo eine Härteprüfung durch die Form des Probestückes nicht möglich ist, vorgeschlagen wurde.

Von der Gefügeprüfung sollte der Konstrukteur nicht zu viel erwarten, denn der Aufbau des Gefüges steht im Zusammenhang mit den mechanischen Eigenschaften und wird deshalb durch die mechanischen Gütewerte bereits bestimmt. Viel wichtiger ist die Prüfung des Gußeisens auf Abnutzung und Bearbeitbarkeit. Leider ist die Begriff der Bearbeitbarkeit noch nicht bestimmt, und es steht noch nicht fest, ob Bearbeitung und Abnutzung im innigen Zusammenhang stehen[5].

Es wird neuerdings versucht, eine Einigung über die Form der Probestäbe zu erzielen[6].

Das Blatt Gußeisen hat eine weitgehende kritische Behandlung erfahren[7].

---

[1] Vgl. z. B. R. Kühnel: Die Bewertung des Gußeisens durch den Konstrukteur. Z. Maschinenbau 1919. S. 586/587.

[2] In Vorbereitung beim Deutschen Verband für die Materialprüfungen der Technik. Lieferungsvorschriften des DVM von 1909 siehe Bd. I, S. 421 ff.

[3] Vgl. die von M. Rudeloff im Auftrag des Vereins Deutscher Eisengießereien ausgeführten Untersuchungen. Gieß. 1925. S. 561/566, 581/590 und 601/607, auszugsw. Stahleisen. 1925. S. 2151/2154.

[4] Vgl. hierzu S. 453 ff.

[5] Vgl. z. B. R. Kühnel: Die Abnutzung des Gußeisens und ihre Beziehung zum Aufbau und den mechanischen Eigenschaften. Gieß.-Zg. 1927. S. 533/541; Stahleisen 1927. S. 888.

[6] Vgl. R. Kühnel: Der kurze Zerreißstab für Gußeisen. Gieß. 1930. S. 903/907; ferner Gußeisen, Eigenschaften und Prüfverfahren usw. V.D.I.-Verlag Berlin 1930.

[7] Siehe z. B. L. Schmid: Ein Geleitwort zum Normblatt DIN 1691. Gieß. 1928. S. 669/678; ferner P. Urban: Die Aufnahme der Normblätter DIN 1681 und 1691. Gieß.-Zg. 1929. S. 111.

Der Erfolg der Normungsarbeit auf dem Gebiete des Gußeisens macht sich durch Steigerung der Güte und größere Treffsicherheit bemerkbar und wird von den Verbrauchern auch anerkannt. Dies ist nicht zuletzt auf der Werkstoffschau 1927 in die Erscheinung getreten [1]). Das von G. Meyersberg verfaßte Merkblatt „Gußeisen“ gibt treffend den Arbeitserfolg wieder: „Die heutige Gußeisenerzeugung erreicht mit Treffsicherheit die gewünschte Güteklasse und in der Sondergüteklasse (Ge 26.91) früher unerreichbare Eigenschaften. Unwirtschaftlich ist es, einen kostspieligeren Werkstoff zu nehmen, wo ein billiger genügt, nehmt daher keine höhere Güteklasse, wo eine niedere ausreicht.“

Die Schaffung der Güteklassen für Gußeisen hat sich als sehr segensreich für Erzeuger und Verbraucher erwiesen, und die Auswirkung der Vorteile der Gußwarenklassen macht sich auch auf allen Gebieten der Fertigung von Normteilen aus Gußeisen bemerkbar. Einen Überblick gewährt die im Anhang (S. 200—205) gegebene Zusammenstellung der für die verschiedenen Verbraucherkreise in den Fachnormen geschaffenen Normteile.

Die Bedeutung der Normenfrage für das Gußeisen ist auch bei der Verbesserung der Schmelzanlagen und -verfahren in die Erscheinung getreten. Mit der Lösung der Frage der Entschweflung, Entgasung und Entschlackung des im einfachen Gießerei-Schachtofen erschmolzenen Eisens wurden Verbesserungen an den Schmelzöfen selbst vorgeschlagen. Zahlreiche Aufsätze und Schriften über hochwertiges Gußeisen waren die Folge der Versuche, ein höherwertiges Gußeisen als die im DIN-Blatt 1691 vorgesehene Güteklasse Ge 26.91 zu erreichen, dazu kamen verschiedene Patentanmeldungen [2]).

Temperguß.

Wenn es auch im Vergleich zu den Eisen- und Stahlgießereien wenig Tempergießereien gibt, so war es doch verhältnismäßig schwer, die Vereinheitlichung auf diesem Gebiet durchzuführen. Alle beteiligten Kreise haben eifrig mitgearbeitet, um die Erzeuger und Verbraucher von den Vorteilen der Werkstoffnormen zu überzeugen, so daß das DIN-Blatt 1692 Ende 1929 in der in Zahlentafel 46 wiedergegebenen Form abgeschlossen werden konnte. Es ist von Rud. Stotz mit folgenden Worten eingeführt worden [3]): „Die Bemühungen des Normenausschusses, an Stelle der früher üblichen vielen irreführenden Bezeichnungen nur die eine Benennung „Temperguß“ zu gebrauchen, sind von sichtbarem Erfolg gewesen. Nachdem im Laufe der letzten Jahre auch in Deutschland der schwarzbrüchige Temperguß nach amerikanischer Art immer mehr Anhänger fand, ist die früher übliche Bezeichnung „schmiedbarer Guß“ als eine Gesamtbenennung dieses Werkstoffes irreführend geworden, denn „Schwarzguß“ darf nicht geschmiedet werden, weil er dadurch seine Zähigkeit verliert. Die in Anlehnung an den Grauguß empfohlene Bezeichnung „Schwarzguß“ hat bereits allgemeine Anwendung gefunden [4]).

Bei den Mindestwerten für die verschiedenen Güteklassen sind auf Wunsch der Verbraucher auch solche für die Streckgrenze angegeben worden, wenn auch verschiedene Bedenken dagegen geäußert wurden.

Die Anmerkung 1, daß nach Vereinbarung mit dem Abnehmer die Güteklasse Te 38.92 auch mit erhöhter Festigkeit und geringerer Dehnung geliefert werden kann, bezieht sich auf hochwertigen Temperguß für Stücke, die auf großen Zug und Verschleiß beansprucht werden.

Für die Gewichtsberechnung von Tempergußstücken nach Zeichnungen oder Modellen kann kein genau bestimmtes spezifisches Gewicht angegeben werden, da dieses sehr von dem angewandten Schmelz- und Glühverfahren abhängt. Es kann vorkommen,

[1]) A. Lischka: Das Gußeisen auf der Werkstoffschau. Gieß. 1928. S. 33/39.

[2]) Vgl. den Abschnitt: Neuere Anschauungen und Erkenntnisse über Wesen und Eigenschaften des hochwertigen Gußeisens S. 445ff. dieses Bandes; ferner Bd. III, S. 81 ff. und die von Zivilingenieur Joh. Mehrtens, Berlin W 30, herausgegebenen Merkblätter für die „Wartung der Kuppelöfen“ und für das „Vergießen des Eisens“.

[3]) DIN-Mitteilungen 1930. H. 1, S. 30.

[4]) Siehe dieses Handbuch Bd. I, S. 271; Bd. III, S. 483; ferner Schüz-Stotz: Der Temperguß. Berlin 1930. S. 309 ff.

Zahlentafel 46.

Temperguß. Werkstoffe	DIN 1692

Begriff.

Temperguß, früher auch „schmiedbarer Guß“ genannt, wird aus weiß erstarrendem Gußeisen gegossen und danach durch bestimmte Glühverfahren entkohlt oder in seiner Kohlenstofform so umgewandelt, daß er zäh, hämmerbar, leicht bearbeitbar und in beschränktem Maße schmiedbar wird. Je nach dem angewandten Schmelz- und Glühverfahren wird Temperguß von weißer oder schwarzer Bruchfläche erhalten; letzterer wird als „Schwarzguß“ bezeichnet.

Andere Bezeichnungen, wie z. B. „Temperstahlguß“, „Halbstahl“, „Weichguß“ sind irreführend und daher zu vermeiden.

Güteklassen.

Güteklasse		Gewährleistete Eigenschaften		
Marken-bezeichnung	Benennung	Zug-festigkeit σ_B kg/mm² mindestens	Streck-grenze [3]) σ_S kg/mm² mindestens	Bruch-dehnung [4]) δ_s % mindestens
Te 32 . 92	Handelsüblicher Temperguß	32	18	2
Te 38 . 92	Hochwertiger weißer Temperguß [1])	38	21	4
Te 38 . 92 D	Hochwertiger weißer Temperguß mit besonderen magnetischen Eigenschaften [1]) [2])	38	21	4
Te 35 . 92	Hochwertiger schwarzer Temperguß Kurzbezeichnung „Schwarzguß“	35	19	9
Te 35 . 92 D	Schwarzguß mit besonderen magnetischen Eigenschaften [2])	35	19	9

[1]) Nach Vereinbarung mit dem Abnehmer kann diese Güteklasse auch mit erhöhter Festigkeit bei entsprechend verminderter Dehnung geliefert werden.

[2]) Näheres siehe „Magnetische Eigenschaften“.

[3]) Ist die Streckgrenze σ_S nicht scharf ausgeprägt, so gilt die Spannung, bei der die bleibende Dehnung 0,2% beträgt, als Streckgrenze, benannt 0,2-Grenze.

[4]) Bei dem im Ausland zum Teil üblichen kleineren Meßlängenverhältnis werden die Dehnungswerte entsprechend höher.

Prüfung und Abnahme.

Beschaffenheit.

Tempergußstücke müssen eine glatte Oberfläche haben, durch und durch weich und zäh sein und dürfen keine Werkstoffehler aufweisen, die ihre Verwendbarkeit und Bearbeitbarkeit beeinträchtigen.

Gewicht.

Der Gewichtsberechnung ist bei weißem und schwarzem Temperguß ein mittleres spezifisches Gewicht von 7,4 kg/dm³ zugrunde zu legen; das spezifische Gewicht kann je nach Art der angewandten Schmelz- und Glühweise zwischen 7,2 und 7,6 kg/dm³ schwanken.

Sofern keine besonderen Vereinbarungen getroffen werden, darf das Versandgewicht eines Gußstückes das Durchschnittsgewicht maßhaltig gegossener Abgüsse bei Maschinenformerei höchstens um 5%, bei Handformerei höchstens um 10% überschreiten.

Januar 1930 Verband Deutscher Tempergießereien Fortsetzung Seite 170

Zahlentafel 46. DIN 1692. (Fortsetzung.)

Probeentnahme.

Die Festigkeitseigenschaften sind an unbearbeiteten Rundstäben von 12 mm Durchmesser und 60 mm Meßlänge gemäß Bild zu ermitteln, die mit den Gußstücken aus der gleichen Schmelze gegossen werden und dieselbe Glühbehandlung erhalten. Die Bestimmung der Bruchdehnung ergibt nur dann richtige Werte, wenn der Bruch der Probestäbe im mittleren Drittel der Meßlänge erfolgte. Probestäbe, die aus Gußstücken herausgearbeitet sind, sind für die Abnahme nicht maßgebend.

Maße in mm

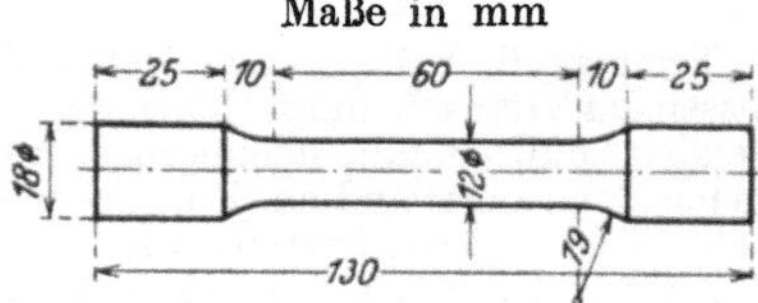

Festigkeit.

Gußstücke haben nur dann etwa die gleichen Festigkeitseigenschaften wie die zugehörigen Probestäbe, wenn sie die gleiche Dicke, also etwa 10—12 mm Wanddicke besitzen; im allgemeinen ist die Zugfestigkeit eines weiß getemperten Gußstückes um so höher und seine Dehnung um so geringer, je größer seine Wanddicke ist.

Die Festigkeitseigenschaften des Schwarzgusses sind von der Wanddicke praktisch unabhängig. Die Streckgrenze beträgt gewöhnlich 55—60% der Zugfestigkeit.

Biegeversuch.

Biegeversuche an fertigen Gußstücken oder an besonders gegossenen Probestäben können von Fall zu Fall vereinbart werden.

Schmiedbarkeit und Härtbarkeit.

Weißer Temperguß ist nur bei genügend starker Entkohlung und bei nicht zu hohem Schwefelgehalt schmiedbar.

Soll weißer Temperguß an der Oberfläche härtbar bzw. bereits gehärtet geliefert werden, so ist dies ausdrücklich zu vereinbaren.

Schwarzguß wird durch Erhitzen auf Rotglut und Abkühlen an der Luft hart und spröde.

Brinellhärte H_n (H 10/3000/30).

Die Härte des weißen Tempergusses ist je nach der Entfernung von der Oberfläche und je nach der Wanddicke der Gußstücke verschieden; sie beträgt an der entkohlten Oberfläche etwa H = 125 kg/mm² und kann mit zunehmender Wanddicke im Innern bis auf H = 190 kg/mm² steigen. *Eine Durchschnittszahl kann daher nicht gegeben werden.* Die Prüfung erfolgt nach DIN 1605.

Bei Schwarzguß liegt die Brinellhärte zwischen 110 und 140 kg/mm², im Durchschnitt bei 115 kg/mm², unabhängig von der Größe der Querschnitte.

Magnetische Eigenschaften.

Für Schwarzguß und vollkommen entkohlten weißen Temperguß kann mit folgenden Werten für die magnetische Induktion gerechnet werden:

Markenbezeichnung	Magnetische Induktion mindestens		
	B_{25}	B_{50}	B_{100}
Te 35 . 92 D	11 500	12 500	13 500
Te 38 . 92 D	11 500	12 500	13 500

Bei Bestellung werden nur 2 Induktionswerte nach Wahl vorgeschrieben. Über das in Zweifelsfällen anzuwendende Meßverfahren sind bei Bestellung besondere Vereinbarungen zu treffen.

Modelle.

Siehe DIN 1511, Blatt 1 und 2.

Schwindmaß.

Die Schwindung des weißen Tempergusses ist von den angewandten Schmelz- und Glühverfahren sowie von seiner Wanddicke abhängig; sie nimmt bei Zunahme der Wanddicke von 3 bis 50 mm von 2,5% bis 0 ab und beträgt bei einer mittleren Wanddicke von 8 mm 1,5—2%.

Die Schwindung des Schwarzgusses ist vom Kohlenstoffgehalt des Rohgusses abhängig und liegt zwischen 0 und 1%; sie kann im Durchschnitt zu 0,5% angenommen werden.

daß trotz gleicher Abmessungen die Abgüsse aus verschiedenen Tempergießereien Gewichtsunterschiede bis zu $5^0/_0$ aufweisen.

Bei den Abgüssen einer und derselben Gießerei, die stets das gleiche Schmelz- und Glühverfahren anwendet, können Gewichtsunterschiede durch Abweichungen in den Abmessungen der Stücke eintreten, wie z. B. durch zu leichtes Stampfen des Formsandes. Hierbei soll das Versandgewicht eines Gußstückes das Durchschnittsgewicht richtig gegossener Stücke bei Maschinenformerei höchstens um $5^0/_0$, bei Handformerei höchstens um $10^0/_0$ überschreiten.

Da der glühgefrischte Temperguß kein homogener Werkstoff ist, dürfen Probestäbe zur Beurteilung der Festigkeit eines Abgusses nicht aus diesem herausgearbeitet werden. Die an dem Normalprobestab festgestellte Zugfestigkeit und Dehnung entspricht also nur einem Abguß mit einer Wanddicke von etwa 12 mm gleich dem Durchmesser des Probestabes. Anders liegen jedoch die Verhältnisse beim Schwarzguß, da dieser ein homogener Werkstoff ist. Die Prüfung des Normalprobestabes gibt einen genauen Anhalt für die Festigkeitseigenschaften auch von solchen Abgüssen, deren Wanddicke kleiner oder größer als der Durchmesser des Normalstabes ist.

In der Praxis der Tempergußherstellung hat heute immer noch die unmittelbare Prüfung beliebig aus der Erzeugungsmenge herausgegriffener Abgüsse durch Hammerschläge, bzw. durch Verbiegen und Verdrehen die größte Bedeutung. Wenn hierfür auch keine zahlenmäßigen Angaben gemacht werden können, so weiß doch der Temperguß-Praktiker und der erfahrene Abnahmebeamte genau, was Temperguß-Formstücke aushalten müssen, um als hochwertig zu gelten.

Der Meinungsaustausch der Fachleute ließ erkennen, daß, wie im Grauguß nach Festsetzung der Güteklassen, auch die Herstellung des Tempergusses sichtbare Fortschritte in der Gütesteigerung bringt. Hierbei ergab sich, daß der „Schwarzguß“ auch in Deutschland immer mehr Freunde findet. Ferner zeigte sich, daß im Gegensatz zu den in amerikanischen Gießereien meist verwendeten Flammöfen die Herstellung dieses Sondergusses auch im einfachen Gießerei-Schachtofen durchzuführen ist.

Erwähnt sei noch, daß die Verwendung von Feinkorn-Roheisen für die Herstellung von Temperguß größere Beachtung findet[1]). Die hohen Ansprüche, die an den Temperguß gestellt werden, treten in den Normteilen oder Maßnormen in die Erscheinung. Es ist zu erwarten, daß diese Maßnormenreihe an Hand der gegebenen Beispiele bald eine wesentliche Erweiterung erfahren wird.

Stahlguß.

Das 1929 in neuer Fassung herausgebrachte und in Zahlentafel 47 wiedergegebene DIN-Blatt 1691 „Stahlguß“ ist eine Neuausgabe des Normblattes von 1925[2]). Den Bedürfnissen der Praxis entsprechend enthält das Blatt wesentliche Ergänzungen bzw. Änderungen, über deren Notwendigkeit R. Krieger als Obmann der Gruppe VI für Stahlguß wiederholt berichtet hat[3]). Hauptsächlich waren es 2 Forderungen, auf deren Erfüllung die Verbraucher drängten: a) Abnahmebedingungen für Stahlguß zu schaffen, der hohen Temperaturen ausgesetzt ist und b) die Gütevorschriften für bestimmte Verwendungszwecke zu erhöhen, da nach Ansicht der Verbraucher die im Normblatt bisher festgelegten Zahlen dafür ungenügend seien.

Die erste Forderung ist unbestritten, denn inzwischen sind im Kessel- und Dampfturbinenbau, sowie in der chemischen Industrie bereits Wärmegrade von 500^0 erreicht und die große Sorge des Konstrukteurs, ob und wie weit der dabei verwendete Stahlguß den auftretenden Beanspruchungen genügt, ist durchaus verständlich. Aus diesem

[1]) Vgl. Rud. Stotz: Die metallurgischen Grundlagen zur Erzeugung eines hochwertigen Tempergusses. Gieß. 1929. S. 839/845. — E. Schüz: Über den Karbidzerfall bei Glühen von Temperguß. Gieß. 1929. S. 1185/1189. — O. Brauer: Kuppelofen-Temperguß. Eisen-Zg. 1929. S. 373 und 391.

[2]) Vgl. dieses Handbuch Bd. II, S. 417, Zahlentafel 155.

[3]) R. Krieger: Die Normung von Stahlguß. Stahleisen 1925. S. 837/839 und: Das neue Normblatt DIN 1681, Stahlguß. Stahleisen 1929. S. 1232.

Zahlentafel 47.

Stahlguß. (Stahlformguß). Werkstoffe	DIN 1681

Begriff.

Der zu Stahlguß verwendete Stahl wird im Martin-, Tiegel-, Elektro-Ofen oder in der Birne erzeugt und in Formen gegossen; er ist ohne weitere Behandlung schmiedbar.

Gußstücke aus Gußeisen, die durch nachherige Behandlung im Temperofen stahlähnliche Eigenschaften erlangen sollen (Temperguß), sind nicht als Stahlguß zu bezeichnen.

Güteklassen.

Bei Bestellung ist die Markenbezeichnung anzugeben und zu bestimmen, ob und welche Abnahmeproben verlangt werden.

Normalgüte.

Markenbezeichnung	Gewährleistete Eigenschaften	
	Zugfestigkeit σ_B kg/mm² mindestens	Bruchdehnung δ_5 % mindestens
Stg 38 · 81	38	20
Stg 38 · 81 R	38	25
Stg 45 · 81	45	16
Stg 50 · 81 R	50	19
Stg 52 · 81	52	12
Stg 60 · 81	60	8

Stg 38 · 81 R und Stg 50 · 81 R nur für Lokomotiv- und Wagenbau nach Vorschrift der Deutschen Reichsbahn.

Sondergüte.

Markenbezeichnung	Gewährleistete Eigenschaften		
	Zugfestigkeit σ_B kg/mm² mindestens	Streckgrenze σ_S kg/mm² mindestens	Bruchdehnung δ_5 % mindestens
Stg 38 · 81 S	38	18	25
Stg 45 · 81 S	45	22	22
Stg 52 · 81 S	52	25	16

Stg 38 · 81 S und Stg 45 · 81 S entsprechen hinsichtlich der Mindestzugfestigkeit und der Bruchdehnung den Vorschriften des Germanischen Lloyd.

Bei Sonderstählen können andere Gütevorschriften vereinbart werden.

Stahlguß mit besonderen magnetischen Eigenschaften.

Markenbezeichnung	Gewährleistete Eigenschaften					
	Zugfestigkeit σ_B kg/mm² mindestens	Bruchdehnung δ_5 % mindestens	Magnetische Induktion			
				B_{25}	B_{50}	B_{100}
			Amperewindungen $\left(\frac{Aw}{cm}\right)$ / cm	25	50	100
Stg 38 · 81 D	38	20	CGS-Einheiten (Gauß) mindestens	14 500	16 000	17 500
Stg 45 · 81 D	45	16		14 500	16 000	17 500

Bei Bestellung werden nur 2 Induktionswerte nach Wahl vorgeschrieben. Über das in Zweifelsfällen anzuwendende Meßverfahren sind bei Bestellung besondere Vereinbarungen zu treffen.

Juli 1929

2. Ausgabe (geändert)

Fortsetzung S. 173

Zahlentafel 47. DIN 1681. (Fortsetzung.)

Prüfung und Abnahme.

Beschaffenheit.

Stahlgußstücke dürfen keine Gußfehler haben, welche die Verwendbarkeit und Bearbeitbarkeit der Stücke beeinträchtigen. Solche Gußfehler dürfen nur mit ausdrücklicher Genehmigung des Bestellers ausgebessert oder verdeckt werden. Die Abgüsse müssen zweckentsprechend ausgeglüht werden, wenn nichts anderes vorgeschrieben wird.

Gewicht.

Der Gewichtsberechnung ist das Einheitsgewicht 7,85 kg/dm³ zugrunde zu legen.

Das Versandgewicht darf das errechnete Gewicht in der Regel bis zu 7% überschreiten. Bei mehr als 15% Überschreitung des Gewichts kann Ablehnung erfolgen. Bei Gußstücken verwickelter Konstruktion oder schwieriger Herstellung sind besondere Vereinbarungen zu treffen.

Probeentnahme.

Sollen die Festigkeitswerte durch Zugversuch nachgeprüft werden, so sind sie an angegossenen Probestücken zu ermitteln oder, falls das Angießen der Probestücke aus gießtechnischen Gründen nicht angängig ist, nach vorheriger Vereinbarung mit dem Besteller an losen, aus der Schmelzung mitgegossenen Probestücken.

Probestücke sind so anzugießen, daß eine möglichst fehlerfreie Beschaffenheit derselben erreicht und eine Gefährdung des Gußstückes vermieden wird. Sie sind an die Gußstücke möglichst gleichmäßig auf die verschiedenen Arten derselben verteilt anzugießen, mit diesen zusammen auszuglühen und dürfen erst nach der Abstempelung abgetrennt werden.

Die Anzahl der Probestücke oder Probestäbe ist bei Bestellung besonders zu vereinbaren.

Die magnetische Induktion wird an beliebigen Stellen eines Gußstückes ermittelt.

Festigkeit.

Für die Festigkeitseigenschaften des Gußstückes sind allein die Festigkeitswerte der Probestäbe maßgebend, die aus den Probestücken herausgearbeitet sind. Die Probestäbe dürfen zur Prüfung keiner Sonderbehandlung unterworfen werden.

Die Bestimmung der Streckgrenze erfordert besondere Vereinbarungen.

Zugversuch nach DIN 1605 mit kurzem Normalstab oder kurzem Proportionalstab, rund oder flach.

Abpressen.

Der Probedruck ist von Fall zu Fall zu vereinbaren. Siehe auch DIN 2401, Druckstufen.

Modelle.

Siehe DIN 1511, Blatt 1 und 2.

Grunde hatte sich seiner Zeit der Verein deutscher Stahlformgießereien entschlossen, durch das Kaiser-Wilhelm-Institut für Eisenforschung in Düsseldorf planmäßige Untersuchungen mit legiertem und unlegiertem Stahlguß der verschiedensten Herstellungsarten durchführen zu lassen.

Die zweite Forderung der Verbraucher wurde durch die Einfügung einer Sondergütentafel (S-Güten) erfüllt. Eine Reihe Großverbraucher, Behörden wie Private, war in der Zwischenzeit dazu übergegangen, für besondere Verwendungszwecke unter Außerachtlassung der im Normblatt festgelegten Zahlen eigene, und zwar wesentlich verschärfte Lieferbedingungen vorzuschreiben. So entstand die Gefahr, daß durch diese privaten Vorschriften das Normblatt allmählich entwertet wurde. Auf der anderen Seite konnten die Stahlgießer einer allgemeinen Erhöhung der bestehenden Gütezahlen nicht zustimmen; man einigte sich, unter Verzicht der Verbraucher auf private Sonderbestimmungen, auf die Einführung der genannten S-Güten, deren Werte in dem Normblatt aufgeführt sind. Es ist klar und auch von Verbraucherseite zugegeben, daß diese Gütesteigerung ebenso wie die bei den R-Güten eine Erhöhung der Selbstkosten bedeutet, was natürlich auch in den Verkaufspreisen zum Ausdruck kommen muß.

Es ist nur eine Frage der Zeit, ob weitere Wünsche einiger Verbraucher später in die Fassung des Normblattes „Stahlguß" aufgenommen werden können[1]). Die von der Reichsbahn geforderten Sondergüten in Eisen- und Stahlguß (Merkbuch für Werkstoffe, Ausgabe 1929 und vorläufiges Baustoffverzeichnis 1927 für Lokomotiven und Tender) sind bereits aufgenommen.

Nichteisen-Metalle und -Legierungen.

Im Gegensatz zu Stahl und Eisen bietet die Normung der Nichteisen-Metalle und -Legierungen unverhältnismäßig viel Schwierigkeiten; es ist fast unmöglich, die Legierungen in einer Normung zusammenzufassen. Nur solche Legierungen kommen in Frage, welche in bezug auf Eigenart und Verwendung eine besondere Bedeutung bei den Erzeugern und Verbrauchern gewonnen haben. Dabei ist noch zu berücksichtigen, daß viele Metalle aus dem Auslande bezogen werden, die Normung ist also auch hiervon abhängig. Kupfer, das an Wert und Menge wichtigste Metall, wird in der Hauptsache aus Amerika, Zinn über London aus Malakka, Indien und Australien, Zink und Blei, nach dem Verlust von Oberschlesien und dem Übergang von Neutral-Moresnet an Belgien, aus Polen, Belgien und anderen Ländern bezogen. Nur Magnesium sowie Aluminium werden in der Hauptsache in Deutschland hergestellt.

Wie bereits erwähnt, sind im Fachnormenausschuß für Nichteisen-Metalle alle metallerzeugenden und -verbrauchenden Werke, die Gießereiverbände, Behörden und Institute der Metallforschung vertreten, so daß in der Normenarbeit die beste Verständigung ermöglicht ist. Es bestehen Arbeitsausschüsse für Kupfer und Kupferlegierungen, Nickel, Neusilber, Aluminium und Aluminiumlegierungen mit dem Unterausschuß Aluminium-Gußlegierungen, für Zink und Zinklegierungen, Zinn und Zinnlegierungen, Blei, Schlag- und Silberlote, Edelmetalle. Der Eigenart und Verwendung der Metalle und Legierungen entsprechend sind 3 Normengruppen zu unterscheiden, nämlich für rohe Metalle, für Metallguß und für Halbzeug, das sog. Reckmetall. Die Prüfung auf mechanische Eigenschaften erfolgt im großen und ganzen auf Grundlage der Prüfverfahren für Stahl und Eisen [2]). Der Einfluß, den Form und Abmessungen der Gußstücke beim Abkühlen auf die mechanischen Eigenschaften einiger Metalle und Legierungen ausüben, ist wesentlich größer als bei Eisen- und Stahlguß, die Probenahme also unsicherer, so daß in vielen Fällen die chemische Analyse aushelfen muß.

Für Rohmetalle sind die DIN-Blätter „Nickel", „Zinn", „Lötzinn", „Kupfer", „Aluminium", „Silberlot", „Schlaglot" (Hartlot), „Weißmetall" 1925 abgeschlossen worden. Das DIN-Blatt „Zink" ist zwar in Bearbeitung, aber einiger Schwierigkeiten wegen ist der Abschluß noch nicht zu übersehen. „Messing" als Guß- und Walzmessing

[1]) Rudolf Schäfer: Der Stahlguß als Werkstoff. Gieß.-Zg. 1930. S. 205/214, 243/252, 272/285.

[2]) Einzelheiten gibt das auf S. 207 erwähnte Werkstoffhandbuch „Nichteisen-Metalle".

ist in einem Benennungs- und Leistungsblatt behandelt. Die DIN-Blätter 1705 „Bronze und Rotguß", Blatt 1 und 2 (Zahlentafel 48 und 49) sind 1928 erschienen. Sie haben eine sehr eingehende Bearbeitung erfordert [1]).

Die größte Bedeutung für den Gießereifachmann haben die Kupferlegierungen Bronze, Rotguß und Messingguß (Zahlentafel 48 und 49). Wenn auch die Streitfragen über die Grenzen von „Bronze" und „Rotguß" noch nicht ganz geklärt sind, so dürften doch die einheitlichen Benennungen dazu beitragen, daß nach einer gewissen Übergangszeit Mißverständnisse, auf Grund althergebrachter, „handelsüblicher" Bezeichnungen, weniger vorkommen [2]). Dies wird um so leichter vermieden, wenn die eindeutigen Normbezeichnungen für „Zinnbronzen", „Rotguß" und „Sonderbronzen" in den Werbeschriften der Gießereien Aufnahme gefunden haben. Sonderbezeichnungen für eigene Werkslegierungen, abgesehen von Warenzeichen, sollten vermieden werden.

Die wirtschaftliche Bedeutung der Verwendung von Altmetall tritt bei Bronze, Rotguß und Messingguß besonders in die Erscheinung. Hier wird zugunsten der Legierungen aus Neumetall durch die Normung Wandel geschaffen, damit die engen Grenzen der Verunreinigungen einzuhalten sind. Jedenfalls darf bei der Herstellung von Zinnbronze unter der Bezeichnung „Phosphorbronze" in Zukunft Abfallrotguß beliebiger Zusammensetzung weniger Verwendung finden, es sei denn, die Beimengungen bleiben in den erlaubten Grenzen. An Hand der Analyse und Vorschmelzung der Abfallmetalle ist dies leicht zu erreichen. Es soll z. B. eine Legierung mit 75% Cu, 15% Sn, 9% Zn und 3% Pb oder ähnlich zusammengesetzt, aus Abfallrotguß erschmolzen, nicht als „Glockenbronze" bezeichnet werden, selbst dann nicht, wenn die unzulässigen Beimengungen die Töne des Geläutes nicht nennenswert beeinflussen. Abgesehen davon, daß ein Zusatz von Phosphorkupfer die ihm bisher nachgesagte „veredelnde" Wirkung als Desoxydationsmittel nicht ausübt, bleibt die Bezeichnung „Phosphorbronze" ein Kennzeichen für die Legierung [3]).

Es kann vorkommen, daß in den genormten Legierungen, bzw. in den Gußstücken eine Verbilligung bei Verwendung von größeren Anteilen Neumetall oder vorgeschmolzenem Blockmetall nicht erreicht wird, in diesen Fällen ist der Vorzug der Normung, bzw. Einheitslegierung, in der Steigerung der Güte und Treffsicherheit in der Zusammensetzung zu suchen. Der Fachnormenausschuß für Nichteisen-Metalle hält es für richtig, als Altmetall erschmolzenes Blockmetall auch zu normen. Die Gießereien müssen deshalb geeignete Maßnahmen treffen, um eine den Liefernormen möglichst genau angepaßte Zusammensetzung auch aus Altmetall zu erreichen. Auch für die Kleinbetriebe ergibt sich damit die Notwendigkeit, zeitgemäße Hilfsmittel, Prüfverfahren usw. zur Verbesserung der Gießereierzeugnisse anzuwenden; hier wird das Werkstoff-Handbuch „Nichteisen-Metalle" brauchbare Anleitungen geben [4]).

Die Verarbeitung von Metallabfällen erfordert infolgedessen in vielen Betrieben eine gewisse Umstellung; es wäre auch zu prüfen, ob die Nichteisen-Metallspäne und

[1]) Vgl. hierzu folgende Berichte: P. Melchior: Die deutschen Werkstoffnormen der Nichteisen-Metalle. Z. V. d. I. 1926. S. 529/535. — K. L. Meißner: Neuzeitliche Aluminium-Guß-Sonderlegierungen. Gieß.-Zg. 1928. S. 641. — W. Claus, H. Goeke und Fr. Goederitz: Zur Kenntnis der Härtewerte der genormten Zinn-Bronzen, Rotguß-Legierungen und Blei-Zinn-Bronzen in gegossenem Zustande. Gieß. 1928. S. 763/772. — W. Claus und H. Goeke: Zur Kenntnis der gegossenen Zinn-Kupfer-Legierungen. Gieß. 1929. S. 73/80, 98/105, 125/132, 153/160. — Ferner: Der Spritzguß. Sonderheft, herausgegeben vom Ausschuß für wirtschaftliche Fertigung 1927. — Obermüller: Aluminium-Kokillenguß. Herausgegeben von der Deutschen Gesellschaft für Metallkunde 1929. — DIN-Taschenbuch 4. Werkstoffnormen. — Werkstoffhandbuch. „Nichteisen-Metalle". 2. Aufl. 1929. Beuth-Verlag Berlin. — M. von Schwarz: Metall- und Legierungskunde. Stuttgart 1929.

[2]) W. Claus: Über sogenanntes „handelsübliches" Gußmessing. Gieß. 1929. S. 480/481.

[3]) Dem DIN-Blatt 1705, Blatt 1 und 2, Bronze und Rotguß werden Richtlinien für die Einführung, wie bei den Werkstoffnormen Stahl und Eisen folgen. Diese Richtlinien sollen etwa in der Praxis noch vorhandene Zweifel beseitigen. Es sei noch darauf hingewiesen, daß in dem Normblatt für Rotguß eine sog. handelsübliche Legierung einfachster Art und geringster Beanspruchung fehlt. Die im DIN-Blatt 1705, Blatt 2, geforderten Mindestwerte für gewöhnlichen Guß können nicht immer erreicht werden; dies trifft insbesondere den Rotguß Rg 10. Es wird deshalb nicht zu umgehen sein, das Blatt zu ergänzen. Diesbezügliche Anregungen sind gegeben, der Fachnormenausschuß für Nichteisen-Metalle dürfte weiteres veranlassen.

[4]) Ersparnisse durch Normung in Amerika. DIN-Mitt. 1931. Heft 5, S. 195.

Zahlentafel 48.

Bronze und Rotguß.
Benennung und Verwendung

Werkstoffe

DIN 1705 Bl. 1

Zinnbronze ist eine Legierung aus Kupfer und Zinn; ist sie mit Phosphor desoxydiert worden, so wird sie auch als Phosphorbronze bezeichnet.

Rotguß ist eine Legierung aus Kupfer, Zinn, Zink und gegebenenfalls Blei.

Sonderbronzen sind Legierungen, die in wesentlichen Merkmalen der Zusammensetzung von den beiden vorgenannten abweichen, aber mindestens 78% Kupfer und ein oder mehrere Zusatzmetalle, worunter jedoch nicht überwiegend Zink, enthalten. Nur aus Kupfer und Zink bestehende Legierungen sind Messing. Enthalten sie weniger als 78% Kupfer und mehrere Zusätze, so gelten sie als Sondermessing. (Vgl. DIN 1709, Blatt 1 und 2.)

Bezeichnung von Gußbronze mit 90% Kupfer und 10% Zinn:
GBz 10 DIN 1705.

Gruppe	Benennung	Kurzzeichen	Zusammensetzung ungefähr[1]) %				Richtlinien für die Verwendung
			Cu	Sn	Zn	Pb	
Zinnbronzen (Phosphorbronzen)	Gußbronze 20	GBz 20	80	20	—	—	Teile mit starkem Reibungsdruck (z. B. Spurlager, Verschleißplatten, Schieberspiegel) sowie Glocken.
	Gußbronze 14	GBz 14	86	14	—	—	Teile mit starkem Verschleiß; hoch beanspruchte Lagerschalen, Räder, hydraulische Apparate für Hochdruck.
	Gußbronze 10	GBz 10	90	10	—	—	Allgemeine Verwendung im Maschinen-, Armaturen- u. Apparatebau.
	Walzbronze 6	WBz 6	94	6	—	—	Drähte, Bleche, Bänder.
Rotguß	Rotguß 10 (Maschinenbronze)	Rg 10	86	10	4	—	Allgemeine Verwendung im Maschinen-, Armaturen- und Apparatebau, für Rohrleitungsteile.
	Rotguß 9	Rg 9	85	9	6	—	Lager für Eisenbahnzwecke, Armaturen.
	Rotguß 8	Rg 8	82	8	7	3	Maschinenarmaturen } die blank bearbeitet werden.
	Rotguß 5	Rg 5	85	5	7	3	Eisenbahn- und Maschinenarmaturen } die blank bearbeitet werden.
	Rotguß 4 (Flanschenbronze)	Rg 4	93	4	2	1	Rohrflansche und andere hart zu lötende Teile.
Sonderbronzen	Bleizinnbronze 10	Bl-Bz 10	86	10	—	4	Lager für Warmwalzwerke, elektrische Maschinen.
	Bleizinnbronze 8	Bl-Bz 8	80	8	—	12	Lager mit hohem Flächendruck (Kaltwalzwerke).

[1]) Zulässige Abweichungen im Kupfer- und Zinngehalt sowie zulässige Beimengungen siehe Leistungsblatt DIN 1705, Blatt 2. Leistungen und Güte vgl. Leistungsblatt DIN 1705, Blatt 2 sowie, insbesondere auch bezüglich Walzbronze 6, Halbzeugblatter.

April 1928 Fachnormenausschuß für Nichteisen-Metalle.

Zahlentafel 49.

Bronze und Rotguß. Gußstücke Güte und Leistungen — Werkstoffe	DIN 1705 Bl. 2

Gruppe	Benennung	Kurzzeichen	Zusammensetzung ungefähr %				Zulässige Abweichungen %		Mindestgehalt %	Zulässige Höchstmengen in % an				Zugfestigkeit σ_B kg/mm² mindestens	Dehnung δ_5 % mindestens	Brinellhärte H 10/500/30 kg/mm² mindestens	Biegegröße Bg mindestens
			Cu	Sn	Zn	Pb	Cu	Sn	Cu + Sn	Pb	Sb	Fe	Zn				
Zinnbronzen (Phosphorbronzen)	Gußbronze 20	GBz 20	80	20	—	—	—2,0	+2,0	99,0	1,0	0,2	0,3		15	—	180	—
	Gußbronze 14	GBz 14	86	14	—	—	±1,0	±1,0	99,0	1,0	0,2	0,2	Rest	20	3	90	—
	Gußbronze 10	GBz 10	90	10	—	—	±1,0	±1,0	99,0	1,0	0,1	0,2		20	15	60	20
Rotguß	Rotguß 10 (Maschinenbronze)	Rg 10	86	10	4	—	±1,0	±1,0	95,0	1,5	0,3	0,3		20	10	65	15
	Rotguß 9	Rg 9	85	9	6	—	±0,5	±0,5	93,0	2,0	0,3	0,2		20	12	60	15
	Rotguß 8	Rg 8	82	8	7	3	±1,0	±1,0	88,0	4,0	0,5	0,5	Rest	15	6	70	—
	Rotguß 5	Rg 5	85	5	7	3	±1,0	±1,5	90,0	5,0	0,3	0,2		15	10	60	—
	Rotguß 4 (Flanschenbronze)	Rg 4	93	4	2	1	±1,0	±1,0	97,0	2,0	0,1	0,2		20	25	50	20
Sonderbronzen	Bleizinnbronze 10	Bl-Bz 10	86	10	—	4	±1,0	±1,0	Cu+Sn+Pb 98,8	6,0	0,1	0,1	1,0	18	15	70	15
	Bleizinnbronze 8	Bl-Bz 8	80	8	—	12	±1,0	±1,0	98,5	14,0	0,3	0,2	1,0	15	8	60	—

Bei Rg 9 kann auf den Zinngehalt der Bleigehalt höchstens bis zur Hälfte angerechnet werden, so daß beim Bleihöchstgehalt von 2% der Zinngehalt bis auf 7.5% heruntergehen kann. Der Mindestgehalt Cu + Sn = 93,0 bleibt davon unberührt.

Wismut, Aluminium, Magnesium und Schwefel dürfen höchstens in Spuren vorhanden sein. (Als „Spur" werden Gehalte bezeichnet, die bei Anwendung der in den „Ausgewählten Methoden" des Chemiker-Fachausschusses der Gesellschaft Deutscher Metallhütten- und Bergleute vorgeschlagenen Verfahren und Einwägemengen nicht mehr quantitativ bestimmbar sind.) Arsengehalt in Bronze und Rotguß bis zu 0,02%.

Gehaltfeststellungen sind nach den „Ausgewählten Methoden" Teil I, Kapitel III Kupfer, C IV vorzunehmen.

Die für die Abnahme verbindliche chemische und mechanische Prüfung soll an angegossenen oder, wenn das Angießen Schwierigkeiten macht, nach vorheriger Vereinbarung mit dem Besteller an getrennt gegossenen Stäben vorgenommen werden. Für Probestäbe soll der kurze Normalstab oder der kurze Proportionalstab nach DIN 1605, und zwar beide rund oder flach, gewählt werden. Die Dicke der Probestücke, aus denen die Probestäbe herausgearbeitet werden, soll sich der Wanddicke der Gußstücke anpassen. Die angegebenen Leistungszahlen gelten für Gußstücke mit Wanddicken bis zu 25 mm.

Es darf nicht vorausgesetzt werden, daß das Gußstück an allen Seiten die an den Probekörpern ermittelten Eigenschaften aufweist.

Die Härte (Brinellhärte) ist mit einer Kugel von 10 mm Durchmesser und einer Drucklast von 500 kg bei 30 Sekunden Druckdauer als Durchschnittswert aus 6 Prüfungen an möglichst verschieden gelegenen Stellen des Gußstückes nach DIN 1605 festzustellen. Bezüglich der Biegegröße wird auf Normblatt DIN 1605 S. 3 verwiesen.

Sind GBz 20, GBz 14, GBz 10 und Rg 10 infolge besonderer Liefervorschrift mit geringeren zulässigen Abweichungen nur aus Neumetallen herzustellen, so ist dem Kurzzeichen der Index „N" anzufügen, z. B. „Rg 10 N".

Modelle: Siehe DIN 1511 Blatt 1 und 2.

April 1928 — Fachnormenausschuß für Nichteisen-Metalle.

sonstigen Abfälle nicht wirtschaftlich besser besonderen Schmelzwerken überlassen bleiben. Dadurch würde die Herstellung von Einheitslegierungen aus Altmetallen und Metallspänen, vielleicht vorher brikettiert, erleichtert [1]). Die Reichsbahn ist hier mit gutem Beispiel vorangegangen [2]).

Auf dem Gebiete des Altmetallhandels herrschen im gießtechnischen Sinne noch immer Unsicherheit und Willkür. P. Melchior hat auf den guten Brauch hingewiesen [3]), die Legierungen ohne eigenen Namen, z. B. „Bronze", den allgemeinen Sprachgesetzen folgend, mit dem Hauptbestandteil zuletzt zu bezeichnen, so daß der vorausgehende Nebenbestandteil die Bedeutung eines Eigenschaftswortes erhält. Unter „Zinkaluminium" ist demnach eine Legierung mit etwas Zink, aber nicht das Umgekehrte zu verstehen. Diese Art der Bezeichnung erleichtert das Verständnis; manches Beispiel läßt aber auf eine mehr oder weniger absichtliche Irreführung schließen.

Normen und einheitliche Lieferbedingungen für Werk- und Betriebstoffe (Roh- und Hilfstoffe) der Gießerei.

Die hauptsächlich in Frage kommenden Stoffarten sind nachstehend in Form eines Merkblattes auf Zahlentafel 50—53 zusammengestellt, und daneben sind die für die Bearbeitung der Gruppen gewonnenen Verbände, Fach- bzw. Unterausschüsse und die leitenden Obmänner aufgeführt. Neben der guten Übersicht dürfte diese Anordnung den Vorteil haben, Rückfragen an richtiger Stelle leichter zu ermöglichen.

Wie bei den Werkstoffen der Fertigerzeugnisse sind auch bei den Roh- und Betriebstoffen in bezug auf Benennung, Güte, Bemusterung, Probenahme, Prüfverfahren usw. für alle beteiligten Fachkreise, Erzeuger, Händler wie Verbraucher, Normen bzw. einheitliche Lieferbedingungen notwendig, die letzten Endes neben geringeren Betriebskosten Leistungssteigerung und erhöhte Wirtschaftlichkeit zur Folge haben. Wer also wirtschaftlich herstellen, verkaufen oder verbrauchen will, muß anerkannte Wertmaßstäbe und Richtlinien für die Beurteilung der zu verwendenden Werk- und Betriebstoffe an Hand haben, um damit vorzubeugen, durch die angebotenen guten oder schlechten Waren bzw. Stoffe Verluste zu erleiden. Einheitliche Lieferbedingungen sind demnach ein unentbehrliches Glied zwischen Verkäufer und Käufer, sie bilden den besten Ersatz für die bisher üblichen Handelsbräuche [4]). In den nachfolgenden Zusammenstellungen auf Zahlentafel 50—53 sind auch Gießerei-Betriebsmittel, Zubehörteile für Modelle usw., sowie Werkzeuge aufgeführt, deren Vereinheitlichung, soweit nicht bereits abgeschlossen, sich in Vorbereitung befindet.

Zu den Gruppen der Zusammenstellung seien einige Erläuterungen gegeben:

Roheisen. Zwischen dem Hochofenausschuß des Vereins deutscher Eisenhüttenleute, dem Roheisen-Verband einerseits und dem Verein Deutscher Eisengießereien andererseits sind Richtlinien für Roheisenmasseln vereinbart worden, die das Höchstgewicht einer Massel (60 kg), die für das Zerschlagen beste Art der Einkerbung, die Kennzeichnung des Lieferwerks, die Gestaltung von Masselquerschnitt und -Länge, die Höchstmenge des Sandanhangs (nicht über 1,5 $^0/_0$) u. a. festlegen [5]). Über ähnliche

(Forts. S. 183)

[1]) Joh. Mehrtens: Eisen- und Nichteisen-Metall-Briketts. Z. V. d. I. 1912, S. 1738 ff.

[2]) Die Bedingungen für Lieferung von Einheits-Rotguß und Lagermetall für die Reichsbahn sind, abgesehen vom Werkstoffbuch der Reichsbahn, auch im Jahrbuch des Deutschen Metallhandels (Verlag Dr. J. Stern, Berlin 1926) veröffentlicht. Das Jahrbuch enthält die Zusammenstellung der im Handel mit Edel-, Neu- und Altmetallen gebräuchlichen Geschäftsbedingungen (und die unter Mitwirkung des Chemiker-Fachausschusses der Gesellschaft Deutscher Metallhütten- und -Bergleute gegebenen) Richtlinien für Probenahme, Analyse usw.

[3]) Die deutschen Werkstoffnormen für Nichteisen-Metalle. Z. V. d. I. 1926. S. 523/535.

[4]) A. Gröschler: Einheitliche Lieferbedingungen, Der Werkleiter 1927, S. 557. — Warum einheitliche Lieferbedingungen? D. Wirtsch.-Zg. 1929. Nr. 47 vom 21. Nov. Aufklärende Druckschriften durch den Reichsausschuß für Lieferbedingungen (RAL). Berlin NW 6, Luisenstr. 58/59.

[5]) Siehe Stahleisen 1931, S. 235; Gieß. 1931, S. 146.

Zahlentafel 50.

Übersicht über die Fachausschüsse für Normen und einheitliche Lieferbedingungen der Gießerei-Werk- und sonstigen Betriebstoffe, einschließlich Modellzubehör.

Fach- bzw. Arbeitsausschuß für	Fachverbände: Obmann:	Normblätter oder Vorschriften
Gußeisen Allgemeines Prüfverfahren und Probestäbe	Verein Deutscher Eisengießereien DNA GINA DVM Obm. Dipl.-Ing. L. Scharlibbe, Tegel b. Berlin, Stellvertr. Zivil-Ing. Joh. Mehrtens, Berlin W 30. Obm. Dr. Ing. R. Kühnel, Berlin-Friedenau	DIN 1691
Temperguß	Verein Deutscher Tempergießereien DNA DVM Obm. Dr. Ing. Rud. Stotz, Düsseldorf-Lohausen	DIN 1692
Stahlguß (Stahlformguß)	Verein deutscher Stahlformgießereien Verein deutscher Eisenhüttenleute DNA DVM Obm. Dr. Ing. R. Krieger, Düsseldorf	DIN 1681 2. Aufl. 1929
A. Schmelzstoffe 1. Roheisen: Hämatit Deutsches Gießerei-Roheisen I und III Luxemburger Roheisen Sonder-Roheisen, C-arm usw. Temper-Roheisen Ausländisches Roheisen Elektro-Roheisen 1a. Synthetisches Roheisen	Verein deutscher Eisenhüttenleute (Hochofenausschuß) Düsseldorf Verein deutscher Eisengießereien Obm. Dir. Dr. Ing. Humperdinck, Wetzlar	In Bearbeitung Roheisenmasseln usw. [1]) [2])
2. Eisenlegierungen-Zusatzmetalle Ferrosilizium Ferromangan (Spiegeleisen) Ferrophosphor Silikomangan Ferroaluminium Ferrotitan Ferronickel und Chrom 2a. Formlinge aus Ferrolegierungen	desgl.	In Bearbeitung
3. Gußbrucheisen Ia. Maschinengußbruch Gußeiserne Eisenbahn-Achsbuchsen Sekunda-Gußbruch bzw. guter Handelsgußbruch Eisenbahn- und Straßenbahn-Bremsklötze Reiner Ofen- und Topfgußbruch (Poterie) Desgl. mit höchstens 10% Rosten und Rippenheizkörpern Brandguß Sondergußbruch (Kokillen usw.)	Verein Deutscher Eisengießereien Düsseldorf	Mängelrüge usw. [3]) [4]) [3])
4. Stahl- und Flußeisenschrott Walzwerkschrott (Abfälle) Eisenbahnschrott Werk- oder Fabrikschrott Sammelschrott-Alteisen	Verein deutscher Eisenhüttenleute, Düsseldorf	[5])
4a. Gußeisen- und Stahlspäne-Briketts	desgl.	[6])

[1]) Gieß. 1928. S. 1183. [2]) Handbuch Bd. I, S. 116, 129. [3]) Gieß. 1929. S. 938. [4]) Gieß. 1929. S. 1079. [5]) Handbuch Bd. I, S. 168. [6]) Handbuch Bd. I, S. 178.

Zahlentafel 50. (Fortsetzung.)

Fach- bzw. Arbeitsausschuß für		Fachverbände: Obmann:	Normblätter oder Vorschriften
B. Nichteisen-Metalle und -Legierungen		Fachnormenausschuß für Nichteisen-Metalle Geschäftsstelle bei der Deutschen Gesellschaft für Metallkunde Gesamtverband Deutscher Metallgießereien Verein Deutscher Gießereifachleute	
1. Kupfer und Kupferlegierungen		Dir. W. Heckmann, Duisburg	Kupfer (Rohstoff) DIN 1708 Bl. 1 Bronze und Rotguß 1705 Bl. 1 und 2 Messing DIN 1709 Bl. 1 und 2
2. Nickel und Nickellegierungen		Dr. v. Selve, Altena i. W.	Rohnickel DIN 1701 Neusilber in Arbeit
3. Aluminium und Aluminiumlegierungen		Dir. H. Borbeck, Altena i. W.	Reinaluminium DIN 1712
4. Zinn und Zinnlegierungen		Prof. Dr. Ing. H. Hanemann Berlin-Charlottenburg	Zinn DIN 1704 Lötzinn DIN 1707 Weißmetalle für Lager DIN 1703
5. Schlaglot und Silberlot		Dir. W. Renz, Ulm a. d. D.	Silberlot DIN 1710 Schlaglot DIN 1711
6. Zink und Zinklegierungen		Prof. Dr. Ing. H. Hanemann, Berlin	In Bearbeitung
7. Blei und Bleilegierungen		Prof. Dr. Ing. H. Hanemann, Berlin	desgl.
8. Abnahme und Schiedsanalysen		Dr. Ing. K. Nugel, Berlin W 35	desgl.
C. Nichteisen-Metallabfälle Block-Altmetall und Späne-Briketts		Metall-Verbände und Händler	In Bearbeitung
D. Brennstoffe a) fest:	Steinkohlen Hochofenkoks Gießereikoks Heizkoks Gaskoks Braunkohlen Braunkohlenbriketts Torf Torfkoks Holz	DVM Ausschuß 48 Obm. Prof. Dr. Aufhäuser, Hamburg Unterausschuß 48 A 1: Probenahme Obm. Prof. Dr. Kindscher, Berlin U.-A. 48 A 2: Koksrückstand Obm. Prof. Dr. Bunte, Karlsruhe U.-A. 48 A 3: Chem. Prüfung Obm. Dr. Seufert, München U.-A. 48 A 4: Heizwertbestimmung Obm. Dr. Heuse, Berlin	Prüfverfahren Entwürfe DIN DVM 3711, 3716, 3721, 3725
b) flüssig:	Heizöle Treiböle	DVM Ausschuß 48 B Obm. Prof. Dr. Fritz Frank, Berlin	Prüfverfahren usw.
c) gasförmig:	Steinkohlengas Braunkohlengas Koksgas	DVM Ausschuß 48 C Obm. Prof. Dr. Bunte, Karlsruhe	
E. Teere und Erdwachse Steinkohlenteer Braunkohlenteer Generatorteer Paraffinteer Montanwachs		DVM DNA	Prüfverfahren und Lieferbedingungen DIN 1995/96
F. Zuschläge im Schmelzofen Kalkstein Flußspat Entschwefelungsmittel usw.		Verein Deutscher Gießereifachleute und Verein Deutscher Eisengießereien GINA	[1])

[1]) Handbuch Bd. I, S. 617 ff.

Zahlentafel 50. (Fortsetzung.)

Fach- bzw. Arbeitsausschuß für	Fachverbände: Obmann:	Normblätter oder Vorschriften
G. Feuerfeste Baustoffe	DNA	
Unterausschuß für Prüfverfahren und Gütenormen	Obm. Dr. Hecht, Berlin, Dr. Ing. E. H. Schulz, Dortmund	DIN 1061
1. Allgemeines, Begriffsbestimmung, Probeentnahme		DIN 1062 DIN 1063
2. Chemische Analyse		
3. Feuerfestigkeitsbestimmung nach Segerkegel		DIN 1064 DIN 1065
4. Erweichen bei hohen Temperaturen		
5. Spezifisches Gewicht, Raumgewicht, Porosität		DIN 1067
6. Bestimmung der Druckfestigkeit bei Zimmertemperatur		DIN 1066 [1] DIN 1068 [1]
7. Nachschwinden und Nachwachsen		
8. Temperatur-Wechsel und -Beständigkeit (TWB)		DIN 1069
9. Beständigkeit gegen Angriff fester und flüssiger Stoffe bei hoher Temperatur		DIN 1086
10. Gütevorschriften für feuerfeste Steine der Eisenindustrie		DIN 1087 [1]
a) Gütenormen für feuerfeste Baustoffe, Allgemeines und Abweichungsgrenzen		DIN 1088 [1]
b) Gütenormen für Hochofensteine		
c) Gütenormen für Siemens-Martin-Ofensteine		DIN 1081
d) Gütenormen für Koksofensteine		
Unterausschuß für Formgebung		DIN 1082 [1]
11. a) Feuerfeste Baustoffe, feuerfeste Steine, ganze Steine, $^3/_4$ Steine und Ausgleichplättchen		DIN 1083 [1]
b) Feuerfeste Baustoffe, Keilsteine		
c) Kuppelofensteine		In Bearbeitung
Unterausschuß für Gütevorschriften und Lieferbedingungen für feuerfeste Baustoffe der Nichteisenindustrie	Dieser Ausschuß ist in der Bildung begriffen	
12. Feuerfeste Stampfmassen für Kuppelöfen usw.	Verein Deutscher Eisengießereien und Verein Deutscher Gießereifachleute GINA	
H. Formsande	Verein Deutscher Eisengießereien und Verein Deutscher Gießereifachleute	In Bearbeitung
fett mittelfett mager Formlehm Ton Kernsand Gebrauchsande Stahlgußmasse Kernmasse	DVM RAL Obm. Prof. Dr. Aulich, Duisburg, Prof. Dr. Behr, Berlin, Dr. Claus, Berlin	Prüfverfahren usw.
J. Formstoffzusätze	Verein Deutscher Eisengießereien und Verein Deutscher Gießereifachleute	
Steinkohlenstaub Braunkohlenstaub Holzkohlenstaub	DVM Unterausschuß 48 A 5: Probenahme von Brennstaub Obm. Prof. Dr. Kindscher, Berlin	DIN DVM 3712
Pferdemist und Kuhpanzen Häcksel, Scheebe (Flachs), Torfmull, Sägemehl		
K. Kernbindemittel: Leinöl Ersatz für Leinöl	RAL Obm. Dr. Hans Wolff,	RAL N. 848 A [1]
Sulfitlauge, Melasse, Dextrin Harze, Kernmehl usw.	Berlin NW 6	RAL Nr. 281 [1]

[1] In Vorbereitung.

Zahlentafel 50. (Fortsetzung.)

Fach- bzw. Arbeitsausschuß für	Fachverbände: Obmann:	Normblätter oder Vorschriften
L. Anstrichstoffe für Gießformen Grafite-Inland Grafite-Ausland Grafitersatz Schwärze Anstrichmassen Modellpuder	Verein Deutscher Eisengießereien und Verein Deutscher Gießereifachleute DVM RAL	Prüfverfahren Lieferbedingungen
M. Werkstoffe für den Modellbau 1. Modellhölzer: Kiefer Erle Birnbaum Ahorn Nußbaum 1a. Plastisches Holz 2. Nutzholz für den Betrieb	DVM DNA RAL	Prüfverfahren Entwürfe DIN DVM 2181–2186 DIN DVM 2190—2192
3. Bindemittel: Haut-, Leder-, Knochen- u. Mischleim Kasein als Rohstoff Kasein-Kaltleime Albumin Pflanzenleim	RAL DVM Obm. Prof. Dr. Gerngroß Berlin-Grunewald Obm. Dr. Stadlinger Berlin-Charlottenburg Obm. Dr. Stern Berlin-Charlottenburg	 RAL Nr. 093 A[2]) RAL Nr. 093 B[2]) RAL Nr. 093 C[2]) RAL Nr. 093 D[2]) RAL Nr. 080 A[1])
4. Modellacke-Anstrichfarben: Einfache Prüfung von Farben und Lacken Bleiweiß Bleimennige Zinkweiß und Zinkoxyd Eisenoxydfarben Eisenocker Sulfat-Bleiweiß Titanweiß Lithopone	RAL Obm. Dr. Hans Wolff Berlin NW 6	 RAL Nr. 840 A[1]) RAL Nr. 844 A[2]) RAL Nr. 844 B[1]) RAL Nr. 844 C[1]) RAL Nr. 844 D[2]) RAL Nr. 844 E[1]) RAL Nr. 844 F[2]) RAL Nr. 844 H[1]) RAL Nr. 844 J[2])
5. Kitte, Spachtel und Bindemittel Lackleinöl Leinölfirnis Terpentinöl Lackspachtel Schlemmkreide Wachs Glaserkitt	RAL Obm. Dr. Hans Wolff Berlin NW 6	 RAL Nr. 848 A[1]) RAL Nr. 848 B[1]) RAL Nr. 848 C[1]) RAL Nr. 849 A[1]) RAL Nr. 849 B[2])
6. Leder- und Gummihohlkehlen 7. Buchstaben und Ziffern 8. Dübel in Holz und Metall 9. Holzschrauben 10. Drahtstifte	RAL GINA RAL GINA RAL GINA DNA DNA	In Vorbereitung In Vorbereitung In Vorbereitung DIN 95—97 DIN 1151—1156
N. Baustoffe für Modellplatten und Hilfsmodelle Gips Magnesit-Steinmassen Modellzement usw.	GINA und RAL DNA DVM	In Vorbereitung Prüfverfahren In Arbeit
O. Schmelztiegel und Zubehör Richtlinien für die Behandlung der Tiegel (Beiblatt)	Gesamtverband Deutscher Metallgießereien GINA Obm. Direktor Ebbinghaus Hohenlimburg	Vorschläge DIN 1530—1532
P. Gießpfannen und Zubehör Gießstopfen, Eingüsse, Steiger usw.	GINA Obm. Tillmann, Büttgen b. Neuß	Vorschläge DIN 1533—1535 In Vorbereitung
Q. Formkasten, Formrahmen und -Platten	GINA Obm. A. Riebold, Hannover	In Vorbereitung
R. Siebgewebe, Handsiebe und Durchwürfe	DNA DVM	DIN 1171 Prüfsiebgewebe

[1]) Zu beziehen durch Beuth-Verlag, Berlin S 14. [2]) In Vorbereitung.

Zahlentafel 50. (Schluß.)

Fach- bzw. Arbeitsausschuß für	Fachverbände: Obmann:	Normblätter oder Vorschriften
S. Formstifte	DNA GINA	DIN 1163
T. Kernstützen Kernnägel, Kühlnägel (Einlagen) usw.	GINA DNA Obm. H. Sonnet	DIN E 1512—1516
U. Wachsschnüre	GINA	In Vorbereitung
V. Allgemeines		
1. Ketten[8])	DVM VDI DIN	Prüfverfahren
2. Drahtseile	DVM VDI DIN	DIN 655, DIN DVM 1201—1211
3. Rund- und Flachstahl	DNA	DIN 1013 und 1017
4. Stahldraht	DNA	DIN 177
5. Ledertreibriemen[7])	Obm. Dr. Jablonski Berlin W30	DIN 111, RAL 066 A[1])
6. Polierscheiben	RAL	RAL 390 D[1])
7. Schleifscheiben und sonstige Schleifmittel	RAL	DIN 671—672
8. Putztücher, Putzlappen und Putzwolle	Obm. Prof. Herzog Berlin-Dahlem	RAL 390 ABCE[1])
9. Asbestwaren	RAL	RAL 545 A
10. Schutzbrillen	DNA Obm. Alvensleben, Stellvertr. Dr. Weiß	Entwürfe E 4641—4645
11. Schmiermittel	DVM	Entwürfe DIN DVM 3651 bis 3660 s. Normblattverz. 1930
W. Handwerkzeuge für Former, Modellbauer und sonstige[9])	DNA	In Vorbereitung z. B. DIN E 5139—5144

Arbeiten der American Standards Association hat R. Moldenke wiederholt berichtet[2]). Voraussichtlich werden sich die genannten Körperschaften auch mit den Sonder-Roheisen, Elektro-Roheisen und dem synthetischen Roheisen, sowie mit den Eisenlegierungen befassen[3]). Die Prüfung neuer Verfahren auf dem Gebiete der Roh-Eisendarstellung ist nicht abgeschlossen[4]).

Gußbrucheisen und Stahlschrott. Die Mängelrügen bei Schrottlieferungen haben den Verein Deutscher Eisengießereien veranlaßt, der Gußbruchsortenliste eine neue Fassung zu geben und die Verbraucher darauf hinzuweisen, bei den Händlern auf Einhaltung der Vorschriften hinzuwirken[5]). Der freie Wettbewerb im Handel mit Gußbrucheisen und Stahlschrott führt häufig zu Nachteilen für den Verbraucher; einheitliche Bezeichnungen werden die Mißstände beseitigen helfen[6]).

Nichteisen-Metalle und -Legierungen. Hierüber ist bereits auf S. 175 ausführlicher berichtet, es sei aber nochmals auf die Richtlinien für die Einführung dieser Werkstoffnormen hingewiesen, um so mehr als diese auch in den Fragen der Abfall- und Altmetalle größere Bedeutung haben.

Brennstoffe. Die Brennstoffnormung hat für die Gießereibetriebe eine besonders große Bedeutung, dahingehende Bestrebungen wurden schon im vorigen Jahrhundert angeregt. Der wissenschaftliche und praktische Wert der Brennstoffnormung ist erkannt,

[1]) Zu beziehen durch den Beuth-Verlag, Berlin S 14.
[2]) The Principles of Iron Founding, 2. Aufl. New York 1930.
[3]) Handbuch Bd. I, Ferrolegierungen S. 148.
[4]) Vgl. Demag-Nachrichten 1929. H. 1, S. 13/16.
[5]) Gieß. 1929. S. 938, 1079.
[6]) Bericht von Dr. H. Peters: Essener Anz. Berg, Hütt. u. Masch. 1926, 10. Juli.
[7]) Die RAL-Lieferbedingungen für Ledertreibriemen R.K.W. Nachrichten Berlin 1930, Nr. 12, S. 351.
[8]) Geprüfte Ketten, DIN-Mitt. 1931. Heft 3, S. 99—102.
[9]) Stechbeitel usw. DIN-Mitt. 1931, Heft 3, S. 103—106.

Zahlentafel 51.

Gütenormen für feuerfeste Baustoffe. Allgemeines und zulässige Abweichungen.	DIN 1086

Allgemeines.

Zum Unterschied von anderen Werkstoffen sind bei feuerfesten Steinen gewisse Schwankungen der Eigenschaften als Folge der Ungleichmäßigkeit der Rohstoffe, der Verarbeitung und des Brandes unvermeidlich. Um diesen Umstand zu berücksichtigen, wird bezüglich der Auswertung der Untersuchungsergebnisse folgendes festgelegt:

Die in den Gütenormen vorgeschriebenen Höchst- und Mindestwerte müssen mindestens eingehalten werden, und zwar als Mittel der Ergebnisse aus mehreren Einzelproben. Die Einzelwerte können jedoch im ungünstigen Sinne von dem vorgeschriebenen Werte abweichen. Diese Abweichungen in ungünstigem Sinne dürfen aber die nachstehend mitgeteilten Grenzen nicht überschreiten.

Zulässige Abweichungen.

Chemische Analyse[1]).
(DIN 1062).

Kieselsäure in Silikasteinen . . . — 1% SiO_2
Tonerde in Schamottesteinen . . — 1% Al_2O_3
Eisenoxyd. . . . . + 0,3% Fe_2O_3

Erweichen bei hohen Temperaturen unter Belastung.

(Druck-Feuer-Beständigkeit D. F. B.)
(DIN 1064.)

Silikasteine . . . t_a und t_e nicht mehr als — 30°
Schamottesteine . t_a und t_e nicht mehr als — 50°
Quarzschamottest. t_a und t_e nicht mehr als — 70°

Feuerfestigkeit.
(DIN 1063.)

Unterschreitung nicht über einen halben Segerkegel.

Gesamtporosität.
(DIN 1065.)

Steinart	Nicht über Volumenprozent nach oben
Silikasteine	3
Schamottesteine	3
Quarzschamottesteine	5

Spezifisches Gewicht.
(DIN 1065.)

Silikasteine nicht über 0,02 nach oben.

Bemerkungen.

1. Abweichungsgrenzen in bezug auf andere Eigenschaften wie z. B. Druckfestigkeit (DIN 1067), Verschlackungs-Beständigkeit [VB] (DIN 1069), Nachschwinden und Nachwachsen (DIN 1066), Temperatur-Wechsel-Beständigkeit [TWB] (DIN 1068) usw. bleiben späteren Vereinbarungen vorbehalten.

2. Probestücke mit sichtbaren äußeren Mängeln dürfen für die Untersuchung nicht verwendet werden. Geringe äußere Fehler, welche die Verwendbarkeit der Gebrauchstücke nicht beeinträchtigen, sollen kein Hindernis für die Abnahme sein.

3. Wenn bei der Prüfung auf eine Eigenschaft eines unter höchstens sechs Einzelergebnissen und je ein weiteres Ergebnis für die folgenden 7—11, 12—16 usf. Einzelergebnisse eine größere Abweichung zeigt, als die oben genannten Abweichungen, so sind dafür 2 neue Proben aus derselben Lieferung bzw. aus demselben Lieferungsteil zu ziehen, die beide den obigen Bedingungen entsprechen müssen.

[1]) Das Analysenergebnis wird auf die erste Dezimale abgerundet angegeben.

Juli 1930 Fachnormenausschuß für feuerfeste Baustoffe.

Gütenormen und einheitliche Lieferbedingungen sind unumgänglich notwendig, um eine sparsame Brennstoffwirtschaft zu sichern[1]).

Der Unterausschuß für flüssige Brennstoffe hat nach langwierigen Vorarbeiten einen Bericht erstattet, Vorschläge über zweckmäßige Prüfverfahren liegen bereits vor. Auch der Reichsausschuß für Lieferbedingungen (RAL) hat Vorarbeiten aufgenommen zum Zwecke der Aufstellung einheitlicher Lieferbedingungen für Brennstoffe.

Unter Hinweis auf das im Bd. I, S. 474 ff. Gesagte, sei mit Bezug auf die bereits durch die Ferngasversorgung im Gang befindliche Nutzanwendung von Kokereigas noch bemerkt, daß diese Umstellung auch für die Gießereibetriebe bald größere Bedeutung gewinnen wird[2]). Der Gießerei-Ingenieur tut gut, wenn er sich mit dieser Umstellung vertraut macht, im Interesse der gesamten Brennstoffwirtschaft sollte er mit bemüht

(Forts. S. 187)

[1]) Vgl. die einschlägige Studie von Dr. Oscar Zaepke, herausgegeben vom DVM. Berlin NW 7, Dorothenstr. 40. [2]) H. Lent: Die Ferngasversorgung usw. Stahleisen 1930, S. 505/516.

Zahlentafel 52.

Prüfverfahren für feuerfeste Baustoffe Erweichen bei hohen Temperaturen unter Belastung (Druck-Feuer-Beständigkeit D.F.B.)	DIN 1064

1. Das Erweichen feuerfester Baustoffe wird an Prüfkörpern bestimmter Größe bei gleichbleibender Belastung von 2 kg/cm² und gleichmäßig steigender Temperatur im Kohlegrießwiderstandsofen ermittelt. Der Versuch wird bis zum völligen Zusammensinken bzw. -brechen des Prüfkörpers durchgeführt. Die eintretende Längenänderung des Körpers ist in einer Kurve nach rechtwinkeligem Koordinatensystem, mindestens beginnend bei 1000° C aufzuzeichnen.

Die Belastung von 2 kg/cm² ist bezogen auf den Ausgangsquerschnitt des Prüfkörpers.

2. Als Prüfkörper sind Zylinder zu verwenden, die aus dem mittleren Teil der zu prüfenden Steine durch Ausbohren entnommen werden. Dabei soll die eine Grundfläche des unbearbeiteten Prüfkörpers von der Brennhaut des Steines gebildet werden. Die Prüfkörper sollen 50 mm Durchmesser und 50 mm Höhe haben.

Die beiden Druckflächen der Prüfzylinder sind planparallel, senkrecht zur Achse des Körpers zu gestalten und durch Schleifen zu glätten.

3. Die elektrisch geheizten Öfen müssen Heizrohre von 10—12 cm lichtem Durchmesser und etwa 50 cm Gesamtlänge bei 25—30 cm Länge des verengerten Kohlegrießraumes haben.

Die äußere Begrenzung des verengerten Raumes ist an den Ecken abzurunden.

Das Heizrohr und auch das äußere Begrenzungsrohr des verengerten Raumes, falls dieses rohrartig ausgebildet ist, sollen eine Wanddicke von 10—15 cm haben.

Als Heizrohre sind solche aus Korundmasse zu verwenden.

Die Zone annähernd gleichmäßiger höchster Erhitzung soll mindestens 12 cm lang sein.

4. Die maschinelle Einrichtung soll folgenden Bedingungen genügen:

a) der Druck soll senkrecht erfolgen,

b) die Aufzeichnung der Höhenänderung soll in zehnfacher Vergrößerung in einem rechtwinkligen Koordinatensystem abhängig von der Temperatur erfolgen,

c) die Körper sollen mindestens um 20 mm zusammengedrückt werden können.

5. Die Übertragung des Belastungsdruckes von 2 kg/cm² geschieht durch Kohlestempel. Zwischen diesen und den Prüfkörpern sind Kohleplättchen von 5 mm Dicke einzuschalten.

6. Die Temperatur wird mit Teilstrahlungspyrometer in einem unten geschlossenen feuerfesten Rohr (Pyrometerrohr) gemessen, das in den Ofen eingehängt ist und bei Beginn des Versuches etwa in halber Höhe des Prüfkörpers endet.

Das Pyrometer wird auf den Boden des Rohres eingestellt.

7. Bis 1000° kann die Temperatur um je 15° in der Minute gesteigert werden.

Oberhalb 1000° hat die Temperatursteigerung stetig 8° in der Minute zu betragen.

8. Als Ergebnisse des Versuchs sind außer der aufgezeichneten Kurve zahlenmäßig als Mittel aus 2 Versuchen anzugeben:

a) die Temperatur (t_a) für den Punkt der Kurve, an dem diese um 3 mm gegenüber ihrem höchsten Punkt abgesunken ist,

b) die Temperatur (t_e), bei der die Höhe des Körpers um 20 mm gegenüber der Höhe vor dem Versuch abgesunken ist.

Erfolgt infolge vorzeitigen Zusammenbrechens des Prüfkörpers ein eigentliches Erweichen nicht, so tritt an die Stelle der Temperatur t_a die Temperatur t_b für den Zusammenbruch.

Die Temperaturwerte sind auf volle 10° abzurunden.

Erläuterungen.

Prüfkörper, an denen Risse oder Lunker erkennbar sind, dürfen nicht verwendet werden.

Als höchster Punkt gilt die Stelle der Kurve, an der diese von der waagerechten Tangente nach unten abbiegt.

In der Wiedergabe der Ergebnisse muß auch ein Vermerk über das Aussehen des Prüfkörpers nach beendigtem Versuch gemacht werden (Gestalt des erweichten Körpers, Tonnenform, Pilzform, Lage von Verdickungen, Auftreten von Rissen, Absplitterungen).

Bei Betriebsuntersuchungen können zur Temperaturmessung auch folgende Verfahren angewendet werden, die mit den unter Ziffer 6 vorgeschriebenen Verfahren hinreichend übereinstimmende Werte ergeben:

Anvisieren der Mantelfläche des Prüfkörpers

a) schräg von oben,

b) von der Seite durch ein nach außen und unten leicht geneigtes, in den Ofen radial eingeführtes Rohr von höchstens 20 mm lichter Weite, das mit einem total reflektierenden Prisma dicht abgeschlossen wird.

Bei Zwischenschaltung eines Prismas ist die dadurch eintretende Lichtschwächung bei der Temperaturangabe zu berücksichtigen.

Juli 1930 Fachnormenausschuß für feuerfeste Baustoffe.

Zahlentafel 52a.

Prüfverfahren für feuerfeste Baustoffe. Spezifisches Gewicht, Raumgewicht, Porosität.	DIN 1065

1. Das spezifische Gewicht (s) eines Stoffes ist der Quotient aus seinem Gewicht und seinem Rauminhalt, bezogen auf den porenfreien Stoff.

Das spezifische Gewicht der feuerfesten Baustoffe wird mittels Pyknometer an der feingepulverten Steinprobe bestimmt und für die Bezugstemperatur von etwa 20° angegeben. Für die pyknometrische Bestimmung ist eine gleiche Probemenge wie für die chemische Analyse auf etwa 2 mm Korngröße zu zerkleinern und durch Viertelung auf etwa 30 g zu bringen. Diese Menge ist soweit zu pulvern, daß das gröbste Korn etwa 0,5 mm mißt. Von dem gepulverten Gut wird die Probe für die Einzelbestimmung entnommen.

2. Das Raumgewicht (r) eines Stoffes ist der Quotient aus seinem Gewicht und seinem Rauminhalt einschließlich Porenraum.

Das Raumgewicht wird errechnet aus dem Gewicht (G) und aus dem Rauminhalt (V) eines bei 105—110° bis zur Gewichtskonstanz getrockneten Steines bzw. Steinstückes nach der Formel:

$$r = \frac{G}{V}.$$

3. Die Gesamtporosität (P) (wahre Porosität) ist das Verhältnis des Gesamtporenraumes (d. h. der offenen und geschlossenen Poren) eines Körpers zu seinem Rauminhalt, ausgedrückt in Prozenten des letzteren.

Die Gesamtporosität wird errechnet aus dem spezifischen Gewicht (s) und dem Raumgewicht (r) nach der Formel:

$$P = \frac{s - r}{s} \cdot 100\%.$$

4. Die scheinbare Porosität (P_s) drückt das Verhältnis des offenen Porenraumes eines Körpers zu seinem Rauminhalt in Prozenten des letzteren aus.

Die scheinbare Porosität wird errechnet aus dem Wasseraufnahmevermögen (W) und dem Raumgewicht (r) des Körpers nach der Formel:

$$P_s = r \cdot W.$$

Erläuterungen.

Zu 1—4.

Spezifisches Gewicht, Raumgewicht und Porosität der feuerfesten Baustoffe werden bei Zimmertemperatur (18—22°) ermittelt.

Die Werte sind als Mittel aus mindestens 2 Bestimmungen zu bilden. Die Angabe erfolgt beim spezifischen Gewicht und Raumgewicht abgerundet auf 2 Dezimalen, bei der Porosität abgerundet auf ganze Prozente.

Zu 2—4.

Die Probekörper sind durch Schneiden oder Bohren herzustellen (s. DIN 1061, Erläuterungen III).

Offensichtlich fehlerhafte Stücke sind nicht zur Prüfung zu benutzen.

Zu 1. Verfahren zur Bestimmung des spezifischen Gewichts (s).

Der gepulverte Stoff wird nach Entfernung etwaiger Eisenteilchen mittels eines Magneten zur völligen Austreibung der eingeschlossenen und anhaftenden Luft 15 Minuten in destilliertem Wasser gekocht. Dies kann

a) in einem besonderen Gefäß oder

b) in dem Pyknometer selbst vorgenommen werden.

a) Im ersten Falle füllt man ein 5 cm³ fassendes Pyknometer möglichst vollständig mit der luftfrei gekochten, auf Zimmertemperatur abgekühlten Probe. Mit luftfrei gekochtem destilliertem Wasser von Zimmertemperatur wird bis zur Marke aufgefüllt und gewogen. Zur Feststellung der verwendeten Stoffmenge spült man den Inhalt des Pyknometers in eine Nickelschale und dampft das Wasser ab. Nach dem Trocknen bei 105—110° C bis zur Gewichtskonstanz wird der Rückstand gewogen.

b) Im zweiten Falle wiegt man in ein 20 bis 30 cm³ fassendes Pyknometer soviel Stoff ein, daß dieser etwa $^1/_4$ des Pyknometer-Inhaltes ausfüllt, gibt bis zur Hälfte destillertes Wasser hinzu und kocht luftfrei. Nachdem Pyknometer und Beschickung auf Zimmertemperatur abgekühlt sind, wird das Pyknometer mit luftfrei gekochtem, destilliertem Wasser von Zimmertemperatur aufgefüllt. Das Auffüllen darf erst erfolgen, wenn sich die feinsten schwebenden Teilchen zu Boden gesetzt haben und die über der Probe stehende Flüssigkeit klar ist.

Bei beiden Verfahren ist die Wägung des mit luftfrei gekochtem destilliertem Wasser von Zimmertemperatur beschickten Pyknometers (ohne Stoff) bei jeder spezifischen Gewichtsbestimmung neu vorzunehmen. Die Pyknometer müssen vor der Wägung äußerlich völlig trocken gerieben werden.

Das gesuchte spezifische Gewicht wird errechnet nach der Formel:

$$s = \frac{G}{(P_2 + G) - P_1}$$

Darin bedeutet:

s = gesuchtes spezifisches Gewicht,

G = Trockengewicht der eingefüllten Stoffmenge in g,

P_1 = Gewicht des mit Stoff und Wasser beschickten Pyknometers in g,

P_2 = Gewicht des nur mit Wasser beschickten Pyknometers in g.

Ist der Unterschied in den Zimmertemperaturen der beiden Wägungen P_1 und P_2 unter sich größer als 2°, so muß die Bestimmung wiederholt werden.

Bei Schiedsuntersuchungen soll die Luft aus dem gepulverten Stoff nicht durch Absaugen entfernt werden.

Juli 1930 Fachnormenausschuß für feuerfeste Baustoffe.

Zahlentafel 52a. DIN 1065. (Schluß.)

Zu 2. Verfahren zur Bestimmung des Rauminhaltes (V) eines Körpers.

Der Rauminhalt eines Körpers wird nach dem Quecksilber- oder Wasserverdrängungsverfahren bestimmt.

a) Die Bestimmung nach dem Quecksilberverdrängungsverfahren soll an Stücken von mindestens 25 cm³ Rauminhalt in einer geeichten Apparatur erfolgen, die eine Ablesegenauigkeit von ± 0,05 cm³ gestattet. Aus dem Unterschied der Höhe des Quecksilberspiegels vor und nach dem Eintauchen des Körpers wird der Rauminhalt desselben ermittelt.

Die Menge des etwa in die Poren eingedrungenen Quecksilbers ist je nach der verwendeten Apparatur entweder aus der Gewichtsdifferenz des bei 105—110° bis zur Gewichtskonstanz getrockneten Probekörpers oder aus der Differenz der Höhe des Quecksilberspiegels vor dem Eintauchen und nach der Herausnahme des Probekörpers zu bestimmen. Zur Korrektur ist der dieser Quecksilbermenge entsprechende Rauminhalt zuzuzählen.

b) Die Bestimmung des Rauminhaltes nach dem Wasserverdrängungsverfahren erfolgt an Prüfkörpern von mindestens 250 cm³ Rauminhalt. Diese werden, wie in den Erläuterungen zu 4 beschrieben, mit Wasser gesättigt. Nach dem Abkühlen auf Zimmertemperatur wird die von dem wassersatten Prüfkörper verdrängte Wassermenge in cm³ mit Hilfe eines geeigneten Gefäßes, das eine Ablesungsgenauigkeit von ± 0,25 cm³ hat, ermittelt.

Vor der Untersuchung sind die Proben zu reinigen und lockere Teile durch scharfes Bürsten zu entfernen.

Zu 4. Verfahren zur Bestimmung des Wasseraufnahmevermögens (W).

Das Wasseraufnahmevermögen (W) drückt das Verhältnis der von einem Körper bis zur erfolgten Sättigung aufgenommenen Wassermenge zu seinem Trockengewicht in Prozenten des Trockengewichts aus. Die Angabe erfolgt in Prozenten des Trockengewichts.

Der Prüfkörper, der möglichst glatte Begrenzungsflächen und mindestens 100 cm³ Rauminhalt haben soll, wird bis etwa 1/4 seiner Höhe in destilliertem luftfrei gekochtem Wasser von Zimmertemperatur gelagert, das man in Abständen von etwa 1/2 Stunde allmählich auffüllt, so daß der Körper nach 2 Stunden völlig mit Wasser bedeckt ist. Der Körper wird dann 2 Stunden lang in destilliertem Wasser gekocht, wobei die Proben nicht mit dem überhitzten Boden des Gefäßes in Berührung kommen sollen. Das verdampfende Wasser ist zu ergänzen. Nach dem Kochen läßt man den Prüfkörper in dem Wasser auf Zimmertemperatur abkühlen, tupft ihn mit einem feuchten Schwamm oder Leinenlappen oberflächlich ab, bis an der Oberfläche keine Wassertropfen mehr zu bemerken sind und wägt ihn. Man erhält so das Gewicht des wassersatten Körpers (G_W). Die Trocknung des Prüfkörpers bei 105—110° C bis zur Gewichtskonstanz und die Bestimmung des Trockengewichtes (G) können vor oder nach dem Kochen erfolgen.

Die Proben sind vor der Untersuchung gut zu reinigen. Lockere Teile sind durch scharfes Bürsten zu entfernen.

Das Wasseraufnahmevermögen wird berechnet nach der Formel:

$$W = \frac{(G_w - G)}{G} \cdot 100\%.$$

sein, die Schaffung allgemein anerkannter Grundlagen für diese Vereinheitlichung bzw. Normung — insbesondere für Schmelzkoks und Teeröl — zu beschleunigen.

Zuschlagstoffe im Schmelzofen. Die Bewertung des Kalksteins und Flußspates als Zusatz zur Erlangung einer leichtflüssigen Schlacke im Schmelzgang der Gießerei-Schachtöfen erfolgt meist auf Grund der mehr oder weniger großen Beimengungen oder Rückstände in den Schmelzstoffen. Schlechtem Kalkstein wird Flußspat als weiteres Flußmittel zugesetzt, um eine recht dünnflüssige Schlacke zu ermöglichen[1]). Der Entschwefelung dient der Kalkstein weniger, hierzu werden zweckmäßiger Alkalien (wie z. B. Walterbriketts) verwendet. Der Fachausschuß beabsichtigt, auch für die Bewertung dieser Stoffe Richtlinien aufzustellen.

Die feuerfesten Stoffe. Die in der Zusammenstellung genannten Arbeiten der verschiedenen Fachausschüsse lassen bereits erkennen, welche Bedeutung der Baustoffnormung in der Eisenindustrie zuzuschreiben ist[2]). Drei verschiedene Normengebiete sind zu unterscheiden, die Normung der Steingrößen, die Gütenormen (Zahlentafel 51) und weiter die Normung der Prüfverfahren (Zahlentafel 52, 52a u. 52b). Die einzelnen Fragen werden in getrennten Unterausschüssen bearbeitet. Das Blatt DIN 1081 (Zahlentafel 53) zeigt die Abmessungen der ganzen Steine, Dreiviertelsteine und Ausgleichplättchen. Die Blätter DIN 1082 „Wölbsteine", sowie DIN 1083 „Kuppelofen-Radial-

[1]) Handbuch Bd. I, S. 617 ff., Bd. III, S. 129 u. 224.

[2]) Vgl. E. H. Schulz: Feuerfeste Baustoffe, ihre Prüfung und ihr Verhalten im Hüttenbetriebe. Stahleisen 1926. S. 1667/1678.

Zahlentafel 52b.

Prüfverfahren für feuerfeste Baustoffe. Bestimmung der Druckfestigkeit bei Zimmertemperatur.	DIN 1067

1. Unter Druckfestigkeit ist hier die Widerstandsfähigkeit eines Körpers gegen Druck im Augenblick der Zerstörung bei Zimmertemperatur zu verstehen. Die Druckfestigkeit wird in kg/cm² der gedrückten Fläche, und zwar als Durchschnitt der Bestimmungen an je einem Prüfkörper von 10 Steinen angegeben.

2. Als Prüfkörper sind Zylinder zu verwenden, die aus dem mittleren Teil der zu prüfenden Steine durch Ausbohren entnommen werden. Dabei soll die eine Grundfläche des unbearbeiteten Prüfkörpers von der Brennhaut des Steines gebildet werden. Die Prüfkörper sollen 50 mm Durchmesser und 45 mm Höhe haben.

Die beiden Druckflächen der Prüfzylinder sind planparallel, senkrecht zur Achse des Körpers zu gestalten und durch Schleifen zu glätten.

Ausgleichen der Druckfläche mit Gips, Zement u. dgl. ist unstatthaft.

3. Die Probekörper werden bei 110° bis zur Gewichtskonstanz getrocknet und bei Zimmertemperatur dem Druckversuch unterzogen.

4. Die zum Drücken der Körper verwendete Presse muß ein stetiges Steigern der Belastung zulassen, so daß Stöße vermieden werden. Die Drucksteigerung soll im Mittel etwa 20 kg/cm² je Sekunde der gedrückten Fläche betragen. Der Druck muß genau senkrecht zur Druckfläche des Prüfkörpers erfolgen. Zwischenschaltung eines Kugellagers ist zweckmäßig. Die Anzeige muß im Bereich der Bruchbelastung eine Genauigkeit von $\pm 1\%$ besitzen.

Erläuterungen.

Ergebnisse von Prüfkörpern, an denen Risse oder Lunker erkennbar sind, dürfen nicht verwertet werden [1]).

[1]) Die Streuungen sind selbst bei genauer Befolgung dieser Arbeitsvorschrift so erheblich, daß hierauf bei Festsetzung von Garantien und bei der Bemessung von Abweichungsgrenzen entsprechende Rücksicht zu nehmen ist.

Juli 1930 Fachnormenausschuß für feuerfeste Baustoffe

steine“ befinden sich in Bearbeitung. Bezüglich der Kuppelofen-Schacht- und Vorherdsteine wird zur Zeit der Entwurf im Unterausschuß nochmals überprüft, um eine größere Vereinheitlichung zu ermöglichen. Im übrigen sei auf die Ausführungen in diesem Handbuch, Bd. I, S. 555ff. und Bd. III, S. 95ff. verwiesen.

Der Unterausschuß für Kuppelofen-Steine und -Ausstampfmasse hat bereits 1924 die Ergebnisse einiger Versuchsreihen veröffentlicht[1]). Ein Auszug, der die Stampfmassen betrifft, sei in Zahlentafel 54 wiedergegeben. Die Versuche betreffend Brauchbarkeit bestimmter Stampfmassen sollen im Anschluß an die Arbeiten über die Prüfung der Formsande usw. in dem gemeinsamen Ausschuß des Vereins Deutscher Eisengießereien und des Vereins Deutscher Gießereifachleute fortgesetzt werden.

Formsande. Die beiden bisher nebeneinander bestehenden Fachausschüsse im Verein Deutscher Eisengießereien und im Verein Deutscher Gießereifachlaute haben sich zusammengefunden und erledigen die vorliegenden Fragen gemeinsam. Die Arbeiten betreffen einheitliche Prüfverfahren, Auswertung der Formsandvorkommen, einheitliche Lieferbedingungen, Zusätze zu Formstoffen (Kohlenstaub usw.), Kernsand-Bindemittel, Anstrichstoffe für Gießformen (Grafit usw.) u. a., soweit die Arbeiten nicht schon vom DVM oder RAL in Angriff genommen oder abgeschlossen sind. Auch mit den Formsand-Grubenbesitzern sind Verhandlungen aufgenommen, zugunsten des „Eigenschaftsblatt für Rohsande“ [2]). Jede Doppelarbeit soll durch das Zusammenarbeiten vermieden werden.

Werk- und Betriebstoffe für den Modellbau. Die Vorarbeiten der Normung im Modellbau sind bereits in diesem Handbuch Bd. III, S. 679ff. erwähnt (Zahlentafel 55). Inzwischen wurden die Arbeiten weitergeführt und Blatt 2, DIN 1511 „Modelle und

[1]) Stahleisen 1924, S. 1786/1787.

[2]) J. Behr und W. Claus: Eigenschaftsangaben bei Formsandlieferungen. Gieß. 1929. S. 785/787.

Zahlentafel 53.

Feuerfeste Baustoffe.
Feuerfeste Steine, ganze Steine, Dreiviertelsteine, Ausgleichplättchen.

DIN 1081

Maße in mm

Ganze Steine.

Bezeichnung eines feuerfesten ganzen Steines Form C mit einer Dicke von 72 mm:

Feuerfester Stein C 72 DIN 1081

Form	l	b	d
A 65	230	115	65
B 65	230	113	65
C 65	250	123	65
C 72	250	123	72
D 65	250	125	65
E 65	300	150	65
E 75	300	150	75

Dreiviertelsteine.

Bezeichnung eines feuerfesten Dreiviertelsteines Form A mit einer Dicke von 65 mm:

Feuerfester Dreiviertelstein $^3/_4$ A 65 DIN 1081

Form	l	b	d
$^3/_4$ A 65	172	115	65
$^3/_4$ D 65	188	125	65

Ausgleichplättchen.

Bezeichnung eines feuerfesten Ausgleichplättchens Form A mit einer Dicke von 40 mm:

Feuerfestes Ausgleichplättchen A 40 DIN 1081

Form	l	b	d
A 32	230	115	32
A 40	239	115	40
A 50	230	115	50
D 23	250	125	32
D 40	250	115	40
D 50	250	125	50

Juli 1930 Fachnormenausschuß für feuerfeste Baustoffe.

Zubehör", Richtlinien für die Ausführung (Zahlentafel 56), abgeschlossen und veröffentlicht. An dem Wortlaut des Blattes wird sich — wie bei fast jedem Normblatt — durch Anregungen im Laufe der Zeit einiges ändern. Als weitere Ergänzung für DIN 1511 ist das Blatt 3 „Maß- und Gewichtsabweichungen bei Gußstücken" in Aussicht genommen.

Mit den Modellnormen eng verbunden steht das Blatt E 1535/36 „Einheitliche Abmessungen für Formkasten und Formplatten"[1]).

Das Normblatt einer amerikanischen Firma für Gießereieinrichtungen sei als Beispiel für einheitliche Form-Kastenstifte in Abb. 78 wiedergegeben[2]).

[1]) Fr. und Fe. Brobeck: Modellplattenherstellung. Werkstattbücher, H. 37. Berlin: Julius Springer 1929. [2]) Sterling Wheelbarrow Company, Milwaukee, U.S.A.

Zahlentafel 54. **Zusammenstellung von Untersuchungen über Ausstampfmasse für Kuppelöfen**[1].

Art der Stampfmasse	Analyse					Masseverbrauch, Trockensubstanz je 100 kg Eisen	Wirkliche Schlackenmenge aus dem CaO-Gehalt bestimmt je 100 kg Eisen	Theoretische Schlackenmenge, berechnet aus dem Abbrand Koks und Kalk, je 100 kg Eisen	Differenz, Masseverbrauch und Masselsand je 100 kg Eisen	Gesamtdurchsatzmenge im Mittel	Stundenschmelzleistung im Mittel	Koksverbrauch je 100 kg Eisen einschl. Füllkoks abzügl. wiedergewonnenen Koks im Mittel je 100 kg Eisen	Kalksteinzusatz je 100 kg Eisen im Mittel
	SiO_2 %	Al_2O_3 %	Fe_2O_2 %	CaO %	Glühverlust %	kg	kg	kg	kg	kg	kg	kg	kg
						Gießerei I.							
Helmsdorfer Klebsand . .	92,30	5,21	0,43	—	1,98	1,19	6,72	4,18	2,54	18 917	4407	12,45	3,27
Dörentruper Stampfmasse	90,88	6,88	0,20	—	2,00	2,10	6,51	3,46	3,05	19 083	4339	12,13	3,18
Krause-Stampfmasse III .	74,38	18,27	0,97	—	5,92	1,88	7,05	4,00	3,05	23 250	4677	12,18	3,26
1 Teil Quarzit, 2 Teile Krause III	84,20	11,62	0,50	—	3,60	0,98	7,49	4,16	3,33	16 666	4302	13,40	3,47
Krause-Glocke	85,66	9,66	0,64	0,38	3,22	1,56	5,99	4,06	1,93	21 583	4284	14,25	3,45
Gebr. Lüngen, Erkrath bei Düsseldorf	85,68	9,26	0,14	0,50	MgO 0,24 Glühverl. 4,00	1,87	6,25	4,10	2,15	21 500	4288	13,32	3,45
						Gießerei II.							
Helmsdorfer Klebsand . .	95,18	4,13	0,54	—	—	1,24	11,72	4,51	7,21	12 650	3400	12,03	3,45
Dörentruper Stampfmasse	85,08	13,52	0,14	—	—	1,97	8,59	5,05	3,54	12 383	3100	15,23	3,57
						Gießerei III.							
Helmsdorfer Klebsand . .	89,28	6,10	1,87	1,75	—	2,78	8,09	4,84	3,25	14 917	2800	15,45	4,00
Krause-Stampfmasse III .	84,20	6,30	1,30	1,20	—	3,61	7,13	5,22	1,91	27 300	3600	22,52	4,00

[1]) Auszug aus Stahleisen 1924. S. 1786/1787.

Bezüglich des Modellbaues sei noch erwähnt, daß dieser häufig mehr oder weniger als unwirtschaftlich arbeitender, lästiger Nebenbetrieb der Maschinenfabrik oder Gießerei angesehen wird. Es mag sein, daß diese Abteilung für die Gießerei oder für das ganze Unternehmen verlustbringend sein kann, wenn z. B. durch eine falsche Selbstkostenrechnung versäumt wurde, den Anteil „Modellkosten" im Verkaufspreis der Gußwaren richtig auszuwerten. Für

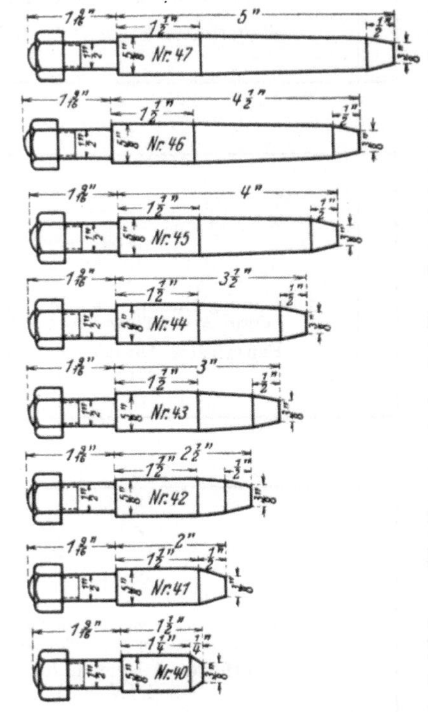

Abb. 78. Private amerikanische Normen für Kastenstifte.

manchen Gießereibetrieb wäre es deshalb besser, neue Modelle, größere Änderungen oder Ausbesserungen einem Modellbauer zu überlassen, die wirklichen Modellkosten stehen dann „schwarz auf weiß" auf der Rechnung, und der Gießer bzw. dessen „Kalkulator" lernt dann diese Kosten an richtiger Stelle auszunutzen. Ein Aufgeben der Modellwerkstatt wird aber für die wenigsten Gießereien in Frage kommen, ebensowenig wie eine Zusammenlegung mehrerer Modellbaubetriebe aus Gründen der Sparsamkeit.

Zahlentafel 55.

Modelle und Zubehör Anstrich und Beschriftung Gießereiwesen	DIN 1511 Blatt 1

Anstrich

Anwendung	Gußeisen	Temperguß Stahlguß	Nichteisen-Metallguß
unbearbeitet bleibende Flächen am Modell und im Kernkasten	Grundfarbe rot	Grundfarbe blau	farblos (z. B. Schellack)
zu bearbeitende Flächen	gelb gestrichen (nur bei Einzelflächen) oder gelb gestreift [1]) bzw. Tupfen		
Sitzstellen loser Modellteile (Ansteckteile) am Modell oder im Kernkasten sowie für Schrauben für Ansteckteile [2])	schwarz umrandet (gegebenfalls die von losen Modellteilen bedeckten Flächen grün)		
Stellen für Abschreckplatten und Marken für einzulegende Dorne mit Angabe des Halbmessers	blau	rot	blau
Kernmarken [3])	schwarz		
auszuführende Hohlkehlen	gegebenenfalls schwarz gestrichelt umrandet mit Angabe des Halbmessers		
verlorene Köpfe oder Aufgüsse und verstärkte Bearbeitungszugaben	schwarze Streifen an der Grenze des Kopfes und entsprechende Beschriftung		
Dämmleisten oder Versteifungen und abzudämmende Teile am Modell [4])	Grundfarbe der Modelle mit gekreuzten schwarzen Strichen		
Lage des Kerns auf der Teilfläche der Modelle	schwarz		

[1]) Die gelben Streifen müssen schmaler sein als die zwischen ihnen verbleibenden Streifen der Grundfarben.

[2]) Erforderlichenfalls müssen lose Teile (Ansteckteile) durch gleiche Strichzahl gekennzeichnet werden.

[3]) Sind an einem Modell mehrere gleiche Kernmarken vorhanden, so sind die zugehörigen Kerne gegen Verwechslung zu sichern. Gegebenenfalls ist der Gießerei die Zeichnung des Gußstückes zu übermitteln.

[4]) Bei großen Modellen kann der Anstrich der Dämmleisten, Versteifungen oder der abzudämmenden Teile fortfallen.

Beschriftung.

Die Schrift auf Modellen, Modellteilen, Kernkasten und Schablonen (Ziehbretter) wird schwarz ausgeführt. Bei den Schablonen sind die Ziehkanten in der betreffenden Grundfarbe, also sinngemäß den Modellen, zu streichen. Soll das Modellzeichen angegossen werden, dann sind Modellzeichen aus Metall anzubringen. Zulässig ist auch die in das Metall eingeschnittene Blockschrift.

Durch schwarze Beschriftung werden ferner angegeben:

1. Angaben über verlorene Köpfe usw. sowie in Sonderfällen Flächen, die bearbeitet werden sollen. Diese können auf Wunsch auch mit dem gleichen Bearbeitungszeichen der Werkstattzeichnung gekennzeichnet werden (siehe DIN 140, Blatt 1). Die gleichen Kennzeichen gelten auch für zu bearbeitende Löcher, die im Kernkasten erkennbar sind.
2. Nummer des Modells (bei zwei und mehr Teilen auf jedem Stück), Anzahl der Kernkasten, Schablonen (Ziehbretter) und abnehmbaren Teile auf Modellen oder Schablonen.
   Beispiel Nr. 123 (Lagerfuß, zweiteilig)
   3 K (Kernkasten)
   2 S (Schablonen)
   5 A (abnehmbare Teile [Ansteckteile] am Modell).
3. Der Probedruck in Atmosphären, mit dem Hohlgußstücke abzupressen sind, z. B. 16 at.

Januar 1926 „Gina“ Fachnormenausschuß für Gießereiwesen.

Zahlentafel 56.

Modelle und Zubehör. Richtlinien für die Ausführung von Holzmodellen. Gießereiwesen.	DIN 1511 Blatt 2

1. Allgemeines.

Die Grundlage für die sachgemäße Anfertigung der Modelle, Kernkästen und Ziehbretter aus Holz bilden in Ermangelung besonderer Modellzeichnungen oder Vorschriften die vom Verein Deutscher Eisengießereien, Gießereiverband, aufgestellten Konstruktionsregeln für Gußstücke [1]). Bei Zweifeln über die form-, gieß- und putzgerechte Einrichtung eines Modells ist der Besteller zu befragen.

Die Modelle sind unter Berücksichtigung der Schwindmaße, der Zugaben für die mechanische Bearbeitung der nach ihnen herzustellenden Abgüsse, sowie etwa darüber hinausgehender, aus gießereitechnischen Gründen notwendiger weiterer Zugaben, nach den vorliegenden Unterlagen auszuführen.

Für den Aufbau der Modelle, ihre innere Versteifung, ihre Absperrung, für die Wahl der Holzarten, Holzdickten und für die Art ihrer Verbindung ist nicht nur die Größe, sondern auch die Beanspruchung beim Einklopfen, Einstampfen, Rütteln, Losklopfen u. a. m. maßgebend.

Die Anfertigung der Kernkästen und Ziehbretter (Schablonen) erfolgt nach ähnlichen Gesichtspunkten. Jede Modellbestellung soll die Güteklassenbezeichnung nach S. 193 enthalten. Wird weder Güteklasse noch die Anzahl der herzustellenden Abgüsse vorgeschrieben, so liegt die Ausführung in dem Ermessen des Modellbauers.

Für alle Güteklassen gilt die Vorschrift, daß die Modelle form-, gieß- und putzgerecht ausgeführt sein müssen.

2. Modellhölzer.

Meistverwendete Modellhölzer sind: Kiefer, Erle, Ahorn, Birnbaum und Nußbaum.

Als Gütebezeichnung für die Modellhölzer gelten die im Holzhandel üblichen Bezeichnungen, wie Ware I., II. und III. Klasse.

Bei jeder Modellbestellung sind die hauptsächlichsten Holzarten vorzuschreiben. Fehlt eine Vorschrift, so entscheidet der Modellbauer. In den Güteklassen I und II ist nur „raumtrockenes“ Holz zu verwenden.

3. Hilfstoffe für den Holzmodellbau.

a) Leim [2]). Als Leim darf im allgemeinen nur bester Haut- und Lederleim verwendet werden, Kaltleime nur in dem durch die Erläuterungen zu der Klasseneinteilung geschaffenen Umfange und nach besonderer Vereinbarung (z. B. bei größeren Modellkörpern) auch in Güteklasse I.

b) Modellacke. Anwendung der Farben nach DIN 1511, Blatt 1.

c) Kitte. Zum Ziehen von Hohlkehlen und zum Ausbessern von Modellen und Kernkästen sind Kitte aus Leinöl und Kreide bzw. aus Kreide, Wachs und Kolophonium, sowie plastisches Holz (unter verschiedenen Bezeichnungen im Handel) oder ähnliche Stoffe zu verwenden.

4. Schwindmaße.

Im allgemeinen gelten für:

Gußeisen	1 %	Bronze- und Rotguß	1,5%
Temperguß	1,6%	Messingguß	1,5%
Stahlguß	2 %	Leichtmetallguß	1,5%

Bei anderen Legierungen und bei Gußstücken von ungewöhnlicher Form und erheblich verschiedenen Querschnitten sind die Schwindmaße mit dem Modellbesteller zu vereinbaren.

5. Zugaben für die mechanische Bearbeitung.

An Flächen, die auf der Zeichnung oder Skizze nach DIN 140, Blatt 1 gekennzeichnet sind, ist eine Zugabe für die mechanische Bearbeitung vorzusehen. Diese Zugabe ist von Art und Größe des Gußstückes, von dem zu vergießenden Metall und von der geforderten Maßhaltigkeit des Abgusses abhängig.

Wird die Zugabe vom Modellbesteller nicht angegeben, so erfolgt ihre Bemessung durch den Modellbauer. Zweifelhafte Fälle sind durch Rückfrage zu klären. Die zu bearbeitenden Flächen sind an den Modellen und Kernkästen mit den durch DIN 1511, Blatt 1 festgelegten Anstrichfarben zu kennzeichnen.

6. Zugaben aus gießereitechnischen Gründen.

Zugaben für die mechanische Bearbeitung, die über das vorgeschriebene Maß hinausgehen, sowie Abweichungen von den Maßen der Zeichnungen, die zur Erzielung einwandfreier Abgüsse und zur Anbringung wirksamer Steiger notwendig sind und die errechneten Gewichte der Abgüsse beeinflussen, können nur im Einvernehmen mit dem Modellbesteller vorgenommen werden. Verlorene Köpfe werden nur auf Bestellung angefertigt.

7. Anstrich der Modelle, Kernkästen und Ziehbretter (Schablonen).

Der Anstrich der Modelle, Kernkästen und Ziehbretter erfolgt mit Modellack nach DIN 1511, Blatt 1. Ausführungsbestimmungen siehe Absatz 8.

8. Bezeichnung der Modelle.

Die Modelle, Kernkästen und Ziehbretter werden, wenn nichts anderes vorgeschrieben wird, nach DIN 1511, Blatt 1 bezeichnet.

[1]) Siehe AWF 34 (AWF = Ausschuß für wirtschaftliche Fertigung, Berlin).
[2]) Siehe RAL 093 A 2 (RAL = Reichsausschuß für Lieferbedingungen).

Januar 1930 „Gina“ Fachnormenausschuß für Gießereiwesen. Fortsetzung Seite 193

Zahlentafel 56. DIN 1511, Blatt 2. (Fortsetzung).

9. Klasseneinteilung der Modelle.

In bezug auf Ausführung und Bewertung der Modelle gilt folgende Einteilung:

Güteklasse I.

Sie umfaßt nur Holzmodelle und Kernkästen für die Hand- und Maschinenformerei zur dauernden Benutzung und zur Herstellung solcher Abgüsse, an deren Genauigkeit und sonstige Beschaffenheit die höchsten Ansprüche gestellt werden. Die Modelle müssen form-, gieß- und putzgerecht ausgeführt sein.

Aufbau und Ausführung. Zusammenfügen der Segmente zum Verleimen von Scheiben, Ringen, Rahmen und ähnlichen Stücken aus nur einer Dickte mit Nut und Feder, von 3 Dickten an aufwärts die Stoßfugen der unteren und oberen Dickte mit Nut und Feder. Die Stoßfugen der Zwischenlagen stumpf verleimen und gegeneinander versetzen. Alle Flächen der zu verleimenden Hölzer abzahnen bzw. einer dem Abzahnen gleichwertigen Bearbeitung (z. B. Zwergen) unterziehen.

Andere Holzverbindungen je nach Holzdickte und Beanspruchung durch Zinken, Schlitzzapfen u.a.m.

Innere Versteifung geleimter Körper je nach Beanspruchung und unter Berücksichtigung anzubringender Losklopf- und Aushebeeisen. Die dem Stampfer, dem Luftspieß und dem Abstreichbrett oder Abstreicheisen besonders ausgesetzten und von letztgenannten stark beanspruchten Flächen an Modellen und Kernkästen durch Hartholz oder Blech gegen Abnutzung sichern.

Modellteilflächen tunlichst aussparen und, wo erforderlich, Losklopf- und Aushebeplatten (Schlösser) einlassen.

Dünne Modellwände zum Anbringen von Losklopf- und Aushebeplatten durch Aufleimen, die wie Dämmstücke beschriftet werden, verstärken.

Lose Modellteile durch Unterlegen von Kernen vermeiden, unvermeidliche dagegen durch Schwalbenschwanzdübel aus Hartholz bzw. Metall befestigen und durch Ansteckstift sichern.

Für Hohlkehlen von 3 mm Halbmesser an aufwärts lederne oder hölzerne Eckenfüllungen (auch plastisches Holz oder ähnliche Stoffe) verwenden.

Zur Unterstützung der Holzverbindungen nur Holzschrauben und eingeleimte Holzstifte zulässig. Verwendung von Drahtstiften nicht zulässig.

Nur Metalldübel benutzen, Holzdübel an großen Modellen nach Vereinbarung. Nachsacken der Dübel darf nicht eintreten. Modelle mit dreima igem Lackanstrich versehen.

Die Anfertigung einzelner Modellteile aus Metall, sowie die Ausstattung der Modelle mit Formeisen unterliegt besonderer Vereinbarung.

Für die Kernkastenanfertigung gelten die für die Modelle gegebenen Richtlinien. Verstärkung von Kernkastenflächen mit Blech, Herstellung einzelner Teile aus Metall, Ersatz von Kernkästen durch Ziehbretter und Anfertigung von Kernkästen mit auswechselbaren Teilen nur nach besonderer Vereinbarung. Ist ein Zusammenhalten kleiner Kernkästen mit Zwingen nicht mehr möglich, so sind Verschlüsse vorzusehen. Kernkastenwände und -hälften gegen Verziehen sichern; diese Sicherung möglichst ohne Dübel vornehmen und weitergehende Beanspruchungen durch geeignete Holzverbindungen unwirksam machen. Dübel dienen nur der Zentrierung.

Einschlagdübel nur bei kleinen Kernkästen, sonst Platten- oder Gewindedübel. Innenanstrich der Kernkästen und Abstreifflächen wie bei Modellen.

Güteklasse II.

Sie umfaßt Holzmodelle, Kernkästen und Ziehbretter für die Handformerei zum oftmaligen Gebrauch und zur Herstellung von Abgüssen, deren Maßhaltigkeit und sonstige Beschaffenheit einwandfrei sein muß und keinen Anlaß zu Beanstandungen geben darf.

Aufbau und Ausführung.

a) Modelle und Kernkästen. Wie in Güteklasse I angegeben, aber mit folgenden Abweichungen: Abzahnen der zu verleimenden Hölzer und Verstärkung sehr beanspruchter Flächen durch aufgeleimtes Hartholz, sowie Ersatz loser Modellteile durch Unterlegen von Kernen nur, wo unbedingt notwendig. Hohlkehlen nur bis 15 mm Halbmesser aus Kitt ziehen, darüber hinaus wie unter Güteklasse I angegeben.

Verwendung von Drahtstiften und Kaltleim zulässig. In der Anwendung der Holzdübel ist ein größerer Spielraum gelassen.

Anfertigung von Kernkästen mit auswechselbaren Teilen zulässig, wenn sie nicht zu einer Unübersichtlichkeit in der Beschriftung und zu Störungen bei der Kernherstellung führt. Anfertigung zylindrischer Kerne erfolgt vorwiegend nach Ziehbrettern. Lackanstrich wie bei Güteklasse I.

b) Ziehbretter (Schablonen) und zugehörige Modellteile. Rahmen und Rahmenzubehör zur Führung der Ziehbretter nicht unter 20 mm Dickte und 120 mm Breite. Als Rahmenverbindung kommen Schlitzzapfen in Betracht. Verstärkungsleisten anbringen. Handziehbretter nicht unter 15 mm, einfache Spindelziehbretter nicht unter 25 mm Dickte, außerdem Verbreiterung zum Befestigen der Spindellasche. Spindelziehbretter für größere Tiefen rahmenartig ausbilden und mehr als eine Spindellasche vorsehen. Scharf und weit vorspringende Formteile aus dickem Blech verschiebbar ausführen. Schneidkanten aller Ziehbretter mit Bandstahl benageln. Kernziehbretter nicht unter 20 mm Dickte und 200 mm Breite, für Auflage je 100 mm zugeben.

Rahmen und Ziehbretter aus Kiefernholz. Kaltleim zulässig. Schneid- und Gleitkanten wie Modelle überstreichen. Aufrißlinien mit farblosem Lack streichen.

Güteklasse III.

Sie umfaßt Holzmodelle, Kernkästen, Skelettmodelle und Ziehbretter für Handformerei, die meist nur einmal gebraucht werden; ferner für die Herstellung von Abgüssen, deren Maßhaltigkeit gewährleistet werden muß, während geringe Abweichungen an den zu bearbeitenden Flächen und geringe Unterschiede in den einzelnen Wanddicken keine Berechtigung zu Beanstandungen geben.

Aufbau und Ausführung. Hierfür und für die zu verwendenden Baustoffe bestehen keine besonderen Vorschriften. Schneidkanten an den Ziehbrettern nicht mit Blech benageln. Einmaliger Lackanstrich, wenn nicht anderes vereinbart.

Um wirtschaftlich arbeiten zu können, geben die Richtlinien für den Modellbau und die Merkblätter für einheitliche Lieferbedingungen eine Handhabe. Daneben dürfte aber auch ein Merkblatt für zweckmäßige Verwaltung und Pflege der Modelle von Nutzen sein. Es gibt Gießereibetriebe, denen es noch an Verständnis für den Wert der Modellverwaltung fehlt. Daher sei hier auf die Vereinheitlichung der Modellkarten — in Verbindung mit der Bestellung der Gußstücke — in den Klein- und Großbetrieben hingewiesen.

Der AWF hat unter Mitwirkung des Vereins Deutscher Eisengießereien Vordrucke für eine Gießereikartei herausgebracht, und zwar die AWF-Modellkarte (Bestellnummer AWF 328) und die AWF-Formgußkarte (Bestellnummer AWF 329). Die AWF-Kartei für Gießereimodelle soll eine Übersicht der wichtigsten Angaben für die Verwaltung und Bereitstellung der Modelle in der betriebseigenen Gießerei geben, aber auch für diejenigen Betriebe, welche ihre Modelle in fremden Gießereien abgießen lassen, werden die Vordrucke für das Einholen von Angeboten zweckmäßig verwendet. Beim Versand der Modelle an fremde Gießereien empfiehlt es sich, eine zweite Ausfertigung der Modellkarte mitzugeben, die die Gießerei dann unter Kennzeichnung während der Dauer des Aufenthaltes des Modells in ihrem Betrieb in ihrer Kartei abstellen und zur beschleunigten Erledigung des Auftrages verwenden kann. Als Beispiel ist die AWF-Modellkarte in Zahlentafel 57 wiedergegeben. Die AWF-Formgußkarte dient als Ergänzung der Modellkarte zur Eintragung der angefertigten Abgüsse. Ferner gibt sie Aufschluß über den jeweiligen Aufenthalt des Modells. Für die zweckentsprechende Verwendung der Vordrucke ist eine ausführliche Anleitung (Bestellnummer AWF 327) ausgearbeitet[1]). Inwieweit Vordrucke bzw. Merkkarten für die Arbeitsvorbereitung gute Dienste leisten können, ist an anderer Stelle erörtert worden[2]).

Nach dem DIN-Blatt 1511, Blatt 2 ist auch an die Aufstellung einheitlicher Lieferbedingungen für die Werk- und Betriebstoffe im Modellbau gedacht. An erster Stelle steht der für den Modellbau unentbehrliche Werkstoff „Holz“. Die bisher im Holzhandel üblichen Gebräuche[3]) sollen durch Arbeiten, die der Reichsausschuß für Lieferbedingungen aufgenommen hat, eine Vereinheitlichung in Gestalt von deutschen Lieferbedingungen für Holz erfahren. Erwähnt sei auch die Auswertung des Sperrholzes für den Modellbau, wobei insbesondere an dessen Verwendung bei Formplatten gedacht ist.

Größere Bedeutung haben auch die Lieferbedingungen und Prüfverfahren für Bindemittel, Modellacke, Anstrichfarben usw. des RAL[4]). Es sei auf die bereits endgültigen RAL-Blätter verwiesen, ebenso auf den Entwurf DIN-DVM. 3201 „Anstrichstoffe, Begriffe und Benennungen“[5]).

Für die im Modellbau benötigten Hilfsstoffe, Chemikalien und Zubehörteile, wie z. B. Hohlkehlen, Buchstaben und Ziffern, Dübeln, Kernkastenverschlüsse, Schwalbenschwänze für Ansteckteile usw., werden, soweit dies zweckmäßig erscheint, Vereinheitlichungen folgen.

Die Normen für Holzschrauben und Drahtstifte sind seit Jahr und Tag bekannt, weitere Sondernormen in diesen Erzeugnissen sind aus dem Normblatt-Verzeichnis für 1931 zu entnehmen[1]).

Im Fachausschuß für Schmelztiegel und Zubehör sind in der Arbeitsgemeinschaft mit dem Gesamtverband Deutscher Metallgießereien Entwürfe für Graphitschmelztiegel aufgestellt. Als Ergänzung ist ein Merkblatt „Richtlinien für die Behandlung der Schmelztiegel“ vorgeschlagen (Zahlentafel 58).

Die beiden Normblattentwürfe DIN E 1530 für Zangentiegel und DIN E 1531 für Kippofentiegel gelten für Inhalte von 10—600 bzw. 100—600 kg, bezogen auf Schwermetalle

---

[1]) Zu beziehen vom Beuth-Verlag G. m. b. H., Berlin S 14, Dresdenerstr. 97.

[2]) Vgl. Abschnitt: Die Selbstkostenberechnung usw. S. 18ff. — O. Dankert: Zweckmäßige Verwaltung der Gießereimodelle. Gieß. 1930. S. 888.

[3]) Gebräuche im Holzhandel. Herausgeg. von der Industrie- und Handelskammer in Berlin 1926.

[4]) Reichsausschuß für Lieferbedingungen. Berlin NW 6, Luisenstr. 58/59.

[5]) Vertrieb Beuth-Verlag Berlin S 14.

Zahlentafel 57.

(Vorderseite.)

1	2	3	4	5	6	7	8	9	10	11	12	13	14	15	16

Gußteil

Zeichn.-Nr. .... Teil-Nr. ....
Werkstoff ....
Gewicht roh .... bearb. ....

AWF-Modellkarte.

Eigentümer des Modells

Hersteller

Formart (Formmaschine usw.)

Maschine ....
Gruppe ....

Modell
Nr. .... geteilt

Zeichn.-Nr. ....
Werkstoff (Klasse) ....
Schwindmaß ....

Bild

Länge .... Breite ....
Höhe .... Gewicht ....

Formkästen	Größe .... Zahl ....

	Zahl	Zeichen
Modellteile		
Ansteckteile		
Ziehbretter		
Schablonen		
Kernkästen		
„ -Ansteckteile		
„ -Schablonen		

Bemerkungen

Modell hervorgegangen aus	ähnliche Modelle	verwendbar für Modell	Ausstellung der Karte Tag Name

(Rückseite.)

Firma Abt.

Lagerort von Modell und Zubehör
(Bau, Stock, Gestell, Reihe, Fach)

Herstellungs-Auftrag

Kosten für Arbeit ....
„ „ Werkstoff ....
„ „ Hilfsmittel ....
Gesamtkosten ....

Jahr	Abschreibung %	Abschreibung Betrag	Buchwert	Änderungen und Instandsetzungen	Zeichn.-Nr.	Tag	Auftrag	Kosten	Kennzeichen
				Probeabguß am:					

Wiedergabe erfolgt mit Genehmigung des Ausschusses für wirtschaftliche Fertigung (AWF) Berlin NW 6. Die Karte im Format DIN A 5 ist durch den Beuth-Verlag G. m. b. H., Berlin S 14, zu beziehen.

Zahlentafel 58.

Richtlinien für die Behandlung der Graphitschmelztiegel.

(Vorschlag zum Beiblatt zu DIN E 1530 und 1531).

1. **Vorsichtiges Ausladen,** Auspacken und Aufstellen beachten, Stoßen und Schlagen der Tiegel unter allen Umständen vermeiden.

2. **Der Lagerraum,** trocken und warm, möglichst heizbar, hat zweckmäßig geeignete, offene Traggestelle — aus Eisenkonstruktion oder Holzlatten —, die Tiegel stehen auf diesen mit der Öffnung nach unten. Niemals Tiegel auf dem Erdboden lagern, Keller und sonstige feuchte Räume kommen für die Aufbewahrung nicht in Frage.

3. **Vor der Verwendung** die Tiegel mindestens 2 Wochen lagern und trocknen. Es empfiehlt sich, einen besonderen Lagerofen für Tiegel zu schaffen, der vielleicht von den Abgasen der Kerntrockenkammern geheizt werden kann. Nie die Tiegel im Kerntrockenofen lagern, weil sie dort leicht Feuchtigkeit aus den Kernen anziehen.

4. **Das Anwärmen der Tiegel** im Lagerofen erfolgt bei allmählicher Steigerung der Temperatur auf etwa 120°. Eine unmittelbare Berührung der Tiegel durch die Heizgase ist zu vermeiden, die Erwärmung geschieht besser mittelbar durch Heizkörper. In jedem neuen Tiegel muß mit einer gewissen Feuchtigkeit gerechnet werden, diese soll nur langsam herausgebracht werden. Bei größerem Feuchtigkeitsgehalt und stärkerer (gewaltsamer) Erhitzung beim Trocknen kann leicht ein Reißen und Zerspalten der Tiegel eintreten.

5. **Das Ausglühen der Tiegel** bis zur Vollhitze (Rotglut) darf erst nach dem Trocknen oder Vorwärmen erfolgen. Der Tiegel soll genau in der Mitte des Schmelzofens stehen, die Temperatur ist langsam zu steigern. Möglichst trockenen und schwefelarmen, wenig zur Schlackenbildung neigenden Koks gleicher Stückgröße verwenden. Den Koks gleichmäßig um den Tiegel verteilen, die Stücke nicht gewaltsam niederdrücken, weil dadurch der Tiegel beschädigt werden kann. Bei Öl- oder Gasfeuerung niemals kalte Tiegel der Stichflamme aussetzen. Tiegel im Kippofen sorgfältig durch Keile sichern und befestigen. Ein zeitweises Drehen ist von Vorteil für die Lebensdauer der Tiegel. Nach Möglichkeit für schwerschmelzende Legierungen und Höchsttemperaturen neue Tiegel vermeiden.

6. **Die Haltbarkeit der Tiegel** kann in vielen Fällen durch zweckmäßigen Anstrich aus Tiegelscherben-, Ton- oder Schamottemehl nach vorhergehender Erwärmung des Tiegels erhöht werden.

7. **Das Einbringen des Schmelzgutes** (Tiegeleinsatz) soll vorsichtig ohne Werfen, Schlagen und Pressen der Metallstücke erfolgen. Es empfiehlt sich, das Schmelzgut vorzuwärmen, denn kaltes Metall greift den Tiegel an. Schrottzusätze, besonders Hohlkörper, vor dem Einbringen sorgfältig auf Beimengungen prüfen.

8. **Flußmittel** sind, wenn nicht unbedingt notwendig, zu vermeiden. Diese niemals auf dem Tiegelboden einschmelzen. Die basischen Flußmittel greifen den Tiegel an, Holzkohle übt keine nachteilige Wirkung aus.

9. **Tiegel nach dem Gießen,** wenn weitere Schmelzungen möglich, sofort wieder begichten. Sonst nach Gebrauch entleeren, von Schlackenansätzen befreien und vor Zugluft geschützt, langsam abkühlen lassen. Nie den Tiegel auf kalten oder feuchten Boden, sondern stets auf trockenen Sand absetzen.

10. **Die Abmessungen der Zangen und Hebezeuge** für das Einsetzen und Ausheben der Tiegel müssen dem Außendurchmesser der Tiegel (DIN 1530—1532) möglichst genau angepaßt sein. Die Werkzeuge stets in ordnungsmäßigem Zustand halten, denn schlecht passende Zangen verursachen oft Tiegelbrüche. Auch das Einzwängen, Drücken oder Schlagen der Tiegel ist unbedingt zu vermeiden.

---

mit einem spezifischen Gewicht von $\approx$ 8. Ein drittes Blatt, das den „Auslandnormen" Rechnung trägt, ist in Aussicht genommen[1]).

Für Tiegeltrag- und Gießzangen, sowie für Gießpfannen mit Traggabeln sind DIN-Blätter in Vorbereitung. Nicht nur die Abmessungen und Pfanneninhalte, sondern auch Konstruktions-Einzelheiten sollen gewisse Normen zeigen, um die Betriebssicherheit der Pfannen zu erhöhen[2]).

Die Normen-Siebgewebe (DIN 1171, Zahlentafel 59) sind nicht nur für Laboratoriumsarbeiten bestimmt, auch im Betrieb sollen sie einwandfreie Vergleichsprüfungen ermöglichen, wie z. B. die Prüfapparate für die Eigenschaften der Formsande. Derartige Apparate werden in der zeitgemäß geleiteten Gießerei für die Prüfung der Roh- und Gebrauchsande als ein einfaches Hilfsmittel in der sparsamen Betriebswirtschaft in Zukunft unentbehrlich sein.

[1]) Gieß. 1930. S. 543.

[2]) Vgl. Carl Rein: Über Gießlöffel, Gießpfannen usw. Z. Gieß.-Pr. 1929. S. 270.

Zahlentafel 59.

Normen-Siebgewebe nach DIN 1171 aus Phosphorbronze- bzw. Messingdraht.

Was bieten DIN-Gewebe?

1. Die Normung von Maschenweite und Drahtstärke schafft die Grundlage für einwandfreie Vergleichs- und Kontrollsiebungen.

2. Die Normung von Maschenweite und Drahtstärke ist die Voraussetzung für die Schaffung bestimmter Korngrößenreihen.

3. Die Toleranzen von Maschenweite und Drahtstärke gewährleisten den Bezug von Geweben stets gleicher Beschaffenheit.

4. Die Toleranzen von Maschenweite und Drahtstärke liegen innerhalb der Toleranzen anderer internationaler Normen (z. B. U.S.A.-Normen, so daß die Voraussetzung vergleichender internationaler Siebgutprüfungen usw. gegeben ist.

Drahtgewebe für Prüfsiebe [1])	DIN 1171

Für Prüfsiebe ist nur Drahtgewebe glatter Webart zu verwenden

Bezeichnung eines Drahtgewebes für Prüfsiebe mit einer lichten Maschenweite $l = 0{,}20$ mm: Prüfsiebgewebe 30 DIN 1171

Gewebe-Nr.	Maschenzahl je cm²	Lichte Maschenweite l in mm	Durchmesser d in mm
4	16	1,5	1,00
5	25	1,2	0,80
6	36	1,02	0,65
8	64	0,75	0,50
10	100	0,60	0,40
11	121	0,54	0,37
12	144	0,49	0,34
14	196	0,43	0,28
16	256	0,385	0,24
20	400	0,300	0,20
24	576	0,250	0,17
30	900	0,200	0,13
40	1600	0,150	0,10
50	2500	0,120	0,08
60	3600	0,102	0,065
70	4900	0,088	0,055
80	6400	0,075	0,050
100	10000	0,060	0,040

Lichtquerschnitt je Flächeneinheit $\frac{l^2}{(l+d)^2} \cdot 100 \cong 36\,\%$

Zulässige Abweichungen

		Durchschnittswert %	Größte Abweichung [2]) %	Bereich der größten Abweichungen [2]) %	Zulässige Anzahl [3]) %
Drahtdicken	0,04 bis 0,5 mm	5	10	—	6
	über 0,5 bis 0,9 mm	4	8	—	6
	über 0,9 mm	3	6	—	6
Maschenweiten	10000 bis 3600 Maschensieb	5	—	15 bis 30	6
	2500 „ 576 „	5	—	12 „ 25	6
	400 „ 64 „	5	—	10 „ 20	6
	Größere Siebe	5	—	5 „ 13	6

[1]) Das Blatt befindet sich in Neubearbeitung.

[2]) Die zulässige Anzahl bezogen auf die größten Abweichungen bzw. den Bereich der größten Abweichungen beträgt 6%.

[3]) Die unter den aufgeführten Werten liegenden Abweichungen bleiben bei der Prüfung unberücksichtigt.

Zahlentafel 60.

DATSCH MAN-Nürnberg 2. Aufl. 1929	**Richtige Anordnung von Eingüssen, Schlackenläufen und Anschnitten** im Verhältnis wie 4 : 3 : 2	Gießereiwesen Ga 1

Benennung:	Eingußtrichter	Schlackenlauf	Eingußanschnitt 2fach
Trichter 15 mm Ø	15 Ø	9 / 12 / 12	9 / 9 — 9 / 9
Querschnitt:	177 mm²	126 mm²	2 × 40 = 80 mm²
Trichter 20 mm Ø	20 Ø	13 / 17 / 17	13 / 13 — 13 / 13
Querschnitt:	315 mm²	255 mm²	2 × 85 = 170 mm²
Trichter 25 mm Ø	25 Ø	17 / 21 / 21	16 / 16 — 16 / 16
Querschnitt:	490 mm²	390 mm²	2 × 130 = 260 mm²
Trichter 30 mm Ø	30 Ø	20 / 24 / 24	19 / 19 — 19 / 19
Querschnitt:	707 mm²	540 mm²	2 × 180 = 360 mm²
Trichter 40 mm Ø	40 Ø	27 / 32 / 32	25 / 25 — 25 / 25
Querschnitt:	1255 mm²	950 mm²	2 × 312,5 = 625 mm²
Trichter 50 mm Ø	50 Ø	33 / 40 / 40	31 / 31 — 31
Querschnitt:	1900 mm²	1450 mm²	2 × 480 = 960 mm²

Kernstützen sind in 5 Blättern DIN E 1512—1516 zusammengefaßt und als zweite Entwürfe veröffentlicht worden[1]). Auch einheitliche Abmessungen für Kühl-(Abschreck-)Nägel, Spiralen usw. sollen geschaffen werden. Für den Erfolg des Gießverfahrens sind einheitliche Eingüsse, Anschnitte, Steiger und Schlackenläufe wichtig, insbesondere bei der Herstellung von Massenerzeugnissen in allen Metallen. In den Merkblättern für den Formerlehrgang hat der Deutsche Ausschuß für Technisches Schulwesen auf diese Vereinheitlichung schon hingewiesen[2]). Die Anregungen dazu sind auf Arbeiten der MAN-Nürnberg zurückzuführen. Das diesbezügliche Merkblatt in etwas geänderter Fassung ist in Zahlentafel 60 wiedergegeben.

[1]) DIN-Mitteilungen 1930, H. 21, S. 726/729. [2]) DATSCH-Verlag Berlin W 35, Potsdamer Str. 119b.

Zur Frage der Vereinheitlichung der Eingußtechnik[1]) wurde von der Niedersächsischen Gruppe des Vereins Deutscher Gießereifachleute (Hannover) ein Fachausschuß eingesetzt. Mit Rücksicht auf den immer mehr in Erscheinung tretenden stärkeren Anteil der Formmaschine und der zugehörigen Hilfsvorrichtungen im Gießereibetrieb sind die Vorteile dieser Vereinheitlichung nicht zu verkennen, sie werden, wie die Erfahrungen bei ähnlichen Maßnahmen bestätigen, ohne Zweifel der zu erstrebenden sparsamen Wirtschaft in der Gießerei zugute kommen.

Einige Bemerkungen über allgemein anwendbare genormte Betriebsmittel, die der Gießerei bereits wesentlichen Nutzen gebracht haben, sollen das Gesagte bestätigen.

Die Verwendung von Rund- und Flachstahl nach DIN 1013 und 1017 Vornorm versteht sich für die Gießereibetriebe von selbst, auch die bereits vorliegenden Normen für Sonderstähle aller Art, Werkzeugstahl, Hartmetalle zur Bearbeitung von Sonderguß usw. dürften dem Gießereileiter bekannt sein. Größere Beachtung verdienen auch die zum Teil bereits abgeschlossenen oder in Bearbeitung befindlichen Gütenormen und Prüfverfahren für Ketten und Drahtseile. Es dürfte bekannt sein, daß für die Prüfung dieser wichtigen Maschinenelemente Fachausschüsse gebildet und vom AWF Vorschriften für Kranführer und Anbinder aufgestellt sind, die eine ordnungsgemäße Behandlung der Ketten und Drahtseile nach Möglichkeit sichern sollen[2]). Der Deutsche Verband für die Materialprüfungen der Technik in Verbindung mit den Herstellern und Verbrauchern, Behörden und Berufsgenossenschaften hat weitere Richtlinien über Prüfung von Ketten und Drahtseilen vorgeschlagen. Es steht zu erwarten, daß in Zukunft infolge der genaueren Prüfung dieser Maschinenelemente ein wesentlicher Teil der immer noch vorkommenden Betriebsunfälle vermieden werden kann[3]). In einigen Betrieben werden Meßapparate benutzt, die die an Ösen und Haken angreifenden Zugkräfte, bzw. die Belastung der Ketten und Seile anzeigen[4]); durch diese Betriebskontrolle dürfte es gleichfalls möglich sein, Unfällen und Betriebstörungen vorzubeugen. Ferner sind für die Rohrleitungen im Gießereibetrieb Richtlinien (DIN 2429—2430, I—IV, S. 13) angegeben worden, während für Fittings aus Temperguß Normen in Vorbereitung sind.

Dann hat der Normenausschuß für Treibriemenbreiten das DIN-Blatt 111 aufgestellt, das leider noch sehr wenig Beachtung findet[5]). Über Putz- und Gebläsesand (Stahlsand), Schleif- und Polierscheiben, sonstige Schleif- und Putzmittel, Asbestwaren usw. berichten eine Reihe DIN- und RAL-Blätter. Auch ist ein Fachausschuß für Schutzbrillen gebildet worden. Für die Schaffung einheitlicher Handwerkzeuge hat sich insbesondere die Rheinisch-Westfälische Werkgruppe (RWW.) bei der Arbeitsgemeinschaft Deutscher Betriebsingenieure verdient gemacht[6]). Auch für die Werkzeuge für Former und Modellbauer sind zweckmäßige DIN-Blätter in Vorbereitung. Es darf nicht übersehen werden, daß die Stellung des Arbeiters zum Werkzeug ebenso wichtig ist, wie seine Stellung zu dem verarbeitenden Werkstoff oder zu erzeugenden Fertigstück; richtiges Werkzeug am richtigen Platz bzw. in die richtige Hand, muß auch im Gießereibetrieb die Losung bleiben. Es ist selbstverständlich, daß die Normung der Schrauben, Muttern, Unterlegscheiben usw. für den Gießereibetrieb dieselbe Bedeutung hat wie für den Maschinenbau; nicht normgerechte Ausführungen müssen abgelehnt werden. Mit der Vereinheitlichung soll auch auf diesem Gebiete größte Sparsamkeit und Betriebssicherheit ermöglicht werden.

Von Bedeutung für den Gießereibetrieb ist die Prüfung der Schmiermittel (DVM 3651/3660)[7]) und nicht zuletzt die Normung der Geräte und Betriebsmittel für die chemisch-metallurgische Prüfung der Gießerei-Werk- und -Betriebstoffe[8]).

[1]) Vgl. J. Petin: Die Gießtechnik für Gußeisen. Gieß. 1928, S. 749/757.
[2]) Vgl. Joh. Mehrtens: Deutsches Gießereitaschenbuch. Berlin-München 1923. S. 442 ff.
[3]) DIN-Mitt. 1931. H. 3. S. 99/102. [4]) Z. B. Bauart Schäffer & Budenberg in Magdeburg.
[5]) R.K.W.-Nachrichten 1930. Nr. 12. S. 351.
[6]) W. O. Mueller (Düsseldorf): Einheitliche Werkzeuge. Masch. 1928. S. 160.
[7]) DVM.-Druckschrift 80: Die Prüfung der Schmiermittel. Beuth-Verlag, Berlin SW 19.
[8]) Der Bedarf an Schmiermittel in der Gießerei. Z. Gieß.-Pr. 1930, S. 3. — Vgl. die Berichte von H. Pinsl und F. Roll in Gieß. 1930, S. 405 u. 430 u. ff.

Gießereierzeugnisse als Normteile.

Im Gießereiwesen gibt es kaum ein Arbeitsgebiet, das nicht mehr oder weniger von der Normenbewegung berührt wird[1]). An Beispielen mangelt es nicht, um nachweisen zu können, daß durch die Normung bei gleichbleibender Güte auch eine Verbilligung der Erzeugnisse eintritt. Der beste Beweis hierfür ist die steigende Anwendung der Normteile aus Gußeisen, Stahl-, Temper- und Nichteisen-Metallguß. Die Schaffung und Einführung dieser Normteile ist durch das Zusammengehen maßgebender Industrieverbände mit den Gießereiverbänden und den in Frage kommenden Normenstellen und Fachausschüssen ermöglicht worden. Außer den bereits auf S. 157 genannten sind noch folgende Verbände und Behörden an diesen Bestrebungen beteiligt:

Arbeitsgemeinschaft Technik in der Landwirtschaft (ATL.), Berlin SW 11, Dessauer Str. 14.
Reichsforschungsgesellschaft für Wirtschaftlichkeit im Bau- und Wohnungswesen (RFG.), Berlin W 9, Voß-Str. 18.
Reichskuratorium für Technik in der Landwirtschaft (RKTL.), Berlin SW 11, Bernburger Str. 14.
Unfallverhütungsbild G. m. b. H., Berlin W 9, Köthener Str. 37.
Verein Deutscher Maschinenbau-Anstalten (VDMA.), Berlin W 10, Tiergartenstr. 35.
Deutsche Reichsbahn-Gesellschaft, Berlin W 8, Wilhelmstr. 87.

Abgesehen von den Technischen Hoch- und Fachschulen, sowie den wissenschaftlichen Instituten, haben sich zahlreiche Werke der Metallindustrie an der Auswertung der Werkstoffe und Fachnormen beteiligt und weitere Grundlagen für die Nutzanwendung der Normteile geschaffen. Die Zusammenstellung in der Zahlentafel 61 gibt einen Überblick über die vorliegenden DIN-Blätter der Normteile der genannten Gießereierzeugnisse nach dem Stande von Ende 1930.

Zahlentafel 61.

Normteile aus Gußeisen.

DIN	**Armaturen.**
3204	Flachschieber mit Flanschanschluß nach Nenndruck 2,5
3205	Flachschieber mit Flanschanschluß nach Nenndruck 10
3206	Ovalschieber mit Flanschanschluß nach Nenndruck 10
3207	Ovalschieber mit Muffenanschluß nach Nenndruck 10
3208	Rundschieber mit Flanschanschluß nach Nenndruck 10 und 16

DIN	**Bauwesen.**
364	NA-Rohre, Normal-Abflußrohre
538	NA-Rohre, Muffendeckel
539	NA-Rohre, Reinigungsrohre für Abfallleitungen
540	NA-Rohre, Abflußkrümmer, Abflußbogen
541	NA-Rohre, Übergänge, Übergangsbogen
542	NA-Rohre, S-Stücke
543	NA-Rohre, schräge T-Stücke
544	NA-Rohre, schräge Kreuzstücke für Abflußrohre
545	NA-Rohre, Formstücke für NA-Rohre und LNA-Rohre
590	Kellersinkkasten ohne Putzöffnung
591	Kellersinkkasten mit Putzöffnung
592	Deckensinkkasten
593 Bl. 2	Aufsatz für Straßenabläufe mit Breitrost, Rahmen
593 Bl. 3	Aufsatz für Straßenabläufe mit Breitrost L (mit Längsstäben)
593 Bl. 4	Aufsatz für Straßenabläufe mit Breitrost Q (mit Querstäben)
597	Aufsatz für Hofablauf, leicht
598	Aufsatz für Hofablauf, schwer
1002	Eiserne Fenster für Scheiben 18 × 25 cm
1003 Bl. 1	Eiserne Fenster für Scheiben 25 × 36 cm
1003 Bl. 2	Desgl.
1004	Eiserne Fenster für Scheiben 36 × 50 cm
1172	LNA-Rohre, leichte Normal-Abflußrohre
1175	LNA-Rohre, schräge T-Stücke
1176	LNA-Rohre, schräge Kreuzstücke
1177	LNA-Rohre, S-Stücke
1178	LNA-Rohre, Übergänge, Übergangsbogen
1207 Bl. 2	Aufsatz für Straßenabläufe mit Schmalrost, Rahmen
1207 Bl. 3	Aufsatz für Straßenabläufe mit Schmalrost, Rost L (mit Längsstäben)
1207 Bl. 4	Aufsatz für Straßenabläufe mit Schmalrost, Rost Q (mit Querstäben)
1208	Aufsatz für Straßenabläufe mit Schmalrost, Rahmen
1209	Aufsatz für Straßenabläufe mit Schmalrost, Rost L (mit Längsstäben)
1210	Aufsatz für Straßenabläufe mit Schmalrost, Rost Q (mit Querstäben)
1211	Steigeisen, kurz
1212	Steigeisen, lang

[1]) Vgl. Fr. Mehrtens: Z. Scheinwerfer u. Batterie. Mühlheim/Ruhr 1930. S. 130.

Zahlentafel 61. (Fortsetzung).

DIN
1215 Schachtabdeckungen für Fahrbahn, runder Rahmen mit Flanschfuß, Kennmaß 500, 600 und 700
1216 Schachtabdeckungen für Fahrbahn, quadratischer Rahmen mit glattem Fuß, Kennmaß 500 und 600
1217 Schachtabdeckungen für Fahrbahn, quadratischer Rahmen mit Flanschfuß, Kennmaß 500 und 600
1218 Schachtabdeckungen für Fahrbahn, Deckel mit Riffelung, Kennmaß 500 und 600
1219 Schachtabdeckungen für Fahrbahn, Deckel für Holzfüllung, Kennmaß 500 und 600
1220 Schachtabdeckungen für Fahrbahn, Deckel für Asphaltfüllung, Kennmaß 500, 600 und 700
1222 Schachtabdeckungen für Fahrbahn, runder Rahmen mit glattem Fuß, Kennmaß 510
1223 Schachtabdeckungen für Fahrbahn, quadratischer Rahmen mit glattem Fuß, Kennmaß 510
1224 Schachtabdeckungen für Fahrbahn, Deckel für Holzfüllung, Kennmaß 510
1289 Feuergeschränk für Kachelöfen, Fülltür für Füllfeuerung
1290 Bl. 1 Feuergeschränk für Kachelöfen mit Oberbalkenverschluß, Feuertür und Aschentür auf gemeinsamer Vorstellplatte
1290 Bl. 2 Feuergeschränk für Kachelöfen, Feuertür, Aschentür
1291 Bl. 1 Feuergeschränk für Kachelöfen mit seitlichem Schraubverschluß, Feuertür und Aschentür auf gemeinsamer Vorstellplatte
1291 Bl. 2 Feuergeschränk für Kachelöfen, Feuertür und Aschentür
1292 Bl. 1 Feuergeschränk für Kachelherde, Feuertür und Aschentür auf gemeinsamer Vorstellplatte
1292 Bl. 2 Feuergeschränk für Kachelherde, Feuertür, Aschentür
1293 Roste für Kachelöfen und Herde
1294 Rahmen für Kachelöfen-Wärmeröhren
1295 Türen und Jalousieluftgitter für Kachelöfen-Wärmeröhren
1297 Herdringe für Kachelherde
2432 Gußeiserne Muffendruckrohre für Nenndruck 10, Betriebsdruck W 10
2437 Gußeisenmuffen für Nenndruck 10, Betriebsdruck W 10, Konstruktionsblatt

Bergbau.

BERG
30 Bl. 2 Durchgangshähne, selbstdichtend, Hahngehäuse
31 Bl. 2 Durchgangshähne, nicht selbstdichtend, Hahngehäuse
2492 Grubenbahnen, 900 mm Spurweite, Bremsschuhhalter, Einzelteile
2493 Grubenbahnen, 900 mm Spurweite, Bremsschuh mit Ansatz
2494 Grubenbahnen, 900 mm Spurweite, Bremsschuh ohne Ansatz

Elekrotechnik.

VDE
6010 Handgriff für Seilzug
6050 Handräder
6051 Handkurbeln
6052 Umschalthebel
6054 Markenringe mit Einsetzschildern
7600 Verbindungsmuffen für Einleiterkabel bis 1000 mm² Leiterquerschnitt, Spannungen bis 750 V
7601 Bl. 1 Verbindungsmuffen für Mehrleiterkabel bis 400 mm² Leiterquerschnitt, Spannungen bis 10 000 V
7601 Bl. 2 Desgl.
7603 Schutzverbindungsmuffen zu Bleiverbindungsmuffen für Einleiterkabel bis 1000 mm² Leiterquerschnitt, Spannungen bis 750 V
7605 Schutzverbindungsmuffen zu Bleiverbindungsmuffen für Mehrleiterkabel bis 400 mm² Leiterquerschnitt, Spannungen bis 10 000 V
7620 Abzweigmuffen für ungeschnittene Einleiterkabel bis 1000 mm² Leiterquerschnitt, Spannungen bis 750 V
7621 Bl. 1 Abzweigmuffen für Mehrleiterkabel bis 400 mm² Leiterquerschnitt, Spannungen bis 10 000 V
7621 Bl. 2 Desgl.
7630 Hausanschlußmuffen für Mehrleiterkabel bis 120 mm² Leiterquerschnitt, Spannungen bis 750 V
7690 Flach-Endverschlüsse für Innenräume und blanke Anschlußleitung für Freileiterkabel 6—400 mm² Leiterquerschnitt, Spannungen bis 10 000 V
7691 Fassungen mit Dichtscheiben für Flach-Endverschlüsse nach DIN VDE 7690
7692 Bl. 1 Kegel-Endverschlüsse für Ein- und Mehrleiterkabel in Innenräumen, Spannungen bis 10 000 V
7692 Bl. 2 Desgl.
7693 Deckel für Kegel-Endverschlüsse nach DIN VDE 7692
8100 Bl. 3 Stützer für Innenräume, Kappen und Sockel
8102 Bl. 3 Stützer für Innenräume, Kappen und Sockel
8104 Bl. 3 Durchführungen für Innenräume, Kappen und Flansche
8105 Bl. 3 Durchführungen für Innenräume, Kappen und Flansche, Reihe 30
8105 Bl. 4 Durchführungen für Innenräume, Kappen und Flansche, Reihe 45

Hebemaschinen.

DIN
690 Rillenprofile für Seilrollen

Kraftfahrbau.

KrM
101 Kolbenringe für Gußeisenkolben
102 Kolbenringe für Leichtmetallkolben

Lokomotivbau.

LON
438 Handräder
465 Runde Gußeisenflansche mit Treppe für Dichtringe
466 Viereckige Gußeisenflansche mit Treppe für Dichtringe

Zahlentafel 61. (Fortsetzung).

LON	
467	Runde Gußeisenflansche für Linsendichtung
468	Viereckige Gußeisenflansche für Linsendichtung
2001	Roststäbe
2003	Kipproststäbe
2013	Rostbalken
2014	Rostbalken für Kipprost
2206	Feuertür, rechteckige Drehtür aus Flußstahl, Feuertürgrundplatte
2207	Feuertür, runde Drehtür aus Flußstahl, Feuertürgrundplatte
2212	Feuertür, Drehtür aus Gußeisen,
2213	Feuertür, Drehtür aus Gußeisen, Träger
2218	Feuertür, Klapptür, Feuertürgrundplatte
2219	Feuertür, Klapptür, Gewichtshebel
2236	Feuerlochschoner für runde Feuerlöcher 300 und 400 mm Durchmesser
2237	Feuerlochschoner, rund, 500 mm Durchmesser für Befestigung an Grundplatte
2238	Feuerlochschoner, rund, 500 mm Durchmesser für Befestigung durch Halter
2302	Schieberregler, Reglerkopf für 80 mm Durchmesser
2303	Schieberregler, Reglerkopf für 100, 120 und 140 mm Nenndurchmesser
2312	Ventilregler, Ventilreglergehäuse, Ventilsitz
2313	Ventilregler, Reglerventilkörper, Reglerkolbenring
2323	Reglerstopfbuchse, Stopfbuchsgehäuse 30 mm Bohrung
3022	Fangtrichter für Wasserstandprüfhähne
3608	Gasbeleuchtung, Druckregler, Anschlußmaße
3609	Gasbeleuchtung, Haupthahn mit Schutzkappe
6001	Untere Signalstütze
6120	Wassereinlauf von 150 und 200 mm Durchmesser für seitliche Wasserkasten
6121	Wassereinlauf von 150 und 200 mm Durchmesser für Rahmenwasserkasten
6145	Drehsitz, drehbarer Klappsitz, Ausleger
6147	Drehsitz, Stütze, Federteller, Feder
6148	Drehbarer Klappsitz, Stütze, Gelenkstück, Feder

Maschinenbau.

DIN	
191	Doppelankerplatten für Hammerschrauben zu Sohlplatten nach DIN 189 Bl. 2
192	Doppel-Wandankerplatten zu Wandarmen nach DIN 117
389	Handräder mit Wellenkranz und geraden Armen
390	Handräder mit Wellenkranz und schrägen Armen
793	Fundamentklötze, kurze Ausführung
794	Ankerplatten für Hammerschrauben
795	Ankerplatten für Ankerschrauben
796	Wandankerplatten
798	Ankermuttern für Ankerschrauben
799	Fundamentklötze, lange Ausführung
907	Kernstopfen
950 Bl. 1	Handräder mit vollem Kranz und rundem Loch
950 Bl. 2	Handräder mit vollem Kranz und rundem Loch, Ausführungsformen
951 Bl. 1	Handräder mit vollem Kranz und geradem Vierkantloch
951 Bl. 2	Handräder mit vollem Kranz und geradem Vierkantloch, Ausführungsformen
952 Bl. 1	Handräder mit vollem Kranz und verjüngtem Vierkantloch
952 Bl. 2	Handräder mit vollem Kranz und verjüngtem Vierkantloch, Ausführungsformen
384	Lagerbuchsen mit Weißmetallausguß, Konstruktionsblatt

Rohrleitungen.

DIN	
2422	Gußeiserne Flanschenrohre für Nenndruck 10
2480	Rippenheizrohre aus Gußeisen für Nenndruck 6
2530	Gußeisenflansche für Nenndruck 1 und 2,5 Konstruktionsblatt
2531	Gußeisenflansche für Nenndruck 6 und 2,5 Konstruktionsblatt
2532	Gußeisenflansche für Nenndruck 10 und 2,5 Konstruktionsblatt
2533	Gußeisenflansche für Nenndruck 16 und 2,5 Konstruktionsblatt
2534	Gußeisenflansche für Nenndruck 25 und 2,5 Konstruktionsblatt
2535	Gußeisenflansche für Nenndruck 40 und 2,5 Konstruktionsblatt

Textilindustrie.

TEX	
4103	Nadelwalzen für Kammgarnspinnerei
4509	Kettbäume für Buckskin-Webstühle
4530	Wechselräder für mechanische Webstühle
4531	Schalträder für mechanische Webstühle
4804	Schemelschaftmaschinen (Crompton), Teile für Eisenrollenkarten

Transmissionen.

DIN	
115	Schalenkupplungen für Transmissionen
116	Scheibenkupplungen
117	Wandarme zu Stehlagern für Transmissionen nach DIN 118
118	Stehlager für Transmissionen
119	Hängelager für Transmissionen
187	Winkelarme zu Stehlagern für Transmissionen nach DIN 118
189 Bl. 1	Sohlplatten zu Stehlagern für Transmissionen nach DIN 118
189 Bl. 2	Desgl.
193	Mauerkasten zu Stehlagern für Transmissionen nach DIN 118
194	Hängeböcke zu Stehlagern für Transmissionen
195 Bl. 1	Stehböcke zu Stehlagern für Transmissionen nach DIN 118
195 Bl. 2	Desgl.
752	Deckenvorgelege, Hängelager mit Arm für Riemenschalter
753	Deckenvorgelege, Stangenhalter für Riemenschalter
754	Deckenvorgelege, Finger für Riemenschalter

Zahlentafel 61. (Fortsetzung).

DIN
755 Deckenvorgelege, Hebelhalter für Riemenschalter
756 Deckenvorgelege, Hebelhalter mit Arm für Riemenschalter
757 Deckenvorgelege, Anschlag für Riemenschalter

DIN **Hebemaschinen.**
4003 Bremsscheiben für Hebemaschinen, Konstruktionsblatt
4005 Laufräder mit zweiseitigem Spurkranz und ungleichseitiger Nabe

DIN
4006 Laufräder mit einseitigem Spurkranz und gleichseitiger Nabe
4007 Laufräder mit zweiseitigem Spurkranz und gleichseitiger Nabe
4008 Laufräder mit zweiseitigem Spurkranz und ungleichseitiger Nabe
4009 Laufräder mit zweiseitigem Spurkranz und ungleichseitiger Nabe

BERG **Bergbau.**
40 Absperrorgane

Normteile aus Stahlguß.

DIN
697 Laufräder ohne Spurkranz
950 Bl. 1 Handräder mit vollem Kranz und rundem Loch
950 Bl. 2 Handräder mit vollem Kranz und rundem Loch
951 Bl. 1 Handräder mit vollem Kranz und geradem Vierkantloch
951 Bl. 2 Handräder mit vollem Kranz und geradem Vierkantloch
952 Bl. 1 Handräder mit vollem Kranz und verjüngtem Vierkantloch
952 Bl. 2 Handräder mit vollem Kranz und verjüngtem Vierkantloch
2543 Stahlgußflansche für Nenndruck 16, Konstruktionsblatt
2444 Stahlgußflansche für Nenndruck 25, Konstruktionsblatt
2545 Stahlgußflansche für Nenndruck 40, Konstruktionsblatt
2546 Stahlgußflansche für Nenndruck 64, Konstruktionsblatt
2547 Stahlgußflansche für Nenndruck 100, Konstruktionsblatt
2560 Ovale Gewindeflansche mit Ansatz für Nenndruck 1–6
2561 Ovale Gewindeflansche für Nenndruck 10–16
2565 Runde Gewindeflansche mit Ansatz für Nenndruck 1–6
2566 Runde Gewindeflansche für Nenndruck 10 und 16
2567 Runde Gewindeflansche für Nenndruck 25 und 40
2582 Walzflansche mit Ansatz für Nenndruck 16
2583 Walzflansche mit Ansatz für Nenndruck 25
2584 Walzflansche mit Ansatz für Nenndruck 40
2590 Walzflansche mit Ansatz und Sicherheitsnietung für Nenndruck 10
2571 Walzflansche mit Ansatz und Sicherheitsnietung für Nenndruck 16
2592 Walzflansche mit Ansatz und Sicherheitsnietung für Nenndruck 25
2593 Walzflansche mit Ansatz und Sicherheitsnietung für Nenndruck 40
2600 Nietflansche für Nenndruck 1–6
2601 Nietflansche für Nenndruck 10
2602 Nietflansche für Nenndruck 16

DIN
2603 Nietflansche für Nenndruck 25
2604 Nietflansche für Nenndruck 40
4003 Bremsscheiben für Hebemaschinen, Konstruktionsblatt
4005 Laufräder mit zweiseitigem Spurkranz und ungleichseitiger Nabe
4006 Laufräder mit einseitigem Spurkranz und gleichseitiger Nabe
4007 Laufräder mit zweiseitigem Spurkranz und gleichseitiger Nabe
4008 Laufräder mit einseitigem Spurkranz und ungleichseitiger Nabe
4009 Laufräder mit zweiseitigem Spurkranz und ungleichseitiger Nabe

BERG
554 Rad mit Laufkranzdurchmesser 350 mm
555 Rad mit Laufkranzdurchmesser 375 mm
556 Rad mit Laufkranzdurchmesser 400 mm
559 Förderwagen, Puffer
2453 Elektrische Lokomotiven, Radscheiben

KrW
131 Feste Felgen mit einem Seitenring
132 Feste Felgen mit zwei Seitenringen

LON
469 Runde Stahlgußflansche
470 Viereckige Stahlgußflansche
471 Runde Stahlgußflansche
472 Viereckige Stahlgußflansche
2104 Gewölbter Domdeckel für außenliegenden Domring mit Dichtring
2105 Bl. 1 Gewölbter Domdeckel für innenliegenden Domring mit Dichtring
2106 Gewölbter Domdeckel für außenliegenden Domring mit Schleiffläche
2107 Bl. 1 Gewölbter Domdeckel für innenliegenden Domring mit Schleiffläche
2208 Feuertür ohne Grundplatte, Drehtür aus Flußstahl, Feuertürträger
2217 Bl. 2 Feuertür, Klapptür für Feuerlochbreite 500 mm
2234 Feuerlochschoner, rechteckig für Befestigung an Grundplatte
2235 Feuerlochschoner, rechteckig für Befestigung durch Halter
2237 Feuerlochschoner, rund, 500 mm Durchmesser für Befestigung an Grundplatte

Zahlentafel 61. (Fortsetzung).

LON
2238 Feuerlochschoner, rund, 500 mm Durchmesser für Befestigung durch Halter
2315 Ventilregler, Reglerbügel
2342 Reglerstopfbuchse, Stopfbuchsgehäuse, 45 mm Bohrung
6002 Obere Signalstütze, gekrümmt
6003 Obere Signalstütze, gerade

TEX
4501 Halter für Schußwächtergabeln nach DIN TEX 4500
4505 Kettbaum-Durchmesser, Kettbaumscheibendurchmesser

WAN
1503 Kniewellenlager

Normteile aus Temperguß.

DIN
313 Flügelmuttern (Whitw. Gew.)
315 Flügelmuttern (Metr. Gew.)
388 Handräder aus Wärmeschutzmasse
389 Handräder mit Wellenkranz und geraden Armen
390 Handräder mit Wellenkranz und schrägen Armen
431 Rohe und halbrohe Sechskantmuttern
645 Stahlbolzenketten
686 Bl. 1 Zerlegbare Gelenkketten
686 Bl. 2 Zerlegbare Gelenkketten
754 Deckenvorgelege, Finger für Riemenschalter
755 Deckenvorgelege, Hebelhalter für Riemenschalter
756 Deckenvorgelege, Hebelhalter mit Arm für Riemenschalter
910 Sechskantverschlußschrauben (Whit. Rohrgew.)
950 Bl. 1 Handräder mit vollem Kranz und rundem Loch
950 Bl. 2 Handräder mit vollem Kranz und rundem Loch
951 Bl. 1 Handräder mit vollem Kranz und geradem Vierkantloch
951 Bl. 2 Handräder mit vollem Kranz und geradem Vierkantloch

DIN
952 Bl. 1 Handräder mit vollem Kranz und verjüngtem Vierkantloch
952 Bl. 2 Handräder mit vollem Kranz und verjüngtem Vierkantloch
2355 Überwurfmuttern mit Hals
2356 Überwurfmuttern, schwer
2361 Einschraubstutzen, schwer
2362 Lötstutzen, schwer
2364 Einschraubstutzen, schwer
2365 Lötstutzen, schwer

BERG
30 Bl. 3 Durchgangshähne, selbstdichtend
30 Bl. 5 Durchgangshähne, selbstdichtend
31 Bl. 2 Durchgangshähne, nicht selbstdichtend
33 Durchgangshähne, Überwurfmuttern
34 Durchgangshähne, Schlauchtüllen

LON
215 Vorreiber
438 Handräder
6002 Obere Signalstütze, gekrümmt
6003 Obere Signalstütze, gerade

TEX
4505 Kettbaum-Durchmesser
4804 Schemelschaftmaschinen

Normteile aus Bronze.

DIN
3451 Indikatorhähne

LON
201 Buchsen

LON
203 Steuerungsbuchsen

VDE
2965 Schleifringe

Normteile aus Rotguß.

DIN
3271 Durchgangsventile bis Nenndruck 10, Betriebsdruck W 10
3272 Durchgangsventile, Betriebsdruck W 10
3273 Durchgangsventile, Betriebsdruck W 10
3276 Auslaufventile bis Nenndruck 10, Betriebsdruck W 10
3277 Auslaufventile, Betriebsdruck W 10
3278 Auslaufventile, Betriebsdruck W 10
3279 Ventil-Oberteile, Konstruktionsblatt
3282 Bleirohr-Auslasse
3713 Manometerhähne, Manometeraufnahme, fest
3714 Manometerhähne, Manometeraufnahme, drehbar

BERG
30 Bl. 4 Durchgangshähne, selbstdichtend
31 Bl. 3 Durchgangshähne, nicht selbstdichtend

FEN
110 Druckkupplungen, Knaggenteil
114 Druckkupplungen, Anschluß mit Außengewinde
115 Druckkupplungen, Anschluß mit Innengewinde

KrM
203 Zweischrauben-Lötflansche

LON
203 Steuerungsbuchsen
270 Bl. 2 Dichtungslinsen
272 Einschraubstutzen
277 Hahnkükensicherungen
438 Handräder
2063 Schmelzpfropfen
2131 Kleine Waschluke mit Lukenfutter

Zahlentafel 61. (Schluß).

LON	
2133	Kleine Waschluke mit Lukenfutter
2135	Große Waschluke
2137	Reinigungsschraube
2304	Schieberregler
2314	Ventilregler
2325	Reglerstopfbuchse
3002	Dampfpfeife
3003	Dampfpfeife
3004	Dampfpfeifenhahn
3031	Hahngehäuse
3033	Durchgangshahn
3035	Zapfhähne
3036	Zapfhähne
3038	Wasserstandsprüfhahn
3039	Wasserstandsprüfhahn
3044	Hahnküken
3046	Druckmesserhahn
3047	Druckmesserhahn
3048	Hahnküken
3201	Pulserstutzen
3211	Kohlenspritzhahn
3212	Kohlenspritze, schwer
3213	Kohlenspritze, leicht
3222	Selbstschluß-Wasserstandanzeiger, Gehäuse mit Flansch
LON	
3223	Selbstschluß-Wasserstandanzeiger, Gehäuse mit Gewindezapfen
3224	Selbstschluß-Wasserstandanzeiger, Einzelteile
3225	Selbstschluß-Wasserstandanzeiger, Einzelteile
3229	Wasserstandablaßhahn, schwer
3230	Wasserstandablaßhahn, schwer
3231	Wasserstandablaßhahn
3234	Wasserstandzeiger, Gehäuse
3235	Wasserstandzeiger, Einzelteile
4301	Achslagerschalen für 85—140 mm Achsschenkeldurchmesser
4302	Achslagerschalen für 130—250 mm Achsschenkeldurchmesser
4303	Achslagerschalen für 180—300 mm Achsschenkeldurchmesser
5102	Zylinderventil mit Zweischraubenflansch
5103	Zylinderventil mit Gewindezapfen
5423	Schmiergefäße
5326	Treib- und Kuppelstangen, Lagerschalen
VDE	
3146	Fahrdraht-Gleitführung
WAN	
1511	Buchsen

Normteile aus Gußmessing.

DIN	
2361	Einschraubstutzen
2362	Lötstutzen, schwer
2364	Einschraubstutzen, schwer
2365	Lötstutzen, schwer
3272	Durchgangsventil
3273	Durchgangsventil
3276	Auslaufventile
3277	Auslaufventile
3278	Auslaufventile
3279	Ventiloberteile
3282	Bleirohr-Auslasse
BERG	
30 Bl. 4	Durchgangshähne, selbstdichtend
31 Bl. 3	Durchgangshähne, nicht selbstdichtend
FEN	
111	Druckkupplungen
113	Druckkupplungen
KrK	
605	Flanschstutzen
608	Winkelstücke
609	T-Stücke
KrK	
610	Kreuzstücke
652	Ablaßhähne
LON	
272	Einschraubstutzen
275	Doppelnippel
277	Hahnkükensicherungen
278	Scheiben mit Vierkantloch
3609	Haupthahn mit Schutzkappe
3610	Anschlußstücke
3612	Rohrverbindungen (ovale Gewindeflansche)
3613	Rohrverbindungen (ovale Winkelflansche, ovale T-Flansche)
3614	Schlauchhahn, Schlauchtüllen
3615	Dornschlüssel
3621	Ovaler Knieflansch
VDE	
3146	Fahrdraht-Gleitführung
6054	Markenringe mit Einsatzschildern für Steuergeräte
7651	Abzweigschraubhülsen
7652	Kappenschraubhülsen
7670	Deckel- und Abzweigklemmen

Einführung der Normen in die Praxis.

Wie bereits eingangs bemerkt, ist die Auswertung der in der Normung und Vereinheitlichung liegenden Arbeiten durch Anwendung der Normteile, bzw. Beachtung der DIN-Vorschriften und -Merkblätter nicht überall voll zu erreichen. Es muß berücksichtigt werden, welche Betriebe, ob mit Einzelfertigung oder mit Massenerzeugung, für die Normungsbestrebungen in Frage kommen. Oft lassen sich die Vorteile der Einführung der Normen rechnerisch nur schwer nachweisen, die Entwicklung in der Normung ist auch für das Gießereiwesen noch nicht weit genug, um alle Vorzüge der Anwendung in den Betriebsabteilungen oder Sondergießereien ohne weiteres erfassen zu können.

Doch gibt es heute schon keinen Betrieb mehr, in dem die Normung nicht festen Fuß gefaßt hat. Dem einzelnen Betrieb muß es von Fall zu Fall überlassen bleiben, festzustellen, welche Kosten die Einführung und Überwachung der Normen verursacht, und welche Vorteile mit ihnen in die Erscheinung treten. Es lassen sich zahlreiche Beispiele anführen, daß die Anwendung der Normung nicht mehr eine Modesache ist, sondern im wirtschaftlichen Interesse jeden Benutzers liegt.

Eine sparsame Wirtschaft ohne Berücksichtigung der Normung oder Vereinheitlichung ist heute undenkbar, Normen, einheitliche Lieferbedingungen und Werkstoffprüfung gehören zu den Rationalisierungsmitteln[1]), sie sind, ganz gleich, warum rationalisiert werden muß, in allen Wirtschaftszweigen, ob Fertigung oder Verwaltung, Handwerk oder Großindustrie, unentbehrlich. In den Abschnitten dieses Handbuches über Selbstkostenrechnung[2]), Akkordwesen und Zeitaufnahme[3]), fließende Fertigung in der Gießerei[4]), Arbeiterschutz[5]) und Lehrlingsausbildung[6]), sind Einzelheiten über die Auswirkung der Normung und Vereinheitlichung gegeben. Der nachstehende Schrifttumsnachweis bringt auch noch einige bemerkenswerte Arbeiten aus der Entwicklung der Normung in den verschiedenen Sondergebieten des Gießereiwesens.

Auch die einheitliche Betriebstatistik soll nicht unerwähnt bleiben. Betriebstatistiken sollen rasche, klare Übersichten über alle einschlägigen Fragen vermitteln und gleichzeitig so durchgeführt werden können, daß keine übermäßige Belastung der Beamten und Angestellten damit verbunden ist. Keltsch[7]) geht davon aus, Richtlinien aufzustellen, die in gleicher Weise für die verschiedensten betriebstatistischen Zwecke Geltung behalten; er zerlegt die betriebstatistische Arbeit in 2 Gruppen, die Zahlenaufnahme und die Eintragung der ermittelten Ergebnisse in Schaubilder, um durch die letzteren bequeme Vergleichsmöglichkeiten zu schaffen. Für beide Arbeitsgänge werden 2 geschickt ausgearbeitete Vordrucke gegeben, die unverändert für die verschiedensten Bedürfnisse verwendet werden können. Der Vordruck für die Zahlenaufnahme enthält als Hauptdaten Fächer für Zugang, Abgang und Bestand, während der Vordruck für die Schaubilder senkrechte Roste für die Eintragung der den einzelnen Monaten oder anderen Zeitabschnitten entsprechenden Säulen enthält. Hier werden die Zugänge als rote, die Abgänge als grüne Säulen eingezeichnet, so daß sich durch die so entstehenden Treppen dem Auge sofort der Bestand (= Zugang, = Abgang), sowie die Betriebs- oder Wirtschaftsentwicklung während bestimmter Zeiträume anschaulich darstellt. Das Verfahren gestattet vielseitige Anwendung; der Verfasser gibt Beispiele für Auftragstatistiken, Fertigwarenlagerstatistiken, Arbeiterstatistiken, Konto-Korrentstatistiken, Selbstkostenstatistiken usw.

Nicht zuletzt seien auch die vom Ausschuß für Gebührenordnung (AGO) für die Tätigkeit der im freien Beruf beschäftigten Architekten und Ingenieure und diesen nahestehenden Kreise vorgesehenen Sätze der Vergütung für beratende oder gutachtliche Tätigkeit erwähnt; die Gebührenordnung gehört mehr oder weniger auch zur Normung im täglichen Leben[8]).

Auch die Kalenderreform soll an dieser Stelle nicht unerwähnt bleiben. Die fühlbaren Nachteile des jetzigen Kalenders haben in fast allen Kulturländern Wirtschaft, Verwaltung und Wissenschaft zur Vereinheitlichung des Kalenders angeregt[9]).

In der hier vorliegenden, in weiten Kreisen behandelten Gemeinschaftsarbeit zeigt sich in der Hauptsache die freiwillige Arbeit gemeinnützig denkender Fachleute, deren Arbeitsfreude, wie Brettschneider in der „Sparwirtschaft" ausführt[10]), nicht durch Mangel an Optimismus der in Frage kommenden Kreise abgestumpft werden darf.

[1]) Handbuch der Rationalisierung. 2. Aufl. Berlin 1930.

[2]) S. 1. [3]) S. 80. [4]) S. 140. [5]) S. 209. [6]) S. 541.

[7]) v. Keltsch: Vereinheitlichung der Betriebsstatistik, Schriften des Reichskuratoriums für Wirtschaftlichkeit. Berlin: Reimar Hobbing 1930.

[8]) Mehrtens, Joh.: Die Bewertung der Ingenieurarbeit. Gieß.-Zg. 1930. S. 416.

[9]) RKW-Nachrichten. Berlin NW 6. H. 11, S. 335/342.

[10]) Taktik und Technik der Gemeinschaftsarbeit. Z. Sparwirtschaft. 1930. S. 1.

Es ist zu hoffen, daß die Normungsarbeiten nach und nach auch das Gießereiwesen im weitesten Sinne fördern werden, man muß sich bloß darüber klar sein, daß dieses Ziel nur ganz allmählich zu erreichen ist, und daß auch die Einführung der Normen in die Praxis erst im Laufe der Jahre zur vollen Entfaltung kommen kann. Wenn die vorliegenden Arbeiten für die technische und wirtschaftliche Entwicklung der Gießereien in Zukunft gut vorbereitet sind, haben sie ihren Zweck erfüllt. Die Normung und Vereinheitlichung ist an erster Stelle eine Zukunftsarbeit, und jeder Gießereifachmann sollte es sich deshalb zur Pflicht machen, nach Kräften dazu beizutragen, daß die Entwicklung sich schnell und günstig auswirkt[1]).

Literatur.

Einzelne Werke:

Mehrtens, Joh.: Deutsches Gießerei-Taschenbuch, herausgegeben v. Verein Deutscher Eisengießereien. München-Berlin 1923.
Klinger, K.: Der Schrotthandel. Berlin 1924.
Energieverbrauch, Anhaltszahlen, herausgeg. v. d. Wärmestelle Düsseldorf 1925.
Die DIN-Normen: Eine Einführung für gewerbliche und technische Unterrichtsanstalten. Berlin: DATSCH 1926.
DIN—1917—1927: Zehn Jahre deutscher Normung, herausgeg. v. Deutschen Normenausschuß Berlin 1927.
Erkens, A.: Werkstattgerechtes Konstruieren (A.D.B.). Berlin 1927.
Jahrbuch des Deutschen Metallhandels. Berlin 1928.
Werkstoff-Handbuch „Stahl u. Eisen", herausgeg. v. Verein d. Eisenhüttenleute. Düsseldorf 1929.
— „Nichteisen-Metalle", herausgeg. v. d. Deutschen Ges. f. Metallkunde. Berlin 1929.
Zaepke, O.: Studien über Normung und einheitliche Prüfung der festen mineralischen Brennstoffe, herausgeg. von Deutscher Verband für die Materialprüfung der Technik. Berlin 1929.
Lischka, A.: Was muß der Maschineningenieur von der Gießerei wissen? Schriften der A.D.B. Bd. VI. Berlin 1929.
Bültmann, W.: Psychotechnische Berufseignungsprüfung von Gießereifacharbeitern. Berlin 1929.
Reuter, Dr. Fr.: Handbuch der Rationalisierung, herausgeg. v. Reichskuratorium f. Wirtschaftlichkeit. Berlin 1929.
Werkstoffnormen Stahl, Eisen, Nichteisen-Metalle, 5. Aufl. 1929/30, herausgeg. v. Deutschen Normenausschuß. Berlin.
DIN-Normenblatt-Verzeichnis 1931, herausgeg. v. Deutschen Normenausschuß. Berlin.
American Standards Association, Jahrbuch, Selbstverlag New York 1930.
Mitteilungen des deutschen u. österr. Verb. f. Materialprüfung d. Technik. Selbstverlag. Berlin 1930.
Moldenke, Richard: Principles of Iron Founding. 2. Aufl. New York 1930.
Porstmann, W.: Normenlehre, Grundlage usw. Berlin 1930.
Biagosch, Hein.: Normung, Typung, Spezialisierung usw. Berlin 1930.
Meyenberg, F.: Eingliederung der Normungsarbeit usw. Berlin 1930.
Kaiser, Lotte J.: Der technische Zeichner. Berlin 1930.
DIN-Taschenbücher Nr. 1—14. Berlin 1930.
DIN-Bücher Nr. 1—11. Berlin 1930.
Schüz, E. u. R. Stotz: Der Temperguß. Berlin 1930.
Gußeisen-, Eigenschaften und Prüfverfahren. V.D.I.-Verlag Berlin 1930.

Abhandlungen, Vorträge usw.

Mehrtens, Joh.: Beitrag zur Kalkulation in der Gießerei. Stahleisen 1906. S. 1062/1067, 1132/1037.
— Der Fehlguß oder Ausschuß. Stahleisen 1911. S. 505/509.
Moellendorf, W. v.: Nomenklatur und Normalien für Bronzen. Gieß.-Zg. 1914. S. 26/28.
Bock, Fr.: Normalisierung von Gießereiprodukten. Gieß.-Zg. 1918. S. 113/119.
Mehrtens, Joh.: Die Betriebskosten in der Gießerei. Gieß. 1918. S. 1/8.
— Einheitliche Unterlagen und Leitsätze. Gieß. 1921. S. 20.
Koppers, H.: Über Koks in der Gießerei. Mitt. Selbstverlag, Essen 1922. H. 1.
Stotz, R.: Die Normung von Temperguß. Gieß.-Zg. 1922. S. 537/543.
Mehrtens, Joh.: Leitsätze für die Wartung der Gießerei-Schachtöfen. Gieß. 1924. S. 297/298.
— Normungsarbeiten für die Metallgießerei. Mitt. d. Vereins Deutscher Metallgießereien, Hagen i. W. 1925. S. 207.
Krieger, R.: Die Normung von Stahlguß. Stahleisen 1925. S. 837/839.
Freytag, Fr.: Die Normung im Gießereigewerbe. Z. Modellbau 1925. S. 125.

[1]) Normen-Lehrbrief: Die Auswirkung der Normung auf Kapital, Kosten und Gewinn der Unternehmung. V.d.M.A. Berlin 1930.

Hoffmeyer, P.: Richtlinien zur Einführung grundlegender DIN-Normen für Modelle. Gieß.-Zg. 1925. S. 89/93.
Volk, C.: Die Normung und der Unterricht an technischen Schulen. Z. V.D.I. 1925. S. 684/690.
Schulz, E. H.: Feuerfeste Baustoffe usw. Stahleisen 1926. S. 1667/1698.
Melchior, P.: Die Werkstoffnormen für Nichteisenmetalle. Z. V.D.I. 1926. S. 529/535.
Scharlibbe, Ludw.: Rücksichtnahme bei der Konstruktion von Gußstücken. Gieß.-Zg. 1926. S. 407/410, 449/451.
Reitmeister, W.: Eigenschaften des Rotgusses. Gieß.-Zg. 1926. S. 559/563, 592/596.
Mehrtens, Joh.: Gußeisen für den Maschinenbau. Z. Masch.-Bau. Febr. 1927. S. 196/201.
— Die Bedeutung der Normenbewegung für die Gießerei. Gieß.-Zg. 1927. S. 310/312.
Moldenke, R.: Die Notwendigkeit der Untersuchung des Gießerei-Roheisens. Gieß.-Zg. 1927. S. 524.
— Die Bewertung des Gießerei-Roheisens. Gieß.-Zg. 1927. S. 497.
Feldhaus, F. M.: Die Normung in früheren Zeiten. Z. f. Organ. 1927. S. 50.
Reitmeister, W.: Ein neues Formsandprüfverfahren. Gieß.-Zg. 1927. S. 621/629, 887/888.
Association Technique de Fonderie. Normalien für den Modellbau. Bericht Okt. 1928. Paris.
Mueller, Wilh. O.: Einheitliche Werkzeuge. Z. Masch.-Bau 1928. S. 160.
Schmid, L.: Ein Geleitwort zum Normenblatt DIN 1691. Gieß. 1928. S. 669/678.
Jungbluth, Hans: Hochwertiges Gußeisen. Z. Gieß. 1928. S. 457/466. 486/493.
Rudeloff, M.: Die Prüfung der Festigkeitseigenschaften metallischer Baustoffe. Gieß. 1928. S. 196/200, 237/245, 263/272, 289/297.
Geilenkirchen, Th.: Die Probleme im Gießereiwesen. Gieß. 1928. S. 853/860, 889/899.
Mehrtens, Joh.: Gießereinormen. Gieß-Zg. 1929. S. 659/665.
Stotz, R.: Die Erzeugung eines hochwertigen Tempergusses. Gieß. 1929. S. 839/845.
Schliewinsky: Amerikanische Normen für Roheisen, Temper-, Grau- und Stahlguß. Gieß. 1929. S. 267/274.
Krieger, R.: Das neue Normenblatt DIN 1681: Stahlguß. Stahleisen 1929. S. 1232.
Claus, W.: Über sog. „handelsübliches" Gußmessing. Gieß. 1929. S. 480/485.
Urban, W.: Die Aufnahme der DIN-Blätter 1681 und 1691. Gieß.-Zg. 1929. S. 111.
Behr, J. und W. Claus: Eigenschaftsangaben bei der Lieferung von Rohsanden. Gieß. 1929. S. 785/787.
Werner, S.: Die Normung im Jahresbericht des Vereins Deutscher Eisengießereien. Gieß. 1929. S. 888/889.
Mehrtens, Joh.: Normung in der Gießerei. Z. Masch.-Bau. Der Betrieb 1930. S. 96.
Lindenmeyer, Ferd.: Erfahrungsaustausch. Z. Der Werkleiter 1930. S. 63/66.
Schäfer, Rud.: Der Stahlguß als Werkstoff. Gieß.-Zg. 1930. S. 205/214, 243/252, 272/285.
Schliewiensky, O.: Amerikanische Normen für feuerfeste Steine. Gieß.Zg. 1930. S. 37/46.
Kothny, E.: Amerikanische Normen für Grau- und Temperguß. Gieß. 1930. S. 202/204.
Körber, Fr.: Zur Frage der Normung der Prüfbestimmungen für Gußeisen. Gieß. 1930. S. 870/875.
Ziele der Internationalen Normung. V.D.I.-Nachrichten 1931. Nr. 8. S. 3.
Grodzinski, P.: Einfluß der Normung auf Stückzahl und Preis. Masch.-Bau 1931. S. 37/39.
Waelkens, A.: Normung in der Gießerei. L'Usine 1931. S. 41.
Bett, P.: Normung der Gießereimodelle. Rev. fond. mod. 1931. S. 21/22.

VI. Unfallverhütung in Gießereien.

Von

Dr.-Ing. H. Bitter.

Allgemeines.

Das Bestreben, Unfälle zu verhüten, ist schon zu jener Zeit erkennbar, in der die ersten „Maschinen“ menschliche Körperkraft unterstützen halfen. Primitiv wie die Maschinen selbst waren derzeit auch die Schutzmaßnahmen. Die stetige Vergrößerung mechanischer Energien gebot jedoch dem Schutz allgemeine Aufmerksamkeit zu schenken. Unfallschutz in Gesetzesform brachte uns erst Bismarck 1883 mit dem Erlaß des Versicherungsgesetzes. Neben der Regelung des Schadenersatzes Verunglückter verband er damit Maßnahmen, den Schaden selbst einzuschränken und zu verhindern.

Diese ersten sozialen Gesetze sind die Grundlagen zu unseren heutigen Gewerbeaufsichtsämtern und Berufsgenossenschaften geworden. Während die ersteren als staatliche Behörde sich im Rahmen der Unfallvorbeugung hauptsächlich um die Durchführung geschriebener Sicherheitsgesetze bemühen, ist es Aufgabe der nach Industriezweigen getrennten Berufsgenossenschaften, als Fachleute die Sondergefahren ihrer Industrie zu studieren und die ins einzelne gehenden Unfallverhütungsvorschriften auszubauen. Bedeutend später, aber auch von ganz anderen, streng amerikanischen Gesichtspunkten ausgehend, begannen die Vereinigten Staaten von Nordamerika den Unfallkampf. In jenem Land, wo jeder auf sich selbst angewiesen ist, erzieht nicht das Gesetz, sondern die Werbetätigkeit und durch sie der eine den andern. Der Kampf gegen den Unfall blieb daher nicht allein in den Fabriken, er wurde eine Art Volksbewegung.

Daß wir auch bei uns in letzter Zeit versuchen, neben das steife Gesetz den freien Willen der Mitarbeit zu stellen und zu wecken, bewies beispielsweise die Reichsunfallverhütungswoche (Ruwo) Ende Februar 1929. Auch hier erstreckte sich die Werbetätigkeit nicht allein auf die Industrie, sondern wurde durch geeignete Plakate, Zeitungsaufsätze und Filmstreifen in den Lichtspielhäusern im ganzen Reich dem gesamten Volk nahe gebracht.

Angeregt durch jene amerikanische „Savety first“, zusammen mit der Erkenntnis, daß trotz aller berufsgenossenschaftlicher und gesetzlicher Bemühungen eine Lücke in der Reihe der Gegenmaßnahmen bleibt, ging eine Anzahl großer deutscher Werke dazu über, einen Ingenieur hauptamtlich als sog. Unfallingenieur einzusetzen. Mit welchen Maßnahmen und Erfolgen diese Unfallverhütungstellen den Kampf gegen die Betriebsgefahren aufnahmen, ist im Laufe der letzten Jahre in Fachzeitschriften und Tageszeitungen verschiedentlich veröffentlicht worden[1]).

Bevor auf die Unfallverhütung im besonderen in Gießereien näher eingegangen wird, dürfte es von Nutzen sein, kurz Allgemeines aus den Veröffentlichungen anzuführen. Die Berichte betonen in erster Linie die Erziehungsarbeit, die persönliche Fühlungnahme mit dem Arbeiter. Es bedurfte hierzu einer regelrechten Organisation. Während

[1]) Vgl. Stahleisen 1927. S. 569/576; 1928. S. 1195/1199.

z. B. beim Eisen- und Stahlwerk Hoesch, A.G. in Dortmund neben dem Unfallingenieur ständig 2 Meister in Betriebsrundgängen Unfälle untersuchten, belehrende Vorträge hielten, Verbesserungen anregten und ihre sinngemäße Anwendung überwachten, mußte nebenamtlich von jeder Abteilung des Werkes je ein Ingenieur als Sicherheitsingenieur, als Träger des Unfallverhütungsgedankens, bestellt werden (Abb. 79). Um das unerläßliche Vertrauen der Belegschaft zu stärken, wurde der Betriebsrat zur Mitarbeit herangezogen. Einen weiten Raum im Rahmen der Werbetätigkeit nehmen Unfallbilder (im Druck und als Lichtbild), Filmvorführungen (das Werk stellte selbst einen Unfallfilm von über 900 m Länge her), Sprüche an den Wänden, Aufsätze in der Werkszeitung ein. Unerläßlich für einen planmäßigen Kampf gegen die Betriebsgefahren sind ferner Statistiken. Sie geben Aufschluß über Anhäufung von Unfällen in besonderem Alter, zu besonderer Stunde, an besonderen Maschinen usw.

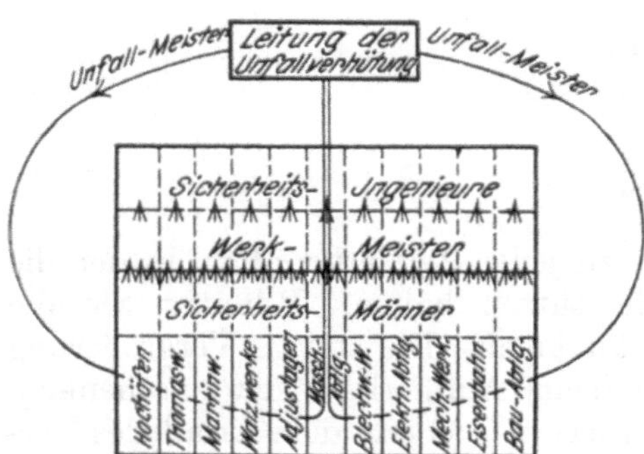

Abb. 79. Einrichtung der Unfallverhütung.

Diese kurz gestreiften Erziehungsmaßnahmen eines großen Werkes können, wenn auch nicht der Form, so doch dem Sinn nach, ebenso in kleinen Betrieben durchgeführt werden. Fallen doch die Unkosten kaum ins Gewicht, wenn der Leiter einer Gießerei oder sein Meister z. B. von Zeit zu Zeit in einem kurzen Vortrag auf besondere Gefahren in Gießereien hinweist; wenn Unfallbilder[1]) zum Aushang kommen oder ein Mahnspruch über dem Werkstor angebracht wird. Sehr wichtig ist auch, einen Teil der Belegschaft sachgemäß in erster Hilfe ausbilden zu lassen, bleibt doch trotz aller Vorsicht mit schweren Unfällen zu rechnen, bei denen die erste Hilfe meist entscheidend für die Wiedergesundung des Verunglückten ist. Beachtenswertes aus der ersten Hilfe bei Unglücksfällen soll am Schluß der Abhandlung beschrieben werden[2]).

Sollen Werbetätigkeit und Erziehung von Erfolg sein, so ist jedoch selbstverständliche Vorbedingung, daß dem Arbeiter zuvor das Mögliche an mechanischen Schutzmaßnahmen zur Verfügung gestellt wird. Gilt es doch in erster Linie, das Vertrauen der Belegschaft zu dem ernsten Willen der Betriebsleitung zu gewinnen. Dieses unerläßliche Vertrauen erwerben wir beim Arbeiter nur durch äußerlich erkennbare Hilfe und dadurch, daß wir seinen etwaigen Vorschlägen für mechanischen Schutz nachkommen; haben wir so gezeigt, daß wir weder Kosten noch Mühe scheuen, um die Gefahren zu verringern, so werden wir mit doppeltem Erfolg die psychologische Unfallverhütung, jenen bereits erwähnten Erziehungsfeldzug, beginnen können, so wird uns auch ein erheblicher Teil der Belegschaft zur Seite stehen, wenn es nötig wird, Leichtsinnige und Unvorsichtige zur Verantwortung zu ziehen oder in besonders krassen Fällen zu bestrafen.

Unfallverhütungsvorschriften in Gießereien.

Im nachfolgenden soll eine Reihe von Schutzmaßnahmen in Gießereien genannt werden. Sie decken sich teilweise mit den bestehenden Unfallverhütungsvorschriften, zum Teil wurden sie aus eigener Erkenntnis ihrer Notwendigkeit von Gießereien selbst eingeführt.

Aus den allgemeinen Unfallverhütungsvorschriften der Nordwestlichen Eisen- und Stahlberufsgenossenschaften seien zunächst einige wichtige Punkte erwähnt (siehe Zahlentafel 62). Das in Zahlentafel 63 wiedergegebene „Merkblatt über Unfallschutz in Gießereien“, herausgegeben von den Deutschen Eisen- und Stahl-Berufsgenossenschaften, zeigt, wie diese außerhalb des Rahmens unmittelbarer Vorschriften zur Erziehungsarbeit auf dem Gebiet der Unfallverhütung beitragen.

[1]) Zu beziehen durch die Unfallverhütungsbild G. m. b. H., Berlin W 9, Köthenerstr. 37.
[2]) Siehe S. 223.

Zahlentafel 62.

Unfallverhütungsvorschriften der Nordwestlichen Eisen- und Stahlberufsgenossenschaften für die Gießereien.

Zur Vermeidung von Explosionen beim Abstellen des Windes bei Kuppelöfen müssen eine oder mehrere Düsen mit der atmosphärischen Luft verbunden werden können.

Gießpfannen mit mehr als 1000 kg Inhalt, bei denen das Kippen während des Gießens von Hand erfolgt, müssen mit selbstsperrender Kippvorrichtung (Schnecke mit Schneckenrad) versehen sein. Die Selbstsperrung darf nicht ausschaltbar sein. Kleinere Pfannen müssen eine zuverlässige Vorrichtung haben, die ein unbeabsichtigtes Kippen verhindert.

In Gußstahlschmelzereien müssen an mehreren Stellen Wasserkübel zum Naßmachen der Kleider bereit stehen.

Beim Transport mit flüssigem Eisen gefüllter Gießpfannen ohne selbstsperrende Kippvorrichtung sind die das Kippen der Pfanne verhindernden Sperrvorrichtungen gewissenhaft zu benutzen. Die Pfanne darf erst unmittelbar vor dem Gießen freigegeben werden.

Eisenteile und Schlacken, die sich auf der Außenseite der Pfannen angesetzt haben, sind zu entfernen, bevor die Pfanne wieder gebraucht wird.

In Tiegelschmelzereien haben die Gießer und die Schmelzer naßgemachte Handsäcke, Armsäcke, Schürzen und nasse oder imprägnierte, über die Fußkleidung fallende Gamaschen oder andere Schutzkleidung zu tragen. Die Fußbekleidung muß so weit sein, daß sie bei einer Verbrennung sofort abgeworfen werden kann.

Vor dem Gebrauch sind die Gießpfannen ausreichend zu trocknen. Die Eisenstangen (sog. Krammstöcke), mit denen das flüssige Eisen abgeschäumt wird, müssen dort, wo sie mit dem flüssigen Eisen in Berührung kommen, vorgewärmt werden, damit sie nicht etwa an der Oberfläche feucht sind und beim Eintauchen in das flüssige Eisen ein starkes Spritzen derselben hervorrufen.

Es ist streng untersagt, unterhalb eines am Kran hängenden Formkastens irgendwelche Arbeiten vorzunehmen.

In Gießereien und Tiegelschmelzereien ist, sobald das Schmelzen beginnt, das Tragen von Zeugpantoffeln streng verboten.

Kleidung und Ausrüstung des Arbeiters.

Bei der Kleidung ist weitgehend auf die Gefahr der Verbrennung Rücksicht zu nehmen. Holzpantoffeln sind weder oben mit Lederkappen zu versehen noch durch Zugstiefel zu ersetzen. Die Hose soll bei letzteren über die Stiefel gezogen werden, damit Schlackenspritzer oder überschwankendes Eisen nicht in den Stiefelschaft fällt. An Stelle der Stiefel sind außerdem Asbestgamaschen zum Schutze der Beine sehr empfehlenswert. Beim Ausstoßen der Windform, sowie beim Abstich versieht sich der Schmelzer mit Handschuhen und Schutzbrille, häufig außerdem mit einer Lederschürze. Beim Begichten sind Handleder zur Verfügung zu stellen. Der Putzer schützt sich mit Drahtmaske, nötigenfalls mit einem Respirator, der Schleifer durch eine Brille.

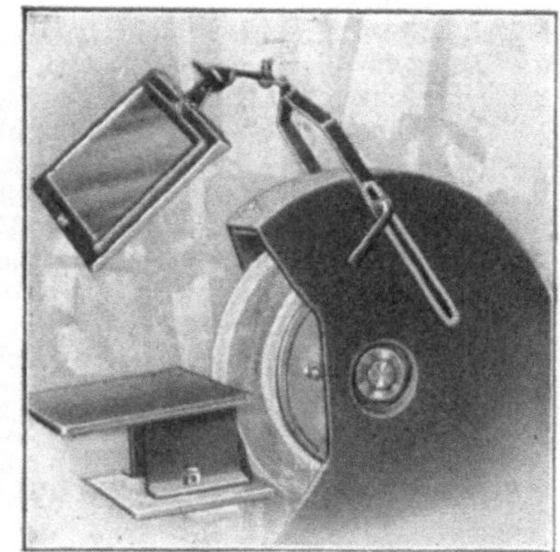

Abb. 80.
Schleifscheibe mit Schutzvorrichtung.

Für die Schleifmaschine sehr zu empfehlen sind die beim Eisen- und Stahlwerk Hoesch A.G. in Dortmund eingeführten Schutzscheiben (Abb. 80). Sie sind allseitig durch Kugelgelenke verstellbar und stören so den Schleifvorgang nicht. Man wähle die Scheibe nicht zu klein, mindestens 200 × 200 mm, bringe sie auch nicht zu nahe an den Schleifstein, da sie sonst schnell blind wird (durch die anfliegenden Schleifkörner). Das Arbeitskleid sei entgegen der sonstigen Vorschrift weit, damit nicht jeder auffliegende Funke oder Spritzer die Haut verbrennt.

Ein für die Hilfsarbeiter unentbehrlicher Schutz ist das Handleder, in Gießereien besonders angewandt beim Verladen und Zerkleinern von Bruch, Schrott und Masseln. Es wird jedoch zu einer erheblichen Gefahrenquelle, sobald es gerissen oder unsachgemäß geflickt ist, da — zumal beim Abwerfen von Masseln — diese im Handleder hängenbleiben und den Arbeiter mitreißen; steht derselbe auf einem Eisenbahnwagen, so wird gewöhnlich ein

Zahlentafel 63.

Merkblatt über Unfallschutz in Gießereien der Deutschen Eisen- und Stahl-Berufsgenossenschaften.

Die statistischen Erhebungen der letzten Jahre haben gezeigt, daß sich die Mehrzahl der Gießereiunfälle beim Transport aller Art, bei der Benutzung von Hebezeugen und beim Umgang mit flüssigem Eisen oder Metall ereignet.

Es hat sich auch ergeben, daß die Unfallsicherheit in den Gießereien mehr als in manchen Metallbearbeitungsbetrieben von der Belegschaft selbst beeinflußt werden kann.

Das Merkblatt wendet sich daher an Betriebsunternehmer und Versicherte. Es enthält Forderungen, die zum größten Teil bekannt sind, soll auf die Beachtung dieser Forderungen hinweisen und dadurch zur Erhöhung der Unfallsicherheit in den Gießereien beitragen.

Transportarbeiten und Hebezeuge.

Ordnung und Wege. Ordnung im Betriebe verringert die Unfallgefahr. Die Wege in der Gießerei sollen einen sicheren Verkehr auch mit flüssigem Eisen, Stahl und Metall gewährleisten. Sie sind möglichst breit, eben und frei von Gegenständen und Material zu halten; in Zeiten starker Beschäftigung ist hierfür besonders zu sorgen. Auch bei engen Raumverhältnissen kann die Verkehrsicherheit durch entsprechende Betriebsregeln und deren Befolgung durch die Belegschaft oft wesentlich verbessert werden.

Zu hohes Stapeln von Formkästen ist zu vermeiden.

Hebezeuge. Hebezeuge und andere Transportmittel sind laufend zu überwachen, Ketten, Seile und Balanciers in bestimmten Zeitabständen zu prüfen. Überlastungen zu verhüten. Schadhaft gewordene Anschlagketten und Taue sind zurückzugeben. Die Hubbewegungen mechanisch betriebener Laufkrane sind durch Endausschalter oder Brechhölzer zu begrenzen, oder es sind zuverlässige Fangvorrichtungen anzubringen.

Kranführer müssen beim Fahren und Bewegen der Last die gegebenen Vorschriften befolgen und das Überfahren der Hubbegrenzung vermeiden.

Zwischen Kranführer und Anschlägern sind bestimmte eindeutige Verständigungszeichen und Winke festzulegen (vgl. Unfallverhütungsbild Handzeichen für Kranverkehr). Jedes unnötige Verweilen unter schwebenden Lasten ist verboten. Das Herausziehen schwerer im Herd geformter Gußstücke soll möglichst erst nach vollständiger Freilegung erfolgen. Unbelastete Anschlagketten sollen nicht frei herabhängen.

Beförderung von Hand. Das Aufnehmen und Absetzen schwerer Lasten muß nach einheitlichem Kommando erfolgen. Unnötiges Werfen ist zu vermeiden.

Schmelz- und Gießprozeß.

Begichtung. Wichtig ist die Instandhaltung der Gichtaufzüge, insbesondere der Aufzugtüren und Hubgitter. Führen von der Gichtbühne Luken ins Freie, so sind sie gegen Absturz zu sichern. Der Gichtarbeiter muß wissen, daß die Ofengase Kohlenoxyd enthalten.

Schmelzen. Den Schmelzern sind Schutzbrillen zur Verfügung zu stellen; die Brillen sind beim Abstechen des Kuppelofens und bei der Bedienung der Tiegelöfen zu tragen. Soweit es nach der Art der Arbeit möglich ist, sollen sich die Versicherten seitlich vom Stichloch aufhalten. Unbefugte sind im Bereich solcher Arbeiten nicht zu dulden.

Transport des flüssigen Eisens. Die Gieß- und Transportpfannen sind gegen unbeabsichtigtes Umkippen zu sichern, Gießpfannen mit mehr als 1000 kg Inhalt, die von Hand gekippt werden, müssen mit selbstsperrender Kippvorrichtung versehen sein. Die Pfannen und Tiegel sind vor dem Gebrauch gut zu trocknen. **Bei Nässe droht Explosionsgefahr,** deshalb sind Stellen, an die Eisen, Metall oder Schlacke in flüssigem Zustand gelangen können, trocken zu halten und Krammstöcke, mit denen das Eisen abgeschäumt wird, vorzuwärmen. Schnelles Laufen mit gefüllten Gießpfannen ist zu vermeiden. Beim Transport flüssigen Eisens oder Metalls sind geeignete Maßnahmen gegen Blendung zu treffen.

Fußschutz. Zur Vermeidung von Fußverbrennungen ist das Tragen guter und fester Schuhe beim Gießen erforderlich, die Schuhe sollen leicht abgestreift werden können. Bei Schaftstiefeln darf die Hose nicht in den Stiefelschaft gesteckt werden.

Formerei und Sandaufbereitung. Unterhalb eines am Kran hängenden Formkastens dürfen Arbeiten nicht vorgenommen werden, sofern er nicht sicher abgestützt ist. Beim Zulegen der Formen und beim Wenden großer Formkästen ist vorsichtig zu verfahren.

An Kollergängen sind Zahnräder und Riementriebe im Gefahrenbereich zu schützen, Mischtrommeln müssen Schutzstangen erhalten, bei elektrischen und Preßluftleitungen ist auf gute Instandhaltung zu achten.

Trocknen von Formen und Kernen. Hochgezogene Trockenofentüren sind gegen Herabgleiten zu sichern. Gegengewichte, die beim Herabfallen Verletzungen herbeiführen können, müssen umwehrt sein.

Von den Abgasen der Trockenkammern droht Kohlenoxydvergiftung; für guten Abzug aus den Kammern muß gesorgt sein. Unnötiger Aufenthalt in und auf den Trockenkammern und in ihrer unmittelbaren Nähe ist verboten. Auch beim Formentrocknen in den Arbeitshallen ist wegen der Gefahr von Kohlenoxydbildung ausreichend zu lüften.

Gußputzerei. Bei Sandstrahlgebläsen ist der entstehende Staub abzusaugen. Schleifscheiben sind mit Schutzhauben aus zähem Material (nicht Gußeisen) oder mit **nachstellbaren** Schutzbügeln zu versehen. Ist dies nach der Art der Arbeit unmöglich, so sind konische Scheiben mit auswechselbaren Seitenbacken zu verwenden. Die Befestigung der Hauben oder Bügel muß stark genug sein. Schleifstaub ist möglichst durch geeignete Absaugevorrichtungen abzuleiten. Zum Abrichten unrund gewordener Scheiben sind geeignete Werkzeuge bereitzuhalten.

Von den Versicherten sind Schutzbügel und Auflagen zur Abnutzung der Scheiben laufend nachzustellen. Die Scheiben sind rundlaufend zu erhalten, das Behauen unrunder Scheiben ist unzulässig. Staubabsaugevorrichtungen dürfen nicht unwirksam gemacht werden.

Die den Gußputzern zur Verfügung zu stellenden Schutzbrillen sind beim Abgraten mit Hammer und Meißel und an den Schleifscheiben ständig zu tragen.

Hilfe bei Unfällen und Verbandzeug. Im Betriebe muß die Anleitung zur ersten Hilfeleistung bei Unfällen aushängen. Es muß eine entsprechende Zahl ausgebildeter Helfer in jeder Schicht vorhanden sein. Das notwendige Verbandzeug ist vorrätig zu halten und gegen Verunreinigung geschützt aufzubewahren.

Arm- oder Beinbruch die Folge sein. Zerschlissene Handleder sind also jeweils gegen neue oder sachgemäß geflickte umzutauschen. Da auch neue Handleder häufig unter den zu bewegenden Massen (besonders unter Langeisen) hängen bleiben und so Handquetschungen verursachen, sind verschiedentlich Versuche angestellt worden, ein Handleder anzufertigen, aus dem sich im Gefahrfalle die Hand herausziehen läßt. So sind verschiedene Arten auf den Markt gekommen, von denen das in Abb. 81 gezeigte Leder mit aufgeklemmtem Gummiband[1]) bisher am meisten Anklang gefunden hat.

An dieser Stelle sei darauf hingewiesen, daß in letzter Zeit vielfach Versuche gemacht wurden, gewöhnliche Handgriffe und Sackleinenschürzen mit einer Feuerschutzmasse

Abb. 81. Unfallgefahr durch Handleder.

Taderp[2]) zu tränken; es vermeidet wirkungsvoll ein Aufflammen der bespritzten Kleidungstücke. Man ist sogar dazu übergegangen, den Faden vor dem Weben in genannter Weise zu imprägnieren. Der Vorteil gegenüber Asbest dürfte in größerer Geschmeidigkeit des Stoffes liegen, nachteilig ist die Tatsache, daß die Schutzwirkung mit der Zeit nachläßt.

Schmelzbetriebe.

Neben diesen unmittelbaren Schutzvorkehrungen stehen gleichbedeutend die Maßnahmen, welche das Aufspritzen flüssigen Eisens überhaupt unterbinden: Erstes Erfordernis hierzu sind vollkommen trockene, gut vorgewärmte Pfannen, Gießlöffel, Rührstangen und Rinnen; besondere Vorsicht ist beim Entleeren der Kuppelöfen erforderlich; die Grube sollte stets zuvor mit trockenem Sand ausgestreut werden. Dort nicht beschäftigte Arbeiter sind unbedingt fernzuhalten. Weitere Unfallgefahr und auch Zeitverlust werden vermieden, wenn zum Auffangen der Schlacke ein fahrbarer Karren untergestellt wird[3]). Der Ofenmann soll dafür sorgen, daß im Umkreis des Abstiches nichts umherliegt oder steht, damit er im Falle der Gefahr beim Zurückspringen nicht zu Fall kommt.

[1]) Lieferer: A. Korthaus in Bochum-Weitmar.

[2]) Hersteller: Taderp-Feuerlöschwerke, Oberhausen (Rheinland). [3]) Vgl. Bd. III, S. 132.

Das Verschließen und Öffnen des Stichloches sollte möglichst mechanisch geschehen, entstehen doch gerade bei dieser Arbeit oft nicht nur leichte, sondern auch schwere Verbrennungen, da sich der Strahl flüssigen Eisens häufig wider Erwarten statt in neben die Rinne ergießt. Eine gut bewährte Abstecheinrichtung zeigt die Abb. 82[1]. Die Handhabung dieses weitverbreiteten Verschlusses nach Feldhoff[2] ist sehr einfach. Bei richtiger Anwendung wird das Stichloch des Ofens durch einen Hebelzug geschlossen, durch Lüften des Hebels H läuft das Eisen wieder ab. Der Stopfen P kommt glatt heraus, und das Stichloch hält, ohne erneuert zu werden, sehr lange. Der Lieferer leistet volle Gewähr für einwandfreies Arbeiten. Die Vorrichtung wird gebaut für Öfen mit und ohne Vorherd. Wird das Stichloch von Hand verstopft, so sollen stets 3—4 Holzstangen mit Lehmpfropfen bereit stehen, da der erste Pfropfen vielfach nicht hält. Zum weiteren Schutz des Schmelzers lege man vor der Abstichseite eine Grube an, in der sich das vorbeifließende Eisen sammeln kann. Die Grube ist selbstverständlich mit gußeisernen Seitenplatten zu versehen und mit einem Rost abzudecken.

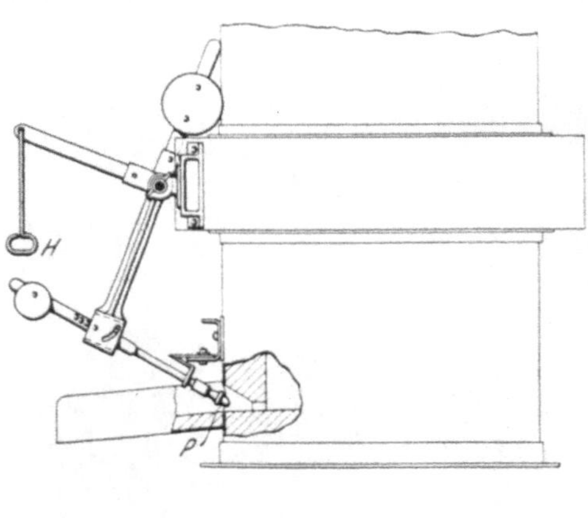

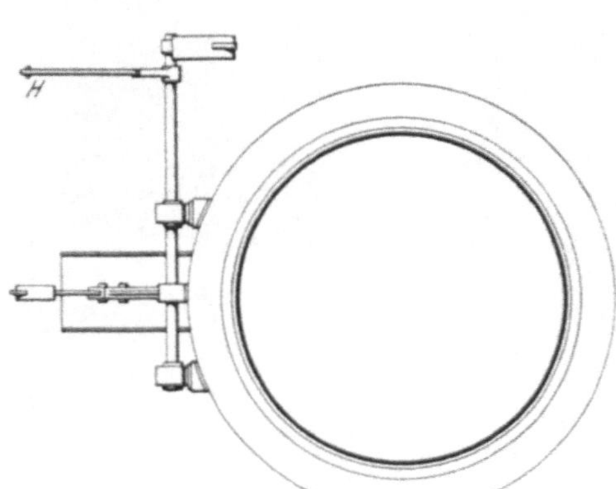

Abb. 82. Abstechvorrichtung nach Feldhoff.

Abb. 83. Gießtrommel.

Nach dem Abstich wird das Eisen bekanntlich für die vielen kleinen Formen in Scherenpfannen[3] umgefüllt, die von Hand getragen werden. Es ist einleuchtend, daß bei dem Tragen sehr leicht Verbrennungen vorkommen. Man achte also in erster Linie darauf, daß die Pfannen nicht randvoll gefüllt werden, um bei ungleichmäßigem Gang oder gar Stolpern der Träger das Überschwanken des Eisens zu erschweren. Um Strahlung und Blendwirkung zu vermeiden, bedecke man die Handpfannen während des Tragens mit einem Blenddeckel. Die Träger sollen nicht im Gleichschritt gehen.

Der Verband der Deutschen Eisen- und Stahl-Berufsgenossenschaften beschreibt in seinem Buch „Neuartige Schutzvorrichtungen“ eine beachtenswerte Vorrichtung zur Beförderung von Gießtrommeln und Gießpfannen, die mit der Unfallverhütung gleichzeitig eine Erleichterung beim Abgießen bringt; dort heißt es: Auf einem durch die Halle gespannten Drahtseil läuft eine Rollenkatze. An dieser hängt ein Rahmen, in dem eine Zugstange verschiebbar angeordnet ist, zwischen beide Teile sind Spiralfedern geschaltet, deren Spannung die Last der Gießpfanne aufnimmt. Durch eine Sperr-

[1] Lieferer: Werner-Handelsgesellschaft in Düsseldorf. [2] Vgl. Bd. III, S. 131.
[3] Vgl. Bd. III, S. 537 f.

vorrichtung kann die Höhenlage festgelegt werden, während beim Abgießen nur geringer Kraftaufwand der Arbeiter erforderlich ist, um die Gießpfanne zu heben und zu senken. Die Vorrichtung ist nicht nur als kraftsparend anzusprechen, sondern wirkt wegen der außerordentlich einfachen Hantierung der Pfannen auch unfallverhütend, da keine Gefahr besteht, daß durch unsichere Handhabung der Pfannen Eisen verspritzt wird. Die Erfindung [1]) stammt von Oberingenieur Wilperz der Vereinigten Stahlwerke A.G., Werk Hilden, wo sie in der Gießerei schon seit geraumer Zeit angewendet wird und bei den Arbeitern sehr beliebt ist.

Für Kranbeförderung ist die Gießtrommel nach Abb. 83[2]) sehr empfehlenswert[3]). Durch die fast geschlossene Form wird jedes Spritzen vermieden. Sehr wesentlich ist außerdem, daß die Gießer bei Verwendung dieser Pfanne vor der strahlenden Hitze geschützt sind, und das Kippen bedeutend leichter erfolgt, da hier nur der Lagerdruck zu überwinden ist, während bei den offenen Pfannen ein Teil des Pfannen- und Eisengewichtes mitzuheben ist.

Augenverletzungen entstehen häufig beim Abgießen selbst. Es sei Gebot, sich nicht zu nahe über die Steigtrichter zu beugen, man halte stets die Hand vor die Augen und sehe durch einen schmalen Spalt der Finger.

Transportmittel.

Es gilt auch hier wie überall für die Unfallverhütung das Gebot: „Haltet die Wege frei". Ein oder zwei breite und ausnahmslos freizuhaltende Wege, die gut geebnet sind, übersichtliche Arbeitsplätze, Wandbretter, auf die die Werkzeuge und Modelle sofort nach der Benutzung zurückgelegt werden, und dergleichen, fördern erfahrungsgemäß nicht allein die Erzeugung, sondern verringern auch gleichzeitig wesentlich die Unfallgefahr. Feuchte Stellen müssen vor Beginn des Gießens ausgetrocknet werden, besonders da, wo sie auf oder neben dem Wege der Pfannenträger liegen. Um die Transportwege von Hand an sich zu verkürzen, ist es richtig, die große Pfanne mit dem Kran zwischen die Gießfelder zu fahren und erst dort umzufüllen.

Nicht vergessen darf man bei den Unfallverhütungsmaßnahmen den Kranmaschinisten. Er befindet sich in seinem Führerkorb während des Gießens bei den meisten Kranbauarten unmittelbar über der Pfanne; nicht allein beeinträchtigen in solchem Fall die strahlende Hitze, sondern fast mehr noch die schwefelhaltigen Gase sein Wohlbefinden. Von seiner körperlichen Frische hängen das gute Gelingen des Gusses und die Sicherheit der neben der Pfanne arbeitenden Leute sehr ab. Man schütze ihn also so gut wie möglich vor den Wärmeausstrahlungen, man streiche auch die Holzteile seines Korbes mit feuerfester Farbe an[4]) und stelle ihm eine Schwefelmaske während des Abgießens[5]) zur Verfügung.

Selbstverständlich soll eine regelmäßige Prüfung der Ketten und Seile stattfinden; die Ketten müssen von einem zuverlässigen Mann (möglichst Schmied) Glied für Glied auf Einschnürung, Kerbstellen und Schweißung durchgesehen werden, und zwar wöchentlich einmal, soweit es sich um Ketten handelt, die strahlender Hitze ausgesetzt sind. Schadhafte und zweifelhafte Glieder sind sofort herauszutrennen. Das Ausglühen der Ketten wiederholt man nicht zu oft. Auf Einhaltung richtiger Temperatur und gleichmäßiger Wärme und auf langsame Abkühlung der warmen Pfannen muß gesehen werden, da sonst die Ketten unzuverlässiger als zuvor werden. Für die Belegschaft ist eine Belastungstafel, etwa nach Zahlentafel 64 und Abb. 84, auszuhängen; es ist empfehlenswert, die mit dem Anhängen und Fahren der Lasten betrauten Leute zu belehren, in welcher Weise die Tragfähigkeit von Ketten und Seilen abnimmt, sobald sie statt in senkrechter in winkeliger Spannung tragen. Die Abmessungen seien reichlich gehalten, da beim

---

[1]) D.R.P. und Auslandspatente angemeldet.
[2]) Lieferer: Badische Maschinenfabrik in Durlach u. a.
[3]) Vgl. auch Bd. III, S. 544. [4]) Taderp siehe S. 213.
[5]) Lieferer: Deutsche Gasglühlicht-Auer-Ges. m. b. H. Berlin O 17 u. a.

Zahlentafel 64.

Die Wahl der Tragmittel und Befestigungsmittel sowie deren Bemessung nach Feststellung des Gewichtes der Last.

Durchmesser des Kettengliedes in mm	Zulässige Belastung (Nutzzugkraft) eines einzelnen Kettenstranges in kg		
	bei senkrecht hängender Kette ⊥	bei einem Neigungswinkel von $90^0 = {}^2/_3$ ⊥	bei einem Neigungswinkel von $120^0 = {}^1/_2$ ⊥
8	500	350	250
11	1000	700	500
16	2500	1700	1250
22	4000	2700	2000
30	8000	5500	4000

Zulässige Belastung eines einzelnen Seilstranges in kg

Durchmesser des Seiles mm	für Hanfseile bei Neigungswinkel			Durchmesser des Seiles mm	für verzinkte Drahtseile Neigungswinkel		
	⊥	90^0	120^0		⊥	90^0	120^0
16	200	140	100	10	530	370	270
20	300	210	150	14	1000	700	500
26	500	350	250	16	1200	840	600
52	2100	1450	1000	18	1500	1050	750
				20	2000	1400	1000
				24	3200	2250	1600
				30	6000	4200	3000
				35	8000	5600	4000

Ausheben der im Herd gegossenen Stücke außer dem Stückgewicht unter Umständen die umliegende Erdmasse zu überwinden ist, deren Festigkeit unberechenbar ist.

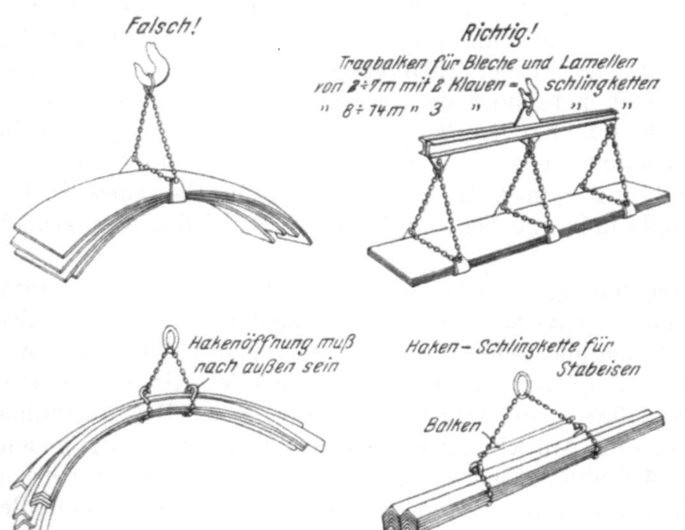

Abb. 84. Falsches und richtiges Anhängen von Lasten am Kran.

Unter in Ketten hängenden Formkasten darf keinesfalls gearbeitet werden, man setze sie zuvor auf Böcke ab. Außerdem achte man streng darauf, daß der Kranführer seine Last nicht über die Köpfe der arbeitenden Leute hinweg fährt, sondern die freien Wege entlang. Wer sich hier aufhält, hat beim Nahen des Kranes zur Seite zu treten. Bei Kranen und bei Gichtaufzügen achte man darauf, daß sie möglichst nur von derselben Person bedient werden. Aufzüge sind allseitig mit einem Gitterwerk zu umgeben.

Bei Gichtaufzügen ist zu beachten, daß die Förderwagen auf der Plattform während der Fahrt sich nicht bewegen können. Die Verriegelung der Türen soll selbsttätig erfolgen, d. h. sie soll einsetzen, sobald der Fahrkorb den betreffenden Stock verläßt; zugleich legt man zweckmäßig eine Vorrichtung an, die ein Einrücken des Aufzuges bei offenen Türen verhindert. Ein Schild, das die höchstzulässige Tragfähigkeit, sowie eine Warnung „Vorsicht Fahrstuhl!“ enthält, ist an gut sichtbarer Stelle anzubringen.

Eine weitere Gefahr bilden in jedem Betrieb schlecht gestapelte Bedarfstoffe. Hierzu rechnen in Gießereien besonders die leeren Formkasten. Sie dürfen nicht zu hoch, besonders aber nicht auf unebenem Boden gestapelt werden.

Giftige und explosible Gase.

Giftige Gase bilden stets eine heimtückische Unfallgefahr. Man begegnet ihnen auch außerhalb der Gießzeit in der Gießerei in leichter Form überall da, wo Formen in der Halle mit Kohle, Briketts oder Koks getrocknet werden. Einzige Abhilfe dürfte gute Durchlüftung des Raumes sein; wenn möglich, ist der Arbeitsvorgang so einzurichten, daß die Formen nachts getrocknet werden. Gruben und Herdformen kann man mit tragbaren Formtrockenöfen trocknen [1]). Bekannt sind jene Öfen, bei denen die Luft durch den Rost und den Herd gesaugt oder besser in die zu trocknenden Formen gedrückt wird, die bereits mit dem Oberkasten abgedeckt sind. Der Belegschaft ist immer wieder klarzumachen, daß Kohlenoxydgas geschmack-, geruch- und farblos, also für unsere Sinne erst wahrnehmbar ist, wenn seine zerstörende Wirkung einsetzt. Es genügen bereits Bruchteile von 1% Kohlenoxyd, um Schwindel, Brechreiz und bei längerer Einatmung den Tod herbeizuführen. Bei stärkerem Kohlenoxydgehalt tritt sofortige Bewußtlosigkeit ohne die vorgenannten Anzeichen ein, sodaß sich der Betroffene selbst nicht mehr aus der Gaszone entfernen kann und ohne fremde Hilfe verloren ist.

Besonders verhängnisvoll gestaltet sich unter Umständen das in den Trockenkammern auftretende Kohlenoxyd. Diese sind daher vor dem Betreten wirksam zu entlüften, zumal auch die große Hitze innerhalb der Kammern gesundheitschädlich ist. Da sich das Entstehen von Kohlenoxyd in den meisten Fällen nicht vermeiden läßt, verhindert man das Betreten des Raumes, und zwar dadurch, daß die Kerne auf einem Wagen mittels Spill hineinbefördert werden, außerdem durch Anbringen eines Warnungsschildes, das den Aufenthalt Unbefugter in dem Raume unter strenge Strafe stellt. Ist dieser Raum zu Winterszeit doch beliebt, um sich zu wärmen und zu schlafen! Außerdem sollte eine Tafel folgender Inschrift nicht fehlen: „Vor dem Schließen dieser Tür überzeuge Dich, daß niemand in dem Trockenraum ist!“. Will man noch sicherer gehen, so ist es empfehlenswert, entweder in der Schiebetür eine von innen zu öffnende kleine Tür anzubringen oder einen Knopf bzw. Zug zu einer in der Halle hörbaren Alarmglocke.

Bei der Gelegenheit sei eine mechanische Schutzmaßnahme an der Tür erwähnt: Senkrechtlaufende Aufhängetüren sind in geöffnetem Zustand durch Bolzen zu sichern, die unter den Türen in die Führungschienen zu stellen sind. Die zum Hochziehen dienenden Winden müssen mit Sperrklinken versehen sein oder das noch sicherer wirkende, selbstsperrende Schneckengetriebe besitzen. Die Gegengewichte sind in einem Drahtrohr zu führen [2]).

Neben der gesundheitschädlichen, oft tödlichen Wirkung bildet das Kohlenoxyd mit Luft vermischt als explosibles Gemisch eine erhebliche Unfallgefahr, und zwar sowohl in dem Trockenofen, als auch im Kuppelofen. Im ersteren dann, wenn er mit Generatorgas geheizt wird. Nach Gewerberat Winterhager in Köln [3]) können sich explosible Gemische bilden, wenn bei zu hohem Gasdruck die Gasflamme von der einzelnen Ausströmöffnung abgerissen wird, oder wenn bei zu schwachem Gasdruck das Gas vorübergehend nicht bis an die entferntest gelegenen Brennstellen der in der Kammer verlegten Gasleitung gelangen kann. Um ein Abreißen der Flamme bei hohem Gasdruck zu verhindern, wird zweckmäßig über jeder Gasaustrittsöffnung der Leitung ein Helm oder über der ganzen Gasleitung ein mit der Spitze nach oben gerichtetes Winkeleisen aufgesetzt, so daß die Flamme stets nach unten zurückgedrängt wird. Damit das Gas bei wechselndem Leitungsdruck stets an allen Austrittsöffnungen der Leitung zum Abbrande gelangt, müssen die Öffnungen in möglichst kurzen Abständen nebeneinander angeordnet

[1]) Vgl. Bd. II, S. 266 f. [2]) Vgl. auch Bd. II, S. 273 f.
[3]) Reichsarbeitsblatt 1926, Nr. 27, S. 461/474.

sein. Vielfach werden auch in die Gasleitungen Langschlitzlöcher eingefräst, die nur durch kleine Stege unterbrochen sind, Die Flamme wird dann mit Sicherheit von Öffnung zu Öffnung überspringen können. Nach dem Reinigen der Gasleitung oder nach einer Außerbetriebsetzung des Gaserzeugers muß das in der Leitung vorhandene Gas-Luft-Gemisch durch Einblasen von Dampf od. dgl. erst abgeführt werden, bevor das Gas in die Trockenkammer eingeleitet und dort entzündet wird. In der Generatorgasleitung müssen alle Sicherungen vorgesehen sein, die seitens der Berufsgenossenschaft vorgeschrieben sind.

Die Gefahren einer Kohlenoxydvergiftung sind bei den neueren Trockenkammerbauausführungen mit unmittelbarer Heißwasser- oder Dampfheizung [1]) gänzlich behoben. H. Winkelmann [2]) beschreibt sie wie folgt: „... Bei diesen Trockenkammern erfolgt die Beheizung bis zu 270° C durch eine Anzahl einzelner, unter sich miteinander verbundener nahtloser Stahlrohre. Diese sind an beiden Enden zugeschweißt und zum Teil mit Wasser gefüllt, das innen in den Röhren eingeschlossen bleibt, also weder verdunsten kann, noch nachgefüllt zu werden braucht. Mit dem einen Ende ragen diese Rohre in den vom Trockenraum vollständig getrennten, rückwärts gelegenen Feuerraum, wo sie die Wärme aufnehmen, um sie in den Arbeitsraum zu übertragen. Zur besseren Ausnutzung der Wärme werden die Heizgase noch durch Oberzüge hin- und hergeleitet, bevor sie in den Fuchs entweichen. Die vollständige Trennung des Feuerraumes vom Trockenraum bürgt für dessen größtmögliche Staubfreiheit. Die Wärmeverteilung ist sehr gleichmäßig und kann durch besondere Ausgleichsvorrichtungen noch erhöht werden. Die Heizung ist besonders anhaltend, so daß die Trockenkammer die Hitze lange behält und, wenn sie geschlossen ist, selbst über Nacht nur wenig abkühlt. Für niedrige Temperaturen bis zu 120° C werden derartig gebaute Trockenkammern auch mit durch Dampf geheizten Heizschlangen geliefert, die in der Regel aus endlos geschweißten und nahtlosen Röhren hergestellt sind. Bei geringem Dampfdruck mit entsprechend niedrigeren Kammertemperaturen oder bei sehr beschränkten Raumverhältnissen kommen wohl auch Rippenrohre in Betracht, die aber der größeren Verstaubungsmöglichkeit wegen besser zu vermeiden sind. Derartige Trockenkammern lassen sich, abgesehen von einer gleichmäßigen Wärmeverteilung und größerer Wirtschaftlichkeit, schon infolge ihrer Wärmeabstellmöglichkeit und Staubfreiheit besser und gesünder von den Arbeitern bedienen."

Das Kohlenoxyd-Luft-Gemisch kann ferner in der Windleitung des Kuppelofens auftreten, und zwar dann, wenn der Wind vorübergehend abgestellt wird und Kohlenoxyd durch den Windmantel in die Leitung zurückflutet. Es vermischt sich mit der dort vorhandenen Luft zu einem Gasluftgemisch, das beim Wiederanstellen des Gebläses zu heftigen Explosionen führen kann. Zur Vermeidung dieser Gefahr sind die Düsenklappen sofort nach dem Abstellen des Windes zu öffnen, um dem Gas einen Weg ins Freie zu schaffen. Sobald der Ofen wieder angefahren wird, läßt man einige Düsenklappen noch eine Zeitlang geöffnet, um noch zurückgebliebenes Gasgemisch zu entfernen und nur reinen Wind in den Ofen zu blasen. Um das Öffnen und Schließen der Windklappen nicht der Willkür oder Vergeßlichkeit des Ofenmanns zu überlassen, ist der Einbau von Sicherheitsventilen zu empfehlen, die so gebaut sind, daß sie sich durch Federdruck öffnen, sobald der Winddruck unter etwa 200 mm Wassersäule sinkt.

Für die auf der Gicht arbeitenden Schmelzer besteht verhältnismäßig wenig Gefahr, wenn die Gichtbühne eine ausreichende Bewegungsfreiheit zuläßt. Aus transporttechnischen Gründen liegt die Gichteinwurföffnung gewöhnlich so tief, daß sie mit der Bühne abschneidet. Um die Absturzgefahr in den Ofen abzuschwächen, bringt man zweckmäßig vor der Einwurföffnung ein etwa 25 cm hohes Fußblech und oben eine Handleiste an. Ferner sollte jeder Kuppelofen zwecks Verringerung der Feuersgefahr eine Vorrichtung zum Niederschlagen der Gichtflammen besitzen. Gemauerte Funkenkammern [3]) haben oft Nachteile, zumal sich in ihnen beim Anheizen und Anblasen leicht größere Mengen Kohlenoxydgas entwickeln, die wie bereits erörtert, den Arbeitern auf der Gicht

[1]) Vgl. Bd. II, S. 285 f.

[2]) Z. Gewerbe-Hygiene usw. (Wien) 1923, S. 10/12. [3]) Vgl. Bd. III, S. 104 f.

sehr gefährlich werden können. An Stelle der genannten Aufsätze baut man vielfach solche aus Eisen, die mit einer Berieselungsanlage versehen, Funkenauswurf und Gichtflammen niederdrücken und gleichzeitig den Gasen freien Abzug ermöglichen [1]).

Aufbereitung der Formstoffe.

Bei der Sandaufbereitung, beim Ausklopfen der Formkasten und beim Gußputzen muß man auf geeigneten Schutz bedacht sein. Beim Sandaufbereiten bilden die Sandmischmaschinen und Kugelmühlen [2]) eine gefährliche Unfallquelle. Es genügt bei diesen Maschinen nicht, Riemenscheiben und Zahnräder durch Umwehrung vor der unfreiwilligen Berührung zu bewahren; man sollte auch die Läuferbahn mit einer mindestens 1,10 m hohen Brüstung aus Vollblech umgeben. Sehr wesentlich ist es, die Einrückvorrichtung dieser Maschinen mit einer verschließbaren Verriegelung zu versehen, die ein selbsttätiges oder versehentliches Einrücken verhindern. Über die Sicherung von Mischmaschinen sagt H. Winkelmann [3]). „Auch bei diesen genügt keineswegs die allgemeine Sicherung des Antriebs. Die für die Sandaufbereitung in Gießereien verwendeten Mischmaschinen bestehen in der Regel aus einem maschinell kippbaren Trog mit einem oder mehreren Mischflügeln. Es besteht nun besonders bei tiefstehenden Maschinen die Gefahr, daß der die Maschinen bedienende Arbeiter von den umlaufenden Mischflügeln erfaßt wird. Um dies sicher zu verhüten, müssen daher derartige Maschinen mit einem Schutzdeckel versehen sein, der im Betriebe eine Beobachtung des Troginnern gestattet, aber während des Laufens der Maschinen nicht und während der ebenfalls im Betriebe vorzunehmenden Entleerung in Kippstellung nur teilweise geöffnet werden kann. In letzterem Fall ist an den zwei Seiten der Maschine je ein Schutzgitter für die Spaltöffnung des Deckels beim Entleeren vorzusehen, um ein Hineingreifen in den Trog unmöglich zu machen. Im allgemeinen empfiehlt es sich für Gießereien, schon im Interesse der geringen Staubentwicklung und der damit verbundenen Unfallgefahr, den Deckel der Mischmaschinen aus Vollblech herzustellen." Zur Sandaufbereitung werden ferner vielfach Kugel-, Schlagkreuz- und Schleudermühlen verwendet. Diese Maschinen sind im allgemeinen trotz ihrer teilweise sehr gefährlichen Bewegungsmechanismen so unfallsicher umkleidet, daß nur die meistens sehr schnell umlaufenden Antriebe gut zu schützen sind, und für ausreichende Staubabsaugung Sorge zu tragen ist.

Bei Kollergängen sieht man immer wieder, daß der Arbeiter den Sand von Hand in den Trichter stößt; Ermahnungen in dem Sinne, den Sand mit einem Stück Holz nachzudrücken, werden gewöhnlich nur solange befolgt, wie der Vorgesetzte daneben steht. Die sicherste Abhilfe ist die, den Einwurftrichter soweit zu verlängern, daß man mit der Hand den Mahlgang nicht mehr erreichen kann.

Bei Aufbereitung des Altsandes sollen die Formerstifte mit Sorgfalt aussortiert werden, da andernfalls gefährliche Fingerverletzungen der Former die Folge sind. Man sortiert den Sand, indem man ihn durch ein Rüttelsieb und eine Magnetmaschine oder durch ein Trommelsieb schickt.

Kleinere Formkasten, soweit sie von zwei Mann gehoben werden können, stellt man zweckmäßig auf Formtische, um die unnötige Anstrengung gebückter Arbeit und die durch den feuchten Sand entstehenden rheumatischen Erkrankungen zu vermeiden. Viele neuzeitliche Großgießereien heben auch schwere Formkasten auf entsprechend gebaute Werkbänke, so daß tatsächlich nur die Former für Herdguß und Grubenguß noch auf der Erde knien.

Gußputzerei.

Eine sehr lästige Begleiterscheinung in Gießereien und besonders in Putzereien ist der Staub. Kleinere und mittlere Gußstücke werden zweckmäßig auf einem Rost geputzt, unter dem eine Staubabsaugvorrichtung angebracht ist [4]). Dazu sagt Winter-

[1]) Vgl. Bd. III, S. 107 f. [2]) Vgl. Bd. III, S. 648 ff.
[3]) Z. Gewerbe-Hygiene 1922, S. 169/170, 186/187. [4]) Vgl. Bd. III, S. 499 f.

hager[1]): „Die Arbeit des Gußputzens ist wegen der damit verbundenen erheblichen Staubentwicklung zweifellos die gesundheitschädlichste aller Arbeiten in Gießereien. Wenn auch viele Fortschritte in der Bekämpfung der Staubgefahr gemacht worden sind, so bleibt doch in den Putzereien noch viel zu wünschen übrig."

Aus den Formkasten wird der beim Gießen eingetrocknete Sand meist unmittelbar an der Gießstelle, zuweilen auch an einer besonderen Sammelstelle, mittels Stemmeisen und Handhämmern herausgestoßen bzw. herausgeschlagen. Beim Herausstürzen des trockenen Sandes aus dem Formkasten wirbelt immer Staub auf. Die Staubentwicklung wird vermindert, wenn der Sand kurze Zeit vor der Entleerung des Formkastens etwas angefeuchtet wird. Zweckmäßig verwendet man zum Anfeuchten des Sandes Gießkannen, die mit Brausen versehen sind.

Die Reinigung der aus den Formen entnommenen Gußstücke sollte niemals in der Formerei und Gießerei, sondern stets in besonderen, gegen die anderen Arbeitsräume abgeschlossenen Gußputzräumen geschehen. Beim Putzen der Gußstücke kann zwischen Vorbereitungs- und Vollendungsarbeiten unterschieden werden. Die Vorbereitungsarbeiten bestehen in der Beseitigung der Eingüsse, Steiger und Gußnähte, im Außstoßen von Kerneisen und Kernen, sowie in der oberflächlichen Entfernung des Sandes von den Gußstücken. Während früher diese Arbeiten lediglich mit Hämmern, Meißeln und Stahlbürsten ausgeführt werden konnten, stehen heute hierfür Preßlufthämmer, Preßluftklopfapparate, Preßluftmeißel, Kreissägen und mechanisch betriebene Schleifscheiben zur Verfügung[2]). Daß die Gußputzer bei diesen Arbeiten Schutzbrillen tragen müssen, ist selbstverständlich. In gut eingerichteten Anlagen liegen die Gußstücke bei diesen Reinigungsarbeiten je nach ihrer Größe auf Tischen oder Bänken oder über Kanälen des Fußbodens, die mit durchlochten Eisenplatten abgedeckt sind. Der abfallende Sand gelangt durch die durchlochten Platten in Kasten unter den Tischen und Bänken, bzw. in Fußbodenkanäle und wird, da diese an Staubabsaugeleitungen angeschlossen sind, aus dem Arbeitsraum ferngehalten[3]).

Durch die Gußputz-Vollendungsarbeiten sollen die Gußstücke ein glattes, sauberes Aussehen erhalten und von dem beim Gießen anhaftenden Formsand befreit werden. Für diese Arbeiten benutzt man liegende, um ihre Mittelachse drehbare Scheuerfässer und Putztrommeln oder Sandstrahlgebläse. Hinsichtlich der Vermeidung der Staubbildung haben sich ganz besonders die Scheuerfässer und Putztrommeln[4]) bewährt. Die Scheuerfässer dienen zur Reinigung kleinerer Gußstücke, während in Putztrommeln, die mit Durchmessern bis zu 1,50 m ausgeführt werden und häufig an eine Entstaubungsleitung angeschlossen sind, auch mittelgroße Gußstücke einwandfrei behandelt werden können.

Mit dem Sandstrahlgebläse[5]) läßt sich zweifellos eine recht gute Säuberung der Gußstücke erzielen. Die Staubentwicklung und die durch sie bedingte Gefährdung der Gußputzer sind aber beim Arbeiten mit dem Sandstrahlgebläse größer als beim Betriebe der Putztrommeln. Erträglich sind die Verhältnisse, wenn die Einwirkung des Sandstrahles auf die Gußstücke in einem durch Vorhang abgeschlossenen Raum erfolgt, in den sich ein Zuführungstisch mit den darauf liegenden Gußstücken hineinbewegt. Muß der Gußputzer aber in einem geschlossenen Putzhause die Gußstücke mittels Sandstrahlrohres behandeln, so ist er in der Regel erheblich der Staubgefahr ausgesetzt. Einfache Respiratoren bieten ihm dann keinen ausreichenden Schutz. Er muß stets einen geschlossenen Staubschutzhelm[6]) tragen. In den Helm muß von oben frische, reine Luft eingeführt werden. Die Luft darf höchstens mit einem Druck von 100 mm Wassersäule in den Helm eintreten, da der Putzer sonst durch den kalten, scharfen Luftstrom geschädigt wird. Zweckmäßig wird er zum Schutze gegen den Luftstrom noch eine Lederkappe unter dem Helm tragen. An den Helm muß sich ein Hals- und Nackenschutz aus Köperstoff oder Leder anschließen, der dicht auf dem Oberkörper aufsitzen muß. Gerne getragen werden die Schutzhelme von den Gußputzern auch

[1]) Reichsarbeitsblatt 1926, Nr. 27, S. 469/474. [2]) Vgl. Bd. III, S. 486 f.
[3]) Vgl. Bd. III, S. 499, 517 f. [4]) Vgl. Bd. III, S. 502 f. [5]) Vgl. Bd. III, S. 505 f.
[6]) Vgl. Bd. III, S. 517 f.

dann nicht, wenn sie leicht sind und sich in ordnungsmäßigem Zustand befinden; es sollte daher stets danach gestrebt werden, das Arbeiten der Putzer in geschlossenen Räumen zu vermeiden. In den meisten Fällen können in den Seitenwänden der Putzhäuser schmale Öffnungen vorgesehen werden, durch die der Putzer von geschützter Stelle aus das Strahlrohr auf die im Innern lagernden Stücke richtet. Es ist darauf zu achten, daß die Putzhäuser außerdem an eine Entstaubungsleitung angeschlossen sind, da der Putzer den Raum doch zeitweilig zum Zwecke des Wendens und Herausnehmens der Gußstücke betreten muß. Dem Sandstrahlarbeiter stelle man Respirator, Schutzbrille und womöglich Schutzkleidung zur Verfügung. Eine ideal erscheinende Lösung der Staubschutzfrage arbeitet folgendermaßen: Durch die vier im Fußboden, an der Decke und zu beiden Seiten des Putzhauses in voller Breite durchgehenden Schlitze saugt ein Exhaustor die Luft mit großer Geschwindigkeit an und bildet eine für den Staub undurchdringliche Luftzone, den sog. Luftschleier. Dieser teilt den ganzen Raum in zwei Hälften. Der sich unterhalb des Luftschleiers entwickelnde Staub wird bei seinem Aufsteigen von der Luftströmung mit fortgerissen, und dadurch bleibt der sich oberhalb dieser Zone befindende Arbeiter unbelästigt. Der gebrauchte Sand fällt durch den rostartigen Boden hindurch und wird durch Schnecke und Becherwerk selbsttätig dem Gebläse wieder zugeführt.

Abb. 85. Durch Preßluft betätigter Wasserzerstäuber.

In der Gelbgießerei des Eisen- und Stahlwerks Hoesch hat sich zum Niederschlagen des beim Aufbereiten alten Formsandes entstehenden Staubes ein Wasserzerstäuber, der durch Preßluft betätigt wird, sehr bewährt (s. Abb. 85).

Putzereien durchlüftet man nicht durch offene Tore und Dachreiter, da auf diese Art zuviel Staub aufgewirbelt wird, sondern man drückt Frischluft durch unter das Dach verlegte Rohre nach unten und läßt sie durch Seitenöffnungen in Fußbodenhöhe entweichen.

Sonstiges.

Neben geeigneter Belüftung der Hallen fördern gute Beleuchtungsverhältnisse die Erzeugung[1]) und sind unfalltechnisch recht wesentlich. Ist das Anbringen von Dachfenstern (Oberlicht) nicht möglich, so müssen zwei gegenüberliegende Wände mit ausreichend großen Fenstern versehen werden, um Schattenbildung am Formerplatz zu vermeiden. Es sollte auch nicht an öfterem Putzen der Fenster, sowie häufigerem Kalkanstrich der Wände gespart werden. Die künstliche Beleuchtung sollte so stark bemessen sein, daß die Former usw. ohne Hilfsleuchtkörper auskommen.

Die Heizung der Gießereien ist gewöhnlich schwierig zu lösen, besonders in den kleineren Gießereien, in denen nicht täglich gegossen wird[2]). Die Schwierigkeit entsteht dadurch, daß die warme Luft sofort wieder durch die Dachreiter und Entlüftungsschlote entweicht. Fehlt eine Heizanlage, so helfen sich die Leute vielfach dadurch, daß sie in Formkasten und ähnlichen Behältern Koks abbrennen; die schädliche Wirkung solcher offenen Feuer wurde bereits auf S. 217 erörtert. Die einzig annehmbare Lösung dürfte im Einblasen von Heißluft von den Wänden nach der Hallenmitte bestehen.

[1]) Vgl. ds. Bd. S. 431ff. [2]) Vgl. ds. Bd. S. 439ff.

Rheumatische Erkrankungen, besonders der Arme, entstehen außerdem vielfach durch Preßluft und zwar dann, wenn veranlaßt durch einen undichten Schlauch die Preßluft in die Ärmel oder gegen die Beine bläst. Neben der Obacht auf heile Schläuche sollen die mit Preßluftwerkzeugen arbeitenden Leute die Ärmel zuknöpfen.

Das bisher über den Schutz in Eisengießereien Gesagte gilt gleichermaßen für Metallgießereien, jedoch ist hier noch eine typische Erkrankung, nämlich das Gießfieber zu bekämpfen. Die Ursache dieser Krankheit ist Zinkoxydnebel, der bei der Zugabe von Metall während des Schmelzprozesses und besonders beim Herausnehmen des Tiegels als weißer Dampf entweicht. Zinkoxydnebel tritt auf, wenn Zink über seinen Siedepunkt erhitzt wird. Da die Bildung von Zinkoxyd unvermeidlich ist, muß das Bestreben sein, für schnellen Abzug zu sorgen. Hohe Hallen, natürlicher Abzug sind die ersten Bedingungen dazu. Da über dem Ofen der beste Abzug ist, führt man zweckmäßig die Formen unmittelbar vor den Ofen und gießt dort ab. Als Vorbeugungsmittel dürfte es angezeigt sein, vor Annahme eines Gelbgießers diesen besonders im Hinblick auf seine kommende Beschäftigung in der Gelbgießerei von einem Facharzt untersuchen zu lassen.

Abb. 86. Aufbewahrung von Sauerstoffflaschen.

Weil in Gießereien die Bearbeitungsmaschine nur eine untergeordnete Rolle spielt, sei nur kurz darauf hingewiesen, daß Riemen und Getriebe aller Art bis in Reichhöhe eines stehenden Menschen durch geeignete Ummantelung verdeckt sein müssen. Dasselbe gilt für Kupplungen und Wellenstümpfe, die sich in Kopfhöhe oder tiefer befinden. Jede führende Werkzeugmaschinenfabrik ist heute darauf eingestellt, die Getriebe usw. von vornherein fest einzukapseln; da ein derartiger Schutz bei weitem dauerhafter und sicherer ist, sollten bei Neuanschaffungen nur solche Maschinen bestellt werden.

Eine große Anzahl von Unfällen ereignet sich täglich durch die Einwirkung des elektrischen Stromes. Hier liegt der Übelstand in den weitaus meisten Fällen nicht an mangelhaftem mechanischen Schutz, sondern an einem ebenso unverständlichen wie unausrottbaren Leichtsinn. Besonders stark vertreten ist die irrige Ansicht, daß der normale Starkstrom von 110—220 Volt ungefährlich sei und nur Ströme von 500 Volt aufwärts tödlich wirken können. Hier kann nur unermüdliche Belehrung helfen. Es ist der Belegschaft klarzumachen, daß gerade jener normale Starkstrom von 110/220 Volt sogar herab bis zu 60 Volt tödlich wirken kann, und daß die Gefahr besonders groß ist, wenn der Arbeiter auf feuchtem Grund oder gar auf eisernem Gerüst und auf Eisenplatten steht oder diese mit einem ungeschützten Körperteil berührt. Besondere Vorsicht ist geboten beim Arbeiten mit elektrischen Bohrmaschinen oder Handlampen; ist die Isolierung der Kabel nicht mehr einwandfrei (brüchig, ausgefranst), so lasse man sie sofort erneuern! Sind Reparaturen an stromführenden Leitungen oder Maschinen vorzunehmen, so ist zuvor der Hauptschalter umzulegen und mit einem Schild „Vorsicht! Nicht einschalten!“ zu versehen.

Soweit Sauerstoffflaschen im Betrieb verwendet werden, ist zu beachten, daß sie nicht zu nahe an Öfen oder in der prallen Sonne lagern. Aufrecht stehende Flaschen sind stets anzubinden, oder mit Schellbändern an der Wand zu befestigen (s. Abb. 86). Beim Transport dürfen auch leere Flaschen nicht geworfen werden. Niemals darf das Gewinde mit Öl in Berührung kommen, da Ausbrennen des Ventils und Explosionen der Flaschen leicht die Folge sein können.

Weitere Unfallgefahr besteht beim Zerkleinern des Gießereischrotts unter dem Fallwerk. Eine entsprechend starkwandige, allseitige Einfriedigung ist daher unbedingtes Erfordernis; empfehlenswert ist außerdem, ein Warnungschild an gut sichtbarer Stelle vor dem Fallwerk auszuhängen, bevor man dasselbe in Tätigkeit setzt.

Da erfahrungsgemäß den Neueingestellten die meisten Unfälle zustoßen, sollte es nie versäumt werden, diese, bevor sie ihre neue Tätigkeit aufnehmen, durch den zuständigen Meister ausgiebig über die bestehenden Betriebsgefahren zu unterrichten und auch die Belegschaft immer wieder aufzufordern, sich ihrer neuen Arbeitskollegen in dieser Hinsicht anzunehmen.

Erste Hilfeleistung bei Unglücksfällen.

Zum Schluß möge in Zahlentafel 65 ein kurzer Abriß über „erste Hilfe" folgen; ist es doch nicht allein Aufgabe einer planmäßigen Unfallverhütung, dem Übel mit allen Mitteln entgegenzutreten, sondern auch den einmal eingetretenen Unfall in seiner Wirkung auf den menschlichen Organismus soweit wie möglich abzuschwächen. Aus der Praxis sind Hunderte von Fällen bekannt, in denen dem Verletzten viel Schmerzen erspart und volle Wiedergenesung zu Teil werden konnten, wenn er sofort nach dem Unfall sachgemäß behandelt wurde. Es ist daher außerordentlich wesentlich, daß in jeder Schicht und in jeder Abteilung 2—3 Mann in „erster Hilfe bei Unglücksfällen" ausgebildet sind, somit bei schweren Unfällen bis zur Ankunft des Arztes in der Lage sind, die ersten Handreichungen richtig auszuführen [1]).

Zahlentafel 65.

Erste Hilfe bei Unglücksfällen.

Grundsatz: Erste Unfallhilfe durch Laien ist kein Ersatz für den Arzt, sondern nur Notbehelf, bis der Arzt eingreift!

Notverbandzeug.

Die erste Hilfe durch Laien soll sich auf die weiter unten angegebenen Maßnahmen beschränken. Um sie durchführen zu können, sollte in jedem Betriebe wenigstens das nachstehende Notverbandzeug in einem sauberen, gut schließenden, stets erreichbaren kleinen Verbandkasten vorrätig gehalten werden:

1. Für tiefere Wunden: 5 keimfreie Einzelverbände in Art und Größe der Heeresverbandpäckchen. Erst unmittelbar vor dem Gebrauch zu öffnen! Gebrauchsanweisung auf der Umhüllung.
2. Für oberflächliche Wunden (Schnitte, Risse, Schrammen, Druckblasen): 15 Pflasterverbände (Heftpflaster mit Verbandeinlage: Mullkissen) in mittlerer Größe (Mullkissen etwa $2^1/_2 \times 2^1/_2$ cm), jeder Verband mit vor der Verwendung abzuziehender Gaze bedeckt; je 3 Pflasterverbände in einem Briefumschlage mit Gebrauchsanweisung und Aufdruck: „Nur für oberflächliche Wunden (Schnitte, Risse, Abschürfungen, Druckblasen)". In jedem Umschlage ausreichend Heftpflasterstreifen zum Festkleben der Verbandränder.
3. Für Verbrennungen: 1 kleine Wismut-Brandbinde.
4. Außerdem ein dreieckiges Verbandtuch (nach Esmarch, mit aufgedruckter Gebrauchsanweisung), 6 Fingerlinge und 6 Sicherheitsnadeln.

In mittleren und größeren Betrieben muß außerdem vorhanden sein (unter gutem Verschluß, aber jederzeit zugängig):

1. Zum Nachfüllen des kleinen Verbandkastens die oben angegebenen Verbandstoffe in doppelter Menge.
2. 1 Rolle Kautschukheftpflaster (5 cm breit, 5 m lang).
3. 6 leichte Mullbinden (8 cm breit, 4 cm lang).
4. 100 g Zellstoffwatte oder Verbandwatte zum Abrollen im Pappkasten mit Aufdruck „Zum Polstern".
5. 3 Cramerschienen, je 50 cm lang.
6. 1 Schlagaderabbinder (Gurt) mit Aufdruck: „Darf höchstens 3 Stunden liegen bleiben".
7. 1 Verbandschere (abgeknickt mit Kopf).
8. 1 Stück Seife.
9. 1 Handbürste.

[1]) Die nachstehend angeführten Richtlinien der Laienhilfe sind dem Unfallverhütungskalender, Verlag der Unfallverhütungsbild G. m. b. H., Berlin, entnommen. Vgl. ferner die Ausführungen des Verfassers über „Erste Hilfe" Stahleisen 1927. S. 574 f. u. 1928. S. 1193 f.

Zahlentafel 65. (Fortsetzung.)

Ferner (nicht unter Verschluß):
10. 1 Waschschüssel.
11. 1 Handtuch.
Auf besonderen Wunsch können ferner gehalten werden:
1. Jodtinktur 5%ig, 10 g in Flasche mit Glaspfropfen.
2. Hoffmannstropfen 20 g oder Baldriantropfen 20 g.

In solchen Betrieben, in denen ein Arzt regelmäßig oder zeitweise Sprechstunde hält, Wunden versorgt oder behandelt, muß außerdem vorhanden sein:
1. Ein Kochkessel mit Deckel und ausreichender Heizvorrichtung oder ein kleiner einfacher Sterilisationsapparat.
2. Sterile Seide.
3. Steriler Verbandmull, beides unter zweckentsprechender Aufbewahrung.

Verboten ist überall dort, wo nicht einmal wöchentlich ein Arzt Sprechstundenpraxis ausübt, das Vorrätighalten von Karbolsäure, Sublimat (flüssig oder in Pastillen), Narkotika (Morphium, Opium und Kokain).

Anleitung zur ersten Hilfe[1]).

A. Wunden.

Wunde nicht berühren! Wunde nicht auswaschen! Auch die schmutzigste Wunde nicht! Auch nicht mit Karbolwasser, Sublimat, sondern: Wunde sofort bedecken!

Womit? Nur mit keimfreiem, trockenem, gebrauchsfertigem Schnellverband (Verbandpäckchen — Gebrauchsanweisung aufgedruckt). Nicht mit anderen Stoffen (Zeug, Watte, altes Leinen). Wenn kein keimfreier Verbandstoff vorhanden, Wunde offen lassen, bis der Arzt hilft.

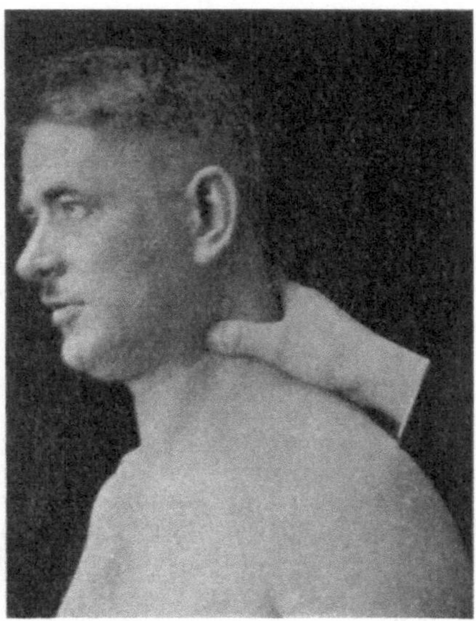

Abb. 87. Lage der Halsschlagader.

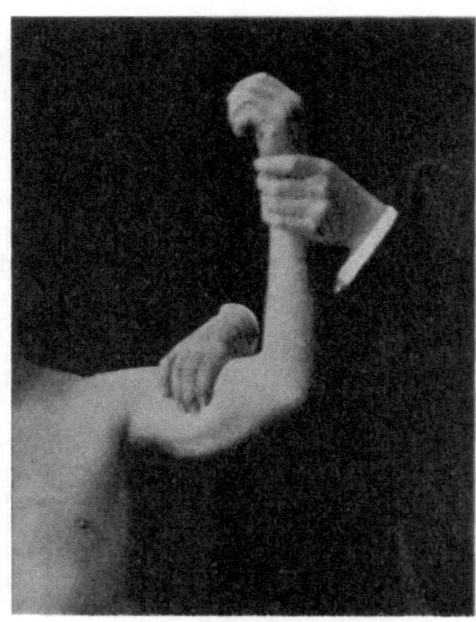

Abb. 88. Lage der Armschlagader.

Nur bei oberflächlichen Wunden, insbesondere an den Fingern, ist Pflasterverband (Kautschukheftpflaster mit Verbandeinlage oder Jodheftpflaster) ausreichend, darüber ein Fingerling, nicht aus Gummi.

Verletztes Glied beim Anlegen des Verbandes steil hochheben, besonders auch, wenn es trotz Verbandes durchblutet.

Besondere Art von Wunden.

1. Schlagaderblutungen, erkennbar daran, daß das Blut im Bogen stoßweise aus der Wunde spritzt.

Blutstillung durch Abdrücken der Schlagader (s. Abb. 87—89). Zu diesem Zweck: das oberhalb der Wunde gelegene Gelenk (Hüft-, Knie- oder Ellenbogengelenk) bis zum äußersten beugen und in dieser Lage feststellen durch Binde oder Tuch! Wenn das nicht geht, durch festaufzudrückendes Verbandpäckchen Blutung stillen. Genügt auch das nicht, Abschnüren durch Gummischlauch am Oberarm oder Oberschenkel. Statt des Schlauches Hosenträger u. dgl. Möglichst rasch zum Arzt,

[1]) „Anleitung zur ersten Hilfe bei Unfällen" ist in Buch-, Plakatform und Blechausführung durch den Verband der Deutschen Berufsgenossenschaften, Berlin W 9, zu beziehen.

weil abgeschnürte Glieder nur kurze Zeit lebensfähig bleiben! Nach spätestens einer Stunde bei stärkst gebeugtem Gliede Abschnürung lockern, jedoch bei starkem Blutverlust alsdald wieder anziehen.

2. Brandwunden. Brandblasen nicht öffnen! Kleinere Brandwunden mit Verbandpäckchen oder Wismut-Brandbinde bedecken. Kein Brandpulver!

Bei größeren Verbrennungen überhaupt kein Verband, vielmehr nur den Verbrannten gegen Wärmeverlust durch Zudecken schützen, aber ohne mit der Decke die verbrannte Stelle zu berühren (Decke über Drahtgestelle, Reifenbahre, Stuhl).

3. Innere Blutungen. Bei allen inneren Blutungen (aus Lungen und Magen) den Kranken ruhig liegen lassen. Nur der Arzt kann helfen, deshalb diesen schleunigst zuziehen!

4. Augenverletzungen. Beide Augen — auch das unverletzte — zubinden (mit Verbandpäckchen, Taschentuch, Halstuch). Bei Verätzung (durch Kalk, Säure usw.) das Auge mit fließendem Wasser kräftig ausspülen (ausschwemmen). Schnell zum Augenarzt!

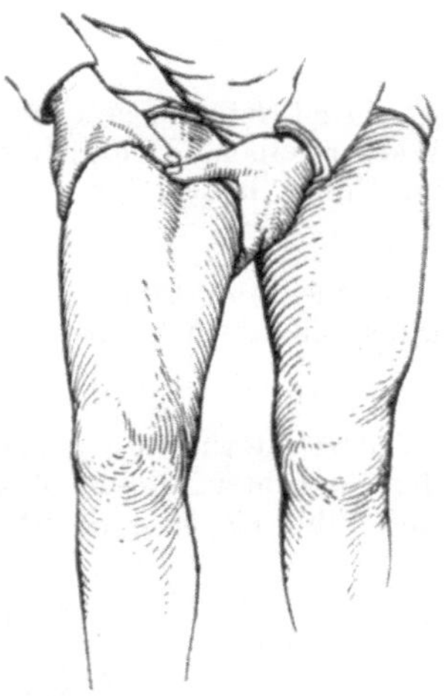

Abb. 89. Lage der Oberschenkelschlagader.

B. Knochenbrüche (Verrenkungen).

Schienen! Das heißt Ruhigstellung des gebrochenen Gliedes und Feststellung der Bruchstücke. Dies auch, wenn nur Verdacht eines Bruches (Verrenkung) besteht.

Keinesfalls an dem verletzten Glied ziehen oder versuchen, es gerade zu richten!

Die Schienen (am besten Cramersche Gitterschienen) so anlegen, daß die der Bruchstelle benachbarten Gelenke mit festgestellt werden. Schienen gut festmachen durch Binden, Tücher, Strohseil usw., am Arm eine Schiene, am Bein zwei Schienen (Abb. 90).

Wenn keine vorbereiteten Schienen vorhanden, so behelfsmäßig bei Armbruch Anlegung einer Binde (dreieckiges Tuch), mindestens aber Festheften des Rock- oder Hemdärmels an der Kleidung.

Bei Beinbruch Bretter, Stiele usw. als Schienen benutzen. Ist auch hiervon nichts vorhanden, das gebrochene Bein an dem gesunden festbinden.

Bei Knochenbrüchen mit Wunden (offener Bruch) zuerst sofort Wunde mit Verbandpäckchen bedecken, erst dann schienen!

Bei Rückenverletzungen soll der Nothelfer gar nichts machen, nur den Verletzten flach auf einer festen Unterlage lagern (Brett, ausgehobene Tür, Fensterladen oder Bettlade).

C. Unfälle durch elektrischen Strom.

Elektrischen Strom ausschalten! Wenn dies nicht möglich ist, so stelle sich der Retter, um sich zu isolieren, auf Glas (Glasscheiben in der Nachbarschaft zertrümmern und mehrfach über-

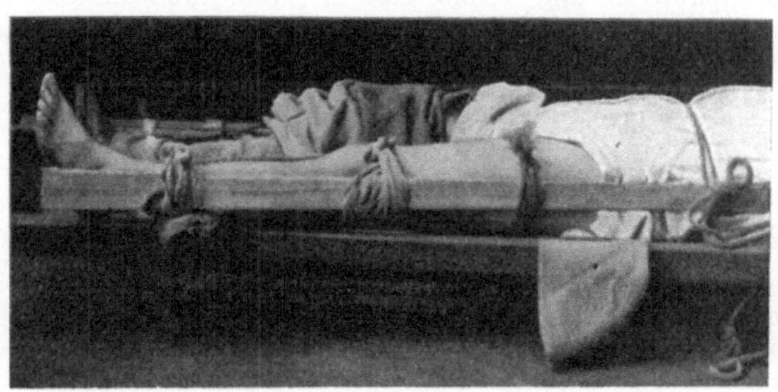

Abb. 90. Behelfsmäßig geschienter Oberschenkelbruch.

einanderlagern) und drücke mit Holzstange den Verunglückten von der Leitung weg oder ziehe die Leitung ab. Andernfalls weder Leitung noch Verunglückten berühren (Lebensgefahr!). Sofort nach Befreiung künstliche Atmung nach Abschnitt H an Ort und Stelle einleiten, jedoch keine Geräte verwenden und keinen Sauerstoff!

D. Vergiftungen durch Gase.

Frische Luft schaffen! (Fenster auf oder ins Freie bringen.) Bei brennbaren Gasen kein offenes Licht!

Den Vergifteten nach Entkleidung des Oberkörpers flach auf den Rücken lagern, Kopf tief. Zu diesem Zwecke Rolle (aus Kleidern) unter die Schulter schieben. Handflächen und Fußsohlen bürsten oder reiben. Wenn der Vergiftete nicht atmet, künstliche Atmung nach Abschnitt H, möglichst mit Sauerstoff!

E. Unfälle durch Ertrinken.

Bei Rettung den Ertrinkenden nur von hinten fassen. Mund und Nase von Sand und Schlamm reinigen. Hierauf den Bewußlosen zunächst auf den Bauch legen, erst dann umdrehen und lagern. Hierauf Wiederbelebung nach Abschnitt H.

F. Unfälle durch Erfrieren.

Erstarrte Glieder brechen leicht. Die erstarrten Glieder vorsichtig mit Schnee und kaltem Wasser reiben. Den Erfrorenen nicht in warmen Raum bringen, aber bei starkem Frost auch nicht im Freien lassen.

G. Unfälle durch Hitzschlag.

Kleidung öffnen! An schattigen Ort lagern! Kopf hochlegen! Wenn der Kranke nicht atmet, künstliche Atmung nach Abschnitt H.

H. Künstliche Atmung.

Den Bewußtlosen flach lagern, Kopf stark zur Seite drehen! Der Helfer kniet hinter dem Kopf des Betäubten, diesem das Gesicht zugewendet, faßt dessen beide Arme oberhalb der Ellenbogen und führt sie langsam über den Kopf des Betäubten bis ungefähr zum Erdboden! (Einatmung.)

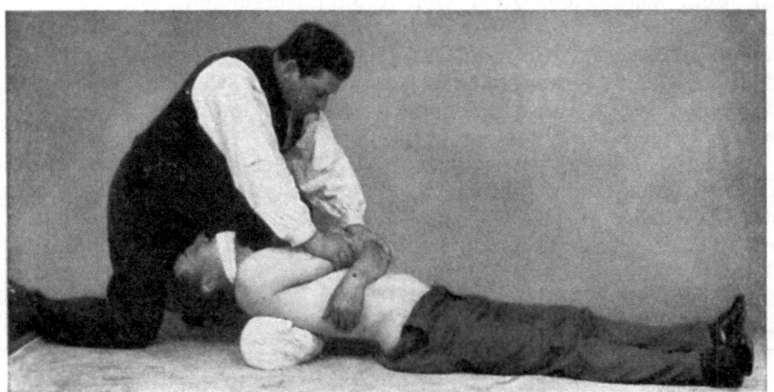

Abb. 91. Wiederbelebung.

Nach 2 Sekunden führt der Helfer beide Arme in derselben Weise auf den Brustkorb zurück und drückt ihn kräftig zusammen (ausatmen), etwa 15 mal in der Minute (Abb. 91).

Falls Brustkorb, Schultern und Arme verletzt sind, muß anders verfahren werden. Man bewerkstellige dann die Atmung durch abwechselndes Drücken und Loslassen des Bauches nach den Rippen zu mit den flachen Händen, etwa 15 mal in der Minute.

Die künstliche Atmung muß stundenlang fortgesetzt werden.

Literatur.

Einzelne Werke.

Dammer, O.: Handbuch der Arbeiterwohlfahrt. Stuttgart 1902.

Steiner, V.: Handbuch der praktischen Hygiene und Unfallverhütung in Industrie, Gewerbe und Bergbau. Wien. Bd. I, 1908, Bd. II, 1912.

Alexander, Magnus W.: Safety in the foundry. Chicago 1915.

Abhandlungen.

Klocke: Arbeiterschutz in amerikanischen Gießereien. Stahleisen 1909. S. 1738/1741.

Schott, E. A.: Die Staubbeseitigung in Hüttenwerken und Gießereien. Stahleisen 1910. S. 192/201, 332/335, 367/378, 803.

Menz, M.: Ein Massenunfall in einer Eisengießerei und seine Lehren. Soz.-Techn. 1911. S. 5/11.

Unfallstatistik in Gießereien. Z. f. Gew.-Hyg. 1912. S. 204/206.

Unfälle und Schutzvorrichtungen an hydraulischen Formmaschinen und Sicherungen an Hängebahnen. Soz.-Techn. 1912. S. 312/314. (Vgl. auch Stahleisen 1911. S. 1599.)

Kind, R.: Zum Arbeiterschutz in der Großeisenindustrie. Stahleisen 1912. S. 1645/1647.

Verhütung von Unglücksfällen in der Gießerei. Gieß.-Zg. 1914. S. 104/107.

Verbrennungen der Eisengießer. Stahleisen 1914. S. 1088/1090.

Unfallverhütung in Gießereien. Stahleisen 1914. S. 1090/1091.

Schutz der Füße und Augen im Gießereibetriebe (nach einem Bericht des Ausschusses für Unfallverhütung und Wohlfahrtspflege der National Founder's Association). Stahleisen 1915. S. 559/560.

Treuheit, L.: Über den Bruch von Gießpfannengehängen. Stahleisen 1919. S. 993/997; Erörterung und Zuschriften S. 1132/1138, 1309/1318.

Pomp, A.: Brüche an Gießpfannengehängen. Stahleisen 1920. S. 1136/1138.

Winkelmann, Hans: Unfallverhütung in Gießereien. Z. f. Gew.-Hyg. usw. (Wien) 1922. S. 169 bis 170, 186/187, 203/204; 1923. S. 10/12.

Holverscheid, A.: Arbeiterschutz in Gießereien. Stahleisen 1923. S. 968/975, 1157/1162.

Burlingame, Luther D.: Unfallverhütung in der Gießerei. Foundry 1925. S. 610/611.

Neue Maßnahmen und Vorschläge zur Unfallverhütung in der Eisenindustrie der Vereinigten Staaten. Iron Age 1925. S. 954/955, 1007/1008; auszugsweise Stahleisen 1926. S. 784/786.

Winterhager: Berufsgefahren und Arbeiterschutz in Eisengießereien. Reichsarbeitsblatt 1926. Nr. 27, S. 469/474.

Adair, R. G.: Unfallverhütung in der Gießerei. Transact. Amer. Foundrymen's Assoc. 1926. S. 107 bis 113.

Morgan, G. W.: Gießereiunfälle. Foundry Trade J. 1927. S. 401/403.

Bitter, H.: Die Unfallverhütung beim Eisen- und Stahlwerk Hösch. Stahleisen 1927. S. 569/576.

— Die Unfallverhütung beim Eisen- und Stahlwerk Hösch im Jahre 1927. Stahleisen 1928. S. 1193 bis 1199.

Elam, F. H.: Unfallverhütung in Gießereien. Transact. Amer. Foundrymen's Assoc. 1929. S. 323 bis 330, 624; auszugsweise Stahleisen 1929. S. 1596.

VII. Anlage, Bau und Einrichtung von Eisen- und Stahlgießereien.

Von

Ingenieur C. Irresberger[1]).

Einleitung.

Die zur Errichtung eines Gußwerkes führenden Gründe können sehr verschiedener Art sein. In vielen Fällen handelt es sich um die Deckung des Eigenbedarfes einer Maschinenfabrik, einer Apparatebauanstalt, einer Armaturenfabrik oder sonst eines industriellen Unternehmens, das seinen Guß bisher von einer Kundengießerei bezog. In anderen Fällen führte der Zusammenschluß verschiedener, bis dahin unabhängiger Betriebe zur Schaffung einer Sondergießerei, deren Einrichtung und deren große gesicherte Erzeugungsmenge Vorteile in technischer und wirtschaftlicher Hinsicht versprachen. Mitunter führte auch die Erwartung, der stetig steigende Gußwarenbedarf eines Bezirkes mit aufblühender Industrie werde der neuzugründenden Gießerei genügenden Absatz für ihre Erzeugung schaffen, zur Errichtung einer solchen. Eine weitere Ursache zur Gründung von Gießereien lag in der Beschränkung bestehender Gußwerke auf bestimmte Sonderwaren.

Während in früheren Jahren sehr viele Gießereien bereit waren, jeden sich bietenden Auftrag zu übernehmen, gleichviel ob er mehr oder weniger gut sich in den Rahmen der bestehenden Erzeugung einpaßte, ist man in dieser Richtung heute vorsichtig geworden und überläßt wirtschaftlich unvorteilhafte Aufträge der Erledigung durch Sondergießereien. Dadurch wurde die Entstehung von Sondergießereien, die nur einzelne Gußgattungen pflegen, begünstigt. Manche große Unternehmung, die lange Zeit ihre sehr verschieden gearteten Gußwaren in ein und derselben Gießerei erzeugte, richtete nun mehrere Gießereien ein, deren jede den Sonderanforderungen soweit wie möglich angepaßt werden konnte. Es gibt Werke, die gesonderte Gießereien für großen und für kleinen Maschinenguß, für Temper- und für Stahlguß betreiben. Während noch vor 25 Jahren nur eine geringe Zahl von verschiedenen Gießereien zu unterscheiden war, ist ihre Zahl heute ganz wesentlich emporgeschnellt. Wir kennen jetzt Sondergießereien für großen und für kleinen Maschinenguß, für Geschirr-, Badewannen-, Handels-, Sanitätswaren-, Druckröhren-, Ablaufröhren-, Heizkessel-, Heizkörper- (Radiatoren-), Tübbings- (Schachtringe), Kokillen-, Autobedarf-, allgemeinen Gas- und Wasserleitungsbedarf-, Kanalisationsguß und noch andere Gußarten.

Man hat ferner nach den verschiedenen Formverfahren zu trennen, denn Gießereien, die nur Naß- oder nur Trockenformen oder nur Lehmformen herstellen, bedürfen einer vielfältig verschiedenen Einrichtung, um den höchsten Grad technischer und wirtschaftlicher Leistungsfähigkeit zu erreichen. Das gleiche gilt für Hand- und für Maschinenformereien und für Betriebe, deren Abgüsse in jedesmal nur teilweise neu herzustellenden Formen, in Halb- oder in Ganzdauerformen, ausgeführt werden. Neben diesen vielfältigen Unterschieden bestehen aber zwischen den einzelnen Gießereien und Gießereigruppen doch auch wieder zahlreiche Gemeinsamkeiten, die es ermöglichen, sie zum Zwecke einer einigermaßen übersichtlichen Darstellung ihrer Anlage und Einrichtung in gewisse

[1]) Ein Teil der Abbildungen aus den Jahren vor 1918 stammt aus dem literarischen Nachlaß von Dr.-Ing. E. Leber †.

Gruppen einzuteilen. Die folgenden Darlegungen werden auf nachstehend angeführter Einteilung beruhen:

1. Klein-(Zwerg-)gießereien.
2. Einhallenbauten.
3. Zweihallenbauten.
4. Dreihallenbauten.
5. Mehrhallenbauten.
6. Rundbauten.
7. Mehrgeschossige Bauten.
8. Vielgliedrige Anlagen und Autogießereien.
9. Stahlgießereien.
10. Universalgießereien.
11. Radiatoren- und Gliederkesselgießereien.
12. Tempergießereien.
13. Röhrengießereien.

Bei dieser Einteilung können verschiedener Betriebsumfang ebenso wie die Betriebsart und die Art der in den verschiedenen Betrieben hergestellten Gußwaren zur Geltung gelangen.

Eignung eines Ortes und einer Baustelle zur Anlage einer Gießerei.

Die Wahl einer Örtlichkeit zur Anlage eines Gußwerkes ist von entscheidender Bedeutung für dessen Lebensfähigkeit und späteren Entwicklungsmöglichkeiten. Dabei ist auf die mehr oder weniger günstige Beschaffungsmöglichkeit der Rohstoffe, die Absatzgelegenheiten für die fertigen Gußwaren und ganz besonders auf die Aussichten, Arbeitskräfte heranzuziehen und dauernd dem neuen Werke zu erhalten, Bedacht zu nehmen. Die Frachten für die zu beziehenden Rohstoffe und die zu versendenden fertigen Waren sind genau ins Auge zu fassen, und nach beiden Richtungen sind gewissenhafteste Ermittlungen anzustellen. Aus Gründen vorteilhafter Frachten für die Rohstoffe wird im allgemeinen die Lage inmitten eines Industriegebietes abseits gelegenen Örtlichkeiten gegenüber vorzuziehen sein. Ein Industriegebiet bietet meist auch gute Möglichkeiten zur Beschaffung von geeigneten Arbeitskräften. Eine große Rolle werden stets die in bestimmten Gegenden herrschenden Löhne spielen, man wird sich nicht ohne ganz gewichtige Gründe in einem Gebiete festsetzen, in dem die Löhne durchschnittlich bereits zu ansehnlicher Höhe emporgewachsen sind. In manchen Fällen kann die Nähe eines Hafenplatzes von Vorteil sein, während in einem anderen ein schiffbarer Fluß, ein Kanal oder die Nähe einer verbrauchsfähigen Großstadt anziehend zu wirken vermögen. Unmittelbare Nähe oder gar Anschluß an einen Verarbeitungsbetrieb ist selbstredend von großem Vorteil, er fällt aber in sehr vielen Fällen doch nicht so schwer ins Gewicht, wie es auf den ersten Blick erscheinen mag. Es gibt genug erfolgreich arbeitende Unternehmungen, deren Gießerei weit ab vom Hauptwerk liegt, die aber durch Anlage der Gießerei unmittelbar neben dem Hauptsitze des Unternehmens durchaus keine Vorteile erzielt hätten. Arbeiter-, Lohn- und Frachtverhältnisse in einer abseits gelegenen Landschaft wiegen den Vorteil der unmittelbaren Nachbarschaft reichlich auf. In den letzten Jahren hat auch noch die Möglichkeit eines günstigen Verkehrs mit Kraftwagen dazu beigetragen, die Frage der Entfernung in vielen Fällen weniger wichtig erscheinen zu lassen.

Nach Festlegung der Örtlichkeit des künftigen Werkes ist die Baustelle selbst gründlichst zu erwägen. Während bei der Auswahl des Bauortes die Frage eines Bahn- oder Wasseranschlusses bereits im allgemeinen entschieden wurde, kommt es nun auf die richtige Lage der Baustelle zu diesen Gelegenheiten an. Man wird danach zu trachten haben, ein Anschlußgleise möglichst kurz, billig und in bester Lage zur Betriebsstätte zu errichten. Dasselbe gilt bezüglich der Lage zu einem Fluß- oder Seehafen. Mitunter gilt es zu überlegen, für alle drei Möglichkeiten, einen Bahn-, einen Wasseranschluß und die Verbindung mit einer Landstraße oder einem städtischen Straßennetze, die beste Lage der Baustelle und die Bauflucht festzustellen. Guter Straßenanschluß kann für den Verkehr der Belegschaft von beträchtlicher Bedeutung werden.

Sind diese Fragen befriedigend gelöst, so gilt es, die Bodenbeschaffenheit und den Spiegel der Bodenfläche zu untersuchen. Der Boden zur Anlage einer Gießerei muß tragfähig genug sein, um allen Bauten gute Unterlage zu sichern, und er muß in den meisten Fällen durchlässig genug sein, um gefährliche Gasansammlungen zu verhindern. Er soll trocken und zugleich wasserdurchlässig sein. Sumpfboden, Torf, nasser Ton und Lehm bilden einen unbrauchbaren Gießereiboden, es sei denn, daß ihren Gefahren durch entsprechende, gewöhnlich sehr kostspielige Unterbauten begegnet wird. Verschiedentlich hat man sich durch Höherlegen der Gießereisohle beholfen. Fester Kiesboden, grober Sand ohne gefährliche Zwischenschichten, wie Ton, ergeben vorzüglichen Gießereibaugrund. Auch gewachsener Felsboden eignet sich infolge seiner Trockenheit und Tragfähigkeit vorzüglich für Gießereibauten, doch muß meist Raum zur Unterbringung einer Schicht gut durchlässigen Sandes vorgesehen werden, auch sind die Kosten des Aushebens etwaiger Dammgruben oder sonstiger Vertiefungen in Betracht zu ziehen. Gleichviel, um welche Art von Baugrund es sich handelt, stets müssen die Grundmauern der Wände und Maschinen zuverlässig frostfrei verlegt werden.

Bei Festlegung der Höhe der Gießereisohle ist wieder die Höhenlage des Anschlußgleises in Betracht zu ziehen, ebenso die Höhe eines etwa in Frage kommenden Wasserspiegels, die Möglichkeit, Regen- und sonstiges Wasser stets anstandslos ableiten zu können, und die Möglichkeit, durch stufenförmige Anordnung der Sohle, sei es durch Höherlegung der Gichtstelle, durch Tieferlegung der Gußputzerei oder auf sonstige Weise, dauernde Betriebsvorteile zu erzielen. Die Oberfläche der Baustelle ist durch eine geodätische Aufnahme ohne weiteres leicht festzustellen. Man wird durch eine solche zur Feststellung gelangen, wieviel Grund abzuheben oder aufzufüllen sein wird. Umständlicher ist die Untersuchung des unter der Oberfläche befindlichen Grundes, des Baugrundes. Am zuverlässigsten haben sich hierfür Bohrungen erwiesen, die zugleich Aufschluß über die anzutreffenden Bodenarten ergeben.

Vor dem Abschluß eines Grundstückkaufes wird man sich auch über grundbücherliche Belastungen jeder Art Klarheit zu verschaffen haben. Auch etwaige Rechte von Anrainern u. dgl. dürfen nicht außer acht gelassen werden.

Der Bodenbedarf von Eisen- und Stahlgießereien.

Allgemeines.

Vor dem Entschlusse, ein Gußwerk oder auch nur eine Gießerei kleineren Umfanges zu errichten, muß man sich über den Umfang der benötigten Grundfläche völlig im klaren sein. Zur Beurteilung der Leistungsfähigkeit einer Gießereianlage sind vor allem zwei Feststellungen unerläßlich, einmal die Größe der für Erledigung der Formarbeiten erforderlichen Grundfläche und zweitens die Leistungsfähigkeit der Schmelzanlage. Erst wenn diese beiden Grundwerte feststehen, kann an die Bestimmung anderer Größen gegangen werden. Es liegen im Fachschrifttum zahlreiche und nach den verschiedensten Gesichtspunkten bemessene Angaben über den Grundflächenbedarf der einzelnen Gießereiabteilungen vor, doch kann keine derselben als allgemein richtunggebend bewertet werden. Zu allgemeiner brauchbaren Werten wird man erst durch einen Vergleich der von einer möglichst großen Zahl bestehender Werke für ihre verschiedenen Abteilungen benützten Bodenflächen kommen.

Zahlentafel 66[1]) gibt eine aus Vorkriegszeiten stammende Zusammenstellung der für die verschiedenen Abteilungen von deutschen Gießereien in Anspruch genommenen Bodenflächen. Bereits ein flüchtiger Blick auf diese Zusammenstellung läßt weitgehende Abweichungen für jede Gußart erkennen. Der Grundflächenbedarf der verschiedenen Glieder einer Gießereianlage hat sich seit Aufstellung der Zahlentafel 66 schon vielfach verschoben, wie die nachfolgenden Ausführungen dartun werden. Europäische Gießereien benötigen meist je Tonne Ausbringen größere Grundflächen, als dies bei amerikanischen Betrieben der Fall zu sein pflegt, was der Zahlentafel 67 zu entnehmen ist. Der Grund dafür liegt vor allem in der in Amerika weiter fortgeschrittenen Beschränkung der Gießereien auf bestimmte Gußgattungen und der dadurch ermöglichten vereinfachten Betriebsbedingungen. Die Beispiele A bis E der Zahlentafel 67, die eine Reihe von Betrieben

[1]) Nach Eugen Munk: Stahleisen 1912. S. 2164.

Zahlentafel 66. **Flächenbedarf einer Gießerei, berechnet für 1 t Jahreserzeugung**[1]).

a	b		c		d		e		f		g		h		i		k	l
Art der Gießereien	Formfläche in m²		Gußputzerei		Schmelzanlage		Kernmacherei		Trockenkammern		Sandaufbereitung		Modell-, Tischler- und Schlosserwerkstätten		Laboratorien, Kanzleien, Waschräume, Klosett, Rohstoff- u. Handlagerräume		Gesamtflächenbedarf in m²	Grundfläche der Form- u. Gießräume (b + g) m²
	Einzelwerte	Mittelwerte	% der Formfläche	m²	% der Formfläche	m²	% der Formfläche	m²	% der Formfläche	m²	% der Formfläche	m²	% der Formfläche	m²	% der Formfläche	m²		
I. Gießereien für schwersten Maschinenguß (Hüttenwerksmaschinen, Walzwerke, Schwungräder, Seilscheiben, schwerste Werkzeugmaschinen, Pressen)	0,25 bis 0,30	0,28	25 bis 30	0,07 bis 0,09	8	0,02	20 bis 25	0,056 bis 0,07	14 bis 20	0,04 bis 0,056	5 bis 6	0,014 bis 0,017	5	0,014	mindestens 150	0,42	0,88 bis 0,98	0,264 bis 0,324
II. Gießereien für mittelschweren und und schweren verwickelten Guß:																		
a) Gießereien von Werkzeugmaschinenfabriken, Lohngießereien, Gießereien von Fabriken, die große Mengen von einfachem und mittelschwerem Guß benötigen	0,5 bis 0,6	0,55	15 bis 22	0,08 bis 0,12	8	0,04	10 bis 15	0,055 bis 0,08	8 bis 10	0,044 bis 0,055	5 bis 6	0,027 bis 0,033	5	0,03	mindestens 150	0,82	1,60 bis 1,78	0,527 bis 0,633
b) Gießereien für mittelschweren, verwickelten Guß, z.B. Lokomotiv-, Dampfmaschinen-, Holzbearbeitungsmaschinen-, Pumpen- u. Kompressorenfabriken	0,8 bis 0,85	0,83	18 bis 22	0,15 bis 0,18	8	0,065	15 bis 20	0,12 bis 0,166	14 bis 20	0,12 bis 0,16	5 bis 6	0,04 bis 0,05	5	0,04	mindestens 150	1,21	2,54 bis 2,72	0,840 bis 0,950
III. Gießereien von Landwirtschafts-, Textil-, Druckerei- und Papiermaschinenfabriken	0,8 bis 0,9	0,85	18 bis 22	0,15 bis 0,187	7	0,06	10 bis 15	0,09 bis 0,127	8 bis 10	0,07 bis 0,085	5 bis 6	0,042 bis 0,05	5	0,043	mindestens 100	0,85	2,1 bis 2,3	0,842 bis 0,900
IV. Gießereien für leichten Guß:																		
a) Kleingießereien für leichte Maschinenteile, Transmissionsbestandteile (Bankformerei)!	1,1 bis 1,2	1,15	13 bis 18	0,15 bis 0,21	7	0,08	10 bis 15	0,11 bis 0,17	8 bis 10	0,09 bis 0,11	7 bis 8	0,08 bis 0,09	10 bis 15	0,115 bis 0,17	mindestens 100	1,15	2,87 bis 3,18	1,215 bis 1,370
b) Formmaschinenbetriebe für gewöhnliche Massenware, wie Kocher, Herde, Nähmaschinenguß	0,55 bis 0,6	0,58	13 bis 18	0,08 bis 0,10	7	0,04	10 bis 15	0,058 bis 0,087	8 bis 10	0,046 bis 0,058	7 bis 8	0,04 bis 0,046	15 bis 25	0,087 bis 0,146	mindestens 100	0,58	1,48 bis 1,68	0,637 bis 0,746
c) Gießereien für Geschirr (Poterie) und Sanitätsartikel	—	0,75	16 bis 18	0,12 bis 0,14	7	0,05	10 bis 15	0,075 bis 0,11	8 bis 10	0,06 bis 0,075	7 bis 8	0,05 bis 0,06	10 bis 15	0,075 bis 0,112	mindestens 100	0,75	1,93 bis 2,15	0,825 bis 0,862
d) Gießereien für Abfallrohre, Krümmer, Muffen u. dgl.	—	0,75	20 bis 30	0,15 bis 0,22	7	0,05	25 bis 35	0,187 bis 0,26	8 bis 10	0,06 bis 0,075	7 bis 8	0,05 bis 0,06	10 bis 15	0,075 bis 0,112	mindestens 100	0,75	2,07 bis 2,28	0,825 bis 0,862

[1]) Nach Eugen Munk, Stahleisen 1912, S. 2164.

Zahlentafel 67.

Verhältnis der Gießereigrundfläche zur erzeugten Gußmenge [1]).

	Grundfläche der Form- und Gießräume [2]) m²	m²	Tägliche Gußerzeugung t	m² auf 1 t Tagesleistung	m² auf 1 t Jahresleistung [3])
			Graugießereien.		
A	20,4 × 24,4	497,7	5	99,6	0,332
B	30,5 × 28,3	863,1	10	86,3	0,287
C	91,5 × 18,3	1674,4	30	55,8	0,186
D	91,5 × 25,9	2369,8	60	39,4	0,131
E	103,7 × 27,1	2810,2	75	37,5	0,125
F	61,0 × 21,3	1299,3	20	64,9	0,216
G	61,0 × 32,0	1952,0	40	48,8	0,162
H	304,8 × 50,3	15331,4	150	102,2	0,340
I	36,6 × 12,2	446,5	8	55,8	0,186
J	99,1 × 17,7	1754,0	35	50,1	0,167
			Gießereien für landwirtschaftliche Maschinen.		
W	74,7 × 37,8	2823,6	55	51,3	0,171
K	202,8 × {45,7 / 22,8}	13891,7	200	69,4	0,231
L	97,6 × 67,1	6548,9	100	65,4	0,218
M	160,4 × 45,7	7330,2	100	73,3	0,244
N	? × ?	4592,2	50	92,2	0,307
			Siemens-Martin-Stahlgießereien.		
O	73,2 × 18,3	1399,5	30	44,6	0,148
P	304,8 × 93,8	28590,2	175	163,4	0,544
Q	127,7 × 24,4	3115,8	60	51,9	0,173
R	? × ?	5685,3	150	37,2	0,124
S [4])	61,0 × 25,0	1525,0	30	50,8	0,169
			Gießereien für getemperte Herdplatten.		
T	72,5 × 25,9	1877,7	15	125,1	0,417
U	? × ?	3297,5	60	54,9	0,149
V	57,9 × 21,3	1233,2	20	61,6	0,205

betreffen, welche von einem der angesehensten amerikanischen Häuser für Gießereieinrichtungen errichtet wurden, zeigen, daß die benötigte Grundfläche je Tonne Ausbringen mit steigendem Betriebsumfange abnimmt. Die Grundflächen der Gießereien C, D, F, G weichen nicht sehr weit voneinander ab, die Tagesleistungen schwanken von 30—75 t und der Raumbedarf aller dieser Gießereien liegt nicht weit vom Mittel ab. Die Gießerei H, die schwersten Werkzeugmaschinenguß liefert, benötigt für 1 t Tagesleistung 102,2 m², also fast das Doppelte der vorher angeführten Gießereien für kleineren und mittleren Guß. Damit wird die sehr verbreitete Meinung widerlegt, daß der Bedarf an Form- und Gießfläche mit wachsenden Einzelgewichten der Abgüsse abnehmen müsse. Die Ziffern der Gießereien für landwirtschaftliche Maschinen (W und K) fallen auf, weil die Gießerei W trotz kleinerer Tagesleistung weniger Grundfläche benötigt. Sie ist aber später als die Gießerei K entstanden, und ihr geringer Raumbedarf beweist nur, daß die Gießereitechnik in der Zwischenzeit kräftig vorangeschritten ist. Die Zahlen des Ausbringens der Stahlgießereien beruhen auf täglich 3 Hitzen im Siemens-Martin-Ofen. Auch bei diesen Gießereien wächst der Bedarf an Grundfläche mit dem Stückgewichte, die Gießerei P liefert überwiegend schweren Guß, während O, Q und R mittleren und leichten Guß erzeugen. — Bei den drei Gießereien für getemperte Herdplatten besteht ein auffallender Unterschied im Raumbedarf. In der Gießerei T wird aber nur von Hand gearbeitet, während U und V mit Formmaschinen ausgestattet sind.

Eine nur wenig verschiedene oder gar nur ein einziges Gußstück erzeugende Gießerei vermag den ihr zur Verfügung stehenden Raum meist wesentlich vorteilhafter

[1]) Nach H. Cole Estep: Foundry 1913. S. 241.

[2]) Die Grundfläche ist ohne die Flächen der Schmelzanlagen, der Kernmacherei und der Gußputzerei zu verstehen. [3]) 1 Jahr = 300 Arbeitstage. [4]) Gießerei S erzeugt nur Birnenstahlguß.

auszunützen, als ein Werk, das eine Vielheit von Abgüssen herzustellen hat. Diese Tatsache wirkt sich nicht nur im Bodenbedarf der Formerei, sondern auch in dem fast aller anderen Abteilungen aus. Wo stets die gleichen Formkasten benützt werden, kann der Formkastenplatz mit kleinerer Grundfläche auskommen, die Grundfläche der Schmelzerei wird bei den ganzen Tag andauerndem Gießen besser ausgenützt als bei nur halbtätigem Gusse, Modell- und Formplattenwerkstätten und Lager beanspruchen weniger Grundfläche, und zahlreiche Beförderungseinrichtungen lassen sich in der Grundflächenzuweisung wesentlich sparsamer behandeln.

Nach einer im Laufe der letzten 5 Jahre erfolgten Zusammenstellung des Gesamt-Grundflächenbedarfes von Graugießereien in Deutschland, Österreich, der Schweiz, Belgien, den Niederlanden und den österreichischen Nachfolgestaaten beläuft sich heute die Gesamt-Gießereigrundfläche je Tonne Jahreserzeugung bei

schwerstem Maschinenguß auf etwa	0,7—1,2 m²
mittelschwerem Werkzeugmaschinenguß auf etwa	1,7 m²
mittelschwerem schwierigem Guß auf etwa	2,6 m²
landwirtschaftlichem Maschinenguß auf etwa	2,2 m²
leichtem Maschinenguß (Bankware) auf etwa	1,3—3,0 m²
einfachem Formmaschinenguß auf etwa	0,5—1,6 m²
Geschirrgießereien auf etwa	2,2 m²
Abfallrohren auf etwa	1,8 m²

Die vorstehenden Zahlen bedeuten nur annähernde Durchschnittswerte, die je nach dem Betriebsumfange, nach der Sonderbeschaffenheit der Abgüsse und nach den zur Verfügung stehenden Einrichtungen recht weit vom Durchschnitte abweichen können.

Zur beiläufigen Beurteilung der von den einzelnen Abteilungen benötigten Grundflächen kann die Formereigrundfläche mit etwa 30% der oben angenommenen Gesamtgrundfläche geschätzt werden, wobei in Sonderfällen aber auch völlig aus diesem Rahmen fallende Möglichkeiten bestehen.

Zur Bemessung der weiteren Einzelgrundflächen kann die Formereigrundfläche als Grundlage genommen, und es können die Gußputzerei mit 30%, die Schmelzanlage mit 8%, die Kernmacherei mit 15—50%, die Trockenkammern mit 10—20%, die Sandaufbereitung mit 7%, die Hilfswerkstätten (Schlosserei und Tischlerei) mit 10% und die sonstigen Räumlichkeiten (Kanzleien, Lager, Hof, Bedürfnis- und Waschanstalten usw.) mit 150—300% der Formereigrundfläche geschätzt werden.

Die Formereigrundfläche.

Bestehende Gießereibetriebe sind häufig von mannigfach wechselnden Gesichtspunkten aus zur gegenwärtigen Form und Größe entwickelt worden. Sie vermögen darum oft kein richtiges Bild zu geben, wie man sich das Entstehen des Grundplanes einer neu anzulegenden Gießerei der betreffenden Art zu denken hat. Bei einer Neuanlage ist die Ausarbeitung eines Erzeugungsplanes grundlegende Vorbedingung für spätere, ersprießliche Arbeit. Ein solcher Plan wird sich recht oft nicht auf eine einzelne Fabrikation beschränken lassen, man wird vielmehr gezwungen sein, von einer Haupterzeugung auszugehen und daneben noch weitere Erzeugungen ins Auge zu fassen. Die Haupterzeugung bestimmt die Grundgedanken, die bei der Planlegung maßgebend sein werden, und die Nebenerzeugungen schränken den Hauptplan ein oder tragen zu seiner Änderung oder Erweiterung ihr Teil bei. Recht oft können auch im Laufe der Zeit wesentliche Änderungen der Erzeugung notwendig werden, was einige Weitsicht bei Beurteilung der Bodenbedarfsfrage ratsam erscheinen läßt.

Die oben angegebenen Durchschnittsziffern des Bodenbedarfes gelten unter der Voraussetzung freier Bemessungsmöglichkeit der erforderlichen Grundflächen. Da aber nicht immer eine Grundfläche der am meisten wünschenswerten Form zur Verfügung steht, kann aus diesem Grunde oft ein erheblich höherer Bodenbedarf für die eine oder andere Abteilung sich ergeben. Große Abweichungen können auch durch die Notwendigkeit entstehen, gemischte Betriebe, z. B. eine Großguß-Gießerei mit einer Abteilung für Klein- oder Mittelguß in einer gemeinsamen Halle oder doch einem gemeinsamen Bau unterzubringen. Die Entwicklung derartiger Gußwerke erfolgte häufig in der Weise, daß bei Beginn des Unternehmens die verschiedenen Gußarten räumlich durcheinander hergestellt wurden, und erst nach allmählicher Erreichung eines gewissen allgemeinen Betriebsumfanges Gliederungen und Teilungen notwendig wurden, die eine gesonderte Unterbringung der verschiedenen Gußarten möglich machten. Diesen Werdegang hat eine Reihe unserer größten Gußwerke durchgemacht; es handelte sich dann darum, von Zeit zu Zeit entsprechende Erweiterungspläne auszuarbeiten und die jeweiligen Umstellungen zur Durchführung zu bringen. Dabei ist es immer gut, einigen Spielraum in der Platzverteilung von vorneherein im Auge zu behalten. Für schwersten Guß erscheint in der obigen Zusammenstellung eine Gesamtgrundfläche von 0,9 m² je Tonne; je nach Art des hergestellten Großgusses wird aber die benötigte Fläche recht verschieden umfangreich sein; werden nur schwere massige Gußstücke hergestellt, so wird der Grundbedarf kleiner sein als bei Ausführung großer sperriger Stücke. Während man im ersten Falle bis herunter auf 0,7 m² gut zurechtkommen kann, reichen im anderen Falle unter Umständen selbst 1,2 m² kaum aus.

Die Ausnutzung des verfügbaren Bodens wird eine verschiedene sein, je nachdem man die Kranspannweite der Art des Gusses anzupassen versteht. Es kommt insbesondere viel darauf an, ob unter einem Laufkrane mit nur einer, zwei oder noch mehr Formerreihen gearbeitet wird. Wenn nicht eine der Gußart entsprechende Anzahl von Formern nebeneinander arbeiten kann, bleibt gewöhnlich ein Teil der Bodenfläche ungenügend ausgenützt. In Gießereien, die mit Konsolkranen arbeiten, tritt leicht der Fall ein, daß unter zwei parallel laufenden Kranfeldern einer Gießhalle rechts und links gut gearbeitet werden kann, während sich in der Mitte ein unnötiger und ungewollter toter Zwischengang erübrigt.

Am zuverlässigsten läßt sich der Grundbedarf für handgeformten Kleinguß bestimmen, ebenso derjenige für regelmäßig gleichen Formmaschinenguß. In beiden Fällen hängt die Größe des benötigten Platzes davon ab, ob zwei oder mehrere Formen zum Guße übereinander gesetzt werden können, ob jede Form einzeln abzugießen ist, oder ob man Stapelguß herzustellen beabsichtigt. Wesentliche Raumersparnisse ergeben sich in Betrieben, die mit Fördertischen oder anderen ununterbrochen arbeitenden Fördereinrichtungen ausgestattet werden. Die Formfläche tritt dann gegenüber der Gießfläche so zurück, daß in vielen Fällen besser von einem Gießplatze als von einer Formereigrundfläche zu sprechen ist[1]. Während noch bis vor einem Jahrzehnt Badewannen, Heizkörper, Gliederkessel und andere heute nach besonderen Formverfahren und Gießeinrichtungen hergestellte Hohlgußkörper verhältnismäßig viel Grundfläche erforderten, zählen sie in neuzeitlich ausgestatteten Betrieben zu den verhältnismäßig die geringste Grundfläche beanspruchenden Gußwaren. Derartige Betriebe benötigen heute für 1 t Ausbringen nicht mehr Raum als Gießereien alter Einrichtung für 100 kg. Aus diesen Gründen ist für gemischte Betriebe die Grundflächenermittlung besonders heikel, und man wird sich in vielen Fällen entschließen müssen, eine Entscheidung auf Grund beiläufiger Schätzung zu treffen. Die oben angegebenen Zahlen je Tonne Jahreserzeugung können insbesondere bei leichtem Maschinen- und Formmaschinenguß auf Bruchteile der angegebenen Werte zurückgehen.

Die Kernmachereigrundfläche.

Bei Bemessung der Formereigrundfläche ist stets die mit ihr in ganz unmittelbarer Beziehung stehende Kernmacherei in Betracht zu ziehen. Auch für diese ist es nicht möglich, allgemein gültige oder auch nur einigermaßen zuverlässige Durchschnittswerte anzugeben. Etwaigen solchen Werten stehen die gleichen außerordentlich verschiedenen Voraussetzungen wie bei der Formereiflächenbestimmung entgegen. Es geht insbesondere nicht an, etwa mit einem Prozentsatze der Formereigrundfläche zu rechnen. Man hat zwar drei allgemein feststehende Grundlagen: Die Art des Gusses, die Art des Formverfahrens und den Umfang der zugehörigen Formerei. Formerei und Kernmacherei gehen aber vielfach derart ineinander über, daß jede Grenze verwischt wird, was beispiels-

[1]) Vgl. auch S. 143 ff.

weise bei der Herstellung naßgeformter Kerne und deren maschinellem Einbringen in die Form der Fall ist. Nur für bestimmte Gußarten mit entsprechender Massenerzeugung können einigermaßen allgemein gültige Durchschnittswerte angegeben werden. Für Rohrgießereien (Druckröhren), die nur Lehmkerne benötigen, kann mit einer Kernmachereigrundfläche von 10—20% der Formfläche zuverlässig gerechnet werden, für Ablaufröhren vermindert sich die Ziffer je nach der Verwendung von trockenen Lehm- oder nassen Sandkernen auf 5—10%, Geschirr (Poterie)- und Badewannengießereien kommen mit 2—5% aus, Sanitätswarengießereien benötigen etwa 10—15%, Lokomotivgießereien 10—20%. Die Gießerei für gemischten Guß von A. Borsig in Tegel z. B., die in ihren verschiedenen Gießereiabteilungen gesonderte Arbeitstellen für Sandformerei, Masseformerei, Drehkernformerei und Kleinkernformerei betreibt, braucht hierfür insgesamt 20% der Formgrundfläche. Verhältnismäßig sehr umfangreiche Kernmachereien benötigen Sondergießereien für Automobilguß. Hier kann mit einem Durchschnitt von 40—80% der Formfläche gerechnet werden. Nach älteren Angaben, die aber heute noch ziemlich zutreffen dürften, werden in der gemischten Gießerei von R. Ph. Wagner, Biro & Kurz in Wien, die schweren Maschinenguß bis zu 10 000 kg Stückgewicht, leichte Röhren, emaillierten Guß, Geschirrguß auf Formmaschinen und mannigfachen Bauguß erzeugt, nur 6% der Formfläche für die Kernmacherei benötigt. Welch weitabweichenden Grundbedarf Kernmachereien verschiedener anderer bekannter Gießereien haben, zeigt folgende Zusammenstellung: Laeis-Werke in Trier etwa 12%, Henrichshütte in Hattingen[1]) etwa 8%, Maschinenfabrik Buckau, R. Wolf in Magdeburg-Buckau etwa 12%; Ehrhardt & Sehmer, A.-G. in Saarbrücken etwa 10%; Röhrengießerei der Compagnie Génerale des Conduites d'Eau in Lüttich 24%; Eisenwerk Königshof (Röhrengießerei, Tschechoslowakei) 33%; eine große deutsche Armaturenfabrik für Gas- und Wasserleitungen 28%; Gebrüder Körting, A.-G. in Hannover-Körtingsdorf 10%. Der Grundflächenbedarf ein und derselben Gießerei kann verschieden sein, je nach der Art der augenblicklich hergestellten Abgüsse, die oft einem Wechsel unterliegen. Man beschränkt darum die Kernmacherei möglichst nicht auf genau gezogene Grenzen, sondern weist ihr nur das Hauptgebiet für ihre Arbeiten zu. Je nach den Ansprüchen des Tages kann sie sich dann auf Rechnung der Formgrundfläche ausdehnen oder einschränken.

Die Trockenkammerngrundfläche.

Die Bodenfläche der Trockenkammern ist von derjenigen der Formerei und Kernmacherei abhängig. Die Kern-Trockenkammern sind häufig nur bezüglich der kleineren Einheiten ausschließlich der Kernmacherei vorbehalten, größere Kammern haben nicht selten den Zwecken beider Betriebsabteilungen zu dienen. Der Bedarf an Trockenkammern hängt vor allem von den zu verarbeitenden Rohstoffen und dann von den Formverfahren ab. Hier spielt die in verschiedenen Gegenden verschieden entwickelte Formtechnik eine ausschlaggebende Rolle. Aus wirtschaftlichen Gründen muß danach gestrebt werden, möglichst viele Gußstücke naß zum Abgusse zu bringen. In manchen Gebieten Deutschlands ist die Naßarbeit so vorzüglich entwickelt worden, daß viele Former es nicht gelernt oder es fast verlernt haben, getrocknete Sandformen in verläßlicher Güte herzustellen. Das ist z. B. in vielen Gießereien Sachsens der Fall. Man gießt dort Stücke bis zu 50 000 kg Einzelgewicht im nassen Sande, während man dies in manchen Gebieten des Westens von Deutschland für ausgeschlossen halten würde. In den letzten Jahren sind durch die Fortschritte in der Sanduntersuchung und -erkenntnis große Fortschritte in der Richtung zum Naßgusse gemacht worden.

Bei Beurteilung der für eine Neuanlage erforderlichen Trockenkammer-Grundfläche wird dies ebenso wie der örtliche Formbrauch mit in Betracht zu ziehen sein. Eine beträchtliche Einschränkung des Sandtrockengusses hat die Verbreitung der Rüttelformmaschinen und in jüngster Zeit auch der Sandschleuderformmaschinen mit sich gebracht, da mit solchen Maschinen hergestellte Formen einen derart gleichmäßigen Verdichtungsgrad

[1]) Früher zu Henschel & Sohn, jetzt zur Gelsenkirchener Bergwerks-A.G. gehörig.

erlangen, daß sich selbst oberflächliche Trocknung vieler bis dahin nur trocken abgegossener Formen erübrigt. Lehmformen bedürfen stets gründlicher Trocknung. Ausgedehnte Lehmformen müssen noch vielfach mit Koksfeuern oder mit tragbaren kleinen Trockenöfen getrocknet werden. Solches Trocknen ist stets kostspieliger als die Trocknung in der Kammer. Man strebt darum danach, Stücke, die es nur irgend zulassen, in der Kammer unterzubringen. Gießereien mit viel Hohlguß bedürfen daher oft einer scheinbar unverhältnismäßig großen Trockenkammerfläche. Dagegen pflegt Lehren- oder Schablonenguß verhältnismäßig weniger Fläche zu benötigen. In beiden Fällen verschwindet die Grenze zwischen Form- und Kernarbeit fast gänzlich, was bei Ausführung großer Dampf- und sonstiger Maschinenzylinder besonders in Erscheinung tritt.

Bei Beurteilung des Raumbedarfs von Trockenkammern muß stets auch der vor den Kammern liegende Arbeitsraum in Rechnung gezogen werden, der zum Aus- und Einfahren und zum Beladen der Kammern benötigt wird. Je nach Art der Trockenkammerfeuerung wird man auch den zur Bedienung der Feuerungen erforderlichen Raum nicht vergessen dürfen. Die Größe der Trockenkammern kann nur auf Grund genauester Kenntnis der Art und Menge des herzustellenden Gusses einigermaßen zuverlässig bestimmt werden, doch können Zahlen aus der Praxis leistungsfähiger Gießereien einigen Anhalt geben. Nach E. Munk[1]) betrug die Trockenkammerfläche

in Schwergießereien, Gießereien mit viel Lehm- und Masseguß:

bei A. Borsig G. m. b. H. in Berlin-Tegl	25%	der Formfläche
„ Ehrhardt u. Sehmer A.-G. in Saarbrücken . . .	20%	„ „
„ Maschinenfabrik Augsburg-Nürnberg A.-G. in Nürnberg	13%	„ „
„ Sächsische Maschinenfabrik vorm. Rich. Hartmann A.-G. in Chemnitz	10%	„ „
„ Fried. Krupp, A.-G. Friedrich-Alfredhütte in Rheinhausen	10%	„ „
Durchschnittswert rund	14—20%	der Formfläche

in Gießereien für mittelschweren Guß aller Art:

bei Fitzner u. Gamper, Dombrowo	8%	der Formfläche
„ Motorenfabrik Deutz G.-G. in Köln-Deutz . . .	7%	„ „
„ Carlshütte (C. Mehler) G. m. b. H. in Aachen . .	7%	„ „
„ Maschinenfabrik Cyklop (Mehlis u. Behrens) in Berlin	8%	„ „
Durchschnittswert rund	8—10%	der Formfläche

in Gießereien für Kleinguß, mittleren Naßguß, Poterie u. dgl.

bei Kleingießerei der Huthschen Eisen- und Stahlwerke in Gevelsberg i. W.	7%	der Formfläche
„ Kleingießerei von Ludw. Loewe u. Co. A.-G. in Berlin	5%	„ „
„ R. Ph. Wagner, Biro u. Kurz in Wien	5,5%	„ „
„ Junker u. Ruh A.-G. in Karlsruhe	3%	„ „
Durchschnittswert rund	5—8%	der Formfläche.

Die vorstehend genannten Ziffern wurden zwar schon vor 15 Jahren ermittelt, sie geben aber doch im allgemeinen noch heute geltende Durchschnittswerte an.

Grundfläche der Formstoffaufbereitung.

Der Umfang der Räume zur Aufbereitung des Form- und Kernsandes, der Masse und des Lehms hängt sowohl von der Art der zur Verfügung stehenden Rohstoffe, als auch von den Form- und Kernmacherverfahren ab, die ausgeübt werden. In jüngster Zeit hat die Kenntnis in der richtigen Zusammensetzung des Formsandes und von der Aufrechterhaltung bestimmter Eigenschaften der Rohstoffe solche Fortschritte gemacht, daß die den Aufbereitungsarbeiten gewidmete Grundfläche beträchtlich verringert werden konnte. Während manche Gießereien ihren gesamten Modellsand täglich neu aufbereiten,

[1]) Stahleisen 1912. S. 2162.

beschränken sich andere darauf, täglich oder auch nur wöchentlich dem zu verwendenden Haufensand bestimmte Zusätze von Neusand oder von irgendeinem Bindemittel zu geben. Viele Formsande bedürfen bei der Aufbereitung sowohl für Naß- als auch für Trockenguß keinerlei Trocknung, während andere Arten sehr sorgfältig getrocknet werden müssen, um gute Ergebnisse zu liefern. Dementsprechend ist die Einrichtung und Art der Trockenanlagen von wesentlichem Einflusse auf den Raumbedarf der Aufbereitanlage. Eine wichtige Rolle spielt auch die Zusammenziehung der Aufbereitungsarbeiten an eine oder an mehrere Stellen bzw. die Verteilung der fraglichen Arbeiten über die ganze Gießerei. Letzteres ist der Fall bei Verwendung von fahrbaren Sandschneidern, die von einer Formstelle zur anderen fahren und kaum mehr Raum beanspruchen als zu ihrer Absetzung nach getaner Arbeit erforderlich ist. Von größter Leistungsfähigkeit auf bestimmtem Raume sind zentrale Aufbereitungen, die vielfach aus einer Reihe verschiedene Dienste leistender und zu einer Einheit zusammengezogener Sondermaschinen bestehen [1]). Von wesentlichem Einfluß ist weiter die Art der Verteilung des Formsandes und seiner Rückbringung zur Neuaufbereitung. Soweit derartige Anlagen besonderer Grundfläche bedürfen, ist diese bei der Grundflächenbemessung entsprechend zu berücksichtigen. Auch der zur Lagerung der Rohsande und der Hilfstoffe notwendige Raum darf nicht unberücksichtigt bleiben, gleichviel ob er sich in oder außerhalb der Gießerei befindet. Bei Berücksichtigung all dieser Umstände gelangt man zu Grundflächen der Aufbereitanlagen im Ausmaße von 2—8% der Formfläche.

Putzereigrundfläche.

Der Umfang der Gußputzerei hängt zum Teil von der Art des Formereibetriebes ab. Naßsandgießereien liefern oft weniger sauberen, mehr Putzarbeit erfordernden Guß als Trockensandgießereien, schwere Ware bedingt häufig mehr Nacharbeit und erfordert in der Folge mehr Raum als leichte Ware, ebenso stellt Lehmguß besondere Ansprüche an den Putzereibetrieb. Am meisten hängt es natürlich von der Art des Putzereibetriebes selbst ab, ob von Hand, mit Preßluftmeißeln, mit Sandstrahl, mit Scheuertrommeln oder mit Wasserstrahl gearbeitet wird. Bei einfacheren Putzereibetrieben kleineren Umfanges, wo Handarbeit vorherrscht, wird man mit den mittleren Werten der Zahlentafel 66 (S. 231) leicht das Auskommen finden, dagegen beanspruchen Gießereien für großen oder gar größten Guß, insbesondere in Fällen, wo es sich um sperrige Stücke, wie Maschinengrundrahmen, hohle Querbalken, große Schwungräder, Riemenscheiben und ähnliche Teile handelt, verhältnismäßig mehr Raum. Hier wird sich nicht selten die Notwendigkeit ergeben, einzelne Stücke in der Gießerei selbst zum mindesten vorzuputzen oder diese Arbeit ins Freie oder in offene Schuppen zu verlegen. Der Grundflächenbedarf derartiger Putzereien kann bis auf 50% der Formfläche steigen.

Bei ausgedehnter Verwendung von Preßluftmeißeln und -abklopfwerkzeugen kann dagegen eine Minderung des Platzbedarfes gegenüber reiner Handarbeit um gut 20% angenommen werden, ebenso sinkt die Ziffer beim Betriebe von Scheuertrommeln und von Sandstrahlgebläsen aller Art. Scheuertrommeln, Sandstrahl-Drehtische sowie Sprossen- und Rollbahntische, die einen durchlaufenden Betrieb ohne Zwischenlagerung der ungeputzten oder der geputzten Ware ermöglichen, tragen weiter in hervorragendem Maße zur Minderung des Raumbedarfes bei. Von großem Einflusse ist ferner die Art und Menge der verwendeten Schmirgel-Schleifmaschinen, die heute wohl kaum in einem Putzereibetriebe gänzlich fehlen dürften. Auch Sandstrahl-Gußputzhäuser tragen zur Minderung des Platzbedarfes nicht wenig bei. Sie ermöglichen, die Putzarbeit auf engstem Raume ohne jede Störung der nebenan tätigen Mannschaft zu vollziehen. Zur Platzersparnis kann geschickte Anordnung der Staubsammelanlagen erheblich beitragen, man ist neuerdings bemüht, diese Einrichtungen auf dem Dach oder unter dem Boden oder auf einem Hof abseits von der Putzerei anzuordnen, wodurch beträchtlich an Gießereigrundfläche gespart werden kann. Putzereieinrichtungen, die den Guß mittels Säurebeizen reinigen, bedingen gewöhnlich keine Platzminderung,

[1]) Vgl. Bd. III, S. 668—678.

da andere Putzarbeit, wie mindestens grobe Säuberung der Ware von anhaftendem Sande und Abschmirgeln anhaftender Eingußreste sowie sonstiger Unsauberkeiten, dennoch geleistet werden muß. Die größte Platzersparnis ergibt das Putzen mittels Wasserstrahl. Die Wirtschaftlichkeit dieses Verfahrens hängt freilich von gewissen Umständen ab, wo aber diese zutreffen, läßt sich auch bei schwerstem und schwierigstem Gusse die der Putzerei zuzuweisende Grundfläche auf Bruchteile der sonst üblichen Größe vermindern.

Grundfläche der Schmelzanlage.

Der Bodenbedarf der Schmelzanlage wurde bisher ziemlich allgemein mit 7—8% der Formfläche angegeben. Es ist aber nicht richtig, diese ganz unmittelbar und ausschließlich zur Beurteilung des Bedarfes der Schmelzanlage heranzuziehen, denn deren Umfang ist weit mehr von der zu schmelzenden Eisenmenge als von der Form und Größe der hergestellten Abgüsse abhängig. Sehr viel hängt davon ab, ob die erforderliche Eisenmenge jeweils innerhalb weniger Stunden zur Verfügung gestellt werden muß oder ob sie sich auf eine beträchtliche Anzahl von Stunden oder auch auf den ganzen Arbeitstag verteilt. Weiter kommt die Art des zu schmelzenden Eisens in Frage. Gießereien, die mit nur einer Eisengattierung zurecht kommen, sind in der Lage, dieses Eisen leicht in nur einem Ofen zu erschmelzen, während Gießereien, die eine Anzahl verschiedener Sätze zu schmelzen haben, oft genötigt sind, mehrere Öfen zu gleicher Zeit laufen zu lassen. Bei Bemessung der Schmelzanlage ist auf diesen Umstand ausschlaggebendes Gewicht zu legen. Weiter ist zu erwägen, ob und welche Reserveöfen vorgesehen werden müssen. Ein Reserveofen, der vielleicht nur während des Neuausmauerns eines gewöhnlich in Betrieb stehenden Ofens Dienste zu tun hat, bedarf etwa 30% der Grundfläche, die dem Schmelzbau bei Anlage nur eines Kuppelofens zuzumessen wäre.

Für die Grundflächenbemessung ist die Art der Fördereinrichtungen zum und in den Kuppelofen von schwerwiegender Bedeutung. Es ist zu erwägen, ob von der Gichtbühne oder vom Boden aus gegichtet, bzw. die Sätze zusammengestellt und in den Ofen gebracht werden. Das Maß der Gichtbühne ist festzustellen, das abgesehen von der täglichen Schmelzmenge von der Menge an Schmelzstoffen abhängt, die ständig auf der Bühne lagern sollen. Die größte Bühnenfläche beanspruchen Betriebe, die, wie es noch vor zwei Jahrzehnten sehr viel üblich war, des Vormittags die Sätze auf der Bühne zusammenstellen lassen, um sie nachmittags im Ofen aufzugeben. Bei den Neuanlagen der letzten Zeit spielt die Gichtbühne eine ziemlich nebensächliche Rolle, da heute die Sätze meist am Boden auf der Gießereisohle zusammengewogen, dann gehoben, und unmittelbar in den Schacht gebracht werden. Solche Betriebe können mit einem Laufstege an Stelle einer richtigen Gichtbühne zurechtkommen, von dem aus der Verlauf des Gichtens verfolgt werden kann, und von dem aus auch etwaige Nachhilfen geleistet werden können. Derartige Anlagen erübrigen einen Gichtaufzug völlig, ihre Ausstattung mit einer Shepardschen Gichtmaschine[1]) reicht vollkommen aus, um jeden Aufzug überflüssig zu machen.

Auch bei den anderen in Gießereien in Frage kommenden Schmelzanlagen kommt bezüglich der Raumzumessung nächst dem Umfange der Schmelzungen sehr viel auf die Art der Aufgabe der Schmelzstoffe an. Während bei maschineller Aufgabe mit verhältnismäßig wenig Grundfläche das Auskommen gefunden werden kann, bedarf die Aufgabe von Hand einer beträchtlich größeren Fläche. Ein Reserveofen ist hier seltener nötig, größere Betriebe haben solche Öfen mehr als Hilfsöfen angelegt, um im Falle starker Beanspruchung allen Anforderungen folgen zu können. Betriebe mit Kleinbirnen haben nicht selten eine zweite Birne, die wiederum zugleich als Reserve und zur Erzeugungsverstärkung zu dienen hat; in den meisten Fällen vermag man aber doch mit nur einer Birne zurechtzukommen. Tiegelgießereien haben meist so viel Öfen bzw. Schachte zur Verfügung, daß sich Vorkehrungen für besondere Reserveöfen erübrigen.

In den meisten Fällen empfiehlt es sich, die Schmelzöfen an einer Stelle zusammenzuziehen, wobei sich die sparsamste Raumausnützung ergibt. Wenn immer möglich,

[1]) Vgl. Bd. III, S. 124.

wird man bei Neuanlagen genügend Grundfläche für denkbare spätere Erweiterungen vorsehen. Solche Vorsicht kommt nicht allzu teuer zu stehen, die Kosten der bescheidenen, zunächst nicht vollausgenützten Grundfläche fallen gegenüber den Unkosten einer späteren nicht im ursprünglichen Plane liegenden Erweiterung meist gar nicht ins Gewicht.

Der Grundflächenbedarf der Schmelzanlage kann heute im allgemeinen wesentlich geringer als noch vor 10 Jahren angenommen werden. Es gibt zwar noch Gießereien mit Schmelzbauten, die 15% der Grundfläche der Formerei einnehmen, man ist aber anderseits auch schon zu Schmelzanlagen gekommen, die keine größere Grundfläche als 3% ihrer Formereifläche beanspruchten. Diese großen Unterschiede beruhen zum Teile auf der Tatsache, daß bei manchen neueren Anlagen eine scharfe Grenze zwischen Lagerplatz und Schmelzanlage kaum mehr festzustellen ist.

Lagerplätze.

Für die Bemessung der Lagerplätze für Roheisen, Alteisen und Koks gibt Ledebur[1]) einen Bedarf von etwa 25% der Formfläche an, eine Ziffer, die auch heute noch als allgemeiner Durchschnittswert gelten kann. Je nach den örtlichen und sonstigen Verhältnissen wird man freilich mit sehr weitgehenden Unterschieden nach oben und unten zu rechnen haben. Eine Gießerei, deren Roheisenbedarf durch ein mit ihr in unmittelbarer Verbindung stehendes Hochofenwerk gedeckt wird, kann mit geringerer Grundfläche rechnen, ebenso werden Gießereien, die nur eine oder nur wenige Roheisensorten verarbeiten, weniger Grundfläche bedürfen als Betriebe, die eine große Zahl verschiedener Eisenmarken verwenden müssen. Mitunter kommt eine Gießerei auch in die Lage, eine günstige Marktlage zur Beschaffung größerer, auf Lager zu nehmender Roheisenmengen auszunützen. In der gleichen Lage sind Gießereien, die ausländisches Roheisen in ganzen Schiffsladungen beziehen, sie sind gezwungen, Lagerflächen vorzusehen, deren Umfang ein Mehrfaches des angegebenen Durchschnittes beträgt.

Bei der Lagerung des Brucheisens liegen die Verhältnisse ganz ähnlich. Hier ist geradeso wie beim Roheisen Rücksicht auf getrennte Lagerung verschiedener Bruchsorten zu nehmen. Der Handel liefert zwar heute bereits grob aussortierte Ware, es ist aber dennoch in den meisten Fällen gut, auf dem Lagerplatz die verschiedenen Sorten noch genauer zu trennen und entsprechend zu lagern. Das nimmt unter Umständen viel Platz in Anspruch, weshalb eine recht reichliche Bemessung des zur freien Verfügung stehenden Raumes sehr zu empfehlen ist. Auch auf genügend Raum zur sachgemäßen Unterbringung eines Fallwerkes ist Rücksicht zu nehmen. Ebenso darf die zur Aufstellung und zum Betriebe eines oder mehrerer Masselbrecher erforderliche Grundfläche nicht außer acht gelassen werden.

Der frühere Brauch, die Gichtbühnen zur Aufnahme einer größeren Menge von Eisen und Koks auszubauen, wurde in jüngster Zeit, insbesondere seit man dazu übergegangen ist, von der Hüttensohle aus zu gattieren, fast gänzlich verlassen. Nur den Koks kann man auch bei neueren Werken noch auf einer Gichtbühne gelagert finden, so daß er in Höhe der Gichtöffnung den mittels Greifern gefüllten Behältern durch Öffnung einer Klappe entnommen werden kann. Wo dies nicht der Fall ist, wird der Koks in gemauerten, betonierten oder auch hölzernen Schuppen gelagert, die sowohl mit den Zufahrtsgleisen als auch mit der Schmalspuranlage des Eisenhofes in guter Verbindung stehen.

Formkastenlagerplatz.

Die Größe des Formkastenlagerplatzes hängt wiederum beträchtlich von der Art des Betriebes ab. Eine Gießerei für Sonderguß, z. B. für Autoguß, die jahraus jahrein ein und denselben Guß herzustellen hat, wird mit einem sehr bescheidenen Formkastenplatz gut zurecht kommen, während ein Universalgußwerk oder eine Gießerei für

[1]) Handbuch der Eisen- und Stahlgießerei 1901, S. 428.

allgemeinen Maschinenguß, ebenso wie eine Gießerei für Kundenguß hierfür verhältnismäßig große Flächen bedarf. Es gibt Gießereien, deren Formkastenlagerplatz die Größe der Formereigrundfläche um ein mehrfaches übertrifft. Einzelne amerikanische Gießereien haben auf Lagerplätze außerhalb der Gießerei verzichtet und ihr in solchem Falle meist bescheidenes Formkastenlager in einem mehrstöckigen Einbau innerhalb des Gießereigebäudes untergebracht, dessen übereinander angeordnete Abteilungen durch Gleise oder Kraneinrichtungen mit der Formabteilung verbunden wurden. Wo reichlich Grundfläche zur Verfügung steht, spielt die Größe des im Freien angeordneten Kastenlagers keine wichtige Rolle; bei beschränkten Verhältnissen, in denen man sich durch Hochstapeln der Kasten helfen muß, können aber die Lohnkosten für deren Beistellung und Wegschaffung recht unangenehme Gestehungskostenverteuerungen mit sich bringen. Aus diesen Gründen ist auch der für das Formkastenlager vorzusehende Platz bei Neuanlagen sehr gründlich zu überlegen.

Handmagazin.

Die verschiedenen Kleinstoffe, deren ein Gießereibetrieb regelmäßig bedarf, werden gewöhnlich in einem sog. Handmagazin untergebracht. Die Größe desselben hängt sowohl von der Art als auch von der Menge der darin untergebrachten Waren ab. In vielen Fällen beschränkt man sich auf ein sog. Handlager, das nur den Bedarf an den täglich von den Formern benötigten Hilfsstoffen, wie Graphit, Öl, Mehl, Siebe, Pinsel, Hämmer, Feilen, Schmirgelscheiben und Schmirgelpapier, Kernstücken, Kernnägel, Leim u. ä. enthält, während feuerfeste Stoffe, Kernbinder, Schmieröl u. dgl. in einem zweiten Lager aufbewahrt werden. In Großbetrieben, denen die Gießerei nur als ein Hilfs- oder Zweigbetrieb angegliedert ist, wie in großen Maschinenfabriken, Schiffswerften und Hüttenwerken wird häufig ein Hauptmagazin geführt, von dem die Gießereimagazine ihren Bedarf beziehen. Je nach dem Bestehen der einen oder anderen Möglichkeit fällt die Grundfläche des Lagers recht verschieden aus. Für ein Handlager der letztangeführten Art genügt auch in einer großen Gießerei eine Grundfläche von 12 bis 20 m² vollständig. Kommt ein Hauptlager nicht in Frage, so wird das Handlager mit etwa 5% und das Lager feuerfester Ware mit 8—10% der Formereigrundfläche in den meisten Fällen ausreichend bemessen sein.

Gußwarenlager.

Bezüglich des Gußwarenlagers und der Versandabteilung lassen sich irgendwie allgemein gültige Werte nicht aufstellen. Die Größe dieser Abteilungen hängt von kaufmännischen Erwägungen weitaus mehr als von solchen allgemein technischer Natur ab. Kundengießereien kommen mit verhältnismäßig bescheidener Versandabteilung aus, in der die Ware meist nur wenige Tage lagert, d. h. bis zur Ansammlung zum Versand ausreichender Mengen bleibt. Anders ist es bei Waren, die einer Nacharbeit durch Glühen, Polieren, Vernickeln u. ä. mehr bedürfen, oder die erst zu einem vollständigen Körper zusammengestellt werden müssen. In solchen Fällen kann die Versandabteilung zu einem wichtigen und dementsprechend viel Grundfläche beanspruchenden Teil des allgemeinen Betriebes werden. Großgießereien als Teile einer Maschinenfabrik können Versandräume von 5—30% der Formereifläche benötigen, je nachdem der sich ergebende Guß täglich abzuliefern ist oder erst vorher zu mehr oder weniger vollständigen Maschinen angesammelt werden muß. Im letzteren Falle kann selbst die Ziffer von 30% sich als unzureichend erweisen, doch sind solche Fälle nur ausnahmsweise feststellbar. Gießereien, die ständig die gleiche Ware in großen Mengen herstellen, deren Guß dann in Sonderwerkstätten bearbeitet und geprüft wird, wie Autowerke, Armaturenfabriken, manche Apparatebauanstalten bedürfen des geringsten Ausmaßes der Versandstelle. In manchen Sondergießereien, z. B. in Rohrgießereien, fällt ein Versandraum ganz fort, da er mit der Gußputzerei völlig zu einer Abteilung verschmilzt. Es kommt dann an seiner Stelle ein entsprechender Lagerplatz im Freien in Frage.

Betriebsbüro.

Die Räume für die Betriebsleitung sind gewöhnlich in eine Gruppe für den Betriebsleiter und seine etwaigen technischen Gehilfen und eine solche für die Meister getrennt. Ihr Umfang hängt von der Größe des Betriebes und den an diesen gestellten Anforderungen ab. Das Lohnbüro findet sich sowohl in Verbindung mit der Betriebsleitung als auch mit dem kaufmännischen Büro. Letzteres bildet meist eine vom Betriebe völlig getrennte Abteilung, die nur die Lohnverrechnung mit jenen unmittelbar gemein hat. In kleineren Betrieben genügt ein Raum von 18—24 m^2 Grundfläche für den Betriebsleiter und ein solcher von 12—15 m^2 für den Meister. Je nach der Zahl der Assistenten, der Meister und sonstigen Gehilfen erhöht sich mit dem Umfange des Betriebes der diesbezügliche Raumbedarf. Der Umfang der dem Betriebsleiter zuzubilligenden Grundfläche hängt noch besonders vom Vorhandensein einer Versuchsanstalt ab, die einen Teil der dem Betriebsleiter obliegenden Arbeiten zu seiner Entlastung auszuführen imstande ist. In kleinen Betrieben wird oft auch ein kleines Zeichen- oder Konstruktionsbüro dem Betriebsleiter beigestellt, für das fast immer Aufgaben genug vorliegen. Es lassen sich für den Umfang der fraglichen Räumlichkeiten darum irgendwelche auch nur beiläufig allgemein Geltung habende Zahlen nicht nennen. Diese Größen können nur auf Grund genauer, schon bei der ersten Planung einer Gießerei gründlichst erwogener Umstände und Absichten festgelegt werden.

Modellmacherei.

Die Größe und Ausstattung der Modelltischlerei, Modellschlosserei und Formplattenmacherei hängt ebenfalls vollständig von den Absichten ab, die bei der Planung des neuen Betriebes gehegt werden. Selbst ziemlich große Kundengießereien können mit einem oder zwei Tischlern und mit ein oder zwei Hobelbänken ohne weitere Hilfseinrichtungen auskommen, während andererseits kleine Gießereien oft eine größere Zahl von Hilfsmaschinen und gelernter wie ungelernter Arbeiter bedürfen. Vom bescheidensten Umfange bis zu Modellherstellungswerkstätten, die mehr Hilfskräfte als der zugehörige Gießereibetrieb selbst erfordern, kommen alle Zwischenstufen vor, weshalb es ein müssiges Unternehmen wäre, diesbezüglich irgendwelche Zahlen zu nennen.

Modellager.

Bezüglich des Modell- und Formplattenbodens kommen die gleichen Umstände zur Geltung wie bei den Modellwerkstätten. Diese Anlagen werden für größere Gießereien gewöhnlich als selbständige Bauten getrennt von Gießereibaue ausgeführt. In kleineren Betrieben werden der Modellboden häufig im Oberbaue eines Seitenschiffes und das Formplattenlager zu ebener Erde im gleichen Schiffe oder an irgendeiner anderen günstig gelegenen Stelle des Gießereihauptbaues untergebracht. Die Modelle nehmen in älteren Werken sehr viel Raum ein, trotzdem alljährlich stets ein Teil der zu sehr veralteten Stücke zur Ausscheidung gelangt. Trotz zumeist mehrstöckiger Anlage der Modellhäuser kann ihre Grundfläche leicht bis zu 50% der Formfläche anwachsen. Das Formplattenlager beansprucht verhältnismäßig weniger Raum, bei gehöriger Einteilung kann eine recht große Zahl von Platten auf sehr beschränktem Raume untergebracht werden. Mit 10% der Formfläche vermag schon eine recht bedeutende Formmaschinengießerei das Auskommen zu finden.

Sonstiges.

Selbst die allerkleinsten Gießereien bedürfen einer Reparaturwerkstätte und sollte diese auch nur aus einer Werkbank mit Schraubstock, einem kleinen Amboß und ebensolchen Schmiedefeuer bestehen. Wenn irgend möglich, wird sie in einem abgeschlossenen Raume in der Nähe des Kuppelofens untergebracht. Ein Raum von 10—12 m^2

reicht zur Not aus; Reparaturwerkstätten für größere Betriebe kommen mit 3—5% der Formfläche aus.

Die Abmessungen einer Versuchsanstalt oder eines Gießereilaboratoriums hängen vollständig vom Umfange und der Art der auszuführenden Arbeiten ab. In erster Linie ist zu entscheiden, ob nur ein Laboratorium für chemische Untersuchungen oder auch ein solches für physikalische Prüfungen und Untersuchungen errichtet werden soll. Das chemische Laboratorium soll vor allem einen Wiegeraum und einen geräumigen hellen Arbeitsraum mit guter Belichtung von Norden haben. Die Grundfläche dieses Laboratoriums kann je nach seiner Beanspruchung mit etwa 20 m^2 bis zu einem entsprechenden Anteile der Formfläche angenommen werden.

Der Raum für Verkehrswege hängt von der Art und Anordnung der Beförderungseinrichtungen ab. Man kann hier zwischen produktivem und unproduktivem Formereiraum unterscheiden. Der letztere kommt größtenteils auf Rechnung der „Verkehrswege". Den meisten unproduktiven Raum nehmen Schmalspuren in Anspruch. Die von solchen zu verrichtende Arbeit kann in vielen Fällen von einer Hängebahn ebenso gut ausgeführt werden. Auch die Hängebahn erfordert einen unproduktiv werdenden Streifen der Grundfläche, dieser ist aber beträchtlich kleiner als der unter gleichen Umständen von den Gleisen weggenommene Raum. Machen die Betriebsverhältnisse es möglich, die gleiche Arbeit durch einen Laufkran zu bewältigen, so wird der Grundflächenverlust nahezu gleich Null. In jüngster Zeit ist man wiederholt daran gegangen, den Gießereiboden, mitunter auch die Höfe mit harter Decke zu versehen, womit zwar gegenüber dem Betriebe auf Schmalspurgleisen kaum ein nennenswerter Raumgewinn, wohl aber eine wesentlich größere Beweglichkeit des Verkehrs erreicht wird. Die Formfläche wird bei vielen Anlagen von Schmalspurgleisen durchschnitten, was zu recht beträchtlicher Minderung der angenommenen Arbeitsfläche führt. In diesem Falle ist die „Formfläche" für alle danach erfolgten Ableitungen des Grundflächenbedarfes entsprechend zu verringern. In Gießereien mit festem Boden und mit Kraftkarrenverkehr kommt man mit der Ausnützung der Formfläche am weitesten, da diese in vielen Fällen nur vorübergehend frei gehalten werden muß. Es erhellt aus dem Gesagten, daß die Fläche der Verkehrswege innerhalb weiter Grenzen verschieden groß sein kann. Maßgebend wird hierfür der allgemeine Arbeitsplan sein, der einer Neuanlage zu Grund gelegt wird. Die Fläche der Verkehrswege wird selten weniger als 5% der Formfläche betragen und oft genug sogar die Ziffer von 20% erreichen, wenn nicht gar überschreiten.

Aborte, Wasch- und Ankleideräume können bei bescheidenen Ansprüchen mit etwa 5% der Formfläche bemessen werden, welche Ziffer der Größe dieser Räume auf drei der fortgeschrittensten großen deutschen Gußwerke so ziemlich entspricht. Wird auch eine Kantine mit Speisesaal vorgesehen, so bedarf man je Kopf der Belegschaft etwa 2—3 m^2 Grundfläche. Wird mit einer nur teilweisen Benützung dieser Anlagen gerechnet, so wird man entsprechend verminderte Werte der Berechnung zugrunde legen.

Aus den vorstehenden Darlegungen geht zur Genüge hervor, daß in fast jedem Falle die Verhältnisse sehr verschieden liegen, weshalb genaue Werte der erforderlichen Grundflächen nicht gegeben werden können. Es sind allzu verschiedene Umstände, die hierbei mitsprechen. Neben rein technischen Erwägungen in Rücksicht des Fabrikationszieles sprechen örtliche Verhältnisse bezüglich der Lage des künftigen Werkes, der Art, der Gestalt und der Umgebung des Grundstückes, der verschiedenen Anschlußmöglichkeiten an die Bahn oder ein schiffbares Gewässer und vieles andere gewichtige Worte mit. Von der Beantwortung dieser Frage hängt die Form des Grundrisses, die Frage der Teilung der Neuanlage in ein Haupt- und in oder mehrere Seitenschiffe oder ihre Gliederung in Formen, die von den üblichen Bauformen wesentlich abweichen, in hohem Maße ab. Der schließlich zur Ausführung gelangende Plan wird in den allermeisten Fällen einen Ausgleich zwischen den verschiedenen vorliegenden Erwägungen in technischer, wirtschaftlicher und ästhetischer Beziehung bedeuten.

Die Anordnung der verschiedenen Betriebseinheiten.

Die An- und Abfuhrgleise.

Bei der Anlage der Gleisverbindungen, ohne die heute kaum ein Gießereibetrieb denkbar ist, sind die Gestalt des Grundstückes und seine Ausrichtung nach den Himmelsrichtungen, seine Lage zu den in Frage kommenden öffentlichen Verkehrsmitteln, zu Land- und Wasserstraßen, zu seiner Nachbarschaft und seine Höhenlage zu berücksichtigen. Im allgemeinen wird darauf zu achten sein, die An- und Abfuhr, wo immer möglich, getrennt zu halten. Wo diese Grundbedingungen gehörig beachtet werden, lassen sich auch die einzelnen Betriebsabteilungen unschwer so anordnen, daß doppelte Wege vermieden werden und die gesamte Erzeugung in einer Linie verläuft, angefangen von der Zufuhr der Rohstoffe bis zur Ablieferung der fertigen Waren. Man hat aber nicht immer völlig freie Wahl in der Anordnung der Zu- und Abfuhrgleise, insbesondere läßt sich eine scharfe Trennung des Zu- und Abfuhrweges nur selten ermöglichen, immerhin wird man aber bestrebt sein, diese Wege weitmöglichst getrennt zu halten, bis sie sich beim Übergang an das Hauptanschlußgleise vereinigen. In manchen Fällen läßt sich dieses Streben durch Anordnung einer Drehscheibe fördern, auf der verschiedene Gleisstränge zusammenlaufen.

Bei völlig freier Wahl empfiehlt es sich, das Hauptgleis an die südliche Längsseite des Gießereibaues zu verlegen, und die Verbindung mit dem Bahnanschlußgleise durch eine Weiche herzustellen. Das ist stets vorteilhafter als die Anordnung einer andauernd mit verschiedenen Mängeln behafteten Drehscheibe. Die südliche Lage gestattet unbehinderten Lichtzutritt und ermöglicht, an die Südseite die Rohstoffschuppen, die Sandaufbereitung und die Trockenkammern, unter Umständen auch die Kernmacherei zu verlegen. An der Nordseite erfolgt dann die Abfuhr der Fertigware, deren Gleis wiederum mittels Weiche mit dem Bahnanschlußgleise verbunden ist. Ergibt sich die Notwendigkeit, die Abfuhr von einer Kopfseite aus zu bewirken, so wird sich in den meisten Fällen eine Drehscheibe nicht umgehen lassen. Die beiden Kopfseiten des Gießereibaues sind für die An- und Abfuhr weniger gut geeignet, weil sie gewöhnlich zu schmal sind, um die Unterbringung aller Lagerplätze und Bunker inner- und außerhalb der Gießerei in günstiger Lage zum Gleise zu ermöglichen. Die Anlage des Abfuhrgleises an der Nordseite ist auch in Fällen des Lichtbezuges von Norden durch entsprechend ausgerichtete Sheddächer von Vorteil. Bei Anordnung der Anfuhrgleise auf der südlichen oder südwestlichen Schmalseite behält man immerhin die Möglichkeit, das Licht in der Hauptsache von Nordost oder Osten, teilweise auch von Norden zu beziehen, was immerhin noch angeht. Stellt man bei südlicher Anfuhr die Sheddachlinie senkrecht zur Längsachse der nach Ost zu West ausgerichteten Gießerei, so gewinnt man reines Nordlicht, was in den meisten Fällen sehr von Vorteil ist.

Bei der Anfuhr von einer der beiden Schmalseiten des Gießereibaues aus wird es meist nicht zu umgehen sein, einen Teil der einen, unter Umständen selbst beider Längsseiten dem Rohstoffplatze zuzuziehen. Die Westseite ist hierfür günstiger, da man zwecks unbehinderten Einfalls von Ostlicht die mit dem Rohstofflagerplatze zusammenarbeitenden Abteilungen der Schmelzerei und der Sandaufbereitung, oft auch die Trockenkammern ebenfalls auf dieser Seite anordnen kann.

Die für die Anlage einer Gießerei bestimmenden Umstände lassen es nicht immer zu, bei Anordnung der Gleise den besten Lichtverhältnissen den Ausschlag zu geben, vorhandene Bahnanschlüsse, Geländeverhältnisse, Bauten und manches andere mehr sprechen oft ein gewichtiges Wort mit, so daß nicht allzu selten der Schmelzbau mit anderen, besser nicht dahin gehörenden Betriebsabteilungen an der Nordseite von Gußwerken zu finden ist.

Welche Schwierigkeiten sich bei der Anordnung der Gleisanlagen eines großen Werkes ergeben können, und wie dieselben in glücklicher Weise unter Umständen gelöst werden können, zeigt die Anlage der Gleise (Abb. 92)[1]) der Eisen- und Stahlgießereien

[1]) Nach Iron Age 1916. S. 1276/1278 bzw. Stahleisen 1917. S. 1178.

der Birdsboro Steel-Foundry and Machine Co. in Birdsboro, Pa., U.S.A. Das Werk wird südlich von den Linien zweier Bahngesellschaften berührt. Von jeder dieser Linien geht ein Zweig in großem Bogen an die Westseite der Anlage, wo sie sich vereinigen und von wo sie in verschiedenen Strängen in die einzelnen Abteilungen gelangen. Der Strang I führt in die Versandhalle der Stahlgießerei, Strang II über den nördlichen Stahlgießereihof in die Bearbeitungsstätte. Vom Strang III zweigen drei Nebenstränge ab, Strang IV führt in die Graugießerei, Strang V über die Höfe der Walzen- und Stahlgießerei, durch die letztere in die Montagehalle und den Hof zwischen Graugießerei und mechanischer Werkstätte und Strang VI stellt die Verbindung mit der Walzengießerei

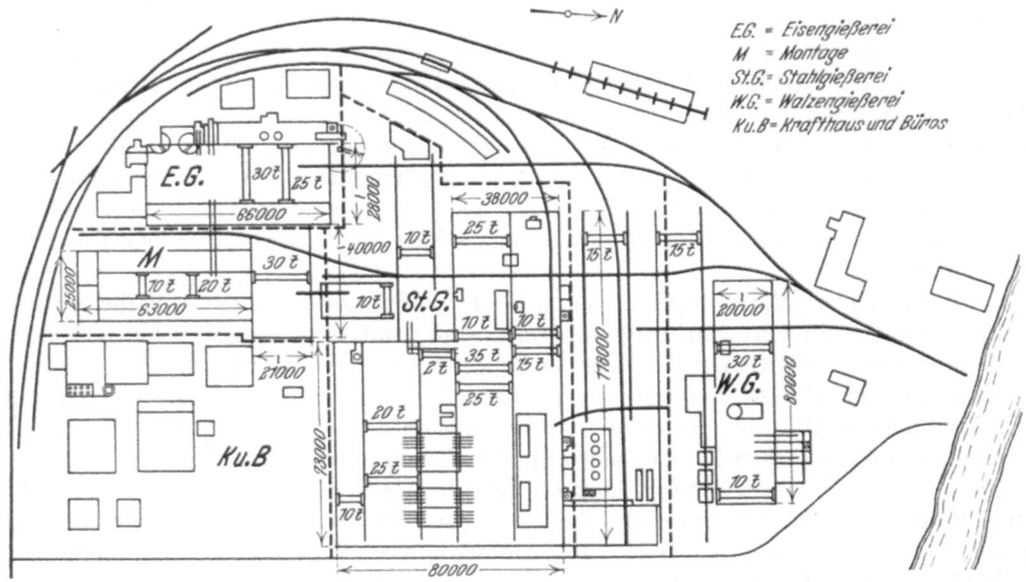

Abb. 92. Gießerei der Birdsboro Steel-Foundry and Machine Co. in Birdsboro, Pa. Lageplan.

her. Es erscheint so der Verkehr der einzelnen Werksabteilungen untereinander aufs beste geordnet, zudem steht jeder Abteilung der Verkehr mit der Außenwelt unabhängig von den anderen offen.

Die Kuppelofenanlage.

Es ist vorteilhafter, die Kuppelöfen in einer Seitenhalle unterzubringen als sie in die Haupthalle zu stellen, wie man es auch bei neuzeitlichen Bauten noch oft antrifft. Der Schmelzbau ragt infolge der Abmessungen der Kuppelöfen und der Höhenlage der Gichtbühne gewöhnlich über die anderen Gebäudeteile hinaus und trägt so dazu bei, dem Profile eines Gießereibaues sein eigenartiges Gepräge zu geben. In jüngster Zeit wurde der Schmelzbau mitunter unterkellert, so daß beim Entleeren eines Kuppelofens die Schmelzreste in den Keller fallen, woselbst sie mit einem Wasserstrahl abgelöscht werden, um am nächsten Tage durch einen Scheider zu laufen. Der bis auf Kellersohle reichende Gichtaufzug befördert dann das wiedergewonnene Eisen auf die Gichtbühne und die tauben Reste auf die Hüttensohle, wo sie abgefahren werden können. Abb. 93 und 94 lassen eine solche Anlage in Schnitten erkennen [1]). Derartige Kuppelofenkeller haben sich in vielen Ausführungsfällen sehr gut bewährt; sie entheben die Gießhalle aller Belästigungen durch das Ofenausleeren, um so mehr als auch die während des Betriebes abgestochene Schlacke unmittelbar in den Keller fließen kann, um dort in Abführungsgefäßen gesammelt zu werden oder mittels fließenden Wassers gekörnt zu werden. Für solche Keller genügt eine Höhe von $2^1/_2$ m unter Hüttensohle. Wenn mehrere Öfen oberhalb des Kellers betrieben werden, empfiehlt es sich, ihn durch leichte Zwischenwände

[1]) Vgl. auch Bd. III, S. 133; ferner S. 255, 317, 361 dieses Bandes.

zu unterteilen, um das Strahlrohr beim Ablöschen ohne irgendwelche Hitzebelästigung für den Mann nur durch eine enge Öffnung wirken zu lassen.

Der Seitenbau für die Kuppelöfen kann auch quer zur Gießhalle angeordnet werden, wodurch verschiedene Vorteile zu erzielen sind. In einem derartigen Anbau läßt sich meist das Pfannenhaus vorteilhaft unterbringen; die notwendig werdende seitliche Verbreiterung des Schmelzbaues bietet im allgemeinen keine Schwierigkeit. Der Schmelzbau bildet dann einen für sich abgeschlossenen Teil der Gießereianlage, der den Formereibetrieb in keiner Weise belästigt. Die Gießerei des Werkes IV der Rheinischen Stahlwerke in Duisburg-Wanheim wurde mit einer derart angeordneten Schmelzanlage versehen[1]). Abb. 95 zeigt den Gesamtplan des Gußwerkes und läßt die beiden sich unmittelbar an die Hauptbauten anschließenden Roheisen-, Koks- und sonstige Rohstoffe bergenden Lagerhöfe erkennen. Die fünf Kuppelöfen stehen in einer Reihe (Abb. 96) auf einer Bühne 2,6 m über der Gießereisohle (Abb. 97), eine Höhe, die es erlaubt, auch die größten Gießpfannen unter die Gießrinne abzusetzen. Die Gießpfannen sind im Bereiche eines auch das Pfannenlager überspannenden Laufkranes, der sie auf das entlang den fünf Kuppelöfen laufende Gleis absetzt. Sie können von einem elektrisch betriebenen Gangspill quer durch die beiden Gießhallen gefahren werden, wo sie von einem der dort tätigen Laufkrane übernommen werden. Die mit dem Zustellen und Entleeren der Öfen verbundenen Arbeiten lassen sich auf der 2,6 m hohen Zwischenbühne ungestört von dem und für den übrigen Gießereibetrieb glatt erledigen. Am Boden der Bühne sind Öffnungen vorgesehen, durch die die Schlacke während des Schmelzens in untergefahrene Wagen abfließen kann, und durch die die beim Entleeren der Öfen sich ergebenden sonstigen Reststoffe fallen können.

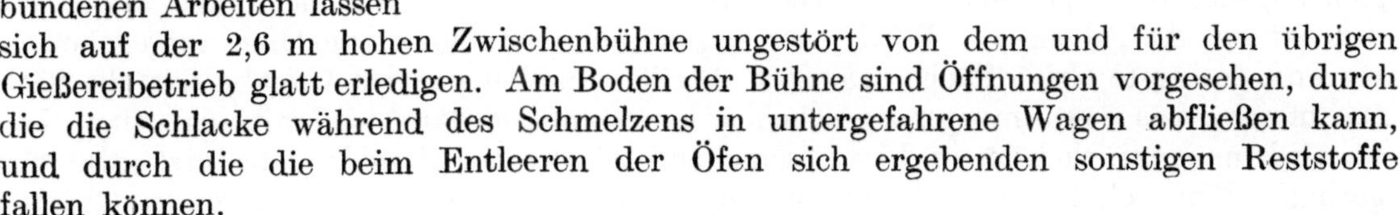

Abb. 93. Kuppelofenanlage mit Keller.

Schon beim Vorentwurfe des Gießereiplanes ist auf die Begichtungsart — von Hand oder mechanische Begichtung — Rücksicht zu nehmen. Für Handbegichtung, die bei kleineren Betrieben und entsprechend engen Ofenschächten unbedingt vorzuziehen ist, wird fast durchweg ein Gichtaufzug angeordnet, dem man eine Tragfähigkeit von 1—3 t

[1]) Stahleisen 1925. S. 1470/1476.

gibt. Die früher gebräuchlichen, von Hand betriebenen Aufzugwinden kommen für eine Neuanlage nicht mehr in Betracht. Ebenso sind die früher weit verbreiteten Druckwasser-, Preßluft- und Transmissionsantriebe in neuzeitlichen Anlagen nur noch ausnahmsweise zu finden; sie werden immer mehr durch Elektromotoren ersetzt. Über die verschiedenen Anordnungen zum Aufbringen der Schmelzstoffe auf die Gichtbühne oder ihre Unterbringung im Ofenschachte findet sich näheres unter Beschickungsvorrichtungen auf S. 250 ff.

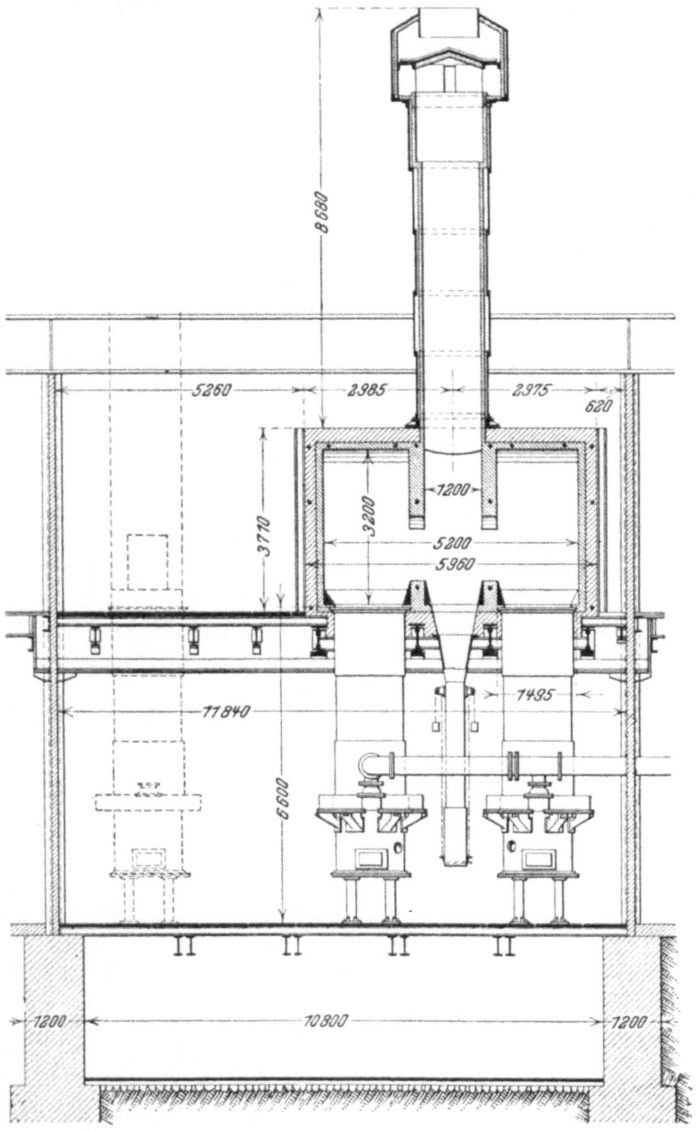

Abb. 94. Kuppelofenanlage, Schnitt durch den Schmelzbau.

Die **Größe der Gichtbühne** hängt davon ab, ob die Sätze auf ihr zusammengestellt und ausgewogen werden, oder ob diese Arbeit zu ebener Erde vollzogen wird. Im ersten Falle ist noch festzustellen, welche Mengen der verschiedenen Schmelzstoffe als eiserner Vorrat ständig auf der Gichtbühne lagern sollen, und wieviel durchschnittlich je Tag verbraucht werden. In Anbetracht der Kostspieligkeit einer Gichtbühnenkonstruktion wird man bestrebt sein, nur die zur zuverlässigen Aufrechterhaltung eines reibungslosen Betriebes unbedingt notwendigen Rohstoffmengen auf der Bühne zu lagern. Man wird diese Sicherheit mit einer für achttägigen Betrieb ausreichenden Roh- und Brucheisenmenge und einem Kokslager für etwa einen halben bis einen Monat im allgemeinen für gegeben erachten können. Bemißt man die Tragfähigkeit der Bühne wie üblich mit 300 bis 500 kg je m², so läßt sich ihre Grundfläche leicht errechnen, wobei abgesehen von der Fläche für die ständige Lagerung genügend Raum zur Durchführung der eigentlichen Begichtungsarbeit vorgesehen wird. Die Größe der Arbeitsgrundfläche hängt weiter von der Art des Aufgebens ab. Wird jeder abgewogene Satz sofort im Ofen aufgegeben, so wird die geringste Grundfläche erfordert. Stellt man aber vor der Aufgabe erst alle Sätze zusammen, was etwa morgens geschehen kann, um sie dann nachmittags aufzugeben, so wird man natürlich mehr Platz brauchen. Die letztere Regelung bedingt zwar eine geringere Mannschaftszahl während des Setzens, sie kann aber aus naheliegenden Gründen nur für kleinere Betriebe von Vorteil sein.

Die Abb. 232—234 auf S. 346/347 zeigen Pläne des Schmelzbaues einer Gießerei für täglich bis zu 25 t Schmelzleistung[1]). Auf der Gichtbühne können 100 t Eisen gelagert werden, während die gleiche Menge Koks auf einer nebenan gelegenen, unmittelbar

[1]) Automobilfabrik Steyr.

vom Gichtaufzug zu bedienenden Bühne abgesetzt wird. Die Sätze können sowohl auf Hüttensohle als auch auf der Gichtbühne zusammengestellt und ausgewogen werden. Auf der Gichtbühne befindet sich eine fahrbare Wage, während eine ortsfeste Wage im

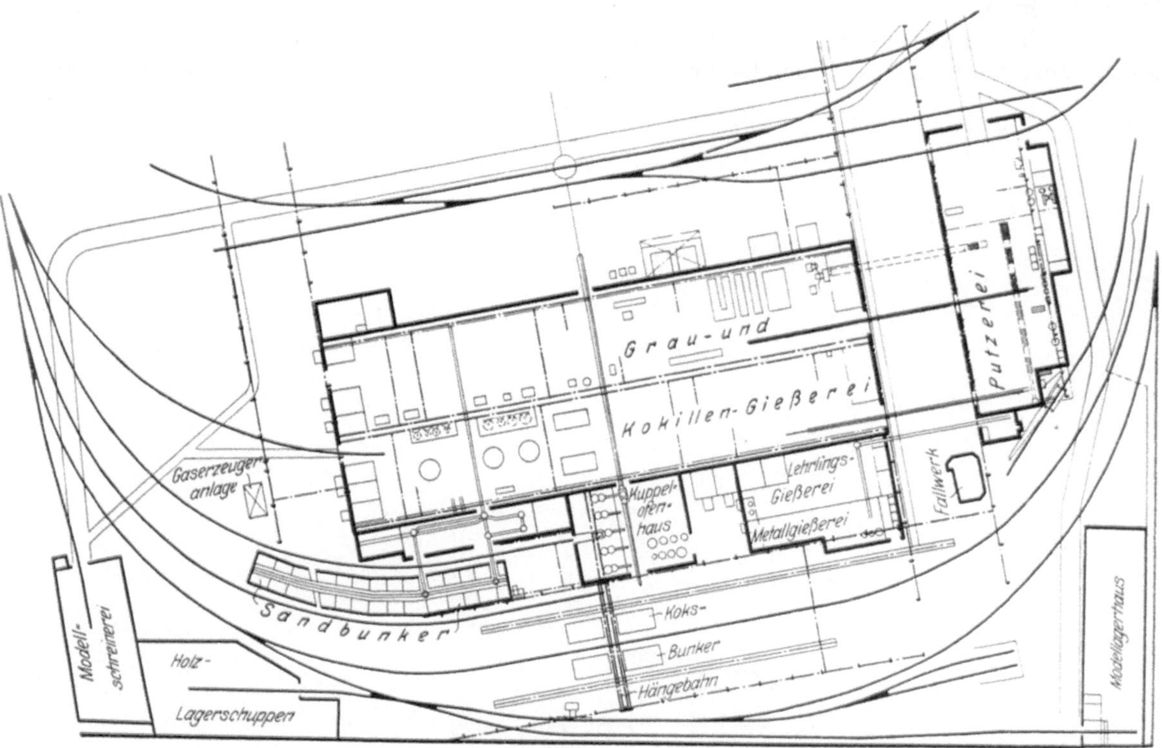

Abb. 95. Gießerei der Rhein. Stahlwerke in Duisburg-Wanheim, Lageplan.

Schmelzbau zu ebener Erde unmittelbar vor dem Zugange zum Gichtaufzug vorgesehen ist.

Eine sehr geräumige Kuppelofenbühne besitzt die Gießereianlage der Maschinenfabrik Eßlingen in Mettingen bei Eßlingen (Abb. 259 auf S. 361f.). Das Gewicht der Eisenkonstruktion dieser Bühne beträgt 300 t, demnach bei der Grundfläche von 670 m² 450 kg je Quadratmeter. Dieses große Gewicht ist bedingt durch die Vornahme der Gattierung auf der Bühne. Der Boden muß imstande sein, die vollständige, an einem Tage zu schmelzende Eisenmenge aufzunehmen, und muß geräumig genug sein, um die verschiedenen Roh- und Brucheisensorten in tadelloser Trennung voneinander lagern zu können [1]).

Abb. 96. Gießerei der Rhein. Stahlwerke in Duisburg-Wanheim, Kuppelofenanlage.

Durch Anordnung der neuen Begichtungsverfahren (s. S. 250ff.), die das Zusammenstellen der Gichten auf der Gießereisohle oder im Hofe ermöglichen, konnten die Gichtbühnen fortschreitend geringere

[1]) Vgl. hierzu S. 354—359. Näheres siehe Stahleisen 1917. S. 76ff.

Grundfläche erhalten, bis sie schließlich nur noch auf kleine Beobachtungsböden zusammenschrumpften. Bei einer Anlage nach Abb. 98 entfällt eine Gichtbühne völlig; die ganz ins Freie gestellte Begichtungsanlage kippt die Gichtwagen unmittelbar in den Ofenschacht [1]).

Für den glatten Verlauf des Schmelzbetriebs ist die Anordnung der Kuppelofenanlage zur Gießhalle, bzw. den Gießräumen von großer Bedeutung. Zunächst muß man

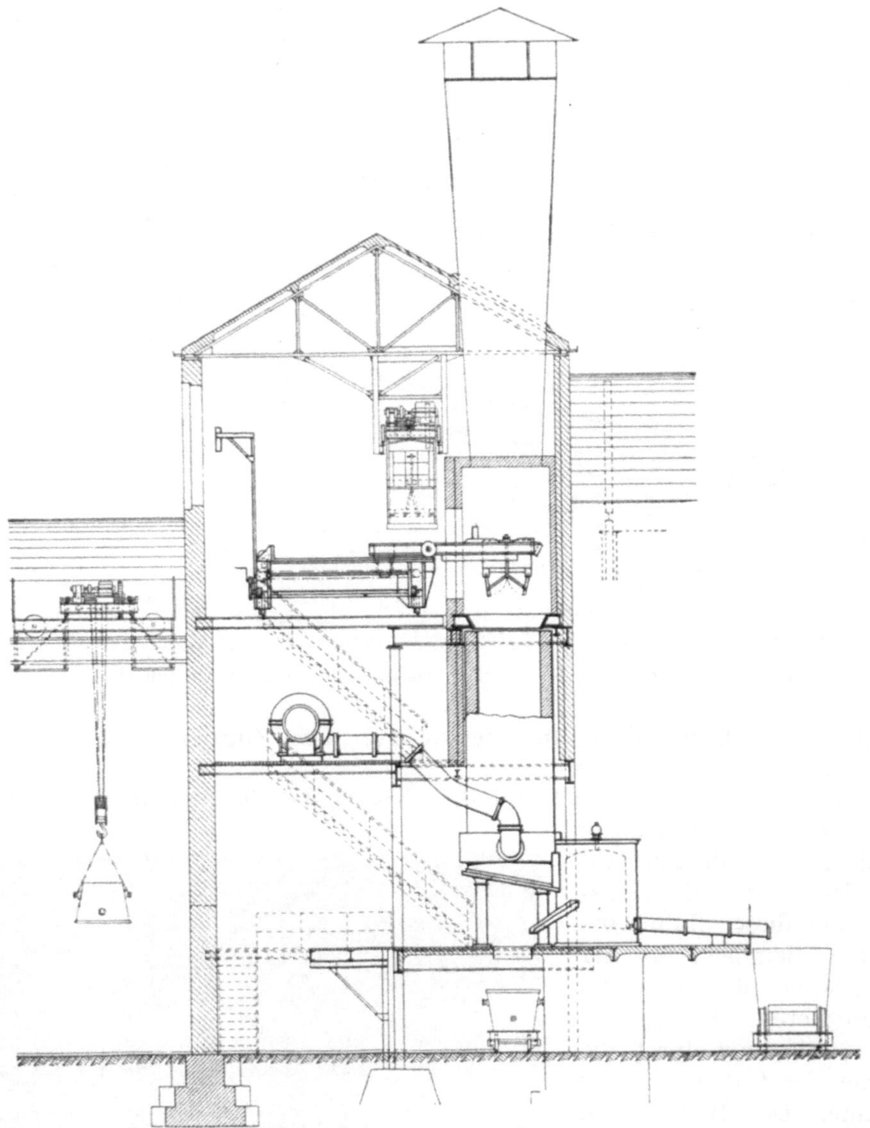

Abb. 97. Gießerei der Rhein. Stahlwerke in Duisburg-Wanheim, Schnitt durch das Ofenhaus.

bestrebt sein, für die Beförderung des Roheisens den kürzesten Weg zu wählen. Der Weg vom Hauptzuführungsgleise zum Roheisenlager ist von verhältnismäßig untergeordneter Bedeutung. Wenn ein Eisenbahnwagen einmal auf dem Wege ist, spielen einige Meter mehr oder weniger keine allzu große Rolle. Wichtiger ist der Weg, den das Eisen vom Lagerplatz bis zum Schmelzofen zu durchlaufen hat. Hierbei ist auch die Anbringung eines Masselbrechers ins Auge zu fassen. Wenn irgend angängig, wird man die Anordnung so treffen, daß das Roheisen vom Eisenbahnwagen aus unmittelbar in das Maul des Brechers geschoben werden kann, um dann entweder in einen Lagerbunker zu fallen oder auf einen Förderwagen zu gleiten, der es zur Verwendungstelle bringt. Auch den

[1]) Ausführung der Badischen Maschinenfabrik in Durlach.

Schmelzkoks wird man möglichst nahe dem Kuppelofen lagern und zugleich besorgt sein, seine Entnahme auf die einfachste und billigste Weise zu bewirken. Aus dem letztgenannten Grunde werden die Kohlenbunker nicht selten oberhalb der Gichtbühne angeordnet, so daß die Gichtgefäße nach Öffnung von Verschlußklappen selbsttätig gefüllt werden können.

Abb. 98. Schrägaufzug im Freien.

Größte Aufmerksamkeit ist der bestmöglichen Verteilung des flüssigen Eisens zu widmen. Es kommt dabei nicht allein aus wirtschaftlichen Gründen auf möglichste Kürzung des Weges an, diese Kürzung ist auch in Rücksicht auf Warmhaltung des Eisens in vielen Fällen eine geradezu lebenswichtige Frage für guten Betriebserfolg. Vor noch nicht allzulanger Zeit wurde alles flüssige Eisen, das nicht auf Beförderung durch einen Kran angewiesen war, in Handlöffeln und Gabelpfannen am Ofen abgefangen und zur Gießstelle getragen. Diese Betriebsart ist heute auf kleinste Betriebe und auf die nächste Umgebung des Ofens beschränkt. Abgesehen von solchen Fällen kommen zur Beförderung des Eisens Laufkrane, Normal- und Schmalspurgleise und Hängebahnanlagen in Frage. Dabei ist von Bedeutung, ob die Kuppelöfen an einer Schmal- oder an einer Längsseite der Gießhalle untergebracht sind, und ob nur eine Gießhalle oder deren mehrere bedient werden müssen. Beim Verkehr mit Laufkranen, wozu in diesem Zusammenhang auch Konsolkrane zu rechnen sind, kann vom Kranen nur eine Gießhalle mit flüssigem Eisen versehen werden. Wird das Eisen auch in anderen Hallen als der Haupthalle benötigt, so ist für Querförderung Sorge zu tragen. Diese kann durch Drehkranen erfolgen, die in ein benachbartes Feld übergreifen oder durch Absetzen der Kranpfanne auf ein Verschiebegleis, wobei der Gleiswagen von Hand verschoben oder mittels Kettenbahn weitergebracht wird. Diese Weitergabe des Eisens ist stets etwas umständlich und kostspielig, man wendet sie nur in Fällen an, wo es sich darum handelt, das Eisen nach Gebieten zu befördern, die von der Schmelzanlage beträchtlich entfernt sind. Für Betriebe, die mit verhältnismäßig kleinen Pfannen arbeiten und in rascher Folge stets frisches Eisen benötigen, wird man meist mit einer Hängebahn gut zurecht kommen.

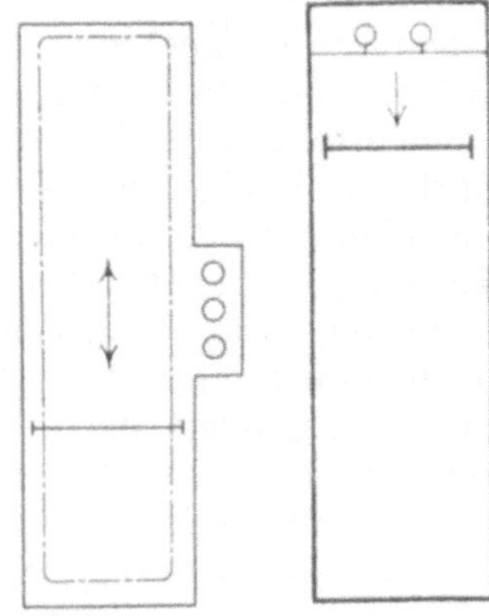

Abb. 99. Einhallenbau, Öfen an Längsseite. Abb. 100. Einhallenbau, Öfen vor Kopf.

Bei Einhallenbauten ergeben sich wesentlich verschiedene Anordnungen, je nachdem man die Schmelzanlage vor Kopf oder an einer Langseite der Gießerei unterbringt. In sehr vielen Fällen befindet sich die Schmelzanlage in einem Anbau außerhalb der Gießereihalle. Bei der Arbeit mit einem Laufkran fällt diesem die Verteilung des flüssigen Eisens zu, und es hängt vom Umfange des Betriebes und der Art des herzustellenden Gusses ab, ob man mit nur einem Kranen auskommen wird, oder ob besser von vornherein deren zwei vorzusehen sind. Am billigsten in den Anlagekosten ist die Anordnung der Schmelzanlage völlig im Freien, so daß nur die Abstichrinne bis in die Gießhalle reicht. Man arbeitet dann mit einem Schrägaufzuge, nach Abb. 98. Die Abb. 99 und 100 zeigen schematisch die Anordnung der Schmelzanlage vor Kopf und in der Mitte einer Längsseite.

Einhallengießereien, die keinen Kran bedürfen, erhalten zur Verteilung des Eisens eine Hängebahn, die je nach Lage des Falles auch für andere Dienste, wie Sandbeförderung, Sammeln des Gusses u. a. gute Dienste zu leisten imstande ist. Die Gießerei nach Abb. 142, S. 284 ist ein gutes Beispiel für die Nutzbarmachung einer Hängebahn für eine Einhallen-Gießerei von beträchtlicher Breite.

Bei Gießereibauten mit zwei und mehr Hallen wird die Eisenverteilung schwieriger und erfordert gründliche Überlegung aller in jedem Sonderfall zu berücksichtigenden Umstände. Es ergeben sich in der Hauptsache mannigfache Möglichkeiten, auf die bei Erörterung von Ausführungsbeispielen zurückgekommen werden wird. Bei Verteilung des Eisens durch eine Hängebahn mit oder ohne mitfahrenden Führer spielt die Lage der Kuppelöfen auch in vielgliedrigen Gußwerken nicht mehr die ohne dieses Hilfsmittel so bedeutende Rolle, insbesondere nicht in den Fällen, wo eine Hängebahn mit Laufkranen zusammenarbeiten kann.

Nicht wenig kleine und größere Gießereien verteilen das Eisen noch immer in Pfannen, die auf Schmalspurgleisen den verschiedenen Bedarfstellen zugeführt werden. Diese Verteilungsart ist veraltet; sie bedingt die größten Lohnausgaben, stete Unkosten für die Erhaltung der Gleise und Drehscheiben, verursacht viele Unfälle und erfordert am meisten Zeit. Infolge des letztgenannten Umstandes gelangt leicht ursprünglich gut hitziges Eisen mehr oder weniger abgekühlt zum Gusse.

Beschickeinrichtungen.

Die Kuppelofenbeschickung wurde bereits in Band III auf S. 120—127 behandelt. Es soll hier noch auf eine wertvolle Neuerung an den lotrechten Gichtaufzügen und auf die Nutzbarmachung verschiedener Bahnanlagen zur wirtschaftlichen Ausführung dieser Beschickung eingegangen werden.

Jeder elektrisch betätigte, lotrechte Gichtaufzug kann durch Anordnung einer Feineinstellung ganz wesentlich verbessert werden. Durch eine solche wird der Aufzug außerordentlich geschont und seine Lebensdauer beträchtlich verlängert. Die Vorrichtung zur Feineinstellung[1]) besteht aus einem besonderen, kleinen Antriebsmotor, der mit dem Hauptmotor der Aufzugswinde entsprechend verbunden ist. Ein vom eigentlichen Hubmagneten unabhängiger Sonderhubmagnet und der Feineinstellungsmotor werden von einem magnetischen Schalter derart gesteuert, daß die einmal eingestellte Feineinstellung im Betriebe keinerlei besondere Handgriffe erfordert. Selbst beim Be- oder Entladen infolge Seildehnung entstehende Halteunterschiede werden durch die Feineinstellung vollkommen selbsttätig beseitigt. Die Anbringung der Feineinstellung an Neuanlagen bereitet keinerlei Schwierigkeiten. Um bestehende Aufzüge damit auszustatten, muß es aber möglich sein, an die Bremsscheibe der vorhandenen Maschine ein 60 mm breites, 250—300 mm im Durchmesser größeres Keilrillenrad anzuschrauben. Dieses vergrößert die Schwungmasse derart, daß ein ruhiges und stoßfreies Anfahren und Anhalten selbst bei einer Fahrgeschwindigkeit bis zu 1,0 m/sek. erreicht wird. Motore mit zweierlei Geschwindigkeit oder Leonard-Aggregate erübrigen sich.

Der Zweck dieser Feineinstellung ist die Beseitigung der sonst unvermeidlich auftretenden Halteunterschiede. Eine der Hauptursachen dafür pflegt in der verschiedenartigen Belastung der Fahrbühne zu liegen, d. h. in dem wechselnden Unterschiede zwischen dem Bühnengewicht mehr der jeweiligen Nutzlast und dem Gegengewichte. Die Wirkung einer gewöhnlichen Bremse bleibt stets dieselbe, daher kommt die vollbelastete Fahrbühne beim Hochgehen schneller zum Stillstand, da sie schwerer als das Gegengewicht ist. Der Bremsweg wird also ein kürzerer. Dasselbe ist der Fall, wenn

---

[1]) D.R.P. 441 242 und 475 596 der Allgemeinen Transportanlagen-Gesellschaft m. b. H. in Leipzig.

die leere Fahrbühne nach unten fährt, weil dann das Gegengewicht schwerer ist. Umgekehrt liegen die Verhältnisse bei leerer Fahrbühne und Aufwärtsfahrt und bei vollbelasteter Fahrbühne und Abwärtsfahrt. Bei sonst normaler Einstellung der Steuerung wird also die Fahrbühne bei voller Beladung sowohl bei Aufwärts- wie bei Abwärtsfahrt unter dem Erdboden halten, bei leerer Aufwärtsfahrt und leerer Abwärtsfahrt dagegen über dem Fußboden zum Stillstande kommen. In der Folge ergeben sich regelmäßige Stöße beim An- und Abfahren, die sich in vorzeitigem Schadhaftwerden des Aufzuges und seiner maschinellen Ausrüstung bemerkbar machen. Nicht nur der Aufzug, sondern auch die Fahrwagen und die anschließenden Gleise werden dadurch vorzeitigem Verschleiße unterworfen. Diese Übelstände werden noch schwerwiegender bei Anlagen, die mit Hängebahnen arbeiten. Es ist äußerst lästig und zeitraubend, die sich ergebenden Stufen immer wieder auszugleichen, und zudem sind nicht allzuselten Wagenentgleisungen auf ungenaues Anhalten des Aufzuges zurückzuführen. Während bei Feineinstellung zur Überleitung eines Wagens stets ein Mann vollkommen ausreicht, müssen ohne diese Einrichtung zur Überwindung von Halteaufenthalten oft 2—3 Mann vorübergehend zu Hilfe gerufen werden.

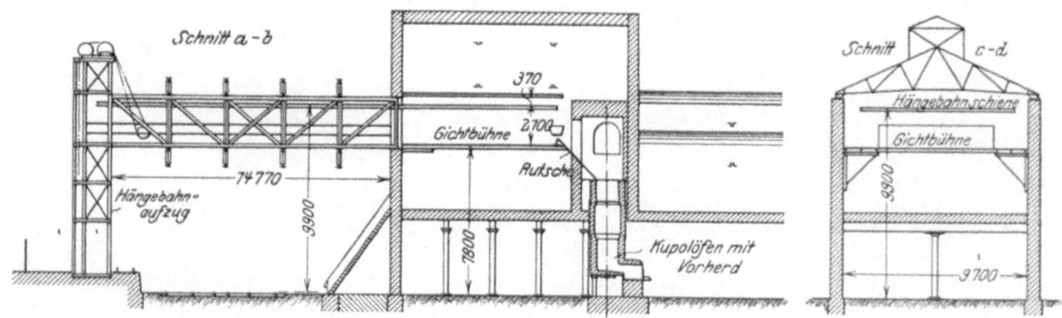

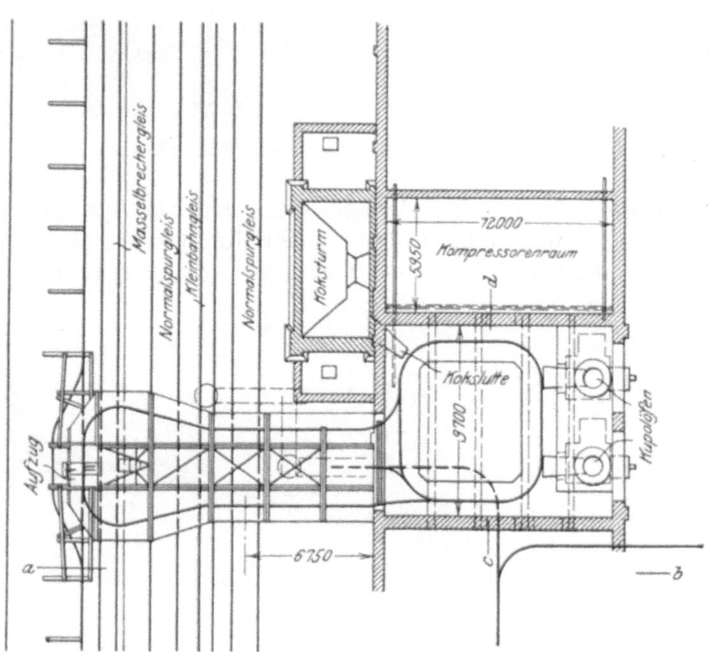

Abb. 101. Schmelzanlage mit Aufzug und Handhängebahn.

Die Vorteile der Feineinstellung beruhen demnach in weitgehender Schonung des Aufzuges durch Vermeidung aller Stöße mit ihren vielerlei Übelständen, in der dadurch bedingten längeren Lebensdauer des Aufzuges, in beträchtlicher Steigerung seiner Leistungsfähigkeit, in der Ersparung von Unkostenlöhnen und in der Vermeidung von gelegentlichen größeren und kleineren Unfällen.

In größeren Gießereien kann die Begichtung der Kuppelöfen durch Anlage von Hängebahnen recht wesentlich vereinfacht und verbilligt werden. Solche Hängebahnen können entweder mit einem Gichtaufzuge zusammenarbeiten oder den Fahrstuhl ausschalten und die ganze Arbeit des Begichtens unmittelbar durchführen.

Abb. 101 zeigt eine Anlage zum Betrieb einer Hängebahn zu ebener Erde und einer zweiten auf der Gichtbühne. Der Betrieb beider Hängebahnen erfolgt von Hand. Der Kübel wird von Hand in den Aufzug eingefahren, dort hochgehoben, oben von Hand ausgefahren, zur Schüttrinne eines der beiden Kuppelöfen geführt, in den Schacht entleert und dann unter Benutzung der Schleifenführung in den Aufzug zurückgebracht. Durch Anordnung eines zweiten Aufzuges ließe sich die Leistungsfähigkeit der ganzen Anlage so ziemlich verdoppeln.

Abb. 102. Begichtung mit starrer Brücke und Elektrokatze mit Führerkoje.

Wesentliche Vorteile bringt der Betrieb bei Anlage einer Elektrohängebahn mit sich. Die Bedienung der Kuppelofengicht kann dann leicht durch nur einen Mann, den Kranführer, besorgt werden. Abb. 102 läßt eine derartige Anlage erkennen, bei

Abb. 103. Einschienenschwebebahn.

der zur Überwindung des ziemlich großen Zwischenraumes vom Masselbrecher bis zur Gichtöffnung eine starre Hängebrücke eingeschaltet wurde. Die Schmelzstoffe werden am Ende der Zuführungsbrücke hochgehoben, zur Gicht geführt, dort in eine der rechts und links der beiden Öfen angeordnete Gichtschute entleert und am gleichen Wege wieder zurückgebracht.

Abb. 104. Einschienenschwebebahn, Ende derselben.

Abb. 103 zeigt eine Einschienen-Schwebebahn[1]), bei der irgend ein Seilaufzug umgangen wurde und die Wagen auf eine als Schrägaufzug ausgebildete Hängebahn über der Gichtbühne gelangen. Sie werden dort, wie aus Abb. 104 ersichtlich ist, von Hand in die Gichtschute entleert[2]).

Von bester Wirkung auf die Betriebs- und Anlagekosten sind in jüngster Zeit ausgeführte Anlagen mit Fernsteuerung der Elektrohängebahnwagen. Die Abb. 105 und 106 zeigen eine derartige Anlage[3]). Sie besteht aus der Hängeschienenbahn und zwei ferngesteuerten Elektrohängebahnkatzen mit Windwerk und Kübelbetrieb. Der Führer fährt nicht auf der Katze mit, sondern die Elektrobahnwagen werden von ortsfest angebrachten Schaltern aus auf ihrem Wege von und zur Beladestelle gesteuert. Während der Fahrt eines Wagens zur Entladestelle erfolgt seine Entleerung völlig selbsttätig. Das Anhalten des Kübels an der bestimmten Stelle und seine Entleerung geschieht ebenfalls selbsttätig durch einen außerhalb des Ofens befindlichen Anschlag. Nach der Entleerung schaltet sich der Fahrmotor selbsttätig auf Rückfahrt, worauf die Katze zur Beladestelle zurückkehrt. Die Hubgeschwindigkeit beträgt 24 m/Min., die Fahrgeschwindigkeit 72 m/Min., die Hubhöhe 8,5 m und die Tragfähigkeit 1100 kg, die Länge der Fahrbahn 140 m, der Kübelinhalt 6 hl = etwa 500 kg Koks und das Spiel von einer Entleerung zur anderen beansprucht 180 sek., einschließlich der Zeit zum Austauschen eines leeren Kübels. Zur Heranschaffung der Schmelzstoffe

Abb. 105. Hängebahnanlage ohne Führer mit Steuerung durch Kontroller und Arbeit mit 2 Kübeln.

Abb. 106. Hängebahnanlage ohne Führer mit Steuerung durch Kontroller und Arbeit mit 2 Kübeln.

[1]) Entwurf von Zivilingenieur C. Rein in Hannover. [2]) Stahleisen 1912. S. 527/528.

[3]) Die Anlagen nach Abb. 105—110 wurden von der Allgemeinen Transportanlagen-Gesellschaft m. b. H. in Leipzig ausgeführt.

wird ein Elektrokarren benützt, der längs des Lagerplatzes an den verschiedenen Taschen vorbeifährt und aus ihnen die erforderlichen Mengen zusammenholt, um sie dann an die Aufladestelle der Elektrohängebahn zu bringen.

Abb. 107. Hängebahn mit Ausleger.

Vielfach wird die Begichtung mit Hängebahnkatzen bevorzugt, die mit einem Ausleger nach den Abb. 107, 108 und 109 versehen sind. Der Kübel wird unmittelbar in die Gichtöffnung eingefahren und dort entleert. Vor jedem Ofen sind Zugweichen eingebaut, auf die die Katze nach dem jeweils zu beschickenden Ofen überführt wird. Die Tragfähigkeit der Katze beträgt 1000 kg, die Hubgeschwindigkeit 18 m/Min., die Fahrgeschwindigkeit etwa 62 m/Min. und die stündliche Leistung etwa 1600 kg.

Abb. 110 zeigt eine Begichtungsanlage mit einer Führersitzlaufkatze mit Kübel für Bodenentleerung. Die mit Hubwerk versehene Katze nimmt den gefüllten Kübel von der Gattierungswaage und führt ihn zur Entleerung über den Kuppelofen. Der Kübel kann mit einer von Hand zu bedienenden oder selbsttätig wirkenden Entleerungsbodenklappe versehen werden. Für die höchste Laststellung ist ein selbsttätig wirkender Endschalter eingebaut. Die Tragfähigkeit der Katze beträgt 1500 kg, die Fahrgeschwindigkeit 60 m/Min. Strom von 380 Volt wird einer dreipoligen, am Fahrbahnträger angebrachten Leitung entnommen. Die Hubhöhe beträgt 10 m, die Hubgeschwindigkeit 24 m/Min.

Abb. 108. Auslegerkatze in der Kurve.

Die Schnitte, Abb. 111, und die Ansichten, Abb. 112, 113 und 114, zeigen einige Einzelheiten einer in jüngster Zeit entstandenen Schmelzanlage in einer deutschen Hafenstadt[1]). Sie umfaßt drei Kuppelöfen und wird durch zwei Elektrohängebahnen bedient. Auf der einen Bahn wird der Koks in zwei gegenüberliegende Koksbunker abgegeben, von denen aus er auf die Gichtbühne gelangt. Die Steuerung des

Abb. 109. Ausleger vor der Einfahrt in den Ofen.

[1]) Ausgeführt von der Allgemeinen Transportanlagen-Gesellschaft m. b. H. in Leipzig; vgl. auch Gieß. 1929. S. 828/838.

Abb. 110. Führersitzlaufkatze mit Kübel für Bodenentleerung.

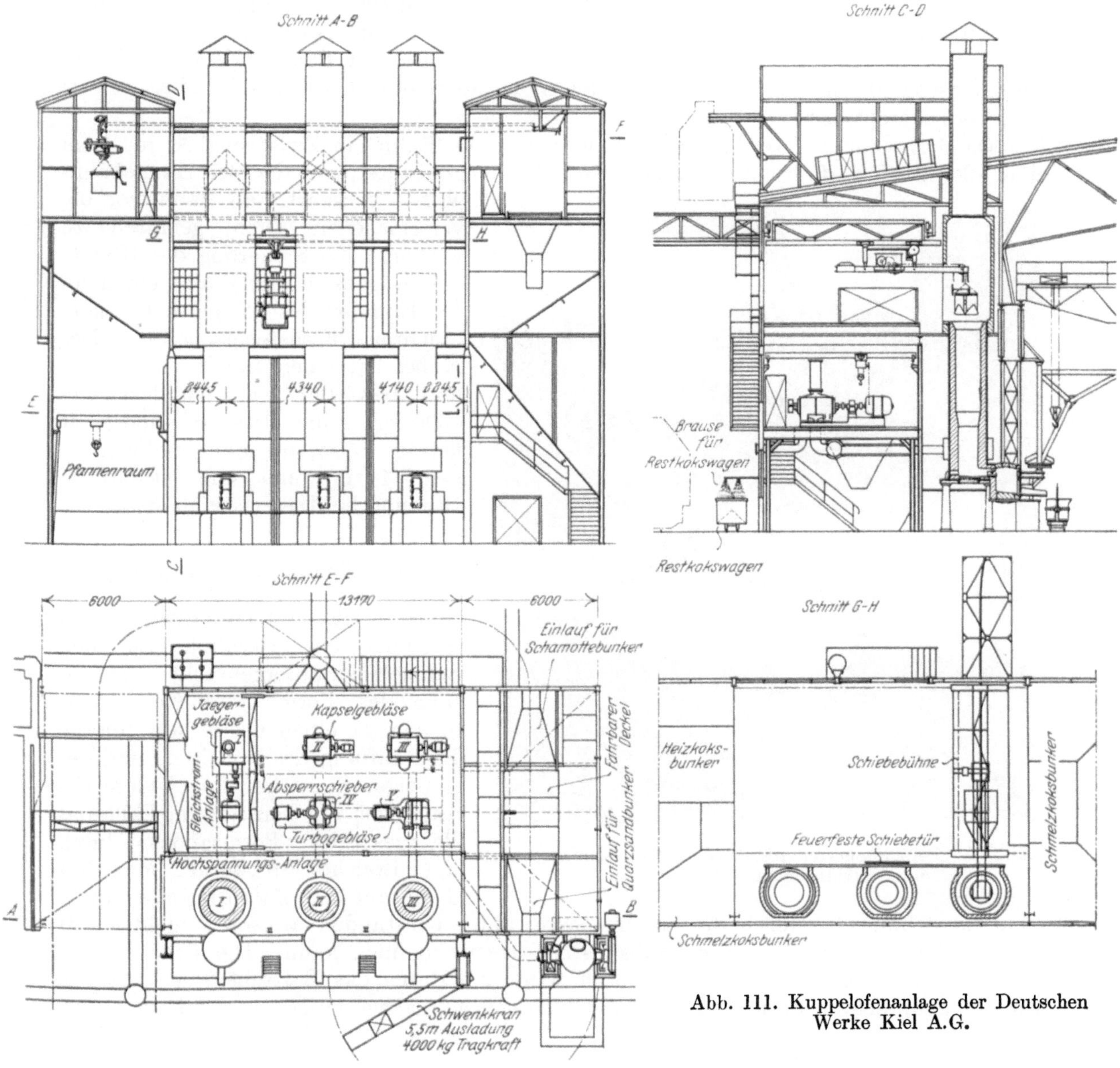

Abb. 111. Kuppelofenanlage der Deutschen Werke Kiel A.G.

Elektrohängebahnwagens kann nach Belieben von einem Standpunkte unten am Eisenbahngleise oder oben auf einer Bühne vorgenommen werden. Die Steuerung des Wagens auf der oberen Bahn, die Einleitung des Hebens, Senkens und der Fahrbewegung erfolgt nur an der Einladestelle, während die Weiterfahrt und das Umkehren an der Entladestelle selbsttätig ohne Zutun des Bedienungsmannes vor sich geht. Auch der Kübel wird selbsttätig an der jeweils bestimmten Entladestelle entleert, wofür umlegbare Anschläge vorgesehen sind. Die Tragkraft der Katze beträgt einschließlich Kübel 800 kg, die Hubhöhe 14 m, die Hubgeschwindigkeit 24 m, der Kübelinhalt 10 hl. Auf der unteren Elektrohängebahn verkehrt eine Fernsteuerkatze mit Ausleger. Sie gibt die Schmelzstoffe in die Mitte des Kuppelofenschachtes auf. Am Auslegerarm hängt ein Kübel mit Bodenentleerung, der in den Ofenschacht einfährt und dessen Boden in der Mitte des Schachtquerschnittes selbsttätig aufgeklappt wird.

Abb. 112. Ferngesteuerter Hängebahnwagen.

Da drei Öfen zu beschicken sind, wurde in die Bahn ein Zwischenglied in Form einer elektrisch verfahrbaren Bühne (Abb. 114) eingeschaltet, auf der der Hängebahnwagen verkehrt, um dann vor die verschiedenen Öfen gefahren zu werden. Die Steuerung des Hängebahnwagens erfolgt durch einen an der Einfahrt des Schmelzbaus angebrachten Fernsteuerschalter. Der Kübel hat einen Inhalt von 0,8 m³ und bewältigt eine Nutzlast von 1800 kg, seine Hubgeschwindigkeit beträgt 15 m, die Fahrgeschwindigkeit 14 m und die stündliche Leistung bei Dauerbetrieb etwa 10 t.

Abb. 113. Ferngesteuerter Hängebahnwagen, Einfahrt der unteren Hängebahn zur Gichtbahn.

Die Sandaufbereitung.

Die Sandaufbereitanlage wird meistens im Anschluß an den Schmelzbau untergebracht. Zur Beifuhr des Form- und Kernsandes dienen dieselben Gleise wie für die Beischaffung des Roheisens und der sonstigen Schmelzstoffe. Andere Erwägungen ergeben sich im Falle des Bezuges des Formsandes durch irgendwelche Fuhrwerke. Man hat dann auf die Zufahrtstraße Rücksicht zu nehmen, wodurch die Sandmacherei unter Umständen an sonst nicht dafür gebräuchliche Stellen des Gießereibaues zu liegen kommen kann. Die Lage zu den anderen Betriebseinheiten bestimmt sich wiederum durch das Bestreben, den fertigen, wie den gebrauchten Formsand möglichst kurze Wege machen zu lassen. Es ist gut, den

Anschluß an eines der bereits vorhandenen Verkehrsmittel der Gießhalle zu gewinnen, sei es ein Kran, eine Hängebahn oder eine der in jüngster Zeit auch in unseren Betrieben heimisch gewordenen Förderanlagen. Die Größe des von der Sandaufbereitung beanspruchten Raumes hat im Laufe der Zeit ähnliche Wandlungen wie die der Schmelzanlage erfahren. Ursprünglich wurde an einen besonderen Raum für diesen Zweck überhaupt nicht gedacht. Es waren nur Schuppen vorhanden, in denen der angefahrene Sand unter Dach aufbewahrt wurde. Dem Verfasser sind Fälle bekannt, in denen noch bis in die jüngste Zeit der neue Formsand im Freien ohne jedes schützende Dach lagerte. Das Verlangen eines Gießereileiters nach einem schützenden Dache wurde mit dem Hinweise abgefertigt, daß doch der aus Gruben gewonnene Formsand in der Natur auch allen Witterungseinflüssen ausgesetzt sei, ohne Schaden zu leiden. Solche Anschauungen haben sich gründlich geändert, man weiß heute die Beschaffenheit seines Rohsandes zu erhalten und zu pflegen.

Abb. 114. Ferngesteuerter Hängebahnwagen, Teilansicht mit der elektrisch verfahrbaren Bühne.

Rohsandschuppen oder -bunker sollten groß genug sein, um mindestens die Verbrauchsmenge an Sand für ein halbes Jahr aufzunehmen, da man nur dann in der Lage ist, ihn in günstigster Beschaffenheit zu beziehen. Die Sandbehälter sind möglichst in unmittelbarer Nachbarschaft der Aufbereitanlage anzuordnen, man spart dadurch jede Zwischenbeförderung. Zentrale Sandaufbereitungen nehmen meist sehr wenig Grundfläche in Anspruch, da die maschinellen Einheiten leicht übereinander angeordnet werden können. Eine wesentliche Verminderung des Grundflächenbedarfes tritt bei der Aufbereitung durch Sandschneider[1]) ein, wo kaum mehr Fläche beansprucht wird, als zur Lagerung des außer Betrieb befindlichen Sandschneiders notwendig ist. Die Aufbereitung erfolgt dann an der Stelle, die am Schlusse der täglichen Formarbeit von den fertigen Formen eingenommen wird. Bei der halb- oder ganzmechanischen Formerei wird in vielen Fällen der gleiche Formsand immer wieder gebraucht, man muß nur für seine Abkühlung von einem Gusse zum anderen und für die nötige Befeuchtung, sowie für Zusatz des erforderlich werdenden Binders besorgt sein. All das kann im Rahmen der Gesamterzeugung geschehen, so daß streng genommen auch hierfür eine besondere Grundfläche nicht vorzusehen ist. Die Beförderung des Neu- und des Altsandes erfolgt mittels mechanischer Hilfsmittel über oder unter der Gießereisohle.

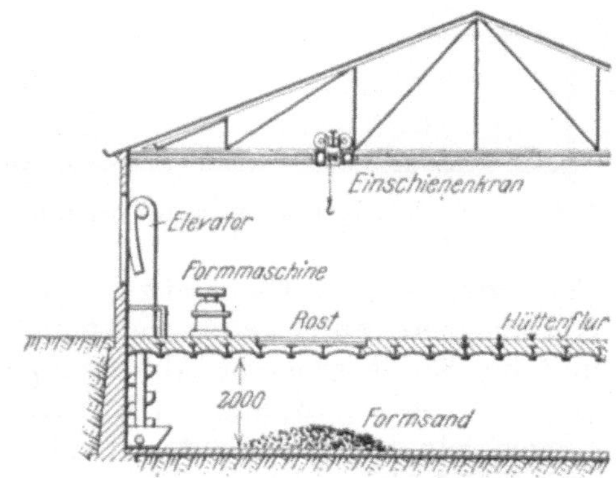

Abb. 115. Sandaufbereitung im Keller.

[1]) Vgl. Bd. III, S. 662.

Auch die Unterbringung der Sandmacherei in einem Keller unter der Formerei kann recht vorteilhaft sein. Dann wird der abends ausgeleerte Sand durch im Fußboden vorgesehene Roste in den Keller gestürzt, dort von einer eigenen Arbeitergruppe aufbereitet und am folgenden Tage durch ein Becherwerk gehoben, so daß er mittels irgendeiner Fördereinrichtung nunmehr den verschiedenen Bedarfstellen zugeführt werden kann. Abb. 115 läßt die Anordnung eines solchen Sandkellers erkennen.

Die Sandaufbereitung wird mitunter zugleich mit den Sandbunkern in ein Nebengebäude verlegt, woselbst sie entweder in einem Keller oder zu ebener Erde oder in einem oberen Stockwerke untergebracht wird. Die Beförderung von und zu der Formerei erfolgt dann auf Schmalspurgleisen, mittels Förderriemen oder durch eine Hängebahn. Immerhin ist die Unterbringung dieser Arbeitstätten in der Gießerei selbst oder in einem Anbau an derselben vorzuziehen [1]).

In mehrstöckigen Gießereien, deren Arbeitsgang nicht selten im obersten Stockwerke einsetzt, kann die Sandaufbereitung oft auch in das oberste oder das Dachgeschoß verlegt werden, wie das Beispiel der Lavelle Foundry in Indianapolis auf S. 333—336 erkennen läßt [2]).

Kernmacherei und Trockenkammern.

Kernmachereien, soweit sie nicht über eigene Sandaufbereitungen verfügen, werden meist in die Nachbarschaft der Sandaufbereitung verlegt. Neben der dadurch gebotenen Möglichkeit bequemen Sandbezuges ist aber auch — und das ist in vielen Fällen der wichtigere Gesichtspunkt — auf einfachste und sicherste Verteilung der Kerne an die

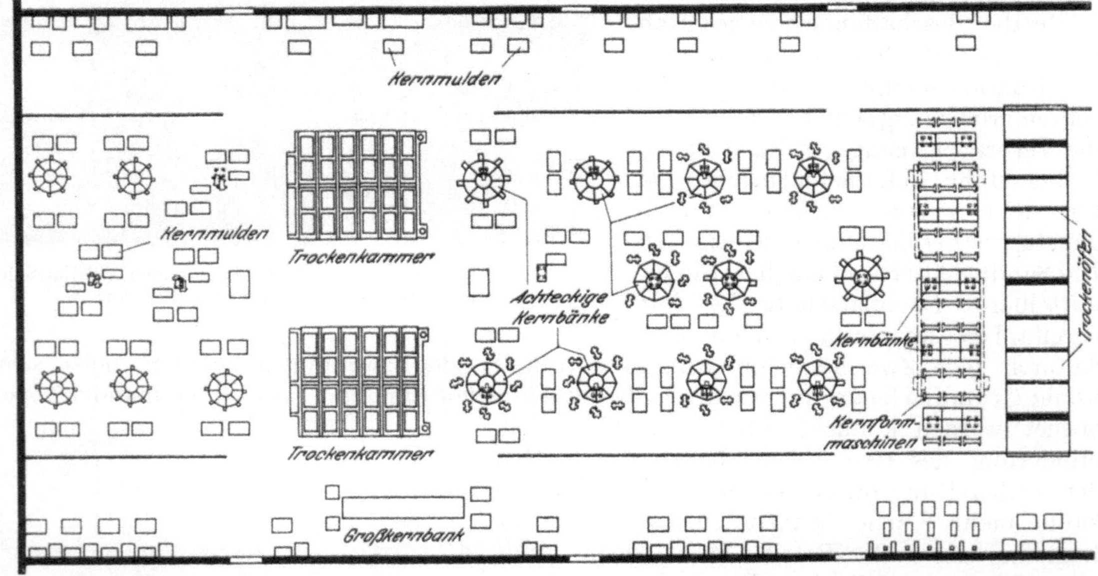

Abb. 116. Studebaker Corp. in South Bend, Kernmacherei. (Rechts und links schließen sich Formereihallen an.)

Formerei, bzw. die Gießerei zu achten. Zum Trocknen der kleineren Kerne dienen in der Kernmacherei aufgestellte, meist nicht ortsfeste Trockenöfen. Bei größeren Kernmengen und für Kerne größerer Abmessungen verwendet man Trockenkammern und Trockengruben. Die Anordnung der Kernmacherei, wie auch die Verteilung der Trockeneinrichtungen hängt vom Arbeitsplan ab, nach dem die Gießerei betrieben werden soll. In vielen Fällen kommt man mit einer Kernmacherei zurecht, von der aus der gesamte Betrieb seinen Bedarf an Kernen decken kann, so z. B. wenn es sich um Sondergießereien handelt, die nur Kerne von einheitlicher Beschaffenheit verwenden. Es kann sich dann unter Umständen als nützlich erweisen, die Kernmacherei mitsamt ihren Trockeneinrichtungen in ein Mittelschiff zu verlegen, von dem aus die Kerne nach rechts und links in

[1]) Ausführungsbeispiele (Abb. 162b auf S. 299). [2]) Gieß. 1924. S. 688/690.

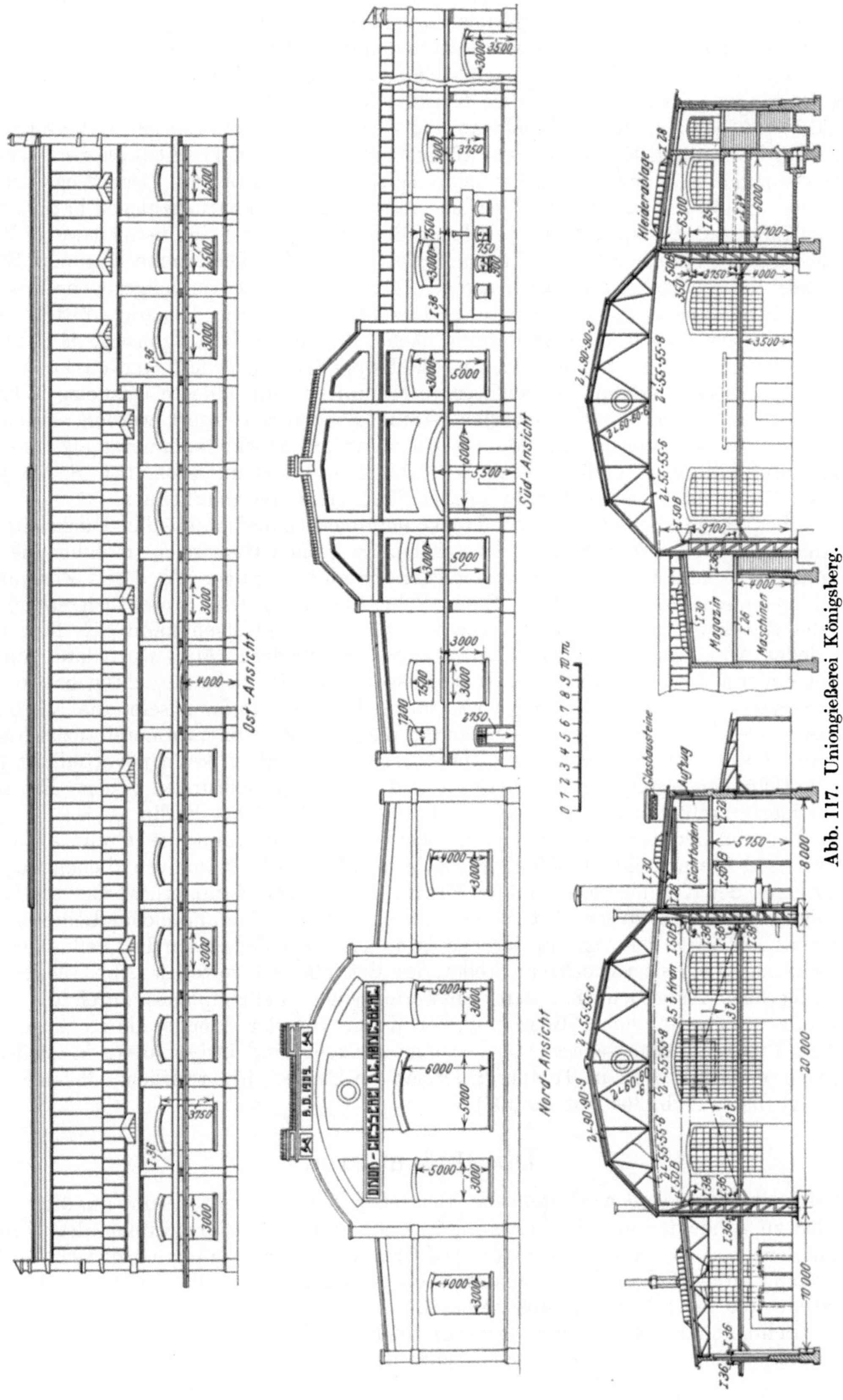

Abb. 117. Uniongießerei Königsberg.

die Gießereiabteilungen befördert werden. Die Kernmacherei der Studebaker Corp. in South Bend, U.S.A. bildet ein Beispiel derartiger Anordnungen (Abb. 116 und 123).

Bei Vorhandensein einer verkehrsvermittelnden Hängebahn läßt sich die Kernmacherei, ohne Schwierigkeiten im Betriebe nach sich zu ziehen, so ziemlich an jede Stelle der Gießerei verlegen. So befindet sich die Kernmacherei der Union-Gießerei in Königsberg (Abb. 117) in dem dem Schmelzbau und der Sandaufbereitung gegenüberliegenden Nebenschiff. Zur guten Einführung der Hängebahngleise in die Trockenkammern wurden die Toröffnungen quer zur Längsachse der Gießereihalle angeordnet. Der Weg, den die Kernmasse aus der Sandaufbereitanlage bis zur Kernmacherei zurückzulegen hat, ist zwar nicht der kürzeste, das spielt aber bei dieser Beförderungsart keine nennenswerte Rolle.

Gute Gründe sprechen für die Zusammenlegung der Trockenkammern an eine Stelle, ebensoviele und gewichtige aber auch dagegen. An eine Stelle zusammengezogene Trockenkammern vereinfachen deren Bedienung, besonders wenn die Heizung mittels Koks erfolgt. In diesem Falle ist die Anordnung nächst dem Schmelzbau günstig, da dann der erforderliche Koks zugleich mit dem für die Kuppelöfen befördert werden kann. Für die Trockenkammern kommt der leichter verbrennliche und billigere Gaskoks in Frage, die beiden Kokssorten müssen natürlich streng gesondert gelagert werden. Auch die Abführung der Feuerungsrückstände ist bei zentraler Trockenkammeranlage am einfachsten und billigsten zu bewirken. Die Abb. 148, S. 290 und Abb. 154, S. 294 sowie Abb. 284, S. 389 lassen eine Anzahl solcher Trockenkammern erkennen.

Der bequemen Bedienung der Trockenkammerheizung muß die Rücksicht auf Bedürfnisse des Betriebes vorangestellt werden. In großen Gießereien ist daher die Verteilung der Trockenkammern auf verschiedene Stellen häufiger als deren Zusammenziehung an einem Orte zu finden. Eine solche Verteilung wird wesentlich erleichtert, wenn die Beheizung mit Gas oder flüssigem Brennstoff erfolgen kann. Es fällt dann leicht, jeder Abteilung eigene Trockenkammern anzugliedern. Man wird dann nur auf das Zusammenwirken gemeinsamen Zielen zustrebender Betriebe zu achten haben. Die Großkernmacherei wird nächst der Großstückgießerei anzuordnen sein, die Kleinkernmacherei nächst der Kleinformerei, der häufig auch die Maschinenformerei anzuschließen sein wird. Gießereien, die Sand- und Masseformerei betreiben, können vorteilhaft jeder dieser Abteilungen eigene Kernmachereien und Trockeneinrichtungen geben. Ein gutes Beispiel hierfür gibt die alte Borsigsche Gießerei in Tegel bei Berlin.

In Lehmformereibetrieben mit viel Schablonenarbeit kann die Grenze zwischen Formerei und Kernmacherei völlig verwischt werden. Die Kammern dienen zugleich der Formerei, der Kernmacherei und der Trocknung. Solche Kammern werden am besten mit abhebbarer Decke ausgeführt [1]). Gießereien mit sehr umfangreicher Lehmformerei sind unter Umständen genötigt, ihre Trockenkammern an beiden Seiten der Gießhalle unterzubringen oder auch sie an mehrere Stellen des Betriebes zu verteilen (Abb. 195, S. 321).

Völlig neue Aufgaben sind dem Entwerfer eines Gießereiplanes durch die Fließarbeit mit ununterbrochener Bewegung der Kerne von der Arbeitstelle zu, durch und von dem Trockenofen erwachsen [2]). Derartige Anlagen sind insbesondere in Gießereien für Automobilbedarf und in Tempergießereien am Platze. Ein treffliches Beispiel zeigt die Anlage nach Abb. 304 auf S. 405).

Die Gußputzerei.

Bei einer Neuanlage wird stets das Bestreben dahin gerichtet sein, unnötige Wege möglichst zu vermeiden und die Fertigung in einer Linie derart anzuordnen, daß Umwege oder gar Rückwege vermieden werden. Auf Grund dieser Erwägung ergibt sich die Lage der Putzerei an der Endstelle des Gießereibetriebes ganz von selbst. Wird an der einen Schmalseite die Schmelzanlage untergebracht, so kommt die Putzerei an das entgegengesetzte Schmalende. Ebenso wird bei einer mehrhalligen Anlage dieser Betrieb in einer Halle unterzubringen sein, die der des Schmelzbaus entgegengesetzt liegt.

[1]) Ausführungsbeispiele sind im Bd. II, S. 281 zu finden.
[2]) Vgl. S. 151.

Der fertige Guß wird nicht aus der Putzerei unmittelbar abgegeben, er gelangt erst in eine Verladeabteilung oder in ein Magazin bzw. eine Versandabteilung, von wo aus er die Gießerei schließlich verläßt. Die Putzerei soll demnach ebenso wie das Magazin Anschluß an das Abfuhrgleise haben. Gestatten die allgemeinen Verhältnisse gute Trennung des Zufuhr- und des Abfuhrgleises, so daß etwa das eine an der einen Langseite der Gießerei und das andere an der zweiten Langseite vorbeiführt, so kann die Putzerei an der dem Schmelzbau gegenüberliegenden Langseite untergebracht werden. Die Gießereien nach den Abb. 226, S. 341 und Abb. 249, S. 356 sind mehr oder weniger auf Grund der erwähnten Erwägungen angeordnet worden. Bei Lage der Schmelzabteilung an einer Schmal-(Stirn-)seite der Gießerei liegt der Fall sehr einfach; Putzerei und Versandabteilung sind dann an der entgegengesetzten Schmalseite anzuordnen. Man kann nicht der einen oder anderen Anordnung grundsätzlich den Vorzug geben, die Entscheidung wird stets von der Lage des Grundstückes oder der Gießerei im allgemeinen abhängen, weiter von der Art der erzeugten Gußwaren und besonders von der Art der verwendeten Fördermittel. Es ist hauptsächlich zwischen Betrieben zu unterscheiden, bei denen die Beförderung vornehmlich von Laufkranen bewirkt wird, und zwischen solchen, bei denen ein Teil dieser Arbeit durch Schmalspurbahnen, durch Elektrokarren oder durch Hängebahnen abgewickelt wird.

Bei der Arbeit mit Laufkranen ist es meist angezeigt, die Putzerei vor Kopf der Gießerei oder einer bzw. mehrerer Hallen zu legen. Diese Anordnung ist besonders bei Gußwerken mit einer Mittelhalle und zwei Seitenschiffen am Platze, da dann die Möglichkeit gegeben ist, unmittelbar aus der Haupthalle oder einer Seitenhalle mittels der in die Putzerei verlängerten Kranbahn zu gelangen. Der Bereich des Laufkrans kann durch die Putzerei hindurch bis in das Gußmagazin und in die vor der Putzerei angeordnete Verladehalle erstreckt werden. Beispiele vor Kopf liegender Putzereien geben die Abb. 123 auf S. 268, 154 auf S. 294 und 175 auf S. 308.

Gießereien mit Laufkranförderung erzeugen meist in größerem Umfange schweren oder mittleren Guß. Betriebe für kleineren und für Formmaschinen-Guß, die mit Schmalspurgleisen ausgestattet sind, haben es leichter, die Stelle der günstigsten Lage der Gußputzerei zu bestimmen. Wenn der Guß einmal auf ein Schmalspurgleis abgesetzt ist, spielt ein etwas längerer oder kürzerer Weg zur Putzerei keine so wichtige Rolle mehr. Das gleiche ist in noch höherem Maße bei der in jüngster Zeit stark aufgekommenen Beförderung mit Elektrokarren auf schienenlosem festem Boden der Fall. Schmalspurgleise zwingen in den meisten Fällen zu reichlichen Lohnauslagen, dazu kommen die Unkosten der Gleis- und der Drehscheibenerhaltung. Diese Unkosten fallen beim Elektrokarrenbetrieb zum größten Teile weg, doch bietet die Herstellung und Erhaltung des für ihn unbedingt nötigen, ebenen und festen Bodens häufig einen sehr erheblichen Übelstand. Über alle derartigen Schwierigkeiten hilft in Fällen geeigneter Gußwaren der Hängebahnbetrieb in recht vollkommener Weise hinweg. Die beim Laufkranbetrieb oft unvermeidlichen Querbeförderungen von einer Halle in eine andere, das Absetzen der Ware auf ein Verbindungsgleis und die damit verbundenen Raumopfer fallen weg, und die Gußputzerei kann an jede beliebige, für den betreffenden Betrieb günstigste Stelle verlegt werden. Ein Musterbeispiel derartiger Anlagen bieten die Abb. 142/43 auf S. 284/85.

Vielfach wird die Putzerei aus besonderen Gründen in mehrere Abteilungen getrennt. Eine Teilung ist am Platze bei scharf getrennter Gliederung der Erzeugung nach Groß- und Kleinguß oder nach Guß sehr verschiedener Herstellungsart, z. B. beim Gusse von Stücken mit Ölkernen und mit Sandkernen. Der alte Kernsand beider Gußarten wird zum Teil wiedergewonnen und mit neuen Sonderzusätzen und Bindern aufbereitet. Hier kann eine Teilung des Putzereibetriebes zur technischen und wirtschaftlichen Notwendigkeit werden. Selbst wenn nur mit gewöhnlichem Form- oder Kernsand hergestellte Kerne in Frage kommen, kann die Trennung in eine Groß- und eine Kleinputzerei oder nach bestimmten Gußwaren von Vorteil sein. Das Auslesen und Zusammenstellen der Abgüsse nach bestimmten Gesichtspunkten wird dadurch erleichtert und Übersichtlichkeit in der Gießerei und beim Versand gewonnen, die unter Umständen von großem Werte ist.

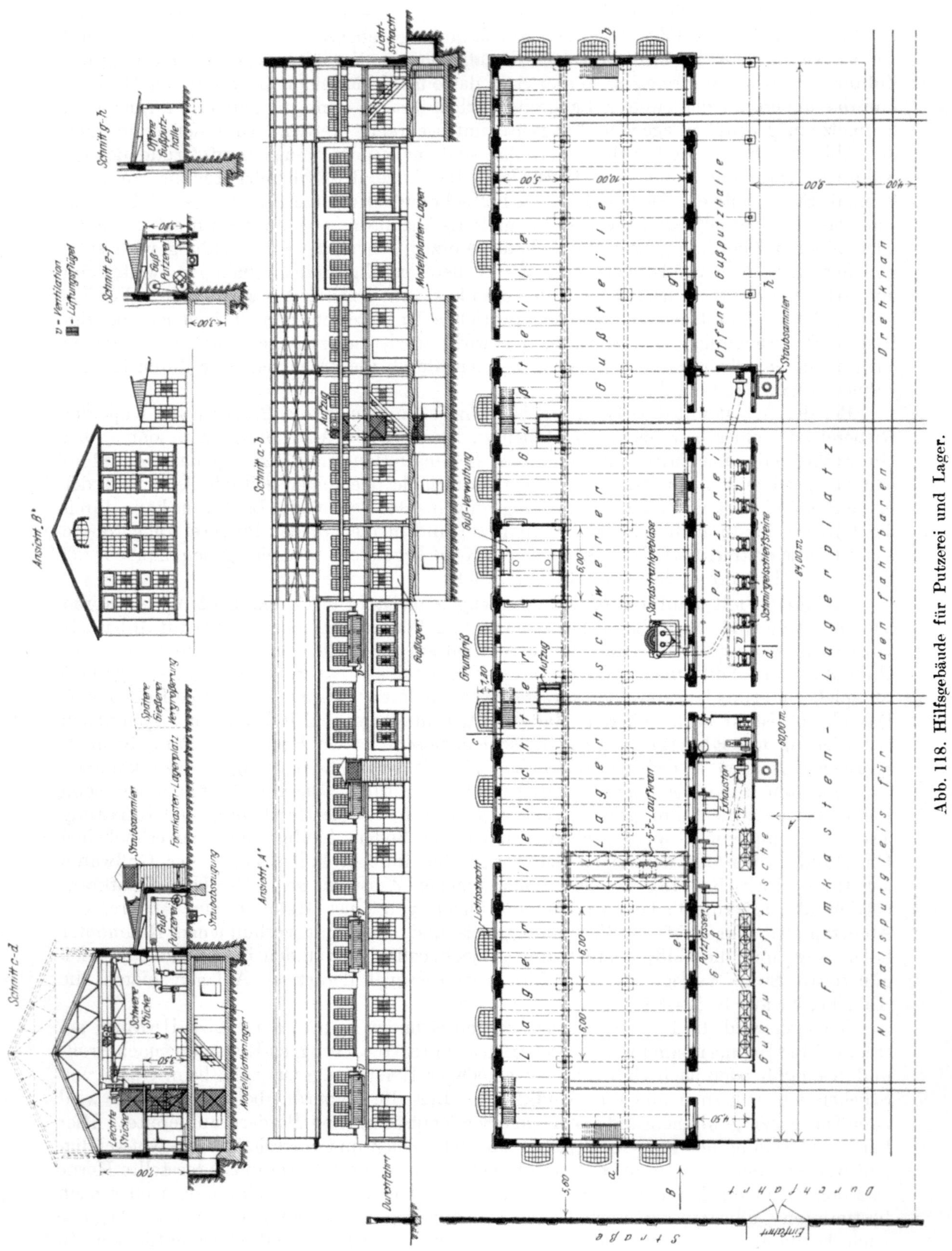

Abb. 118. Hilfsgebäude für Putzerei und Lager.

Die Hängebahn befördert den Guß in die Kleinputzerei, während die großen Stücke vom Laufkran in die Großputzerei gebracht werden. Ein Beispiel getrennter Putzereien zeigt die Abb. 175, S. 308.

Die Putzerei befindet sich nicht selten in besonderen Anbauten an dem Gießereigebäude oder auch in abseits desselben liegenden Sonderbauten. Dieser Fall tritt ein, wenn im Gießereigebäude für die Putzerei nicht genug Raum zur Verfügung steht, oder wenn die Putzerei besser auf den Weg von der Gießerei zur Bearbeitungswerkstatt gelegt werden kann. Dann ist es gleichgültig, ob die Putzerei bei der Gießerei oder nächst der Bearbeitungswerkstätte liegt. Derartige Anordnungen sind bei Hängebahnbetrieb verhältnismäßig leicht zu treffen. Bei der Uniongießerei in Königsberg liegt z. B. die Putzerei in einem besonderen Anbau, und eine Hängebahn ermöglicht in einfacher Weise den Verkehr mit dem Gießereibetrieb.

Bei Anordnung der Putzerei ist auf die Wirkung der mit ihr meistens verbundenen starken Staubentwicklung Rücksicht zu nehmen, weshalb sie aus hygienischen, wie technischen Gründen manchen anderen Betrieben nicht zu nahe kommen soll. So ist die Putzerei als unmittelbare Nachbarin von Bearbeitungswerkstätten mit empfindlichen Betriebsmaschinen nicht erwünscht; Emaillierbetriebe haben solche Nachbarschaft fast noch mehr zu scheuen. Auch von der Lackiererei mancher mit eigenen Gießereien ausgestatteter Maschinenfabriken muß die Putzerei guten Abstand wahren; wo das übersehen wurde, wie es in einer sehr nennenswerten Automobilgießerei der Fall war, können durch Verlegung des einen oder des anderen Betriebes nachträglich recht empfindliche Unkosten erwachsen. Solche unerwartete Auslagen werden um so höher, je länger man sich der Erkenntnis des gemachten Fehlers zu verschließen bemüht.

In Gießereien, die in der Lage waren, eine Geländestufe glücklich auszunützen, wird die Putzerei an die tiefste Stelle des benützbaren Gebietes verlegt, so daß die Beförderung der Ware in der Hauptsache durch ihr Eigengewicht erfolgen kann. In der Automobilfabrik in Steyr geht der durch sein Gewicht über mehrere Senkvorrichtungen in die Putzerei gelangte Guß nach erfolgter Reinigung auf ebener Erde in die benachbarte Bearbeitungs- und Montagewerkstatt (Abb. 226, 244 und 245)[1]. Ein verwandter Fall liegt bei der Gießerei der New London Ship and Engine Co. in Croton, Conn. U.S.A. vor (Abb. 201—203, S. 324/26).

In mehrstöckigen Gießereien befindet sich die Putzerei fast stets zu ebener Erde. Eine Ausnahme bilden die seltenen Fälle, in denen der geputzte Guß in einem noch tiefer liegenden untersten Stockwerke bearbeitet wird (Abb. 223 auf S. 337). Beispiele getrennt vom Hauptgebäude der Gießerei angeordneter Putzereien zeigt die Abb. 263 auf S. 370. Die in Abb. 118 ersichtliche Putzerei[2] ist im Zusammenhang mit den Gußlagerhallen für Groß- und Kleinguß gebaut und durch vier Schmalspurgleise mit der Gießerei verbunden. Der längere Zeit auf Lager genommene Guß wird im oberen Stockwerke des Seitenflügels untergebracht, das mit der darunter befindlichen Halle für sonstigen leichten Guß durch einen Aufzug und vier Treppen verbunden ist.

Die Modelltischlerei und der Modellboden.

Der außerordentlich verschieden große Grundflächenbedarf dieser Betriebsabteilung und ihrer Lagerräume wurde bereits auf S. 241 erörtert. Entsprechend dem verschiedenen Raumbedarf kann die Anordnung der Tischlerei sehr mannigfaltig getroffen werden. In großen Maschinenfabriken bildet die Modelltischlerei häufig einen Teil der Maschinenbauabteilung, und die Gießerei verfügt nur über eine verhältnismäßig kleine Tischlerwerkstatt für Reparaturarbeiten und zur Herstellung von Modellen für eigenen Bedarf, z. B. für Formkasten. In anderen Fällen liegt wiederum Bedarf für einen umfangreichen Modelltischlereibetrieb vor. Die Anordnung der Tischlerei in einem Gußwerke hängt darum vor allem von dem ihr zuzusprechenden Umfange ab. Die größten Betriebe

[1] Siehe auch die Abb. 225—245 der anderen Anlageteile dieses Werkes auf S. 340—354.

[2] Entwurf von Th. und P. Ehrhardt in Berlin-Lankwitz.

verfügen mit wenigen Ausnahmen über eigene Gebäude für ihren Modelltischlereibetrieb, in denen häufig auch ein Teil der Modelle lagern kann. Die Menge der sich im Laufe der Jahre ansammelnden Modelle ist aber auch bei regelmäßiger und recht entschiedener Beseitigung nicht mehr gangbarer Stücke eine so große, daß besondere Lagerschuppen unvermeidlich werden. Kleinere Modelltischlereien werden gerne in Anbauten an das Gießereihauptgebäude eingerichtet, falls es nicht angeht, sie in einem Seitenschiffe zu ebener Erde oder in einem höher gelegenen Stockwerke unterzubringen.

Der Umfang der Modelltischlerei hängt davon ab, ob eine Gießerei ihren gesamten Bedarf an Holzmodellen selbst anfertigt, oder ob ihr die Modelle von der zugehörigen Maschinenfabrik oder der Kundschaft geliefert werden. Im letzteren Falle vermag sie mit einer kleinen Hilfswerkstatt auszukommen, die etwa im oberen Stockwerke eines Seitenflügels untergebracht wird. Bei umfangreichen Modellwerkstätten werden für ihre Unterbringung eigene Bauten erforderlich. Eine Muster-Modelltischlerei der letzteren Art bilden die Modellwerkstätten und das Modellager der Gebrüder Sulzer A.-G. in Winterthur[1]). Abb. 119 läßt diesen Bau von außen erkennen, die Abb. 120 zeigt seinen Grundriß und einen Querschnitt der Anlage und die Abb. 121 und 122 gewähren Einblicke in einzelne Teile des Betriebes.

Abb. 119. Modellbau Sulzer, äußere Ansicht.

Außer den Räumen zur Herstellung und Lagerung der Modelle ist ein Raum für die Unterbringung der in Arbeit kommenden und der aus der Gießerei zurückgelieferten Modelle, die sog. Modellausgabe, an geeigneter Stelle vorzusehen. Häufig wird dafür ein Raum neben oder doch in nächster Nähe der Modelltischlerei gewählt. In kleinen Betrieben, wo der Meister auch die Modellausgabe unter sich hat, ordnet man sie gerne neben der Meisterstube an. Für die Modellausgabe ist gute Zugänglichkeit von außen und glatte Verbindung mit der Formerei wichtig, während bei der Wahl des Ortes der Modelltischlerei auch auf die leichte Zuführung des Modellholzes und anderer Werkstoffe Bedacht zu nehmen ist.

Für die Modellplattenwerkstätte und das Modellplattenlager gelten die gleichen Erwägungen, wie sie für die Modelltischlerei angestellt wurden. Im Hilfsgebäude (Abb. 118) befindet sich unterhalb des Gußwarenlagers auch der Lagerraum für Modellplatten. Der Umfang dieser Abteilungen hängt völlig von den Betriebsumständen jedes Einzelfalles ab, die sowohl betreffs der Zahl der anzufertigenden Formplatten, als auch nach der Art und Größe der Formplatten außerordentlich verschieden sein können.

Mit der Modellplattenwerkstatt ist häufig auch eine Schlosserei für Blechmodelle vereinigt, die in manchen Betrieben, besonders in Geschirrgießereien und in Gießereien für Sanitätswaren und Armaturen, mitunter eine große Rolle spielt. Alle genannten Räume können sowohl zu ebener Erde als auch in einem höheren Stockwerk untergebracht werden. Im allgemeinen wird man sie besser zu ebener Erde anordnen, da sie häufig mit verschiedenen Werkzeugmaschinen ausgestattet werden müssen, deren Gewicht einen Stockwerksboden recht beträchtlich belastet.

[1]) Stahleisen 1914. S. 1526/1536 u. 1652/1656.

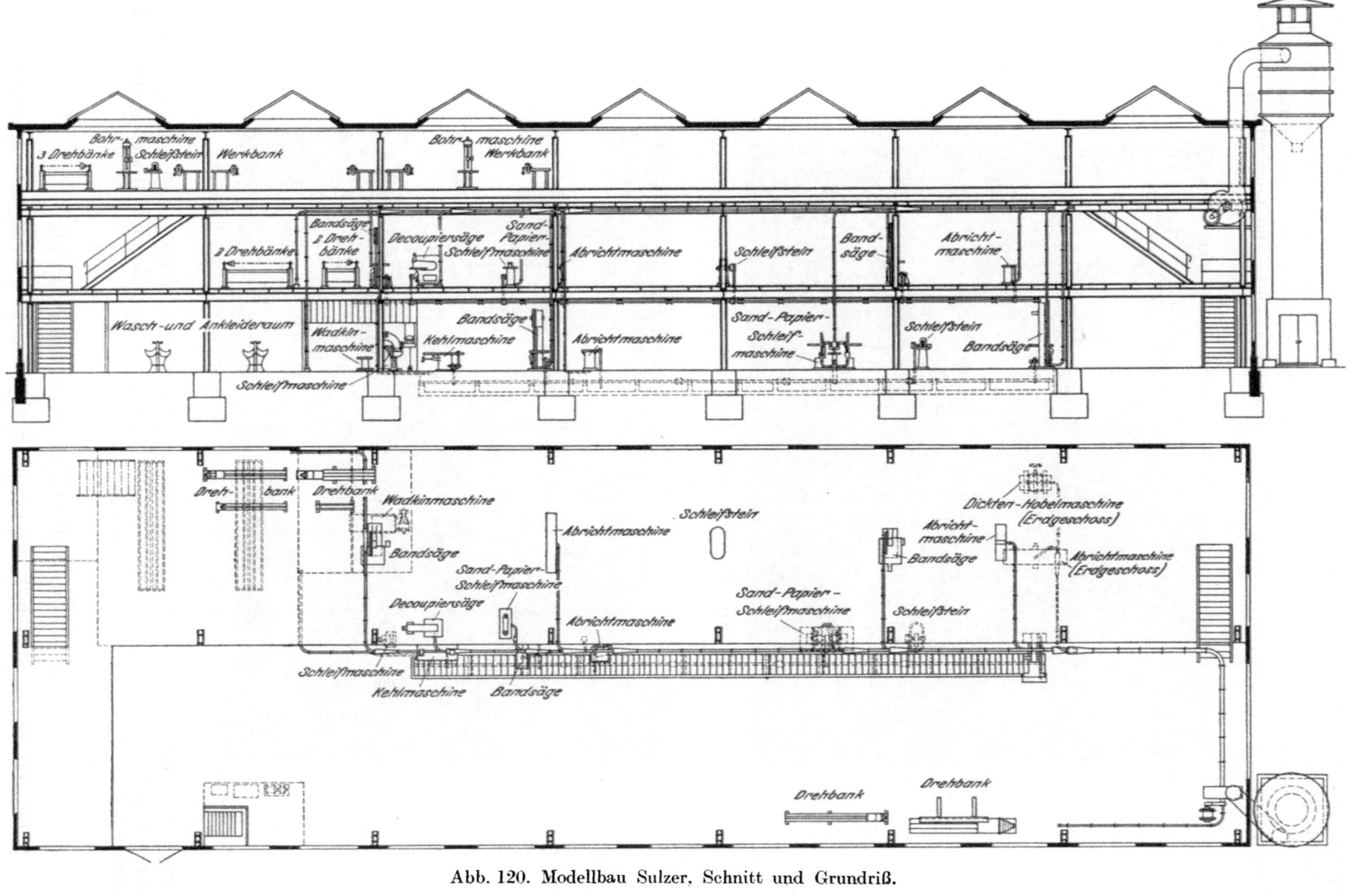

Abb. 120. Modellbau Sulzer, Schnitt und Grundriß.

Das Modellplattenlager stellt große Ansprüche an die Tragfähigkeit seines Fußbodens, wodurch für dieses die Entscheidung betreffs ebenerdiger oder höherer Anordnung wesentlich beeinflußt wird. Die Unterbringung zu ebener Erde bedingt einen gewissen Grundflächenverlust, während diejenige in einem höheren Stockwerke größere Kosten durch die Erstellung eines tragfähigen Bodens macht. Die Verbindung mit dem

Abb. 121. Modellbau Sulzer, Innenansicht.

Abb. 122. Modellbau Sulzer, untere Arbeitsbühne mit Modelltischlerei.

übrigen Betriebe ist meist zu ebener Erde bequemer und billiger, doch läßt sich durch Anordnung eines Aufzuges auch für höher gelegene Modell- und Modellplattenwerkstätten befriedigend wirkende Verbindung schaffen.

Das Bedarfstofflager (Handlager).

Es handelt sich bei diesem Lager nur um verhältnismäßig wenig belangreiche Warenbewegung und um Stoffe, die fast in jedem Falle vom Empfänger persönlich abgeholt und weiter geschafft werden können. Man braucht darum auf mechanische Beförderungsverhältnisse, abgesehen von Riesenbetrieben, kaum Rücksicht zu nehmen. Man bringt das Lager in Verbindung oder doch möglichst an der Stelle unter, von der aus die Ausgabe der Bedarfstoffe erfolgt. Das kann die Meisterstube sein, wenn es Sache eines Meisters sein soll, die Ausgabe zu überwachen, oder die Modelltischlerei, wenn von dieser aus die Bedarfstoffe ausgegeben werden. In größeren Betrieben, wo mit der Bedarfstoffverwaltung und -ausgabe ein besonderer Angestellter oder gar deren mehrere beschäftigt werden, hat man nur darauf zu achten, daß die Empfänger nicht genötigt sind, längere Wege zurückzulegen, um dadurch Zeitverluste zu erleiden. Beispiele sind den Plänen Abb. 117 auf S. 259, Abb. 147 auf S. 289 u. a. m. zu entnehmen.

Der Gießereihof.

Der Gießereihof fand vielfach in älteren Gußwerken nicht die ihm gebührende Beachtung. Er umfaßte auf solchen Werken eine Fläche, die ohne besondere Regelung eben ausreichte, um einer größeren Menge von Schmelz- und Formstoffen als Lagerplatz zu dienen. Im Laufe der Jahre kamen Gleisanlagen dazu, deren Anordnung im Sinne neuzeitlicher Gießereianlagen häufig nur recht ungünstig ausfiel.

Ein neuzeitlicher Gießereihof muß mit der Gleisanlage und der Gießerei ein einheitliches Ganzes bilden. Er muß geeignet sein, mit möglichst wenig Gleisen die Zufuhr und Lagerung der Schmelzstoffe zu ermöglichen, er soll eine gewisse Behandlung dieser Stoffe zulassen, soll deren Weiterbeförderung an die Gebrauchstellen auf einfachste und billigste Art erleichtern und soll schließlich möglichst wenig Grundfläche beanspruchen. Von der glücklichen Lösung dieser Aufgaben hängt das Gedeihen des Betriebes in beträchtlichem Maße ab. Die günstigste Lage des Hofraumes wird im allgemeinen in möglichster Nähe der Schmelzanlage zu suchen sein, die, wie auf S. 243 erörtert wurde, vorteilhaft an der südlichen Langseite des Gießereibaues anzuordnen ist. Der Hof kann dann im unmittelbaren Anschlusse an diese Außenwand liegen. Dabei ergeben sich beste Möglichkeiten zur Behandlung und Lagerung der Schmelzstoffe, zu deren Beförderung auf die Gichtbühne, bzw. in den Ofenschacht, und zur Unterbringung des Formsandes und dessen Weiterleitung in die Sandaufbereitanlage.

Das Roh- und Brucheisen wird meist im Freien gelagert, woselbst die Zerkleinerung der Masseln mittels Masselbrecher stattfindet. Auch die Zertrümmerung sehr großer Eisenstücke unter einem Fallwerke wird fast stets im Freien bewirkt. Das Abladen des Roheisens und seine Zerkleinerung geben bereits Aufgaben zu Gleisanordnungen, die nicht immer ganz leicht zu lösen sind. Die Aufgabe wird beträchtlich schwieriger, wenn die Lagerung größerer Mengen von Roh- und Brucheisen berücksichtigt werden muß, sowie die Anordnung eines Masselbrechers und eines Fallwerkes und die Unterbringung des Formsandes mit in Betracht zu ziehen sind. Auch das Zusammenstellen der Sätze schon auf dem Hofe statt auf der Gichtbühne erfordert gründliche Erwägungen, um zu bester Ausnützung der verfügbaren Grundfläche zu gelangen.

Die Gießereihöfe lassen sich nach der Art, in der die genannten Aufgaben gelöst werden, in verschiedene Gruppen einteilen. Läßt man die alten, unregelmäßig angeordneten und nur unter Aufwand hoher Lohnauslagen zu bedienenden Höfe außer acht, so können etwa drei Arten unterschieden werden:

Vollkommen überdachte Höfe, die also streng genommen die Bezeichnung „Hof" gar nicht verdienen, sondern besser kurzweg als Roh-, Brucheisen- und Sandlagerhallen gekennzeichnet werden; teilweise überdachte Höfe und vollkommen im Freien angeordnete Höfe mit und ohne Hebezeuge. Die letzteren bilden heute noch die Regel; teilweise überdachte Höfe sind selten anzutreffen und vollkommen unter Dach befindliche Roheisen-, Brucheisen- und Formsandhallen sind erst in wenigen amerikanischen Großgießereien zu finden.

Das vollkommenste Bild eines gänzlich durch Mauern eingeschlossenen und überdachten Rohstoffhofes ergibt die Anlage der Studebaker Corporation in South Bend, Ind., U.S.A.[1]). In der dort geschaffenen Rohstoffhalle werden alle Aufgaben

[1]) Gieß. 1925. S. 497.

der Lagerung, Behandlung und Weitergabe der Rohstoffe erfüllt. Vor Kopf sämtlicher Gießereihallen erstreckt sich in einer Länge von 230 m, einer Breite von 22 m und einer

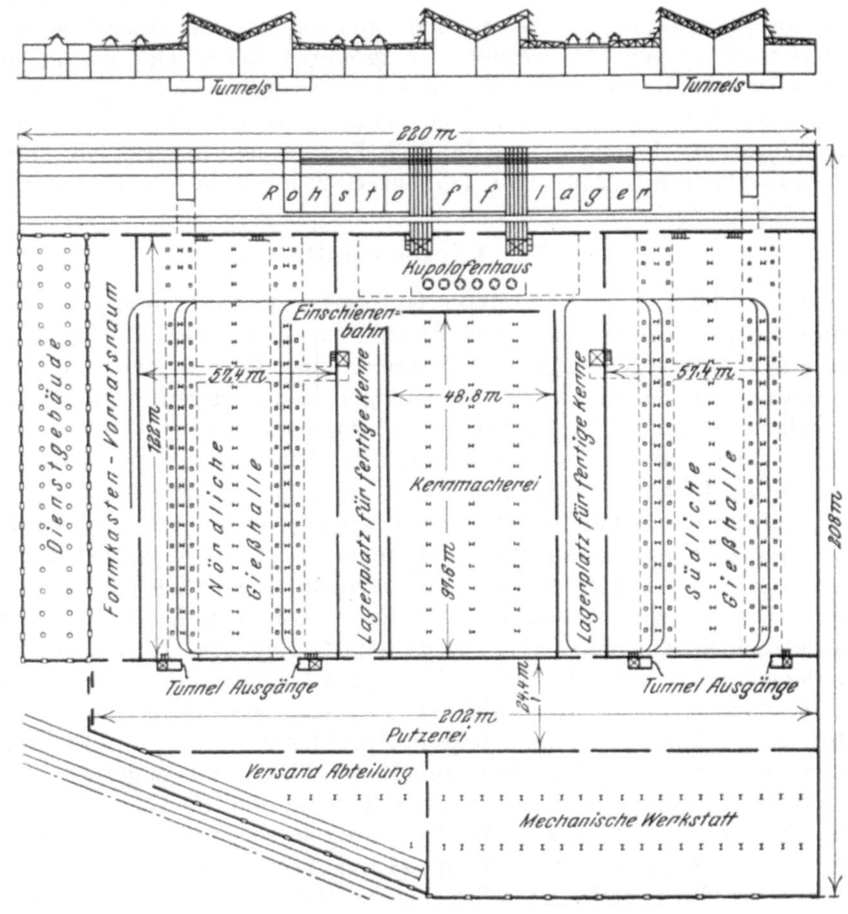

Abb. 123. Studebaker Corp., Grundriß der Anlage.

Höhe von 21 m diese mächtige in ihrer ganzen Länge von einem etwa 3 m über Gießereisohle angeordneten Zufuhrgleise und von einer großen Zahl von Schmalspur-Quergleisen

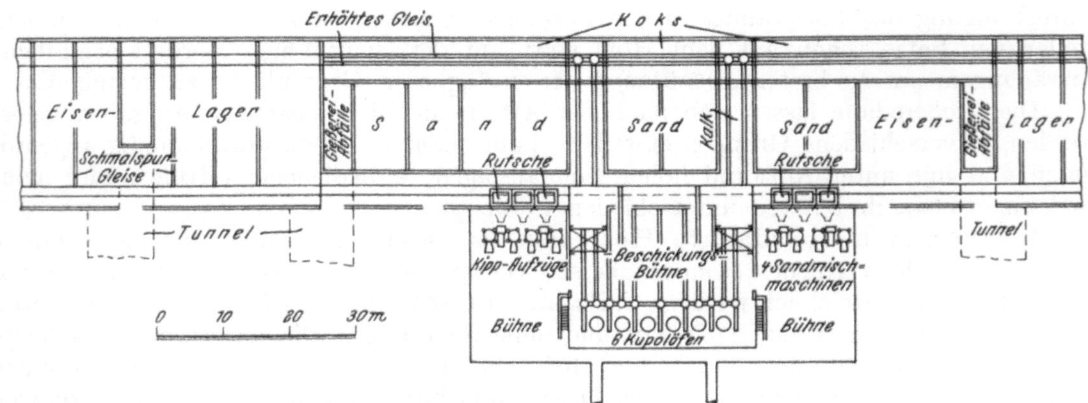

Abb. 124. Studebaker Corp., Rohstoffhalle und Schmelzbau.

durchzogene Halle. Der Grundriß (Abb. 123) der Gesamtanlage zeigt deren Gliederung, die Abb. 124 läßt die Grundverteilung innerhalb eines Abschnittes der Rohstoffhalle erkennen. Die Halle bietet genügend Raum zur Lagerung von 1500 t Koks, 14 000 t

Roheisen und Gußbruch und von 450 Wagenladungen Formsand. Der Koks wird in drei Betonbunkern gelagert, die gleich vier Sandbunkern bis auf 3 m unter Hüttensohle reichen, während vier andere Sandbunker durch Rutschen mit der Gießerei verbunden sind. Im ersten Stockwerke des unmittelbar an die Rohstoffhalle anschließenden Schmelzbaues befindet sich die Kernsandaufbereitung, im zweiten Stockwerke die Gichtbühne (Abb. 124), die mittels zweier mächtiger Aufzüge mit der Rohstoffhalle verbunden ist. Der Eingang sämtlicher Rohstoffe erfolgt ausschließlich über das Zufuhrgleis in der Rohstoffhalle, der Versand aus der Abfuhrhalle über dem Gleise an der Nordostecke des Werkes.

Abb. 125. Automobilfabrik in Steyr, Blick auf das Roheisenlager.

Der Rohstoffhof der Gießerei der Österr. Automobilfabrik in Steyr bildet ein Musterbeispiel eines teilweise überdachten Gießereihofes[1]). Er schließt sich im Norden an das Gußwerk an (Abb. 225 auf S. 340) und ist über etwa die Hälfte seiner Breite überdacht. Die Zufuhr der Schmelzstoffe erfolgt auf dem Hauptzufuhrgleis I, II über eine Weiche III und das Gleis IV und V. Der Gleisstrang IV, V ist vollkommen unter Dach, ebenso die zwischen diesem Gleis und der Gießereiwand angeordneten Bunker. Abb. 238, S. 349 zeigt einen Schnitt durch die Bunkeranlage für das Roheisen. Dieses wird unmittelbar aus den Bahnwagen in das Maul des fahrbaren Masselbrechers geschoben, um dann an der gegenüberliegenden Seite in einen der granitgepflasterten Bunker zu fallen. Nach Füllung eines Bunkers wird er mit schrägliegenden Abdeckplatten geschlossen, worauf noch eine gewisse Menge Roheisen auf der Lagerbühne für Roheisen (Abb. 125) für augenblicklichen Bedarf abgesetzt werden kann. Das Eisen von dieser Lagerbühne wird auf dem in Höhe der Gießereisohle angeordneten Gleis in den Schacht des Kuppelofenaufzuges gefahren. Die Hauptmenge des lagernden Roheisens gelangt über ein am Grunde des Kellergeschosses der Bunkeranlage vorgesehenes zweites Gleis ebenfalls in den Aufzugschacht. Der Formsand wird unmittelbar aus den Bahnwagen in die zugehörigen Bunker entleert und kommt aus diesen mittels eines Becherwerks in die Sandaufbereitung. Den Koks lädt man aus den im Raume zwischen den Roheisen- und den Sandbunkern beigefahrenen Bahnwagen in die Behälter von Schmalspurwagen, auf denen er unter Verwendung des Kuppelofenaufzugs in den großen Kokslagerraum neben der Gichtbühne abgestürzt wird. Dieser Raum ist so angeordnet, daß der lagernde Koks unmittelbar in die Gichtkübel abgezogen werden kann. Der ganze Raum oberhalb der Sandaufbereitung (siehe Grundriß Abb. 230, S. 344) ist dem Kokslager vorbehalten. — Die Fläche im Freien

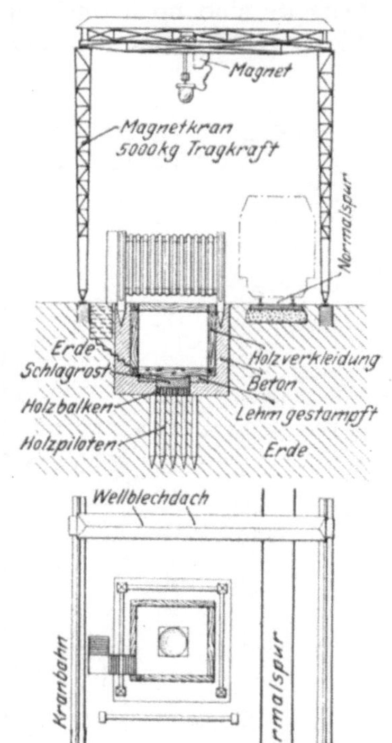

Abb. 126. Automobilfabrik in Steyr, Fallwerk.

[1]) Stahleisen 1921. S. 105, 288, 401.

zwischen dem Gleise IV und V, sowie rechts und links vom Fallwerk ist für die Dauerlagerung größerer Mengen von Roh- und Brucheisen vorbehalten. An der Süd- und

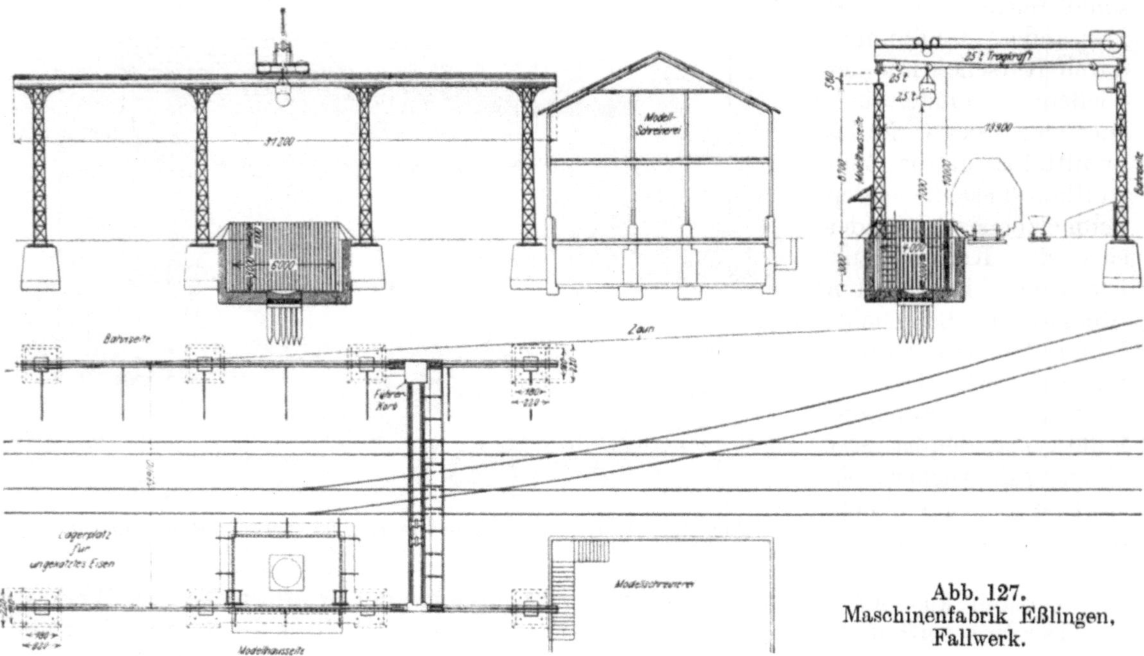

Abb. 127. Maschinenfabrik Eßlingen, Fallwerk.

Ostseite sind noch reichlich Lagerplätze für Formkasten und andere Stoffe vorgesehen. Sie liegen im Bereiche der sanftansteigenden Zufahrtstraße für Fuhrwerke und Motorfahrzeuge, auf der unter anderem ein Teil des in der Nähe vorkommenden Formsandes beigefahren wird. Der fertige Guß wird über vier aus der Gußputzerei kommende Schmalspurgleise abgeführt.

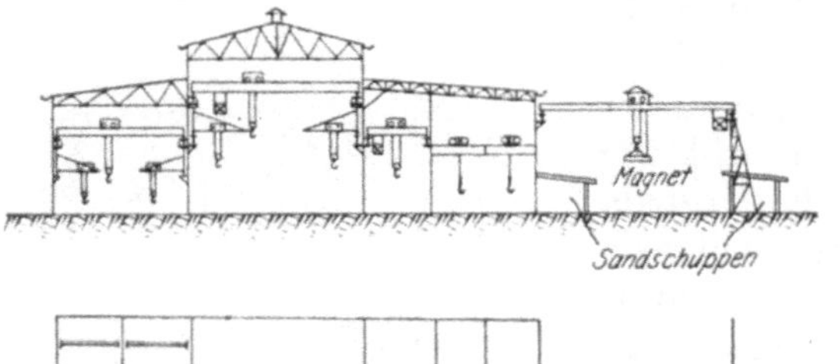

Die Anordnung des Fallwerks ist der Abb. 126 zu entnehmen. Die Abb. 127 läßt eine ähnliche Fallwerksanlage erkennen[1]), die vollständig überdacht und mit einem Normal- und einem Schmalspurgleise versehen ist, sowie Behälter für zerkleinerte Teile hat. Der den ganzen Raum bedienende elektrische Laufkran ist mit einem Führerkorbe versehen.

Die Gießerei der Russischen Maschinenbau-Gesellschaft Hartmann in Lugansk[2]) (Abb. 174 auf Tafel II) wurde sowohl an der Nord-, als auch an der Südseite mit Höfen von je 19,4 m Breite versehen, die beide mit Laufkranen ausgerüstet sind. Der Nordhof hat Anschluß an die staatliche Bahn und birgt die Kohlen-, Koks-, Sand- und Roheisenlagerplätze. Ein weiteres Bahngleise mündet in die große Mittelhalle des Werkes und dient zur Abbeförderung großer Stücke. Zu dem Zwecke ist diese Halle mit einem im Westgiebel hängenden Schiebetor

Abb. 128. Amerikanische Gießereianlage mit Hofkran.

[1]) Ausführung der Maschinenfabrik Eßlingen. Stahleisen 1917. S. 78.
[2]) Stahleisen 1912. S. 1217/1219.

versehen. Die Erzeugnisse der Gießerei werden im übrigen vom Südhofe zu den Verarbeitungswerkstätten abbefördert. Die Verbindung mit dem Südhofe aus der großen Gießhalle und dem Putzereibau wird durch kurze Gleisstutzen hergestellt, die aus diesen Abteilungen zum Hauptgleise am Hofe führen. Nur diese drei Stutzgleise sind mittels Drehscheiben mit einem Hauptstrange verbunden, im übrigen vollzieht sich der gesamte Normalspurverkehr ohne Drehscheiben.

Bei entsprechender Anordnung der Gichtbühne und der Sandaufbereitung (Abb. 128)[1]) läßt sich ein mit Hebezeugen ausreichend versehener Hof auch zur Unterstützung verschiedener Gießereiarbeiten heranziehen. Der Hofkran dient dann nicht nur zum Auf- und Abladen der Formkasten und zum Abladen und Stapeln von Schmelzstoffen, sondern auch zur Beförderung der letzteren bis zu ihrer unmittelbaren Verwendung. Die Gichtbühne wird dann bis unter die Bahn des Hofkrans vorgeschoben, sodaß die Schmelzstoffe vom Kranen auf die Gichtbühne gehoben werden können (Abb. 129). Man kann noch weiter gehen und an

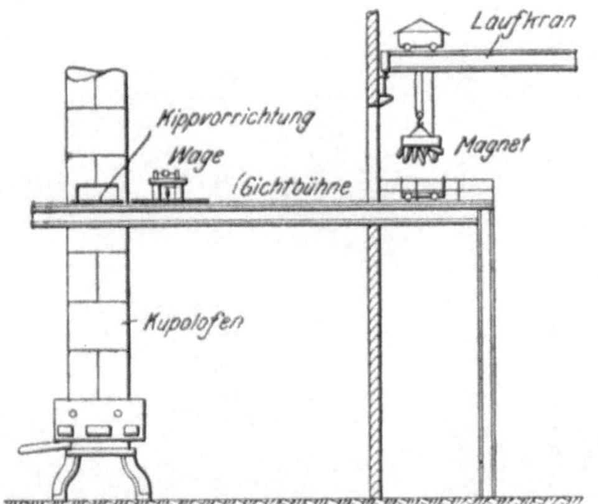

Abb. 129. Amerikanische Gießereianlage, Verwendung des Hofkrans zum Heben des Roheisens auf die Gichtbühne.

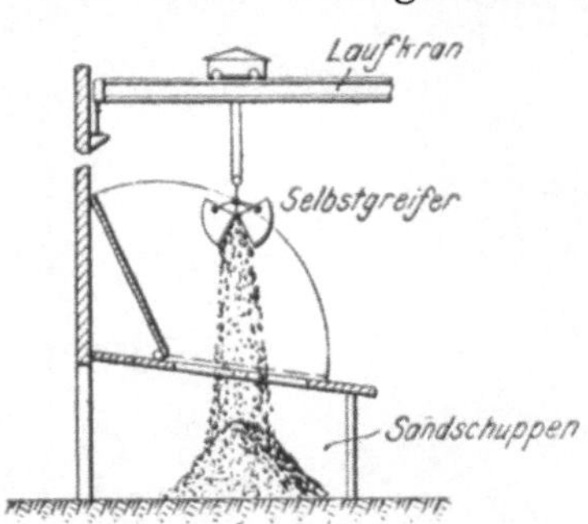

Abb. 130. Amerikanische Gießereianlage, Verwendung des Hofkrans zur Sandverladung.

die Laufschienen des Krans eine Verlängerung anschließen, auf der die Gichten bis in den Ofenschacht gefahren werden. Der Formsand wird durch einen Greifer unmittelbar aus dem Eisenbahnwagen in die Behälter der Sandaufbereitung geschafft. Zu diesem Zwecke werden im Dache der bis in die Kranbahn reichenden Sandbehälter aufklappbare Deckel angebracht (Abb. 130).

Formkastenhöfe.

Neben dem Schmelzstoffhof ist gewöhnlich ein gesonderter Formkastenhof notwendig. Liegt der Schmelzstoffhof an einer Langseite des Gießereibaues, so ergibt sich meist genügend Raum für den Kastenhof an der zweiten Langseite. Wenn das nicht angeht, so kommt eine der beiden Stirnseiten in Frage. Bei sehr beschränkter Grundfläche, wie es in Großstädten der Fall sein kann, haben amerikanische Gießereien sich schon dazu entschlossen, ihre Formkasten in mehrgeschossigen, turmartigen Bauten im Inneren der Gießerei selbst unterzubringen, was entsprechende Aufzüge und Hebezeuge erforderlich macht. Auch bei ebenerdiger Anordnung des Kastenlagers können Kranausrüstungen notwendig werden. Abb. 151, S. 293 zeigt die Westseite der Gießerei der Soc. Française de Constructions Méchaniques in Denain (Établissements Cail)[2]).

Das Maschinenhaus.

Ein vor den Fährlichkeiten und Schädigungen des Gießereibetriebes durch Staub, Schmutz, durch unberufene Hände u. a. m. geschützter Maschinenraum ist in jeder Gießereianlage unentbehrlich. Zum mindesten bedarf das Kuppelofengebläse eines derartigen Schutzes. Ältere, kleinere Gießereien sind wohl mit einer bescheidenen Kammer hierfür ausgekommen, in der das von der Transmission einer benachbarten Betriebs-

[1]) Stahleisen 1914. S. 1418. [2]) Stahleisen 1911. S. 2126/2131.

abteilung angetriebene Gebläse Unterkommen fand. Größere Betriebe wurden später mit einer eigenen Dampfmaschine ausgestattet, die neben dem Gebläse die Kompressoren, Pumpen und andere Maschinen zu betreiben hatte. Dampfmaschinen und die mit ihnen verbundenen Kesselhäuser wurden durch die mindestens ebenso empfindlichen Elektroanlagen verdrängt, die vielfach ihren Strombedarf aus der Werkzentrale oder aus öffentlichen Stromnetzen beziehen.

Aus den früher mitunter recht „ursprünglichen" Gebläsekammern sind tadellos saubere Maschinenhäuser geworden, deren Bestandteile weitestgehende Reinlichkeit und Ordnung bedingen. In der Übergangszeit bestand das Bestreben, sämtliche Maschineneinheiten in nur einem Raume unterzubringen und die Kraft durch Transmissionen

Abb. 131. Maschinenfabrik Eßlingen, Gebläseraum.

an die Bedarfstellen zu verteilen. Dementsprechend mußten die kraftverbrauchenden Anlagen in möglichster Nähe der Kraftzentrale untergebracht werden. Man ordnete das Maschinenhaus neben der Ofenanlage an und schloß an der anderen Seite des Ofenhauses die Sandaufbereitung an, woran sich die Schlosserei, die Modellwerkstatt und womöglich noch die Gußputzerei reihten. Ältere Gießereianlagen zeigen infolgedessen mitunter recht gezwungene Verteilungen dieser Betriebe, wodurch nicht selten der glatte Verlauf der Fertigung empfindlich gestört wurde. Durch die Möglichkeit, den elektrischen Strom an jeder gewünschten Stelle durch Sondermotore zur Wirkung zu bringen, ist diesbezüglich in glücklicher Weise Wandel geschaffen worden. Das Maschinenhaus kann so ziemlich an jeder Stelle der Gießereianlage zu guter Wirkung gebracht werden. Man wird nur darauf bedacht bleiben müssen, das Kabelnetz oder die sonstigen Stromverteilungen möglichst einfach zu gestalten, um nennenswerte Verteuerungen der Anlage zu vermeiden. Die Zentrale aller motorischen Kraft liegt heute an der Schalttafel, von der aus die lebenspendenden Fäden nach allen Richtungen ausstrahlen. Nur ein kleiner Teil aller Maschinen pflegt noch im Maschinenhause vereint zu sein. Es sind das in der Hauptsache die Kompressoren zur Erzeugung der Preßluft und die Pumpanlagen zur Gewinnung von Druckwasser, die am notwendigsten ständiger Fürsorge und Wartung bedürfen. Auch die Gebläse finden sich noch häufig im Maschinenhaus, besonders in Fällen unmittelbarer Nachbarschaft von Maschinenhaus und Schmelzanlage, doch sind Fälle, in denen die Gebläse in einem besonderen Raume fern vom Hauptmaschinenhause untergebracht wurden, nicht mehr selten. So werden z. B. die Kuppelöfen der Gießerei der Maschinenfabrik Eßlingen von drei unmittelbar angetriebenen, in einem Sondermaschinenhause hinter den Kuppelöfen vereinigten Turbogebläsen (Abb. 131) bedient. Auf diesem Werke sind die Betriebsmaschinen mit ihren Antriebsmotoren über den ganzen Betrieb verteilt. Eine nahegelegene Kraftzentrale liefert:

A. Gleichstrom von 440 Volt.	
für Hebezeuge, Hängebahnen, Schlosserei, Metallgießerei	540 PS
„ Kuppelofenanlage	80 PS
„ Masselbrecher	12 PS
„ Formmaschinen	13 PS
B. Drehstrom von 500 Volt.	
für Sandaufbereitung	100 PS
„ Gußputzerei	110 PS
„ Wiedergewinnung von Eisen und Metall	25 PS
„ Metallgießerei	25 PS
„ Verschiedene Sandsiebmaschinen	10 PS
„ Gießereischlosserei	15 PS
zusammen	940 PS

Die Maschinenhäuser von Großgießereien sind, wie dieses Beispiel zeigt, recht groß geworden, ihre Unterbringung erfordert bei Neuanlagen ein eigenes Studium. In der Gießerei der Steyrer Automobilfabrik erschien es noch tunlich, an einem zentralen Maschinenhause festzuhalten. Wie der Grundriß (Abb. 225, S. 340) zeigt, ist das Maschinenhaus neben dem Schmelzbau angeordnet, so daß in demselben neben mehreren Kompressoren auch die Kuppelofengebläse, eine Druckwasserpumpe und ein mächtiger Akkumulator Platz finden konnten (Abb. 231, S. 245). Der Akkumulator reicht bis auf 2,5 m unter Hüttensohle. Die Quellen für die Preßluft, für den Wind und für das Druckwasser gehen also zwar insgesamt von diesem Maschinenhause aus, eine beträchtliche Zahl von Antrieben muß aber durch Sondermotore besorgt werden. Unter anderem haben die Gußputzerei, die Schlosserei, die Tischlerei und die Sandaufbereitung, ebenso die elektrischen Kranen und Bahnen ihre eigenen Motoren.

Die Anordnung von Einzelmotoren ist unter Berücksichtigung der Betriebsverhältnisse in jedem Falle leicht zu treffen. Der Gebläseraum befindet sich fast immer in nächster Nähe der Kuppelöfen, hinter oder seitlich von ihnen, mitunter in einem Keller, ausnahmsweise auch auf der Gichtbühne. Beispiele für die Anordnung und Ausgestaltung von Maschinenhäusern lassen die Pläne (Abb. 144, S. 286 und Abb. 169, S. 305) erkennen.

Büroräume.

Das kleinste Gießereibüro besteht aus einer Stube, in der der Meister seine Aufschreibungen vornehmen und sich während der Arbeitspausen erholen kann. Die Lage dieser Stube ist nicht von sonderlicher Bedeutung, da bei der Kleinheit des Betriebes alle Arbeitstellen leicht erreichbar und zu beaufsichtigen sind. Werden dem Meister Arbeiten auferlegt, die seine häufigere Anwesenheit im Büro notwendig machen, z. B. die Ausgabe der Modelle an die Former oder die Führung von Mannschaftslisten, so wird der Raumbedarf größer. Er hängt von der Menge und dem Umfang der einlaufenden Modelle in erster Linie ab. In vielen Fällen kann man die Modellausgabe einem Lohnschreiber nach Angaben des Meisters überlassen, wobei eine Trennung des Raumes für den Meister und für die Modellausgabe sich empfiehlt. Neben der Modellausgabe ist in kleinen Betrieben auch das bescheidene Bedarfstofflager (Handlager) unter die Verwaltung des Meisters gestellt. Alle diese Aufgaben sind bei der Raumbemessung und der Unterbringung der Meisterstube zu berücksichtigen. Mit zunehmendem Umfange der Gießerei werden die genannten Hilfsabteilungen selbständiger und der Führung durch besondere Angestellte bedürftig. Zugleich wird die Frage ihrer Unterbringung wichtiger. Nicht allein der Meister soll in möglichst enger Berührung mit seinem Betriebe bleiben und von dort aus leicht erreichbar sein, auch die Modellausgabe und das Handlager verlangen eine ähnlich vorteilhafte Lage. Die Modellausgabe soll von außen bequem zugänglich sein, um von auswärtiger Kundschaft oder von der Tischlerei des eigenen Werkes leicht mit Modellen versehen werden zu können, zugleich soll sie zur Weitergabe der Modelle an die Former gut gelegen sein. Ähnliche Bedingungen sind bezüglich des Handlagers zu erfüllen. Jedenfalls ist es für kleinere und mittlere Betriebe gut, Meisterstube, Modellausgabe und Handlager in möglichster Nähe beieinander unterzubringen. Die Abb. 169 auf S. 305 und 226, S. 341 bieten Beispiele derartiger guter Anlagen.

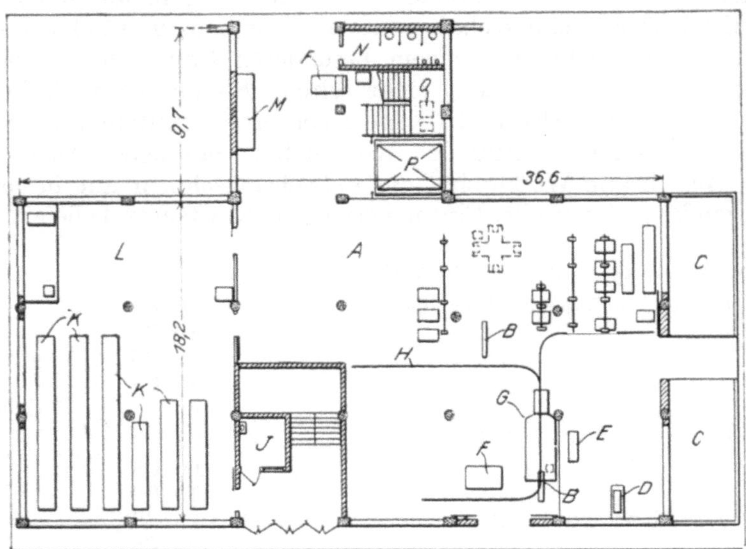

Abb. 132. Hilfsgebäude der John Dure & Co. Gießerei, unteres Stockwerk.

A Bearbeitungswerkstatt, B Preßluftleitung, C Sandlager, D Kernsandaufzug, E Kernsandmischer, F Wage, G Färbegrube, H Hängebahn, J Zimmer für Hilfe, K Gestelle, L Modellager, M Schaltbrett, N Klosetts, O Gasmotor, P Aufzug.

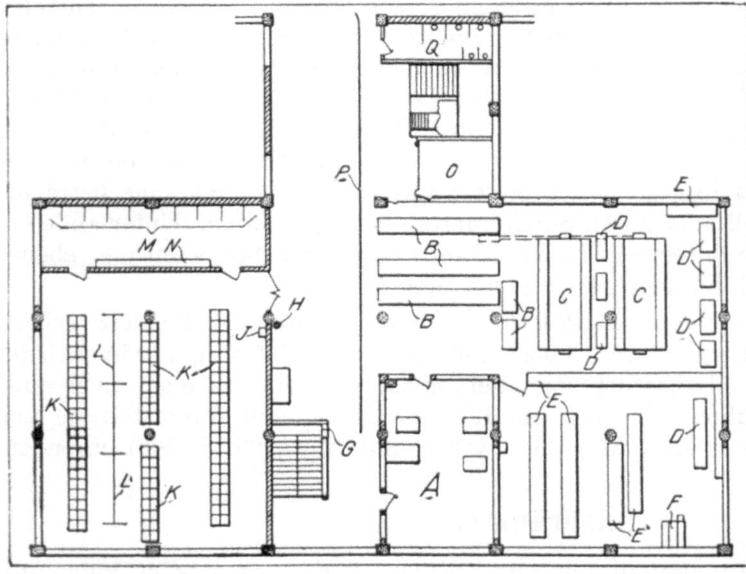

Abb. 133. Hilfsgebäude der John Dure & Co. Gießerei, oberes Stockwerk.

A Verwaltungszimmer, B Gestelle für Lagerkerne, D Kerntrockenofen, E Arbeitstische, F Kernsandaufzug, G Kontrolluhren, H Trinkwasser, J Ausguß, K Waschbecken, L Kleiderständer, M Brausebäder, N Sitze, O Aufzug, P Einschienenbahn, Q Klosetts.

Neben der Meisterstube und den ihr mehr oder weniger zugehörenden Nebenräumen bedarf jede nicht mehr als Kleinbetrieb zu wertende Gießerei eines I n g e n i e u r b ü r o s. Für dasselbe ist unmittelbarer räumlicher Zusammenhang mit der Formerei und Gießerei nicht von solcher Bedeutung wie für die Meisterstube. In Gießereien mit einem Hauptschiffe und mindestens einem zweistöckigen Seitenschiffe läßt sich das Ingenieurbüro meist leicht im oberen Stocke dieses Seitenschiffes unterbringen. Sein Umfang hängt wieder vom Umfang der dort zu erledigenden Arbeiten ab. Solange der leitende Ingenieur allein bleibt und nur schriftliche Arbeiten und gelegentlich eine Zeichnung im Büro anzufertigen hat, wird ihm ein Zimmer genügen, das seinen Schreibtisch und einen einfachsten Zeichentisch nebst der notwendigen Einrichtung für Kleiderwechsel, Waschgelegenheit usw. enthält. Wird sein Wirkungskreis umfangreicher, kommen ein Assistent, ein ständiger Zeichner, ein Schreiber und sonstige Hilfskräfte in Frage, ist vielleicht noch regelmäßiger Verkehr mit der Kundschaft nötig, so wächst nicht nur die Grundfläche des Büros, sondern es muß auch seine beste Teilung sorgfältig erwogen werden. Der Betriebsleiter braucht ein eigenes Büro, ebenso der Konstrukteur, die Zeichner und Schreibhilfskräfte. Unter Umständen kann auch eine kleine Lichtpausanstalt notwendig sein. Derartig ausgewachsene Betriebsbüros lassen sich schwieriger im Gießereigebäude selbst unterbringen. Die Abb. 248—254, S. 355/357 zeigen Anordnungen verschiedener mehr oder weniger umfangreicher, ebenerdiger und in einem Oberstock untergebrachter Betriebsbüros.

Bei großen, häufig auch bereits bei mittleren Anlagen ist man dazu übergegangen, die fast immer kostspieligere Grundfläche der reinen Betriebsabteilungen von diesen Büros zu entlasten und letztere in einem Sonderbau anzuordnen. Die Abb. 132 und 133 zeigen die Raumverteilung im Hilfsgebäude einer amerikanischen Großgießerei [1]). das neben einer Bearbeitungswerkstatt, einer Sandaufbereitung und einem kleinen Modelllager zu ebener Erde den Verwaltungsraum, die Kernmacherei und Ankleideräume im oberen Stockwerke enthält. Die Verbindung mit der Gießerei wird von einer durch beide Stockwerke reichenden Einschienen-Hängebahn bewirkt. Die beiden Stockwerke im Hilfsgebäude haben Anschluß an gleich hoch gelegene Abteilungen im Hauptbau (siehe Abb. 205 und 206, S. 327/328).

Die Versuchsanstalt.

Der Wert eines Laboratoriums zur Untersuchung der Rohstoffe und der Fertigerzeugnisse wird heute allgemein anerkannt. Von der Art und dem Umfange der zu leistenden Arbeit hängt die Größe und die Örtlichkeit dieser Abteilung in erster Linie ab. Das bescheidenste chemische Gießereilaboratorium muß imstande sein, die Silizium-, Phosphor-, Mangan- und Schwefelgehalte in den Roheisensorten zu bestimmen [2]). Diese

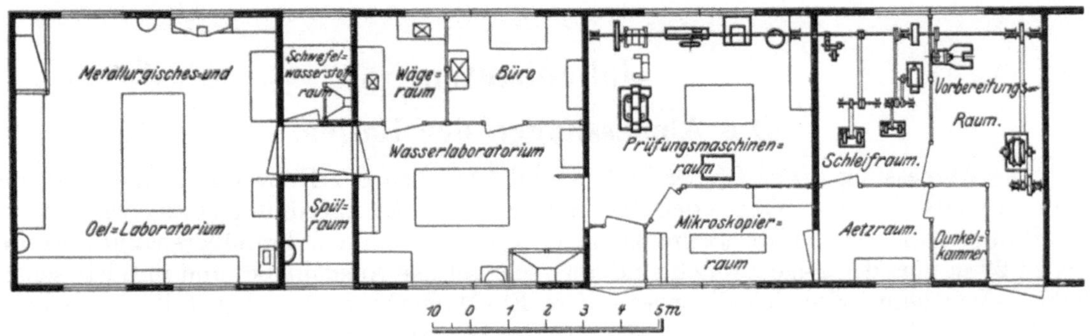

Abb. 134. Versuchsanstalt.

Bestimmungen brauchen in Kleinbetrieben nicht täglich vorgenommen zu werden, es genügt, wenn von jeder Wagenladung einige sorfältig genommene Durchschnittsproben untersucht werden. Hierfür reicht ein bescheidener Raum mit etwa 4 × 3 m Grundfläche aus. Soll das Laboratorium vom Betriebsingenieur selbst bedient werden, so wird man es in unmittelbarem Zusammenhange mit dessen Büro einzurichten haben. Zu beachten ist gute Sicherung der Wage gegen Erschütterungen, die Möglichkeit glatten Gasabzuges und vollständige Staubfreiheit. Verträgt der Betrieb eine ständige Laboratoriumskraft, so daß weitergehende Aufgaben erfüllt werden können, so wächst auch der Raumbedarf des Laboratoriums, und es geht dann vielfach nicht mehr an, es unmittelbar neben dem Betriebsbüro unterzubringen. Man gliedert es dann vielfach

[1]) Großgießerei landwirtschaftlicher Maschinen von John Dure & Co. in Moline, Ill. U.S.A., Foundry 1915. S. 85/92; auszugsweise Stahleisen 1915. S. 1001/1004. [2]) Vgl. Bd. I, S. 624/654.

in einem Bau außerhalb des Gießereibetriebs ein. Größte Gußwerke, die in den Bereich ihrer Arbeiten chemische, mikroskopische und physikalische Untersuchungen, Festigkeitsprüfungen, Formsand- und sonstige Bedarfstoff-Untersuchungen und Lichtbildaufnahmen einbezogen haben, verfügen wohl auch über Versuchsanstalten, die eigene Bauwerke nötig machten. Abb. 134 zeigt den Grundriß einer mit allen für Gießereizwecke nötigen Behelfen ausgestatteten Gießerei-Versuchsanstalt[1]). Die Anordnung von Laboratorien innerhalb des Gießereibaues an recht verschiedenen Stellen ist den Plänen Abb. 248 und 250, S. 355/357, Abb. 276, S. 383 u. a. zu entnehmen.

Der Pfannenvorbereitungsraum.

Das Ausschmieren und Trocknen der Gießpfannen findet in kleinen und mittleren Gießereien meist nicht in einem abgeschlossenen Raume statt, sondern man besorgt diese Arbeit in irgendeinem Winkel der Gießereihalle. Vielfach wird hierfür der Raum neben oder vor den Kuppelöfen benützt, in deren Nachbarschaft auch häufig eine Trockenkammer sich befindet, wo die kleineren und mittleren Pfannen getrocknet werden. Für die kleinen Pfannen werden, um Störungen des Trockenkammerbetriebes zu vermeiden, häufig tragbare Pfannen-Trockenöfen benützt, während große und größte Pfannen am besten unter Zuhilfenahme von Preßluft getrocknet werden. Alle derartigen Einrichtungen erzeugen lästige Abgase, von denen der Gießereibetrieb nach Möglichkeit verschont bleiben soll.

Ebenso ist der durch das Anmachen und Handhaben des Auskleidelehms verursachte Schmutz für viele Gießereien ein recht lästiger Begleiter der Pfannen-Vorbereitungsabteilungen. Das hat in stetig zunehmendem Maße zur Einrichtung räumlich abgesonderter Pfannenvorbereitungsräume geführt, die mit den nötigen Behelfen für alle zu vollziehenden Arbeiten leicht ausgestattet werden können. Der Pfannenraum muß gut zu entlüften sein, er erhält oft einen eigenen Lehmschneider sowie ein Hebezeug zur Handhabung der großen Pfannen und wird mit Gleisen oder mit einer Hängebahnverbindung zur ruhigen Beförderung der Pfannen ausgestattet. Der gegebene Ort zur Unterbringung dieser Abteilung ist bei einer Neuanlage der Raum hinter den Kuppelöfen.

Hallenbauten.

Die Abmessungen der Hallen.

Die Abmessungen der Gießereihallen sind bezüglich der Höhe und Länge praktisch kaum irgendwie beschränkt; in der Breite bringt aber die Anordnung eines oder mehrerer Laufkrane ganz bestimmte Begrenzungen. Freilich kommen kranüberspannte Breiten bis zu 28 m vor, derartige Breiten sind aber sehr seltene Ausnahmen, und ihre wirtschaftliche Berechtigung wird vielfach angezweifelt. Ein Musterbeispiel solcher Hallenbreite bietet die Gießerei des Werkes der Société Française de Constructions Méchaniques in Denain in Frankreich (siehe Abb. 149 und 150 auf S. 291/292). Es handelt sich hier um ein vielseitiges Werk, das Guß für den Lokomotivbau, für Eisenbahnfahrzeuge aller Art, für Zuckerfabriken und Brennereien, Dampfmaschinen, Groß- und Kleingasmotoren und für Hüttenwerksmaschinen von den größten bis zu den kleinsten Stücken herstellt.

Solch große Spannungen sind aber auch für Universalgießereien keineswegs die Regel, viele von ihnen begnügen sich mit wesentlich geringeren Spannweiten. Die Breite von 20 m, wie sie in Gießereien für schweren Maschinenguß nicht selten zu finden ist, dürfte einem guten Mittelmaß entsprechen.

Die Gießereien gehören der Hallenanordnung nach verschiedenen Grundformen an, die unten genannten Maße beziehen sich nur auf die Haupthallen. Die Abmessungen der weiteren zugehörigen Hallen sind sehr verschieden, im allgemeinen beträchtlich geringer. Zur guten Bemessung der Hallenbreite ist reiche Erfahrung unerläßlich, um sicher beurteilen

[1]) Nach einem hinterlassenen Plane von E. Leber.

zu können, wie viel Arbeitsplätze vorteilhaft neben und nacheinander angeordnet werden können. Die Bestimmung der Hallenbreite hängt weiter von der Art des zu erzeugenden Gusses ab; je schwerer der Guß, desto breiter ist die Halle zu bemessen. Nach den bisherigen Erfahrungen empfiehlt es sich, eine Breite von rund 20 m nicht zu überschreiten, bei mittelschwerem Guß Spannungen von 10—20 m zu wählen und bei leichtem Guß selbst bis auf 8 m herunterzugehen. Bei Formmaschinenbetrieben ist für die Hallenbreite die Zahl der Formkasten, die während einer Schicht vor jeder Formmaschine abgesetzt und anstandslos abgegossen werden können, maßgebend. Stapelguß bedingt infolgedessen die geringste Hallenbreite; hier kann man oft schon mit 5—6 m Breite auskommen.

Weiter ist die Art der verwendeten Hebezeuge für die Bemessung der Hallenbreite von großer Bedeutung. Arbeitet man mit Laufkranen, so ist die Hallenbreite unmittelbar von der Zahl der vor den Maschinen zum Guße aufgestapelten Formkasten abhängig. Läßt sich dagegen statt des Laufkrans eine Hängebahn anordnen, so gelangt man dadurch zu weitgehender Unabhängigkeit von der Hallenbreite. Noch mehr ist das bei Fließbetrieb der Fall. Hier wird die Hallenbreite nicht mehr von der Zahl der in einer bestimmten Zeit abzugießenden Kasten bestimmt, sie hängt einzig von der Art und Abmessung der den Fließbetrieb ermöglichenden Einrichtung ab.

Die Breite der Gießhalle hängt weiter von der Art der Bedachung ab. Bei Anordnung von Sägedächern ergeben sich in sehr vielen Fällen sowohl bei Hand-, als auch bei Formmaschinenbetrieben die schmalsten, billigsten und wirtschaftlichsten Hallenbreiten.

Die Länge der Hallen ist theoretisch unbegrenzt und kann verhältnismäßig groß bemessen werden. Längen bis nahezu 150 m stehen auch in Deutschland nicht mehr vereinzelt da. In manchen Fällen muß die Hallenlänge infolge der Größe und Form des zur Verfügung stehenden Grundstückes geringer bemessen werden, als den besten Betriebsbedingungen entsprechen würde. In Fällen, wo solche Beschränkungen nicht vorliegen, hängt die Länge bei einer endgültig ermittelten Hallenbreite von der zu erzielenden Jahreserzeugungsmenge ab. Die Längenmaße sind darum außerordentlich verschieden. Entsprechend dem zu erwartenden Betriebsumfang kann bei gleicher Gußart eine gut eingerichtete Gießerei eine Länge von nur 15—20 m bis zu 200 m haben. Man kann Längen zwischen 80 und 150 m vielleicht als normal bezeichnen; die Längen vieler hervorragenden Gießereien bewegen sich ohne Unterschied der Erzeugungsart innerhalb dieser Grenzen. Die Kleinhandformerei von G. & J. Jäger, A.-G. in Elberfeld (Abb. 142, S. 284) hat 104 m, die Großgießerei der Aktiengesellschaft für Hüttenbetrieb in Duisburg-Meiderich (Abb. 158, Tafel I und 159, S. 297) 140 m, die Gießerei für gemischten Guß der Henrichshütte in Hattingen (Abb. 156, S. 295) 148 m, die Universalgießerei der Maschinenfabrik Buckau, R. Wolf in Magdeburg, die der Hannoverschen Maschinenfabrik (Abb. 177 auf Tafel III) 125 m usw. Mittelgroße Gießereien haben durchschnittlich 40—80 m und kleinere Betriebe 25—50 m Länge bei den oben angegebenen Breiten.

Entsprechend den sehr verschiedenen Verhältnissen zwischen Länge und Breite sind auch die Gebäudeumrisse recht verschieden. Es ergeben sich Formen, die auf mehr oder weniger langgestreckte Rechtecke oder auf quadratische Grundrisse herauskommen. Durch besondere Raumverhältnisse bedingt, sind auch Gießereien mit kreisrunder Grundfläche (Abb. 197 auf S. 322), mit ausspringenden Flügeln, mit schieflaufenden Wänden und mit sonstigen Unregelmäßigkeiten entstanden.

Gießereien, die über mehrere Schmelzanlagen verfügen, haben gewöhnlich die Form eines langgestreckten Rechtecks, wodurch die Anfuhr und Lagerung der Schmelzstoffe und die Anordnung der Schmelzöfen, sowie die Verteilung des flüssigen Eisens erleichtert wird. Die 300 m lange Halle der Etablissements Cail (Abb. 148 auf S. 290) ist ein Musterbeispiel von Gießereien dieser Art.

Eine wichtige Rolle beim Entwurfe einer Gießerei spielt die Stützenentfernung in der Längsrichtung der Halle, die im allgemeinen nur innerhalb enger Grenzen schwankt. Man beschränkt sich ohne Rücksicht auf die Art des erzeugten Gusses auf Stützenentfernungen von 6—10 m und bevorzugt im allgemeinen Entfernungen von 6—7,5 m. Die Gießerei in Lugansk[1]) (Abb. 174 auf Tafel II)) für Guß jeden Gewichtes hat 7 m Stützenweite, ebenso die Gießerei der A.-G. für Hüttenbetrieb in Duisburg-Meiderich (Abb. 158, Tafel I und 159, S. 297). Die Universalgießerei der Wolfschen Werke in Magdeburg hat Säulenabstände von 7,5 m. Für die Bemessung der Stützenentfernung pflegen der Wunsch, entsprechend breite Fensterflächen zu gewinnen, und die Möglichkeit, gewisse Betriebsabteilungen, wie Sandmacherei, Trockenöfen, Schmelzanlage u. a. m. innerhalb eines Stützenfeldes unterzubringen, maßgebend zu sein. Die Stützen bilden natürliche Begrenzungen für notwendig werdende Zwischenwände.

Mit Rücksicht auf die Kuppelofenanlage, die häufig größere Stützenweiten wünschenswert macht, kommen mitunter über das Normalmaß hinausgehende Stützenentfernungen vor, ebenso können Gießgruben hierzu Anlaß geben. Ein Beispiel derartiger Anlagen gibt die Abb. 160 auf S. 298. Auch bei Anlagen mit Laufkranen, deren Drehlaufkatze in eine Seitenhalle greifen soll, können zur unbehinderten Handhabung großer Stücke größere Stützweiten nötig werden. Bei der Anlage nach Abb. 226 auf S. 341 beträgt die Stützenweite 18 m, die man durch den Ausbau zweier Säulen und deren Ersatz durch Gitterträger gewonnen hat. Bewegungsfreiheit wird durch Aufhängung des Laufkranarbeitsfeldes an die Dachkonstruktion erreicht.

Die Höhenabmessungen der Gießhallen hängen davon ab, ob und welche Arten von Hebezeugen verwendet werden. Für Gießereien ohne alle Hebezeuge kommt man mit Höhen von etwa 4,0 m von Dachbinderunterkante bis zur Gießereisohle gut zurecht, doch kann in Rücksicht auf gute Entlüftung auch eine etwas größere Höhe erwünscht sein. Man wird aber über diese Höhe nicht hinausgehen, da dies nur zwecklose Verschwendung von Anlagekosten bedeuten würde. Etwas größere Gebäudehöhen ergeben sich bei Anordnung von Hängebahnen. Für handbetriebene Hängebahnen, wie sie in vielen Formmaschinenbetrieben, in Kleinbankformereien, in Gießereien für Heizkörper und Gliederkessel benötigt werden, genügt nahezu die gleiche Hallenhöhe wie bei Gießereien ohne jedes Hebezeug, es wird in solchen Fällen eine Höhe der Binder-Unterkante von 4,5 m kaum überschritten.

Wenn an Stelle der Handhängebahn eine elektrisch betriebene Einschienenbahn tritt, so wird der Abstand zur Binderunterkante mit 5—6 m zu bemessen sein, der bei Anordnung eines Führerstandes auf 7—8 m ansteigt. Falls über der Hängebahn ein Laufkran angeordnet wird, müssen über der Oberkante der Hängekonstruktion die Dachstützen abgesetzt werden, um Raum für die Laufkranschiene zu schaffen.

In Gießereien, die nur mit Laufkranen auszustatten sind, liegen die Verhältnisse etwas anders. Es ist dann nur die Hubhöhe des Laufkrans mehr der durch seine Bauart bedingten Höhe in Betracht zu ziehen. Im allgemeinen schwankt bei Hallenbreiten von 10 bis etwa 22 m die Hallenhöhe bis zur Oberkante des Dachbinderobergurtes innerhalb der Grenzen von 8—18 m. Dabei spielt die Form des Dachbinders eine wichtige Rolle. Sie wird meist parabel- oder sattelförmig gestaltet oder doch an eine dieser Formen angelehnt. Bei leichteren Gußstücken von geringer Ausdehnung sind in vielen Fällen Sägedächer von Vorteil, da sie geringere Gesamthöhenmasse ermöglichen. Man geht dann kaum über 6—8 m bis zur Binderunterkante hinaus.

Weitere Steigerungen der Höhenabmessungen treten bei Anordnung von Laufkran und Konsolkran übereinander ein. Je nach der Hubhöhe des Konsolkrans pflegt die Unterkante seiner unteren Laufschiene 3—4 m über Gießereisohle zu liegen, wobei seine Bauart die Höhe von 3—3,5 m nur selten übersteigt. Der Stützenabsatz zur Aufnahme der Laufkrankonstruktion liegt demnach 6—8 m über Flur. Nimmt man 2,5—3,5 m als Maß für den Krandurchgang, so ergeben sich 10—12 m Höhe bis zur Binder-Unterkante. Bei Anordnung einer Drehlaufkatze zwischen Laufkran und Dachbinder kann dann die notwendige Gesamthöhe der Halle auf 14—15 m steigen.

Auch die Anordnung von Drehkranen unter dem Konsolkran trägt zur Steigerung der Höhe bei. Je nach der Form der Dachbinder und der für den Laufkran erforderlichen Hubhöhe kann der höchste Punkt des Dachbinders auf über 20 m und derjenige des Firstes

[1]) Entwurf von Zivilingenieur Oscar Leyde † in Berlin. Stahleisen 1912. S. 1217 f.

auf 25 m steigen. Beispiele verschiedener Höhenabmessungen von 6—15 m sind den folgenden Abschnitten zu entnehmen.

Gießereibauten gewinnen durch Seitenhallen oft ein kennzeichnendes Gepräge, soweit dies nicht schon durch das fast immer über den übrigen Bau hinausragende Kuppelofenhaus geschieht. Eine Gießerei ist immer ein Nutzbau, trotzdem kann aber auch auf gefällige architektonische Wirkung des Gesamtbildes Rücksicht genommen werden. Dies gilt insbesondere bezüglich der Dreihallenbauten, auf die noch näher zurückgekommen wird (S. 304/313).

Seitenhallen dienen vielfach der Erzeugung von kleinerem Guß. Sie brauchen darum nur leichtere Hebezeuge von geringerem Hube und können dementsprechend niedriger bemessen werden. Bei Anordnung mehrerer Schiffe oder mehrerer Seitenhallen wird es vielfach unmöglich sein, durch Seitenfenster allein genügend Tageslicht zu gewinnen. Man ist dann gezwungen, Oberlichter anzuordnen oder zu Sägedachkonstruktionen zu greifen. Die Stützenhöhen von Sägedachbauten bewegen sich meist zwischen 6 und 8 m, die Firsthöhen werden etwa 2—3 m größer.

Der Kuppelofenbau ragt in der Regel über den anderen Bau hinaus. Dies trifft besonders bei Schmelzanlagen zu, die in einem Seitenschiffe oder einem eigenen Anbau untergebracht sind. Die Gichtbühne liegt je nach der Größe des Kuppelofens 5—7 m über Gießereisohle, dementsprechend erreicht im allgemeinen der Dachfirst die Höhe von 8—10 m. Die in den letzten Jahren immer häufiger angeordneten Kuppelofenkeller (s. Abb. 93 auf S. 245) haben Tiefen von 2,5—3 m.

Die wichtigsten Formen der Gießereibauten (Ausführungsbeispiele und Musterentwürfe).

Kleingießereien.

Je nach ihrem Zweck, ihrer Einrichtung und ihrem Betrieb sind drei Arten von Kleingießereien zu unterscheiden: Lehr- und Lehrlingsgießereien, Gießereien, die wirtschaftlichen Zwecken dienen, und Hilfsgießereien für Heereszwecke, insbesondere zur Unterstützung von Kriegsschiffen.

Lehrlingswerkstätten dienten ursprünglich ausschließlich der Ausbildung von Gießereilehrlingen im Formen und Gießen. Früher war jeder Lehrling einem Gießer zugeteilt, dem die Obsorge für seine Ausbildung anvertraut war. Die Nachteile dieses heute nur noch in kleineren Betrieben herrschenden Brauches liegen in einseitiger Ausbildung und nicht selten in nicht zu billigender Ausnützung des Lehrlings [1]). Deshalb zog man die gesamten Gießereilehrlinge in eine vom übrigen Betriebe räumlich getrennte Abteilung zusammen und unterstellte sie einem fachlich und moralisch geeigneten Lehrlingsmeister. Die Lehrlingsgießerei war ursprünglich nur mit einigen Arbeitsbänken ausgestattet; die Lehrlinge mußten sich das flüssige Eisen selbst am Ofen holen. Allmählich wurde die Abteilung vollkommener ausgestattet, man versah sie, wie die Abb. 135 erkennen läßt, mit einer Hängebahn zur Beifuhr des flüssigen Eisens und des Formsandes und stellte Werkbänke für Former- und Kernmacherarbeit auf. Bald trat das Bedürfnis zutage, auch größere Stücke in der Lehrlingsabteilung ausführen zu lassen, wozu ein Hebezeug (Winde, Drehkran oder Laufkran) beigestellt wurde. Später wurden Lehrlingswerkstätten auch mit einer Scheuertrommel und einer Schmirgelschleifmaschine ausgestattet, um die Lehrlinge auch im Gußputzen gründlich unterweisen zu können. Es besteht heute schon eine große Zahl solcher Werkstätten, von denen die der Maschinenfabrik Augsburg-Nürnberg in Augsburg (Abb. 136) vielfach als Muster für andere Anlagen dient [2]). Nach diesem Vorbilde wurde die Lehrlingsgießerei der Rheinischen Stahlwerke in Duisburg-Wanheim errichtet. Sie verfügt über zwei kleine Kuppelöfen von 1 und 0,6 t stündlicher Leistung, eine eigene kleine Sandaufbereitung und einen Trockenofen,

[1]) Vgl. S. 563, 591 f. [2]) Vgl. auch Abb. 505—507 auf S. 591/592.

Die Lehrlinge werden hier 4 Jahre unter Aufsicht eines erfahrenen Meisters ausgebildet. Sie gattieren und setzen selbst und bereiten ihren Formsand selbst auf. Im 3. und 4. Jahrgang werden sie für einige Zeit nach bestimmtem Plane in die Groß- und Lehmformerei versetzt. Das Eisenwerk Witkowitz in der Tschechoslowakei ist über

Abb. 135. Maschinenfabrik J. M. Voith, Lehrlingsgießerei.

die bisherigen Anlagen noch hinausgegangen, indem dort auch ein kleiner Fließbetrieb in der Lehrlingswerkstatt eingerichtet wurde.

Lehrgießereien technischer Schulen bedürfen vollkommener Ausrüstung; sie müssen vor allem mit einer Schmelzeinrichtung versehen sein. Die Lehrgießerei der Königl. Fachschule für Eisen- und Stahlindustrie in Siegen war bereits im Jahre 1907 mit einem Kleinkuppelofen mit ausfahrbarem Vorherde ausgestattet [1]). In Amerika

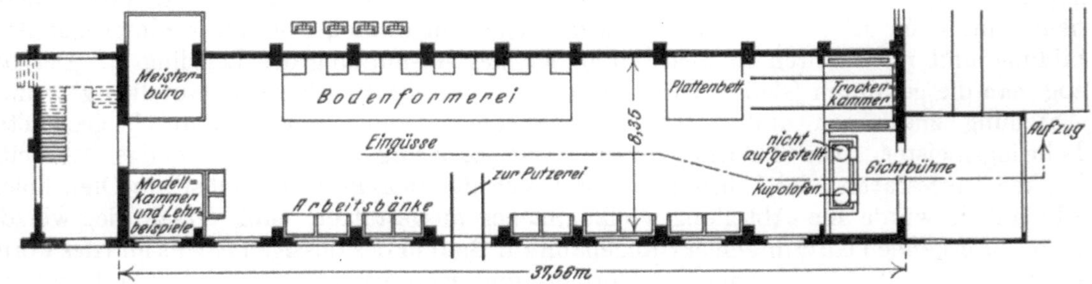

Abb. 136. MAN.-Augsburg, Lehrwerkstätte.

wurde eine der ersten Lehrgießereien von der Hochschule in Pennsylvanien eröffnet, die noch heute als Muster solcher Schulen gelten kann [2]). Sie verfügt über einen Kuppelofen von 350 mm lichtem Durchmesser und über einen Tiegelofen zum Schmelzen von Metallen. Vor dem Kuppelofen befindet sich ein 1 t-Auslegerkran, der einen Teil der Gießereisohle bestreicht. Zehn trogartige Formbänke, Maschinen für die Kernmacherei, eine Sandaufbereitmaschine, Abschlag- und gewöhnliche Formkasten vervollständigen die Einrichtung dieses Betriebes. Die Gießerei erhält gutes Seiten- und Oberlicht, so daß

[1]) Stahleisen 1907. S. 939/943. [2]) Vgl. Gieß.Zg. 1910. S. 338.

sie in nahezu ungeschmälertem Tageslicht arbeiten kann. Der Fußboden ist zum größten Teile betoniert, nur in der Mitte der Abteilung hat die Fläche, auf der gegossen wird, Sandboden. Hier werden größere Stücke im Herd eingeformt.

Kleingießereien auf Kriegs- und Werkstättenschiffen konnten vielfach wesentlich vollständiger als die Lehrgießereien technischer Schulen eingerichtet werden. Die kleinsten dieser Betriebe haben nur Tiegelschmelzöfen, größere und größte sind dagegen in der Lage, über einen oder gar mehrere Kuppelöfen zu verfügen, die sich durch zwei,

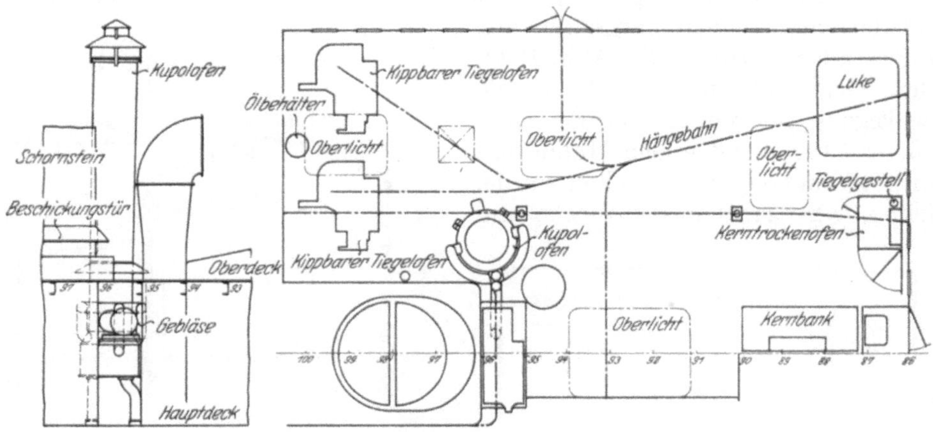

Abb. 137. Kleingießerei des Zerstörers Dobbin.

mitunter durch drei Verdecke erstrecken. Diese Gießereien erreichen Leistungen, die der Menge und Güte nach mancher gutberufenen Handels- und Kundengießerei nichts nachgeben. Über deren Einrichtungen liegen nur aus der amerikanischen Kriegsmarine Nachrichten vor. Die Betriebe anderer Mächte werden geheim gehalten. Da bei der Anlage einer Schiffsgießerei stets mit sehr beschränkten Raumverhältnissen gerechnet werden muß, bilden die jüngsten Ausführungen treffliche Beispiele der Art, in welcher unter engsten Raumverhältnissen ein Gießereibetrieb eingerichtet werden kann. Ursprünglich waren alle Gießereien unter Deck untergebracht. Die Schwierigkeiten, sie so zu entlüften, daß dauernd darin gearbeitet werden konnte, führten dazu, sie wo immer angängig, ober Deck zu errichten. Abb. 137 [1]) zeigt einen Grundriß und Schnitt der Gießerei des Zerstörers Dobbin. Sie ist auf dem Hauptverdeck untergebracht und verfügt über

1 Kuppelofen von 1500 kg stündlicher Leistung,

2 ölgefeuerte Marineschmelzöfen für 120er Tiegel,

1 tragbaren Kerntrockenofen

und über eine reichliche Ausstattung an Formkasten und sonstigen Behelfen.

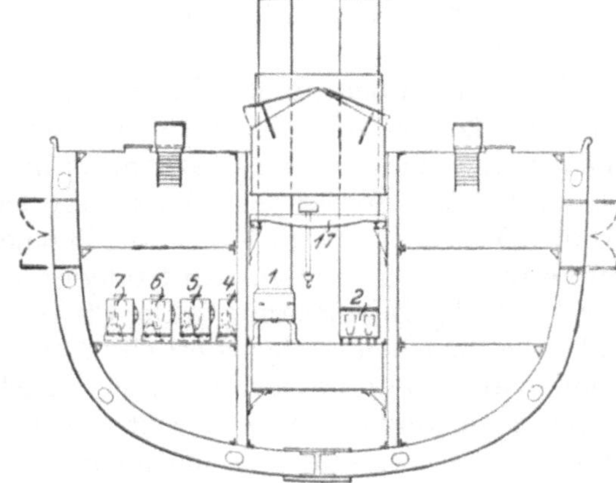

Abb. 138. Gießerei des Werkstättenschiffs Vesta. 1 Kuppelofen, 2 Stahlofen, 4, 5, 6, 7 Kipptiegelöfen, 17 Laufkran.

Später gebaute Schiffe (Hilfswerkstättenschiffe größerer Flottenverbände) enthalten geradezu schwimmende Gießereien. Die Gießerei der Vesta (Abb. 138), eines Schiffes mit 12 885 t Wasserverdrängung, reicht durch drei Verdecke und umfaßt eine Grundfläche von 220 m². Ihre Ausstattung besteht aus 1 Kuppelofen von 750 mm Durchmesser, 1 Kleinkuppelofen von 400 mm Durchmesser, einem Stahlofen für 6 Tiegel und 4 ölgefeuerten Kipptiegelöfen. Gegichtet wird vom Oberdeck aus; ein durch die ganze Länge der Gießerei laufender elektrisch

[1]) Nach Foundry 1924, S. 587; auszugsweise Gieß.Zg. 1925. S. 241.

betriebener Kran bewältigt alle schwere Förderarbeit. In der auf dem gleichen Verdecke wie die Gießerei liegenden Gußputzerei sind ein Sandstrahlgebläse, eine Bandsäge und eine Schmirgelschleifmaschine untergebracht. Eine Modelltischlerei am Oberdeck vervollständigt die allgemeine Einrichtung [1]).

Gießereien mit rein wirtschaftlichen Zielen und einer Tageserzeugung unter etwa 1000 kg fallen in die Klasse der Kleingießereien. Sie werden im deutschen Sprachgebiete immer seltener, sind aber in industriell weniger entwickelten Ländern, z. B. in Polen, noch weitaus überwiegend [2]). Solche Gießereien erzeugen meist nur Kleinguß und sind dementsprechend nur selten mit Hebezeugen ausgestattet. Die Abb. 139 [3]) zeigt den Grundriß einer Gießerei, die zur Bewältigung gelegentlich anzufertigender größerer Stücke mit einem Handdrehkran von 3 t Tragfähigkeit versehen wurde. Man gießt nur 2—3mal in der Woche und

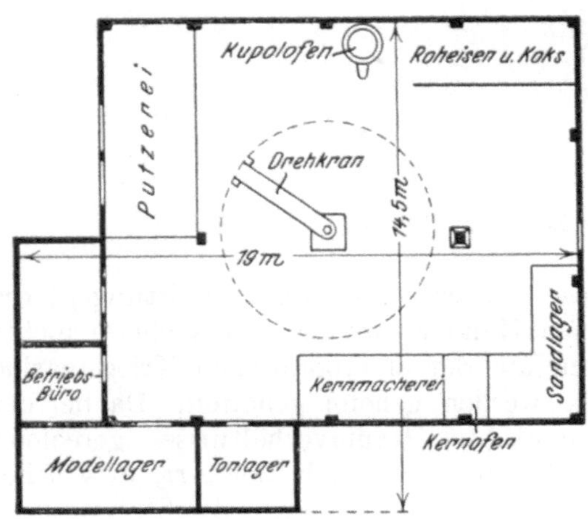

Abb. 139. Kleingießerei mit Drehkran.

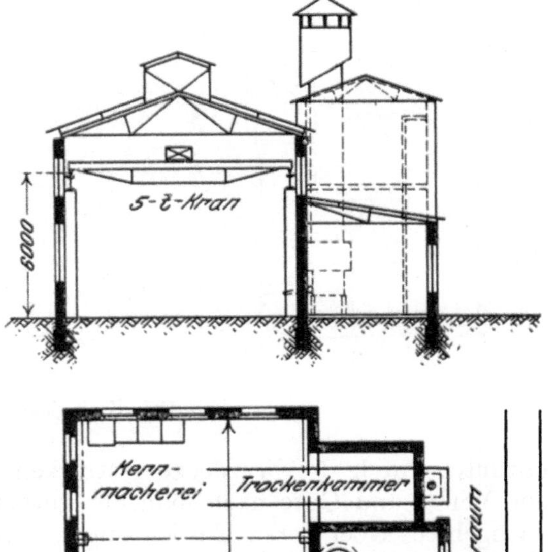

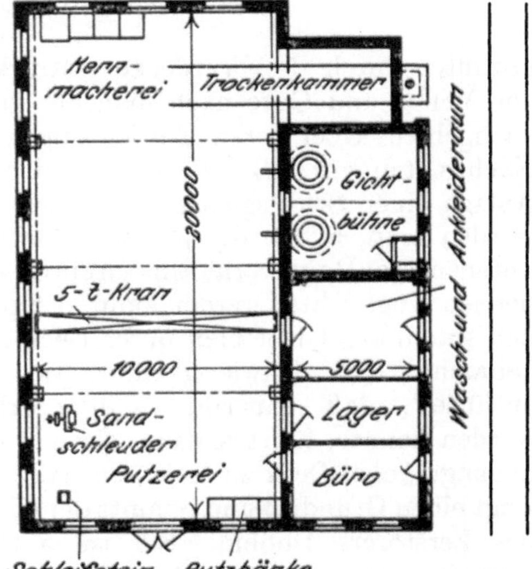

Abb. 140. Graugießerei für eine Tagesleistung von 400—500 kg.

erreicht eine wöchentliche Erzeugung bis zu 5 t. Die verschiedenen Betriebsabteilungen sind rings um den Kran angeordnet, wodurch die Förderwege kurz werden. Abb. 140 zeigt den Grund- und Aufriß einer mit Handlaufkran versehenen Graugießerei für 4—500 kg Tagesleistung [4]). Der Plan enthält alle für einen solchen Betrieb in Frage kommenden Bestandteile in guter Anordnung, man könnte nur vielleicht die Aufstellung eines zweiten Kuppelofens als etwas zu weitgehend ansehen. Der Plan Abb. 141 zeigt einen Entwurf für größere Tageserzeugungen von etwa 1000 kg Grauguß [4]). Die Gießerei ist mit einem Sägedache abgedeckt und mit einer Hängebahn versehen. Ein kopfseitig angeordneter Anbau enthält im oberen Stockwerke das Büro nebst Wasch- und Ankleideraum. Der Betrieb erhält gutes Tageslicht und bedingt für die Beförderung der Rohstoffe, der Halb- und Fertigware wenig menschliche Kraftbeanspruchung.

[1]) Eine genaue, mit verschiedenen Schnitten versehene Beschreibung dieser Anlage findet sich in Foundry 1915. S. 211; auszugsweise Stahleisen 1916. S. 93.

[2]) Von 224 polnischen Eisengießereien im Jahre 1928 waren noch etwa 200 als Kleingießereien zu zählen. Rev. de fond. Mod. 25. April 1929. S. 168/169.

[3]) Nach Foundry 1919, 15. Aug.; auszugsweise Gieß.Zg. 1920. S. 51.

[4]) Entwurf von Leber u. Bröse, G. m. b. H in Coblenz.

Der Einhallenbau.

Bei nur aus einer Halle bestehenden Gießereianlagen handelt es sich im allgemeinen nur um kleinere Betriebe. Maßgebend bei ihrem Entwurf sind die Art der zu verwendenden Hebezeuge, falls solche überhaupt benötigt werden, der Weg, den das flüssige Eisen zu durchlaufen hat, und die Anordnung der verschiedenen Arbeitsgebiete. Völlig hebezeuglose Gießereien kommen heutzutage kaum mehr vor, die wenigen Fälle, in denen dies dennoch der Fall ist, gehören in das Gebiet der Kleingießereien. Einhallenbauten werden vielfach mit einer an den Wänden entlang geführten Hängebahn ausgestattet, die von Hand betrieben oder mit einer Führerstandkatze, in jüngster Zeit wohl auch mit einer Elektrohängebahn versehen ist, die, ohne besonderer Stützen zu bedürfen, an der Deckenkonstruktion aufgehängt wird. Dabei ergibt sich die einfachste Verteilung der verschiedenen Arbeitsstellen, die durch die Hängebahn unmittelbar miteinander verbunden werden. Diese Anordnung ist für Kleinhandformereien und für leichten Guß

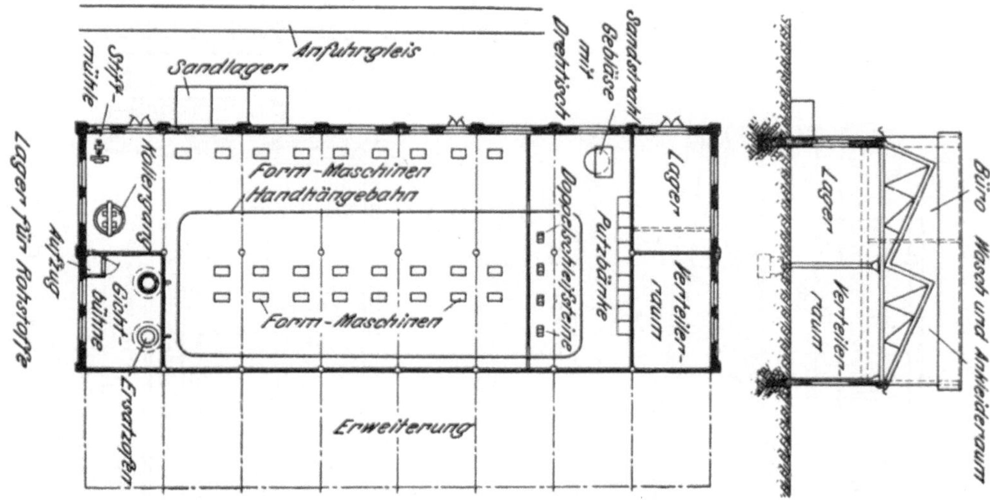

Abb. 141. Graugießerei für 1—1½ t Tagesleistung.

durchaus am Platze, sie kann auch für mittelschweren glatten Guß im Stückgewicht bis zu 5 t noch gut geeignet sein. Sie reicht aber nicht mehr aus, wenn umfangreicher Hohlguß erzeugt wird, der fast ständig ein Hebezeug zur Verfügung haben muß. Man ist dann darauf angewiesen, einen elektrischen Laufkran vorzusehen, der für alle Gußarten von den leichtesten bis zu den schwersten Stücken gute Dienste leistet. Sowohl bei den Arbeiten mit einer Hängebahn als auch bei den mit einem Laufkran kann ein Dach mit Laternenaufsatz (Abb. 142 und 143 auf S. 284/285 oder ein Sägedach Abb. 144 auf S. 286) gewählt werden.

Der Weg des flüssigen Eisens wird von der Anordnung der Schmelzanlage vor Kopf der Halle oder an einer ihrer Längsseiten bestimmt. Die Anordnung hängt weniger von der besten Verteilungsmöglichkeit des Eisens — obwohl auch diese nicht außer acht gelassen werden darf —, als von den Zufuhrgelegenheiten der Schmelzstoffe ab. Die Rohstofflager sollen möglichst nahe der Schmelzanlage sein. Für die Anordnung der Schmelzanlage bestehen drei Möglichkeiten. Man kann sie inmitten einer Längsseite entweder in der Halle selbst oder in einem Anbau unterbringen, sie kann vor Kopf des Gießereibaus gesetzt oder inmitten der Gießereihalle gelegt werden. Die letzte Anordnung kommt bei Einhallenbauten nur selten vor.

Die Anordnung der verschiedenen Betriebseinheiten innerhalb der Halle ist trotz weitestgehender Mannigfaltigkeit kennzeichnend für alle Einhallenbauten. Man verteilt sie oft in die vier Ecken des Baues; selbst bei Unterbringung einzelner Abteilungen in kleinen Anbauten wird diese Anordnung vielfach bevorzugt. Die in Abb. 142[1]) darge-

[1]) Nach E. Leber: Stahleisen 1917. S. 796.

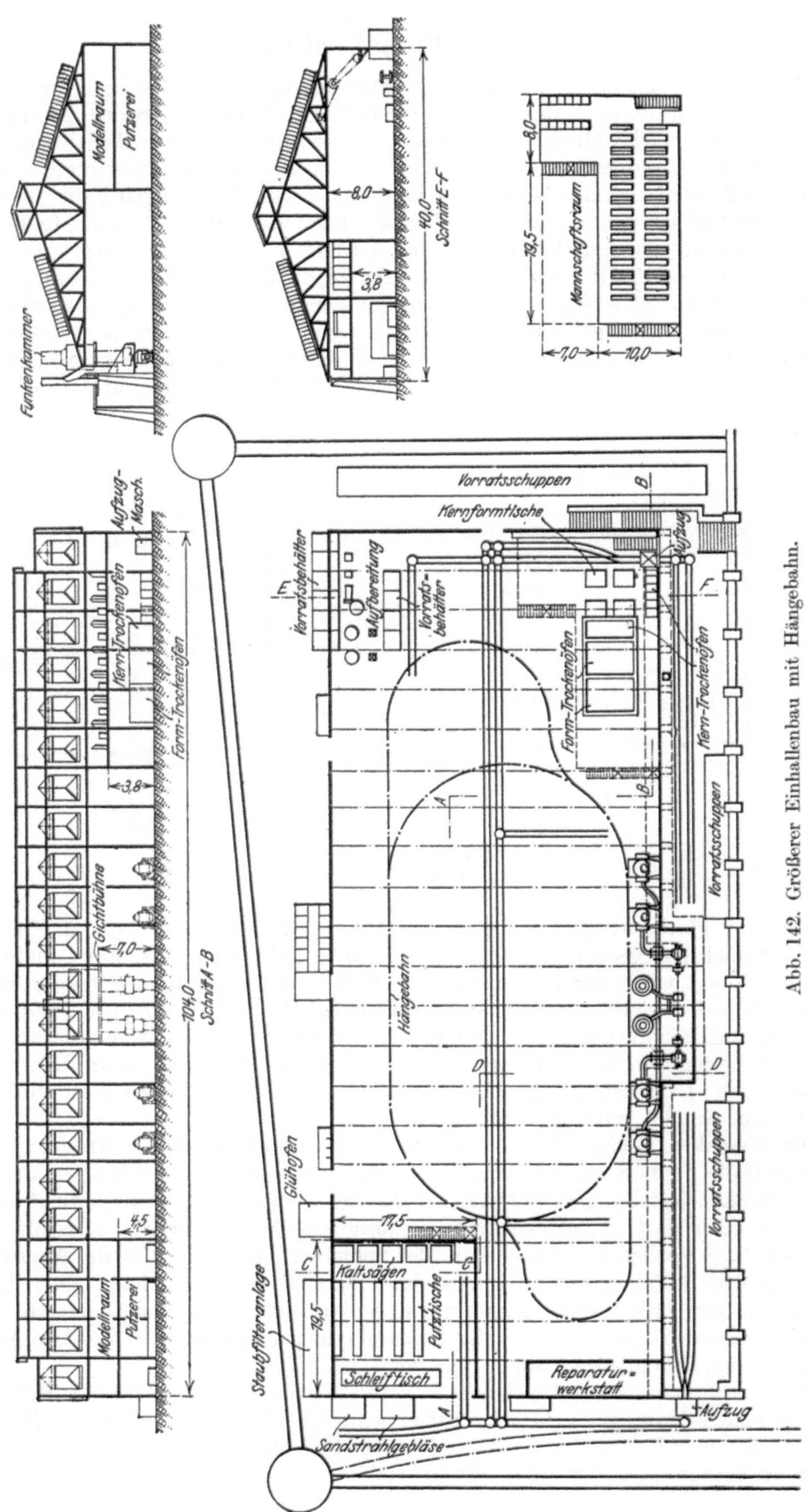

Abb. 142. Größerer Einhallenbau mit Hängebahn.

stellte Stahlgießerei ist durch das Fehlen eines Laufkranes gekennzeichnet, an seine Stelle tritt eine an den Dachbindern aufgehängte Elektrohängebahn. Diese Bahn vermittelt den Verkehr zwischen den in der Halle tätigen Betriebseinheiten, der Schmelzanlage, der Kernmacherei, den Trockenkammern, der Sandaufbereitung, der Formerei und Gießerei und der Gußputzerei. Es handelt sich hier um eine Anlage mit Kleinkonverterbetrieb. Abb. 143 gewährt einen Blick in diese Gießerei.

Auch in der Gießerei nach dem Grundrisse Abb. 144[1]) wird aus dem Konverter gegossen; doch ist der hier erzeugte Guß so schwerer Art, daß sich ein Laufkran nicht entbehren läßt. Für Laufkranbetrieb ist der Einhallenbau meist weniger gut geeignet als

Abb. 143. Größerer Einhallenbau, Blick in die Gießhalle.

der Hängebahnbetrieb, denn es hält schwerer, alle Betriebseinheiten mit einem Laufkran völlig befriedigend zu verbinden. Der Laufkran erfordert zudem verhältnismäßig große Spannweiten, wodurch er schwer und teuer wird. Da nur ein Kran zur Beförderung des flüssigen Eisens in vielen Fällen nicht ausreicht, muß man sich in einigermaßen umfangreichen Betrieben mit fahrbaren Pfannen behelfen. Früher war man gezwungen, zu dem Zwecke viel Raum beanspruchende Schmalspurgleise anzulegen, heute kann die Beförderung des flüssigen Eisens durch Elektrokarren wesentlich erleichtert werden. Die Anordnung des dafür nötigen festen Bodens bietet in derartigen Betrieben keine Schwierigkeit, sie wird in vielen Fällen schon aus allgemeinen Betriebsgründen nötig.

Den ausführlichen Plan eines verkappten Einhallenbaues mit vorgelagerter Schmelzanlage zeigt die Abb. 145[2]). Es handelt sich hier um eine Gießerei für mittelgroßen Motor- und Maschinenguß bis zum Stückgewicht von 5 t mit einer Wochenleistung von 40—60 t. Die Anlage ist als verkappter Einhallenbau zu bezeichnen, der Grundriß kann auf den ersten Blick leicht für einen Zweihallenbau gehalten werden.

[1]) Nach E. Leber: Stahleisen 1917. S. 798.

[2]) Nach Foundry Trade J. 1921. S. 1915; auszugsweise Gieß. 1927. S. 670, Abb. 3.

Tatsächlich sind aber sämtliche Arbeitseinheiten in der einen Halle untergebracht; in den Anbauten befindet sich nur die Schmelzanlage, so daß es sich tatsächlich um einen Einhallenbau handelt. Die sich an den Schmelzbau anschließende Messinggießerei ist von der Eisengießerei vollständig unabhängig.

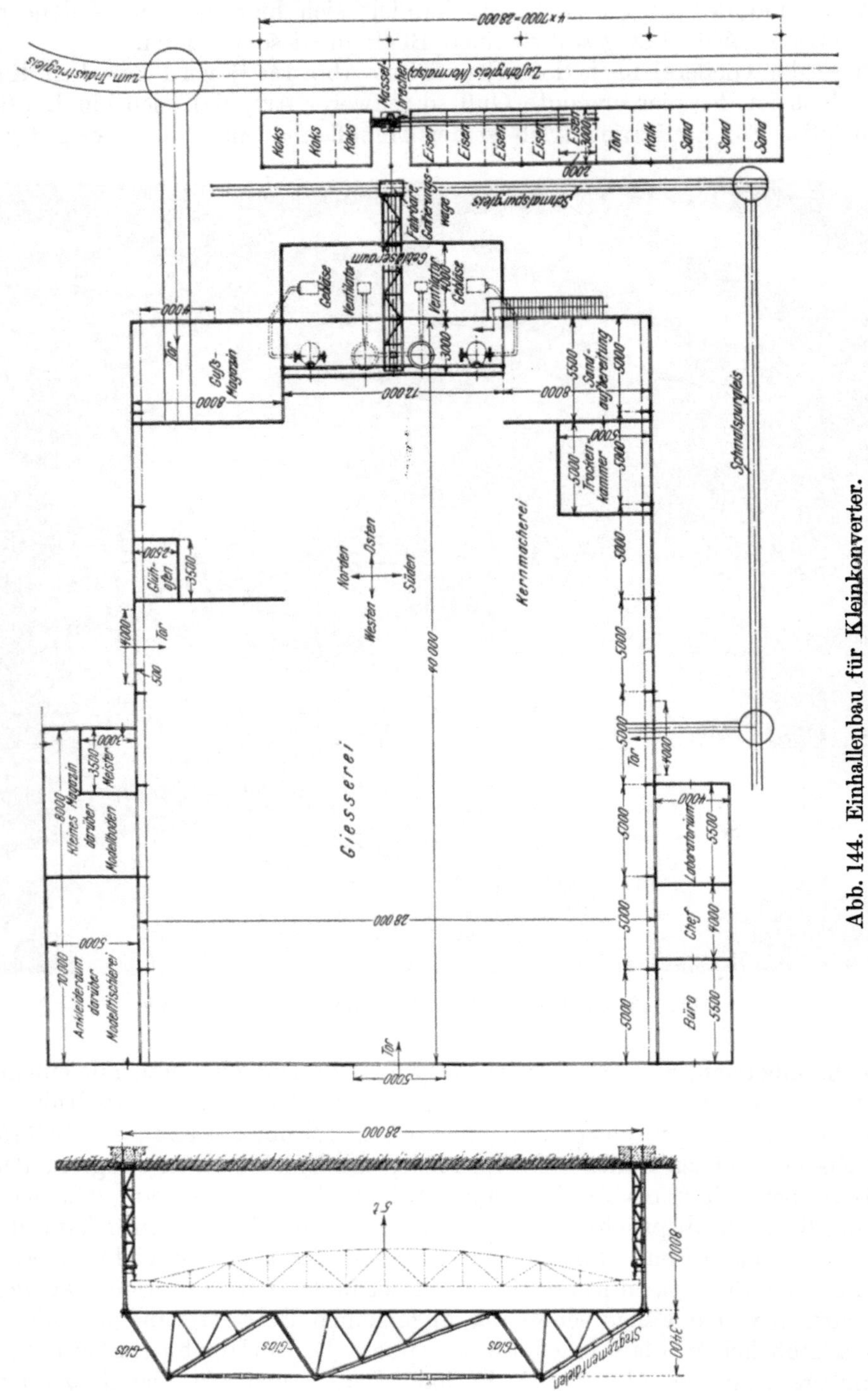

Abb. 144. Einhallenbau für Kleinkonverter.

Das Gebäude umfaßt eine Grundfläche von rund 34 $\times$ 52 m. Die Dachbinder-Unterkante liegt 7,9 m über Gießereisohle. Etwa zwei Drittel der Dachfläche sind mit Drahtglas abgedeckt; außerdem besteht die freie Seitenwand zum größten Teile aus Fenstern. Die An- und Abfuhr erfolgt auf Normalgleisen; eine Drehscheibe führt den einen Strang in die Gießerei. Der Verkehr innerhalb der Gießerei wird auf Schmalspurgleisen abgewickelt. Bemerkenswert ist die Anordnung eines doppelten Schmalspurstranges innerhalb des die Gießhalle durchziehenden Normalspurgleises.

Die Sandaufbereitung befindet sich auf einer Betonzwischendecke an einem Ende der Gießhalle. Die abgegossenen kleineren Formkasten gelangen über der Schmalspurbahn und einen Aufzug auf diese Zwischenbühne, werden dort entleert und kommen auf dem gleichen Wege zum Former zurück. Größere Formkasten werden auf der Gießereisohle entleert, der ausgestoßene Formsand wird in Kippwagen auf die Aufbereitbühne gebracht.

Die Putzerei ist zugleich mit der Sandaufbereitung auf und unterhalb der Betonzwischenbühne untergebracht. Auf der Bühne selbst befinden sich zwei Scheuertrommeln, in denen alle auf der Bühne ausgeleerten Abgüsse behandelt werden. Nach dem Scheuern gelangt der Guß in Kastenwagen über den Aufzug nach unten, wo sich eine Sandstrahlgebläse-Anlage und mehrere Schmirgelschleifmaschinen befinden. Die größten Stücke werden in der Gießhalle unter dem Laufkrane geputzt.

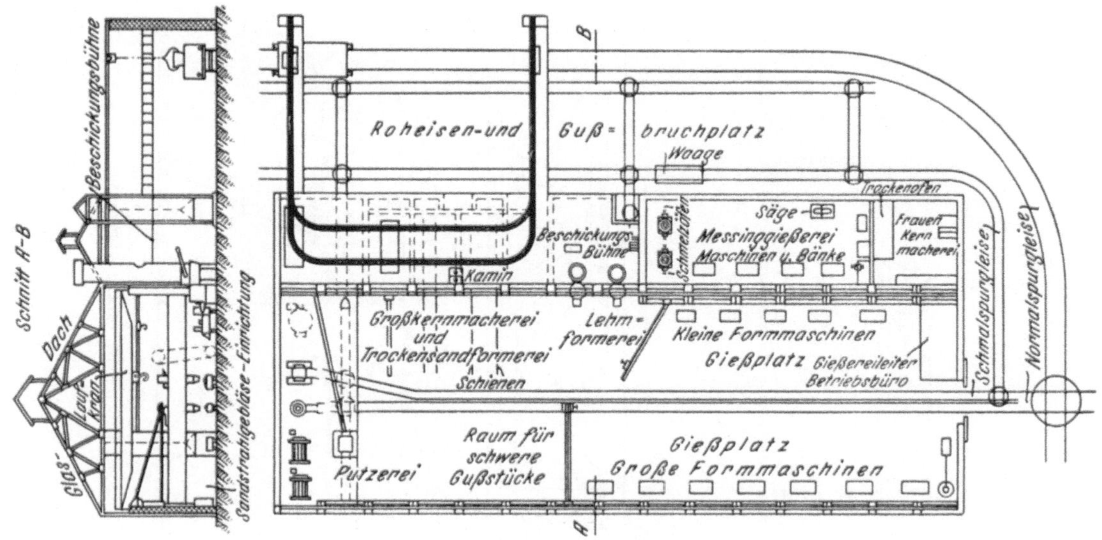

Abb. 145. Verkappter Einhallenbau.

Die Schmelzanlage umfaßt zwei Kuppelöfen von je 4 t Stundenleistung. Roh- und Alteisen lagern am Hofe, wo auch die Sätze zusammengestellt werden, um über den Gichtaufzug zur Gichtbühne zu gelangen (vgl. auch S. 380).

Ganz eigenartig vollziehen sich das Abladen und die Verstauung des Kokses. Eine Hängebahn ist derart auf zwei außerhalb des Gleisstranges stehenden Gittermasten und an den Bindern des Anbaues gelagert, daß ihr Grundriß ein U mit doppeltem Boden bildet. Die beiden den doppelten Boden bildenden Stränge dienen gegenseitig als Ausweiche. Der Koks wird mit Greiferkübel den Eisenbahnwagen entnommen und durch Lucken in die unter Dach befindlichen Bunker entleert.

Den Übergang von den Einhallenanlagen zu Zwei- und Dreihallenbauten bilden verhältnismäßig häufig ausgeführte Bauten mit einer geräumigen, den vorliegenden Bedürfnissen in der Hauptsache genügenden Haupthalle und einer niedrigeren Nebenhalle. In der Nebenhalle werden die kleineren Betriebsabteilungen, die Meisterstube, die Sandaufbereitung, die Kernmacherei, Trockenkammern und andere Hilfswerkstätten mit bescheidenem Umfange untergebracht. Wird es nicht möglich, alle derartigen Betriebe auf diese Weise gut anzuordnen, so kann es sich empfehlen, die Gußputzerei mit in die Haupthalle zu nehmen und an ihrem Ende anzuordnen. Zu solcher Planung wird man insbesondere in den Fällen schreiten, in denen die Putzerei durch gelegentliche Benutzung des großen Kranes der Haupthalle einen eigenen schweren Kran erübrigen kann. Die Anordnung einer niedrigen und schmaleren Nebenhalle kann in Universalgießereien, in Gießereien für Groß- und Kleinguß, für mittleren und leichten Guß und in Gießereien mit Formmaschinenbetrieb von beträchtlichem Vorteil sein.

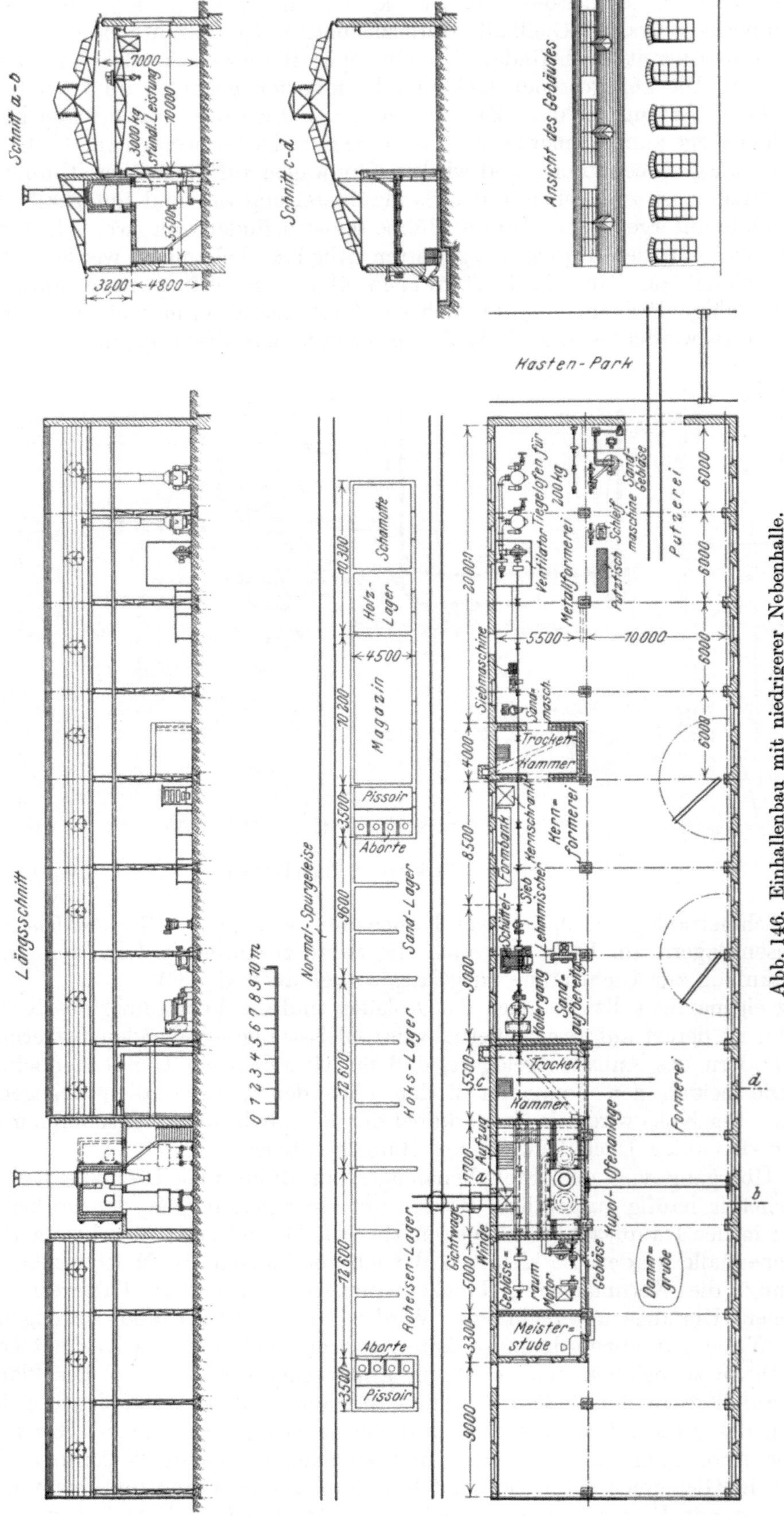

Abb. 146. Einhallenbau mit niedrigerer Nebenhalle.

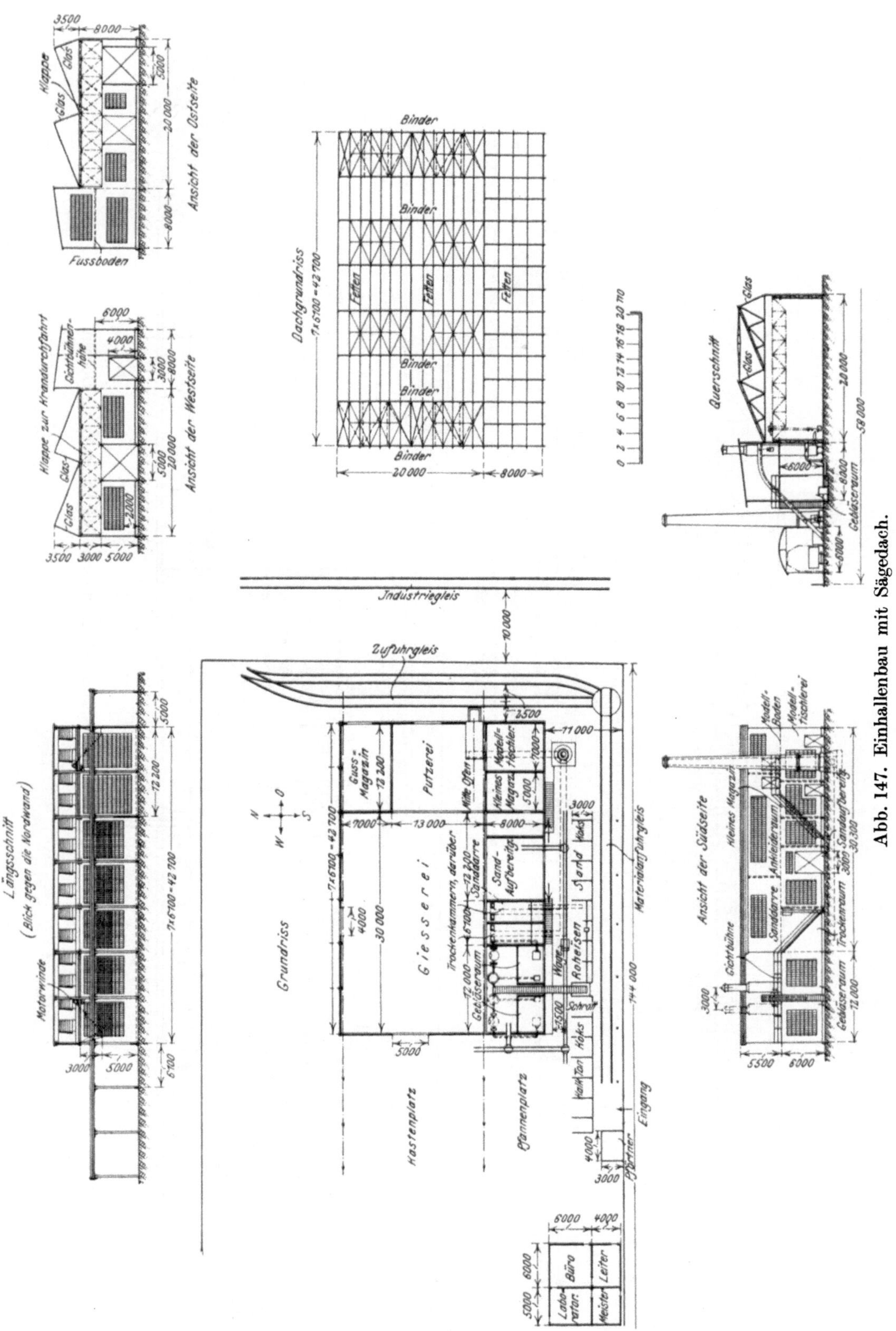

Abb. 147. Einhallenbau mit Sägedach.

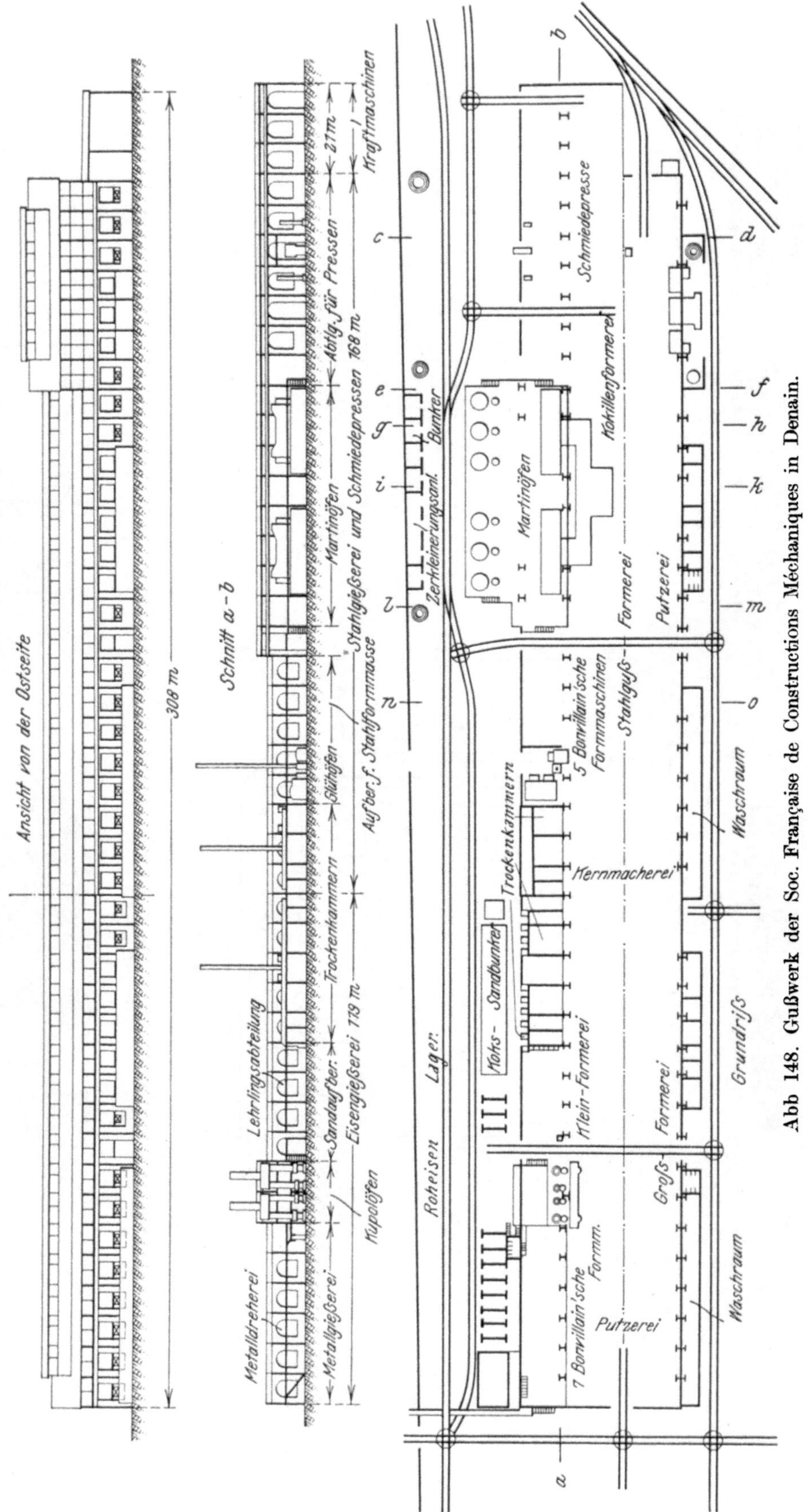

Abb 148. Gußwerk der Soc. Française de Constructions Méchaniques in Denain.

Die Abb. 146 zeigt eine sehr stattliche, leistungsfähige und übersichtlich angelegte Einhallengießerei mit niedrigerer Nebenhalle. Die Haupthalle wird von einem Laufkran bedient und verfügt außerdem über 2 Drehkrane. Ihre Länge beträgt 72 m bei einer Breite von 10 m und einer Höhe von 7 m bis zur Dachbinderunterkante. Die Nebenhalle hat bei gleicher Länge eine Breite von 5,5 m. Es wäre in diesem Falle wohl noch angegangen, die Putzerei in der Nebenhalle unterzubringen; da es sich aber darum handelte, mit der Graugießerei auch eine kleine Metallgießerei zu vereinigen, wurde der noch zur Verfügung stehende Raum der letzteren überlassen und die Putzerei in die Haupthalle verlegt, woselbst ihr auch der sonst nicht voll ausgenutzte Laufkran gelegentlich gute Dienste leistet. Die günstige Anordnung des Normalspur-Zufuhrgleises und der zwischen diesem und der Langseite der Nebenhalle liegenden Lagerplätze und der Rohstoffmagazine sind dem Grundrisse zu entnehmen.

Abb. 149. Gußwerk der Soc. Française de Constructions Méchaniques in Denain, Blick durch die große Halle.

Die Nebenhalle reicht bei verhältnismäßig kurzer Haupthalle oft nicht mehr aus, um alle notwendigen Hilfsbetriebe und sonstigen Anlagen auf einer Sohle unterzubringen. Man gibt dann der Nebenhalle ein oberes Stockwerk, wie es das Beispiel nach Abb. 147 zeigt. Die mittels eines zweigliedrigen Sägedaches abgedeckte Haupthalle ist 30 m lang bei einer Breite von 20 m. Der Laufkran ist quer zur Fluchtlinie der Sägedachung angeordnet und vermag auch die Gußputzerei zu bedienen. Zu ebener Erde der Nebenhalle sind der Schmelzbau, weiter 2 Trockenöfen, das Handmagazin und die Modelltischlerei angeordnet. Der letztgenannte Betrieb ist durch das Magazin und die Gußputzerei von störenden anderen Betriebsabteilen abgesondert. Im oberen Stockwerke befindet sich die Gichtbühne, eine Sanddarre, der Ankleideraum für die Belegschaft und der Modellboden. Die Begichtung der Ofenanlage erfolgt mittels Schrägaufzuges und Hängebahn unmittelbar vom Bahnwagen oder auch vom Schmelzstofflager aus. Der Formkastenplatz und das Gießpfannenlager sind im Hofe außerhalb der Gießhalle an dem der Gußputzerei entgegengesetzten Ende vorgesehen. Laboratorium, Büro, Betriebsleiter- und Meisterstube fanden in einem eigenen ebenerdigen Gebäude Unterkunft. Der Kastenhof kann vom Gießereilaufkran mitbedient werden, wozu die Wand nach dem Hofe zu mit einer Durchfahrtklappe versehen wurde. Auch die Anordnung dieser Anlage ist für mittlere Betriebe sehr gut geeignet und vermag für ähnlich liegende Fälle nützliche Anhaltspunkte zu geben.

Einhallenbauten mit einer Nebenhalle können sich unter Umständen auch für Universalgießereien trefflich eignen. Ein Musterbeispiel hierfür bietet die Gießerei der Soc. Française de Constructions Méchaniques in Denain (Établissements Cail). Sie birgt in einer 308 m langen, 28 m breiten und bis 17 m hohen Halle eine Eisengießerei, eine Metallgießerei, eine Stahlgießerei und eine Abteilung für Druckwasser-Schmiedepressen (Abb. 148)[1]. Die große Halle zerfällt in zwei Hauptabschnitte. Am Südende befindet sich die Putzerei, von der aus ein Blick durch den ganzen Bau (Abb. 149) gewonnen werden kann. Daran anschließend folgt die Graugießerei in einer Länge von 120 m, deren Hauptraum von der Groß- und Schablonengießerei eingenommen wird, während der übrige

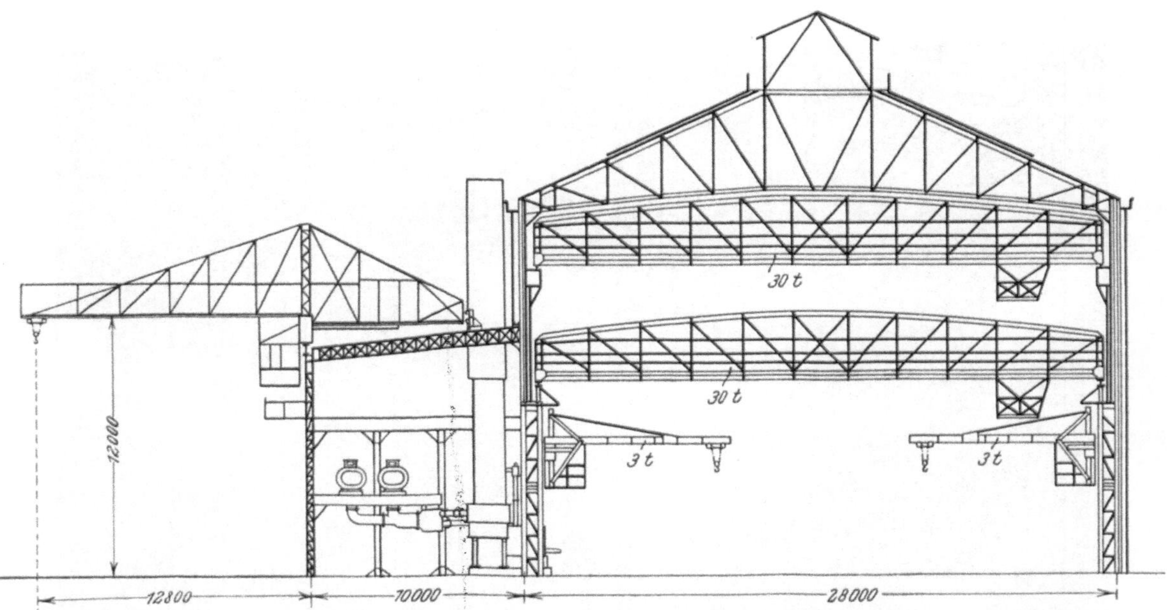

Abb. 150. Gußwerk der Soc. Française de Constructions Méchaniques in Denain, Schnitt durch die Halle.

Teil dieses Abschnittes der mit Formmaschinen reichlich ausgestatteten Kleinformerei gewidmet ist. Den Übergang zur Stahlgießerei bildet die 15 m breite Kernmacherei, an die sich eine kleine Schmiede anschließt. Die nun folgende Stahlgießerei nimmt eine Grundfläche von 6500 m² ein. Auch hier wird ausgiebig mit Formmaschinen gearbeitet. An die Stahlgießerei schließt sich die Schmiede-Abteilung mit Druckwasser-Pressen an. In der Nebenhalle sind folgende Abteilungen untergebracht: Die durch eine Glaswand von der großen Halle getrennte Metallgießerei, die Kuppelofenanlage, die Sand- und Lehmaufbereitungen der Grau- und der Stahlgießerei, eine Anzahl von Trockenkammern, Glühkammern und die über die Seitenhalle hinausreichende Siemens-Martin-Ofen-Anlage. Über der ersten Hälfte der Nebenhalle erstreckt sich ein Oberstockwerk, in dem die Metalldreherei und auf einer Zwischenbühne die Gebläse angeordnet sind. An die Gichtbühne schließen sich die Abteilung für Gießereilehrlinge, das Bedarfstofflager und ein Modellboden an.

Die Abb. 150 läßt die Anordnung der beiden übereinanderlaufenden 30 t Laufkrane und der beiden Konsolkrane mit je 8 m Ausladung und 3 t Tragfähigkeit erkennen. Jeder Laufkran ist mit einem Hilfskranen von 10 t Tragfähigkeit ausgestattet. Über dem Dache der Nebenhalle ist ein Auslegerkran angeordnet, dessen Laufschienen auf dem Dache der Haupthalle lagern und von innen abgestützt sind. Er ist für eine Höchstlast von 2 t gebaut, ladet über 12 m weit aus und dient als Hofkran und zur Bedienung der

[1]) Nach J. und E. Leber: Stahleisen 1911. S. 2126/2131; vgl. auch Stahleisen 1912. S. 528/530.

Kuppelofenanlage. Abb. 151 gibt einen Blick auf die Westseite des Gießereibaues und den Rohstoffhof mit seinen 2 Normalspurgleisen wieder. Die Querschnitte Abb. 152

Abb. 151. Gußwerk der Soc. Française de Constructions Méchaniques in Denain, Blick von Westen auf Rohstoffhof und Gießerei.

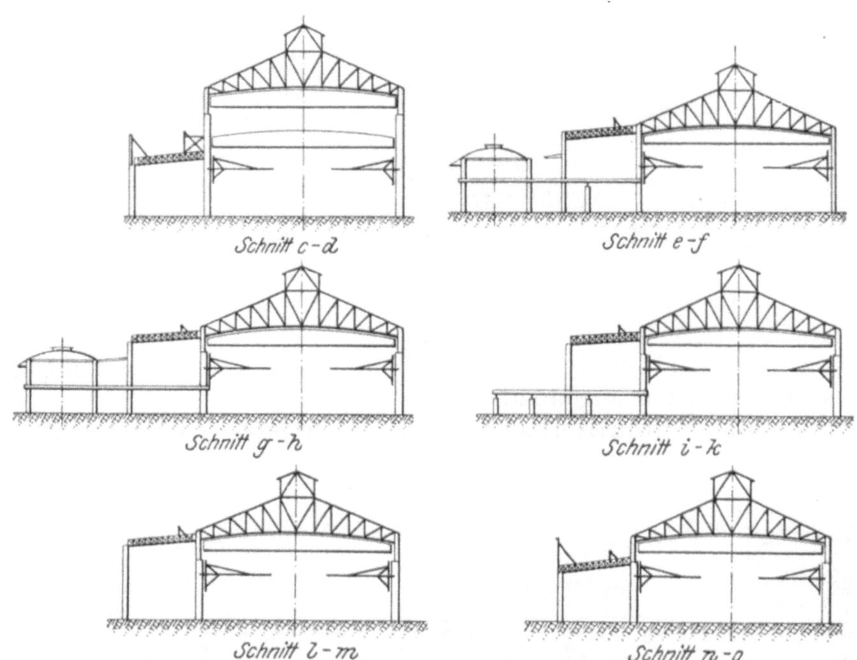

Abb. 152. Gußwerk der Soc. Française de Constructions Méchaniques in Denain, verschiedene Schnitte durch die Halle.

lassen erkennen, daß es sich hier tatsächlich um einen Einhallenbau handelt, dessen Nebenhalle den mannigfachsten Hilfsbetrieben einer derartigen Anlage in mustergültiger Weise zu dienen geeignet ist.

Zweihallenbauten.

Den Übergang vom Einhallen- zum Zweihallenbau bilden Gießereien, deren Halle in zwei Kranfelder geteilt ist. Diese Teilung wird durch Aufhängung der inneren Kranbahnschiene an der Dachkonstruktion bewirkt. Man erspart dabei Krane von unnötig großer Spannweite und hat dennoch die ganze Hallenbreite zur freien Verfügung. In vielen Fällen ist es zudem von Vorteil, mit zwei Kranen arbeiten zu können, anstatt nur auf den einen die ganze Halle bedienenden Kran angewiesen zu sein. Ein Hauptübelstand dieser Anordnung liegt dagegen in der Notwendigkeit, das flüssige Eisen von einem Felde in das andere übersetzen zu müssen, dafür ist man in der Hallenbreite weniger beschränkt.

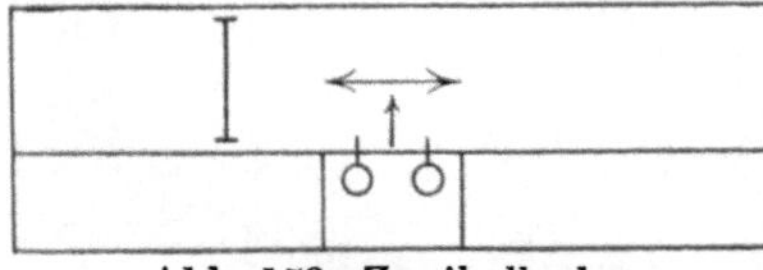

Abb. 153. Zweihallenbau.

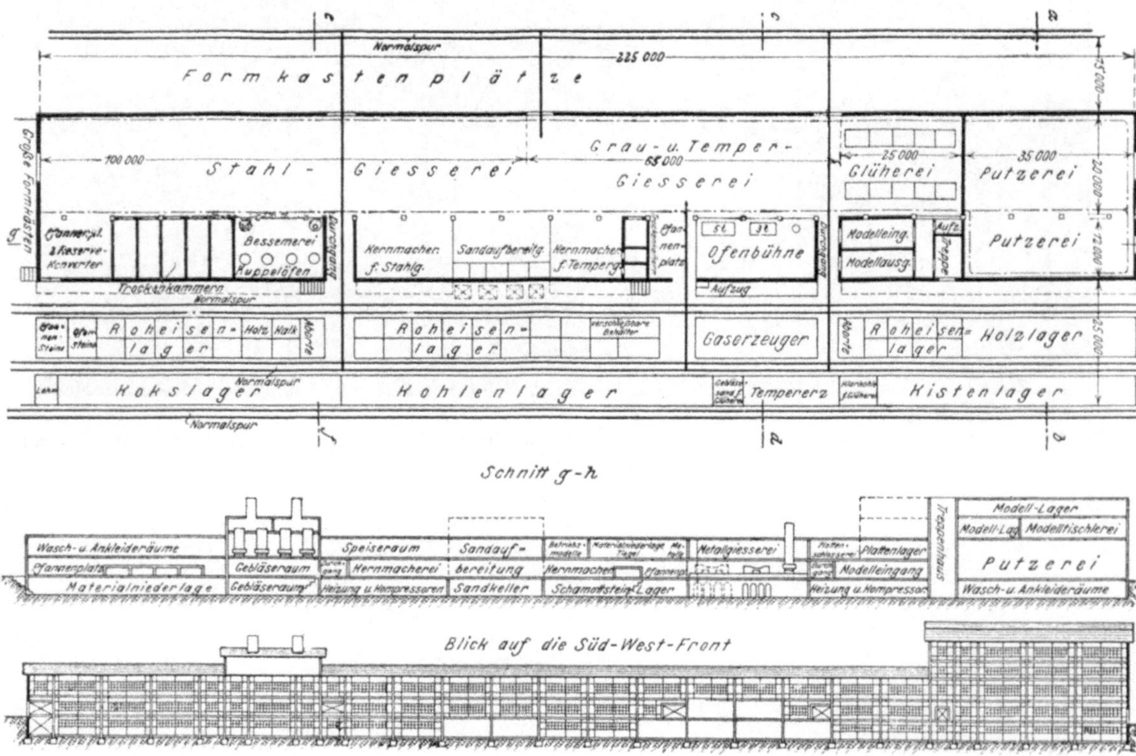

Abb. 154. Zweihallenbau für Grau-, Temper- und Stahlguß.

Die Anordnung ist den allgemeinen Betriebsbedürfnissen weniger gut anpassungsfähig und wird darum nur selten angewendet.

Von den echten Zweihallenbauten sind zwei in ihrer Wirkung recht verschiedene

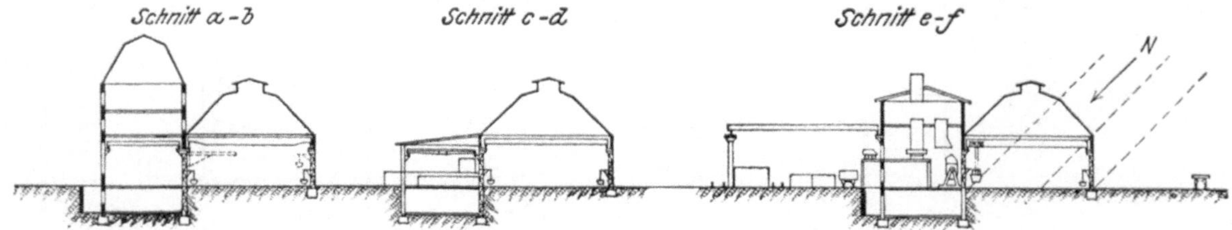

Abb. 155. Zweihallenbau für Grau-, Temper- und Stahlguß, Schnitte.

Ausführungen zu unterscheiden: Anlagen mit einer breiteren Haupthalle, in der hauptsächlich die Form- und Gießarbeit bewirkt wird, während in einer zweiten schmäleren Halle alle Nebenabteilungen untergebracht werden (Abb. 153), und Anlagen mit zwei in den Abmessungen gleichen Hallen, die entweder den Teil einer größeren Gießerei bilden oder innerhalb deren auch die Nebenabteilungen untergebracht sind. Die größten Vorteile bietet die Anordnung einer großen Halle in Verbindung mit einem kleineren Schiffe für die Nebenbetriebe, wie sie die Abb. 154 auf S. 294 erkennen läßt. Diese Anordnung kommt aber nur dann zur vollen Wirkung, wenn das große Schiff nach Norden oder Osten ausgerichtet werden kann, da nur dann die besten Belichtungsmöglichkeiten gegeben werden. Zugleich ist das Dach hoch und steil auszubilden, wie es insbesondere bei Parabeldächern der Fall ist. So entworfene Anlagen sind in der ganzen Hallenbreite völlig reflexfrei belichtet und lassen fast das ganze Tageslicht zur vollen Wirkung gelangen. Auch die Entlüftung kann durch Aufsetzen einer durchlaufenden Laterne mit Klappbalken äußerst wirkungsvoll gestaltet werden. Es ist nicht immer leicht möglich, in dem einen Nebenschiff alle Hilfsabteilungen zu ebener Erde unterzubringen. Man muß sich dann durch Anlage eines Kellergeschosses, das durch Lichtschächte einigermaßen belichtet werden kann, oder durch Aufsetzen eines oder mehrerer Geschosse auf das Nebenschiff zu behelfen versuchen. Die Abb. 154 und 155 lassen eine derartige Gießereianlage für Grau-, Temper- und Stahlguß erkennen, deren Unterteilung aus dem Schnitte g—h deutlich zu entnehmen ist. Die Belichtung der großen Halle von Norden durch ein steil und hoch ansteigendes Parabeldach ist völlig reflexfrei und bewirkt eine nahezu vollständige

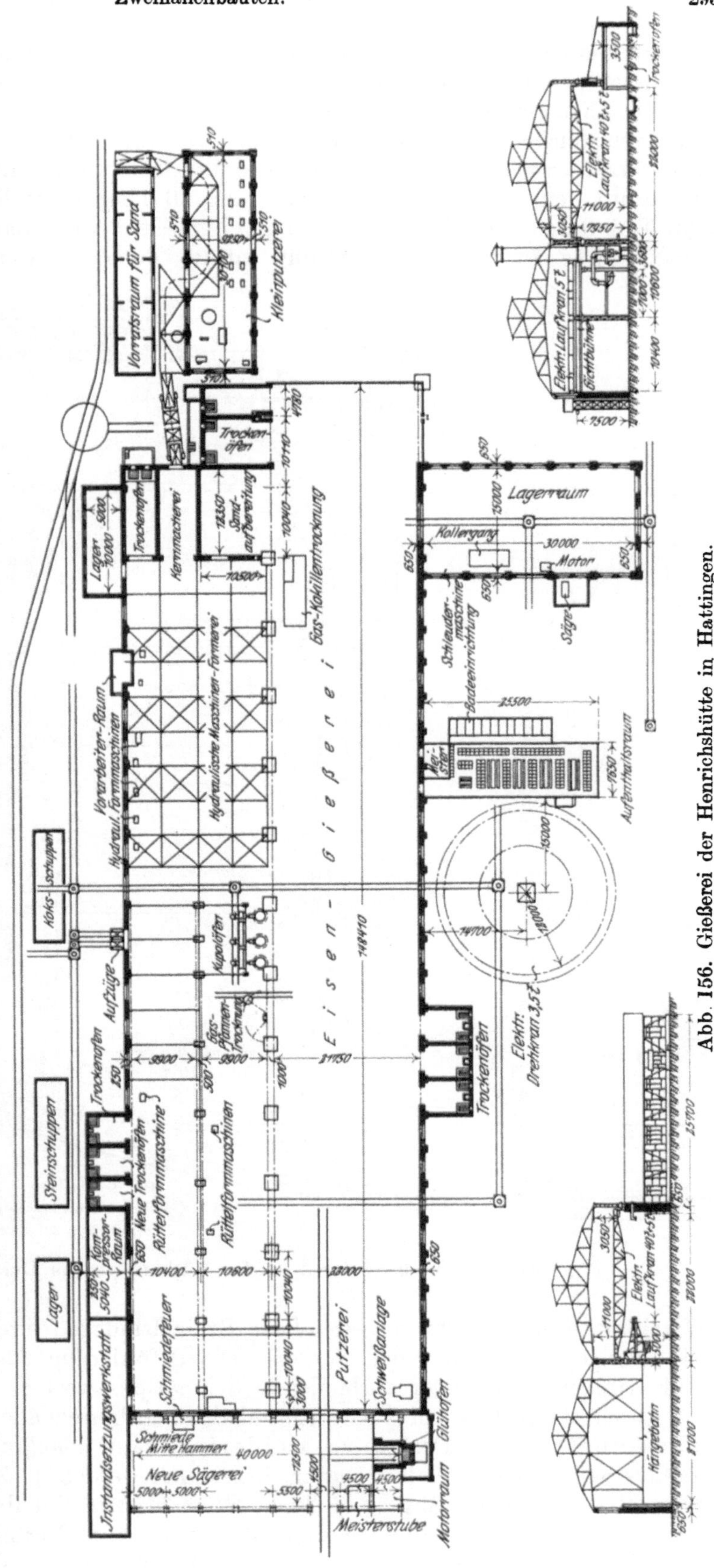

Abb. 156. Gießerei der Henrichshütte in Hattingen.

Ausnutzung des Tageslichtes. Derartige Anordnungen bieten durch leicht durchzuführende Regelung des natürlichen Zuges eine sehr wirksame Entlüftung.

Die Gießerei der Henrichshütte in Hattingen[1]) (Abb. 156) läßt eine Anlage mit zwei gleichgroßen Hallen erkennen. Die eine für den Großguß bestimmte Halle ist mit Laufkranen von 22 m Spannweite und je 40 t Hubfähigkeit ausgestattet, während die zweite, dem Klein- und Formmaschinenguß dienende Halle von derselben Spannweite zum Teil durch eine Säulenreihe in zwei mit leichteren Laufkranen von 9,9 m Spannweite und je 5 t Hubkraft getrennt wurde. Bemerkenswert ist die bis nahezu in die

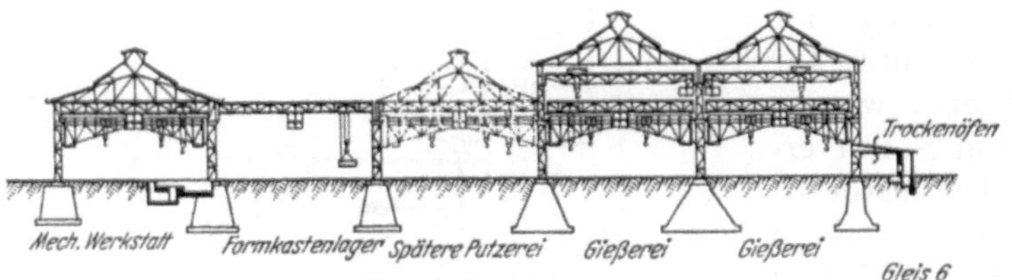

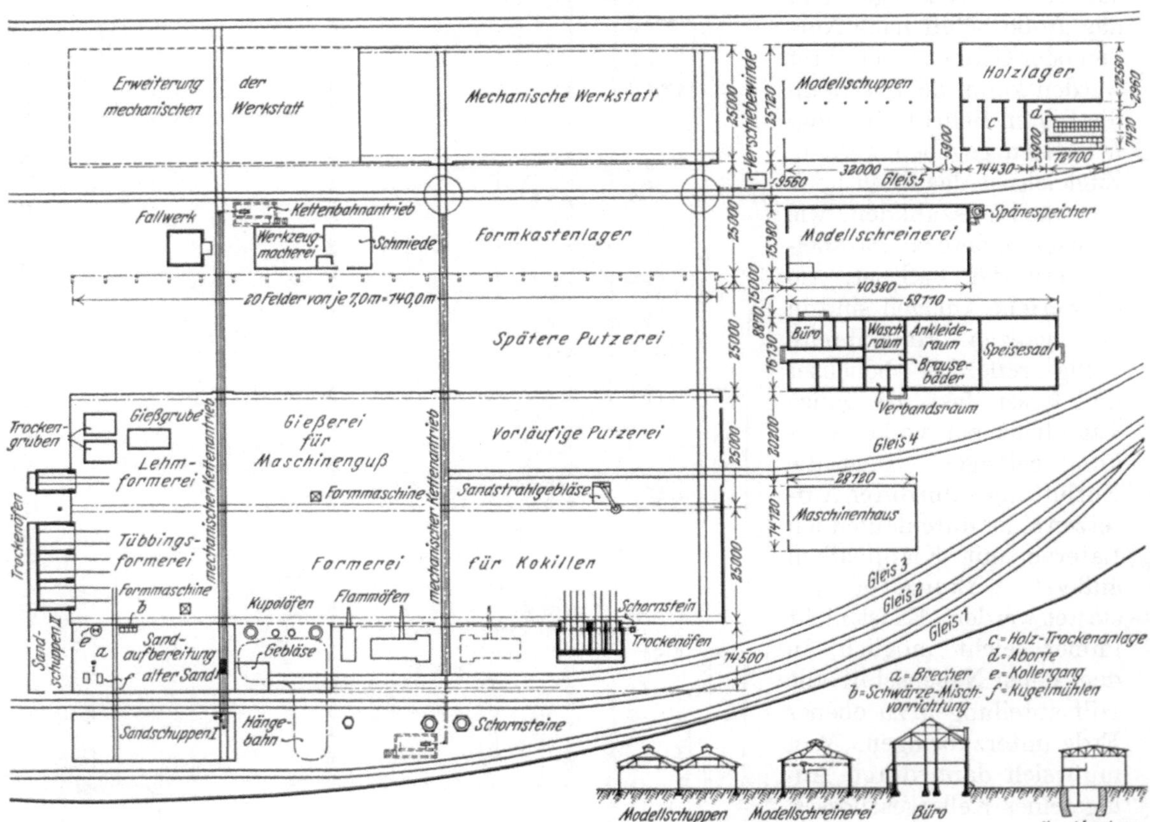

Abb. 157. Gießerei der A.-G. für Hüttenbetrieb in Duisburg-Meiderich.

Mittellinie beider Hallen vorgeschobene Schmelzanlage, durch die beide Hallen bequem mit flüssigem Eisen versehen werden. Die Beförderung desselben wird durch mehrere, beide Hallen miteinander verbindende Schmalspurstrecken erleichtert.

Die in ihrem Kerne aus einem Zweihallenbau bestehende Eisengießerei der A.-G. für Hüttenbetrieb in Duisburg-Meiderich kann als Muster eines gutangeordneten Gießereibaues dieser Ausführungsart bezeichnet werden[2]). Zwei mächtige Hallen von je 25 m Breite, 140 m Länge und 20 m Höhe bis zur Dachbinderunterkante bilden eine hervorragend leistungsfähige Anlage, die durch gute Verbindungen der beiden Hallen untereinander und mit den zugehörigen Hilfsbetrieben, sowie mit den nach außen führenden Gleisanlagen ausgezeichnet ist. Die beiden Pläne, Abb. 157 und 158 (Tafel I),

[1]) Gieß. 1927. S. 685. [2]) Stahleisen 1912. S. 2168/2172.

Abb. 159. Gießerei der A.G. für Hüttenbetrieb in Duisburg-Meiderich, Blick in die eine Halle.

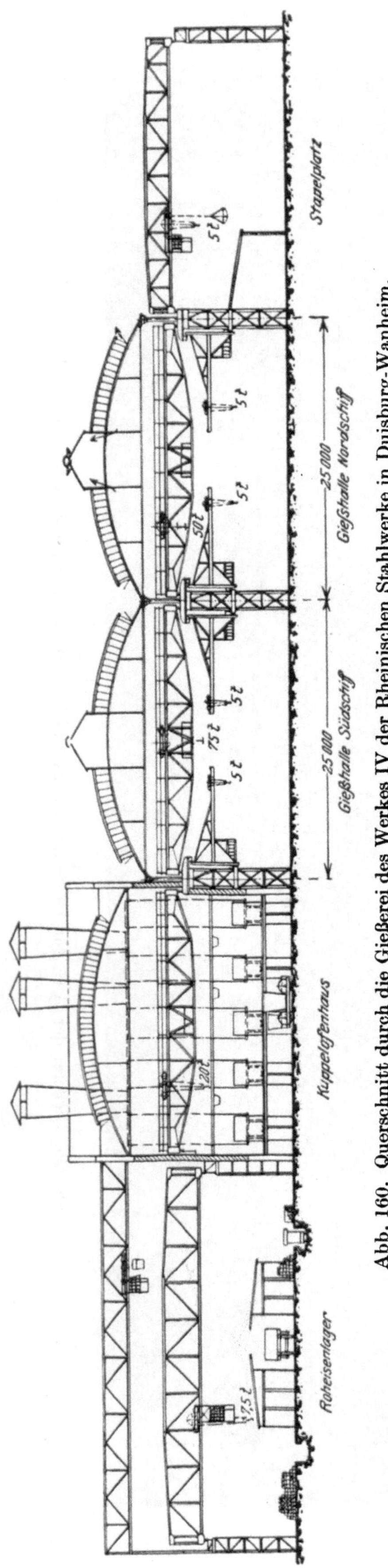

Abb. 160. Querschnitt durch die Gießerei des Werkes IV der Rheinischen Stahlwerke in Duisburg-Wanheim.

lassen die allgemeine Anordnung der Baulichkeiten und Schnitte durch verschiedene Teile der Gießerei erkennen. Abb. 159 gewährt einen Einblick in eine der beiden ganz gleichgestalteten Hallen. An die beiden Haupthallen schließt sich parallel die etwas niedrigere Putzereihalle an, auf die der Formkastenlagerplatz und die mechanische Werkstätte folgen. Das Maschinenhaus, die Ankleide- und Wohlfahrtsräume, die Büros, die Modellschreinerei, der Modellschuppen und ein gedecktes Holzlager sind in Sonderbauten äußerst übersichtlich und bequem zugänglich untergebracht. Die Gießhallen sind durch hohe breite Seitenfenster und die fast ganz aus Glas bestehenden Giebelflächen (Abb. 159) und breite, in der ganzen Länge des Baues sich hinziehende Dach-Oberlichter sehr reichlich mit Tageslicht versehen. Durch Firstaufbauten mit wettersicheren Jalousien, die sich wieder über die ganze Länge der Dächer erstrecken (s. Schnitte und Ansichten auf Abb. 158) ist für ausreichende natürliche Entlüftung gesorgt. Auch die Anordnung der Gleisanlage ist sehr glücklich getroffen. An drei Gebäudeseiten laufen Normalspurgleise entlang, die alle in einen gemeinsamen Zufahrtstrang münden. Das an der Südseite liegende Gleis ist auf drei Stränge geteilt, die ausschließlich der Sandaufbereitung und der Schmelzanlage gewidmet sind. Diese umfaßt 4 Kuppelöfen und zwei mit Hochofen- und Koksgas betriebene Flammöfen. Zur unmittelbaren Bedienung der Kuppelöfen ist eine Hängebahn vorgesehen, während die Flammöfen von dem Elektrolaufkran bedient werden, der die auf Gleis 3 (Abb. 157) ankommende Eisenpfanne erfaßt und in einen der Flammöfen entleert. Der Verteilung des flüssigen Eisens dienen neben den zahlreichen Kranen zwei Kettenbahnen, die auch andere Beförderungen innerhalb der Gießerei, der Putzerei, dem Formkastenlager und dem Fallwerk vermitteln. Die beiden großen Hallen werden in der Längsrichtung von je zwei 15 t-Kranen der höher angeordneten Laufbahn, von je zwei 15 t- und einem 30 t-Kranen

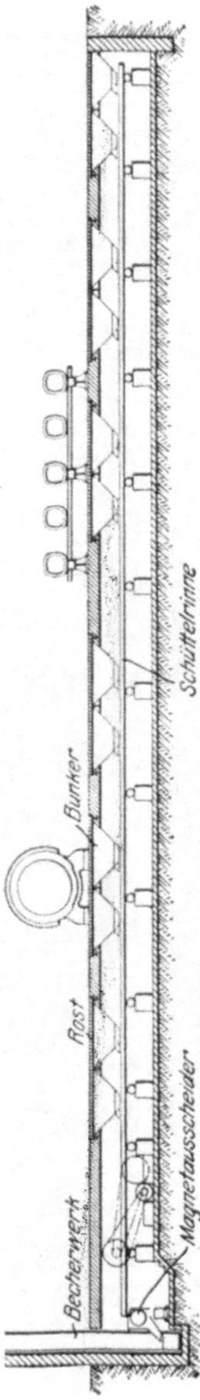

Abb. 161. Rost zur Beförderung des Gusses in die Putzerei unter gleichzeitiger Befreiung vom anhaftenden Formsande.

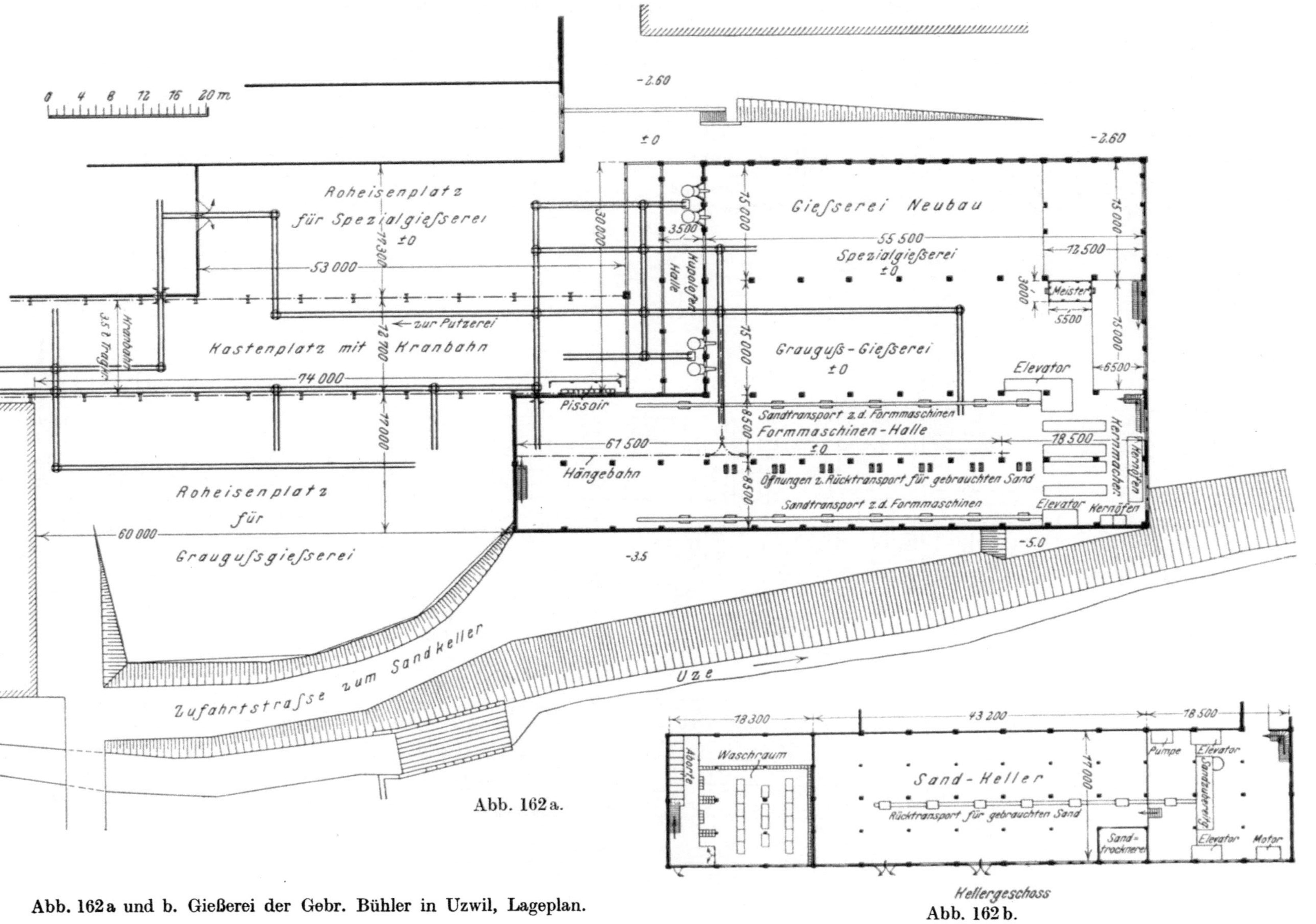

Abb. 162a.

Abb. 162b.

Abb. 162a und b. Gießerei der Gebr. Bühler in Uzwil, Lageplan.

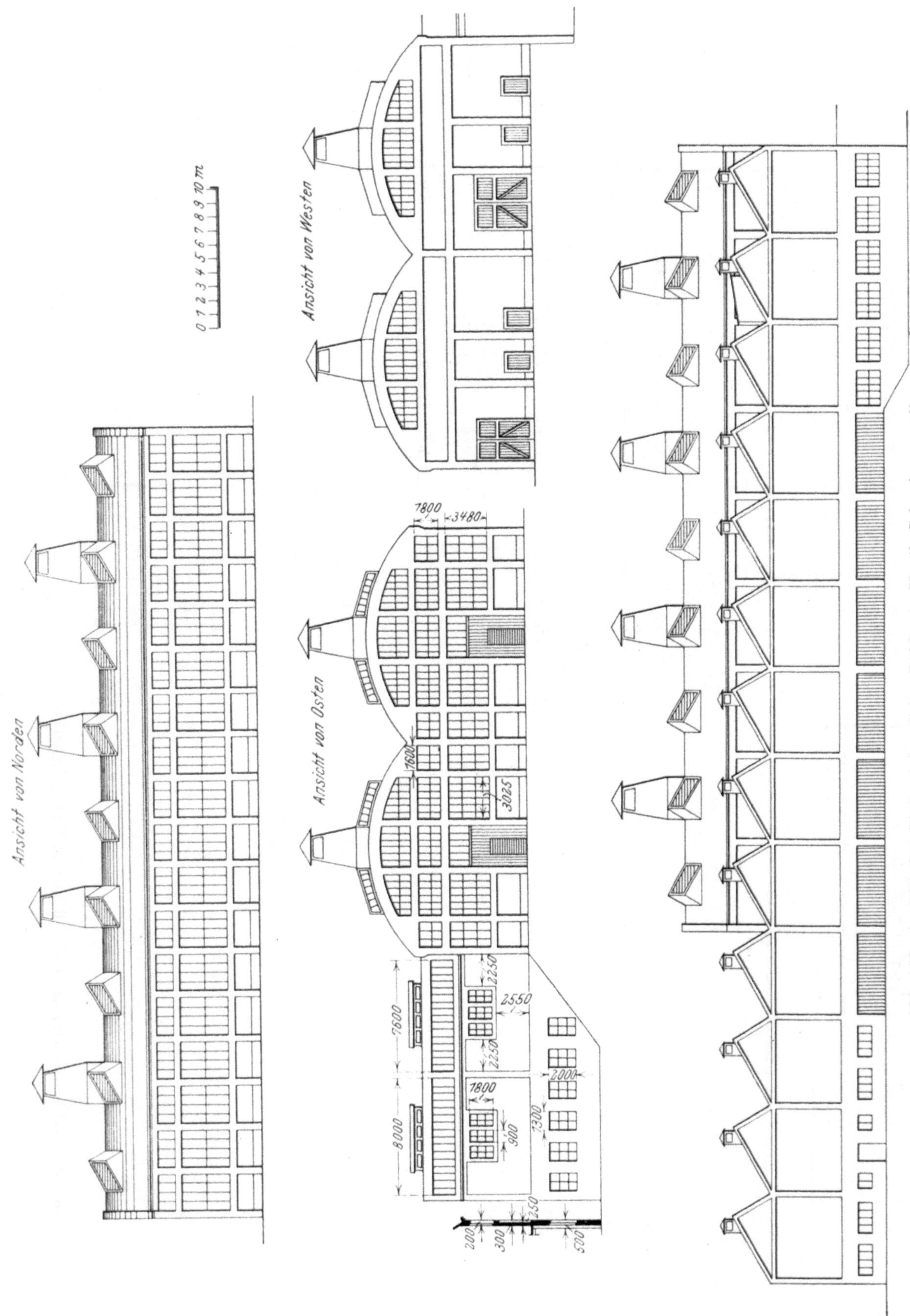

Abb. 163. Ansicht der Gießerei der Gebr. Bühler in Uzwil, Schweiz von allen vier Seiten.

der mittleren Laufbahn und von 4- und 5 t-Konsolkranen auf der untersten Laufbahn bedient. An der Ofenseite besorgt ein weiterer Konsolkran von 20 t die Aufnahme und Abbeförderung des den Öfen entnommenen Eisens. Mit dieser reichlich bemessenen Krananlage und den sonstigen Beförderungseinrichtungen ist das Werk in der Lage, ohne Schwierigkeit eine monatliche Erzeugung von 6000 t zu bewältigen. Man stellt

Abb. 164. Gießerei der Gebr. Bühler in Uzwil, Schweiz, Ansicht von Osten.

hauptsächlich Stücke weniger Gußarten von durchweg hohen Einzelgewichten her, die in großen Mengen gefertigt werden können, und bei deren Erzeugung beste Beförderungseinrichtungen von ausschlaggebender Bedeutung für die Höhe der Erzeugungskosten und damit für die Wettbewerbsfähigkeit des Werkes sind.

Die Abb. 95—97 auf S. 247/248 zeigen die Gießerei von Werk IV der Rheinischen Stahlwerke in Duisburg-Wanheim, einen Zweihallenbau, der hauptsächlich für

Abb. 165. Gießerei der Gebr. Bühler in Uzwil, Schweiz, Ansicht von der Flußseite.

großen, schweren Guß mit Abmessungen und Gewichten bestimmt ist, die eben noch von der Eisenbahn befördert werden können. Das Gußwerk wurde von R. Fichtner im Jahre 1921 durch verschiedene Zubauten und Neueinrichtungen in die jetzige Form gebracht. Es ist, wie Abb. 95 auf S. 247 und Abb. 160 auf S. 298 erkennen lassen, gekennzeichnet durch zwei mit Laufkranen bis zu 75 t Tragfähigkeit und einer Anzahl von Konsolkranen von 5 t Tragfähigkeit ausgestattete Arbeitshallen von je 25 m Breite und 150 m

Länge. An den beiden Stirnseiten sind durch das ganze Werk laufende Hofkrane vorgesehen, die sowohl den Höfen selbst, als auch dem Verkehr mit den Bearbeitungswerkstätten dienen. Außer diesen beiden Hofkranen ist an den beiden Langseiten des Gebäudes je ein weiterer Laufkran tätig. Der eine dieser Kranen nächst dem Schmelzbau hat den Roheisenlagerplatz und die Koksbunker zu bedienen und wird dabei noch durch eine Hängebahn unterstützt, während der andere an der gegenüberliegenden Langseite die Stapelung nicht gebrauchter Formkasten und sonstiger Gießereibehelfe besorgt.

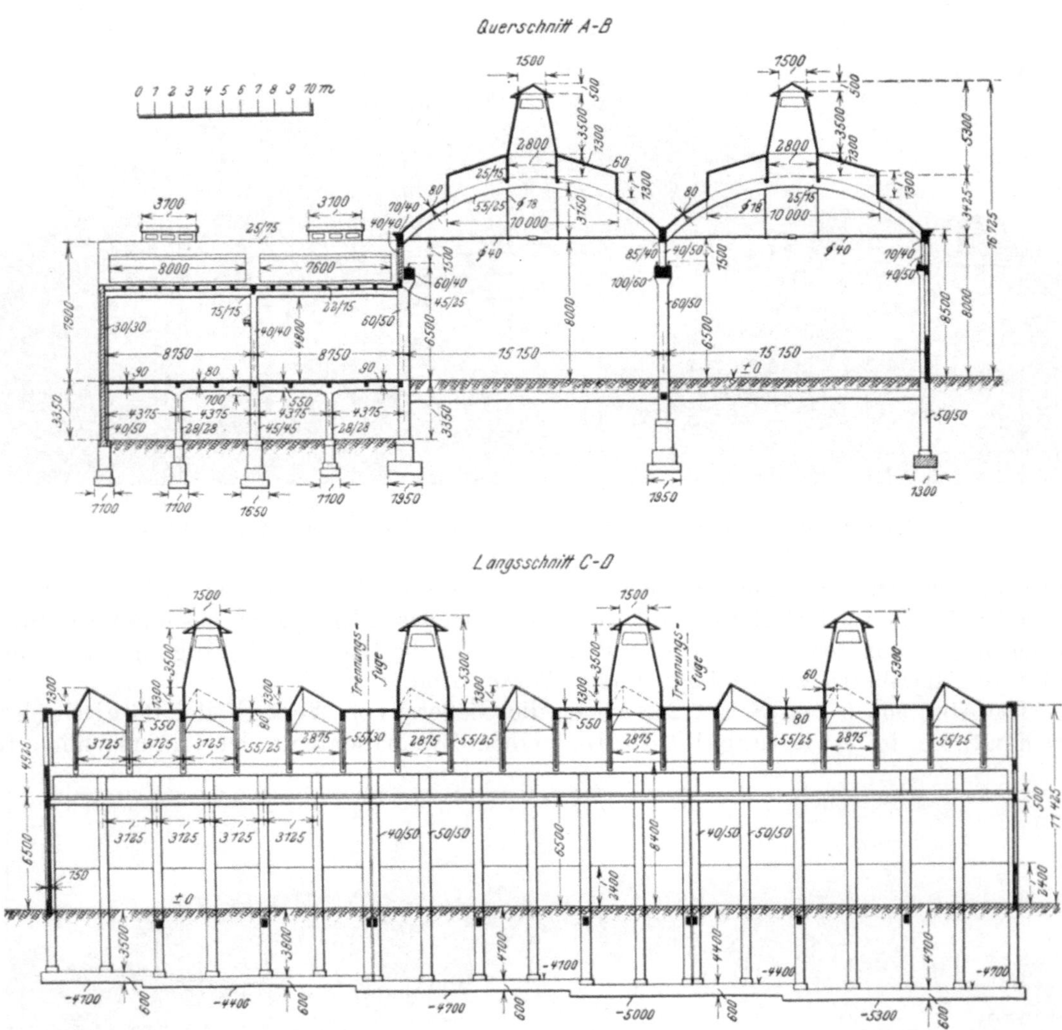

Abb. 166. Gießerei der Gebr. Bühler in Uzwil, Schweiz, Schnitte durch die Gießerei.

Die Schmelzanlage umfaßt 5 Kuppelöfen, die in einem besonderen quer zu den Gießhallen angeordneten Bau untergebracht sind (Abb. 95)[1].

Der Querschnitt, Abb. 160, läßt die Anordnung der Krane in der Gießerei, im Schmelzbau und auf den beiden Langhöfen erkennen. Über die Einteilung der Gießhallen gibt der Lageplan (Abb. 95) Aufschluß. Das Schiff nächst dem Schmelzbau ist für den schwersten Guß bestimmt und mit 2 Laufkranen von je 75 t und einem Kranen von 50 t nebst 2 Konsolkranen ausgerüstet. Das nördlich anschließende Schiff verfügt über 2 Laufkrane von 50 t und 1 von 10 t Tragfähigkeit und 2 Konsolkrane. Hier wurde auch eine Kokillengießerei untergebracht, die von einem Konsolkranen von 10 t Tragfähigkeit bedient wird. Für die schwersten Stücke können gleichzeitig 4 Krane, 2 Lauf- und 2 Konsolkrane,

[1] Diese Schmelzanlage wurde schon auf S. 245 im Abschnitt über Kuppelofenanlagen beschrieben.

zusammenarbeiten, wobei unter Umständen von der Auswechselbarkeit der verschiedenen Kranen Gebrauch gemacht werden muß.

Die Gußputzerei wurde in einem besonderen Bau von 75 m Länge und 25 m Breite untergebracht. Sie ist mit einem Laufkranen von 50 t Tragfähigkeit und einem Konsolkranen von 5 t ausgestattet. Der Verkehr zwischen Gießerei und Putzerei erfolgt mittels

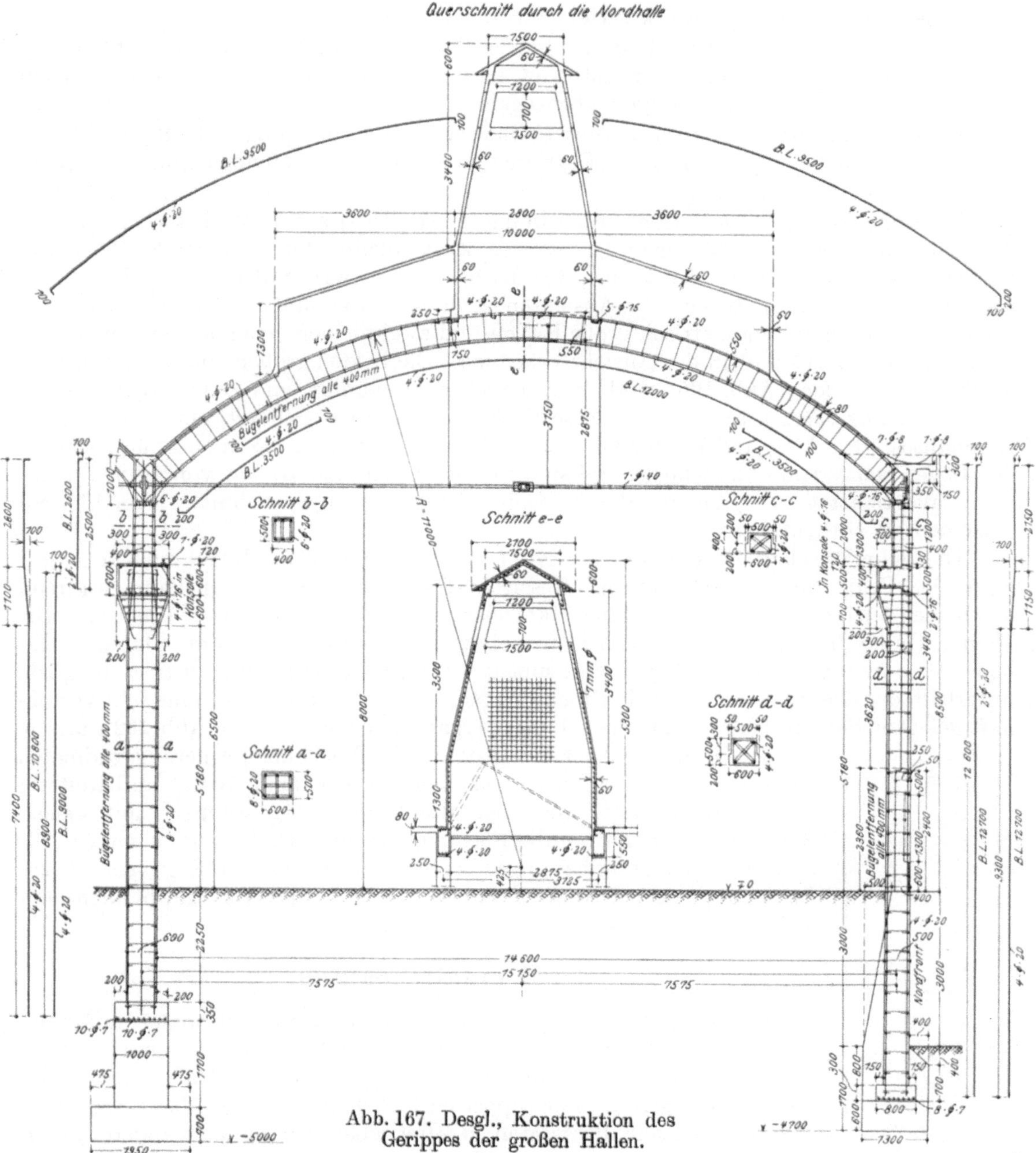

Abb. 167. Desgl., Konstruktion des Gerippes der großen Hallen.

eines auf Normalspurgleise verkehrenden Transportwagens. Bemerkenswert ist die Anordnung eines Putzrostes (Abb. 161), von dem der verbrannte Kernsand in eine Reihe von Bunkern fällt, um dann über einen Magnetabscheider und durch ein Becherwerk auf die außerhalb der Putzerei stehenden Bahnwagen befördert zu werden.

Der Arbeitsweg ist durchaus klar und vermeidet alle Rückförderung irgendwelcher Rohstoffe, Halb- oder Fertigerzeugnisse. Das Eisen wird am hierfür bestimmten Hofe mittels Magnetkran abgeladen, gestapelt und im Hofe gattiert, worauf der Satz mitsamt dem Koks und dem Kalkstein mittels einer quer über den Hof arbeitenden Hängekatze zur Gichtbühne gefördert wird und schließlich zentral in den Ofenschacht gelangt. Das flüssige Eisen wird mittels des auf S. 245 erwähnten Spills in den Bereich der Gießereikrane gebracht. Der den Formen entnommene Guß wird noch in den Gießereihallen auf die zur Putzerei fahrenden Förderwagen verladen, um dann fertig geputzt entweder unmittelbar abgefahren oder mittels des zwischen Putzerei und Gießerei verkehrenden Hofkranes den Bearbeitungswerkstätten zugeführt zu werden.

Die Sandaufbereitung erfolgt fast ganz selbsttätig. Der Neusand wird auf Schmalspurwagen zugeführt und nach der Aufbereitung in Bunker abgegeben, aus denen er nach Bedarf in untergesetzte Kippwagen abgezogen wird.

Eine gut eingerichtete Lehrlingswerkstatt, in der die jungen Leute nicht nur Formen und Gießen, sondern auch Gattieren und die Kuppelofenbedienung erlernen, vervollständigt die Anlage[1]).

Die sehr glücklich getroffene Anordnung eines doppelten Zweihallenbaues, d. h. einer aus zwei verschiedenen Paaren von Zweihallenbauten bestehenden Gießereianlage, zeigt das Gußwerk der Gebrüder Bühler in Uzwil (Schweiz)[2]). Der Lageplan (Abb. 162a und b), die äußeren Ansichten (Abb. 163—165) und die Schnitte (Abb. 166) lassen zwei durchaus symmetrisch große Hallen und zwei kleinere, ebenfalls symmetrische Hallen im Grundriß und in der Ansicht erkennen. Die beiden großen, für schweren Guß bestimmten Hallen (Abb. 166) sind in Eisenbeton ausgeführt und durch Bogendächer mit Entlüftungstürmen abgedeckt. Diese Hallen sind je 15,15 m breit, einschließlich des Ofenhauses 70 m lang und bis zur Oberkante der Kranlaufbahn 6,5 m, bis zum Scheitel des Bogendaches rund 12 m hoch. Sie sind mit schweren Laufkranen von 14 m Spannweite ausgestattet. Die Bauart dieser beiden Hallen ist dem Schnitt, Abb. 167, im einzelnen zu entnehmen.

Die Schmelzanlage liegt derart vor Kopf der beiden großen Hallen, daß jede mit Hilfe der Feldbahngleise für sich mit flüssigem Eisen versehen werden kann, während die beiden kleinen Hallen durch eine Hängebahn den Bedarf an Eisen erhalten. Die kleinen Hallen haben eine Länge von 81 m bei einer Breite von je 8,75 m. Durch glückliche Ausnutzung einer durch Aufschüttung gewonnenen Geländestufe war es möglich, unterhalb der Gießereisohle noch ein Stockwerk vorzusehen, wodurch sich eine sehr vorteilhaft gelegene Sandaufbereit- und -Verteilanlage ergab. Den Grundrissen, Abb. 162a und b, ist die allgemeine Anordnung dieser der Maschinenformerei gewidmeten Abteilung zu entnehmen. Täglich werden rund 70 m³ aufbereiteter Formsand benötigt, wozu der alte Formsand gesammelt, mit neuem Sand gemischt und an die Formmaschinen verteilt werden muß. Alle erforderlichen Handhabungen werden mechanisch erledigt, so daß zur Bedienung der gesamten Sandaufbereitanlage für gewöhnlich nur 3 Arbeiter nötig sind.

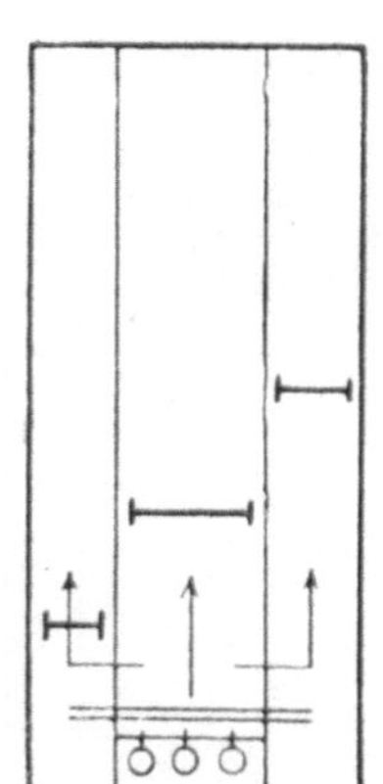
Abb. 168. Dreihallenbau. Öfen vor Kopf.

Dreihallenbauten.

Unter Dreihallenbauten versteht man Bauausführungen mit überhöhter breiterer Mittelhalle und mit beiderseits angegliederten schmäleren und niedrigeren Seitenhallen. Aus drei gleich großen Hallen bestehende Gußwerke fallen in die Gruppe der Mehrhallenbauten. Man findet nicht allzu selten Dreihallenbauten mit Betrieben, für die eine andere Bauart viel geeigneter wäre; der Dreihallenbau war eben vornehmlich während einiger Jahrzehnte Mode; er galt als „der moderne" Gießereibau. Er ist vor allem dort am Platze, wo neben großen, schweren Gußstücken, die starke Laufkrane mit hohem Hubvermögen erfordern, auch kleinerer Guß von Hand oder mit Formmaschinen herzustellen ist. Man bringt dann den großen Guß im Hauptschiffe unter und verlegt den keine oder doch nur schwächere Hebezeuge und

[1]) Nach F. Meisner: Stahleisen 1925. S. 1470/1476.

[2]) Z. d. V. d. I. 1914. S. 161/169; vgl. auch Stahleisen 1917. S. 975/978.

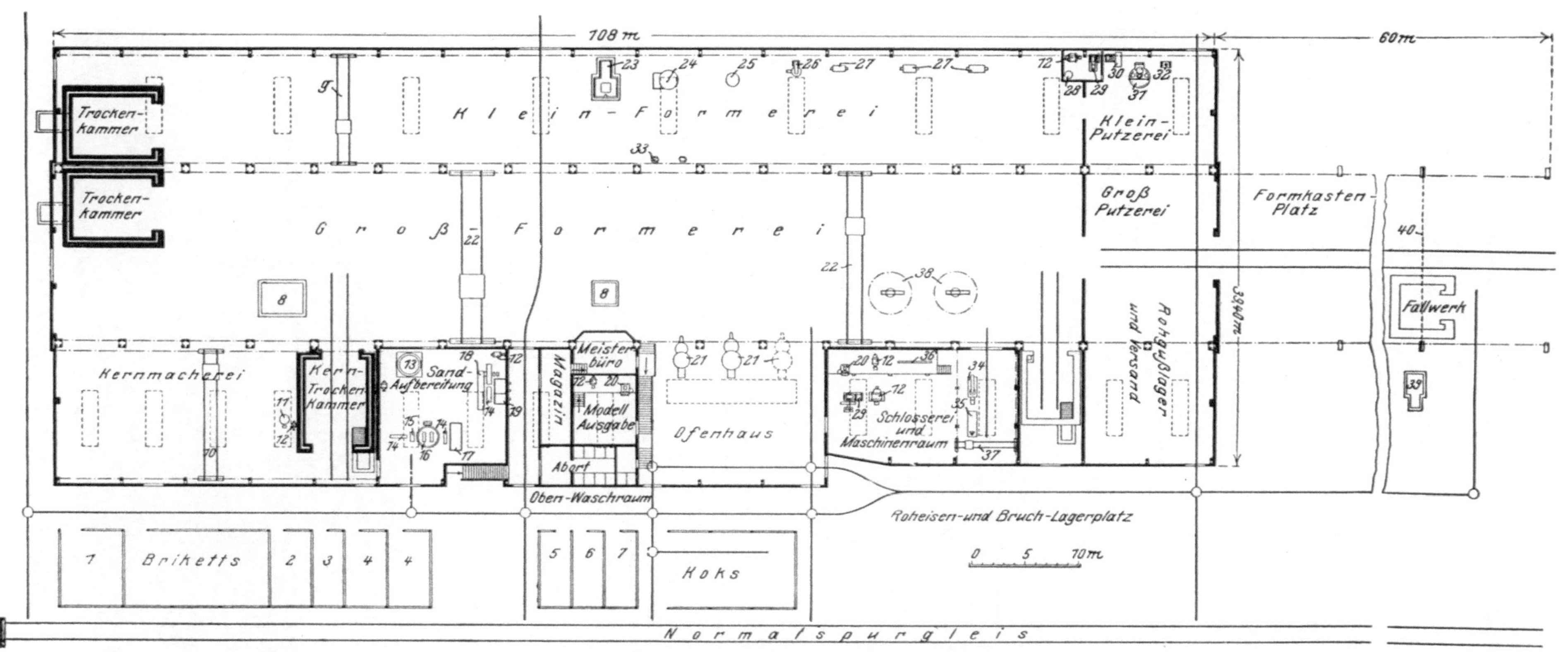

Abb. 169. Laeiswerke Trier, Grundriß der Gießerei.

1 Trockenkammerkoks, 2 Rohbraunkohle, 3 Kohlenstaub, 4 Formsand, 5 Brennholz, 6 Kuppelofensteine, 7 Klebsand, 8 Dammgruben, 9 zwei Dreimotorenkrane von 5 t Tragkraft, 10 ein Dreimotorenkran von 3 t Tragkraft, 11 Lehmknetmühle, 12 Motoren, 13 Schornstein, 14 Becherwerk, 15 Magnetscheider, 16 Kollergang, 17 Bunker, 18 Mischschnecke, 19 Fertigsandbunker, 20 Reservegebläse, 21 Kuppelöfen, 22 zwei Dreimotorenkrane von 25 t und von 10 t Tragkraft, 23 elektrische Rüttelformmaschine, 24 große Riemenscheiben-Formmaschine, 25 kleine Riemenscheiben-Formmaschine, 26 Zahnrad-Formmaschine, 27 Wendeplatten-Formmaschinen, 28 Windkessel, 29 Kompressoren, 30 Exhaustor, 31 Sandstrahlgebläse, 32 Schleifstein, 33 zwei Hand-Formmaschinen, 34 Bohrmaschine, 35 Drehbank, 36 Schalttafel, 37 ein Handlaufkran von 5 t Tragkraft, 38 große Zahnrad-Formmaschinen, 39 Fallwerkwinde, 40 Brücke der Seilrolle des Fallbärs.

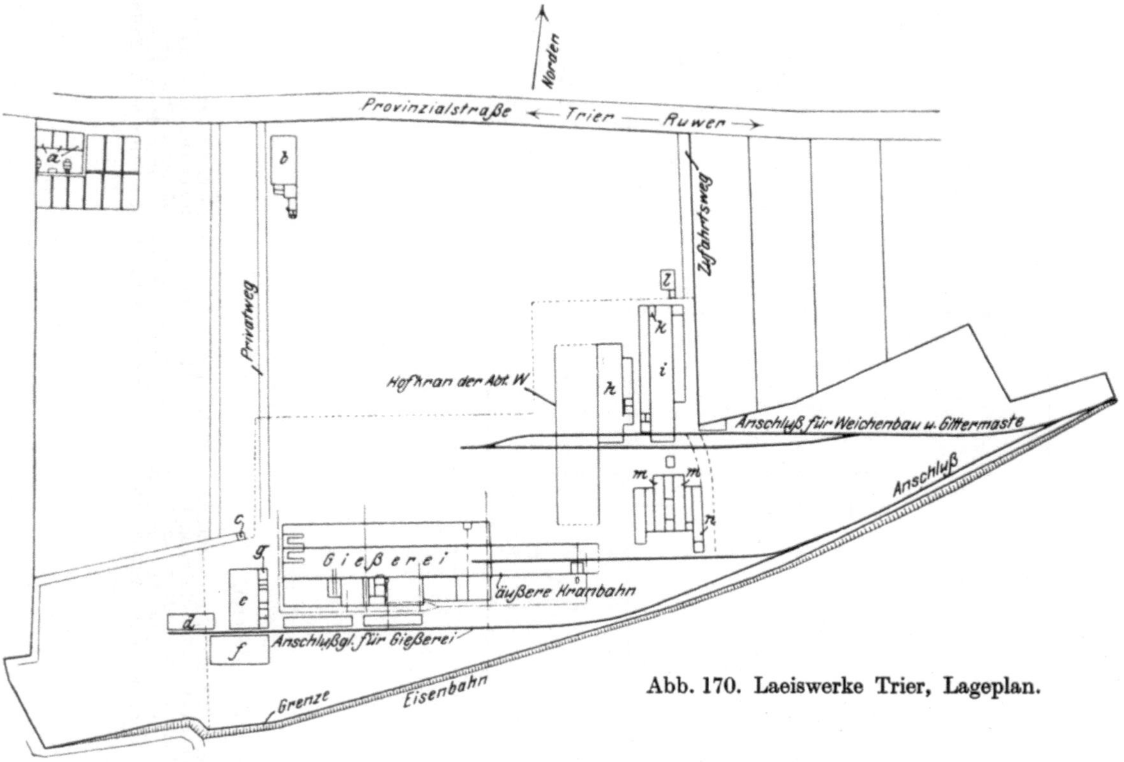

Abb. 170. Laeiswerke Trier, Lageplan.

Abb. 171. Laeiswerke Trier, Ofenbau.

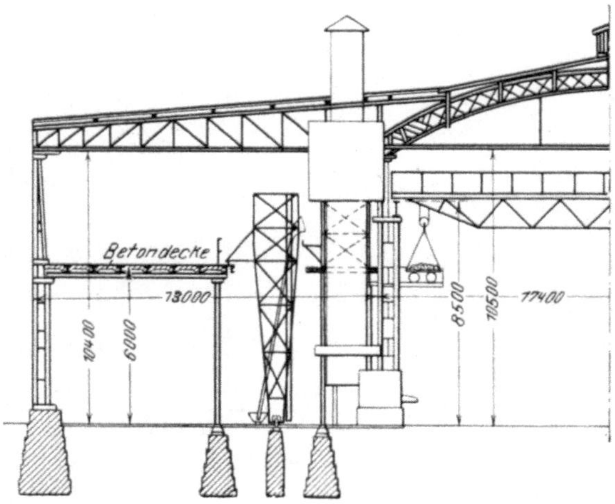

Abb. 172. Laeiswerke Trier, Rohbau der Gießhalle.

geringe Hubhöhen erfordernden kleineren Guß in das eine Nebenschiff. Die Nebenbetriebe, Kernmacherei, Sandaufbereitung, Modellablage, Kanzleien usw. finden dann nebst der Schmelzanlage im zweiten Nebenschiff Unterkommen. Der die Schmelzanlage bergende Teil des zweiten Nebenschiffes wird gewöhnlich beträchtlich erhöht ausgeführt. Es wurden auch Anlagen erstellt, bei denen die gesamte Formarbeit in das Mittelschiff verlegt wurde, während die beiden Seitenschiffe zur Unterbringung der Hilfs- und Nebenbetriebe einschließlich der Schmelzanlagen herangezogen wurden. Der Mittelbau muß breiter und höher gehalten werden, um den Erfordernissen größerer Gußstücke zu entsprechen, die größere Grundflächen bedingen und schwere Hebezeuge verlangen. Dann machen die Belichtungsverhältnisse eine Überhöhung der Seitenschiffe notwendig, um oberhalb deren Dächer seitliche Lichtquellen zu erschließen. Die eine Längsseite vermag wegen der im Nebenschiff untergebrachten Räume kein nennenswertes Licht für die Haupthalle zu spenden und auch auf der zweiten Seite besteht meist nicht die Möglichkeit ausreichend guter Belichtung durch die Nebenhalle. Man bedarf darum überhöhter Seitenbelichtungen in der Mittelhalle und ist fast immer auch auf Dachoberlichter in derselben angewiesen.

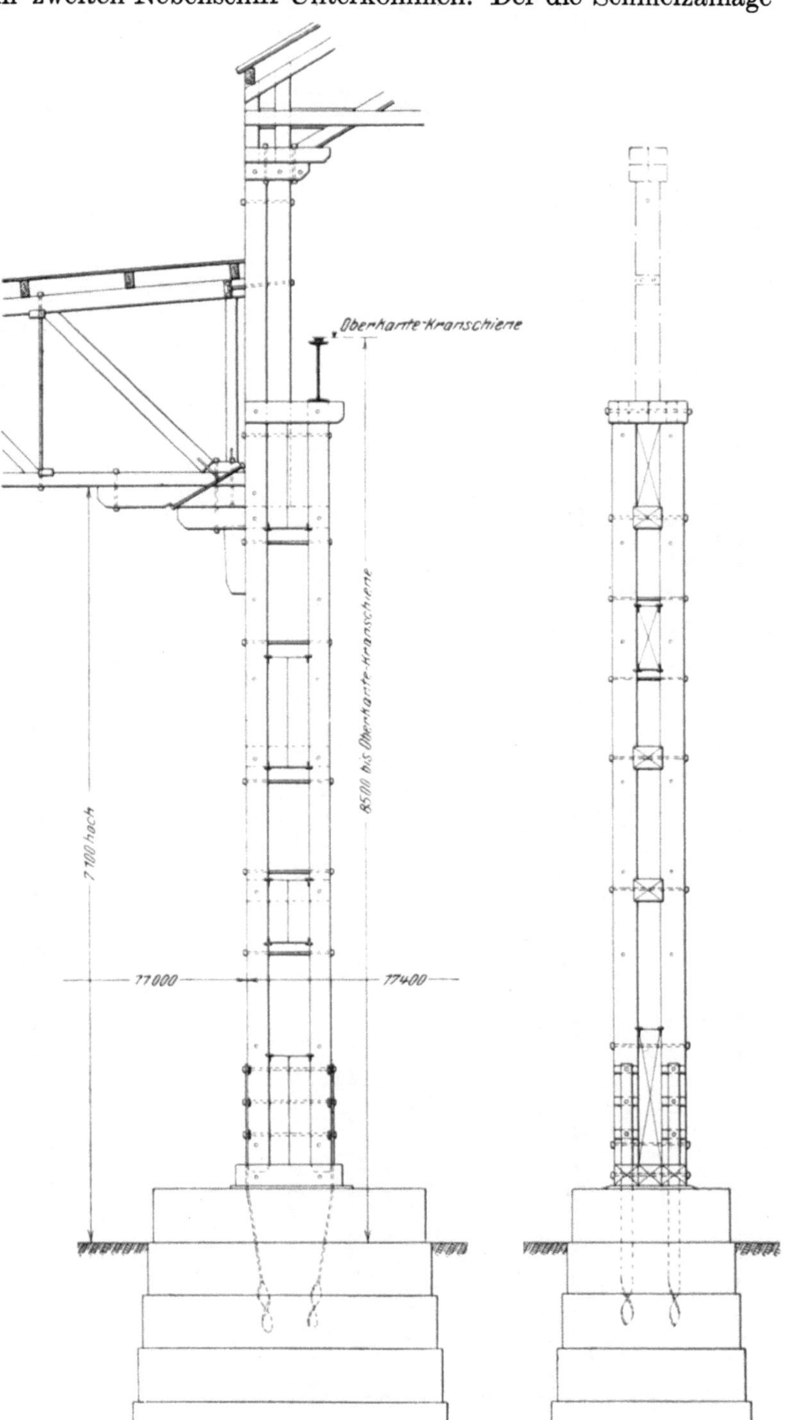

Abb. 173. Laeiswerke Trier, eine Hauptstütze der Hallenkonstruktion.

Die Schmelzanlage von Dreihallenbauten wird vorteilhaft in der Mitte einer der Nebenhallen angeordnet, so daß das flüssige Eisen unmittelbar in der Mittelhalle abgefangen werden kann. Man verteilt es dann, soweit es nicht mit Gabelpfannen abgefangen und in der Nähe der Kuppelöfen unmittelbar vergossen wird, durch einen Laufkran an die Bedarfstellen in der Haupthalle. Wenn in allen drei Hallen gegossen werden soll,

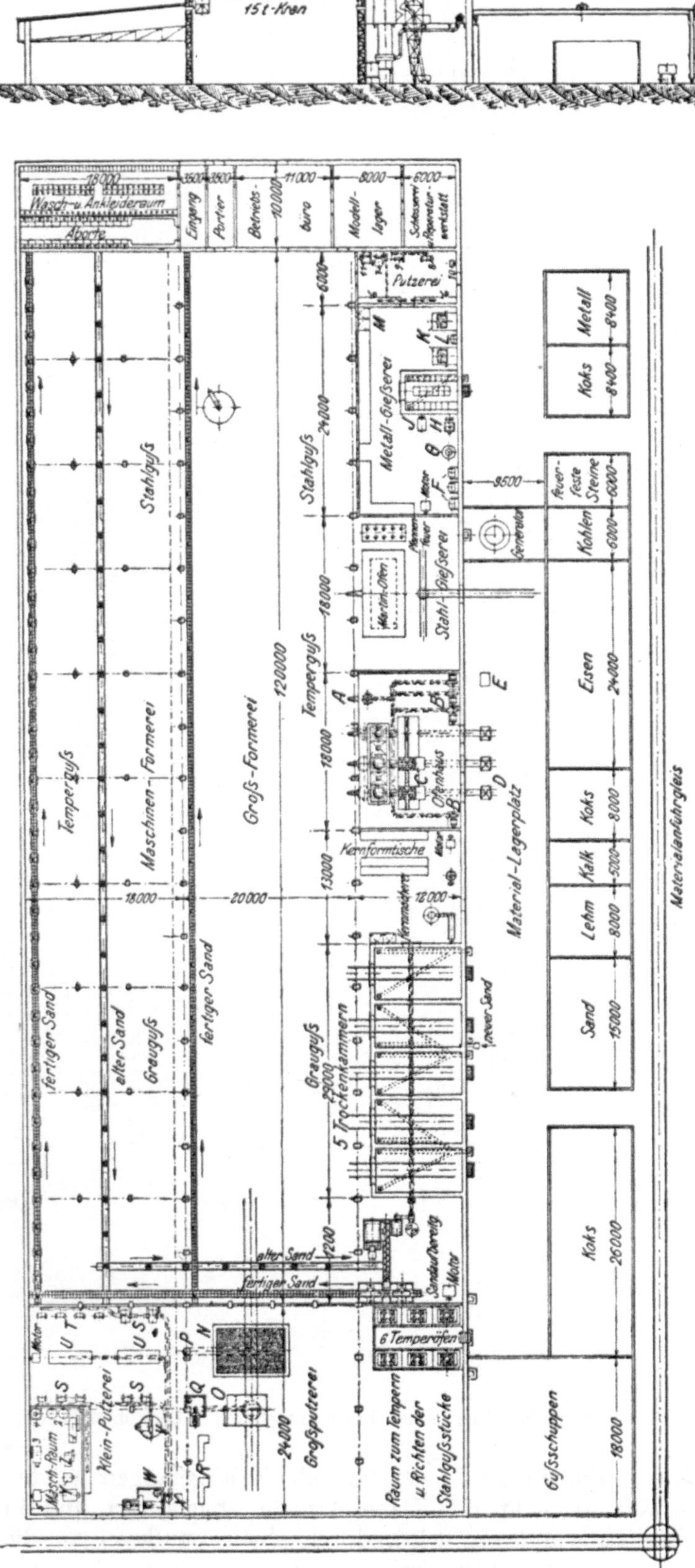

Abb. 175. Dreihallenbau mit ungleich breiten Seitenschiffen.

kann mitunter auch die Anordnung der Kuppelöfen vor Kopf der Hallen von Vorteil sein, wie es die Skizze, Abb. 168, andeutet. Diese Anordnung kommt insbesondere beim unsymmetrischen Dreihallenbau in Frage, wenn die breitere der Nebenhallen zum größten Teile auch nur Form- und Gußzwecken gewidmet ist.

Die Gießerei der Laeis-Werke A.-G. in Trier bietet ein Musterbeispiel einer guten Dreihallenanlage [1]). Abb. 169 zeigt ihren Grundriß, und Abb. 170 läßt die gute Eingliederung in das gegebene Grundstück unter bester Ausnützung der Anschlußmöglichkeiten an die Bahn und die Provinzialstraße erkennen. Die Gebäudeachse der Gießerei läuft in west-östlicher Richtung, so daß sich für die Gießhallen günstiges Tageslicht ergab. Die erforderliche Gießereifläche war mit 5650 m² ermittelt worden und ließ sich gut in drei Hallen von je 108 m Länge einteilen, deren mittlere mit 17,4 m und deren Seitenhallen mit 13 und 14 m Breite bemessen wurden. Eine der Seitenhallen wurde nicht in voller Länge durchgeführt; sie fand durch das Ofenhaus eine Unterbrechung, an das sich der etwas schmälere Bau für die mechanische Werkstatt und das Maschinenhaus anschloß. Die nördliche Halle mit zwei Laufkranen von je 5 t Tragkraft und 10 m Spannweite dient zur Herstellung von Formmaschinenguß und sonstigen leichteren Stücken. Das für den schweren Guß bestimmte Mittelschiff verfügt über

[1]) Stahleisen 1922. S. 332/338.

zwei Laufkrane von 25 und 10 t Tragfähigkeit. Der Zehntonnenkran vermag durch eine Öffnung in der Giebelwand auf seiner um 60 m nach außen verlängerten Bahn auch den Formkastenhof und das Fallwerk zu bedienen. Das südliche, 13 m breite Schiff umfaßt die durch massive Mauern voneinander getrennten Hilfsbetriebe der Kernmacherei und der Sandaufbereitung sowie das Handmagazin, die Modellausgabe, die Meisterstube und eine Klosettanlage. Die Bunker mit fertigem Sand münden auf einen mit Schmalspurgleis versehenen Gang, von dem aus der Sand in die Gießerei verteilt wird.

Das Dach über dem Ofenhaus liegt um einige Meter höher als im übrigen Seitenschiffe. Die Kuppelöfen werden mittels eines Schrägaufzuges begichtet (Abb. 171); die Gichtbühne ist verhältnismäßig leicht gehalten und vermag eine Dauerlast von 500 kg/m² zu tragen. Der Bau ist durch Verwendung von Holz für sämtliche Konstruktionsglieder, die Hauptstützen und die mit ihnen verbundenen Kranbahnträger, sowie die Dachbinder

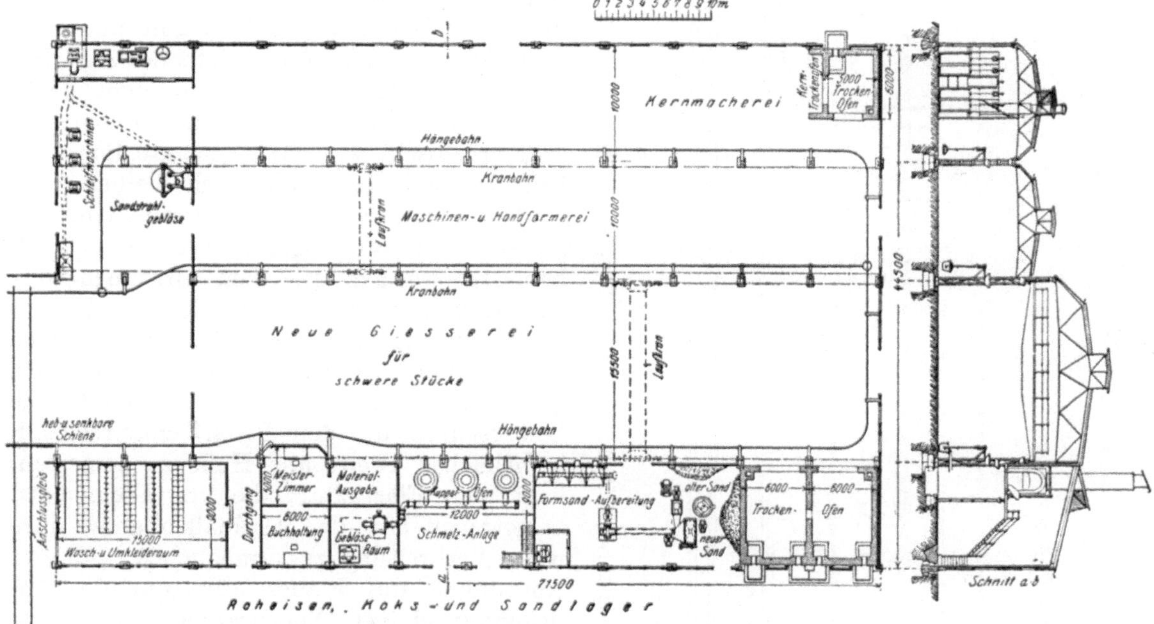

Abb. 176. Unsymmetrischer Dreihallenbau mit Laufkran und Hängebahn.

besonders bemerkenswert. Die Abb. 172 zeigt den Zustand der Haupthalle im Rohbau, Abb. 173 die Bauart einer Hauptstütze.

Ein weiteres, wohldurchdachte Einzelheiten zeigendes Beispiel bietet die vor 20 Jahren von Oskar Leyde † erbaute Gießerei der Russischen Maschinenbaugesellschaft Hartmann in Lugansk[1]) (Abb. 174 auf Tafel II). Sie ist zur Lieferung von jährlich etwa 10000 t Lokomotiv-, Turbinen- und anderem Maschinenguß bestimmt. Entsprechend dieser Menge wurde für die Form- und Gießarbeit eine Grundfläche von 2814 m² und für den ganzen Gießereihauptbau eine solche von 6720 m² vorgesehen. Die Abbildung zeigt den Grundriß der Gießerei und einen Längsschnitt, sowie die Verteilung der verschiedenen Betriebseinheiten, ferner einen Querschnitt durch den Bau. Weiter sind gegeben je eine Ansicht des Baues von der Nord- und der Südseite, Ansichten der Ost- und der Westseite und ein durch den Schmelzbau gelegter Querschnitt. Das Gebäude wird im Norden und Süden von Höfen begrenzt, die mit je einem 15 m breiten Laufkran und mit Gleisen zur Bewältigung aller Hofarbeit versehen sind. Das Mittelschiff ist 20 m, jedes der Seitenschiffe 10 m breit. Das nördliche Seitenschiff beherbergt die Kleinkernmacherei die Sandaufbereitung, den Schmelzbau, die Trockenkammern und einen Teil der Kleinformerei. Im Mittelschiffe sind die Großformer und Großkernmacher tätig, während das Südschiff die Hilfsbetriebe der Schmiede, Zimmerer, Tischler und Schlosser, sowie die Kanzleien und den Versandraum umfaßt. Die Gichtbühne im nördlichen Seitenbau

[1]) Stahleisen 1912. S. 1217/1219.

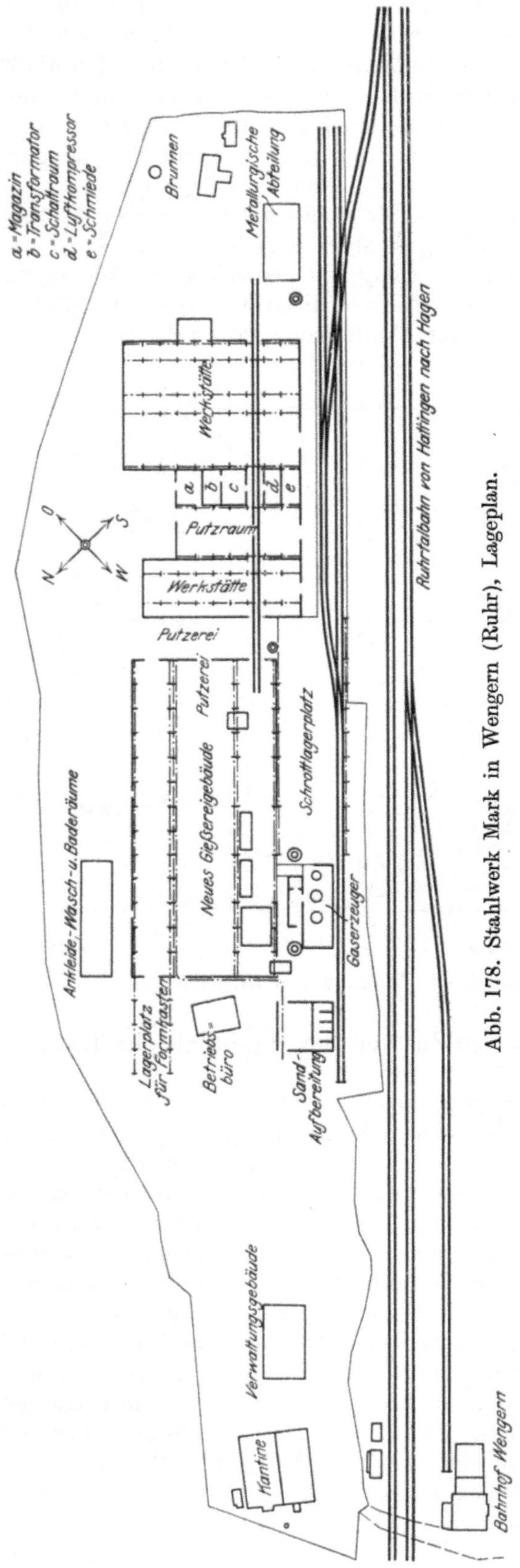

Abb. 178. Stahlwerk Mark in Wengern (Ruhr), Lageplan.

ist 6,5 m hoch; an sie schließt sich eine 4 m hohe Lagerbühne mit Klosettanlage an; unter der Gichtbühne ist in einem Zwischenstock die $3^1/_2$ m hohe Bühne der Gebläseanlage angeordnet. Auch über einem Teile der Betriebe in der Südhalle liegt eine 4 m hohe Bühne. Es sind vier Kuppelöfen und ein Flammofen vorhanden. Je zwei Kuppelöfen haben eine gemeinsame Funkenkammer mit einem 25 m hohen Schornstein. Der Schornstein des Flammofens hat dieselbe Höhe.

Wie der Lageplan erkennen läßt, steht sowohl der Nordhof als auch die Mittelhalle in unmittelbarer Verbindung mit dem Anschlußgleise, was in Anbetracht der zum Teil sehr großen Abgüsse, die man nicht gerne von einer Werkstätte zur anderen schleppt, sehr erwünscht war. Der gesamte Bahnverkehr vollzieht sich ohne Drehscheiben.

Die Seitenschiffe eines Dreihallenbaues müssen keineswegs gleich breit und hoch bemessen werden. Bei dem unsymmetrischen Dreihallenbau nach Abb. 175 ist der Hauptbau 20 m breit, während der eine Flügel 18 m, der andere aber nur 12 m breit gehalten wurde. In der Möglichkeit, die Seitenschiffe, nur dem Bedarf entsprechend, in beliebiger Breite und Höhe zu bemessen, liegt eine Elastizität, die vor allem dazu beigetragen hat, den Dreihallenbauten ihre weite Verbreitung zu ermöglichen. An der Anordnung des Planes wäre nur die Anbringung einiger Nebenräume und Hilfsbetriebe vor Kopf der drei Hallen zu beanstanden, weil dadurch eine künftige Erweiterung der Anlage ganz erheblich verteuert wird.

Eine Schwierigkeit aller Drei- und Mehrhallenbauten liegt in der nicht ganz günstigen Beförderung des flüssigen Eisens in die von der Schmelzanlage weiterabliegenden Hallen. Erst seit Einführung von Hängebahnen wurde dieser Übelstand weniger empfindlich. Bis dahin mußte man sich vielfach mit der Abfuhr auf Schmalspurgleisen behelfen, die verhältnismäßig viel Raum für die Gleise wegnehmen und auch sonst recht erhebliche Schattenseiten haben. Schmalspurgleise ließen sich freilich in vielen Fällen auch für andere Betriebsaufgaben, z. B. Abfuhr des fertigen Gusses oder Zufuhr von Frischsand, ausnutzen. Jedenfalls ist die Beförderung des flüssigen Eisens mittels Hängebahn rascher, ungefährlicher und billiger. Die Abb. 176 läßt den Grundriß und einen Querschnitt eines Dreihallenbaus mit Laufkran- und Hängebahnbetrieb erkennen. Der Schmelzbau, die Aufenthaltsräume für die Mannschaft, die

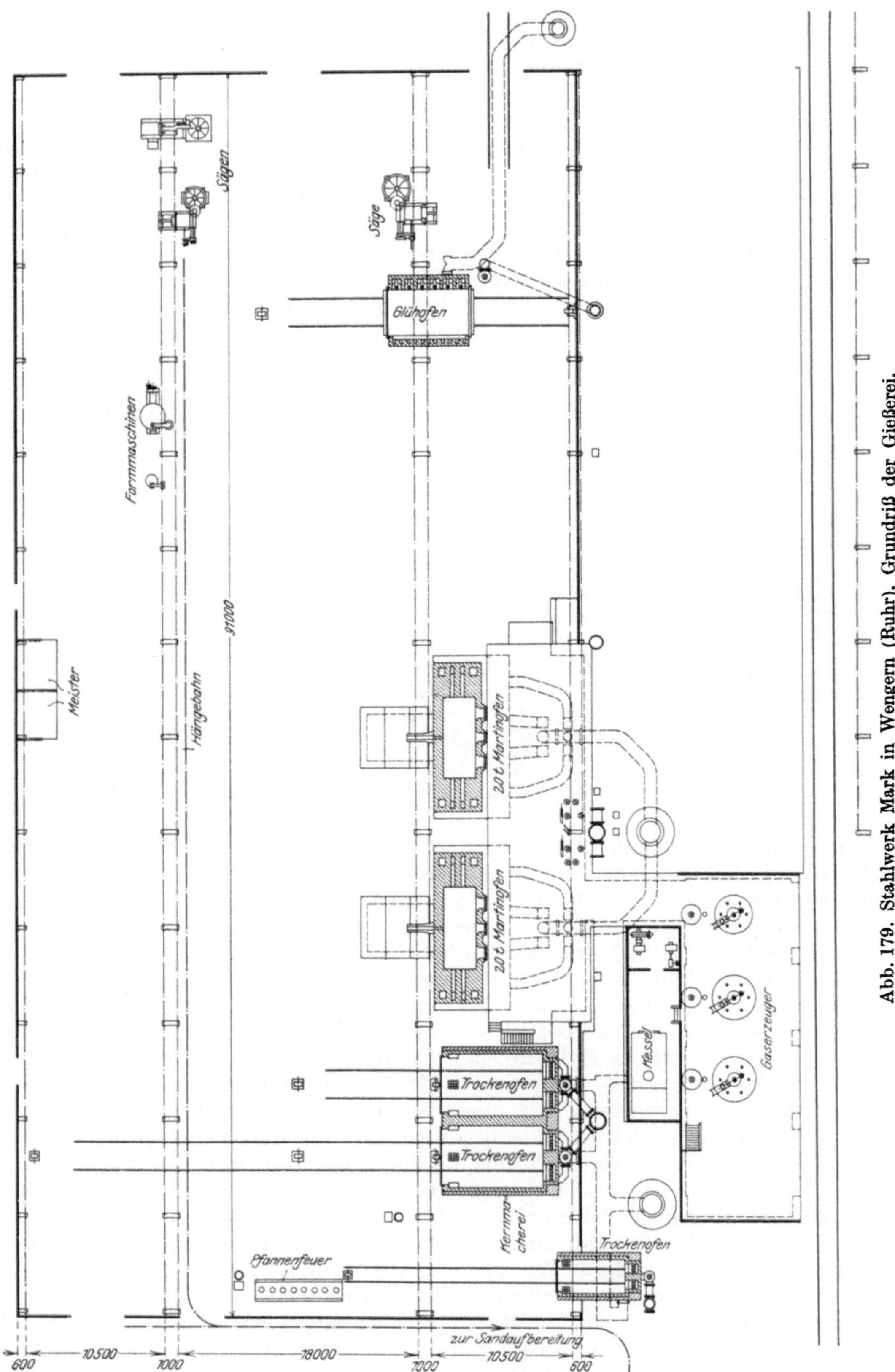

Abb. 179. Stahlwerk Mark in Wengern (Ruhr), Grundriß der Gießerei.

Sandaufbereitung, Trockenkammern und Kanzleien sind in seitlichen Anbauten an das in diesem Falle seitlich liegende Hauptschiff untergebracht.

Die Gießerei einer Hannoverschen Maschinenfabrik nach Abb. 177 (Tafel III) gibt ein Beispiel weitgehender Nutzbarmachung der Seitenschiffe durch den Einbau von Stockwerken, in denen wie im vorliegenden Beispiele die Gichtbühne, eine Maschinenbühne, eine Kleiderablage mit Aufenthaltsräumen und Waschgelegenheit für die Belegschaft, sowie ein geräumiges Lager Unterkommen finden. Das Hauptzufuhrgleis wurde in drei Stränge geteilt, deren einer in der Achse der großen Gießhalle mündet und bestimmt ist, große Gußstücke aufzunehmen, während ein zweiter Strang längs der Südwand verlegt wurde und durch drei über Drehscheiben laufende Abzweigungen mit der Gußputzerei und der großen Halle verbunden ist. Der dritte Strang verläuft längs der Nordseite und bedient den Roheisen- und Brucheisenhof, sowie die Sand- und Kokslager. Sowohl der Nord- als auch der Südhof sind mit Laufkranen ausgerüstet, von denen der eine eine Spannweite von 17 m und der zweite eine solche von über 20 m hat. — Bei dieser Anlage ist die sehr reichliche, der mannigfaltigen zu erzeugenden Ware entsprechende Ausstattung mit

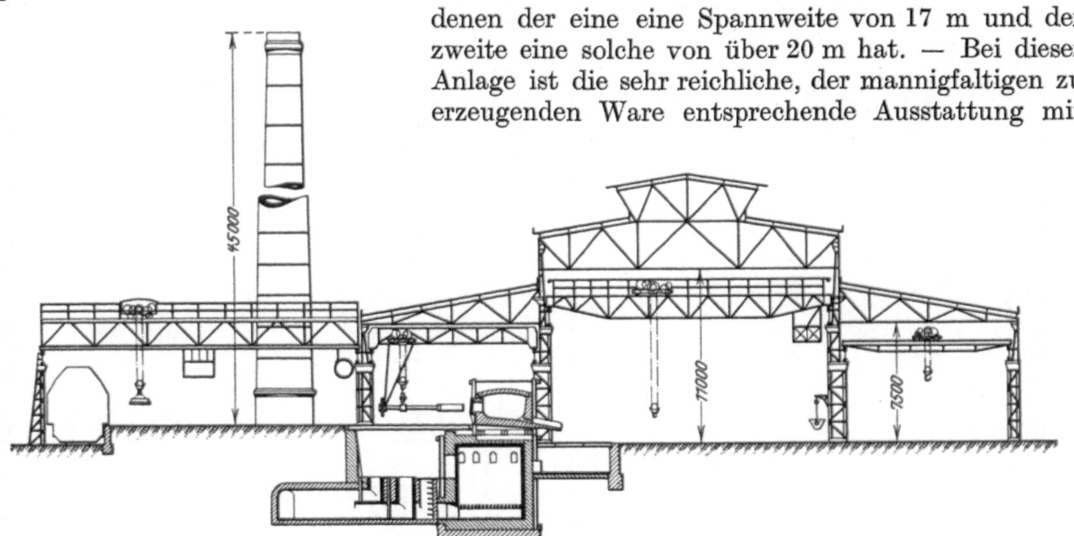

Abb. 180. Stahlwerk Mark in Wengern (Ruhr), Schnitt durch die Gießerei und den Schrottplatz.

Laufkranen und Konsolkranen bemerkenswert. Die Belichtung der großen Halle erfolgt durch beide Seiten des mit einer ununterbrochenen Reihe von Fenstern versehenen Daches und durch zahlreiche Oberlichter auf allen Dächern.

Auch Stahlgießereien lassen sich recht gut in einem Dreihallenbau unterbringen, wie das Beispiel der aus drei Arbeitshallen bestehenden Stahlgießerei des Stahlwerkes Mark in Wengern/Ruhr (Abb. 178—180) zeigt[1]). Die mittlere Haupthalle hat 18 m, die beiden äußeren je 10,5 m Spannweite,. Mit diesen Abmessungen war es möglich, die verschiedenen Einheiten des Betriebes in durchaus zweckentsprechender Weise unterzubringen. In der mittleren Halle arbeiten die Handformer, zugleich werden dort die größeren Stücke abgegossen. Dem einen Ende der drei Hallen sind die Putzerei und die Werkstätte zur Bearbeitung der rohen Stücke vorgelagert. Mit Ausnahme eines kleinen Trockenofens an der gegenüberliegenden kleineren Halle befinden sich sämtliche Trocken- und Glühöfen in der Seitenhalle, an die sich die Gaserzeugeranlage anschließt. Diese Halle birgt auch die beiden Siemens-Martin-Öfen von je 35 t Fassungsvermögen. In der gegenüberliegenden Seitenhalle werden kleinere Abgüsse, teilweise mit Formmaschinen, hergestellt. Das mit einem Zehntonnen-Magnetkran ausgestattete Schrottlager erstreckt sich, soweit dieser Teil des Grundstückes nicht von der Gaserzeugeranlage eingenommen wird, längs der Ofenhalle. Entsprechend den zum Teil schweren und umfangreichen Gußstücken sind die Hallen reichlich mit Hebezeugen ausgestattet. Die große Gießhalle verfügt über einen Gießkran von 18 m Spannweite und 25 t Tragfähigkeit und zwei auf derselben Bahn laufende Kranen von 15 t Leistungsfähigkeit. Die Öfen

[1]) Stahleisen 1911, S. 1035/1041; Z. d. V. d. I. 1914. S. 1496.

werden durch einen Muldenbeschickkran von 10 t Tragfähigkeit und 10,5 m Spannweite bedient. In der Halle für Kleinformerei arbeiten ein Laufkran von 10 t und ein solcher von 5 t Tragfähigkeit. Der Laufkran am Schrottlagerplatz trägt bei 20,4 m Spannweite Lasten bis zu 10 t, und in der Gußputzerei ist ein Laufkran von 7,5 t Tragfähigkeit und 10,5 m Spannung tätig.

Mehrhallenbauten.

Mit den bisher erörterten Anlagen und ihrer Gliederung würden Großbetriebe häufig nicht das Auskommen finden. In Fällen recht mannigfaltiger Erzeugung, die sehr verschiedene Formbehelfe und mechanische Ausrüstung erfordern, kann eine weitere Gliederung

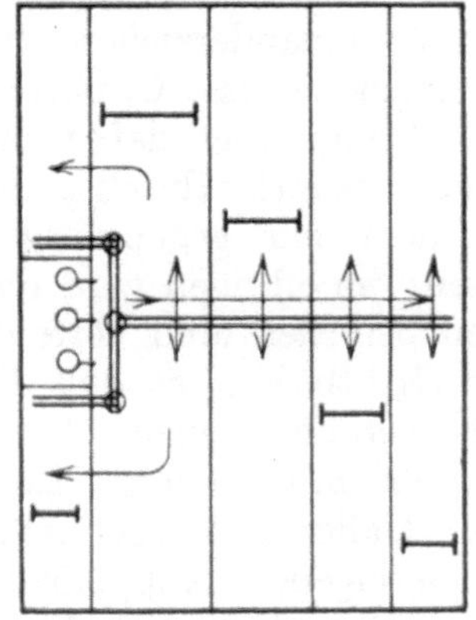

Abb. 181. Mehrhallenbau, Schmelzöfen im Seitenschiff.

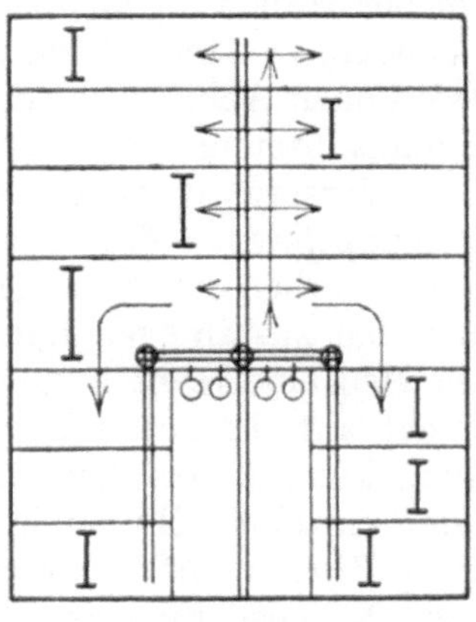

Abb. 182. Mehrhallenbau mit vorgeschobener Schmelzanlage.

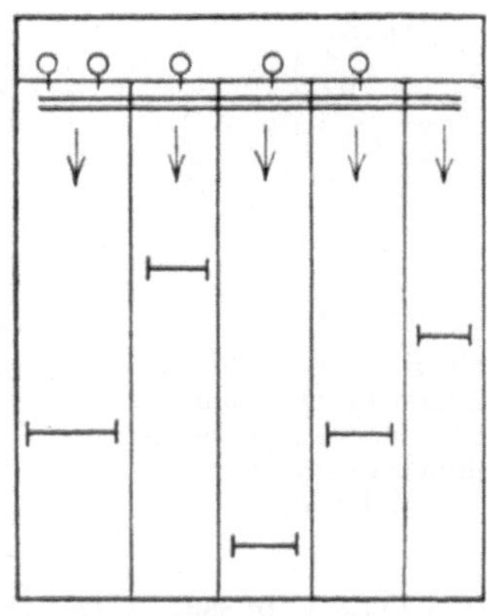

Abb. 183. Mehrschiffiger Bau mit vor Kopf verteilten Schmelzöfen.

notwendig werden. Das ist besonders dann der Fall, wenn nicht nur Groß- und Kleinguß, Hand- und Formmaschinenguß, sondern auch empfindlicher Massenguß, wie Automobilzylinder oder Klavierplatten, Bau- und Kanalisationsguß und anderer Guß mehr in einer Anlage hergestellt werden sollen. Es ergibt sich dann die Notwendigkeit, eine Reihe von baulich recht verschiedenen Abteilungen zu erstellen und sie derart unter einem Hut unterzubringen, daß mit den geringsten für die Bauten anzulegenden Mitteln bestes erreicht wird. Man hat dann in der ausgiebigen Anordnung von Hängebahnen, durch welche die einzelnen Abteilungen untereinander verbunden werden, ein vorzügliches Hilfsmittel in der Hand, das geeignet ist, um über die sich ergebenden Schwierigkeiten hinwegzuhelfen. In jüngster Zeit tritt zu diesem Behelfe noch die Verlegung des Verkehrs mit Lastkraftwagen auf widerstandsfähigen harten Boden.

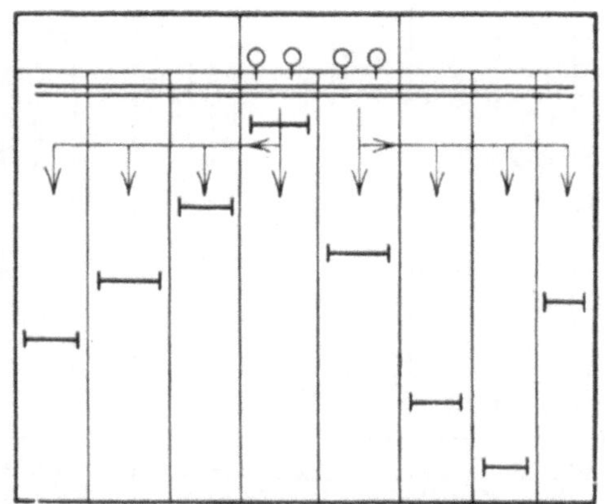

Abb. 184. Vielschiffiger Bau mit zentraler Schmelzanlage vor Kopf.

Eine höchst wichtige Rolle spielt bei der Anordnung derartiger Gußwerke die Unterbringung der Schmelzanlage, die entsprechend den Anforderungen des Sonderfalles recht verschieden sein kann. Es kommen hauptsächlich die Aufstellung der Kuppelöfen in der Mitte einer der Außenhallen, vor Kopf der Hallen, Vorschiebung der Öfen in eine der inneren Hallen und die Verlegung der Schmelzanlage in die Mitte aller Bauten in Frage.

Bei Aufstellung in der Mitte einer außenliegenden Halle (Abb. 181) zieht man die Öfen möglichst nahe zusammen, wodurch deren Betrieb vereinfacht und Platz gespart wird. Für die Weiterbeförderung des flüssigen Eisens ist es dann ziemlich belanglos, ob an die erste Halle drei, vier oder noch mehr Hallen angeschlossen werden. Das Eisen wird nur in der ersten Halle vom Kranen abgefahren, in die weiteren Hallen gelangt es auf einem Schmalspurgleise, in einem Falle wurde hierfür auch ein Kettenzug eingerichtet. Die Hallenreste rechts und links von der Schmelzanlage werden, soweit sie nicht von Hilfsbetrieben in Anspruch genommen sind, über Abzweige der Schmalspuranlage mit Eisen versorgt. In neuzeitlich verbesserten Betrieben wird die Eisenverteilung durch eine Hängebahn wesentlich unterstützt. Abb. 182 zeigt den Plan einer Abart der vorerörterten Anordnung, bei der die Kuppelöfen in eines der inneren Felder vorgeschoben wurden. Die Verteilung des Eisens geschieht auf dieselbe Weise wie im ersten Falle. Bei Aufstellung der Öfen vor Kopf der Hallen ergeben sich weitere Möglichkeiten, deren jede besondere Vorteile bietet. Das Auseinanderziehen der Kuppelöfen nach Abb. 183 bedingt zwar eine gewisse Üppigkeit der Raumausnützung der Gichtbühne, bringt aber dafür den Vorteil der Versorgung nahezu eines jeden Schiffes durch einen eigenen Kuppelofen. Ein Quergleis dient zur gegenseitigen Aushilfe der Hallen mit flüssigem Eisen; im übrigen wird das Eisen mit den zuständigen Laufkranen befördert und verteilt. Es ergibt sich eine recht ausgedehnte Gichtbühne, so daß die Sätze leicht auf ihr zusammengestellt werden können. Diese Anordnung kommt vor allem für Betriebe mit großem Eisenbedarf der einzelnen Hallen in Frage. Hallen mit regelmäßig geringerem Eisenbedarf erhalten keinen eigenen Kuppelofen; sie werden besser vom Ofen eines Nebenschiffes aus über das Quergleise mit Eisen versorgt.

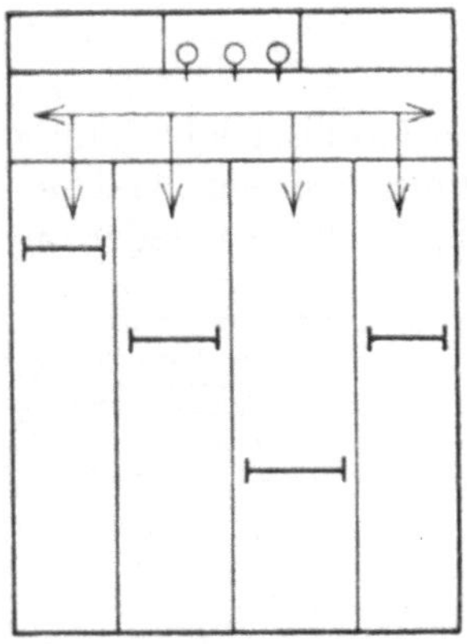

Abb. 185. Bau mit eingeschobenem Querschiff zwischen vor Kopf gelegener Schmelzanlage und einem Mehrhallenbau.

Die Zusammenziehung der Schmelzanlage an einer Stelle (Abb. 184) birgt den Vorteil besserer Ausnutzung der Gichtbühne und des Raumes neben den Kuppelöfen zu ebener Erde. Man hat in den beiden zur Seite der Schmelzanlage sich ergebenden Abteilungen reichlich Raum für Nebenbetriebe, z. B. für die Sandaufbereitung und die Kernmacherei, die Modellablage, das Handmagazin und für Kanzleien. Die Schiffe mit dem größten Eisenbedarf liegen unmittelbar vor der Schmelzanlage, so daß sie mit ihren Laufkranen das Eisen in Empfang nehmen und abfahren können, während die anderen Schiffe wieder über das Quergleise damit bedient werden.

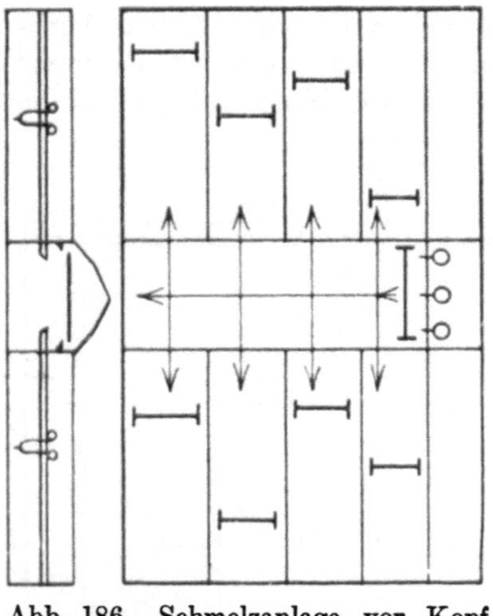

Abb. 186. Schmelzanlage vor Kopf einer Mittelhalle mit beiderseits angegliederten Seitenschiffen.

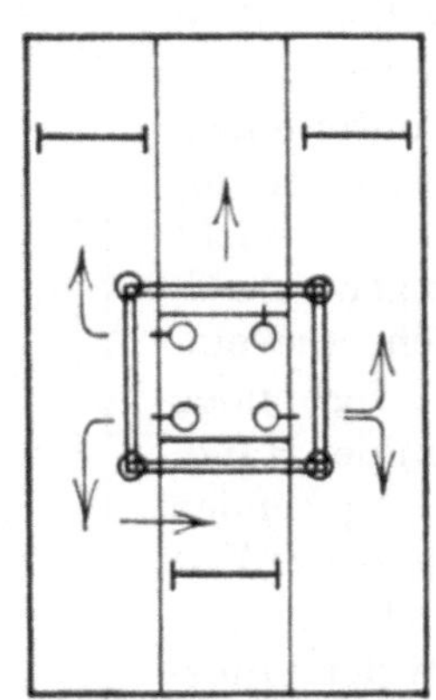
Abb. 187. Gießerei mit Schmelzanlage in der Mitte.

Bei der Erzeugung von schwierigem, großstückigem Guß, dessen Fertigstellung umfangreiche Arbeiten bedingt, kann die Zwischenschaltung eines besonderen Querschiffes (Abb. 185) nützlich sein, in dem diese Stücke fertiggestellt und abgegossen werden, und von dem aus auch die Verteilung des Eisens in die anderen Schiffe stattfindet.

Eine weitere, unter Umständen recht gut sich auswirkende Anordnung liegt in der Unterbringung der Schmelzanlage in einem zwischen die Form- und Gießabteilungen geschobenen Querschiffe (Abb. 186). Das Eisen wird vom Laufkran der Mittelhalle an den Kuppelöfen in Empfang genommen und, soweit es nicht in dem die Hauptmenge verbrauchenden Querschiff zu vergießen ist, an die Seitenhallen abgegeben. Diese Abgabe kann durch Absetzen auf in die Hallen führende Schmalspurgleise erfolgen, von denen weg es vergossen wird; oder man läßt die Kranbahnen der Seitenhallen so weit in die Querhalle vorkragen, daß deren Krane das abgesetzte Eisen unmittelbar anheben können.

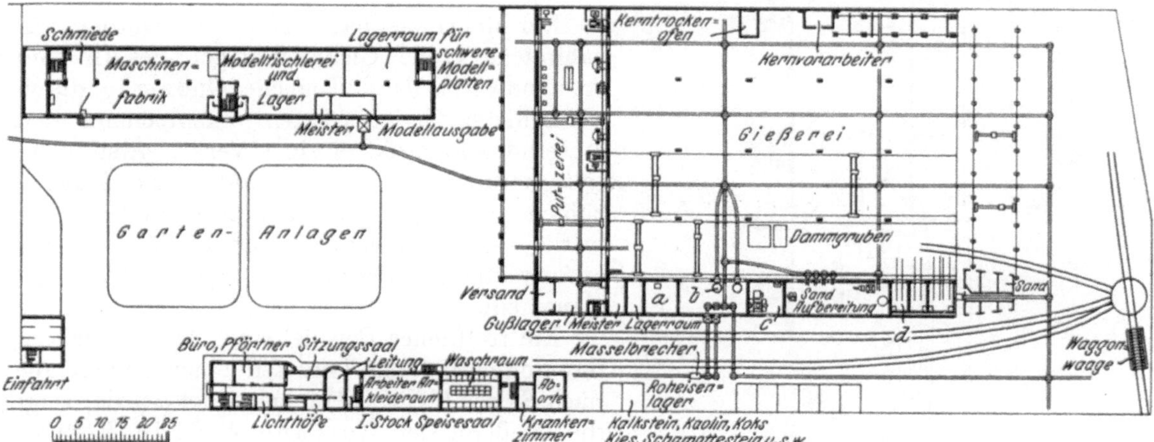

Abb. 188. Gießereianlage der Hartung A.-G. in Berlin, Lageplan.
a Reparaturwerkstätte, b Kuppelofen, c Gebläseraum, d Trockenkammer.

Recht glückliche Lösungen werden durch Anordnung der Schmelzanlage inmitten der Gießhallen möglich (Abb. 187). Die Verteilung des Eisens kann in drei Hallen unmittelbar

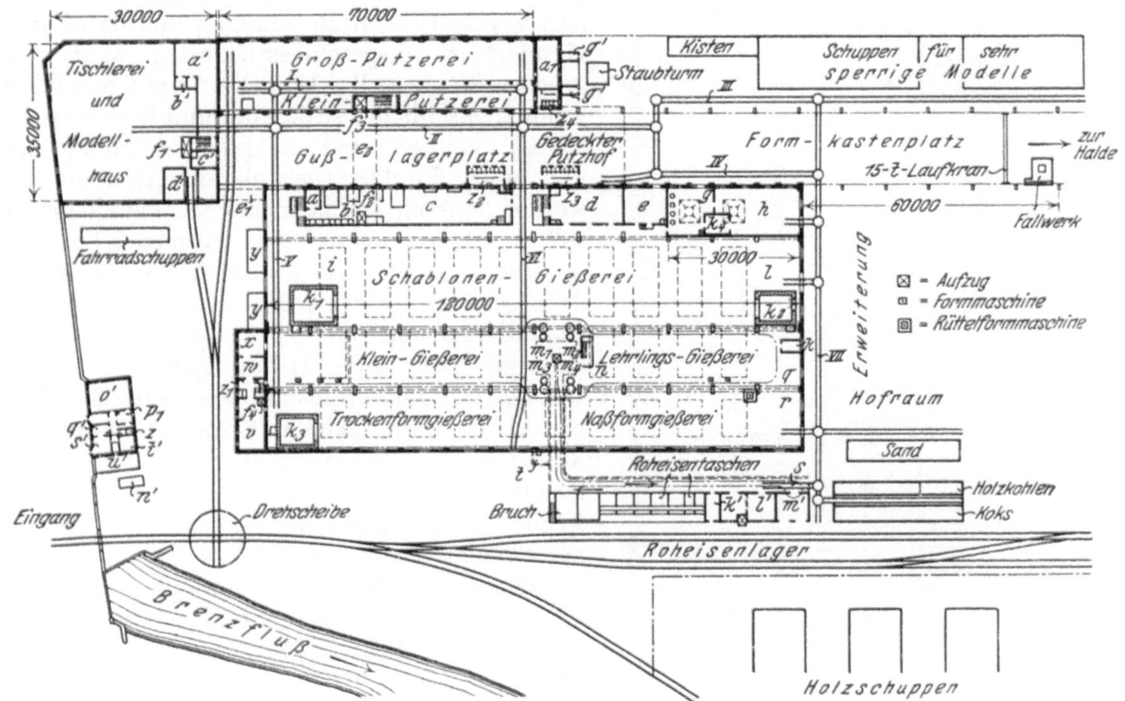

Abb. 189. Maschinenfabrik J. M. Voith, Grundriß der Anlage.
a Meisterzimmer, b Modellausgabe, c Modelleinnahme, d Schlosserwerkstatt, e Metallmagazin, f_1 bis f_4 Aufzüge, gh Metallgießerei, g Schmelz- und Gießraum, h Formraum, i Trockenzylinderformerei, k_1 bis k_4 Trockenkammern, l Walzengießerei, m Kuppelöfen, n Sandaufbereitung, q Kleinkernmacherei, r Großkernmacherei, t Kalksteine, v Zeichnungsabgabe, w mechanischer Prüfraum, x Meisterbude, y Fahrradschuppen, z bis z_4 Aborte, a' Ankleide- und Waschraum, b' Baderaum, c' Heizung, d' Holztrockenraum, e_1 und e_2 Übergänge, g Motoren zum Exhaustor, k_1 Magazin, l' Kokstasche, darunter Sandtasche, m' Koksschuppen, n' Bodenwage, o' Speisesaal, p' Anrichte, q' Krankenstube, s' Pförtner, t' Wiegezimmer, u' Vordach.

erfolgen, so daß dann die Weiterbeförderung nach den anschließenden Hallen verhältnismäßig wenig Schwierigkeiten verursacht. Die Zufuhr der Schmelzstoffe zu den Gichtbühnen erfolgt entweder über die Dächer einer Seitenhalle mittels Hängebahn,

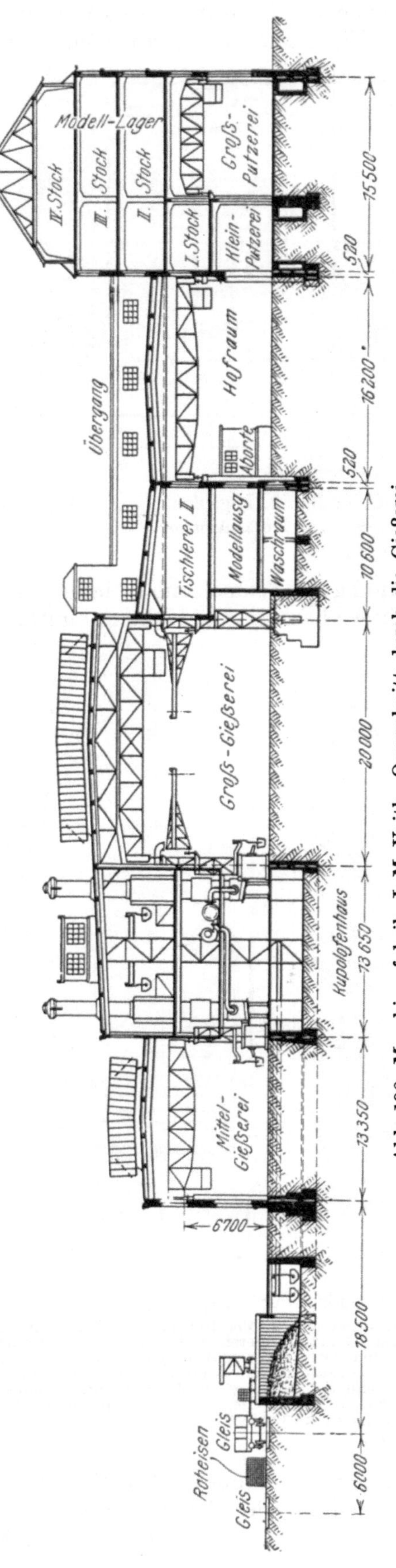

Abb. 190. Maschinenfabrik J. M. Voith, Querschnitt durch die Gießerei.

Laufkran bzw. Konsolkran oder unter der Gießereisohle durch Tunnels und mittels Gichtaufzug.

Der Mehrhallenbau bildet die Grundlage für zahlreiche große Gießereianlagen des In- und Auslandes. Teils sind solche Gußwerke durch allmähliche Erweiterungen entsprechend den steigenden Ansprüchen eines Werkes entstanden, teils beruhen sie aber — und solche Anlagen zählen zu den besten aller bestehenden Gußwerke — auf Plänen, die von vorneherein alle zu erwartenden Bedürfnisse zu befriedigen geeignet sind.

Ein treffliches Beispiel einer Anlage, bei der die Schmelzanlage inmitten einer Außenhalle nach Skizze (Abb. 181) angeordnet wurde, zeigt die Gießerei der Hartung A.-G. in Berlin-Lichtenberg[1]). Bei dem Entwurfe dieser im Jahre 1910 errichteten Anlage war man von folgenden Grundgedanken geleitet: Von der Anschlußstelle des Bahngleises bis zur Versandstelle dürfen nur die kürzesten Wege entstehen; aller Verkehr soll sich geradlinig nach den Putz- und Versandstellen zu bewegen und dabei jede Handarbeit ausgeschlossen sein; auch die größten Stücke sollen schnell und mit möglichst wenig menschlicher Arbeit hin und her befördert werden können, und die gesamte Anlage soll von einem Punkte aus unbehindert übersehen werden können. Die jährliche Erzeugungsmenge sollte 10 000 t Fertigware betragen. Da man in einer älteren Anlage bis dahin je Tonne Jahreserzeugung etwa 0,44 m^2 reine Gießereigrundfläche und 0,63 m^2 Gesamtgießereifläche (einschließlich aller Hilfsanlagen, aber ausschließlich Bedarfstoffschuppen) benötigt hatte, wurde die Formfläche mit rund 4350 m^2 und die gesamte Gießereifläche mit 6300 m^2 im Lichten bemessen. Der Hauptbau wurde in vier Felder geteilt (Abb. 188); zwei von Kranen bestrichene Felder von 15 bzw. 12,5 m Spannweite, bei 7,0 bzw. 5,5 m Nutzhöhe, sollten zur Erzeugung von großen Stücken dienen, die übrigen zwei Felder von je 15 m Breite, zur Erzeugung von Klein- und Mittelguß. Die Nebenbetriebe, soweit sie nicht in unmittelbarer Verbindung mit der Formerei und Gießerei stehen, fanden in gesondert gelegenen Gebäuden Unterkommen. Zur Verteilung der Normalspurgleise in die Gießerei (Abfuhr größter Stücke!), zum Roheisenlager und vor die Sandschuppen dient eine Drehscheibe. Ein Masselbrecher bestreicht den ganzen Roheisenlagerplatz. Die

[1]) Nach Plänen von Th. Ehrhardt in Berlin-Lankwitz ausgeführt; vgl. Stahleisen 1910. S. 1905/12.

Sandaufbereitung arbeitet selbsttätig und erfordert nur die Tätigkeit von zwei Leuten; der fertige Sand wird mit Muldenkippern auf Schmalspurgleisen verteilt.

Das Gußwerk von J. M. Voith in Heidenheim an der Brenz wurde auf Grund des Schemas (Abb. 187) entworfen[1]). Die Gießerei besteht aus vier Hallen, deren eine die zentral gelegene Schmelzanlage birgt. Abb. 189 zeigt den Grundriß der Anlage, dem unter anderem die Anordnung des Zufuhrgleises und seine durch eine Drehscheibe vermittelte Verbindung mit der Großputzerei und der Tischlereiabteilung zu entnehmen sind. Die Verbindung zwischen der Gießerei, der Putzerei, Tischlerei, den Modellagern und dem Fallwerke wird mittels eines Netzes von Schmalspurgleisen bewirkt. Die Kuppel-

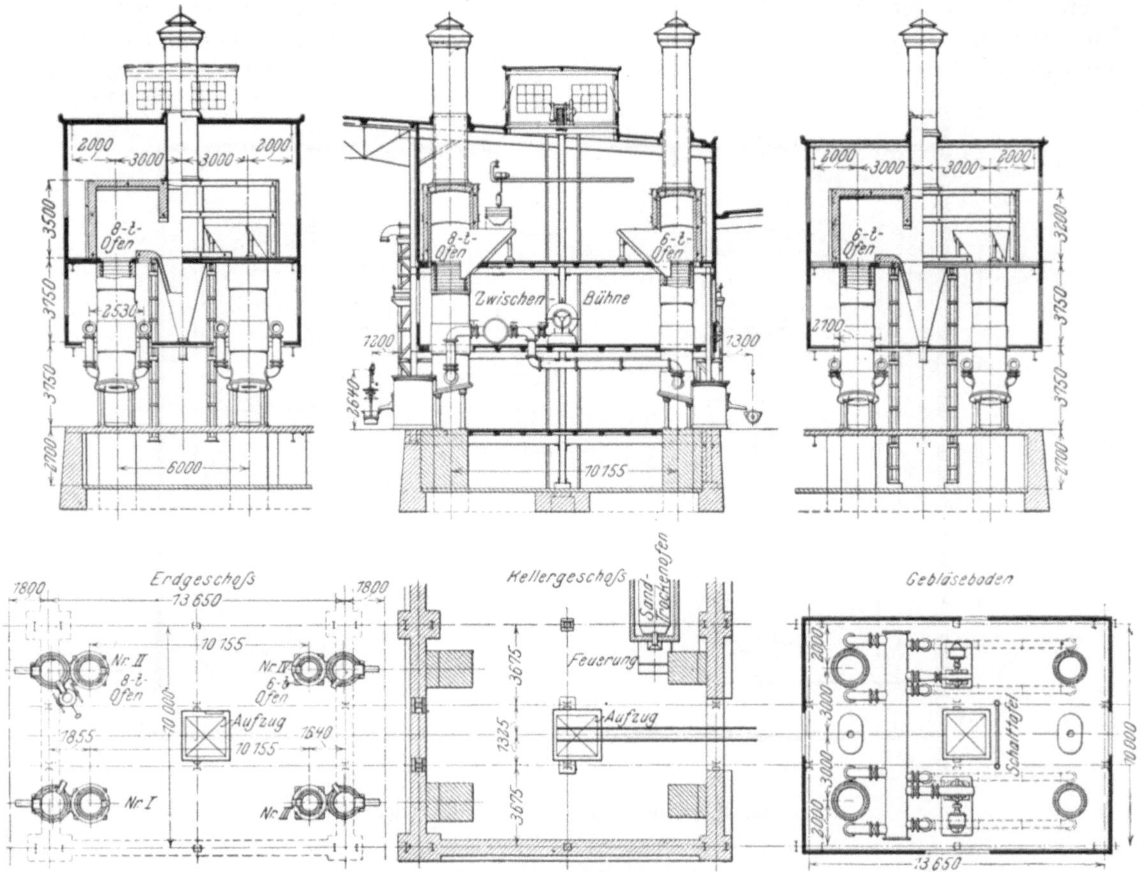

Abb. 191. Maschinenfabrik J. M. Voith, Schmelzbau.

ofenanlage bildet fast noch mehr als sonst das Herz des gesamten Betriebes. Sie ist in der schmalen Halle westlich der großen Hauptgießhalle angeordnet und vermag nach rechts und links die Former dieser Halle ebenso unmittelbar zu bedienen wie die Arbeitstellen in der Haupthalle und in der westlich gelegenen Außenhalle. Über die Verteilung der verschiedenen Betriebsabteilungen geben der Grundriß (Abb. 189) und der Querschnitt (Abb. 190) Aufschluß. Die Hallen sind in Eisenkonstruktion ausgeführt, die Außenwände in massivem Mauerwerk. Die Dächer wurden so reichlich mit Oberlichtern versehen, daß deren Gesamtfläche 55% des Dachgrundrisses ausmacht. Die im Brenztale herrschenden klimatischen Verhältnisse, die fast das ganze Jahr Ostwest- und Westost-Winde bringen, bedingten die Ausrichtung der Oberlichter quer zur Längsachse des Gußwerkes, wie sie dem Querschnitte (Abb. 190) zu entnehmen ist. Die Gesamtformoberfläche beträgt rund 5000 m², auf der eine jährliche Erzeugung von 10 000 t Guß für Papier-, Holzstoff-, Wasserturbinen- und andere Maschinen erreicht wird.

Sehr eigenartig und bemerkenswert ist die Anlage des Schmelzbaues. Die Beifuhr

[1]) Stahleisen 1914. S. 737/746, 1079/1087.

der Schmelzstoffe geschieht über eine unter den beiden schmäleren Hallen in Form einer Schleife durchlaufenden Elektrohängebahn von ingesamt 210 m Länge, die stündlich 14 t Roheisen und 1,4 t Koks und Kalk fördert. Am Ende des Tunnels befindet sich der Förderturm, in dem ein eintrümiger Aufzug die Rohstoffe hochbringt. Die Abb. 191 zeigt die Anordnung der vier Kuppelöfen, des Aufzuges und der in einem Zwischengeschosse untergebrachten Gebläseanlage. Den Verlauf der Hängebahnschleife auf der Gichtbühne läßt Abb. 192 erkennen.

Eine nach dem Schema Abb. 183 durchgeführte Gießereianlage, bei der die Kuppelöfen in loser Reihe so vor den verschiedenen Hallen liegen, daß fast jede Halle ihre eigenen Öfen hat, ist der Abb. 193 in mehreren Grundrissen und Schnitten zu entnehmen. Die mächtige Haupthalle von 20 m Breite wurde mit drei Kuppelöfen versehen, die nächstanschließende Halle erhielt zwei Öfen und die folgende nur einen Ofen, womit

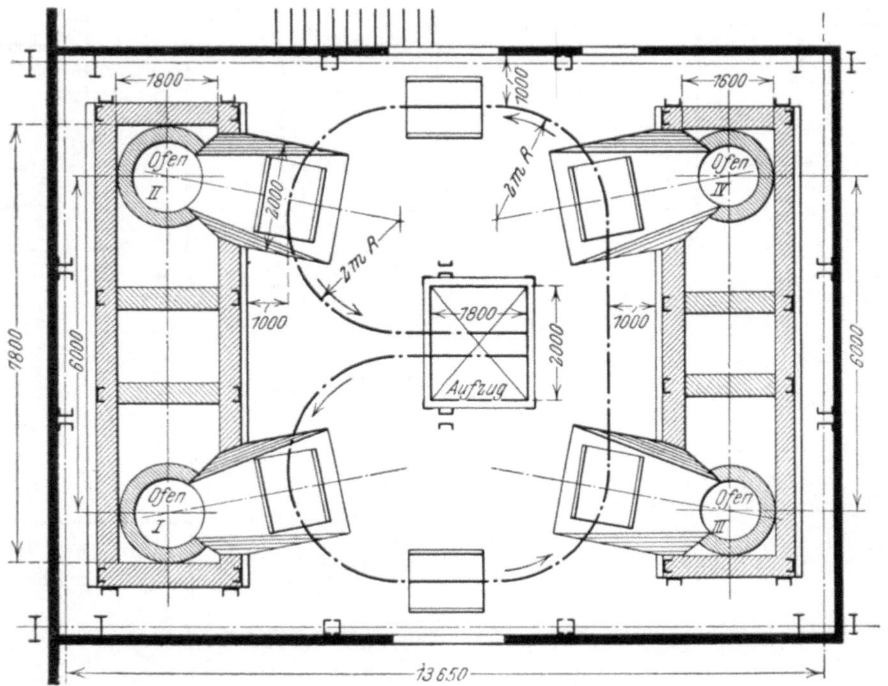

Abb. 192. Maschinenfabrik J. M. Voith, Gichtbühne.

der Eisenbedarf jeder Abteilung genügend gedeckt erschien. Die Anlage wurde in sechs Hallen gegliedert, deren erste vorzugsweise der Kernmacherei, den Trockenkammern und der Sandaufbereitung gewidmet ist, während die folgenden vier Hallen ausschließlich für reine Form- und Gießzwecke bestimmt sind. In der letzten Halle ist die Pfannenvorrichterei nebst der Schlosserei und Schmiede untergebracht. Hier fanden auch die Büros für den Betriebsleiter und die Meister, sowie die damit zusammenhängende Modellablage ein Unterkommen. Oberhalb der Kernmacherei, der Sandaufbereitung und der Trockenkammern wurde eine 80 m lange Magazinbühne vorgesehen, die sich über ein ganzes Schiff des Bauwerkes erstreckt. Sie ist durch eine Treppe und einen eigenen Aufzug mit der Sohle des Stockwerkes zu ebener Erde verbunden. Der Bühne gegenüber befindet sich mit ihr in gleicher Höhe ein Ankleide- und Waschraum für die Belegschaft. Durch diese Anordnung ergab sich sowohl eine glatte Verteilung des Eisens als auch ein in allen Einzelheiten trefflich ineinandergreifender Betrieb. Abb. 194 gewährt einen Durchblick durch sämtliche vor den Öfen sich erstreckende Hallen. Derselbe läßt auch die wirksame Belichtung durch eine Reihe von Oberlichtern erkennen. Nur für den Raum unter der Gichtbühne würde etwas mehr Tageslicht erwünscht sein.

Die Mannigfaltigkeit der erzeugten Waren ist vielfach ein Hauptgrund zur Anlage von Gießereien mit einer größeren Zahl ungleich breiter, langer und hoher Hallen. Die

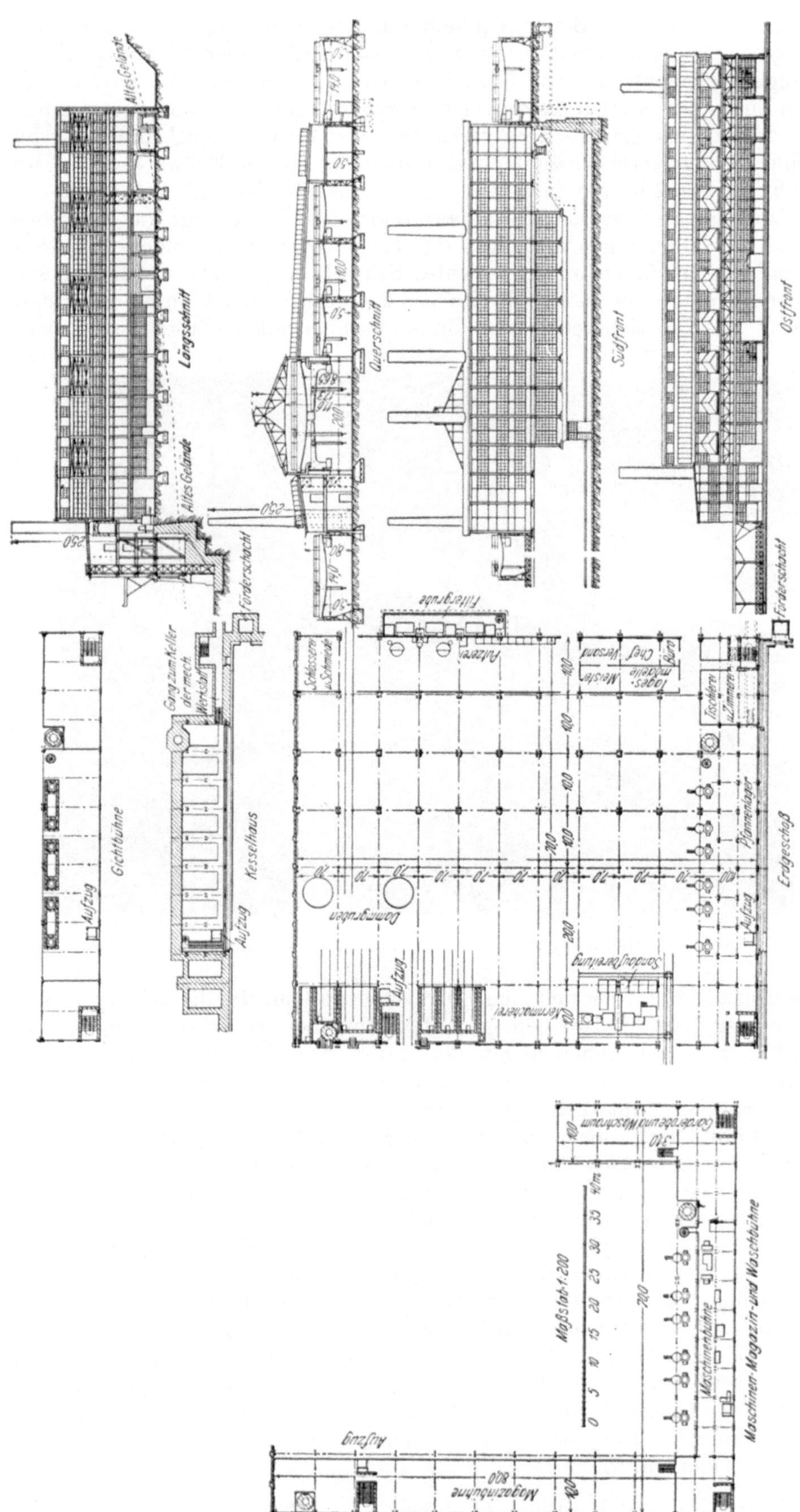

Abb. 193. Mehrhallenbau mit vor Kopf verteilter Schmelzanlage.

Verteilung der verschiedenen Betriebseinheiten und Nebenbetriebe erfolgt auch bei solchen Anlagen ungefähr in der bei Dreihallenbauten meist eingehaltenen Richtung. Tritt aber ein neues Erzeugungselement zu den in Graugießereien üblichen hinzu, wie es sich z. B. bei der organischen Einfügung eines Kleinkonverterbetriebes ergibt, so kann es notwendig werden, die übliche Anordnung gründlich zu verlassen. Ein Musterbeispiel dieser Art bietet der Entwurf einer Graugießerei für die G. und J. Jäger A.-G. in Elberfeld[1]). Hier wurde, wie die Abb. 195 und 196 erkennen lassen, ein Sechshallenbau mit einer quer einem Teil der Hallen vorgelagerten Schmelzanlage ausgestattet und mit rings um die Arbeitshallen angeordneten Hilfsabteilungen vereinigt. Den Kern dieser Anlage bildet ein Dreihallenbau mit vor Kopf zweier Hallen untergebrachter Schmelzanlage. Die mittlere dieser Hallen hat bei einer Länge von 80 m eine Breite von 20 m und eine Höhe bis zur Binderunterkante von 11 m. Die sich rechts und links anschließenden Hallen haben bei gleicher

Abb. 194. Mehrhallenbau nach Abb. 153, Durchblick durch die Hallen.

Länge eine Breite von je 10 m und eine Höhe von etwa 9 m. Da die sich ergebende Grundfläche nicht ausgereicht hätte, den gestellten Aufgaben zu entsprechen, hat man drei weitere Hallen von den Abmessungen der ersten zwei Seitenhallen angeschlossen und die Hilfsabteilungen ringsum so angeordnet, daß sie, ohne zeit- und arbeitraubende Umwege zu erfordern, mit dem Hauptbetrieb zusammenwirken[2]).

Das Außenbild der Anlage erhält ein eigenartiges Gepräge durch die Anordnung der Dächer. Das Satteldach der Haupthalle wurde zu Entlüftungszwecken mit einem durchlaufenden Reiter versehen und ragt über die anderen Dächer kräftig hervor. Die südwestlich sich anschließende Halle erhielt ein flaches Pultdach, das ausgiebig mit Oberlichtern versehen wurde. Die vier nordöstlich der Haupthalle gelegenen Hallen sind unter einem gemeinsamen Dache geborgen, das nur ein für den Wasserabfluß ausreichendes Gefälle hat. Durch diese Dachanordnung gewinnt der Bau äußerlich den Charakter eines Dreihallenbaues mit scheinbar sehr ungleich breiten Hallen. Da nur ein geringer Teil der Wandflächen zur Lichtspendung frei ist, mußte großes Gewicht auf möglichst reichliche Lichtzufuhr durch die Dächer gelegt werden. Die drei ersten Hallen nächst der großen Halle erhielten lange, sich über alle drei Hallen erstreckende Oberlichter, wodurch dunkle Streifen gründlich vermieden wurden. Nur die letzte Halle hat gesonderte Oberlichter.

[1]) Stahleisen 1917. S. 977; Gieß. 1927. S. 86/87. [2]) Stahlgießerei vgl. S. 378.

Die Schmelzanlage umfaßt vier Kuppelöfen und zwei Kleinkonverter. Ein Konverter arbeitet je mit zwei Kuppelöfen zusammen; jede dieser aus zwei Kuppelöfen und einem Konverter bestehende Einheit hat einen eigenen Schornstein. Die eine Gruppe

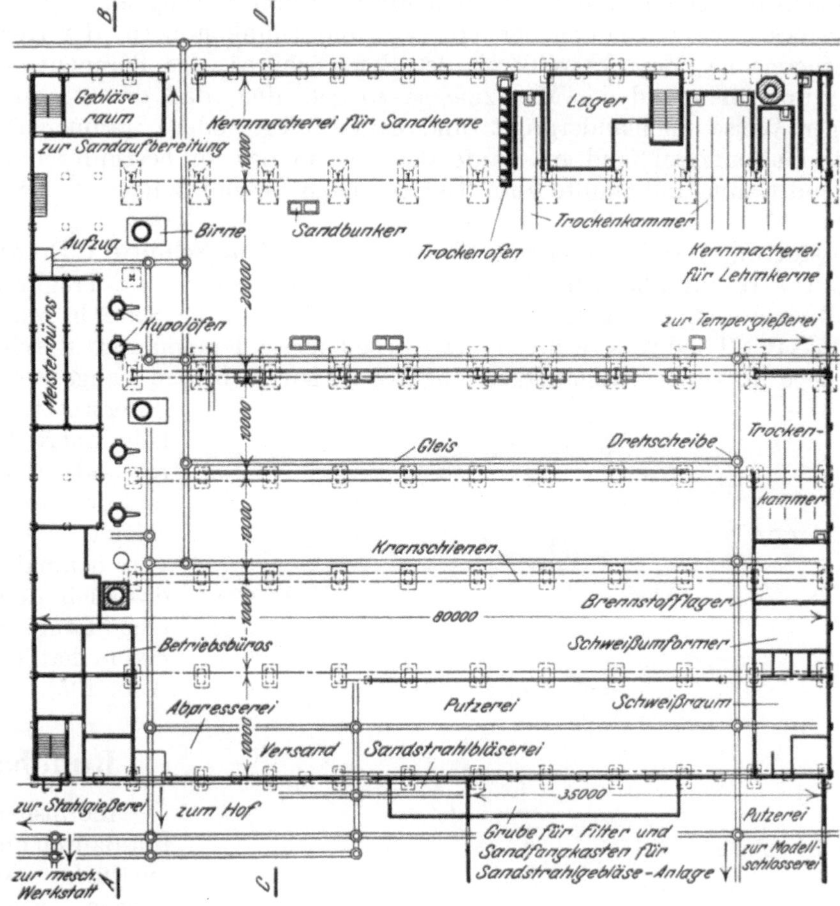

Abb. 195. Graugießerei der G. & J. Jaeger, A.-G. in Elberfeld, Grundriß.

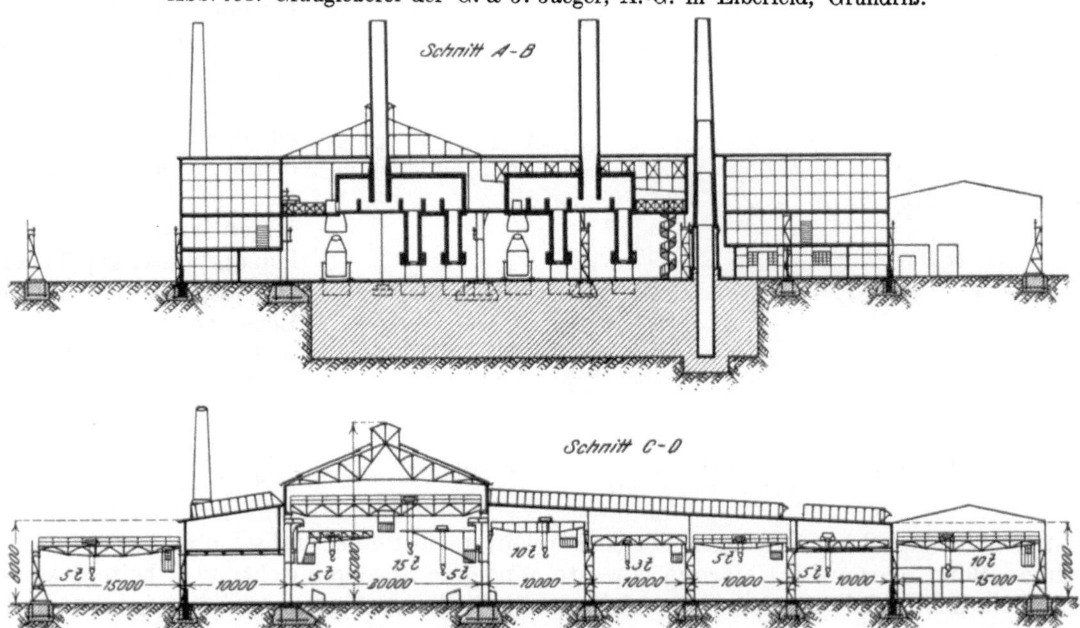

Abb. 196. Graugießerei der G. & J. Jaeger, A.-G. in Elberfeld, Schnitte durch die Anlage.

steht ganz zur Verfügung der großen Haupthalle, während die zweite Gruppe vor Kopf der beiden anschließenden schmalen Hallen verteilt wurde. Es wird nur von der Gichtbühne aus gegichtet, sie bietet mit 50 m Länge und 10 m Tiefe reichlich Raum zur Lagerung großer Schmelzstoffmengen und zur ungehemmten Durchführung eines gut geordneten Schmelzbetriebes. Die Verteilung der Trocken- und Glühkammern, der Kernmacherei, der Sandaufbereitung, der Schweißerei, der Betriebsbüros, des Pfannentrockenraumes hinter den Kuppelöfen und der Magazine ist so getroffen, daß die gesamte Arbeit in mustergültiger Weise ineinandergreift und lange Wege oder Stauungen vermieden werden. Die Gußputzerei fand im Laufe der Zeit in der ihr bestimmten Halle nicht mehr genügend Raum und mußte zum Teil in einem anschließenden Nebenbau Unterkunft finden.

Die Ausstattung der Gießerei mit Hebezeugen ist dem Schnitte CD, Abb. 196, zu entnehmen. Die Haupthalle wurde mit einem Laufkranen von 15 t Tragkraft und mit zwei Konsolkranen von je 5 t Tragkraft versehen, während die Seitenhallen über Laufkranen von 3—10 t Tragkraft verfügen. Die Arbeit dieser Kranen wird durch die zweier Hofkrane von 5 und 15 t Tragfähigkeit auf den Höfen zu beiden Langseiten des Baues unterstützt. — Der Verkehr innerhalb der Gießerei und zwischen dieser und den Nebenbetrieben erfolgt über ein Netz von Schmalspurbahnen, das allein in der Gießerei eine Länge von über 500 m hat (s. Grundriß, Abb. 195).

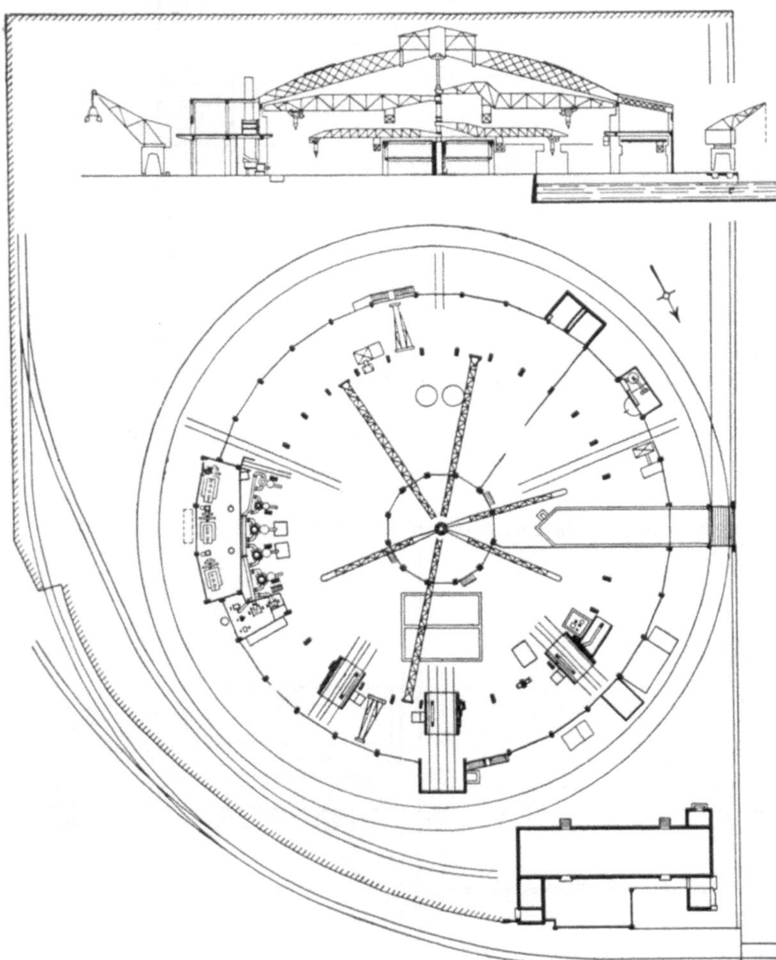

Abb. 197. Gießerei von Burmeister & Wain, Kopenhagen. Grundriß und Schnitt.

Rundbauten.

Alle bisher behandelten Bauten und Gießereientwürfe hatten im ganzen wie in den Einzelheiten rechteckige Grundform. Ihr Ersatz durch eine kreisrunde Grundform erscheint als ein recht kühnes Unternehmen, kann aber, wie das folgende Beispiel zeigen wird, recht nützlich und unter gegebenen Umständen die beste Lösung einer schwierigen Aufgabe bringen. Runde Ausführung einzelner Teile von Gießereianlagen liegen schon vielfach vor. Solche Ausführungen sind z. B. bei Rohr- und Hartgußräder-Werken, bei Gießereien, die auf eine Drehscheibe, auf ein kreisförmiges Band oder auf kreisförmig bewegte hängende Fördereinrichtung arbeiten, keine Seltenheit mehr. Die Ausführung einer ganzen Gießereianlage in kreisförmigem Grundrisse aber und die tadellose Anpassung des gesamten Betriebes an diese Grundform bedeuten eine neue Errungenschaft auf dem Gebiete des Gießereibaues.

Bei Anlage der Gießerei von Burmeister & Wain in Kopenhagen[1]) handelte es sich darum, ein verhältnismäßig kleines Grundstück von knappen, eng begrenzten Ausmaßen einem Gießereibetriebe so zunutze zu machen, daß die Vorteile der Lage am Hafen und an einem kurzen Stichkanal voll zur Geltung gelangten. Es sollte einerseits beste Verbindung mit dem Hafen geschaffen werden und anderseits auch die Möglichkeit glatten Bahnverkehrs gesichert sein. Man entschloß sich, die Gießerei mit kreisförmigem Grundriß so anzuordnen, daß der Mittelpunkt des Grundrisses nahezu an die Binnenmündung des Stichkanals zu liegen kam. Die Abb. 197 läßt diese Anordnung gut erkennen. Rings um den Gießereibau kam eine breitspurige, kreisrunde Gleisanlage, auf der ein Lokomotivkran von einem Ufer des Stichkanals zum anderen läuft. An der dem Kanal gegenüberliegenden Seite des Baues ist die Schmelzanlage mit fünf in einer Reihe liegenden Kuppelöfen untergebracht. Die Begichtung erfolgt mittels des Lokomotiv-Schwenkkranes, der auf dem Rundgleise verkehren kann. Ein zweiter, ähnlicher Schwenkkran mit geringerer Ausladung dient zum Verladen der Waren aus der Gießerei in die Schiffe. Zwei Gleisstumpen führen vom Rundgleis in das Innere der Gießerei, sie werden innen von einem der Drehkrane und außen von dem Verlade-Schwenkkran bedient. Auch das Bahnanschlußgleis liegt im Bereiche der beiden großen Schwenkkrane. Zwischen dem Rundgleis und der Außenmauer der Gießerei lagern die nicht gebrauchten Formkasten, deren Beförderung von und zu der Gießerei sich sehr einfach gestaltet.

Abb. 198. Gießerei von Burmeister & Wain, Kopenhagen. Ansicht der Gießerei.

Abb. 199. Gießerei von Burmeister & Wain, Kopenhagen. Blick in die große Rundhalle.

Der Gießereibau besteht aus einer großen, von Säulen getragenen Rundhalle und einer zweiten, wiederum von einem Säulenkranze getragenen Außenhalle. Inmitten der großen Halle liegt ein kleinerer zweistockiger Bau, in dem sich die Büros und verschiedene Wohlfahrtsgelegenheiten für die Angestellten befinden. Das Ganze wird von einem kuppelförmigen Dache überspannt, das mit zahlreichen, knapp aneinanderliegenden Oberlichtern versehen

[1]) Foundry 1928. p. 497/499, 501; Iron Coal Tr. Rev. 1928. p. 143/145; auszugsweise Gieß. 1928. S. 1011.

ist. Eine mächtige Säule bildet die Mitte des Baues, an der die strahlenförmig angeordneten Dachbinder Halt finden. Abb. 198 läßt das äußere Bild des Gußwerks erkennen, während Abb. 199 einen Blick in das Innere gewährt und Abb. 200 die nach außen reichende Gichtbühne und den Hofkran am Rundgleise zeigt.

Um die große Mittelsäule drehen sich in verschiedenen Höhen sechs Kranen, jeder im ganzen Kreise. Drei davon mit je 30 t Tragfähigkeit laufen auf einem Rundträger am inneren Säulenkranze, drei leichtere Krane mit je 10 t Tragfähigkeit auf der Mauer des innersten Kreisbaues. Unterhalb der Decke der äußeren Ringhalle sind vier Lauf- kranen von je 6 t Tragfähigkeit vorgesehen, die nahezu ringsum laufen können. Entsprechend der Leistungsfähigkeit der verschiedenen Kranen werden die großen und die kleinen Stücke in sehr verschiedenen Teilen der Gießerei geformt. Im oberen Stockwerk des Außenringes wird kleinster Guß angefertigt.

Abb. 200. Gießerei von Burmeister & Wain, Kopenhagen. Nach außen reichende Gichtbühne und Hofkran am Rundgleise.

Die Kern- und Formtrockenöfen sind so zwischen den inneren Tragsäulen angeordnet, daß es möglich ist, sie sowohl von der äußeren als auch von der inneren Halle aus zu benutzen. Die Sandaufbereitung befindet sich auf der Galerie des äußeren Ringes in nächster Nähe des Kanals und wird unmittelbar vom Zufuhrschiff aus mit Rohsand versehen. Eine kleine Elektrobahn verteilt den gebrauchsfertigen Sand an die verschiedenen Bedarfstellen. Die Gußputzerei an einer Seite des Kanals liefert den Guß, soweit er nicht mit der Bahn abbefördert wird, unmittelbar an die Frachtschiffe ab. Die Jahreserzeugung beträgt etwa 20000 t.

Mehrgeschossige Gießereien.

Zur Anlage mehrgeschossiger Gießereien gaben nur in ganz vereinzelten Fällen Platzmangel oder zu hoher Preis einer geeigneten Grundfläche Veranlassung; meistens handelte es sich darum, durch Verteilung der verschiedenen Betriebseinheiten auf mehrere Stockwerke Vereinfachungen und Ersparnisse im laufenden Betriebe zu erzielen. Insbesondere ließen sich Vorteile bei der Beförderung der Rohstoffe und halbfertigen Ware auf diese Weise erreichen. Das Land der mehrgeschossigen Gießereien sind bisher vornehmlich die Vereinigten Staaten von Nordamerika geblieben, woselbst schon seit Jahrzehnten eine nennenswerte Anzahl solcher Anlagen in nutzbringendem Betriebe sich befindet. Bei zweigeschossigen Bauten pflegt im oberen Stockwerke geformt und gegossen, im unteren der Guß abgekühlt und geputzt zu werden. Die Kernmacherei und die Sandaufbereitung können je nach Lage der Verhältnisse auf dem oberen oder unteren Stocke angeordnet werden; in beiden Fällen ergeben sich gute Lösungen. Der Verkehr zwischen den beiden Stockwerken wird durch senkrechte Aufzüge bewirkt, doch sind auch, insbesondere in Gießereien recht kleinstückiger Waren, Becherwerke, Schnecken mannigfacher Art und Rutschen in Verwendung. Bei mehr als zwei

Abb. 201. New London Ship and Engine Co., Außenansicht.

Geschossen findet sich naturgemäß eine große Mannigfaltigkeit in der Gliederung der verschiedenen Arbeitsvorgänge. Häufig wird dann der Sandaufbereitung ein eigenes Stockwerk zugewiesen, wozu entweder das höchstgelegene oder das tiefste (etwa das Kellergeschoß) herangezogen werden kann.

Zweigeschossige Anlagen nehmen im allgemeinen bei gleicher Leistung die halbe Grundfläche ein, die ein nur ebenerdiger Hallenbau erfordern würde; sie pflegen aber das Zwei- bis Dreifache eines solchen zu kosten. Die Betriebskosten werden mit der Anzahl der Stockwerke geringer, da die Beförderung der Rohstoffe und der Halb- und Fertigerzeugnisse vereinfacht und billiger wird. Vor allem lassen sich in mehrstöckigen Bauten die Auslagen für menschlichen Arbeitsaufwand ganz wesentlich verringern.

Ein Zwischenglied zwischen ebenerdigen und mehrstöckigen Anlagen bilden Gießereibetriebe, die infolge einer Geländestufe oder stark abfallender Grundflächen zweistufig ausgeführt wurden, so daß einzelne Abteilungen, etwa die Sandaufbereitung (Abb. 166 auf S. 302) oder die Gußputzerei (Abb. 227, S. 342 und Abb. 243/44, S. 351), in eine andere Höhenlage als die eigentliche Gießerei untergebracht wurden. In vereinzelten

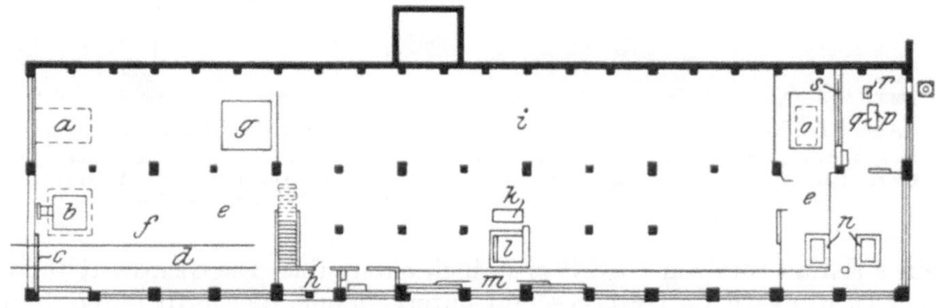

Abb. 202. New London Ship and Engine Co., Grundriß des Untergeschosses.

a Mündung des Verbindungschachtes, b Wage, c wagerecht verschiebbare Türe, d Gleise, e 150 mm starker Betonboden, f Gußputzerei, g Sandstrahlgebläse, h Eingang, i Abteilungen für Rohsand, k Sandmischmaschine, l Aufzug, m zweiteilige lotrechte Schiebetüren, n Trockenkammerschornstein, o Warmwasserkessel, p Kompressor, q 275 mm hoher Betonsockel, r Motor, s Ziegelmauer mit oberer Gasfüllung.

Fällen kann es auch nützlich werden, den Roheisenhof so hoch zu legen, daß die Begichtung der Öfen möglich wird, ohne die Schmelzstoffe höher heben zu müssen.

Die Anlage der New London Ship and Engine Co. in Croton, Conn., verdankt dem Vorhandensein einer günstig gelegenen Geländestufe die Art ihrer Ausführung [1]). Wie die Außenansicht des Werkes erkennen läßt (Abb. 201), besteht es aus einem Hauptstockwerke, das zur Hälfte oberhalb eines tiefer gelegenen Baues angeordnet ist, zur anderen Hälfte aber auf gewachsenem Boden ruht. Über dieser zweiten Hälfte erhebt sich ein weiteres Stockwerk. Die An- und Abfuhr der Rohstoffe und des fertigen Gusses erfolgt von der untersten Stufe aus, da nur auf dieser ein Bahnanschluß möglich war. Man brachte darum das Sandlager und die sonstigen Roh- und Hilfstofflager, die Gußputzerei und die Versandabteilung hier unter. Die Verbindung mit dem Obergeschoß stellen ein Zweitonnenaufzug und eine breite Treppe her (Abb. 202).

Das obere Geschoß wird durch eine Säulenreihe, die zugleich dem Dache als Stütze dient, in zwei Schiffe geteilt (Abb. 203). Die 53,4 × 16 m große Haupthalle ist mit zwei Laufkranen von 5 und 10 t Tragfähigkeit versehen, deren einer den Guß durch den Verbindungschacht d am nördlichen Hallenende in die Gußputzerei befördert. Das Seitenschiff ist zweigeschossig ausgeführt mit einem Zwischengeschoß. Auf gleicher Höhe mit der Haupthalle befindet sich die mit zwei Trockenkammern und einem Trockenofen ausgestattete Kernmacherei, an die sich eine Temperabteilung anschließt, worauf der Schmelzbau den Abschluß bildet. Im Zwischengeschoß liegt ein Ankleide- und Waschraum, der vom Hauptgeschosse mittels einer Wendeltreppe erreichbar ist. Das obere Stockwerk umfaßt die Gichtbühne und ein chemisches Laboratorium. Die Haupthalle und die Anlagen im zweigeschossigen Seitenschiffe liegen unter einem

[1]) Foundry 1917. p. 43/47; auszugsweise Stahleisen 1919 S. 321/324. Gieß. 1927. S. 908/909.

Dache von gleicher Höhe (Abb. 201). Die Putzerei am Nordende des Unterbaues (Abb. 203) erhält den rohen Guß durch den beide Stockwerke verbindenden Schacht d und a (Abb. 202 bzw. 203) und gibt die fertige Ware unmittelbar an die Wagen eines Normalspurgleises ab, das sie auf eine Schiebebühne außerhalb des Südendes des Baues befördert, von wo sie den Bearbeitungswerkstätten zugeführt wird. Die Putzerei wird

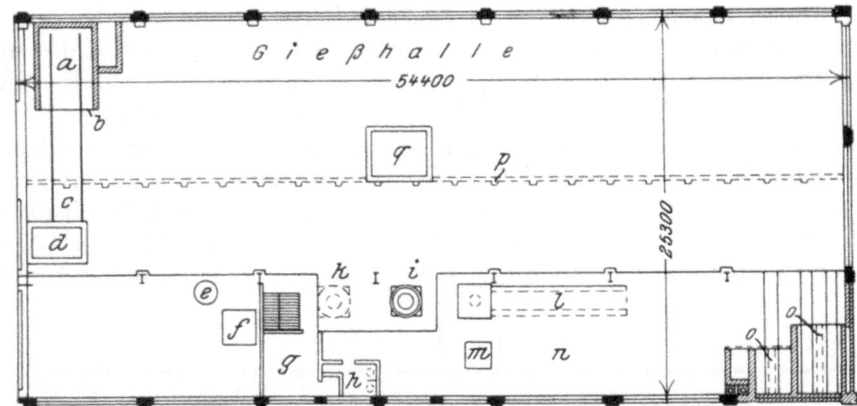

Abb. 203. New London Ship and Engine Co., Grundriß des Hauptgeschosses.

a Trockenkammer, b Rolladen, c Gleise, d Verbindungschacht der Gußputzerei, e Elektroofen, f Staubsammler, g Kanzlei, h Abort, i Kuppelofen, k künftiger Kuppelofen, l künftiger 6-t-Temperofen, m Aufzug, n Kernmacherei, o Kerntrockenkammern, p Stützmauer im Untergeschoß, q Gießgrube.

mit Hilfe eines Exhaustors von $7^1/_2$ PS gründlich entstaubt. Die Sandaufbereitanlage ist neben den 10 Bunkern im Untergeschoß untergebracht; der aufbereitete Sand gelangt durch den Verbindungschacht in das obere Stockwerk.

Der Lüftung und Beheizung der ganzen Anlage wurde besondere Sorgfalt gewidmet. Im Dache der Gießhalle befinden sich zwei Sturtevant-Ventilatoren von

Abb. 204. New London Ship and Engine Co., Blick in die Gießhalle.

$7^1/_2$ PS mit 1200 mm Flügeldurchmesser, die so eingebaut sind, daß sie bei geöffneten unteren Fensterflügeln auch im Ruhezustande luftabsaugend wirken, in Tätigkeit gesetzt aber selbst während der schlimmsten Rauch- und Gasentwicklung beim Gießen eine reine Atmosphäre im Arbeitsraum gewährleisten. Die Warmwasserheizung, deren Kessel im Untergeschosse neben dem Kompressorraume untergebracht ist, sichert durch reichlich bemessene, über die gesamte Anlage verteilte Heizkörper im Falle niedrigster Außentemperatur eine Innenwärme von $15^1/_2{}^0$. Am Tage hat das Sonnenlicht fast ungehemmten Zutritt zu den meisten Arbeitsräumen, insbesondere zur Gießhalle und zur Kernmacherei.

Die künstliche Beleuchtung wird in der Haupthalle durch oberhalb der Kranbahn angebrachte Stickstofflampen und durch vier starke Lampen unterhalb des Laufkranes (Abb. 204), die sich mit diesem hin und her bewegen, bewirkt. Außerdem befindet sich an jeder Säule in 1,2 m Höhe ein Steckkontakt zum Anschlusse für Einzelglühlampen. Daß auch alle übrigen Räume reichlich mit Glühlampen versehen sind, bedarf kaum der Erwähnung. Das Netz der Preßluftleitung (6 at) erstreckt sich über die ganze Gießerei, Kernmacherei und Putzerei, an jeder Säule befindet sich eine Anschlußstelle. Die Anlage ermöglicht es, mit nur 92 Mann (darunter 25 Former und 23 Kernmacher) eine Leistung von täglich 30 t im regelmäßigen Betriebe zu erreichen. Dabei handelt es sich hauptsächlich um Teile für Dieselmotoren, also um empfindliche, fast durchweg zu bearbeitende Ware, die beste Former- und Kernmacherarbeit bedingt.

Zweigeschossige Anlagen.

Die Gießerei für landwirtschaftliche Maschinen von John Dure & Co. in Moline, Ill., U. St. A. bietet ein treffliches Beispiel einer gut durchgearbeiteten, zweigeschossigen Gießerei [1]). Die ganze Anlage hat kreuzförmigen Grundriß und besteht aus einem

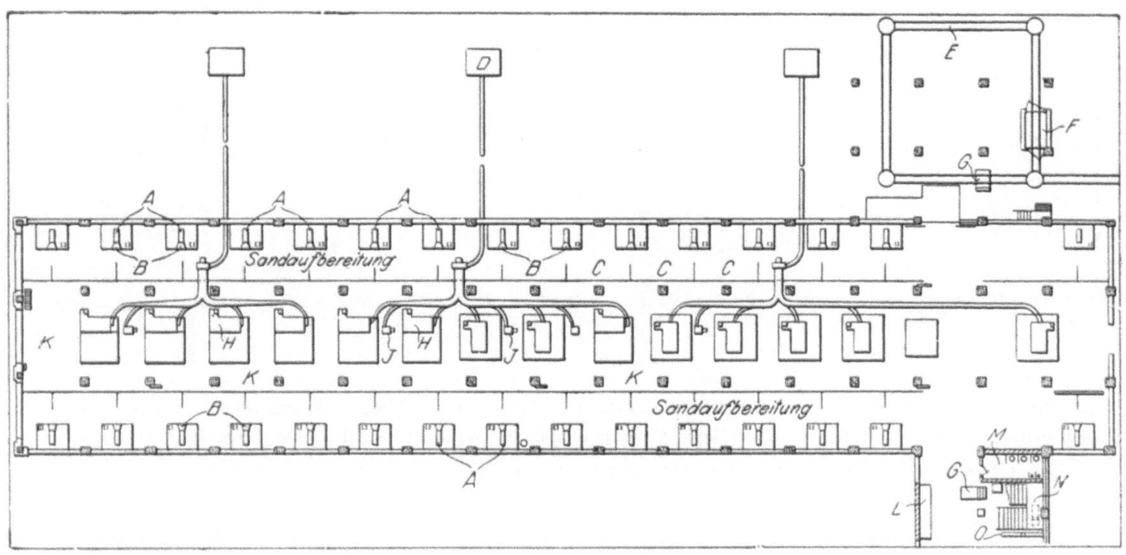

Abb. 205. John Dure & Co. in Moline. Gießerei für landwirtschaftliche Maschinen. Unteres Stockwerk.
A Becherwerke, B Sandschleuder, C Abteilungen für Formsand, D Staubsammler, E Schmalspurgleise, F Aufzug, G Wage, H Scheuertrommeln, J Schmirgelschleifmaschinen, K Gußputzerei, L Schaltbrett, M Abort, N Gaserzeuger, O Aufzug.

Hauptbau von 164 m Länge und 18 m Tiefe. In seiner Mitte schließt sich das Kuppelofengebäude an und ihm gegenüber mit dem Hauptbau durch einen kleinen Zwischenbau verbunden, ein Hilfsgebäude (s. S. 275). Alle Bauten sind zweigeschossig ausgeführt, der Kuppelofenbau erforderte zufolge der Notwendigkeit einer höher liegenden Gichtbühne noch ein drittes Stockwerk. Die Bauten sind teils in Eisenbeton, teils aus eisernem Rahmenwerk und teils aus Glas errichtet; die Langseiten der großen Halle bilden, soweit sie nicht von den beiden Anbauten unterbrochen werden, eine einheitliche Glaswand.

Wie die Abb. 205 und 206 [2]) erkennen lassen, nimmt das untere Geschoß die Gußputzerei und die Sandaufbereitung, das obere die Formerei und Gießerei auf. Die Einteilung des unteren Geschosses ist so getroffen, daß sich durch seine ganze Mitte die Putzerei erstreckt, während an beiden Langseiten, von dieser durch mannshohe hölzerne

[1]) Vgl. Foundry 1915. p. 85/92; auszugsweise Stahleisen 1915. S. 1001/1004.

[2]) Die Abb. 205 und 206 zeigen nur die eine Hälfte der Anlage mit 103,6 m Länge. Nach Ausführung des Baues in seiner ganzen Länge von 164 m nahmen der Schmelzbau und das Hilfsgebäude die Mitte der Anlage ein.

Zwischenwände getrennt, die Sandaufbereitung untergebracht ist. Im Grundriß des oberen Stockwerkes fallen zwei Reihen großer Quadrate 1, 2, 3, 4 usw. auf, sie stellen Öffnungen von 3×3 m lichter Weite in der Gießereisohle dar, die mit Gitterrosten abgedeckt sind. Auf diesen Rosten wird abgegossen, ebenso werden auf ihnen die abgegossenen Formen entleert. Der Formsand fällt durch das Gitter in eine Rinne, die ihn in den Aufbereitungsraum gelangen läßt. Nach entsprechender Auffrischung bringt ihn ein Becherwerk wieder in die Formerei im oberen Stockwerke, wo er selbsttätig auf hölzerne Böden ausgeleert wird. Von dort schaufeln ihn die Former in ihre Formmaschinen, worauf sich derselbe Vorgang wiederholt. Die Abgüsse gelangen durch die zur betreffenden Formeinheit gehörenden Rutschen a, b, c usw. in die Gußputzerei in der Mitte des Erdgeschosses. Sie landen auf Gittertischen, von denen die Stücke in Scheuertrommeln gebracht werden, um schließlich nach dem Schleifen in Fässer verpackt und versandt zu werden. Die Putzerei ist selbstredend auch mit allen sonstigen Behelfen gut ausgestattet, ihre sämtlichen

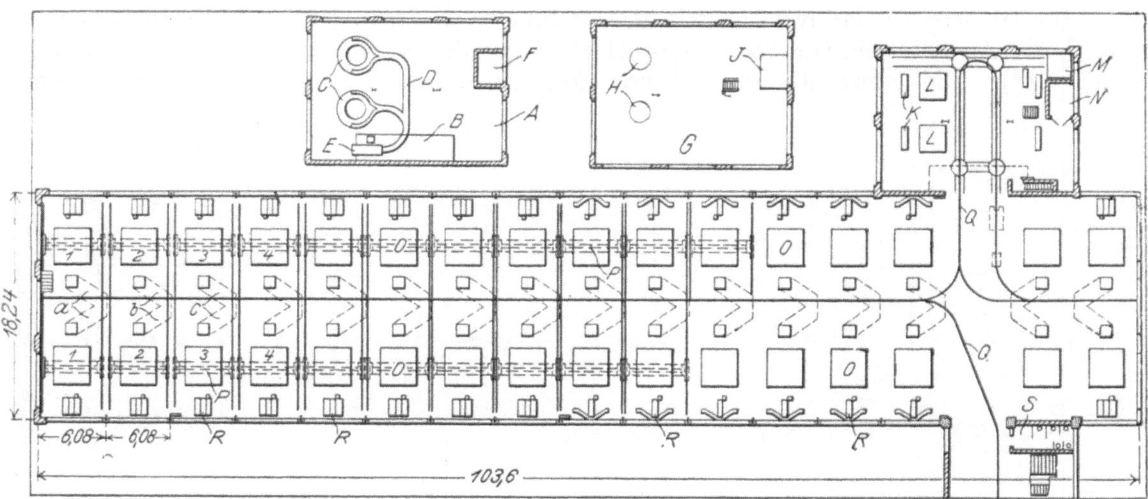

Abb. 206. John Dure & Co. in Moline. Gießerei für landwirtschaftliche Maschinen. Oberes Stockwerk.

A Kuppelofen mit Gebläsebühne, B Bühne, C Kuppelöfen, D Windleitung, E Schleudergebläse, F Gichtaufzug, G Gichtbühne, H Kuppelofenaufsätze, J Gichtaufzug, K Schlackensammler, L Kuppelöfen, M Pfannenofen, N Aufzug, O Gitterroste, P Laufkran mit Preßlufthebezeugen, Q Einschienige Hängebahn, R Sandverteiler, S Abort.

Hilfsmaschinen haben Sonderantriebe, nur die Scheuertrommeln wurden gruppenweise zusammengezogen.

Der dreistöckige Schmelzbau in der Mitte der einen Längsseite enthält zu ebener Erde Lagerplätze für Schmelzstoffe und Zufuhrgleise zum Aufzug, im ersten mit der Gießereisohle bündigen Stockwerke die Abstichhalle, auf einer Zwischenbühne befinden sich die Gebläse und im zweiten Stockwerk die Gichtbühne. Die Sätze werden zu ebener Erde ausgewogen, in Gichtwagen hochgehoben und mechanisch in den Ofen gekippt. Die Öfen liefern in zehnstündigem Betriebe je 130 t flüssiges Eisen, das in Zehntonnenpfannen abgefangen wird. Die Verteilung erfolgt auf einer Hängebahn mit Führerstand, deren Antrieb elektrisch geschieht.

Die Kernmacherei mit der Kernsandaufbereitung ist im Hilfsgebäude gegenüber dem Schmelzbaue untergebracht (Abb. 132 und 133 auf S. 274). Die Bodenhöhen dieses Gebäudes stimmen mit denen des Hauptbaues überein. Zu ebener Erde befindet sich das Modellager L (Abb. 132), die Kernsandaufbereitung E, eine kleine mechanische Werkstatt A und ein Raum für erste Hilfeleistung bei Unfällen J. Im oberen mit der Gießhalle bündigen Stocke (Abb. 133) sind die Kernmacherei E, das Kernlager B, Büros A, Wasch- und Baderäume K und M untergebracht. In dem das Hilfsgebäude mit dem Hauptbau verbindenden Zwischenbau befinden sich ein geräumiges Stiegenhaus, ein großer Aufzug und Bedürfnisanstalten.

Die ganze Anlage wird durch Dampf von 0,7 at erwärmt. In der Formerei kommen auf 1000 m³ Raum 4,2 m² Radiatorenfläche, in der Sandmacherei und Gußputzerei je 5,1 m² Rippenrohrheizfläche, im Schmelzbau 2,95 m² Radiatorenfläche. Hebezeuge und Formmaschinen werden mit Preßluft betrieben; die Kerntrockenkammern sind mit Gas beheizt.

Das Ausbringen je Flächeneinheit bei gegebener Gesamtgrundfläche hängt bei mehrstöckigen Gußwerken noch mehr als bei ebenerdigen Gießereien von der besten Anordnung aller Betriebseinheiten und von deren vollkommenster Ausstattung mit Förderbehelfen aller Art ab. Bei Gießereien, die Guß verschiedener Art, ungleicher Größe und wesentlich verschiedenen Gewichtes zu erzeugen haben, ist der Art und dem Umfange der verwendbaren Förderbehelfe verhältnismäßig bald eine Grenze gezogen. Handelt es sich dagegen um Waren von durchaus gleicher Art und nahezu derselben Größe, so bieten sich bei mehrstöckigen Anlagen recht weitgehende Möglichkeiten.

Ein solcher Fall liegt bei einer amerikanischen Bremsklotzgießerei vor[1]). Es ist hier gelungen, mit einem zweistöckigen Bau durch

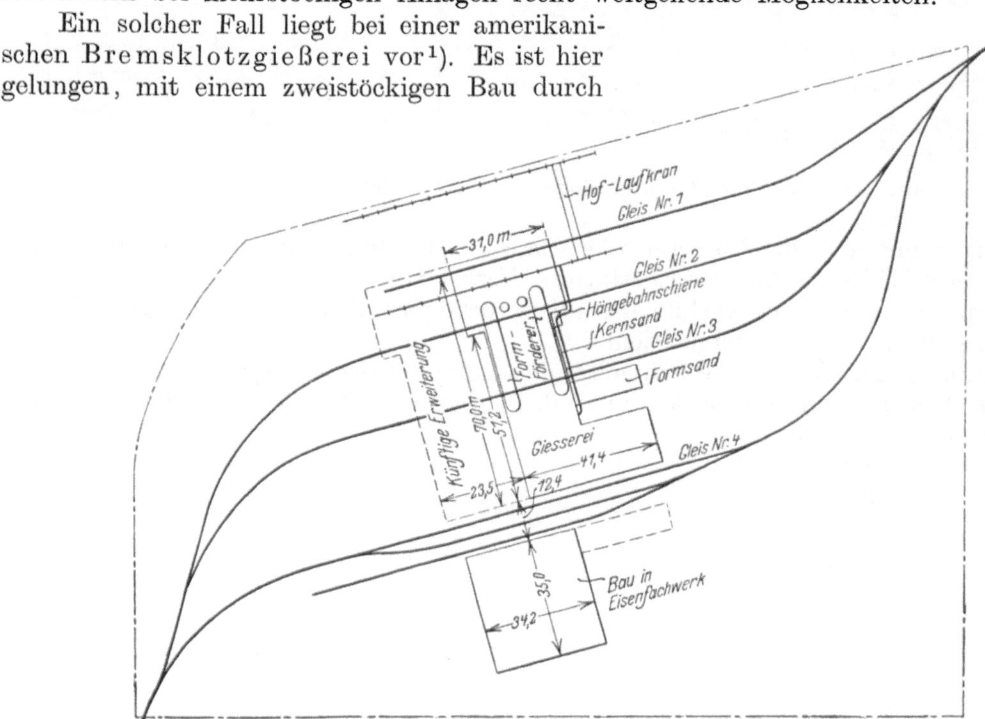

Abb. 207. John Dure & Co. in Moline. Bremsklotzgießerei, Lageplan.

geschickte Anordnung der Empfang- und der Versandabteilungen in Verbindung mit dem Bahnanschlußgleise und Schaffung einer mit allerlei Förderbehelfen ausgerüsteten, ununterbrochen arbeitenden Gießereieinrichtung auf engem Raume zu sehr beträchtlichen Leistungen je Grundflächeneinheit zu gelangen. Wie der Lageplan des Werkes, Abb. 207, zeigt, erfolgte die allgemeine Anordnung unter dem Gesichtspunkt möglichst ungehemmten Verkehrs von täglich großen Warenmengen. Die verschiedenen Betriebs- und Lagerabteilungen: das Schmelzstofflager mit der Kuppelofenanlage, das Sandlager mit der Formsandaufbereitung, die Kernmachereien und die Gußputzerei mit der Versandabteilung haben durchwegs guten Anschluß an das Normalspur-Hauptgleise. Letzteres teilt sich nach dem Eintritt in den Werksbereich in vier Stränge, deren einer stumpf am Schmelzstofflager mündet, während die drei anderen in paralleler Richtung das Werk durchziehen, um sich schließlich zum gemeinsamen Abfuhrgleise wieder zu vereinigen.

Das zweigeschossige, mit einem doppelten Satteldach versehene Gießereigebäude (Abb. 208) von 65,2 m Länge und 21,3 m Breite ist in Eisenfachwerk ausgeführt, seine Wände bestehen zum größten Teil aus Fenstern, das Dach ist mit großen Oberlichtern ausgestattet. Am einen Ende des Baues schließt sich der Schmelzbau mit dem Rohstofflagerplatz an, am anderen Ende befinden sich zu ebener Erde die Putzerei und die

[1]) Foundry 1914. p. 11/14; auszugsweise Gieß.Zg. 1914. S. 258/262; Stahleisen 1914. S. 1565/1658.

Versandabteilung, für welch letztere ein Anbau von 17 m Breite und 21 m Länge nötig wurde. Ungefähr in der Mitte des langen Gebäudes stoßen zwei Sandlagerhallen von je 21 m Länge an dasselbe an (Abb. 209). Sie stehen durch Schmalspurbahnen mit den Sandaufbereiträumen und der Kernmacherei in Verbindung. Im oberen Stockwerk befinden sich die Kuppelöfen, dort wird geformt und gegossen, und von dort gelangt

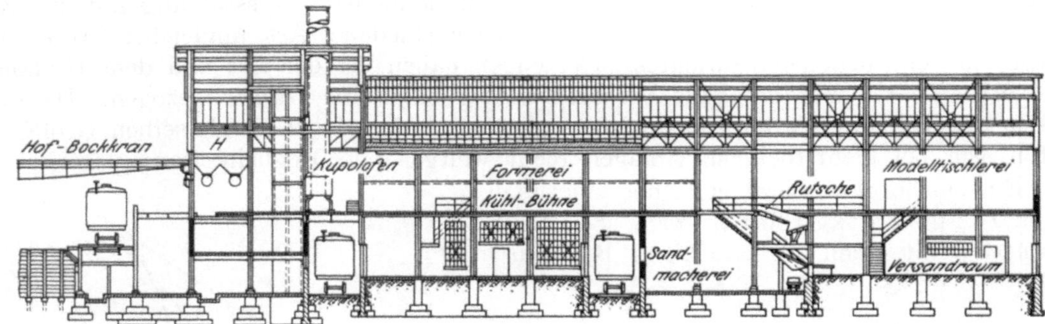

Abb. 208. John Dure & Co. in Moline. Bremsklotzgießerei, Längsschnitt.

der Guß nach unten in die Putzerei. Am Ende der Gießhalle ist die recht geräumige, mit zahlreichen Hilfsmaschinen ausgestattete Werkstätte zur Anfertigung von Modellen und Formplatten und zur Ausführung aller vorkommenden Ausbesserungen an der maschinellen Einrichtung untergebracht.

Die Schmelzanlage. Alle Schmelzstoffe laufen auf dem hochgeführten nördlichen Gleis Nr. 1 (Abb. 207) ein und werden durch den Hofkran von 30 m Spannweite abgeladen, Die vom Kran bestrichene Fläche ist 64 m lang und 29 m breit. Ein Teil dieser Fläche wird von parallel angeordneten Schmalspur-

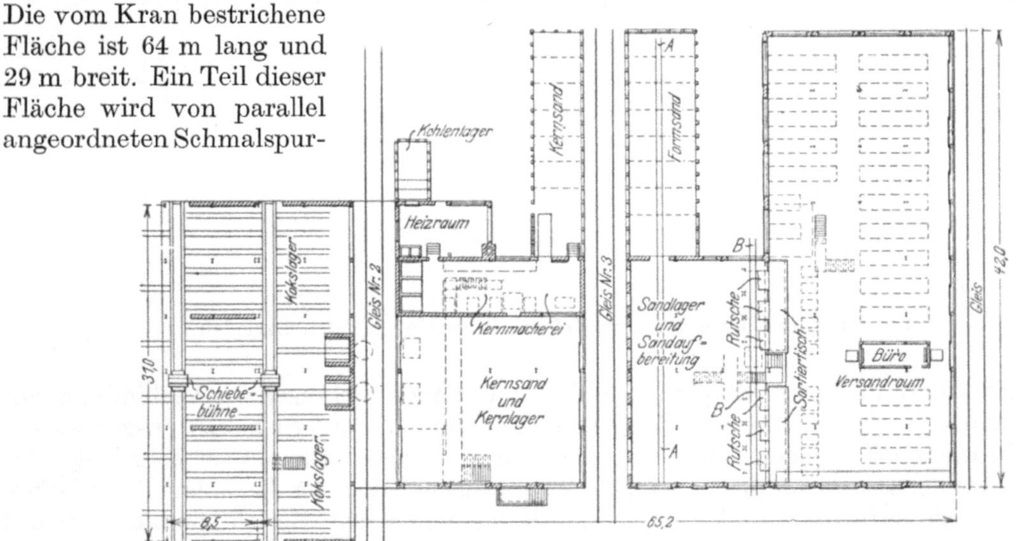

Abb. 209. John Dure & Co. in Moline. Bremsklotzgießerei, Grundriß des unteren Stockwerks.

gleisen durchzogen, die durch zwei Schiebebühnen miteinander verbunden sind und die auch eine Verbindung mit den beiden Kuppelofenbauaufzügen herstellen. Man kann den Koks vom Gleis Nr. 1 abladen oder ihn auf dem Gleis Nr. 2 zuführen und von diesem aus unmittelbar den Aufzügen übergeben. Er gelangt in Behälter oberhalb der Gichtbühne (H in Abb. 208, links), aus denen er durch auf genaues Maß einstellbare Zuteileinrichtungen in Kippwagen abgezogen wird, um den Kuppelöfen aufgegeben zu werden. — Das Roh- und Brucheisen wird vom Lager oder unmittelbar vom Bahnwagen mit Hilfe der Schiebebühnen in Gichtwagen auf die 12,5 m über der unteren Gießereisohle liegende 12,5 × 10,6 m große Gichtbühne befördert. Die beiden Kuppelöfen von 2,5 m Weite liefern je nach der Stärke ihrer Ausmauerung stündlich 14—18 t flüssiges Eisen. Das Eisen wird in große Pfannen abgestochen, aus denen es in kleinere Hängepfannen abgefüllt wird. Jeder Ofen hat seine eigene geschlossene Hängebahn, auf der drei Pfannen verkehren. Die Hängebahnen laufen zum Teil am Kehrende des Formkastenförderers entlang, so daß genügend Zeit zum Gießen bleibt. Abb. 210 läßt diese Anordnung erkennen.

Die Formeinrichtung. Die ganze Anlage besteht aus zwei voneinander durchaus unabhängigen Einheiten. Sie werden nur beide von einer Hängebahn bedient, deren eines Ende am Formkastenhofe

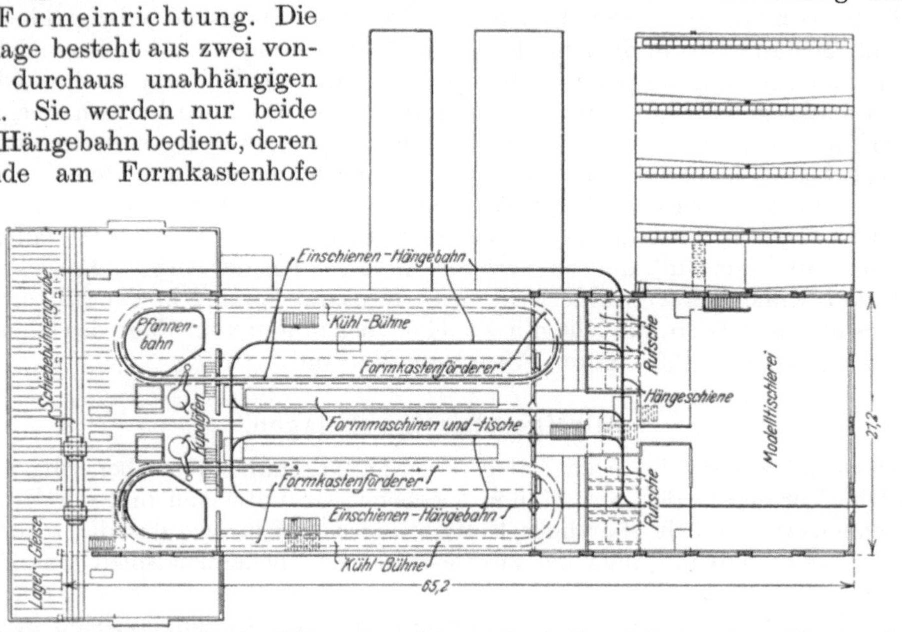

Abb. 210. John Dure & Co. in Moline. Bremsklotzgießerei, Grundriß des oberen Stockwerks.

mündet, während das andere durch die Formplattenwerkstatt reicht und so deren Verbindung mit dem übrigen Betrieb herstellt. Jede der beiden Formereieinrichtungen ist mit einem geschlossenen Formkastenförderer von 40 m Länge und 6 m Breite ausgestattet, der aus einer Reihe kleiner vierrädriger, durch Karabiner miteinander verbundener Wagen besteht. Die Wagen fassen je zwei ganze Formkasten, der Antrieb erfolgt mittels Kettenrad und Elektromotor am Gießende des Förderers. Innerhalb der Bahn des Kastenförderers steht eine Reihe von Formmaschinen, deren Kasten nach dem Ausheben des Modells auf Tische zwischen den Ober- und Unterteilmaschinen abgesetzt werden. Nach Fertigstellung zweier Formkasten werden sie auf die Förderbahn abgesetzt. Die abgegossenen Kasten gelangen nach dem Durchlaufen der Kehre nächst der Gießstelle in die ins Freie nahezu offene Kühlbühne von 24,4 m Länge, 1,45 m Breite und 1,8 m Höhe (Abb. 210), die durch eine Reihe von Ventilatoren ständig gekühlt wird.

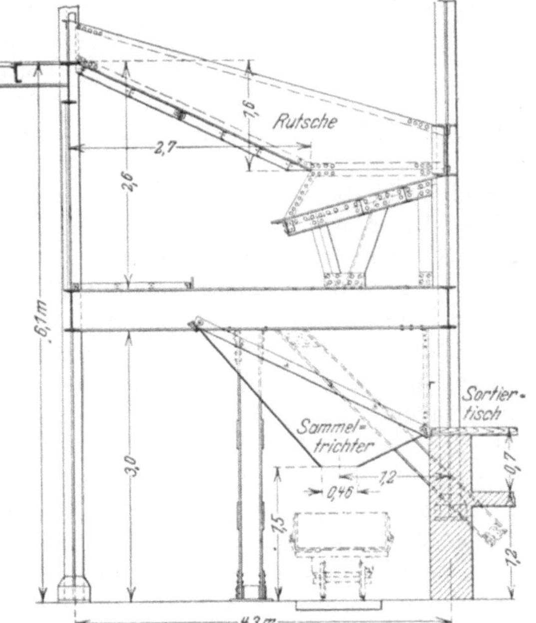

Abb. 211. John Dure & Co. in Moline. Bremsklotzgießerei, Absenkrutsche.

Das Ausleeren und Weiterbefördern des Gusses. An dem der Gießstelle entgegengesetzten Ende des Kastenförderers werden die nun schon beträchtlich abgekühlten Formen auf eine gewinkelte Rutsche (Abb. 211) entleert, die in die Putzerei führt. Sie ist oben mit einem Gitter aus schweren Walzeisenstäben gesichert und unten durch ein engeres Gitter abgeschlossen, das wohl dem Formsande, nicht aber den Abgüssen Durchgang gewährt. Der Sand fällt in untergesetzte Kippwagen, die ihn in den Aufbereitungsraum entleeren. Der Guß wird vom unteren Roste auf Tische in der Putzerei abgezogen und nach erfolgter Durchsicht den Schmirgelschleifern überliefert.

Die Behandlung des Formsandes. Der neue Formsand gelangt über das Gleis Nr. 3 (Abb. 207 und 209) in die Lagerhallen des Untergeschosses (Abb. 208 und 209), deren eine von einem Schmalspurgleise A durchzogen wird, während ein zweites Gleis B den Rutschen entlang läuft. Der maschinell aufbereitete Sand wird durch Becherheber in Schwingrinnen befördert, die 4,5 m oberhalb der Sohle des Obergeschosses an den Dachrinnen befestigt sind und ihn selbsttätig den Formmaschinen zuführen.

Der Lauf der Erzeugung ist demnach sehr einfach und übersichtlich. An einem Ende des Werkes wird das Eisen hochgefördert und geschmolzen, in der Mitte vollziehen sich die Formerei und der Guß, und am anderen Ende gelangt der Guß ins Erdgeschoß, wo er geputzt und schließlich versandt wird. Der Neusand kommt in der Mitte des Untergeschosses in den Betrieb; Modelle mit Zubehör fließen ihm vom Ende des Obergeschosses zu. Täglich kommen 100 t guter Ware zum Versand.

Dreigeschossige Anlagen.

Bereits mit zweigeschossigen Anlagen werden gegenüber rein ebenerdigen Betrieben wesentliche Vorteile in der Ausnützung gegebener Grundflächen und der Ermöglichung recht nennenswert Arbeit sparender Einrichtungen erzielt, wie das die vorhergehenden Beispiele gezeigt haben. Auch bei zweigeschossigen Gießereien spielt sich der Hauptbetrieb nur auf einer Sohle ab, nur die Kernmacherei und die Gußputzerei sind in das andere Stockwerk verlegt worden. Im allgemeinen Betriebsverlaufe besteht im übrigen kein wesentlicher Unterschied gegenüber nur ebenerdigen Anlagen. Wesentliche Verbesserungen ermöglichten dagegen in den letzten Jahren in Amerika wiederholt ausgeführte dreigeschossige Anlagen. Sie ermöglichen eine Aufteilung des gesamten Betriebes auf alle Stockwerke und schalten damit menschliche Arbeitsleistungen und Beförderungen fast völlig aus. Die Mechanisierung des Gießereibetriebes hat mit diesen Anlagen eine bisher unerreicht gebliebene Vollkommenheit erreicht. Als eines der bestangelegten und -arbeitenden Gußwerke dieser Art gilt das der Lavelle Foundry Co. in Indianapolis, U.S.A.[1]). Abb. 212 gibt ein Bild der Anlage von außen wieder, die Abb. 213—216 zeigen einen Schnitt durch die gesamte Anlage und die Grundrisse der drei Stockwerke. Der Betrieb nimmt in gründlicher Abweichung vom bisherigen Brauche seinen Anfang auf dem Dache (Abb. 213) oberhalb des zweiten Stockwerkes, in dem die Sandaufbereitung, die Gichtbühne und die Modellschreinerei untergebracht sind, während das erste Stockwerk die Kernmacherei, die Formerei und die Gießabteilung beherbergt. Im ebenerdigen Geschoß befinden sich die Kuppelofenkeller, die Gußputzerei, die Verwaltungsräume, ausgedehnte Sandlager und die Versandabteilung.

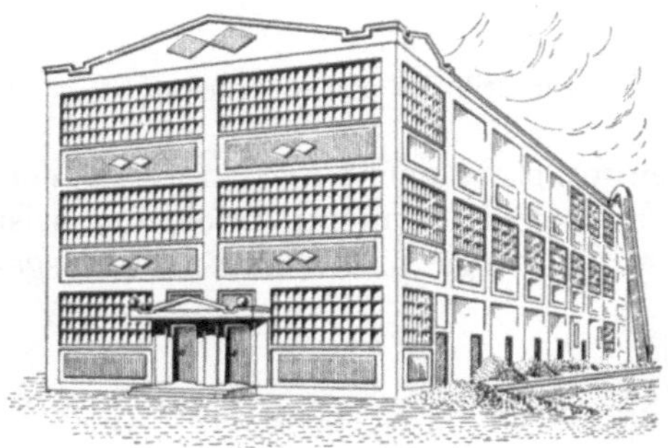

Abb. 212. Lavelle-Gießerei, Außenansicht.

Koks und Sand gelangen mittels eines Becherwerks (Abb. 213) durch Luken im Dache (Abb. 222) in die hierfür vorgesehenen Lagerräume des obersten Stockwerkes (Abb. 214). Zu ebener Erde sind ausgedehnte Lagerräume für den Formsand angeordnet, die aber nur eiserne Bestände für Notfälle bergen und für den laufenden Betrieb nicht in Frage kommen. Auch der Altsand wird mittels Becherwerk gehoben und in einem kleinen Aufbau über dem Dach dem Neusande zugesetzt, Abb. 213 zeigt die Reinigungstrommel in seinem Inneren. Der Sand gelangt nach Durchlaufen dieser Trommel in verschiedene Aufbereitvorrichtungen, aus denen er schließlich in einen wagerechten Schaufelförderer fließt, um dann durch eine Reihe von Verteilungsröhren an die Form-

[1]) Foundry 1924. S. 167/174; auszugsw. Gieß. 1924. S. 688/691.

maschinen im ersten Stockwerk (Abb. 215) abgegeben zu werden. Nach Füllung sämtlicher Verteilungsröhren wird der überschüssige Sand mittels eines querlaufenden

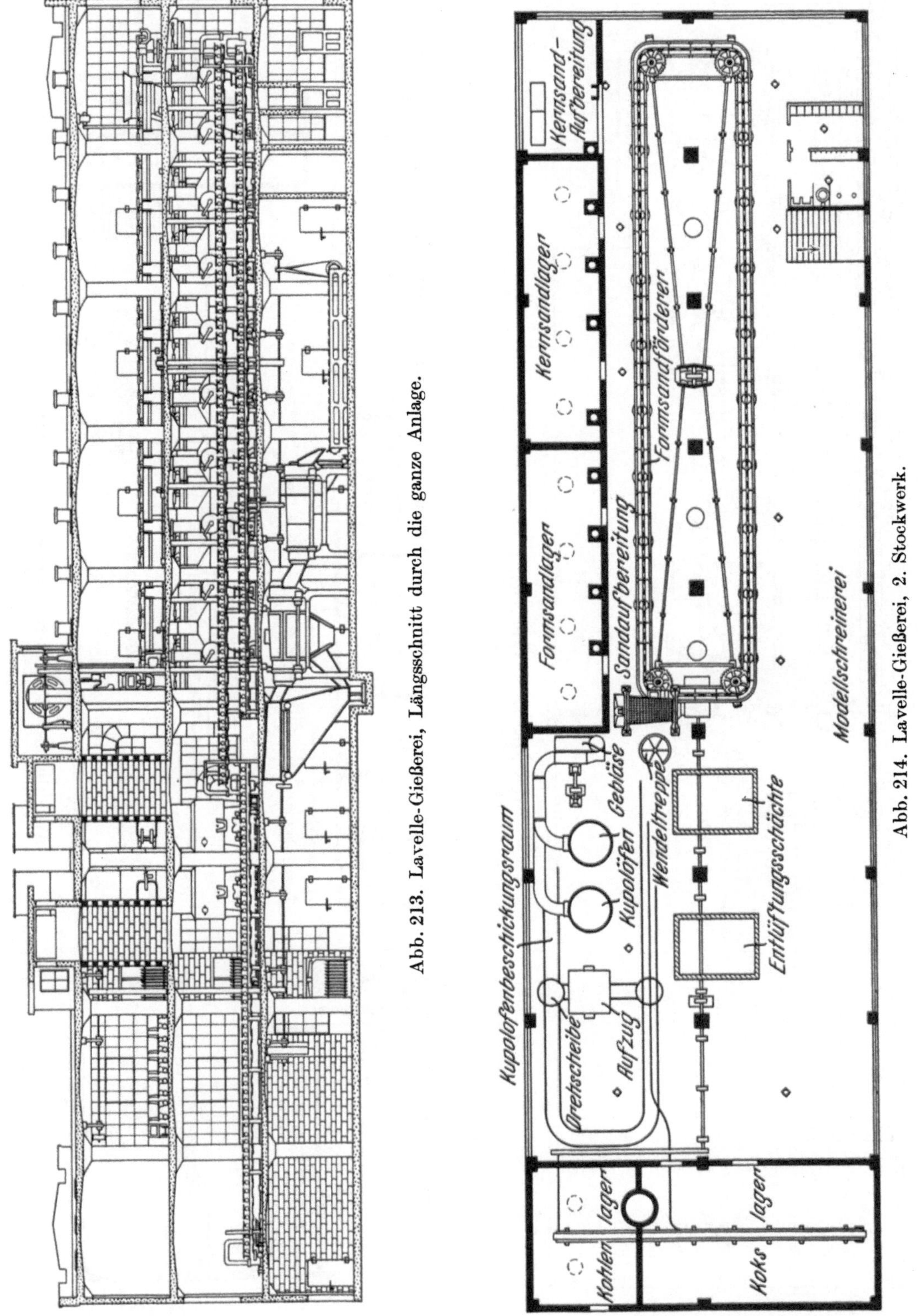

Abb. 213. Lavelle-Gießerei, Längsschnitt durch die ganze Anlage.

Abb. 214. Lavelle-Gießerei, 2. Stockwerk.

Förderriemens wieder dem Lager im zweiten Stockwerk zugeführt. Die Abb. 217 zeigt links oben die Empfangstelle des Schaufelförderers mit dem Antriebrade B und ganz links einem Hebel A, der zum Anstellen der Anfeuchtungsdüsen dient. Die Abb. 218 läßt den Schaufelförderer im zweiten Stockwerk erkennen, der von den ins erste Stockwerk führenden Verteilungsrohren getragen wird. Der in der rechten rückwärtigen Ecke

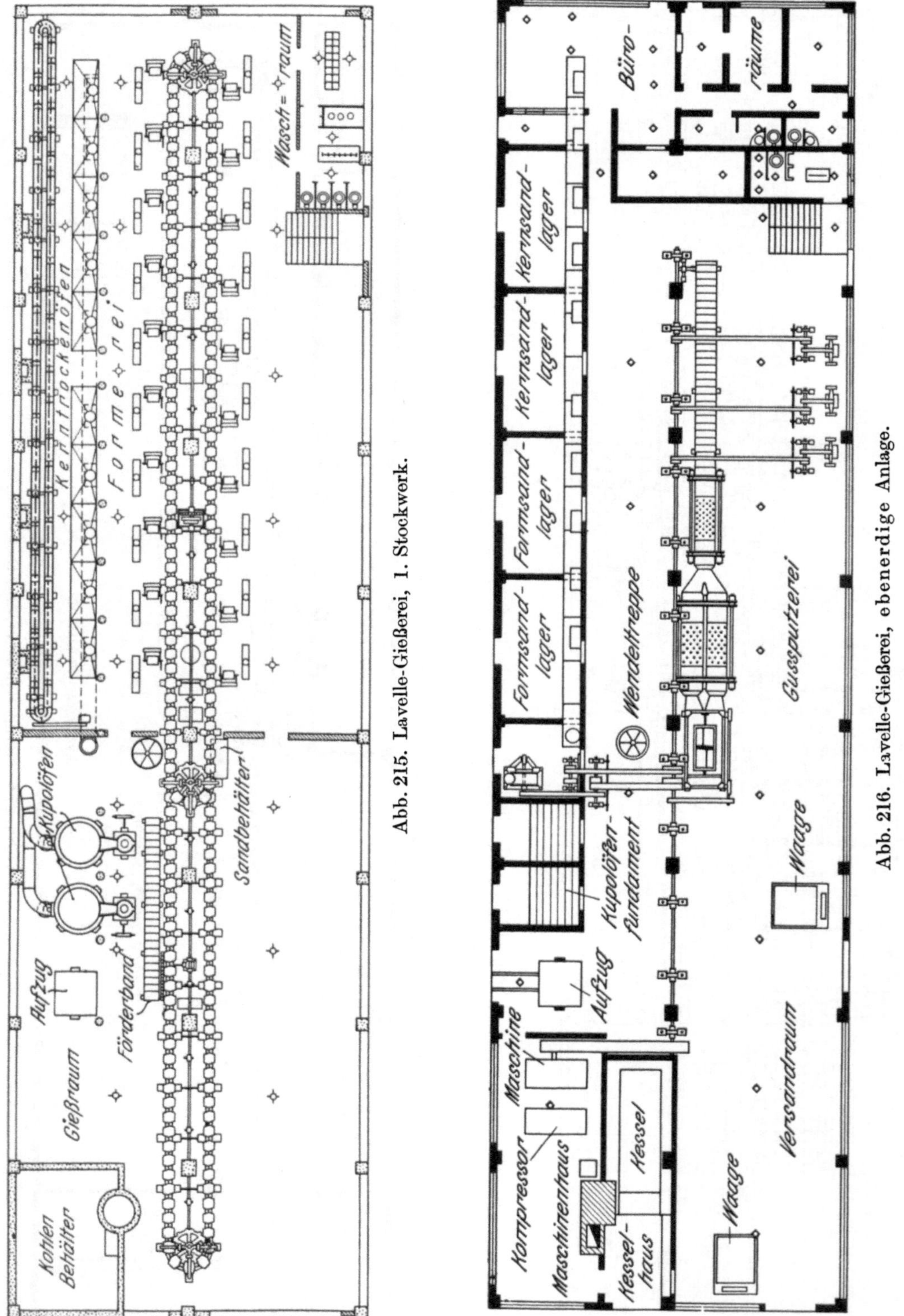

Abb. 215. Lavelle-Gießerei, 1. Stockwerk.

Abb. 216. Lavelle-Gießerei, ebenerdige Anlage.

des obersten Stockwerkes (Abb. 214) aufbereitete Kernsand wird mittels eines an der Decke des ersten Stockwerkes angebrachten Förderers (Abb. 219) den Kernmachern zugeführt.

Roh- und Brucheisen gelangen auf Hunten über einen Aufzug in das zweite Stockwerk und werden auf einem mit Drehscheiben ausgestatteten Schmalspurgleise den Kuppelöfen zugeführt. Das Gebläse befindet sich neben den Öfen an der Stirnwand des Formsandlagers.

Abb. 217. Lavelle-Gießerei, Antrieb des Schaufelförderers.

Die Anordnung der *Modelltischlerei* im gleichen Stockwerke mit der Sandaufbereitung und der Gichtbühne hat sich trotz übler Voraussagungen wegen der Feuersgefahr gut bewährt, was hauptsächlich der gründlichen Belüftung und Entstaubung dieser Betriebe gutzuschreiben ist. Am Boden des zweiten Stockwerkes ruhen zwei nach unten offene vierkantige Schächte (Abb. 214), die bis ins erste Stockwerk reichen und im Raum des zweiten Stockes mit gitterartigen Öffnungen (Abb. 213) versehen sind, welche einen kräftigen Luftzug bewirken.

Das erste Stockwerk (Abb. 215), in dem sich die Form- und Gießarbeit abwickelt, ist durch übereinander angeordnete Rolltische gekennzeichnet. Abb. 220 zeigt beide Rolltische (der obere ist für die Zuführung der Bodenbretter, der untere zur Weiterleitung der kastenlosen Formen bestimmt), einen Sandabgabetrichter D und eine die Menge des abzugebenden Sandes regelnde Vorrichtung E. Rechts und links von den Rolltischen sind je 10 Preßformmaschinen für Kasten 355 × 400 mm in Tätigkeit. Jede fertige Form wird mit ihrem Bodenbrette auf den Rolltisch gesetzt, der sich mit 12 m/min Geschwindigkeit zur Gießstelle bewegt (Abb. 221). Die abgegossenen Formen laufen zur Abkühlung noch einmal rundum und gelangen dann in einen Behälter, dessen Boden aus einem Rüttelrost besteht. Der Sand geht nach unten weiter, während die Abgüsse beim Durchlauf durch mehrere Trommeln gereinigt werden. Dem Grundriß der ebenerdigen Anlagen, Abb. 216, ist die Anordnung dieser Trommeln, sowie diejenige eines geraden Rolltisches zu entnehmen. Auf dem Tisch wird der Guß ausgelesen, um dann je nach seinem Befunde den Schmirgelmaschinen an der Wand dieser Abteilung zugeführt zu werden. Dort befinden sich auch die beiden Kuppelofenkeller, in die die Schmelzreste der Öfen nach Schluß jeden Gusses entleert werden.

Abb. 218. Lavelle-Gießerei, Ansicht des Schaufelförderers.

Abb. 219. Lavelle-Gießerei, Kernsandförderer.

Die Kraft zum Betriebe der gesamten Anlage wird von einer dreißigpferdigen Dampfmaschine geliefert. Sie wird im Erdgeschoß mittels eines Riemens auf eine

Haupttriebwelle übertragen, von der aus die Verteilung an die Bedarfstellen aller drei Stockwerke erfolgt. Die Ersparung an menschlicher Kraft bei dieser Anlage ist ganz außerordentlich, werden doch mit nur 8 Formern, 6 Handarbeitern zur Handhabung des flüssigen Eisens, 3 Schmelzern, 1 Sandmacher, 1 Mann zum Beschweren und Sichern der Formen und 3 Leuten in der Gußputzerei und Versandabteilung täglich 10 t guter Ware im Stückgewicht von kaum 0,7 kg geliefert.

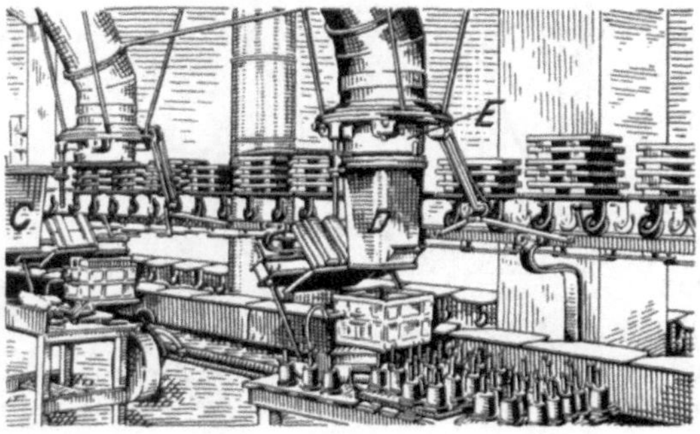

Abb. 220. Lavelle-Gießerei, Ansicht der parallelen Rolltische.

Abb. 221. Lavelle-Gießerei, Einblick in die Gießstelle.

Abb. 222. Lavelle-Gießerei, Dachaufbauten.

Viergeschossige Anlagen.

Sowohl äußerst beengte Bodenverhältnisse als auch das Streben nach weitestgehender Mechanisierung haben dazu geführt, auch den Bau von Anlagen mit mehr als drei Stockwerken in Betracht zu ziehen. Ein auf sehr beschränktem Grundbesitz beruhendes Beispiel bietet die viergeschossige Gießerei der Chandler and Price Co. in Cleveland, U.S.A.[1]). Diese Gesellschaft stellt in größtem Umfange Druckerpressen her. Ihre Maschinenfabrik, mit der sie eine Gießerei vereinigen wollte, ist von drei Seiten mit fremden Bauten umgeben, während sie an der vierten von einem Bahngleise begrenzt ist. Für den Gießereibau stand darum verhältnismäßig wenig Grundfläche zur Verfügung. Man entschloß sich darum, zur Gewinnung ausreichender Arbeitsfläche einen viergeschossigen Bau zu errichten. Das Hauptgebäude erhielt eine Grundfläche von 60 × 14,5 m, an dieses schließt ein Seitenflügel von 30 × 14,5 m Bodenfläche an. Die Formerei befindet sich, wie der Querschnitt (Abb. 223) zeigt, im obersten Stocke, darunter liegt die Putzerei und Modellwerkstatt, unter der eine Abteilung zur Fertigbehandlung und Lagerung des oben vorgeputzten Gusses angeordnet wurde. Im untersten, dem Kellergeschoß, lagert der Formsand und sind die Gestelle für die Modelle eingebaut. Der Boden des obersten Stockwerks wurde im Hauptbau und im Seitenflügel auf gleicher Höhe gehalten und mit armierten Betonplatten abgedeckt. Der im Seitenbau aufgestellte Kuppelofen wird nach der Gießhalle im gleichen Stockwerk zu abgestochen. Man stellt die Sätze im kleinen, von Bauten freigelassenen Hofe zusammen und bringt sie in den Gichtgefäßen mittels eines Aufzuges zur Gichtbühne. Sie werden dort unmittelbar in den Ofen gestürzt, irgendeine andere Handhabung ist auf der Gichtbühne nicht erforderlich. Die sich beim Ausleeren des Ofens ergebenden Reste werden am Morgen nach dem Gusse ausgelesen; brauchbare Bestandteile kommen auf die Gichtbühne, der andere Rückstand wird zur Gewinnung des Resteisens im Raume hinter dem Ofen auf einer Naßmühle behandelt.

Der Bau wurde durchweg in Eisenfachwerk ausgeführt. Zur Herstellung der Decken

[1]) Iron Age 1912. p. 635/640; auszugsweise Gieß.Ztg. 1913. S. 11.

der oberen Stockwerke dienten armierte Betonplatten, die Böden des unteren Geschosses und des Kellers bestehen aus gewöhnlichem Beton. Die Gichtbühne hat einen Stahlblechboden, der imstande ist, die Schmelzmenge für einen Arbeitstag zu tragen. In der Form- und Gießhalle im obersten Geschosse sind Elektrolauf- und Drehkrane und verschiedene Formmaschinen in Benutzung. In diesem Stockwerk wird auch der Formsand mittels einer von einer Formstelle zur anderen fahrenden Aufbereitmaschine behandelt. Die Anlage ist zwar nicht in allen Teilen mustergültig — sie wurde schon vor dem Kriege geschaffen — sie vermag aber dennoch zu zeigen, wie, wenn Not am Mann ist, auch auf äußerst beengtem Raume Nützliches geschaffen werden kann.

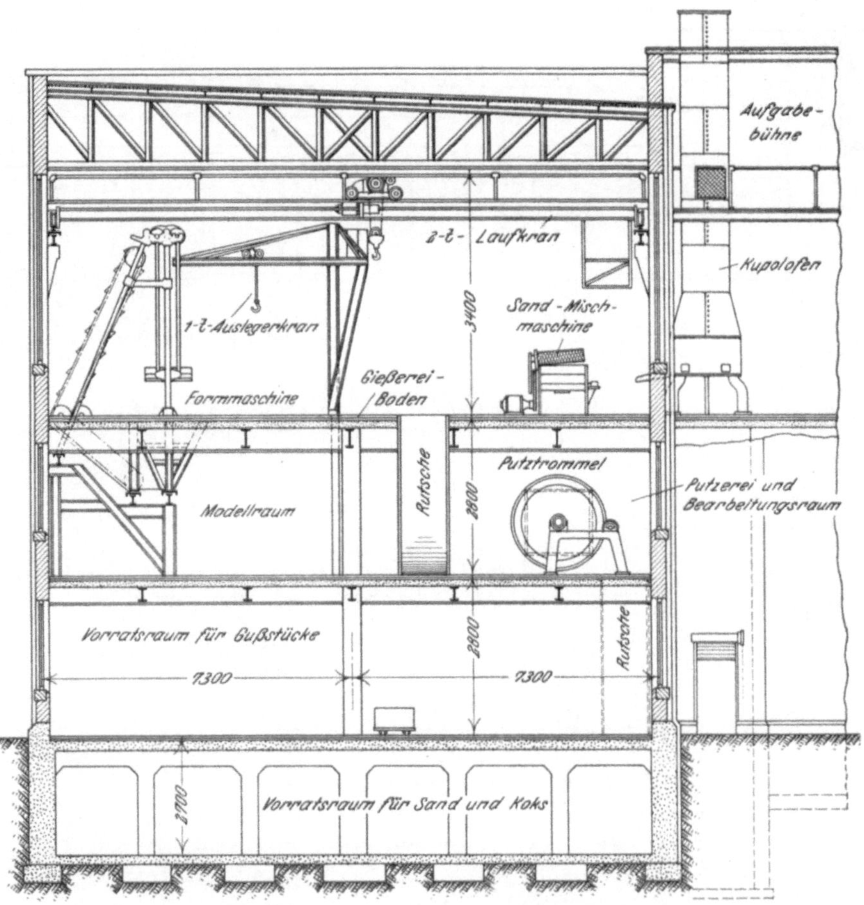

Abb. 223. Chandler & Price Co. in Ohio, Cleveland. Schnitt durch das Gebäude.

Eine nahezu vollständige Mechanisierung des Gießereibetriebes erreicht der gesetzlich geschützte Entwurf eines Gußwerkes für die Singer Mfg. Co. in New-Jersey, U.St.A.[1]). Ein Längsschnitt durch die Anlage (Abb. 224), läßt, soweit es sich um den Patentanspruch handelt, die allgemeine Anordnung der Einrichtung erkennen. Dieselbe ermöglicht ununterbrochenen Arbeitsgang der Formerei, des Abgießens und der Wiederauffrischung des gebrauchten Formsandes. Dieser Arbeitsverlauf wird durch Anordnung eines endlosen, mit lotrecht herabhängenden Formkastenträgern a ausgerüsteten, in lotrechter und wagerechter Ebene kreisenden Förderbandes ermöglicht. Unmittelbar neben dem ebenerdigen wagerechten Strange b ist die Formerei untergebracht, die sich zum Teil noch auf dem Förderbande selbst abspielt. Längs des Bandes sind Formmaschinen angeordnet, die die fertigen Formen auf dasselbe absetzen, woselbst sie mit Kernen versehen und dann geschlossen werden. Die Formen wandern dann zur Abgußstelle, werden abgegossen und kommen auf dem nun hochgehenden Strangteile c in das oberste Stockwerk, woselbst ihre

[1]) D.R.P. Kl. 31 c, Nr. 332 219 vom 12. Aug. 1919.

mechanische Entleerung erfolgt. Diese Leistung wird unterhalb des oberen wagerechten Strangteiles d vollzogen. Der dann wieder abwärts laufende Strangteil e befördert die vom alten Sande losgelösten Abgüsse auf die unterste Sohle des Gebäudes zurück. Wenn mit Formkasten und nicht mit kastenlosen Formen gearbeitet wird, werden nach dem

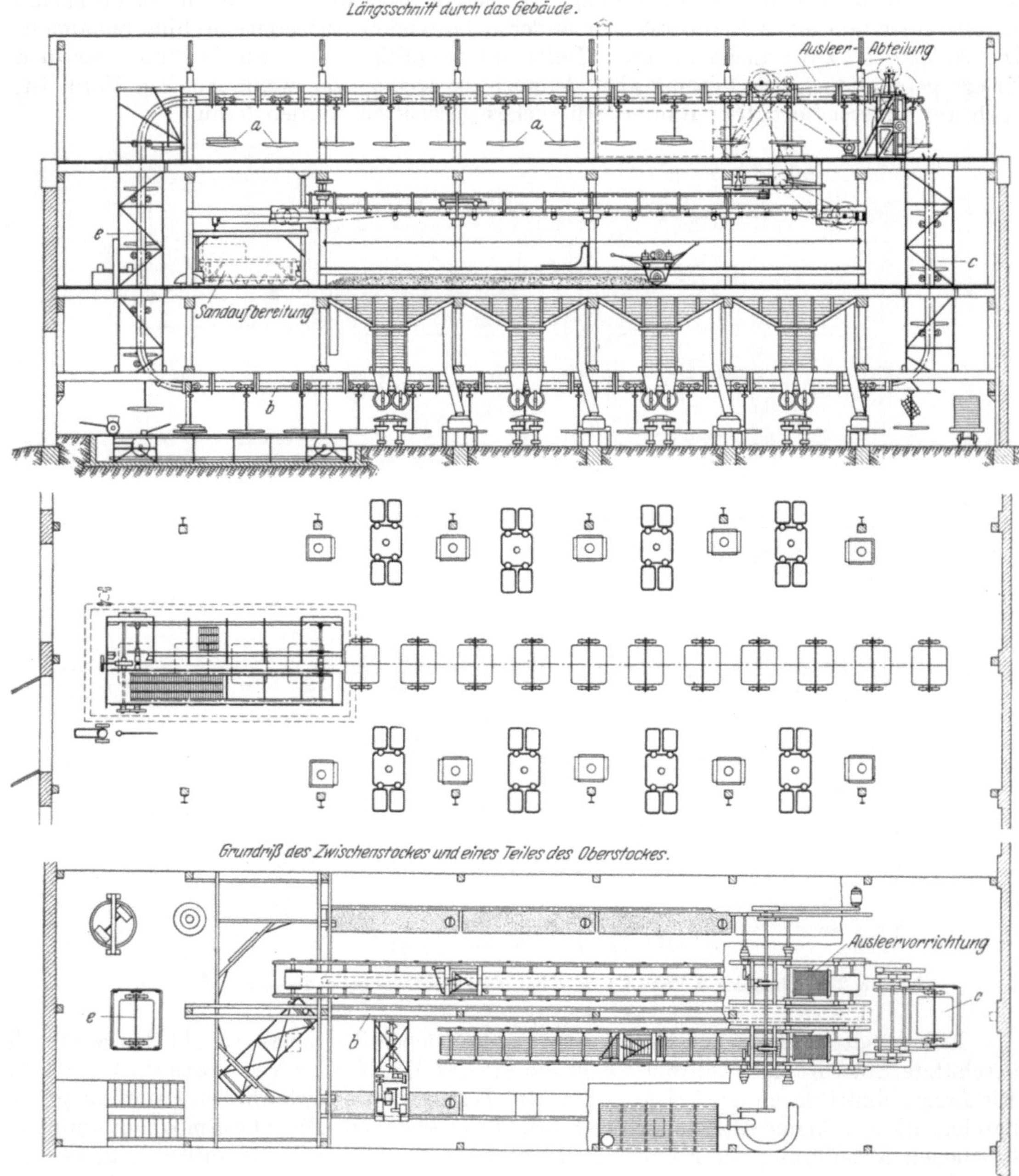

Abb. 224. Entwurf für eine viergeschossige Anlage der Singer Mfg. Co. in New Jersey.

Ausleeren auch die leeren Kasten bereits im obersten Stockwerke dem Förderbande übergeben. Im anderen Falle sind nur die leichten Unterlagsböden, die aus gerippten Aluminiumblechen bestehen, an die Formmaschinen zurückzuführen. Auf alle Fälle wirkt die Rückfracht am Strange zum teilweisen Gewichtsausgleich der auf dem Gegenstrange aufwärts wandernden Formen. Der ausgeleerte Altsand fällt durch Röhren in das dritte Stockwerk, wird dort ausgesiebt, entlüftet und befeuchtet, auf einem eigenen Förderriemen in das zweite Stockwerk gebracht und dort an Doppelbunker verteilt, die jeweils zwei zusammengehörige Maschinen im untersten Stocke selbsttätig mit frischem Formsand versehen.

Diese Einrichtung bildet nur eine Einheit der ganzen Anlage, die sich aus einer Reihe solcher Einheiten zusammensetzt. Zwischen denselben ist genügend Raum freigelassen, in dem die Kernmacherei, Modellarbeit und sonstige Hilfsarbeiten durchgeführt werden. Die Schmelzanlage wird am besten am Kopfe der Förderer nächst der Gießstelle untergebracht werden, wozu der Bau entsprechend zu verlängern ist. Der Abstand zwischen den einzelnen Förderkreisen hängt von der Art der verwendeten Formmaschinen und der Art des Kernmachereibetriebes ab. Alle bei den vorher beschriebenen mehrstöckigen Anlagen zur Anwendung gebrachten Sondereinrichtungen sind mit der hier beschriebenen Anlage nach dem Singerschen Patente vereinbar, so daß der Singersche Plan für neu entstehende mehrgeschossige Anlagen nach vielen Richtungen wertvolle Anhaltspunkte und Anregungen geben wird.

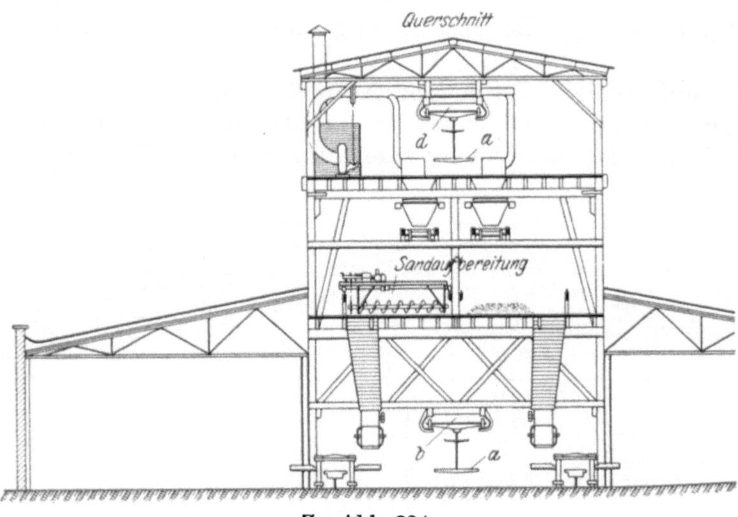

Zu Abb. 224.

Vielgliedrige Anlagen und Autogießereien.

Vielgliedrige Gießereien sind zum größten Teile durch allmähliche Erweiterung und Verbesserung schon lange bestehender Gußwerke entstanden. An derartigen Werken, die besonders im deutschen Sprachgebiete mitunter in vorzüglicher Ausführung einzelner Abteilungen und Sonderheiten zu finden sind, kann häufig die Entwicklung des Gießereiwesens im verflossenen halben Jahrhundert in trefflicher Weise wahrgenommen werden. Sie bilden darum wohl wertvolle Urkunden einer vergangenen Zeit, ihr Studium bietet aber für den neuzeitlich denkenden Gießereimann nicht allzu Wesentliches. In jeder Beziehung neuzeitliche Gießereien, die nennenswerte Vielgliedrigkeit zeigen, wurden fast durchwegs vollständig oder doch in der Hauptsache zur Erzeugung von Guß für den Automobilbau errichtet. Es handelt sich dabei um Gießereien für verhältnismäßig geringe Tageserzeugung, täglich etwa 50 Wagen, bis zum größten zur Zeit bestehenden Betriebe, der Gießerei von Ford in Detroit, der täglich 7000—8000 Kraftwagen herstellt. Dafür sollen im Nachstehenden zwei Beispiele besprochen werden.

Gußwerk der Österreichischen Automobilfabrik in Steyr.

Das Gußwerk der Steyrer Automobilfabrik[1]) zählt zu den völlig neuen, nach durchaus einheitlichem Gesichtspunkte errichteten Gußwerken. Es wurde vor noch nicht 10 Jahren erbaut und einer Tageserzeugung von täglich bis zu 50 Kraftwagen entsprechend angelegt und eingerichtet. Die Anlage fiel verhältnismäßig vielgestaltig aus, da sie neben der Eisengießerei eine umfangreiche Aluminiumgießerei und eine Metallgießerei umfaßt. Außer dem Gusse für den Autobau wird auch viel großer und kleiner Werkzeugguß für den eigenen Bedarf des Werkes erzeugt.

Abb. 225 zeigt den Lageplan des Gußwerkes und Abb. 226 die Anordnung der Gießerei im allgemeinen. Ihre Gliederung wird in Verbindung mit dem Längsschnitte

[1]) Stahleisen 1921. S. 105/110, 288/293, 401/406.

durch den Gießereibau, Abb. 227 und der Ansicht nach Abb. 228 verständlich. Die Bodenverhältnisse am allmählich ansteigenden Fuße eines Berghanges führten zur Anlage zweier verschieden hoher Sohlen des Baues; die Gießerei und die Kernmacherei liegen 5 m höher als die Gußputzerei. Dadurch ergaben sich zwar gewisse Schwierigkeiten bei der Gleisanlage, andererseits gestaltete sich die Weiterbeförderung des Gusses in die auf gleicher Sohle wie die Gußputzerei liegenden Bearbeitungs- und Montagewerkstätten sehr einfach und billig.

Zum Ausgleich der Höhenunterschiede wurde das Normalspurgleis zum Teil zur Höhe der Gießereisohle hochgeführt, zum Teil wurde es auf der Höhe der Putzereisohle belassen. Es erhielt vom Punkte I (Abb. 225) bis zum Punkte II eine Steigung von 3,33%, von II bis zur Weiche III eine solche von 1,6% und konnte so bis zur Grenzstützmauer und von der Weiche bei III weg bis vor die Bunker zwischen IV und V völlig eben ausgeführt werden. Der Höhenunterschied zwischen den Weichen bei III und bei VI beträgt 5 m. Von der Weiche VI zweigt ein Gleisstutzen zum Punkte VII ab, der sowohl als Verbindungsglied zweier die Autofabrik bedienender Stränge VIII und IX, als auch zur Abführung des vom Eisen befreiten Schuttes aus der Eisenrückgewinnungsanlage, wie als Ausweichgelegenheit dient. Ein zwischen dem Gußwerke und der Autofabrik verlaufender, bei X stumpf endigender Gleisstrang dient vorzugsweise der Autofabrik, doch werden auf ihm auch die in anderen Betriebsteilen zu bearbeitenden Werkzeugmaschinengußteile abgeführt. Sämtliche mit der Bahn ankommenden Rohstoffe, Roh- und Brucheisen, Kohle, Koks, Sand und Öl werden durch den zuerst erörterten Gleiszug herangeführt und über die später zu besprechende Bunkeranlage abgeliefert. Für Zufuhren mit Autos oder mit Gespannen ist im Süden der Gießerei eine 5 m hoch ansteigende Zufahrtstraße vorgesehen. Die Ablieferung der Waren erfolgt über die im Lageplan ersichtlichen 600-mm-Schmalspurgleise in der Putzerei, zwischen Putzerei und Automobilfabrik und dem Quergleise in der Autofabrik selbst.

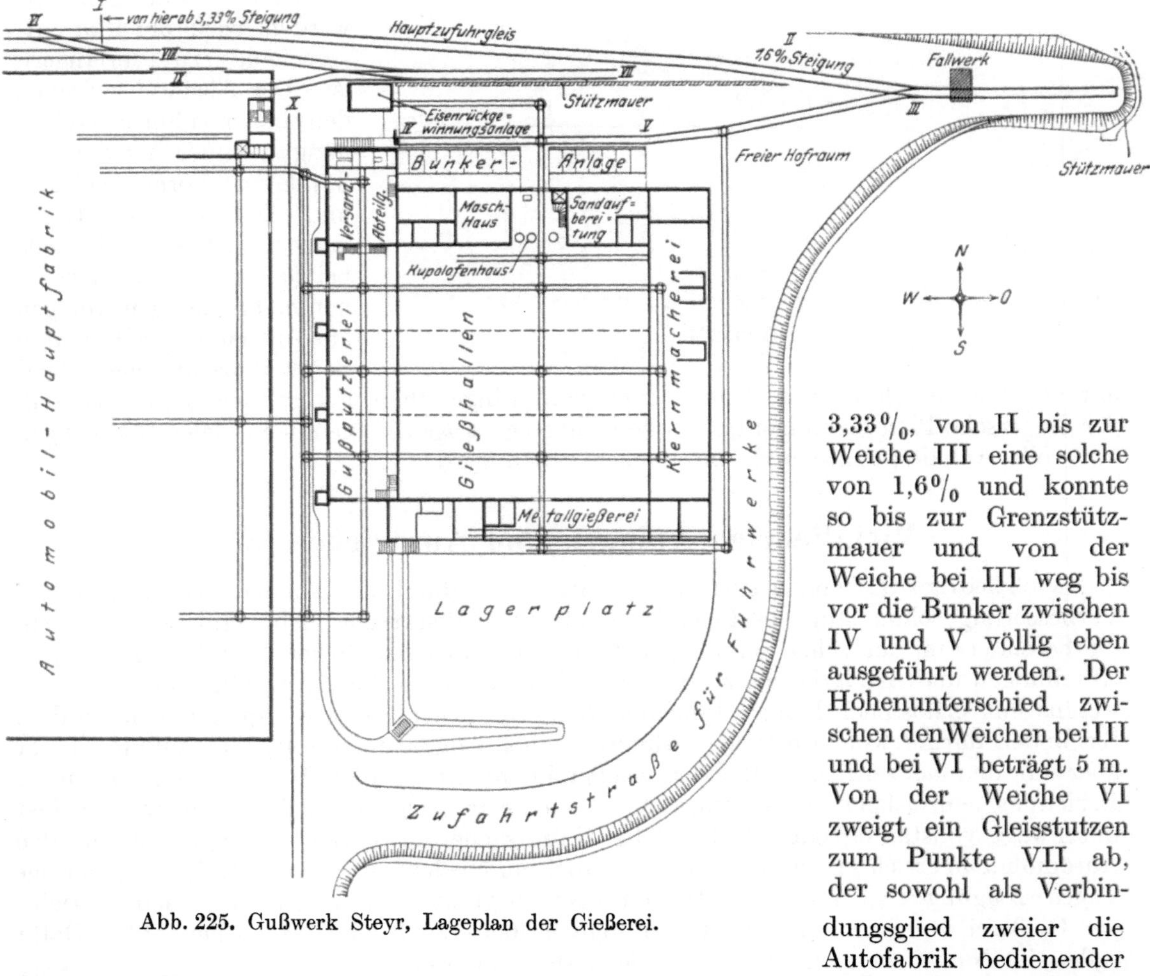

Abb. 225. Gußwerk Steyr, Lageplan der Gießerei.

Den Kern der Gießerei bilden drei in Eisenkonstruktion ausgeführte Hallen, denen sich im Norden eine Seitenhalle für die Kuppelofenanlage, die Sandaufbereitung, das

Maschinenhaus und andere Hilfswerkstätten anschließt. Im Osten ist quer vor das Ganze eine 12 m breite Halle gelegt, die Kernmacherei für alle Gießabteilungen. Im Süden der drei großen Hallen befindet sich die 41,5 m lange und 9 m tiefe Metallgießerei,

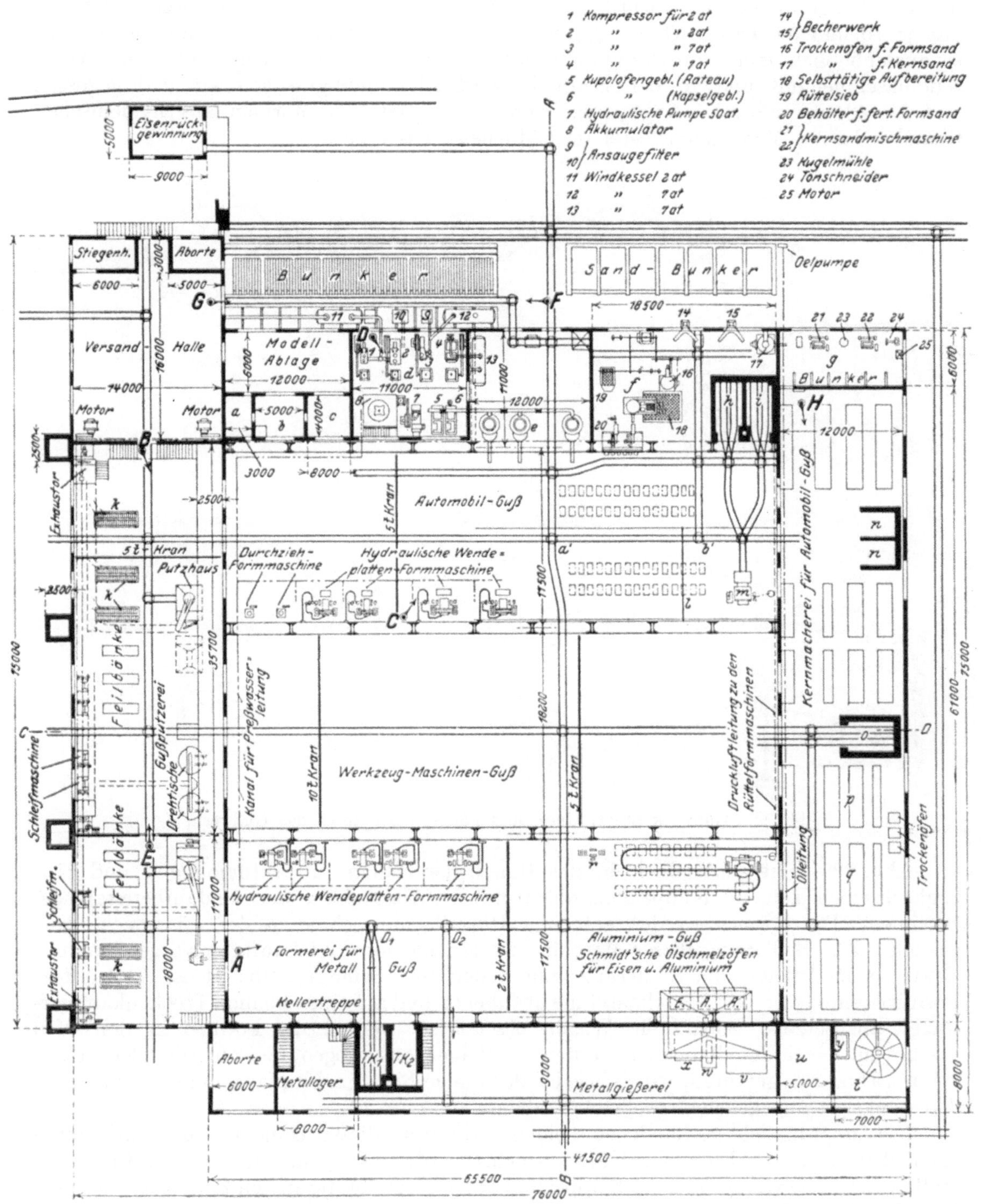

Abb. 226. Gußwerk Steyr, Grundriß der gesamten Gießereianlage.

a Treppenhaus, b Durchgang, c Schaltraum, d Maschinenhaus, e Kuppelöfen, f Formsandaufbereitung, g Kernsandaufbereitung, h und i Trockenkammern, k Putztische, l Laufkatze für 2000 kg zur Bedienung der Rüttelformmaschine für Zylinderblöcke, m Rüttelformmaschine, n elektrisch beheizte Großkern-Trockenkammer, o elektrisch beheizte, Trockenkammer, p Kernmacherei für Werkzeugmaschinenguß, q Kernmacherei für Metallguß, r Handformmaschinen, s Rüttelformmaschine für Aluminiumgehäuse, t dreiteiliger Rohölbehälter, u Metallkrätze-Scheider, v Baumannöfen für 100 und 200 kg Einsatz, w Debusofen, x Schmidtscher Ölofen, y Ölbehälter.

während die ganze Westseite der Gießhallen von der um 5 m tiefer liegenden Gußputzerei eingenommen wird.

Die drei Gießhallen sind je 54 m lang und je rund 18 m breit. Ihr Boden ist auf 1,5 m Tiefe mit gutem Formsand aufgefüllt, der dauernd eine Reserve für die Gießereibetriebe bildet. Jede Halle wurde ursprünglich mit zwei Laufkranen ausgestattet, die mit je 10 und 5 t Tragkraft den Anforderungen voll entsprachen. Die nördliche Halle ist ausschließlich dem Auto-Grauguß gewidmet, die Mittelhalle erzeugt Auto- und Werkzeugmaschinenguß und in der Südhalle wird Aluminiumguß geformt und gegossen und Metallguß geformt. Abgegossen werden die Metall-Gußformen aus hygienischen Gründen in der Metallschmelzerei im südlichen Seitenbau.

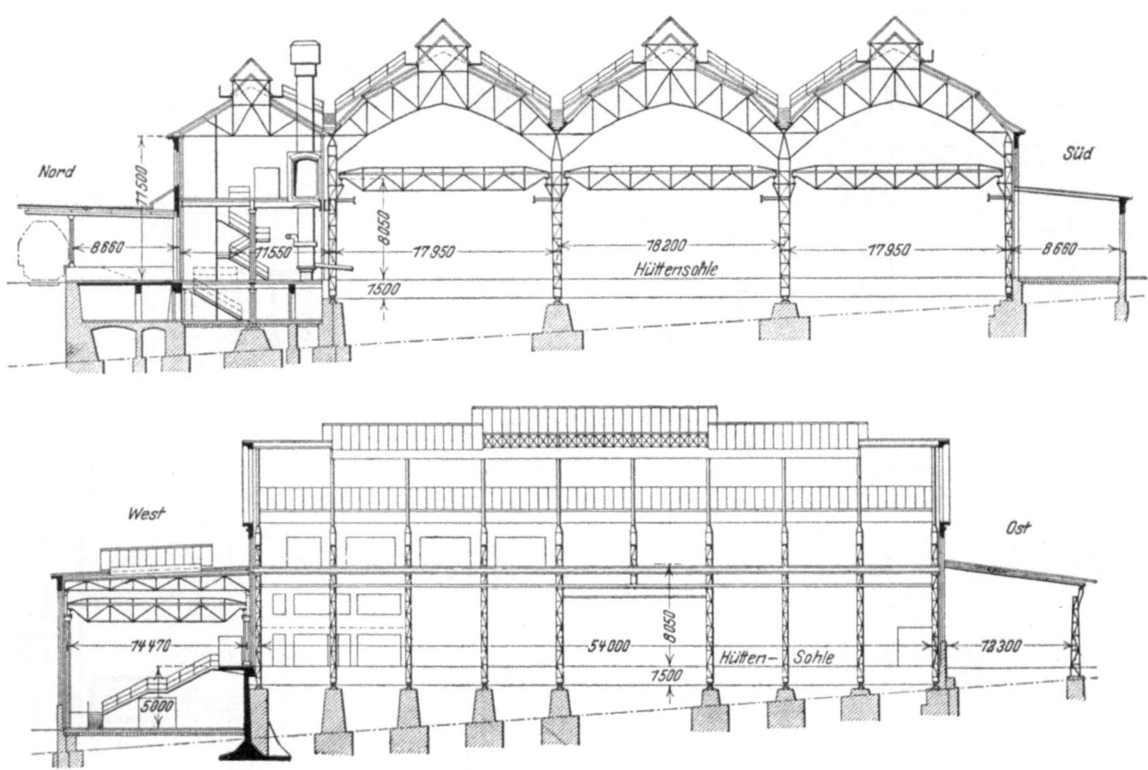

Abb. 227. Gußwerk Steyr, Quer- und Längsschnitt durch das Gußwerk.

Abb. 229 zeigt einen Blick in das Innere der Hallen für Automobilguß und läßt zugleich einen Teil, die Kuppelofenanlage und die Abgebehälse der Sandaufbereitanlage, erkennen. Die Formen werden auf einer Rüttelformmaschine in der Südostecke hergestellt. Zur Bedienung dieser Maschine ist ein kleinerer 2-t-Laufkran vorgesehen mit elektrischem Antrieb und Steuerung vom Boden aus. Seine Aufgabe ist es, jedes fertige Formkastenteil von der Rüttelmaschine abzuheben und auf einen kleinen Trockenkammerwagen abzusetzen. Sobald ein Wagen besetzt ist, werden die Formen in den Ofen geschoben. Nach dem Trocknen werden die Wagen ausgezogen und auf die Gleisstrecke a′—b′ (Abb. 226) gefahren, wo sie wieder der kleine Kran in Empfang nimmt, um sie an den punktiert angegebenen Gießstellen abzusetzen.

Die ursprünglich vorhandenen beiden Laufkrane dieser Halle mußten bald durch einen dritten, etwas leichteren Kran vermehrt werden. Das flüssige Eisen wird in dieser Halle von den Abstichrinnen der Kuppelöfen durch einen Laufkran den Formern zugeführt. Die Mittelhalle dagegen erhält das Eisen über das Schmalspurgleise, von dem es durch einen der Laufkrane an die Gießstellen gebracht wird. Alle drei Hallen werden von der Kernmacherei unter Benützung der Schmalspuranlage unmittelbar mit Kernen versorgt; die gleichen Gleise dienen der Beförderung des Gusses in den Bereich der Laufkrane der Gußputzerei.

An die nördliche Gußhalle schließt ein durchweg zweigeschossig ausgeführter Seitenbau (Abb. 230) an, der zu ebener Erde eine Modellablage, den Schaltraum, das

Abb. 228. Gußwerk Steyr. Ansicht der Gießerei und eines Teils des Autobaues von Süden.

Maschinenhaus, den eigentlichen Schmelzbau mit drei Kuppelöfen und die Sandaufbereitung umfaßt. Das Maschinenhaus (Abb. 230 und 231) enthält zwei Kompressoren für 2 at

Abb. 229. Kuppelöfen, Sandbehälter, und Trockenkammern für Zylinderblockformen (gesehen von Punkt C in Abb. 226 aus).

Preßluft für die Sandstrahlgebläse in der Gußputzerei, zwei Kompressoren für 7 at Preßluft zur Bedienung der Rüttelformmaschinen, eine Hochdruckpumpe mit Sammler für

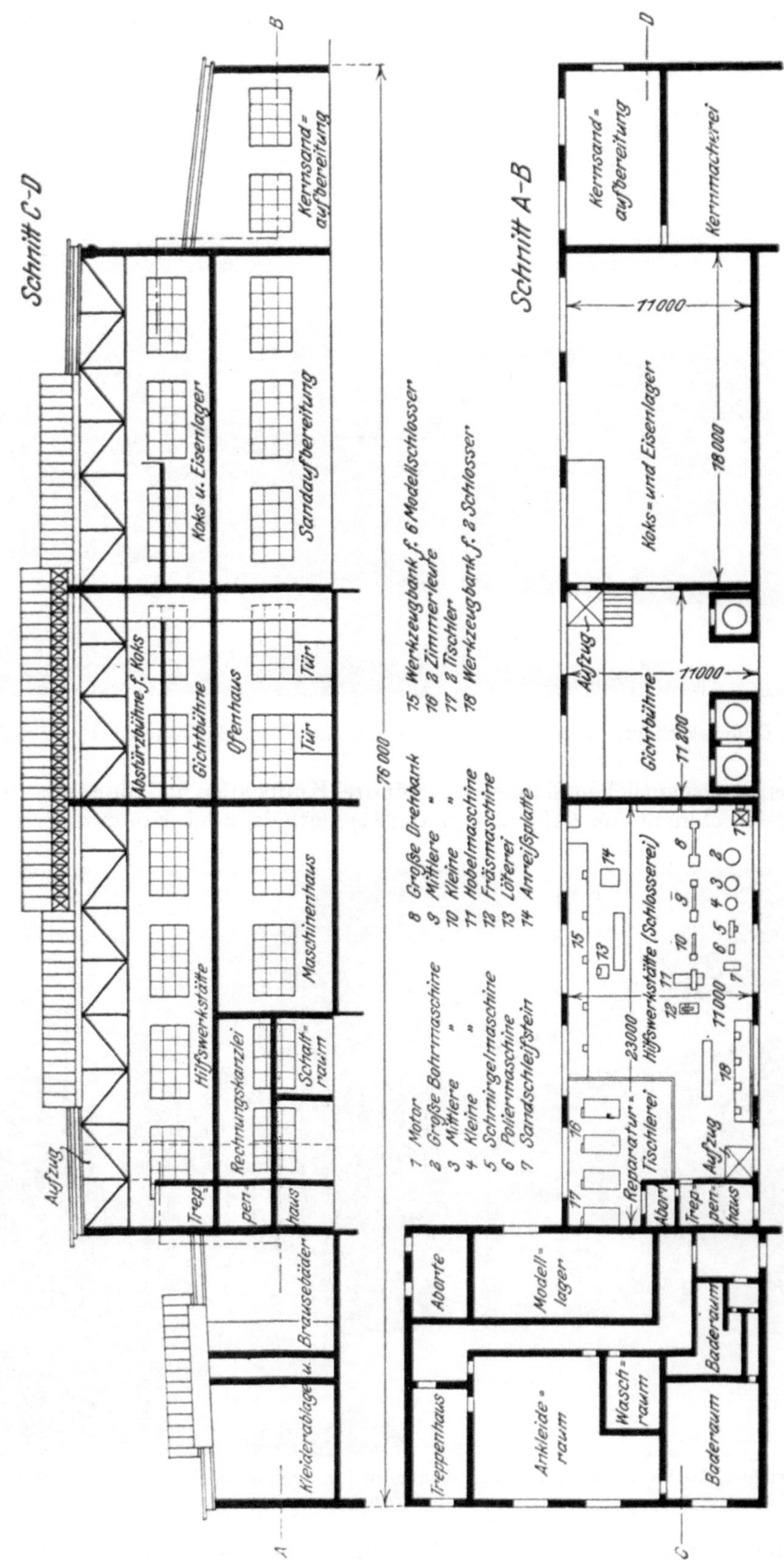

Abb. 230. Schnitt und Grundriß des nördlichen Seitenbaues.

50 at Wasserdruck zum Antrieb der Formmaschinen und je ein Rateau- und ein Kapselgebläse von zusammen 150 m³/min Leistungsfähigkeit für die Kuppelöfen. Im Schmelzbau sind drei Kuppelöfen von 940 mm l. W. mit umstellbaren Düsen (Bauart Bestenbostel) aufgestellt. Zwei dieser Öfen haben keinen Vorherd. Die beiden ersten Kuppelöfen (Abb. 94 auf S. 246 und Abb. 232—234) haben eine gemeinsame Funkenkammer, der dritte Ofen ist völlig unabhängig davon mit eigenem zylindrischem Rauchabzug versehen.

Als eine Eigentümlichkeit der Anlage ist die Entleerung der Kuppelöfen nach vollendeter Schmelzung in den Keller unterhalb des Ofenhausflurs hervorzuheben. Infolge dieser Anordnung entfällt die sonst unvermeidliche Rauch- und Dampfbelästigung der Gießerei, und die den Ofen entleerenden zwei Arbeiter sind nicht mehr den Belästigungen durch die Glut der ausfallenden Schlacken- und Koksmassen ausgesetzt. Ein Aufzug in der Ecke des Schmelzbaues (Abb. 232) fördert die Rohstoffe vom Kellergeschoß, wie vom Ofenhausflur zur Gichtbühne, und eine etwa 2 m höher angeordnete weitere Ausfahrt ermöglicht es, den Koks auf die Gichtbühne abzustürzen. Abb. 233 gewährt einen Blick auf die Öfen. Wie der Grundriß des Seitenbau-Obergeschosses (Abb. 236) zeigt, ist neben der eigentlichen Gichtbühne noch ein Koks- und Eisenlager als Hilfsgichtbühne vorgesehen. Die Sätze werden mit Hilfe fahrbarer Waagen auf der Gichtbühne zusammengestellt. Der große zur Verfügung stehende Raum gestattet es, eine genügend große Auswahl verschiedener Eisensorten nach ihrer durch Kontrollanalysen ermittelten Zusammensetzung ständig bereitzuhalten, um zuverlässig nach Analyse gattieren zu können.

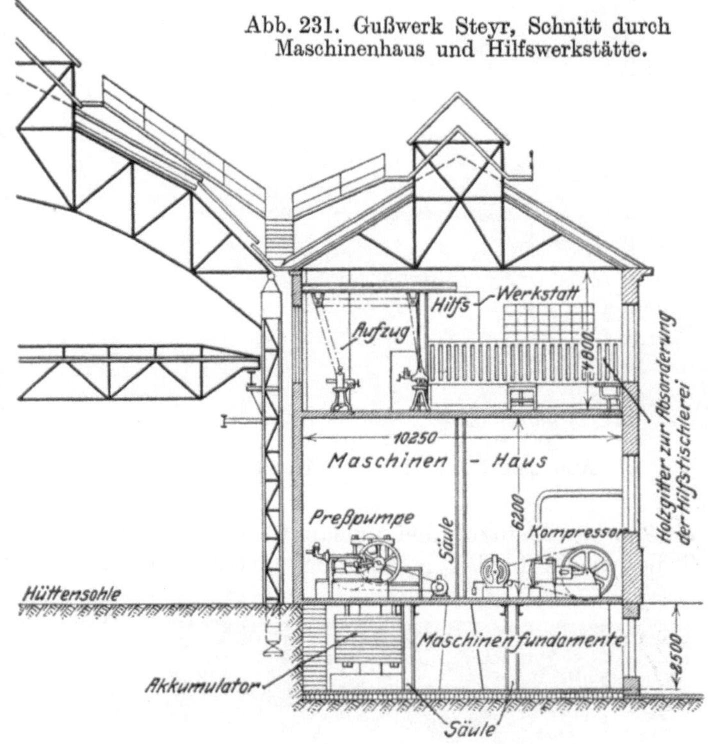

Abb. 231. Gußwerk Steyr, Schnitt durch Maschinenhaus und Hilfswerkstätte.

Der wesentliche Teil des Seitenbaues ist, abgesehen von der durch das Maschinenhaus in Anspruch genommenen Grundfläche, durch den Einbau eines Zwischenbodens teilweise in drei Stockwerke gegliedert (Abb. 230), so daß hier Raum für eine Rechnungskanzlei (oberhalb des Durchgangs zum Modellager und des Schaltraumes) und ein Lager für Kleinbedarf oberhalb des Modellagers geschaffen worden ist. Oberhalb dieses Zwischenstockes befindet sich die 23 × 11 m große Hilfswerkstätte zur Herstellung von Modellplatten und Instandhaltung der Werkzeuge (Schlosserei) und für Ausbesserungen an Holzmodellen sowie zur Erledigung kleinerer Zimmermannsarbeiten. Ein mit einem elektrischen Demag-Hebezeug arbeitender Aufzug vermittelt den Verkehr mit der Gießerei. Die Anlage dieser Werkstatt ist den Abb. 231 und 235 zu entnehmen.

Östlich schließt sich an das Ofenhaus die Sandaufbereitung an. Sie zerfällt in eine Abteilung für Formsand und in eine für Kernsand. Die Formsandabteilung gliedert sich wieder in eine völlig selbsttätige Betriebseinheit zur Aufbereitung von Modellsand aus Alt- und Neusand und eine mehrgliedrige Anlage zur Aufbereitung des Füllsandes.

Für die Modellsandaufbereitung wird der Neusand durch das Becherwerk A in den Aufbereitraum (Abb. 236 und 237) gefördert und dann von Hand auf den Empfangsrost C des Becherwerkes c, das ihn dem stehenden Trockenofen d zuführt, geschaufelt. Aus dem Ofen gelangt er selbsttätig in den Zwischenbehälter e. Der **Altsand** wird am Roste a aufgegeben. Sowohl der Rost a als auch der Zwischenbehälter e münden auf den Kollergang b, von dem sie durch Schieber f getrennt sind, mit deren Hilfe sich das beabsichtigte Mischungsverhältnis zwischen Alt- und Neusand genau einstellen läßt. Weiter mündet in die Schüssel dieses Kollerganges die Anschlußrinne eines Kohlenstaubzuteilers n. Das im Kollergang vorgemischte Gemenge von Neusand, Altsand und Kohlenstaub wird von den Schaufeln des Kollerganges dem Becherwerke g zugeschoben, das es hebt und auf die Walzen des Magnet-Scheiders h schüttet, worauf es in die Siebtrommel i gelangt. Der Siebrückstand fällt durch eine Rinne am Ende der Trommel in die Schüssel eines zweiten Kollerganges l. Dieser ist mit selbsttätiger Austragung und einem Becherwerke m ausgestattet, durch die das gemahlene Gut in eine zweite Siebtrommel o gelangt. Aus dieser fallen die noch nicht genügend zerkleinerten Teile wieder in den Kollergang zurück, während der Siebdurchfall sich mit dem Siebdurchfalle des Trommelsiebes i auf einer Drehscheibe k sammelt. Hier wird aus einer Düse das Gemenge angefeuchtet und dann der Rinne p zugeschoben, um durch das Becherwerk q der Schleudermühle r zugeführt zu werden. Die Austragung des Sandes aus der Schleudermühle in eine der drei Abteilungen eines jeden Bunkers kann mittels Umstellung einer Klappe nach Bedarf erfolgen, so daß man in der Lage ist, dreierlei Sorten von Formsand getrennt zu lagern. Für diese Anlage ist insbesondere kennzeichnend die Anordnung zweier Kollergänge und die Einschaltung des Drehtellers mit der Anfeuchtvorrichtung zwischen den beiden Siebtrommeln und dem zweiten Kollergange.

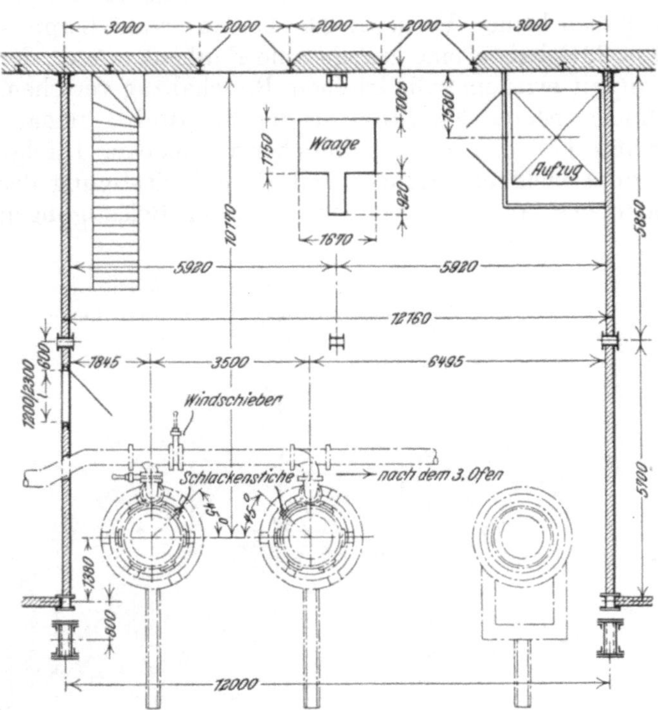

Abb. 232. Gußwerk Steyr, Kuppelofenhaus.

Abb. 233. Gußwerk Steyr, Ansicht der Kuppelöfen.

Die Anlage zur Aufbereitung des **Füllsandes** ist wesentlich einfacher. Der Altsand wird auf das große mechanisch betätigte Rüttelsieb t gebracht, von Zeit zu Zeit mit einer Zugabe von ungetrocknetem Neusand aufgefrischt und dem Becherwerk u aufgegeben, das ihn der Schleudermühle v zuführt, aus dieser gelangt er genau so wie der Modellsand in eine der drei Bunkerabteilungen. Abb. 229 läßt die Bunkeranlagen mit ihren sechs Abgabemündungen erkennen.

Die Kernsandaufbereitung ist, abgesehen von einem stehenden Trockenofen, der sich in einer Ecke des Formsandaufbereitraumes befindet, von diesem Raume völlig getrennt. Der rohe Kernsand — praktisch tonfreier Quarzsand — gelangt mittels des Becherwerkes B (Abb. 236) in den Raum vor dem Trockenofen und wird hier von Hand dem Becherwerke w überliefert, das ihn in den Ofen x fördert, aus dem er in den nebenan untergebrachten Kernsandaufbereitraum gelangt. Hier wird er in der Kugelmühle z auf den erforderlichen Körnungsgrad gebracht. Rechts und links von der Kugelmühle steht je eine Seemannsche Mischmaschine, deren eine auf Kernsand für schwierige Eisengüsse, insbesondere für Zylinderblockkerne, arbeitet, während die andere den Kernsand für den Aluminiumguß durcharbeitet.

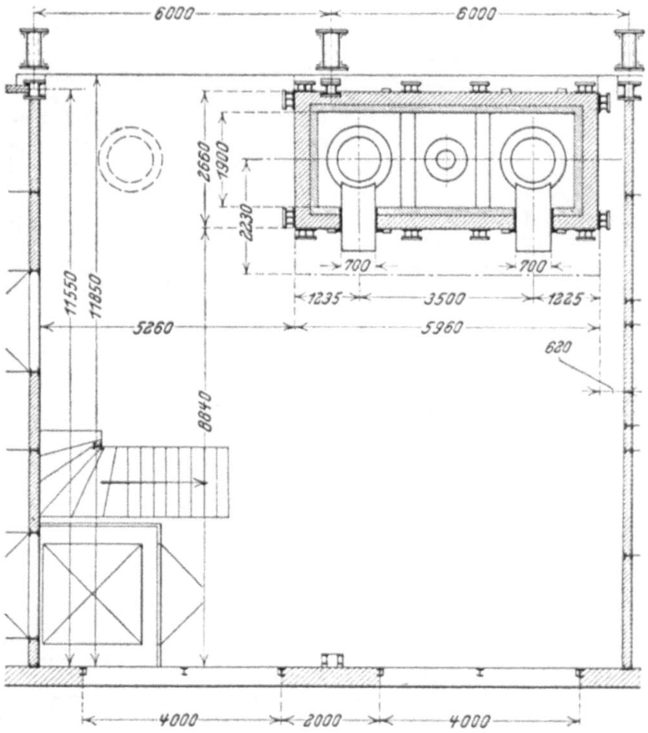

Die beschriebene Anlage[1]) benötigt verhältnismäßig wenig Kraft und erspart menschliche Arbeitskräfte. Die Formsandaufbereitung wird von einem 30-PS- und die Kernsandaufbereitung von einem 20-PS-Motor bedient, während das die Aufbereitungsräume mit den Lagerbunkern verbindende Becherwerk 7,5 PS beansprucht, aber selbstverständlich jeweils nur kurze Zeit in Betrieb ist.

Abb. 234. Gußwerk Steyr, Gichtbühne.

Aller Rohsand lagert in einigen der 16 Bunker umfassenden Lagerkeller, die sich an der Nordflucht des zwei- bis dreigeschossigen Seitenbaues anschließen. Diese Keller werden, wie der Lageplan (Abb. 225), der Grundriß (Abb. 226) und der Querschnitt (Abb. 238) zeigen, von einem Normalgleise bedient, auf dem unmittelbar aus den Bahnwagen in die Keller (Abb. 239) abgeladen werden kann. Die neun, am westlichen Ende der Keller- (Bunker-) Anlage befindlichen Abteilungen sind bestimmt, um Roheisen, unter Umständen auch Brucheisen, aufzunehmen. Sie sind auf etwa 1,5 m Breite mit einer armierten schweren Betonplatte abgedeckt, auf der die Gleise eines fahrbaren elektrischen Masselbrechers ruhen. Das Roheisen wird vom Wagen aus in das Maul des Masselbrechers geschoben, der es an der gegenüberliegenden Seite zerkleinert in den Bunker fallen läßt. Um in größerem Umfange die einzelnen Wagenladungen gesondert zu lagern, ist oberhalb der Bunker eine Lagerbühne

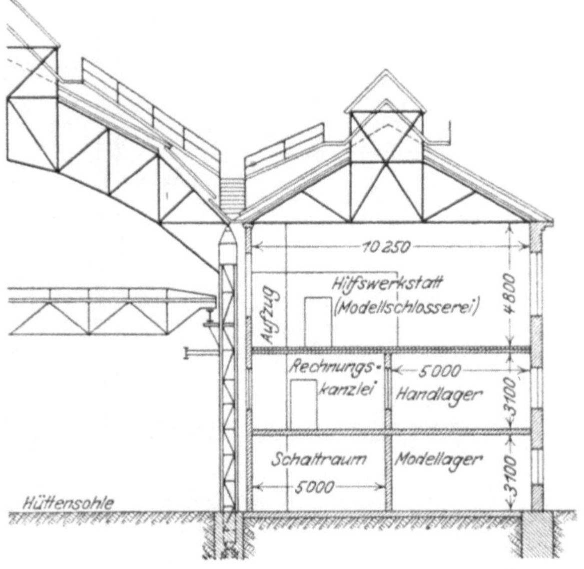

Abb. 235. Gußwerk Steyr, Hilfswerksstätte und Kanzlei.

[1]) Ausführung der Badischen Maschinenfabrik in Durlach.

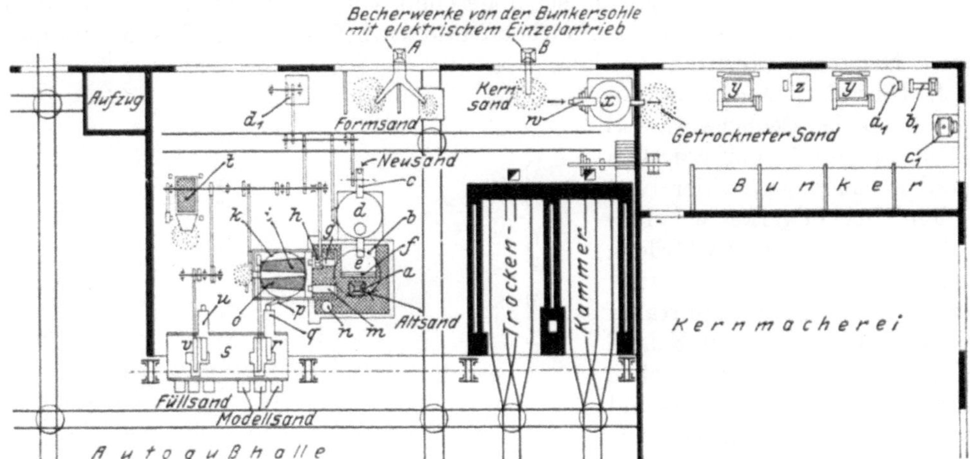

Abb. 236. Gußwerk Steyr, Sandaufbereitung (Grundriß).

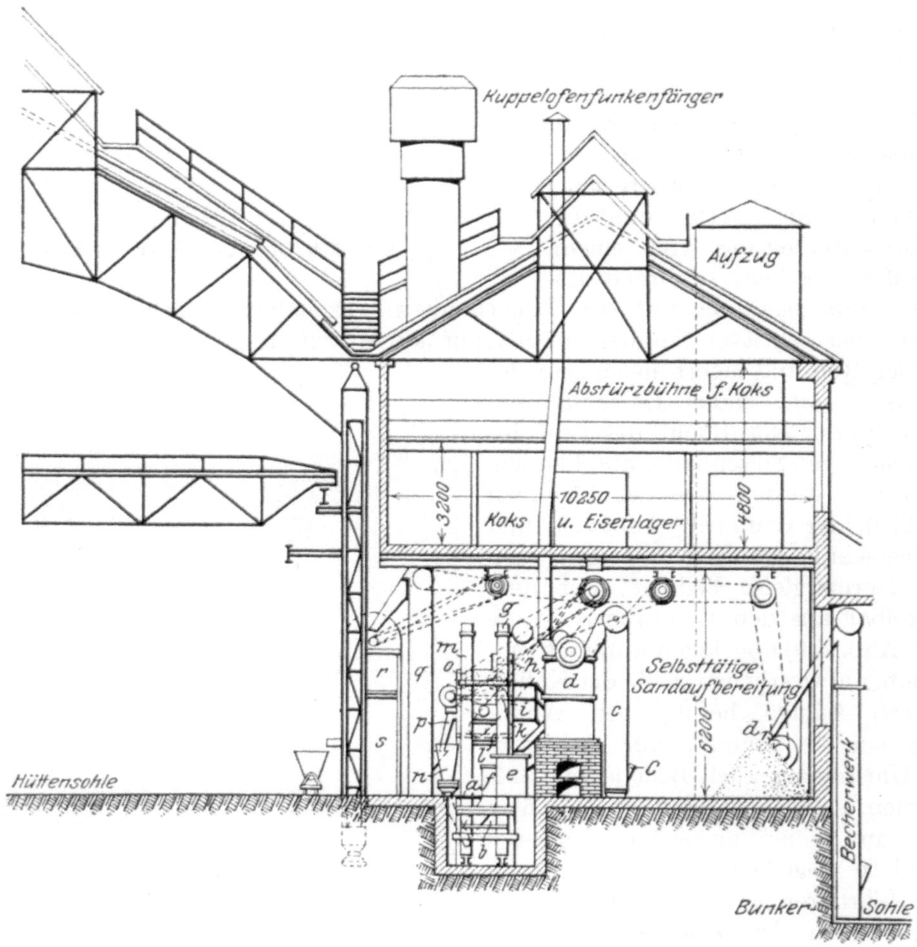

Abb. 237. Gußwerk Steyr, Sandaufbereitung (Schnitt).

Erklärungen zu Abb. 236 und 237.

a Empfangsort, b Vormischkollergang, c Becherwerk, d Trockenofen, e Zwischenbehälter, f 2 Schieber für Alt- und Neusand, g Becherwerk für vorgemischten Sand, h Magnetwalzen, i Siebtrommel, k Mischteller mit Anfeuchtvorrichtung, l Kollergang, m Becherwerk, n Einfülltrichter, o Siebtrommel, p Rinne, q Becherwerk, r Schleudermühle, s Bunker, t Rüttelsieb, u Becherwerk, v Schleudermühle, w Becherwerk, x Trockenofen, y Mischmaschinen, z Kugelmühle, a_1 Schwärzemischer, b_1 Lehmknetmaschine, c_1 Motor für Kernsandaufbereitung, d_1 Motor für Formsandaufbereitung.

für Roheisen eingebaut, so daß man es in der Hand hat, das gebrochene Eisen nach Entfernung der schrägen Bohlen auf die Sohle des Bunkers fallen zu lassen oder es bei eingelegten Bohlen auf der oberen Lagerbühne zu sammeln. Im allgemeinen wird das Eisen für weniger wichtige Güsse in Mengen von mehreren Waggonladungen in je einem Bunker auf die untere Sohle geworfen, das unter strenger analytischer Kontrolle gehaltene Qualitätseisen aber in sorgfältiger Sonderung jeder Wagenladung auf der oberen Bühne aufbewahrt. Ein Teil des so gesonderten Roheisens wird sofort auf die Hilfsgichtbühne geschafft. Die Weiterbeförderung des Eisens erfolgt in beiden Fällen mittels des Gichtaufzuges, dem es auf kleinen Rollwagen zugeführt wird. Sämtliche Roheisenbunker sind mit Granitwürfeln gepflastert, die allein dem aufschlagenden Eisen zu widerstehen vermögen.

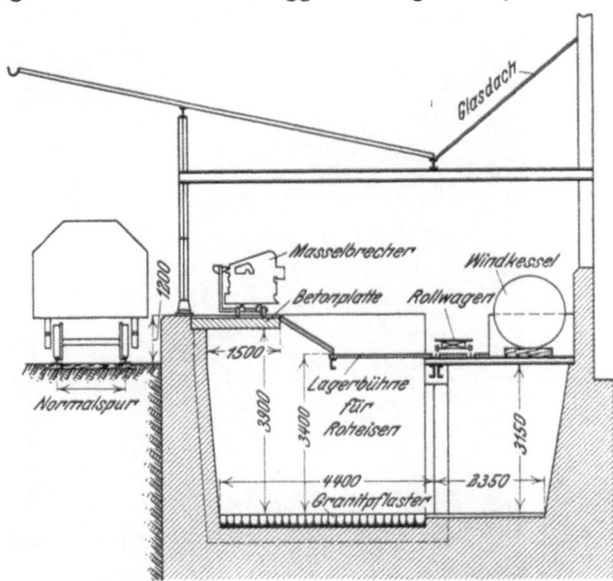

Abb. 238. Gußwerk Steyr, Schnitt durch die Bunkeranlage.

Die Gruppe von 7 Kellern im östlichen Flügel dieser Anlage ist zur Aufnahme von Sand, Kalk und Koks bestimmt. Ein Teil des Koksvorrates lagert außerdem auf der Hilfsgichtbühne. Die Bunker haben Holzböden und sind offen, da eine Abdeckung ihre Beschickung erschweren würde und zudem eine Hilfsbühne von keinem Nutzen wäre. Die verschiedenen Sande gelangen von der Bunkersohle mittels zweier Becherwerke unmittelbar vor die Trockenöfen der Sandaufbereitung. Abb. 239 gewährt einen Blick in das Bodengeschoß der Bunkeranlage und läßt bei A ein Becherwerk erkennen.

Das Rohöl für die Öl-Schmelzöfen wird mittels einer Saug-Druckpumpe den Kesselwagen entnommen und der Decke der Kernmacherei entlang dem großen, dreiteiligen, in jedem Dritteil 10 000 l Rohöl fassenden Behälter t in der Südostecke des Gußwerkes zugeführt (Abb. 226).

Abb. 239. Gußwerk Steyr, Bunkeranlage.

Die dritte, westlich gelegene große Halle ist der Aluminium- und der Metallgießerei vorbehalten, und damit ist das Werk auch bezüglich der Abgüsse aus diesen Metallen unabhängig von auswärtigen Bezügen gemacht. Es werden selbstverständlich auch alle in Frage kommenden Legierungen dieser Metalle hergestellt. Abb. 240 gewährt einen Blick in diese Halle, die abgesehen von geringen Abweichungen in der Breite genau so wie die beiden anderen ausgeführt ist. Für die größten in Aluminiumguß herzustellenden Stücke, die Gehäuseoberteile der Motore, ist eine Rüttelmaschine tätig, die von einer Handlaufkatze auf einer kleinen Einschienenbahn bedient wird (s in Abb. 226). Das Aluminium wird in zwei Schmidtschen ölgefeuerten Herdflammöfen geschmolzen, die mit einer Rauchabzughaube (A in Abb. 226) versehen sind. Eine Anzahl Formmaschinen dient der Formerei von kleineren Aluminiumstücken und mannigfachem Metallguß. Der letztere wird, wie bereits gesagt, nicht in der großen Halle, sondern in dem südlich angeschlossenen Seitenbau abgegossen. Dieser ist von der großen Halle streng abgesondert, um die Wirkung der Metalldämpfe zu

Abb. 240. Gußwerk Steyr, Aluminiumgießerei.

beschränken. Übrigens ist in der Schmelzabteilung durch gute Rauchabzüge über jedem Schmelzofen für den Schutz der Schmelzer bestens gesorgt. Die Trockenkammern TK_1 und TK_2 (Abb. 226) unten stellen die Verbindung zwischen der Metallformerei und der Metallgießerei her. Die in der großen Halle fertiggestellten Formen werden in die Kammern geschoben und aus diesen zum Teil auf Trockenkammerwagen in die Gießabteilung geschoben, teils durch die Türe im Hintergrund der einen Kammer von Hand in die Gießerei getragen.

Abb. 241. Gußwerk Steyr, Büro und Metallgießerei.

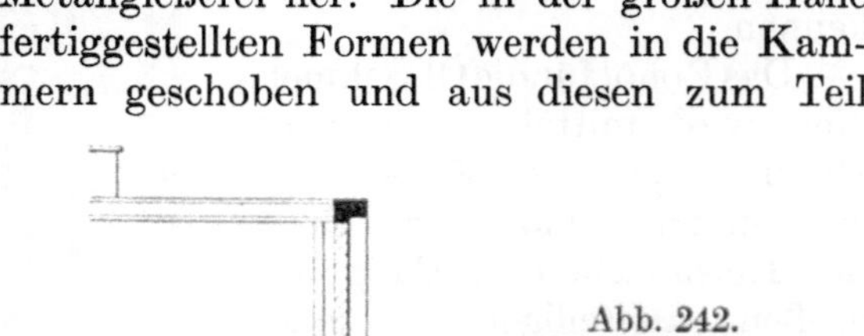

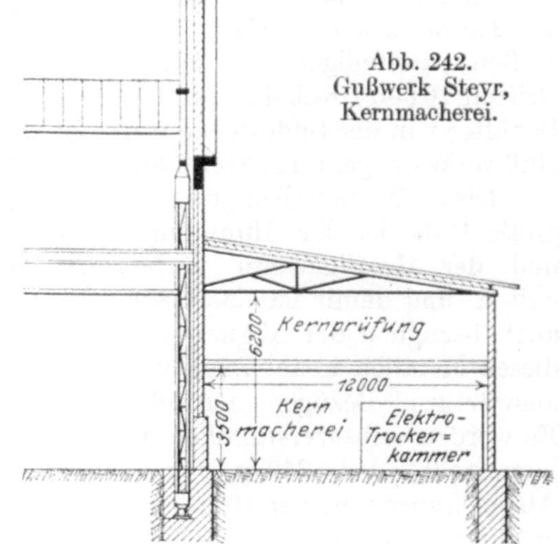

Abb. 242. Gußwerk Steyr, Kernmacherei.

Das Tiegellager ist auf den durch eine Treppe zugänglichen Trockenkammerdecken untergebracht. Bei der Anordnung der Metallgießerei war auch der Gesichtspunkt möglichster Sicherheit gegen Unterschleife an Metall maßgebend. Das Metallager befindet sich in dem von außen unzugänglichen Raum hinter den Trockenkammern und ist zur Ermöglichung umfangreicher Lagerungen mit einem gleichfalls von außen unzugänglichen Keller versehen. Das für jeden Guß benötigte Metall wird auf dem durch die ganze Länge der Metallgießerei laufenden Gleise den Schmelzern geliefert, die täglich den Abfall

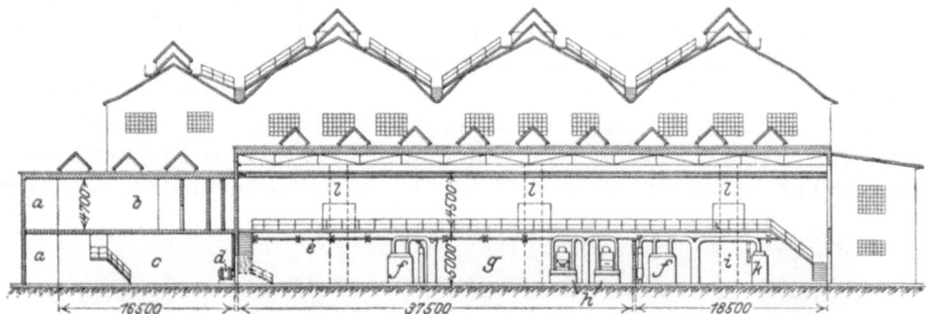

Abb. 243. Gußwerk Steyr, Gußputzerei, Längsschnitt.
a Treppenhaus, b Kleider- und Waschräume, c Versandhalle, d Motor, e Transmission, f Putzhaus, g Gußputzerei, h Drehtische, i Aluminium- und Metallgußputzerei, k Putztrommel mit Sanddüse, l Aufzug.

zurückzugeben haben. Da auch die Gewichte der Ware und der Eingüsse täglich festgestellt werden, sind etwaige Abgänge ohne weiteres festzustellen. Das Gewicht des vom Krätzescheider u (Abb. 226) zurückgewonnenen Metalles wird wöchentlich ermittelt und prozentual auf die verschiedenen Schmelzungen verteilt. Das Brennöl ist in jeder Hinsicht günstig gelagert. Der große Ölbehälter befindet sich in einem allseits abgeschlossenen Raume am östlichen Ende der Metallgießerei. Seine Füllung erfolgt durch eine

Abb. 244. Gußwerk Steyr, Gußputzerei.

Druckleitung, deren Pumpe sich am anderen Ende des Gußwerkes befindet. Der größeren Sicherheit halber ist er nicht unmittelbar mit den Speiseleitungen der Schmelzöfen verbunden, sondern füllt erst einen kleineren Zwischenbehälter (im Grundrisse Abb. 226 mit y bezeichnet).

Oberhalb des Metallagers, aber nicht durch dieses, sondern nur von der großen Halle aus zugänglich, befindet sich das Betriebsbüro (Abb. 241).

Die gesamte Kernmacherei ist in einem 61 m langen, 12 m breiten und 6 m hohen Querbau im Osten der drei großen Gießhallen so untergebracht, daß jede Abteilung

(Automobil-, Werkzeugmaschinen- und Aluminium- und Metallgießerei) sich ihren Kernbedarf selbst herzustellen vermag. Den meisten Raum beanspruchen naturgemäß die Kerne für die Zylinderblöcke, für die neben der Kernanfertigungsabteilung noch eine gesonderte Abteilung zur Kernkontrolle und Kernabgabe vorzusehen war. Der Grundriß (Abb. 226) gibt ein Bild der allgemeinen Einteilung dieses Betriebes. Trotz ihrer stattlichen Grundfläche ist die Kernmacherei der in bezug auf Erzeugungsteigerung am engsten begrenzte Raum. Man hat ihn darum hoch genug angelegt, um im Bedarfsfalle einen Zwischenboden einziehen zu können (Abb. 242), auf dem dann die jetzt zu ebener Erde angeordnete Kernkontrolle ausgeübt werden wird.

Die Anordnung der Gußputzerei auf einer um 5 m tiefer liegenden Sohle ist dem Längsschnitte (Abb. 243), ihre Lage vor Kopf der Gießhallen und allgemeine Einteilung den Abb. 225 und 228 zu entnehmen, während die Abb. 244 und 245 Einblick in dieselbe gewähren und die Verbindungstreppe in die höher liegenden Gießereihallen, sowie die Bühne

Abb. 245. Gußwerk Steyr, Eisengußputzerei mit Treppe zur Gießerei, gesehen von Punkt E (Abb. 226) aus.

erkennen lassen, auf der ein Teil des Gusses zur Übernahme durch den großen Kran der Putzerei abgesetzt wird. Die Putzerei wird durch eine Zwischenmauer in eine kleinere Abteilung für Aluminium- und Metallguß und in eine größere Abteilung für Grauguß getrennt. Die Metallgußputzerei verfügt über ein Sandstrahlgebläse mit Putzhaus, über eine gewöhnliche Gußputztrommel und über eine Gußputztrommel mit Sandstrahl, weiter über eine Eingußabschneidemaschine und zwei Doppelscheibenschmirgelmaschinen. In der Graugußputzerei arbeiten zwei Freistrahlgebläse, zwei Sandstrahldrehtische und eine Reihe von Schmirgelschleifmaschinen. Die Grau-, wie die Metallputzerei sind mit Putztischen mit Staubabsaugung und Feilbänken mit Gitterrosten zur Beseitigung des durchfallenden Sandes ausgerüstet. Besonderes Augenmerk wurde der möglichsten Staubfreiheit dieser Abteilung gewidmet. Drei große Exhaustoren saugen die Luft ab und bewirken eine erste Ablagerung der gröbsten mitgerissenen Bestandteile, worauf die Luft in Entstaubungstürmen auf Widerstandsflächen stößt, so daß sie schließlich völlig gereinigt ins Freie entweichen kann. Die Entstaubung der Luft ist so vollkommen, daß die Frage zur Erörterung stehen konnte, ob es sich nicht empfehle, sie in Rücksicht auf Heizungsersparnisse wieder in den Raum zurücktreten zu lassen. Die Gußputzerei ist selbstverständlich auch mit einer Anlage für Preßluftmeißelei ausgestattet.

Der Rückgewinnung des Eisens aus den Gießereiabfällen wird noch immer vielfach nicht das gebührende Augenmerk gewidmet, und in der Folge gehen ganz erhebliche Werte verloren. Das ist in der beschriebenen Gießerei nicht der Fall. In der Südostecke der Gießereibauten befindet sich eine Rückgewinnungsanlage, deren

Einzelheiten dem Grundrisse (Abb. 246) und dem Schnitte (Abb. 247) zu entnehmen sind. Der in der Gießerei und Putzerei gesammelte Abfall und Schutt wird in Höhe der Gießereisohle auf einem Schmalspurgleise angeliefert und nach Ausscheidung allen Eisens auf dem 5 m tiefer liegenden Normalspurgleise abgefahren. Er wird auf die Rutsche a geschüttet, von der er über einen Rost von 120 mm Lochung in den Behälter c gelangt, der mit einem Roste von 100 mm Stababstand abgedeckt ist. Unter dem Behälter c liegt die mechanische Aufgebevorrichtung e, die den Schutt gleichmäßig dem Becherwerk f zuführt. Durch die Anordnung dieser Behälter und Aufgebevorrichtung ist es möglich, das Becherwerk und die Scheideapparate ganz gleichmäßig zu beschicken, auch wenn die Schuttzufuhr aus Gießerei und Putzerei unregelmäßig erfolgt. Diese Unregelmäßigkeiten der Schuttzufuhr sind in der Praxis nicht zu vermeiden, andererseits ist die regelmäßige Beschickung der Apparate für Mengen- und Güteleistung der Anlage von großer Bedeutung. Das Becherwerk f hebt den Schutt auf das Schwingsieb g, das mit einer Sieblochung von 8 mm versehen ist. Das Siebgrobe wird der Magnetwalze h, das Siebfeine dem Feinkornscheider i zugeführt. Der von Eisen befreite Grob- und Feinschutt fällt in die Behälter k, l und das ausgeschiedene Grob- und Feineisen in die Behälter m, n. Der Motor treibt unmittelbar auf die Antriebswelle des Schwungsiebes, die mit 300 Umdrehungen in der Minute läuft. Von dieser Welle wird durch einen halbgeschränkten Riemen ein Vorgelege angetrieben, von dem aus das Becherwerk und das Vorgelege des mechanischen Aufgebeapparates betrieben werden.

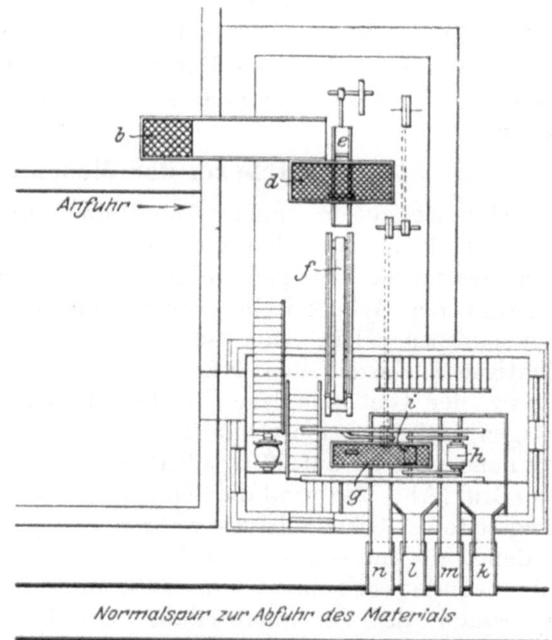

Abb. 246. Gußwerk Steyr, Eisenrückgewinnung, Grundriß.

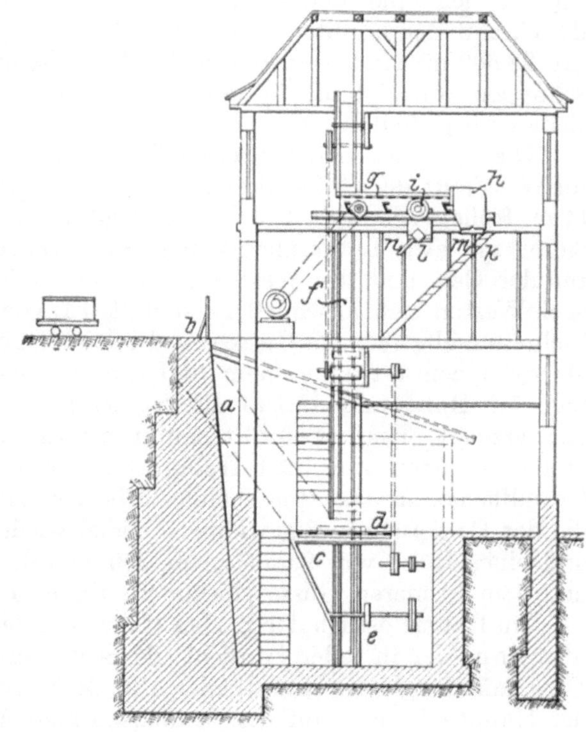

Abb. 247. Gußwerk Steyr, Eisenrückgewinnung, Schnitt.

Das Gußwerk kann auch zu den Universalwerken gezählt werden, da es neben mannigfachen Graugußarten auch Metall- und Aluminiumguß erzeugt. Die Verbindung der verschiedenen Gießereien zu einem einheitlichen Ganzen ist in vieler Hinsicht musterhaft und war in Rücksicht auf den verhältnismäßig nicht allzu großen Betriebsumfang kaum besser zu lösen. Auffallend ist die große Höhe der Halle, in der zur Zeit der Aluminiumguß erzeugt wird. Bei deren Bemessung war auf eine künftige Vergrößerung der Anlage Rücksicht zu nehmen. Die Aluminiumgießerei sollte dann in einen besonderen Bau kommen, und ihre dadurch frei werdende Halle der Graugießerei zugeteilt werden.

Bei der Möglichkeit, eine Geländestufe so wie im vorliegenden Falle zur Anordnung einer tiefer gelegenen Gußputzerei auszunützen, würde man im allgemeinen besser tun, die Verbindung der Gießereihallen mit der Putzerei durch Verlängerung der Laufbahnen der Gießhallen bis in die Gießerei noch inniger zu gestalten. Die dadurch notwendig werdende Höherlegung des Putzereidaches wird sich durch Erübrigung des Absetzens des Gusses zwecks Übergabe an den großen Putzereikran in kürzester Zeit bezahlt machen.

Gießerei der Maschinenfabrik Eßlingen.

Eine wesentlich andere Anordnung einer Reihe in- und miteinander arbeitender Gießereieinheiten liegt dem von Fr. Greiner entworfenen und ausgeführten Gußwerk der Maschinenfabrik Eßlingen in Mettingen zugrunde [1]). Diese Gießerei erzeugt Guß recht mannigfacher Art und Größe und zählt unzweifelhaft zu den vollkommensten Anlagen Mitteleuropas. Die Abb. 249—254 lassen die Anordnung im allgemeinen und die wichtigsten Einzelheiten erkennen, während der Übersichtsplan (Abb. 248) die Einfügung der Gießereianlage in den Rahmen des Gesamtwerkes zeigt. Die Gießereianlagen umfassen eine Grundfläche von etwa 24000 m², von der rund 9600 m² in einem Ausmaße von 99 auf 97 m überbaut sind. Das Roheisenlager erstreckt sich, wie der Grundriß (Abb. 249) und die Schnitte (Abb. 250—252 zeigen, parallel der ganzen östlichen Längsseite des Gießereibaues, während die verschiedenen Lagerstellen für Kohle und Sand an den nord- und südöstlichen Ecken angeordnet sind. An der gegenüberliegenden Westseite befindet sich in 12,6 m Entfernung vom Hauptgebäude ein Sonderbau mit der Schlosserei, der Versandabteilung, den Büros, und der sehr umfangreichen Versuchsanstalt. Die Rohstoffschuppen nehmen eine Grundfläche von 700 m² und die Baulichkeiten an der Westseite eine solche von 1200 m² ein. Im Süden des Gießereibaues schließt sich eine Metallgießerei mit 920 m² Grundfläche an, nördlich von dieser die Modellschreinerei, hinter der die Modellagerschuppen folgen. Die letztgenannten Schuppen mit 28 509 m² sind ebenso wie die Modellschreinerei mit 1350 m² und die Modellholz-Schuppen mit 300 m² in der oben angegebenen überbauten Fläche von 12 840 m² nicht einbegriffen.

Die verschiedenen Gießereihallen gruppieren sich um eine große, von der Ost- bis zur Westfront des Gußwerkes reichende Haupthalle von 99 m Länge, 21 m Breite und 14 m Höhe (vgl. Abb. 249 bis 252 und 255), in der der größte Guß hergestellt wird. Sie ist mit zwei Laufkranen von je 25 t Tragfähigkeit und zwei Auslegerkranen, je einen auf der Ost- und der Westseite, von je 5 t Tragfähigkeit versehen. In der nächsten, nach Westen sich anschließenden Halle I L von 7,6 m Höhe und 11,7 m Breite, die etwas leichterem allgemeinem Gusse gewidmet ist, ist eine Reihe von Formmaschinen aufgestellt, die von einem 5-t- und einem 3-t-Laufkran bedient werden. In der folgenden Halle II L (von 7,0 Höhe und 12,7 m Breite) wird kleinerer Guß, insbesondere Klavierplattenguß, erzeugt. Hier ist ein 3-t-Laufkran tätig, und die Klavierplattenformerei wird durch drei Laufkatzen von 1,5 t Hubkraft unterstützt. Diese beiden Hallen haben 2400 m² Grundfläche, die Haupthalle eine solche von 2100 m². Den Abschluß nach Westen bildet die der Gußputzerei gewidmete Halle, wieder von 99 m Länge, einer Breite von 15 m und einer Höhe von 9,6 m; Abb. 256 gewährt einen Blick in das den Klavierplatten und dem kleineren Gusse gewidmete Ende derselben.

Im Raume östlich der großen Halle befindet sich der fünf Öfen umfassende Kuppelofenbau, der in jeder Hinsicht die Seele der Gießerei bildet. Die Abstichrinnen aller Öfen münden in die Haupthalle (Abb. 249). Die vollen Pfannen werden von den Kranen der Haupthalle und auf der Schmalspurgleis-Anlage weiter befördert. Der Schmelzbau wird durch das das ganze Gußwerk durchziehende doppelte Schmalspurgleise unterbrochen und hat einschließlich dieser Unterbrechung eine Länge von 26 m. Hinter den Öfen befinden sich der Raum zur Vorbereitung und zum Trocknen der Gießpfannen (Abb. 249) und die Lehm- und Ölkernsand-Aufbereitung. Neben dem Schmelzbau ergeben sich freie Seitenräume von 43,5 m Breite auf der südöstlichen und von 29,5 m Breite auf

[1]) Nach E. Leber in Stahleisen 1917. S. 76/83, 177/183, 302/308.

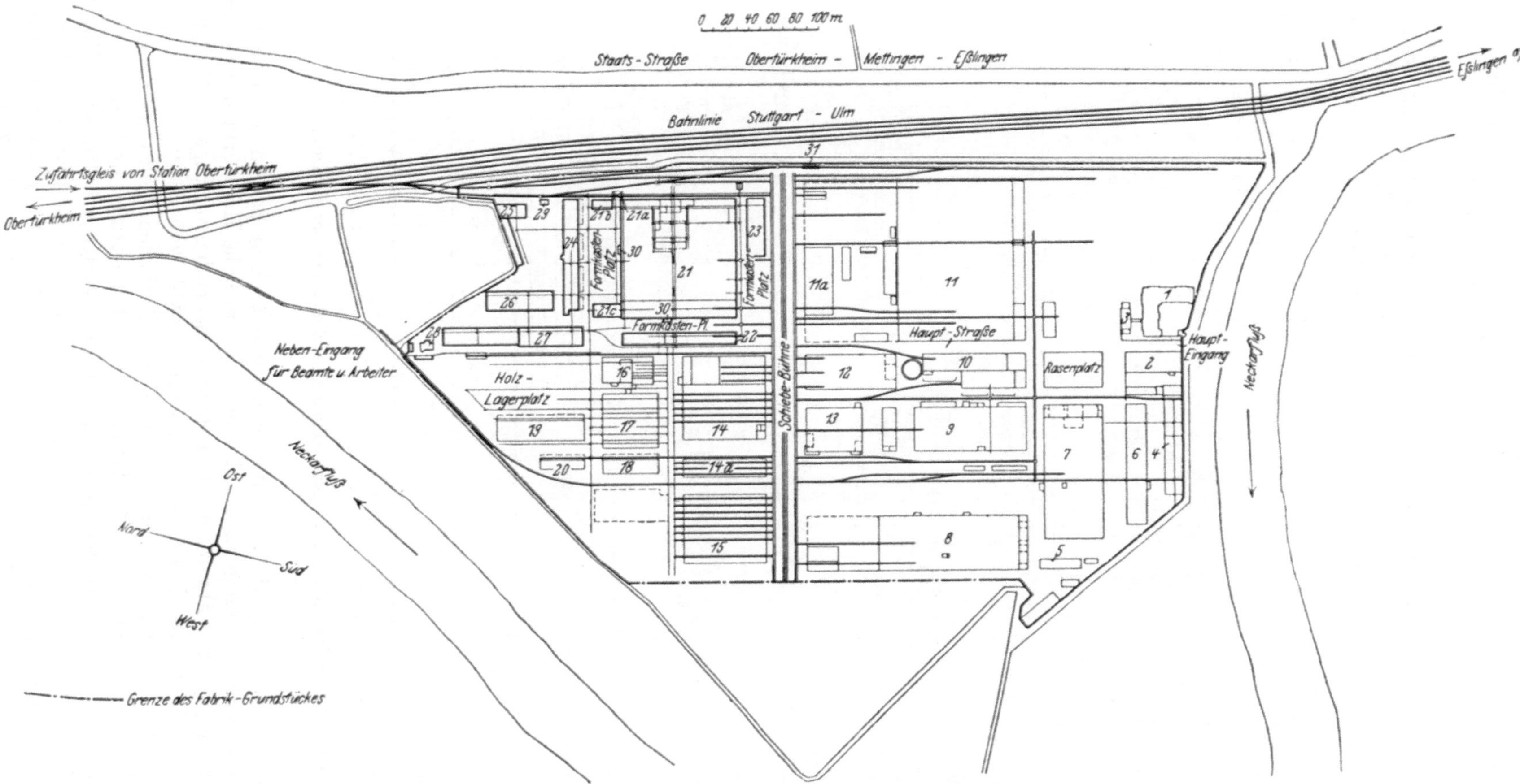

Abb. 248. Maschinenfabrik Eßlingen, Lageplan.

1 Verwaltungsgebäude, 2 Speiseanstalt, 3 Lohnbüro, 4 Magazin, 5 Lagerschuppen, 6 Werkstätte für Eisenbahnsicherungswesen, 7 Kesselschmiede, 8 Brückenbauwerkstätte, 9 Schmiede, 10 Kesselhaus und Kraftzentrale, 11 mechanische Werkstätte, 11a Versandhalle, 12 Werkstätte für Hebezeugbau, 13 Hauptmagazin, 14 Werkstätte für Fahrzeugbau, 14a Wagenbauhalle, 15 Untergestellschlosserei, 16 Kesselhaus und Kraftzentrale, 17 Säge und Holzbearbeitungswerkstätten, 18 Magazin für Pos. 17, 19 und 20 Holzlagerschuppen, 21 Graugießerei, 21a Scheideanlage für Altsand, 21b Schuppen für feuerfeste Stoffe, 21c Schuppen für allgemeine Gießereibedarfsstoffe, 22 Gießereiverwaltung, Versuchsanstalt und allgemeine Hilfe, 23 Metallgießerei, 24 Modellschreinerei und Verwaltung, 25 Lagerschuppen für Modellholz, 26 und 27 Modellhäuser, 28 Türhüter und Nebeneingang, 29 Fallwerk, 30 Aborte, 31 Waage für Eisenbahnwagen.

der nordöstlichen Seite (Abb. 253 und 254). Es konnten so auf der nordöstlichen Seite drei zur Haupthalle parallele Hallen von 11,7, 12,3 und 11,7 m Breite, bei 7,6 und 5,4 m Höhe erstellt werden. Die Abmessungen dieser Hallen wurden genau den Bedürfnissen des Betriebes angepaßt, um jede überflüssige Anlagenausgabe zu vermeiden. In diesen Hallen wickelt sich die sehr umfangreiche Herstellung des Automobilgusses ab. Jede derselben ist der Länge nach zweifach geteilt, so daß in ihr zwei Laufkrane nebeneinander arbeiten können. Zu dem Zwecke wurden an jedem

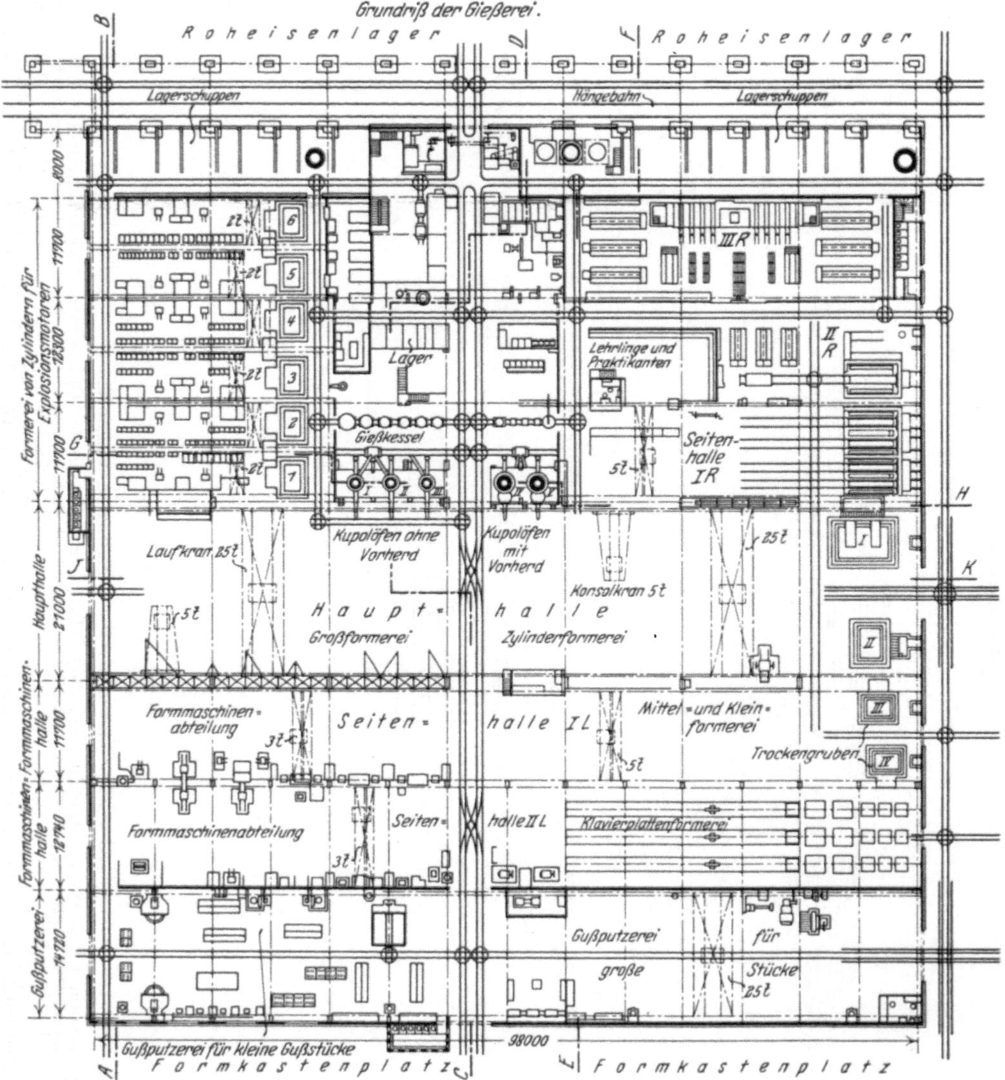

Abb. 249. Maschinenfabrik Eßlingen, Allgemeine Einteilung der Gießerei.

Dachgerüst zwei innere Kranlaufbahnen angehängt und an den Säulen der Dachträger die entsprechenden Außenbahnen gelagert. Die erste, 7,6 m hohe Halle erhielt zwei Laufkrane von je 3 t Tragkraft, während die beiden anschließenden niedrigeren Hallen mit je zwei Kranen von je 2 t Hubkraft versehen wurden (Abb. 249—252).

Die Kernmacherei nimmt die drei Hallen des südöstlichen Teiles des Gußwerkes ein. Sie umfaßt nicht weniger als 21,5% der gesamten dem Formen und Gießen gewidmeten Grundfläche, entsprechend den vorliegenden Erzeugungsverhältnissen. Ein Teil der erzeugten Ware, Dampfmaschinen-, Kompressor- und Automobilguß, erfordert sehr viel und meist recht schwierige Kerne, während andere, z. B. die Klavierplattenfertigung, fast gar keine Kerne benötigen. Die erste, höhere Kernmachereihalle wird von einem

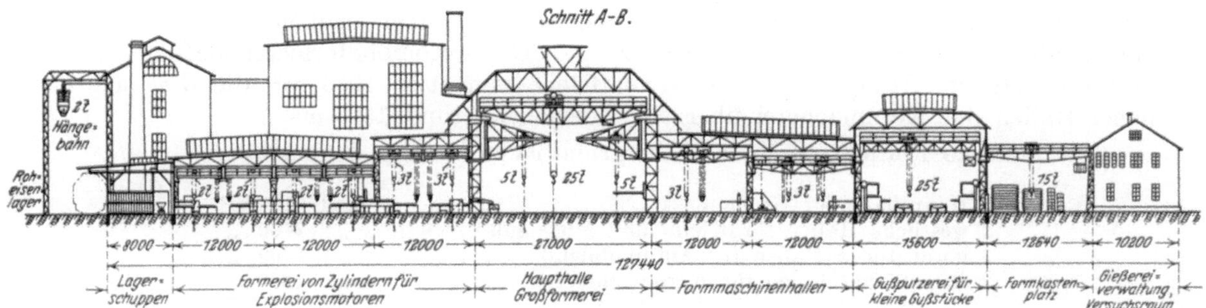

Abb. 250. Maschinenfabrik Eßlingen, Schnitt A-B.

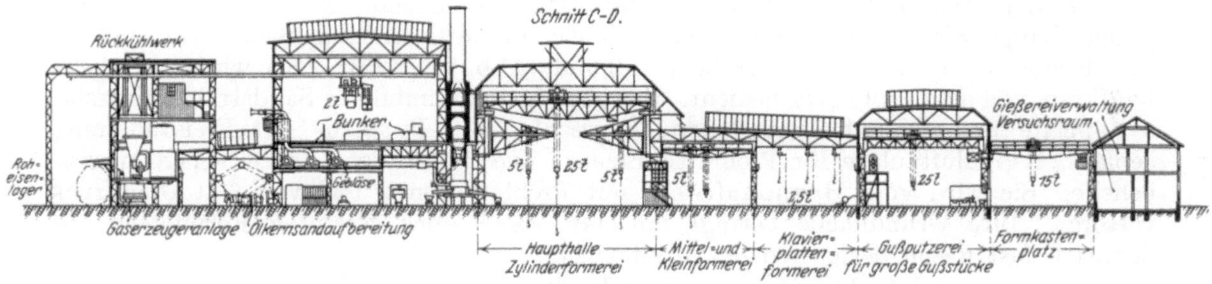

Abb. 251. Maschinenfabrik Eßlingen, Schnitt C—D.

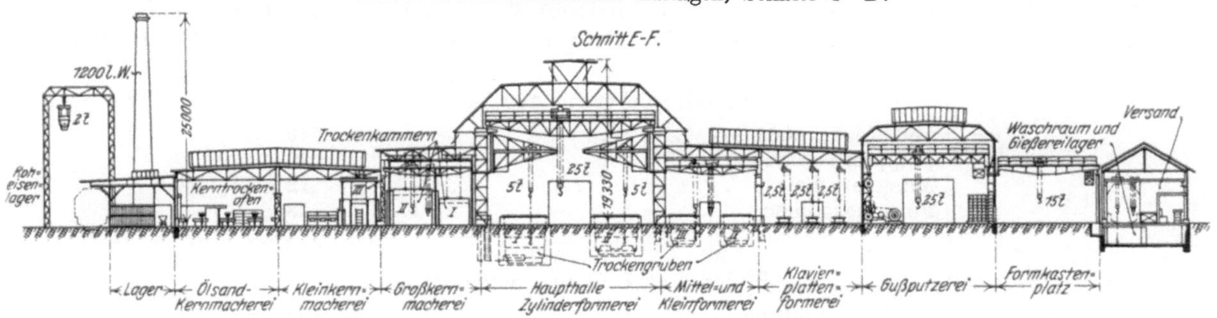

Abb. 252. Maschinenfabrik Eßlingen, Schnitt E-F.

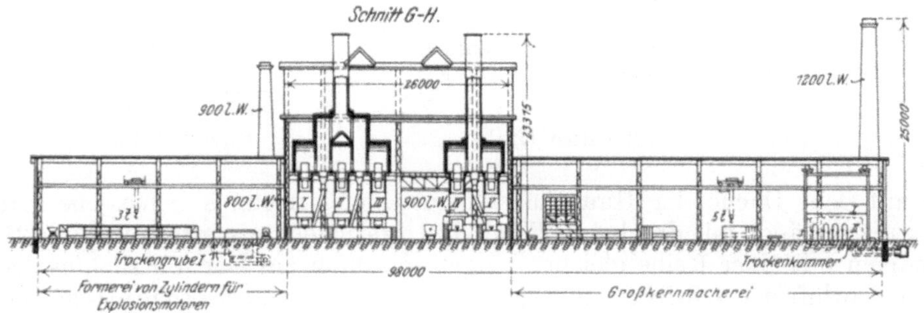

Abb. 253. Maschinenfabrik Eßlingen, Schnitt G—H durch die Kuppelofenanlage.

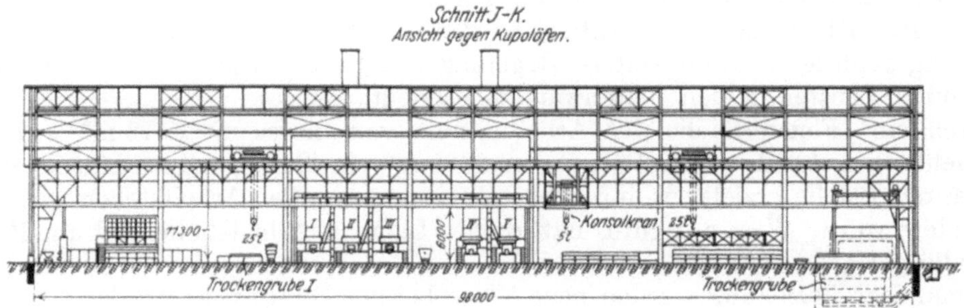

Abb. 254. Maschinenfabrik Eßlingen, Schnitt J—K durch die Haupthalle.

5-t-Laufkran bedient, die beiden anderen niedrigeren Hallen, in denen nur Kleinkerne hergestellt werden, bedürfen keiner Hebezeuge. Die Automobilformerei verfügt in den drei nordöstlichen Hallen über eine Grundfläche von etwa 1000 m², die drei südöstlichen Hallen der Kernmacherei über eine solche von rund 1500 m².

Die gesamte Form- und Kernmachergrundfläche beträgt demnach:

1 Haupthalle für Großguß	rund	2100 m²
2 westliche Hallen für Klein- und Mittelguß	„	2400 „
3 nordöstliche Hallen für Automobilguß	„	1000 „
3 südöstliche Hallen für Kernmacherei	„	1500 „
Insgesamt:	rund	7000 m²

Die den Abschluß des Gußwerkes nach Westen bildende Gußputzerei hat die gleiche Länge wie die an sie grenzenden Hallen für mittleren und kleinen Guß (99 m), eine Breite von 15 m und eine Höhe von 9,6 m (Abb. 249—254). Sie wird von einem Laufkran von 25 t Hubkraft bedient. Ihre Ausstattung umfaßt 2 Sandstrahldrehtische, 4 doppelte Schmirgelschleifmaschinen, 1 geschlossenes Putzhaus mit Freisandstrahlgebläse, 1 Preßluftanlage für Preßluftwerkzeuge und alle übrigen neuzeitlichen Arbeitsbehelfe. Sie wird vom Hauptkraftwerk mit Preßluft von 2 und von 6 at Überdruck versorgt. Ihre Grundfläche beträgt mit 1460 m² $^1/_5$ der gesamten Formfläche, ist demnach fast gleich derjenigen der Kernmacherei.

Das Gußwerk bezieht seinen gesamten Kraftbedarf von der Zentrale II des Gesamtwerkes (Nr. 16 in Abb. 248) und hat Drehstrom von 500 V, Gleichstrom von 440 V für Kraftzwecke und von 220 V für Licht. Insgesamt werden nahezu 1000 PS benötigt.

A. Gleichstrom 440 Volt.		
Hebezeuge aller Art	etwa	540 PS
Kuppelofenanlage	„	80 „
Masselbrecher	„	12 „
Formmaschinen	„	13 „
	etwa	645 PS
B. Drehstrom von 500 Volt.		
Sandaufbereitung	etwa	100 PS
Gußputzerei	„	110 „
Eisenrückgewinnung	„	25 „
Metallgießerei	„	35 „
Ortsbewegliche Sandsiebmaschinen	„	10 „
Gießereischlosserei	„	15 „
	etwa	295 PS
Gesamtbedarf ohne Licht	rund	940 PS

Die auf dem Dache der Haupthalle angeordnete, reichlich bemessene Laterne ist in ihrer ganzen Länge mit drehbaren Entlüftungsflügeln ausgestattet (Abb. 250—252), die zusammen mit einer Reihe gleicher Flügel unterhalb des Dachoberlichtes der Haupthalle gute Entlüftung bewirken und je nach den Witterungsverhältnissen verschieden einstellbar sind. Zahlreiche querliegende Oberlichter auf den Dächern mit Zugläden an beiden Stirnseiten bewirken in den oberen Räumen der Arbeitshallen guten Luftwechsel in wagerechter Richtung. Der Luftzug wird durch Entlüftungshelme auf jedem Oberlicht kräftig gefördert. Eine weitere Regelung des Luftwechsels wird durch die leicht zu öffnenden Fenster in den Seitenwänden erreicht.

Durch eine Fensterfläche der Arbeitsräume von insgesamt 5412 m² wird für die in Betracht zu ziehende Grundfläche von 8460 m² ein Belichtungsverhältnis von 64% der bebauten Fläche erzielt, womit gute Belichtung aller Arbeitstellen gesichert ist. Insbesondere wurde Wert auf gutes natürliches Licht in Arbeitshöhe und am Boden der Haupthalle gelegt.

In mancher Beziehung wurden neue Wege bei der Beschickung der Kuppelöfen beschritten. Vom Roheisenlagerplatz bis zur Gießerei ist eine Elektrohängebahn mit

Führerstandkatze für eine Jahreserzeugung von 10 000 t errichtet worden (Abb. 257 und 258). Die Kübel der Bahn fassen 2 t und werden vom Führerstand aus bedient. Die auf der Gichtbühne (Abb. 259) ankommende Hängebahnkatze fährt auf die fahrbare Verteilungsbrücke (Abb. 259 rechts oben), die die ganze Breite der Gichtbühne überspannt, so daß jeder Punkt derselben von der Hängebahn aus bedient werden kann.

Abb. 255. Maschinenfabrik Eßlingen, Blick in die Haupthalle.

Abb. 256. Maschinenfabrik Eßlingen, Putzerei.

Zwischen den Rohstoffschuppen nächst der östlichen Außenwand der Gießerei ist eine selbsttätige Sandaufbereitanlage vorgesehen (Abb. 260), die stündlich 4 m³ Neusand und 15—16 m³ Altsand aufbereitet und 7—8 m³ Fertigsand mischt und formfertig macht. Die Verbindung dieser Anlage mit den verschiedenen Formereiabteilungen durch ein Netz von Schmalspurgleisen ist der Abb. 249 zu entnehmen. Der neue Sand wird der Aufbereitanlage auf dem Schmalspurgleis des Rohstoffschuppens zugeführt, der alte Sand auf dem die ganze Gießerei durchziehenden Doppelgleise. Der Haufensand wird in der Gießerei selbst in ortsbeweglichen Schleudermaschinen durchgearbeitet. Der neue Sand gelangt im Erdgeschosse über die Förderrinne c (Querschnitt G—H) in den Trockenofen d (Grundriß-Erdgeschoß und Schnitt C—D). Der getrocknete Sand wird mittels der Schnecke e und des Becherwerkes f (Schnitt E—F) in das Trommelsieb g gefördert, das ihn durch einen doppelten Siebbelag in zweierlei Körnungen aussiebt. Der abgesiebte Sand gelangt über die drehbare Rutsche h (Querschnitt E—F und Längsschnitt C—D) in einen der 6 Neusandbehälter i. Der grobe Durchfall gleitet in den Kollergang k (Schnitt C—D und Grundriß 1. Stock), aus diesem wieder in das Becherwerk f. Die verschiedenen Maschinen des Neusandwerkes werden mit gesonderten Motoren angetrieben.

Abb. 257. Maschinenfabrik Eßlingen, Hängebahn zur Kuppelofenbeschickung,

Der Altsand kommt über den Rüttler n (Querschnitt E—F und Längsschnitt A—B) in den gelochten Zylinder o, in dem durch die schwereren Eisenbeimengungen die groben Sandknollen zermalmt werden, ehe der Sand das unterhalb der Trommel angeordnete Walzwerk durchläuft. Das Becherwerk q hebt dann den genügend zerkleinerten Sand auf den hochstehend angeordneten Eisenausscheider r (Längsschnitt A—B). Für Trocken- und Naßsand sind gesonderte Trommelsiebe s und s_1 vorgesehen, aus denen der Sand in die durch Umlegeklappen getrennten, je 5 m³ fassenden Behälter fällt. Zur Reinigung des Magneten von Sand und Eisenteilchen ist ein besonderes, kleines Trommelsieb u eingebaut. Der Sand fällt in das Becherwerk q zurück, während die Eisenteile in einen am Gleise zu ebener Erde stehenden Kippwagen kommen.

Abb. 258. Maschinenfabrik Eßlingen, Führerstandkatze.

Die Neusandbehälter geben durch Schieberverschlüsse und Abzugschnecken x, x_1, x_2 (Querschnitt E—F)[1]) den Sand an die Sammelschnecke y ab, in der verschiedene Sorten auf trockenem Wege zusammengemischt werden.

Der Kohlenstaub lagert im Behälter z, aus dem er durch eine Zuteilschnecke in die Sammelschnecke y abgegeben wird. Der Altsand wird mittels eines Zuteilrüttlers a′

[1]) Eine Beschreibung dieser Einrichtung findet sich in Stahleisen 1912. S. 533.

(Schnitt A—B) in die Sammelschnecke y gestreut. Diese gibt den Sand an das Becherwerk c' ab (Schnitt C—D), das ihn in die Mischspirale d' entleert, in der er mittels einer Streudüse gründlich durchfeuchtet wird. Der Sand wird dann durch Drehung der Trommel unter andauerndem Mischen an das Auslaufende befördert. Die Mischung des Sandes muß völlig trocken vorgenommen und erst danach die Anfeuchtung durchgeführt werden. Der angefeuchtete Sand fällt über eine Drehklappe in eine der Schleudermühlen f' und f'_1 (Schnitt G—H) und aus diesen in einen der 6 Behälter g', aus denen er an Kippwagen (Abb. 261) abgegeben wird.

Eine Eigentümlichkeit dieser Gießerei bilden ihre 10 großen Trockengruben, die hauptsächlich in der Automobilgießerei, aber auch in der Haupthalle und der anstoßenden Halle für mittleren und kleineren Guß verteilt sind (Abb. 249). Sie werden mit Braunkohlenbrikettgas beheizt, das eine unmittelbar neben der Sandaufbereitung liegende Gaserzeugeranlage liefert. Den Verbrennungskammern der Trockengruben wird Luft unter

Abb. 259. Maschinenfabrik Eßlingen, Gichtbühne.

Druck zugeführt. durch die beste und billigste Trockenwirkungen erzielt werden. Die Trockengruben werden nach ihrer Füllung mit nassen Formen durch gut isolierte doppelte Blechdeckel abgeschlossen. Die Umfassungsmauern der Gruben ragen 80 cm über die Gießereisohle vor, wodurch Unfällen vorgebeugt ist. Im Vordergrunde der Abb. 255 sind einige dieser Gruben zu erkennen. Der Hauptvorteil von Trockengruben liegt, abgesehen von den Vorzügen der Gasheizung an sich, in der durch sie erreichten Raumersparnis, da die Standplätze der Kammerwagen vor den Kammern wegfallen und sie von den Gießereikranen unmittelbar beschickt werden. Der freie Raum in diesen Gruben läßt sich zudem meist wesentlich besser ausnützen, als bei befahrbaren Trockenkammern. Neben den 10 Trockengruben wird noch eine Anzahl kleinerer Trockenöfen in den Formereien und der Kernmacherei betrieben.

Die ausgedehnte Modellschreinerei ist in einem langgestreckten Gebäude nördlich des Gießereibaues untergebracht (Abb. 262). Sie umfaßt ein Erdgeschoß, ein Zwischengeschoß und ein darüber liegendes erstes Stockwerk. Der Keller ist geteilt, er birgt zur einen Hälfte das Formplattenlager und zur anderen das bearbeitete Nutzholz. Die übrige Gliederung ist der Abb. 262 zu entnehmen. Das sehr umfangreiche Lager nicht mehr benutzter Modelle ist in den zwei großen Schuppen Nr. 26 und 27 des Gesamtplanes (Abb. 248) untergebracht.

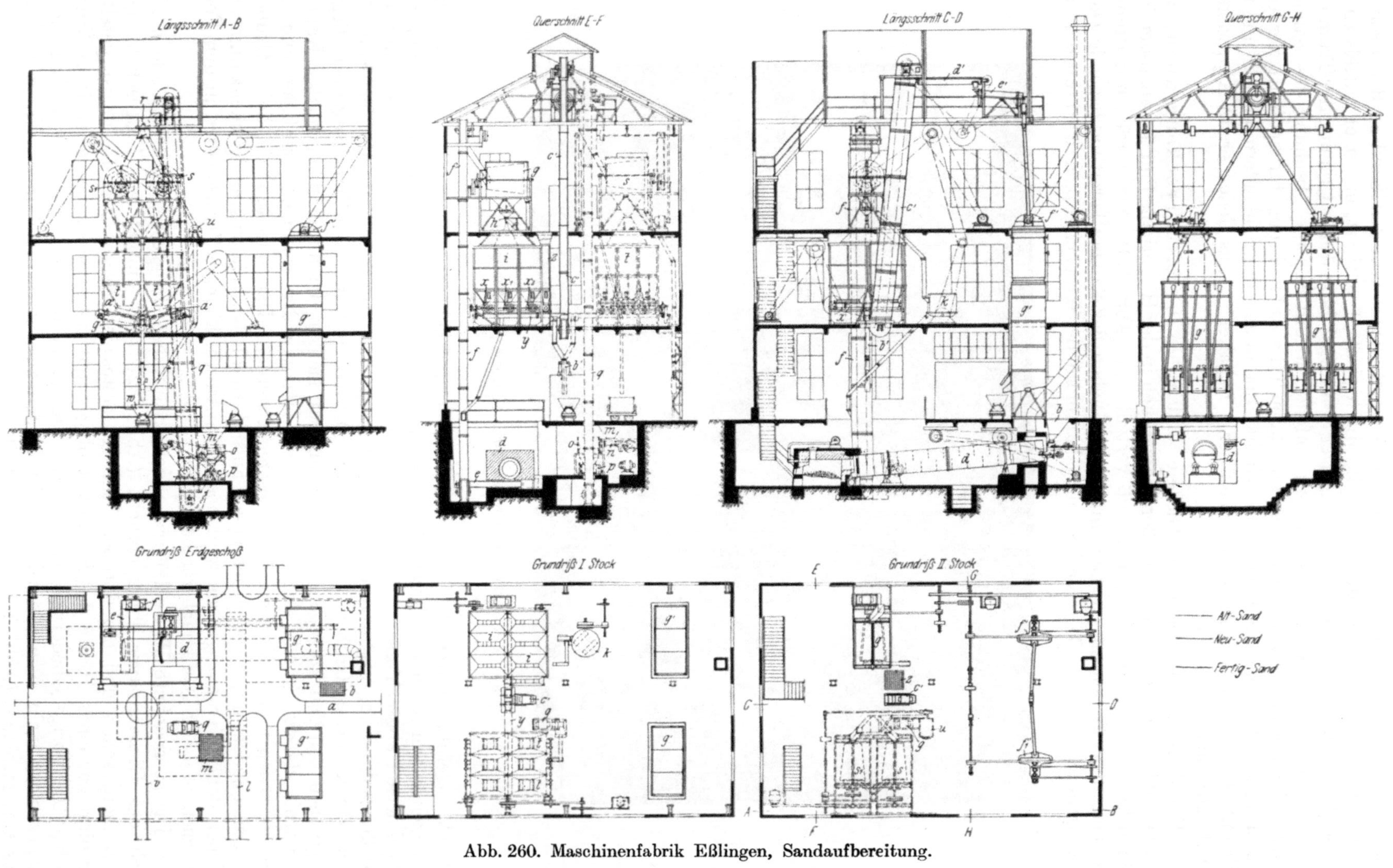

Abb. 260. Maschinenfabrik Eßlingen, Sandaufbereitung.

Die allgemeinen Verkehrsvorsorgen sind in mustergültiger Weise getroffen. Das am weitesten nach Westen liegende Bahngleis führt das Roh- und Brucheisen zu; Sand, Schmelzkoks, Schamottesteine und andere Rohstoffe gelangen auf dem zweiten Gleise (Abb. 248) zur Ablieferung. Ein Teil der Schmelzstoffe wird unmittelbar nach seiner Anlieferung von der Hängebahn auf die Gichtbühne oder in den Brikettbunker Abb. 251) befördert, ebenso wird der Sand sofort der Aufbereitanlage zugeführt. Das flüssige Eisen wird mittels der Lauf- und Konsolkrane in der großen Halle und in alle anderen Hallen mittels der Schmalspurgleise befördert. Aller Sand, sonstiger Betriebsbedarf und der in die Putzerei gelangende Rohguß kommen gleichfalls über das Schmalspurgleis. Der geputzte Guß wird, soweit er für den eigenen Bedarf bestimmt ist, auf den in den südlichen Teil der Gußputzerei hineinragenden Normal- und Schmalspurgleisen abgefahren. Der Kundenguß gelangt auf dem quer durch die Gießerei laufenden Doppel-Schmalspurgleise über den einen Formkastenplatz hinweg in das Versandmagazin; nur die allerschwersten Stücke werden vom 25-t-Kran der Gußputzerei unmittelbar in die Eisenbahnwagen verladen.

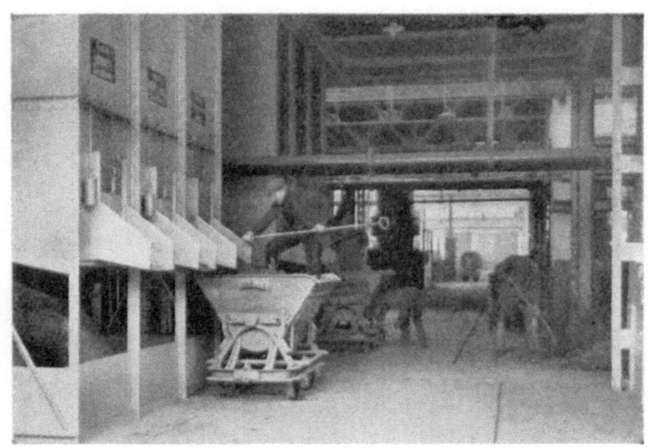

Abb. 261. Maschinenfabrik Eßlingen, Sandabgabe.

Zur Rückgewinnung der letzten Eisenreste aus allen Abraumstoffen des Betriebes wurde ein Scheideturm geschaffen, in dem alle Abfälle, in denen Eisenreste vermutet werden, vor Abgabe an die Schutthalde durchgearbeitet werden. Diese Anlage ist an die Hängebahn angeschlossen und arbeitet ähnlich wie die Sandscheider völlig selbsttätig. Der durchgearbeitete Abraum wird in zwei Bunkern gesammelt, die durch Bodenklappen in untergefahrene Eisenbahnwagen entleert werden.

Der gesamte Durchgang der Rohstoffe, der Halb- und Fertigerzeugnisse erfolgt durchweg in einer Richtung und in stetig fortschreitender Bewegung ohne Rückbeförderungen und ohne irgendwelche Aufenthalte durch Zwischenlagerung.

Stahlgießereien.

Beim Entwurf einer Stahlgießerei sind drei Hauptglieder der zukünftigen Anlage zu unterscheiden: Der Schmelzbau, die Formerei und Gießerei und die Putzerei. Die weiteren Unterabteilungen können, sobald die Haupteinteilung entschieden ist, unschwer bestimmt werden. In vielen Fällen werden alle drei Hauptabteilungen in einem gemeinschaftlichen Bau untergebracht, insbesondere pflegt bei Neuanlagen der Schmelzbau mit der Gießerei meist unter einem Dache vereinigt zu werden. Die Gründe dieser Anordnung sind fast zwingender Natur. Flüssiger Stahl kühlt sehr rasch ab, er muß darum möglichst bald nach dem Abstiche zum Vergießen gebracht werden. Die Beförderung von einem Bau zum anderen würde zumindest Zeitverluste verursachen, darum muß, wenn immer angängig, die Einrichtung so getroffen werden, daß die Gießpfanne nur auf einem Kranwege von der Abstich- zur Gießstelle gelangen kann. Die Weiterschaffung des Stahls auf Gleisen ist weniger zweckmäßig, da durch die dabei unvermeidlichen Erschütterungen die Vergießbarkeit des Stahls sehr ungünstig beeinflußt wird. Schmelzerei und Gießerei gehören darum zusammen, sie lassen sich in Siemens-Martin-Gießereien ebenso ohne Schwierigkeit vereinigen wie in Tiegelstahlgießereien oder in einer Kleinbessemerei, bzw. in einer Elektrogießerei. In Siemens-Martin-Werken ist man von dieser Regel mit Rücksicht auf die mitunter den größten Teil des erzeugten Stahls verbrauchende Blockgießerei früher verhältnismäßig oft abgewichen, man beließ nur die Gußabteilung allein

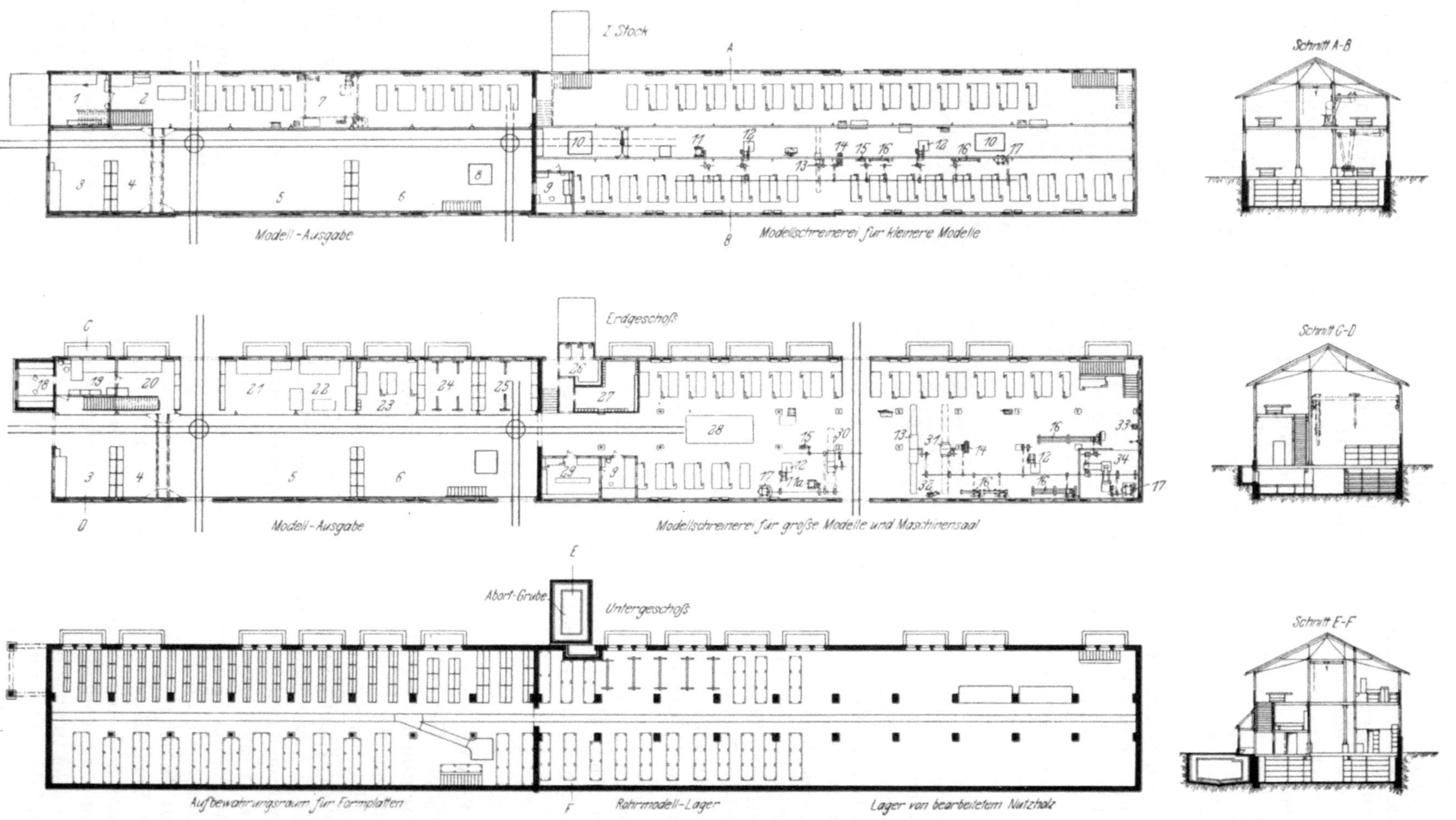

Abb. 262. Maschinenfabrik Eßlingen, Modellschreinerei.

1 Ziseleur, 2 Modellkontrolle für Kundenguß, 3 Kundenmodelle, Eingang, 4 Kundenmodelle, Ausgang, 5 eigene Modelle, Eingang, 6 eigene Modelle, Ausgang, 7 Holzbearbeitungsmaschine, 8 Luke nach dem Untergeschoß, 9 Meisterzimmer, 10 Luken nach dem Erdgeschoß, 11 und 11a Holzschleifmaschinen, 12 Bandsägen, 13 Abrichtmaschinen, 14 Schleifsteine, 15 Bohrmaschinen, 16 Drehbänke, 17 elektrische Motoren, 18 Archiv für die Modellkartei, 19 Modellverwaltung, 20 Modellkontrolle für Eisenbahnbedarf, 21 Modellkontrolle für allgemeinen Maschinenbau, 22 Lackierraum, 23 Reparatur-Modellschreinerei, 24 Modellplatten, Eingang, 25 Modellplatten, Ausgang, 26 Abort, 27 Waschraum, 28 Anreißplatte, 29 Magazin für Werkzeuge und Bedarfsstoffe, 30 Abricht- und Dickten-Hobelmaschine, 31 Dickten-Hobelmaschine, 32 Messerschleifmaschine, 33 Feilmaschine, 34 Kernbüchsen-Fräsmaschine.

beim Schmelzbau. In jüngerer Zeit wird das Gießen der Blöcke ohne Schwierigkeit in einer im Verhältnis zu den vergossenen Stahlmengen recht bescheidenen Abteilung der allgemeinen Gießerei ausgeübt, wobei natürlich darauf Bedacht genommen wird, daß diese Abteilung in unmittelbarer Nähe des Ofenabstiches untergebracht ist. Auch die Verfahren zur Sicherung von Blasenfreiheit und gleichmäßiger Dichte der Blöcke werden durch die Vereinigung des Schmelz- und Formgußbetriebes mit der Blockgießerei unter einem Dache nicht beeinträchtigt. Nur die Gaserzeugeranlage wird durchweg getrennt vom Schmelzbau in einem besonderen Gebäude untergebracht. Man hat heute selbst die Scheu vor einer etwas längeren Gasleitung überwunden und die Gaserzeugeranlage völlig abseits von der Gießerei angeordnet, wenn die Zufuhrverhältnisse oder andere Umstände dies wünschenswert erscheinen ließen.

Für das gegenseitige örtliche Verhältnis von Gießerei und Putzerei liegen die Verhältnisse etwas anders; hier bestehen keine zwingenden Gründe für eine Vereinigung oder auch nur für einen unmittelbaren Zusammenschluß. Tatsächlich ist auf nicht wenigen europäischen und amerikanischen Werken die Gußputzerei von der Gießerei völlig getrennt, und es hängen beide Betriebe nur durch eine Gleisverbindung zusammen. Eine Vereinigung dieser Abteilungen unter einem Dache bietet nur in solchen Fällen einigen Vorteil, bei denen nur eine einzige gemeinsame Halle in Frage kommt. Ein Laufkran kann dann die Abgüsse nach dem Ausleeren anheben und unmittelbar an der Putzstelle absetzen. Die weitere Handhabung des Stückes, seine Beförderung zur Abtrennmaschine der Eingüsse oder Überköpfe, das Aufladen auf den Glühkammerwagen und alle sonstigen Handhabungen müssen danach doch durch weitere Hebevorrichtungen bewirkt werden. Das gilt von kleineren Abgüssen, die in Sammelgefäßen befördert werden ebenso wie für große, schwere Stücke. Unter Umständen kann es auch angebracht sein, nur ganz große, selten auszuführende Teile noch in der Gießerei zu putzen, etwa um in der Putzerei den allergrößten Kran zu sparen. Die Formerei benötigt im allgemeinen einen leistungsfähigeren Kran als die Putzerei, da in ihr nicht allein das Gewicht des größten Stückes zu bewältigen ist, sondern auch oft der Abguß samt anhängendem Sandballen oder ein das Gewicht des Abgusses überschreitender vollgestampfter Formkasten zu heben und unter Umständen auch zu wenden ist. Der Vorteil gemeinsamer Unterbringung von Gießerei und Putzerei unter einem Dache verschwindet völlig, wenn auf dem Wege in die letztere die Abgüsse irgendwie abgesetzt, von einem Kranen dem anderen übergeben, auf Schmalspur- oder Normalspurgleisen oder auf einer Schiebebühne weiter befördert werden müssen. Räumliche Trennung von Gießerei und Putzerei gewährt den wesentlichen Vorteil größerer Übersichtlichkeit jedes der beiden Betriebe und verhütet die gegenseitige Übertragung der jedem derselben eigenen Belästigungen. Die Gießerei bringt lästige Hitzewirkungen mit sich, sie zeitigt Rauch- und Gasbelästigungen, während die Putzerei wiederum Schmutz und Staub von eigener Art im Gefolge hat. Eine etwaige Beheizung, wie sie in Putzereien heute allgemein üblich ist, kann in der Gießerei leichter entbehrt oder doch wesentlich billiger gestaltet werden. Die Lufterneuerung und -reinigung ist bei getrennten Betrieben wesentlich anders zu erreichen, als bei Unterbringung beider Abteilungen in einem Baue. Durch Teilung der Betriebe wird die Mannschaft beider Abteilungen unter wesentlich günstigeren Aufenthaltsbedingungen arbeiten können, und die Maschinen und Apparate beider Abteilungen bleiben besser geschont.

Die Zahlentafel 68[1]) gewährt einigen Aufschluß über die den verschiedenen Abteilungen einer Stahlgießerei zuzubilligenden Raummasse. Der Umfang des Schmelzbaues blieb in der Tafel durchweg unberücksichtigt, da er meist viel weniger von der Größe des Formgußbetriebes als von der Gewichtsmenge der in den einzelnen Betrieben erzeugten Blöcke bedingt wird. Gießerei I gehört einem rheinischen Großbetriebe an, der im Jahre etwa 25 000 t Stahlblöcke und 5000 t Stahlformguß erzeugt. Schmelzbau, Gießerei und Putzerei sind in einer Halle von 142 m Länge und 40 m Breite untergebracht. Die Schmelzanlage umfaßt einen 40-t- und zwei 20-t-S.M.-Öfen; die Blockgießerei ist mit einer Einrichtung zum Verdichten der Blöcke durch längeres Flüssighalten der Überköpfe ausgestattet. Mit Ausnahme des in nächster Nachbarschaft untergebrachten

[1]) Irresberger, Stahleisen 1918. S. 171.

Zahlentafel 68.

Grundverteilung in drei größeren Stahlgießereien mit Siemens-Martinofenbetrieb.

	Gießerei I: 5000 t Jahreserzeugung				Gießerei II: 7000 t Jahreserzeugung				Gießerei III: 10000 t Jahreserzeugung			
	Grundfläche m²	% der Gesamtfläche von Gießerei und Putzerei	1 t Jahres-erzeugung erfordert m²	1 m² liefert Jahres-erzeugung	Grundfläche m²	% der Gesamtfläche von Gießerei und Putzerei	1 t Jahres-erzeugung erfordert m²	1 m² liefert Jahres-erzeugung	Grundfläche m²	% der Gesamtfläche von Gießerei und Putzerei	1 t Jahres-erzeugung erfordert m²	1 m² liefert Jahres-erzeugung
Gießerei:												
Form- und Gießfläche . .	2701	54,1	0,540	—	4600	61,0	0,657	—	5800	56,3	0,580	—
Trocken- und Glühkammern, einschließlich Umfassungsmauern und Ausfahrfläche	605	12,3	0,120	—	510	6,7	0,072	—	1060	10,3	0,105	—
Sandaufbereitung. . . .	164	3,3	0,033	—	210	3,0	0,030	—	260	2,5	0,026	—
Handlager	36	1,3	0,013	—	84	1,1	0,012		108	1,0	0,011	—
Arbeiteraufenthaltsraum	55	1,1	0,011	—	220	2,9	0,031	—	194	1,9	0,019	—
Waschkaue und Bad . .	75	1,5	0,15	—	296	3,9	0,042	—	204	2,0	0,020	—
Gießerei insgesamt	3666	73,6	0,733	—	5920	78,6	0,846	—	7626	74,0	0,762	—
Putzerei:												
Allgemeiner Arbeitsraum	605	12,1	0,121	—	} 1450	19,2	0,207	—	1105	10,7	0,110	—
Abstecherei	605	12,1	0,121	—					1400	13,6	0,140	—
Schweißerei	110	2,2	0,022	—	95	1,2	0,013	—	112	1,0	0,011	—
Handlager	—	—	—	—	64	1,0	0,009	—	80	0,7	0,008	—
Putzerei insgesamt	1320	26,4	0,264	—	1609	21,4	0,229	—	2697	26,0	0,269	—
Putzerei und Gießerei	4986	100,0	0,996	1,00	7529	100,0	1,075	0,929	10323	100,0	1,032	0,97
Putzerei : Gießerei	26,4 : 73,6				21,4 : 78,6				26,0 : 74,0			

Gaserzeugerhauses und je eines Anbaues für die Sandaufbereitung und Schweißerei sind sämtliche Nebenbetriebe in einem gemeinsamen Hauptgebäude untergebracht. Die Gießerei beschäftigt etwa 360 Arbeitskräfte, darunter etwa 30 Mann im Schmelzbetriebe.

Gießerei II ist einem tschechoslowakischen Hüttenwerke angeschlossen. Sie umfaßt den Schmelzbau, eine Blockgießerei und eine Formgußabteilung, die alle in einem Bau untergebracht sind. Die Gußputzerei befindet sich in einem eigenen Gebäude. Hier hat man die Trockenkammern von den Glühkammern getrennt. Die Trockenkammern befinden sich selbstredend in der Formhalle, dagegen wurde das Ausglühen der Putzerei überlassen. Man erzeugt mit einer Belegschaft von durchschnittlich 245 Köpfen in der Gießerei, 130 in der Putzerei und 72 im Schmelzbau jährlich etwa 7000 t Formguß und eine um ein Vielfaches größere Menge von Stahlblöcken. Die Schmelzanlage enthält drei S.-M.-Öfen von je 30 t, sechs Stück von je 12—13 t Fassungsvermögen, zwei kleine Tiegelschachtöfen und einen Elektro-Ofen von 10—15 t Fassungsvermögen.

Gießerei III umfaßt alle Betriebe, den Schmelzbau, eine sehr umfangreiche Blockgießerei, die weitläufige Formgußhalle und eine Presse von höchster Leistungsfähigkeit unter einem Dache. Nur die Gaserzeuger sind in einem vom Hauptbau durch einen schmalen Gang getrennten eigenen Bau untergebracht. Putzerei und Gießerei sind nicht scharf voneinander getrennt, ihre Grenze verschiebt sich nach Bedarf um 10—15 m; die angegebenen Ziffern entsprechen nur dem Tage der Aufnahme. Neben einer gewaltigen Menge von Blockguß aller Art und Größe werden jährlich etwa 10 000 t Formguß von nicht minder mannigfacher Art und Zusammensetzung erzeugt.

Die drei der Zusammenstellung zugrunde liegenden Gießereien können bezüglich der allgemeinen Raumeinteilung in mehr als einer Hinsicht als Muster dienen. In allen dreien dieser in sehr verschiedenen Gebieten Mitteleuropas gelegenen Betriebe erbringt 1 m² Grundfläche (Gießerei + Putzerei ohne Schmelzbau) 1 t Jahreserzeugung, gleichviel ob es sich um einen Betriebsumfang von 5000, 7000 oder 10 000 t handelt. Recht nahe übereinstimmend erscheint auch das Verhältnis zwischen Gießerei- und Putzereigrundfläche, es stellt sich im Durchschnitte wie 3: 1. Diese Ziffern ergeben ohne weiteres die Grundwerte zur Größenbestimmung der Bodenflächen bei gegebener jährlicher Erzeugungsmenge. Erhebliche Abweichungen zeigen sich dagegen bei der Gliederung der einzelnen Abteilungen, trotzdem auch hier die Unterschiede im allgemeinen nicht allzu groß sind. Die Trockenkammer-Grundfläche — worunter die Fläche des lichten Raumes in der Kammer + der von der Kammerummauerung und der etwaigen außen liegenden Feuerung + der Ausfahrtfläche, die meist der lichten Kammerfläche gleichzusetzen ist, verstanden wird — schwankt von 4,0—7,4% der Grundfläche von Gießerei und Putzerei und beträgt im Mittel 5,8%. Es wird sich empfehlen, bei Neuanlagen an den oberen Grenzwert zu gehen, denn in verschiedenen anderen Gießereien wird Mangel an Trockenraum als ein Haupthemmnis der Steigerung der Erzeugungsmenge angegeben. Das Gleiche gilt von den Glühkammern, deren Grundfläche zwischen 2,7 und 4,9% der Gießerei- + Putzereigrundfläche schwankt.

Man hat mitunter sämtliche Trocken- und Glühkammern nebeneinandergelegt und so gewisse Vorteile bei der Anlage und dem Betriebe der Kammern erreicht. Liegen die Kammern in einer Reihe, so läßt sich etwas Raum sparen, da die Zwischenwände leichter gehalten werden können als bei gesonderten Kammern, und die Wartung der Kammern etwas vereinfacht wird. Dagegen stehen der Zusammenziehung der Trocken- und Glühkammern an einer Stelle schwerwiegende Betriebsrücksichten entgegen. Man muß allgemein danach trachten, den Guß möglichst nahe an der Abstichstelle zu bewirken, da fast jeder Meter Weg, den der flüssige Stahl zurückzulegen hat, seine Gießeigenschaften beeinträchtigt. Da auch im übrigen danach zu streben ist, alle Förderwege innerhalb des Betriebes abzukürzen, werden die Trockenkammern am besten so angelegt, daß sie zwischen Formerei und Gießstelle liegen, daß sie also im Falle einer langgestreckten Gießhalle, an deren einem Ende der Schmelzbau untergebracht ist, ungefähr in die halbe Länge der Halle gelegt werden. Die Glühkammern wird man dagegen besser in die Nähe der Putzerei an das andere Ende der Gießerei verlegen. Sind Gießerei und Putzerei in getrennten Gebäuden untergebracht, so ergibt sich die Frage, welchem der beiden Betriebe die Glühkammern zuzuteilen sind. Wenn nicht besondere örtliche Gründe dagegen sprechen, empfiehlt es sich, die Glühkammern der Putzerei zuzuweisen. Sobald die Abgüsse einmal aus der Form genommen und zum erstenmal völlig abgekühlt sind, gehen sie die Gießerei nichts mehr an. Dies um so weniger, als in Stahlgießereien das Schweißen durchweg in einem eigenen Betriebe von besonders dafür geschulten Leuten ausgeführt wird. Häufig ergibt sich die Notwendigkeit, geschweißte Abgüsse nochmals auszuglühen, wofür einzelne Werke eigene Glühkammern angelegt haben. Diese Notwendigkeit entfällt, wenn die Putzerei ohnedies ausgiebig mit Glühkammern ausgerüstet ist.

In den letzten Jahren sind durch Aufnahme der Manganstahlgußerzeugung[1]) neue Anforderungen an den Glühkammerbetrieb erwachsen. Es kommt dabei auf genaueste Einhaltung bestimmter Temperaturen an, die am raschesten und zuverlässigsten durch elektrische Beheizung zu erreichen ist. Abgesehen von der Art der Heizung bedingt dieser Betrieb eine Vergrößerung der verfügbaren Glühkammer-Grundfläche und die Anlage eines offenen Wasserbehälters, in dem der geglühte Guß abgeschreckt werden kann. Die Frage der Verlegung der Glüherei aus der Gießerei in eine andere Abteilung ist dadurch aufs neue von Bedeutung geworden. Auf einem durch hervorragende Güte seiner Erzeugnisse Weltruf genießenden Österreichischen Stahlgußwerk hat man sich schließlich dahin entschieden, den gesamten Glühbetrieb sowohl aus der Gießerei, als auch aus der Putzerei fortzunehmen und hierfür eine eigene Abteilung zu schaffen, deren Leute zu besonderer Erfahrung und eingehender Schulung gelangen.

Die Putzerei zerfällt in drei Unterabteilungen: Eine Abteilung zur Entfernung der angebrannten Formmasse (eigentliche Putzerei), eine Abteilung zum Abtrennen der Eingüsse, Steiger, Überköpfe und Sicherungsstege (Abstecherei) und eine der Schweißerei gewidmete Abteilung. Die Putzerei und Abstecherei werden häufig annähernd gleich groß bemessen, mitunter sind sie räumlich nicht getrennt, was aber weder zum Vorteile

[1]) Vgl. Bd. I, S. 244/245, Bd. II, S. 311/313, Bd. III, S. 410/415, 618.

des genannten Betriebes gereicht, noch die Dauerhaftigkeit der verschiedenen Abstechmaschinen erhöht. Es empfiehlt sich, die Putzerei von der Abstecherei durch Zwischenwände soweit zu trennen, daß die Luft der ersteren für sich durch Absaugeeinrichtungen einigermaßen gereinigt werden kann. Die Zwischenwand braucht dann nur einige Meter hoch zu sein, so daß ein gemeinsamer Laufkran die großen Abgüsse leicht über die Zwischenwand von einer Abteilung in die andere bringen kann. An die bei solcher Einteilung verhältnismäßig staubfreie Abstecherei kann sich dann, wiederum durch eine Zwischenwand, und zwar eine möglichst hohe, getrennt, völlig betriebssicher die elektrische Schweißerei anschließen.

Ob die Schweißerei mit der Glüherei in eine Abteilung zusammengezogen werden soll, hängt zum ersten vom Betriebsumfang der Gießerei, zum anderen von der Menge der Schweißungen und endlich von der etwaigen Erzeugung von Manganstahlguß ab. Die Schweißtechnik hat derartige Fortschritte gemacht, daß es heute schon in sehr vielen Fällen wesentlich wirtschaftlicher ist, schwierige Abgüsse in einzelnen Stücken zu gießen und diese dann zusammenzuschweißen, als die Gefahr eines schwierigen Gusses zu übernehmen. Da die Mehrzahl der geschweißten Stücke nachgeglüht werden muß, erwächst so ein vermehrter Anspruch an Glühkammergrundfläche. Das Größenverhältnis zwischen Gußputzerei, Abstecherei und Schweißerei entspricht im Durchschnitt der drei Mustergießereien den Zahlen 8 : 9 : 1, wobei angenommen ist, daß in Gießerei II Putzerei und Abstecherei ungefähr gleich große Grundflächen beanspruchen.

Die größte Mannigfaltigkeit herrscht bezüglich der Sandaufbereitanlagen und deren Unterbringung innerhalb oder außerhalb des Formereiraumes. Die jüngste Entwicklung geht dahin, die vielerorts für verschiedene Gußstücke recht mannigfach zusammengesetzten Sandmischungen immer mehr zu vereinfachen; an einzelnen Stellen ist man schon dahin gekommen, zum großen Teile mit nur einem unvermischten Rohstoffe zu arbeiten. Die in der Zusammenstellung angeführten Grundflächen für die Sandaufbereitung umfassen durchwegs Bunker für umfangreiche Mengen von formfertigem Sand und Masse; die von den Aufbereitmaschinen und für Aufbereitungsarbeiten beanspruchte Grundfläche beträgt durchschnittlich nur etwa die Hälfte des angegebenen Maßes. Mit Formmaschinen arbeitende Stahlgießereien sind bereits mit Sandförderanlagen ausgerüstet, die jeder Formmaschine selbsttätig den Formsand zuführen. Dadurch wird erheblich an Bunkerraum gespart, was bereits bei der Anlage zu berücksichtigen ist.

Stahlgießereien mit Siemens-Martin-Ofenbetrieb.

Im Deutschen Reiche wurden im Jahre 1929 insgesamt rund 300 000 t Stahlformguß erzeugt; davon erbrachten der saure und der basische Siemens-Martin-Ofen etwa zwei Drittel; in den Rest teilten sich die Elektrostahl-, die Kleinkonverter- und die Tiegelstahlgießereien. Die Überlegenheit des Siemens-Martin-Verfahrens beruht vor allem auf der Möglichkeit, für große Güsse jede erforderliche Stahlmenge unschwer in hoher Güte zu erhalten [1]).

Bei der Anlage einer S.M.-Stahlgießerei sind vier wesentliche Betriebseinheiten zu unterscheiden: 1. Die Gaserzeugeranlage, 2. die Schmelzerei, 3. die Gießerei und Formerei und 4. die Gußputzerei. Diese vier Grundelemente können in einem Bauwerke zusammengefaßt oder voneinander getrennt angeordnet werden. Bis in die jüngste Zeit wurde großer Wert auf unmittelbare Nachbarschaft der Gaserzeugeranlage und der S.-M.-Öfen gelegt, da man Wärmeverluste und andere Nachteile durch eine lange Gasleitung zwischen Gaserzeugern und Schmelzöfen befürchtete [2]). Solche Gefahren lassen sich aber bei einer richtig angelegten und ausgeführten Gasleitung auf ein durchaus tragbares, unschädliches Maß verringern, was durch verschiedene Ausführungen der allerjüngsten Zeit bestätigt wurde. So wurde auf einer großen Stahlgießerei eines österreichischen Hüttenwerkes, deren Arbeitsfläche allmählich zu enge geworden war, durch Verlegung der

[1]) Vgl. auch dieses Handbuch Bd. I, S. 234/237. [2]) Vgl. dieses Handbuch Bd. III, S. 283/287.

Gaserzeugeranlage an eine über 100 m entfernte Stelle wertvoller Raum zum Formen und Gießen gewonnen, ohne irgendwelche Nachteile in der Gaszuführung zu verursachen.

Die S.M.-Öfen lassen sich von der Formerei und Gießerei nicht gut trennen, obwohl solche Trennung bei älteren Anlagen nicht selten zu finden ist. In derartigen Fällen handelte es sich meist darum, einem Werk, das bis dahin nur Stahl zu Blöcken vergoß, eine Stahlformgießerei anzugliedern. Der flüssige Stahl muß dann eben in irgendeiner Weise, sei es auf einem Gleise, das die Verbindung zwischen Schmelzanlage und Gießerei herstellt, mittels einer Schiebebühne, eines Kettenzuges oder sonstwie zur Gießstelle befördert werden. Alle derartigen Anordnungen können nur als Notbehelfe gelten, da sie nicht nur vermehrten Lohnaufwand bedingen, sondern den Stahl mehr oder weniger abkühlen lassen. Schmelzanlage und Gießerei gehören darum von rechts wegen zusammen, und es wird wohl keine neugeschaffene Stahlgießerei geben, in der diese beiden Abteilungen voneinander räumlich getrennt sind. Die S.M.-Öfen können wohl in einer gesonderten Halle aufgestellt sein, was aus naheliegenden Gründen recht oft erwünscht ist, ihre Abstichrinnen sollen aber in die Gießhalle reichen, um dort den flüssigen Stahl unmittelbar in die Gießpfannen abgeben zu können [1]).

Bei der Anlage mehr als eines S.M.-Ofens werden die Öfen in einer Reihe angeordnet, wobei zwischen den Köpfen genügend Raum zur Vornahme von Ausbesserungen ohne Betriebstörungen vorgesehen werden muß. Bei älteren Anlagen versuchte man durch Anordnung der Beschickbühne auf Hüttensohle und Unterbringung der Kammern in einem Kellergeschosse, wodurch der Gießereibau niedriger gehalten werden konnte, an Baukosten zu sparen, hatte aber damit verschiedene Übelstände mit in Kauf zu nehmen. Vor allem war eine solche Anordnung nur bei völliger Grundwasserfreiheit angängig, und wenn das zutraf, war man infolge des beschränkten Platzes bei vorzunehmenden Ausbesserungen behindert, und man hatte für die Gießpfanne einen ziemlich tiefen Schacht anzulegen, der später bei überlaufender Schlacke zu lästigen Reinigungsarbeiten zwang. Bei neueren Anlagen liegen die Öfen hoch genug, um den Stahl in Pfannen auf ebenem Boden abstechen zu können. Die Beschickbühne erreicht nun eine Höhe von 3 bis zu 7 m über Hüttensohle. Sie muß völlig frei vom Mauerwerk des Ofens sein, da dieses während des Betriebes nicht unbeträchtlich wächst. Diese Bühne muß ausreichend Raum zur Erledigung der laufenden Betriebsarbeiten haben, ihre Breite wird gewöhnlich mit 10—15 m bemessen, ihre Länge hängt von der Anzahl der Schmelzöfen ab. Beim Betrieb nur eines S.M.-Ofens kann man wohl ohne Hilfskran auf der Beschickbühne zurechtkommen, handelt es sich aber um mehrere Öfen, so wird ein besonderer Hilfslaufkran für diese Bühne zur Notwendigkeit. Seine Hauptaufgabe besteht im Ausheben und Abbefördern von Ofensauen, deren Bewältigung ohne einen Hilfskran sehr erhebliche Störungen des laufenden Betriebes verursachen würde.

Eine der größten und den Anforderungen der heutigen Technik durchaus entsprechenden Stahlgießereien ist die Gußstahlfabrik des Eisenwerkes Witkowitz in Mährisch-Ostrau (heute in der Tschechoslowakei). Wie der Grundriß (Abb. 263) erkennen läßt, ist der Schrottplatz mit den Gaserzeugern (9 Stück, Bauart Huth und Roettger) [2]), der Schmelzanlage, der Gießerei und Formerei in einem Bau vereinigt, während die Putzerei mit der Glüherei in einem gesonderten, abseits liegenden Bau zusammengezogen wurde. Der Gießereibau nimmt eine Grundfläche von 218 × 122 m ein, während die Putzerei äußerste Ausmaße von 80 × 49 m erreicht. Dem Querschnitte (Abb. 264) ist die Gliederung des Betriebes im einzelnen zu entnehmen.

Ein Normalspur-Zufuhrgleis gabelt sich an der einen Stirnseite des Baues in einen Strang zur Zuführung der Kohle und einen für die des Schrotts (Abb. 263). Die Kohle wird abgestürzt, durch ein Becherwerk gehoben und den Gaserzeugern zugeführt. Zur Nutzbarmachung der Abhitze sind drei Abhitzekessel zwischen die Gaserzeugeranlage und den Schrottplatz eingeschoben. Jeder Kessel hat seinen eigenen Schornstein. An den Kesselraum schließt sich unmittelbar die Schrottlagerhalle an, die außer vom Hauptarme des Schrottzufuhrgleises noch von einer zweiten Abzweigung des Zufuhrstranges

[1]) Vgl. auch dieses Handbuch Bd. III, S. 217/220. [2]) Vgl. dieses Handbuch Bd. III, S. 277.

bedient wird. Über dem Schrottlager verkehren drei Laufkrane von 5—7,5 t Hubkraft mit Hebemagneten und Greifern. Der Schnitt (Abb. 264) zeigt, wie das Schrottlager vollkommen selbständig in einer 27,5 m breiten Halle untergebracht ist, die an einem Ende etwas verkürzt wurde, um zwei kleinen Elektroöfen Raum zu schaffen. Die Beschickbühne ragt in 3 m Höhe 4 m weit in die Schrotthalle hinein, so daß die Mulden der Beschickkrane unmittelbar vom Lager gefüllt werden können.

Die große Gießhalle hat zusammen mit der Ofenhalle eine Breite von 38,5 m und ist mit einem ungleichschenkligen Satteldach abgedeckt, dessen Dachreiter genügende Entlüftung sichert. In der Ofenhalle sind zwei Einsatzkrane tätig, die zur Bedienung der drei großen S.M.-Öfen von je 35 t und eines solchen von 15 t Fassungsvermögen

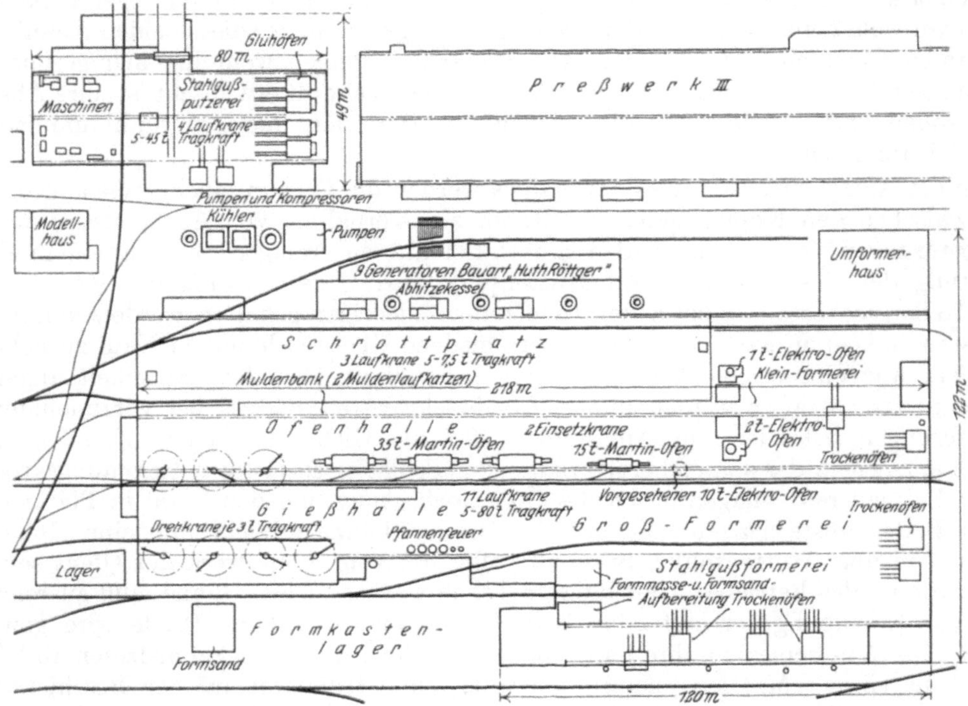

Abb. 263. Gußstahlfabrik Witkowitz, Grundriß.

ausreichen. Die zwei kleinen Elektro-Schmelzöfen am unteren Ende der Ofenhalle haben 1 bzw. 2 t Fassungsvermögen. Ein größerer Elektroofen von 10 t Fassungsvermögen wird in der Reihe der S.M.-Öfen noch angeschlossen werden.

Die Gießhalle wird von 11 übereinanderfahrenden Laufkranen von 5—80 t Tragfähigkeit und von 7 Drehkranen von je 3 t Tragfähigkeit bedient. Längs der S.M.-Öfen läuft ein Normalspurgleis im Arbeitsbereiche von drei Drehkranen, neben dem noch ein Schmalspurstrang dem kleineren Verkehre dient. Da an der gegenüberliegenden Längsseite zwei weitere Normalspurgleise in die Form- und Gießhalle münden und einen erheblichen Teil derselben durchziehen, ist für weitestgehende Verbindung mit der abseits liegenden Putzerei und anderen Werksteilen gut gesorgt.

Die Formen für den Elektro-Stahlguß gelangen zum größten Teil naß zum Abgusse. Im Bereiche der Elektroöfen befindet sich eine kleinere, von beiden Stirnseiten zugängliche Trockenkammer, die nach Bedarf der nicht sehr erheblichen Trockenformerei dieser Abteilung mit zur Verfügung steht. Neben dieser mit einem Durchgangsgleise ausgerüsteten Trockenkammer decken sieben große, zweigleisige, einseitig zugängliche Trockenkammern den Bedarf der Gießerei an Trockenraum. Die Verteilung der Trockenkammern in der großen Gießhalle und der sich anschließenden niedrigeren, 20 m breiten Halle der Mittelformerei und Kernmacherei ist so getroffen, daß weite Form- und Kernbeförderungen vermieden werden können. Die Halle der Mittelformerei und Kernmacherei ist 120 m lang und wird von zwei Laufkranen von je 5 t Tragfähigkeit bestrichen. Sie enthält an einem Ende die Formsandaufbereitung, weshalb auch sie mittels eines Normalgleisstutzens unmittelbaren Anschluß an das allgemeine Normalspursystem erhalten hat. Ungefähr in der Mitte der die Groß- von der Mittelformerei trennenden Säulenreihe ist der Pfannen-Vorbereitungs- und Trockenraum angeordnet, der vier große und zwei kleinere Trockenanlagen umfaßt. Zur Ableitung von Rauch und Ruß erhielt er eine eigene Esse.

Die Gußputzerei, deren Anordnung aus dem Grundriß in der oberen linken Ecke der Abb. 263 zu ersehen ist, nimmt bei 80 m Länge und 49 m Breite nach Abzug zweier Einschnitte eine Grundfläche von rund 3200 m² ein, hat also eine Größe, die nur wenig Stahlgießereien mit ihren Gesamtanlagen aufzuweisen in der Lage sind. Es obliegt ihr das Abstechen der Überköpfe und Eingüsse, die Befreiung des Gusses von anhaftendem Sande, das Glühen des guten und des geschweißten Gusses und das Vordrehen und Abschruppen eines großen

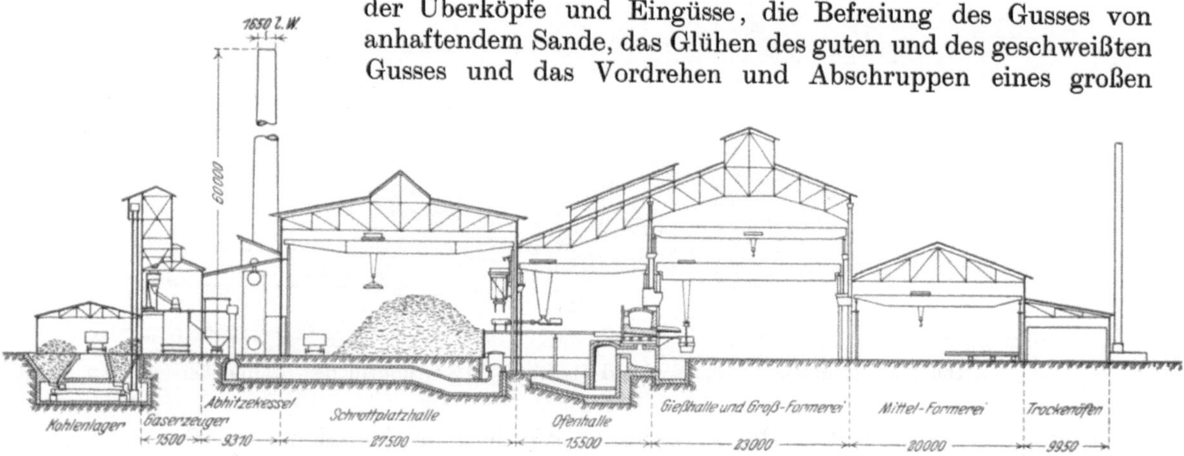

Abb. 264. Gußstahlfabrik Witkowitz, Schnitt.

Teils der erzeugten Ware. Sie ist mit vier großen zweigleisigen und zwei kleineren eingleisigen Glühkammern ausgestattet. Ein Teil des Gusses wird hier Probepressungen unterzogen, wozu eine sehr leistungsfähige Pumpenanlage vorgesehen wurde, in deren Halle auch eine Kompressorenanlage für die Sandstrahlgebläse und Preßluftmeißelei Unterkunft fand. Eine Anzahl schwerer Werkzeugmaschinen dient zur Beseitigung von Eingüssen und Füllköpfen und zum Vorschruppen eines Teils der Abgüsse. Der Rohguß wird auf einem die Putzerei durchziehenden Normalspurgleise zugeführt. Die Ware macht keine rückläufige Bewegung, sie verläßt die Putzerei auf dem weitergeführten Zufuhrgleise in derselben Richtung, in der sie ankam. Das Zu- und Abfuhrgleis durchzieht die Putzerei quer in einem Drittel ihrer Länge und teilt dabei den Betrieb in zwei Gruppen: eine Abteilung der Bearbeitungsmaschinen und eine der eigentlichen Putzarbeit und der Glüherei gewidmete Abteilung. Vier Laufkrane von 5—45 t Tragfähigkeit übernehmen den Guß und setzen ihn unmittelbar an der Arbeitstelle ab. Der Verkehr mit und von der Gußputzerei kann daher ohne Aufenthalt abgewickelt werden.

In Amerika ließ man sich beim Entwurfe größerer Siemens-Martin-Stahlgießereien vielfach von etwas anderen Gedankengängen leiten. Die für ein monatliches Ausbringen von 1400 t guter Ware bestimmte Stahlgießerei der Tennessee Coal, Iron and Railroad Co. in Fairfield in Alasaka[1]) besteht zwar in der Hauptsache auch aus einem dreischiffigen Bau, seine Einteilung weicht dagegen von der vorbeschriebenen ganz wesentlich ab. Vor der nordöstlichen Stirnseite der großen Haupthalle ist der mit einem Laufkran ausgestattete Formkastenhof angeordnet, dessen Kran durch Schlitze in der Stirnwand ungehemmt in die Gießerei einfahren und deren Arbeiten unterstützen kann. Der Grundriß (Abb. 265) und die Abb. 266 lassen diese Anordnung erkennen, während die Abb. 267 die allgemeine Gliederung des Baues in eine große Mittelhalle, zwei niedrigere Seitenhallen und mehrere schuppenartige Anschlußbauten zeigen. Die S.M.-Öfen von

[1]) Foundry 1923. S. 612 u. Gieß. 1924. S. 101 u. f.

je 25 t Fassungsvermögen befinden sich in der östlichen Seitenhalle, ihre Abstechrinnen reichen bis in die Mittelhalle. Durch diese Anordnung konnte fast die gesamte Grundfläche der großen Halle dem Formen und Gießen nutzbar gemacht werden. Diese Halle ist 122 m lang und 25 m breit; die beiden Seitenhallen haben bei 122 und 137 m Länge eine Breite von je 15 m. Neben dem Formkastenhofe liegt der gleichfalls mit einem Laufkran ausgestattete Schrotthof, der unmittelbar mit dem Hauptzufuhrgleise verbunden ist. Die in je drei Mulden zusammengestellten Einsätze gelangen mit der Beschick-

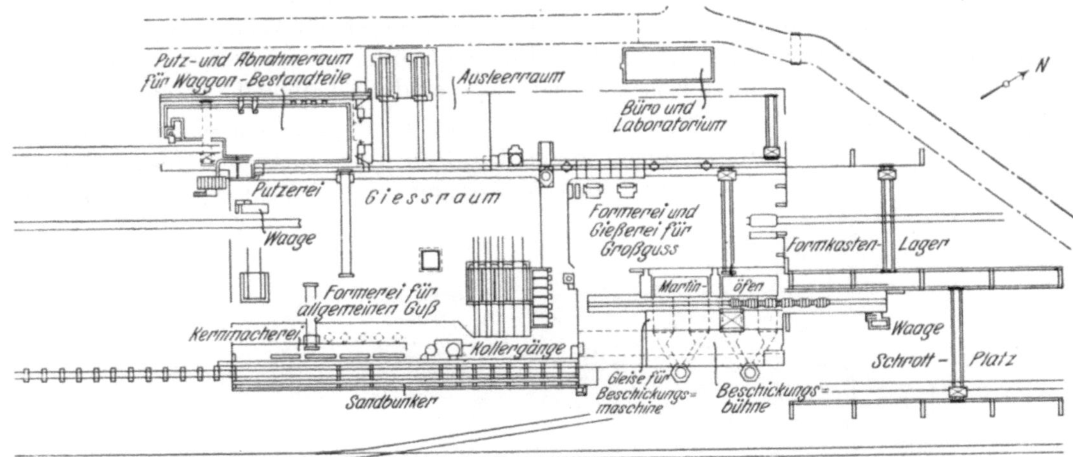

Abb. 265. Tennessee Coal, Iron and Railroad Co., Grundriß der Stahlgießerei.

maschine, ohne eine weitere Handhabung zu erfordern, in den Ofen. Der flüssige Stahl wird vom großen Kranen in der Haupthalle verteilt.

Die östliche Seitenhalle birgt neben der Schmelzanlage die Sandaufbereitung und die Kernmacherei. Der Kernsand wird zu ebener Erde aufbereitet, durch ein Becherwerk etwa 3 m hoch gehoben und dann selbsttätig an die Bunker der einzelnen Arbeitsplätze verteilt. Eine ähnliche Art der Sandverteilung ist für die Formmaschinen in der östlichen Seitenhalle vorgesehen.

Abb. 266. Tennessee Coal, Iron and Railroad Co., Blick in die große Halle.

Die zur Erzeugung des größeren Gusses bestimmte Haupthalle ist mit einem Laufkranen von 75 t und zwei Kranen von je 25 t Tragfähigkeit ausgestattet, der größere Kran dient ausschließlich der Beförderung des flüssigen Stahles. In der nordwestlichen Seitenhalle unterstützen zwei Laufkrane von je 20 t Tragfähigkeit die Arbeiten der dort untergebrachten, zum größten Teile naß arbeitenden Hand- und Maschinenformerei, während ein dritter Kran von 10 t Tragkraft in der Abteilung der Mittel- und Kleingußputzerei läuft. Zum Gießen in dieser Seitenhalle werden die gußfertigen Formen aus der Mittelhalle auf Böcken bis in den Bereich der Krane dieser Halle geschoben. Die hier abgegossenen Teile werden dann an der Ausleerstelle neben den beiden Glühöfen aus den Kasten genommen, gelangen noch möglichst warm in eine der dort befindlichen Glühkammern und darauf in die Putzerei, von wo sie nach gründlicher Prüfung auf dem Normalgleisstutzen verladen und verfrachtet werden. Die Arbeit in dieser Seitenhalle läuft demnach vom Guß bis zum Versand durchaus gleichmäßig weiter.

In der großen Mittelhalle befinden sich vier gasgefeuerte Trockenkammern und ein in gleicher Weise beheizter Glühofen mit ausziehbarem Herde. Auch hier läuft der Betrieb gleichmäßig weiter, ohne irgendwelche Rück- oder Doppelwege zu machen. In der ersten Abteilung nach den Schmelzöfen werden die Formen hergestellt, die dann ungefähr in der halben Länge der Halle in die Trockenöfen gelangen. Gegossen wird in der nächsten Abteilung der Halle, worauf die größere Ware nach dem Ausleeren noch warm in die Glühkammer am Hallenende geschafft wird. Nach dem Verlassen dieser Kammer werden die größten Stücke auch in der Haupthalle geputzt, um schließlich auf dem hier mündenden Normalspurgleise versandt zu werden.

Bemerkenswert ist die reichliche Höhe der Haupt- und der Nebenhallen. Der Bau besteht durchweg aus Eisenkonstruktion, die bis zu 1500 mm über Gießereisohle in Stampfbeton ruht. Die Kranbahn der Mittelhalle liegt 13,7 m, die Unterkante der Dachbinder 19,8 m über Gießereisohle; in den Seitenhallen befinden sich die Kranbahnen

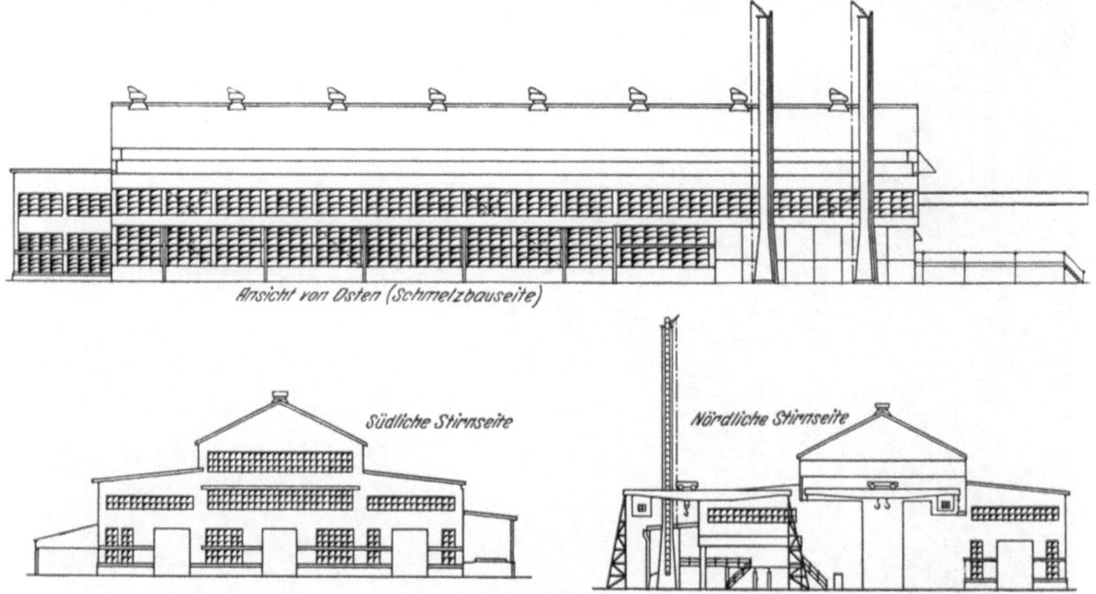

Abb. 267. Tennessee Coal, Iron and Railroad Co., Ansicht von Osten, Süden und Norden.

9,45 m, die Dachbinderunterkanten 12,7 m über dem Boden. Die Glüherei, Putzerei und die Versandabteilung sind durchweg mit Holzwürfeln gepflastert, Schmalspurgleise unterstützen den Verkehr innerhalb des Werkes.

Die Beheizung der Glühkammern und Trockenöfen erfolgt mit Koksofengas, das unter einem Drucke von 0,4—0,8 at von auswärts bezogen wird und auf 0,7—1,0 at verdichtet den Verbrennungsdüsen zugeführt wird.

Die Gießerei des Eisen- und Stahlwerks Mark in Wengern a. d. Ruhr[1]) (Abb. 178 bis 180, S. 310/312) zeigt eine andere, recht klare und übersichtliche Anordnung einer Siemens-Martin-Stahlgießerei für Trocken- und Naßguß. Der Bau ist in drei Hallen gegliedert, deren mittlere eine Breite von 18 m bei 11 m Höhe bis zur Dachbinderunterkante hat, während die beiden Seitenhallen nur je 10,5 m breit und 7,5 m hoch sind. In der einen Seitenhalle sind zwei S.M.-Öfen von je 20 t Fassungsvermögen untergebracht, die in unmittelbarer Verbindung mit den drei Gaserzeugern stehen. Die Kernmacherei befindet sich am Ende derselben Halle, zwischen ihr und den S.M.-Öfen schließen sich zwei große Trockenkammern an. Der dann nach den beiden Schmelzöfen noch freie Raum dient Formerei- und Gußputzereizwecken. Ein geräumiger Glühofen ist sowohl von der Seiten- als auch von der Haupthalle aus beschickbar. Die Mittelhalle des 91 m langen Baues ist völlig dem Trockenguß gewidmet. Das Trockenkammergleise der Kernmacherei reicht bis in die Mitte der Halle, wodurch es möglich wird, die Kerne von einem der Laufkrane abheben und in die Form einsetzen zu lassen. An der

[1]) Vgl. Stahleisen 1911. S. 1035/1041; Z. d. V. D. I. 1914. S. 1495/1498.

Stirnseite der Gießerei befindet sich die Abteilung zur Vorbereitung und zum Trocknen der Gießpfannen.

Die Anordnung der Glühkammer ist dem Grundrisse (Abb. 179, S. 311) zu entnehmen, an sie schließt sich die mit drei Sägen zum Entfernen von Eingüssen und Steigern ausgestattete allgemeine Gußputzerei an. In der dem Schmelzbau gegenüberliegenden Seitenhalle wird überwiegend Naßguß erzeugt, wozu eine Reihe Formmaschinen aufgestellt wurde. Der Formsand wird in einem nahegelegenen eigenen Bau, der mittels einer Hängebahn mit der Gießerei verbunden ist, aufbereitet.

Abb. 268. Blick in die Kruppsche S.M.-Stahlgießerei.

Großartige Leistungen auf dem Gebiete des Stahlgusses werden unzweifelhaft von der Kruppschen Stahlformgießerei in Essen erzielt. Alfred Krupp war bekanntlich anfangs ein heftiger Gegner des Stahlformgusses, in dem er eine minderwertige Nachahmung des geschmiedeten Gußstahls erblickte [1]). Er nahm aber schon 1864 die Herstellung von Eisenbahnrädern mit Laufkranz aus Stahlguß auf, die bis dahin allein vom Bochumer Verein bewirkt worden war. Krupp erzeugte seinen Gußstahl zunächst in Tiegeln, später in der Bessemerbirne, um dann in der Hauptsache zum S.M.-Ofen überzugehen. Schließlich wurde die ganze Stahlformgießerei in das S.M.-Werk verlegt. Seit Mitte der siebziger Jahre werden auch Schiffsteven, Ruderrahmen, Schiffschrauben und ähnliche große und schwierige Stücke dort gegossen. Abb. 268 gewährt einen Blick in die Essener Stahlformgießerei des ehemaligen Martinwerkes Nr. VI.

Beschick-(Chargier)-Vorrichtungen für S.M.-Werke [2]).

Die älteste und einfachste Beschickvorrichtung ist das sog. Handschieß. Es besteht aus einer rechteckigen Platte, an der ein etwa 2,5 m langer, schwerer Stiel aus

[1]) Vgl. Stahleisen 1930. S. 421/422; Gieß. 1930. S. 317/325.
[2]) Über die Bauart der S.M.-Öfen vgl. Bd. II, S. 183/217.

Schmiedeisen befestigt ist. Das Ende des Stieles ist häufig mit einem oder mehreren Griffen ausgestattet oder zu einer Schleife gebogen, um bequemer angefaßt werden zu können. Auf die Schießplatte wird der Einsatz gelegt und dann das Schieß in den Ofen geschoben. Um dabei weniger menschliche Kraft anwenden zu müssen, läßt man die Schießstange über eine Rolle laufen, die in die Türarmatur eingebaut ist. Die Unterseite der Schießstange wird, um sie besser gleitend zu machen, mit einer Graphitmasse dick bestrichen. Das in den Ofen eingeführte Schmelzgut wird mit Stangen und Haken von der Platte weg in den Ofen gestürzt. Diese sehr einfache Vorrichtung kann aber als veraltet gelten und findet nur mehr in kleinsten Betrieben Verwendung, sie erfordert zu viel Menschenkraft, strengt die Leute zu sehr an und bedingt hohe Lohnauslagen.

Für Großbetriebe, die die kleinen und verhältnismäßig teuer arbeitenden Betriebe immer mehr zum Verschwinden bringen, kommen nur mehr Muldenbeschickvorrichtungen in Frage. Der Einsatz wird hier in einen länglichen schmiedeisernen Kübel, die Mulde gebracht, die mechanisch in den Ofen geschoben und dann durch Kippen entleert wird. Die Mulden sind oben offen und werden an der einen Stirnseite durch eine „Schloß" genannte Befestigung mit dem Schwengel der Beschickmaschine verbunden. Der Schwengelkopf hat pilzförmige Gestalt und wird von oben her in das Schloß eingesenkt und durch einen Riegel festgemacht.

Muldenbeschickvorrichtungen können entweder als Laufkrane auf einer hochliegenden Kranbahn verkehren oder aber als auf Rädern laufende Wagen auf der Ofenbühne sich bewegen. Da es erwünscht ist, einen Teil der Schmelzstoffe wie Kalk, Ferromangan und sonstige Hilfsstoffe auf der Bühne zur Hand zu haben, wird im allgemeinen die Ausführung als Laufkran vorgezogen. Ein Beschickkran hat den Vorteil, Hemmnissen auf seinem Wege ausweichen zu können oder aber darüber hinwegzufahren, wozu eine am Boden fahrbare Beschickmaschine natürlich nicht befähigt ist. Dem stehen anderseits beträchtlich höhere Anschaffungskosten der Beschickkrane gegenüber. Diese Kosten haben aber nicht verhindert, daß die Krane heute alle anderen Beschickbehelfe zum größten Teile verdrängt haben. Bodenmaschinen kommen nur noch in Frage, wenn besondere Umstände die Anordnung eines Beschickkranes ausschließen.

Ein Beschickkran besteht aus dem Fahrgestell, das die ganze Breite der Ofenbühne überspannt, und aus der Katze. Diese kann senkrecht zur Fahrrichtung bewegt werden und ist bei den neueren Bauarten imstande, das Lastgehänge zu heben und zu senken. Auf diese Weise kann der Schwengel mit dem pilzförmigen Kopfe auf- und abbewegt werden. Der Führerstand ist gewöhnlich auf der Katze untergebracht. Bei Anordnung des Führerstandes ist zu beachten, daß der Führer alle Handlungen während des Beschickens gut beobachten kann und zugleich vor der strahlenden Hitze des geöffneten Ofens genügend geschützt bleibt. Die Katzen haben fast durchweg noch eine Hilfskatze, die mit einem leichteren Hebezeug ausgestattet ist. Sie dient zum Beladen der Mulde und zu mancherlei Hilfsarbeiten.

Beschickwagen können nur als nicht vollwertiger Ersatz von Beschickkranen gelten. Sie sind imstande, dieselben Bewegungen wie ein Kran auszuführen, mit Ausnahme der Katzendrehung und des Hebens und Senkens der Last. Sie erfordern viel freien Raum auf der Ofenbühne und beengen die Wahl eines Stapelplatzes auf dieser, soweit sie einen solchen nicht überhaupt unmöglich machen. Beim Beschickkran, dessen Katze um 360^0 gedreht werden kann, lassen sich die Mulden auch gegenüber den Öfen aufstellen, was vielfach erwünscht ist. Man kommt dann in die Lage, den Schrottplatz parallel zu den Öfen anzuordnen, wodurch erhebliche Förderlöhne erspart werden können.

Die Abb. 269 zeigt eine Beschickmaschine, einen sog. Portalkran [1]). Das Portal besteht aus zwei torartigen Stützen, auf deren oberen Teil die Laufbahn für die Katze gehängt ist. Diese Teile stützen sich auf vier in den Querträgern gelagerte Laufräder. Der Stand des Kranführers ist auf einer seitlichen Stütze mit Riffelblech abgedeckt und durch ein Geländer geschützt. Der Fahrmotor in der Mitte des Portals überträgt seine Kraft durch ein Rädervorgelege auf zwei einander gegenüberliegende Laufräder

[1]) Bauart der Ardeltwerke, G. m. b. H. in Eberswalde.

mit durchgehender Welle. Die Antriebswelle ist mit dem Motor durch eine elastische Kuppelung verbunden. Zur genauen Steuerung dient eine elektromagnetisch betätigte Backenbremse.

Die **Laufkatze** besteht aus einer Plattform mit dem angenieteten Schachtgerüst. Sie ruht mit vier Laufrädern auf der Fahrbahn des Portalgerüstes. Die Windwerke zum Wippen und zum Katzfahren befinden sich auf der Katzenplattform, dasjenige zum

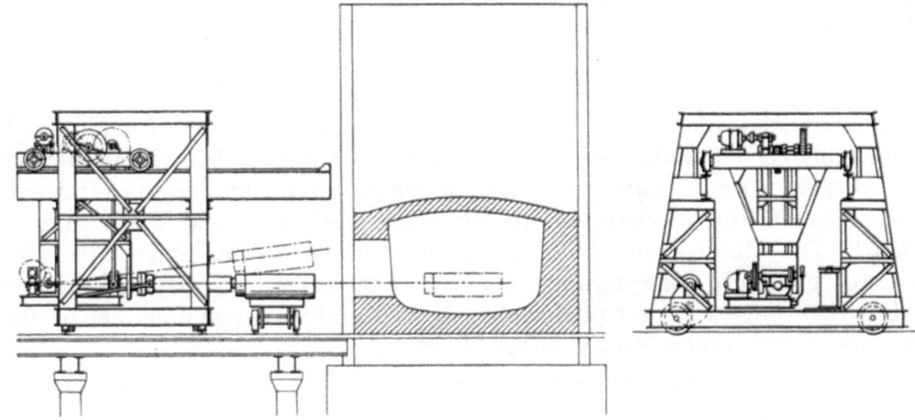

Abb. 269. Muldenbeschickmaschine.

Kippen der Mulde am Unterteil des Schachtgerüstes. Zum Antrieb des Katzfahrwerkes dient ein besonderer Motor, wie auch das Wippwerk seinen eigenen Motor hat. Das Heben und Senken (Wippen) des Beschickschwengels wird durch eine Kurbelwelle bewirkt, in die im Beschickschwengel angelenkte Kurbelstangen eingreifen. Das Kippen und Ausleeren der Mulden wird durch einen besonderen Motor bewirkt, der mittels eines Stirnräder- und Schneckengetriebes auf den Beschickschwengel wirkt.

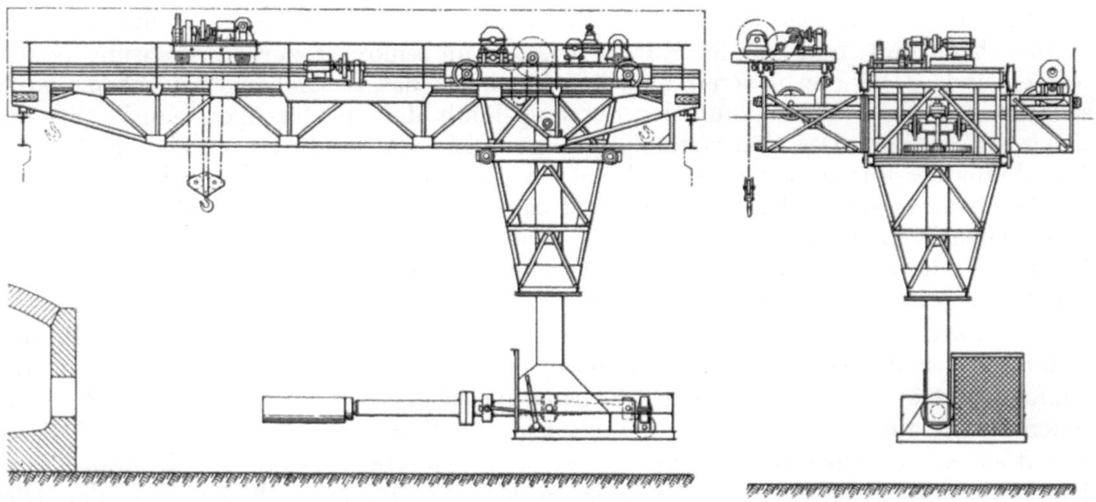

Abb. 270. Muldenbeschickkran.

Abb. 270 zeigt einen **Muldenbeschickkran**, dessen Kranbrücke aus gut ausgesteiften, vollwandigen Blechträgern für die Hauptträger besteht. Die Hauptträger bilden zusammen mit den Nebenträgern (Fachwerkkonstruktion) und den beiden Kopfträgern ein starres Gerüst, das mit Lochblech abgedeckt und außen mit einem Geländer versehen ist. Der Kranfahrantrieb ist seitlich dieser Bühne angebracht; die Kraft des Sondermotors wird durch eine Stirnradübersetzung von einer über die ganze Kranlänge durchgeführten Welle auf die Laufrollen des Kranes übertragen.

Die Beschickkatze besteht aus einer Katzenplattform mit angenietetem Schachtgerüst, aus einem Windwerke zum Muldenheben, Katzfahren und Muldendrehen und aus einer heb- und senkbaren Säule, an der der Führerstand angeordnet ist, und die zugleich den Beschickschwengel trägt. Das Katzfahrwerk wird wieder von einem Sondermotor angetrieben. Für den Antrieb des Hubwerkes ist ein Schneckengetriebe vorgesehen. Die Drehung der Säule wird durch ein auf der Katzenplattform mit einem besonderen Motor untergebrachten Windwerk bewirkt. Sämtliche Steuerapparate sind auf dem Führerstande so angeordnet, daß sie bequem vom Führer bedient werden können [1]).

Stahlgießereien mit Birnenbetrieb.

Der Birnenbetrieb ist wegen des benötigten teuren, phosphorarmen Roheisens nicht das billigste Verfahren zur Erzeugung von flüssigem Stahl für Formgießereien, er bietet aber die Möglichkeit, billig Stahlformguß von normal ausreichender Güte zu gewinnen [2]). Nach

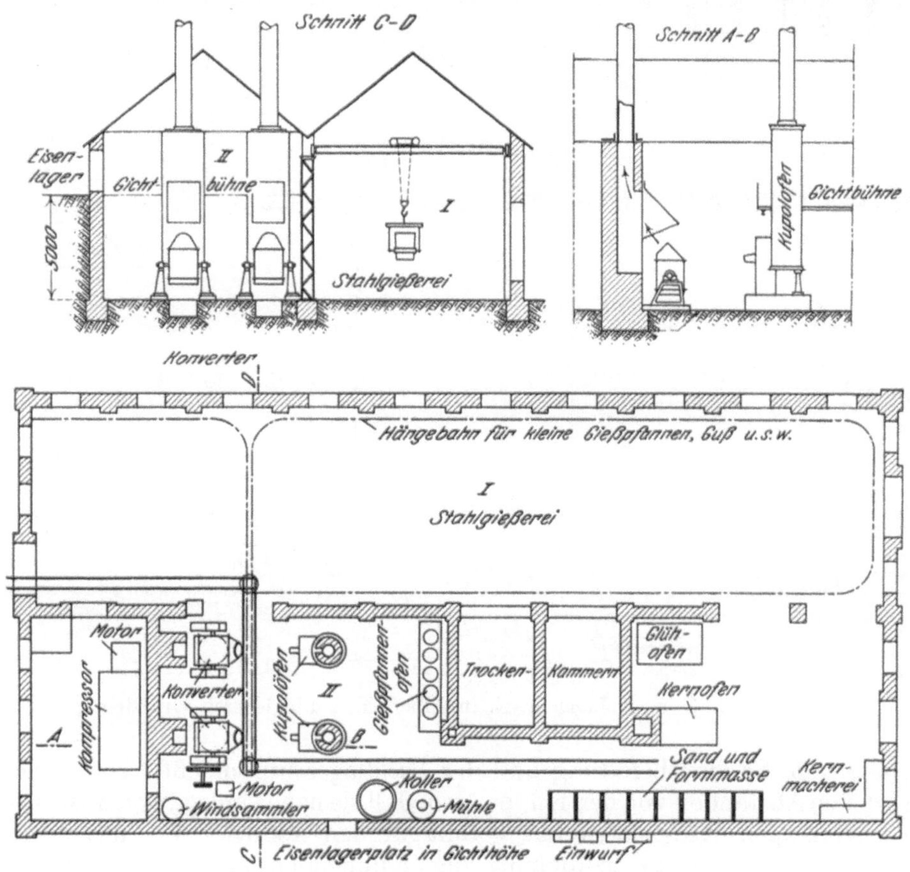

Abb. 271. Kleinkonvertergießerei nach Rott.

Überschreitung eines gewissen Betriebsumfanges wird auch der Unterschied in den Herstellungskosten gegenüber einem S.M.-Ofen von geringerer Bedeutung. Ein weiterer, nicht unwesentlicher Vorteil des Konverters liegt in der Möglichkeit, in recht rascher Folge größere Mengen von hitzigem Stahl verschiedener Zusammensetzung zu erzeugen, was in S.M.-Betrieben nicht der Fall ist. Diese Möglichkeit kann für eine zum großen Teil Kundenguß erzeugende Gießerei von großer Bedeutung sein. Man hat sich daher in den letzten Jahren sowohl in Europa als auch in Amerika bei Neuanlage auch sehr großer Gießereien häufig für den Birnenbetrieb entschieden. Für kleinere Stahlgießereien war der Kleinbessemerbetrieb schon von der Zeit seiner Einführung an um die Mitte

[1]) Ausführung der Ardeltwerke, G. m. b. H. in Eberswalde.

[2]) Vgl. dieses Handbuch, Bd. I, S. 237/241.

der achtziger Jahre des vergangenen Jahrhunderts das einzige in Frage kommende Schmelzverfahren [1]).

Die Abb. 271 zeigt den Grundriß und einige Schnitte einer bereits im Jahre 1909 vom Altmeister der Kleinbessemergießerei, Carl Rott, errichteten kleinen Stahlgießerei [2]), die auch heutigen, billigerweise an einen so kleinen Betrieb gestellten Anforderungen noch entspricht. Eine Geländestufe ermöglicht die Begichtung der beiden Kuppelöfen unmittelbar von der Sohle des Roheisenlagers aus, ohne Zuhilfenahme eines Hebezeuges. Die Anlage ist in zwei Hallen gegliedert, deren eine dem Formen und Gießen gewidmet ist, während die zweite die Schmelzanlage mit zwei Birnen und zwei Kuppelöfen, das Kompressoren- und Gebläsehaus, die Trockenkammern, einen Glühofen, die

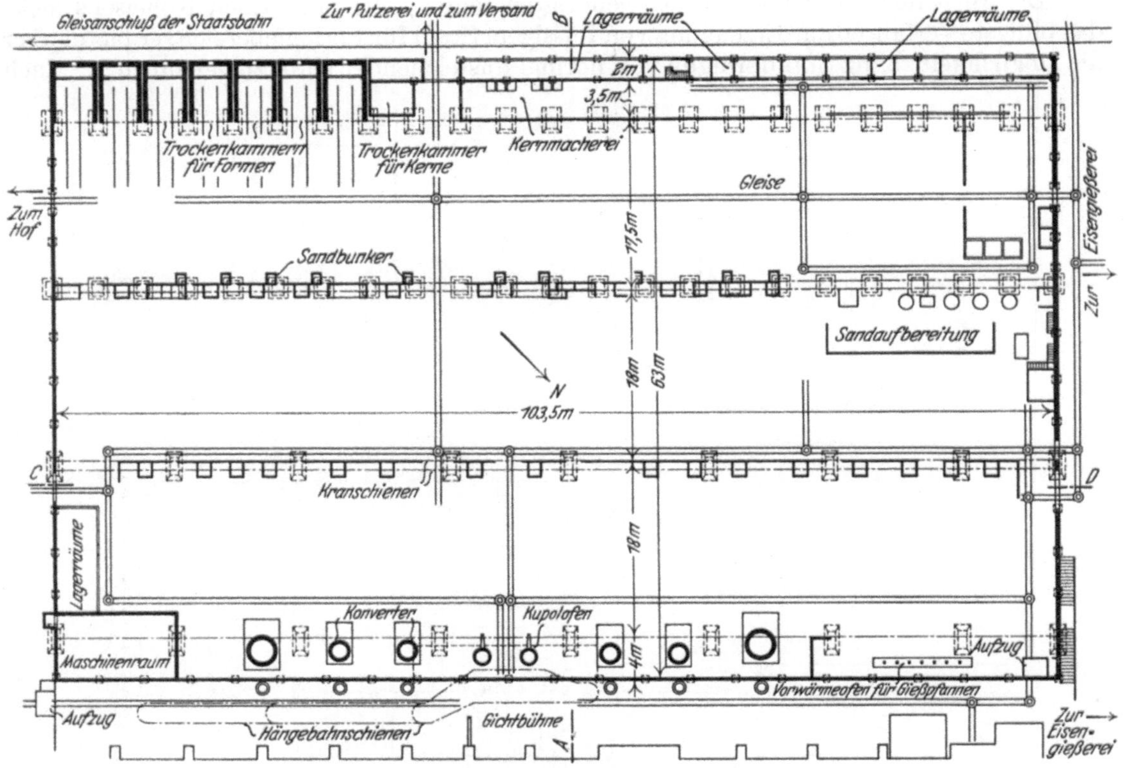

Abb. 272. G. u. J. Jäger A.-G. in Elberfeld, Stahlgießerei, Grundriß.

Kernmacherei, die Sandaufbereitung und das Sandlager umschließt. Die beiden Birnen stehen in solchen Abständen von den Kuppelöfen, daß sie nach Umlegung der Birne unmittelbar vom zugehörigen Kuppelofen aus gefüllt werden können. Bei dieser Anordnung wird demnach nicht nur die Bedienung der Kuppelöfen außerordentlich vereinfacht und verbilligt, sondern auch ein Umgießen des flüssigen Eisens erspart. Der Schnitt A—B läßt die gegenseitige Lage der Schmelzeinheiten, sowie die Lage der Gichtbühne und der Schlotmauern erkennen. Die Birnen arbeiten mit Einsätzen von 1000—1500 kg, ein Verschluß an der Birnenmündung gestattet pfannenweise Abnahme des fertigen Stahls wie bei einem Kuppelofen. Die gefüllten Gabelpfannen werden mit der Hängebahn zum Gießplatz befördert, größere Pfannen gelangen in einem Pfannenwagen auf dem Gleise vor den Birnen in den Bereich des Laufkrans. Täglich werden bis zu 10 Einsätze verarbeitet, so daß sich eine Tageserzeugung bis zu 12 000 kg erreichen läßt.

Eine mustergültige Großgießerei mit Konverterbetrieb wurde von der Firma G. und J. Jäger, A.-G. in Elberfeld vor wenigen Jahren errichtet, die in der Lage war, sich alle Errungenschaften neuzeitlicher Gießereitechnik zunutze zu machen [3]). Auch für

[1]) Näheres vgl. dieses Handbuch Bd. III, S. 302—321.
[2]) Siehe Stahleisen 1909. S. 1190/1192. [3]) Vgl. Gieß. 1927. S. 887/889.

dieses Gußwerk konnte eine Geländestufe nutzbar gemacht werden, wobei man das Schmelzstofflager auf die obere Stufe verlegte. Sie konnte mit einem Normalspurgleise verbunden werden, so daß auch hier die Begichtung der Kuppelöfen ohne weiteres Hochheben der Schmelzstoffe vor sich gehen kann.

Wie dem Grundriß (Abb. 272) zu entnehmen ist, verläuft der Stoffdurchgang innerhalb des Gießereibetriebes auf Grund dieser Verhältnisse einfach und einheitlich. Die Schmelzstoffe treffen an dem einen Ende des Baues, der die Schmelzanlagen birgt, ein, und der fertige Guß verläßt ohne jeden Rücklauf am gegenüberliegenden Ende die Gießerei. Die genau rechteckige Grundfläche des Gießereibaues mißt 103,5 m in der Länge und 63 m in der Breite. Das Profil des Gebäudes (Abb. 273, Schnitt A—B), läßt einen Zweihallenbau von ungleicher Hallenbreite vermuten, da nur zwei Dächer zu erkennen sind. Tatsächlich handelt es sich aber um einen Dreihallenbau, in dem zwei Hallen unter einem gemeinsamen Dache liegen. Durch die Überdachung von zwei

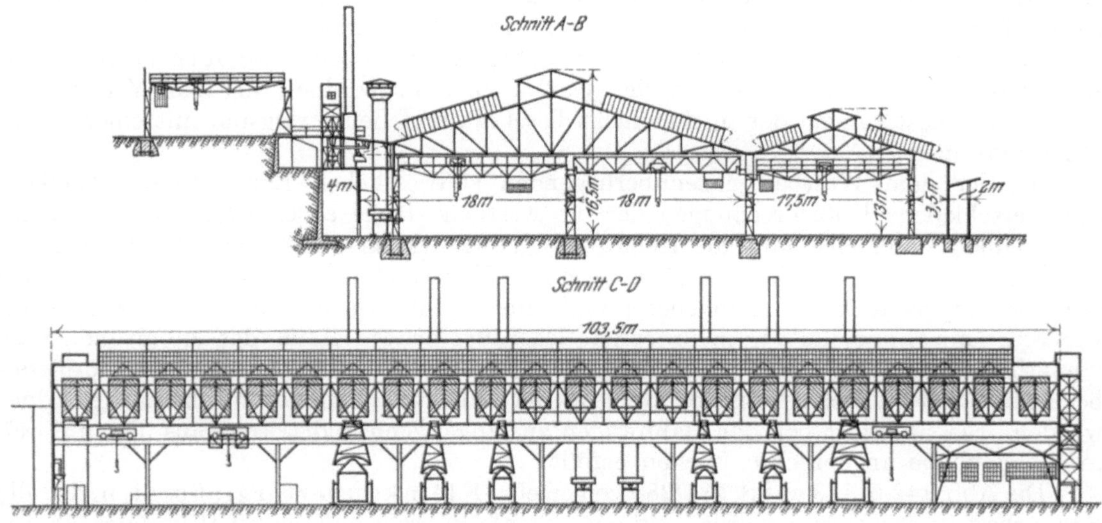

Abb. 273. G. u. J. Jäger A.-G. in Elberfeld, Stahlgießerei, Längs- und Querschnitt.

je 18 m breiten Hallen erzielte man günstigere Belichtung beider Hallen und vor allem gute Entlüftung, da der gemeinsame Reiteraufsatz von 6,8 m Breite eine weitaus bessere Zugwirkung hat, als sie zwei gesonderte Dächer auszuüben vermögen. Beide Hallen sind durch eine Reihe Säulen in Eisengitterwerk getrennt, die dem Dache und den Kranbahnen gute Stütze geben, ohne dem Luftdurchzug ein Hemmnis zu sein. Auch die dritte, an die beiden ersten Hallen sich anschließende Halle von 17,5 m Breite zeigt eine eigenartige Dachanordnung. Ihr Dach hat eine Breite von 21 m und ragt um 3,5 m über die Gießhalle hinaus, um auch die sich anschließenden Lagerräume unter seinen Schutz zu nehmen. Diese Anordnung der Dächer ist unzweifelhaft sehr eigenartig, sie findet aber durch die Bedürfnisse des Betriebes volle Rechtfertigung und kann in ihrer kühnen Abweichung von sonst allgemein gebräuchlichen Formen in ähnlichen Fällen als gutes Muster dienen.

Der Schmelzbau ist außerhalb der drei Arbeitshallen an der Nordostwand des Gebäudes angeordnet. Die Schmelzeinheiten, zwei Kuppelöfen von je 14 t stündlicher Schmelzleistung, vier Birnen von je 5 t Fassungsvermögen, und je eine Birne von 12 und von 15 t Fassungsvermögen, befinden sich in einer Reihe in einer 4 m breiten Seitenhalle (Abb. 272), die sich so unmittelbar an den Hauptbau anschließt, daß deren Bedienung mit Hilfe der Krane der Haupthalle erfolgen kann. In Abb. 273, Schnitt C—D ist die Laufbahn der drei längs der Kuppelöfen und Konverter verkehrenden Krane zu ersehen. Diese Anordnung ist ebenso nützlich wie sparsam. Da der Durchbruch der Schornsteine für die sechs Konverter und die beiden Kuppelöfen das Hauptdach achtmal durchbrochen hätte, war es vorteilhafter, hierfür die einfache

Dachform der 4 m breiten Außenhalle zu wählen. Zwischen dieser Außenhalle und der großen Gießhalle wurde keine Wand gezogen; die Wand des Schmelzbaues bildet zugleich den Abschluß der Gießerei nach außen.

Längs der beiden Kuppelöfen ist eine Gichtbühne vorgesehen, die von einer Hängebahn bedient wird. Die Höhenverhältnisse liegen so günstig, daß das Schmelzstofflager noch etwas höher als die Gichtbühne angeordnet werden konnte. Der flüssige Stahl wird zum Teil durch Laufkrane — es sind zwei Stück von 15 t, einer von 12,5 t und je zwei von 10 und 5 t Tragfähigkeit vorhanden — zum Teil auf Schmalspurgleisen in der Gießerei verteilt. Zu letztgenannter Beförderung sind innerhalb der Gießerei Gleise in einer Länge von 620 m vorhanden.

Die Sandaufbereitung ist am nordwestlichen Ende der mittleren Halle untergebracht, da sie dort von dem zwischen der Stahlgießerei und der benachbarten Eisengießerei (s. S. 320) befindlichen Quergleise leicht mit Rohsand zu versorgen ist. Der fertige Formsand wird zunächst in die im Grundrisse (Abb. 272) erkennbaren, längs der Säulen angeordneten Bunker verteilt, von denen aus die Former mit Formsand versehen werden.

Im unmittelbaren Anschluß an den Schmelzbau ist ein Vorbereitungsraum zum Ausschmieren und Trocknen der Gießpfannen angeordnet, der zur Vermeidung von Rauchbelästigungen der in ihm nicht beschäftigten Leute ringsum mit einer Wand abgeschlossen ist.

An der dem Westbau gegenüberliegenden südwestlichen Langseite der Gießerei sind verschiedene Unterbrechungen der die westliche Halle abschließenden Seitenwand zu erkennen. Zunächst fällt die Reihe der Trockenkammern und Glühkammern auf, deren Abschluß zwei kleinere Kammern zum Kerntrocknen bilden. An diese schließen sich die langgestreckte Kernmacherei und eine Anzahl verschiedener Lagerräume an. Die Kernmacherei fällt noch unter das Dach der dritten Halle, das 3,5 m über diese vorspringt (Abb. 273), während die Lagerräume für Sand, feuerfeste Stoffe, Formereibedarf und anderes mehr in längerer Reihe an der Außenwand der Kernmacherei angeordnet wurden. Sie sind dort von den Bahnwagen aus zugänglich und werden aus diesen durch in Waggonhöhe angebrachte Lucken gefüllt.

Die Abb. 142 u. 143 auf S. 284/285 zeigen eine Kleinkonvertergießerei, in der alle Kranarbeit ausgeschlossen wurde, und der gesamte Betriebsverkehr mit Hilfe einer Hängebahn erledigt wird. Die Schmelzanlage ist an einer Langseite des Baues derart angeordnet, daß die beiden Kuppelöfen in der Mitte zwischen je zwei Birnen Platz fanden. Das Kuppelofeneisen wird den Birnen mittels der Hängebahn zugeführt. Die Hängebahn findet Unterstützung durch ein in der Längsachse des Baues angeordnetes Paar von Schmalspurgleisen, das die Verbindung des Betriebes mit dem Bahnanschlusse und die Zusammenarbeit der einzelnen Arbeitseinheiten in einfacher Weise ermöglicht.

Eine völlig andere Anordnung zeigt die Kleinkonvertergießerei nach Abb. 144, auf S. 286. Die zwei Kuppelöfen und zwei Birnen umfassende Schmelzanlage ist hier vor Kopf der Gießerei angeordnet. Der Arbeitsraum von 28 m Breite wird von einem Laufkranen von nur 5 t Tragfähigkeit bedient. Das den Bau überspannende Sägedach ist dreiteilig und muß einen erheblichen Teil des Lichtbedarfes aufbringen. Die Putzerei befindet sich innerhalb der Haupthalle, ebenso die Sandaufbereitung, die Trockenkammern und das Versandmagazin. Die ganze Anlage kann in mehr als einer Richtung als Gegenbeispiel dienen. Es ist verfehlt, die Kranspannung so groß zu wählen; eine Unterteilung der Halle nach der Mittellinie durch eine Säulenreihe würde Krane von geringerer Spannweite und erheblich besserer Wirtschaftlichkeit ergeben, ebenso würde eine Teilung des Sheddaches auf vier Zähne bessere Belichtung gewährleisten. Durch Verlegung der lichtraubenden Anbauten von der Nord- zur Südseite und Unterbringung der Putzerei in einen völlig abgeschlossenen Anbau außerhalb der Gießhalle, etwa zwischen dieser und der großen, den Bahnanschluß vermittelnden Drehscheibe, ließe sich nicht nur beträchtlicher Raum für die Form- und Gießarbeit gewinnen und die Nordseite vollständig in wirksame Fenster auflösen, sondern auch der Gießereibetrieb vom Staube der Putzerei freihalten. Dieses Beispiel zeigt, daß unter Umständen auch nur oberflächliches Studium einer anscheinend befriedigenden Anlage schwerwiegende Mängel ans Tageslicht zu bringen vermag.

Elektrostahlgießereien.

Stahlgießereien, die ausschließlich den Elektrostahlofen verwenden, konnten sich in Europa nur in Ausnahmefällen zu einem Betriebsumfange entwickeln, wie er in den Vereinigten Staaten für derartige Gußwerke fast zur Regel geworden ist. Unseren

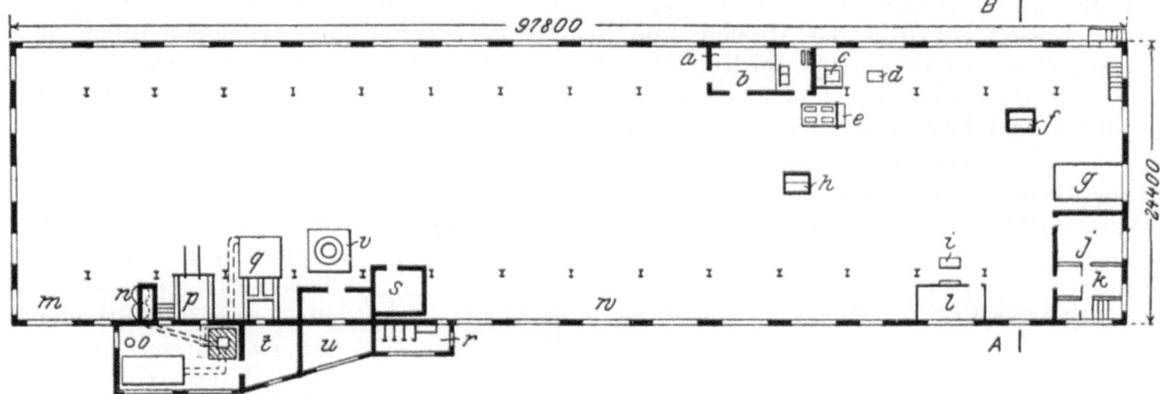

Abb. 274a. Racine Steel Castings Co., Grundriß.

a Roste, b Sandstrahlgebläse, c Stahlbandsäge, d Kaltkreissäge, e Scheuerfässer, f Bodenluke, g Waggon-Einfahrtgrube, h Bodenluke, i Wage, j chem. Laboratorium, k Chemikerzimmer, l Versandraum, m Kernmacherei, n Kerntrockenofen, o Kesselhaus, p Trockenkammer, q Glühofen, r Aborte, s Transformatoren, t Kohlenlager, u Eisenlager, v Héroultofen, w Bankformerei.

Elektrostahlgießereien standen vor allem die hohen Stromkosten hindernd im Wege[1]). Von nahezu 300 Stahlgießereien in Deutschland arbeiten nur 12 Betriebe von zumeist geringer Erzeugung ausschließlich mit Elektroöfen, während 30 weitere Betriebe den Elektroofen zusammen mit anderen Stahlschmelzanlagen zur Erzeugung von Stahlformguß höchster Güte benutzen. In Amerika besteht auf Grund der dort z. T. weiter vorgeschrittenen, technischen Entwicklung ein wesentlich größerer Bedarf an Elektrostahlguß, und zum anderen besteht drüben häufig die Möglichkeit, elektrische Energie viel billiger zu beschaffen, als es bei uns der Fall ist. Auf diesen Grundlagen sind in Amerika zahlreiche, technisch und wirtschaftlich sehr befriedigend arbeitende Elektrostahlgießereien mit staunenswert großen Erzeugungsmengen entstanden. Solche Anlagen haben gegenüber anderen Stahlgießereien den Vorteil, nur verhältnismäßig einfache und niedere Bauten zu benötigen, da schon ihre Schmelzanlagen meist weniger Raum der Höhe wie der Grundfläche nach bedürfen.

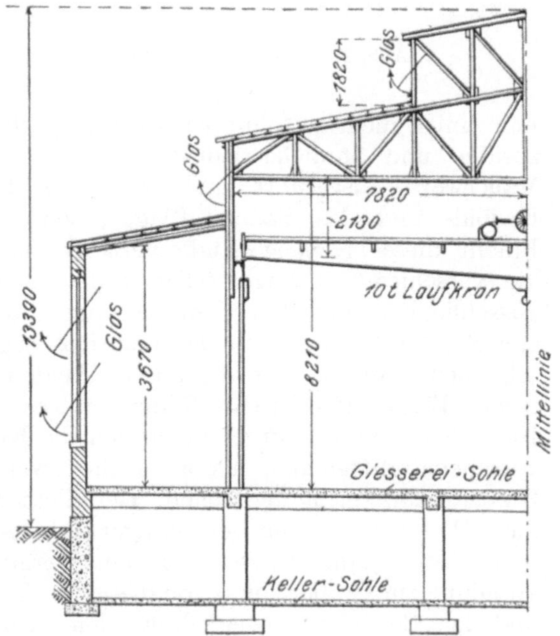

Abb. 274b. Racine Steel Castings Co., Schnitt A—B.

Die Stahlgießerei der Racine Steel Castings Co. in Racine, Wisc.[2]) wurde im Jahre 1915 eröffnet und hat sich seither für Automobil- und sonstigen hochwertigen Stahlguß bestens bewährt. Die Gießerei (Abb. 274a) besteht aus einem einzigen, dreischiffigen, nahezu 98 m langen Gebäude, dessen 15,64 m breite Mittelhalle mit einem Laufkran von 10 t Tragfähigkeit ausgestattet wurde, während die beiden je 4,38 m breiten Seitenhallen keines Hebezeuges bedürfen.

[1]) Vgl. dieses Handbuch, Bd. III, S. 322ff.

[2]) Iron Age 1916. p. 1284/1286. Stahleisen 1917. S. 1097/1098.

Der Schnitt (Abb. 274b) läßt den Aufbau des Gebäudes erkennen. Aus ihm ist auch ein durch örtliche Verhältnisse bedingtes Kellergeschoß zu ersehen, in dem die Sandaufbereitung, das Rohstofflager, das Sandstrahlgebläse und die Sammelstelle der Entstaubungsanlage untergebracht werden konnten. Die Möglichkeit, die genannten Abteilungen in den Keller zu verlegen, trug natürlich wesentlich zur leichten Unterbringung der Gußputzerei und der anderen Hilfsbetriebe in der großen Halle bei. Nur das Kesselhaus sowie das Kohlen- und Schmelzstofflager mußten in einen Anbau an das Hauptgebäude verlegt werden. Der Elektroschmelzofen von 3 t Fassungsvermögen, Bauart Héroult, liefert in 24 Stunden acht Schmelzungen, so daß der Betrieb eine ganz ansehnliche Gesamtleistung erbringt.

Die Gießerei der Crucible Steel Castings Co. in Cleveland[1]) war ursprünglich zur Erzeugung von Tiegelgußstahl bestimmt; man ging erst nachträglich zur Herstellung von Elektrostahlguß über. Das dreischiffige Gießereigebäude, in dem in der Hauptsache nur die ursprüngliche Tiegelofenanlage durch einen Elektroofen zu ersetzen war, hat bei einer Länge von 73 m eine Gesamtbreite von 31,10 m (Abb. 275). Die Mittelhalle ist etwas breiter als die beiden Seitenhallen bemessen und mit einem Laufkran von 1 t Tragkraft zur Bedienung des Elektroofens versehen worden. Vom Hauptgebäude durch einen 7,6 m breiten Hof getrennt, befinden sich einige niedrige schuppenartige Baulichkeiten, in denen Sand, Rohstahl, Legierungszusätze und ähnliche Rohstoffe lagern. Ein Teil dieser Bauten wurde in vollem Mauerwerk ausgeführt und birgt das Kleinzeuglager, das Kompressorenhaus, das Karbid- und das Sauerstofflager, sowie den Azetylenerzeuger. Längs der äußeren Flucht dieser Nebengebäude verläuft ein normalspuriges Zufuhrgleise, von dem aus die verschiedenen Lagerstellen unmittelbar gespeist werden. Alle Rohstoffe werden ausschließlich am Normalgleise angefahren; sie gelangen über den schmalen Hof zur Sandaufbereitung in das den Hof begrenzende Seitenschiff oder auf die sich anschließende Bühne, von der aus die beiden Elektroöfen beschickt werden. Zwischen den beiden Elektroöfen ist eine Reihe von Taschen zur Aufnahme von Hilfstoffen vorgesehen. Im selben Seitenschiff befindet sich die Kernmacherei, sodaß sowohl die mit dem Kran versehene Mittelhalle, als auch die zweite Seitenhalle vollständig der Formerei und Gießerei zur Verfügung stehen. Der Elektroschmelzofen steht in einer Seitenhalle, da auf diese Weise am besten geradliniger Arbeitslauf zu sichern war. Der flüssige Stahl wird in nächster Nähe des Schmelzofens vergossen; die Abgüsse gelangen durch die Putzabteilung zur Glüherei und von dieser zur Versandhalle, aus der sie in Lastautos abgefahren und den Bestellern zugestellt werden. Die Sohle der Gießereianlage befindet sich 1 m über dem Straßenspiegel; eine von der Gießerei durch die Putzerei über die Verladebühne bis zum tiefer gelegenen Straßenhof fahrbare Laufkatze macht die Verladearbeit äußerst einfach.

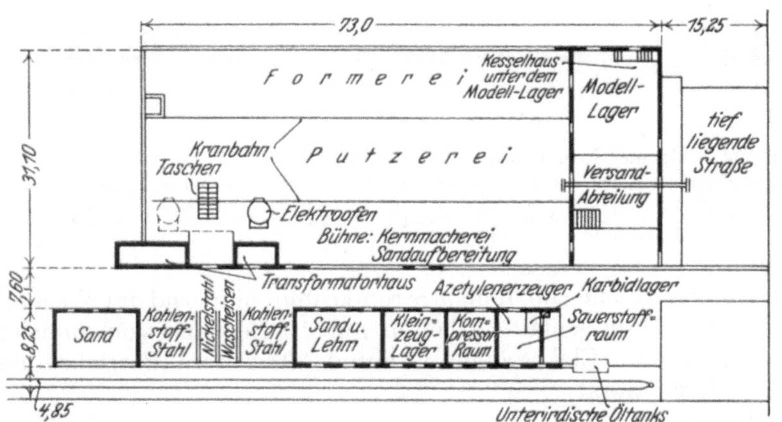

Abb. 275. Crucible Steel Castings Co., Grundriß.

Der sauer zugestellte Elektroschmelzofen wird innerhalb 24 Stunden 10—12 mal mit je 2 t beschickt; es kann demnach durchschnittlich eine Tagesleistung von 22 t flüssigem Stahl unschwer erreicht werden.

[1]) Gieß. 1924. S. 451 nach Foundry 1923. p. 914/919.

Stahlgießereien mit verschiedenen Schmelzanlagen.

Die einen S.M.-Ofenbetrieb, eine Kleinbessemerei und eine Elektroofenanlage umfassende neue Stahlgießerei der Firma G. Krautheim in Chemnitz-Borna bildet eines der vollkommensten Beispiele für derartige nach jeder Richtung leistungsfähige Anlagen [1]). Der Grundriß (Abb. 276) läßt die allgemeine Einteilung erkennen. Das Werk besteht baulich in der Hauptsache aus 5 Einheiten:

1. einem großen dreischiffigen Hauptbau, der alle Schmelzbetriebe, sowie die Formerei und Gießerei enthält,

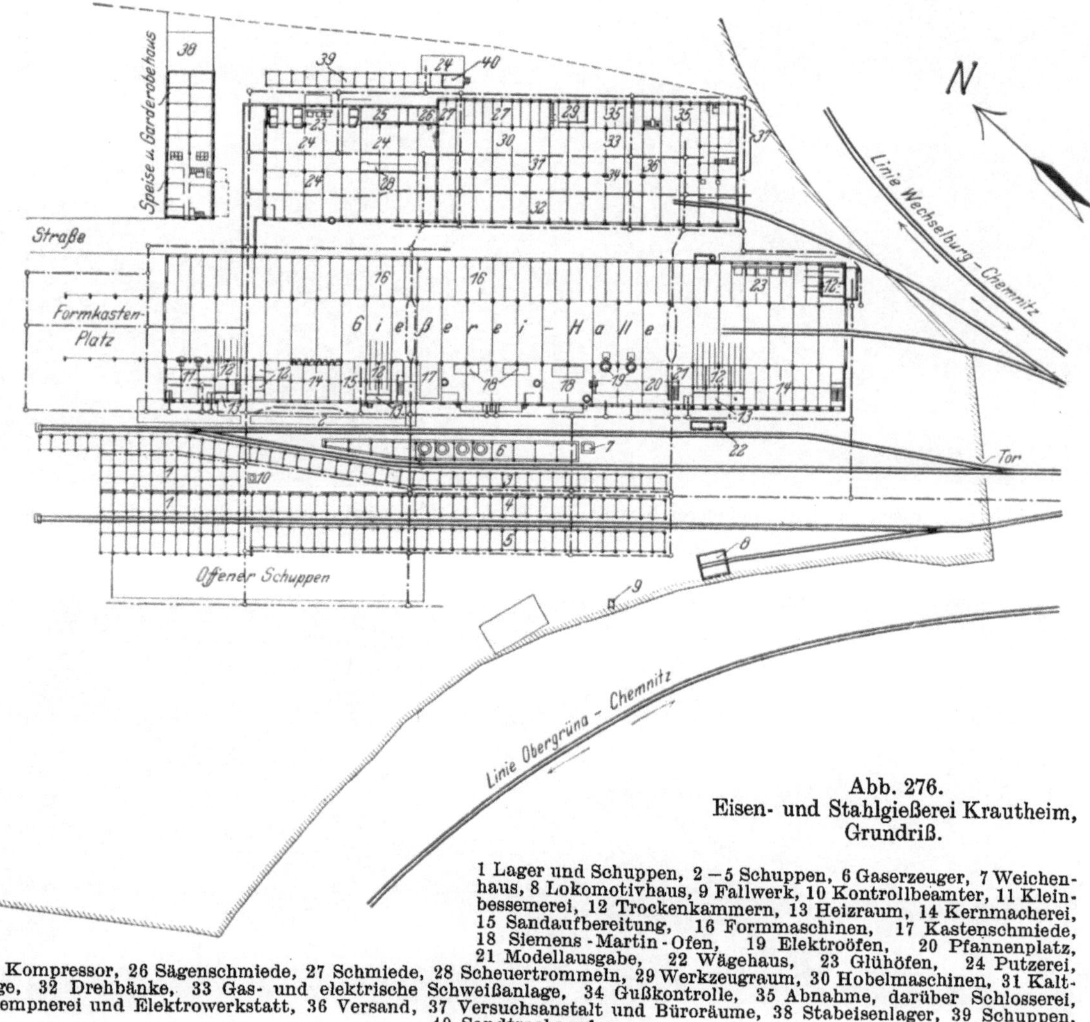

Abb. 276.
Eisen- und Stahlgießerei Krautheim, Grundriß.

1 Lager und Schuppen, 2—5 Schuppen, 6 Gaserzeuger, 7 Weichenhaus, 8 Lokomotivhaus, 9 Fallwerk, 10 Kontrollbeamter, 11 Kleinbessemerei, 12 Trockenkammern, 13 Heizraum, 14 Kernmacherei, 15 Sandaufbereitung, 16 Formmaschinen, 17 Kastenschmiede, 18 Siemens-Martin-Ofen, 19 Elektroöfen, 20 Pfannenplatz, 21 Modellausgabe, 22 Wägehaus, 23 Glühöfen, 24 Putzerei, 25 Kompressor, 26 Sägenschmiede, 27 Schmiede, 28 Scheuertrommeln, 29 Werkzeugraum, 30 Hobelmaschinen, 31 Kaltsäge, 32 Drehbänke, 33 Gas- und elektrische Schweißanlage, 34 Gußkontrolle, 35 Abnahme, darüber Schlosserei, Klempnerei und Elektrowerkstatt, 36 Versand, 37 Versuchsanstalt und Büroräume, 38 Stabeisenlager, 39 Schuppen, 40 Sandtrockenofen.

2. einem Putzereigebäude mit der Schmiede, der Versuchsanstalt und anderen Hilfsbetrieben,
3. einem Speise-, Umkleide- und Aufenthaltsraum für die Arbeiter,
4. einem Gaserzeugerhaus,
5. einer von mehreren Normalspurgleisen durchzogenen Lagerschuppen- und Bunkeranlage.

Das die Schmelzanlagen, die Formerei und Gießerei bergende Gebäude hat bei 45 m Gesamtbreite eine Länge von 215 m. Die große Haupthalle (Abb. 277 und 278) mit 19,2 m Spannweite enthält die Kran- und Handformerei; die nordöstliche Seitenhalle

[1]) Stahleisen 1920. S. 1293/1300, 1443/1448.

Abb. 277. Eisen- und Stahlgießerei Krautheim, Blick in den nordwestlichen Teil der Haupthalle.

Abb. 278. Eisen- und Stahlgießerei Krautheim, Blick in den südöstlichen Teil der Haupthalle.

birgt in der Hauptsache die Formmaschinenabteilung, während in der südwestlichen Seitenhalle die Schmelzanlagen untergebracht sind. Es wird etwa zu zwei Drittel mit Trockenformen gearbeitet und ein Drittel der Erzeugung in Naßformen ausgeführt. Großer Guß wird durchaus von Hand geformt, die Herstellung kleineren Gusses erfolgt überwiegend in nassen, auf Formmaschinen hergestellten Formen. Zu diesem Zwecke sind 46 Formmaschinen der verschiedensten Bauarten aufgestellt. Die Formerei ist mit Hebezeugen reichlich ausgestattet. Sie verfügt im großen Mittelfelde (19,2 m Spannweite) über:

1 Laufkran von	20	t	Tragkraft
1 „ „	15	„	„
2 Laufkrane von je	10	„	„
1 Konsolkran von	5	„	„
7 Konsolkrane von	3	„	„
1 Drehkran von	15	„	„
1 „ „	5	„	„

in den Seitenfeldern (10 m Spannweite)

1 Laufkran von	10,0	t	Tragkraft
1 „ „	7,5	„	„
2 „ „	5,0	„	„

Der Rohguß wird zum Teil in den Glühöfen der nordöstlichen Seitenhalle geglüht, zum Teil gelangt er auf Schmalspurgleisen zu den Glühöfen der im benachbarten Gebäude befindlichen Putzerei. Der fertige, geglühte und geputzte Guß wandert durch die mechanische Werkstätte im Putzereigebäude in die Versandhalle (Abb. 276 u. 281) und verläßt von dort auf dem Normalspurgleise das Werk.

Die Siemens-Martin-Schmelzanlage (Abbildung 279) umfaßt drei Öfen, davon zwei von je 7 t und einen von 15 t Fassungsvermögen, aus denen hauptsächlich die großen Stücke gegossen werden. Das Heizgas wird in vier Planrost-Gaserzeugern gewonnen und durch einen gemauerten Kanal den Schmelzöfen zugeführt. Zur Abführung der Abgase dienen ein Kamin von 45 m und vier Kamine von je 40 m Höhe. Die Öfen werden je nach der Betriebslage sauer oder basisch zugestellt. Die Schmelzstoffe gelangen auf Schmalspurwagen in die Schmelzerei, werden dort mittels zweier Aufzüge von 2000 und 4000 kg Tragkraft auf die Setzbühne gehoben, an die Öfen herangefahren und von Hand aufgegeben. Bei vollem Betriebe können in 24 Stunden 5—6 Hitzen erzielt werden.

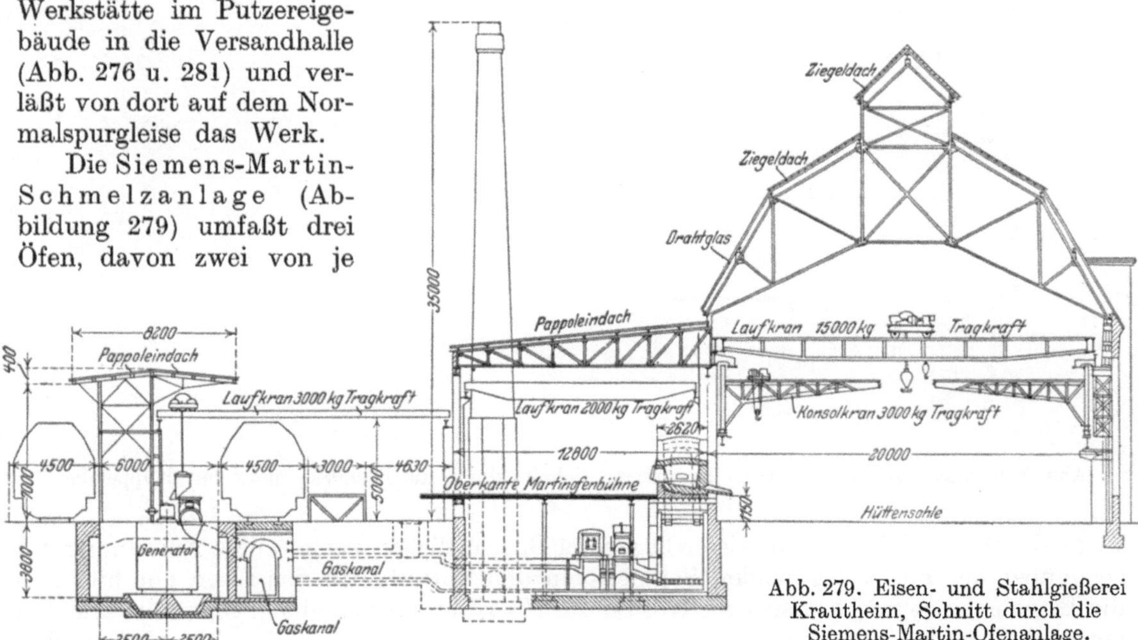

Abb. 279. Eisen- und Stahlgießerei Krautheim, Schnitt durch die Siemens-Martin-Ofenanlage.

Die Kleinbessemerei wurde von dem früheren Betriebe übernommen und hauptsächlich mit Rücksicht auf den regelmäßig zu erzeugenden dünnwandigen Guß beibehalten. Es ist in einem so vielseitigen Betriebe von nicht zu unterschätzendem Vorteil, jederzeit in kurzen Zwischenräumen über nennenswerte Stahlmengen verschiedener Zusammensetzung zu verfügen, wie sie ein Kleinkonverter fast stets leicht liefern kann. Der Mitbetrieb einer kleinen Birne macht das Gußwerk auch unabhängiger im Rohstoffbezuge. — Es wurden zwei Tropenaskonverter verbesserter Bauart aufgestellt, für die in drei Kuppelöfen von je 5 t und einem von 2 t stündlicher Leistung das Roheisen geschmolzen wird. Den Gebläsewind liefern fünf Kapselgebläse von je 80 m³/min angesaugter Windmenge bei einer Pressung von 600 mm Wassersäule. Die Kapselgebläse sind zusammen mit den Gebläsen für den Konverterbetrieb in einem Maschinenraum unter Hüttenflur aufgestellt.

Wie die Abb. 280 erkennen läßt, wurden die Kuppelöfen hochstehend angeordnet, so daß das

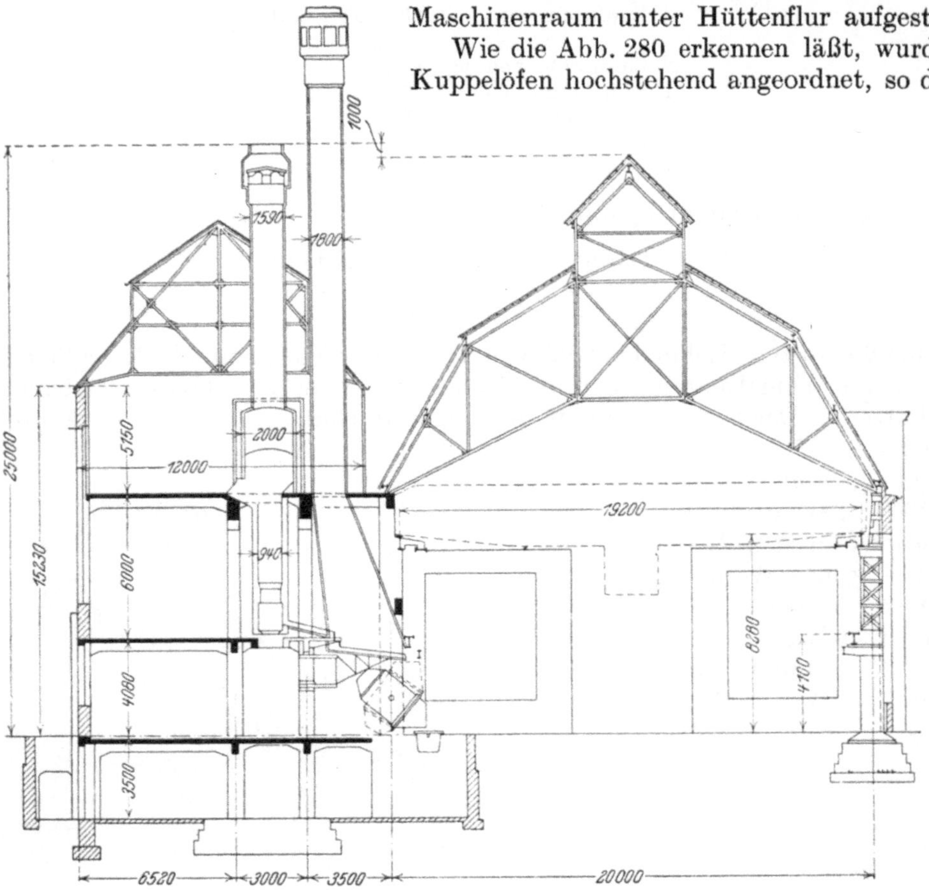

Abb. 280. Eisen- und Stahlgießerei Krautheim, Schnitt durch die Kleinbessemerei mit Kuppelöfen.

Eisen durch eine Rinne in die tiefer liegenden Birnen fließen kann. Diese Anordnung hat gegenüber der mit tiefstehenden Schmelzöfen den Vorteil, daß das Eisen gut hitzig in die Birne gelangt und zugleich die Kosten der Überführung von einem Ofen zum anderen vermieden werden. Die Birnen haben je 3,5 t Fassungsvermögen und stehen abwechselnd in Betrieb. Als Reserve dienen vier weitere Birnen Drei Kreiselkolbengebläse für je 120 m³/min angesaugte Windmenge liefern den erforderlichen Gebläsewind mit 0,25 bis 0,30 at Pressung.

Eine Elektro-Ofenanlage dient zur Erzeugung besonders hochwertiger Stahlgüsse. Sie umfaßt zwei Elektrostahlöfen (Bauart Nathusius), einen von 4 t und einen von 8 t Fassungsvermögen. Die Öfen sind an das Hochspannungsnetz der Stadt Chemnitz angeschlossen, das Drehstrom von 6000 V Spannung liefert. Diese Spannung wird in einer Transformatorenanlage auf 120 V vermindert. Die Öfen werden mit kaltem Einsatz beschickt, da man dort glaubt, mit flüssigem Einsatz keine Vorteile zu erzielen. Die Schmelzdauer beträgt $2^1/_2$—3 Stunden, der fertige Stahl wird mit dem großen Krane zur Gießstelle geführt.

Die erste rohe Putzarbeit wird unter ausgiebiger Benutzung von Preßluftwerkzeugen vorgenommen, worauf die vorgeputzten Stücke in die Glühkammern gelangen, um dann in Putztrommeln und Putzhäusern vollends gesäubert zu werden. Zum Entfernen der Gußnähte sind Preßlufthämmer und -meißel, sowie verschiedene Schleifmaschinen vorhanden. Die in der Putzerei benötigte Preßluft von 2 bzw. 7 at Spannung wird von 5 Kompressoren geliefert, die in einem abgeschlossenen Raume des Putzereibaues aufgestellt sind. — Da man in den ursprünglichen Betrieben der Firma die Erfahrung gemacht hatte, daß die Entfernung größerer Steiger und Überköpfe durch autogenes Schneiden sich teurer als durch Absägen stellt, und da zudem das Sägen den Guß weicher beließ, als es nach einem autogenen Schnitte der Fall war, richtete man eine eigene Sägenschmiede zum Aufschärfen und Vorrichten von Kaltsägeblättern ein. — Zur Vornahme von Reparaturen bzw. von Fertigschweißungen ist sowohl eine autogene als auch eine elektrische Lichtbogen-Schweißanlage nach Benardos vorhanden.

Abb. 281. Eisen- und Stahlgießerei Krautheim, Blick in die Versandhalle.

Abb. 282. Eisen- und Stahlgießerei Krautheim, Blick von Nordwesten auf den Formkastenlagerplatz und die Haupthalle.

Die mechanische Werkstätte (im Putzereibaue) ist mit 177 Werkzeugmaschinen verschiedenster Art und 20 Kaltsägen ausgestattet. Neben dem Versandraum (Abb. 281) befindet sich die chemische und physikalische Versuchsanstalt (Abb. 276).

Der Putzereibau (Glüherei, mechanische Werkstatt und Versandhalle (11,2 m Spannweite) ist mit

2 Laufkranen von je 10 t Tragfähigkeit
4 „ „ „ 5 „ „ und
1 Laufkran „ „ 2 „ „

ausgerüstet, wozu noch das Fallwerk mit 1,5 t Fallbirnengewicht zu zählen ist.

Das Werk ist, wie die Abb. 277 und 278 erkennen lassen, mit Tageslicht reichlich versehen. Abgesehen von dem guten Lichteinfall durch die schrägen Oberlichter des Dachstuhls und die gänzlich zu Fenstern aufgelöste nördliche Längswand des Hauptbaues bringen die beiden Giebelwände eine beträchtliche Tages-Belichtung der beiden Hallenenden. Die nordwestliche, den Formkastenlagerplatz abschließende Giebelwand der Haupthalle (Abb. 282) ist in ihrem oberen Teile beweglich, und wird mit Hilfe eines Elektromotors nach Bedarf gehoben und gesenkt, so daß auch hier kein Licht abgehalten wird. Die künstliche Beleuchtung bewirken zahlreiche Glühlampen verschiedener Lichtstärke.

Universalgießereien.

Unter dem Begriffe „Universalgießereien" sollen hier Werke verstanden werden, die sowohl Stahl- als auch Grauguß erzeugen und zwar beide Gußarten in Mengen, die gute Einrichtung für regelmäßigen Betrieb rechtfertigen. Derartige Gußwerke wurden als Ein-, Zwei- und Dreihallenbauten und als mehrgliedrige Bauten ausgeführt.

Das Gußwerk der Indiana Steel Co. in Gary, Mich.[1]), hat alle Ersatzstücke für sämtliche Einrichtungen aller Werke der Gesellschaft von den kleinsten bis zu den größten

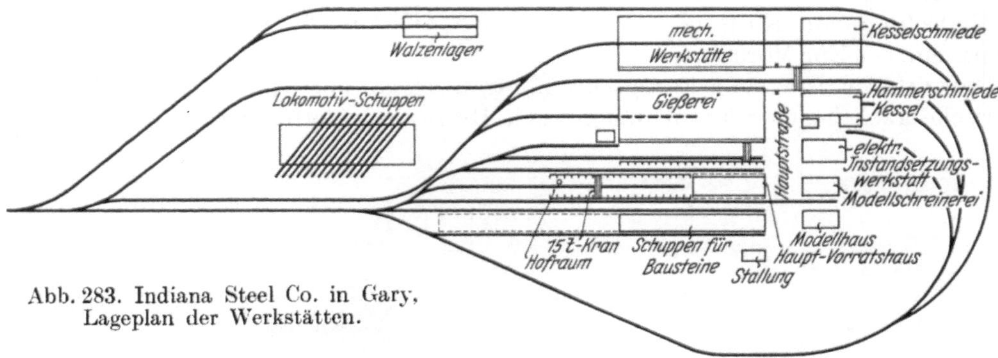

Abb. 283. Indiana Steel Co. in Gary, Lageplan der Werkstätten.

Teilen in Stahl, Eisen und Bronze (Messing) herzustellen. Seine Lage zwischen der mechanischen Werkstätte, der Modellschreinerei und dem Modellager ist dem Lageplan (Abb. 283) zu entnehmen. Die Gliederung in je eine Abteilung für Stahl- und Grauguß sowie für Bronze- und Messingabgüsse läßt die Abb. 284 erkennen. Der Bau ist durchweg in Eisen und Stein aufgeführt, 122 m lang, 49,45 m breit und gliedert sich in drei Hallen. Das erhöhte Mittelschiff ist 18,88 m breit, die beiden Seitenschiffe 12,21 bzw. 10,66 m. An beiden Längsseiten des Bauwerkes schließen sich Höfe an, die in ihrer ganzen Länge von Kranen von je 25 und 15 t Tragkraft überspannt werden. In dem einen Seitenschiffe sind die S.M.-, Kuppel- und Metallschmelzöfen, sowie zwei große Flammöfen untergebracht, im zweiten Seitenschiffe befindet sich die Kernmacherei mit den Trockenöfen und einer Glühkammer. Die ausschließlich zum Formen und Gießen bestimmte Mittelhalle hat eine lichte Höhe von 22,5 m bis zum Dachfirst und von 14,78 m bis zur Unterkante der Dachbinder. Die Schienen der Laufkranen im Mittelbau liegen 10,21 m über Gießereisohle, in den Seitenhallen 6,7 m; die Drehkranen haben eine Arbeitshöhe von 4,57 m. Die Außenwände sind zum größten Teile in Fenster aufgelöst, auch die freien Räume zwischen den Dachbindern sind durchweg zu Fenstern ausgebildet, außerdem wurden die Dachflächen reichlich mit Oberlichtern versehen.

Die Mittelhalle ist mit Laufkranen von 25, 40 und 50 t Tragkraft versehen, so daß durch Zusammenwirken mehrerer Krane Lasten bis zu 100 t gehandhabt werden können.

[1]) Stahleisen 1909. S. 1395/1401.

Die Halle der Kernmacherei verfügt über zwei Stück 5-t-Krane. In der Mittelhalle ist in nächster Nachbarschaft der S.M.-Öfen eine runde Dammgrube vorgesehen, die hauptsächlich der Formerei und dem Gusse von Hartgußwalzen dient. Ihr Durchmesser beträgt 4,27 m und ihre Tiefe 8,23 m. Sie ist von einer gemauerten, ovalen Grube umgeben, deren eine Achse 5,5 m und deren andere 7,62 m Durchmesser hat. Die Tiefe der ovalen Grube beträgt 4,27 m. Bei Nichtbenutzung ist die Grube mit einer gußeisernen Platte abgedeckt.

Die Schmelzanlagen umfassen zwei Kuppelöfen von 1828 mm und 1168 mm lichtem Durchmesser, ihr elektrisch angetriebenes Gebläse befindet sich hinter ihnen auf einem Zwischengeschosse. Die Schmelzstoffe werden mittels des außerhalb der Gießerei im Hof verkehrenden Laufkrans auf die in den Hof vorspringende Gichtbühne gehoben. Nächst den Kuppelöfen befindet sich ein kippbarer Metallschmelzofen, dessen Abgase unter einer Haube gesammelt und durch einen Blechschornstein über das Dach abgeführt werden. An die Metallschmelzerei und -gießerei schließt sich das Rohmetallager an, in dem auch der fertige Guß bis zu seinem Versande aufbewahrt wird. Zur anderen Seite der Kuppelöfen birgt die Seitenhalle in ihrer ganzen Tiefe zwei große, vornehmlich zum Schmelzen des Eisens für Hartwalzen bestimmte Flammöfen. In dem der Metallgießerei entgegengesetzten Ende der Halle mit den Schmelzbetrieben befindet sich ein S.M.-Ofen von 25 t Fassungsvermögen. Sein Herd ist 9,1 m lang, 2,86 m breit und 61 mm tief. Das Stichloch liegt 3,66 m über Sohle, so daß sich eine Grube zum Abstich erübrigte. In dem der Ofen- bzw. Schmelzhalle gegenüberliegendem Schiffe sind drei Trockenkammern und eine Glühkammer untergebracht, die von außen gefeuert werden. Die Sandaufbereitung und das Sandlager befinden sich je in einem eigenen Bau außerhalb des Gießereigebäudes. Ebenso wurde die Modellschreinerei in einem eigenen, ein ebenerdiges und ein darüberliegendes erstes Stockwerk umfassenden Bau (Abb. 285) eingerichtet. Entsprechend der vielseitigen Beanspruchung dieser Anlage als Zentralgießerei eines großen Werkzusammenschlusses mußte die Modelltischlerei recht leistungsfähig gestaltet werden. Sie nimmt bei einer Länge von 30,2 m eine Breite von 15,62 m ein.

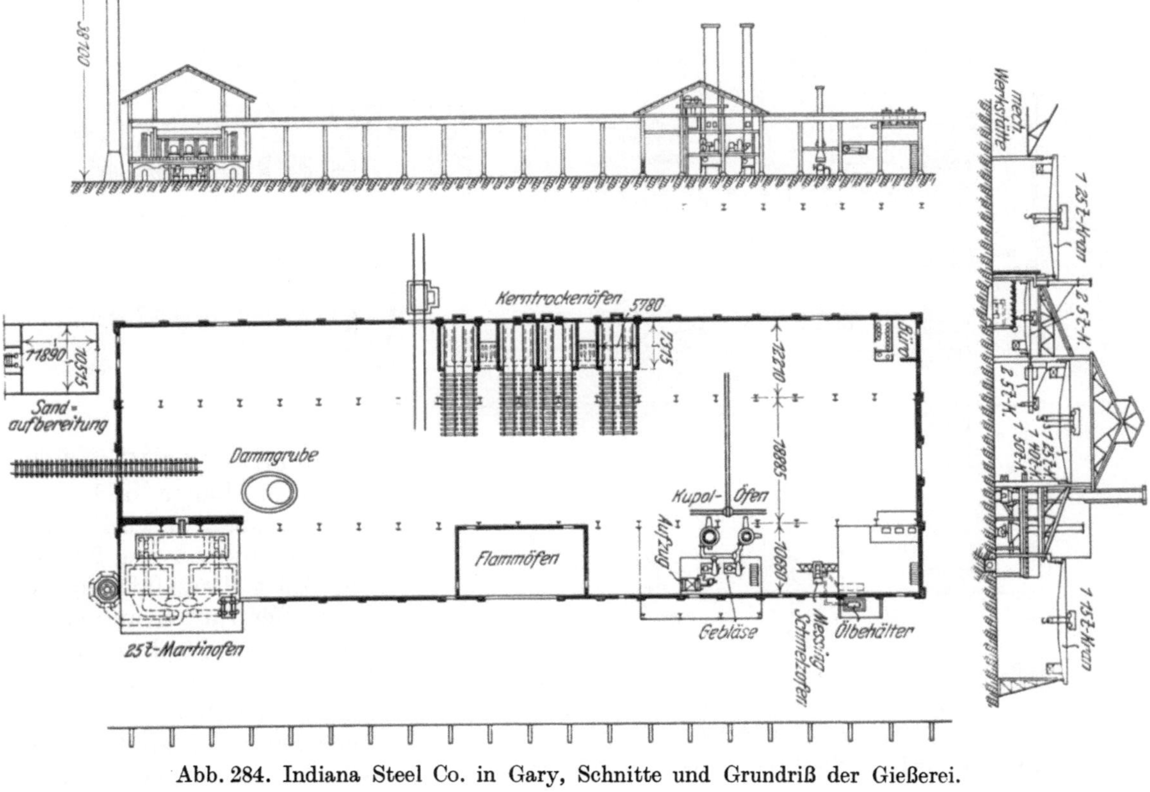

Abb. 284. Indiana Steel Co. in Gary, Schnitte und Grundriß der Gießerei.

Zu ebener Erde befinden sich das Büro und in der Werkstätte des gleichen Stockwerkes die Mehrzahl der schwereren Arbeitsmaschinen, während im oberen Stock die leichteren Maschinen untergebracht wurden. Die Werkbänke der Tischler sind in beiden Stockwerken an den Fenstern der Längswände. Beide Stockwerke stehen in unmittelbarer Verbindung mit den Modellagerböden.

Die Gießerei der Turnatoria de Fier si Fabrica de Masini S.A. zu Oradea Mare (früher Großwardein) in Rumänien[1]) zeigt eine von der oben besprochenen Universalgießerei völlig abweichende Anordnung. Die Aufgabe dieses Betriebes besteht in der regelmäßigen Lieferung von täglich etwa 10 000 kg Kunden-Grauguß für allgemeine Zwecke, wovon die Hälfte aus größeren Teilen bis zum Stückgewicht von 3500 kg besteht, während die andere Hälfte sich aus kleineren, auf Formmaschinen hergestellten Stücken zusammensetzt. Die Gießerei wurde als Einhallenbau mit verschiedenen Anbauten ausgeführt. Die Haupthalle von 50 m Länge und 22 m Breite (Abb. 286) wird von je einem Laufkrane von 2 t und von 7,5 t Tragfähigkeit bedient. Der 7,5 t-Kran vermag auf den Lagerplatz auszufahren, um das Formkastenlager zu bestreichen. An der einen Seite der großen Halle befindet sich in einem Anbaue die räumlich vom übrigen Betriebe streng getrennte Metallgießerei, in der zwei Schachttiegelöfen und zwei Kippöfen mit Ölfeuerung aufgestellt sind. Hier arbeiten auch die Metallkernmacher, denen ein kleiner Kerntrockenofen zu Gebote steht; auch das Putzen des Metallgusses erfolgt in der gleichen Abteilung. An die Metallgießerei schließt sich der Kuppelofenbau an, in dem sich ein gewöhnlicher Ofen von 3 t Stundenleistung und ein Vorherdofen von 5 t Stundenleistung befinden. Der größere Kuppelofen hat auch die Aufgabe, die Kleinbirne mit flüssigem Eisen zu versorgen. Die Gichtbühne trägt einen ständigen Eisenvorrat von 40 t nebst einer entsprechenden Menge von Schmelzkoks und wurde für diese Belastung recht kräftig gebaut. Ein Aufzug von 1500 kg Tragkraft fördert die Schmelzstoffe hoch. In einem Anbau zur anderen Seite der Kuppelöfen ist das Gebläsehaus untergebracht, das neben den Turbogebläsen für die Kuppelöfen und die Kleinbirne sowie den Gebläsen für die ölgefeuerten Kipptiegelöfen noch den Kompressor für die verschiedenen Preßluftwerkzeuge enthält. An der den Kuppelöfen entgegengesetzten Längsseite sind die voneinander getrennten Putzereien für Grau- und für Stahlguß in Anbauten untergebracht; zwischen diesen befinden sich die Trocken- und

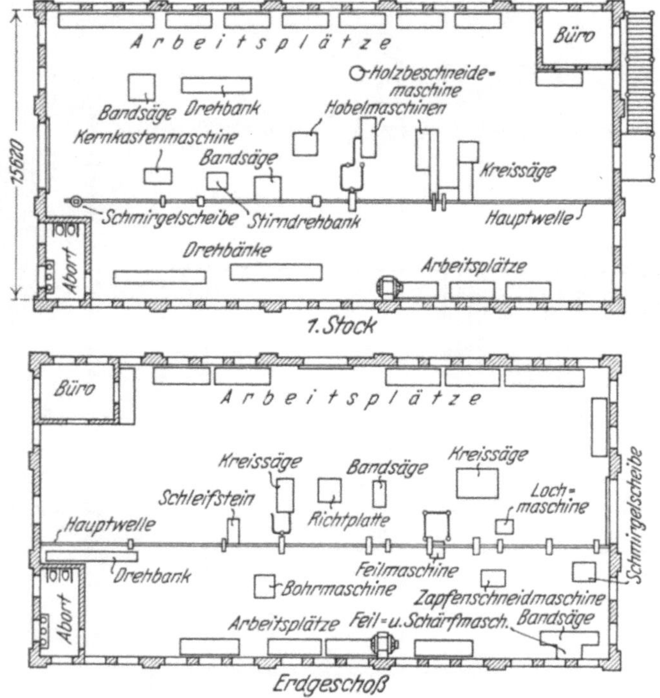

Abb. 285. Indiana Steel Co. in Gary, Modellschreinerei.

[1]) Gieß.-Zg. 1923. S. 28/30.

Glühöfen, neben denen zwei Putztrommeln Aufstellung fanden. Das Werk ist, wie der Grundriß (Abb. 286) erkennen läßt, mit einem Netz von Schmalspurgleisen versehen, das raschen Verkehr der verschiedenen Betriebsabteilungen untereinander gewährleistet. Eine Vergrößerung der Anlage ist in der Richtung über den Lagerplatz jederzeit durchführbar, um so leichter als der Kran diese Fläche schon jetzt bestreicht.

Die Eisen-, Stahl- und Tempergießerei in Ploesti in Rumänien wird auf Grund des dort sehr billigen Erdöls ausschließlich mit Ölflammöfen ausgestattet, deren einer der Erzeugung von Stahl gewidmet ist, während ein zweiter gleicher das Eisen für den Grau- und Temperbetrieb liefert. Abb. 287 zeigt den Grundriß des geplanten Gußwerkes. Es besteht aus einem dreischiffigen Bau von 40 m Breite und 65 m Länge, an dessen einem Ende sich ein niedrigerer Querbau von 7,5 m Tiefe anschließt. Das der Formerei

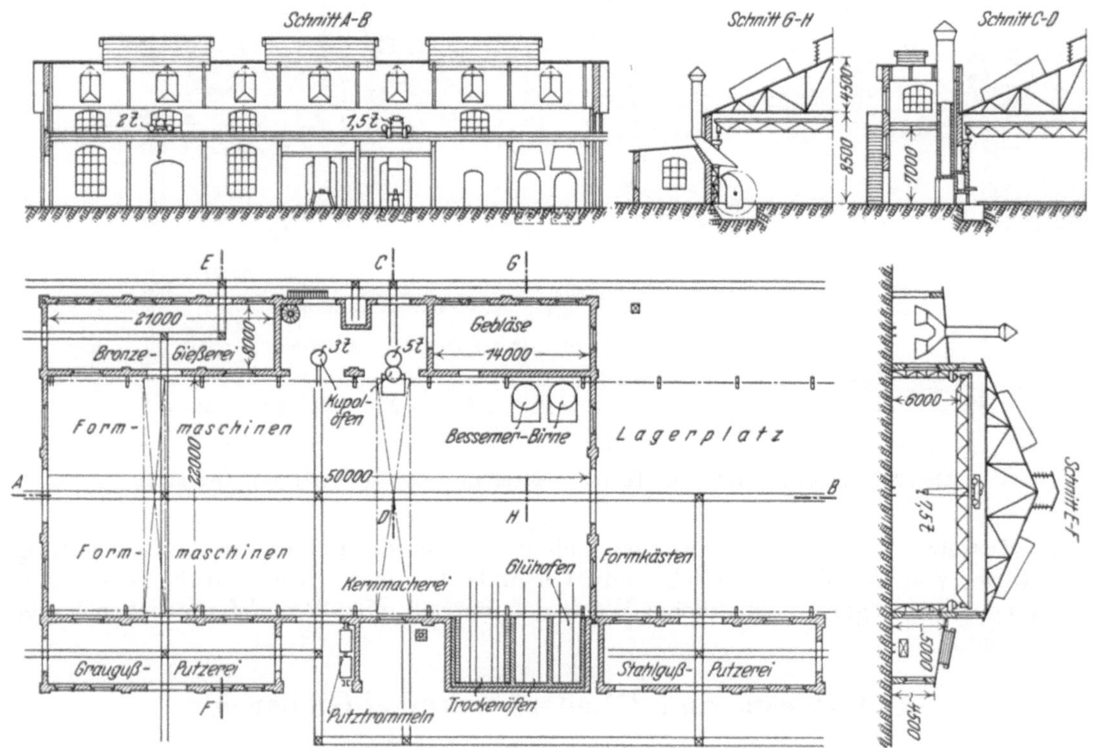

Abb. 286. Turnatoria de Fier si Fabrica de Masini. Grundriß, Querschnitt, Längsschnitt, Schnitte durch die Bessemerei und das Kuppelofenhaus.

und dem Gießen gewidmete Mittelschiff wird von zwei Laufkranen bedient. Eines der beiden je 10 m tiefen Seitenschiffe birgt die Schmelzanlage — zwei Flammöfen mit Ölfeuerung — die Trocken- und Glühöfen, sowie die Formsandaufbereitung, während im gegenüberliegenden Seitenschiff die Gußputzerei untergebracht wurde. Nur ein kleiner Teil dieses Seitenschiffes ist dem Formmaschinenbetrieb vorbehalten. An den erwähnten niederen Seitenbau, der die Ölsandaufbereitung, die Kernmacherei, den Temperofen und einen Trockenofen, sowie die Modellplattenmacherei und das Formplattenlager birgt, schließt sich der mit einem Laufkran ausgestattete, offen belassene Formkastenhof an. Ein durch die Kernmacherei verlegter Gleisstutzen stellt die Verbindung mit der Gießhalle her. Am anderen Ende des Hauptbaues ist in einer quer vor Kopf der Gießereihallen liegenden Halle von 40 m Breite und 15 m Länge die Bearbeitungs- und Fertigstellungsabteilung untergebracht. Sie ist mit einem Laufkran und zahlreichen Arbeitsmaschinen ausgestattet. An dem einen Ende dieser Halle erfolgt die Verladung in Bahnwagen, während am anderen Ende die Abfuhr des mit Motorwagen abzuliefernden Gusses vor sich geht. Hier mündet auch ein Gleisstutzen, auf dem der Guß aus der Putzerei in die Appretur befördert wird. Weiter liegt an diesem Ende der Bearbeitungswerkstätte der Eingang für die Belegschaft in die Arbeitswerkstätten.

Sämtliche Rohstoffe werden auf den Gleisen an der Längsseite des Gußwerkes, deren eines am Ende der Bearbeitungswerkstätte mündet, an- und abgefahren. Der gesamte Betrieb läuft ohne Um- oder Rückbeförderungen durchweg glatt durch. Dem einen Seitenschiffe fließen die Schmelzstoffe und der Formsand unmittelbar zu, sie werden zum Teil in derselben Seitenhalle verarbeitet, das flüssige Eisen, bzw. der Stahl wird

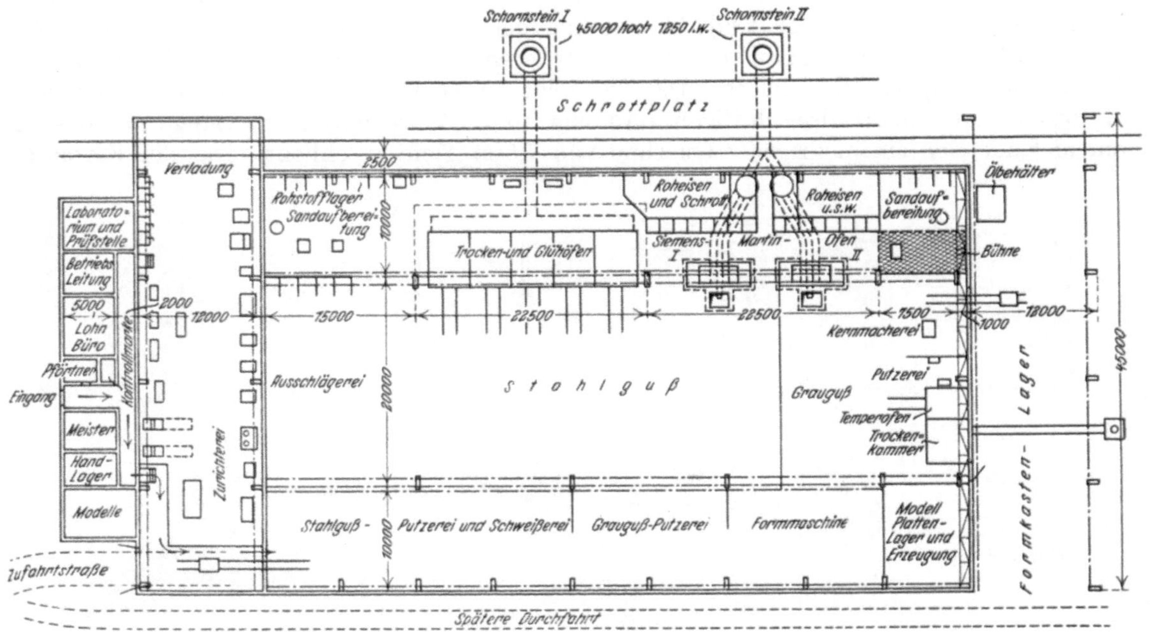

Abb. 287. Eisen-, Stahl- und Tempergießerei zu Ploesti (Rumänien), Grundriß.

in der Mittelhalle vergossen, die Abgüsse gelangen durch die Putzerei in die Bearbeitungswerkstätte, von der sie schließlich zum Versande kommen. Die verschiedenen Hilfsabteilungen vermögen in glücklicher Weise den Betrieb mit allem Erforderlichen laufend zu versehen.

Radiatoren- und Gliederheizkessel-Gießereien.

Allgemeines.

Die Erzeugung von Heizkesseln und Radiatoren [1]) erfolgt bei geringerem Betriebsumfange meist in einer gemeinsamen Gießerei. Eine Anlage, die sowohl bezüglich der Formerei, als auch der Sandaufbereitung, des Schmelzbetriebes und der Probiererei durchaus auf eigenen Füßen steht, wurde schon vor mehr als 20 Jahren im Werksbereiche der Maschinenfabrik Gebrüder Sulzer in Winterthur, Schweiz, erstellt [2]). Die Abb. 288—290 lassen den Bau in einem Grundrisse, einem Längs- und einem Querschnitte erkennen. Er besteht in der Hauptsache aus fünf Hallen von 48—52 m Länge (einschließlich Schmelzbau und Sandaufbereitung) 7,62 m Höhe und je etwa 6,4 m Breite. Die gesamte von der Gießerei eingenommene Grundfläche beträgt 2800 m². Die Abteilung Radiatoren bedarf keiner Hebezeuge, die der Gliederkessel dagegen ist mit zwei Laufkranen zur Handhabung der Formkasten und Abgüsse und einigen leichten Drehkranen (von 250 kg Tragfähigkeit) zum Einlegen der Kerne ausgerüstet. Mit Rücksicht auf gleichmäßige Belichtung und gute Entlüftung wurden alle Hallen in gleicher Höhe ausgeführt, nur der Kuppelofenbau und die Sandmacherei ragen über den übrigen Bau hinaus. Eine Schmalseite des Gebäudes wird von den Trockenöfen und der darüber angeordneten Sandaufbereitung eingenommen. Der Formsand wird von der Sandmacherei auf Zugangsbühnen längs jeder Säulenreihe an die Bedarfstellen verteilt. Drei

[1]) Vgl. Bd. II, S. 167/175. [2]) Stahleisen 1909. S. 1016/1018.

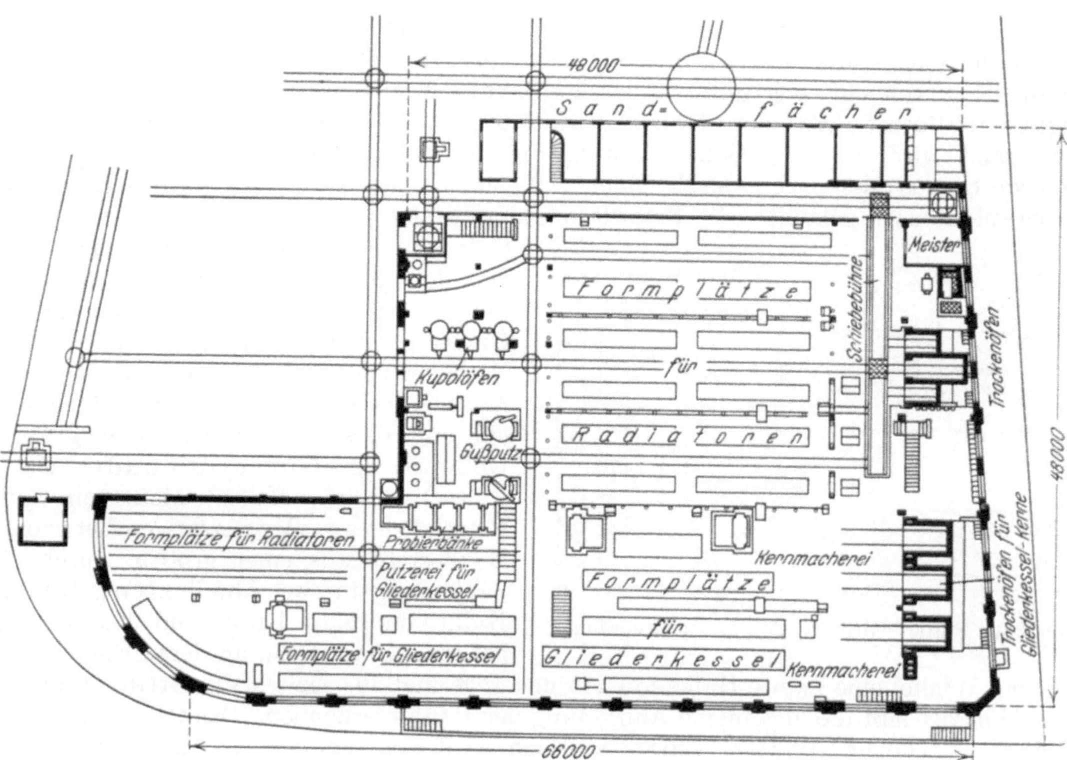

Abb. 288. Radiatorengießerei der Gebr. Sulzer in Winterthur, Grundriß.

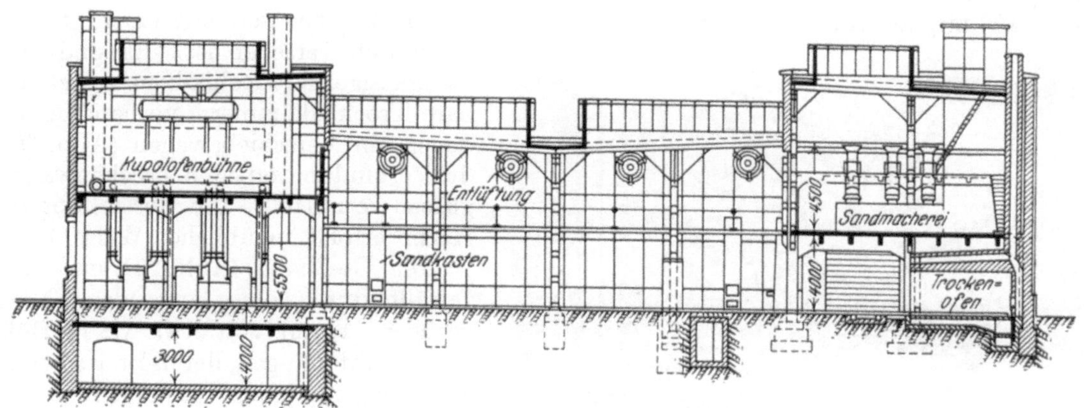

Abb. 289. Radiatorengießerei der Gebr. Sulzer in Winterthur, Längsschnitt.

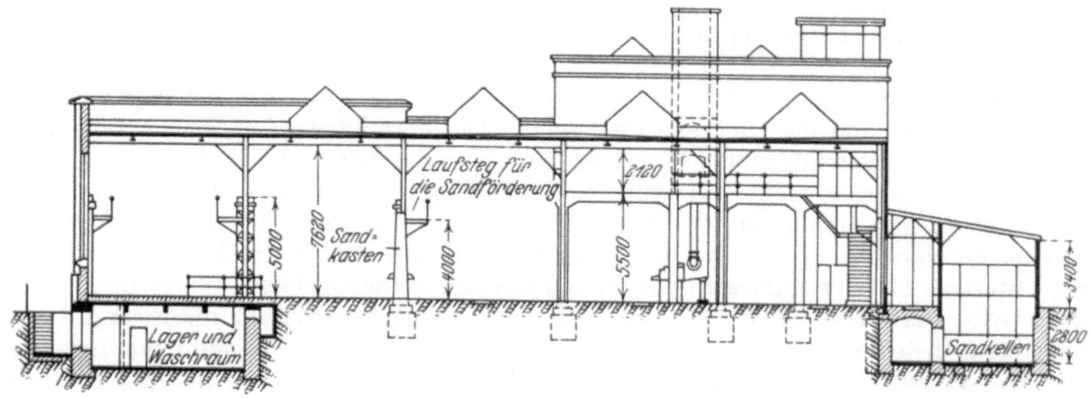

Abb. 290. Radiatorengießerei der Gebr. Sulzer in Winterthur, Querschnitt.

Kuppelöfen von je 5 t stündlicher Leistung, die im Schmelzbau in paralleler Reihe mit der Hallenachse aufgestellt wurden, versorgen den Betrieb mit flüssigem Eisen. An den Schmelzbau schließt sich unter anderem die mit zwei Sandstrahl-Putzmaschinen ausgestattete Putzerei an, der dann die Prüfabteilung (Probieranstalt) folgt. Der neue Formsand wird aus den Bahnwagen in die an die Gießerei anschließenden Bunker befördert, aus denen er durch einen Tunnel in die Aufbereitanlage oberhalb der Trockenkammern gelangt. Die Beförderung der Radiatorkerne in und aus den Trockenkammern wird durch eine Schiebebühne vor den Trockenkammern erleichtert; im übrigen erfolgt aller Verkehr innerhalb der Gießerei auf Schmalspurgleisen.

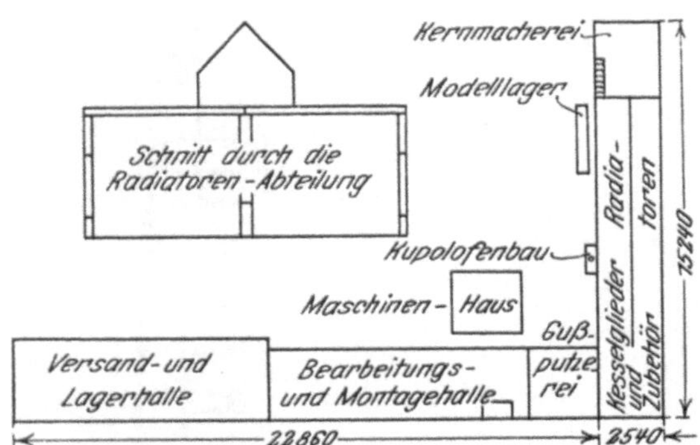

Abb. 291. Gurney-Gießerei, Allgemeine Anordnung.

Noch vor wenigen Jahren wurden auch in Amerika Radiator- und Kesselglieder in ein und derselben Gießerei erzeugt. Das Gußwerk der Gurney Foundry Co. in Framingham, Mass., bietet ein gutes Beispiel eines großen derartigen Betriebes[1]). Es besteht aus einer großen, durch eine Säulenreihe in zwei Abteilungen getrennten Halle von 183 m Länge und 30,5 m Breite bei etwa 10 m Höhe, an deren Ende sich im rechten Winkel eine zweite Halle von 274 m Länge und 30,5 bzw. 34 m Breite anschließt. Die Abb. 291 läßt die allgemeine Anordnung der Bauten erkennen. Das flache, mit einem breiten und hohen Aufsatze versehene Dach wird von den beiden Außenwänden und der mittleren Säulenreihe getragen. Die am freien Ende der einen Halle gelegene Kernmacherei nimmt die ganze Breite des Gießereibaues ein und umfaßt eine Grundfläche von 1400 m², die mit Ausnahme des Raumes vor den Trockenöfen mit einem Betonglattstrich versehen ist. Es sind acht zweigleisige, mit Rollbalken verschließbare Trockenkammern vorhanden, vor denen ein Verschiebewagen (Abb. 292) die Verbindung mit den Trockenwagengleisen vermittelt. Die Herstellung der Kerne erfolgt in üblicher Weise[2]).

Abb. 292. Gurney-Gießerei, Trockenkammer mit Verschiebegleis.

Die Gießhalle (Abb. 291 und 293) zerfällt durch eine längs der Säulen gezogene Wand von etwa 1,8 m Höhe in zwei Abteilungen, deren Breite gerade ausreicht, um jeder Formergruppe eine volle Tagesleistung zu ermöglichen. An der dem Kuppelofenanbau gegenüberliegenden Zwischenwand ist ein Gang vorgesehen, auf dem mit einfachen, niedrigen Handstampf-Durchziehmaschinen gearbeitet wird. Es werden zunächst alle Unterteile gefertigt, dann alle Kerne eingelegt und die Oberteile aufgesetzt. Die Formkasten werden auf dem Boden dicht aneinander gereiht, so daß ihre Oberfläche eine durchaus ebene Fläche bildet. Ober- und Unterteil werden nicht gegenseitig verklammert, sondern nur durch eine eigenartige Beschwerung zusammengehalten. Man legt auf die beiden ersten Formkasten einer Reihe je eine durchlochte Eisenplatte, die beim Gusse den Gasen freien Abzug gewährt und als Unterlage für eine gußeiserne als Beschwereisen dienende hohle Walze dient. Nach dem Gusse der ersten Form wird die Walze auf die nächste gerollt, die Eisenplatte aur die übernächste Form gelegt und so fortgefahren, bis die ganze Kastenreihe abgegossen ist. Das Verfahren hat den Vorteil, die Arbeit des Verklammerns, die Bereithaltung einer

[1]) Foundry 1923. p. 1/3. [2]) Bd. II, S. 171/172.

großen Menge von Belastungsgewichten und das Überheben von Belastungsgewichten zu ersparen. Das Weiterrollen der Walze von einem Formkasten zum anderen bedeutet keine nennenswerte Arbeitsleistung. Das flüssige Eisen wird mittels einer Hängebahn verteilt.

Der Verkehr in der Gießerei wird zum Teil auf Wegen erledigt, die mit geriffelten Gußplatten belegt sind, zum Teil besorgen ihn Hängebahnen. Längs des Kuppelofens, längs der Zwischenwand in Mitte der Gießerei, längs der dem Kuppelofen gegenüberliegenden Außenwand und vor den beiden Schmalenden der Gießhalle sind feste Plattenwege angeordnet. Zwei aus der Kernmacherei (Abb. 291) kommende Hängebahnstränge reichen bis ans Ende der Gießerei nächst der im benachbarten Bau befindlichen Gußputzerei. Mit ihrer Hilfe werden die Kerne beigefahren und verteilt und der Guß zur Putzerei abgefahren. Die Abb. 293 zeigt den mit Formen belegten Flur der einen Hälfte der Gießerei. Auf der oben erwähnten 1,8 m hohen und etwa 1,2 m breiten Wand zwischen den beiden Gießereihälften werden die abgegossenen Stücke abgesetzt. Eine dieser Wand entlang verkehrende Hängebahn erleichtert diese Arbeit und befördert schließlich die gesammelten Abgüsse in die Putzerei.

Abb. 293. Gurney - Gießerei, Blick in die mit Formen belegte Gießhalle.

Die Hälfte der Gießhalle nächst der Kernmacherei dient der Formerei von Radiatorgliedern, die andere nächst der Putzerei gelegene Hälfte der Herstellung von Kesselgliedern. Der geputzte Rohguß beider Abteilungen gelangt in die Bearbeitungswerkstätte und aus dieser in die etwas breitere Versandabteilung. Der Arbeitsverlauf ist durchaus geradlinig. Der Formsand wird mit Bahnwagen an die Kernmacherei geliefert, ein zweites Gleis versorgt den Schmelzbetrieb, und auf einem dritten Gleis längs der Versand- und Lagerhalle wird die Fertigware zum Versand gebracht.

Anlagen zur ausschließlichen Erzeugung von Radiatoren.

Die Herstellung von Radiatoren und von Kesselgliedern hat einen derartigen Umfang angenommen, daß es sich für Großbetriebe vorteilhafter erweist, für jede der beiden Gußwaren gesonderte Betriebe einzurichten. Dazu hat vor allem die verschiedene Behandlung beigetragen, die den beiden Gußarten bei weitestgehender Ausnützung aller Formereibehelfe einschließlich der Krananlagen zu teil werden muß und nicht zuletzt auch die gründliche Verschiedenheit des in beiden Fällen zu verwendenden Kernsandes. Insbesondere erforderte die Einführung ununterbrochener Arbeitsweisen recht wesentliche Unterschiede in der Anlage und Einrichtung der Betriebe.

Eine der vollkommensten, wenn auch nicht der größten, ausschließlich dem Gusse von Radiatoren gewidmeten Anlagen ist die der Richmond Radiator Co. in Uniontown, Pa.[1]). Abb. 294 zeigt die mechanische Gliederung und Einrichtung dieser Gießerei, um die herum die Wände und das Dach zu errichten waren. Die Kuppelofenanlage konnte an der Längsseite der Gießerei in einem Anbaue nächst den beiden Gießtischen so angeordnet werden, daß eine etwa 20 m lange Hängebahn zur Erledigung eines jeden Gusses vollkommen ausreicht. Die Form- und Gießeinrichtung gliedert sich in zwei voneinander unabhängige Einheiten, die nur die Sandaufbereitung gemeinsam haben. Jede Einheit umfaßt zwei Kreis-Wandertische, deren einer dem Formen und deren anderer dem Gießen dient. Der Formtisch besteht aus zwei zu einem starren Rahmen verbundenen gußeisernen Ringen von rund 4570 mm Durchmesser. Er ruht auf Rollen und wird durch einen Sondermotor bewegt. Auf dem Grundrahmen sind zwölf Durchziehformmaschinen dauernd

[1]) Iron Age 1928. p. 1144/1146.

befestigt, die während der Bewegung des Tisches an einer Reihe von 8 Formern vorüberkommen. Jedem dieser Former — angelernte Handarbeiter — obliegt eine bestimmte Aufgabe. Der erste Mann legt das Modell auf die Maschine, der nächste bürstet es ab und bläst es mit einer Preßluftdüse vollends rein, dem folgenden obliegt das Einsetzen der Kernstützen, der vierte setzt den Formkasten auf, der fünfte läßt durch Betätigung eines Schiebers Sand einfließen, der sechste setzt den selbsttätig arbeitenden Stampfer in Tätigkeit, der siebente streift den überschüssigen Sand ab und der achte hebt den fertigen Kasten unter Benutzung eines Preßlufthebezeuges auf den Gießtisch.

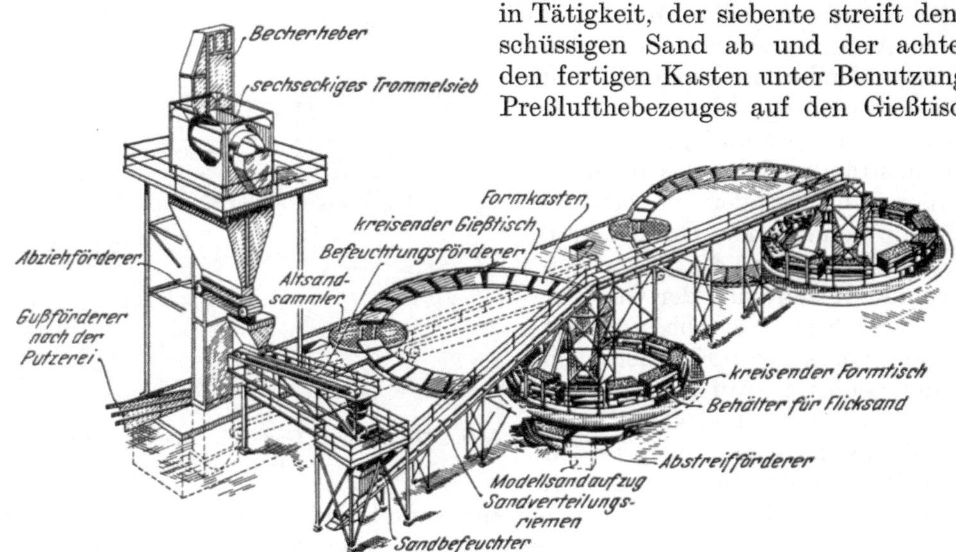

Abb. 294. Radiator Co. in Richmond. Schematische Darstellung der Arbeitsweise.

Der ähnlich gebaute Gießtisch besteht aus einzelnen Platten (Abb. 295), er ist etwas größer als der erstere, damit die abgegossenen Kasten vor dem Entleeren etwas abkühlen können. Es werden immer je drei Kasten staffelförmig übereinander gestellt und abgegossen. Die abgegossenen Kasten leert man über einem Rost aus, durch den der Altsand auf einen Gurt fällt; dieser führt ihn über einem Becherwerk dem Altsandbunker zu. Die Abgüsse werden auf ein in die Gußputzerei führendes Förderband geschoben.

Abb. 295. Radiator Co. in Richmond, Gießtisch.

Auf der dem Kuppelofen gegenüberliegenden Seite der beiden Form- und Gießtische sind je zwei Kerntrockenkammern von 3050 mm Breite, 2480 mm Höhe und 4270 mm Tiefe angeordnet. Sie werden von der äußeren Schmalseite beschickt und geben die trockenen Kerne auf der entgegengesetzten Seite an Formen-Wandertische ab. Die Kerne verlassen während des Trockenvorganges den Wagen, der an den Wandertisch herangefahren wird, nicht, so daß die Beförderung und Übernahme der Kerne keine besondere Arbeit verursacht. Jede Kammer faßt nur einen Trockenwagen, der je nach Größe der Kerne 150—450 Stück aufnimmt.

Die Putzerei ist mit Bürstmaschinen ausgerüstet, in denen die zu putzenden Abgüsse selbsttätig einmal rechts und dann links gegen kreisende Bürsten angedrückt werden. Der Erfolg jeder mehr oder weniger selbsttätigen Anlage hängt wesentlich von der tadellosen Wirkung ihrer Sandaufbereitung ab. Die Anordnung eines vierteiligen Tisches in der Prüfabteilung ist der Abb. 296 zu entnehmen. Die Gesamtgrundfläche der Gießerei beträgt rund 3200 m² (61 × 52,5 m).

Die Förderanlagen der Landon Radiatorengießerei in North Tonawanda, einer der größten und leistungfähigsten Gießereien dieser Art, wurden nach anderen Grundsätzen erstellt[1]). Das Gußwerk gliedert sich in einen Bau für die Formerei und Gießerei, an den im Westen die Kernmacherei, im Osten die Putzerei und nächst dieser eine Lager- und Versandhalle sich anschließen. Die Form- und Gießhalle umfaßt acht selbständige Formeinheiten (Abb. 297), deren jede mit einem eigenen ovalen Tischförderer ausgestattet ist. Die Fördertische bestehen aus einem ovalen Stahlgerüst von 3 m Breite und 12 m Länge, auf dem 15 Formen im Oval bewegt werden. Die Formkasten ruhen auf Plattengestellen, die durch ein Drahtseil miteinander verbunden sind. Sie befinden sich nicht ununterbrochen in Bewegung, sondern machen minutlich nur einen Ruck, der sie jeweils um die Länge eines Kastens vorwärts bringt. Eine Minute genügt zur Fertigstellung einer Form, die während des Formens und Gießens am Förderer bleibt. An jedem Förderer arbeiten zwei Stampfformmaschinen, deren eine außerhalb des Ringes und deren zweite innerhalb desselben an vier Führungsstangen hängt. Abb. 298 läßt diese Anordnung erkennen. Auf beiden Maschinen wird zu gleicher Zeit je ein Kastenteil aufgelegt, durch Betätigung eines Hebels wird Sand eingefüllt und ebenso die auf den Kasten herabgelassene Stampfvorrichtung in Tätigkeit gesetzt. Die gesamte Arbeitszeit beträgt, wie oben erwähnt, nur eine Minute, nach deren Ablauf der Formkasten mitsamt der Modellplatte hochgehoben, die beiden Kastenteile auf den Förderer gebracht und mit Kernen versehen werden. Mittels eines am Grunde des Förderers vorgesehenen waagerechten Preßluftzylinders wird nun der Förderer um eine Kastenlänge vorgeschoben und dann der Vorgang wiederholt. Ein Rundlauf des Förderers beansprucht demnach nur je 15 Minuten. Das flüssige Eisen wird mittels einer Hängebahn längs den Kopfseiten der Förderer in verhältnismäßig kleine Gießpfannen verteilt. Die

Abb. 296. Radiator Co. in Richmond, vierteiliger Tisch in der Prüfabteilung.

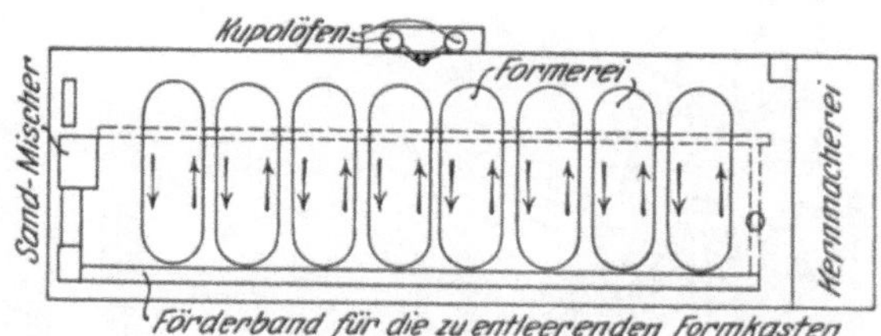

Abb. 297. Landon-Radiatorgießerei, allgemeine Anordnung der Form- und Gießeinheiten.

Abb. 298. Landon-Radiatorgießerei, Anordnung der Formen in einem Förderring.

[1]) Foundry 1927. p. 337/339.

abgegossenen Kasten laufen bis ans andere Ende des Förderers weiter, wo sie entleert werden. Der Altsand wird durch einen unter Flur angeordneten Förderer der Sandaufbereitung zugeführt, während die Abgüsse auf dem Wege zur Putzerei durch eine mächtige Scheuertrommel gelangen, aus der sie, von allem anhaftenden Sand befreit, in die benachbarte Putzerei befördert werden.

Die Kernmacherei arbeitet mit sechs unter großen Sandbehältern untergebrachten, doppelseitigen Kernformmaschinen und verfügt über vier ölgefeuerte Trockenkammern. Die Beförderung der nassen, wie der trockenen Kerne erfolgt auf Elektrokarren. Der durchweg mit geglätteter Betondecke versehene Boden macht diesen Verkehr äußerst elastisch und störungsfrei.

Anlagen zur ausschließlichen Erzeugung von Heizkesseln.

Die größte Gießerei von Heizkesselgliedern und, abgesehen von Druckröhren, wahrscheinlich von Gußwaren überhaupt, dürfte die des Bondwerkes der American Radiator Co. in Buffalo sein[1]). Seine Anlagen nehmen eine Grundfläche von 10,52 ha ein, in ihnen werden täglich bis zu 1000 t Eisen geschmolzen. Die Gießereien gliedern sich in drei gesonderte Abteilungen mit besonderen Aufgaben und beschäftigen zusammen über 800 Angestellte. Die Gießerei für die kleinen Teile und alle vorkommende Plattenarbeit arbeitet mit 2 Kuppelöfen von 125 und 150 t Schmelzleistung innerhalb einer Schicht von 9 Stunden. Täglich wird abwechselnd ein Ofen betrieben. Man formt durchweg mit Formmaschinen mit und ohne Formkasten und zum Teil mit einer Formeinrichtung, deren Unterteil nur aus einer Eisenplatte besteht. Abb. 299 läßt die zuletzt erwähnte Einrichtung mit ihren Rollentischen, den Formmaschinen, den Sandbunkermündungen und den Rollenförderern erkennen. Die Formmaschinen sind an der gut belichteten Längswand der Gießerei paarweise in solchen Abständen aufgestellt, daß zwischen je 2 Maschinen 2 Schwergewichtsförderer Platz finden, deren einer die fertigen Formen zur Gießstelle bringt, während der andere die leeren Kasten zurückführt. Die Bahnen der Förderer reichen bis zur Mitte der Gießhalle. Dort ist ein Querförderer vorgesehen, der so weit an das Ende der Schwergewichtsförderer heranreicht, daß er von diesen aus beschickt werden kann. Die fertigen Formkasten werden noch am Schwergewichtsförderer abgegossen und danach auf den Querförderer entleert. Die Entleerung der größeren Kasten geschieht mit Hilfe zweier Vibratoren, die an den Enden eines kranbalkenartigen Bügels hängen. Der auf den Förderer geschüttete Ausfall — Ware und Formsand — wird am Ende des Förderers durch eine Rüttelvorrichtung getrennt. Der Formsand fällt auf den tieferliegenden Altsandförderer, der ihn mit Hilfe eines Becherwerks zum Sammelwagen bringt, während die Abgüsse zur Seite geschoben werden, um dann an eine Sandstrahlvorrichtung in der Putzerei zu gelangen. Zur Erleichterung des Verkehrs mit der Putzerei wurde der Querförderer um etwa 300 mm tiefer als das Ende der Schwergewichtsförderer angeordnet. Die leeren Formkasten werden über einen Rollen-Zwischentisch auf den Rücklaufförderer geschoben, auf dem sie selbsttätig zur Formmaschine zurückgelangen. Das flüssige Eisen wird auf einer Hängebahn mit Führersitz den Enden der Schwergewichtsförderer zugeführt. Dort leert man es in kleinere, an Preßlufthebezeugen hängende Gießpfannen um, die parallel zu den Schwergewichtsförderern verschoben werden können und so den Guß auf einer längeren Strecke ermöglichen.

Abb. 299. Bondwerk der American Radiator Co., Formerei der kleinen Teile.

[1]) Foundry 1928. p. 736/740, 799/802, 881/884; 1929. p. 82/85.

In der zweiten Gießereihälfte sind andere ältere Fördereinrichtungen im Gebrauch, die aber im allgemeinen nach den gleichen Grundsätzen arbeiten.

Auch in der Gießerei für Kesselglieder werden Rollenförderer in weitgehender Weise benutzt. In der großen Gießhalle von 45 × 100 m Grundfläche sind 20 Form- und Gießabteilungen mit diesen Behelfen ausgerüstet. Jede Arbeitsgruppe besteht aus 10—15 Mann, die stündlich je nach Größe der Kesselglieder 8—15 Abgüsse liefern. Insgesamt werden in dieser Abteilung demnach in der achtstündigen Schicht rund 2000 Kesselglieder erzeugt. Jede Gruppe verfügt über zwei Rüttelformmaschinen mit Umlegevorrichtung, deren eine die Unterteile fertigt, während die zweite die Oberteile herzustellen hat. Die Formkasten sind nahezu ständig in Bewegung. Sie werden nach dem Ausleeren von einem den Formmaschinen zugeneigten Schwerkraftsförderer an die Maschinen zurückgebracht und mit einem Preßlufthebezeug auf den Rütteltisch abgesetzt. Die durchweg mit Preßluftklammern versehenen Rüttelmaschinen haben Kippeinrichtung. Nach Fertigstellung eines Kastenteils wird es auf den zwischen den Formmaschinen angeordneten Schwerkraftförderer gesetzt. Die inzwischen auf einen seitlich angeordneten kurzen Förderer gelangten Kerne werden mittels eines Preßlufthebezeuges eingelegt und dann das zu gleicher Zeit fertig gewordene Oberteil aufgesetzt. Der mit Keilen verschlossene Kasten gleitet nun zur Gießstelle. Zur Erledigung der gesamten Arbeit sind je zwei Mann an den Formmaschinen, je ein Mann zum Ausarbeiten der beiden Kastenteile, zwei Mann zum Gießen und zwei Mann zum Ausleeren nötig. Bei jeder Gruppe führt ein Vorarbeiter die Aufsicht. Nach dem Guß wird das Oberteil mit einem Preßluftheber angehoben und ebenso wie die größeren Stücke der Kleingießerei mit Hilfe eines kleinen Kranbalkens und zweier Vibratoren ausgeleert. Die Abgüsse werden mittels Klemmen angehoben und auf einer Hängebahn in die Putzerei befördert. Zugleich leert man Unterteil und Oberteil aus und läßt beide Teile am Schwerkraftförderer zur Maschine zurückgleiten. Die an einer Klammer, bzw. an einem Haken hängenden Kesselglieder werden auf dem Wege zur Putzerei mit Hilfe eines Vibrators entkernt. Nach dem Abblasen durch ein Sandstrahlgebläse gelangen sie waagerecht auf den Preßtisch (Abb. 300), auf dem sie untersucht und auf 7 at Wasserdruck geprüft werden.

Abb. 300. Bondwerk der American Radiator Co., Rollenförderer für Gliederkessel und Prüfeinwirkung.

Vier große, paarweise an der Nord- und Südseite der östlichen Längswand der Gießerei aufgestellte Kuppelöfen von je 22 t stündlicher Schmelzleistung liefern das flüssige Eisen. Auf jeder Seite läuft abwechselnd täglich ein Ofen während 9 Stunden, und einer während 24 Stunden. Zur Bedienung eines Ofens in der neunstündigen Schicht reichen vier Mann aus. Das Eisen wird mittels Hebemagnet unmittelbar aus den Bahnwagen entnommen, genau gewogen und den Gichtgefäßen zugeführt, worauf es der Begichtungskran übernimmt und ohne weiteres Zutun menschlicher Kraft in den Ofen gibt. In ähnlicher Weise wird der großen Bunkern entnommene Koks durchaus selbsttätig aufgegeben. Die Verteilung des flüssigen Eisens erfolgt mittels einer Elektro-Hängebahn in Gießpfannen von 400 kg Fassungsvermögen, nachdem es vorher eine der vor jedem Ofen angeordneten großen Mischerpfannen durchlaufen hat.

Neben den 33 gewöhnlichen Trockenöfen sind zwei große und ein kleinerer Trockenofen für Dauerbetrieb im Gange. Die drei Öfen mit ununterbrochenem Betrieb liefern die Hauptmenge des Kernbedarfes. Der Kernsand besteht aus einem Gemisch von scharfem Seesand, Leinöl, Rohöl und Harz. Für die kleineren Kerne — es handelt sich ausschließlich um Kesselgliederkerne — ist eine Reihe von Formmaschinen tätig, die den Kernsand durch Vibratoren verdichten und dann den Kern bei umgelegter Kernbüchse mit Hilfe von Preßluft ausdrücken. Die kleineren Kerne gelangen aus der Büchse auf einen Förderer, der sie der kleineren 2100 mm breiten, 5200 mm hohen und 17 600 mm langen Kammer zuführt. Die auf eisernen Platten ruhenden Kerne werden von einer endlosen Kette über mehreren Gasbrennern durch den Ofen gezogen. Ein elastisch aufgehängtes Spannrad am höchsten Punkte des Ofens sorgt für gleichmäßige Spannung der Kette. Die Durchlaufzeit beträgt 45 Minuten für die kleinsten Kesselglieder, größere läßt man den Weg ein zweites Mal zurücklegen. Nach dem Verlassen des Ofens laufen die getrockneten Kerne auf einem Rollenförderer der Langwand des Ofens entlang, worauf sie genügend abgekühlt weiterer Verwendung zugeführt werden. Die großen Kerne werden in den beiden Trockenöfen von je 2400 mm Breite, 2500 mm Höhe und 25 000 mm Länge in ähnlicher Weise behandelt.

Tempergießereien.

Allgemeines.

Bei Anlage von Tempergießereien müssen mit nur geringen Abweichungen dieselben Grundsätze maßgebend sein wie bei der Anlage der sonstigen Eisen- und Stahlgießereien. Der Bau einer Tempergießerei kann im allgemeinen einfacher und billiger gehalten werden als der gewöhnlicher Eisen- oder Stahlgießereien, da nur geringere Hallenhöhen in Frage kommen. Es handelt sich bei uns um Abgüsse von geringem Gewicht, wofür kostspielige Krananlagen außer Frage bleiben. Die schwersten, in manchen Betrieben vorkommenden Stücke sind Tempertöpfe, die kaum jemals Einzelgewichte bis zu 600 kg überschreiten. Nach den allerjüngsten Glühverfahren arbeitet man ohne Verpacken der Ware in Glühtöpfen, in welchen Fällen für Beförderung dieser schwersten Stücke keine Vorsorge zu treffen ist. Je nach dem Betriebsumfange und nach örtlichen Umständen sind Ein-, Zwei-, Drei- und Mehrhallenbauten zur Unterbringung der Betriebe gewählt worden, wofür dieselben Erwägungen bestimmend waren wie bei der Anlage gewöhnlicher Gießereien.

Tempergießereien mit Kuppelofenbetrieb haben mit den Graugießereien die durch den Kuppelofenbau meistens bedingte äußere Umrißform gemeinsam. Für die innere Anordnung ist in erster Linie die Art der Schmelzanlage ausschlaggebend. Die ältesten Tempergießereien arbeiteten mit Tiegelschachtöfen, deren Anwendung bis über die Zeiten Réaumurs zurückgeht [1]). In den siebziger Jahren des vergangenen Jahrhunderts fand das Schmelzen im Kuppelofen in der Tempergießerei Eingang und wurde rasch zum wichtigsten Schmelzverfahren. Die steigenden, an den Temperguß gestellten Anforderungen führten später zur Einführung von S.M.-Öfen in europäischen Gießereien, während in Amerika verschiedene Formen von Flammöfen so sehr bevorzugt wurden, daß dort diese Ofenart zur Zeit unbestritten die erste Rolle spielt. Die Verwendung von Kohlenstaub zur Heizung von Flammöfen zeitigte bei uns den Bau von Drehöfen (Trommelöfen) und diejenige der Ölfeuerung den Bau von Trommelöfen mit besonderen Winderhitzern. In jüngster Zeit wird in Gebieten, denen billiger Elektrostrom zur Verfügung steht, auch der Elektroofen verwendet. Abgesehen von den genannten Schmelzverfahren allein werden auch zusammen arbeitende Schmelzverfahren betrieben, z. B. Kuppelofen und Kleinbessemerbirne, Kuppelofen und Ölflammofen, sowie Kuppelofen Birne und Elektroofen [2]).

So ziemlich alle unserer älteren Tempergießereien wurden ursprünglich als Nebenbetriebe von Graugießereien errichtet. Ihre Anordnung war daher, von heutigen Gesichtspunkten betrachtet, oft recht unvollkommen und wenig zweckmäßig; derartige Tempergußbetriebe haben nicht selten in die bestehende Graugießerei mehr oder weniger Unordnung gebracht. Bei den später entstandenen, von vorneherein als gemischte Betriebe errichteten Tempergießereien war man bedacht, jeder Abteilung genügend Raum zur richtigen Entfaltung ihrer Eigenart zuzuteilen und sie so anzuordnen, daß sie vollen Vorteil aus allen gemeinsamen Einrichtungen ziehen konnte. Dies gilt insbesondere von der

[1]) Siehe Bd. I, S. 18, Bd. III, S. 140; vgl. auch Schüz-Stotz, Der Temperguß, Berlin 1930, S. 1/33.

[2]) Eingehende Ausführungen über die Anwendung und Eignung der verschiedenen Schmelzverfahren in der Tempergießerei siehe Bd. III, S. 440—455.

Sandaufbereitung, den Modellwerkstätten, den Lagerräumen, der Versandabteilung und allen Verkehrsmöglichkeiten in- und außerhalb des gemeinsamen Baues. So konnten gegenüber Einzelbetrieben sehr erhebliche Vorteile technischer und wirtschaftlicher Art erzielt werden. Beispiele derartiger Anlagen bieten die Zweihallenanlage nach Abb. 154 und 155, S. 294 und die Dreihallengießerei nach Abb. 177 auf Tafel III.

Die große Entwicklung des Tempergusses machte es bald vorteilhafter, für diese Gußart besondere Gießereien zu errichten, was um so natürlicher war, als die Erzeugungsmengen und damit der Umfang dieser Betriebe von Jahr zu Jahr größer wurden. — Während man in Amerika danach trachtete, für jede Gießerei zu möglichster Einheitlichkeit der Erzeugung nach Art und Güte der Ware zu gelangen und innerhalb eines solchen Rahmens größtmögliche Erzeugungsmengen zu erzielen, strebte man in Europa durch Mannigfaltigkeit der metallurgischen und technischen Eigenschaften der Ware ins Vordertreffen zu gelangen.

Recht erhebliche Unterschiede in der Anlage neuer Tempergießereien ergeben sich auch durch die Art und Anordnung der Glüheinrichtungen. Bis vor kurzem waren bei uns ausschließlich Kammeröfen verschiedenster Ausführung und Beheizung in Gebrauch, während in jüngster Zeit, in Amerika schon seit mindestens 10 Jahren, auch schon Tunnelöfen betrieben werden. Die ersten Glühkammern hatten kaum 10 m² Grundfläche, während deutsche Tunnelglühöfen für 6—8 t täglichen Durchsatz eine Länge von 60 m erreichen und damit noch beträchtlich hinter den größten amerikanischen Anlagen zurückbleiben [1]).

Neuzeitliche Tempergießereien sind in großem Umfange mit Fördereinrichtungen aller Art versehen. Vom einfachen Förderer bis zu den Behelfen für vollständig fließend arbeitenden Betrieb sind fast alle in Gießereien benutzten Fördermittel vertreten. Insbesondere der Behandlung des Formsandes wird größte Beachtung zuteil, was dazu beigetragen hat, manchen Tempergießereien ein ganz eigenartiges Gepräge zu verleihen.

Der Grundflächenbedarf einer Tempergießerei ohne Fördereinrichtungen kann je nach der mehr oder weniger günstigen Art des herzustellenden Gusses mit 2—3 m² je Tonne Jahresausbringen angenommen werden. Mit dieser Grundfläche wird man bei Anlagen, die als Nebenbetriebe geführt werden, gut zurecht kommen. Gießereien mit guten Förderforkehrungen bedürfen weit weniger Grundfläche. Je nach dem Umfange solcher Einrichtungen kann mit einer Bodenfläche von 2,5 bis herab zu 1,5 m² je Tonne ausgekommen werden, und bei durchaus fließendem Betriebe genügt unter sehr günstigen Umständen selbst eine Grundfläche von 1,0 m² je Tonne jährlichem Ausbringen. Der Anteil der einzelnen Abteilungen ergibt sich nach R. Stotz [2]) aus der folgenden Zusammenstellung:

Zahlentafel 69.

Anteile der Unterabteilungen einer Tempergießerei an Bodenbedarf.

	Anteil der Gesamtfläche in %	Anteil in Hundertteilen der Form- und Gießgrundfläche
Formerei und Gießerei	etwa 41	etwa —
Sandaufbereitung	„ 4	„ 10
Kernmacherei	„ 6	„ 15
Schmelzerei	„ 2	„ 5
Rohgußputzerei	„ 6	„ 14
Glüherei	„ 15	„ 37
Fertigmacherei	„ 4	„ 10
Versand	„ 3	„ 7
Modellplattenmacherei	„ 2	„ 5
Modellplattenlager	„ 2	„ 5
Schlosserei	„ 4	„ 10
Lagerräume	„ 3	„ 5
Wasch- und Umkleideräume	„ 5	„ 12
Büro	„ 2	„ 5
Laboratorium	„ 2	„ 5

[1]) Vgl. Bd. III, S. 465/472. [2]) Schüz-Stotz, Der Temperguß. Berlin 1930. S. 361.

In Betrieben mittleren Umfanges und neuzeitlicher Einrichtung kann durchschnittlich auf jeden Arbeiter der Gesamtbelegschaft mit einem Jahresausbringen von 10—12 t gerechnet werden, das in sehr ungünstig liegenden Fällen bis etwa auf die Hälfte herabgehen kann.

Kleine Tempergießerei mit Tiegelschachtöfen.

Die Gießerei nach dem Grundrisse (Abb. 301) kann als Muster eines geschlossenen kleinen Tempergußbetriebes gelten. Sie besteht aus einer Halle für die Formerei und Gießerei und einem schmäleren Nebenschiffe, in dem die Sandaufbereitung, eine große Trockenkammer, zwei paarig angeordnete Tiegelschachtöfen (a) für Tiegel von 40—60 kg Fassungsvermögen und die Gußputzerei untergebracht wurden. Der Betrieb ist mit keinerlei Hebezeug versehen, abgesehen von einer aufgehängten Tiegelzange zum Einsetzen und Ausheben der Schmelztiegel und einem wenig belangreichen kleinen Rohstoffaufzuge (c). In der Aufbereitung des Formsandes sind ein Kollergang (e), ein Rüttelsieb (f) und eine Sandschleudermaschine (g). Die Trockenkammer (h) wird von außen geheizt; der Schornstein ist unmittelbar an die Kammerrückwand angeschlossen. Die Putzerei ist mit einem Sandstrahlgebläse (l), einer Schmirgelschleifmaschine (m) und einem Putztische (o) ausgestattet. In dieser Abteilung befindet sich auch der die Vorgelege bewegende Motor (d). Ein vom Vorgelege aus betätigter Exhaustor (n) sorgt für gründliche Entlüftung der Putzerei. Es wird größtenteils von Hand geformt, zum geringeren Teile auf 2 Kniehebelformmaschinen (k). Der geputzte Temperrohguß wird in der 4 Glühtöpfe fassenden Glühkammer (p) in der Haupthalle gegenüber der Putzerei getempert. Die Kernmacherei befindet sich am anderen Ende der Gießhalle; zum Trocknen der Kerne ist ein kleiner Trockenofen (i) vorgesehen. — Der Bau nimmt eine Grundfläche von etwa 28 auf 13 m ein und vermag 20—25 Former und Handlanger zu beschäftigen.

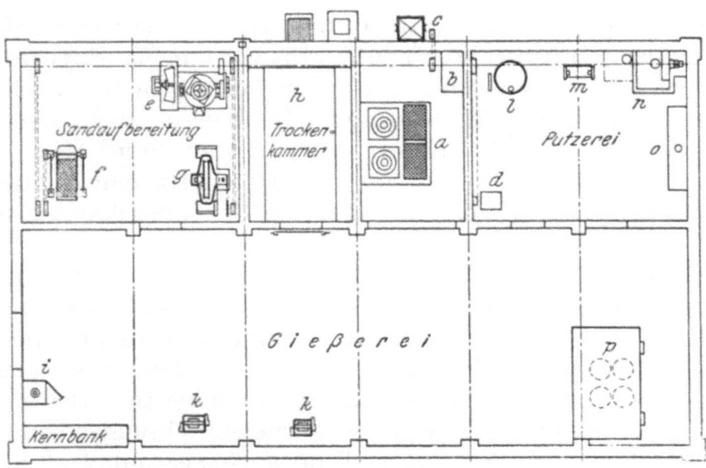

Abb. 301. Klein-Tempergießerei mit Tiegelbetrieb.

Tempergießerei für 1 t Tageserzeugung mit Handhängebahn.

Die Tempergießerei nach dem Entwurfe (Abb. 302)[1]) ist gekennzeichnet durch die Anordnung von Sägedächern und einer Handhängebahn. Sägedächer[2]) eignen sich sehr gut für die meisten Gießereien von geringer Hallenhöhe, sie erfordern geringe Baukosten, sind leicht in Stand zu halten und versehen den Betrieb ausreichend mit Tageslicht. — Die Handhängebahn geht vom Lagerplatz für Sand und Roheisen aus, teilt sich in der Form- und Gießhalle in 3 Stränge, die sämtliche Formplätze bedienen und führt dann in die Sandmacherei und Kernmacherei an dem einen Schmalende der Gießerei. Hier vereinigen sich die 3 Längsstränge, wodurch die Versorgung der Formhalle mit Modellsand ohne nennenswerten Lohnaufwand gesichert wird. Der die 3 Längsstränge vor den Schmelzöfen verbindende Querstrang ermöglicht die Verteilung des flüssigen Eisens mittels Hängepfannen. Ein Abzweig führt in die Putzerei und zu den Temperöfen. Der fertig geschliffene Weichguß wird über die Verteilungsabteilung dem Lager übergeben. — Das Lager und der Verteilungsraum erhalten durch seitliche und stirnseitige Fenster

---

[1]) Leber & Bröse, G. m. b. H., Sayn bei Koblenz. [2]) Vgl. Abb. 308, S. 408 u. Abb. 342, S. 433.

so reichlich Tageslicht, daß sich eine Belichtung von oben erübrigt. Ein Büro und ein Wasch- und Ankleideraum ließ sich mit geringen Kosten oberhalb dieser Abteilungen einrichten. Eine künftig notwendig werdende Erweiterung der Anlage dürfte durch den Anschluß eines dritten Schiffes leicht ohne irgend eine Änderung der gegenwärtigen durchzuführen sein.

Tempergießerei mit Hängebahn, Laufkran und Brackelsberg-Ofen für 3 t Tageserzeugung[1]).

Der Gießereibau nach Abb. 303 besteht aus einer Mittelhalle von 55 m Länge, 18 m Breite und 10 m lichter Höhe. Zu beiden Seiten der Halle liegen Seitenschiffe von je 10 m Breite und 6 m lichter Höhe. Das eine Seitenschiff erstreckt sich der ganzen Mittelhalle entlang, während das zweite ungefähr in der Mitte durch den Schmelzbau mit Gichtbühne unterbrochen wird. In der durch einen Laufkran bedienten Mittelhalle vollziehen sich die gesamte Formerei, das Gießen und das Tempern des Gusses. Der Laufkran dient vorzugsweise dem Betriebe der Glühöfen. Er setzt die Glühtöpfe in die als Tiefòfen ausgeführten Temperöfen ein und hebt sie nach vollzogener Glühung wieder aus, um sie über einer Erzsiebmaschine zu entleeren. Die Abgüsse gleiten auf einen Wander-Auslesetisch, von dem sie in Blechgefäßen auf Hubwagen den Schleifmaschinen, Rommelfässern, bzw. der Versandabteilung, zugeführt werden. Dem Laufkran obliegt es ferner, bei großen Güssen das Eisen in einer Kranpfanne abzufangen und zur Gießstelle zu bringen. Solche Güsse kommen vor, wenn es sich darum handelt, Glühtöpfe oder Gußstücke aus Sonderguß herzustellen, wofür der Brackelsberg-Ofen gut geeignet ist[2]). Seine Abstichrinne reicht bis in die Gießhalle und mündet über einer am Kran hängenden Gießpfanne.

Der gewöhnliche Temperguß wird in kleinen Pfannen mit der an den Wänden der Gießhalle ringsum laufenden Handhängebahn abgefahren, die auch allem sonstigen Kleinverkehr dient. Abzweige dieser Bahn reichen in die wichtigsten Hilfsbetriebe. — Alle Rohstoffe werden auf einem nahe der Schmelzabteilung liegenden Normalspurgleise herangefahren, das zugleich dem Versand der fertigen Ware dient.

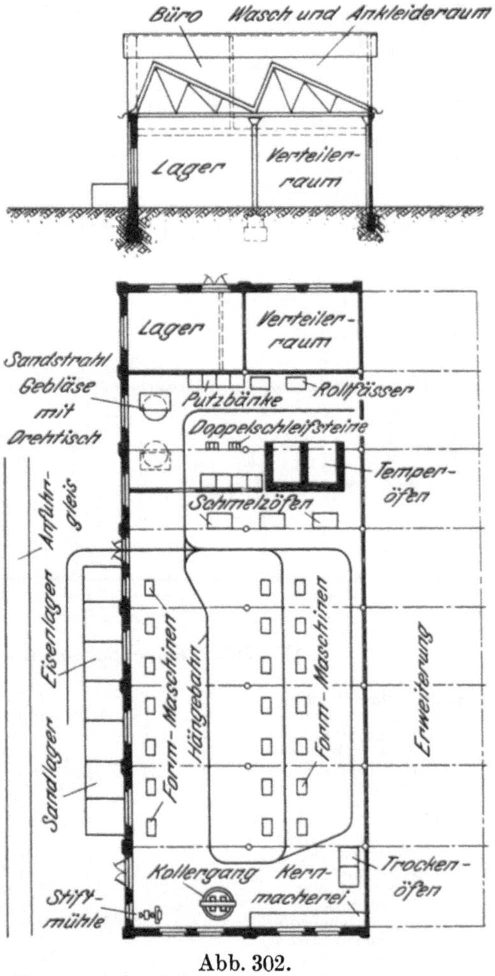

Abb. 302. Tempergießerei für 1000 kg Tageserzeugung.

Tempergießerei mit Kuppelofenbetrieb und Wandertischen für 8 t Tageserzeugung[3]).

Der Bau des Gußwerkes (Abb. 304) besteht aus einer erhöhten Mittelhalle von 12 m Breite, 75 m Länge und 14 m Höhe mit 2 Seitenhallen von gleicher Breite, aber nur 8 m

[1]) Mit Genehmigung von R. Stotz aus Schüz-Stotz „Der Temperguß“. Berlin 1930. S. 353.
[2]) Vgl. Bd. III, S. 449.
[3]) Mit Genehmigung von R. Stotz aus: „Der Temperguß“. S. 356.

lichter Höhe. Eine der Seitenhallen verläuft der ganzen Länge der Mittelhalle nach, die zweite, an deren Ende sich der Schmelzbau erhebt, ist um 14 m kürzer. Den Abschluß der 3 Längshallen bildet samt dem Kuppelofenhause eine 10 m breite und 36 m lange Querhalle, in der zu ebener Erde die Fertigmacherei, Richterei, Schmiede und die Versandabteilung untergebracht sind. Darüber befinden sich 4 Büros und ein Arbeiterwaschraum. Der Schmelzbau umfaßt 4 Kuppelöfen mit Stundenleistungen von je 2,5—3,0 t. Je einer der paarweise arbeitenden Öfen dient zum Schmelzen von Tempereisen und von gewöhnlichem Grauguß. Die Formerei verfügt über 2 Wandertische von je 54 m Länge, an denen

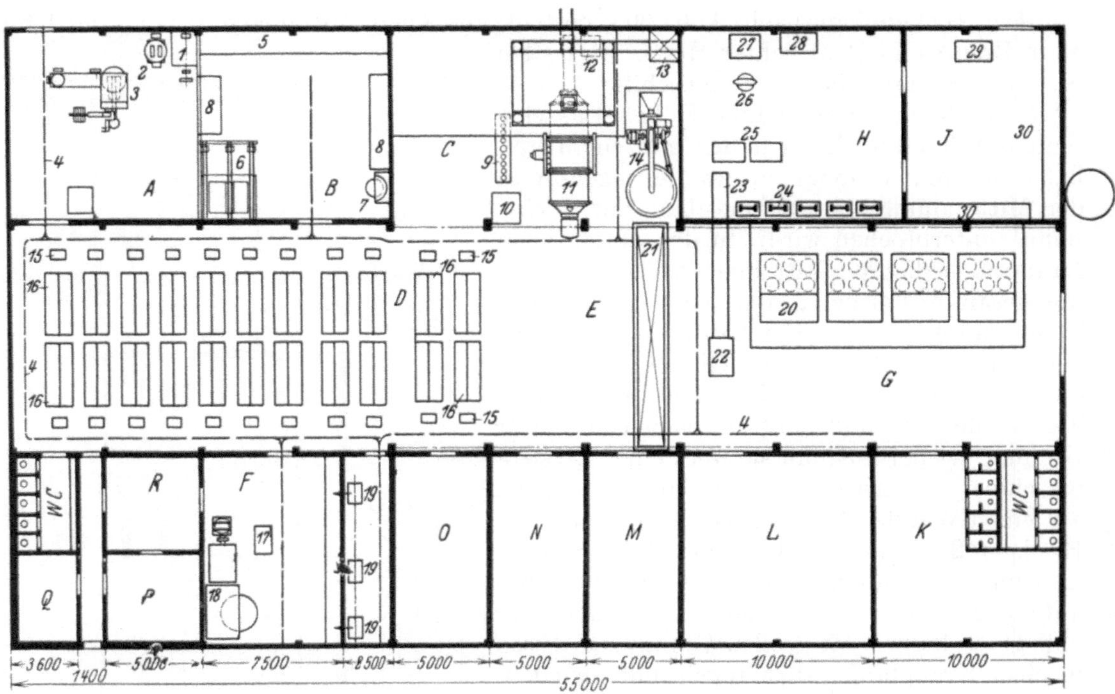

Abb. 303. Tempergießerei für 3 t Tageserzeugung mit Brackelsbergofen.

A Sandaufbereitung,
1 Elektromotor,
2 Kollergang,
3 Sandaufbereitmaschinen,
4 Handhängebahn,
B Kernmacherei,
5 Kernmacherbank,
6 Kerntrockenkammer,
7 Kerntrockenofen,
8 Kerngestelle,
C Schmelzbau,
9 Pfannenfeuer,
10 Vorglühofen,
11 Brackelsbergofen,
12 Gattierungswaage,
13 Gichtaufzug,
14 Kohlenstaubmühle,
D Maschinenformerei,
15 24 Formmaschinen,
16 Gußformen,
E Handformerei,
F Putzerei,
17 Waage,
18 Sandstrahlgebläse,
19 3 Rommelfässer,
G Glüherei,
20 4 Kammerglühöfen,
21 Laufkran von 3 t Tragfähigkeit,
22 Erzsiebmaschine,
H Fertigmacherei,
23 Bandförderer,
24 2 Schleifmaschinen,
25 Scheuertrommeln,
26 Amboß,
27 Schmiedefeuer,
28 Richtpresse
J Versandabteilung,
29 Waage,
30 Lagergestelle,
K Arbeiterwaschraum,
L Magazin,
M Modellplattenlager,
N Modellschlosserei,
O Schlosserei,
P Lohnbüro,
Q Empfangsraum,
R Meister.

insgesamt 24 Formmaschinen arbeiten. Der Formsand wird den Maschinen durch ein oberhalb derselben angeordnetes Stahlband zugeführt. Auf jeden Wandertisch werden stündlich 300 Formkasten abgeliefert und abgegossen. Die am unteren Bande zu den Formmaschinen zurücklaufenden leeren Formkasten gelangen in je 26 Minuten zur Ausgangstelle zurück.

In der Glüherei befindet sich ein ihre ganze Länge einnehmender Tunnelglühofen nebst 3 Kammerglühöfen. Der Rohguß gelangt mittels der den ganzen Bau durchziehenden Handhängebahn in die Putzerei und aus dieser in die Glüherei. Der Tunnelofen vermag den normalen Monatsumsatz von 210 t zu bewältigen; eine etwa überschießende Erzeugung wird ebenso wie verschiedener Sonderguß in den 3 Kammerglühöfen behandelt. Die geglühte Ware gelangt noch in den Glühtöpfen durch den Laufkran zur Erzsiebmaschine und wird dort auf ein Blechrückenstahlband ausgeschüttet. Sie wandert dann in die Fertigmacherei, wo sie auf einem Leseband ausgesucht wird, um schließlich mit der Handhängebahn den verschiedenen Nacharbeitstellen, bzw. der Versandabteilung zugeführt zu werden.

Vielschiffige Tempergießerei für 30 t Tageserzeugung mit 3 Flammöfen.

Die Tempergießerei der American Radiator Co. in Buffalo[1]) ist für eine Tageserzeugung von mindestens 30 t errichtet worden und erzeugt ausschließlich Gußwaren im Gewichte von 0,5—1,50 kg Einzelgewicht. Abb. 305 zeigt einen Grundriß und Querschnitt der Gesamtanlage. Der etwa 7740 m² umfassende Hauptbau gliedert sich in

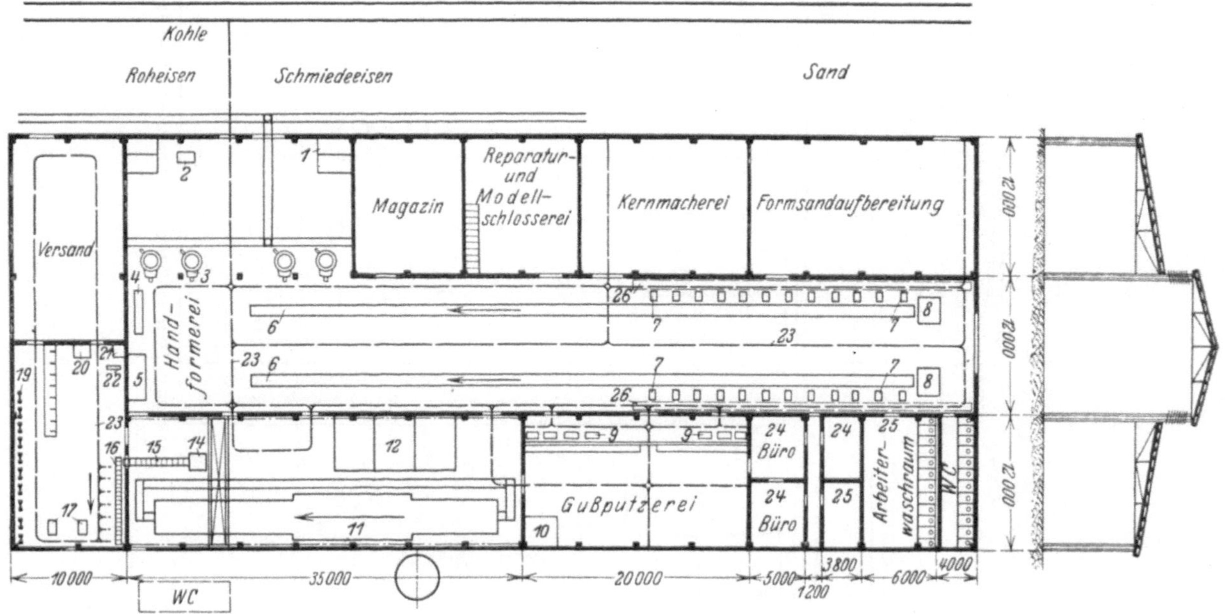

Abb. 304. Tempergießerei für 8 t Tageserzeugung.

1 2 Steilaufzüge,
2 1 Gattierungswaage,
3 4 Kuppelöfen,
4 1 Pfannentrockenofen,
5 1 Vorglühofen,
6 2 Wandertische,
7 24 Formmaschinen,
8 2 Rüttelroste,
9 7 Putztrommeln,
10 1 Sandstrahlgebläse,
11 1 Tunnelofen,
12 3 Kammeröfen,
13 1 Laufkran von 3 t Tragfähigkeit,
14 1 Siebmaschine,
15 1 Förderband,
16 1 Leseband,
17 2 Scheuertrommeln,
18 1 Feilbank,
19 10 Schleifmaschinen,
20 1 Richtpresse,
21 1 Schmiedefeuer,
22 1 Amboß,
23 1 Hängebahn,
24 4 Büroräume,
25 1 Arbeiterwaschraum,
26 1 Sandförderband.

7 Arbeits- und 1 niedrigere Versandhalle. 4 Hallen dienen dem Schmelzen, Formen und Gießen und sind durch eine Zwischenwand von den der Putzerei und Glüherei gewidmeten Hallen getrennt. In der Versandhalle befindet sich das Lager für 1000 t Fertigware. Nur die Schmelzofen- und die Glühofenhalle sind mit Laufkranen versehen. Der Kran der Schmelzofenhalle reicht über die Außenwand des Baues hinaus und vermag noch den Raum zwischen den Zu- und Abfuhrgleisen zu bedienen. Diese Anordnung ist sehr wertvoll, da sie die einfachste und billigste Bedienung der Schmelzöfen bedingt.

Die Schmelzanlage verfügt über 3 Flammöfen von je 30 t Fassungsvermögen, von denen einer nur als Reserve dient. Von einem in der Kernmacherhalle untergebrachten Gebläse aus führt eine Windleitung unter Hüttensohle zu den Schmelzöfen. Ihre Bauart entspricht der allgemeinen Form amerikanischer Flammöfen mit Unterwind[2]), doch ist das Gewölbe in eine Anzahl abhebbarer Deckel gegliedert. Dadurch wird die Beschickung

[1]) Foundry 1917. p. 73/79; auszugsweise Stahleisen 1919. S. 443/445.
[2]) Siehe Bd. III, S. 155, Abb. 216.

außerordentlich erleichtert. 1 Kranführer vermag mit 2 Tagelöhnern einen der 30 t fassenden Ofen zu beschicken. Jeder Ofen ist 13,72 m lang, 3,20 m breit und über Gießereisohle 1,83 m hoch.

In der Rohgußputzerei arbeiten 2 Sandstrahlgebläse und 9 Putztrommeln. Die Temper- (Glüh-) abteilung ist mit 5 großen und 1 kleinem Glühofen ausgestattet

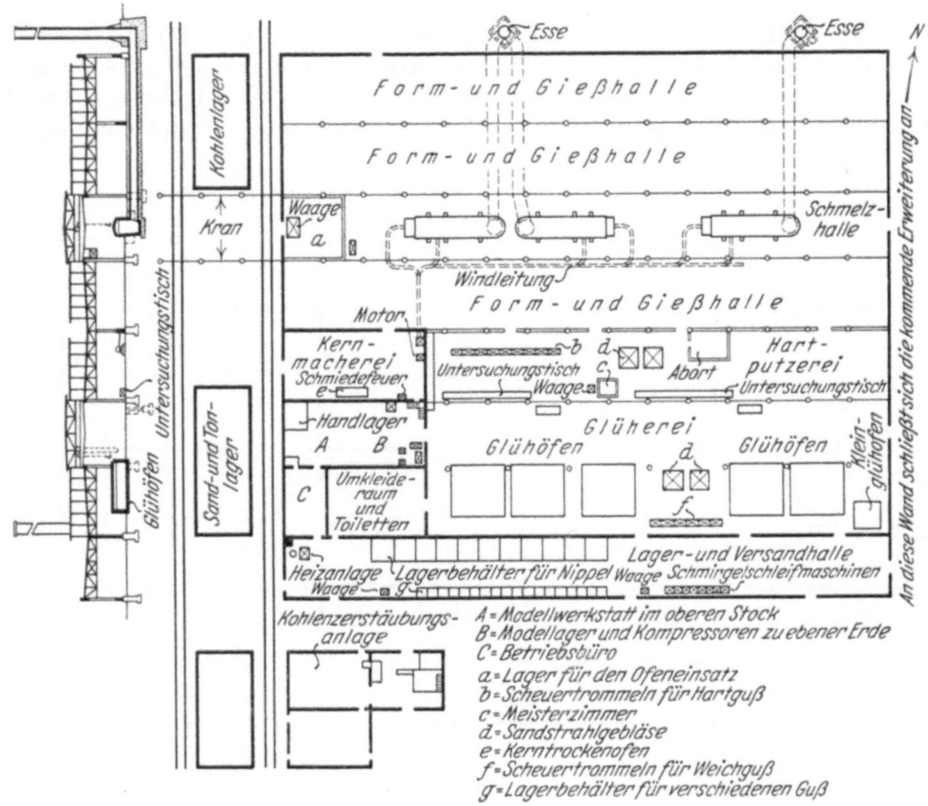

Abb. 305. Tempergießerei der American Radiator Co., Grundriß und Querschnitt

und hat eine eigene Gußputzerei. Die Wände der Glühöfen haben durchweg eine 110 mm starke, wärmeschützende Zwischenschicht, ebenso sämtliche Türen. Die Beheizung wird durch Staubkohle bewirkt, wozu eine eigene Kohlenzerstäubungsanlage vorhanden ist. Sie umfaßt einen Kohlentrockenofen, Zerkleinerungsmaschinen und einen Ventilator, der den Kohlenstaub in die Behälter oberhalb der Glühkammern befördert. Von dort wird er mittels Ventilatoren den Brennern zugeführt. Die Leistungsfähigkeit der Zerstäubungsanlage, die allerdings auch noch andere Betriebsabteilungen mit Kohlenstaub zu versehen hat, beträgt stündlich $5^1/_2$ t. Die der Höhe nach in 3 Abschnitte geteilten Glühtöpfe werden derart gepackt, daß der zweite und dritte Abschnitt erst aufgesetzt werden, wenn der untere ganz gefüllt ist. Auf diese Weise wird eine weitaus sorgfältigere Packung möglich als bei ungeteilten hohen Glühtöpfen. Die gefüllten Töpfe (Abb. 306) werden mechanisch in den Ofen geschoben. In den großen Kammern beträgt die Glühdauer 7×24, in den kleinen 3×24 Stunden, weshalb sich die letztere, auch im übrigen weniger wirtschaftlich arbeitende Kammer vorzugsweise für eilige Aufträge eignet. Die Ausstattung der Weichgußputzerei stimmt mit derjenigen der Rohgußputzerei überein. Weitere Einzelheiten der Anlage sind der Legende der Abb. 305 zu entnehmen.

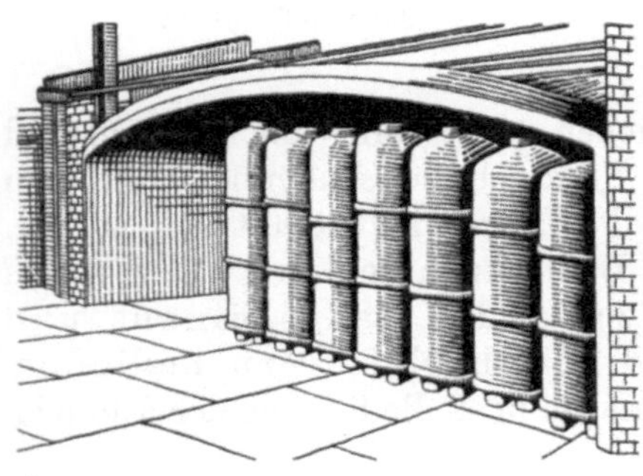

Abb. 306. Tempergießerei der American Radiator Co., große Glühkammer.

Langgestreckte Tempergießerei für 25 t Tageserzeugung mit 2 Flammöfen.

Bei verhältnismäßig langem und schmalem Grundstücke ergibt sich eine wesentlich andere Anordnung der Flammöfen und der anderen Betriebsabteilungen. Das Werk der Danville Malleable Iron Co. in Danville[1]) bietet dafür ein gutes Beispiel. Die Schmelzanlage wurde hier in der Mitte der Anlage untergebracht und zwar so, daß, wie im vorhergehenden Beispiele, die Beschickung der Öfen von einem über die Außenwand hinaus arbeitenden Kran unmittelbar vom Roheisenlager aus erfolgen kann. Wie der Grundriß (Abb. 307)[2]) erkennen läßt, liegt das Anfuhrgleis parallel zur Längsachse des Baues. Der Lagerplatz wird von 2 Elektrohängebahnen bedient. Über denselben ist eine Brücke angeordnet, die in die Gießhalle bis über die beiden Flammöfen führt und von der aus die Beschickung erfolgt. An einem Schmalende des Baues sind das Formsandlager mit der Aufbereitung nebst der Kernmacherei, am anderen Schmalende die Rohgußputzerei und eine kleine Metallgießerei mit Tiegelofen untergebracht. Die Glüherei mit 4 großen Temperöfen befindet sich in einem eigenen Bau, an den sich die Weichputzerei mit dem Versandraume anschließt. — Das dreischiffige Hauptgebäude ist seiner ganzen Länge nach von einer Einschienenhängebahn durchzogen, mit deren Hilfe der Weg des Rohgusses und der halbfertigen Waren durchaus geradlinig bis zu den Temperöfen wird.

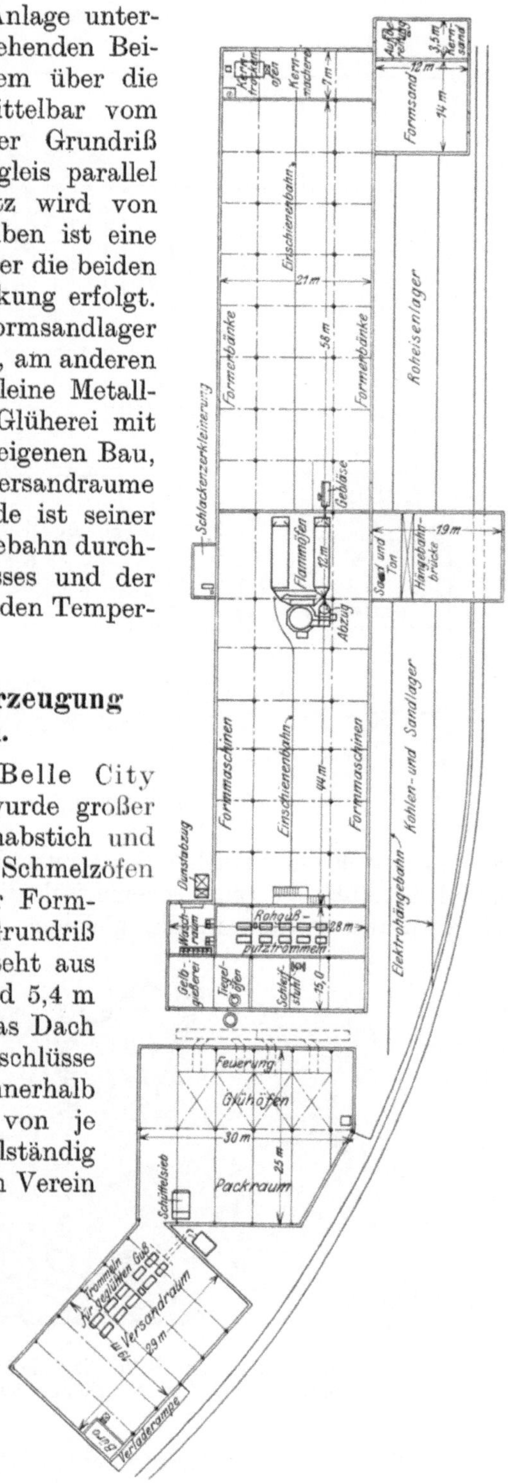

Abb. 307. Tempergießerei der Danville Malleable Iron Co.

Groß-Tempergießerei für 50 t Tageserzeugung mit 4 Staubkohlen-Flammöfen.

Bei Anlage der Tempergießerei der Belle City Malleable Iron Co. in Racine, Wisc. wurde großer Wert auf kürzeste Wege zwischen dem Eisenabstich und der Gießstelle gelegt[3]). Darum wurden die Schmelzöfen gleichmäßig über die ganze Grundfläche der Form- und Gießabteilung verteilt, wie es der Grundriß (Abb. 308) erkennen läßt. Der Hauptbau besteht aus einer Halle von 115 m Länge, 70 m Breite und 5,4 m Höhe bis zur Unterkante der Dachbinder. Das Dach umfaßt 12 Sägedächer und 2 waagerechte Anschlüsse an den beiden Enden des Hauptbaues. Innerhalb dieser Halle sind 200 Formerabteilungen von je 9,6 × 2,7 m Grundfläche vorgesehen. Die vollständig zu Fenstern aufgelösten Seitenwände lassen im Verein mit den Oberlichtern der Sägedächer die Halle in weitgehendem Maße mit Licht durchfluten.

4 große Flammöfen von je 20 t Fassungsvermögen sind derart verteilt, daß die größte Entfernung vom Ofen zu der am weitesten abgelegenen, von ihm noch zu bedienenden Gießstelle nicht mehr als 27 m beträgt. Die Öfen werden mit Kohlenstaub gefeuert, doch ist für alle Fälle auch

[1]) Foundry 1914. p. 85/93, auszugsweise in E. Leber: Die Herstellung des Tempergusses. Berlin 1919. S. 289. [2]) Foundry 1914. p. 85.

[3]) Foundry 1924. p. 521/526; auszugsweise Gieß. 1925. S. 140/142.

Gasanschluß vorgesehen. 2 Flammöfen sind mit 450 PS-Kesseln verbunden und liefern den benötigten Dampf. Abb. 309 zeigt einen der Öfen mit der zugehörigen Ausrüstung zur Erzeugung und zur Einführung des Kohlenstaubes. — Die Schlacke wird unmittelbar

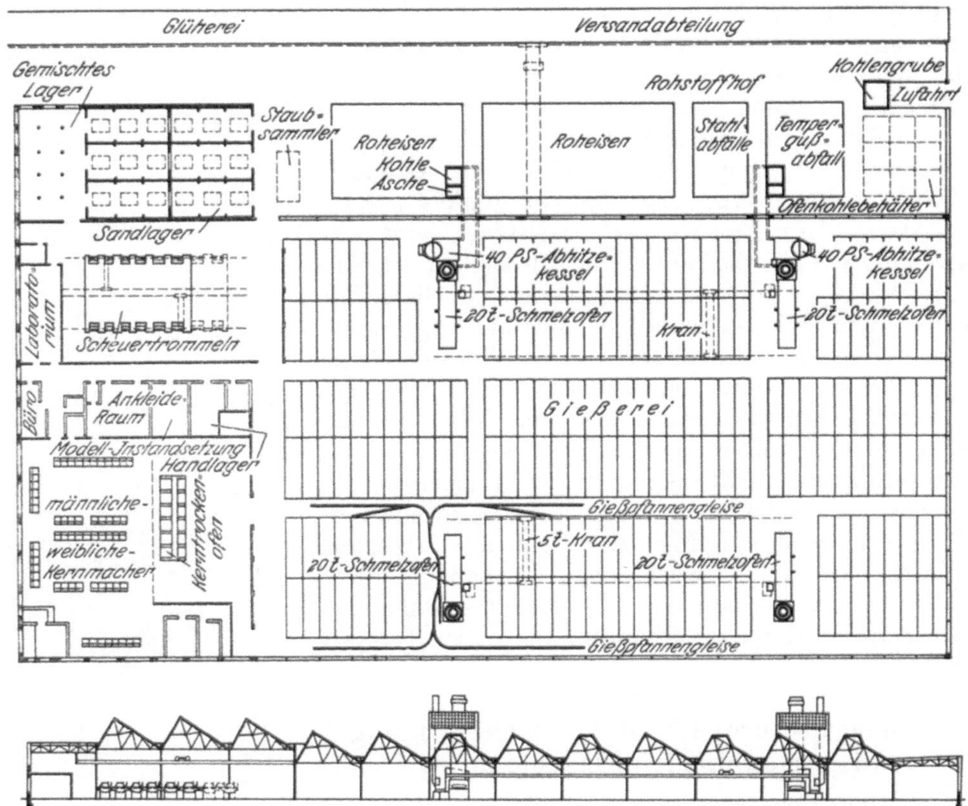

Abb. 308. Großtempergießerei der Belle City Malleable Iron Co.

am Ofen mittels eines starken Wasserstrahles gekörnt und dann zur weiteren Verwendung abgeführt. Abb. 310 zeigt schematisch die Anordnung der Granuliereinrichtung. Form- und Kernsand werden in der gleichen Anlage aufbereitet, hochgehoben und großen Behältern zugeführt, aus denen sie in die Kübel der Verteilungsbahn gelangen.

Abb. 309. Großtempergießerei der Belle City Malleable Iron Co., mit Staubkohle befeuerter Flammofen.

Die Abgüsse werden nach dem Ausleeren an Ort und Stelle in Blechkübel verladen, auf dem durchweg gepflasterten Boden von einem Schleppwagen in die Scheuerabteilung gefahren und dort in die holzgefütterten Scheuertrommeln (Abb. 311) entladen. Sie fallen nach dem Scheuern über eine gleichfalls mit Holz ausgekleidete Rutsche selbsttätig in Förderwagen, die sie in die benachbarte 150 m lange und 22 m breite Glüherei bringen. Der dort arbeitende Tunnelofen von 95 m Länge bewältigt eine Tagesleistung von 60 t Temperguß.

Ungefähr je $^1/_3$ ihrer Waren erzeugt die Gießerei für Automobilbedarf, für landwirtschaftliche Maschinen und für Eisenbahnbedarf. Insgesamt erzielt sie ein Jahresausbringen von 20 000 t guter Ware. 90% der Formereiabteilungen sind mit Preßluftformmaschinen ausgerüstet. Diese Maschinen befinden sich gleich den Arbeitstischen der Handformer und Kernmacher nicht, wie es sonst meist üblich ist, unterhalb der Fenster der Außenwände, sondern inmitten der Arbeitsfelder, wodurch die Leute vor Zugluft geschützt und vor der von den Heizkörpern aufsteigenden Wärme bewahrt bleiben.

Die Lagerstätten im Hofe fassen 6000 t Roheisen, 1000 t Stahlbruch, 1200 t Tempergußbruch und 3000 t Kohle.

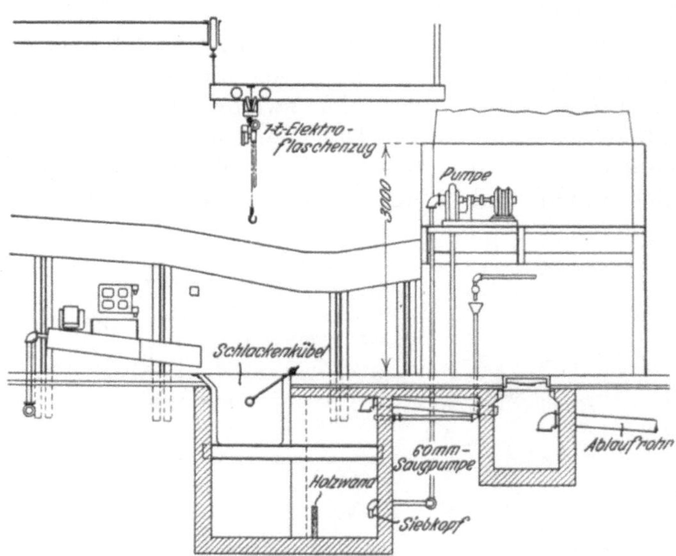

Abb. 310. Großtempergießerei der Belle City Malleable Iron Co., Schema der Granuliereinrichtung.

Die Tempergießerei der Citroënwerke in Clichy bei Paris.

Das Werk ist zur Lieferung des Bedarfes für täglich rund 1000 Kraftwagen bestimmt. Es wurde im Jahre 1920 von Leon Thomas erbaut und ist unzweifelhaft eine der vollkommensten Anlagen ihrer Art diesseits und jenseits des Ozeans. Es nimmt eine Grundfläche von fast 13000 m² ein und ist in eine Anzahl Hallen, entsprechend den verschiedenen Arbeitsaufgaben, gegliedert. Die Schmelzanlage umfaßt 4 Kuppelöfen mit je einer stündlichen Schmelzleistung von 5 t, 2 Kleinkonverter von je 2 t stündlicher Schmelzleistung, 2 kippbare Flammöfen von 7 t Stundenleistung und 1 Héroult-Elektroofen. Der Grundriß (Abb. 312)[1]) läßt die Anordnung der verschiedenen Schmelzeinheiten erkennen. Man arbeitet nach einem Duplexverfahren, demzufolge das Eisen zunächst im Kuppelofen geschmolzen wird, um dann in den Birnen gefeint zu werden. Für die Zukunft sind mit der vorhandenen Einrichtung die Möglichkeiten zur Herstellung aller Eisengußarten vom Temperguß bis zu den verschiedensten Stahllegierungen gegeben. Schon jetzt steht stets eine gewisse Menge von gießfertigem Stahl zur Verfügung, mit der den verschiedenen Bedürfnissen des Betriebes weitgehend entsprochen werden kann. Die Beschaffenheit des Stahls muß zur Aufrechterhaltung des laufenden Betriebes ausreichen und insbesondere muß der Stahl geeignet sein, etwaige Unregelmäßigkeiten des Kuppelofenbetriebes, die niemals ganz zu vermeiden sind, jederzeit sofort auszugleichen. Alle Schmelzanlagen befinden sich auf gleicher Sohle, so daß mit Hilfe der sehr umfangreichen Förderbehelfe sämtliche Schmelzanlagen nach Bedarf zusammenzuarbeiten vermögen. Mit Ausnahme der Kuppelöfen sind alle Öfen kippbar.

Abb. 311. Großtempergießerei der Belle City Malleable Iron Co., Scheuertrommeln der Rohgußputzerei.

An der einen Schmalseite des Tempergießereigebäudes führen Normalspurgleise vorbei, von denen aus die innerhalb des Baues befindlichen Lagerabteilungen für Roheisen, Koks und Formsand unmittelbar versorgt werden können. An diese Lagerstellen schließt die Empfangs-, Trocken- und Lagerabteilung für den Formsand an. Sie umfaßt 4 stehende Trockenöfen mit vorgelagerten Lagergruben, 2 Bunker für Formsand und 2 gleich geräumige Behälter für den Kernsand. Eine weitere Behandlung des

[1]) Nach Foundry 1927. p. 748/755; auszugsw. Z. V. d. I. 1928. S. 464/468; Gieß. 1927. S. 846.

Kernsandes findet durch Mischmaschinen statt. In der nächsten Abteilung befindet sich das Lager für den Koks, wo auch die Gebläse für die Konverter untergebracht wurden. Vor den Lagerstellen des Roheisens ist eine Verschiebebühne eingebaut, mittels der die Verteilung des Roheisens erfolgt.

Am Ende der nächsten Abteilung sind 4 Kuppelöfen und die Schornsteine der beiden Kleinkonverter. Zwischen diesen Schornsteinen ist einer der beiden Aufzüge zur Gichtbühne angeordnet, der zweite Aufzug befindet sich nächst der Kohlenstaubaufbereitung am anderen Ende der Gichtbühne. In der folgenden Halle, die alle Schmelzeinheiten mit Ausnahme der Kuppelöfen birgt, befinden sich 2 Flammöfen, 1 Héroult-Elektroofen und 2 Kleinkonverter mit ihrer Befehlsbühne. Die Abstichrinnen der

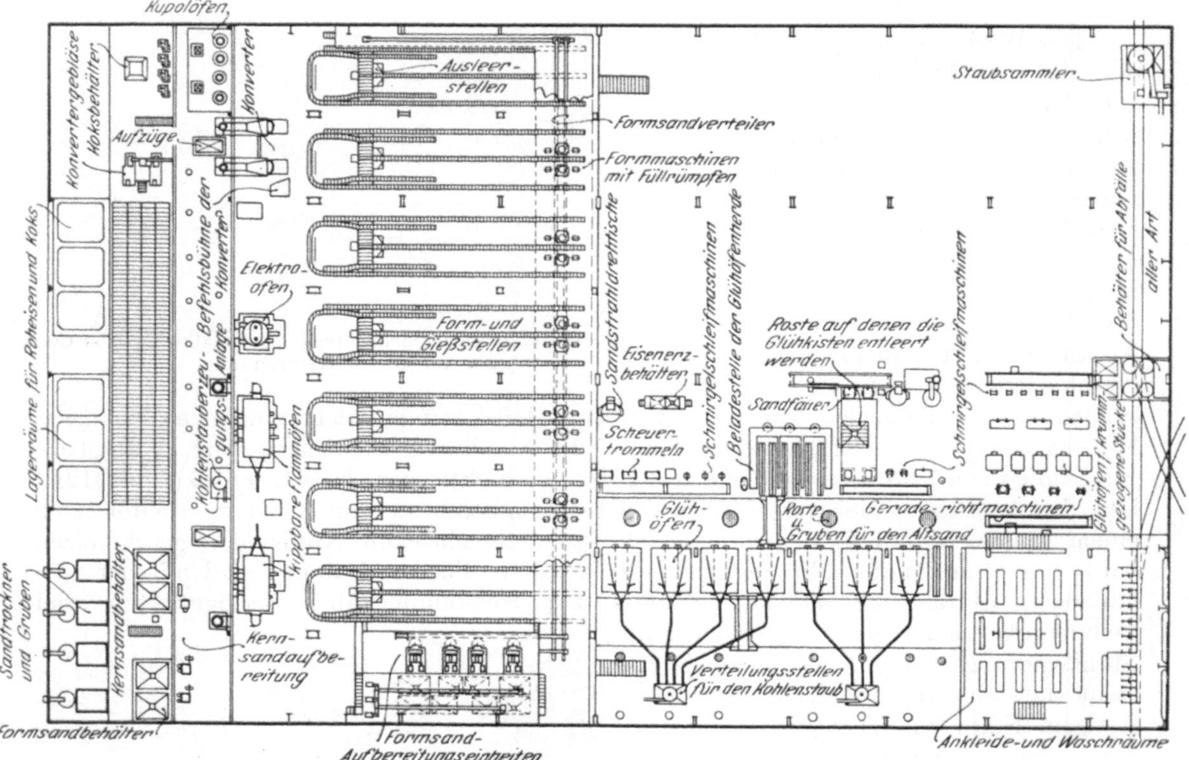

Abb. 312. Tempergießerei der Citroënwerke in Clichy, Grundriß.

4 Kuppelöfen münden in die den genannten Schmelzeinheiten gewidmeten Halle, so daß deren Laufkrane auch die Verteilung des Kuppelofeneisens mit übernehmen können.

Die weiteren Hallen sind vollkommen dem Formen, Gießen und der Formsandaufbereitung gewidmet. Sie umfassen 7 unabhängig voneinander arbeitende Form- und Gießeinheiten, deren jede über 2 Formmaschinen, eine Ausleerstelle mit Rost und Sieb, eine Formenförderanlage und eine eigene Gießstelle verfügt. Der Formsand wird den Formmaschinen an dem der Gießstelle entgegengesetzten Ende jeder Arbeitseinheit von oben zugeführt; jeder Satz Formmaschinen hat einen gemeinsamen Füllrumpf. Die aus 4 Einheiten bestehende Formsand-Aufbereitanlage ist nächst einer Längsseite des Baues seitlich von den 7 Arbeitsgruppen untergebracht. Der gebrauchte Formsand wird von einem unter den Ausleerstellen arbeitenden Förderer in die Aufbereitung geschafft und nach entsprechender Durcharbeitung mittels eines hochliegenden Verteilungsförderers den Füllrümpfen aufs neue zugeführt. Die 7 Form- und Gießanlagen bilden zusammen mit der Sandaufbereitung und ihren Sand- zu- und -abführungsförderern eine einheitliche, ständig in Betrieb befindliche Anlage.

Die zweite Hälfte des Gebäudes ist für das Glühen, Putzen, Ausrichten und die sonstige Fertigstellung des Gusses bestimmt. Sie wurde vorderhand noch nicht vollständig eingerichtet, da schon ein Teil der gegenwärtigen Erzeugungsmenge von täglich 500 Wagen genügt. Erst bei Steigerung der Erzeugung auf täglich 1000 Wagen, die die Einführung von Nachtbetrieb erfordern wird, soll die Anlage vollständig fertig gestellt werden. Sie umfaßt zur Zeit 8 große kohlenstaubgefeuerte Glühkammern mit nach beiden Schmalseiten ausziehbaren Herden. Die Verteilung der Staubkohle erfolgt von 2 Stellen aus derart, daß jede Kammer mit 2 Rohrsträngen gespeist werden kann. An jedem Ofenende ist eine Schiebebühne vorgesehen, wodurch die Bedienung wesentlich erleichtert wird. Die eine dieser Bühnen schließt an die Beladestelle an, auf der gleichzeitig 3 Herde beladen werden können; mittels eines Verschiebewagens wird die Überführung zu einer leeren Kammer bewirkt. Die aus den Kammern kommenden Glühkisten werden über einem Roste entleert, der Guß wird in Scheuertrommeln gepackt, um schließlich auf Schmirgelmaschinen sauber geschliffen zu werden. Zum Ausrichten verzogenen Gusses sind 5 kleinere Glühöfen vorhanden, das Ausrichten selbst besorgen 4 Richtmaschinen. Sehr wirksam arbeitet die Entstaubungsanlage der Glüherei und ihrer Hilfsbetriebe. — Zur Zeit werden in der Formerei an jeder Arbeitseinheit in der 8stündigen Schicht mit 3 Leuten 400 Formkasten fertiggestellt und damit eine Tageserzeugung von rund 25 t erreicht. Die Beförderung der Formkasten erfolgt durchweg mittels Schwerkraftförderer, während die übrigen Transporte durch Förderer mannigfacher Art bewirkt werden.

Rohrgießereien.

Gießereien für stehend geformte und mit Lehmkernen stehend abgegossene Druckröhren.

Die Bauten zur Erzeugung stehend abgegossener Druckrohre wurden in den letzten Jahrzehnten durchweg den Bedürfnissen des Betriebes soweit angepaßt, daß sie in den meisten Fällen bereits von außen ihre Zweckbestimmung erkennen lassen. Der eigentliche Gießereibau besteht gewöhnlich aus einer zweistöckigen Halle, in deren oberem Stockwerk sich die Formerbühne und die Kernmacherei befinden, während zu ebener Erde allerlei Hilfsarbeiten erledigt werden. Ein großer Teil des ebenerdigen Stockwerkes wird von den lotrecht hängenden Formkasten eingenommen, an denen vor jedem Gusse eine Reihe von Arbeiten auch unten zu erledigen ist. Die Gießhalle besteht im allgemeinen aus 2 verschieden hohen Abteilungen, in deren einer geformt wird, während in der anderen die Kernmacherarbeit und das Trocknen der Formen vor sich geht. Die Gießhalle benötigt für beide Stockwerke zusammen eine Höhe von fast dem dreifachen Längenmaße der zu gießenden Röhren, für die Kernmacherei kommt man stets mit wesentlich geringerer Bauhöhe aus.

Bis vor etwa 2 Jahrzehnten wurden die Formkasten reihenweise aufgehängt, dann ging man dazu über, sie kreisförmig an drehbaren Trommeln (Drehgestellen) aufzuhängen, wobei wesentliche Betriebsvorteile erzielt werden [1]). Nach Einführung leistungsfähiger Stampfmaschinen, insbesondere derjenigen von Robert Ardelt [2]), wurden Neuanlagen fast nur noch für den Betrieb mit derartigen Formmaschinen eingerichtet. Bei kreisförmig aufgehängten Formkasten ist die Stampfmaschine um eine im Boden des Untergeschosses verankerte Säule drehbar, während sie bei reihenweise angeordneten Formkasten den Reihen derselben entlang auf einem Gleiswagen geführt wird. Nach einer dritten, erst in den letzten Jahren von Ardelt geschaffenen Ausführung wird die Stampfmaschine auf einen Ausleger des Hauptlaufkranes gesetzt und durch diesen von Formkasten zu Formkasten gebracht. Da Drehgestelle für Rohre von größeren Durchmessern infolge ihrer hohen Anlagekosten weniger wirtschaftlich sind, pflegt man bei den jüngsten Anlagen nur für Röhren bis zu 300 mm, ausnahmsweise wohl auch bis zu 400 mm Durchmesser Drehtrommeln vorzusehen, während die Formkasten der größeren Röhren reihenweise aufgehängt werden. Dies führte bei Gußwerken, die Röhren von den kleinsten bis zu den größten Durchmessern erzeugen, zu gemischten Anordnungen der Formkastenaufhängung. Ein solches Beispiel bietet die neue Gießerei in Wegierska Górka (Abb. 316,

[1]) Siehe Bd. II, S. 162/164. [2]) Siehe Bd. II, S. 468/473.

S. 416), wo in einer gemeinsamen Gießhalle 2 Drehgestelle neben 7 geraden Reihen von Formkasten vorgesehen sind.

Von besonderer Bedeutung ist die Wahl und Anordnung der Hebezeuge. Bei reihenweiser Anordnung der Formkasten herrscht fast ausschließlich der Laufkran vor, der nur ausnahmsweise von Hilfshebezeugen unterstützt wird. In Betrieben mit Drehtrommeln befindet sich dagegen der Drehkran in der Mitte einer Trommel. Auch diesbezüglich können gemischte Anordnungen in Frage kommen. In der Anlage nach Abb. 316 auf S. 416 wurden die Trommeln für die größten Röhren mit Laufkranen ausgestattet, die für die leichteren Röhren dagegen mit einem Drehkran in der Mitte jeder Trommel versehen. Bei der Arbeit mit der Ardeltschen Stampfformmaschine geht die Arbeit so rasch vonstatten, daß der Drehkran zur Erledigung der Arbeit nicht ausreicht. Man muß dann irgendein Hilfshebezeug zum Ausziehen und Wiedereinsetzen des Schaftmodelles anordnen. Beim Arbeiten mit einem Laufkrane für jede Trommel kommt man ohne solche Hilfe zurecht [1]).

Die ursprünglich an einer Stelle zusammengezogene Formsandaufbereitung wurde in Anlagen der jüngeren Zeit durchweg durch Sonderaufbereitungen für jede Trommel oder jedes Paar Trommeln ersetzt. Solche Aufbereitungen werden zwischen je 2 Trommeln verlegt, so daß der stets an derselben Stelle entleerte Formsand nahezu ohne Nachhilfe in die Empfangsbehälter der Sandhebewerke fallen kann. Auf dem Wege durch die wenigen Arbeitsmaschinen bis zum hochgelegenen Trommelsieb kühlt der Sand genügend ab, um sofort wieder gebrauchsfertig zu sein. Er fließt nun durch sein Eigengewicht den Formkasten selbsttätig wieder zu. Die Kernmasse wird in üblicher Weise fast allgemein im unteren Stockwerke aufbereitet, mittels einer Hängebahn oder eines Aufzuges auf die obere Arbeitsbühne gebracht und dort in Hängebahnkübeln oder auf Gleisen an die verschiedenen Kernmacherabteilungen verteilt.

Die Anordnung und Ausstattung der Kernmacherei kann auf recht verschiedene Weise erfolgen. Kerne von sehr großem Durchmesser werden vielerorts zu ebener Erde angefertigt, getrocknet und dann vom Kran hochgehoben und eingesetzt. Die großen hier in Frage kommenden Gewichte ließen diese Arbeitsweise sowohl in Hinblick auf Anlage-, als auch auf Betriebskosten vorteilhafter erscheinen als die Übernahme dieser Arbeiten und der davon unzertrennlichen großen und schweren Trockenkammern auf die Arbeitsbühne der Formerei und Gießerei. Die kleineren, mittleren und nicht allzuschweren größeren Rohrkerne werden allgemein auf der Bühne des oberen Stockwerkes angefertigt. Der Antrieb der Kernmacherbänke erfolgte früher mechanisch, in neuerer Zeit meist elektrisch. Die Trockenkammern werden mit Gas oder Heißluft geheizt und sind allgemein mit mehreren ausziehbaren Rosten zur Aufnahme der Kerne versehen. Eine neue, ununterbrochenen Betrieb ermöglichende Anordnung wird auf S. 420 beschrieben werden. Getrocknet wurden die Rohrformen ursprünglich durch angehängte Kokskörbe, heute ausschließlich mit Gas oder Heißluft. Die Rohrgießereien sind daher, soweit ihnen nicht städtisches Leuchtgas oder Gas aus anderen Betrieben zur Verfügung steht, mit Gaserzeugeranlagen oder mit Anlagen zur Erzeugung von Heißluft (Abb. 318, S. 418) versehen.

Das flüssige Eisen wird entweder von einer Hochofenanlage zugeführt oder in eigenen Schmelzanlagen gewonnen. In vielen Fällen findet eine Mischung von Hochofeneisen mit Kuppelofeneisen statt, wodurch eine gleichmäßigere Zusammensetzung erreicht wird. Da eine solche Mischung doch nicht allzu selten etwas mangelhaft bleibt [2]), wurden in vereinzelten Großbetrieben bereits eigene Roheisenmischer aufgestellt, die sich bestens bewährt haben. Eine derartige Anlage wurde in der für Übersee ausgeführten Rohrgießerei (Abb. 319 auf S. 419) vorgesehen.

Niedrigere Gebäudehöhen ergeben sich bei Anlagen, die zum Teil in einem Kellergeschosse unter der Gießereisohle untergebracht werden können. Wirkliche Vorteile lassen sich aber mit solchen Anlagen nur in Ausnahmefällen erzielen. Die Ausführung eines

[1]) Siehe auch Bd. II, S. 162/164.

[2]) Hierüber berichtet eingehend ein Aufsatz des Verfassers „Der unmittelbare Guß vom Hochofen, insbesondere in Rohrgießereien“ in Stahleisen 1908. S. 122/127.

Kellergeschosses pflegt nicht weniger als eine entsprechend größere Gebäudehöhe zu kosten und hat zudem eine Reihe recht lästiger und die Betriebskosten erhöhender Übelstände zur Folge. Von beträchtlichem Vorteil kann sie aber sein, wenn es die Geländeverhältnisse erlauben, einen Teil der Hilfswerkstätten (Putzerei, Abstecherei usw.) etwa in Höhe der Form- und Gießbühne anzuordnen und nur das Gießhallenuntergeschoß tiefer anzulegen, wie es bei der Gießerei nach Abb. 316 auf S. 416 der Fall war.

Die Schnitte und Ansichten der Abb. 313 auf Tafel IV lassen eine der ersten mit Drehgestellen ausgerüsteten Röhrengießerei nach einem Entwurfe von E. Leber erkennen. Sie ist in manchen Einzelheiten ihrer Einrichtung bereits überholt worden, kann aber trotzdem in ihrer Gesamtanlage auch heute noch vielfach als Muster dienen. Roheisen und Koks werden unmittelbar von einem Bahngleise auf dem Gießereihofe abgeladen und gelangen mit Hilfe einer günstig angelegten Hängebahn, die den ganzen Lagerplatz von 54×54 m Grundfläche bedient, unmittelbar zur Verschmelzung. Die Gaserzeuger liegen an demselben Zufuhrgleise. Die Gießerei besteht aus einem Hauptbau von $87{,}8 \times 30{,}12$ m Grundfläche, dessen große Arbeitshalle bei 20 m Breite eine Höhe von fast 25 m erreicht. Dieser Bau ist zweistöckig; im oberen Stocke befindet sich die Arbeitsbühne für alle Form-, Kernmacher- und Gießarbeit, während das ebenerdige Geschoß zum Teil von den Drehgestellen (Gießtrommeln) eingenommen wird und zum anderen der Aufbereitung des Kernsandes und der Weiterbeförderung der gegossenen Röhren dient. Die große Arbeitshalle enthält 7 Drehtrommeln, deren jede ständig mit Formkasten gleichen Durchmessers besetzt bleibt. Die 3 zunächst der Kuppelofenanlage gelegenen Trommeln für die größeren Rohre werden von Laufkranen bedient, die 4 Trommeln der kleineren Röhren haben anstatt des Laufkranes in ihrer Mitte je einen in den Dachbindern verankerten Zapfendrehkran. Der Formsand wird nach jedem Guß am Boden der unteren Halle gesammelt und einer der 4 zwischen je 2 Drehtrommeln angeordneten Aufbereitanlagen zugeführt. Er wird nach entsprechender Vorbereitung durch ein Becherwerk hochgehoben und fließt dann den Formern selbsttätig zu.

Das flüssige Eisen wird von der Abstichrinne eines der Kuppelöfen in gerader Linie in die Gießerei gefahren und von einem der beiden an der Längswand laufenden Konsollaufkranen auf die obere Bühne gehoben, woselbst der Guß mittels eines der Lauf- oder Drehkrane erfolgt. Die aus den Formen gehobenen Röhren werden auf Gleiswagen gesammelt und durch einen der bei jeder Trommel vorgesehenem Ausschnitte auf das Gleise zu ebener Erde abgelassen.

An dem einen Schmalende des Gießereibaues schließt der Kuppelofenbau mit seinen 5 Kuppelöfen an. Die Gichten werden im Hofe zusammengestellt und mit der Hängebahn aufgegeben. — An der Südwand des Gießereigebäudes schließen sich in ihrer ganzen Länge die Putzerei, Abstecherei und Presserei an, deren Abschluß die zwar überdachte, sonst aber offene Teererei bildet. Der Versand der Röhren erfolgt auf dem nächst der Teeranlage laufenden Gleise mittels Bahn oder auf dem an den Röhrenlagerhof angrenzenden Schiffahrtskanal mittels Schiff.

Die in Abb. 314 auf Tafel V dargestellte Röhrengießerei der Compagnie Générale des Conduites d'Eau in Lüttich wurde von vornherein zur Arbeit mit Ardeltschen Stampfmaschinen eingerichtet[1]). Sie zeigt infolgedessen eine andere Ausstattung mit Kranen und weist außerdem verschiedene Verbesserungen gegenüber der vorbeschriebenen Anlage auf. Der Hauptbau weicht in den Größenabmessungen (98 m Länge, 28 m Breite und 16,4 m Höhe) nicht wesentlich von der ersten Anlage ab. Es sind wieder 7 Drehgestelle von etwas über 8 m Durchmesser vorhanden, auf denen die Formerei mit Hilfe der Stampfformmaschinen wesentlich rascher vor sich geht. Jede Drehtrommel ist mit einer eigenen Stampfmaschine versehen. Das Stampfen geht ununterbrochen und so rasch vor sich, daß ein Drehkran oder ein Laufkran je Trommel nicht mehr zur glatten Erledigung der Arbeit ausreichen würde. Man hat daher neben dem inmitten jeder Trommel verzapften und im Dachgestell verankerten Drehkran eine Vorrichtung

[1]) Stahleisen 1913. S. 360/361. Die Anlage wurde von den Ardeltwerken, G. m. b. H. in Eberswalde, geplant und gebaut.

anbringen müssen, die diesen Kran zumindest von der Arbeit des Aushebens und Wiedereinsetzens des Schaftmodells befreit. Im vorliegenden Falle fanden elektrisch betriebene Windwerke mit einem Auslegerarm Verwendung, die sich gut bewährt haben. Entsprechend dem raschen Fortschritt der Formarbeit mußte auch die Arbeit der Kernmacherei gefördert werden. Dies geschah durch Ausstattung der Kerndrehbänke mit dem heute üblichen elektrischen Antrieb und durch Anordnung von Laufkranen oberhalb der Drehbänke, denen das An- und Abheben der Kerne von den Bänken auf die ausfahrbaren Gestelle der Trockenkammern obliegt. Durch Aufstellung solcher Kernlaufkrane wurde

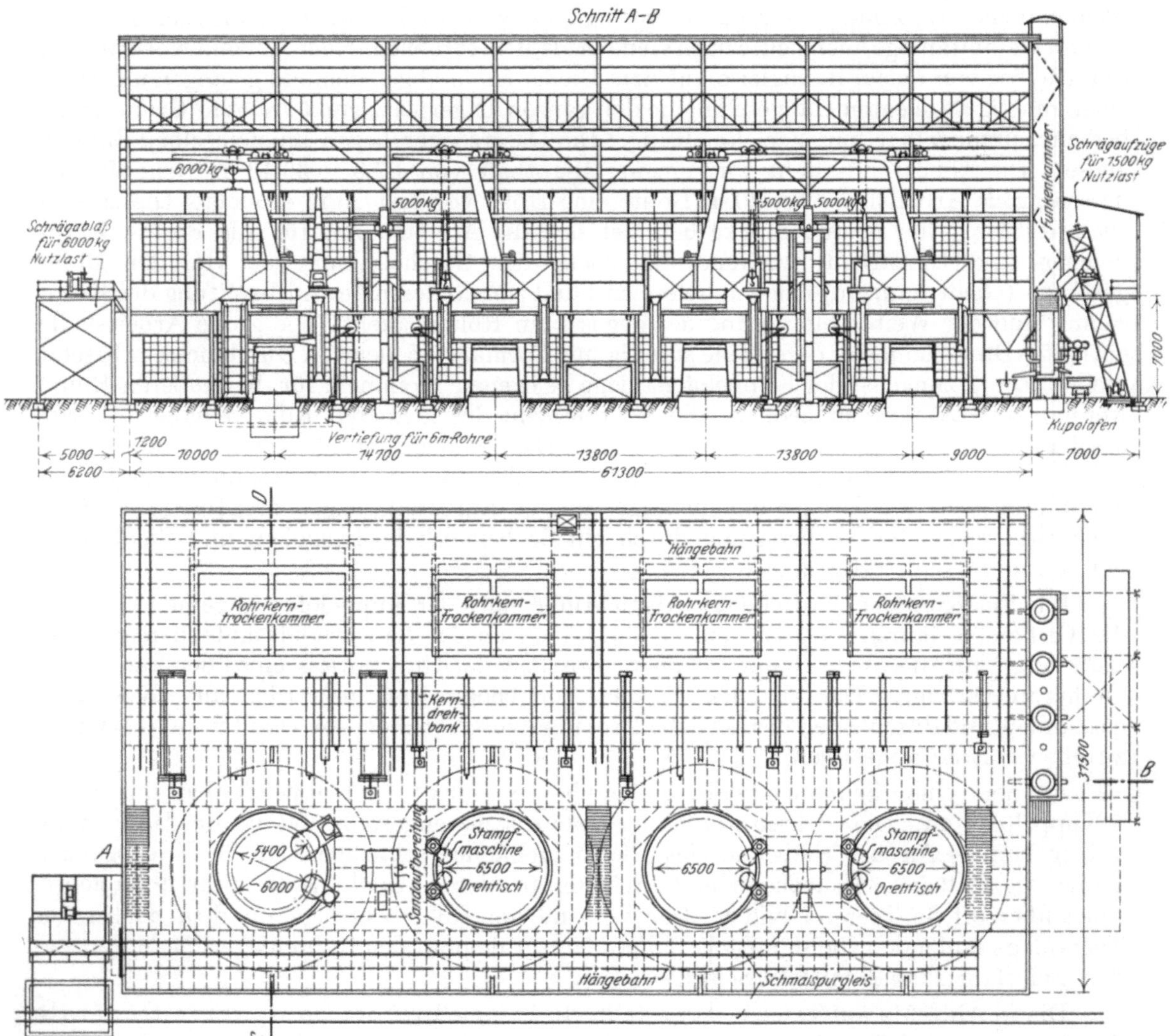

Abb. 315. Röhrengießerei mit freistehenden Drehkranen unter Laufkranen für große Leistungen.

eine Höherlegung des Daches der Kernmacherei bedingt, wie sie der Querschnitt der Gießerei zeigt.

Die Röhren mit kleineren Durchmessern werden mit der Muffe nach oben gegossen. Die erforderlichen Muffenkerne stellt man im oberen Stockwerke her und trocknet sie in Sondertrockenkammern, die sich vorteilhaft zwischen, bzw. vor je 2 Trockenkammern der langen Rohrkerne unterbringen ließen. Röhren mit den größten Durchmessern werden vorteilhafter mit der Muffe nach unten geformt, weshalb die erforderlichen Kerne im Raume unter der Kernmacherei hergestellt werden. Dort befindet sich auch die zugehörige Kerntrockenkammer (s. Querschnitt). Der Kernsand wird zu ebener Erde aufbereitet, mittels einer Hängebahn durch 2 Aufzüge weiterbefördert und auf die Arbeitsbühne im oberen Stockwerke befördert, wie es die Schnitte und Grundrisse in der rechten unteren Ecke der Tafel V erkennen lassen. Zur Aufbereitung des Formsandes ist wieder zwischen je 2 Gießtrommeln (Drehgestellen) eine Aufbereitanlage vorgesehen, die den fertigen Formsand in große Bunker befördert, aus denen er selbsttätig den Formkasten zufließt.

Die Trockenkammern werden mit Schlammkohle geheizt, die Rohrformen mit Gas, das aus Anthrazit und Koks hergestellt wird. — Das flüssige Eisen wird durch 2 Konsollaufkrane zugeführt und durch Öffnungen im Boden der oberen Arbeitshalle hochgehoben. Nach dem Gusse sammelt man die fertigen Rohre auf Förderwagen am Gleise längs der Drehgestelle und führt sie an eines der beiden Enden der Gießbühne, von wo sie außerhalb des Gießereigebäudes zur ebenen Erde abgelassen werden. Die Leistungsfähigkeit der für Lichtweiten von 40—200 mm bemessenen Anlage beträgt bei einfacher Schicht 42000 t Röhren im Jahre und kann bei Tag- und Nachtarbeit auf nahezu die doppelte Menge gesteigert werden.

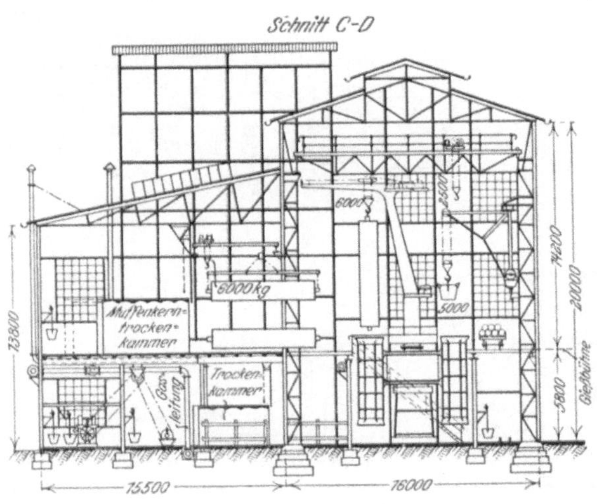

Zu Abb. 315.

Eine dritte Art der Krananlage hat sich ebenso wie die im vorhergehenden beschriebenen bewährt. Die Abb. 315 zeigt eine auf diese Art ausgestattete Röhrengießerei mit 4 etwas kleineren Trommeln [1]). Hier wird an Stelle eines feststehenden Hebezeuges zum Herausziehen und Wiedereinsetzen des Schaftmodelles ein Laufkran verwendet, der den Vorteil bietet, gegebenenfalls auch für andere Arbeiten benutzt werden zu können. Er kann zudem gleichzeitig an 2 Drehgestellen Dienste leisten, was bei Ausbesserung eines Kranes sehr erwünscht sein kann. Der Drehkran inmitten jeder Trommel muß in diesem Falle freistehend ausgeführt werden. Es kamen bei dieser Anlage nur 2 Sandaufbereitungen in Frage, die wiederum je zwischen 2 Drehgestellen Platz fanden. Man gießt nur mit nach unten gerichteter Muffe, weshalb die Herstellung der erforderlichen Kerne vollständig zu ebener Erde erfolgt. Die Anordnung des Laufkranes für die Kernmacherei, in der mit verschiedenen Kernlängen gerechnet werden muß, der Kuppelöfen vor Kopf der Gießerei, der Schrägaufzüge zur Begichtung, sowie der Vorrichtung zum Ablassen der gegossenen Röhren und andere Einzelheiten sind der Abb. 315 zu entnehmen [1]).

Für Röhren von größten Durchmessern werden Drehgestelle unverhältnismäßig kostspielig, weshalb solche Anlagen vorteilhafter mit r e i h e n w e i s e r A u f h ä n g u n g der Formkasten ausgeführt werden. Sollen neben sehr großen Röhren zugleich solche kleinerer Abmessungen hergestellt werden, so kann sich die beste Lösung durch Anordnung eines gemischten Betriebes, d. h. durch Unterbringung der Formkasten für die leichteren Röhren an Drehtrommeln und der für die großen Röhren in geraden Reihen ergeben.

Eine derartige Anlage, die Röhren von den kleinsten Lichtweiten bis zu 1200 mm Durchmesser zu liefern hat, wurde auf dem Werke W e g i e r s k a G ó r k a in K l e i n p o l e n geschaffen und hat sich in mehrjährigem Betriebe bewährt [2]). Die allgemeine Anordnung dieser Anlage ist der Abb. 316 zu entnehmen. Der eigentliche Gießereibau umfaßt eine Abteilung mit 2 Drehgestellen für je 27 Formkasten und eine Abteilung mit 7 Formkastenreihen für Röhren von über 300—1200 mm Durchmesser. Die erste Abteilung ist mit einem Lauf- und einem Konsolkrane ausgestattet. Jede der beiden Trommeln verfügt über eine A r d e l t sche Rohrstampfmaschine für Röhren bis zu 300 mm Durchmesser. Zwischen den beiden Drehtrommeln befindet sich eine in üblicher Weise arbeitende Sandaufbereitanlage. Die Rohrkernmacher arbeiten an Kerndreh-

[1]) Nach Stahleisen 1913. Tafel 3.
[2]) Ausführung der A r d e l t w e r k e, G. m. b. H. in Eberswalde bei Berlin.

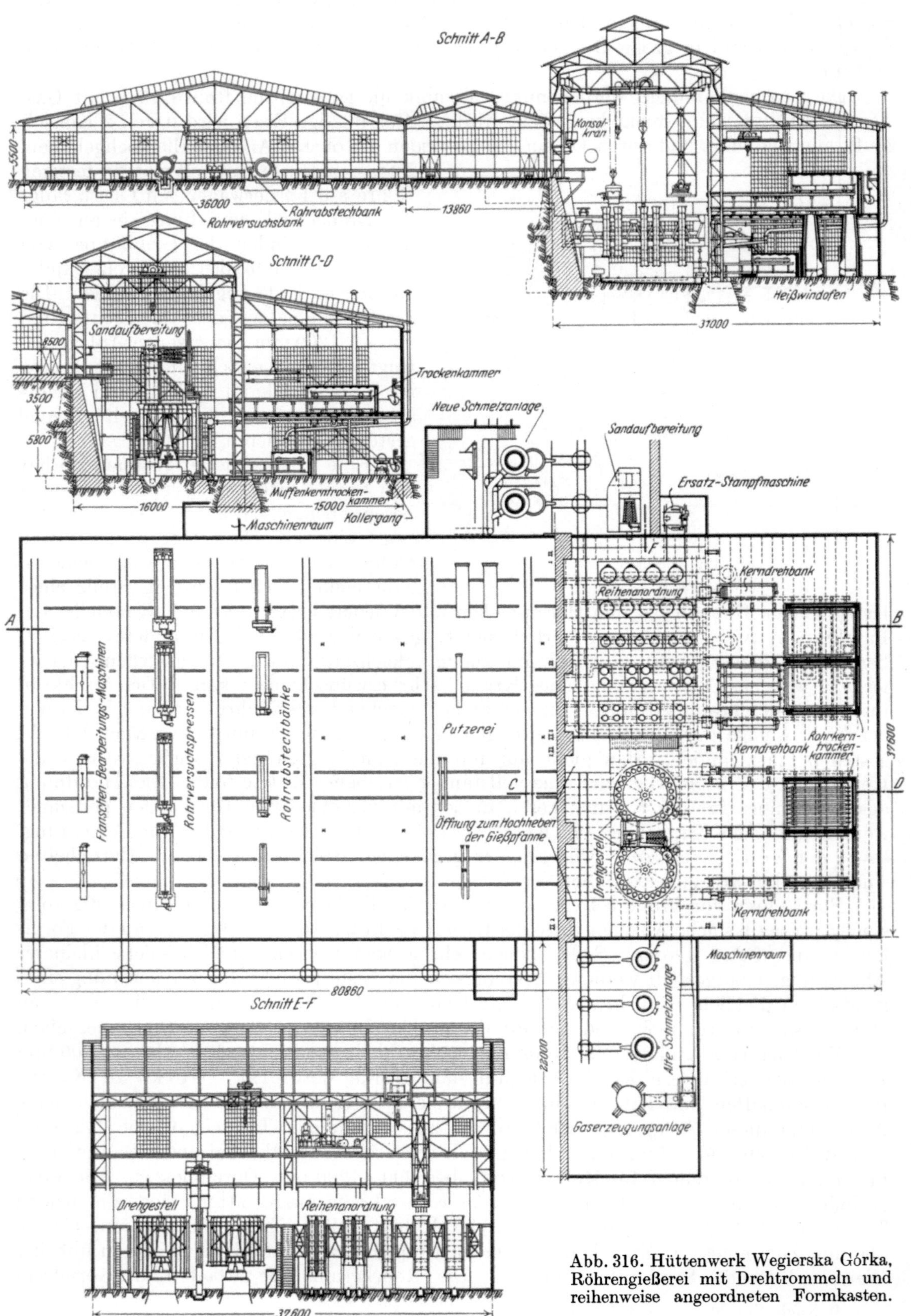

Abb. 316. Hüttenwerk Wegierska Górka, Röhrengießerei mit Drehtrommeln und reihenweise angeordneten Formkasten.

bänken vor den beiden Trommeln, für jede derselben ist eine eigene Kerntrockenkammer vorgesehen. Grundriß und Schnitte A—B, C—D und E—F der Abb. 316 lassen die Einzelheiten der Anlage erkennen.

Die Formkasten für Röhren über 300 mm Durchmesser sind in 7 parallelen Reihen zwischen Gitterträgern aufgehängt (Schnitte A—B und C—D in Abb. 316) und werden von 2 Laufkranen von je 45 t Tragfähigkeit bedient. Jeder dieser Krane trägt seitlich an einer besonderen Katze noch ein Hängegerüst, auf dem eine Stampfmaschine untergebracht ist. Abb. 317 zeigt die Zusammenstellung eines dieser Stampfmaschinenkrane, die zum ersten Male in Wegierska Górka zur Ausführung gelangten. Die Steuerung erfolgt auf Flur von dem Führerstand aus, von dort werden sämtliche Bewegungen des

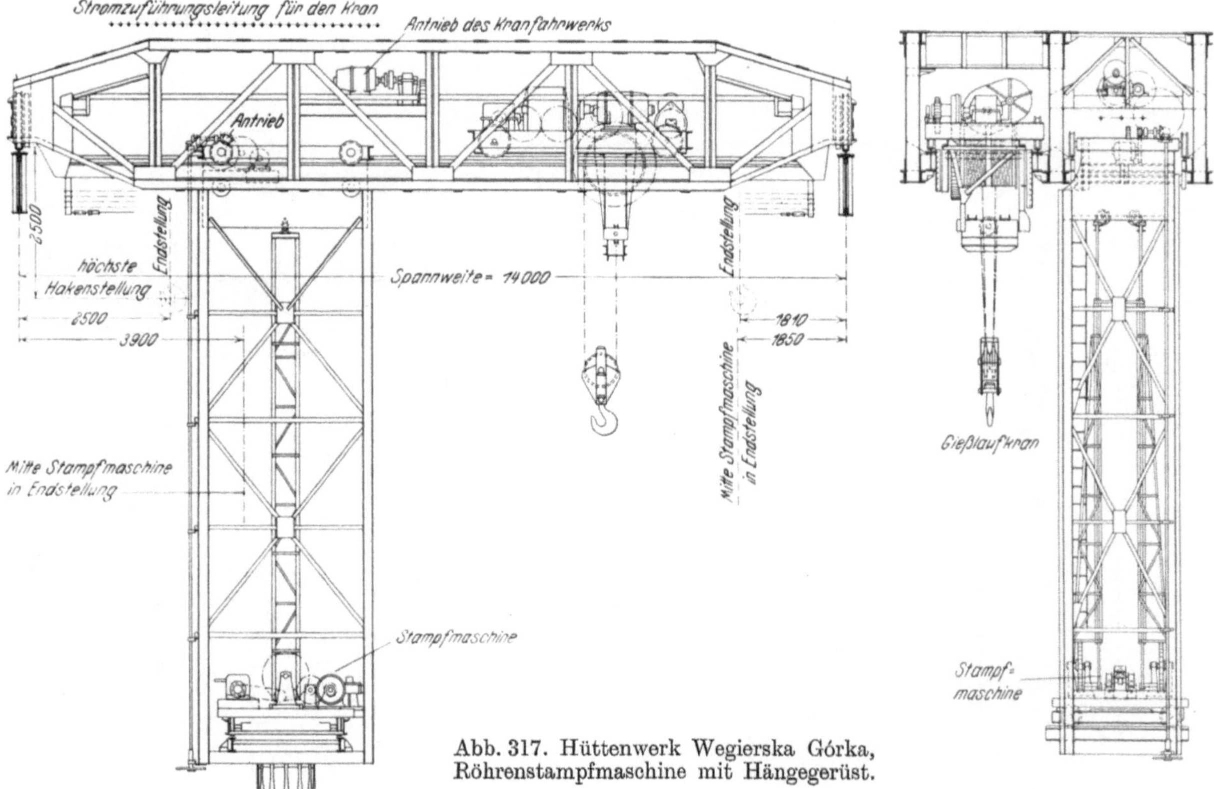

Abb. 317. Hüttenwerk Wegierska Górka, Röhrenstampfmaschine mit Hängegerüst.

Kranes und der Katze betätigt. Die beiden Krane können glatt aneinander vorbeifahren. Die eine der beiden Stampfmaschinen vermag Rohrformen von 250—600 mm und die andere solche von 600—1200 mm herzustellen. Die Hängegerüste beider Krane sind zur Aufnahme einer jeden der beiden Stampfmaschinen bemessen.

2 größere Kerntrockenkammern für diese Abteilung wurden parallel den Kammern in der Drehgestellabteilung untergebracht. Die zugehörenden Kernmacherabteilungen verfügen über einen eigenen Laufkran. Die Kammern werden mit festem Brennstoff geheizt. In Abb. 316 sind auf der rechten Seite des Schnittes A—B 2 dieser Feuerungen zu ersehen, während im Grundrisse die Zuleitungsröhren der unter 150 mm Wassersäulendruck stehenden Verbrennungsluft zu erkennen sind. Die großen Rohrformen werden mit Heißwind getrocknet, der in 3 Heißwindöfen erzeugt wird. Durch ein Netz gemauerter Kanäle erfolgt die Weiterleitung der Heißluft unter die Rohrformen. Die Lage der Heißwindöfen ist dem Schnitte A—B in Abb. 316 zu entnehmen, Einzelheiten zeigen die übrigen Schnitte dieser Abbildung und Abb. 318.

Für die Abteilung der großen Röhren besteht eine besondere Sandaufbereitung außerhalb des Gießereibaues. Der aus den Formkasten fallende Altsand wird in geräumigen Behältern, die auf Förderwagen unter die Formkasten gefahren werden, gesammelt und in den Bereich der Sandförder-Hängebahn gebracht, die ihn dem Einwurfe eines Becherwerkes zuführt. Der Neusand gelangt durch die gleiche Hängebahn zu den Aufbereitmaschinen. Die Hängebahn dient auch der Beförderung der Muffenkerne, die infolge ihrer Größe und ihres Gewichtes nicht mehr von Hand bewegt werden können. Ein Drehkran von 1,2 t Tragfähigkeit nächst der Muffenkern-Trockenkammer übergibt diese Kerne der Hängebahn, worauf sie durch Förderwagen den Formkasten zugeführt werden.

Die aus einer früheren Anlage stammenden 3 Kuppelöfen genügten dem Bedarfe der neuen Gießerei nicht mehr, weshalb eine neue Schmelzanlage am anderen Ende

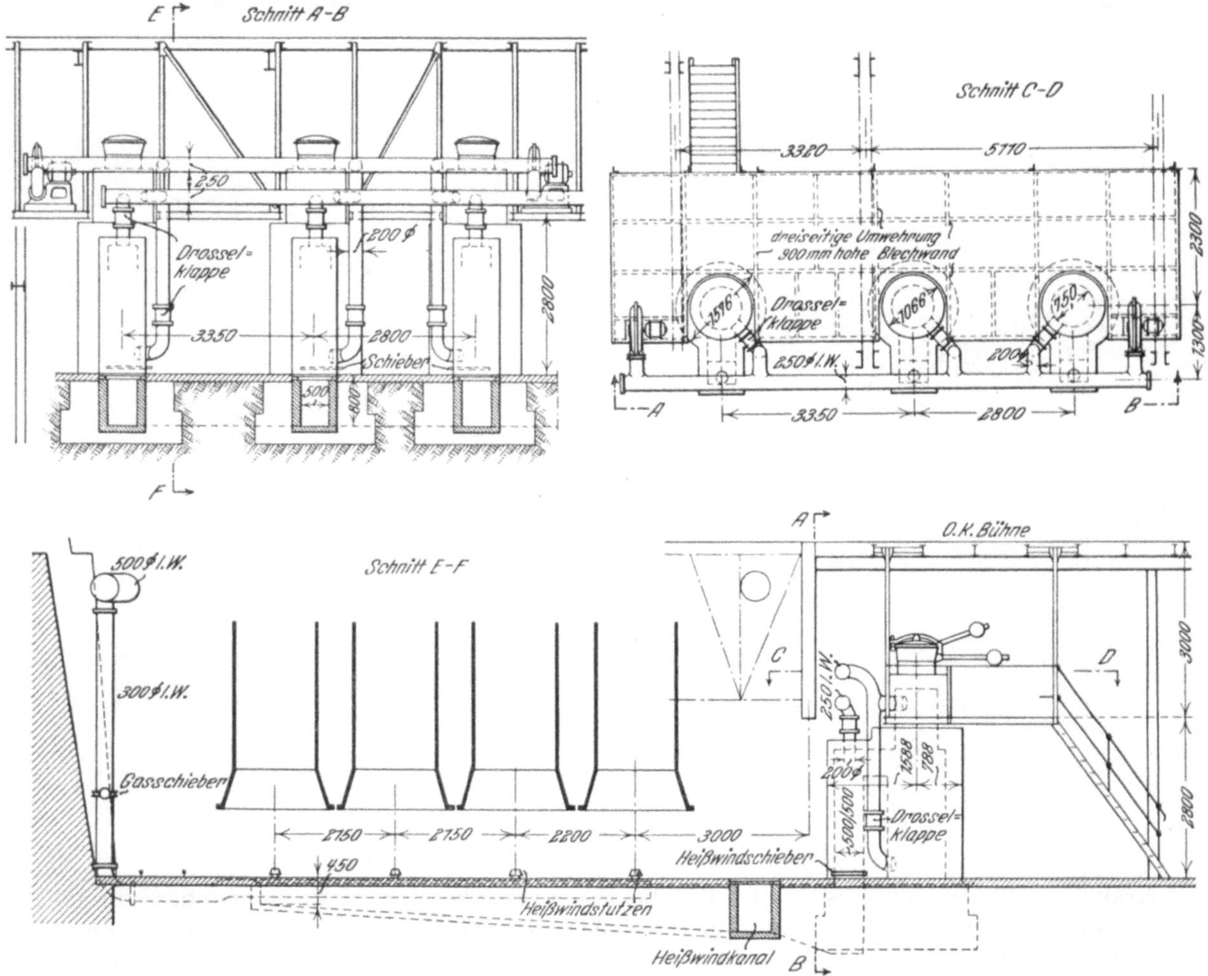

Abb. 318. Hüttenwerk Wegierska Górka, Heißwindanlage.

des Gießereigebäudes notwendig wurde. Sie umfaßt 2 Kuppelöfen von je 10 t stündlicher Schmelzleistung, die das Eisen in Gießpfannen von 10 t Inhalt abgeben. Es gelangt auf dem die beiden Schmelzanlagen verbindenden Gleise in den Bereich der Gießereilaufkrane. Zur Begichtung der Öfen wurde ein Schrägaufzug vorgesehen, doch ist für alle Fälle noch eine Notbegichtung mittels Einschienenhängebahn vorhanden.

Durch die Möglichkeit, eine Bodenstufe auszunützen, konnte die Gußputzerei nebst den Bearbeitungs-Probierstrecken fast auf gleicher Höhe wie die Arbeitsbühne der Gießerei angeordnet werden, was zur Verbilligung des Betriebes nicht unwesentlich beiträgt.

Die in Abb. 319 dargestellte, 1930 für die englische Regierung in Indien errichtete Röhrengießerei[1]) bedeutet den Höchststand neuzeitlicher Anordnung und Einrichtung von Gießereien dieser Art. Abgesehen von Drehgestellen vervollkommneter

[1]) Entwurf, Bau und Ausführung der Ardeltwerke, G. m. b. H. in Eberswalde bei Berlin.

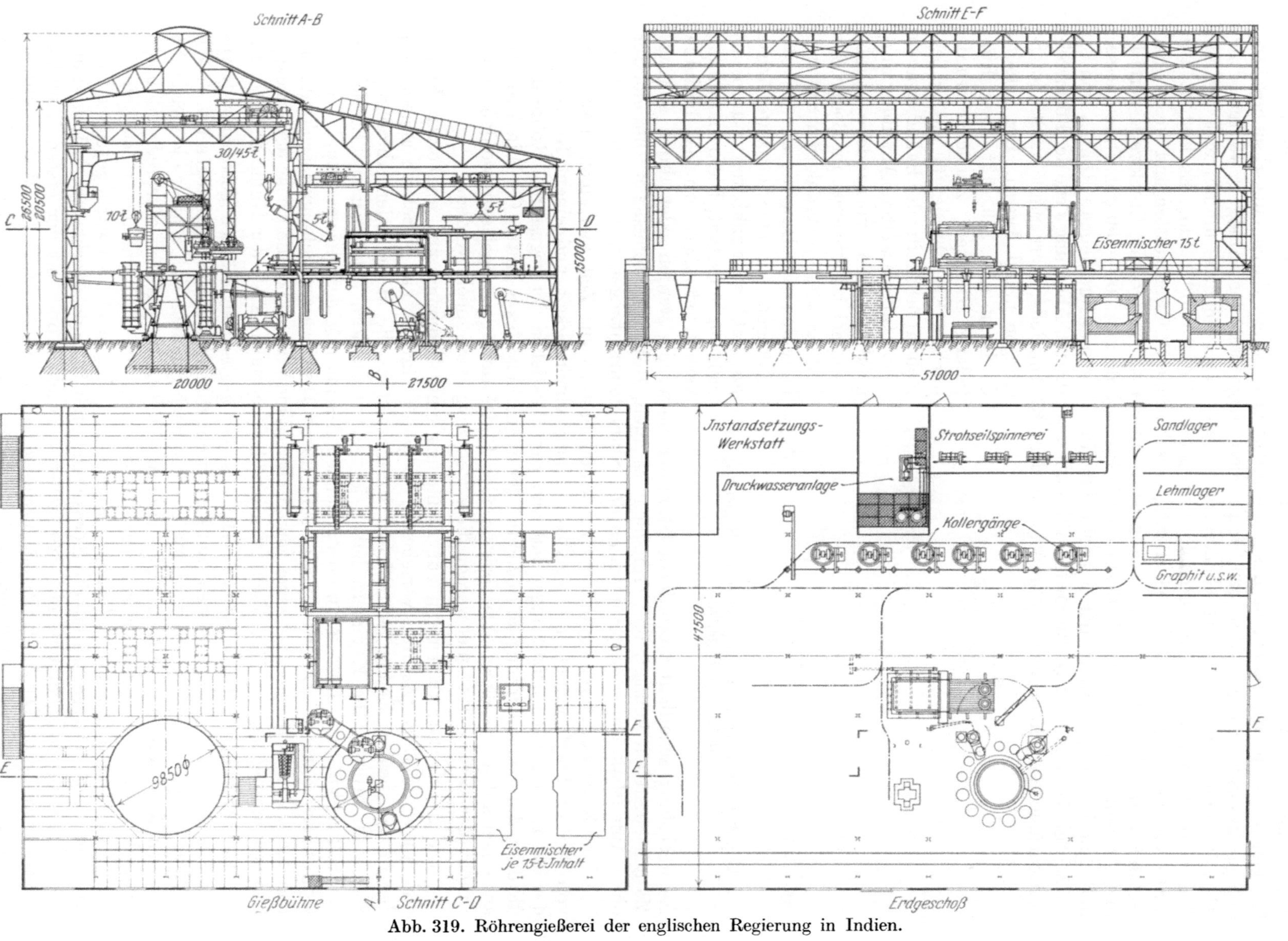

Abb. 319. Röhrengießerei der englischen Regierung in Indien.

Bauart, Anordnung von doppelten Rohrstampfmaschinen und manch anderer bemerkenswerter Einzelheiten enthält die Anlage eine neuartige Kerntrockeneinrichtung, während für gleichmäßige Beschaffenheit des zu vergießenden Eisens durch eine Eisenmischeranlage gesorgt wurde. Abb. 320 zeigt den Lageplan der Anlage, während die Abb. 321 einige Ansichten des Gießereibaues gibt. Das Gebäude umfaßt eine Grundfläche von 51 auf 41,5 m und erreicht eine größte Höhe von 26,5 m. Es besteht aus 2 Stockwerken, die, wie üblich, ebenerdig verschiedene Hilfswerkstätten und im oberen Geschosse die Kernmacherei und Formerei enthalten. Das obere Stockwerk zerfällt in 3 Abteilungen, deren eine 1 Drehtrommel für Röhren von 300—900 mm Durchmesser und 5 m Baulänge enthält, deren zweite für eine Trommel für kleinere Röhren von 50 bis 300 mm Durchmesser bestimmt ist, während in der dritten Abteilung Teile der Formereieinrichtung, die gerade nicht gebraucht werden, Rohrmodelle, Kernspindeln, Stampferstangen u. dgl. lagern. Der Schnitt C—D in Abb. 319 läßt diese Einteilung erkennen. Zunächst wurde nur die Einrichtung für die großen Röhren beschafft, der Bau aber auch schon für die weitere Abteilung ausgeführt. Die vorhandene Drehtrommel ist mit einer im Boden des Untergeschosses verankerten Stampfmaschine versehen, die aus 2 vollständigen, um eine lotrechte Achse um 180° schwenkbaren Stampfeinrichtungen besteht. Diese Anordnung verhütet etwaige Störungen, die durch Auswechslung schadhaft gewordener Stampfer notwendig werden oder durch sonstige Mängel entstehen können, und ermöglicht es auch, Röhren verschiedener Durchmesser ohne Aufenthalt durch Änderungen an den Stampfeinrichtungen herzustellen.

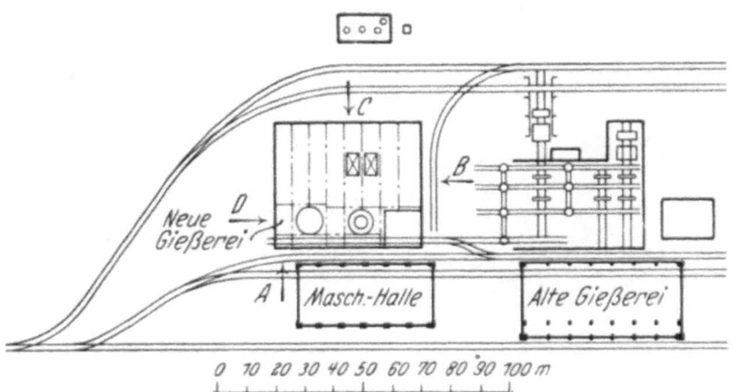

Abb. 320. Röhrengießerei der englischen Regierung in Indien, Lageplan.

Die Kranausrüstung der großen Halle besteht zur Zeit aus einem Laufkrane von 30/45 t Tragfähigkeit mit regelbarer Hubgeschwindigkeit und einem Konsolkran, der das flüssige Eisen zuzubringen hat und zum Ausziehen der gegossenen Rohre dient, die dann durch eine Öffnung im Boden (an der linken Ecke des Schnittes C—D in Abb. 319) auf einen auf der Gießereisohle verkehrenden Plattformwagen abgelassen werden. Nach Einbau der zweiten Trommel werden diese Hebezeuge verdoppelt werden.

Die 2 Trockenkammern zur Bedienung einer Trommel sind an beiden Enden mit Aus- und Eingangstüren versehen. Vor jeder Türe ist ein Hebetisch angeordnet, der die an beiden Enden befindlichen Kernwagen in die Höhe jeder Abteilung der Kammern bringt. Die Kammern haben je 2 Abteilungen (Etagen); zur Erreichung der vollen Wirkung, d. h. der weitestgehenden Ausnutzung der Heizgase sind 3 Kernwagen erforderlich. Die Hebetische sind durch Druckwasser heb- und senkbar, die Kammerwagen werden mittels eines elektrischen Windwerkes über die Decke der Trockenkammer hinweg auf den Hebetisch am gegenüber liegenden Ende der Kammer gebracht.

Der Arbeitsgang ist folgender: Die aus den gegossenen Röhren gezogenen Kernspindeln werden auf den vorderen, am Hebetische ruhenden Kernwagen abgesetzt. Nach völliger Belegung des Wagens wird der Tisch so hoch gehoben, daß er über die Decke des Trockenofens hinweg mittels des elektrischen Windwerkes auf den entsprechend hochstehenden Wagen an der Gegenseite gezogen werden kann. Während dieser Zeit befinden sich in der Trockenkammer 2 beladene Kernwagen. Der nach rückwärts gezogene Tisch wird nun niedergelassen, worauf die Kernspindeln mit Hilfe des Kernmacherei-Laufkranes auf die Drehbänke gebracht, mit Strohseilen umwickelt und mit der ersten Lehmlage versehen werden. Die halbfertigen Kerne gelangen wieder auf den Wagen zurück, worauf dieser mit dem Windwerk in die Trockenkammer gezogen wird. Der Hebetisch

[1]) Ausführung von den Ardeltwerken, G. m. b. H. in Eberswalde bei Berlin.

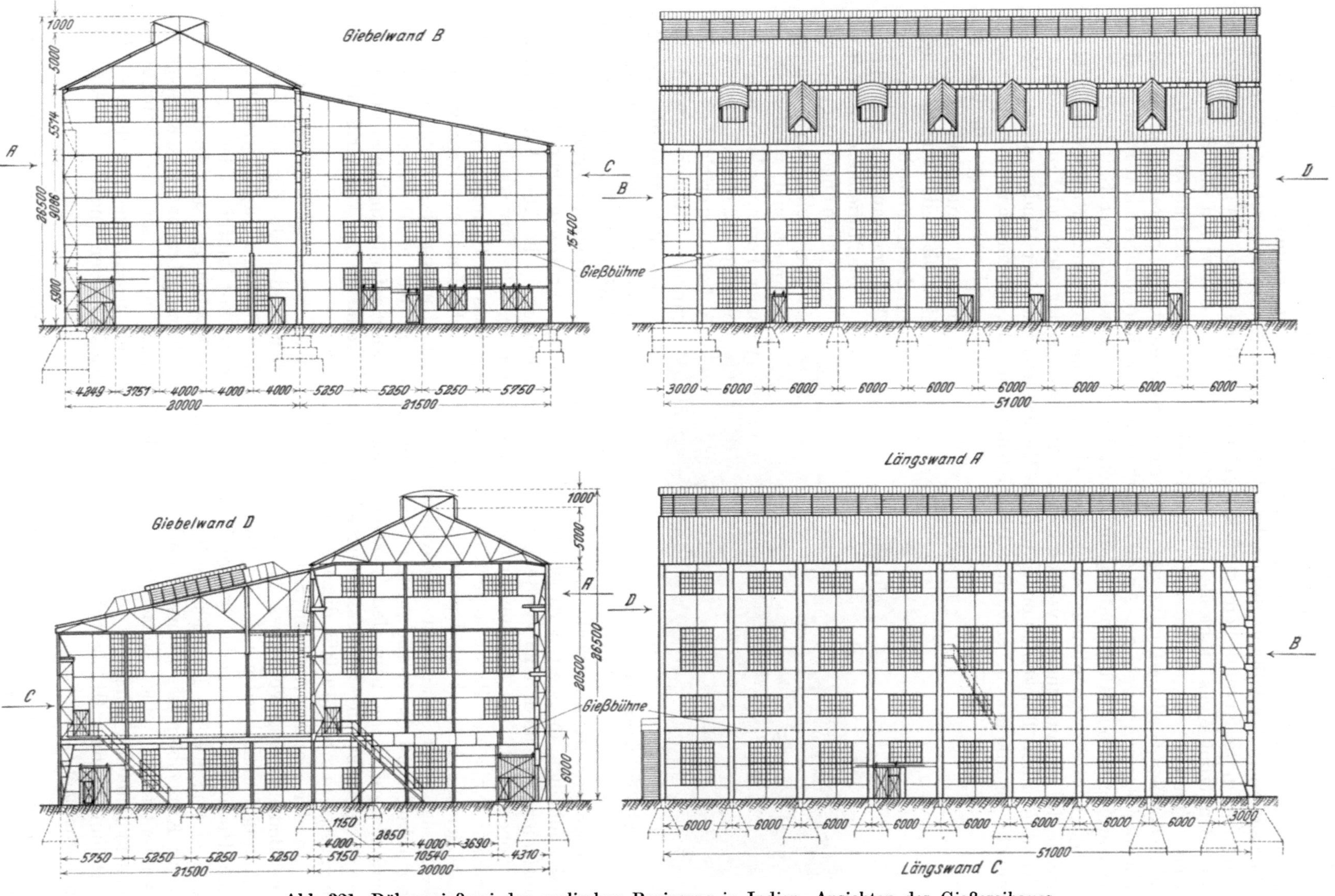

Abb. 321. Röhrengießerei der englischen Regierung in Indien, Ansichten des Gießereibaues.

wird dann in eine Höhenlage gebracht, die das Ausziehen eines Wagens aus der Abteilung mit halbfertigen Kernen ermöglicht. Diese Kerne erhalten nun den Fertigauftrag, worauf sie zum Fertigtrocknen wieder in die Kammer geschoben werden. Nach dem dritten Arbeitsgange an den Bänken, das ist dem Auftragen der Schlichte, kommt der Kernwagen nicht mehr in die Kernmacherei zurück, sondern er wird mit Hilfe des großen Laufkranes unter Benutzung eines Stahlseiles und loser Rollen aus dem Ofen auf den Hebetisch gezogen. Von hier aus werden unter Zuhilfenahme der kleinen Kernmacherei-Laufkatze und des großen Gießerei-Laufkranes die Kerne angehoben und unmittelbar in die bereitstehenden Formen eingelegt. An dieser Arbeit sind die Kernmacher nicht mehr beteiligt, ebensowenig an der Rückschaffung der nach dem Gusse ausgezogenen Spindeln.

Durch diese Anordnung wird also ein vollkommen ununterbrochener Arbeitsbetrieb der Kernmacherei, vollkommenste Ausnützung der stets mit zu trocknenden Kernen gefüllten Trockenkammern und die Möglichkeit, mit einer Mindestzahl von Kernspindeln auszukommen, erreicht. Die Gebäudehöhe der Kernmacherei kann zudem verhältnismäßig niedrig bemessen werden, da die geringe Höhenlage des oberen Wagens ein Zusammenarbeiten mit dem Gießerei-Hauptkran ermöglicht.

Abb. 322. Muffenkern-Formmaschine mit Druckwasserantrieb.

Die Muffenkerne werden zu ebener Erde angefertigt. Soweit sie für Rohre über 200 mm bestimmt sind, werden sie auf einer Formmaschine nach Abbildung 322 [1]) hergestellt. Die Anfertigung erfolgt in 4 Arbeitsgängen. Zunächst wird der Boden des Muffentellers gepreßt, dann der anschließende Muffenteil. In einem dritten Arbeitsgange wird unter Zuhilfenahme eines Preßringes der Muffenkern weiter verdichtet und schließlich im vierten Arbeitsgange fertig gepreßt. Zur Herstellung des äußeren Muffenumrisses dient eine zweiteilige, gußeiserne Kernbüchse, die über den Kernteller geschoben wird. Die Maschine arbeitet mit Druckwasser. Der Druckkolben wird von einem in Nähe der Presse angeordneten Steuerschieber aus in Bewegung gesetzt. Der Kopf der Maschine ist drehbar und trägt die für die verschiedenen Arbeitsgänge nötigen Werkzeuge. Der Muffenkern-Trockenofen ist nahe dem Umfange des Drehgestelles so angeordnet, daß die Kerne mittels eines Drehkranes auf den ausfahrbaren Wagen der Kammer gesetzt und nach dem Trocknen ohne jede Zwischenförderung unter den Formkasten gebracht und in diesen eingeschoben werden können. Der Grundriß des Erdgeschosses in Abb. 319 läßt diese Anordnung erkennen.

In der rechten vorderen Ecke der Gießhalle ist im Schnitte C—D der Abb. 319 eine Bodenöffnung von etwa 12 auf 12 m zu ersehen, unterhalb der sich eine aus 2 Flammofenmischern von je 15 t Fassung bestehende Mischeranlage befindet [1]). Das vom Hochofen kommende flüssige Roheisen wird vom 45-t-Laufkran der Haupthalle gehoben und in einen der beiden in Betrieb befindlichen Mischer gegossen. In diesem wird es mit Kuppelofeneisen gemischt und auf 1350° Gießwärme gebracht. Das Kuppelofeneisen entstammt einer benachbarten Kuppelofenanlage, in der aus der Rohrgießerei zurückkommende Eingüsse, Abschnitte und Bruchеisen geschmolzen werden. — Die Verteilung weiterer Hilfsbetriebe im ebenerdigen Geschosse ist den Angaben der Abb. 319 zu entnehmen [2]).

[1]) Kippbare Hesse-Flammöfen mit Teerölfeuerung und Windvorwärmung; vgl. die Beschreibung dieser Ofen durch Hesse und H. Pinsl: Gieß. 1928. S. 281/289.

[2]) Neben den Stampfformmaschinen sind insbesondere in amerikanischen Röhrengießereien vereinzelt auch Ziehformmaschinen nach Fred Herbert (siehe Bd. II, S. 473) und in jüngster

Anlagen für liegend hergestellte und liegend mit nassem Kerne naß abgegossene Druckrohrformen.

In den letzten Jahren hat die Darstellung durchaus naß, in liegenden Formen mit nassen Kernen gegossener Druckröhren eine nennenswerte Rolle zu spielen begonnen. Das Verfahren wurde von Mc Wane entwickelt und hat sich in einer großen Gießerei [1]) bereits so gut bewährt, daß die Jahreserzeugung auf 100 000 t gesteigert werden konnte. Man gießt danach Röhren von 40—305 mm Durchmesser, die kleineren Stücke in Längen von 1800 mm, die größeren in Längen bis zu 4880 mm. Die Gießerei der Mc Wane Cast Iron Pipe Co. in Birmingham, Alabama, hat eine Länge von 103 m und ist bei 62 m Breite in 7 Hallen eingeteilt. In 5 Hallen werden kürzere Röhren, in den beiden anderen Röhren bis zu 4880 mm Länge geformt und gegossen. Die Tageserzeugung konnte bereits auf 300 t gebracht werden. Der Bau und die Einrichtung des Werkes war nicht sehr kostspielig. Die Eigenart des Verfahrens machte nur sehr geringe Bauhöhen notwendig, und Trockeneinrichtungen jeder Art konnten erübrigt werden. Ebenso waren keinerlei Nachglühöfen zu erstellen.

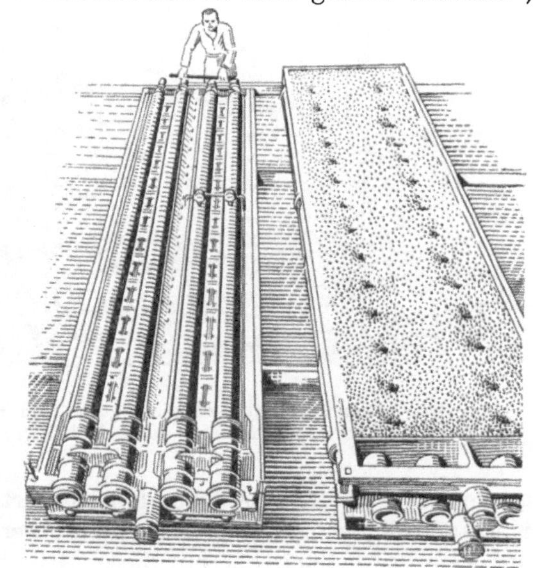

Abb. 323. Formeinrichtung zum Naßgusse von Druckröhren.

Die Formerei wird mit geteilten Formkasten mittels Sonder-Rüttelmaschinen durchgeführt. Man formt je vier Röhren in einem Formkasten. Die Kasten (Abb. 323) sind sehr kräftig gebaut, mit zahlreichen Querrippen und einer durch die Mitte des Kastens gehenden Längsrippe versteift. Diese Längsrippe ist an beiden Enden zu starken Drehzapfen ausgebildet. Die Abb. 324 zeigt das Grundgestell einer Rüttelmaschine und Abb. 325 läßt deren Inneres mit einer Anzahl von Puffern erkennen. Diese Puffer haben die Aufgabe, durchaus gleichmäßige Verdichtung des Formsandes beim Rütteln zu bewirken. Von der Genauigkeit der Sandverdichtung hängt das Gewicht der

Abb. 324. Formeinrichtung zum Naßgusse von Druckröhren, Grundgestell einer Rüttelmaschine.

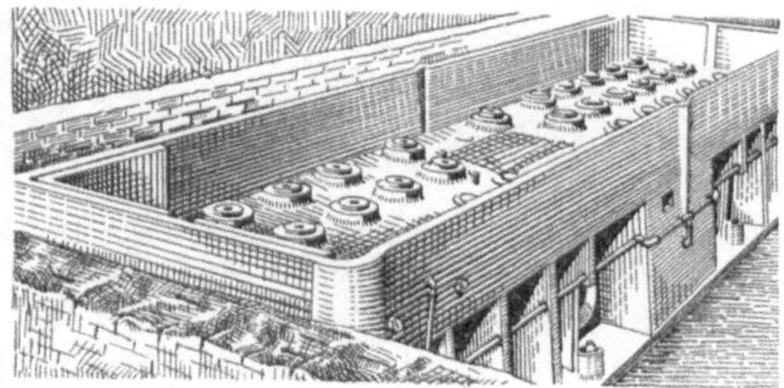

Abb. 325. Formeinrichtung zum Naßgusse von Druckröhren, Inneres der Rüttelmaschine.

Zeit auch Rüttelmaschinen eingeführt worden. Die Herbertsche Maschine kann als längst überwunden gelten und dürfte nur noch in einem einzigen, mit dem Erfinder in Zusammenhang stehenden Werke benützt werden. Mit den Rüttelmaschinen wurden sehr eingehende Versuche durchgeführt, die zur Einrichtung solcher Anlagen in einer nennenswerten Zahl von Rohrgießereien geführt haben. Sie vermochten sich aber nirgends soweit durchzusetzen, um den bisherigen Formverfahren eine nennenswerte Einbuße zuzufügen. Durch Rüttelung lassen sich die Rohrformen nicht in der ganzen Länge herstellen, es ist stets eine Nacharbeit des obersten Teiles der Form erforderlich. Diese wurde durch Nachpressung oder durch Handstampfung erreicht. Beides bedeutet eine gewisse Hemmung der laufenden Formarbeit und führt leicht zu Ungenauigkeiten in der Verdichtung des Formsandes. Man ist darum schon vielfach vom Rütteln der Rohrformen wieder abgekommen und zu den altbewährten Verfahren zurückgekehrt.

[1]) Foundry 1930, p. 48/51; S. 99/102.

Röhren und damit der Erfolg des Verfahrens ab. Man legt das Formkastenunterteil mit der Teilfläche nach unten auf die Maschine, hebt ab, wendet, setzt das gewendete Teil ab und legt die vier Kerne ein. Zwischenzeitlich wurde das Oberteil in gleicher Weise hergestellt und kann nun ohne weiteres auf das Unterteil gesetzt werden. Zur erfolgreichen Erledigung dieser Arbeiten ist äußerst genaue Bearbeitung und Instandhaltung aller Formkasten-, Modell- und Kernbestandteile eine unerläßliche Vorbedingung.

Abb. 326. Formeinrichtung zum Naßgusse von Druckröhren, Formmaschine für nasse Rohrkerne.

Die Kerne werden in gleicher Weise hergestellt, wie in mit nassen Kernen arbeitenden Abflußrohrgießereien. Die Spindel liegt dabei über einem Troge (Abb. 326), auf den ein Kernsandbunker mündet. Man versetzt die Spindel in drehende Bewegung, öffnet die Abschlußklappe und läßt den Kernsand über der ganzen Spindellänge niederrieseln. Die Menge des jeweils ausfließenden Kernsandes ist genau geregelt, eine Schablone sichert zugleich genaueste Stärke der aufgetragenen Kernsandschicht. Von der Art und Aufbereitung des Kernsandes und von der Erfahrung und Geschicklichkeit der mit dieser Arbeit betrauten Leute hängt die erfolgreiche Arbeit wiederum in hohem Maße ab. Man hat es erreicht, mindestens die gleich genauen Gewichte der Rohre wie beim Gusse in getrockneten Formen und mit Lehmkernen einzuhalten. Die Kerne werden von der Drehbank weg ohne weiteres in die Rohrformen eingelegt.

Abb. 327. Formeinrichtung zum Naßgusse von Druckröhren, Gießrinne für naß abzugießende Röhren.

Durchwegs werden zwei Formen zu gleicher Zeit abgegossen. Abb. 327 zeigt eine Gießrinne mit zahlreichen Ausläufen und ferner die Art der der ganzen Länge der Form nach verteilten Anschnitte. Für die großen Röhren von 4880 mm Länge sind bis zu 14 Eingüsse nötig, für kürzere Röhren entsprechend weniger. Die Anschnitte liegen in jedem Falle so knapp aneinander, daß sich nahezu ein ununterbrochener Einlauf in der ganzen Rohrlänge bildet. Die Rinne wird von einem Kran von Form zu Form gehoben und braucht nur wenig gekippt zu werden, um das Eisen gleichmäßig der Form in ihrer ganzen Länge zuzuführen. Nach dem Guß werden die Oberteile abgehoben und auf einer Stoßmaschine gründlich von anhaftendem Sande befreit, worauf die Röhren ausgehoben und abbefördert werden. Kastenunter- und -Oberteile werden nur in kaltem Wasser gekühlt, wonach die ganze Formeinrichtung wieder verwendbar ist. Das Verfahren führt von selbst zum Dauerbetrieb, da keinerlei Aufenthalte durch Trocknen in Frage kommen. Man soll danach äußerst billig arbeiten und infolge der abschreckenden Wirkung des nassen Sandes Eisen von ähnlichem Gefüge erzielen, wie beim Schleuderguß mit ausgekleidetem Drehrohr.

Anlagen für liegend und kernlos gegossene Druckröhren. Schleudergußröhren[1]).

Trotzdem schon seit fast 10 Jahren Druckröhren mit bestem Erfolge nach etwa vier, nur in Einzelheiten voneinander verschiedenen Schleuderguß-Verfahren im großen erzeugt werden, hat noch keines dieser Verfahren unbestrittenes Übergewicht über die anderen zu erringen vermocht, ja es ist noch keinem derselben gelungen, die bisherigen Herstellungsverfahren in Sandguß mit Lehmkernen zu verdrängen. Mit einer einzigen Ausnahme arbeiten die großen, Druckröhren erzeugenden Werke diesseits und jenseits des Ozeans, soweit sie ein Schleudergußverfahren aufgenommen haben, auch nach dem alten Sandform-Lehmkernverfahren weiter. In den ersten Jahren nach dem Aufkommen des Schleudergußverfahrens mag das Bestreben, vorhandene Einrichtungen noch weiter auszunutzen, diese Tatsache genügend erklärt haben. Heute nach Ablauf von fast einem Jahrzehnt kann der Hinweis auf vorhandene kostspielige Einrichtungen das lange Nebeneinander nicht mehr restlos erklären. Es handelt sich vielmehr um die Erkenntnis, daß das Schleudergußverfahren, trotz seiner unleugbaren, großen technischen Vorzüge — es ermöglicht vor allem die Herstellung leichterer Röhren bei mindestens gleicher Zuverlässigkeit — wirtschaftlich das alte Sandform-Lehmkern-Verfahren noch nicht entscheidend zu schlagen vermocht hat.

Abb. 328. Ausziehen eines gegossenen Rohres.

Die Anlage einer Gießerei für Schleudergußröhren ist im allgemeinen wesentlich billiger als die einer Röhrengießerei alter Ordnung. Für eine Schleudergußanlage bedarf man Gebäude von sehr viel geringerer Höhe und von geringerer Grundfläche. Bei Anlagen mit sandausgekleideten Schleuderrohren genügt es, den kleinen Teil des Gießereigebäudes, in dem das Auskleiden der Drehrohre vor sich geht, zu erhöhen. Bei Anlagen, die mit nackten Drehrohren arbeiten, fällt auch diese Erhöhung weg. Durch den Wegfall einer Kernmacherei für die Röhrenschäfte wird an Raum und an Einrichtungskosten für die Trockenanlagen gespart, und es kommt ein hoher Betrag für Ersparung einer großen Zahl von Formkasten und Kernspindeln in Wegfall. Diesen Ersparnissen stehen die Kosten für die Gießmaschinen, bei gewissen Anlagen auch die Anlagekosten der Glühöfen und bei anderen die Auslagen zur Beschaffung der Einrichtung zum Auskleiden und Ausklopfen der Drehröhren gegenüber. Ausgehend von den Anlagekosten einer Schleuderröhrengießerei sind hauptsächlich 3 Ausführungsarten zu unterscheiden:

1. Anlagen mit nackten Drehrohren ohne Nachglühen der gegossenen Röhren.
2. Anlagen mit nackten Drehrohren und nachfolgendem Glühen der Röhren.
3. Anlagen mit ausgefütterten Drehrohren, die ein Ausglühen der gegossenen Röhren unnötig machen.

Nacktes Drehrohr, kein Nachglühen der gegossenen Röhren.

Dieses Verfahren wird von den Werken Franchi-Gregorini in Brescia, Italien, ausgeübt[2]). Das an der formgebenden Innenfläche blank abgedrehte Schleuderrohr besteht aus einer im eigenen Werke erzeugten Gußeisen-Sonderlegierung und macht je nach dem Rohrdurchmesser in der Minute 150—3000 Umdrehungen. Es befindet sich in einer Blechhülse, in der mehrere durchlochte Röhren angebracht sind, die während des Schleudervorganges ständig einen Wasserregen auf das Schleuderrohr rieseln lassen. Dieses wird dadurch in einem genau regelbaren und so mäßigen Grade abgekühlt, daß die Rohre ohne abzuschrecken gutes Gefüge erlangen. Man erspart demnach die Auslagen für etwaige Auskleidung der Rohrform mit Sand oder Lehm und für das Ausglühen durch Abschrecken hart gewordener Röhren; zugleich kommen die Auslagen für hierzu benötigte Bauten und Einrichtungen in Fortfall. Ein Schleuderrohr überdauert nach Angaben der Werke durchschnittlich den Guß von mehr als 1000 Röhren. Ihre

[1]) Vgl. hierzu auch Bd. II, S. 563ff. [2]) Foundry 1929. p. 757/760.

Haltbarkeit ist zwar nicht so groß wie die von Stahl-Schleuderrohren, die gußeisernen Schleuderrohre kommen aber infolge ihres niedrigeren Anschaffungspreises schließlich doch billiger zu stehen. Jedes Schleuderrohr besteht aus mehreren Teilen, deren Aneinanderfügung die Herstellung beliebiger Rohrlängen ermöglicht. Bei den Rohren großen Durchmessers bewegt sich während des Gusses nur der Trog, der unter dem aus der Pfanne

Abb. 329. Röhrengießerei von Franchi-Gregorini mit Rohrlager und Verladeeinrichtungen.

laufenden Eisen vorwärts geschoben wird. Bei den kleineren Rohren steht umgekehrt der Trog still und die Maschine bewegt sich voran, während das Schleuderrohr sich dreht. — Das fertige Rohr wird von einem Haken an der Muffe gefaßt, mittels Seil und Winde aus dem Schleuderrohr herausgezogen und dann auf Schienen abgelegt (Abb. 328).

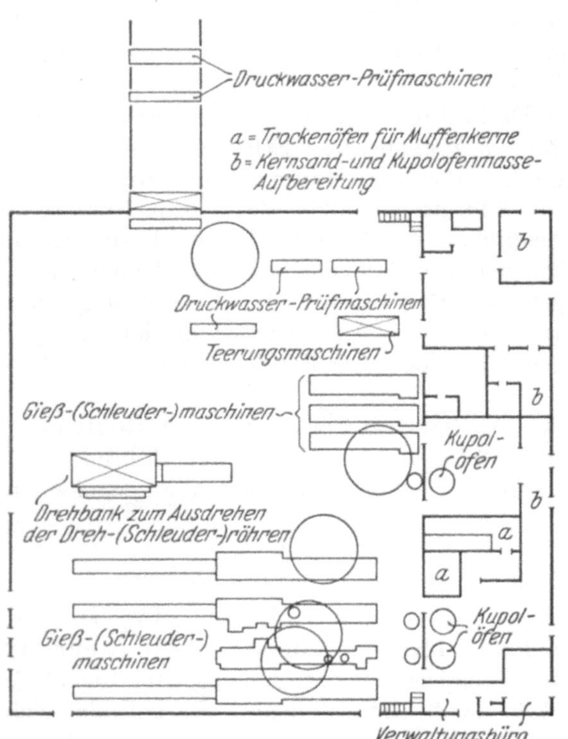

Abb. 330. Röhrengießerei von Franchi-Gregorini, Anordnung der verschiedenen Betriebseinheiten.

Bemerkenswert ist eine **Teerungsmaschine**, die aus einem starken Blechrohr von halbkreisförmigem Querschnitt besteht, in dem sich der flüssige Teer befindet. Auf diesem trogartigen Gefäße lagert eine waagerecht drehbare Welle, die eine Reihe von Armen trägt. Das Rohr wird auf die Arme geschoben, die es in den Trog tauchen, ein kurze Weile in ihm ruhen lassen, worauf es durch weitere Arme hochgehoben und schließlich ausgestoßen wird. Das Rohr wird nach dem Austritt aus dem Troge schief gestellt, sodaß der überflüssige Teer ablaufen kann. Dann läßt man es vollkommen abkühlen, um es weiter den üblichen Druckproben zu unterwerfen.

Abb. 329 läßt das Rohrlager, die Schleuderröhrengießerei mit 3 Kuppelofenschornsteinen und an der rechten Seite verschiedene Verladeeinrichtungen erkennen. Der ganze, in Beton ausgeführte Bau ist gekennzeichnet durch Einfachheit und geringe Höhe. Abb. 330 zeigt die Lage der verschiedenen Betriebseinheiten. Die Schleudermaschinen sind mit Ausnahme der größten paarweise angeordnet, die Teerungsanlagen wurden neben den Schleudermaschinen aufgestellt. Durch diese Anordnung wurde der glatte Durchgang der gegossenen Rohre von der Gießmaschine über die Teerungsmulden zu den Druckwasser-Prüfmaschinen bis auf das Rohrlager sichergestellt. 3 Schleudermaschinen erzeugen Röhren von 80—220 mm Durchmesser, 2 Maschinen liefern Röhren von 200—500 mm Durchmesser und 1 Maschine solche von 400 bis zu 1000 mm Durchmesser. Man fertigt zur Zeit Rohrlängen bis zu

7500 mm. Der Betrieb ist so geregelt, daß zwischen dem Ablauf des flüssigen Eisens aus der Kuppelofenrinne und der Ablieferung eines geteerten Rohres am Lagerplatz nur 30 Minuten vergehen. Die monatliche Erzeugung an guten Röhren beträgt rund 2000 t.

Nacktes Schleuderrohr, Nachglühen der gegossenen Röhren.

Nach dem ursprünglichen de Lavaudschen Verfahren[1]) arbeitende Werke verwenden Stahl-Drehröhren, die den Vorzug längerer Lebensdauer haben, aber auch beträchtlich teurer sind als gußeiserne. Von dem ursprünglich verwendeten hochsilizierten Gußeisen ist man wieder ziemlich abgekommen und benutzt heute nur mehr Gußeisen von annähernd demselben Kohlenstoffgehalt, wie es für in Sandformen gegossene Röhren gebraucht wird. Solches Eisen erleidet aber in der wiederum mit Wasser gekühlten Schleuderform eine derartige Abschreckung, daß ein Ausglühen unvermeidlich wird.

Die erste nach dem reinen de Lavaudschen Verfahren arbeitende Anlage wurde von der United States Cast Iron Pipe and Foundry Co. in Birmingham, Alabama, im Jahre 1923 errichtet und vermochte bald gute Ergebnisse zu erzielen[2]). Immerhin hafteten ihr noch erhebliche Mängel an, die erst bei der nächsten von der gleichen Gesellschaft in Burlington, N. J., geschaffenen Schleudergießerei behoben wurden. Dieses im Jahre 1927 in Betrieb gekommene Werk steht durchaus auf der Höhe jüngster Schleudergußtechnik Es arbeitet zur Zeit[3]) mit 8 Schleudermaschinen, von denen 5 Stück ständig in Betrieb sind und täglich 1200 Rohrlängen von 100 bis 300 mm Durchmesser ausbringen. Die Schleudermaschinen (Abb. 331) sind gegenüber der ursprünglichen Ausführung[4]) wesentlich verbessert worden. An Stelle des Peltonrades zur Drehung des Schleuderrohres ist elektrischer Antrieb mittels Gleichstrommotor von 230 V getreten. Die Längsbewegung der Schleudermaschinen wird ebenso wie die Bewegung der kippbaren Gießpfanne durch Druckwasser erreicht. Die Anlage wurde groß genug bemessen, um das Ausbringen jederzeit durch Aufstellung von weiteren 8 Schleudermaschinen verdoppeln zu können.

Abb. 331. Cast Iron Pipe and Foundry Co. Schleudergußmaschine.

Den Kern des Werkes bildet eine 112 m lange und 36 m breite Gießhalle, an die sich unmittelbar die Glühabteilung von der gleichen Länge, aber nur mit 18 m Breite anschließt. Diese beiden Abteilungen sind weder durch eine Zwischenwand noch durch Säulen voneinander getrennt und bilden so eine mächtige, durch nichts unterteilte Halle von 112 m Länge und 54 m Breite, deren Belichtung zum größten Teil durch Oberlichter erfolgt. Am südlichen Ende der Glüherei sind 4 einfache Hallen von je 60 × 12 m Grundfläche mit Sägedächern, in denen die Putzerei, Teererei und Probiererei untergebracht sind.

Nördlich des Gießereibaues sind 2 Ofenanlagen mit je 2 Kuppelöfen angeordnet, von denen abwechselnd täglich je einer betrieben wird. Diese Schmelzgebäude sind 20 m tief und 31 bzw. 15,5 m breit. Die Begichtung der Öfen erfolgt vom Roheisenhof aus. Zwischen den Kuppelofenbauten und dem das Werk nördlich begrenzenden Delawareflusse liegt der ausgedehnte Roheisen- und Kokslagerhof. Er ist mit 7 Normalspurgleisen, mehreren Schmalspurlinien und 3 Laufkranen von je 5 t Tragfähigkeit ausgestattet. Die Bahnen dieser Krane erstrecken sich in einer Länge von 60 m von den Landestellen am Flusse bis zu den Kuppelöfen, sodaß unter Umständen unmittelbar vom Schiffe aus gegichtet werden kann.

[1]) Vgl. Bd. II, S. 563.

[2]) Nach E. C. Kreutzberg: Foundry 1923. p. 727 u. f.; siehe auch Bd. II, S. 570 u. f.

[3]) Nach E. C. Kreutzberg: Foundry 1927. p. 49/51 und p. 102/104. [4]) Bd. II, S. 570/573.

Die Gießhalle verfügt über 5, an den Dachbindern hängende 5-t-Laufkrane. 2 davon mit je 15 m Spannweite dienen der Beifuhr des flüssigen Eisens, 2 andere mit 13,5 m Spannweite bringen die eben gegossenen rotglühenden Röhren zur Glühabteilung und 1 Kran mit nur 4,5 m Spannweite besorgt das Auswechseln der Schleuderrohre in den Schleudermaschinen. Kennzeichnend für die allgemeine Anordnung des Gießereibetriebes ist die Beförderung der aus den Schleuderrohren ausgezogenen Röhren durch den Laufkran an Stelle des früheren Weiterrollens auf eisenbeschlagenen Schragen.

Die Glühabteilung enthält 2 ständig in Betrieb bleibende, ölgefeuerte Glühanlagen, aus denen die geglühten Röhren durch ihr Eigengewicht selbsttätig auf schwach geneigter Bahn in die Putzereihalle rollen. In der Glühereiabteilung ist auch die Formerei der Muffenkerne untergebracht. Sie enthält 6 elektrisch beheizte Kerntrockenöfen und eine Aufbereitanlage für den benötigten Formsand.

Ausgefüttertes Schleuderrohr, kein Nachglühen der gegossenen Röhren.

Nach diesem von W. D. Moore für die American Cast Iron Pipe Co. in Birmingham, Ala., entwickelten, durch zahlreiche Patente gedeckten Verfahren wird das Schleuderrohr mit Formsand ausgekleidet [1]). Durch die Auskleidung wird einer Abschreckung des Eisens während des Gießens vorgebeugt und damit ein Nachglühen der gegossenen Röhren erübrigt. Dieser Vorteil wird aber durch die Notwendigkeit, die Drehröhre für jeden Guß aufs neue auskleiden zu müssen, einigermaßen wettgemacht. Zur Durchführung der Auskleidearbeit, zum Ausbringen des gegossenen Rohres aus der Sandform und zur Beförderung der Schleuderrohre von und zur Schleudermaschine sind sehr umfangreiche und kostspielige Einrichtungen erforderlich. Da die genannten Arbeiten zum größten Teile nur bei lotrecht aufgerichtetem Formkasten, bzw. Drehrohre durchgeführt werden können, wird auch der Gießereibau durch dieselben recht wesentlich beeinflußt. Ein Großteil der Arbeitshalle erhält Höhen, die nicht geringer sind als die von Rohrgießereien nach dem alten Sandform-Lehmkern-Verfahren. Auch die Durchführung der Formsandaufbereitung und -beförderung erfordert Einrichtungen, die zwar weniger die Höhe des Gießereibaues als seinen Grundflächenbedarf beeinflussen, aber damit verteuernd wirken. Eine wichtige Neueinrichtung war zur Verteilung des flüssigen Eisens in der Drehform zu schaffen, da die de Lavaudsche Gießrinne ohne Patentverletzung nicht in Frage kam.

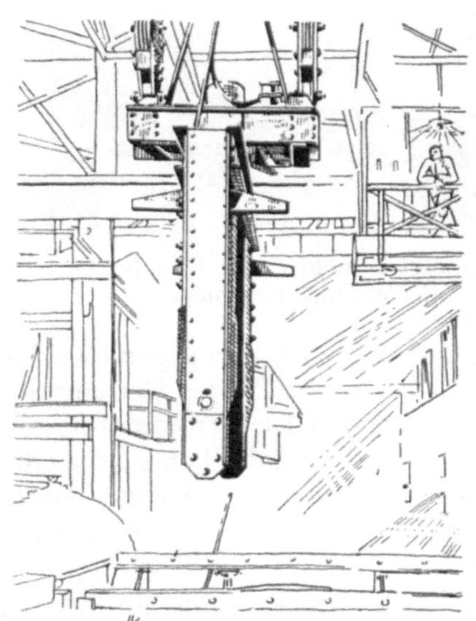

Abb. 332. Vorrichtung zur Beförderung der Schleuderrohreinheiten.

Das Sandfutter, mit dem das Schleuderrohr vor jedem Guß neu ausgesattet werden muß, wird in ähnlicher Weise wie die Form zum stehenden Gusse von Druckröhren ausgeführt. Nachdem die abgegossene Form durch eine sehr sinnreiche Einrichtung abgehoben, an einem Tragbalken hängend (Abb. 332) zur Ausleerstelle gebracht und dort durch Ausbohren des Futters aus dem Sande geschält worden ist, werden beide in die Stampfabteilung gebracht. Dort kommen sie unter 2 paarweise arbeitende Stampfmaschinen. Diese bestehen aus je 2 langgestielten, gewichtsausgeglichen aufgehängten Preßluftstampfern und vermögen kleinere Schleuderröhren in Bruchteilen einer Minute mit der Sandauskleidung zu versehen. Die Schleuderrohre ruhen dabei auf Untersätzen, die zugleich als Modellträger dienen, und werden während der Stampfarbeit langsam um ihre Achse gedreht. Ein künstliches Trocknen der Auskleidung erübrigt sich, da die durchlochten Schleuderröhren vom vorhergehenden Gusse noch warm genug sind, um die dünne Auskleidung genügend zu trocknen. Die Formkasten (Schleuderrohre)

[1]) Foundry 1926. p. 972/977; 1927, p. 5/11.

gelangen dann mit der gleichen Vorrichtung, die sie zur Stampfabteilung brachte, in die zugehörige Formmaschine zurück. Ein Formkasten durchläuft den Weg von der Gießmaschine und zurück in einer Stunde, kann also in der neunstündigen Schicht neunmal abgegossen werden. Da die Gießrinne von de Lavaud nicht verwendet werden durfte, behalf man sich zur Verteilung des Eisens durch Schrägstellen der Maschine. Die Veränderung der Lage der Gießmaschine wird mittels Druckwasser bewirkt. Sobald die Maschine in die höchste Schräglage gebracht ist, wird mit dem Gießen begonnen, während die Rückführung in die waagerechte Lage bewirkt wird, da andernfalls das Eisen sich an der tieferen Stelle ansammeln würde. Die durch Hebelwirkung gekippte Gießpfanne

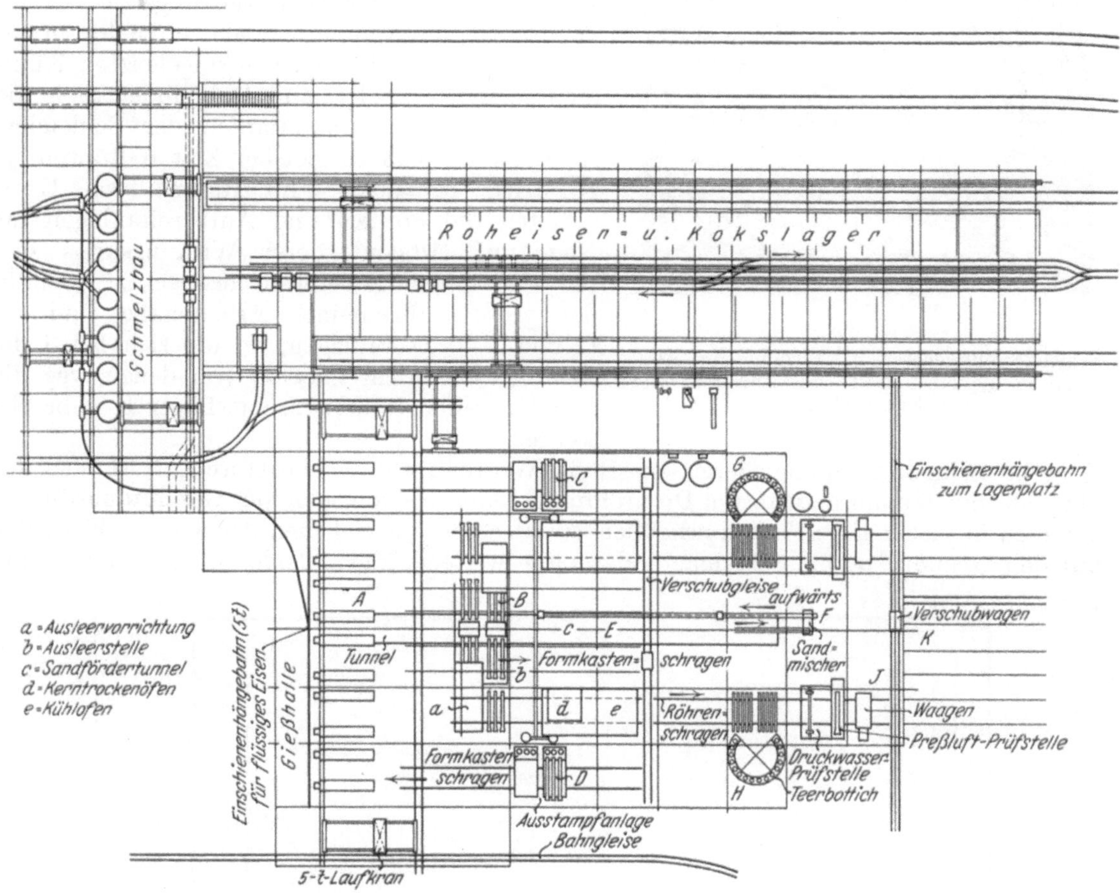

Abb. 333. Schleuderrohrgießerei in Birmingham, Ala., Lageplan und Grundriß.

entleert das Eisen in eine kurze Gießrinne. Bei geregelter Drehgeschwindigkeit wird es möglich, Röhren von den größten praktisch verwendbaren Längen tadellos zu gießen [1]). Ein für amerikanische Verhältnisse sehr beträchtlicher Vorteil der Sandauskleidung liegt in der Möglichkeit, durch sie einen schmalen Bund am Spitzende der Rohre anzusparen, was nach dem de Lavaudschen Arbeitsverfahren nicht möglich ist.

Die gegossenen Röhren werden aus dem nahezu lotrecht aufgestellten Drehrohre herausgeschält und gelangen in noch guter Rotglut in einen ungeheizten Kühlofen. In diesem rollen sie langsam weiter und werden bis zu ihrem Austritte nahezu auf Tageswärme abgekühlt. Dadurch wird einem Verziehen und nachträglichen Hartwerden vorgebeugt. Sie werden dann, soweit Unebenheiten vorhanden sind, mittels einer sehr einfachen und rasch wirkenden Vorrichtung im Innern nachgeschliffen und gelangen schließlich hängend in einen großen Teerkessel. Das Teerbad wird warm genug gehalten, um ohne besondere Erwärmung der Röhren dauerhafte Bezüge zu liefern. Das Tauchen und Ausheben erfolgt auf mechanischem Wege.

[1]) D.R.P., Kl. 31 c, Gr. 18, Nr. 436, 713.

Abb. 333 zeigt die allgemeine Anlage des Werkes und die Anordnung des ausgedehnten Roheisen- und Kokslagerhofes mit den vor Kopf dieses Hofes liegenden Kuppelöfen. Einen Blick über die eine Hälfte des Hofes gewährt die Abb. 334, sie läßt zugleich zur Linken ein normalspuriges Zuführungs- und zur Rechten etwas erhöht ein schmalspuriges Abfuhrgleis erkennen. Die ganze Gießerei befindet sich unter einem Dache. An ihrem einen Ende sind 12 Schleudergußmaschinen paarweise aufgestellt, über denen 2 Brückenkrane verkehren. Jeder Kran hat 6 Maschinen zu bedienen. An diese Abteilung schließen sich die beiden Entleerungstellen B an, von welcher die Röhren in einen der beiden in der Mitte der Gießerei gelegenen ungeheizten Kühlöfen gelangen. Bei C und D befinden sich die Abteilungen zum Ausstampfen der Schleuderrohre, deren jede zu gleicher Zeit 6 Röhren, je zu dritt, behandelt. Im Raume von E—F arbeiten die Förder- und Aufbereitanlagen für Neu- und Altsand, deren Wirkungskreis sich teilweise unter Gießereiflur erstreckt. Noch in der großen allgemeinen Arbeitshalle sind bei G und H 2 Teeranlagen, an die sich bei J die Prüfmaschinen anschließen, von denen weg die abnahmereifen Röhren in das Lager K gebracht werden[1]).

Abb. 334.
Schleuderrohrgießerei in Birmingham, Ala., Blick in die eine Hälfte des Roheisen- und Kokslagerplatzes.

Die Schleuderröhrengießerei von R. D. Wood u. Co. in Florence, N. J. arbeitet ebenfalls mit sandausgefütterten Drehröhren, weicht aber sowohl in der Gesamtanordnung, als auch in vielen Einzelheiten erheblich von der vorbeschriebenen Anlage ab. Ein Blick auf den Grundriß (Abb. 335) macht das ohne weiteres klar. Beide Anlagen haben ihre

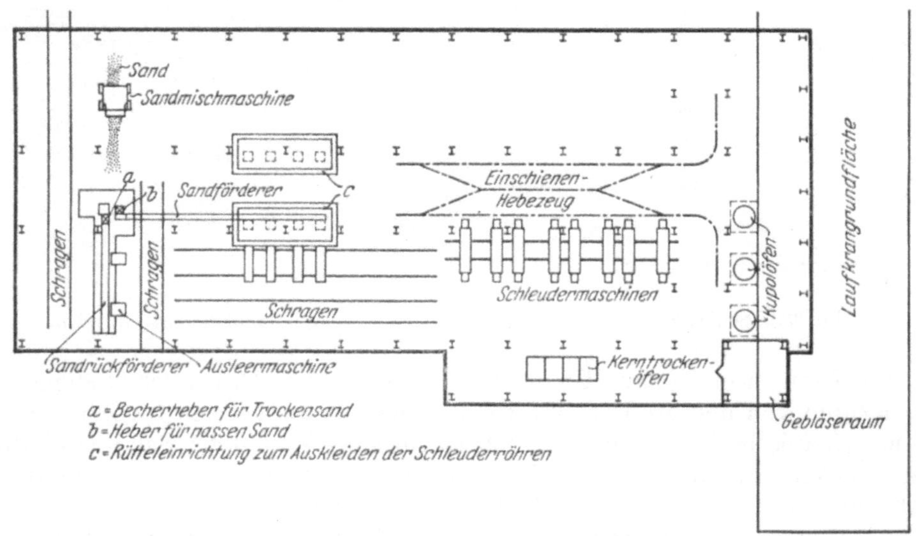

Abb. 335. Schleuderrohrgießerei von R. D. Wood, Grundriß.

Vorzüge. Während bei der Mooreschen Anlage die Teererei und Probiererei in den Haupt bau mit einbezogen wurde und der Kuppelofenbau etwas abseits liegt, wurde hier der Schmelzbau in das Hauptgebäude einbezogen, die Teeranstalt nebst Zubehör dagegen abseits angeordnet. Ein wesentlicher Unterschied in den Einzelheiten liegt in der Nachbehandlung der abgegossenen Röhren. Moore läßt sie in besonderen Kühlöfen auf Außen-

[1]) Nach freundlichen Mitteilungen des technischen Schöpfers des Werkes W. D. Moore, persönlichen Wahrnehmungen des Verfassers in Birmingham und Aufsätzen von Dan M. Avey in Foundry 1926. p. 351 u. f., 973 u. f. und 1927. p. 5 u. f.

wärme herabkommen, während Wood die Röhren nach dem Gusse mitsamt dem Drehrohre aus der Maschine hebt und beide gemeinsam 1 Stunde lang auf Schragen weiterrollen läßt, wobei sie ohne irgendeine Zwischenabkühlung auf Tageswärme kommen. Diese Anordnung benötigt hinreichend Raum, in dem die Formen mit den Rohren bis zur genügenden Abkühlung dahinrollen können.

Auch die Lage der Einrichtungen zum Ausfüttern und zum Ausleeren der Drehröhren wird dadurch beeinflußt, wie dies in der Abb. 335 zum Ausdrucke kommt. Während Moore das Sandfutter durch Stampfung herstellt und die abgegossenen Röhren aus der Form herausschält, bedient sich Wood für beide Arbeitsgänge mit Preßluft betriebener Rütteleinrichtungen.

Abb. 336. R. D. Wood in Florence, 8 Schleuderformmaschinen.

Abb. 336 läßt die Aufstellung der 8 Schleudermaschinen in der Woodschen Gießerei ersehen, bei der je 2 Maschinen durch ein gemeinsames Hebezeug bedient werden (Abb. 337), das je 2 Schleuderrohre zugleich von den Maschinen abhebt und auf den Kühlschragen bringt. Abb. 338 läßt eine der Rüttelmaschinen erkennen, mit denen die Formen ausgeleert werden. Die Rüttelmaschinen zum Auskleiden und zum Ausleeren arbeiten ganz gleich, nur hat die erstere einen Boden, auf dem das Modell zentriert wird, während die zweite unten offen ist, damit der Sand ausfallen kann.

Abb. 337. R. D. Wood in Florence, doppelgriffiges Hebezeug zur Beförderung der Schleuderrohre.

Der Guß wird bei allmählich aus schräger Stellung zur waagerechten Lage gelangender Schleudermaschine in je 2 Minuten vollzogen, worauf die Form samt dem Rohre abgehoben und zur Abkühlung auf den Laufschragen gelegt wird. Das neue Rohr wird mit Hilfe einer eingeschobenen Eisenstange und eines Laufkranen ausgezogen und die Form aufs neue ausgekleidet. Zur Beseitigung etwaiger Unsauberkeiten wird eine kleine Schleifscheibe der ganzen Länge nach durch das Rohr geführt, worauf dieses geteert und probiert werden kann. Der Weg des nassen und des trockenen Sandes ist den Angaben in Abb. 335 zu entnehmen.

Die Woodsche Gießerei nimmt eine Grundfläche von 120 auf 45 m ein und wird durch die zu Fenstern ausgebildeten Seiten- und Stirnwände sowie durch die Fenster eines langen Dachreiters gut belichtet. Sie vermag bei vollem Betriebe täglich 400 t Röhren von 100—300 m Durchmesser zu liefern [1]).

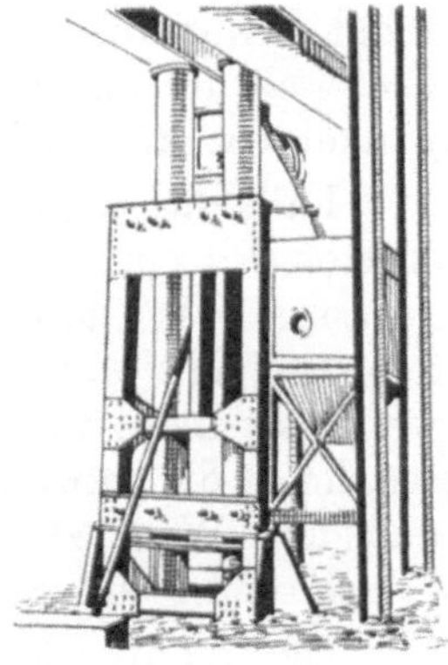

Abb. 338. R. D. Wood in Florence, Rüttelmaschine zum Ausleeren der Formen mit den gegossenen Rohren.

Belichtung, Beleuchtung und Beheizung der Gießereien.

Natürliche Belichtung.

Die Aufmerksamkeit des Formers ist nicht immer auf denselben Punkt seiner Arbeitsstelle gelenkt, sie muß vielfach auf verschiedene Stellen des Platzes gerichtet sein, weshalb eine gute allgemeine Belichtung des Arbeitsplatzes zu den unerläßlichen Vorbedingungen erfolgreicher Arbeit gehört. Aus diesem Grunde sind Belichtungswirkungen, die das Arbeitsgebiet nur strichweise erhellen würden, in der Gießerei nicht zu gebrauchen. Viele Arbeiten werden am Boden oder im Herd,

[1]) Nach Pat Dwyer in Foundry 1928. p. 126/131 und persönlichen Angaben von R. D. Wood.

manche unterhalb der Gießereisohle und andere wieder auf Bänken oder auf Formmaschinen erledigt, weshalb bei Lösung der Belichtungsfrage die jeweilige Arbeitsweise berücksichtigt werden muß. Wird auf verschiedener Höhenlage gearbeitet, so kann die durchschnittliche Höhe der zu beleuchtenden Fläche bei Formmaschinen- und Bankarbeit mit etwa 1 m über dem Boden angenommen werden. Gute Belichtung ist nicht nur unmittelbar zum Gedeihen der Arbeit höchst wichtig, sie trägt auch mittelbar zu ihrer Förderung bei, da die Arbeitsfreudigkeit in hellen Räumen unzweifelhaft reger ist als in halbdunklen düsteren Arbeitstätten. Die beste Belichtung ergibt der Lichteinfall von der Nordseite. Ist es nicht angängig, diese Seite zur hauptsächlich lichtgebenden zu wählen, so geht es noch an, dafür eine nach Nordosten oder Osten gerichtete Seite zu bestimmen. Wo auch dies nicht möglich ist, muß man sich durch teilweise Abdämpfung des dann von Westen und Süden wirkenden Lichtes, durch weißblauen oder weißen halbdurchlässigen Anstrich der Fenster behelfen. Nicht der Formerarbeit gewidmete

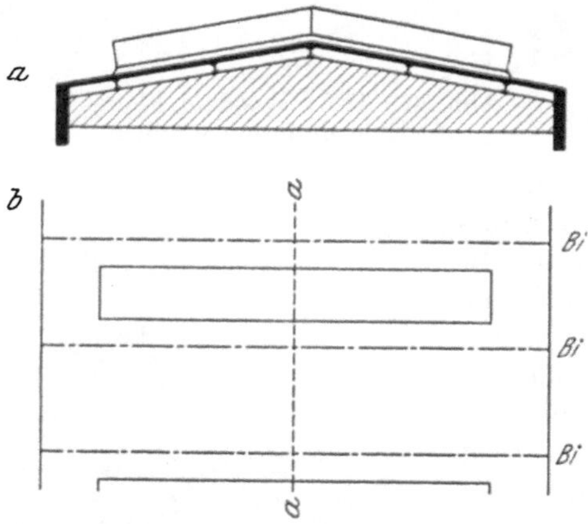

Abb. 339. 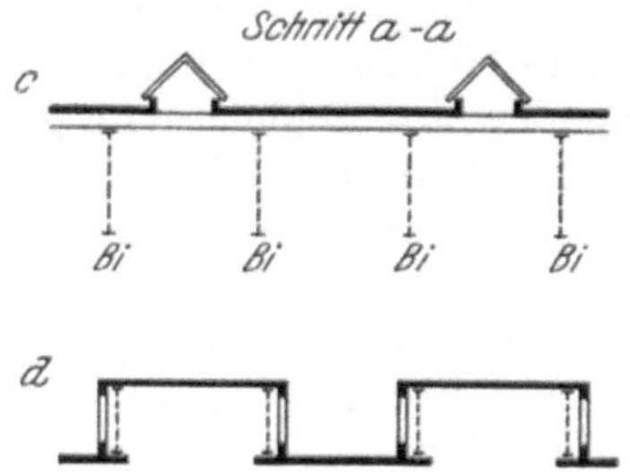 Abb. 340.
Abb. 339 und 340. Satteldachförmiges Oberlicht (Raupenoberlicht).

Räume, wie die Sandaufbereitung, die Schmelzanlage, die Trockenkammern und andere Hilfswerkstätten werden vorteilhaft auf die Südseite gelegt, um der Formerei Schutz gegen seitliche Lichtstrahlen zu geben. Auch andere Gebäude dürfen so nahe herantreten, daß sie während eines Teiles des Tages die Formerei gegen seitliches unmittelbares Licht schützen, doch soll dann darauf geachtet werden, daß vom Schnittpunkt der Gießereiwand mit dem Erdboden bis zur Traufe des benachbarten Gebäudes ein Neigungswinkel von 45° nicht unterschritten wird.

Falls das Licht nur von einer Seite in die Formerei gelangen kann, sollten die Werkstätten nur eine Tiefe von höchstens der doppelten Höhe der lichtgebenden Wand haben, vorausgesetzt, daß die ganze Höhe der Wand zur Wirkung als Fenster kommt. Unter der gleichen Voraussetzung darf die Hallentiefe das vierfache Maß der Wandhöhe erreichen, wenn das Licht von beiden Seiten Zutritt hat. Aus diesem Grund ist man heute bestrebt, möglichst die ganzen Wände in Fensterflächen aufzulösen. Um dem Lichte jede Hemmung aus dem Wege zu räumen, werden die Fensterrahmen vielfach aus Gußeisen und die Fenstersprossen aus Schmiedeisen gefertigt.

Die Lichtwirkung der Seitenfenster kann durch Oberlichter mannigfacher Art unterstützt werden. Bei breiten Hallen und bei mehreren, nebeneinander angeordneten Hallen sind Oberlichter ganz unvermeidlich. Man hat bei der Anordnung von Oberlichtern besonders auf Vermeidung einander schneidender Lichtprismen zu achten. Die Dachoberlichter sollen zusammen mit den Seitenfenstern eine zusammenhängende Lichtfläche auf die Arbeitsebene gelangen lassen. Dabei ist die Höhe der zu belichtenden Halle zu berücksichtigen. In sehr vielen Fällen würden glatt auf das Dach gesetzte Oberlichter nicht die besterreichbare Belichtung ergeben. Eine solche gelingt recht häufig erst durch sattelförmige Anordnung auf der Dachfläche. Aufgesattelte Oberlichter werden stets winkelrecht zur Firstlinie angeordnet. Sie werden der Neigung des Dachwinkels angepaßt und vermögen nach 4 Richtungen Licht auszustreuen. Sie finden insbesondere für

Satteldächer, eine für Gießereibauten häufig benutzte Dachform, Verwendung. Man ordnet sie für Spannweiten bis zu 40 m an. Satteldächer haben Eisen-, Eisen-Holz-, in Ausnahmefällen auch reine Holzbinder und werden in den verschiedensten Formen ausgeführt. Da in Gießereibetrieben stets auch die Entlüftung eine wichtige Rolle spielt, sollte man Satteldächer ohne Laternenaufbau nicht zur Ausführung bringen. Die Kosten einer richtig bemessenen Laterne fallen gegenüber dem Vorteil, damit eine stets wirksame Entlüftung zu schaffen, bei einer Neuanlage nur wenig ins Gewicht.

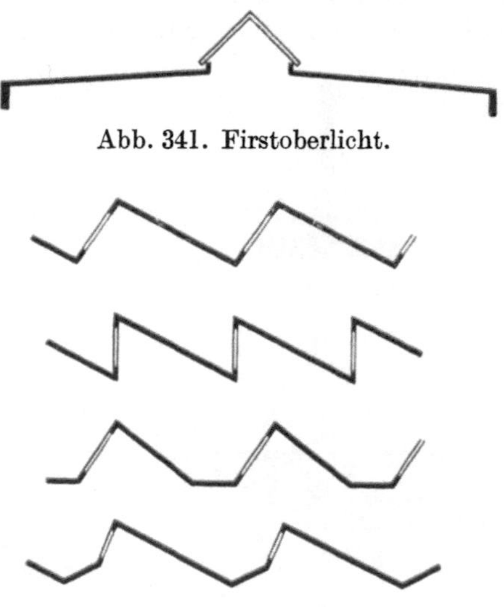

Abb. 341. Firstoberlicht.

Abb. 342. Glasstreifen in Sägedächern.

Durch Anordnung von Sägedächern läßt sich eine sehr gleichmäßige Belichtung großer Grundflächen, sowohl der Hauptformräume als auch aller Nebenräume in ausgezeichneter Weise erreichen. Diese Dächer ermöglichen die Ausrichtung der Lichtflächen nach Norden oder doch nach einer Richtung, die unmittelbares Sonnenlicht nicht zur Wirkung kommen läßt. Man tut gut, die Neigung der Glasflächen dem höchsten Sonnenstande anzupassen. Derselbe ergibt in unseren Breitegraden beste Neigungswinkel von 57 bis 67°, wobei der höhere Wert für unsere südlich gelegenen Gebiete und der niedrigere für die nördlichen Breitengrade gilt.

Abb. 343. Mansardförmiges Oberlicht.

Bogen- und Parabeldächer fanden im letzten Jahrzehnt nicht allzuselten Verwendung für Gießereibauten. Sie werden meist mit eisernen Bindern ausgeführt, doch kommen auch Holz-Eisenbinder, Binder aus Holzfachwerk und Eisen-Betonbinder vor, ohne daß einer dieser Formen eine größere Verbreitung beschieden war. Die Lichtzufuhr erfolgt in allen Fällen durch Oberlichter, deren Form der Dachlinie angepaßt ist.

Für alle Gießereidächer und Oberlichter spielt die Anordnung und Ausführung von Glasdächern eine sehr wichtige Rolle. Bei unsachgemäßer Ausführung ergeben sich stetige Anstände, die zu einer Quelle nie aufhörenden Verdrusses werden müssen. Für die allgemeine Anordnung dieser Flächen ergeben sich vier in den Abb. 339—343 gezeigte Möglichkeiten, wobei für die Abdichtung und das Nichtliegenbleiben, bzw. die leichte Entfernbarkeit von Schnee und Schmutz eine Neigung von mindestens 20°, möglichst aber von 45° erwünscht ist[1]).

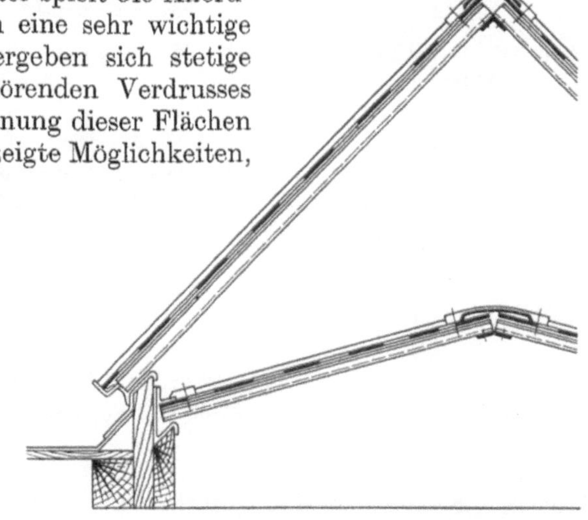

Abb. 344. Innenoberlicht bei satteldachförmigen Oberlichtern.

a) Satteldachförmige Oberlichter in Form von Raupenoberlichtern (Abb. 339 u. 340) und Firstoberlichtern (Abb. 341), wobei die Binder auch in den Raupenoberlichtern liegen.

b) Glasstreifen in stark geneigten, nach Norden gerichteten Dachflächen der Sägedächer (Abb. 342).

c) Glasstreifen in den Mansardflächen (mansardförmige Oberlichter, Abb. 343).

d) Vereinigungen von verschiedenen Formen von Oberlichtern.

[1]) Die folgenden Ausführungen beruhen auf Veröffentlichungen von H. Maier-Leibnitz: „Bauzeitung" (Stuttgart) 1927, bzw. Luegers Lexikon der gesamten Technik 2. Aufl., Bd. III.

In Gießereibetrieben kommen im allgemeinen nur einfache Glasflächen in Frage. Für geheizte Räume sind unter Umständen doppelte Glasflächen vorzusehen, etwa in der Form von Innenoberlichtern bei satteldachförmig angeordneten Oberlichtern nach Abb. 344. Diese sind mit Rücksicht auf die Schwitzwasserabführung mit Neigung zu verlegen. Bei einfachen Oberlichtern ist gewissenhaft auf allseitige Dichtung im First, an der Traufe und an den Zwischenfugen zu achten.

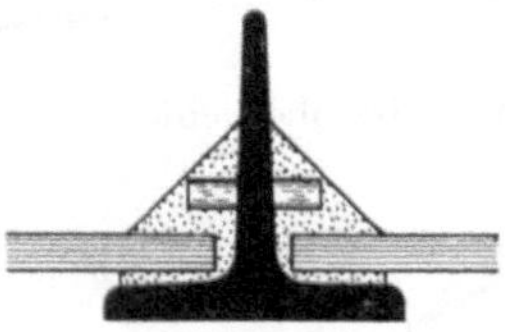

Abb. 345. Kittverglasung.

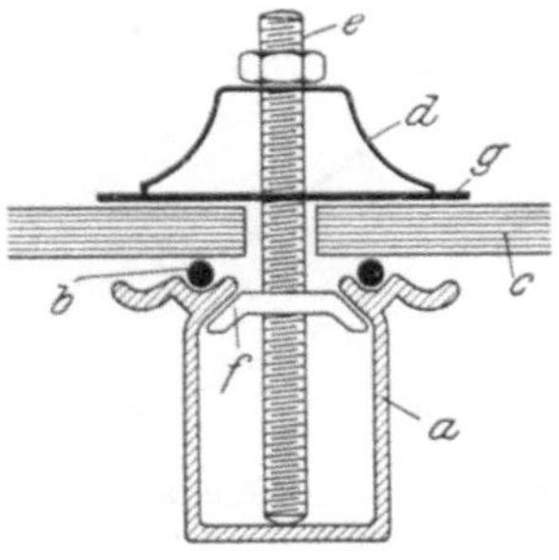

Abb. 346. Wemasprosse.

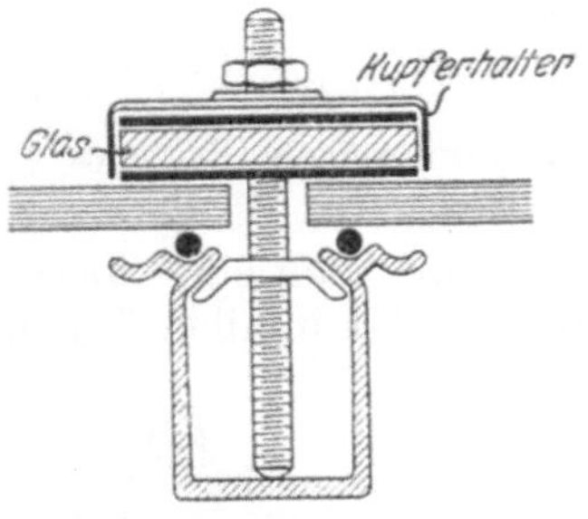

Abb. 347. Wemasprosse mit Kupferhalter.

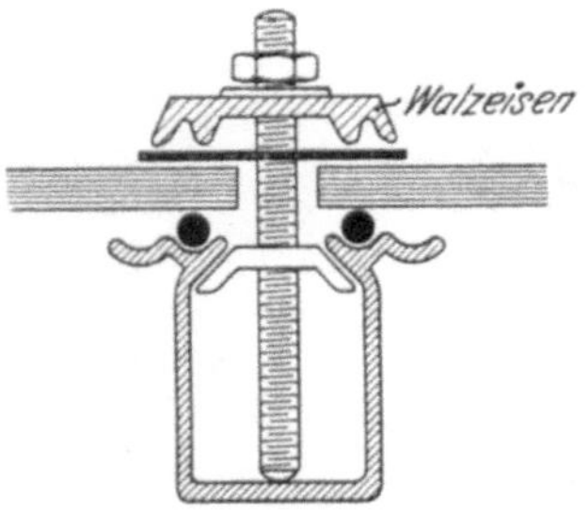

Abb. 348. Wemasprosse mit Walzeisenhalter.

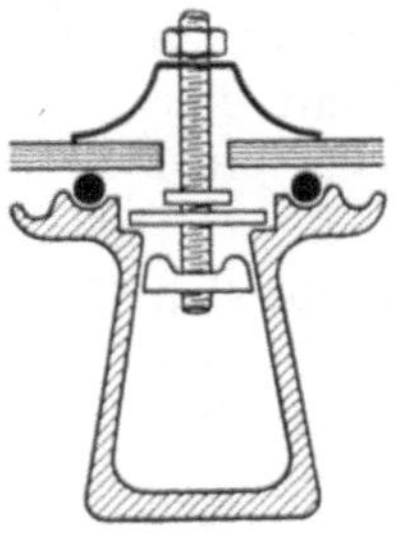

Abb. 349. Fortunasprosse.

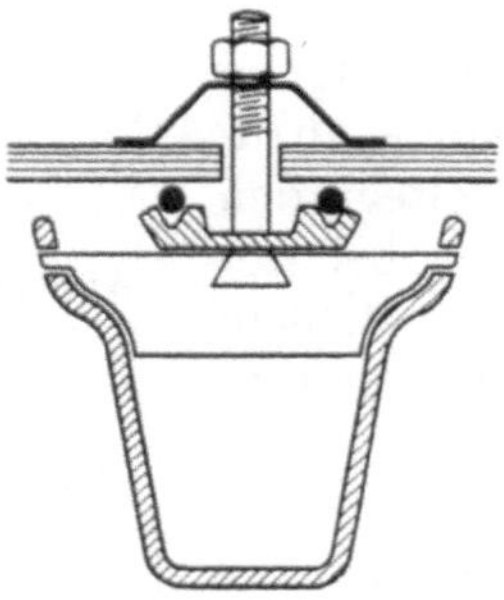

Abb. 350. Lorenzsprosse.

Abb. 351. Englische Sprosse.

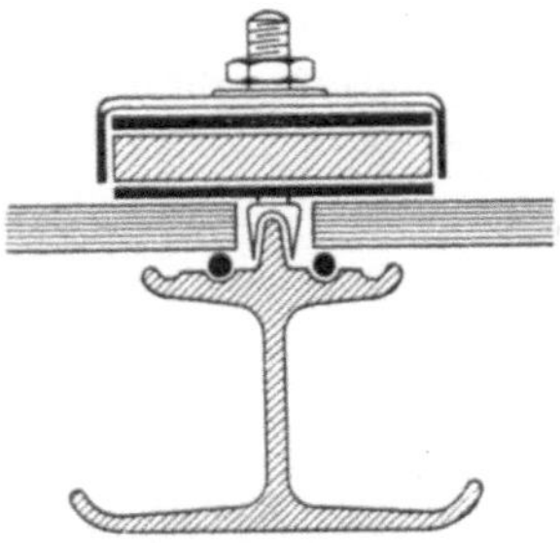

Abb. 352. Supremasprosse.

Abgesehen von dem Einbau von Glasziegeln oder Glasbausteinen in die Dachfläche ist die gebräuchlichste Ausführungsart bei nach den Abb. 345—352 angeordneten Glasflächen die mit sogenannten **Oberlichtsprossen**. Auf ihnen werden die Glastafeln an ihren Längskanten aufgelagert. Diese Tafeln bestehen heute meistens aus Drahtglas von 6—8 mm Stärke, 2,20—3,20 m Länge und bis zu 84 cm Breite, die Sprossen aus gewalztem Flußstahl. Zur Sicherung gegen Korrosion dient Emaillierung oder galvanische Verbleiung der Sprossen.

Man unterscheidet in der Hauptsache zwischen 2 Verglasungsarten: der **Kittverglasung** und der **kittlosen Verglasung**. Bei der Kittverglasung werden meist T-Eisen (aber auch T-ähnliche Eisen, z. B. Streckenbogeneisen) verwendet, wobei die Gläser in bekannter Weise in Kittfälze gelegt werden. Gegen Abheben der Glastafeln dienen etwa 4 mm starke Stifte, die nach dem Verlegen der Glastafeln durch den Sprossensteg gesteckt werden. Bei dieser Art der Verglasung (nach Abb. 345) besteht keine Sicherheit gegen Abtropfen des Schwitzwassers; der Kitt wird mit der Zeit hart, die Auflagerung starr, und da kein Ausgleich möglich ist, entstehen Risse, namentlich bei Temperaturänderungen und bei Erschütterung der Unterkonstruktion durch Krane, Windstöße usw. Das Streichen der Kittfalze erfordert dauernde Kosten für die Unterhaltung. Trotz dieser entstehen undichte Stellen durch Rissigwerden des Kittes und dadurch, daß der Rost den Kitt vom Steg der I-Eisensprossen absprengt. Recht lästig ist auch der Umstand, daß der Kitt nur bei trockenem Wetter an Glas und Eisen haftet, bei schlechtem Wetter die Arbeit also stockt.

Um diese Nachteile zu vermeiden, ist man seit einer Reihe von Jahren hauptsächlich zu **kittlosen Glasdächern** übergegangen. Nach den heute vorliegenden Erfahrungen ist dabei aber nötig, der Korrosionsfrage die ernsteste Beachtung zu schenken. Einzelne Teile der Glasdächer werden entweder unmittelbar durch Regen und Schnee naß oder durch Schwitzwasser. Die Eisenteile verrosten, wenn sie nicht durch geeignete Mittel geschützt werden. Nur solche Anordnungen sind als zweckmäßig zu bezeichnen, bei denen dafür gesorgt ist, daß durch Berührung verschiedener Metalle, z. B. Blei und Eisen, Zink und Kupfer unter Hinzutritt angesäuerten Wassers (Regenwasser und Schwitzwasser) keine metallzerstörenden chemischen Einflüsse entstehen. Metallzerstörende Säuren und andere Flüssigkeiten sind in kleinen Mengen überall vorhanden. Treten sie in besonders großer Menge in Form von schwefliger Säure, Salpetersäure, Salzsäure, Ammoniak und Kohlensäure auf, so genügen für die Sprossen die bei Eisenbauwerken üblichen Rostschutzfarben nicht mehr; auch das Verzinken versagt; bei Anwesenheit von schwefliger Säure und schwefelsaurem Ammoniak. Auf alle Fälle zuverlässig Erfolg versprechend ist eine Emaillierung der Sprossen. Auch galvanische Verbleiung ist gut, vorausgesetzt, daß es gelingt, vor ihrer Ausführung eine vollkommen blasen- und porenfreie Oberfläche herzustellen. In Abb. 346 ist die vielfach ausgeführte U-eisenförmige Wemasprosse (a) von J. Eberspächer in Eßlingen dargestellt, deren obere Flanschen mit Doppelrillen versehen sind. Die äußeren Rillen führen das Schwitzwasser ab, in den inneren sind witterungsbeständige Schnüre (b) gebettet, die eine den Unebenheiten des Glases (c) Rechnung tragende schmiegsame Glasauflagerung gewähren. Die früher üblichen Teerstricke vermodern unter den Witterungseinflüssen, Bleischnüre sind unter Umständen gefährlich, da nach Zerstörung der Farbschicht auf den Sprossen elektrochemische Einflüsse sich geltend machen können. Die Glasfugen über den Sprossen werden durch Deckschienen (d) überbrückt, mit Rücksicht auf Wärmeschutz unter Zwischenschaltung eines teerfreien Pappstreifens (g). Dadurch (durch d und g) werden die Rinnensprossen hinreichend gegen Staub und Wasser und das Glas gegen Abheben (z. B. durch Windunterdruck oder durch Saugwirkung) geschützt. Die Deckschienen werden durch Schraubenbolzen (e) auf das Glas gepreßt, wobei diese durch eine gußeiserne Brücke (f) gegen das Rinnenprofil festgelegt werden. Wenn besondere Korrosionsgefahr besteht, empfiehlt es sich, Anordnungen nach Abb. 347 und 348 zu verwenden. In Abb. 347 ist die Deckschiene aus Drahtglas, in Abb. 348 aus emailliertem oder verbleitem Walzeisen gewählt, wobei ebenfalls zwischen Deckschiene und Glas ein witterungsbeständiger Pappstreifen eingeschaltet

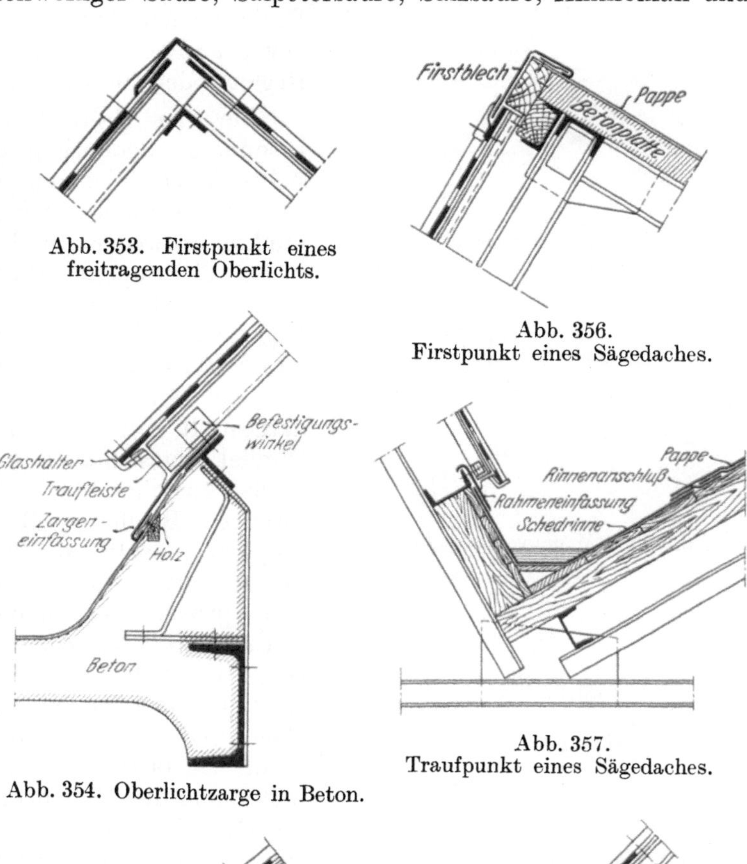

Abb. 353. Firstpunkt eines freitragenden Oberlichts.

Abb. 356. Firstpunkt eines Sägedaches.

Abb. 354. Oberlichtzarge in Beton.

Abb. 357. Traufpunkt eines Sägedaches.

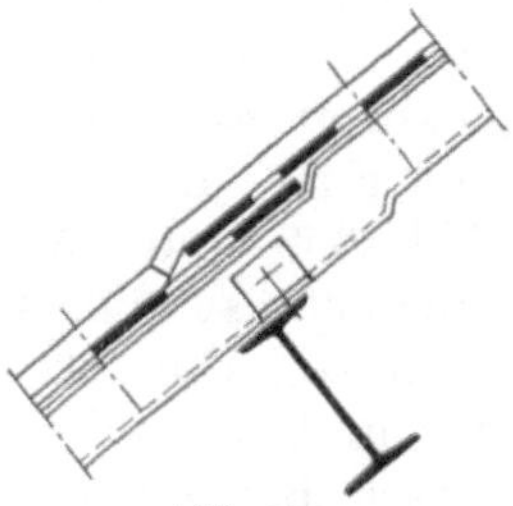

Abb. 355. Scheibenstoß über einer Pfette.

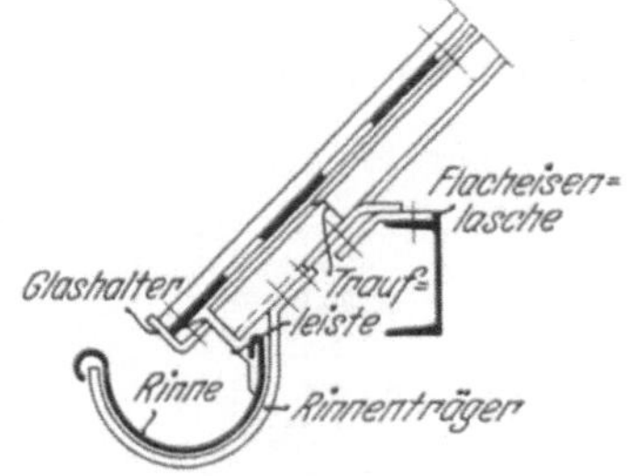

Abb. 358. Traufpunkt eines mansarddachförmigen Oberlichtes.

ist. Ähnliche Verhältnisse wie die Wemasprosse weisen die Fortunasprosse von G. Zimmermann in Feuerbach bei Stuttgart (Abb. 349) und die von S. Lorenz in Stuttgart (Abb. 350) auf. In Abb. 351 ist eine in England verwendete T-Eisensprosse dargestellt, die vollständig mit einem Bleimantel umkleidet ist. Abb. 352 zeigt die Sprosse Suprema von J. Eberspächer. Der senkrechte Ansatz am Flansch des Obergurtes ermöglicht die Sicherung durch eine Deckschienenschraube; die Form des Unterflansches bewirkt zuverlässige Abführung etwa durchdringenden Regen- oder Schwitzwassers.

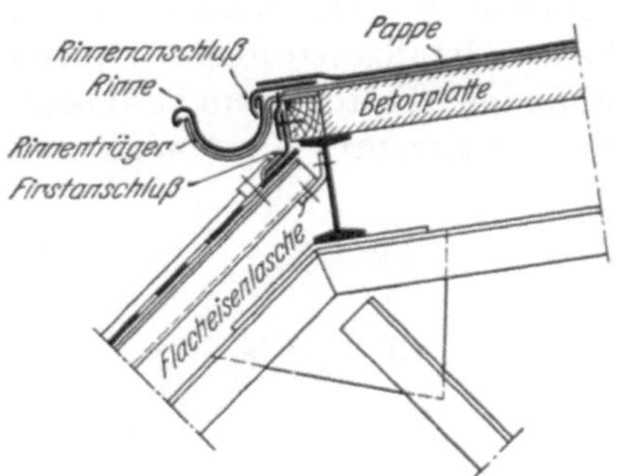

Abb. 359. Firstpunkt eines mansarddachförmigen Oberlichtes.

Für die Haltbarkeit der Glasdächer sind von besonderer Bedeutung die Übergänge zur undurchsichtigen Dachdeckung und die Firstdichtungen. In satteldachförmigen Oberlichtern werden die Firstpunkte entweder durch Pfetten gestützt oder, wie meist bei Raupenoberlichtern, freitragend ausgeführt. In diesem Fall vereinigen die Sprossen in sich die Dienste der Sparren, Pfetten und Binder. Statisch betrachtet bilden sie die Gelenkbogen. Der Firstpunkt eines solchen freitragenden Oberlichtes ist in Abb. 353 dargestellt. Die Sprossen sind an einen durchlaufenden Winkel angeschlossen (unvollkommenes Gelenk), die Lücke zwischen den Glastafeln wird durch winkelförmiges Blech (z. B. verzinktes Eisenblech oder Kupfer) gedeckt, das selbst durch gepreßte Formbleche und durch die obersten Schraubenbolzen mit den Sprossen verbunden ist. Einen entsprechenden Traufpunkt, eine sogenannte Oberlichtzarge in Beton, zeigt die Abb. 354. Ihre Höhe über der undurchsichtigen Dachdeckung ist so zu bemessen, daß weder Regen noch Schnee ins Gebäudeinnere eindringen kann. Zu beachten sind bei diesem Punkt der Glashalter und die Abdichtung der Fuge an der Glastraufe mit Hilfe der sogenannten Traufleiste. Einen Scheibenstoß über der Pfette zeigt Abb. 355, wobei die Sprosse gekröpft werden muß. Die Abb. 356 und 357 stellen den First- und Traufpunkt eines Sägedaches dar, die Abb. 358 und 359 den eines mansarddachförmigen Oberlichtes, die Abb. 360 und 361 Mauerwerksanschlüsse, Abb. 362 einen sogenannten seitlichen Glasanschluß an undurchsichtige Dachdeckung. Bei allen diesen Blechdichtungen und Glashaltern ist auf die durch Rost und Elektrolyse drohenden Gefahren gewissenhaft Rücksicht zu nehmen.

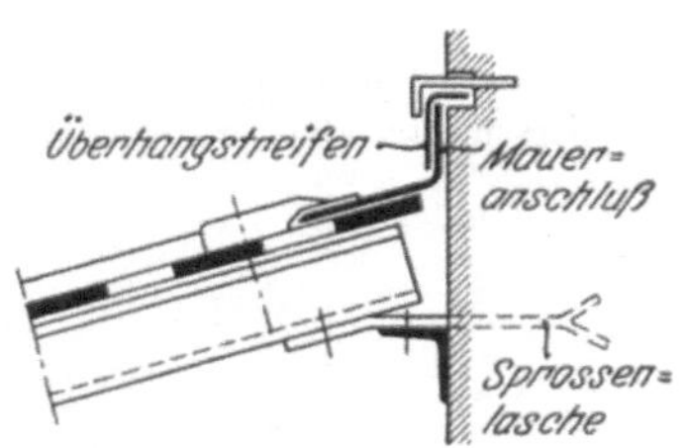

Abb. 360. Mauerwerksanschluß.

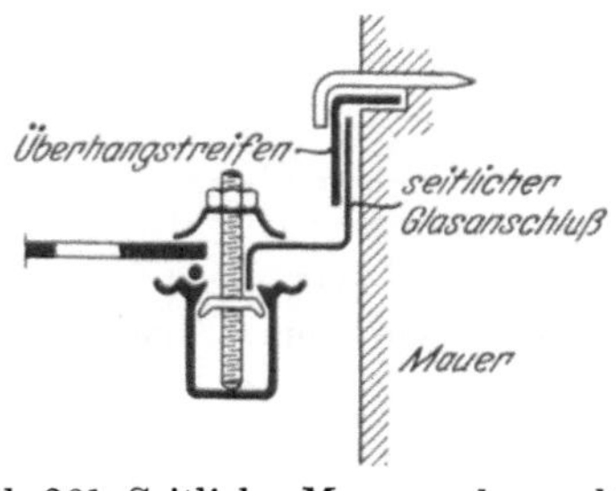

Abb. 361. Seitlicher Mauerwerksanschluß.

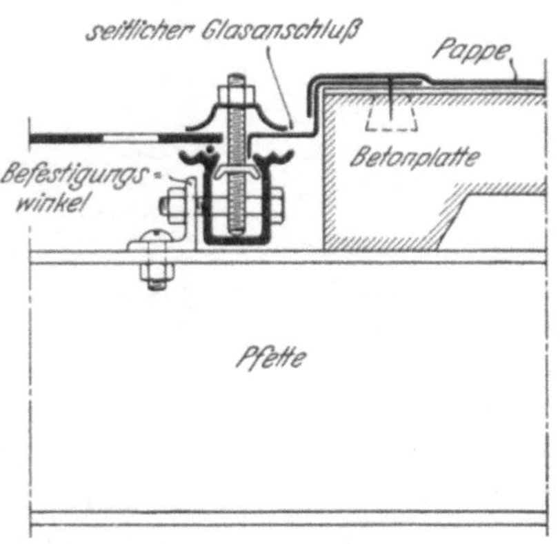

Abb. 362. Anschluß an die undurchsichtige Dachdeckung.

Künstliche Beleuchtung.

Ausreichende Allgemeinbeleuchtung der Gießereianlagen ist für den guten Erfolg der Arbeit und für die Sicherheit der in den Betrieben tätigen Arbeiter eine unerläßliche Vorbedingung. Bei bester Allgemeinbeleuchtung erübrigt sich häufig eine besondere Beleuchtung der Arbeitstellen. Von einer guten Beleuchtung hängt die Güte und Genauigkeit der Arbeit in hohem Maße ab. Zugleich bildet gutes Licht im ganzen Betrieb ein wesentliches Mittel zur Belebung des Arbeitsgeistes. Diesbezüglich liegen bemerkenswerte Nachweise aus amerikanischen

Gießereien vor. Es konnte festgestellt werden, daß nach Einrichtung guter Beleuchtung das Ausbringen wesentlich stieg, in manchen Fällen selbst bis um 20%. Von großem Einfluß ist die Beleuchtung ferner auf die Zahl der Unfälle. Etwa 10% der Unfälle waren noch im letzten Berichtsjahr unzweifelhaft auf mangelhafte Beleuchtung zurückzuführen, und bei weiteren 15% war ungenügendes Licht zum großen Teile schuld.

Die ursprünglichen Lichtquellen der Gießereien, Öllampen, Petroleumlampen, Karbidanlagen und Leuchtgas mit einfachen und mit Glühstrumpfbrennern, sind heute völlig verschwunden. Nur die elektrische Bogenlampe hat sich an manchen Orten noch behaupten können. Aber auch deren Zeit ist abgelaufen, sie wurde von den in jeder Hinsicht besseres leistenden Metallfadenlampen mit Gasfüllung schon fast völlig verdrängt.

Besteht zwar über die Quelle der Gießereibeleuchtung, der Elektrizität, kein Zweifel, so begegnet deren Durchführung um so weiter auseinandergehenden Meinungen. Diesbezüglich stimmen Gießer und Lichttechniker noch nicht ganz überein. Das gilt sowohl bezüglich der Menge des am vorteilhaftesten anzuwendenden Lichtes, als auch bezüglich seiner Verteilung in den verschiedenen Räumen. Infolge des meist schwarzen Bodens in den Form- und Gießhallen und der großen lichtverzehrenden Fenster- und Dachflächen wird nur ein verschwindender Teil des von den Beleuchtungskörpern ausgehenden Lichtes zurückgeworfen. Die zurückgestrahlte Menge beträgt in Eisengießereien nicht mehr als 2—3% und in den meist mit hellerem Sande arbeitenden Stahlgießereien höchstens 10%. Es muß also eine sehr viel größere Lichtmenge zur Wirkung gebracht werden, als dies in Betrieben mit helleren Arbeitsstoffen der Fall ist. Dazu machen Staub, Rauch und Dunst die Luft weniger lichtdurchlässig und bedingen wiederum größeren Lichtaufwand. Die zu spendende Lichtmenge ist nach oben durch wirtschaftliche Erwägungen begrenzt und weiter durch Rücksichtnahme auf etwaige Schädigungen der Augen der Arbeitenden durch allzugrelles Licht. Die Verteilung des Lichtes soll möglichst gleichmäßig über den gesamten, zu erhellenden Raum erfolgen, damit nicht an einzelnen Stellen eine blendende Lichtfülle zur Geltung komme, während andere Teile ungenügend belichtet bleiben.

Man tut gut, nicht allzu große Lampen zu verwenden. Die Anordnung einer entsprechend größeren Zahl von schwächeren Lichteinheiten hat verschiedene, zum Teil recht wesentliche Vorteile. Je stärker das Licht ist, um so störender werden auch die niemals ganz zu vermeidenden Schlagschatten. Schlagschatten sind eine recht häufige Ursache von Betriebsunfällen.

Mit Rücksicht auf Schlagschatten und auf beste Belichtung der Stellen der tatsächlichen Arbeit ist die aufzuwendende Lichtmenge nicht auf die Ebene der Gießereisohle zu berechnen, sondern auf eine etwas höher liegende Ebene. In Deutschland nimmt man diese Ebene für Gießereien mit vorwiegender Bankarbeit etwa in Höhe von 1,00 m über Gießereisohle an, für Betriebe mit vorwiegender Bodenarbeit mit etwa 0,600 bis 0,800 m. In England wird meist eine Höhe von 300 mm empfohlen. Nach englischen Quellen sind für 1 m² Bodenfläche 5 Kerzen vorzusehen. Diese schon vor nahezu 20 Jahren genannte Ziffer[1]) wird aber nur selten erreicht, noch heute findet man, wenn auch nur vereinzelt, englische Gießereien mit einer Allgemeinbeleuchtung, die 1 Kerze je Quadratmeter kaum erreicht. In Amerika wird dagegen allgemein mit recht reichlicher Lichtfülle gearbeitet; die Industriebehörde von Pennsylvanien und New Jersey z. B. schreibt eine Mindestlichtwirkung von 13 Kerzen je Quadratmeter vor und empfiehlt, wenn irgend tunlich, bis auf 26 Kerzen zu gehen. Nach L. Schmid[2]) wird für die einzelnen Abteilungen von Gießereien eine Beleuchtungsstärke nach Zahlentafel 70 empfohlen.

In schmalen Hallen bis zu 12 m Breite kommt man mit einer Reihe von Lampen in der Mittellinie noch gut zurecht Für breitere Hallen empfiehlt sich die Anordnung mehrerer Lampenreihen, die stets an der Decke oder an Dachbindern angebracht werden. Falls Laufkrane vorhanden sind, werden die Beleuchtungskörper knapp über den freien Raum oberhalb der Krane aufgehängt. Zur Vermeidung von Schlagschatten der Kran-

[1]) Jahresbericht für 1912 des Chief Inspectors of Faktories and Workshops, D. R. Wilson.
[2]) Gieß. 1930. S. 752.

brücken empfiehlt es sich, unter dieselben je nach ihrer Länge eine oder zwei Lampen so aufzuhängen, daß sie der freien Bewegung der Kranmaschine nicht im Wege sind.

Neben einer guten Allgemeinbeleuchtung wird in vielen Fällen noch eine Sonderbeleuchtung bestimmter Arbeitstellen erforderlich. Solche Einzelbeleuchtung ist besonders für die Bankformer, für die Kerneinleger von Formen, die am Boden fertigzustellen sind, für viele Kernmachereien und manche andere Stellen unentbehrlich. Auch in allen Fällen, in denen der Arbeitsplatz durch den mit dem Rücken gegen die Lichtquelle stehenden Arbeiter verdunkelt wird, sind Sonderbeleuchtungen kaum zu entbehren. An den Abgießstellen, wo der Gießer leicht durch die vom flüssigen Eisen ausgehenden Lichtwirkungen geblendet wird, so daß er die Eingußöffnung leicht verfehlen kann, wird gleichfalls wirksame Sonderbeleuchtung vorzusehen haben.

Zahlentafel 70.

Beleuchtungsstärken für die einzelnen Räume von Eisengießereien.

Formhallen	40—80	Lux
Kernmacherei	40—80	,,
Gußputzerei	40—80	,,
Gichtbühne	20—40	,,
Maschinenhaus	40—60	,,
Mechanische Werkstätte	40—60	,,
Modell- und Modellplattenlager	20—40	,,
Gußwarenlager	20—40	,,
Rohstoff- und Formkastenlager	5—10	,,

Verfehlt ist es, die Gußputzerei nur unzureichend zu beleuchten. Die Arbeit mit dem Meißel, gleichviel ob Hand- oder Preßluftmeißel, geht nocheinmal so flott voran, wenn der Gußputzer genau erkennen kann, wo er den Meißel für jeden Span anzusetzen hat, wie wenn er seine Späne fast blindlings wegnehmen muß. Auch so mancher Gußfehler wird infolge mangelhaften Lichtes leicht übersehen und gibt später Anlaß zu Beschwerden. Die Lampen in der Gußputzerei sind mehr oder weniger durch herumfliegende Spanteilchen und Sandkörner gefährdet, weshalb es notwendig ist, sie durch möglichst gesicherte Aufhängung, oft zudem noch durch feinmaschige Drahtgitter zu schützen.

Das Maschinenhaus bedarf einer Beleuchtung von mindestens der Ausgiebigkeit, die für die Formerei vorzusehen ist. Man wird aber im Maschinenhause mit etwas schwächeren Beleuchtungsquellen gleiche Wirkungen wie mit stärkeren in der Formerei erzielen, da hier mit hellem sauberem Boden und glatten, das Licht gut zurückwerfenden Wänden zu rechnen ist. Der in der Zahlentafel 70 angegebene Wert von 40—60 Lux ist darum völlig ausreichend.

Im Maschinenhaus ist ebenso wie in vielen Formereien eine schmale Handlampe recht nützlich, die es ermöglicht, in und unter der Maschine bzw. einer Form gründlich Nachschau zu halten. In manchen Formereien sind zu diesem Zwecke zahlreiche Steckdosenanschlüsse angebracht. Solche Lampen können in Form und Ausführung Sonderansprüchen weitgehend angepaßt werden. In vielen Fällen sind staubdichte Lampen nötig, in anderen ist es notwendig, die Lampen gegen Feuchtigkeit besonders zu schützen. An Kranbrücken hängende Lampen werden durch federnde Fassungen geschützt und Formerhandlampen werden vielfach ohne Reflektoren geliefert, da sie nur so geeignet sind, in tiefliegende und enge Formteile eingeführt zu werden. Mitunter wird es nötig, z. B. bei Formmaschinen, Einzellampen zur schrägen Beleuchtung von oben anzuordnen. Auch Schrägstrahllampen werden oft vorteilhaft verwendet.

Bei Planung einer neuen Beleuchtungsanlage ist der Rat eines erfahrenen Fachmannes unentbehrlich. Man wird aber doch in allen Fällen gut tun, darauf zu achten, daß man bei Befolgung seiner Ratschläge und Empfehlungen nicht zu einem Übermaße von Licht und den damit unvermeidlichen, überflüssig großen Anschaffungen und unter Umständen auch Betriebskosten gelangt.

Die Beheizung der Gießereien.

Die Heizungsfrage wurde bisher in vielen Gießereien arg vernachlässigt, und noch heute halten manche Gießereifachleute eine besondere Beheizung der Gießhallen für einen Luxus. Wer einmal eine Gießerei bei kräftigem Außenfrost besucht hat, wird erkennen, daß der über Nacht gefrorene Sand nicht mehr die für Formzwecke erforderliche Gestaltungs- und Bindefähigkeit besitzt und zur Erlangung dieser Eigenschaften erst gründlicher Erwärmung bedarf. Auch geht die Arbeit mit notdürftig angewärmtem Formsand nur mühselig voran, und die Mannschaft hat in solchen Fällen lange zu tun, bis sie selbst genügend beweglich geworden ist, um flott weiterarbeiten zu können. Unter ungünstigen Umständen vergeht leicht ein halber Arbeitstag, bis der Betrieb wieder einigermaßen in Ordnung ist.

Abgesehen von der von außen in die Gießerei eindringenden Kälte hängt die Notwendigkeit, durch entsprechende Heizeinrichtungen befriedigende Wärmeverhältnisse in Gießereien zu schaffen, von deren Bauart, von der Anzahl und Anordnung der Trockenkammern, sowie von der Häufigkeit des Gießens und von der Art des erzeugten Gusses ab. In Gießereien, die während der ganzen Schicht ununterbrochen gießen, und Gießereien, die täglich zweimal oder nur einmal gießen, in solchen, die nur jeden zweiten oder dritten Tag oder gar nur einmal in der Woche abgießen, liegt selbstverständlich ein sehr verschiedenes Heizungsbedürfnis vor. Betriebe mit Tag- und Nachtschicht können am leichtesten auf Sonderbeheizung verzichten, während eine solche in Gießereien, die nicht täglich zum Abgusse kommen, in unserem Klima unentbehrlich ist. Das Bedürfnis nach einer Sonderheizung ist in Betrieben mit umfangreichem Schmelzbetrieb, der den ganzen Tag im Gange ist, natürlich weniger dringend als in Betrieben, die täglich nur geringer Schmelzmengen bedürfen. Bei umfangreichem Schmelzbetrieb bildet das von den Schmelzöfen gelieferte flüssige Eisen eine recht ausgiebige Wärmequelle. Die den ständig in der Gießerei verkehrenden vollen und leeren Gießpfannen entströmende Wärme verteilt sich mehr oder weniger gleichmäßig in der ganzen Gießerei. Während der Nacht kühlt aber die Gießerei trotz der Wärmeabgabe der allmählich erkaltenden Abgüsse wieder ab. Die Heizwirkung des neuen Gusses hängt wesentlich von dessen Größe und Gewicht ab. Bei kleinen, leichten Abgüssen hört die wärmeabgebende Wirkung schon nach kurzer Zeit auf, während sie bei großem und schwerem Guß unter Umständen bis zum Wiederbeginn der neuen Schicht anhalten kann. Im ersten Falle ist eine Heizung des Betriebes noch vor Beginn der Tagschicht sehr notwendig, im zweiten Falle wird man nicht selten darauf verzichten können. In allen Fällen ist aber für soviel Wärme vorzusorgen, daß die Arbeit am Morgen keinen Aufenthalt oder Minderung durch den Einfluß der Kälte erleidet.

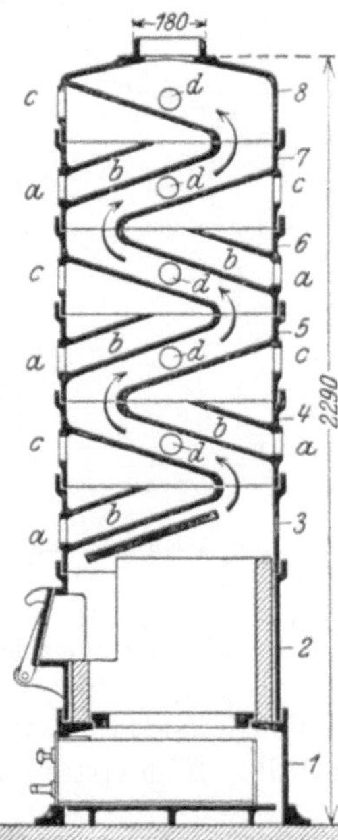

Abb. 363. Zirkulierofen mit Schüttfeuerung.

Man hat sich in früheren Zeiten durch Aufstellung von K o k s k ö r b e n zu behelfen gesucht und ist damit durch Jahrhunderte schlecht und recht zurecht gekommen. Die Heizung mit Kokskörben ist höchst unwirtschaftlich, da sie neben dem Aufwande für den Koks nicht unbeträchtliche Lohnausgaben verursacht. Sie bringt stets mehr oder weniger Unordnung in den Betrieb, wirkt nur auf sehr beschränkten Raum und ist der Gesundheit der Leute in hohem Grade schädlich. Von einer auch nur einigermaßen gleichmäßigen Wärme in so behandelten Räumen kann keine Rede sein. Die in den Kokskörben erzeugte kostspielige Wärme geht in den oberen Schichten der Gießereihalle zum großen Teile zuverlässig verloren.

Die Temperatur in der Gießerei soll des Morgens nicht unter 8° C gesunken sein und dann möglichst bald in Kopfhöhe der Former auf 15° C ansteigen. Wo das erreicht wird, kann von idealer Heizung gesprochen werden. Die hierfür aufgewendeten Kosten kommen durch ungestörte gute Arbeit reichlich wieder herein. Um solche Heizung innerhalb wirtschaftlich zulässiger Grenzen zu ermöglichen, soll die Gießerei nur die für ihren Betrieb unumgänglich notwendige Höhe haben. Größere Höhen bedingen höheren Bauaufwand und vermehrte Betriebsunterhaltungskosten. Bei Neuanlagen wird hierauf nur allzuoft nicht genügend Gewicht gelegt. — Je höher die Gießhalle wird, um so mehr sind die Kranführer bei geheizten Anlagen von zu großer Wärme behelligt. Dem muß durch ausreichende natürliche oder künstliche Lüftung vorgebeugt werden.

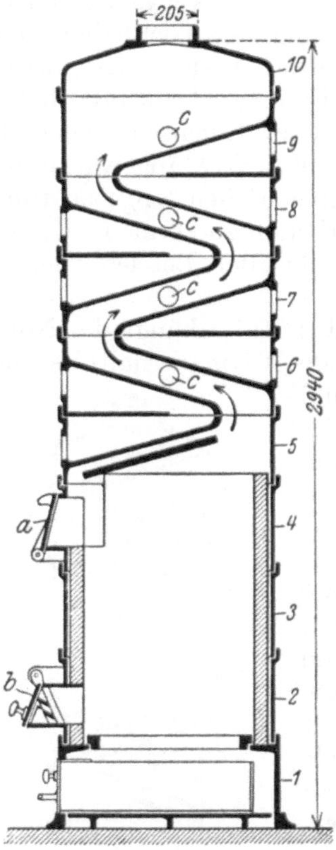

Abb. 364. Regulier-Zirkulierofen.

Für kleinere und mittlere Gießereibetriebe sind Öfen nützlich, die leicht an jeder Stelle aufgestellt werden können und, wo immer das angeht, mit einem Rauchabzug versehen werden müssen. Unter der großen Zahl in Gießereien verwendeter Öfen haben sich sog. Zirkulieröfen gut bewährt. Abb. 363—365 geben eine der verbreitetsten Ofenarten, den Hohenzollernofen, wieder. Er besteht, wie Abb. 363 zeigt, aus mehreren, lose aufeinandergesetzten Ringen (1—8), die zusammenhängend einen im Zickzack aufsteigenden Schacht zur Ableitung der Verbrennungsgase bilden. Aus der Gießerei strömt durch die Öffnungen a Luft in den den Heizkanal begrenzenden Raum ein, sie wird von der Platte d entlang der erhitzten Wand des Abzugsschachtes in den Hohlraum des nächsthöher gelegenen Ringes gedrängt und gelangt durch die Öffnung c wieder in den zu erwärmenden Raum. Das Gleiche wiederholt sich bei jedem folgenden Ringe. Diese Öfen werden in verschiedenen Größen geliefert und als Schüttofen (Abb. 363), als Regulierfüllofen (Abb. 364) und als Treppenrostofen (Abb. 365) ausgeführt. Schütt- und Regulieröfen werden mit Steinkohle oder Koks beheizt, während Treppenrostöfen sich besonders für minderwertige Brennstoffe, wie Braunkohle, Koksrückstände aus dem Schmelzbetriebe und sonstigen Koksfeuerungen, Tischlereiabfälle, Sägespäne und ähnliche Stoffe eignen. Die Reinigung der Feuerzüge erfolgt durch die einander gegenüberliegenden Öffnungen c in Abb. 364 bzw. d in Abb. 363.

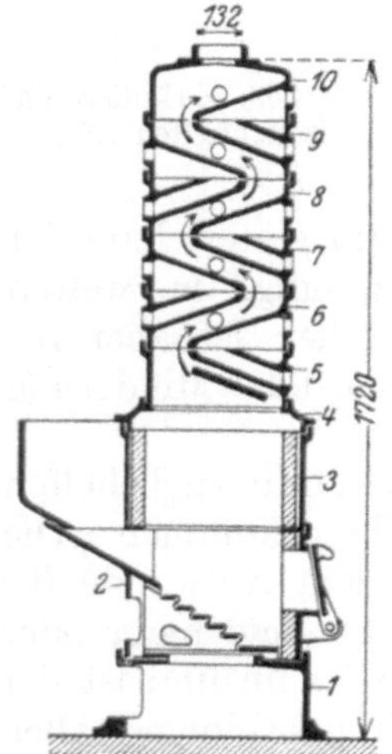

Abb. 365. Zirkulierofen mit Treppenrostfeuerung.

Früher vielfach übliche Dampfheizungen werden nur noch selten angelegt, da seit dem Siegeszuge der Elektrizität auch in den Gießereien Dampfmaschinen ziemlich selten geworden sind. Die Anlage von besonderen Kesseln zur Erzeugung des erforderlichen Dampfes empfiehlt sich aus wirtschaftlichen Gründen nur in seltenen Ausnahmefällen. Ist aber eine Dampfmaschine noch in Betrieb, so bildet der sonst nutzlos ins Freie gepuffte Abdampf ein billiges Heizmittel. Ist eine Kondensations-Dampfanlage vorhanden, so kann sie im Winter ausgeschaltet werden und der Abdampf für die Heizung Verwendung finden. Die Wärmeabgabe erfolgt vielfach durch Rippenheizrohre und Radiatoren, die gerne unter den Fenstern aufgestellt werden. Bei Verwendung von glatten Röhren zur Abgabe der Wärme empfiehlt es sich, eine Anzahl Röhren zu Heizkörpern zu vereinigen.

Für die Heizanlage des Speise-, Wasch- und Badehauses (Abb. 366) werden glatte Heizröhren mit etwas größerem Durchmesser angeordnet. Die Röhren laufen den Wänden entlang glatt durch. Der Bau umfaßt ein Kellergeschoß, in dem die Kessel untergebracht wurden, ein Erdgeschoß mit großem Speisesaal, Anwärmeschränken und Räumen für erste Hilfe bei Unfällen und ein Obergeschoß mit Brausebädern, einem Vollbade, reichlichen Waschgelegenheiten und über 300 abschließbaren Kleiderschränken. Die Abbildung 366 läßt die Anordnung der Heizröhren, je vier übereinanderliegende Stränge längs den größere Abkühlung verursachenden Fenstern und zwei übereinander liegende Röhren an der fensterlosen Rückwand erkennen.

Solche Heizanlagen kommen für Gießereihallen nicht in Betracht. Für diese wird man, soweit Einzelöfen oder Dampf-, bzw. Heiß- und Warmwasserheizung nicht vorhanden sind, heute Ventilationsheizungen mit Lufterneuerung einrichten[1]). Solche Anlagen bestehen aus wärmespendenden Heizanlagen mannigfachster Art, deren angewärmte Luft entweder unmittelbar oder mittels Ventilatoren an die zu erwärmenden Räume abgegeben wird. Die Verteilung der Warmluft kann dabei unmittelbar durch Ventilatoren oder durch Zwischenschaltung eines Verteilungsrohrnetzes geschehen. Man verbindet dann die Heizanlage mit einer Entlüftungsanlage, die unmittelbar wirken kann, oder aber, was stets vorzuziehen ist, eine regelmäßige Erneuerung der Luft bewirkt.

[1]) Näheres hierüber vgl. z. B. Körting: Wesen usw. der Heizungs- und Lüftungsanlagen. 4. Aufl. 1922.

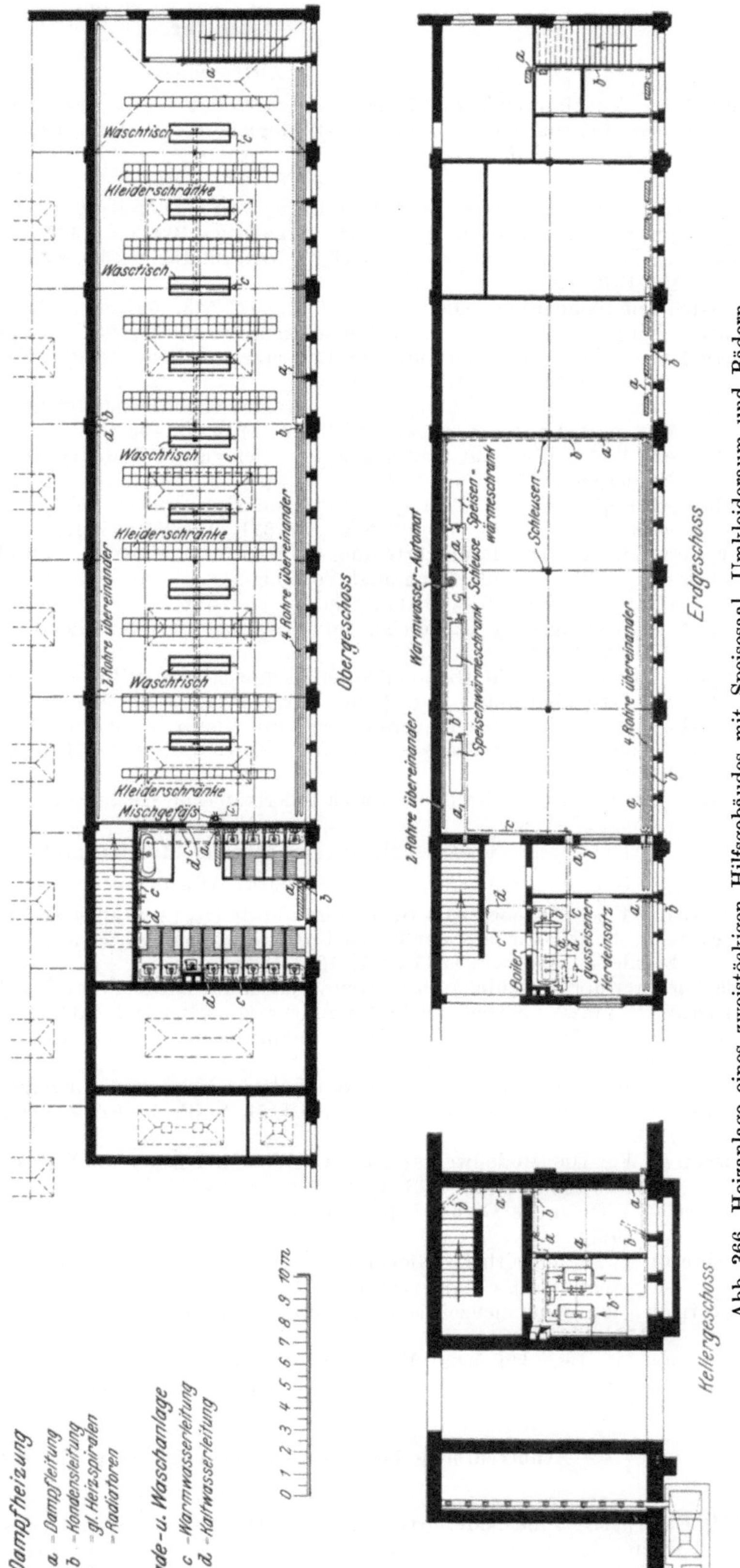

Abb. 366. Heizanlage eines zweistöckigen Hilfsgebäudes mit Speisesaal, Umkleideraum und Bädern.

Literatur.

Allgemeines.

Ledebur, A.: Handbuch der Eisen- und Stahlgießerei. 3. Aufl., S. 407—438. Leipzig 1901.
Osann, B.: Lehrbuch der Eisen- und Stahlgießerei. 5. Aufl. 1922. S. 607/643.

Beschreibungen.

Hooper, Geo. K.: Entwurf und Ausführung von Gießereibauten. Vortrag vor der American Foundrymen's Association, Mai 1907. Stahleisen 1907. S. 1324/1325.
Lots, R.: Gießereihallenbauten und ihre Rentabilität. Gieß.-Zg. 1910. S. 14/17, 77/80, 108/111, 135/137.
— Gießereihallenbauten. Gieß.-Zg 1910. S. 521/523, 557/562, 558/560, 585/592, 624/626, 691/694.
Munk, Eugen: Über Bodenbedarf moderner Graugießereien. Stahleisen 1912. S. 2157/2165.
Cole Estep, H.: Gießereigrundfläche und erzeugte Eisenmenge. Foundry 1913. Mai, p. 241; auszugsw. Stahleisen 1913. S. 2149.
Smith, Sydney G.: Gesichtspunkte bei Anlage einer Handelsgießerei. Foundry Tr.-Journal 1914. Mai, p. 272 u. f.; auszugsw. Gieß.-Zg. 1914. S. 403/405.
Schauer, E. L.: Wie baut man am besten Gießereien? Foundry 1916. Sept., p. 379/388; auszugsw. Stahleisen 1917. S. 881/882.
Leber, E.: Allgemeine Gesichtspunkte, Grundsätze und Regeln bei Anlage einer Gießerei. Stahleisen 1917. S. 685/694, 795/800, 874/881, 971/979, 1181/1187.
Irresberger, C.: Die Raumverteilung in Stahlformgießereien. Stahleisen 1918. S. 170/172.
Ehrhardt, Th.: Vereinfachung und Verbilligung von Industriebauten insbesondere von Gießereianlagen. Gieß. 1918, S. 141/146.
— Die Errichtung von Gießereien im Anschlusse an bestehende Maschinenfabriken. Gieß.-Zg. 1921. S. 473/476.
Escher, M.: Neuzeitliche Gießereibauten, Grundsätze mit Rücksicht auf Anlagekosten, Vergrößerung und Nebenbetriebe. Ind. Techn. 1921. Dez. p. 295/298.
Irresberger, C.: Allgemeine Grundlagen für Gießereientwürfe. Gieß. 1923. S. 372/375.
— Die Grundformen der Gießereianlagen. Gieß. 1927. S. 666/671, 685/690, 705/708, 885/889, 905/912, 926/929.
Geilenkirchen, Th.: Streifzüge durch amerikanische Gießereien. Gieß. 1927. S. 805/807, 912/915.

Gießereianlagen europäischer Maschinenfabriken.

Beschreibungen.

Neufang, E.: Die Gießerei der Gasmotorenfabrik Deutz. Stahleisen 1908. S. 459/468, 513/518, 547/555.
Treuheit, J.: Die Gießerei der Firma Ehrhard u. Sehmer, G. m. b. H. in Schleifmühle-Saarbrücken. Stahleisen 1908. S. 1265/1277, 1311/1324.
Die Gießerei der Maschinenfabrik Gebr. Sulzer in Winterthur. Stahleisen 1909. S. 1009/1021.
Ehrhardt, Th.: Neue Gießerei der Hartung-A.G. in Berlin-Lichtenberg. Stahleisen 1910. S. 1905/1912.
Wallichs, A.: Die Entwicklung der Maschinenfabrik Thyssen u. Co., A.G. in Mülheim a. d. Ruhr. Stahleisen 1912. S. 851/856.
Die Gießerei des neuen Werkes von R. Wolf in Magdeburg-Buckau. Gieß.-Zg. 1912. S. 429/436.
Leber, E.: Die neue Gießerei der Firma J. M. Voith in Heidenheim. Stahleisen 1914. S. 737/746, 1079/1037.
Ahrens, W.: Die Modellwerkstätten und das Modellager der Firma Gebr. Sulzer. A.G. in Winterthur. Stahleisen 1914. S. 1526/1530, 1652/1656.
Leber, E.: Die neue Gießerei der Maschinenfabrik Eßlingen. Stahleisen 1917. S. 76/83, 177/183, 302/306.
Meisner, Fr.: Neuzeitliche Gießerei für schweren Maschinenguß (Rheinische Stahlwerke in Duisburg-Wanheim). Stahleisen 1925. S. 1470/1476.
Schunck, K.: Eine neuzeitliche Gießereianlage (Gebr. Eickhoff in Bochum). Stahleisen 1926. S. 1701/1705.
Thomas, A., Le.: Die neue Marinegießerei in Indret. Techn. mod. 1928. p. 127/131.
Mehrtens, Joh.: Die Eisengießerei der Siemens u. Halske A.G. in Berlin-Siemensstadt. Gieß. 1928. S. 794/798.

Außereuropäische Gießereianlagen für Grauguß verschiedener Art.

Beschreibungen.

Cole Estep, H.: Eine moderne Gießerei an der Küste des Stillen Ozeans. Foundry 1909. April, p. 71/73.
Die Gießerei der M. Rumely Co. in La Porte, Ind. Foundry 1911. Juli, p. 203/211.
Großgießerei für kleinen Grauguß der International Harvester Co. in Milwaukee. Gieß.-Zg. 1911. S. 429/434.
Großgießerei für Dreschmaschinenguß der New South Works. Iron Age 1912. p. 769; auszugsw. Stahleisen 1913. S. 1817/1820.

Eine zweistöckige Bremsklotzgießerei. Foundry 1914. p. 11 u. f.; auszugsw. Gieß.-Zg. 1914. S. 258/262.

Die neue Gießerei der Westinghouse Electric and Mfg. Co. in Cleveland. Iron Age 1916. p. 767/764; auszugsw. Stahleisen 1916. S. 1156/1158.

Die Kundengießerei der Studebaker Corp. in South-Bend, Ind. Iron Age 1924. p. 835/842; 1927. Nr. 24, p. 1645/1649; auszugsw. Gieß. 1925. S. 198/201.

Die Gießerei der New London Ship and Engine Co. in Croton, Conn. U.S.A. Gieß. 1927. S. 1924 u. f.

Geilenkirchen, Th.: Die Wilson-Gießerei in Pontiac, Mich. Gieß. 1927. S. 912/915.

Die Gießerei der General Electric Co. in Pittsfield, Mass. Iron Age 1930. p. 1069/1072.

Gießereien für Autobedarf.

Beschreibungen.

Irresberger, C.: Die Gießerei der Buick Motor Co. in Flint, Mich. nach Foundry 1917. p. 223/231; Stahleisen 1918. S. 679/683; Iron Age 1927. Nr. 18, p. 1217/1223; s. a. Grützmacher, F.: Gieß. 1927. S. 889/895.

— Das Gußwerk der Allyne Ryan Co. in Cleveland. Stahleisen 1918. S. 577/584; nach Iron Trade Rev. 1916. p. 409/418.

— Das neue Gußwerk der Österreichischen Waffenfabriksgesellschaft in Steyr. Stahleisen 1921. S. 105/110, 288/293, 401/406.

Gießerei der General Motors Co. in Saginaw, U.S.A. ist beschrieben von: F. Gaillard in Fond. Mod. 1921. März, p. 55/62; Pat Dwyer in Foundry, 1. Juni 1926 (Gieß.-Zg. 1926. S. 385); A. Lentz in Gieß.-Zg. 1926. S. 515/518; F. Grützmacher in Gieß. 1929. S. 1192/1900.

Gießereianlagen der Ford Motor Co. in River rouge sind beschrieben von E. Leber: Stahleisen 1914. S. 1762/1765; C. Irresberger: Stahleisen 1922. S. 126/128; Harry Baclesse: Gieß-Zg. 1924. S. 176/180, 195/199, 226/231; F. Grützmacher: Gieß. 1928, S. 679/688.

Lohse, U.: Die neuen Gießereien der Citroënwerke in Clichy bei Paris. Z. V. d. I. 1928. S. 464/468.

Grützmacher, F.: Die Gießerei der Dodge Brothers Corp. (Walter P. Chrysler Corp.) Gieß. 1929. S. 485/490.

Stahlgießereien.

Die Gießerei der Michigan Motor Castings Co. in Flint, Mich. Castings 1911. Mai, p. 41/45.

Bian, E.: Das Elektrostahlwerk des Eicher Hüttenvereins Le Gallais, Metz u. Co. Stahleisen 1911. S. 217/224.

Die Stahlgießerei der Sivyer Steel Castings Co. in Milwaukee. Iron Age 1914. p. 1292; 1916. p. 1047/1051 u. 118/119; auszugsw. Stahleisen 1917. S. 183/184.

Die neue Stahlgießerei der „Machined Steel Castings Co. in Alliance, Ohio. Iron Age 1920. p. 457/460; auszugsw. Stahleisen 1921. S. 394/395.

Kreutzberg, E. C.: Die Stahlgießerei der Tennessee Coal and Railroad Co. in Fairfield, Ala. Foundry 1923. p. 611/615; auszugsw. Gieß. 1924. S. 101/102.

Die Crucible Steel Castings Co. in Cleveland. Foundry 1923. p. 914/919; auszugsw. Gieß. 1924. S. 451.

Die Konvertergießerei von G. u. J. Jäger A.G. in Elberfeld. Gieß. 1927. S. 888/889.

Kerpely, K. v. Das Elektrostahlwerk der Drahtindustrie A.G. in Campia Turzii (Rumänien). Gieß. 1929. S. 1030/1035.

Hager, A. F.: Ausbau einer Martinhütte zu einer Stahlformgießerei. Gieß. 1929. S. 291/294.

Tempergießereien.

Allgemeines.

Leber, E.: Temperguß und Glühfrischen. Berlin 1919. S. 271/291.

Schüz, E. und R. Stotz: Der Temperguß. Berlin 1930. S. 351/361.

Beschreibungen.

Die neue Weichgießerei der Bergischen Stahlindustrie G. m. b. H. zu Remscheid. Stahleisen 1907. S. 728/732.

Schoemann, E.: Moderne Tempergießerei (F. W. Killing in Hagen). Stahleisen 1909. S. 593/598.

Die Tempergießerei der Link-Belt-Co. in Indianopolis. Iron Age 1914. p. 308/314; auszugsw. Stahleisen 1915. S. 104/106.

Die Tempergießerei der American Radiator Co. in Buffalo. Foundry 1917. p. 73/74; auszugsw. Stahleisen 1919. S. 443/445.

Die Tempergießerei der Pacific Malleable Castings Co. in Oakland, Cal. Foundry 1925. p. 56/60; auszugw. Stahleisen 1925. S. 1479/1481.

Röhrengießereien.

Beschreibungen.

Simon, Gust.: Entwicklung der Anlage von Röhrengießereien. Stahleisen 1907. S. 397/404.

Ardelt, Rob.: Über neue Röhrengießereien, Bauart Ardelt. Stahleisen 1913. S. 355/361.

— Förderanlagen für Rohrgießereien. Gieß-Zg. 1923, S. 177/182.

Kreutzberg, E. C.: Gießerei für Schleudergußröhren nach dem Verfahren von de Lavaud. (United States Cast Iron Pipe and Foundry Co. in Birmingham.) Foundry 1923. p. 727/731; auszugsw. Gieß.-Zg. 1924. S. 400/402.
Moore, W. D.: Gießerei zur Arbeit mit sandausgekleideten Drehformen. (American Cast Iron Pipe Co. in Birmingham.) Foundry 1926. p. 351/353 u. 363.
Avey, Dan: Die Mooresche Schleuderröhrengießerei (sandausgekleidete Drehformen) in Birmingham. Foundry 1926. p. 972/977; Foundry 1927. p. 5/11.
Guerrini, Giuseppe: Röhrenschleuderguß in halbtrockenen Sandformen. Foundry 1928. p. 832/835; auszugsw. Gieß. 1928. S. 1284.
Die Röhrengießerei von Franchi-Gregorini in Brescia. Foundry 1929. p. 757/760.
Dwyer, P.: Die Woodsche Schleuderröhrengießerei in Florence, N. J. Foundry 1929. p. 126/131 und 156.
— Die Gießerei der National Cast Iron Pipe Co. zur Herstellung naß gegossener Druckröhren in Birmingham Ala. Foundry 1930. p. 104/107; auszugsw. Gieß. 1930. S. 1143.

Universalgießereien.

Beschreibungen.

Das Werk der Nelson Valve Co. in Wyndmoor bei Philadelphia (Eisen-, Stahl- und Metallgießerei). Gieß-Zg. 1911. S. 559/565, 588/592.
Die Eisen- und Stahlgießerei der Société Française de Constructions Méchaniques (Anciens Établissements Cail). Rev. Mét. 1911. Sept. p. 647/654; desgl. J. u. E. Leber: Stahleisen 1911. S. 2126/2131.
Die Eisen- und Stahlgießereien der Birdsboro Steel-Foundry and Machine Co. in Birdsboro, Pa. Iron Age 1916. p. 1276/1278; auszugsw. Stahleisen 1917. S. 1177/1180; Foundry 1918. p. 415/423; auszugsw. Stahleisen 1920. S. 439/442.
Schimpke, P.: Die Stahl-, Temper- und Graugießereianlagen der Firma G. Krautheim in Chemnitz. Stahleisen 1920. S. 1293/1300, 1443/1448.

Beförderungs- und Begichtungs-Einrichtungen.

Schmidt, O. S.: Elektrische Hängebahnen in Gießereien. Stahleisen 1909. S. 1377/1384.
Hermanns, Hubert: Der mechanische Massentransport in der Gießerei. Stahleisen 1910. S. 575/579, 707/711.
Pape, Martin: Transportmittel im Gießereibetrieb. Stahleisen 1912. S. 1597/1605, 1823/1831, 1981/1985.
Wettich, H.: Neuere Elektrohängebahnen in Gießereien. Stahleisen 1914. S. 345/349.
Hubert: Über Laufkrane in der Gießerei. Gieß. 1929. S. 353/358.
Schmid, L.: Die Beschickung der Kupolöfen. Gieß. 1929. S. 335/353.
Wolf, P.: Umbau einer alten Kupolofenanlage. Gieß. 1929. S. 828/838.

Heizungs-, Beleuchtungs- und Entlüftungsanlagen.

Schott, Ernst A.: Die Staubbeseitigung in Hüttenwerken und Eisengießereien. Stahleisen 1910. S. 192/201, 332/335, 367/378.
Heizung einer Werkstätte durch den Fußboden. Z. Masch.-Bau 1910. S. 503/508.
Feuerschutz, Heizung und Lüftung in amerikanischen Gießereien. Iron Age 1913. p. 456/457; auszugsw. Stahleisen 1913. S. 1820.
Munk, Eugen: Heizung, Lüftung und Beleuchtung von Gießereien. Stahleisen 1914. S. 1069/1074, 1294/1299.
Ritter, J.: Die Beheizung von Gießereien. Gieß. 1922. S. 309/310.
Brandt, O.: Lüftungstechnische Anlagen in Gießereien. Gieß.-Zg. 1922. S. 675/678, 689/692.
Rademacher, W. H.: Wie sind Gießereien zu beleuchten? Iron Trade Rev. 1924. p. 741/745.
Entlüftung von Gießereien mit Chanard-Sternen. Fond. Mod. 1924. p. 178; auszugsw. Stahleisen 1924. S. 1525/1526.
Beleuchtung von Werkstatträumen und Arbeitsplätzen. AEG.-Mitt. 1926. Nr. 10, S. 385/390.
Rademacher, W. H.: Richtige Beleuchtung in der Gießerei. Foundry 1927. p. 129/132.
Herwaldt, P.: Die neuzeitliche Beleuchtung von Gießereien. Gieß.-Zg. 1930. S. 135/137.

Nachträge.

VIII. Neuere Anschauungen und Erkenntnisse über Wesen und Eigenschaften des hochwertigen Gußeisens.

Von

Dr.-Ing. Theodor Klingenstein und Hermann Kopp.

Allgemeines.

Im folgenden soll in Ergänzung von früher in diesem Handbuch Gesagtem [1]) auf Grund der neueren Erkenntnisse ein Überblick über Aufbau, Herstellung und Eigenschaften von hochwertigem Gußeisen gegeben werden. Unter hochwertigem Gußeisen wird dabei ein Grauguß verstanden, der vermöge seines besonderen Herstellungsverfahrens, sowie seines kennzeichnenden Gefüges ein Optimum an guten physikalischen Eigenschaften aufweist. Insbesondere sollen die Gründe hervorgehoben werden, die für ein besonders gutes oder auch schlechtes Verhalten bei den verschiedenen Beanspruchungen des Graugusses verantwortlich zu machen sind. Dabei muß berücksichtigt werden, daß gewisse Eigenschaften des Gusses bei einem bestimmten Verwendungszweck sehr erwünscht sein können, während sie bei der Verwendung desselben Gußeisens für einen anderen Zweck ein Versagen des Werkstoffes nach sich ziehen können.

Man kann daher nicht ohne weiteres nur von hochwertigem Gußeisen als solchem sprechen, sondern muß jeweils den in Frage kommenden Verwendungszweck ins Auge fassen. In der Praxis hat sich allerdings eingebürgert, als hochwertiges Gußeisen ein solches zu bezeichnen, welches hohe Festigkeit, eine gewisse Zähigkeit, Widerstand gegen Verschleiß, geringes Wachsen bei hohen Temperaturen usw. bei gleichzeitig guter Bearbeitbarkeit zeigt. Voraussetzung ist aber, daß nicht nur eine einzelne dieser Eigenschaften auf Kosten der anderen sich als gut erweist, sondern daß das Eisen sich in seinem ganzen Verhalten bei mechanischen Beanspruchungen als brauchbar zeigt.

Die Einteilung der verschiedenen Gußeisensorten nach nur einer Eigenschaft, beispielsweise nach der Zugfestigkeit, braucht daher nicht unbedingt zu erkennen zu geben, daß nun auch die anderen Eigenschaften sich ebenso zueinander verhalten wie die Zugfestigkeiten, obwohl tatsächlich ein gewisser Zusammenhang zwischen den physikalischen Eigenschaften des Gußeisens vorhanden ist, wie auf S. 454 gezeigt werden wird. Da die Zugfestigkeit einen verhältnismäßig leicht feststellbaren Wert darstellt, zu dessen Festlegung außerdem keine übermäßig schwer herzustellenden Proben benötigt werden, hat der Normenausschuß der Deutschen Industrie die Zugfestigkeit als Einteilungsgrundlage für die verschiedenen Gußeisensorten herangezogen und in dem DIN-Blatt 1691 [2]) festgelegt. Zahlentafel 71 gibt die Güteklassen für Maschinenguß nach genanntem Normenblatt wieder.

Fragt man nun aber, von welchen dieser in dem Normenblatt angegebenen Sorten Grauguß ab man die Bezeichnung hochwertig anwenden kann, so stößt man schon auf

[1]) Siehe O. Bauer: Metallurgische Chemie des Eisens, Bd. I, S. 62/107; G. Hellenthal: Die wichtigsten Eigenschaften des gießbaren Eisens usw., Bd. I, S. 274/387; G. Fiek: Die Festigkeitseigenschaften usw., Bd. I, S. 388/431; C. Irresberger: Gußeisen und Gattieren, Bd. I, S. 184/229; derselbe, Bd. III, 87/89 u. a. [2]) Siehe S. 165.

Schwierigkeiten. Zunächst hat sich der Begriff der Hochwertigkeit in demselben Maße geändert, wie die Gießereien gelernt haben, ein besseres Erzeugnis herzustellen. So gab z. B. bis vor wenigen Jahren noch die Reichsbahn als Vorschrift für ihre Lokomotivzylinder eine Zugfestigkeit von 18—24 kg/mm² an, dann wurde diese Vorschrift geändert und 22 kg/mm² als unterste Grenze genommen. Es kann aber darüber kein Zweifel bestehen, daß sog. Zylinderguß durchaus als ein hochwertiger Gußwerkstoff angesehen werden muß, und demnach könnte man 22 kg/mm² Zugfestigkeit als untere Grenze für hochwertiges Gußeisen annehmen. Tatsächlich ist es heute möglich, z. B. mit den Verfahren des Edelgußverbandes laufend weit höhere Werte zu bekommen. Das nach diesen Verfahren erzeugte Gußeisen gehört in die Klasse der Sondergüten, die nach dem DIN-Blatt mit 26 kg/mm² Zugfestigkeit beginnen.

Zahlentafel 71.

Güteklassen für Maschinenguß nach DIN 1691.

Güteklasse Bezeichnung	Zugfestigkeit σB kg/mm² mindestens	Biegefestigkeit[1]) $\sigma B'$ kg/mm² mindestens	Durchbiegung[1]) f mm mindestens
Ge 12,91	In der Regel findet keine Abnahme statt. Die Gießerei gewährleistet eine Mindestfestigkeit von 12 kg/mm²		
Ge 14,91	14	(28)	(7)
Ge 18,91	18	(34)	(7)
Ge 22,91	22	(40)	(8)
Ge 26,91	26	(46)	(8)

Für alle Güteklassen gilt die Vorschrift: Gut bearbeitbar. Mit Ge 26,91 beginnen die Sondergüten.

Gußeisen mit Zugfestigkeiten von 26 kg/mm² und darüber ist von verschiedenen Firmen schon vor Jahrzehnten hergestellt worden. Die Treffsicherheit in der Erzielung dieser Werte war allerdings sehr klein, da die Vorgänge, die sich bei der Herstellung solchen Eisens abspielen, noch nicht genügend geklärt waren[2]). In den letzten Jahren sind dagegen erfreuliche Fortschritte zu verzeichnen gewesen, die gerade auf die wachsende Erkenntnis von dem Wesen des Gußeisens überhaupt zurückzuführen sind.

Die Auswirkungen der wichtigsten Begleiter des Gußeisens.

Das Gußeisen ist eine technische Eisenlegierung mit wechselnden Gehalten an Kohlenstoff, Silizium, Mangan, Phosphor und Schwefel, durch welche die Eigenschaften des Eisens bestimmend beeinflußt werden. Der wichtigste dieser Eisenbegleiter ist der Kohlenstoff, so daß für die Eigenschaften des Gußeisens das Eisen-Kohlenstoff-Schaubild, wie es in Abb. 367 wiedergegeben wird, richtunggebend ist. Das reine Eisen-Kohlenstoff-Schaubild ist in Bd. I, S. 64f. des vorliegenden Werkes eingehend beschrieben worden. Bei seiner Anwendung auf Grauguß ist besonders zu berücksichtigen, daß alle oder annähernd alle Eisenbegleiter dieses Schaubild so beeinflussen, daß die absoluten Ziffern in

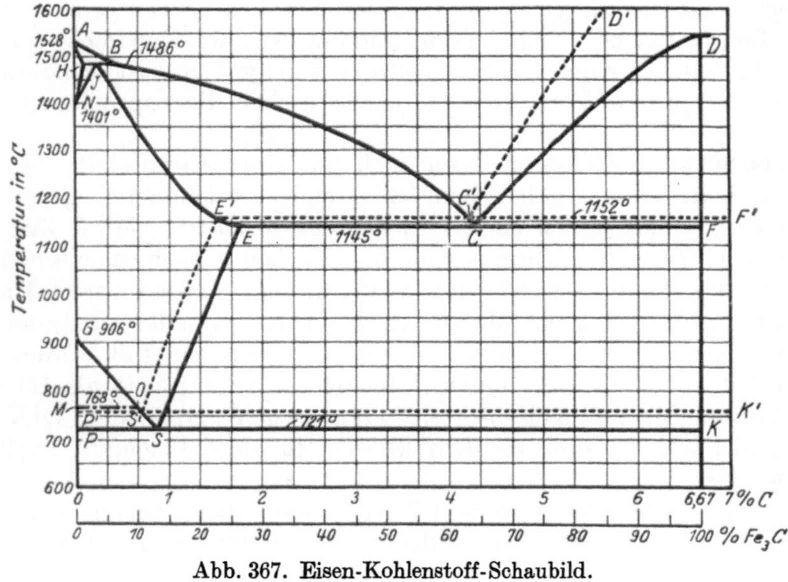

Abb. 367. Eisen-Kohlenstoff-Schaubild.

[1]) Diese Werte gelten nur vorläufig und nur für den Biegestab von 600 mm Stützweite.

[2]) Vgl. z. B. C. Jüngst: Beitrag zur Untersuchung des Gußeisens; Düsseldorf 1913; s. a. derselbe Verfasser. Stahleisen 1909. S. 1177/1182; 1913. S. 1425/1433.

einer für Gußeisen allgemein gültigen Weise nicht errechnet werden können. Ebenso wird durch diese Eisenbegleiter bestimmt, ob der Guß weiß oder grau erstarrt, bis zu welchem Grad also das Eisen-Eisenkarbid- oder das Eisen-Graphit-System zur Auswirkung kommt. Wenn man daher die Beeinflussung des Graugusses durch irgendeinen

0		I
0	1 H	2 He

0	I	II	III	IV	V	VI	VII	VIII
2 He	3 Li	4 Be	5 B	6 C	7 N	8 O	9 F	10 Ne
10 Ne	11 Na	12 Mg	13 Al	14 Si	15 P	16 S	17 Cl	18 Ar

0	I a	II a	III a	IV a	V a	VI a	VII a	VIII a			I b	II b	III b	IV b	V b	VI b	VII b	VIII b
18 Ar	19 K	20 Ca	21 Sc	22 Ti	23 V	24 Cr	25 Mn	26 Fe	27 Co	28 Ni	29 Cu	30 Zn	31 Ga	32 Ge	33 As	34 Se	35 Br	36 Kr
36 Kr	37 Rb	38 Sr	39 Y	40 Zr	41 Nb	42 Mo	43 Ma	44 Ru	45 Rh	46 Pd	47 Ag	48 Cd	49 In	50 Sn	51 Sb	52 Te	53 I	54 X
54 X	55 Cs	56 Ba	57–71 Seltene Erden	72 Hf	73 Ta	74 W	75 Re	76 Os	77 Ir	78 Pt	79 Au	80 Hg	81 Tl	82 Pb	83 Bi	84 Po	85 –	86 Em
86 Em	87 –	88 Ra	89 Ac	90 Th	91 Pa	92 U												
0	1	2	3	4	5	6	7	8	9	10	11	12	13	14	15	16	17	18

Karbid erhaltende } Elemente
" abbauende }

Abb. 368. Wirkungen der einzelnen Elemente auf Gußeisen.

Legierungsbestandteil, beispielsweise durch Silizium, näher kennzeichnen will, so ist es richtiger, nicht so wie es bisher geschehen ist, zu sagen, Silizium vermindere die Härte des Gußeisens, sondern Silizium begünstige die Erstarrung nach dem Eisen-Graphit-System, wodurch die Härte des Eisens vermindert wird. Auf Grund dieser

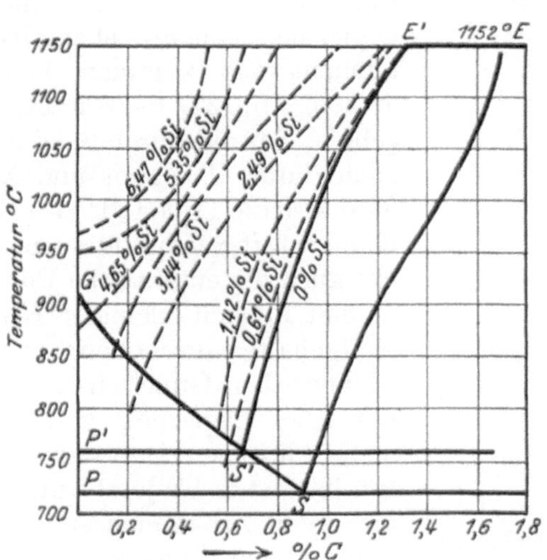

Abb. 369. Einfluß des Siliziums auf die Löslichkeit des Kohlenstoffs im festen Eisen.

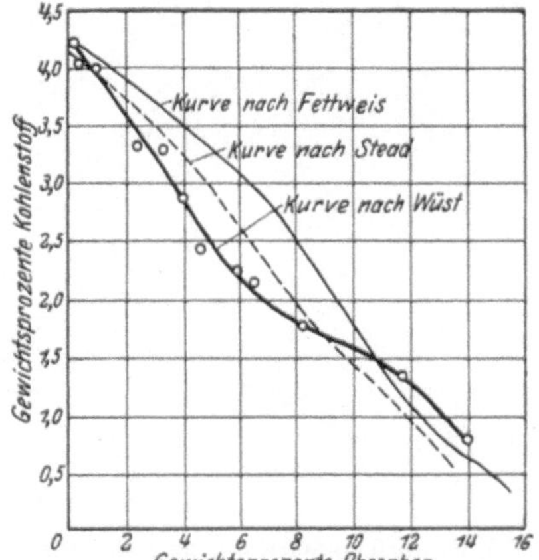

Abb. 370. Einfluß des Phosphors auf den Kohlenstoffgehalt des Eutektikums.

Überlegungen kann man überhaupt sämtliche Elemente nach ihrer Wirkung auf das Eisen-Kohlenstoff-System einteilen in karbidzerstörende und karbidbildende Elemente, so wie es Fr. Roll[1]) an Hand des periodischen Systems der Elemente (siehe Abb. 368) versucht.

[1]) Gieß. 1929. S. 933/936.

Betrachtet man z. B. die Rolle, die das Silizium in der Beeinflussung des Eisen-Kohlenstoff-Schaubilds spielt, so zeigt sich zunächst, daß der eutektische Punkt C nach links verschoben wird, etwa nach der Gleichung $C = 4{,}2 - \frac{Si}{3{,}6}$, ebenso wird die Linie ES, die die Löslichkeit des Kohlenstoffs im Eisen angibt, bei steigendem

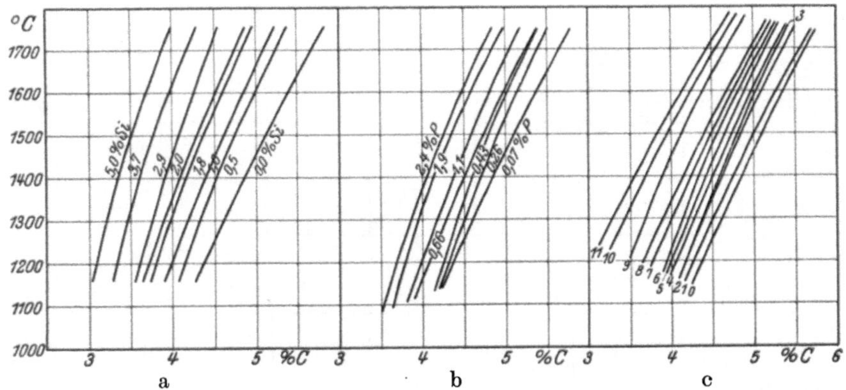

Abb. 371. Einfluß von Silizium, Phosphor und Nickel auf die Verschiebung der C′D′-Linie im Eisenkohlenstoffdiagramm.

Konzentrationen der Nickelreihe (rechts):

0 = 0 % Ni	3 = 4,2% Ni	6 = 10,9% Ni	9 = 21,9% Ni
1 = 2,2% ,,	4 = 6,2% ,,	7 = 13,3% ,,	10 = 27,9% ,,
2 = 3,4% ,,	5 = 7,7% ,,	8 = 16,6% ,,	11 = 31,5% ,,

Siliziumzusatz nach links verschoben (Abb. 369). Versuche hierüber wurden von Morschel[1]) angestellt. Nun steht aber fest, daß durch die übrigen Legierungsbestandteile diese Linien und Punkte ebenfalls maßgebend beeinflußt werden. Abb. 370 zeigt den Einfluß des Phosphors auf den Kohlenstoffgehalt des Eutektikums nach F. Wüst[2]). E. Piwowarsky und K. Schichtel[3]) haben die Verschiebung der Linie C′D′ durch verschiedene Legierungselemente ebenfalls untersucht und kommen dabei zu dem in Abb. 371 dargestellten Ergebnis. Sowohl durch Silizium, als auch durch Phosphor und Nickel wird also die Linie C′D′ des Eisen-Kohlenstoff-Schaubildes und damit auch der eutektische Punkt C′ in den Bereich kleinerer Kohlenstoffgehalte verschoben. Da man es aber bei Gußeisen immerhin mit einer Legierung von 6 oder mehr einzelnen Bestandteilen zu tun hat, ist es bis jetzt unmöglich, für jede Zusammensetzung die genaue Lage dieser kennzeichnenden Linien anzugeben. B. Osann[4]) versucht daher den umgekehrten Weg, indem er solche Gußeisen als eutektisch bezeichnet, die sich durch besonders gute Gußeigenschaften, Lunkerfreiheit usw., wie man sie beim Perlitguß und beispielsweise beim Holzkohleneisen findet, auszeichnen. Ein Beweis dafür, daß es sich um eutektische Legierungen handelt, konnte allerdings bisher noch nicht erbracht werden.

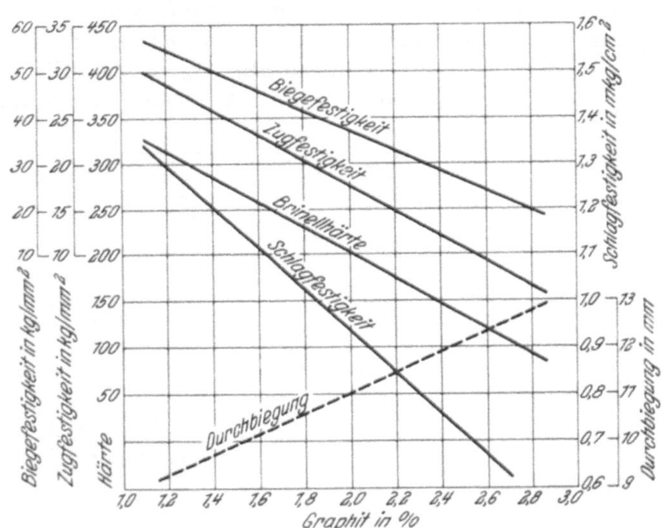

Abb. 372. Einfluß von Graphit bzw. Silizium auf die physikalischen Eigenschaften von Gußeisen.

[1]) Dissertation. Berlin 1924. [2]) Metallurgie 1908. S. 73. [3]) Stahleisen 1929. S. 1341/1342. [4]) Gieß. 1928. S. 648/655.

Obwohl die Begleitelemente des Gußeisens dieselben sind wie beim Stahl, sind doch ihre Auswirkungen auf die Eigenschaften des Werkstoffs teilweise ganz andere. In erster Linie unterscheidet sich das Gußeisen vom Stahl durch seinen hohen Kohlenstoffgehalt, der von etwa 2,3% bei besonders niedriggekohlten Sonderlegierungen bis auf etwa 3,6% bei weichen Gußeisensorten ansteigen kann. Man muß also den hohen Kohlenstoffgehalt als ein Kennzeichen des Gußeisens betrachten und hierauf aufbauend sich dessen Wesen verständlich machen.

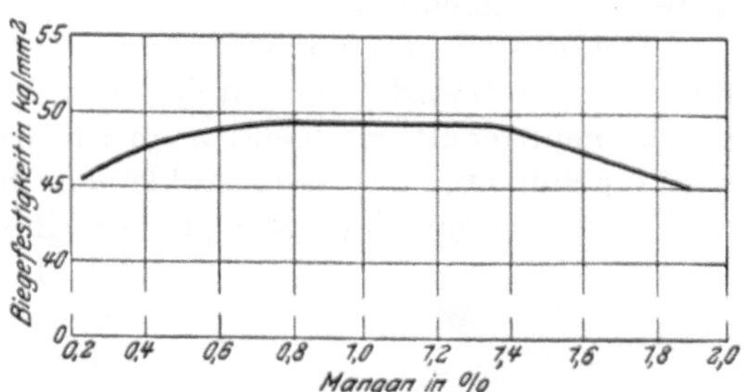

Abb. 373. Einfluß des Mangangehalts auf die Biegefestigkeit.

Neben dem Kohlenstoff ist das Silizium das wichtigste Begleitelement des Gußeisens. Es ist daher von Bedeutung, festzulegen, in welcher Weise sich der Zusatz von Silizium auf die Eigenschaften des Gußeisens auswirkt. Hier muß vor allen Dingen nochmals betont werden, daß sich das Silizium nur mittelbar an der Änderung der mechanischen Eigenschaften beteiligt, obwohl der Einfluß des Siliziums, zahlenmäßig betrachtet, sehr stark ist. Dieser nur mittelbare Einfluß ist so zu verstehen, daß sich das Silizium auf die zunächst vorliegende Eisen-Kohlenstoff-Legierung in der Weise zur Auswirkung bringt, daß durch einen Zusatz an Silizium die Abscheidung von Graphit bewirkt wird. Diese vermehrte Graphitabscheidung bei steigendem Siliziumgehalt ist es, die die Änderung der mechanischen Eigenschaften bedingt. Abb. 372 zeigt in überschlägiger Weise die Beeinflussung verschiedener Eigenschaften des Gußeisens durch steigenden Zusatz an Silizium.

Der Einfluß des Mangans auf die Biegefestigkeit von Gußeisen nach den Versuchen von F. Wüst und H. Meißner[1]) ergibt sich aus Abb. 373. Das Mangan wirkt ja zum Teil in entgegengesetzter Weise wie das Silizium. Während das Silizium die Abscheidung des Graphits begünstigt, wird durch das Mangan eine Abscheidung des Graphits erschwert. Die Ursache dafür ist, daß das Mangan mit dem Kohlenstoff des Eisens Karbide bildet, die nicht so leicht zum Zerfall zu bringen sind. Das Mangan wirkt also karbiderhaltend, und außerdem wird die Löslichkeit des Eisens für Kohlenstoff durch eine Erhöhung des Mangangehalts ebenfalls erhöht, so daß das Mangan also gewissermaßen einen Gegenpol zum Silizium bildet.

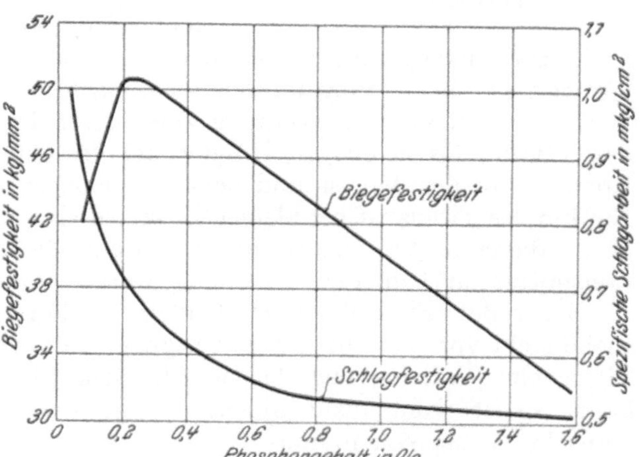

Abb. 374. Einfluß des Phosphorgehalts auf die Biegefestigkeit und die spezifische Schlagarbeit von Gußeisen.

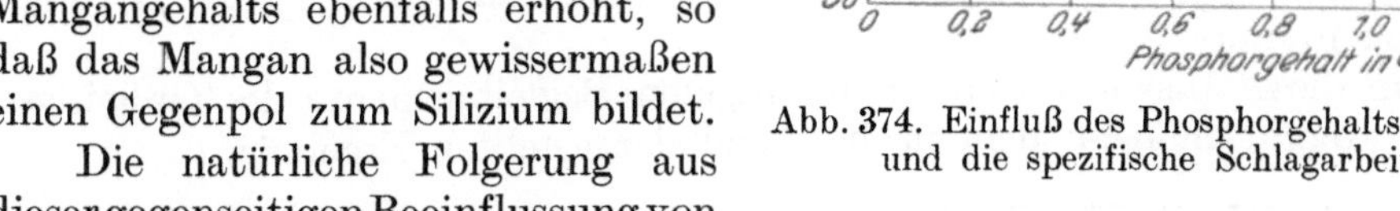

Die natürliche Folgerung aus dieser gegenseitigen Beeinflussung von Kohlenstoff, Silizium und Mangan muß demnach sein, daß alle diese Komponenten in einem ganz bestimmten, abgepaßten Verhältnis zueinander stehen müssen, wenn die besterreichbaren Ergebnisse mit dem Gußeisen erhalten werden sollen. So kommt es, daß in den meisten Gußeisensorten, die Anspruch auf eine bessere Bewertung in bezug auf Festigkeit erheben, der Mangangehalt über 0,8% beträgt, teilweise sogar bis zu 1,4% steigt, wie z. B. bei dem Sternguß von Krupp[2]). Wie aus Abb. 373 hervorgeht, ist durch einen Mangangehalt von über etwa 0,8% eine Steigerung der Festigkeitswerte kaum zu beobachten. Das Wesentliche dabei ist aber, daß bei diesen Mangangehalten das Korn des Gusses feinkörnig wird, so daß für Gußeisen, an das besondere Anforderungen

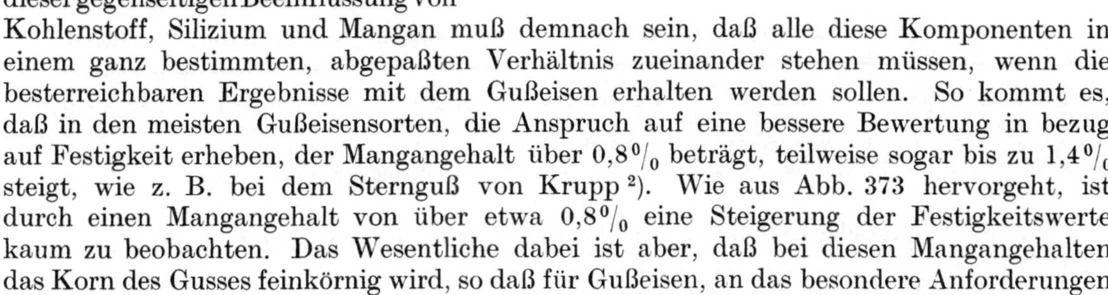

[1]) Ferrum 1913/14. S. 97; Stahleisen 1916, S. 933/939, S. 1034/1039.

[2]) Vgl. Bd. III, S. 87, ferner Literaturübersicht.

in bezug auf Dichtheit des Gefüges gegen Drücke aller Art gestellt werden, ein erhöhter Mangangehalt unerläßlich ist.

Die Festigkeitseigenschaften werden durch höheren Phosphorgehalt sehr stark beeinflußt und zwar in ungünstigem Sinne. Besonders ausgeprägt zeigt sich dies in der Schlagfestigkeit, die bei steigendem Phosphorgehalt einen starken Abfall zeigt (Abb. 374). Der Phosphorgehalt wird daher bei hochwertigem Guß nach Möglichkeit unter 0,4% gehalten.

Der Einfluß des Schwefels wird oft überschätzt. Maßgebend für die Beeinflussung der Festigkeitswerte von Gußeisen ist die Form, in der der Schwefel vorliegt. Wenn der Mangangehalt genügend hoch ist, wird der ganze vorhandene Schwefel als Mangansulfid gebunden, das sich in kleinen, blaugrauen Einschlüssen in dem Eisen verteilt, zum Teil infolge seines geringen spezifischen Gewichts in die Schlacke aufsteigt, jedenfalls in dieser Form bis zu Gehalten von 0,1% Schwefel bei gleichmäßiger Verteilung auf die Festigkeit keinen oder nur geringen Einfluß hat. Größer ist der Einfluß von Eisensulfid, das dann entsteht, wenn nicht genügend Mangan vorhanden ist, um den gesamten Schwefel als Mangansulfid zu binden. Da aber bei fast allen hochwertigen Gußeisensorten der Mangangehalt ausreichend hoch ist, um den Schwefel als Mangansulfid zu binden, und außerdem schon durch die besondere Sorgfalt erfordernden Herstellungsverfahren der Schwefelgehalt nicht ausnehmend hohe Werte annehmend kann, so ist der Einfluß des Schwefels auf die physikalischen Eigenschaften von Gußeisen normaler Zusammensetzung nicht sehr groß. Wenn trotzdem immer wieder auf die Schädlichkeit des Schwefels hingewiesen wird, so hat dies seine Ursache darin, daß die Mangansulfide sehr leicht zur Ausseigerung neigen und dann poröse Stellen bilden, die das Gußstück für die weitere Verwendung unbrauchbar machen.

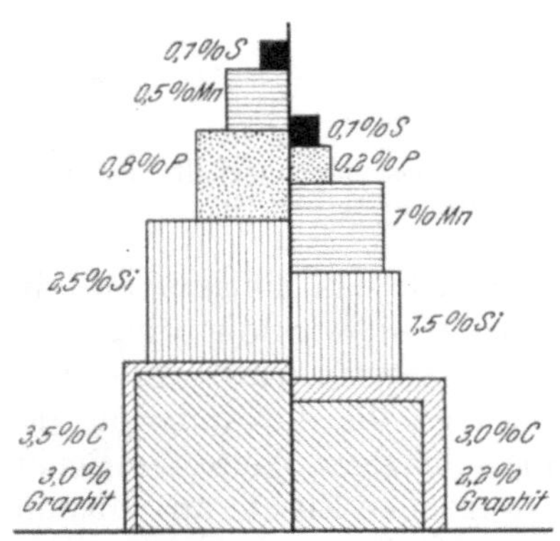

Abb. 375. Mengenanteile der Eisenbegleiter bei gewöhnlichem und hochwertigem Grauguß.

Von weiteren, unabsichtlich zugesetzten Legierungsbestandteilen sei noch erwähnt das Titan, das in einigen Hundertstel Prozenten als Titannitrid so ziemlich in jedem Roheisen anzutreffen ist und beim Umschmelzen auch in das Gußeisen übergeht. Der Einfluß des Titans ist bei kleinen Zusätzen als günstig zu bezeichnen, weil es eine gewisse desoxydierende Wirkung ausübt, weshalb das Titan auch unter Umständen als Desoxydationsmittel für Gußeisen verwendet wird.

Über den Einfluß der im Gußeisen gelösten Gase liegen neue, einwandfreie Versuche nicht vor. Da aber durch geeignete Desoxydationsmittel, wie Silizium, Aluminium, Titan, eine Verbesserung der physikalischen Eigenschaften des Eisens erreicht werden kann, so ist wohl anzunehmen, daß im Eisen gelöste Gase in jedem Falle als unerwünscht anzusprechen sind.

Wenn man nun diese Auswirkungen der wichtigsten Begleitelemente des Gußeisens zusammenfaßt, so kommt man zu dem nachstehend dargestellten Ergebnis.

	Zugfestigkeit	Biegefestigkeit	Durchbiegung	Schlagfestigkeit	Härte
Silizium bzw. Graphit .	vermindert	vermindert	erhöht	vermindert	vermindert
Mangan	erhöht	erhöht	vermindert	erhöht	erhöht
Phosphor	vermindert	vermindert	vermindert	vermindert	erhöht
Schwefel	Einfluß gering	Einfluß gering	Einfluß gering	Einfluß gering	erhöht

Für die praktische Erzeugung von hochwertigem Gußeisen ergibt sich daraus ohne weiteres:

1. Der Kohlenstoffgehalt des erschmolzenen Eisens muß niedrig sein, um keine übermäßige Graphitabscheidung zu bekommen.

2. Der Siliziumgehalt darf nicht zu hoch sein, um keine übermäßige Graphitbildung auszulösen.

3. Der Mangangehalt muß hoch sein, weil die Graphitbildung dadurch erschwert wird.

4. Der Phosphorgehalt muß niedrig sein, weil die Festigkeitseigenschaften vermindert werden.

5. Der Schwefelgehalt muß niedrig sein, weil die Gefahr der Ausseigerung vorhanden ist.

Die Abb. 375 zeigt in übersichtlicher Weise, in welchen Mengenanteilen diese Eisenbegleiter bei gewöhnlichem und bei hochwertigem Guß vorkommen. Es geht daraus ganz besonders hervor, daß die Menge aller Legierungselemente beim hochwertigen Gusse wesentlich kleiner ist als bei dem gewöhnlichen Gusse geringerer Festigkeit. Dies wirkt sich natürlich auch in dem Gefüge des Gußeisens aus.

Der Gefügeaufbau.

H. Pinsl[1]) hat sich die von ihm ausdrücklich als Versuch bezeichnete Aufgabe gestellt, die Gefügebestandteile des Graugusses aus der Analyse heraus zu errechnen. Er beschränkt sich hierbei auf diejenigen Gefügebestandteile, die im Schliffbild unter dem Mikroskop als solche zu erkennen sind, also je nach dem Charakter des Werkstoffs auf die Berechnung der Menge von Perlit, freiem Ferrit, freiem Zementit, Phosphideutektikum, Graphit, Mangansulfid und Eisensulfid.

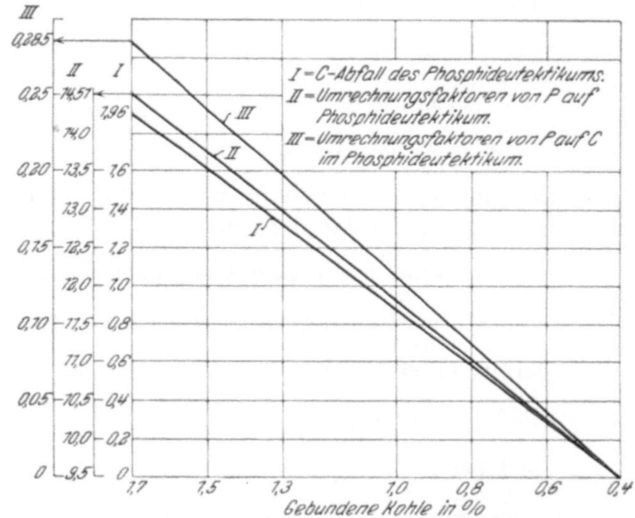

Abb. 376. Umrechnungsfaktoren für Phosphor.

Bei seinen Berechnungen geht Pinsl davon aus, daß der Kohlenstoffgehalt des Perlits durchweg 0,9% beträgt, daß also ein Einfluß des Siliziums auf den Kohlenstoffgehalt des Perlits nicht besteht, ferner macht er die Annahme, daß der Kohlenstoffgehalt des Phosphideutektikums nicht konstant ist, sondern von dem Gehalt des Gusses an gebundenem Kohlenstoff abhängt, und zwar gibt er an, daß der Kohlenstoffgehalt des ternären Phosphideutektikums (Steadit) mit 1,96% innerhalb des Intervalls 1,7 bis 0,4% stetig abfällt auf 0% im binären Phosphideutektikum. Diese Annahmen bedürfen zwar noch der Bestätigung durch genaue Untersuchungen, für unsere Betrachtungen bedeutet es aber soviel, daß für jede Menge an gebundenem Kohlenstoff ein anderer Umrechnungswert zur Berechnung des Phosphorgehaltes auf Phosphideutektikum bzw. auf den Kohlenstoff desselben genommen werden muß.

Die Faktoren, sowie der Verlauf der Berechnung der Gefügebestandteile nach der Analyse sind folgende:

Der Schwefel wird zunächst als MnS gebunden: Umrechnungsfaktor für MnS aus S ist 2,713. Falls weniger Mangan vorhanden ist, als zur Bindung des Schwefels erforderlich ist, so wird der Restschwefel auf FeS umgerechnet. Umrechnungsfaktor für MnS aus Mn ist 1,583, für FeS aus S 2,741. Falls Kupfer vorhanden war, wird zuerst, also vor MnS oder FeS das Kupfer auf CuS umgerechnet, wobei als Umrechnungsfaktor für CuS aus S die Zahl 1,504 gilt.

Für Phosphor liegen die Verhältnisse aus den oben angegebenen Gründen etwas verwickelter, die Umrechnungsfaktoren sind aus dem Schaubild (Abb. 376) zu entnehmen.

[1]) Gieß. 1927. S. 161/165.

Für die Berechnung des Perlitgehaltes muß dann der folgende Weg beschritten werden: Zunächst ist die reine, für Perlit verfügbare Grundmasse (von Pinsl als Stahlgrundmasse st bezeichnet) zu ermitteln. Diese ist st = 100 — (Graphit + Phosphideutektikum + Sulfide). Von dieser Stahlgrundmasse wird der im Phosphideutektikum enthaltene und daraus berechnete Kohlenstoffgehalt abgezogen. Dann bleibt für den Perlit an Kohlenstoff verfügbar: $k = \frac{(\text{C geb.} - \text{C aus P}) \cdot 100}{100}$. Für die weitere Berechnung auf Perlit und Ferrit oder Zementit ist maßgebend, welcher Wert hier erhalten wurde. Wenn ein Kohlenstoffgehalt von 0,9% für reinen Perlit angenommen wird, so erhält man Ferrit, wenn der Wert k kleiner als 0,9 ausgefallen ist, und Zementit, wenn er größer als 0,9% ist.

Die Formel für die Berechnung des Perlits ist:

Perlit in der Stahlgrundmasse . . . . $= \frac{100 \cdot k}{0,9}$

Freier Ferrit in der Stahlgrundmasse . . . = 100 — Perlit

Perlit in dem Guß . . . . = 111,1 · (C geb. — C aus P)

Ferrit in dem Guß . . . . = 100 — (111,1 · (C geb. — C aus P) + Graphit + Phosphideutektikum + Sulfide.

Beträgt der für k gefundene Wert mehr als 0,9 bis zu 1,7%, so berechnet man freien Zementit nach folgender Formel:

Freier Zementit in der Stahlgrundmasse . . $= \frac{100 \cdot k - 90}{5,77}$

Perlit in der Stahlgrundmasse . . . . $= 100 - \frac{100\,k - 90}{5,77}$

freier Zementit in dem Guß . . . . $= \frac{(100\,k - 90) \cdot st}{5,77}$

Perlit in dem Guß . . . . $= \left(1 - \frac{100\,k \cdot 90}{5,77}\right)$.

Bei einem Gehalt von über 1,7% für k tritt Ledeburit als Gefügebestandteil auf. Die Berechnung erfolgt dann nach:

Anteil des Ledeburits in der Stahlgrundmasse . $= \frac{(k - 1,7) \cdot 100}{\text{C des Ledeburits}} - 1,7$

C des Ledeburits errechnet sich nach . . $C_L = 4,3 - \frac{Si\,\%}{3,6}$.

Daraus entsteht aber bei der Erfassung:

Freier Zementit . . . . $= 13,85 \cdot \left(1 - \frac{k - 1,7}{C_L - 1,7}\right)$

und Perlit . . . . $= 86,15 \cdot \left(1 - \frac{k - 1,7}{C_L - 1,7}\right)$

jeweils bezogen auf die Stahlgrundmasse. Bezogen auf den Guß lauten die Formeln:

Ledeburit im Guß . . . . $= \left(\frac{k - 1,7}{C_L - 1,7}\right) \cdot st$

Sekundärer freier Zement . . . . $= 0,1385 \cdot st \cdot \left(1 - \frac{k - 1,7}{C_L - 1,7}\right)$

Perlit . . . . $= 0,8615 \cdot st \cdot \left(1 - \frac{k - 1,7}{C_L - 1,7}\right)$.

Für die Berechnung des gesamten, bei ledeburitischem Guß vorliegenden Zementits setzt man:

Gesamtzementit in der Stahlgrundmasse . . $= \frac{59\,(k - 1,7)}{C_L - 1,7} + 13,85 \cdot \left(1 - \frac{k - 1,7}{C_L - 1,7}\right)$

Gesamtperlit in der Stahlgrundmasse . . . $= \frac{41\,(k - 1,7)}{C_L - 1,7} + 86,15 \cdot \left(1 - \frac{k - 1,7}{C_L - 1,7}\right)$

und auf den Guß bezogen:

Gesamtzementit . . . . $= st \cdot \left(0,4515\,\frac{k - 1,7}{C_L - 1,7} + 0,1385\right)$

Gesamtperlit . . . . $= st \cdot \left(0,8615 - 0,4515\,\frac{k - 1,7}{C_L - 1,7}\right)$.

In schematischer Weise aufgezeichnet ergaben einige Eisensorten das in Abb. 377 dargestellte Bild. Die Beispiele auf dieser Abbildung sind errechnet aus Analysen von:

I 2,5% Si, 3,2% Graphit, 0,4% geb. C, 0,54% Mn, 0,8% P, 0,12% S
II 2,5% Si, 3,0% Graphit, 1,0% geb. C, 0,24% Mn, 0,4% P, 0,20% S
III 1,5% Si, 1,2% Graphit, 2,0% geb. C, 1,0% Mn, 0,6% P, 0,18% S, 0,08% Cu.

Wie aus den Beispielen hervorgeht, ist es an sich möglich, auf diese Art aus der Zusammensetzung gewisse Schlüsse auf die Gefügebestandteile zu ziehen, jedoch dürfte dieses Verfahren nur dann in Frage kommen, wenn kein anderer Weg für die Kennzeichnung des Gefüges möglich ist. Dies um so mehr, als ja nur die Menge, nicht aber die Art und Form des Gefügebestandteils bestimmt werden kann, während die Eigenschaften des Werkstoffs auch außerordentlich stark von diesen abhängen. Um einwandfrei gültige Ergebnisse zu liefern, bedarf dieses Verfahren noch der Nachprüfung, insbesondere auch bezüglich der Berechnung des Kohlenstoffgehaltes des Perlites und des Phosphideutektikums.

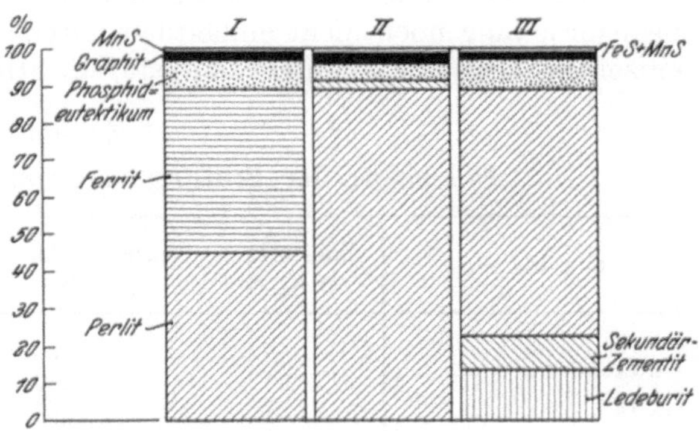

Abb. 377. Gefügebestandteile bei verschiedenen Gußeisensorten.

In diesem Zusammenhang muß auch darauf hingewiesen werden, daß sich im Lauf der letzten Jahre die Ansichten über die **Festigkeitsprüfungen des Gußeisens** geändert haben. Während früher allgemein nur die statischen Festigkeitsprüfungen, wie die Bestimmung der Zugfestigkeit, Biegefestigkeit und Härte, Anwendung gefunden haben, hat sich bei der Betrachtung der Prüfverfahren für Gußeisen mehr die Erkenntnis Bahn gebrochen, daß eine Ergänzung und Erweiterung dieser Prüfverfahren durch dynamische Festigkeitsprüfungen nötig ist. Um einen Überblick über die Beziehungen der Festigkeitswerte zu bekommen, sind daher nachstehend einige Beispiele aus der Literatur angeführt, die einen Vergleich zwischen verschiedenen Gußeisensorten in bezug auf die erreichten Festigkeitswerte geben. So werden von O. Bauer[1]) folgende Werte angegeben (s. Zahlentafel 72):

Zahlentafel 72.
Beziehungen zwischen den Festigkeitswerten von Gußeisen.

Bezeichnung des Gußeisens	Zugfestigkeit im Mittel kg/mm²	Biegefestigkeit im Mittel kg/mm²	Wechselschlag-festigkeit. Anzahl der Schläge bis zum Bruch
G (gewöhnliches Gußeisen) .	13,1	28,6	5
Z (Zylindereisen)	18,3	40,6	18
P (Perlitguß)	25,0	51,8	72

Aus diesen Zahlen geht hervor, daß aus der Zugfestigkeit und der Biegefestigkeit allein noch nicht der tatsächlich vorhandene große Unterschied zwischen den drei untersuchten Gußeisensorten ersichtlich ist. Setzt man jeweils die bei dem gewöhnlichen Gußeisen G erhaltenen Werte gleich 1, so erhält man für die Festigkeiten der drei Eisensorten folgende Verhältniszahlen:

1. Zugfestigkeit . . . . G : Z : P = 1 : 1,44 : 1,92
2. Biegefestigkeit . . . . G : Z : P = 1 : 1,41 : 1,78
dagegen bei dem Wechselschlag . G : Z : P = 1 : 4,18 : 14,7

so daß die wesentliche Überlegenheit des mit P bezeichneten Gußeisens erst durch den erheblich größeren Widerstand gegenüber stoßweiser Beanspruchung zum Vorschein kommt.

Weiterhin gehört hierher die Bestimmung der **Dauerfestigkeit**, die zur Zeit noch an Maschinen verschiedener Bauart, zum Teil als Dauerschlag, zum Teil als Schwingungsfestigkeit durchgeführt wird. H. Jungbluth[2]) gibt folgendes Beispiel an:

[1]) Stahleisen 1923, S. 553/557. [2]) Gieß. 1928, S. 466.

Werkstoff	Zugfestigkeit kg/mm²	Anzahl der Schläge
Maschineneisen	13—14	3 190
Zylindereisen	21—24	7 267
Sternguß (Krupp)	31—34	35 723

Also auch hier zeigt sich eine wesentlich stärkere Steigerung der Dauerschlagfestigkeit gegenüber der Zugfestigkeit.

Allerdings muß beachtet werden, daß die Prüfung des Gußeisens durch Dauerbeanspruchung noch nicht einheitlich durchgeführt wird, und daß insbesondere auch die einzelnen Ergebnisse unter sich starke Streuungen zeigen (vgl. die Untersuchungen

Zahlentafel 73.

Ergebnisse der Prüfung von Gußeisen auf Dauerbeanspruchung.

Güteklasse	Zugfestigkeit σ_B kg/mm²	Dauerschlag [1]) n_E	Verhältnis $\sigma_B : n_E$	Bemerkungen
Unter Ge 14	10	500	50	—
	12	1 200	100	Mittelwerte von 2 Probeplatten
Ge 14	16	3 000	200	
Hochwertiger Guß	23	12 000	500	Sehr gleichmäßig
	29	16 000	500	
	27	27 000	1000	Schwankungen bis zu 50%
	29	29 000	1000	

von R. Kühnel [2]) auf Zahlentafel 73). Immerhin wird es sich aber in Zukunft nicht umgehen lassen, diesen Prüfverfahren mehr Aufmerksamkeit zu schenken. Andererseits besteht zwischen den einzelnen Eigenschaften bei Gußeisen ein gewisser gesetzmäßiger Zusammenhang, demzufolge es mit einiger Annäherung möglich ist, sowohl aus der Analyse Schlüsse auf die wahrscheinliche Festigkeit des Gusses zu ziehen, als auch aus einzelnen Festigkeitswerten auf die anderen Festigkeitseigenschaften. Es muß aber bemerkt werden, daß diese Zusammenhänge nicht so klar zum Ausdruck kommen, daß sie sich mit Sicherheit in eine Formel zusammenfassen lassen, wie z. B. für Stahl bei der Umrechnung der Brinellhärte auf die Zugfestigkeit, wo sich die Beziehung $Kz = 0{,}36 \times H$ als recht brauchbar erwiesen hat.

Abb. 378. Beziehung zwischen Brinellhärte und Zugfestigkeit.

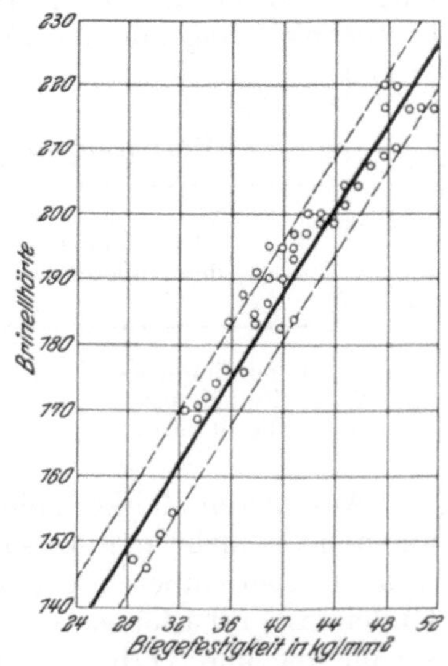

Abb. 379. Beziehung zwischen Brinellhärte und Biegefestigkeit.

Immerhin lassen sich aus dem Verlauf der aus verschiedenen Tausend Einzelversuchen zusammengefaßten Kurven die Neigungen der verschiedenen Beziehungen unter sich in eindeutiger Weise herauslesen. Abb. 378—380 zeigen die Beziehungen zwischen Brinellhärte und Zugfestigkeit, Brinellhärte und Biegefestigkeit, sowie die Beziehungen zwischen der Summe von Kohlenstoff + Silizium und Zugfestigkeit bzw. Biegefestigkeit nach Versuchen von Th. Klingenstein [3]). Voraussetzung für die Gültigkeit dieser Kurven ist, daß die Erstarrung in normaler Form vor sich gegangen ist, und daß keine besonders hohen

[1]) Mittelwerte aus 8 Proben von derselben Platte. [2]) Gieß. 1925. S. 857. [3]) Gieß. 1926. S. 169/173.

Phosphorwerte in dem Werkstoff vorhanden sind. Da aber die Streuung der einzelnen Versuche, deren Gründe nachfolgend näher erläutert werden, noch außerordentlich stark ist, können natürlich allgemein gültige Werte aus den Kurven nicht entnommen werden, es sei denn, daß ein genügend großer Spielraum mit in Kauf genommen wird.

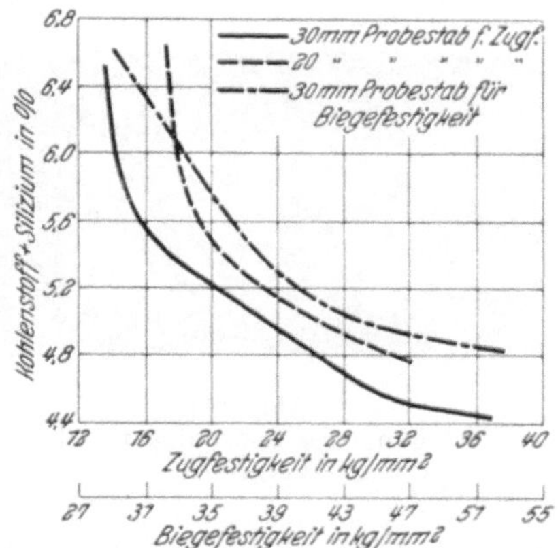

Abb. 380. Beziehung zwischen Kohlenstoff- und Siliziumgehalt, Zugfestigkeit und Biegefestigkeit.

Von Bedeutung bei der Betrachtung der Kurven ist, daß diese nicht geradlinig verlaufen, sondern, wie die Abb. 378 und 380 zeigen, in Abhängigkeit von C + Si-Gehalt, bzw. der Härte, Krümmungen aufweisen. Die Ursache dieser Erscheinungen liegt im Gefüge begründet. Zunächst bei hohem C + Si-Gehalt, bzw. bei geringer Härte besteht das Gefüge aus den Bestandteilen Ferrit, je nach der Analyse wenig Perlit, Graphit und den als mehr oder weniger unerwünschten Einschlüssen von Phosphideutektikum und Sulfiden. Mit dem Verschwinden des Ferrits bei sinkendem C + Si-Gehalt, also steigender Härte, tritt eine Richtungsänderung in den Kurven ein, und die Festigkeiten steigen rascher an. Ein weiterer Anstieg der Festigkeit des nun rein perlitischen Gefüges wird dann nicht mehr durch Änderung der Grundmasse des Gefüges, sondern, wie in den späteren Abschnitten gezeigt wird, durch Verringerung des Graphitgehaltes, bzw. durch Beeinflussung der Graphitform erreicht. Abb. 381 und 382 zeigen die für Gußeisen kennzeichnenden Gefüge. Aus der metallographischen Untersuchung wird verständlich, warum bei steigendem Phosphorgehalt, trotz steigender Härte, die Festigkeit des Gußeisens abnimmt. Der Phosphor, der im Gegensatz zu Silizium und Mangan als selbständiger Gefügebestandteil, Phosphideutektikum, in Erscheinung tritt, durchzieht bei hohen Gehalten an Phosphor das ganze Gefüge in Form eines Netzwerkes, wie Abb. 383 zeigt. Dieses Netzwerk ist wohl von großer Härte, aber gleichzeitig auch spröde und von geringer Festigkeit. Die einzelnen für die Phosphideinlagerungen typischen Kanten und Ecken verursachen dann durch ihre Kerbwirkung die Verringerung der Festigkeit.

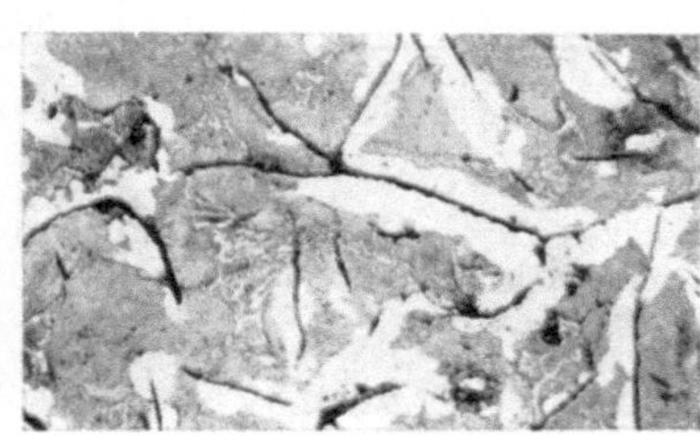

Abb. 381.
Gefüge von weichem Gußeisen.
Vergr. 200.

Will man das Verhalten des Gußeisens und die Ursachen dafür näher kennen lernen, so muß man bei der Beurteilung grundsätzlich drei Faktoren in den Bereich der Betrachtungen ziehen. Zunächst einmal die Grundmasse an sich, die hinsichtlich ihres Kohlenstoffgehaltes, der Korngröße der Kristallkörner, sowie der Ausbildung des Gefüges, grundlegenden Einfluß auf die Festigkeit hat, dann die Menge der in der Grundmasse eingelagerten Graphitblätter. Je größer die Menge des vorhandenen Graphits ist, desto häufiger sind auch die Unterbrechungen des Gefüges, und desto geringere Festigkeit ist gegeben. Als Drittes kommt hinzu der große Einfluß, den die Form der Graphiteinlagerungen auf die Eigenschaften des Gußeisens ausübt. Grundsätzlich kennen wir drei verschiedene Ausbildungsformen des Graphits, zwischen denen natürlich immer Zwischenformen auftreten werden. Es sind dies:

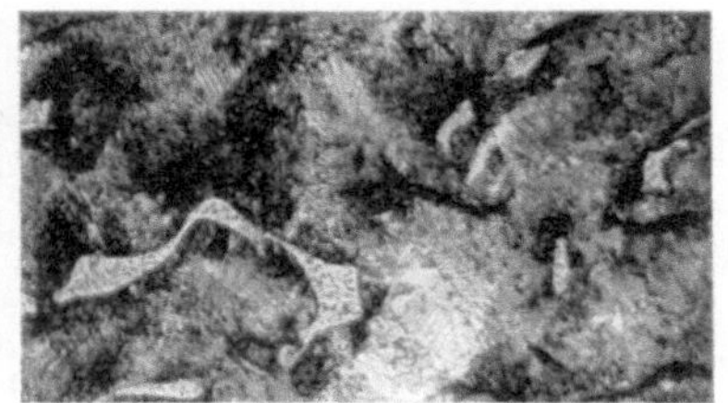

Abb. 382.
Gefüge von härterem Gußeisen.
Vergr. 200.

1. Die temperkohlenförmige Graphitabscheidung, gekennzeichnet durch die rundliche Form der Graphiteinschlüsse.

2. Die normalerweise in jedem handelsüblich hergestellten Gußeisen auftretende Blättchenform des Graphits.

3. Die Abscheidung des Graphits in Form des außerordentlich fein verzweigten Graphiteutektikums.

Zeichnet man diese drei Ausbildungsformen schematisch auf, wie es in Abb. 384 geschehen ist, so erkennt man sofort, welch großer Einfluß durch die Verschiedenartigkeit des Graphits ausgeübt wird. Während bei der Temperkohleform das Gefüge durch ein kleines, dem Durchmesser des etwa kugelförmigen Einschlusses entsprechendes Stück unterbrochen ist, ist die Länge der Unterbrechung bei der Blättchenform bei derselben Graphitmenge um ein Mehrfaches gestiegen. Als ungünstig kommt dabei außerdem noch dazu, daß die Graphitblättchen meistens keilförmig auslaufen, so daß dadurch gewissermaßen eine Kerbwirkung zustande kommt, welche die Festigkeit stark herabmindert. Bei der dritten Art der Graphitausbildung, nämlich der Abscheidung in Form des Graphiteutektikums, liegen die Verhältnisse so, daß wohl die Summe der einzelnen Gefügeunterbrechungen verhältnismäßig groß ist, daß aber die Graphitblättchen eine außerordentliche feine Form haben und meistens ganz kurz und gekrümmt sind.

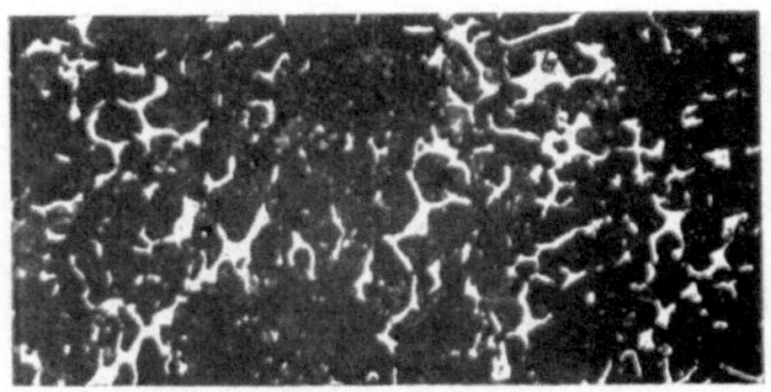

Abb. 383.
Verteilung des Phosphideutektikums.
Vergr. 50.

Zahlentafel 74.

Zur Berechnung der Graphitblätter, wenn diese als prismatisch angenommen werden.

	d mm	a mm	F mm²	V mm³	Z	Ges. F mm²	Ges. V mm²	a : d
Dickes langes Blatt	0,1	1,0	2,4	0,1	1 000	2 400	100	10
	0,1	0,5	0,52	0,025	4 000	2 080	100	5
	0,1	0,2	0,16	0,004	25 000	4 000	100	2
Dickes kurzes Blatt	0,1	0,1	0,05	0,001	100 000	5 000	100	1
Dünnes langes Blatt	0,01	1,0	2,04	0,01	10 000	20 400	100	100
	0,01	0,5	0,502	0,0025	40 000	20 080	100	50
	0,01	0,2	0,088	0,0004	250 000	22 000	100	20
Dünnes kurzes Blatt	0,01	0,1	0,024	0,0001	1 000 000	24 000	100	10

d = Dicke des Blattes;
a = Länge des Blattes;
F = Fläche des Blattes (2 · a · a + 4 · a · d);
V = Volumen des Blattes (a · a · d);
Ges. F = gesamte Fläche des Blattes (F · Z);
Ges. V = gesamtes Volumen des Blattes (V · Z — oder — V = Ges. V : Z;
a : d = Verhältnis Länge zu Dicke.

Die gesamte Beeinflussung des Grundgefüges durch diese Ausbildung dürfte demnach ähnlich sein wie bei der Temperkohleform, nur daß der Radius der gedachten Kugel beim Graphiteutektikum größer ist, und außerdem der Zusammenhang innerhalb der Graphitabscheidung des Eutektikums nicht ganz unterbrochen ist.

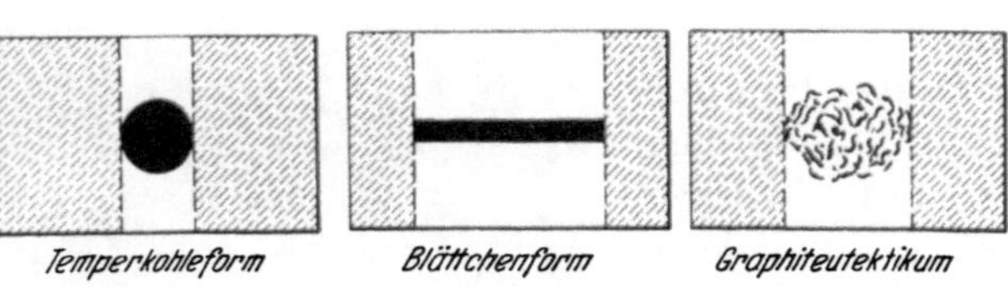

Abb. 384. Schematische Darstellung der Gefügeunterbrechung bei verschiedenartiger Ausbildung des Graphits.

Fr. Roll[1]) hat den Versuch unternommen, die Raumform der verschiedenen Graphitformen durch geeignete Untersuchungen experimentell festzulegen und nach mikroskopischen Untersuchungen zu rekonstruieren. Im Verlauf dieser Untersuchungen, bei denen sich die große Mannigfaltigkeit der möglichen Graphitformen besonders zeigt, hat Roll auch Berechnungen darüber angestellt, wie groß die Zahl der Graphitblätter und die dadurch bedingten Flächenunterbrechungen des Gefüges bei verschiedenartiger Ausbildung des Graphits sind, und kommt dabei zu den in Zahlentafel 74 angegebenen Ergebnissen.

[1]) Gieß. 1928. S. 1270/1274.

So entspricht 1 dm³ = 7,5 kg Gußeisen mit dem idealisierten Graphit Zeile 1 = 2,4 m² Graphitflächenunterbrechung beim dicken langen Blatt und 20,4 m² beim dünnen langen Blatt. Daraus geht hervor, daß die Zahl der einzelnen Gefügeunterbrechungen durch den Graphit weniger von Einfluß ist, obwohl der Gesamtflächeninhalt der Graphitblätter in diesem Falle wesentlich größer ist als bei grober, langer Form mit demselben Gesamtvolumen. Tatsächlich zeigt ja auch die Praxis, daß feinverteilte kleine Graphitblätter bessere physikalische Werte des Gusses ergeben, als es bei dickem, langem Graphit der Fall ist.

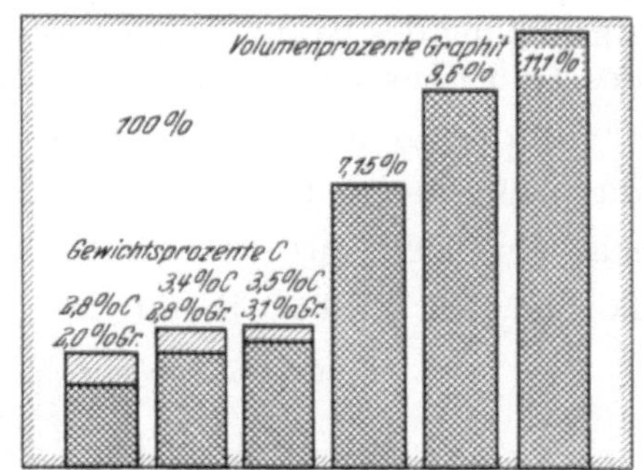

Abb. 385. Gewichts- bzw. Volumenprozente von Graphit in verschiedenen Graugußsorten.

Es ist in der letzten Zeit öfters betont worden, daß das Gußeisen als ein mit Graphit durchsetzter Stahl angesehen werden kann. Die Festigkeiten des perlitischen Stahles werden aber auch von perlitischem Gußeisen bei weitem nicht erreicht, und es ist daher naheliegend, die Unterbrechung des Gefüges durch die eingelagerten Graphitblätter im Gußeisen für die verminderte Festigkeit und Dehnung verantwortlich zu machen. Berechnet man den Rauminhalt, den der Graphit in Prozenten des Gesamtvolumens des Eisens einnimmt, so kommt man, wie aus Abb. 385 ersichtlich, wo links die Gewichtsprozente Kohlenstoff, rechts die entsprechenden Volumenprozente Graphit eingetragen sind, selbst bei hochwertigem Gußeisen mit verhältnismäßig wenig Graphit noch zu einem Anteil von etwa 7 Raumprozenten. Dies entspricht einem Anteil am Querschnitt von etwa derselben Größe, oder, mit anderen Worten, der tragende Querschnitt eines Gußeisenkörpers wird durch diese eingelagerten Graphitblätter um 7, bei hohen Graphitgehalten um über 11% verringert.

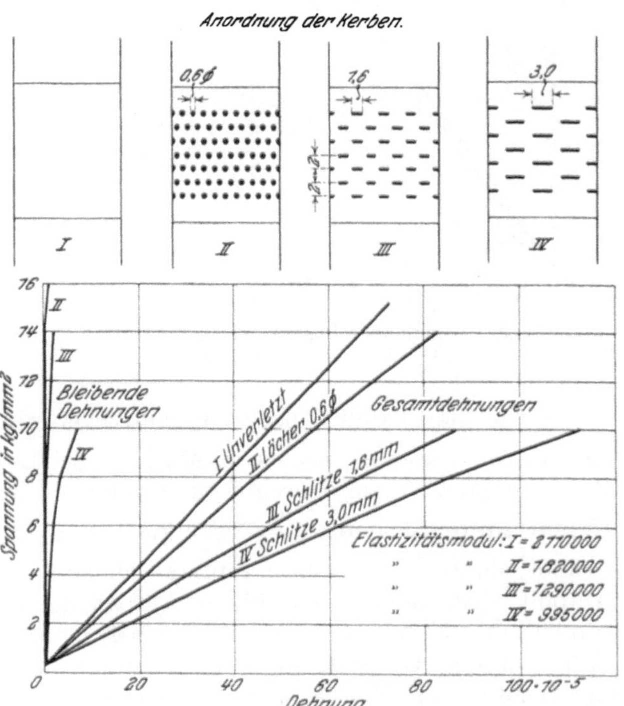

Abb. 386. Spannungs-Dehnungslinien, gemessen an gekerbten Stahlstäben.

Betrachtet man aber die mit perlitischem Gußeisen erzielten Festigkeitswerte, so zeigt sich, daß diese nicht nur um den dem verringerten Querschnitt entsprechenden Betrag von etwa 7% gegenüber einem Stahl von demselben Gefüge kleiner sind, sondern daß sie, wie A. Thum[1]) als Beispiel angibt, von einer Festigkeit des perlitischen Stahles von etwa 90 kg/mm² auf etwa 30 kg/mm² bei Gußeisen, also um etwa 65% zurückgehen. Thum hat nun sehr aufschlußreiche Versuche mit Stahl unternommen, um die kerbartige Wirkung der Graphitblätter im Gußeisen darzulegen. Er prüfte Stahlstäbe, die mit kleinen Kerben in Form von Löchern und Schlitzen versehen waren. Diese Unterbrechungen der Stäbe wurden so bemessen, daß der verbleibende Querschnitt in jedem Falle jeweils gleich war. Der große Einfluß der Form der Schlitze geht aus Abb. 386 hervor, in der die Spannungs-Dehnungslinien der gekerbten Stahlstäbe aufgezeichnet sind. Abb. 387 zeigt dagegen dieselben Versuche mit Gußeisen bei verschiedenartiger Ausbildung des Graphits. Der ganz ähnliche Verlauf

1) Gieß. 1929. S. 1164/1174.

der Kurven deutet darauf hin, daß beim Gußeisen dieselben Verhältnisse vorliegen wie bei dem gekerbten Stahl. Aus den Versuchen geht auch hervor, daß der Elastizitätsmodul der verschiedenen Graugußstoffe von der Form des Graphits abhängig ist, und daß der Modul um so geringer ist, je länger die Graphitadern werden, d. h., daß die Ausbildung des Graphits einen weit größeren Einfluß auf die mechanischen Eigenschaften des Gußeisens hat, als im allgemeinen früher angenommen wurde.

Thum geht bei seinen Versuchen noch weiter. Bringt man die Biegefestigkeit und die dazugehörige Durchbiegung in Beziehung, indem man den Wert $\frac{\sigma'}{f}$ bildet, so erhält man eine Zahl, aus der Schlüsse auf die Ausbildungsform des Graphits gezogen werden können. So wird z. B. für das Verhältnis $\frac{\text{Biegefestigkeit}}{\text{Durchbieguug}}$ bei hochwertigem Gußeisen eine Zahl erhalten von etwa $\frac{50}{10} = 5$, während bei graphitreicherem, gewöhnlichem Guß ein Wert von vielleicht $\frac{26}{12} = 2{,}17$ ermittelt wird. Überschlägig bildet daher Thum drei Gruppen, indem er angibt, daß wenn für $\frac{\sigma'}{f}$ ein Wert von etwa gleich oder größer als 4,75 erhalten wird, mit Sicherheit auf eine feine Graphitanordnung geschlossen werden kann, während bei Werten zwischen 3,3 und 4,75 vorwiegend mittelgroße Graphitadern vorhanden sind. Liegt der erhaltene Wert dagegen unter 3,3, so sind überwiegend grobe und lange Graphitadern die Ursache hierfür.

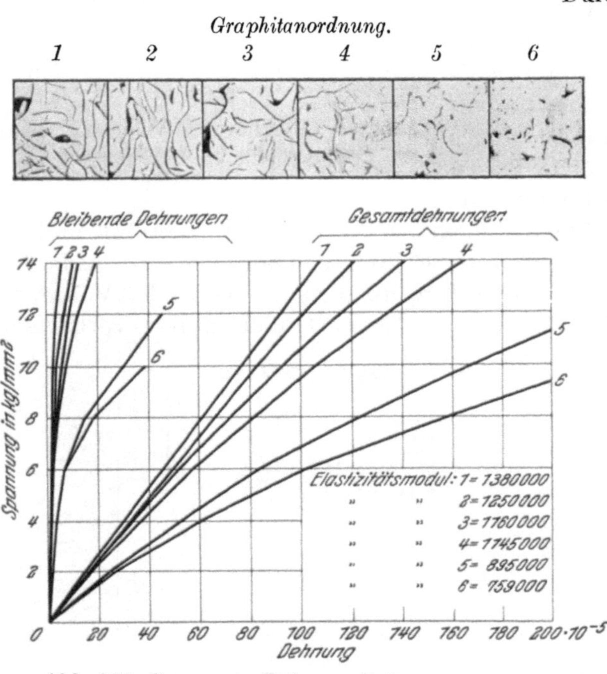

Abb. 387. Spannungs-Dehnungslinien, gemessen an verschiedenen Gußeisensorten.

Auf der anderen Seite ist es aber nach dieser Berechnungsweise nicht nur möglich, auf die Art der Graphitausbildung zu schließen, sondern auch Schlüsse auf die metallische Grundmasse zu ziehen.

Wenn man nämlich bei niedriger Biegefestigkeit gleichzeitig für $\frac{\sigma'}{f}$ eine höhere Verhältniszahl bekommt, wie es in Abb. 388 bei Eisen III der Fall ist, das bei 26 kg/mm² Biegefestigkeit 5 mm Durchbiegung zeigt, während Eisen II eine Durchbiegung von 12 mm aufweist, somit $\frac{\sigma'}{f} = 5{,}2$ ergibt, so muß die geringe Biegefestigkeit auf andere Gründe als auf eine grobe Graphitabscheidung zurückgeführt werden, denn bei grobem Graphit wird immer eine kleine Verhältniszahl erhalten. In dem vorliegenden Fall handelt es sich um ein phosphorreiches Gußeisen, und die geringe Biegefestigkeit ist nicht auf den Graphit, sondern auf die Menge des anwesenden Phosphideutektikums zurückzuführen. Ebenso könnten natürlich harte Stellen, Lunker, Seigerungen usw. die Ursache hierfür sein. Auf Grund dieser Überlegungen wurde das Schaubild (Abb. 389) entworfen, bei dessen Anwendung sofort augenfällig ist, ob der vorhandene Graphit, bzw. dessen Ausbildungsform, oder die metallische Grundmasse für etwa ungenügende Biegefestigkeit oder Durchbiegung verantwortlich zu machen ist.

In einer weiteren Arbeit haben A. Thum und H. Ude[1]) gezeigt, daß bei gewöhnlichem, graphitreichem Gußeisen die Abweichungen der tatsächlichen, bei der Beanspruchung von Probestäben auftretenden Spannungen von den theoretisch bestimmten ebenfalls sehr viel größer sind als bei hochwertigem Gußeisen mit feiner

[1]) Gieß. 1929. S. 501/513 u. 547/556.

Ausbildung des Graphits, und daß auch der Einfluß der Form des Querschnittes sich bei dem graphitreichen Eisen schon bei Spannungen von 4—6 kg/mm², bei hochwertigem Gußeisen dagegen erst von etwa 12 kg/mm² ab bemerkbar macht. Dies ist wiederum ein Beweis für den starken Einfluß des Graphits auf sämtliche Eigenschaften des Gußeisens und zeigt andererseits, wie wichtig es ist, die Ausbildungsform des Graphits bei der Herstellung des Gusses zu beeinflussen.

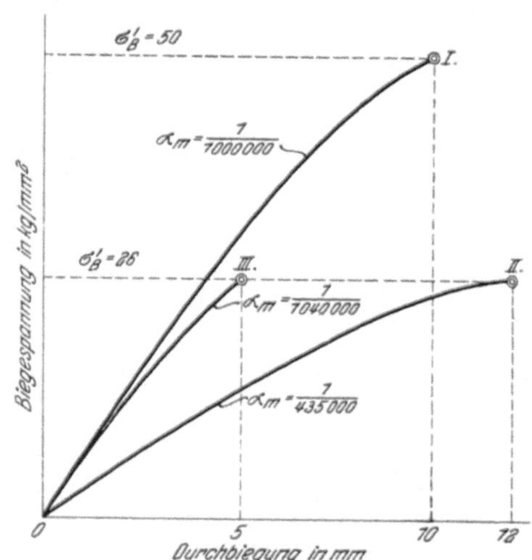

Abb. 388. Durchbiegungslinien eines hochwertigen (I), graphitreichen (II) und eines phosphorhaltigen (III) Gußeisens.

G. Meyersberg[1]) bringt ebenfalls die Durchbiegung und die Festigkeit des Gußeisens in Beziehung zueinander, nur ist das damit angestrebte Ziel wesentlich von dem verschieden, das Thum sich gesteckt hat. Schon lange wurde als Nachteil empfunden, daß ein eindeutiges und vor allem einfaches Kriterium für die Zähigkeit oder das Arbeitsvermögen des Gußeisens noch nicht bekannt ist. Die Bestimmung der Biegefestigkeit — trotz der ihr anhaftenden Nachteile — wurde deshalb auch im Normenblatt für Gußeisen beibehalten, weil bei dieser Art der Gußeisenprüfung wenigstens die Formveränderung bis zum Bruche gemessen werden kann. Da aber die Durchbiegung auch bei Gußeisensorten mit den verschiedensten Festigkeitswerten die gleiche Größe annehmen kann, so ist es zwecklos und irreführend, aus der Durchbiegung allein wichtige Schlüsse auf die Zähigkeit des Werkstoffs zu ziehen, ebenso wie es nicht ganz einwandfrei ist, aus dem Biegeversuch allein absolute Werte für die Festigkeit zu entnehmen.

Um nun die Biegefestigkeit und die zugehörige Durchbiegung für eine genauere Beurteilung des Werkstoffes verwenden zu können, bildet G. Meyersberg auf Grund eingehender Überlegungen eine von ihm „Verbiegungszahl" genannte Größe $z_f\ (\%) = \frac{100 \times \text{Durchbiegung}}{\text{Biegefestigkeit}}$. Mit diesem Begriff wird ein Wert für das Formänderungsvermögen des Gußeisens erhalten, der einen Vergleich verschiedener Gußeisensorten in bezug auf Eigenschaften ermöglicht, die bisher wenig genau erfaßt werden konnten, und für die Meyersberg die Bezeichnung „Nachgiebigkeit" in Vorschlag bringt. Das Maß für die Nachgiebigkeit wäre $\frac{\text{Durchbiegung}}{\text{Biegefestigkeit}}$. Es ist dann auch möglich, diesen durch die Verbiegungszahl erfaßten Formänderungsfaktor in Beziehung zu bringen zu der eigentlichen reinen Festigkeit, der Zugfestigkeit.

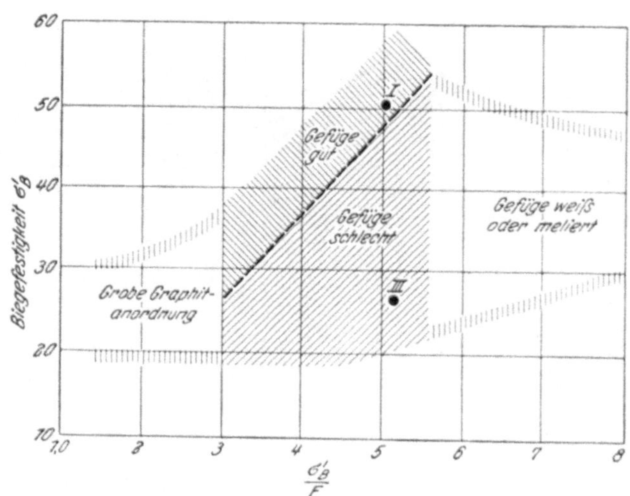

Abb. 389. Beziehungen zwischen der Biegefestigkeit, der Durchbiegung und der Festigkeit des metallischen Gefüges.

Aus dem Kurvenbild, Abb. 390, geht hervor, daß die Verbiegungszahlen bei kleineren Zugfestigkeiten im allgemeinen höhere Werte annehmen als bei höheren Zerreißfestigkeiten. Das bedeutet aber nichts anderes, als daß bei Gußeisen mit hoher Festigkeit nicht dieselbe Nachgiebigkeit gefordert werden darf, wie bei Gußeisensorten geringerer Festigkeiten. Ein eindeutiger Anhaltspunkt, was nun eigentlich an Festigkeit und Nachgiebigkeit

[1]) Gieß. 1930, S. 473/481 u. 587/591.

gefordert werden kann, ist allerdings bis jetzt noch nicht gegeben, obwohl man sich sehr leicht vorstellen kann, daß für manchen Zweck ein Gußeisen mit größerer Nachgiebigkeit wertvollere Eigenschaften haben kann, als ein solches, das nur eine hohe Festigkeit besitzt.

Meyersberg versucht, eine Grundlage für eine Klarstellung dieser Fragen durch die Einführung des Begriffes $Z_f \cdot \sigma_B$ zu schaffen, also Zugfestigkeit × Verbiegungszahl. Dieses

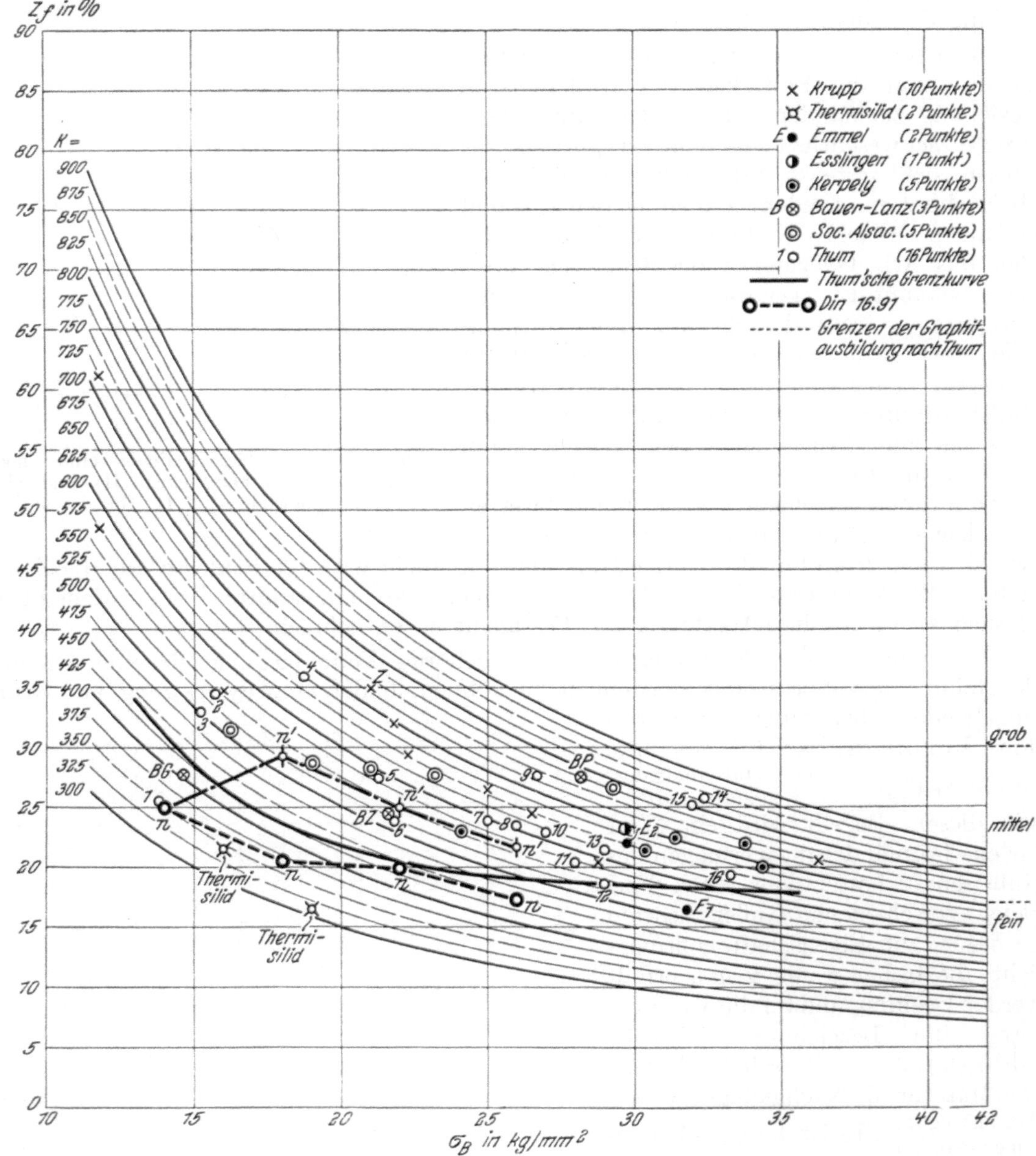

Abb. 390. $z_f \cdot \sigma_B$-Schaubild. Liniennetz der Isoflexen. ($z_f \cdot \sigma_B = K$.)

Produkt, das sog. Biegeprodukt, könnte sehr wohl als Maßstab für eine Kennzeichnung der maßgebenden Eigenschaften des Gußeisens betrachtet werden. In das Schaubild (Abb. 390) sind mit Hilfe dieses Begriffes ermittelte Linien, sog. Isoflexen, eingezeichnet, die man möglicherweise als kennzeichnende Linien für die Beurteilung des Gußeisens benutzen kann. Die Brauchbarkeit dieser neuartigen Bewertung des Graugusses muß vorläufig weiteren eingehenden Untersuchungen vorbehalten bleiben; aber es ist anzunehmen, daß man auf diesem Wege doch bald zu weiteren Kenntnissen über die Festigkeit und die möglichen Beanspruchungen des Gußeisens kommen kann.

Der Einfluß der Graphitmenge, der Grundmasse und der Graphitform.

Bezüglich der Menge des abgeschiedenen Graphits ist zu bemerken, daß selbstverständlich bei gleicher Grundmasse und Ausbildung der Graphitblätter die Eigenschaften des Gußeisens um so besser sein werden, je kleiner die Gesamtmenge des Graphits ist. Durch Erniedrigung des Gesamtkohlenstoffgehaltes infolge geeigneter Gattierung oder Schmelzführung kann die Gesamtmenge des sich bildenden Graphits ebenfalls beeinflußt werden. Bei niedrigem Gesamtkohlenstoffgehalt muß durch Erhöhung des Siliziumgehaltes ein Ausgleich geschaffen werden, um ein Hartwerden des Gusses zu vermeiden. Wie nun von verschiedenen Seiten gezeigt wurde[1]) (vgl. Abb. 391), wird durch einen erhöhten Siliziumgehalt der Anteil des Perlits an Kohlenstoff vermindert, oder anders ausgedrückt: Bei flächenmäßig gleichem Gehalt an Perlit muß bei höherem Siliziumgehalt der prozentuale Gehalt an Graphit größer sein als bei niedrigem Siliziumgehalt. Daher besteht die Möglichkeit, daß in einem Gußeisen mit niedrigem Gesamtkohlenstoffgehalt trotzdem bei gleicher Grundmasse der Gehalt an Graphit nicht niedriger zu sein braucht als bei einem etwas höher gekohlten Eisen mit weniger Silizium. Dieser Punkt ist sehr beachtlich beim Vergleich von Gußeisensorten, die nach verschiedenen Verfahren hergestellt worden sind und verschiedene Analysen insbesondere im Kohlenstoffgehalt aufweisen. Andererseits ergibt sich hieraus, daß man trotz verschiedener Analyse das gleiche Gefügebild erhalten kann und umgekehrt, daß bei gleichem Gefüge die Analyse nicht gleich zu sein braucht, auch wenn gleiche Abkühlung vorausgesetzt wird.

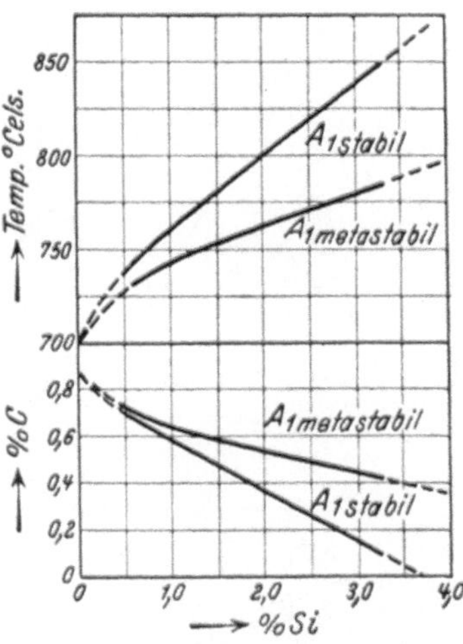

Abb. 391. Einfluß des Siliziums auf die Temperatur der Perlitbildung und den eutektoiden Kohlenstoffgehalt.

Obwohl zwischen der Grundmasse des Gußeisens und der Menge des Graphits in gewissem Sinne eine Wechselwirkung besteht, ist es doch von Bedeutung, einmal das Augenmerk auf die Grundmasse allein zu richten. Es liegt nahe, daß die mechanischen Eigenschaften des Gusses um so besser sein werden, je besser die Eigenschaften der Grundmasse an sich sind. Man wird daher, wenn man wieder einen Vergleich mit Stahl anstellen will, von einem ferritischen Gefüge entsprechend einem weicheren Stahl eine geringere Festigkeit erwarten als von einem perlitischen Gefüge, und man wird bei hochwertigem Guß danach trachten, eine perlitische Grundmasse

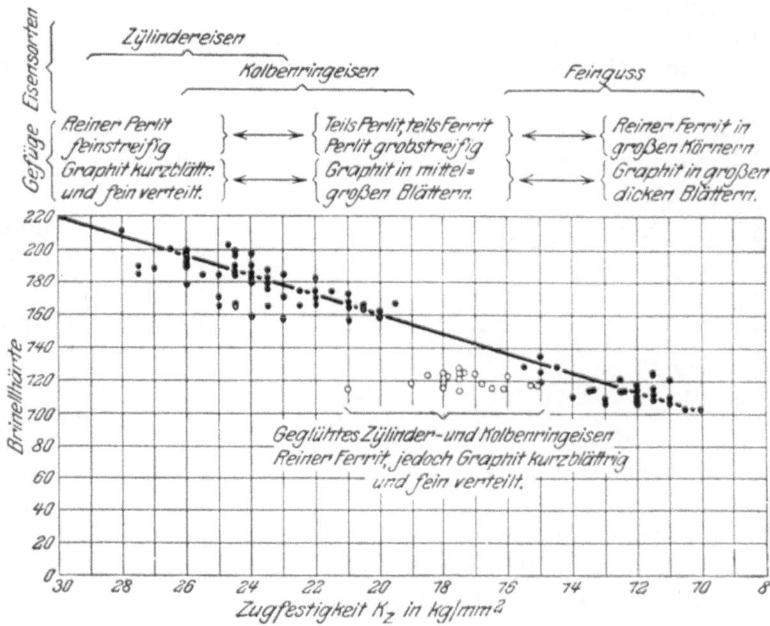

Abb. 392. Beziehungen zwischen Zugfestigkeit, Härte und Gefügeaufbau.

[1]) Siehe Zusammenstellung in Stahleisen 1930. S. 1092.

zu erzielen. In welcher Weise Grundmasse und Festigkeit in Beziehung zueinander stehen, hat E. Schüz in einem Schaubild (Abb. 392) gezeigt [1]).

Die Ausbildungsform der Grundmasse des Gusses ist in engen Grenzen abhängig von der Analyse, wobei insbesondere der Kohlenstoff- und der Siliziumgehalt eine Rolle spielen, sowie die Abkühlungsgeschwindigkeit des Eisens in der Form. Ed. Maurer [2]) hat diese Beziehungen in ein Schaubild (Abb. 393) zusammengefaßt, aus dem ersichtlich

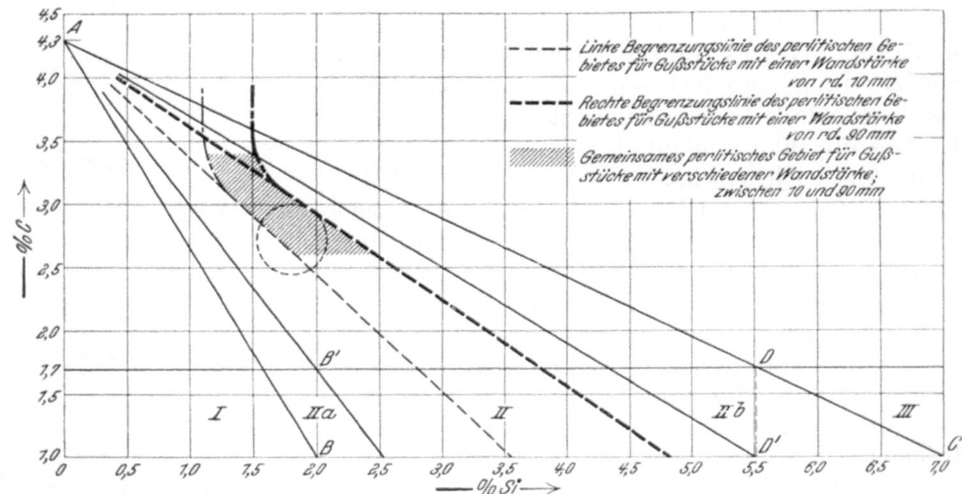

Abb. 393. Gußeisenschaubild nach Maurer.

ist, in welcher Weise das Gefüge des Gusses von den zwei Komponenten, Kohlenstoff und Silizium, abhängt. Der gestrichelte Kreis zeigt den Bereich des Kruppschen Sterngusses.

Ausgehend von der Tatsache, daß der Kohlenstoff- und der Siliziumgehalt in demselben Sinne auf die Gefügeausbildung wirken, haben Fr. Greiner und Th. Klingenstein [3]) die Summe C + Si und die Wandstärke in Beziehung zum Gefüge gebracht und in einem weiteren Gußeisenschaubild (Abb. 394) festgelegt. Dieses gilt für normal erschmolzenes Gußeisen mit Kohlenstoffgehalten bis herunter zu etwa 3%. Es zeigt, daß Ausbildung der Grundmasse, Analyse und Wandstärke des Gusses in ganz gesetzmäßiger Beziehung zueinander stehen, und daß man mithin durch Änderung der Summe C + Si in der Lage ist, bei gegebenen Wandstärken ein gewünschtes Gefüge zu erzeugen. Veränderung der Wandstärke ist aber gleichbedeutend mit einer Änderung der Abkühlungsgeschwindigkeit. Bei dem Klingenstein-Schaubild ist daher Voraussetzung, daß die Abkühlung normal in der Gußform erfolgt, wie es der betreffenden Wandstärke ohne weitere Beeinflussung irgendwelcher Art zukommt.

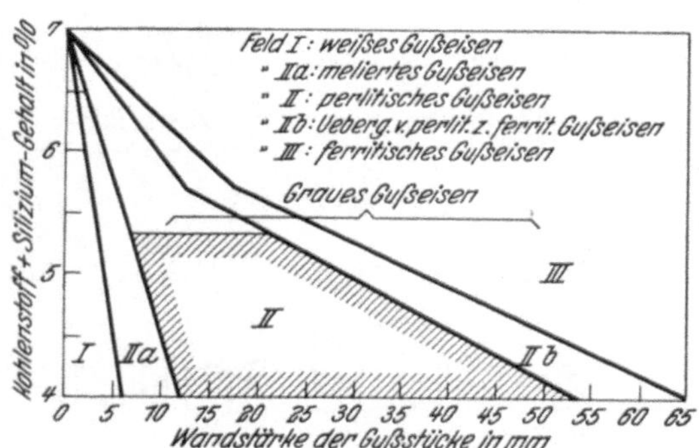

Abb. 394. Gußeisenschaubild nach Klingenstein.

Eine willkürliche Beeinflussung der Grundmasse zur Erreichung eines für den gewünschten Zweck günstigen Gefüges kann daher auch dadurch erfolgen, daß bei geeigneter Leitung der Abkühlungsgeschwindigkeit durch eine Verzögerung oder eine Beschleunigung das gewünschte Gefüge erzeugt wird. Wenn die Abkühlungsgeschwindigkeit vergrößert wird, so wird, entsprechend einer Verschiebung im Klingenstein-Schaubild nach links, die Erstarrung des Eisens sich mehr nach der karbidischen, bei verzögerter

[1]) Stahleisen 1923, S. 720. [2]) Stahleisen 1927, S. 1811.
[3]) Gieß.-Zg. 1926, S. 680/686; 1927. S. 160/161.

Erstarrung des Eisens sich mehr nach der graphitischen Seite des Eisen-Kohlenstoff-Schaubildes auswirken. Als Beispiel für den ersten Fall diene Abb. 395, wo durch Gießen eines Eisens mit 3,4% C und 2,3% Si auf eine Eisenplatte ein hartes, ledeburitisches Gefüge erhalten wurde, während dasselbe Eisen normal vergossen bei unbeeinflußter Abkühlung ein Gefüge gezeigt hätte, das neben Perlit noch freien Ferrit aufweisen würde. Als Gegenbeispiel für verzögerte Abkühlungsgeschwindigkeit diene das Verfahren Lanz (s. S. 472). Hier wird durch Vergießen eines normalerweise hart, nach dem Karbidsystem erstarrenden Eisens in eine vorgewärmte Form erreicht, daß der Guß rein perlitisch zur Erstarrung kommt. So wird z. B. ein Eisen mit 3,3% C und 0,8% Si durch diese verzögerte Abkühlung trotzdem noch weich und bearbeitbar erstarren, während es bei normaler Abkühlungsgeschwindigkeit unbearbeitbar wäre. Weiter muß hier das Verfahren von E. Schüz (s. S. 476) erwähnt werden, das bei hohem Siliziumgehalt von über 3% ein Eisen mit einer rein ferritischen Grundmasse erzeugt; und zwar wird dies erreicht, indem das Eisen in Kokille gegossen wird, die Abkühlungsgeschwindigkeit also vergrößert wird. Daß hierbei trotzdem ein rein ferritisches Gefüge erhalten wird, steht anscheinend im Widerspruch zu dem eben Gesagten, wonach durch vergrößerte Abkühlungsgeschwindigkeit die Karbidbildung gefördert wird. Tatsächlich ist aber in diesem Falle der hohe Siliziumgehalt dafür verantwortlich zu machen, daß das Eisen rein ferritisch erstarrt.

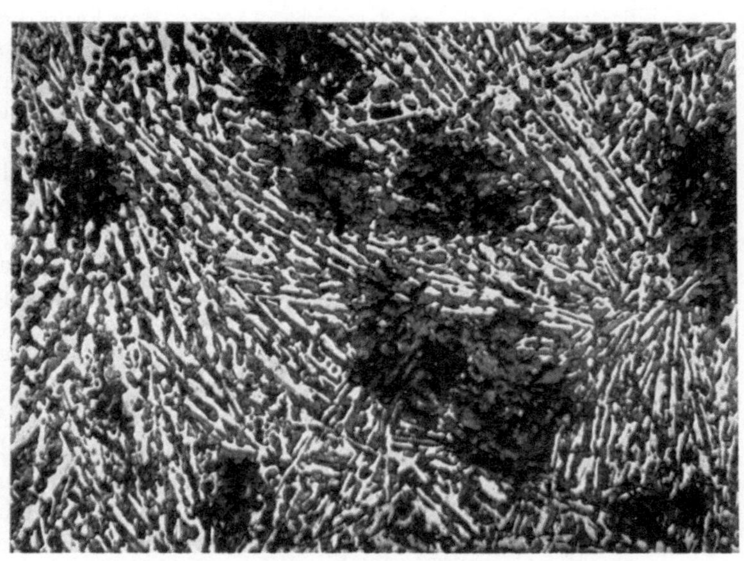

Abb. 395. Gefüge von Gußeisen mit schroffer Abkühlung. Vergr. 200.

Die durch planmäßige Beeinflussung der Grundmasse erreichten Festigkeiten sind außerordentlich hoch. Es seien nachstehend einige Werte einander gegenübergestellt, wobei nur die Grundmasse zunächst in den Bereich der Betrachtungen gezogen wird:

Verfahren	Gefüge	C %	Si %	Zugfestigkeit kg/mm²	Härte
1. Gattierung nach Wandstärke	Rein Perlit	3,3	1,6	über 30	220
2. Lanz	,, ,,	3,3	0,9	,, 30	180
3. Schüz	,, Ferrit	3,3	3,5	,, 30	130

Und nun zeigt sich etwas zunächst Befremdendes. Während bei ganz verschiedener Analyse und verschiedener Härte das Gefüge der einzelnen Sorten nur zum Teil anders ausgebildet ist, hat die Zugfestigkeit in allen drei Fällen dieselbe Höhe. Es ist also gelungen, durch Anwendung ganz voneinander verschiedener Herstellungsverfahren dieselbe Festigkeit zu erreichen. Allerdings ist die Härte der drei Eisensorten voneinander verschieden, so daß man von einer Beziehung zwischen Härte und Zugfestigkeit, die für alle Fälle Gültigkeit hat, hier nicht sprechen kann (vgl. S. 454).

Wenn man nun weitergeht und versucht, den Grund für die verschiedene Härte der drei Gußeisensorten zu finden, so muß man zuerst ins Auge fassen, daß tatsächlich ja auch die Gefüge der drei Gußeisen nicht gleich sind. Daß bei dem rein ferritischen Guß nach Schüz nur eine Brinellhärte von 130 vorliegt, ist weiter nicht verwunderlich, dies stimmt auch mit den Angaben von Schüz (Abb. 392) überein. Aber beachtlich ist in diesem Falle die hohe Zugfestigkeit. Andererseits fällt bei dem Guß nach dem Lanzverfahren, trotz des rein perlitischen Gefüges, die verhältnismäßig niedrige Härte auf gegenüber der nach dem ersten Verfahren erhaltenen Härte. Tatsächlich sind diese Gefüge nicht ganz gleich, wenn man den Einfluß des Siliziums auf die Perlitbildung berücksichtigt (s. Abb. 391). Ein größerer Einfluß scheint in bezug auf die Härte einerseits und die Festigkeit andererseits doch dem Siliziumgehalt des Gußeisens zuzukommen.

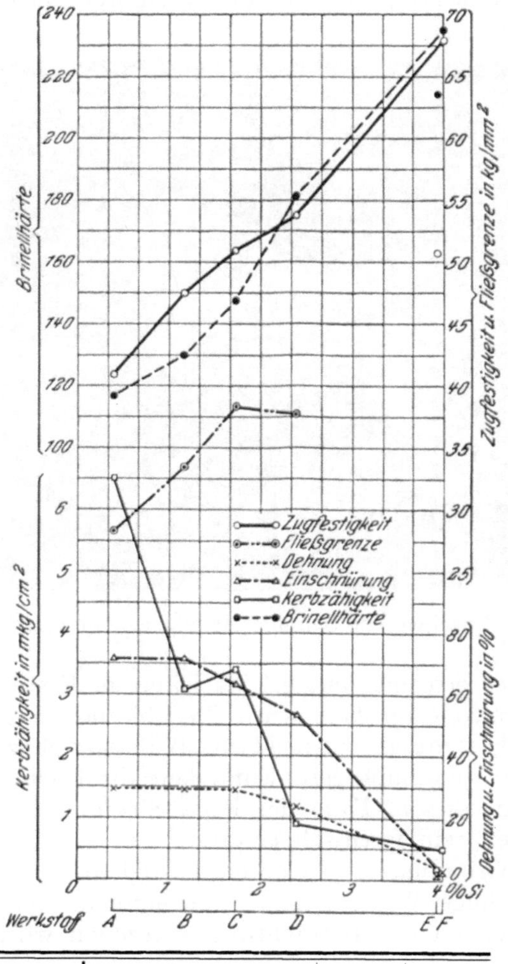

Werkstoff	C %	Si %	Mn %	P %	S %
A	0,05	0,39	0,25	0,014	0,049
B	0,07	1,17	0,32	0,013	0,034
C	0,05	1,73	0,35	0,014	0,030
D	0,06	2,39	0,16	0,010	0,016
E	0,05	3,94	0,11	0,014	0,021
F	0,12	4,00	0,20	0,017	0,014

Abb. 396. Festigkeitseigenschaften von hochsiliziumhaltigen Stählen in Abhängigkeit vom Siliziumgehalt nach Pomp.

Man kann die Grundmasse des Graugusses als eutektoïden oder untereutektoïden Stahl bezeichnen. Dann muß man aber auch schließen, daß die Legierungsbestandteile, wie sie beim Stahl vorkommen, in genau derselben Weise auch auf die Grundmasse des Gußeisens wirken, abgesehen natürlich von der karbidbildenden oder karbidzerlegenden Wirkung, die hier außerhalb der Betrachtung bleiben soll. Und da zeigt es sich, daß das Silizium in Wirklichkeit die Festigkeit des Stahles erhöht. Aus dieser Tatsache ergibt sich auch die Anwendung des heute viel benutzten Siliziumstahles. Abb. 396 zeigt nach Versuchen von A. Pomp die Wirkung von steigendem Siliziumgehalt auf die Festigkeit von Stahl[1]). Wie daraus ersichtlich ist, wird auch die Härte in demselben Verhältnis erhöht.

Wenn man nun aus diesen Tatsachen die Folgerungen zieht und diese Eigenschaften des Siliziums auf die drei oben erwähnten Gußeisensorten überträgt, so kommt man zu dem Ergebnis, daß an der gegenüber dem normal vergossenen Gußeisen Nr. 1 verringerten Härte des Gußeisens Nr. 2 zu einem überwiegend großen Teil die Ursache in dem ebenfalls geringeren Siliziumgehalt dieses Eisens zu suchen ist, dies um so mehr, als ja das Grundgefüge der beiden Werkstoffe gleich ist. Ebenso muß die hohe Festigkeit des reinferritischen Gusses Nr. 3 auf den hohen Siliziumgehalt zurückgeführt werden, denn es ist nicht gut denkbar, daß nur die sehr feine Graphitverteilung dieses Gusses in Form des Graphiteutektikums dem Gusse so hohe Festigkeitswerte verleiht. Dagegen ist in diesem Falle die Härte wesentlich geringer als bei den beiden anderen Eisen Nr. 1 und 2, weil überhaupt kein gebundener Kohlenstoff vorliegt. Man könnte sagen, daß durch Silizium in besonderen Fällen sich die Festigkeit und die Härte der Grundmasse des Gußeisens erhöhen lassen. Bei normal vergossenem Gußeisen wird aber dieser Einfluß des Siliziums durch den sehr starken Einfluß der Graphitmenge und der Graphitform verdeckt (s. S. 456). Wenn dagegen der Graphit so ausgebildet ist, daß günstigste Bedingungen vorliegen, wie bei dem Guß nach Schüz, so wird durch einen hohen Siliziumgehalt die Festigkeit erhöht.

Wie aus diesen Ausführungen hervorgeht, ist es zwecklos, nur der Grundmasse des

[1]) Stahleisen 1926. S. 494.

Gußeisens hohe Festigkeit zu verleihen, es muß auch der Graphit gleichzeitig in feinverteilter Form zur Abscheidung kommen. Deshalb ist die Beeinflussung der Art der Graphitabscheidung von außerordentlicher Bedeutung geworden, wenn auch nicht zu verkennen ist, daß es lange Zeit gebraucht hat, bis die Zusammenhänge zwischen Einsatzstoffen, Herstellungsverfahren und Graphitform erkannt wurden.

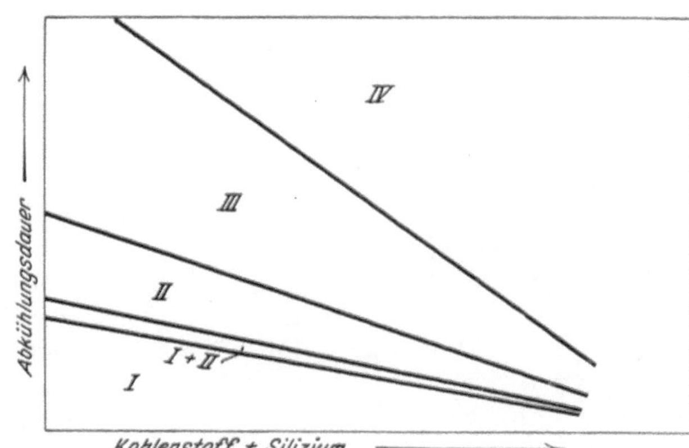

Abb. 397. Übersichtsschaubild A.
I Ledeburit, II Eutektischer Graphit, III Gröberer Graphit, IV Grober Graphit.

Die Frage der Entstehung bzw. der Bildung des Graphits an sich ist von W. Heike und G. May[1]) behandelt worden. In Übereinstimmung mit anderen Forschern kommen sie zu folgenden Ergebnissen:

1. Zunehmende Abkühlungszeiten, zunehmende Kohlenstoffgehalte, sowie zunehmende Siliziumgehalte bedingen zunehmende Graphitvergröberung.

2. Zunehmende Abkühlungszeiten, zunehmende Kohlenstoffgehalte, sowie zunehmende Siliziumgehalte bedingen eine zunehmende Menge von Ferrit II.

3. Abnehmende Abkühlungszeiten, abnehmende Kohlenstoffgehalte, sowie zunehmende Siliziumgehalte bedingen eine zunehmende Menge von Ferrit I.

4. Eutektischer Graphit ist in Proben jeden Kohlenstoffgehaltes zu erzeugen. Dazu sind Abkühlungszeit und Siliziumgehalt so zu wählen, daß die Neigung des Eisens zu grauer Erstarrung stark herabgesetzt wird, aber gerade noch graues Gefüge entsteht.

5. Eutektischer Graphit liegt entweder im Perlit oder im Ferrit I. Zum Auftreten des letzteren ist ein Siliziumgehalt nötig, der um so höher sein muß, je höher gleichzeitig der Kohlenstoffgehalt ist.

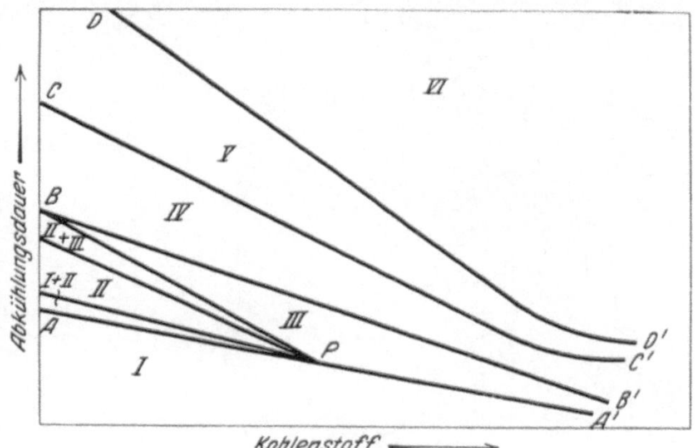

Abb. 398. Übersichtsschaubild B.
I Ledeburit, II Eutektischer Graphit in Ferrit I, III Eutektischer Graphit in Perlit, IV Gröberer Graphit in Perlit, V Gröberer Graphit in Perlit und Ferrit II, VI Grober Graphit in Ferrit II.

6. Eutektischer Graphit in Ferrit I ist das Gefüge, das der instabilen Erstarrung am nächsten liegt, näher als eutektischer Graphit in Perlit. Da innerhalb einer Probe die Abkühlungszeiten nicht gleich sind, so können beide Gefügearten zuweilen in einem Stück beobachtet werden, wobei dann Ferrit I immer dem Ledeburit am nächsten liegt, sofern solcher vorhanden ist.

Diese Ergebnisse sind in zwei Übersichtsschaubildern (Abb. 397 und 398) eingetragen. Darin bedeutet Ferrit I den Ferrit, der in der Umgebung von Graphiteutektikum vorkommt, während Ferrit II den normal in weichem Eisen auftretenden Ferrit bezeichnet. Es ist ersichtlich, daß eutektischer Graphit sich in Gußeisen jeden Kohlenstoffgehalts erreichen läßt, wenn die anderen Legierungsbestandteile, wie Silizium, sowie die Abkühlungsgeschwindigkeit im richtigen Verhältnis dazu gewählt werden. Daß das Graphiteutektikum in fast jedem normalen Gußeisen nachzuweisen ist, hat Klingenstein bereits früher ausgeführt[2]). Nach Abb. 399 tritt das Graphiteutektikum bei normalem Guß vorwiegend in den rasch erstarrten Außenschichten auf. Seine Menge ist von der Abkühlungsgeschwindigkeit abhängig. Abb. 400 zeigt Graphiteutektikum in perlitischer Grundmasse.

[1]) Gieß. 1929. S. 625/633 u. S. 645/649. [2]) Gieß.-Zg. 1927. S. 335.

E. Schüz[1]) erreicht die Bildung des Graphiteutektikums in weitgehendem Maße, indem er Eisen mit hohen Siliziumgehalten in Kokille gießt. Das erhaltene Gußeisen ist rein ferritisch bei besten physikalischen Eigenschaften. Abb. 401 zeigt eine typische Stelle eines hochwertigen Eisens mit Graphit in Form des feinstverteilten Graphiteutektikums. Die Grundmasse dieses Eisens ist nahezu rein ferritisch.

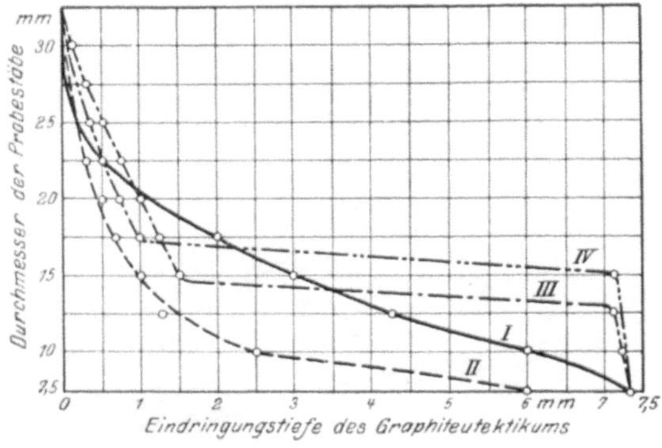

Abb. 399. Auftreten des Graphiteutektikums.

Versuchsreihe				
Versuchsreihe	I:	3,41% C,	3,07% Si,	5,48% C + Si
,,	II:	3,58% ,,	2,12% ,,	5,70% ,,
,,	III:	3,14% ,,	1,76% ,,	4,90% ,,
,,	IV:	3,12% ,,	1,34% ,,	4,46% ,,

Eine Einwirkung auf die Ausbildungsform des Graphits ist ferner dadurch möglich, daß die Schmelze des Gußeisens überhitzt wird, d. h. daß das Gußeisen auf weit höhere Temperatur gebracht wird, als zum Schmelzen notwendig ist. Bei Versuchen von Piwowarsky[2]) ergab sich, daß mit zunehmender Schmelztemperatur Graphit sich mehr und mehr in Form des von Schüz auf andere Weise erhaltenen, sehr fein gegliederten Graphiteutektikums abschied. Dabei wurde auch festgestellt, daß mit steigender Überhitzung zunächst die Karbidmenge in der erstarrten Schmelze zunimmt und erst bei sehr hoher Überhitzung die Graphitbildung begünstigt wird (Abb. 402). Eine ganz eindeutige Erklärung für diese Tatsache ist bis heute noch nicht gegeben worden. Gleichzeitig mit den Versuchen von Piwowarsky war auch in der Maschinenfabrik Eßlingen beim Schmelzen von Grauguß die Beobachtung gemacht worden, daß durch steigende Überhitzung des Eisens eine weitgehende Verfeinerung des Graphits zu erreichen war (Abb. 403). Gleiche Erfahrungen haben F. Meyer[3]) und O. Wedemeyer[4]) gemacht.

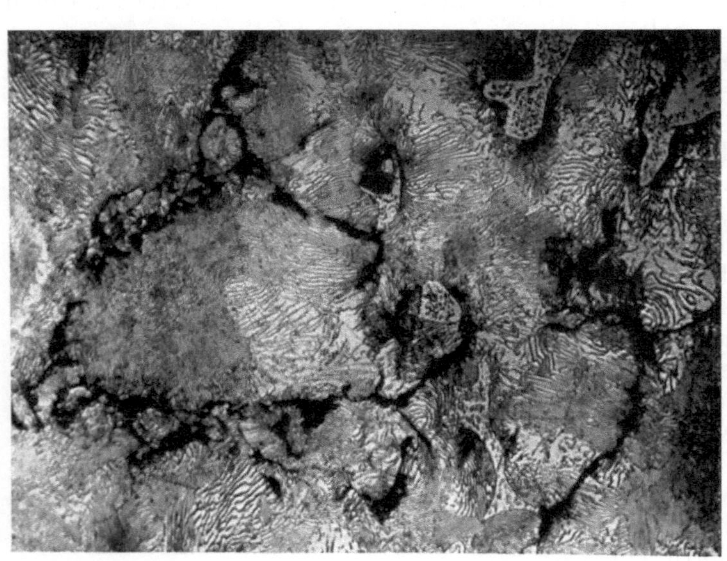

Abb. 400. Gefüge von Gußeisen mit Graphit in feinster Form. Vergr. 400.

Von H. Hanemann[5]) wurde darauf hingewiesen, daß eine längere Dauer der Behandlung der Schmelze bei nicht ganz so hoher Temperatur in demselben Sinne wirkt, wie eine Erhöhung der Schmelztemperatur (Abbildung 404). Die Graphitverfeinerung erklärt Hanemann wie folgt: In dem geschmolzenen Eisen befinden sich noch Graphitblätter, die aus dem Roheisen stammen und sich in der flüssig werdenden Grundmasse nur ganz allmählich auflösen. Wenn nun das Eisen nicht genügend lange Zeit flüssig gehalten wurde, um die restlose Auflösung der Graphitblätter zu ermöglichen, so bilden diese nachher bei sinkender Temperatur Kristallisationskeime, von denen aus die Abscheidung des Graphits wieder in Form von Blättern erfolgt. Wenn aber die Erhitzungsdauer so lange oder die Erhitzungstemperatur des flüssigen Eisens so hoch war, daß diese Graphitblätter voll-

[1]) Gieß. 1928. S. 73/78 u. 102/108. [2]) Stahleisen 1925. S. 1455/1460. [3]) Stahleisen 1927. S. 294/297. [4]) Stahleisen 1926. S. 557/566. [5]) Monatsblätter d. Berliner Bezirksvereins deutscher Ingenieure 1926. S. 31/66 u. Stahleisen 1927. S. 693/695.

ständig in Lösung gehen konnten, so ist bei sinkender Temperatur zunächst kein Anreiz für eine Auskristallisation des Graphits gegeben. Nach der Ansicht verschiedener Forscher (Piwowarsky, Klingenstein) wäre dann die Ausbildung des feinverteilten

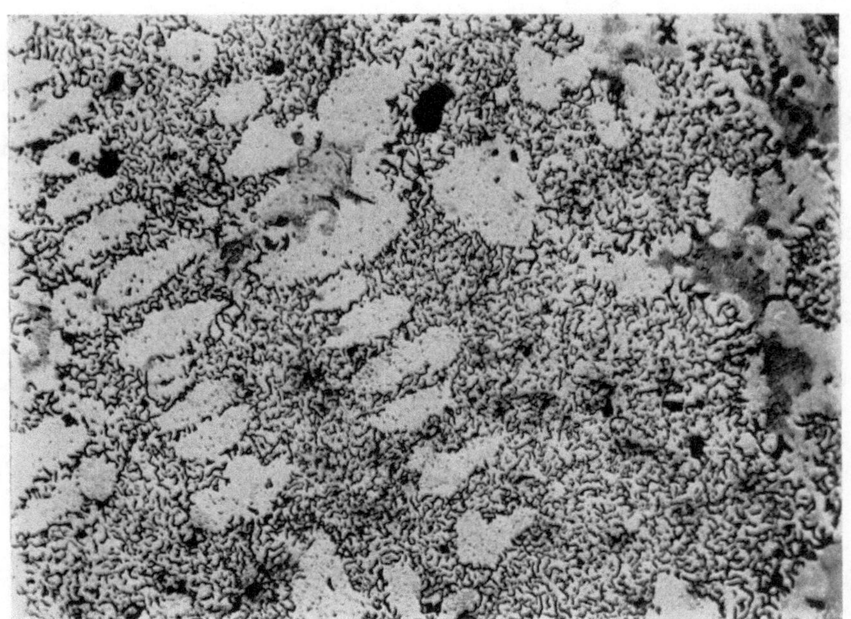

Abb. 401. Graphiteutektikum in ferritischer Grundmasse. Ätzung: Pikrinsäure. Vergr. 400.

Graphiteutektikums an Stelle des grobblätterigen Graphits eine Auswirkung einer eingetretenen Unterkühlung der Schmelze. Versuche, die in der Maschinenfabrik Eßlingen durchgeführt worden waren, zeigten, daß bei steigendem C + Si-Gehalt eine höhere Erhitzungstemperatur erforderlich ist, um feinstverteilten Graphit zu bekommen (Abb. 405).

Übereinstimmend bei sämtlichen Untersuchungen von den verschiedensten Seiten wurde also durch steigende Überhitzung des flüssigen Gußeisens eine Verfeinerung des Graphits festgestellt, die in der Hauptsache auf die zunehmende Auflösung der Graphitblätter in dem Eisen zurückzuführen ist. Bei Untersuchungen, die von P. Bardenheuer und K. L. Zeyen[1]) über die Überhitzung von Gußeisen durchgeführt wurden, war eine Graphitverfeinerung bei hohem Kohlenstoffgehalt des betreffenden Eisens leichter zu erreichen. Eine Überhitzung von niedriggekohltem Eisen konnte unter Umständen zu einer Verschlechterung der physikalischen Eigenschaften führen. Den Grund dafür suchen Bardenheuer und Zeyen in der Bildung von Dendriten (Tannenbaumkristallen)[2]), die bei kohlenstoffarmen Schmelzen mit zunehmender Überhitzung gerne eintritt und zu einer Verminderung der Festigkeitswerte führt. Die Verschlechterung kann aber vermieden werden durch hohen Siliziumgehalt oder durch Zugabe des Siliziums erst in der Pfanne. Durch Zugabe von Chrom, also eines karbidbildenden Elements, läßt sich die Empfindlichkeit der niedriggekohlten Eisen gegenüber einer Überhitzung verringern.

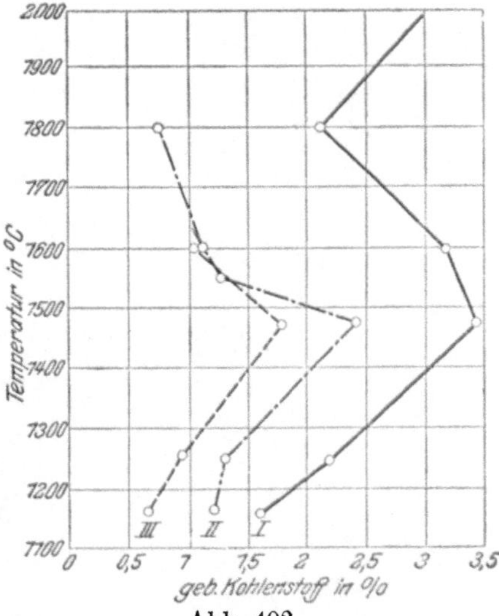

Abb. 402. Einfluß der Erhitzungstemperatur auf den Karbidgehalt nach Piwowarsky.

[1]) Gieß. 1929. S. 733/746. [2]) Vgl. Bd. I, S. 334.

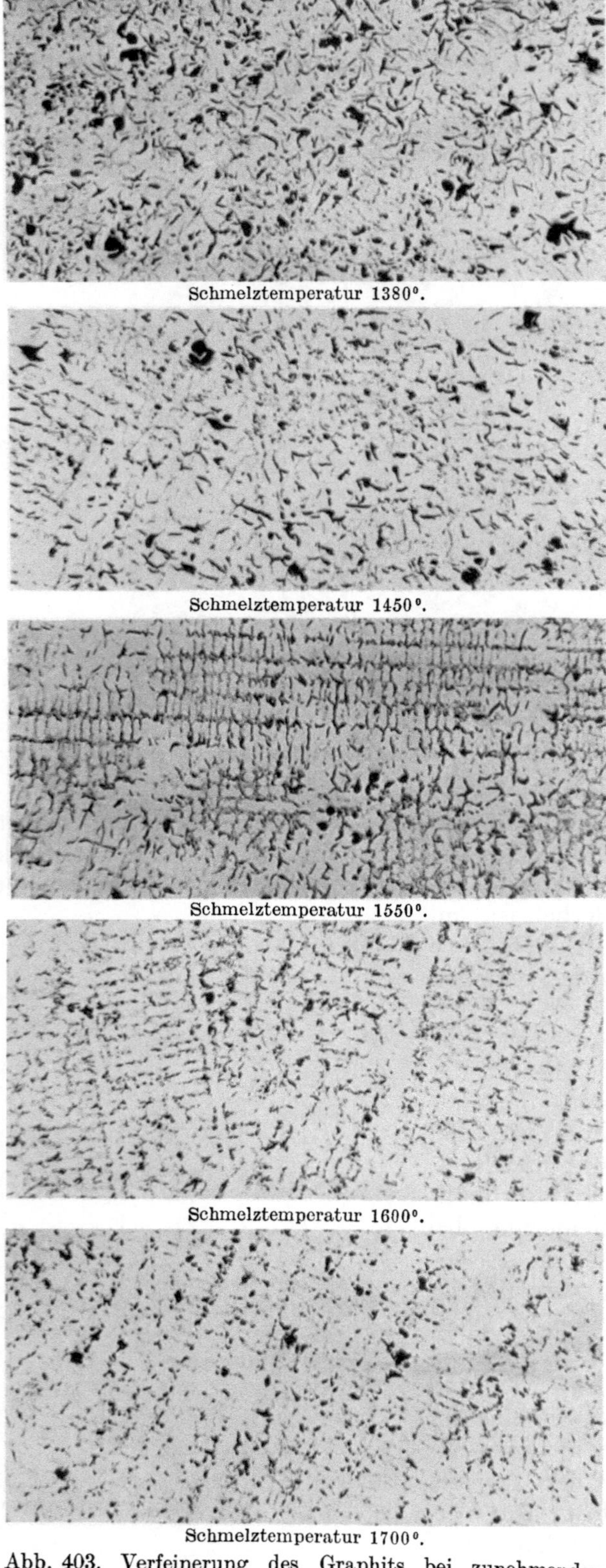

Schmelztemperatur 1380°.

Schmelztemperatur 1450°.

Schmelztemperatur 1550°.

Schmelztemperatur 1600°.

Schmelztemperatur 1700°.

Abb. 403. Verfeinerung des Graphits bei zunehmender Überhitzung. Vergr. 40.

Mit der Erkenntnis, daß durch eine Behandlung des flüssigen Eisens bei hohen Temperaturen die Graphitausbildung geändert werden kann, ist schon die Möglichkeit gegeben, auf andere Weise auf die Graphitausbildung des Gußeisens einzuwirken. Es ist selbstverständlich, daß große Graphitblätter längere Zeit zur Auflösung brauchen als kleine, von vornherein in den Einsatzstoffen schon feinverteilte Blättchen. Wenn daher schon bei der Gattierung darauf geachtet wird, nur Rohstoffe mit feiner

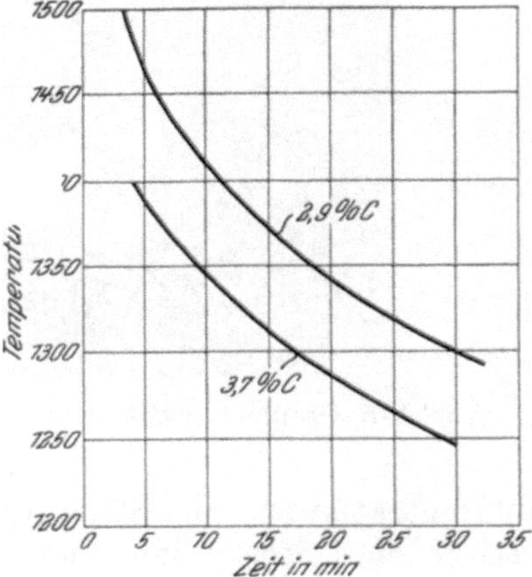

Abb. 404. **Erhitzungskurven nach Hanemann.**

Graphitausbildung einzusetzen, so ist damit erreicht, daß das daraus erschmolzene Eisen ebenfalls wieder mit größter Wahrscheinlichkeit eine feine Graphitausbildung zeigen wird. Umgekehrt ist es aber bei grober Ausbildung des Graphits in den Rohstoffen sehr schwierig, eine feine Graphitabscheidung und damit erhöhte Festigkeit des Gusses zu bekommen. Der Beweis dafür konnte durch Versuche in der Maschinenfabrik Eßlingen erbracht werden. Dort wurden verschiedene Gattierungen erschmolzen, einmal mit Verwendung eines normalen Hämatits mit hohem Siliziumgehalt und grobem Graphit, das andere Mal unter Verwendung eines besonders ausgesuchten Hämatits mit besonders feinem Korn und niedrigem Siliziumgehalt. Um bei der zweiten Gattierung den gleichen Siliziumgehalt, wie bei der ersten zu erreichen, wurde das fehlende Silizium durch EK-Pakete zugeführt. Die erhaltenen Werte waren im Mittel folgende:

	Ges. C %	Graphit %	geb. C %	Si %	Mn %	P %	S %
1. Gattierung mit gewöhnlichem Hämatit	3,34	2,57	0,77	2,20	0,73	0,29	0,085
2. Gattierung mit feinkörnigem Hämatit und EK-Paketen .	3,47	2,68	0,79	2,16	0,70	0,26	0,097

Die daraus erhaltenen Festigkeiten waren:

	Biegefestigkeit kg/mm²	Durchbiegung mm	Zugfestigkeit kg/mm²	Härte
1. Mit gewöhnlichem Hämatit	31,1	11,0	14,6	164
2. Mit feinkörnigem Hämatit und EK-Paketen . .	35,4	11,2	17,5	167

Das Ergebnis dieser Versuche war also, daß bei gleichbleibender Analyse bei Verwendung von feinkörnigem Hämatit und EK-Paketen an Stelle von grobkörnigem Hämatit mit hohem Siliziumgehalt eine bedeutende Steigerung der Festigkeitswerte eingetreten ist.

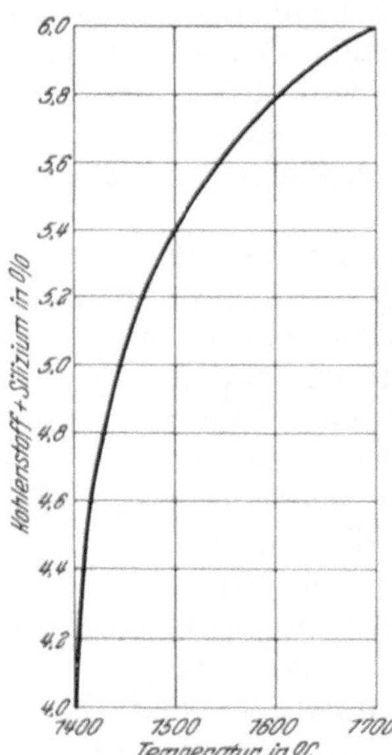

Abb. 405. Zur Erzielung von Graphiteutektikum erforderliche Schmelztemperaturen.

Bei der Übertragung dieser Erkenntnis auf die Praxis wurde dann so vorgegangen, daß das Hämatit vollständig durch in Kokillen gegossenes Roheisen mit weißem Bruch ersetzt wurde; damit wurden die in Abb. 406 aus einer größeren Anzahl von Schmelzen zusammengestellten Häufigkeitswerte für die Zugfestigkeit erhalten. Es muß besonders betont werden, daß die Analysen im Durchschnitt dauernd gleich blieben, so daß die Verbesserung der Eigenschaften nur auf die Verwendung des wenig graphitierten Roheisens zurückzuführen ist. So kann man vermutlich auch die von vielen Seiten beobachtete Tatsache erklären, daß sich die Eigenschaften des verwendeten Roheisens auf die Eigenschaften des daraus erschmolzenen Eisens übertragen, und es wird dadurch gewissermaßen die alte, durch die Gattierung nach der Analyse außer Benützung gekommene Gießerregel des Gattierens nach dem Bruchaussehen wieder zu Ehren gebracht. Ganz wird allerdings das unterschiedliche Verhalten verschiedener Roheisensorten bei gleicher Analyse auch nicht geklärt.

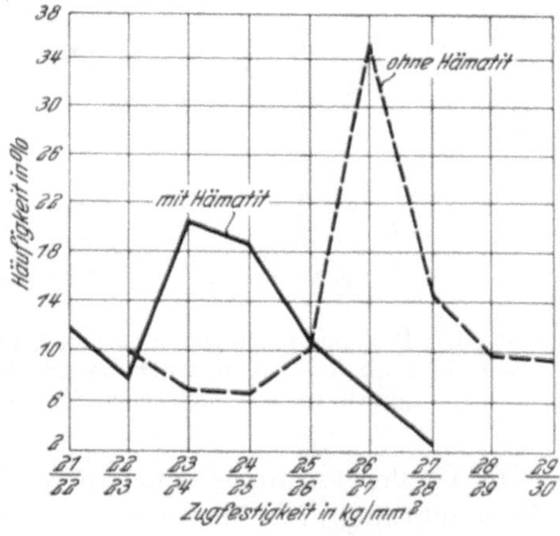

Abb. 406. Einfluß von Hämatit in der Gattierung auf die Zugfestigkeit von Gußeisen gleicher Zusammensetzung.

Der Einfluß des Roheisens auf die Eigenschaften des Gußeisens.

Von vielen Gießereifachleuten wird die Tatsache bestätigt, daß Gußeisen, das mit gleicher Endanalyse aus Roheisensorten verschiedener Herkunft, die dieselbe Zusammensetzung und sogar dasselbe Gefüge aufweisen, erschmolzen wird, verschiedene Eigenschaften aufweist. Manchen Roheisensorten wird allgemein ein hartmachender oder weichmachender Einfluß zugeschrieben, ohne daß es bisher gelungen ist, eine ganz befriedigende Erklärung dieser Erscheinung zu finden. Versuche, den Einfluß der

Roheisenbeschaffenheit auf das erschmolzene Eisen festzustellen, wurden von verschiedenen Seiten, zum Teil in sehr großzügiger Weise durchgeführt [1]). Es ist natürlich außerordentlich schwierig, sämtliche bei der Herstellung des Roheisens in Frage kommenden Umstände so genau festzulegen, daß nachher eindeutige Schlüsse daraus auf das Verhalten des Roheisens gezogen werden können. Eine andere Auswertung als durch Häufigkeitskurven erscheint aussichtslos. A. Wagner [2]) hat an Hand von Tausenden von Untersuchungen der Festigkeit und des Gefüges versucht, diese Unterschiede in dem Verhalten von verschiedenen Roheisen gleicher Zusammensetzung und gleichen Gefüges zu ergründen. Er kommt zu dem Ergebnis, daß große Schlackenmengen bei der Darstellung des Roheisens ein weichmachendes Eisen zur Folge haben. Dies würde erklären, warum einzelne Hochofenwerke, die gezwungen sind, eisenarme Erze zu verhütten, ein Roheisen erblasen, das in dem Rufe steht, weichmachend zu sein. In diesem Fall ist eben die anfallende Schlackenmenge sehr viel größer, als bei der Verhüttung von eisenreichen Erzen. Einen weiteren Einfluß schreibt Wagner dem Titan, sowie dem Gasgehalt der erschmolzenen Eisensorten zu. Von anderen Seiten wird hingewiesen auf die Verschiedenheiten in der Lage der Oxydationszone vor den Formen, den Einfluß des Schrottzusatzes zu dem Möller, die Temperatur im Ofen usw., ohne daß bisher einwandfreie Erklärungen gegeben werden konnten.

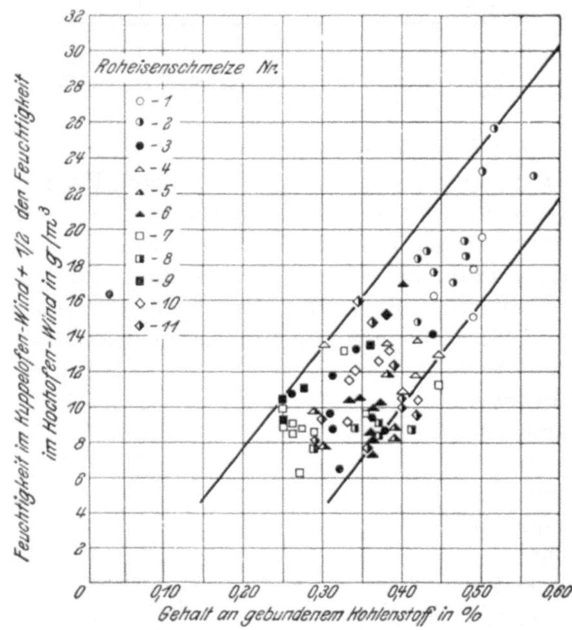

Abb. 407. Beziehung zwischen dem Feuchtigkeitsgehalt des Gebläsewindes und dem gebundenen Kohlenstoffgehalt des erschmolzenen Eisens.

In einer sehr großzügig aufgezogenen amerikanischen Untersuchung von Boegehold [3]) wurde versucht, einen Einfluß der Erzeugungsbedingungen auf die Eigenschaften des Roheisens, sowie des daraus erschmolzenen Gußeisens festzulegen. Die Verhältnisse lagen hier insofern sehr günstig, als über die ganze Dauer der sich auf einen Zeitraum von über einem Jahr erstreckenden Versuche in einer zu dem Hochofenwerk in Beziehung stehenden Gießerei immer nur dieselben Gußstücke angefertigt wurden, so daß deren Beobachtung und Prüfung immer unter denselben Bedingungen vorgenommen werden konnten. Auf Grund dieser genau durchgeführten Untersuchungen kommt Boegehold zu folgenden Schlüssen:

1. Die Vererbung der Eigenschaften des Roheisens auf das daraus erschmolzene Gußeisen ist unbedingt nachweisbar.

2. Die Eigenschaften des erschmolzenen Eisens hängen in besonderem Maße von der Feuchtigkeit des Gebläsewindes ab und zwar so, daß mit zunehmender Feuchtigkeit des Gebläsewindes der Gehalt an gebundenem Kohlenstoff steigt und damit die Abschreckung zunimmt (Abb. 407).

3. Die Neigung des Eisens zum Lunkern nimmt mit zunehmender Durchsetzgeschwindigkeit im Hochofen ab. Das schnell erzeugte Eisen soll noch gewisse unreduzierte Teile, also Oxyde, enthalten, die für die Verringerung der Lunkerung verantwortlich zu machen seien.

Auf Grund seiner Versuche kommt Boegehold zu dem in Abb. 408 wiedergegebenen Schaubild, das die durch Ausmessung ermittelte Größe des Lunkers im Probestück in

[1]) Vgl. Bd. I, S. 115. [2]) Stahleisen 1930, S. 662/668, 918. [3]) Transact. Amer. Foundrymen's Assoc. 1929, S. 91/152 und 683/728; Stahleisen 1929, S. 1592/1593.

Beziehung zur Schmelzleistung des Hochofens bei der Herstellung des für das betreffende Gußstück verwendeten Roheisens zeigt. Das gut desoxydierte Eisen, das bei langsamem Durchsatz durch den Ofen erhalten wird, soll sich leichter bearbeiten lassen; es bleibt dem Gießereifachmann überlassen, welches Eisen er vorzieht, solches, das wenig Neigung zum Lunkern hat, oder solches, das sich leichter bearbeiten läßt.

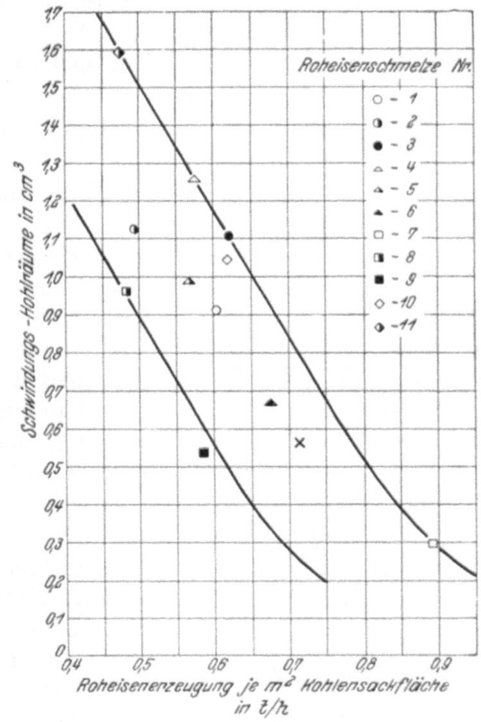

Abb. 408. Beziehung zwischen Neigung zur Lunkerung des erschmolzenen Eisens und Schmelzleistung des Hochofens.

P. Oberhoffer und E. Piwowarsky[1]) haben in eingehenden Untersuchungen verschiedener Koksroheisensorten festgestellt, daß der Sauerstoffgehalt zwischen 0,012 und 0,036% schwankt. Für Holzkohlenroheisen wurden Werte zwischen 0,012 und 0,033% gefunden; hier wurde ein Zusammenhang zwischen Silizium- und Sauerstoffgehalt nachgewiesen, während dies bei den Koksroheisen nicht möglich war. Im Gegensatz zu der Ansicht von Boegehold konnte von Oberhoffer und Piwowarsky ein Zusammenhang zwischen den Betriebsbedingungen der Hochöfen und dem gefundenen Sauerstoffgehalt des erschmolzenen Roheisens nicht gefunden werden, so daß ein gewisser Widerspruch zwischen den Angaben der beiden Arbeiten bestehen bleibt.

Wenngleich aus diesem Grunde die angeführten Versuche nicht ohne weiteres als allgemein maßgebend angenommen werden können, so geben sie immerhin einen Anhaltspunkt dafür, daß Einflüsse dieser Art doch vorhanden sind. Es werden wohl einzelne Ursachen in der Auswirkung sich immer überdecken. Andererseits geht aus den Versuchen hervor, daß die Beeinflussung des Roheisens auf seine Eigenschaften schon auf den Hochofenwerken erfolgen muß, und daß der Eisengießer, der das Roheisen zum Umschmelzen bekommt, mit den schon vorhandenen und vererblichen Eigenschaften des Roheisens rechnen muß.

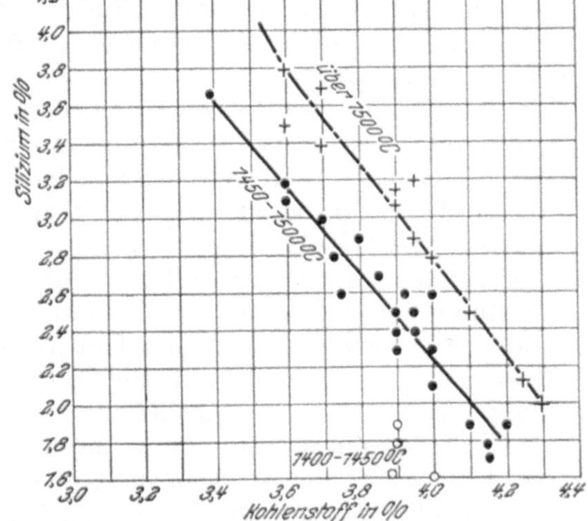

Abb. 409. Beziehung zwischen Kohlenstoff- und Siliziumgehalt von Gießereiroheisen bei verschiedenen Abstichtemperaturen.

Daß die Einflüsse bei der Darstellung des Roheisens Beachtung verdienen, beweist auch eine Arbeit von A. Michel[2]), der insbesondere den Zusammenhang zwischen Kohlenstoff und Siliziumgehalt und der Abstichtemperatur untersucht hat und dabei zu den in Abb. 409 und 410 dargestellten Ergebnissen kommt. Sie besagen, daß das im Hochofen erzeugte graue Roheisen normalerweise 0,5—1% übereutektischen Kohlenstoff enthält, der wegen der dadurch bedingten groben Graphitausbildung im Guß nicht erwünscht ist. Es wird daher auch in Hinsicht auf den übereutektischen groben Graphit Sache der Hochofenwerke sein müssen, den Gang der Öfen so zu leiten, daß Garschaumgraphit nicht entstehen kann.

Die angeführten Arbeiten bestätigen, daß es nicht möglich ist, nur auf Grund der Analyse allein die Eigenschaften von Gußeisen zu bestimmen, weil die Herstellungs-

[1]) Stahleisen 1927. S. 521/523; Gieß. 1927. S. 197/202. [2]) Stahleisen 1927. S. 696/698.

bedingungen und die Einsatzstoffe, insbesondere das verwendete Roheisen von maßgebendem Einfluß auf diese Eigenschaften sind. Fortschritte in der Erzeugung von hochwertigem Gußeisen sind daher auch damit verknüpft, daß Hochofenwerke und Gießereien in gemeinsamer Arbeit das Ziel der Verbesserung des Gußeisens zu erreichen suchen.

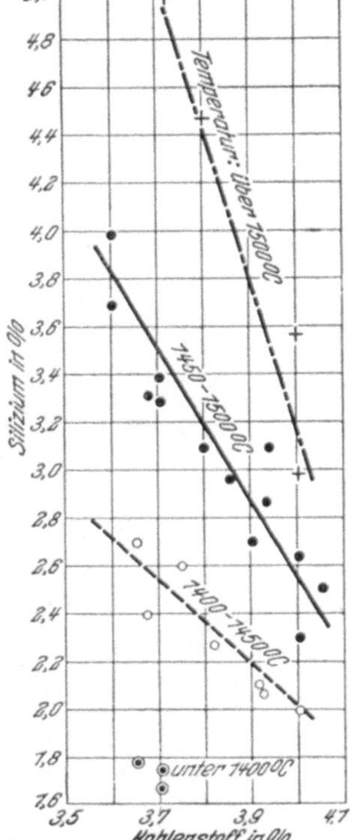

Abb. 410. Beziehung zwischen Kohlenstoff- und Siliziumgehalt von Hämatitroheisen bei verschiedenen Abstichtemperaturen.

Die Verfahren des Edelgußverbandes.

Die sinngemäße Anwendung der im vorhergehenden beschriebenen Überlegungen hat in der Praxis zur Durchbildung einiger Verfahren geführt, die eine planmäßige und vor allen Dingen auch sichere Erzeugung von hochwertigem Gußeisen ermöglichen. Die Besitzer dieser Verfahren haben sich in dem sog. Edelgußverband[1]) mit ihren Lizenznehmern zusammengeschlossen.

Ähnlich wie bereits oben bei der Beurteilung der Eigenschaften des Gußeisens und deren Ursachen kann man auch hier in groben Zügen zwischen Verfahren unterscheiden, die die Grundmasse des Gußeisens maßgebend zu beeinflussen suchen, und solchen, welche einen Hauptwert auf die Beeinflussung der Graphitmenge und auch der Graphitausbildung legen. Selbstverständlich kann aber diese Einteilung nur von untergeordneter Bedeutung sein, weil kein Hinderungsgrund besteht, sowohl die Grundmasse als auch den Graphit gleichzeitig in eine für die gewünschten Eigenschaften günstigere Form zu bringen.

Das wichtigste Verfahren zur Beeinflussung der Grundmasse des Gußeisens ist das von Lanz, das die Erzielung eines rein perlitischen Grundgefüges unter Ausschluß von Ferrit anstrebt[2]). Der Grundgedanke dieses Verfahrens besteht darin, daß ein Eisen mit so niedrigem Siliziumgehalt verwendet wird, daß dieses bei normaler Abkühlungsgeschwindigkeit mit weißem Gefüge erstarren würde. Durch Verzögerung der Abkühlungsgeschwindigkeit, die dadurch erreicht wird, daß die Gußform auf eine der Wandstärke und dem C + Si-Gehalt des Eisens entsprechende Temperatur vorgewärmt wird, ist es dann möglich, ein Gußeisen zu erhalten, das als wesentliches Merkmal ein rein perlitisches Gefüge mit Perlit in lamellarer Form aufweist. Die Regulierung der hierzu erforderlichen kritischen Abkühlungsgeschwindigkeit kann in der Praxis auf verschiedene Weise geschehen, und zwar einmal dadurch, daß die Zusammensetzung des Werkstoffs für alle Wandstärken gleich gewählt und dabei die Temperatur der Form der jeweiligen Wandstärke des Abgusses angepaßt wird, d. h. also, daß bei geringerer Wandstärke die Vorwärmtemperatur der Gußform eine höhere sein muß. Ein anderer Weg ist, die Temperaturen der Gußformen in allen Fällen und für alle Wandstärken gleich hochzuhalten und die Zusammensetzung des Gußeisens je nach der Wandstärke bzw. der Masse des Gußstückes zu ändern. Als dritte Art der Ausführung bleibt noch die gleichzeitige Anwendung dieser beiden Möglichkeiten, also Veränderung sowohl der Vorwärmtemperatur, als auch der Zusammensetzung des Gußeisens. Als Merkmal gilt aber in jedem Falle, daß bei normaler Temperatur der Gußform das Eisen mit weißem Bruch erstarren würde.

An Festigkeitswerten für den nach diesem Verfahren hergestellten Guß werden beispielsweise in der Literatur nach einer Zusammenstellung von Piwowarsky[3]) folgende Zahlen (s. Zahlentafel 75) angegeben.

Wie beim Vergleich dieser Zahlen sich zeigt, ist es weniger die Erreichung hoher Festigkeitswerte, die bei diesem Gußeisen angestrebt wird — obwohl hiermit auch sehr

[1]) Berlin-Dahlem, Fliednerweg 10—12.

[2]) D.R.P. Kl. 31, Nr. 301913; Literatur s. Bd. I, S. 208; Bd. III, S. 87.

[3]) E. Piwowarsky: Hochwertiger Grauguß. S. 263. Berlin 1929.

hohe Festigkeiten erreicht werden können — als die große Zähigkeit, die sich schon aus der großen Durchbiegung beim Biegeversuch ergibt, sich aber auch in einer bedeutenden Steigerung der Schlagzahl beim Dauerschlagversuch gegenüber gewöhnlichem Gußeisen zeigt. Bemerkenswert sind ferner die gegenüber anderen Gußeisensorten gleicher Festigkeitseigenschaften geringere Härte, die auch bei größeren Unterschieden in den Wandstärken der Gußstücke beobachtete Gleichmäßigkeit des Gefüges und die dadurch bedingte weitgehende Spannungsfreiheit und geringe Neigung zur Lunkerbildung.

Von den Verfahren zur Beeinflussung der Graphitmenge ist weiter von Bedeutung das von K. Emmel, das darauf beruht, daß auf die Erzeugung eines Gußeisens mit verhältnismäßig niedrigem Kohlenstoffgehalt (bei entsprechend höherem Siliziumgehalt)

Zahlentafel 75.

Festigkeitseigenschaften von Perlitguß. (Nach Piwowarsky.)

Ges. C %	Graphit %	Mn %	P %	S %	Si %	Zugfestigkeit kg/mm²	Biegefestigkeit kg/mm²	Durchbiegung mm	Härte B.E.	Dauerschlagzahl	Quelle
3,25	2,41	0,79	0,40	0,15	1,11	25,0—28,2	44,3—54,5	13,1—17,5	164—176	60—72	Bauer, O.: Mitt. Materialpr.-Amt Berlin-Dahlem, 1922. H. 6, S. 318.
nicht angegeben						28,2—33,2	+ [1])	+	187—207	+	Smith, Mc. Rae: Foundry Trade J. 1926. Nr. 515, S. 13.
nicht angegeben						28,0	51,0	17,0	164	72	Mitt. d. Fa. L. u. C. Steinmüller, Gummersbach. Z. V. d. I. 1924. S. 609.
3,36	n. b.	0,70	0,24	0,23	0,86	25,0	+	+	179	+	Meyersberg, G.: Perlitguß. 1927. Berlin, S. 26.
3,21	nicht bestimmt				0,81	25,4—26,9	+	+	+	+	Young, H. J.: Foundry Trade J. 1925. Nr. 470, S. 159/162.

hingearbeitet wird [2]). Dieser wird dadurch erreicht, daß die Gattierung zu einem sehr hohen Anteil aus Stahlschrott besteht, der etwa in den Grenzen von 50—80% liegt. Im Gegensatz zu der früher von F. Wüst und P. Bardenheuer gegebenen Kritik [3]), wonach durch hohen Stahlzusatz die Festigkeit des Gußeisens leicht erhöht werden kann, die aber auch erwähnt, daß dabei die Gleichmäßigkeit des erzeugten Eisens geringer wird als bei dem durch andere Verfahren dargestellten Gußeisen, hat es Emmel durch die Schmelzführung des Kuppelofens erreicht, daß das Erzeugnis in guter Regelmäßigkeit zum Abstich kommt. Zunächst wurde Wert darauf gelegt, den Kohlenstoffgehalt unter 3% zu halten. Die mit solchem Gußeisen erreichten Festigkeiten sind in der Zahlentafel 76 [4]) zusammengestellt. Bei späteren Versuchen hatte es sich aber gezeigt, daß man durch Anstrebung höherer Kohlenstoffgehalte in dem mit hohen Stahlzusätzen erschmolzenen Eisen wesentlich bessere Gießeigenschaften und eine noch größere Gleichmäßigkeit erreichen konnte, als bei dem anfangs verwendeten niedriggekohlten Eisen, wobei aber trotzdem die erreichten Festigkeitswerte sehr gute sind, wie Zahlentafel 77 [5]) zeigt. Durch die Erhöhung des Kohlenstoffgehaltes auf über 3%, die ebenfalls durch geeignete Schmelzführung erreicht wird, läßt sich ein Gußeisen erzeugen, das bei größerer Treffsicherheit in der Analyse und guten Gießeigenschaften ein dichtes und homogenes Gefüge von hoher Festigkeit ergibt. Die Ursachen hierfür sind durch die sehr hohen Schmelztemperaturen bedingt, die sich durch die Anwendung der sehr hohen Stahlschrottmengen in der Gattierung ergeben. Trotz des gesteigerten Siliziumgehaltes wird

[1]) Ergebnisse an besonderen, mit den deutschen Normalabmessungen nicht ohne weiteres vergleichbaren Stabformen.

[2]) Vgl. Bd. III, S. 87. [3]) Mitt. K.W.Inst. f. Eisenforsch. Düsseldorf Bd. 4, 1922. S. 125/144.

[4]) Stahleisen 1925, S. 1467. [5]) Gieß. 1929, S. 605.

Zahlentafel 76.

Zerreißfestigkeiten und Analysen von niedriggekohltem Gußeisen. (Nach Emmel.)

Schmelze Nr.	Zusammensetzung im Mittel					Durchschnittliche Zerreißfestigkeit
	Ges. C %	Si %	Mn %	P %	S %	kg/mm²
1	2,84	1,96	0,84	0,13	0,140	31,6
2	2,53	2,44	0,90	0,13	0,170	37,9
3	2,62	2,09	0,96	0,15	0,111	35,1
4	2,70	2,20	1,35	0,20	0,130	41,3
5	2,66	1,90	0,74	0,26	0,140	28,5
6	2,51	2,20	0,83	0,18	0,105	30,6
7	2,48	2,31	1,07	0,18	0,164	30,9
8	2,69	2,19	0,86	0,11	0,138	30,4
9	2,80	2,12	1,01	0,13	0,115	33,9
10	2,39	2,70	1,04	0,15	0,122	33,1
11	2,74	2,59	0,70	0,16	0,114	33,1
12	2,60	3,29	1,33	0,10	0,104	31,3
13	2,83	2,06	1,12	0,19	0,780	31,0
14	2,39	2,73	1,30	0,16	0,074	30,6
15	2,32	2,82	1,04	0,25	0,106	32,4
16	2,85	1,94	0,78	0,20	0,114	32,0
17	2,52	2,38	1,14	0,19	0,082	33,2
18	2,83	2,07	0,99	0,10	0,100	31,9
19	2,42	2,68	0,93	0,09	0,088	32,4
20	2,81	2,19	1,12	0,20	0,085	34,2
21	2,40	2,62	0,65	0,16	0,083	28,0
22	2,66	2,53	1,38	0,19	0,078	30,8
23	2,86	2,21	1,27	0,19	0,055	32,4
24	2,85	2,35	1,02	0,14	0,105	33,7

Zahlentafel 77.

Festigkeitswerte bei Kohlenstoff-Gehalten von 3—3,5 %. (Nach Emmel.)

Schmelze Nr.	Zusammensetzung der Schmelze in %					Durchschnittliche Biegefestigkeit	Stabdurchmesser (roh)	Durchschnittliche Zerreißfestigkeit
	C %	Si %	Mn %	P %	S %	kg/mm²	mm	kg/mm²
1	2,99	2,45	1,27	0,15	0,074	60,1	20	33,9
2	3,03	1,89	1,10	0,16	0,090	51,0	30	29,1
3	3,04	2,07	1,17	0,09	0,115	54,3	30	30,2
4	3,05	1,37	0,41	0,12	0,187	57,7	30	—
5	3,05	1,96	0,69	0,20	0,090	51,8	20	—
6	3,06	1,88	0,89	0,16	0,129	59,2	30	—
7	3,10	1,41	0,62	0,12	0,153	59,0	30	31,7
8	3,14	1,63	0,73	0,24	0,100	50,6	20	30,8
9	3,15	1,66	0,82	0,20	0,122	48,4	30	30,4
10	3,16	1,35	0,86	0,30	0,120	55,9	20	32,3
11	3,26	1,92	0,94	0,26	0,108	49,3	20	30,7
12	3,28	1,85	1,02	0,19	0,114	52,9	20	30,1
13	3,31	1,64	0,80	0,24	0,108	53,0	20	30,0
14	3,38	1,00	0,83	0,27	0,118	52,5	30	29,0
15	3,40	1,25	1,05	0,26	0,116	61,3	20	31,6
16	3,47	1,19	0,97	0,26	0,106	53,4	30	30,3
17	3,47	1,61	0,98	0,26	0,110	52,7	20	29,3
18	3,48	1,41	0,98	0,43	0,124	49,7	20	27,2
19	3,53	1,59	1,00	0,34	0,118	52,3	20	31,5

dadurch eine sehr feine Verteilung des Graphits erreicht, die für die guten mechanischen Eigenschaften verantwortlich zu machen ist [1]).

Ein anderer niedriggekohlter Sonderguß von ähnlichen Eigenschaften ist der Sternguß der Firma Fried. Krupp A.-G. in Essen [2]), mit dem die in den Zahlentafeln 78

[1]) Zu dem Verfahren zur Erzeugung von niedriggekohltem Gußeisen von hoher Festigkeit gehört auch dasjenige von Corsalli, das in Band III, S. 49/50 des vorliegenden Werkes beschrieben wurde. [2]) Vgl. Bd. III, S. 87.

und 79 genannten Festigkeitswerte nach P. Kleiber[1]) erreicht werden. Auch hier ist der verhältnismäßig hohe Siliziumgehalt zu beachten, außerdem wird auf einen sehr hohen Mangangehalt Wert gelegt.

Die Vorteile, die sich aus der Anwendung dieser niedriggekohlten Gußeisensorten ergeben, sind, wie auch aus dem mit sinkendem C + Si-Gehalt sich verbreiternden Feld für perlitisches Gefüge des Gußeisenschaubilds nach Klingenstein (vgl. Abb. 394, S. 462) hervorgeht, daß die Gleichmäßigkeit des Gefüges auch bei sehr verschiedenen Wandstärken gewahrt bleibt, wodurch es möglich wird, Abgüsse von sehr verschiedener Wandstärke aus demselben Eisen zu gießen.

Zahlentafel 78.

Analysen und Zerreißfestigkeiten von Kruppschem Sternguß.

Nr.	Ges. C	Si	Mn	P	S	Rohdurchmesser des Stabes	Durchmesser des bearbeiteten Stabes	Zerreißfestigkeit
	%	%	%	%	%	mm	mm	kg/mm²
1	2,60	2,30	1,48	0,11	0,08	30	15	36,8
2	2,60	2,70	1,40	0,20	0,09	30	15	34,7
3	2,50	2,05	1,48	0,25	0,06	30	15	37,4
4	2,65	2,30	1,38	0,24	0,09	30	15	31,6
5	2,75	2,05	1,10	0,25	0,07	30	15	34,0
6	2,74	1,87	1,54	0,15	0,10	30	15	43,0
7	2,85	2,24	1,02	0,10	0,08	30	15	31,2
8	2,75	2,04	1,16	0,14	0,11	30	15	35,1
9	2,61	2,12	0,99	0,19	0,10	30	15	33,4
10	2,82	2,00	1,50	0,14	0,09	30	15	39,1/40,1

Zahlentafel 79.

Analysen, Biegefestigkeit, Durchbiegung und Brinellhärte von Kruppschem Sternguß.

Nr.	C	Si	Mn	P	S	Durchmesser des Stabes	Staboberfläche	Biegefestigkeit	Durchbiegung	Bleibende Durchbiegung
	%	%	%	%	%	mm		kg/mm²	mm	mm
1	2,75	2,04	1,16	0,14	0,11	30	unbearbeitet	61	11	1,2
2	2,73	2,01	1,20	0,15	0,09	30	,,	65,1	12	1,2
3	2,60	2,30	1,48	0,11	0,08	30	,,	63	11	—
4	2,90	1,79	1,44	0,24	0,09	30	,,	56	12,5	—
5	2,91	1,66	0,86	0,12	0,13	30	bearbeitet	62,5	13,6	3,4
6	2,70	2,33	0,93	0,12	0,13	30	,,	59,3	14,1	4,0
7	2,38	1,90	1,20	0,16	0,10	20	,,	63,8	5,6	0,2
8	2,47	2,17	1,40	0,12	0,10	16	,,	78,4	4,9	0,3
9	2,47	2,17	1,40	0,12	0,10	10	,,	75,8	2,9	0,2

Brinellhärte 200—250.

Von den Verfahren, welche die Beeinflussung der Graphitform zum Ziele haben, ist zunächst das Überhitzungsverfahren zu erwähnen, das eine Zerstörung der vorhandenen Graphitkeime durch Anwendung außerordentlich hoher Schmelztemperaturen anstrebt [2]). Wie bereits auf S. 466 bemerkt, ist dadurch eine sehr feine Verteilung des Graphits, zum Teil sogar in Form des Graphiteutektikums, zu erzielen. Als deren Folge ergeben sich sehr gute Werkstoffeigenschaften. Die Höhe der erforderlichen Überhitzungstemperaturen ist von der Zusammensetzung des Gußeisens abhängig (vgl. auch Abb. 405, S. 469). Die Überhitzung selbst kann grundsätzlich natürlich in jedem beliebigen Schmelzapparat vorgenommen werden, doch kommt dafür der Kuppelofen kaum in Betracht, zum mindesten ist eine sorgfältige Führung des Schmelzbetriebes Voraussetzung zur Erzielung guter Ergebnisse. Von Vorteil ist die Anwendung des sog. Duplex-

[1]) Kruppsche Monatshefte 1927, S. 110/116. [2]) Vgl. Literaturübersicht.

betriebes, d. h. Schmelzen im Kuppelofen und Überhitzung im Flammofen oder Elektroofen, auch kann der ganze Schmelzvorgang einschließlich Überhitzung im Flammofen oder Elektroofen durchgeführt werden. Nachfolgend sind einige Untersuchungsergebnisse [1]) von nach verschiedenen Überhitzungsverfahren behandelten Gußeisen der Maschinenfabrik Eßlingen (Zahlentafel 80), der A. Borsig G. m. b. H. (Zahlentafel 81) und von Elektrograuguß nach Mitteilung von Kerpely (Zahlentafel 82) angegeben.

Zahlentafel 80.

Durch Schmelzüberhitzung erreichte Festigkeiten von Grauguß. (Maschinenfabrik Eßlingen.)

Stab Nr.	C	Si	Mn	P	S	Zerreiß-festigkeit	Biege-festigkeit	Durch-biegung	Härte	Bemerkungen
	%	%	%	%	%	kg/mm²	kg/mm²	mm		
223	3,29	1,64	0,96	0,24	0,129	29,9	50,8	10,0	219	
231	3,27	1,45	1,06	0,23	0,093	32,5	53,1	13,0	223	
235	3,34	1,60	1,06	0,26	0,137	29,6	52,5	12,5	219	
241	3,27	1,36	0,92	0,24	0,113	29,9	50,4	12,5	226	
244	3,31	1,27	0,89	0,24	0,105	29,6	53,7	12,5	226	
248	3,34	1,33	0,86	0,29	0,109	32,5	56,7	11,0	237	
255	3,30	1,51	1,06	0,29	0,117	26,7	48,9	11,0	219	
261	3,33	1,68	0,96	0,29	0,125	28,7	55,2	13,0	219	
263	3,28	1,31	0,83	0,24	0,149	29,3	49,5	13,5	223	
266	3,16	1,48	0,96	0,24	0,101	31,2	55,3	12,0	223	
272	3,27	1,50	0,96	0,26	0,121	31,2	45,9	12,0	230	
276	3,30	1,39	0,92	0,21	0,125	31,5	53,2	12,5	226	
278	3,30	1,30	1,02	0,21	0,105	—	50,8	11,0	241	Fehlstelle
282	3,35	1,28	0,89	0,24	0,145	—	49,1	10,5	223	,,
288	3,31	1,32	1,16	0,23	0,153	31,2	56,7	13,5	234	
289	3,27	1,35	1,02	0,23	0,105	30,6	50,75	11,0	226	
291	3,31	1,44	0,99	0,24	0,117	29,3	51,1	10,0	225	
295	3,34	1,39	0,89	0,24	0,101	27,4	52,3	11,5	226	
298	3,33	1,41	1,06	0,20	0,109	28,0	53,1	12,5	214	
300	3,31	1,41	1,05	0,20	0,109	29,6	52,8	13,0	220	
304	3,30	1,36	1,06	0,21	0,117	29,6	48,0	11,5	206	
308	3,03	1,51	0,99	0,32	0,109	30,6	47,1	12,0	215	
314	3,27	1,50	0,99	0,28	0,129	26,1	48,7	11,0	219	
320	3,27	1,43	1,12	0,20	0,129	28,7	51,2	11,0	219	
322	3,34	1,59	0,96	0,29	0,111	28,3	50,3	11,0	219	
328	3,26	1,26	0,92	0,18	0,149	29,3	50,9	12,0	223	
331	3,34	1,12	0,76	0,18	0,141	35,4	51,1	13,5	237	
337	3,34	1,36	0,99	0,18	0,157	29,3	51,1	12,0	223	
339	3,24	1,61	0,96	0,23	0,089	29,9	52,8	13,0	219	
343	3,29	1,33	0,99	0,18	0,113	26,7	54,3	12,5	215	

Bei den letzteren ist beachtenswert, daß trotz des teilweise sehr hohen Phosphorgehaltes die erreichten Festigkeitszahlen sehr gut sind, so daß bei diesem hochüberhitzten Eisen der Phosphorgehalt anscheinend viel weniger von Einfluß ist als bei normal ohne Überhitzung erschmolzenem Gußeisen. Dies mag seine Ursache darin haben, daß auch das Phosphideutektikum in feinerer und deshalb günstigerer Form zur Abscheidung gelangt.

Ein anderes Verfahren, das die Ausbildungsform des Graphits beeinflußt, um Guß von wertvollen Eigenschaften zu erzielen, ist das von E. Schüz [2]). Während bei den erstgenannten Verfahren immer darauf geachtet wird, daß die Summe von Kohlenstoff + Silizium einen gewissen, durch die Wandstärke bedingten Betrag nicht überschreitet, verwendet Schüz ein Eisen mit hohem Siliziumgehalt, etwa 3%, dessen Abkühlungsgeschwindigkeit durch Guß in Kokillen vergrößert wird. Das Gefüge dieses Gußeisens besteht zu einem überwiegend großen Teil aus Ferrit; in ihm ist der Graphit in Form von Graphiteutektikum eingelagert. Als Folge der außerordentlich feinen Graphitabscheidung können Festigkeitswerte von 36 kg/mm² Zugfestigkeit und 85 kg/mm²

[1]) Aus G. Meyersberg, Edelguß, 2. Aufl. S. 82/83, 96. Berlin 1929.

[2]) Vgl. Bd. III, S. 88; ferner Literaturübersicht.

Biegefestigkeit erreicht werden. Unter Umständen tritt bei diesem Gußeisen in einer dünnen Randschicht teilweise freier Zementit auf, der aber durch kurzes Glühen der Abgüsse leicht zum Zerfall gebracht werden kann, ohne daß durch das Glühen die Festigkeitswerte verschlechtert werden. Allerdings ist die Anwendung dieses Verfahrens

Zahlentafel 81.

Durch Schmelzüberhitzung erreichte Festigkeiten von Grauguß (A. Borsig G. m. b. H. in Berlin-Tegel, Verfahren Hanemann).

Bezeichnung des Werkstücks und der Probe	Zerreißfestigkeit kg/mm²
20	29,0
21	29,0
22	26,0
23	29,0
26	31,0
27	26,0
Naßdampfkessel:	
12	26,0
13	29,0
14	28,0
15	27,0
Zylinder:	
1	27,0
2	26,0
3	23,0
4	24,0
5	24,0
6	27,0
7	29,0
Zylinder:	
8	27,0
9	26,0
10	28,0
11	27,0
12	26,0
13	31,0
14	27,0
15	30,0
16	29,0
Naßdampfkessel:	
16	27,0
17	29,0
18	26,0
19	27,0
Heißdampfkammern:	
12	26,0
13	30,0
14	28,0
Heißdampfkammern:	
15	29,0
16	26,0
Zylinder:	
17	25,0
18	26,0
19	31,0
20	30,0
Zylinder:	
1	26,0
2	26,0
3	24,0
4	26,0
5	22,0
6	27,0
7	29,0
8	26,0
9	24,0
10	26,0
11	26,0

Zahlentafel 82.

Durch Schmelzüberhitzung erreichte Festigkeiten von Elektrograuguß. (Nach v. Kerpely.)

C	Zugfestigkeiten		P	Zugfestigkeiten		Si	Zugfestigkeiten	
%	kg/mm²	im Mittel kg/mm²	%	kg/mm²	im Mittel kg/mm²	%	kg/mm²	im Mittel kg/mm²
2,70	31,4	31,4	0,25	32,8	32,8	1,00	32,8	32,8
2,80	31,4—35,6	32,5	0,35	32,1	32,1	1,10	32,6	37.6
2,85	30,0—35,8	33,0	0,40	30,3—33,3	31,4	1,30	35,8	35,8
2,88	33,8	33,8	0,45	30,0—32,8	30,2	1,40	33,8	33,8
2,90	31,4—37,6	34,0	0,60	31,4—37,6	33,6	1,50	32,8—34,4	33,6
2,95	32,8—38,5	35,2	0,65	31,4—42,1	34,8	1,60	33,8—37,7	33,6
3,00	32,8—37,0	34,8	0,70	31,4—37,0	33,2	1,70	30,3—35,0	35,0
3,05	31,4—42,1	34,5	0,75	33,3—37,6	35,3	1,80	31,4—36.2	33,2
3,10	31.4—37,6	34,0	0,80	32,8—38,5	35,8	1,90	27,7—42,1	33,6
3,15	30,3—32,8	32,0	—	—	—	2,00	31,4—37,6	33,2
3,20	30,3—35,0	33,2	—	—	—	2,10	31,4—33,8	32,8
3,25	30,3—31,4	31,4	—	—	—	2,20	30,8—37,6	33,6
—	—	—	—	—	—	2,30	31,4	31,4

zur Herstellung von hochwertigem Guß auf den Guß solcher Abgüsse beschränkt, welche die Möglichkeit des Kokillengusses zulassen.

Ganz hervorragende Werte wurden von E. Piwowarsky mit Kokillenguß erreicht, der mit Nickel, vereinzelt auch mit Chrom, legiert wurde und nachträglich ausgeglüht und vergütet worden war[1]). Eigentlich kann man bei derartigem Werkstoff nicht mehr von Gußeisen sprechen. Das Eisen wurde durch die Behandlung ohne nennenswerte

[1]) Gieß. 1927. S. 509/515; Stahleisen 1927, S. 1615; vgl. auch Gieß. 1928. S. 1073/1078.

Graphitbildung zur Erstarrung gebracht, also weiß. Durch das nachfolgende Ausglühen wurde die Abscheidung von Temperkohle unter Zerlegung des vorhandenen Karbids erreicht, während durch das Vergüten eine sorbo-perlitische Grundmasse angestrebt wurde. An Stelle des blättchenförmigen Graphits enthält dieses Eisen die in bezug auf physikalische Eigenschaften noch günstigere Ausbildungsform des freien Kohlenstoffs in Form von Temperkohle, so daß hierauf ein großer Teil der erreichten guten Festigkeitswerte zurückgeführt werden kann. Andererseits wurde durch das Vergüten des legierten Eisens, d. h. durch Abschrecken und Wiederanlassen, eine bestgeeignete Ausbildung der Grundmasse angestrebt und erreicht, so daß wohl das Maximum in bezug auf Festigkeitseigenschaften eines Gußeisens mit hohem Kohlenstoffgehalt vorhanden ist. Doch war die Lunkerbildung in den Abgüssen ziemlich groß; auch dürfte das Verfahren wegen der Gefahr des Reißens für einigermaßen verwickelte Abgüsse nicht in Frage kommen, so daß seiner Anwendung in der Praxis sich vorläufig noch Schwierigkeiten entgegenstellen werden.

Bei der Beurteilung und der Auswahl der vorliegend beschriebenen Verfahren ist zu beachten, daß mit jedem der Verfahren gute Ergebnisse erzielt werden können. Welches davon für einen besonderen Zweck am günstigsten ist, hängt davon ab, was für Gußteile vorzugsweise zu gießen sind; je nach der Formtechnik und dem gewünschten Verwendungszweck der Abgüsse wird man dem einen oder dem anderen den Vorzug geben können. Hochwertiges Gußeisen ist nicht allein nach seinen hohen Festigkeitszahlen zu bewerten, sondern in demselben Maße sind auch die Gleichmäßigkeit und die Dauerhaftigkeit, sowie die Gießeigenschaften für die Gießerei von Bedeutung.

Die Verbesserung des Gußeisens durch Legierungszusätze.

Während in den vorhergehenden Abschnitten nur die Eigenschaften des mit den immer vorhandenen Bestandteilen Kohlenstoff, Silizium, Mangan, Phosphor und Schwefel legierten Gußeisens näher betrachtet wurden, soll im folgenden die Erzeugung von Gußeisen mit besonderen Legierungszusätzen, wie sie auch beim legierten Stahl verwendet werden, behandelt werden, die neuerdings an Bedeutung gewinnt. Allerdings sind nicht alle Erwartungen, die man in der Güteverbesserung des Gußeisens durch Zulegieren weiterer Elemente zu erreichen hoffte, erfüllt worden, und die Steigerung der Festigkeitswerte nimmt bei weitem nicht diejenigen Ausmaße an, wie sie beim Stahl erreichbar sind.

Zahlentafel 83.

Prozentuale Steigerung der mechanischen Eigenschaften durch Legierungszusätze. (Nach Jungbluth.)

Element	Zerreiß-festigkeit %	Biege-festigkeit %	Schlagarbeit %	Härte %	Druck-festigkeit %	Höchst-wirkung bei %
Al	—	+ 25	+ 25—50	+ 20—30	+ 20—30	0,08
Ti	—	—	—	—	—	0,1
Ni	—	+ 20—30	—	+ 20—30	—	0,5—1,0
Cr	+ 40	+ 10	+ 10	+ 20—25	+ 10	—
Ni + Cr	+120	+ 60—80	+ 60—80	—	—	Cr 0,5
V	—	+ 25	—	+ 50	+ 40	—
W	+ 45	+ 50	+ 100	+ 20	+ 40	—
Mo	+ 60	+ 35	+ 60	—	+ 30	0,5
U	+ 10	—	—	—	—	—
Sn	Bis 2% keine Schädigung, dann starke Verschlechterung.					
Cu	Bis 0,5% untersucht, kein Einfluß.					

Jungbluth[1]) hat in einer Zusammenstellung die in der Literatur angegebenen Legierungszusätze geordnet. Den Mengen nach werden demnach angewandt: Aluminium

[1]) Gieß. 1928. S. 458.

bis 7%, Titan bis 0,5%, Nickel bis 5%, Chrom bis 1%, Vanadium bis 1%, Wolfram bis 0,5%, Molybdän bis 1%, Uran bis 0,26%, Zinn bis 6%, Kupfer bis 0,5%. Die durch diese Legierungszusätze erreichten prozentualen Verbesserungen der mechanischen Eigenschaften des verwendeten Gußeisens sind in Zahlentafel 83 angegeben.

Bei einem Teil dieser Ergebnisse ist zu berücksichtigen, daß als Ausgangstoff gewöhnliches Gußeisen ohne besonders gute physikalische Eigenschaften genommen wurde. Schon eine ganz geringe Verminderung des Graphitgehaltes wirkt sich dabei als die Güte verbessernd aus, die dann wohl dem Legierungszusatz zugeschrieben wird, die aber auf anderem Wege durch geeignete Zusammensetzung ohne besondere Legierung ebenfalls erreichbar wäre. Das Legieren von Gußeisen kann daher nur dann in Frage kommen und ist auch nur dann wirtschaftlich, wenn es möglich ist, dem Eisen durch den Legierungszusatz Eigenschaften zu verleihen, die man auf andere billigere Weise nicht erreicht. Wenn dies berücksichtigt wird, dann wird überhaupt die Anzahl der in Frage kommenden Legierungselemente auf einige wenige beschränkt, deren Anwendung in besonderen Fällen von Vorteil sein kann. Insbesondere sind dies die auch bei der Herstellung von legiertem Stahl verwendeten Metalle Chrom, Nickel, Wolfram, Vanadium, Titan und Molybdän.

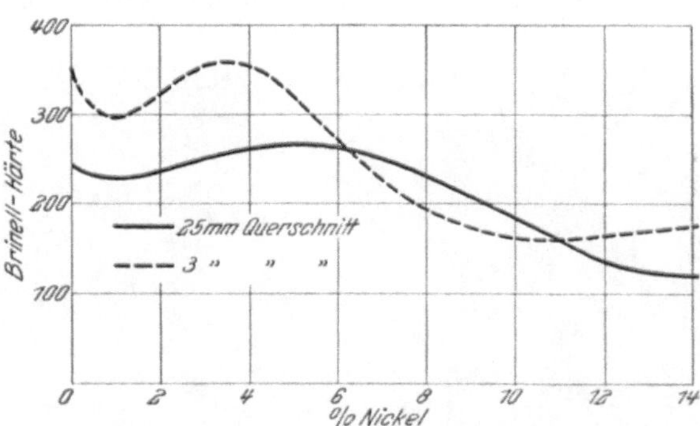

Abb. 411. Einfluß des Nickels auf die Härte bei einem Siliziumgehalt von 1,2%.

Aluminium[1]) und auch Titan[2]) werden vorzugsweise nur als Desoxydationsmittel bei ganz geringen Zusätzen verwendet. Beide begünstigen die Graphitabscheidung und wirken deshalb weichmachend. Bei Zusatz von Titan ist bemerkenswert, daß auch Stickstoff als Titannitrid gebunden wird und infolgedessen eine weitgehende Entgasung des Eisens erzielt werden kann. Als Folge der vermehrten Graphitbildung ist aber häufig eine geringe Verschlechterung der Festigkeitseigenschaften zu beobachten.

Abb. 412. Gußeisen mit 0,26% Chrom. Vergr. 400.

Bezüglich der Zusätze von Chrom und Nickel liegen in der Hauptsache die Versuchsergebnisse der Internationalen Nickel Company[3]) vor. Aus diesen geht hervor, daß durch Zusatz von Nickel[4]) zunächst eine Steigerung der Brinellhärte zu erreichen ist (siehe Abb. 411), die in diesem Falle darauf beruht, daß die Härte der Grundmasse als Folge einer Verfeinerung des vorhandenen Perlites erhöht wird, wobei gleichzeitig die Graphitbildung begünstigt wird. Infolgedessen werden die Festigkeitseigenschaften des Gußeisens durch Zusatz von Nickel nur mäßig erhöht. Da das Nickel in demselben Sinne karbidvermindernd wirkt wie Silizium, wird bei der Zulegierung von viel Nickel zu

[1]) Vgl. auch Bd. I, S. 99, 154, 308. [2]) Vgl. auch Bd. I, S. 101, 156, 189.
[3]) Siehe Druckschriften des „Nickel-Informationsbüro G. m. b. H." Frankfurt a. M., Liebigstr. 16. [4]) Vgl. Bd. I, S. 98, 188, 327.

Gußeisen zweckmäßig sein Siliziumgehalt niedriger gehalten. Das Verhältnis zwischen Silizium und Nickel soll sich etwa wie 1 : 2 gestalten. Dabei muß man allerdings in Betracht ziehen, daß ein Zusatz von 3% Nickel schon hoch zu bezeichnen ist. Meistens bewegen sich die Gehalte etwa zwischen 0,5 und 1,5%. Der wichtigste Vorteil, der durch Hinzulegierung von Nickel erreicht wird, ist, daß der Guß auch bei verschiedenen Wandstärken doch ein gleichmäßiges Gefüge aufweist, und daß die Abschreckung des Eisens bei geringen Wandstärken kleiner wird. Der Zusatz von Nickel ist deshalb bei solchen Gußteilen am Platze, bei denen große Unterschiede in den Wandstärken auftreten und es auf gleichmäßiges Gefüge ankommt. Mit Nickel legiertes Eisen soll sich bei einer Brinellhärte von 250 noch gut bearbeiten lassen, während unlegiertes Eisen bei dieser Härte nicht mehr einwandfrei zu bearbeiten ist.

Abb. 413. Gußeisen mit 0,70% Chrom. Vergr. 400.

Ein Zusatz von Chrom[1]), nur zum Zwecke der Güteverbesserung, wird seltener angewandt, weil dieses Metall sehr stark karbidbildend ist. Bei Versuchen in der Maschinenfabrik Eßlingen wurde in einem Gußeisen mit 1,6% Silizium bereits bei 0,3% Chrom das Auftreten von freiem Karbid beobachtet, bei 0,7% Chrom war der Anteil an Karbid so groß, daß die Bearbeitung schwierig wurde. Abb. 412 zeigt ein Gußeisen mit 0,26% Chrom ohne Karbidbildung, im Gegensatz zu demselben Eisen mit 0,7% Chrom (Abb. 413). Beachtenswert ist hier die Verfeinerung des Perlits in der Grundmasse. Die Zugattierung von Chrom ist daher dann angebracht, wenn große Härte und große Abschrecktiefe erreicht werden sollen, wie dies bei Hartgußwalzen u. dgl. der Fall ist. Bei normalem Gußeisen, das gut bearbeitbar bleiben muß, wird daher Chrom allein nicht oder nur selten zugesetzt, wohl aber findet Chrom bei gleichzeitigem Zusatz von Nickel Verwendung. Die karbidbildende Wirkung des Chroms wird dann ausgeglichen durch die graphitbildende Wirkung des Nickels. Das Verhältnis zwischen beiden Metallen soll dabei etwa wie 2—3 Teile Nickel zu 1 Teil Chrom sein, wobei je nach dem Verwendungszweck nach beiden Seiten ein Spielraum gelassen wird.

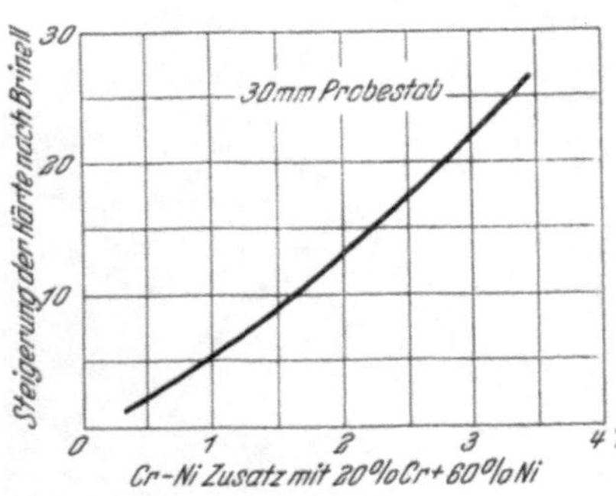

Abb. 414. Einfluß von Chrom-Nickel auf die Härte.

Versuche über den Einfluß von Chrom und Nickel auf Gußeisen wurden insbesondere von Piwowarsky[2]) durchgeführt, weiter seien erwähnt die Arbeiten von Hanson und A. B. Everest[3]), die auch den Einfluß von Nickel auf hochphosphorhaltiges Gußeisen festgestellt haben. Demnach sind bei hohen Phosphorgehalten höhere Zusätze an Nickel erforderlich, um dessen Wirkung zur Geltung zu bringen. Eigene Versuche der Verfasser zeigten, daß es möglich ist, eine Steigerung der Brinellhärte durch den Zusatz von Chrom-Nickel zu erhalten (Abb. 414); ebenso werden die Härtenunterschiede zwischen verschiedenen Wandstärken geringer. So bestand beispielsweise (s. Abb. 415) zwischen dem dünnsten und stärksten Querschnitt einer Versuchsreihe

[1]) Vgl. Bd. I, S. 188, 327. [2]) Siehe Literaturübersicht.

[3]) J. Iron Steel Inst. 1927. p. 185/221; 1928. p. 339/367; vgl. auch Stahleisen 1928. S. 48/49 u. 1061/1062.

mit Zusatz von Chrom-Nickel ein Unterschied von 18 Brinelleinheiten, während bei denselben Stäben ohne Zusatz der Härtenunterschied 30 Brinelleinheiten betrug. Die dabei beobachteten Festigkeitssteigerungen des an sich schon hochwertigen Ausgangsgußeisens waren sehr gering, so daß sich ein Chrom-Nickel-Zusatz nur zu dem Zweck der Festigkeitssteigerung von hochwertigem Gußeisen nicht lohnen würde. Dagegen erfährt das chrom-nickellegierte Gußeisen eine Erhöhung der Verschleißfestigkeit (Abb. 427) und Steigerung der Hitzebeständigkeit, die die Anwendung dieser Stoffe rechtfertigt.

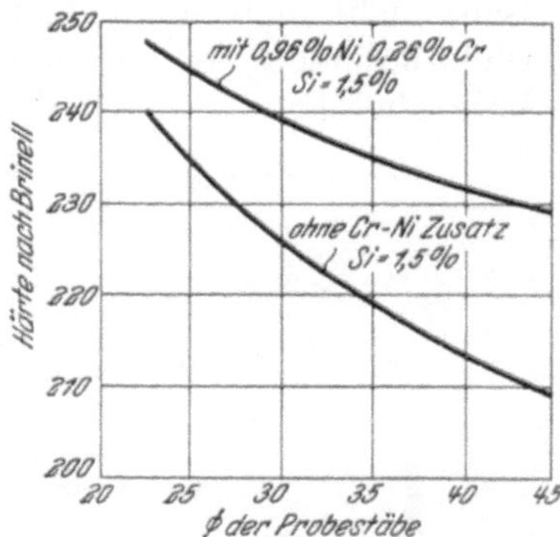

Abb. 415. Einfluß von Chrom-Nickel auf die Härte bei verschiedenen Querschnitten.

Über die Auswirkung der anderen erwähnten Zusatzelemente Vanadium[1]), Wolfram und Molybdän[2]), liegen noch wenig genaue Versuchsergebnisse vor. Es ist aber anzunehmen, daß eine starke Verbesserung des Gußeisens dann eintreten wird, wenn nicht nur eines dieser Elemente allein zugesetzt wird, sondern wenn die Eigenschaften mehrerer derselben sich ergänzen können. Bis jetzt steht allerdings der hohe Preis dieser Metalle einer weitergehenden Anwendung für legiertes Gußeisen hindernd im Wege.

Das Wachsen des Gußeisens.

Unter den Eigenschaften des Gußeisens, die besondere Beachtung verdienen, weil sie unter Umständen große Mißstände zur Folge haben können, ist das sog. „Wachsen" von besonderer Bedeutung[3]). Man versteht darunter eine durch wiederholtes Erhitzen und Abkühlen bedingte Volumenvergrößerung, die durch keine irgendwie geartete Behandlung wieder rückgängig zu machen ist. Man muß dabei zwischen dem Wachsen bei Temperaturen oberhalb der Perlitlinie und dem Wachsen unterhalb dieser Temperaturen unterscheiden, weil die Ursachen in beiden Fällen teilweise andere sind. Daß das Gußeisen beim Erhitzen auf Temperaturen über dem Perlitpunkt eine bleibende Volumenvergrößerung erfährt, ist durch den Zerfall des Zementits aus dem Perlit zu erklären. Der Zerfall geht nach dem in Abb. 416 dargestellten Schema vor sich, das die Volumina der an der entsprechenden Reaktion beteiligten Elemente darstellt. Bei dem Zerfall des Eisenkarbids wird freier Kohlenstoff in Form von Temperkohle abgeschieden, die sich vorwiegend an die vorhandenen Graphitblätter anlagert. Zwar müßte dieser Vorgang an sich noch keine Vergrößerung des Volumens zur Folge haben, wenn nicht die Volumina der Reaktionsteilnehmer größer wären als das des vorher vorhandenen Karbids. Wenn man nach F. Wüst und O. Leihener[4]) der Berechnung ein spez. Gewicht für Eisen von 7,86, für Zementit von 7,82 und für Temperkohle von 1,8 zugrunde legt, so würde sich bei Annahme eines Gehalts an gebundenem Kohlenstoff von 0,9% eine theoretisch erreichbare Volumenvergrößerung von 0,98% ergeben bei vollständigem Zerfall des im Perlit vorliegenden Zementits. Die notwendige Folgerung daraus wäre, daß bei dem Erhitzen von Gußeisen über den Perlitpunkt eine Volumenvergrößerung eintreten muß, die von der Menge des zerfallenen Karbids abhängig ist.

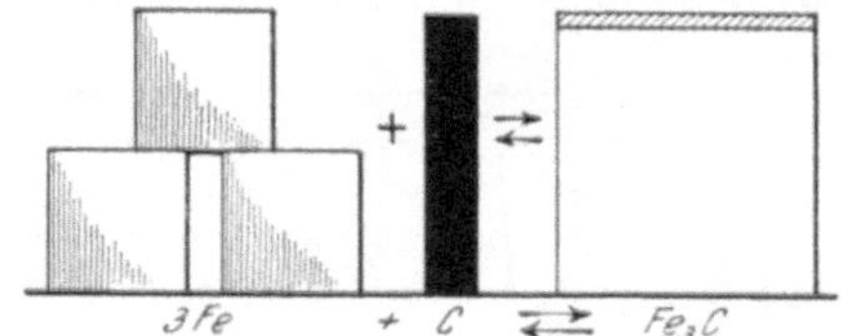

Abb. 416. Änderung des Volumens bei Zerfall und Bildung von Eisenkarbid.

Diese Art des Wachsens bei hohen Temperaturen wird als primäres Wachsen bezeichnet, das sekundäre Wachsen bei Temperaturen unterhalb des Perlitpunktes ist auf andere Ursachen zurückzuführen, es nimmt meist wesentlich größere Ausmaße

[1]) Vgl. Bd. I, S. 103, 159, 189. [2]) Vgl. Bd. I, S. 189.
[3]) Vgl. auch Bd. I, S. 368/370; ferner Literaturübersicht.
[4]) Mitt. Eisenforsch. Bd. X. 1928. Lief. 13, S. 265/281; auszugsw. Stahleisen 1929. S. 366/367.

an als das primäre Wachsen. Obwohl die Ursachen dafür noch nicht in ganz eindeutiger Weise geklärt sind, steht jedenfalls soviel fest, daß das sekundäre Wachstum des Gußeisens nicht bloß abhängig von der Gasatmosphäre ist, in der sich das betreffende Gußstück befindet, sondern auch besonders von der Dauer der Wärmeeinwirkung. Aller Wahrscheinlichkeit nach dringen die Gase von außen in das Gußstück ein, wobei sie zunächst vorwiegend den Graphitblättern folgen und diese und die Grundmasse durch Oxydation zerstören. Daß das Eisen selbst oxydiert wird, ist neben der Volumenvergrößerung des Gußstückes daran zu erkennen, daß auch das Gewicht sich vermehrt. Auch konnte nach der Durchführung von Wachstumsversuchen verschiedentlich Kieselsäure in dem Gußstück nachgewiesen werden, die durch Oxydation des im Eisen enthaltenen Siliziums entstanden war. Andererseits tritt beim Glühen im Vakuum eine Volumenvergrößerung nicht in demselben Maße auf.

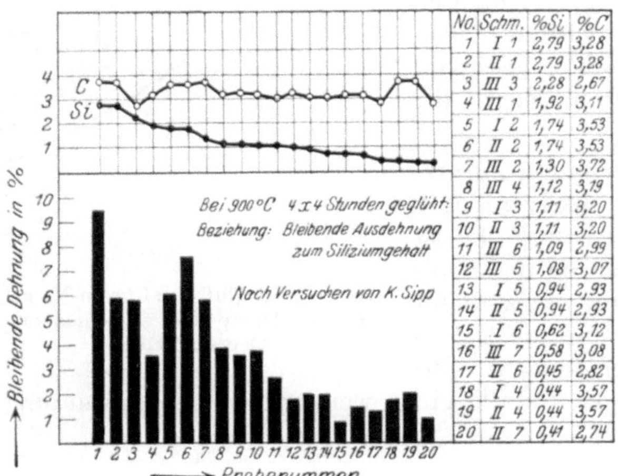

No.	Schm.	%Si	%C
1	I 1	2,79	3,28
2	II 1	2,79	3,28
3	III 3	2,28	2,67
4	III 1	1,92	3,11
5	I 2	1,74	3,53
6	II 2	1,74	3,53
7	III 2	1,30	3,72
8	III 4	1,12	3,19
9	I 3	1,11	3,20
10	II 3	1,11	3,20
11	III 6	1,09	2,99
12	III 5	1,08	3,07
13	I 5	0,94	2,93
14	II 5	0,94	2,93
15	I 6	0,62	3,12
16	III 7	0,58	3,08
17	II 6	0,45	2,82
18	I 4	0,44	3,57
19	II 4	0,44	3,57
20	II 7	0,41	2,74

Abb. 417.
Einfluß des Siliziums auf das Wachsen von Grauguß.

Die Größe der Volumenveränderung hängt in besonderem Maße von der chemischen Zusammensetzung des Gußeisens ab. Den größten Einfluß übt wieder der Siliziumgehalt aus, wobei aber auch die Wechselwirkung zwischen dem Silizium und dem abgeschiedenen Graphit, bzw. der Form des Graphits von Bedeutung ist, weil mit dem durch Silizium begünstigten Karbidzerfall eine Auflockerung des Gefüges eintritt, die das Eindringen der Gase erleichtert. K. Sipp und Fr. Roll[1]) haben Versuche über das Wachsen von Gußeisen durchgeführt, die insbesondere den Einfluß von Silizium und Kohlenstoff näher festlegen. Sie kommen dabei zu den in Abb. 417 und 418 dargestellten Ergebnissen. Bei weiteren Untersuchungen von O. Bauer und K. Sipp[2]), die sich mit dem Einfluß des Mangans befassen, kam zum Ausdruck, daß Mangan in entgegengesetztem Sinne wie Silizium wirkt und demnach einen wachstumvermindernden Einfluß hat. Im übrigen zeigte sich bei fast allen in der Literatur erwähnten diesbezüglichen Versuchen, daß diejenigen Legierungselemente, welche karbidbildend wirken, auch wachstumvermindernd sind, während die graphitbildenden Elemente eine wachstumfördernde Wirkung ausüben. Des weiteren zeigt sich aber auch der große Einfluß der Graphitform, der besonders von E. Piwowarsky und ferner von F. Wüst und O. Leihener[3]) genauer untersucht wurde. So wurden bei Gußeisenproben, die durch besonders hohe Schmelztemperaturen eine feine Ausbildung des Graphits bekommen haben, wesentlich geringere Wachstumserscheinungen festgestellt als bei normalen Gußeisensorten. Dies wird wohl damit zusammenhängen, daß dem Eindringen der Gase entlang den Graphitadern ein größerer Widerstand bei feinverteilter Graphitabscheidung entgegengesetzt wird als bei langen dicken Graphitblättern. Die besten Werte, bzw. das geringste Wachsen wurde deshalb auch bei temperkohleförmiger Graphitbildung erreicht. Daß

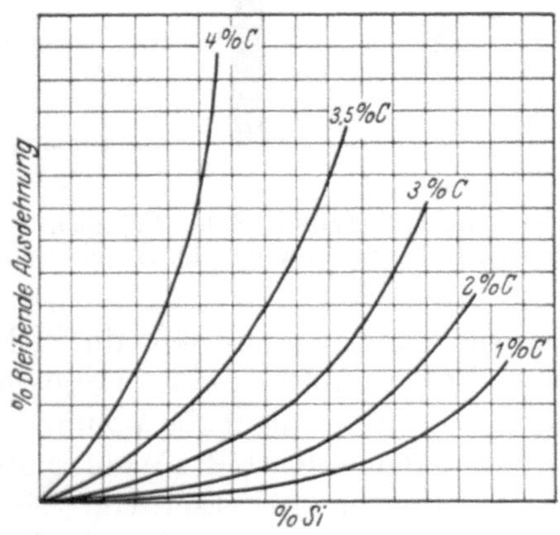

Abb. 418. Theoretische Kurven zur Darstellung des Abhängigkeitsverhältnisses der Längenänderung von den Kohlenstoff- und Siliziumgehalten.

[1]) Das Wachsen des Gußeisens. Gieß-Zg. 1927, S. 229/244 u. 280/284; die Arbeit bringt auch eine eingehende Literaturübersicht.

[2]) Gieß. 1928, S. 1018/1026 u. 1047/1060. [3]) a. a. O.

auch der Gasgehalt des Gußeisens von Einfluß ist, haben Versuche von Piwowarsky[1]) mit Gußeisen gezeigt, das mit Titan desoxydiert war, im Vergleich mit nichtdesoxydiertem Eisen; dabei zeigte das erstere die besseren Ergebnisse, also geringeres Wachsen. Dies ist auf das an sich dichtere Gefüge des desoxydierten Gußeisens zurückzuführen, möglicherweise auch auf eine katalytische Wirkung der gelösten Gase.

Die Forderungen für ein gegen Wachsen möglichst unempfindliches Gußeisen kann man also nach folgenden Gesichtspunkten zusammenfassen:

1. Möglichst große Dichte der Grundmasse.
2. Feinverteilte Abscheidung des Graphits.
3. Stabilisierung des Karbids, erreichbar durch niedrigen Silizium- und Kohlenstoffgehalt oder durch Zulegieren von karbidbildenden Stoffen, wie Mangan oder Chrom.

Im Grunde genommen sind dies wieder Forderungen, wie sie auch bei der Herstellung von in bezug auf Festigkeit hochwertigen Gußeisensorten gestellt werden, und es geht daraus hervor, daß in der Festigkeit hochwertiger Werkstoff mit großer Wahrscheinlichkeit auch beständig ist, wenigstens gegen das sekundäre Wachsen, das bei der Anwendung des Gußeisens häufiger vorkommt. Es sei nur erinnert an die häufige Benützung des Gußeisens für Dampfmaschinen-, Turbinen- und Dampfrohrteile, die dauernden oder wechselnden Erwärmungen durch Heißdampf ausgesetzt sind. Trotzdem kann man bei unlegiertem, hochwertigem Gußeisen als Grenze für die Beständigkeit gegen Wachsen mit Sicherheit doch nur 350—400° C Höchsttemperatur angeben, weil bei andauernder Erwärmung bei wenig höheren Temperaturen schon ein Wachsen zu erwarten ist[2]). Die Versuche von F. Wüst und O. Leihener, bei denen die Proben im Dampfstrom geglüht wurden, zeigten z. B. folgende Ergebnisse (Zahlentafel 84):

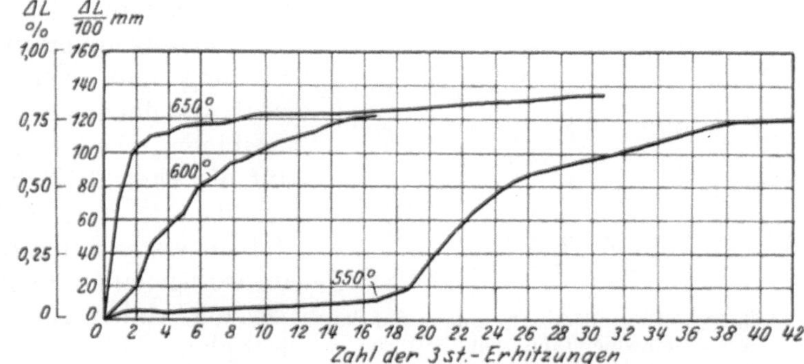

Abb. 419. Längenzunahme von Gußeisen in Abhängigkeit von der Zahl der Erhitzungen bei 550°, 600° und 650°.

Zahlentafel 84.

Einfluß einer Glühbehandlung auf Gußeisen im Dampfstrom bei verschiedenen Temperaturen.

Glühbehandlung im Dampfstrom bei	300° C				350° C				450° C			
Schmelze Nr.	I	II	IV	V	I	II	IV	V	I	II	IV	V
	%	%	%	%	%	%	%	%	%	%	%	%
Gewichtszunahme	0,41	0,38	0,23	0,27	0,85	0,70	0,64	0,82	2,80	1,93	1,89	1,72
Volumenveränderung .	—	—	—	—	—	—	—	—	10,2	4,4	6,6	5,4

Daraus geht hervor, daß bei einer Temperatur von 450° C schon eine außerordentlich starke Volumenveränderung eintritt, deren Größe bei den vorliegenden Proben teilweise von der Graphitform der verwendeten Proben abhängig war.

Über den Einfluß der Anzahl der Erhitzungen geben die Arbeiten von W. Schwinning und H. Flößner[3]) Aufschluß, die mit Maschinengußeisen bei Temperaturen unterhalb des Perlitpunktes durchgeführt wurden. Es ergab sich aus diesen Versuchen, daß auch bei diesen Temperaturen das Wachsen des Eisens schon auf einen Zerfall des Zementits aus dem Perlit zurückzuführen ist. Aus den Glühungen bei 550, 600 und 650° ergaben

[1]) Gieß. 1928. S. 1265/1270. [2]) Vgl. noch Bd. I, S. 405. [3]) Stahleisen 1927. S. 1075.

sich die in Abb. 419 wiedergegebenen Kurven, aus denen hervorgeht, wie stark schon bei 550° mit zunehmender Zahl der Erwärmungen eine beträchtliche Längenänderung eintritt.

Der Verschleiß.

Über den Verschleiß des Gußeisens bei gleitender oder rollender Reibung liegen verschiedene Arbeiten vor, die in Anbetracht der Bedeutung dieser Frage eine Erklärung für die Ursachen der Abnutzung des Gußeisens zu geben versuchen. Diese Untersuchungen wurden meistens mit verschiedenartigen Maschinen und nach anderen Verfahren durchgeführt, so daß genau vergleichbare Zahlen aus den verschiedenen Arbeiten nicht zu entnehmen sind. Dies ist auch schwierig, weil der Begriff „Verschleiß" nicht ganz eindeutig ist, und weil die Abnutzung je nach der Beanspruchung des Werkstoffs, beispielsweise mit oder ohne Schmiermittel, bei gleitender oder rollender Reibung, und auch je nach dem verwendeten Gegenstoff verschieden ist. Immerhin heben sich aus den einzelnen Arbeiten einige Punkte heraus, die Schlüsse auf die Verschleißfestigkeit des Gußeisens zu ziehen erlauben. So hat R. Kühnel[1]) darauf hingewiesen, daß in erster Linie das Auftreten von freiem Ferrit im Gefüge einen hohen Verschleiß zur Folge hat. Er verlangt daher für Gußeisen, das gute Verschleißfestigkeit haben soll, ein perlitisches Gefüge und über 18 kg/mm² Zugfestigkeit, sowie eine Mindestbrinellhärte von über 180, obwohl er eine genaue Beziehung zwischen Härte und Verschleiß nicht nachweisen konnte.

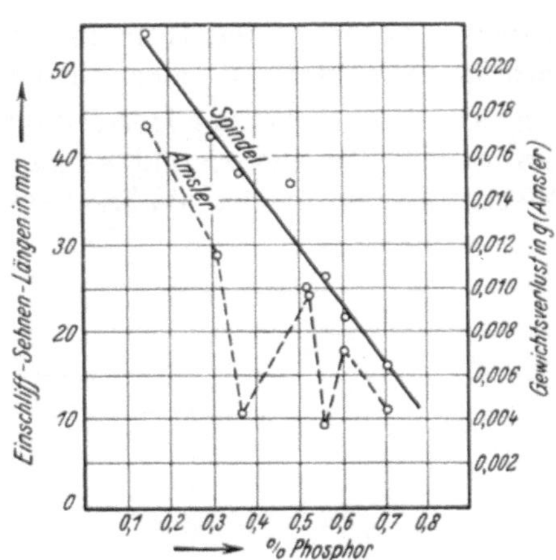

Abb. 420. Einfluß des Phosphors auf den Verschleißwiderstand von Gußeisen.

O. H. Lehmann[2]) kam mit einer Versuchsanordnung nach G. v. Hanffstengel zu ähnlichen Ergebnissen, er weist insbesondere darauf hin, daß unter Umständen durch den vorhandenen Graphit als Folge seiner Schmierwirkung eine Verminderung der Abnützung eintritt. Dagegen konnte Lehmann im Gegensatz zu anderen, gelegentlich geäußerten Vermutungen, wonach besonders der Phosphor verschleißmindernd wirken sollte, einen Einfluß der chemischen Zusammensetzung nicht nachweisen.

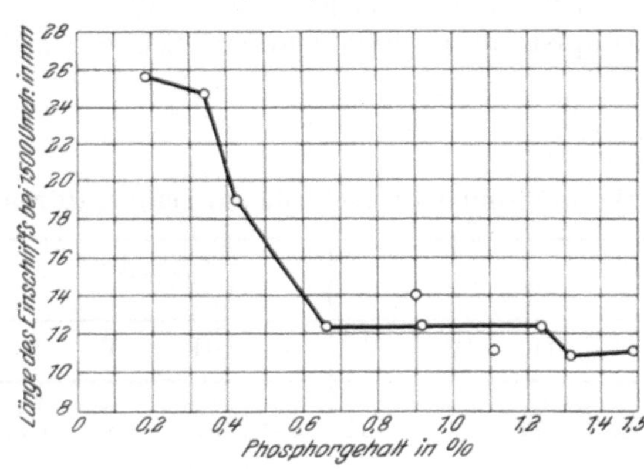

Abb. 421. Beziehung zwischen Phosphorgehalt und Verschleiß.

Genaue Versuche über den Einfluß des Phosphorgehaltes wurden dann von E. Piwowarsky nach verschiedenen Verfahren unternommen[3]). Seine Ergebnisse waren eindeutig zugunsten eines höheren Phosphorgehaltes (Abb. 420). Die Grundmassen der untersuchten Proben waren perlitische. Versuche von Klingenstein und Kopp[4]) zeitigten im Grund dasselbe Ergebnis (Abb. 421). Um den Einfluß der Grundmasse etwas auszuschalten, wurden bei diesen Versuchen die verwendeten Proben geglüht, wodurch rein ferritisches Gefüge erhalten wurde. Der Gesamtverschleiß stieg dadurch sehr stark an, aber der mit steigendem Phosphorgehalt sinkende Verschleiß blieb erhalten (Abb. 422). Beachtenswert war, daß bei 0,3% Phosphor und perlitischer Grundmasse der Verschleiß genau so groß war, wie er bei einem Gußeisen, das teilweise Ferrit enthielt

[1]) Gieß.-Zg. 1927. S. 533/541. [2]) Gieß.-Zg. 1926, S. 597/600, 623/627, 654/656.
[3]) Gieß. 1928. S. 1265/1270. [4]) Mitt. Forsch.-Anst. GHH-Konzern 1930, H. 1, S. 18.

(aber nicht geglüht war), erst durch den Zusatz von 0,7% Phosphor erhalten wurde. Die Folgerung aus diesen Versuchen wäre also, daß bei nichtperlitischem Gußeisen ein Phosphorgehalt von mindestens 0,7% erforderlich ist, um gute Beständigkeit gegen Verschleiß zu erreichen. Möglicherweise hängt die Höhe des Phosphorgehaltes damit zusammen, daß etwa von diesem Gehalt an die Phosphidflächen das Gefüge in Netzform durchziehen (Abb. 423), und daß dann bei einem solchen Eisen die Phosphide als der harte Bestandteil gewissermaßen die tragende Fläche bilden. Dies würde auch erklären, warum eine genaue Beziehung zwischen Brinellhärte und Verschleiß nicht nachzuweisen ist, wie auch aus Abb. 424 hervorgeht, welche die Beziehung zwischen Härte und Verschleiß verschiedener Proben wiedergibt. Demnach können bei gleicher Abnutzung durch Verschleiß bis zu 30 Brinelleinheiten Unterschiede in der Härte bestehen. Dagegen kommt der rasch ansteigende Verschleiß beim Übergang zu den Ferrit enthaltenden Proben stark zum Ausdruck.

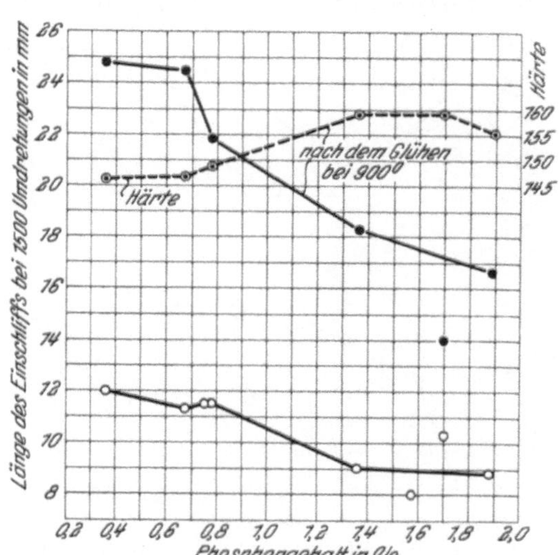

Abb. 422. Einfluß des Phosphors auf den Verschleiß von ferritischem Gußeisen.

Bei einer Arbeit, die von R. Knittel[1]) in der Maschinenfabrik Eßlingen durchgeführt wurde, zeigte sich, daß in allen Fällen ein Minimum im Verschleiß dann eintrat, wenn der Versuchskörper und der Werkstoff des Gegenstückes aus demselben Probestück herausgearbeitet waren, beide also gleiche Analyse, Gefügeausbildung und Härte hatten. Der Verschleiß stieg sofort an, wenn Versuchskörper von verschiedener Härte gegeneinander arbeiteten. Der rechte Kurvenast in Abb. 425 wurde ermittelt, wenn das feststehende Probestück eine größere Härte hatte (Brinellhärte 240), während das sich bewegende Gegenstück aus weicherem Gußeisen war. Die linke Kurve in derselben Abbildung wurde ermittelt, wenn der sich bewegende Teil immer aus dem harten Werkstoff war, während die festen Probestücke jeweils aus weichem Gußeisen bestanden. Ferner geht aus dieser Abbildung hervor, daß bei einem zwischen den beiden Teilen vorhandenen Härteunterschied ein weiches bewegtes Stück eine größere Gesamtabnützung herbeiführt, als ein bewegtes Stück, das um denselben Betrag härter ist als der feststehende Teil.

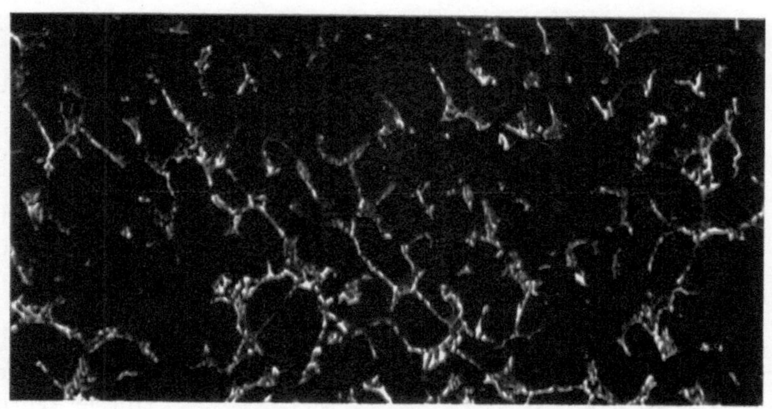

Abb. 423. Verteilung der Phosphide bei einem Phosphorgehalt von 0,8%.

Die Tatsache, daß die Abnützung von Gußeisen von dem Härteunterschied zwischen den beiden gegeneinanderlaufenden Teilen beeinflußt wird, führte dazu, Versuche mit verschiedenen harten Gußeisenproben durchzuführen, von denen immer die beiden gegeneinanderlaufenden Teile aus demselben Stück waren. Hierbei zeigte sich, daß in diesem Falle ein Zusammenhang zwischen Verschleiß und Härte eindeutig nachzuweisen ist (Abb. 426). Dies gilt aber nur unter der Voraussetzung, daß der Härteunterschied der jeweils aufeinander gleitenden Gußproben gleich Null ist: Die absolute

[1]) Auszug: Mitt. Forsch.-Anst. GHH-Konzern 1931, H. 4, S. 80.

Härte ist nur ein relatives Maß für die Abnützung eines Gußstückes, maßgebend für die Abnützung von hochwertigem Grauguß ist der Härteunterschied zwischen dem arbeitenden und festen Gußteil. Der Verschleiß ist am günstigsten beim Härte-Unterschied = Null. Ist der arbeitende Teil härter als der feste (ruhende) Teil, dann sind die Abnützungsverhältnisse besser als im umgekehrten Fall.

In derselben Weise wurde auch der Einfluß von verschiedenen Legierungselementen auf die Abnützung untersucht, und es wurden die in Abb. 427 dargestellten Werte erhalten. Daraus ergibt sich, daß durch Chrom eine Verminderung des Verschleißes zu erreichen ist, die aber nur bis zu einem gewissen Grad ausgenützt werden kann, weil das Chrom ja sehr stark karbidbildend wirkt. Auch durch Chrom-Nickel kann eine Verringerung der Abnützung erhalten werden, und es ist besonders wichtig, daß der Einfluß von Chrom-Nickel anscheinend lediglich auf den darin enthaltenen Chromgehalt zurückzuführen ist, während Nickel allein keinen Einfluß ausübt.

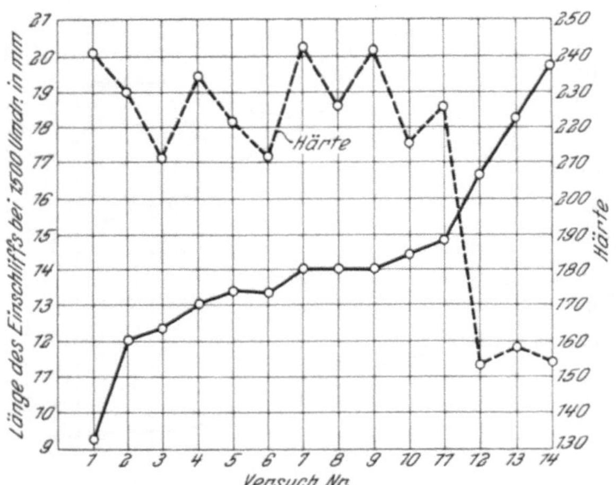

Abb. 424. Beziehung zwischen Härte und Verschleiß.

Durch Mangan geht der Verschleiß ebenfalls nur wenig zurück, während das Silizium, was ja zu erwarten war, mit steigendem Gehalt auch einen größeren Verschleiß verursacht. Über den Einfluß des Graphits kann gesagt werden, daß nicht nur die Menge des Graphits, sondern in demselben Maße auch die Form der Graphitabscheidung von Bedeutung für die Verschleißfestigkeit des Gusses ist, und zwar wird die Abnützung begünstigt durch die Abscheidung des Graphits in kurzen dicken Adern oder durch teilweise Abscheidung in Form des Graphiteutektikums. Die besten Ergebnisse zeitigt die Abscheidung des Graphits in dünnen Adern.

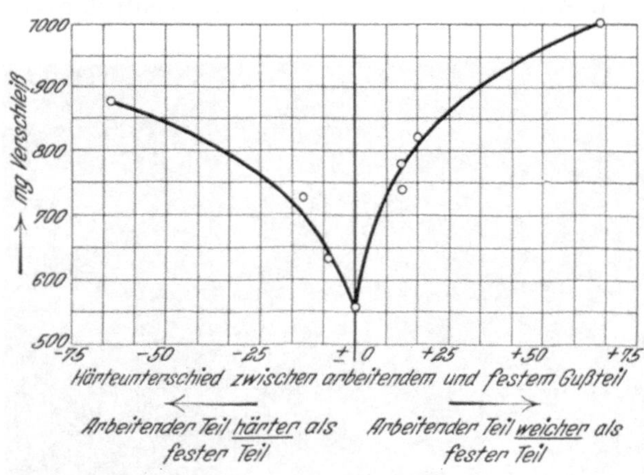

Abb. 425. Einfluß des Härteunterschieds auf den Verschleiß von hochwertigem Grauguß.

Diese Ergebnisse beweisen, daß die Brinellhärte doch zu einem gewissen Maßstab für die Verschleißfestigkeit genommen werden kann; mindestens ist mit großer Wahrscheinlichkeit damit zu rechnen, daß eine große Brinellhärte in einem kein freies Karbid enthaltenden Eisen auch eine gute Verschleißfestigkeit zur Folge hat. Darauf ist bei der Herstellung von auf Verschleiß beanspruchtem Gußeisen zu achten. An sich ist es ja leicht, in dem Gußeisen durch höheren Phosphorgehalt eine gute Verschleißfestigkeit zu erreichen, aber dieser Werkstoff ist wegen seiner wenig guten sonstigen physikalischen Eigenschaften nur da am Platze, wo keinerlei Festigkeitsansprüche gestellt werden. Grundsätzliche Voraussetzung für gute Verschleißfestigkeit bei gleichzeitig guten Festigkeitseigenschaften ist daher unter allen Umständen ein rein perlitisches Gefüge von großer Dichte und Härte. Allerdings hängt der Gesamtverschleiß auch noch besonders von dem Werkstoff des Gegenstückes ab. Diese Tatsache wurde bisher wenig beachtet, insbesondere auch deshalb, weil wenig Unterlagen für eine Beurteilung in diesem Sinne vorhanden sind.

Lehmann hat schon darauf hingewiesen [1]), daß beispielsweise beim Gleiten von

[1]) a. a. O.

Gußeisen auf Stahl die Graphitausbildung und -menge keinen Einfluß auf den Abnützungswiderstand hat, und daß das eingelagerte Phosphideutektikum in diesem Falle schädlich auf die Abnutzung des Gußeisens wirkt. Wenn Gußeisen auf Gußeisen läuft, ist der Einfluß des Phosphors nach diesen Versuchen nicht mehr in schädlichem Sinne nachzuweisen, und der vorhandene Graphit soll als Schmiermittel wirken, wenn die verwendeten Gußeisensorten hart sind. Bei weicheren Sorten dagegen steigt der Verschleiß entsprechend der schmirgelnden Wirkung der herausgerissenen Teilchen.

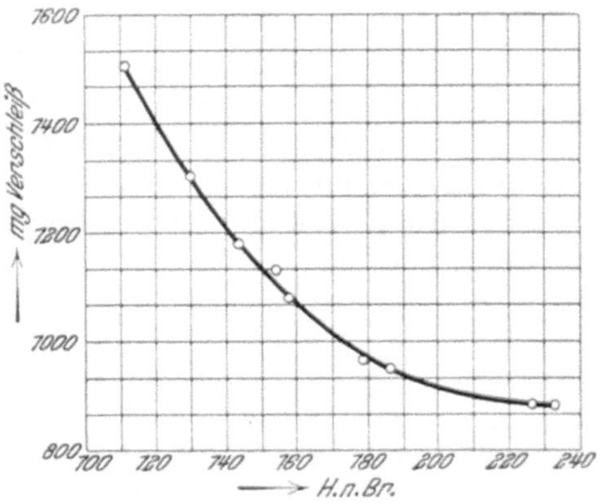

In den Kreisen des Maschinenbaues hat sich die Ansicht entwickelt, daß der leichter zu ersetzende Maschinenteil bei aufeinandergleitenden Stücken aus weicherem Werkstoff sein solle als der andere, weil dadurch eine längere Lebensdauer des schwer zu ersetzenden Stückes gewährleistet sei. Beispielsweise wurde also für Zylinder eine größere Härte des Gußeisens verlangt als für die darin laufenden Kolben bzw. Kolbenringe[1]). Es hat sich in der Praxis gezeigt, daß durch die schmirgelnde Wirkung der von dem weicheren Werkstoff abgelösten Teile ein weit größerer Verschleiß auch des härteren Gegenstückes hervorgerufen wird, als wenn die Härte der beiden gegeneinanderlaufenden Stücke keine großen Unterschiede aufweist, was mit dem Befund von Knittel in Einklang steht. Es müßte also darauf gesehen werden, daß die Brinellhärte von aufeinanderlaufenden Gußeisenteilen möglichst gleich hoch ist, um geringste Verschleißwerte zu erreichen.

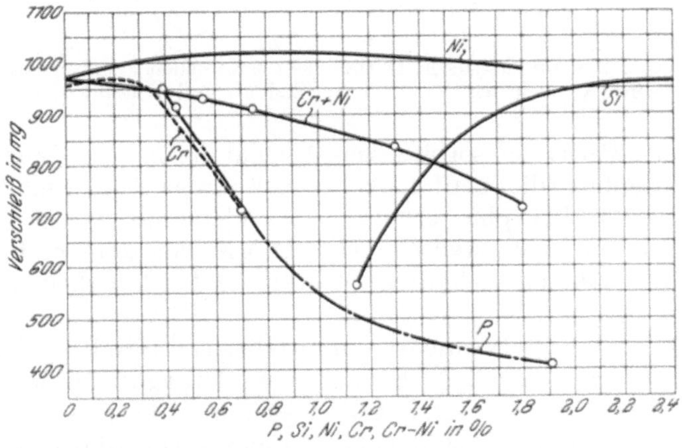

Abb. 426. Einfluß der Härte auf den Verschleiß. Der Härteunterschied der aufeinanderlaufenden Proben ist ~ Null.

Abb. 427. Einfluß der Elemente P, Si, Ni, Cr und Cr-Ni auf den Verschleiß.

Einige weitere Eigenschaften des Gußeisens.

Neuere Untersuchungen über verschiedene Eigenschaften des Gußeisens befaßten sich auch mit der Prüfung der Gasdurchlässigkeit bzw. der Porosität des Gußeisens bei hohen Drücken. Fr. Roll[2]) zeigt insbesondere den Unterschied in der Porosität zwischen gewöhnlichem und hochwertigem Gußeisen. Für gewöhnlichen Grauguß wurde mit Hilfe eines besonderen Farbeindringungsverfahrens bei einem Druck von 200—1000 at ein Porenraum festgestellt von etwa 1%, während bei Lanz-Perlitguß dieser nur etwa 0,5% betrug. Den gewählten Verfahren haften aber größere Nachteile an, deshalb wurde von E. Piwowarsky und H. Esser[3]) ein anderer Weg eingeschlagen. Diese Forscher prüften die Gasdurchlässigkeit von dünnen, nur 0,5—2 mm starken Gußeisenplättchen gegenüber Wasserstoffgas bei einem Druck von 150—175 at. Sie fanden, daß die Gasdurchlässigkeit des Gußeisens sehr gering, jedenfalls kleiner ist als gewöhnlich angenommen wird. Zu demselben Ergebnis kommt eine neue Arbeit von B. Beer[4]), in der versucht wird, besonders die Ursachen der Gasdurchlässigkeit des Gußeisens zu ergründen. Es zeigte sich, daß wahrscheinlich ein starker Anteil an der Durchlässigkeit der Graphitverteilung zugeschrieben werden muß.

[1]) Vgl. Bd. I, S. 199. [2]) Gieß.-Zg. 1927. S. 576. [3]) Gieß. 1929. S. 838/839.
[4]) Gieß. 1930. S. 397/402, 425/430, 455/459.

Jedenfalls geht aus allen diesen Versuchen hervor, daß die Gasdurchlässigkeit des Gußeisens an sich sehr gering ist. Wenn trotzdem Undichtigkeiten auftreten, so hängt dies entweder mit sehr ungünstiger Graphitverteilung und Graphitform zusammen, oder es müssen Porositäten vorhanden sein, die auf gießtechnische Ursachen zurückzuführen sind.

Über die elektrische Leitfähigkeit des Gußeisens [1]) liegt eine neue Arbeit von H. Pinsl [2]) vor, deren hauptsächliche Ergebnisse folgende Punkte sind:

1. Von den Begleitelementen des Graugusses üben Silizium und Graphit den ausschlaggebenden Einfluß auf die elektrische Leitfähigkeit aus. Man kann je Prozent Silizium eine Widerstandsteigerung von 12—14 Mikroohm je Kubikzentimeter annehmen, während beim Graphit je nach dessen Ausbildung stärkere Schwankungen, etwa 10—20 Mikroohm je Prozent, auftreten (Abb. 428).

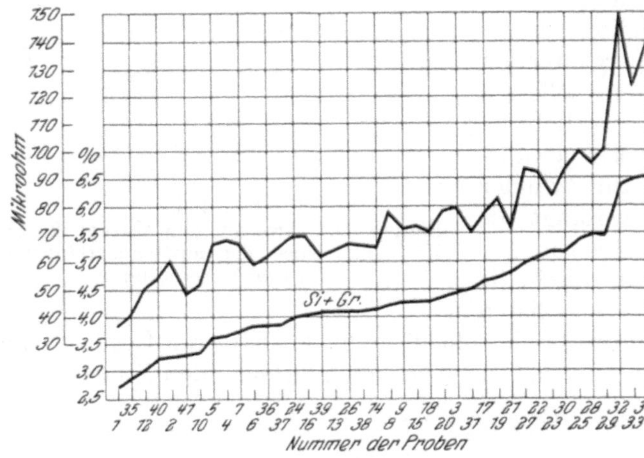

Abb. 428. Die elektrische Leitfähigkeit verschiedener Gußsorten, geordnet nach der Summe von Silizium- und Graphitgehalt.

2. Mit zunehmender Graphit- und Kornverfeinerung sinkt bei sonst gleicher chemischer Analyse der Widerstand und erreicht anscheinend bei feineutektischer Ausbildung des Graphits und zementitfreier Grundmasse das Minimum, bei möglichst vollständiger Abscheidung der Kohle als grobblätteriger Graphit das Maximum für die betreffende Zusammensetzung.

3. Der gebundene Kohlenstoff wirkt um so mehr im Sinne einer Widerstandsteigerung, je mehr sich der Perlit der sorbitischen Ausbildung nähert; freier Zementit oder Ledeburit erniedrigt ebenfalls die Leitfähigkeit, aber um verhältnismäßig geringe Beträge.

4. Phosphor erhöht den Widerstand des Graugusses nicht in dem gleichen Maße wie im Stahl, weil er nicht als Mischkristall, sondern als Steadit auftritt und außerdem bei höheren Gehalten eine für die Leitfähigkeit günstige Anordnung des Graphits zur Folge hat.

5. Ein erkennbarer unmittelbarer Einfluß des Mangans und Schwefels in den Gehaltsgrenzen, wie diese Elemente im Grauguß vorhanden sind, ließ sich nicht feststellen; ein mittelbarer ist mit Rücksicht auf die gebundene Kohle anzunehmen.

6. Beim Ausglühen von Grauguß erniedrigt sich in allen Fällen, in denen die gebundene Kohle ganz oder teilweise zu Ferrit und Temperkohle abgebaut wird, der elektrische Widerstand am stärksten da, wo sie vorher in sorbitischer Ausbildung vorhanden war.

Über die mittlere spezifische Wärme und den Wärmeinhalt von Grauguß werden Angaben gemacht von Fr. Morawe [3]). Mit Hilfe eines Eiskalorimeters wurden die in Zahlentafel 85 angegebenen Werte ermittelt.

Zu erwähnen sind ferner Versuche über die Bestimmung der inneren Reibung von flüssigem Roheisen bzw. Gußeisen. Daß derartige Untersuchungen für den praktischen Gießereibetrieb von einiger Bedeutung sind, steht außer Zweifel, denn es ist aus der Praxis heraus schon lange erkannt worden, daß Gußeisensorten verschiedener Zusammensetzung ganz verschiedene Flüssigkeitsgrade aufweisen können. Allerdings stellen sich der Durchführung solcher Untersuchungen große Schwierigkeiten entgegen. Mit Hilfe eines Schwingungsverfahrens, bei dem das log. Dekrement der Schwingungen als Maßstab für die Viskosität genommen wurde, wurden von P. Oberhoffer und A. Wimmer [4]) Versuche durchgeführt, die die in Zahlentafel 86 angegebenen Werte lieferten. Man kann daraus entnehmen, daß durch Silizium und in noch größerem Maße

[1]) Vgl. Bd. I, S. 370/384. [2]) Gieß.-Zg. 1928, S. 72/83. [3]) Gieß. 1930, S. 234/236.
[4]) Stahleisen 1925, S. 969/979.

Zahlentafel 85.

Wärmeinhalt und mittlere spezifische Wärmen von Grauguß. (Nach Morawe.)

Zusammensetzung	3,71 % C, 1,5 % Si, 0,63 % Mn, 0,147 % P, 0,069 % S		3,72 % C, 1,41 % Si, 0,88 % Mn, 0,54 % P, 0,078 % S		3,61 % C, 2,02 % Si, 0,80 % Mn, 0,89 % P, 0,080 % S	
Temperatur °C	Spezifische Wärme kcal/kg °C	Wärmeinhalt kcal/kg	Spezifische Wärme kcal/kg °C	Wärmeinhalt kcal/kg	Spezifische Wärme kcal/kg °C	Wärmeinhalt kcal/kg
0— 200	0,1100	22,00	0,0900	18,00	0,0693	13,85
0— 250	—	—	—	—	—	—
0— 300	0,1178	35,33	0,1042	31,25	0,0903	27,10
0— 350	—	—	—	—	—	—
0— 400	0,1213	48,52	0,1111	44,44	0,1008	40,30
0— 450	—	—	—	—	0,1043	46,95
0— 500	0,1235	61,75	0,1155	57,75	0,1070	53,50
0— 550	0,1250	68,75	0,1173	64,50	0,1093	60,10
0— 600	0,1277	76,63	0,1200	72,00	0,1125	67,50
0— 650	0,1325	86,10	0,1240	80,60	0,1161	75,45
0— 700	0,1439	100,75	0,1324	92,65	0,1224	85,70
0— 750	0,1547	116,04	0,1463	109,75	0,1357	101,80
0— 800	0,1591	127,30	0,1522	121,75	0,1451	116,10
0— 850	0,1609	136,80	—	—	0,1493	126,90
0— 900	0,1616	145,40	0,1564	141,00	0,1506	135,80
0— 950	0,1616	153,50	0,1566	148,80	0,1515	143,50
0—1000	0,1613	161,30	0,1563	156,30	0,1510	151,00
0—1050	0,1610	169,00	0,1557	163,50	0,1505	158,00
0—1100	0,1605	176,50	0,1555	171,00	0,1505	165,50
0—1150	0,2113	243,00	0,2056	236,50	0,2013	231,50
0—1200	0,2083	250,00	0,2029	243,50	0,1988	238,50
0—1250	0,2056	257,00	0,2002	250,30	0,1960	245,00
0—1300	0,2033	264,30	0,1978	257,00	0,1937	251,80
0—1350	0,2011	271,50	0,1952	263,50	0,1911	258,00

Zahlentafel 86.

Dämpfungsdekremente verschiedener Gußeisensorten. (Nach P. Oberhoffer und A. Wimmer.)

	Schmelze Nr.	P %	Mn %	C %	Si %	S %	log. Dekrement	Temp. der beginnenden Erstarrung °C
Gruppe 1	4	2,28	0,2	3,30	0,43	0,040	0,01333	1230
	12	2,32	0,93	3,40	0,30	0,048	0,01641	1130
	2	2,31	1,64	3,20	0,42	0,032	0,01587	1125
	1	2,29	1,66	3,20	0,42	0,036	0,01381	1130
	3	2,32	1,68	3,30	0,42	0,034	0,01390	1140
Gruppe 2	16	2,09	1,07	3,25	0,28	0,044	0,01314	1190
	10	2,06	0,82	3,05	0,28	0,346	0,01779	1240
	9	2,08	0,83	3,15	0,28	0,364	0,01587	1280
Gruppe 3a	8	1,96	1,34	3,46	0,51	0,080	0,01497	1265
	15	1,98	1,46	3,10	0,61	0,020	0,01562	1235
Gruppe 3b	13	1,83	1,70	2,80	0,70	0,050	0,01571	1275
	7	1,82	1,70	3,26	0,79	0,040	0,01451	1280
Gruppe 4	17	0,061	5,06	4,10	1,26	0,028	0.01799	1150
	18	0,068	5.10	3,80	1,70	0,040	0,01319	1190
	19	0,079	4,46	4,20	2,24	0,050	0,01788	1200
	20	0,080	5,30	4,00	2,60	0,040	0,01884	1200
Gruppe 5	14	1,37	0,50	3,08	2,23	0,080	0,01626	1245
	11	1,33	3,13	3,01	1,58	0,040	0,01624	1220

durch Schwefel die Viskosität erhöht wird, während durch Phosphor eine Erniedrigung eintritt. **Oberhoffer** und **Wimmer** geben überschlägig folgende Verhältniswerte an:

0,1% ändert das log. Dekrement um %:

C	+ 1,5
P	− 1,0
Mn	+ 0,4
Si	+ 0,75
S (MnS)	+ 3,00

Durch Anwendung einer anderen Apparatur konnte die Genauigkeit dieses Verfahrens von H. Thielmann und A. Wimmer[1]) verbessert und dabei der Reibungskoeffizient des flüssigen Gußeisens bestimmt werden. Es wurden für die Abhängigkeit des Reibungskoeffizienten vom Kohlenstoffgehalt und der Temperatur die in Abb. 429 wiedergegebenen Werte erhalten.

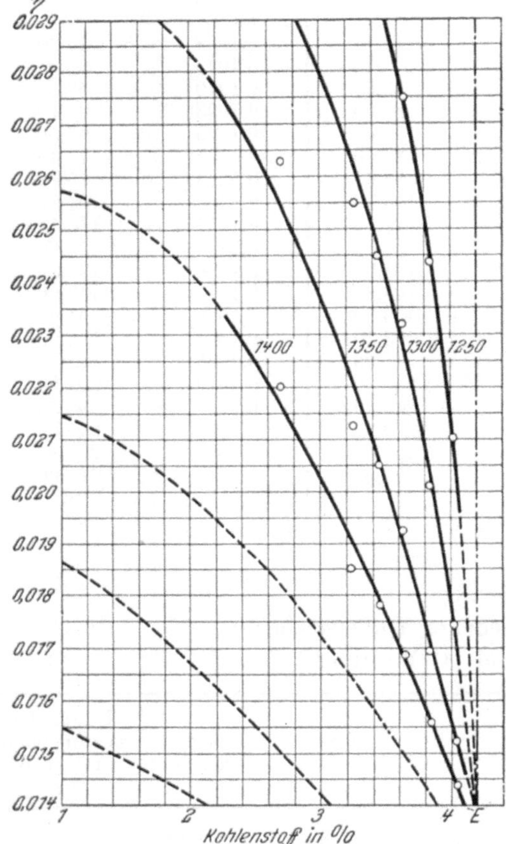

Abb. 429. Reibungskoeffizient von flüssigem Gußeisen in Abhängigkeit vom Kohlenstoffgehalt und der Temperatur.

Aus diesen Kurven geht hervor, in wie starkem Maße die innere Reibung des Gußeisens von dem Kohlenstoffgehalt abhängig ist, wodurch die Tatsache bestätigt wird, daß bei niedrigem Kohlenstoffgehalt die innere Reibung des flüssigen Gußeisens viel stärker von der Temperatur abhängig ist, daß dieses also rascher dickflüssig wird, als bei höheren Kohlenstoffgehalten.

Die Glühbehandlung von Gußeisen[2]).

In gewissen, seltenen Fällen erscheint es angebracht, den Grauguß für besondere Zwecke einer Glühbehandlung zu unterwerfen, die entweder durch die Bauart des betreffenden Gußstückes bedingt ist, oder bei der es auf die Erreichung eines nur auf diese Weise leicht erreichbaren Zieles ankommt. Man kann grundsätzlich drei verschiedene Arten unterscheiden und zwar:

1. Glühen zum Beseitigen von Spannungen.
2. Weichglühen.
3. Vergüten.

Bei sehr verwickelten Abgüssen besteht immer die Möglichkeit der Rißbildung, die ihre Ursache in den durch ungleichmäßige Abkühlung während der Erstarrung hervorgerufenen Spannungen hat.

Um Gußspannungen zu beseitigen oder auszugleichen[3]) und damit ein späteres Reißen der Abgüsse zu vermeiden, ohne dabei dem Gußeisen andere Eigenschaften zu verleihen, erwärmt man die Abgüsse in nicht zu rascher Weise auf 350° bis höchstens 400° C. Höher darf nicht erhitzt werden, weil, wie auf S. 483 gezeigt wurde, sonst schon Gefügeumwandlungen in dem Werkstoff eintreten können, die eine Änderung der physikalischen Eigenschaften des Gußeisens hervorrufen, was in den meisten derartigen Fällen nicht erwünscht ist. Die Erwärmung muß mindestens einige Stunden dauern, dabei muß auf gleichmäßiges Warmwerden geachtet werden. Die Abkühlungsgeschwindigkeit muß möglichst gering sein, so daß während der Abkühlungszeit nicht neue Spannungen auftreten. Diese Art des Glühens kommt nur für verhältnismäßig wenige Stücke in

[1]) Stahleisen 1927. S. 389/399. [2]) Vgl. noch Bd. III, S. 557/560. [3]) Vgl. Bd. I, S. 343 u. ff.

Frage und wird auch nur bei besonders verwickelten Stücken angewandt (Zylinder, Zylinderköpfe u. dgl.). Eine Nachprüfung der so erreichten Güteverbesserung des Gußstückes ist insofern schwierig, als eine Änderung in der Härte oder Festigkeit des Werkstoffs noch nicht nachzuweisen ist, und der Beweis, daß die durch das Spannungsglühen spannungsfrei gemachten Abgüsse eine längere Lebensdauer haben, als die nicht ausgeglühten, ist schwer zu erbringen.

Von wesentlich größerer Bedeutung ist das Weichglühen des Graugusses, das dann Anwendung findet, wenn einzelne Abgüsse aus irgendwelchen Gründen, sei es durch ungünstige Konstruktion oder ungeeigneten Werkstoff harte Stellen, also freien Zementit, in dem Gefüge aufweisen. Durch eine Glühbehandlung bei genügend hoher Temperatur, deren untere Grenze von der Zusammensetzung des betreffenden Werkstoffs abhängig ist, kann ein Weichglühen erreicht werden. So gibt z. B. O. W. Potter[1])

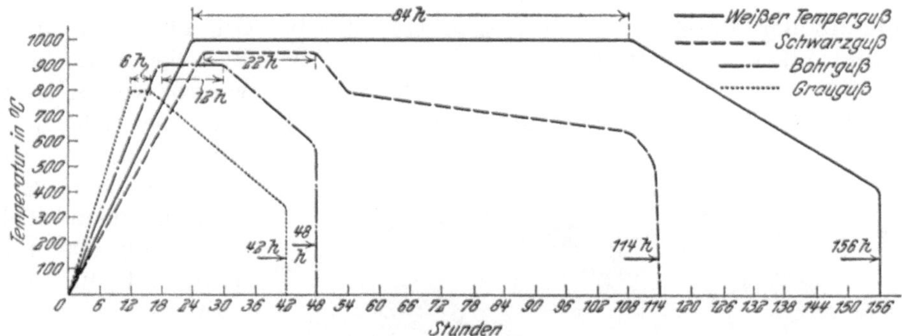

Abb. 430. Ideale Glühkurven für Grau- und Temperguß.

eine Formel an zur Berechnung der Temperatur, die überschritten werden muß, wenn der Perlit vollständig zum Zerfall gebracht werden soll. In Berücksichtigung der Legierungselemente Silizium und Mangan lautet diese Formel:

$$t = 730^0 + (28 \cdot \mathrm{Si}\,^0/_0) - (25 \cdot \mathrm{Mn}\,^0/_0).$$

Dies würde also heißen, daß die zu erreichende Temperatur durch Silizium erhöht, durch Mangan erniedrigt wird, so daß die Formel zur überschlägigen Berechnung der kritischen Temperatur angewandt werden kann. Andererseits ist aber zu berücksichtigen, daß durch höheren Siliziumgehalt der Zerfall der Karbide leichter zu erreichen ist, so daß die Glühdauer nach Maßgabe des jeweiligen Siliziumgehaltes verringert werden kann. Man wird daher im allgemeinen bei Gußeisen mit einer Glühtemperatur von 800—900^0 auskommen (s. Abb. 430[2]) in der vergleichsweise das Glühen von Gußeisen neben dem von Temperguß gezeigt wird). Wenn durch diese Art der Glühung der Zementit des Gefüges vollständig zum Zerfall gebracht worden ist, hat man die Möglichkeit, durch geeignete Festlegung der Abkühlungsgeschwindigkeit das Endgefüge des Abgusses und damit auch die davon abhängigen Werkstoffeigenschaften zu bestimmen. Läßt man nämlich die Abkühlung recht langsam vor sich gehen, d. h. im Ofen langsam erkalten, so erhält man ein Grundgefüge, das vollständig aus Ferrit und Graphit besteht neben den in Ferrit eingelagerten Phosphidkristallen (Abb. 431). Die Festigkeitswerte des auf diese Weise behandelten Gußeisens gehen stark zurück; am augenfälligsten prägt sich der Unterschied in der Brinellhärte aus. Wenn das Gußeisen vor dem Ausglühen eine Brinellhärte von 250—300 gehabt hat, so kann diese nach dem Glühen bei langsamer Abkühlung auf 100—130 zurückgegangen sein. In demselben Maße ändern sich auch die Biegefestigkeit und die Zugfestigkeit. Beispielsweise wurden an einigen Probestäben bei eigenen Versuchen folgende Werte erhalten (s. Zahlentafel 87).

Der Vorteil, der sich durch diese Art der Glühung ergibt, ist also, daß die Gußstücke sehr weich werden und sich außerordentlich leicht bearbeiten lassen. Dieser Umstand

[1]) Foundry 1926. p. 639/667 u. 678/680; vgl. dieses Handbuch Bd. III, S. 557.
[2]) Nach Rud. Stotz: Gieß. 1929. S. 1219.

Zahlentafel 87.

Weichglühen von Gußeisen.

		Biegefestigkeit kg/mm²	Durchbiegung mm	Zugfestigkeit kg/mm²	Härte nach Brinell
1.	Vor dem Glühen	43,5	11	23,5	200
	Nach dem Glühen	36,6	14	17,2	118
2.	Vor dem Glühen	29,7	11	13,1	171
	Nach dem Glühen	23,5	8,5	9,9	104
3.	Vor dem Glühen	48,3	12,0	28,3	230
	Nach dem Glühen	39,2	10,5	17,2	162

wird häufig in der Massenfertigung ausgenützt, um bei Gußteilen, die an sich nicht zu hart sind (also vielleicht nur eine Härte von 200 Brinelleinheiten haben), die Bearbeitung erleichtern, bzw. die Schnittgeschwindigkeit vergrößern zu können. Des öfteren wird diese Art der Weichglühung von Gußeisen auch bei solchen Gußteilen angewandt, die beim Guß aus normalem, weichem Eisen nicht genügend dicht werden und infolgedessen aus härterem und dichterem Werkstoff gegossen werden müssen. Auch in Dauerformen gegossene Stücke, Schleuderrohre u. dgl., die durch die Art der Herstellung leicht harte Stellen bekommen, werden durch Ausglühen bearbeitbar gemacht.

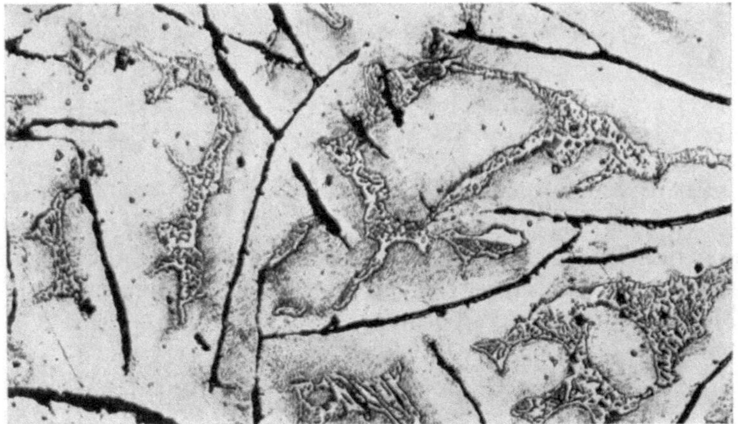

Abb. 431. Gefüge von geglühtem und langsam erkaltetem Gußeisen.

Nun kann aber der Fall eintreten, daß die nach dem Ausglühen und nach langsamer Abkühlung vorhandene Härte und Festigkeit zu niedrig geworden ist. Hier kommt nun der dritte Fall des Glühens in Betracht, das Vergüten, d. h. die Glühbehandlung mit Beeinflussung des Grundgefüges derart, daß nur ein Teil des vorher vorhandenen Gehaltes an gebundenem Kohlenstoff erhalten bleibt. Dabei besteht im Verlauf des Verfahrens kein Unterschied, ob ursprünglich freier Zementit (also harte Stellen) vorhanden war oder nicht. Wenn freier Zementit vorlag, muß eben die Höchsttemperatur beim Ausglühen genügend lange gehalten werden, um einen Zerfall des Zementits zu erreichen. Der Gehalt an gebundenem Kohlenstoff, der bei mäßig rascher Abkühlung aus Perlit, bei schroffer Abkühlung aus Sorbit besteht, wird durch die Abkühlungsgeschwindigkeit geregelt. Bei dahingehenden

Zahlentafel 88.

Vergüten von Gußeisen.

Glühtemperatur	Glühdauer Std.	Abkühlungszeit	Härte nach Brinell	Gefüge
—	—	—	215	Perlit (Abb. 432)
900	2	Langsam im Ofen	130	Ferrit (Abb. 433)
900	2	An der Luft	150	Ferrit u. Sorbit (Abb. 434)
900	2	Rasch durch Preßluft	200	Sorbit u. Ferrit (Abb. 435)

Analyse: C: 3,3%, Si: 1,9%, Mn: 0,8%, P: 0,3%, S: 0,1%. Wandstärke: 8 mm.

Abb. 432. Gefüge vor dem Glühen. Härte 215. Rein Perlit. Vergr. 200.

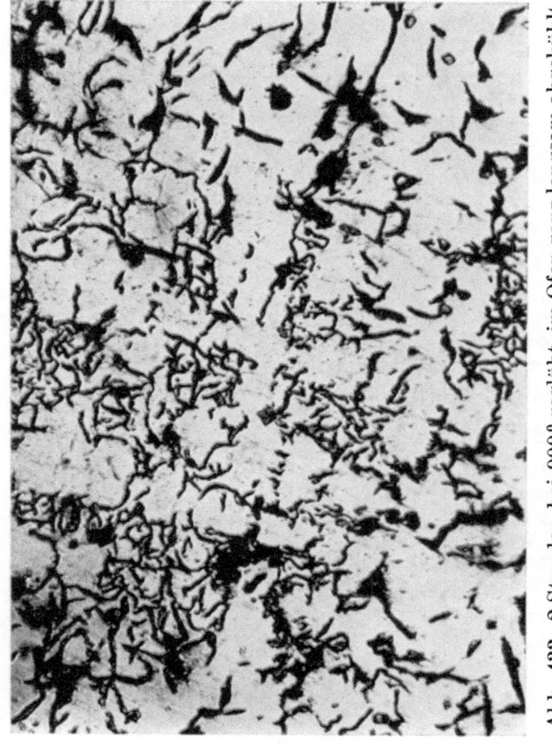

Abb. 433. 2 Stunden bei 900° geglüht, im Ofen ganz langsam abgekühlt. Härte: 130. Gefüge rein Ferrit. Vergr. 200.

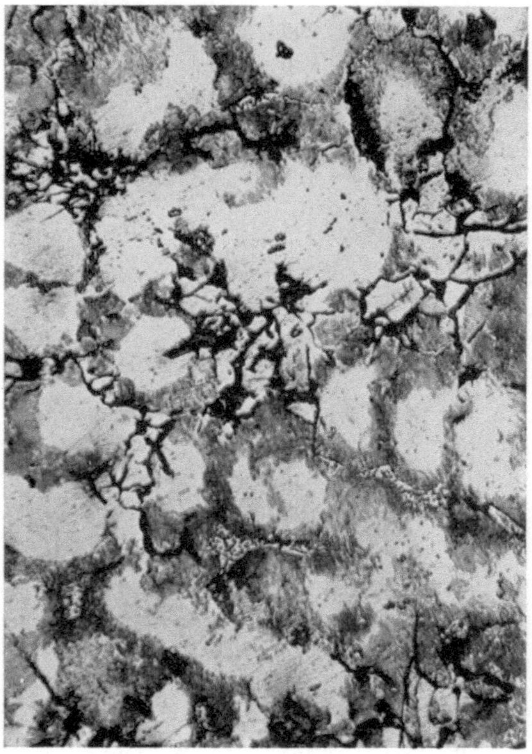

Abb. 434. 2 Stunden bei 900° geglüht, an der Luft abgekühlt. Härte: 150. Gefüge Ferrit und Sorbit. Vergr. 200.

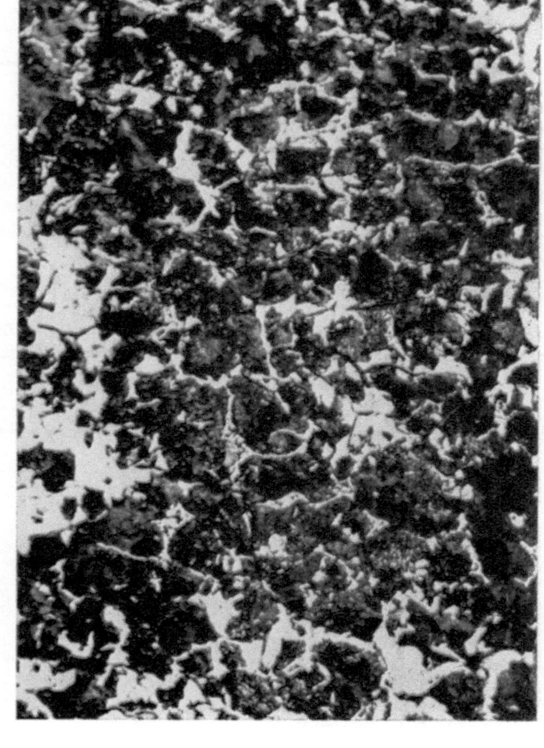

Abb. 435. 2 Stunden bei 900° geglüht. Durch Preßluft rasch abgekühlt. Härte: 200. Gefüge Sorbit und wenig Ferrit. Vergr. 200.

Zahlentafel 89. **Vergüten von Grauguß. (Nach Donaldson.)**

Bezeichnungen	Werkstoff P	Werkstoff M	Werkstoff B	Werkstoff N
	%	%	%	%
Ges. C	3,16	3,32	3,17	3,16
Geb. C	0,68	0,77	0,93	0,67
Graphit	2,48	2,55	2,24	2,50
Silizium	1,48	1,52	1,40	1,56
Mangan	0,97	2,43	0,77	0,94
Phosphor	0,70	0,71	0,69	0,67
Schwefel	0,05	0,01	0,04	0,10
Chrom	—	—	0,392	—
Nickel	—	—	—	0,746

Wärmebehandlung bei 450°.

Werkstoff	Glühdauer in Stunden	Ges. C %	Geb. C %	Zugfestigkeit kg/mm²	Brinellhärte
P	0	3,10	0,68	26,0	223
	40	3,17	0,64	25,0	212
	80	3,15	0,48	24,75	197
	120	3,19	0,43	24,10	183
	160	3,13	0,38	24,25	183
	200	3,15	0,38	24,40	179
M	0	3,32	0,77	24,75	223
	40	3,29	0,74	—	217
	80	3,21	0,73	26,50	197
	120	3,25	0,55	26,10	183
	160	3,28	0,56	—	183
	200	3,33	0,55	25,85	183
B	0	3,17	0,93	29,00	248
	40	3,18	0,90	28,20	235
	80	3,17	0,85	27,60	212
	120	3,18	0,72	27,40	207
	160	3,16	0,69	27,10	201
	200	3,20	0,69	27,25	207
N	0	3,16	0,67	26,60	223
	40	3,18	0,18	25,20	167
	80	3,18	0,09	23,35	159
	120	3,16	0,08	23,35	159
	160	3,17	0,07	23,20	156
	200	3,15	0,07	23,20	149
Wärmebehandlung bei 550°.					
P	0	3,16	0,68	26,20	223
	40	3,13	0,12	24,90	138
	80	3,16	0,11	23,80	129
	120	3,15	0,09	23,30	129
	160	3,15	0,12	23,00	125
	200	3,14	0,12	23,00	129
M	0	3,32	0,77	27,75	223
	40	3,36	0,69	25,85	187
	80	3,30	0,46	25,40	171
	120	3,35	0,27	24,30	159
	160	3,35	0,25	24,00	148
	200	3,34	0,26	24,30	148
B	0	3,17	0,93	29,00	248
	40	3,16	0,57	28,20	207
	80	3,22	0,53	27,40	171
	120	3,20	0,49	26,50	165
	160	3,15	0,51	25,85	171
	200	3,21	0,49	25,85	165
N	0	3,16	0,67	26,60	223
	40	3,19	0,15	25,70	163
	80	3,20	0,65	21,80	138
	120	3,14	0,05	21,10	134
	160	3,20	0,04	20,35	129
	200	3,15	0,02	21,10	129

Versuchen von Klingenstein und Kopp wurden beispielsweise umstehende Werte für die Härte erhalten (Zahlentafel 88).

Die Menge des gebildeten gebundenen Kohlenstoffs wird dabei zum Teil bedingt durch die angewandte Glühtemperatur. Durch Regelung der Glühtemperatur und der Abkühlungsgeschwindigkeit ist es also möglich, eine Brinellhärte zu bekommen, die eine Zwischenstufe zwischen der ursprünglich vorhandenen und der durch ganz langsame Abkühlung zu erhaltenden Härte darstellt und damit auch die entsprechenden physikalischen Eigenschaften zu erzielen. Diese Möglichkeit ist von Bedeutung für solche Arten von Gußteilen, bei denen bestimmte Härtewerte von den Abnehmern vorgeschrieben sind, die auf andere Weise nur mit Schwierigkeiten zu erreichen sind. Allerdings kann auch durch Ausglühen, wie oben erwähnt, unterhalb der kritischen Temperatur A_{c1} eine Gefügeumwandlung eintreten; nur verläuft diese sehr viel langsamer als beim Glühen oberhalb dieser Temperatur. Versuche über den Einfluß der Glühtemperatur und der Glühdauer wurden von verschiedenen Forschern durchgeführt; so werden Angaben gemacht von J. W. Donaldson[1]), E. Piwowarsky[2]) und E. Schüz[3]). Donaldson gibt nebenstehende Ergebnisse an (s. Zahlentafel 89). Auch von F. Hohage[4]) wurden mit verschiedenen Gußeisensorten Versuche durchgeführt (Abb. 436).

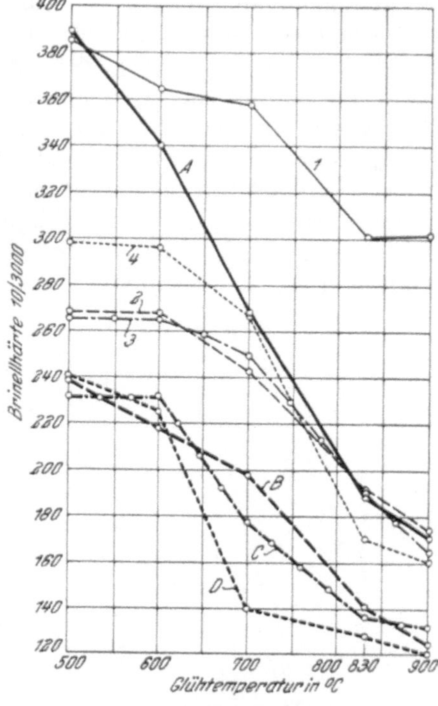

Zusammensetzung	C %	Si %	Mn %	P %	S %
A	3,10	0,59	0,62	0,59	0,11
B	3,25	1,12	0,70	0,47	0,11
C	3,23	1,65	0,71	0,54	0,13
D	3,30	2,02	0,67	0,64	0,13
1	2,35	0,53	0,40	0,45	0,14
2	2,56	1,10	0,57	0,44	0,16
3	2,43	1,40	0,58	0,40	0,18
4	2,40	2,07	0,42	0,44	0,13

Abb. 436. Einfluß der Glühtemperatur auf die Brinellhärte.

Aus allen diesen Arbeiten geht hervor, daß bis etwa 500° Glühtemperatur nur ein ganz geringer Abfall der Festigkeit und Härte eintritt, der von der Dauer der Erwärmung abhängig ist. Bei höheren Glühtemperaturen, bis etwa 700°, erfolgt die Umwandlung rascher, während bei den Versuchen von Schüz nach dem Überschreiten der kritischen Temperatur A_{c1} die Gefügeumwandlung praktisch sofort, also ohne Einfluß der Glühdauer und vollständig erfolgt (Zahlentafel 90).

Daraus ergibt sich für die Praxis, daß ein Weichglühen von Grauguß in wirtschaftlicher

Zahlentafel 90.

Härte und gebundener Kohlenstoff in Abhängigkeit von der Glühdauer und der Abkühlungsgeschwindigkeit. (Nach Schüz.)

Im Ofen abgekühlt bis	Zimmertemperatur		bis 600° C		bis 700° C		bis 800° C		bis 600° C		bis 700° C		bis 800° C	
Abgeschreckt in	Luft		Luft		Luft		Luft		Luft		Luft		Luft	
	Härte	geb. C	Härte	geb. C	Härte	geb. C	Härte	geb. C	Härte	geb. C	Härte	geb. C	Härte	geb. C
Glühdauer 3 Std. . .	129	0,02	132	0,04	144	0,20	163	0,26	138	0,20	161	0,44	351	0,48
Glühdauer 1 Std. . .	130	0,08	135	0,02	145	0,10	152	0,16	134	0,02	170	0,10	315	0,56
Glühdauer 10 Min. .	138	0,10	144	0,10	143	0,10	156	0,38	143	0,10	165	0,24	327	0,70
Glühdauer unt. 1 Min.	129	0,04	130	0,08	143	0,16	152	0,04	130	0,02	143	0,12	235	0,34

[1]) Foundry Tr. J. 1925. p. 517/522; auszugsw. Gieß. 1925. S. 667/668.
[2]) Stahleisen 1922, S. 1481. [3]) Stahleisen 1924, S. 116. [4]) Kruppsche Monatshefte 1926. S. 109.

Weise dann vorgenommen werden kann, wenn die kritische Temperatur A_{c1} überschritten wird.

Die Vorgänge, die sich beim Glühen von Gußeisen abspielen, sind folgende: Zunächst geht beim Überschreiten des Perlitpunktes der gebundene Kohlenstoff in feste Lösung. Bei genügend langsamer Abkühlung, die von E. Piwowarsky zu 1—2°/min, von E. Schüz zu höchstens 3°/min angegeben wird, scheidet sich durch den Perlitintervall nicht wieder Perlit aus, sondern der gelöste Kohlenstoff kristallisiert in Form von Temperkohleknötchen an den als Kristallisationskeimen wirkenden Graphitadern aus, so daß als Restgefüge nur noch Ferrit übrig bleibt. Unterhalb des Perlitpunktes kann daher eine Gefügeumwandlung nicht mehr stattfinden, weil kein gelöster Kohlenstoff mehr vorhanden ist, und es ist aus diesem Grunde möglich, die Abgüsse bereits mit etwa 600° aus dem Ofen zu nehmen, ohne daß eine weitere Änderung durch Abschrecken erfolgt.

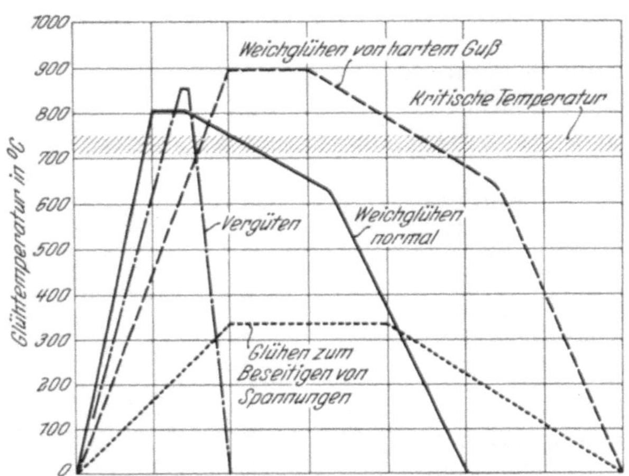

Abb. 437. Vergleich der verschiedenen Arten des Glühens von Grauguß.

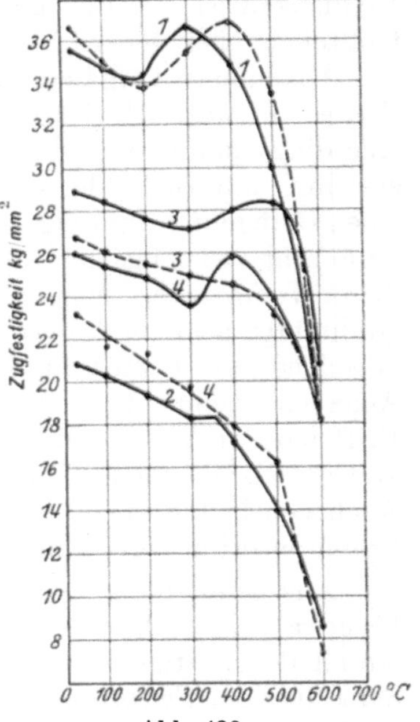

Abb. 438. Warmfestigkeit verschiedener Gußeisensorten.

Nach Kleiber:
— 1 Sternguß, Anlieferungszustand,
---- 1 Sternguß 200 Std. bei 500—550° geglüht,
— 2 Zylindereisen, Anlieferungszustand.

Nach J. W. Donaldson:
— 3 Lanz-Perlit, Anlieferungszustand,
---- 3 Lanz-Perlit 200 Std. bei 550° geglüht,
— 4 Zylindereisen, Anlieferungszustand,
---- 4 Zylindereisen 200 Std. bei 550° geglüht.

Dieselben Vorgänge spielen sich natürlich auch ab, wenn freier Zementit in dem Gußeisen vorhanden war; dieser wird durch das Ausglühen nach der Gleichung $Fe_3C = 3\,Fe + C$ zerlegt, so daß daraus ebenfalls Temperkohle und Ferrit entsteht. Der weitere Verlauf der Abkühlung vollzieht sich dann wie oben beschrieben. Ganz schroffe Abkühlung durch Abschreckung in Wasser kann bei Grauguß nur in Ausnahmefällen und bei kleineren Stücken in Anwendung kommen, weil die Graugußstücke infolge der Kerbwirkung des Graphits gegen Reißen sehr empfindlich sind. In solchen Fällen ist es durchaus möglich, die vom Abschrecken des Stahles her bekannten Gefügebilder zu bekommen. Man hat dann beim Abschrecken in Wasser dieselben Vorgänge wie beim Abschrecken von Stahl und erhält martensitisches Gefüge, das dem Abguß große Härte verleiht.

Bei der oben als Vergüten bezeichneten, weniger schroff ausgeführten Abkühlung scheidet sich ein Teil des ursprünglich vorhandenen gebundenen Kohlenstoffs wieder in Form von gebundenem Kohlenstoff — meistens als Sorbit — ab. Abb. 437 gibt in schematischer Weise eine Übersicht über die möglichen Glühverfahren. Bei der Anwendung eines solchen Verfahrens ist aber immer zu berücksichtigen, daß es sich um den durch den eingelagerten Graphit unterbrochenen Werkstoff Grauguß handelt, und daß es zweckmäßig ist, vorher genau zu untersuchen, ob eine Glühbehandlung angebracht ist oder nicht. Zusammengefaßt können die einzelnen Vorteile, die sich aus der Anwendung eines Glühverfahrens ergeben, wie folgt angegeben werden:

1. Gußteile, die für die Bearbeitung zu hart sind, können durch Ausglühen weich und brauchbar gemacht werden.

2. Durch Ausglühen von normalem Guß kann eine so geringe Härte erreicht werden, daß die Bearbeitung erleichtert wird und die Schnittgeschwindigkeit erhöht werden kann.

3. Gußstücke können durch geeignete Glühung spannungsfrei gemacht werden.

4. Es ist möglich, eine Änderung der im fertigen Gußstück vorhandenen Härte durch ein Vergütungsverfahren nachträglich noch zu erreichen.

Hier sei noch auf einen Punkt hingewiesen, der zu beachten ist, wenn Gußteile geschweißt werden [1]). In den allermeisten Fällen muß das Gußstück vor dem Schweißen vorgewärmt werden, gleichgültig, ob die Schweißung elektrisch, autogen oder mit flüssigem Gußeisen erfolgt. Stets tritt durch eine hohe Vorwärmung eine Gefügeumwandlung infolge Zerfalls des Perlits ein, so daß die Festigkeitseigenschaften sowie die Härte des geschweißten Werkstoffs nicht mehr so hoch sind wie in dem ursprünglichen. Wenn also Abnahmebedingungen für das betreffende Gußstück einzuhalten sind, so muß darauf geachtet werden, daß der Abguß bei der Vorwärmung keinesfalls ins Glühen kommt, sondern höchstens bis 400—500° erwärmt wird. Wenn diese niedrige Temperatur nicht eingehalten werden kann, muß durch nachherige Vergütung, wie oben beschrieben, das Gefüge wieder so beeinflußt werden, daß die ursprünglich vorhanden gewesene Härte und Festigkeit annähernd wieder erreicht werden und dann die Gußstücke nicht mehr wegen ungenügender Härte oder Festigkeit von dem Besteller zur Verfügung gestellt werden können.

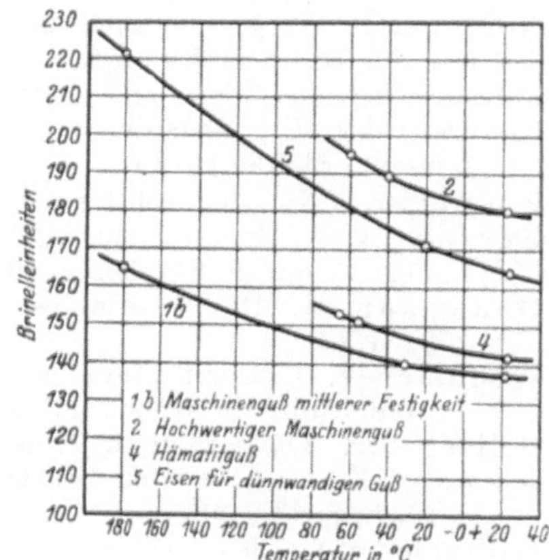

Abb. 439. Einfluß tiefer Temperaturen auf die Brinellhärte von Grauguß.

Was endlich die Festigkeitseigenschaften bei hohen Temperaturen anbetrifft, so ist es nach dem Vorhergesagten eigentlich verständlich, daß bei der Prüfung bei höheren Temperaturen ein Abfall der Festigkeitswerte gegenüber den bei Normaltemperaturen ermittelten eintreten muß. Jungbluth gibt in einer Zusammenstellung [2]) die aus Abb. 438 zu ersehenden Werte über die Festigkeiten verschiedener Gußeisensorten bei höheren Temperaturen. Die Festigkeitsverminderung hängt eben zum größten Teil von der Neigung des Karbids zum Zerfall ab.

Von geringerem Einfluß scheinen dagegen die tieferen Temperaturen zu sein, wie aus Versuchen von Pardun und Vierhaus [3]) hervorgeht. Demnach geht die Festigkeit des Gußeisens bei tieferen Temperaturen nur sehr unwesentlich zurück, ohne daß die Sprödigkeit des Werkstoffs größer wird; bei —35° war eine Änderung der Biegefestigkeit noch nicht festzustellen. Dagegen tritt mit sinkender Temperatur eine Erhöhung der Härte ein (Abb. 439) und damit übereinstimmend auch eine geringe Steigerung der Zerreißfestigkeit, die bei —180° etwa 13% betragen kann.

Literatur.

Einzelne Werke.

Oberhoffer, P.: Das technische Eisen. Berlin 1925.
Klingenstein, Th.: Gußeisentaschenbuch. Ausgabe 1927. Stuttgart 1927.
Kerpely, K. v.: Die metallurgischen und metallographischen Grundlagen des Gußeisens. Halle 1928.
Hatfield, W. H.: Cast Iron in the Light of Recent Research. London 1928.
Meyersberg, G.: Edelguß. (2. vermehrte Auflage von „Perlitguß".) Berlin 1929.
Piwowarsky, E.: Hochwertiger Grauguß. Berlin 1929.

[1]) Vgl. Bd. III, S. 623/639. [2]) Gieß. 1928. S. 465. [3]) Gieß. 1928. S. 99/100.

Abhandlungen.

Allgemeines, Gefüge und Herstellungsverfahren.

Sipp, K.: Perlitgußeisen. Stahleisen 1920. S. 1141.
Bauer, O.: Das Perlitgußeisen. Mitt. Materialpr.-Amt Berlin-Dahlem 1922. H. 6; Stahleisen 1923. S. 553/557.
Wüst, F. und P. Bardenheuer: Beiträge zur Kenntnis des hochwertigen niedriggekohlten Gußeisens (Halbstahl). Mitt. Eisenforsch. 1922. S. 125/136.
Schüz, E.: Das Ferrit-Graphiteutektikum als häufige Erscheinung in gewissen Gußeisensorten. Stahleisen 1922. S. 1345/1346.
Sipp, K.: Perlitgußeisen. Gieß. 1923. S. 491/495.
— Perlitgußeisen als Mittel zur Baustoffersparnis. Gieß. 1924. S. 798/799.
Emmel, K.: Perlitguß. Stahleisen 1924. S. 330/333.
Kühnel, R. und E. Nesemann: Das Gefüge hochwertigen grauen Gußeisens. Stahleisen 1924. S. 1042/1044.
Maurer, E.: Über ein Gußeisen-Diagramm. Monatsh. Krupp 1924. S. 115/122; auszugsweise Stahleisen 1924. S. 1522/1524.
Goerens, P.: Wege und Ziele zur Veredelung des Gußeisens. Stahleisen 1925. S. 137/140.
Schüz, E.: Das Graphit-Eutektikum im Gußeisen. Stahleisen 1925. S. 144/145.
Diepschlag, E.: Wege und Ziele der Graugußveredelung. Gieß.-Zg. 1925. S. 517/527.
Piwowarsky, E.: Über den Einfluß der Temperatur auf die Graphitbildung im Roh- und Gußeisen. Stahleisen 1925. S. 1455/1461.
Emmel, K.: Niedriggekohltes Gußeisen als Kuppelofenerzeugnis. Stahleisen 1925. S. 1466/1470.
Kerpely, K. v.: Hochwertiges Gußeisen mit erhöhtem Kohlenstoff- und Phosphorgehalt als Elektroofenerzeugnis. Stahleisen 1925. S. 2004/2008.
Hanemann, H.: Die Theorie des Graugusses. Monatsblätter d. Berl. Bezirksver. d. V. d. I. 1926. S. 31/35.
Wedemeyer, O.: Der Einfluß einer längeren Überhitzung auf die Auskristallisation von gebundenem Kohlenstoff im Gußeisen. Stahleisen 1926. S. 557/560.
Gilles, Chr.: Die Erzeugung von Gußeisen hoher Festigkeiten. Gieß.-Zg. 1926. S. 203/212, 337.
Kerpely, K. v.: Über den heutigen Stand der Graphitausbildungsform im Gußeisen. Gieß.-Zg. 1926. S. 435/446.
Klingenstein, Th.: Hochwertiger Guß und seine Herstellung. Gieß.-Zg. 1926. S. 680/686.
Wagner, A.: Die Einwirkung der Temperatur im Hochofen auf die Eigenschaften des Roheisens. Stahleisen 1926. S. 1005.
Kleiber, P.: Über den Kruppschen Sternguß. Monatsh. Krupp. 1927. S. 110/116.
Meyer, F.: Einwirkung einer weitgehenden Überhitzung auf Gefüge und Eigenschaften von Gußeisen. Stahleisen 1927. S. 294/295.
Piwowarsky, E.: Fortschritte in der Herstellung von hochwertigem Gußeisen. Gieß. 1927. S. 253/257, 273/276, 290/295.
Bardenheuer, P.: Über die Grundlagen zur Herstellung hochwertigen Graugusses. Gieß. 1927. S. 557/561.
Achenbach, A.: Die Metallographie und Veredelung des Gußeisen. Gieß. 1927. S. 724/743.
Klingenstein, Th.: Über die Bedeutung des hochwertigen Graugusses als Werkstoff. Gieß.-Zg. 1927. S. 332/334.
— Über den Einfluß der Schmelztemperatur auf die Graphitausbildung. Gieß.-Zg. 1927. S. 335/340.
Schüz, E.: Eutektischer Graphit im Grauguß. Gieß.-Zg. 1927. S. 617/619.
Hanemann, H.: Theoretische Grundlage der Graugußüberhitzung. Stahleisen 1927. S. 693/695.
Michel, A.: Der Einfluß der Temperaturen im Hochofen auf den Kohlenstoffgehalt des grauen Roheisens. Stahleisen 1927. S. 696/698.
Bardenheuer, P.: Der Graphit im grauen Gußeisen. Stahleisen 1927. S. 857/867.
Maurer, E. und P. Holtzhausen: Das Gußeisen-Diagramm von Maurer bei verschiedenen Abkühlungsgeschwindigkeiten. Stahleisen 1927. S. 1805/1812, 1977/1984.
Pinsl, H.: Die Berechnung der Gefügebestandteile aus der Gußeisenanalyse. Gieß. 1927. S. 161/165.
Osann, B.: Das Lunkern in Beziehung zur eutektischen Zusammensetzung. Gieß. 1928. S. 49/51.
Hanson, D.: Die Konstitution der Silizium-Kohlenstoff-Eisenlegierungen und eine neue Theorie des Gußeisens. Stahleisen 1928. S. 211/214 und Gieß. 1928, S. 148/158.
Scheil, E.: Bemerkung zur Arbeit E. Hansons. Gieß. 1928. S. 1086/1088.
Bardenheuer, P. und L. Zeyen: Beiträge zur Kenntnis des Graphits im grauen Gußeisen und seines Einflusses auf die Festigkeit. Gieß. 1928. S. 354/365, 385/397, 411/420.
Sauerwald, F. und A. Koreny: Die Auflösungsgeschwindigkeit von Graphit in geschmolzenen Eisen-Kohlenstoff-Legierungen. Stahleisen 1928. S. 537/540.
Jungbluth, H.: Hochwertiges Gußeisen. Gieß. 1928. S. 457/466, 486/493.
Osann, B.: Die Herstellung hochwertigen Gußeisens. Gieß. 1928. S. 648/655.
Roll, Fr.: Die Raumform des Graphits. Gieß. 1928. S. 1270/1274.
Piwowarsky, E.: Die chemische Zusammensetzung ein unzulänglicher Maßstab der Qualität. Gieß. 1929. S. 319/321.

Osann, B.: Eutektisches Gußeisen. Gieß. 1929. S. 565/567.
Heike, W. und K. May: Über die Bildung des Graphits, insbesondere des eutektischen, im Gußeisen. Gieß. 1929. S. 625/633, 645/649.
Emmel, K.: Über den Kohlenstoffgehalt und die damit zusammenhängenden Eigenschaften des im Kuppelofen nach dem Stahlzusatzverfahren erzeugten hochwertigen Graugusses. Gieß. 1929. S. 605/612.
Bardenheuer, P. und L. Zeyen: Überhitzung von Gußeisen. Gieß. 1929. S. 33/46.
Diepschlag, E.: Einfluß und Art der Graphitausbildung im Gußeisen. Gieß. 1929. S. 822/828.
Gilles, Chr.: Die Entwicklung des Gußeisenschmelzbetriebes und das Gattierungswesen während der letzten 50 Jahre. Gieß. 1929. S. 925.
Roll, Fr.: Der Einfluß der Legierungselemente auf das Eisenkarbid des Gußeisens. Gieß. 1929. S. 933/936.
Boegehold, A. L.: Abhängigkeit der Beschaffenheit von Roh- und Gußeisen vom Hochofenbetrieb. Transact. Amer. Foundrymen's Assoc. 1929. p. 91/152 und 683/728; auszugsweise Stahleisen 1929. S. 1592/1593.
Schichtel, K. und E. Piwowarsky: Über den Einfluß der Legierungselemente Phosphor, Silizium und Nickel auf die Löslichkeit des Kohlenstoffs im flüssigen Eisen. Arch. Eisenhüttenwesen 1929/30. S. 139/147.
Keil, K. v. und R. Mitsche: Der Einfluß des Siliziums auf das System Eisen-Kohlenstoff-Phosphor. Arch. Eisenhüttenwesen 1929/30. S. 149/156.

Eigenschaften und Prüfung von Gußeisen.

Klingenstein, Th.: Die Beziehungen zwischen den mechanischen Eigenschaften untereinander und zur Analyse des Graugusses. Gieß. 1926. S. 169/173.
Lehmann, O. H.: Die Abnützung des Gußeisens bei gleitender Reibung. Gieß.-Zg. 1926, S. 597/600, 623/627, 654/656.
Kühnel, R.: Die Abnützung des Gußeisens und ihre Beziehung zum Aufbau und zu den mechanischen Eigenschaften. Gieß.-Zg. 1927. S. 533/541.
Roll, Fr.: Die Dichte von Grauguß und von Lanz-Perlitguß. Gieß.-Zg. 1927. S. 576/577.
Thielmann, H. und A. Wimmer: Über die innere Reibung von flüssigem Roheisen. Stahleisen 1927. S. 389/399.
Piwowarsky, E.: Über den Verschleißwiderstand des phosphorhaltigen Graugusses. Gieß. 1927. S. 743/747.
Kerpely, K. v.: Die mechanischen Eigenschaften des Graugusses in Abhängigkeit von Gefüge und Behandlung. Gieß.-Zg. 1928. S. 37/49.
Pinsl, H.: Studien über die elektrische Leitfähigkeit des Gußeisens. Gieß.-Zg. 1928. S. 73/83.
Roll, Fr.: Beitrag zur Streuung der Biegeprobe als Gußeisenprüfungsart. Gieß.-Zg. 1928. S. 114/119.
Pinsl, A.: Zur Härteprüfung des Gußeisens. Gieß.-Zg. 1928. S. 417/424.
Melle, W.: Über die mechanischen Eigenschaften des hochwertigen Gußeisens unter besonderer Berücksichtigung der Bearbeitbarkeit. Gieß.-Zg. 1928. S. 556/557, 596/602.
Bardenheuer, P. und L. Zeyen: Die mechanischen Eigenschaften von desoxydiertem Gußeisen. Gieß. 1928. S. 1124/1128.
Nadasan, St.: Beitrag zur Untersuchung des Zusammenhanges zwischen Druck- und Biegefestigkeit des Gußeisens. Gieß. 1928. S. 1251/1253.
Graf, P.: Die Wärmeleitung von Grauguß. Gieß.-Zg. 1929. S. 45/46.
Thum, A. und H. Ude: Elastizität und Schwingungsfestigkeit von Gußeisen. Gieß. 1929. S. 501/513, 547/556.
Piwowarsky, E. und H. Esser: Die Dichte und Gasdurchlässigkeit von Grauguß. Gieß. 1929. S. 838/839.
Thum, A.: Neuere Anschauungen über die mechanischen Eigenschaften des Gußeisens. Gieß. 1929. S. 1164/1174.
Wallichs, A. und K. Krekeler: Bearbeitbarkeit von Gußeisen. Gieß. 1929. S. 1289.
Roll, Fr.: Beitrag zum Ausdehnungs-Koeffizienten des Gußeisens. Gieß.-Zg. 1930. S. 4/7.
Thum, A. und H. Ude: Kritische Betrachtungen zur Frage der Bruchdurchbiegungsmessung beim Gußeisen-Biegeversuch. Gieß. 1930. S. 105/116.
Morawe, E.: Versuche zur Ermittlung der mittleren spezifischen Wärme von Grauguß. Gieß. 1930. S. 234/236.
Beer, B.: Ein Beitrag zur Untersuchung der Gasdurchlässigkeit von Grauguß bei hohen Drücken. Gieß. 1930. S. 398/402, 425/430, 455/459.
Meyersberg, G.: Betrachtungen über einige kennzeichnende Eigenschaften des Gußeisens. Gieß. 1930. S. 473/481, 587/591.

Legiertes Gußeisen.

Smalley, O.: Der Einfluß von Sonderelementen auf Gußeisen. Foundry Tr. J. 1922. S. 519/523; 1923. p. 3/6.
Piwowarsky, E.: Gußeisenveredelung durch Legierungszusätze. Stahleisen 1925. S. 289/294.
— Einfluß von Nickel und Chrom auf die Festigkeitseigenschaften von Grauguß. Gieß. 1927. S. 509/515.

Oberhoffer, P.: Über die Verwendung von nickel- und chromlegiertem Gußeisen unter besonderer Berücksichtigung der Vereinigten Staaten von Nordamerika. Gieß. 1927. S. 585/592.
Houston, D. M.: Einfluß eines Nickelzusatzes auf die Eigenschaften des Graugusses. Foundry 1927. p. 399/401, 423/425.
Piwowarsky, E.: Über nickel- und chromlegiertes Gußeisen. Gieß. 1928. S. 1073/1078.
Everest, A. B., T. H. Turner und D. Hanson: Einfluß von Nickel und Silizium auf eine synthetische Eisen-Kohlenstoff-Legierung. Stahleisen 1928. S. 48/49.
Blackwood, P. W.: Die Metallurgie des Gußeisens. Einfluß von Si, P, S, Mn, Cr, Ni, W, Mo, V, Ti, Cu und Al. Trans. Am. Soc. Steel Treat 1928. p. 1023/1038.
Everest, A. B.: Legiertes Gußeisen. Foundry Tr. J. 1929. p. 45/48. p. 107/108.
Houston, D. M.: Einfluß des Nickels auf den gebundenen Kohlenstoff in grauem Gußeisen. Trans. Am. Soc. Steel Treat. 1929. p. 145/157 und 169.
Cone, E. F.: Legiertes Gußeisen. Iron Age 1929. p. 861/863 und 924.
Musatti, J. und G. Calbiani: Das Sondergußeisen mit besonderer Berücksichtigung des mit Molybdän legierten Gußeisens. Metallurgia Ital. 1930. p. 649/669.
Smith, J. K.: Verbesserung des Gußeisens durch Molybdänzusätze. Foundry 1930. p. 54/55.
Waehlert, M.: Nickel-Gußeisen in Theorie und Praxis. Gieß. 1930. S. 57/63.

Wachsen von Gußeisen [1]).

Piwowarsky, E.: Wachsen und Schwinden von Gußeisen und von hochwertigem Grauguß. Gieß.-Zg. 1926. S. 379/385, 414/421.
Donaldson, J. W.: Wärmebehandlung und das Wachsen von Gußeisen. Foundry Tr. J. 1927. S. 143/167.
Kennedy, R. R. und G. I. Oswald: Verzögerung des Wachsens von Grauguß durch Phosphor und Titan. Rev. Fonderie Mod. 1927. S. 415/419.
Benedicks, C. und H. Löfquist: Theorie über das Wachsen von Gußeisen bei wiederholtem Erhitzen. J. Iron Steel Inst. 1927. p. 603/639; Stahleisen 1927. S. 1408/1410.
Sipp, K. und Fr. Roll: Das Wachsen des Gußeisens. Gieß.-Zg. 1927. S. 229/244, 280/284.
Andrew, J. H.: Das Wachsen von Gußeisen. Trans. Am. Foundrymen's Ass. 1927. p. 307/318; Stahleisen 1927. S. 21/26.
Wüst, F. und O. Leihener: Beitrag zur Frage des Wachsens von Gußeisen. Mitt. Eisenforsch. 1928. Lfg. 13, S. 265/281; auszugsweise Stahleisen 1929. S. 366/367.
Jungbluth, H.: Untersuchungen über das Wachsen von Gußeisen. Gieß. 1928. S. 812/813; Stahleisen 1928. S. 1217.
Bauer, O. und K. Sipp: Einfluß von Kohlenstoff, Mangan und Silizium auf das Wachstum des Gußeisens. Gieß. 1928. S. 1018/1026, 1047/1060.
Piwowarsky, E. und W. Freytag: Wachsen von grauem Gußeisen unter Berücksichtigung der Elemente Nickel und Chrom. Gieß. 1928. S. 1193/1200.
— und H. Esser: Das Wachsen von Gußeisen. Gieß. 1928. S. 1265/1270.
Schreck, W.: Das Wachsen des Eisens. Gieß.-Zg. 1930. S. 1/3.

Wärmebehandlung von Gußeisen.

Schüz, E.: Über das Weichglühen von Grauguß. Stahleisen 1924. S. 116/119.
Donaldson, J. W.: Wärmebehandlung von Gußeisen. Iron Age 1924. p. 1859; auszugsweise Stahleisen 1925. S. 840/842; Gieß. 1925. S. 55.
— Wärmebehandlung von Gußeisen bei niederen Temperaturen. Foundry Tr. J. 1925. Nr. 461, p. 517/522; Nr. 463, p. 2/3.
Pinsl, H.: Die Einwirkung langer Glühzeiten auf das Phosphideutektikum. Stahleisen 1927. S. 537/540.
Neumann, G.: Festigkeit und Gefügeaufbau des Gußeisens. Stahleisen 1927. S. 1606/1609.
Donaldson, J. W.: Wärmebehandlung und Volumenänderung von grauem Gußeisen. Foundry Tr. J. 1928. p. 299/303, 315/318.
Stotz, R.: Neuzeitliches Glühen von Grau- und Temperguß. Gieß. 1929. S. 1209/1220.
Schoenmaker, P.: Wärmebehandlung und Eigenschaften von Gußeisen. Heat Treat. Forg. 1929. p. 170/173.

[1]) Vgl. auch Bd. I, S. 387.

IX. Neuere Anschauungen über das Wesen des Formsandes und seine Prüfung.

Von

Professor Dr. P. Aulich.

Wesen und Entstehung des Formsandes[1]).

Formsand ist im wesentlichen ein Gemenge von Quarzsand und Ton, dem je nach Entstehungsweise und Herkunft noch gewisse andere Mineralstoffe beigemengt sein können; meistens sind sie nur in geringen Mengen vorhanden und besitzen alsdann keine weitere Bedeutung.

Der Quarzsand zeichnet sich durch besondere Eigenschaften, wie Größe, Form und zahlenmäßiges Verhalten der einzelnen Korngrößenstufen des Sandes aus, er bildet den Baustein der herzustellenden Gußform. Der Tongehalt eines Sandes kann gering und höher sein; hieraus ergibt sich der Charakter des Sandes als fett oder mager mit vielen Zwischenstufen. Er stellt das Bindemittel für die Bausteine der Form dar. Das außerordentlich verschiedenartige Verhalten des Formsandes erklärt sich aus den vielen Möglichkeiten der qualitativen und quantitativen Zusammensetzung, wie das später gezeigt werden wird.

Die Frage der Entstehung des Formsandes ist bisher noch nicht erschöpfend und restlos zu beantworten; es läßt sich sagen, daß er das Endglied darstellt in der Kette von Umgestaltungsvorgängen, die sich am festen Gestein vollzogen haben. Hierbei können nur ganz besondere Umstände gewaltet haben, die es zuwege brachten, aus den verschiedenen Ursprungsgesteinen Sande hervorgehen zu lassen, die sich zur Herstellung von Gußformen eignen. Mineralogisch ist bereits angedeutet, welche wesentlichen Bestandteile im Formsand auftreten, petrographisch wird man von einem tonhaltigen Trümmergestein sprechen, während geologisch betrachtet, es sich um mehr oder minder regelmäßige sedimentäre Ablagerungen handelt. Die Geologie gliedert derartige Ablagerungen in ihr historisches System ein, ohne auf die Möglichkeit einer technischen Verwertung näher einzugehen.

Formsand ist durch Verwitterung entstanden. Unter Verwitterung, die stets mit mechanischer Zertrümmerung einhergeht, ist die tiefgreifende Veränderung zu verstehen, die ein Gestein im Laufe sehr langer Zeiträume durch die Einflüsse der Atmosphärilien, wie Sauerstoff, Kohlensäure, Wasser und der Wirkung von Wind, Kälte und Wärme erleidet.

Am einfachsten läßt sich der Verwitterungsvorgang in einem Granitbruch beobachten. Granit besteht aus den drei Hauptbestandteilen: Quarz, Feldspat und Glimmer, von denen die beiden letztgenannten in mehreren Arten gleichzeitig oder einzeln auftreten; dadurch, daß diese Mineralien sowohl der Menge nach als auch bezüglich der Größe des Kornes wechseln können, ergibt sich die große Mannigfaltigkeit der Gesteine, die man als Granit bezeichnet. An der Oberfläche eines Granitbruches ist das Gestein zermürbt, es ist ein grusiger Boden daraus geworden. Dringt man etwas tiefer in den Gesteinskörper hinein, so nimmt der Zusammenhang des Gesteins, obwohl noch stark verfärbt, zu, bis

[1]) Vgl. Bd. I, S. 577 u. f.

die ursprüngliche Verfassung des aus der Tiefe hervorgedrungenen, krystallin erstarrten Felsens erreicht ist mit all den Eigenschaften, die das Gestein zu Nutzzwecken geeignet machen.

Von den obengenannten Bestandteilen des Granits ist nur der Feldspat, sowie der schwarze Glimmer (Biotit, Magnesiaglimmer) einer tiefgreifenden Verwitterung zugänglich, während der Quarz als solcher unverändert bleibt und nur mechanisch zertrümmert werden kann.

Feldspat als Doppelsilikat von Alkalien (Kalium, Natrium) und Tonerde (Al_2O_3) zerfällt durch Verwitterung unter dem Einfluß von Kohlensäure und Wasser in Kaolin und wasserlösliches Alkalikarbonat, das die bekannte Fruchtbarkeit granitischer Verwitterungsböden bedingt. Wird der Kaolin durch Abschwemmung herausgewaschen und weggeführt, so bilden sich daraus anderenorts, d. h. an sekundärer Lagerstätte, Tonlager, die für sich rein abgelagert, Anlaß zur Bildung des wertvollen feuerfesten Tones geben können. Bei mehr oder weniger erfolgter Einschwemmung fremder Bestandteile, namentlich von Eisenhydraten, entstehen die verschiedenen Stufen geringerer Tonarten (Töpferton); wenn mit Sand vermischt, Lehm; mit Kalk, Mergel; durch weitere Verbreitung und Vermischung mit Sand geben letztere Anlaß zur Bildung der Ackerböden. Am Ursprungsort verbleibt ein mehr oder weniger kaolinhaltiger Quarzsand, der seinerseits eine Verlagerung erfahren kann, wobei die einzelnen Körner ihre eckige, scharfkantige Form verlieren, sich runden und so Quarzsand (Silbersand) liefern.

Was von der Verwitterung des Granits gesagt ist, gilt in ähnlicher Weise vom Gneis und den verschiedenen Porphyren, die ganz besonders geeignet sind, Kaolinlagerstätten zu bilden (Halle).

Ein weiteres Ursprungsgestein des Formsandes, der Sandstein, ist seinerseits ein Zerfall- und Verwitterungserzeugnis ehemaliger Gesteinsarten, deren Quarzrückstände anderenorts aufs neue einen Verband eingingen, indem sich ein Bindemittel einschaltete, das verschiedener Art: kieselig, tonig oder kalkig, sein kann. Ein solches Gestein, durch Absatz unter Wasser entstanden, gehört im Gegensatz zu den beiden vorigen zu den sedimentären Gesteinsarten, den Sandsteinen. Ist das Bindemittel toniger Natur, so können derartige Sandsteine infolge bloßen Zerfalles bereits einen brauchbaren Formsand liefern, wie z. B. der Sandstein des Rotliegenden bei Ellrich am Harz, Heddesheim (Nahebezirk) oder der des Buntsandsteins in der Bayerischen Pfalz.

Die Frage, wie sich eigentlich Formsandlagerstätten aus dem gänzlichen Zerfall der beiden Gesteinsgruppen, granitischen und porphyrischen, gebildet haben mögen, läßt sich nicht lückenlos beantworten; es ist zu vermuten, daß ganz besonders günstige Umstände gewaltet haben müssen, um Ablagerungen entstehen zu lassen, die den Namen „Formsand" verdienen. Man kann sich vorstellen, daß Sande in nicht zu abgerolltem Zustande mit der gerade erforderlichen Menge eingeschwemmten Tones in seichten Gewässern oder Meeresstrandgebieten zur Ablagerung gelangten und darin Schichten von größerer oder geringerer Mächtigkeit bildeten. Die verschiedenen Grade der Einschwemmung von Ton bei wechselnder Größe und Form der Sandkörner führten schließlich zu der überaus großen Mannigfaltigkeit der uns bekannten Formsandvorkommen, die in den Formationen der Erdkruste sehr ungleich verteilt sind.

Das Unterdevon des Siegerlandes bietet Sande dar, entstanden durch bloßen Zerfall der darin auftretenden Grauwacken und Konglomerate; sie sind von untergeordneter Bedeutung.

Das Karbon in Oberschlesien liefert Formsand, hervorgegangen durch Verwitterung der hellgrauen und rötlichen Sandsteine.

Die Vorkommen des Rotliegenden und Buntsandsteins wurden bereits erwähnt. Die Schilf- und Stubensandsteine des mittleren Keupers (Württemberg) vermögen, wenn sie nicht zu kalkhaltig sind, einen brauchbaren Formsand zu liefern.

Die bedeutendsten Sandvorkommen treten jedoch erst in der oberen Kreideformation: Emscher Mergel (um Halberstadt) und vor allem im Senon von Osterfeld-Bottrop (Westfalen) auf.

Im Tertiär liegen die sehr ergiebigen Lagerstätten von Ratingen und des Viersener Horstes (Dülken, Süchteln, Grefrath), ferner gehören hierher die Sande von Beidersee bei Halle, Elsterwerda u. a. m.

Im Diluvium finden sich vielfach Ablagerungen, die als Formsand Verwendung finden. In Nordamerika ist man in erster Linie auf diese Vorkommen angewiesen (Albany).

Erwähnung verdient noch der hierher gehörige Löß, eine durch Wind verursachte Wegführung und Ablagerung sandig-toniger Rückstände von Gesteinstrümmern, aus der Inlandeiszeit herrührend. Wenn derselbe auch kein eigentlicher Formsand ist, wird er doch in der Metallgießerei verwendet; in der Eisengießerei macht er sich wegen seiner geringen Gasdurchlässigkeit und durch den mitunter hohen Kalkgehalt in mißliebiger Weise bemerkbar. — Die geographische Verteilung der Formsandlagerstätten Deutschlands ist im ganzen recht ungleichmäßig. Außer vereinzelten Vorkommen in Hannover, Holstein, Mark Brandenburg, sind in erster Linie das westliche Rheinland, der Harzrand, Sachsen, Schlesien, Hessen, Bayern und Württemberg reichlich mit Formsand versehen. Die geschichtliche Entwicklung des Gießereiwesens gibt recht wenige Aufschlüsse über Nutzbarmachung natürlicher Sande als Formmittel; nur ist beachtenswert, daß sich in der näheren Umgebung geeigneter Sandvorkommen in früheren Zeiten Gießereien ansiedelten, die den Sand als zum Formen geeignet, als „Formsand" bezeichneten.

Handelt es sich um die Auffindung eines neuen Vorkommens, so wird man zur Beurteilung am einfachsten den Vergleichsweg einschlagen, d. h. man ermittelt durch Untersuchungsverfahren die grundlegenden Werte wie Sand- und Tongehalt, Körnergrößenzusammensetzung, Kornform, sowie die mechanischen Eigenschaften, wie Bindefestigkeit, Gasdurchlässigkeit, Feuerbeständigkeit, schädliche Bestandteile und vergleicht die Werte mit denen bereits bekannter Formsande. Ein praktischer Versuch in der Gießerei selbst entscheidet über seinen endgiltigen Wert als Formmittel.

Die Eigenschaften des Formsandes.

Die Anwendung des Formsandes in der Gießerei beruht auf der eigenartigen Struktur und Textur, die sich aus den wesentlichen Bestandteilen eines Sandes herleiten lassen. Es wurde bereits erwähnt, daß dieser sich aus zwei Stoffarten, Sandkorn und Bindemittel, zusammensetzt.

Das Sandkorn besteht zumeist aus Quarz, dem weitestverbreiteten Mineral der festen Erdrinde, das aus dem ursprünglichen Verbande, dem Gestein, wie erwähnt, durch Verwitterungsvorgänge herausgelöst wurde und der chemischen Zusammensetzung nach Kieselsäure (SiO_2) ist, ein in Wasser praktisch unlöslicher Körper von ziemlich hoher Schmelztemperatur (Erweichung bei 1600°, flüssig bei 1780° C).

Der Quarz ist an sich farblos bis milchweiß in allen Abstufungen, sowie durchsichtig bis undurchsichtig. Die Verwitterung hat auf dem Korn öfter einen farbigen Überzug hinterlassen, z. B. von Eisenoxyd, das eine rote, oder Eisenoxydhydrat, das eine braune bis gelbe Farbe verursachte. In Salzsäure sind diese Überzüge leicht löslich, wonach die ureigentliche Beschaffenheit des Quarzes zur Erscheinung gelangt.

Von wesentlicher Bedeutung ist die Größe und Form der Quarzkörner bezüglich der Eignung eines Sandes als Formstoff. Die Größe der Körner ist nur auf tonfreies, d. h. gewaschenes Korn zu beziehen und nicht, wie das häufiger geschieht, nach dem Sieben des trockenen, natürlichen Sandes. Mit Ausnahme der Kernsande sollte der Korndurchmesser 0,5 mm nicht übersteigen. Von 0,01 bis 0,5 mm bewegen sich daher die Durchmesser der meisten Sande und zwar derart, daß eine oder mehrere Größenklassen die Hauptmenge der Körner ausmachen. Diese Eigentümlichkeit führt zu einer Einteilung der Sande in grob-, mittel- und feinkörnige, je nachdem die Hauptmenge der Körner der Größe zufolge nach oben, der Mitte oder nach unten neigt.

Die Form der Körner ist in den meisten Fällen eine unregelmäßige, wie sich das ohne weiteres aus ihrer Herkunft ergibt; eine Ausnahme machen die aus Sandstein herrührenden Körner, die mitunter kugel- bis eiförmige Form aufweisen; diese Form der Körner entstand durch bewegtes Wasser infolge gegenseitiger Reibung. Solche

Körner gelangten alsdann zur Verfestigung durch ein Bindemittel, es entstand der Sandstein. Sein Zerfall änderte danach nicht mehr die äußere Form der Körner. Im allgemeinen beobachtet man diese regelmäßigen Formen an den gröberen Körnern.

Betrachtet man die Gesamtheit der Körner eines tonfreien Sandes, so ist selten eine vollkommen gleichartige Ausbildung der Kornform zu beobachten. Es sind, wie die Abb. 440—442 erkennen lassen, runde, eiförmige, vieleckige (polyëdrische), prismatische und zackig-splittrige Formen erkennbar, die in quantitativer Hinsicht außerordentlichem Wechsel unterworfen sind. Hinzu kommt noch die Oberflächenbeschaffenheit; diese zeigt ganz glatte, schrundige oder zerfurchte Oberflächen, mitunter mit Vertiefungen versehen. Alle diese Eigentümlichkeiten sind nicht ohne Einfluß auf das Verhalten des Sandes als Formstoff. Es leuchtet ohne weiteres ein, daß ein schrundiges Korn dem Tonhäutchen einen festeren Halt gewährt als ein rundes. — Außer dem Quarz als Kornbildner treten noch andere Mineralien und Gesteinstrümmer, namentlich in den diluvialen (eiszeitlichen) Sandablagerungen auf, so z. B. unverwitterter Granit und Feldspatkörner, Glimmerschuppen (Halle), Kalksplitter und geringe Anteile anderer Mineralien, wie Glaukonit (ein Alkali-Eisen-Tonerdesilikat von grüner Farbe) und konglomeratische Gebilde, meist aus Quarzkörnern durch Eisenoxydhydrat verkittet: sie sind als unerwünschte Begleiter des Formsandes zu betrachten. Die übrigen seltener auftretenden Körner anderer Mineralien und Gesteine sind bedeutungslos; sind sie in größerer Menge in einem Sande vorhanden, so handelt es sich nicht mehr um Formsand, höchstens um Kernsand, aus Bächen und Flüssen herrührend.

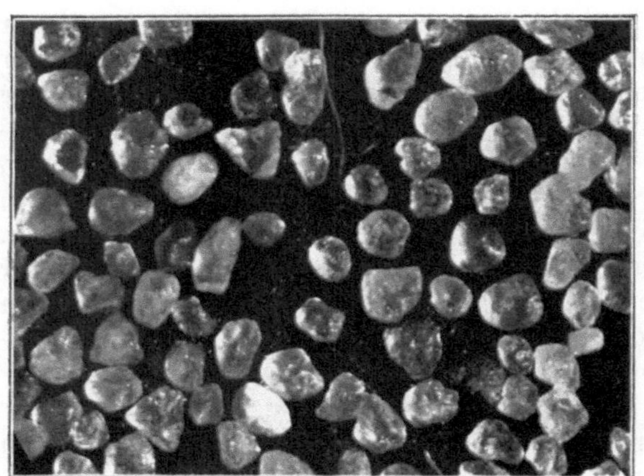
Abb. 440. Rund-eiförmige Sandkörner (Winnebays Co., Amerika).

Das Bindemittel, der Ton, ist seiner Natur nach schwerer zu erfassen. Wie die Untersuchung zahlreicher Sande gezeigt hat, kommt es nicht so sehr auf die absolute Höhe des Tongehaltes an, um eine hohe Bindefestigkeit zu erwarten, sondern auf seine kolligativen Eigenschaften, d. h. die Intensität, mit welcher der Ton unter dem Einfluß der Feuchtigkeit die Körner zusammenhält. Die Erforschung dieser chemisch-physikalischen Beziehungen ist leider noch in den Anfängen, so daß hierüber noch nichts Entscheidendes gesagt werden kann. Man nimmt gemeinhin an, daß die Tonsubstanz in gewissen Mengen in kolloidale, d. h. leimartige Form übergegangen ist und so den „Fettgehalt", wie der Praktiker sagt, bedingt.

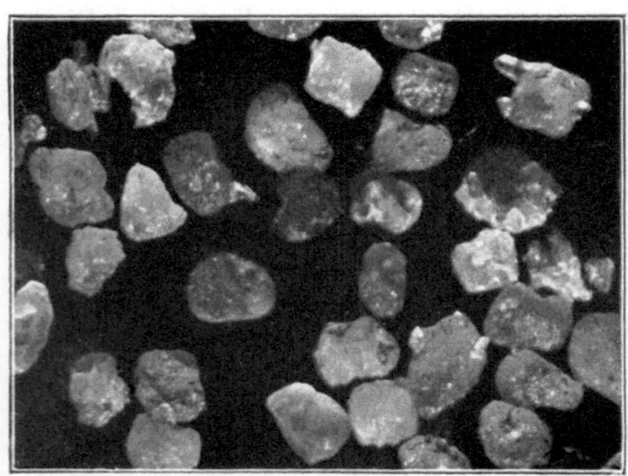
Abb. 441. Vieleckige Sandkörner (Miltenberg a. M.).

Eine Mengenbestimmung dieser für einen Formsand bedeutsamen Substanz ist mittels Farbadsorption versucht worden[1]), ein beweiskräftiger Erfolg kann diesem Verfahren bislang nicht zuerkannt werden, worauf späterhin noch einzugehen sein wird.

Nach Stremme[2]) ist „Ton ein auf sekundärer Lagerstätte befindliches kaolinisches Gestein". Unter „kaolinisiertem Gestein" versteht er das Erzeugnis der durch

[1]) Vgl. Bd. I, S. 593. [2]) Chem.-Zg. 1911. S. 529—531.

kohlensäurehaltiges Wasser zersetzten Gesteine; das Erzeugnis der gewöhnlichen atmosphärischen Verwitterung der Gesteine bezeichnet er dagegen als „Lehmboden"; technisch gesprochen ist Ton jedes tonerdehaltige Silikat, das durch Aufnahme einer bestimmten Wassermenge eine gewisse Bildsamkeit erlangt, die durch Brennen eine vollständige Einbuße erleidet. Der chemisch reine Ton ist Aluminiumsilikathydrat oder amorphe wasserhaltige kieselsaure Tonerde: $2\,SiO_2 \cdot Al_2O_3 \cdot 2\,H_2O$, das als Kaolinit in Kriställchen vorkommt. Im weiteren Sinne versteht man unter Ton ein Gemisch von obiger Substanz mit größeren oder geringeren Mengen von kieselsauren Erden (Kalk, Magnesia), Alkalien und Eisenverbindungen. Als solcher dient er den Quarzkörnern des Formsandes als Bindemittel und wird von mehr oder minderem Einfluß auf die Beständigkeit bei höheren Temperaturen sein (Feuerfestigkeit).

Die mit Wasser aufgeschwemmten Tonteilchen sind von sehr geringem Durchmesser; sie erscheinen unter dem Mikroskop als formlose rundliche Gebilde, in denen noch verbliebene Sandkörner selbst von kleinstem Korndurchmesser sich noch deutlich abheben. Je nach dem Tongehalt, den ein Formsand aufweist, umhüllt er in mehr oder weniger starkem Ausmaße die Sandkörner, die sich bei höherem Tongehalt zusammenballen. Reicht der Ton, wie das bei mageren Sanden der Fall ist, nicht zur Umhüllung aus, so bleibt ein Teil der Kornoberfläche tonfrei. Als wichtigste Funktion des Tones ist die Bindefestigkeit im Formsand zu betrachten. Sie wird nach einem bestimmten Wasserzusatz durch Aufsaugen desselben hervorgerufen, was ein Quellen des Tones zur Folge hat; auf diese Weise bildet sich der plastische Zustand — „Bildsamkeit" — des Formsandes heraus.

Abb. 442. Prismatisch-zackige Sandkörner (Bottrop i. Westf.)

Mitunter kommt es innerhalb von Formsandablagerungen zu Anhäufungen des Tones in Form von Knauern, das sind mehr oder weniger rundliche Gebilde, die sich im grubenfeuchten Zustande zwischen den Fingern platt drücken lassen; der Bottroper Sand zeigt diese Eigentümlichkeit in charakteristischer Weise. Es ist Aufgabe der Aufbereitung, die Knauern in trockenem Zustande zu zerdrücken, um eine Verteilung dieser Tonanhäufungen herbeizuführen, die anderenfalls Störungen verursachen können.

Ist demnach der Formsand in den Strukturelementen: Korn und Bindemittel grundlegend charakterisiert, so wird es sich nunmehr darum handeln, aus den mannigfaltigen Zusammensetzungsverhältnissen beider die hervortretendsten Eigenschaften eines Formsandes, die Binde- oder Standfestigkeit und die Gasdurchlässigkeit herzuleiten.

Unter Bindefestigkeit ist der Widerstand zu verstehen, den ein befeuchteter Sand dem Zerdrücken, Ziehen, Abscheren und Abbrechen entgegensetzt, d. h. er „steht" mehr oder weniger. Es ist daher wohl zu merken, daß die Binde- und Standfestigkeit Begriffe sind, die sich aus der Feststellung der genannten mechanischen Beanspruchungen durch unmittelbaren Versuch herleiten lassen. Das Versuchsergebnis ist daher als Resultante der Wirkungsweise der Strukturmerkmale eines Formsandes aufzufassen. Bei der außerordentlichen Empfindlichkeit im Wesen eines Formsandes muß gemäß diesen Feststellungen die Forderung der Einheitlichkeit bei der Vornahme der Versuche, d. h. Anfertigung des Versuchsprobekörpers erhoben werden. Das gleiche gilt für die Feststellung der Gasdurchlässigkeit, worunter das mehr oder minder rasche Hindurchgehen der beim Gießvorgang auftretenden Gase und der zu verdrängenden Luft verstanden wird. Es ist daher unerläßlich, daß beide Feststellungen an ein und demselben Probekörper vorgenommen werden. Die zur Befeuchtung erforderliche Wassermenge ist von ausschlaggebender Bedeutung für die Ermittlung der günstigsten Werte von Bindefestigkeit und Gasdurchlässigkeit eines Formsandes.

Der Feuchtigkeitsgehalt eines Sandes muß „formgerecht" sein. Da dieser vom Verfasser erstmalig geprägte Ausdruck [1]) vielfach mißverstanden worden ist, möge er etwas näher erörtert werden. Wird ein trockener Formsand nach erfolgter Zerdrückung zusammengeballter Teile abgesiebt und alsdann vorsichtig mit Wasser angefeuchtet, so nimmt der Ton des Sandes dieses Wasser mit großer Begierde auf, d. h. es wird vom Ton absorbiert, der Ton quillt auf, der Sand wird bildsam (plastisch), formbar. Es muß allerdings eine gewisse Zeit verstreichen, damit der Sand „durchziehen" kann, worunter die vollständige Durchfeuchtung, d. h. die gleichmäßige Verteilung des Wassers in der gesamten Sandmenge zu verstehen ist. Nun besitzt ein jeder Sand die Eigentümlichkeit, eine ganz bestimmte Wassermenge aufzunehmen, ohne naß zu sein, d. h. der Sand darf beim Drücken in der Hand an derselben nicht haften bleiben. Alle Stufen der allmählich gesteigerten Befeuchtung werden sich so verhalten, bis mit einem Male der Sand mehr oder weniger an der Hand haftet; er ist dann übernäßt und zum Formen unbrauchbar. Verfolgt man die ansteigenden Befeuchtungsgrade eines Formsandes auf dem Versuchswege, indem man nacheinander seine Gasdurchlässigkeits- und Bindefestigkeitswerte feststellt, so wird man wahrnehmen, daß sich die verschiedenartigsten Werte ergeben, die im Wesen des Sandes ihre Begründung finden; die Höchstwerte liegen durchaus nicht immer im Bereich der „formgerechten" Verfassung eines Sandes (vgl. Zahlentafel 98, S. 529).

Die Gasdurchlässigkeit verhält sich im allgemeinen in ihren Werten gegenüber den Festigkeitswerten entgegengesetzt. Demnach fällt der Nutzungswert eines Formsandes mit dem Höchstwert an Bindefestigkeit im formgerechten Zustande zusammen und gibt damit zu erkennen, wieviel z. B. an Frischsand zur Aufbesserung von bereits gebrauchtem Sand gespart werden kann, um die untere Grenze der für das Einformen erforderlichen Standfestigkeit zu gewährleisten, ein Umstand, der für die Formerei von außerordentlicher Bedeutung ist.

Da bislang eine regelmäßige Untersuchung des Formsandes zumeist nicht vorgenommen wurde, ist man nur auf empirische Maßnahmen angewiesen, die bei Änderungen in der Beschaffenheit der angelieferten Sande häufig versagen.

Ist die Gebrauchsfähigkeit bzw. der Nutzwert von der Zusammensetzung eines Sandes sowie von der Art seiner Verwendung durchaus abhängig, so wird sich als notwendig erweisen, die Auswahl eines Sandes nach seiner Zusammensetzung zu treffen, die nur auf Grund einer vorangehenden Untersuchung zu erfolgen hat. So ist es ohne weiteres einleuchtend, daß man die Standfestigkeit eines bereits gebrauchten Sandes nur aufbessern kann, wenn man ihm einen Frischsand mit höherer Standfestigkeit einverleibt und dessen Menge so bemißt, daß die gewünschte Festigkeit auch erzielt wird. Oft wird jedoch ein Neusand von unzureichender Bindefestigkeit hierfür verwendet, ohne indes den gewünschten Erfolg zu erzielen.

Die Gasdurchlässigkeit ist in gleicher Weise bedeutsam; sie ist in ihrem Ausmaß von der Textur eines Sandes durchaus abhängig. Die Textur eines Sandes oder Sandgemisches ergibt sich aus dem Zusammenhang der Strukturelemente Korn und Ton als Bindemittel. Das Korn in seinen Formen und Größenanteilen in Verbindung mit den es umhüllenden Tonteilchen stellt im formgerechten Zustande ein Gebilde dar, das den Gasen den Durchgang mehr oder weniger erschwert, wobei noch der Grad der Verdichtung von Hand oder Formmaschinen hinzutritt. Die Bestimmung der Gasdurchlässigkeit in einem Probekörper wird daher so auszuführen sein, daß letzterer den Bedingungen der Formherstellung durchaus entspricht. Die Gasdurchlässigkeit muß in ihrem Ausmaß so beschaffen sein, daß sie den beim Einguß des flüssigen Eisens in die Form auftretenden Gasen und Dämpfen freien Abzug gewährt, was namentlich bei Naßgußformen erforderlich ist, während dies bei Trockengußformen infolge der Schrumpfung des Bindetons weniger Schwierigkeiten bereitet. Wie später gezeigt wird, ist die Gasdurchlässigkeit durch mancherlei Umstände beeinflußt, daher dieser wichtigen Eigenschaft besondere Aufmerksamkeit zuzuwenden ist.

[1]) Gieß. 1928. S. 942.

Eine Eigenschaft, die häufig von einem Formsand gefordert wird, ist die Feuerfestigkeit oder besser Feuerbeständigkeit.

Die bislang zur Prüfung auf Feuerbeständigkeit benutzten Segerkegel[1]), die gleichzeitig mit der Sandprobe in einen Widerstandsheizofen einzusetzen sind, werden auf gemeinsamer Unterlage so weit erhitzt, bis die Sandprobe zu erweichen beginnt, was an der Formveränderung zu beobachten ist; dementsprechend muß einer von den drei miteingesetzten Segerkegeln dieselbe Erscheinung zeigen. Erweicht die Sandprobe eher als der niedrigste Segerkegel, so muß der Versuch mit einer niedrigeren Segerkegelserie wiederholt werden, bis sich vergleichbare Schmelzerscheinungen zeigen. Bisher wurden bei guten Formsanden Segerkegelnummern von 28—32 und mehr angegeben, entsprechend den Temperaturen von 1630° bis mehr als 1710°. Das sind Beanspruchungen, die praktisch bei Grauguß nicht in Frage kommen. Segerkegel 17 mit 1480° Erweichungstemperatur würde daher für einen angepriesenen Formsand als unannehmbar erachtet werden, obwohl eine derartige Temperatur im Graugießereibetriebe kaum auftritt. Bei der Einwirkung des Eisens im hocherhitzten Zustande auf die Formoberfläche zeigt sich in den meisten Fällen, daß eine Schicht der Sandform zusammengefrittet oder an das Gußstück angebrannt ist. Da sich durch die in der Form enthaltene Luft bereits eine Oxydhaut auf dem Eisen gebildet hat, wird infolgedessen eine Verschlackung eintreten, die die Ursache des Anbrennens bildet. Gegen diese rein chemische Einwirkung gibt es kein Mittel, auch wenn ein anerkannt gutes Modellsandgemisch vorliegt; etwas anderes ist es jedoch, wenn bereits stark eisenschüssige Formsande Verwendung finden, die schon bei niedrigen Temperaturen zur Verschlackung unter Bildung von Eisensilikaten neigen. Die Prüfung auf Feuerbeständigkeit wird diesen Umständen mehr Rechnung zu tragen haben, wofür ein möglichst einfaches Verfahren anzuwenden ist.

Da ein eigentliches Schmelzen des Formsandes für sich genommen im Gießereibetriebe kaum aufzutreten pflegt, wird es vielmehr darauf ankommen, zu ermitteln, wie sich ein Sand beim allmählichen Erhitzen bis auf 1250° verhält[2]).

Für diesen Zweck sind die bekannten Heraeus-Mars-Röhrenöfen mit Platinfolie als Heizkörper, verbunden mit einem Le-Chatelier-Pyrometer und Zeigergalvanometer[3]) gut verwendbar; sie lassen Temperaturen bis etwa 1350° C erreichen, was für die meisten Fälle durchaus genügen dürfte, zumal die Feststellung einer geringen Feuerbeständigkeit weit unter dieser Temperatur zu liegen pflegt[4]).

Die oben angedeutete Prüfung durch Vergleich mit Segerkegeln ergibt, abgesehen von der ziemlich teuren Apparatur, verbunden mit erheblichem Stromverbrauch, nur die ungefähre Temperatur, bei der die Erweichung einer Sandprobe erfolgt, läßt jedoch keineswegs die allmählich eintretenden Veränderungen an der Probe erkennen, die sich in ganz verschiedener Weise äußern.

Da der oben erwähnte Ofen durch Einschalten von Widerständen zeitweise auf gleichbleibender Temperatur gehalten werden kann, lassen sich an der Versuchsprobe eingetretene Veränderungen gut beobachten, wenn man sie nach dem Erkalten unter dem Mikroskop betrachtet. Man beobachtet dabei folgende Veränderungen: Konglomeratbildung, hervorgerufen durch Sinterung in mehr oder minder starkem Maße, oberflächliche Verglasung der Sandkörner, Verschlackung unter Dunkelfärbung bei eisenhaltigen Sanden in verschieden hohem Grade bis zum vollständigen Fluß. Bei je höheren Temperaturen nun alle diese Erscheinungen erst auftreten, um so belangloser sind sie. Die Erfahrung, daß manche Formsande verhältnismäßig rasch erschöpft sind und daher entweder abgesetzt oder durch angemessene Mengen Frischsand aufgebessert werden müssen, wird in gewissem Maße auf mangelhafte Feuerbeständigkeit zurückzuführen sein. Auch liegt es im Interesse, gleichzeitig zu erfahren, inwieweit die Gasdurchlässigkeit in der Zone des Modellsandes einer Gußform beeinflußt wird.

Der Aschegehalt im zugesetzten Steinkohlenstaub wird bei ungünstiger Zusammensetzung in gleicher Weise zur Minderung der Feuerbeständigkeit beitragen.

---

[1]) Vgl. Bd. I, S. 555. [2]) Nach Gieß. 1930. S. 876/878.
[3]) Lieferer W. C. Heraeus G. m. b. H. in Hanau. [4]) Näheres s. Bd. I, S. 544ff.

Die Prüfung gestaltet sich verhältnismäßig einfach. Man formt in einem Glas- oder Metallrohr von 7—8 mm Durchmesser die mit wenig Wasser angemachte Sandprobe durch Drücken mit einem passenden Rundholzstab zu Zylindern von 20—30 mm Länge, stößt sie aus, und läßt sie einige Zeit an der Luft liegen oder trocknet sie bei mäßiger Wärme. Alsdann legt man zweckmäßig mehrere Proben verschiedener Sande hintereinander in ein Porzellan- oder Platinschiffchen und führt es in den Ofen. Nach Einschaltung des Stromes verfolgt man die eintretende Temperatursteigerung bis etwa 800°, zieht das Schiffchen heraus und stellt bereits eingetretene Veränderungen fest; alsdann setzt man die Erhitzung um weitere 100° fort usw., bis die Höchsttemperatur erreicht ist, die der Ofen zuläßt.

Die Prüfung der Proben erfolgt unter dem Mikroskop bei sechzigfacher Vergrößerung, sowohl auf der Oberfläche als auch auf der Bruchfläche, zwecks Beurteilung der Tiefenwirkung der Temperatureinwirkung.

An einem Beispiel sei gezeigt, wie diese Prüfung über den Gebrauchswert eines Sandes endgültig entscheidet. Zwei äußerlich sehr ähnliche grobkörnige, tonarme Sande zeigten bei der üblichen vollständigen Untersuchung fast übereinstimmende gute Gebrauchswerte; der eine hat sich als Stahl-Naßguß-Formsand bestens bewährt, der andere keineswegs; er brannte unter Verglasung der Gußoberfläche so stark an, daß von einer weiteren Verwendung abgesehen werden mußte, war also durchaus ungeeignet zu Formzwecken. Während der gut geeignete, auf 1230° erhitzte Sand beim leisesten Druck zerfiel und nur Spuren von oberflächlicher Verglasung der eisenhaltigen Tonsubstanz zeigte, war der ungeeignete einer ausgesprochenen Verschlackung anheimgefallen. Es ist naheliegend, dieses Verhalten auf die chemische bzw. mineralogisch-petrographische Zusammensetzung zurückzuführen; gemeint sind vor allem die alkalihaltigen Mineralien wie Feldspäte, Glimmer, Glaukonit, Kalkstein und Eisenverbindungen. Zuweilen finden sich auch noch Gesteinsreste von Granit, Gneis oder Mergel im Formsand. Beim Erhitzen gehen diese Gemengteile, namentlich mit den feinkörnigen Quarzanteilen, leichtschmelzende Verbindungen ein, die das Sintern, Anbrennen und Verschlacken verursachen.

In letzter Zeit brachte die Firma Heraeus einen Röhrenofen mit Molybdän-Heizwiderstand heraus, der ursprünglich zur Bestimmung der Schmelztemperatur von Kohlenasche dienen sollte, der aber für den vorliegenden Zweck besonders geeignet ist, da er Temperaturen bis 1500° erreichen läßt. Damit die Molybdänwicklung nicht durch Oxydation zerstört wird, muß sie in einer Atmosphäre von Methylalkoholdampf oder Wasserstoff gehalten werden, was mittels einer sinnreichen Vorrichtung erreicht wird. Mit diesem Ofen wurden Versuche derart angestellt, daß von vier Formsanden Probezylinder in der oben bezeichneten Weise hergestellt und gleichzeitig 30 Minuten auf 800° erhitzt wurden. Der Ofen erreichte bereits in etwa 4 Minuten eine Temperatur von 700° bei einer Stromaufnahme von 12 Amp.

Weitere Serien der vier Sande wurden in gleicher Weise auf 1000°, 1200° und 1400° mit nachfolgenden Befunden der Proben erhitzt.

Versuchsergebnisse:

Sand von:			
Sand von:	1. Ellrich bei	800°:	matte Oberfläche, beginnende Sinterung;
		1000°:	stärkere Sinterung;
		1200°:	beginnende Verschlackung der Oberfläche;
		1400°:	glänzende Oberfläche, tiefgreifende Verschlackung.
„ „	2. Halle bei	800°:	leichtes Zusammenhaften der Körner, matte Oberfläche;
	(rotmittelfett)	1000°:	beginnende Sinterung;
		1200°:	beginnender Fluß;
		1400°:	gänzlich geschmolzen.
„ „	3. Sollern bei	800°:	ziemlich starke Sinterung;
		1000°:	beginnender Fluß;
		1200°:	geschmolzen, glänzende Oberfläche;
		1400°:	Schlackenfluß.
„ „	4. Bottrop bei	800°:	schwache Sinterung am Rande;
	(mittelfett, grau)	1000°:	Sinterung verstärkt, innen schwach;
		1200°:	beginnender Fluß bis zur Mitte;
		1400°:	gänzliche Verschlackung.

Da eine Erhitzung der Sandproben auf 1250° C in den meisten Fällen ausreichend sein dürfte, lassen sich die Heraeus-Mars-Röhrenöfen Type P.A. 2. mit Platinfolie als Heizkörper, verbunden mit einem Thermoelement und Zeigergalvanometer gut verwenden.

In einigen Veröffentlichungen ist die Rede von Porosität, spezifischem Gewicht, Wasserhaltungsvermögen u. a. m. Ein Anlaß, diese Eigenschaften mit in den Untersuchungsbereich der Formsande einzubeziehen, liegt nicht vor; es genügt, die nachfolgenden Untersuchungen vorzunehmen, um ein für alle Fälle brauchbares Urteil über einen Formsand zu gewinnen.

Die Prüfverfahren.

Die Untersuchung eines Formsandes erstreckt sich auf die folgenden charakteristischen Eigenschaften, durch die ein Formsand einwandfrei gekennzeichnet wird:

1. Sand- und Tongehalt.
2. Korngrößenzusammensetzung (Korngrößenstufung).
3. Kornform und Kornoberflächenbeschaffenheit.
4. Chemische Prüfung, soweit sie erforderlich ist.
5. Gasdurchlässigkeit.
6. Bindefestigkeit (Scher- und Druckfestigkeit, Treibpunkt).
7. Feuerbeständigkeit.

Herstellung der Durchschnittsprobe von Formsand und Bestimmung der Feuchtigkeit.

Ehe an die eigentlichen Bestimmungen herangetreten werden kann, muß eine einwandfreie Sandprobe vorliegen. Diese kann nur durch Verkleinern einer größeren Durchschnittsprobe gewonnen werden. Liegt ein beladener Eisenbahnwagen vor, so ist die Probenahme verhältnismäßig einfach. Beim Öffnen der seitlichen Tür zeigt sich ein Querschnitt der in den Wagen gekippten Förderwageninhalte, oder, wenn die Wagen unmittelbar in der Grube beladen werden, der aufeinandergeschütteten Schaufelinhalte. Es genügt alsdann, einen Einschnitt mit dem Spaten von oben nach unten bis etwa in die Mitte des Wageninhaltes zu machen und die gewonnene Sandmenge auf einer sauber gefegten Bodenunterlage durch mehrfaches Umschaufeln zu mischen. Zwei Arbeiter, die sich gegenüber stehen, nehmen nun abwechselnd einen gefüllten Spaten und werfen den Sand gleichmäßig zu einem Kegel auf, so daß eine durchaus gleichmäßige Verteilung der gesamten Sandprobe erfolgt. Der Kegel wird nun mit dem Spaten etwas plattgedrückt und in vier Quadranten geteilt. Je zwei gegenüberliegende Quadrante werden ausgeschieden, der Rest wird aufs neue zum Kegel geformt, eingedrückt, aufs neue geteilt usf., bis eine Menge von 2—3 kg zurückbleibt, die als Durchschnittsprobe zu gelten hat. Wer sich von der Brauchbarkeit dieser Probenahme überzeugen will, hat nur nötig, die ausgeschiedenen Hälften in gleicher Weise zu behandeln, um die Prüfung an beiden Proben vorzunehmen. Wurde die Anfertigung der Proben einwandfrei vorgenommen, so werden auch die Ergebnisse Übereinstimmung zeigen.

Hierbei ist noch zu bemerken, daß vom Regen durchnäßte Sande oder solche von sehr erheblicher Grubenfeuchtigkeit, namentlich fette, so stark sich zusammenballen, daß eine Probeanfertigung in der oben geschilderten Weise unmöglich wird. Derartige Proben breitet man zuvor auf einer geschützten Bodenfläche zum Trocknen aus, bis sich die Ballen mit dem Spaten leicht zerdrücken lassen. Sollte dies nicht leicht durchführbar sein, so muß das Ganze durch ein Sieb von 2—4 mm Maschenweite hindurchgetrieben werden; der verbleibende Rest wird darauf für sich zerdrückt und gesiebt, wonach eine gründliche Durchmischung der Gesamtprobe vorgenommen werden muß. Bei dieser Gelegenheit möge noch darauf hingewiesen werden, daß gröbere Kiesanteile, Felsbrocken u. dgl. in sonst gleichmäßig zusammengesetzten Sanden Anlaß bieten, die Sandlieferung zu beanstanden, was am geeignetsten durch einen Besuch der sandliefernden Grube erledigt wird. Es gibt keinen eigentlichen Formsand mit Kiesanteilen; meist ist der Grund die mangelhafte und unvollständige Beseitigung des über dem Formsand lagernden Abraums, der durch Abrutschen in denselben gelangt.

Bei Gelegenheit der Probenahme wird zweckmäßig der Feuchtigkeitsgehalt der Formsande von Zeit zu Zeit zu bestimmen sein, ein Umstand, der von wirtschaftlicher Bedeutung ist, da Wasser kein Sand ist und noch überdies Frachtkosten verursacht. Hierfür entnimmt man der Durchschnittsprobe, oder, wenn deren Trocknung erforderlich ist, unmittelbar der Waggonladung aus dem Einschnitt einige Kilogramm, ballt sie zu einem Würfel und schneidet durch die Mitte zwei Scheiben senkrecht zueinander, so daß 500 g entfallen, breitet die Probe auf einem Blech aus und trocknet bei 100° C in einem Trockenschrank oder in Ermanglung eines solchen auf einem Kerntrockenofen bis zur Gewichtsbeständigkeit.

Beispiel:	Feuchter Sand	500 g	
	Nach dem Trocknen	390 g	$\frac{110}{5} = 22\%$ Wasser.
		110 g Wasser	

Bestimmung des Sand- und Tongehaltes.

Die Trennung von Sand und Ton erfolgt durch Schlämmung. Unter Schlämmung versteht man die Fortführung des Tongehaltes durch Wasser, indem der Ton eine Trübe hervorbringt, die den Ton nur nach längerem Stehen wieder zum Absatz gelangen läßt.

Man hat eine große Zahl von Geräten für Zwecke der Schlämmung vorgeschlagen, von denen hier nur an den Schöneschen Schlämmtrichter [1]) erinnert wird, wie er für die Untersuchung der Tone in Gebrauch ist; bei diesen handelt es sich darum, durch einen schwachen Strom bewegten Wassers die Tonteile mitzuführen und die meist geringen Gehalte an Feinsand zurückzulassen. Eine Anwendung des Verfahrens für Formsande kommt nicht in Frage, da in diesen der Sand den Hauptanteil ausmacht und der Ton in den meisten Fällen fest am Korn haftet, so daß eine vollständige Trennung von Sand und Ton unmöglich ist; zudem würde das Verfahren zuviel Zeit erfordern. Eine Abänderung erfuhr das Verfahren durch L. Treuheit [2]). In einem Apparat aus vier allmählich größer werdenden Scheidetrichtern, die übereinandergesteckt von unten her mit Wasser von konstantem Druck gespeist werden, soll die Sandprobe durch Auftrieb in vier Korngrößenklassen zerlegt werden, die in den Trichterböden sich ansammeln, während der Ton aus dem oberen Trichter abgeführt wird. Eine scharfe Trennung der Korngrößen und vor allem eine vollständige Trennung von Sand und Ton ist auch hierbei nicht zu erreichen gewesen.

Das Merkmal eines tonfreien Sandes ist eine vollkommen saubere Oberfläche, die sich unter dem Mikroskop deutlich erkennen läßt; die geringsten Spuren Ton machen sich durch Mißfarbe erkennbar, wie das namentlich bei den schrundigen Körnern des Bottroper Sandes deutlich zu beobachten ist, wenn dieser unvollkommen geschlämmt wurde.

Verfasser machte als erster darauf aufmerksam, daß die vollständige Trennung von Sand und Ton nur durch vorangehendes Kochen der Sandprobe mit Wasser ermöglicht werden kann [3]) (Zahlentafel 91). Dabei erfolgt durch das rasche Quellen des Tones eine ebensolche Ablösung vom Sandkorn, der Ton wird zur Trübe, die eine mehr oder minder lange Zeit zum Absatz erfordert. Es wird sich also darum handeln, den Ton vor seinem Absatz abzufangen, was um so leichter ist, je weniger davon vorhanden ist und je mehr er sich in fein verteilte Form bringen läßt, also Trübe bildet. Daher verhalten sich die Formsande bei dieser Schlämmarbeit sehr verschieden. Es muß indessen strengstens die Forderung erhoben werden, daß nicht eher mit Kochen und Dekantieren, d. h. Abgießen der Trübe aufgehört wird, als bis die mit dem Sand aufgewirbelte Wassersäule nach einigem Stehen wasserhell durchsichtig erscheint und eine Probe des Sandes auf einem Deckglas unter dem Mikroskop vollkommen saubere Sandkörner zeigt. Die Zuverlässigkeit des Verfahrens zeigt sich bei der sorgfältig durchgeführten Schlämmung

---

[1]) Vgl. Bd. 1, S. 590. [2]) Stahleisen 1923, S. 1364. [3]) Gieß. 1925. S. 313–316.

zweier Proben ein und desselben Sandes; kleine Abweichungen können dadurch bedingt sein, daß beim Einwiegen der Versuchsprobe Fehler gemacht werden, z. B. wenn der Sand in ein Uhrglas geschüttet und die einzuwiegende Sandmenge vom Rand entnommen wird; diese etwas gröberen Anteile sind stets anders zusammengesetzt als der feinere, in der Mitte liegende Teil. Durch mehrfaches Umschaufeln des Probegutes auf dem Uhrglas läßt sich diese Fehlerquelle vermeiden. Während der Sandgehalt nach dem Schlämmen und Trocknen durch unmittelbares Wägen festgestellt wird, erfolgt die Ermittlung des Tongehaltes durch den Gewichtsunterschied der eingewogenen Sandprobe und der tonfreien Sandmenge, also mittelbar. Es ist durch mehrfache Versuche festgestellt worden, daß ein wesentlicher Unterschied zwischen der unmittelbar durch Absetzenlassen und Abfiltrieren des abgeschlämmten Tones durch Wägung und der geschilderten indirekten Ermittlung nicht wahrzunehmen war, was eine erhebliche Zeitersparnis bedeutet.

Zahlentafel 91.

Vergleich der Schlämmergebnisse mit kaltem Wasser (A) und durch Kochen (B) eines grobkörnigen-mittelfetten Formsandes von Bottrop (unterstes Lager).

A.

32 mal mit kaltem Wasser aufgewirbelt bis zur Klarheit des darüber stehenden Wassers

	a)	b)
Sandgehalt =	93,0%	93,2%
Tongehalt =	7,0%	6,8%

Probe b, gesiebt, ergab folgende Korngrößenstufen:

1.	größer als 0,3 mm Durchm. . .	59,6%
2.	von 0,2 —0,3 „ „ . .	13,3 „
3.	von 0,09—0,2 „ „ . .	10,1 „
4.	von 0,05—0,09 „ „ . .	1,9 „
5.	kleiner als 0,05 „ „ . .	8,3 „

B.

4 mal gekocht bis zur Klarheit des darüber stehenden Wassers

	a)	b)
Sandgehalt =	84,7%	84,4%
Tongehalt =	15,3%	15,6%

Probe a, gesiebt, ergab folgende Korngrößenstufen:

1.	größer als 0,3 mm Durchm. . .	54,2%
2.	von 0,2 —0,3 „ „ . .	14,1 „
3.	von 0,09—0,2 „ „ . .	8,6 „
4.	von 0,05—0,09 „ „ . .	0,8 „
5.	kleiner als 0,05 „ „ . .	7,0 „

Die Korngrößen der kaltgeschlämmten Probe b ergaben nach zweimaligem Kochen einen Sandgehalt von 84,9% und einen Tongehalt von 15,1%.

Die Korngrößenstufen zeigten:

1. 53,9%, 2. 14,5%, 3. 8,8%, 4. 0,9%, 5. 6,8%.

Es geht hieraus deutlich hervor, daß die kaltgeschlämmte Sandprobe Körner ergibt, die vermöge der noch anhaftenden Tonhülle eine gröbere Körnung vortäuschen; die Nachbehandlung durch Kochen und Sieben dient als Beleg.

Die Ausführung der Schlämmung.

Die lufttrockne Durchschnittsprobe (30 g) wird auf einem Uhrglas eingewogen und im Trockenschrank bei 100° C bis zur Gewichtsbeständigkeit getrocknet; letztere ist erreicht, wenn zwei im Zeitabstand von etwa 20 Minuten erfolgte Wägungen das gleiche Ergebnis zeigen. Diese vollständige Trocknung ist unbedingt erforderlich, da von ihr die Genauigkeit der indirekt zu bestimmenden Tonmenge abhängig ist. Alsdann wägt man 10 g der erkalteten Probe ab und läßt sie, ohne zu stäuben, an der Wand eines Becherglases von 600 cm³ Inhalt (hohe Form) auf den Boden gleiten, versetzt mit ungefähr 250 cm³ Leitungswasser — destilliertes Wasser ist im allgemeinen nicht erforderlich — und erhitzt auf dem Drahtnetz mit dem Bunsenbrenner bis zum Sieden. Steht kein Heizgas zur Verfügung, so bedient man sich der bequemen elektrischen Heizplatten. Nach etwa 5 Minuten langem Kochen wirbelt man mit dem Wasserleitungsstrahl den Becherinhalt kräftig bis nahe zum Becherrande auf und läßt kurze Zeit absitzen. Sollte der Becherinhalt während des Erhitzens zum Stoßen neigen, so rührt man mit einem Glasstabe, der mit einer Gummikappe versehen ist, solange um, bis das Sieden beendet ist.

Das Schlämmschema (siehe Abb. 443) zeigt an, wie weiter zu verfahren ist. Ist der Sand zum Absatz gelangt, gießt man die überstehende trübe Flüssigkeit in Becher Nr. 2; den verbleibenden Sandinhalt wirbelt man aufs neue auf und gießt das überstehende trübe Wasser in Becher Nr. 3. Sollte sich nach weiterem Aufwirbeln noch eine nennenswerte Trübung in Becher Nr. 1 zeigen, gießt man die Flüssigkeit in das Glas 4. Der Inhalt des Bechers 1, der den gröberen Anteil des Sandes enthält, wird aufs neue gekocht und so oft aufgewirbelt, bis die überstehende Flüssigkeit völlig klar geworden ist. Die hierbei noch auftretenden Tontrüben können vorsichtig weggegossen werden; nur ist darauf zu achten, daß kein Feinsand dabei verloren geht; derselbe täuscht zuweilen Tonsubstanz vor; dies läßt sich scharf daran erkennen, daß nach kurzer Zeit der oberste Teil der Flüssigkeit wasserhell und klar erscheint, während die kleinsten Tonmengen sich durch äußerst schwache bleibende Trübung kenntlich machen. Um festzustellen, ob die langsam niedersinkenden kleinsten Anteile aus Sand bestehen, bedient man sich eines in eine Drahtschlinge eingehängten Objektträgers, der etwa bis zur Mitte des Becherinhaltes eintaucht. Auf dem Objektträger setzen sich die niedersinkenden Teilchen ab. Der Objektträger wird nun durch leichtes Neigen und Berühren mit dem Finger von dem auflagernden Wasser befreit und unter das Mikroskop gebracht; bei etwa 60facher Vergrößerung zeigen sich klare, scharf umrissene Körner meist splittriger Form, die auf Quarz deuten, während sehr kleine, krümelige, formlose, undurchsichtige Gebilde auf

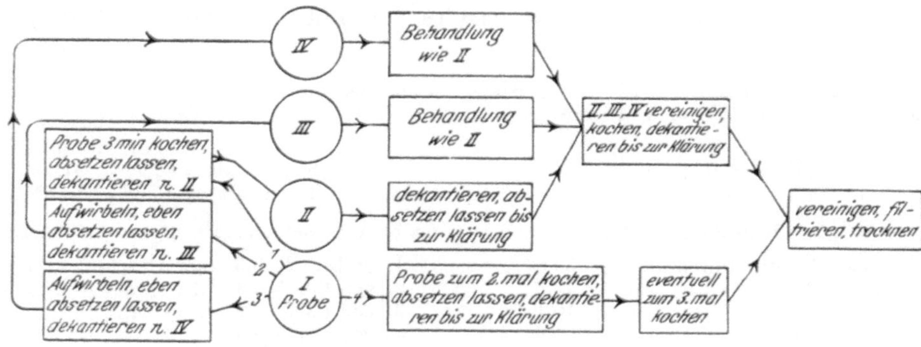

Abb. 443. Schlämmschema.

Tonsubstanz schließen lassen. Unvollständige Schlämmungen werden neben Quarzkörnern stets derartige Tongebilde aufweisen, wenn man diese Probe ausführt. Es ist unbedingt nötig, daß man beim Schlämmen auf diese Umstände achtgibt, wenn anders sich nicht Verluste an feinsten Körnern und dafür ein höherer Tongehalt im untersuchten Formsand ergeben soll. Daher muß auch solange aufs neue gekocht werden, bis aller Tongehalt entfernt ist, damit nicht das Gegenteil — zu hoher Sandgehalt — erzielt wird.

Die Becherinhalte Nr. 2—4 werden zunächst für sich mehrmals aufgewirbelt und bis zur vollständigen Klärung der überstehenden Flüssigkeit gebracht, sodann in einem Becher vereinigt, aufgekocht, um noch anhaftende Tonteilchen zur Ablösung zu bringen, und mit dem Hauptanteil Sand vereinigt.

Ist die mikroskopische Prüfung des Verlaufes der Schlämmung anfangs unerläßlich, so kann sie späterhin unterbleiben, da sich das Auge schnell an das unterschiedliche Verhalten von Sand und Ton beim Schlämmen gewöhnt hat.

Die Sandmengen werden nacheinander mittels Spritzflasche auf ein gewöhnliches Filter von 11 cm Durchmesser (Schleicher und Schüll Nr. 597) gespült, nach dem Ablauf des Spülwassers möglichst vollständig in den Grund des Filters gebracht und mit dem Trichter bei 100° C bis zur Gewichtsbeständigkeit getrocknet, was in längstens 1 Stunde erreicht ist. Nunmehr öffnet man das Filter auf schwarzer Glanzpapierunterlage und schüttet den Inhalt in ein geräumiges, tariertes Wiegeschiffchen aus Aluminium; den noch am Filter haftenden Sand fegt man mit einem steifhaarigen Pinsel (Dachshaar) ab, sammelt die auf dem Papier erkennbaren Sandspuren und wägt das Ganze, das auf 10 g Einwaage bezogen, den S a n d g e h a l t des Formsandes in %-Teilen zum Ausdruck bringt. Der T o n g e h a l t des Formsandes ergibt sich, wie bereits erwähnt, aus dem Gewichtsunterschied der eingewogenen Sandprobe und dem festgestellten Sandgehalt. Fehler können nur begangen werden, wenn man beim Schlämmen feinen Sand für Ton gehalten hat, ihn also verliert, oder die geschlämmte Sandprobe vor dem Auswiegen nicht bis zur Gewichtsbeständigkeit getrocknet hat.

Da die Zeit des Absetzenlassens der Sandkörner stets abzuwarten ist, lassen sich in fortdauernder Arbeitsfolge leicht 6 Sandproben in der oben beschriebenen Weise in $1-1^1/_2$ Stunden schlämmen. Es sei noch bemerkt, daß sich manche Sande recht schwierig schlämmen lassen; dann bleibt nichts weiter übrig, als Geduld zu üben und die mikroskopische Prüfung nicht zu unterlassen. In Zweifelsfällen führe man zweckmäßig die Schlämmung nochmals aus; nach einiger Übung wird sich stets ein zufriedenstellendes Ergebnis erzielen lassen.

Die Korngrößenbestimmung.

Die Korngrößenbestimmung wird stets im Anschluß an die Sandbestimmung ausgeführt, und zwar erfolgt sie durch Absieben der gewogenen Sandmenge mittels Seidengazesiebe (Abb. 444); diese durch Verknüpfung der Rohseidefäden in ihrem Maschendurchmesser unveränderlichen Gewebe zeigen den Vorteil, vermöge der glatten Oberflächenbeschaffenheit der Fäden dem Sandkorn ein reibungsloses Hindurchgleiten durch die Maschen zu gestatten. Keilförmige oder zackige Körner, die zuweilen haften bleiben, lassen sich durch Abstreifen zwischen zwei Fingern leicht entfernen und den auf dem Sieb verbliebenen Sandkörnern beifügen, zu deren Korngrößenstufe sie ja folgerichtig gehören. Die gewöhnlich benutzten Metalldrahtsiebe nach den DIN-Normen-Maschenweiten aus Kupfer- oder Messingdraht hergestellt, erfüllen die Bedingung des leichten Durchganges der Sandkörner keineswegs. Die rauhe Oberfläche der Drähte, die durch Ziehen hergestellt sind und infolgedessen mit mikroskopisch kleinen Riefen und Gräten versehen sind, bewirken das Hängenbleiben der Sandkörner, die in kurzer Zeit die Mehrzahl der Maschen verstopfen, wodurch der Siebvorgang erheblich verzögert wird.

Abb. 444. Seidengazesieb.

Die Anzahl der Korngrößenklassen, in die ein Formsand zweckmäßig zerlegt wird, ist zur Zeit noch nicht einheitlich festgelegt. Die amerikanischen Forscher unterscheiden 10 Korngrößenklassen; betrachtet man den Schaulinienverlauf einer soweit gehenden Unterteilung der Korngrößen eines Formsandes, so fällt es auf, daß eine Anzahl Klassen mit nur ganz geringen Beträgen auftreten, die bequem zusammengefaßt werden könnten.

Bei einem erstmaligen Versuch des Verfassers wurden die Körner in 9 Größenklassen unterteilt, woraus jedoch eine charakteristische Kornstufung nicht erkennbar war. Erst die Herabsetzung auf 5 Stufen ermöglichte eine solche, um die praktische Kennzeichnung eines Sandes als grob-, mittel- oder feinkörnig herzuleiten.

Im allgemeinen gehören die Formsande zu den feinkörnigen Sandarten, da allzu grobkörnige dem Gußstück eine zu rauhe Oberfläche verleihen. Die Körnergrößen der Formsande bewegen sich daher in den Grenzen von nicht über 0,5 mm Korndurchmesser, abgesehen von den Kernsanden, die hier zunächst außer Betracht gelassen sind. In der Praxis werden ganz allgemein mittelkörnige Formsande bevorzugt, d. h. solche mit einem Korndurchmesser des Hauptanteils (mehr als $45^0/_0$) von 0,09—0,2 mm.

Um also eine schärfere Charakteristik der Sandgrößen eines Formsandes herbeizuführen, empfiehlt es sich, die Anzahl der Korngrößenstufen auf 5 zu verringern, wofür nur 4 Seidensiebe erforderlich sind. Die Auswahl der letzteren richtet sich nach den vorhandenen handelsüblichen Maschenweiten, wie solche für Mahlwerke aller Art in Gebrauch sind.

Sieb Nr. 1 läßt Körner durch bis zu 0,3 mm, alle darauf verbleibenden sind größer als 0,3 mm,
„ „ 2 hält die Körnergrößen von 0,2 —0,3 mm zurück
„ „ 3 „ „ „ „ 0,09—0,2 „ „
„ „ 4 „ „ „ „ 0,05—0,09 „ „ und läßt die feinsten Anteile unter 0,05 mm hindurchgehen.

Die Zahl 0,09 mm, die doch nur um $^1/_{100}$ mm der Zahl 0,1 mm nahekommt, ließ sich aus dem oben angeführten Grunde nicht vermeiden, kann jedoch an der Feststellung einer charakteristischen Korngrößenstufung nichts wesentliches ändern.

Die Siebung wird folgendermaßen ausgeführt: Nachdem das Seidensieb (15 × 15 cm) auf den größeren Siebring gelegt ist, drückt man den kleineren Siebring auf das Seidensieb und zwängt es so zwischen die Ringe, daß es straff gespannt ist. Damit keine Verziehung der Siebringe eintreten kann, sind diese aus je acht Ringteilen versetzt geleimt.

Abb. 445. Körner größer als 0,3 mm Durchmesser.

Abb. 446. Körner von 0,2—0,3 mm Durchmesser.

Man schüttet nun den abgewogenen tonfreien Sand auf das Sieb, nachdem man einen glatten, steifen Karton zur Aufnahme des Siebdurchfalls aufgelegt hat, der auf einem größeren schwarzen Glanzpapierbogen ruht. Nun klopft man mit dem Siebrahmen leicht gegen einen mit Gummistopfen versehenen Glasstab, bis nichts mehr durch das Sieb hindurchgeht. Hierbei ist zu beachten, daß dieses Sieben etwas mehr Zeit beansprucht, als man anfangs meint. Besonders die länglichen, prismatischen und zackigen Sandkörner gehen erst zuletzt durch das Sieb, wovon man sich leicht dadurch überzeugen kann, daß man auf einer zweiten Glanzpapierunterlage fortfährt zu sieben und die durchgegangenen Körner unter dem Mikroskop betrachtet; es zeigen sich anders geformte Körner als die zuerst durchgegangenen. Der auf dem Sieb verbliebene Anteil wird vorsichtig auf einen glatten Karton geschüttet, die etwa am Sieb haftenden Körner werden durch Abstreifen entfernt; hierauf bringt man das Ganze zwecks Wägung in das Aluminiumwiegeschiffchen; es genügt, die Auswägung auf $^1/_{100}$ g zu beschränken, wodurch also nur $^1/_{10}$% des Kornanteils zur Aufzeichnung gelangt, und erhält so die Korngröße 1.

Das durch Sieb 1 Hindurchgegangene gelangt in gleicher Weise auf Sieb 2 nach sorgfältigem Abpinseln der Unterlagen, wobei die Korngröße 2 festgestellt wird, und so fort bis zum letzten, feinsten Anteil, kleiner als 0,05 mm Durchmesser.

Kleinere Siebverluste sind besonders bei feinkörnigen Sanden unvermeidlich, falls die Zusammenpinselung des auf dem Glanzpapier verstreuten Staubes nicht ganz vollständig erfolgte; man begeht keinen Fehler, wenn man die an der Gesamtsumme des zuvor ermittelten Sandgehaltes fehlenden Anteile der letzten Größenstufe hinzufügt. Auch sei wiederum vermerkt, daß unvollständig getrocknete Sandproben während des Siebens die Feuchtigkeit verlieren und Sandverluste vortäuschen können, abgesehen von der damit zusammenhängenden unrichtigen Tongehaltsermittlung. In den

Abb. 445—449 sind die fünf Korngrößen zur Anschauung gebracht (Vergrößerung 15 mal).

Die Bestimmung des Sand- und Tongehaltes und der Korngrößen in der geschilderten Form bezieht sich auf Frischsand (Neusand). Bei Gebrauchsandgemischen und Altsand muß das Verfahren wegen Anwesenheit von Kohle, Koksrückständen und gebranntem Ton (Schamotte) abgeändert werden. Die zu untersuchende Probe wird zunächst getrocknet und mittels eines starken Hufeisenmagneten von Glühspan und Eisenteilen befreit. Es gelangen wiederum 10 g bei 100° C getrockneten Sandes zur Einwaage und Schlämmung. Hierdurch wird ein Teil des auf der Oberfläche schwimmenden Steinkohlenstaubes zusammen mit dem unverbrauchten Bindeton und gebrannten Ton (Schamottepulver) entfernt, während gröbere Kohle und Koksteilchen beim Sande verbleiben. Ist die Schlämmung beendet, so wird zunächst der Filterrückstand getrocknet und gewogen. Der Gewichtsunterschied rührt demnach von Steinkohlenstaub, unverbrauchtem Bindeton und gebranntem Ton her. Eine Einzelfeststellung dieser Stoffmengen ist nicht gut möglich und auch nicht erforderlich, da sich der Gebrauchswert eines Modellsandgemisches, bzw. Altsandes bei der Prüfung auf mechanischem Wege (Scherfestigkeit) ohne weiteres ergibt. Hierbei zeigt sich, um wieviel das ursprüngliche Gebrauchsandgemisch durch den Guß an Standfestigkeit eingebüßt hat, und wieviel durch Zugabe von Frischsand zugesetzt werden muß, um die erforderliche Festigkeit wieder zu erreichen.

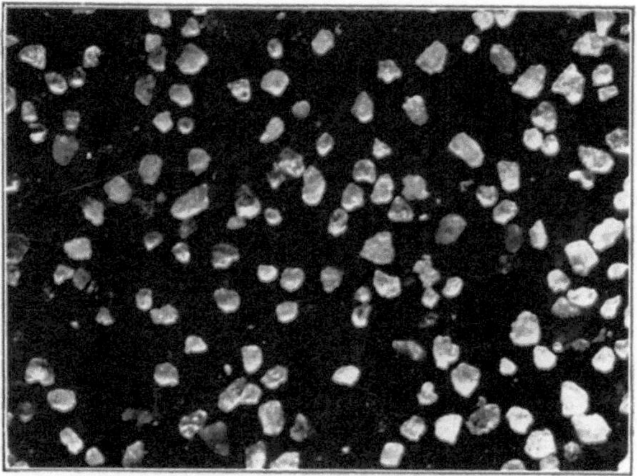

Abb. 447. Körner von 0,09—0,2 mm Durchmesser.

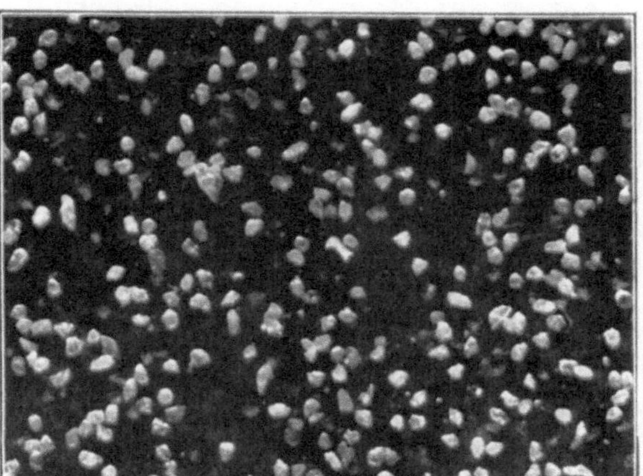

Abb. 448. Körner von 0,05—0,09 mm Durchmesser.

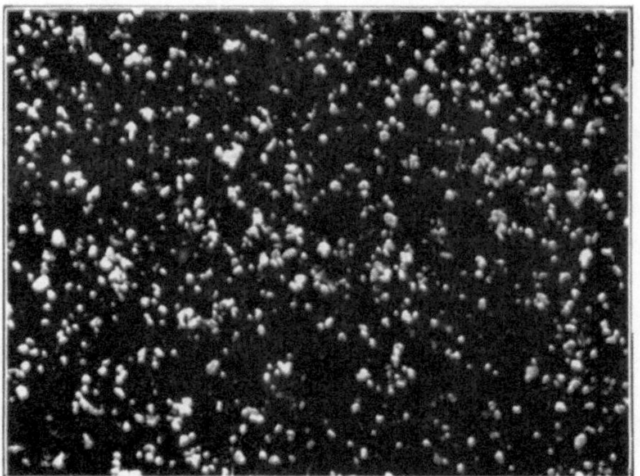

Abb. 449. Körner kleiner als 0,05 mm Durchmesser.

Die gewogene Probe wird in einem Glühschälchen von Platin oder Porzellan in der Muffel bis zur vollständigen Verbrennung der Kohle erhitzt. Der Tiegelinhalt wird darauf nochmals geschlämmt zwecks Entfernung des Ascherückstandes der verbrannten Kohle und nach dem Trocknen wiederum gewogen; der Gewichtsunterschied ergibt den Kohlegehalt im Schlämmrückstand.

Die Berechnung möge an einem Beispiel gezeigt werden:

In 10 g eines Gebrauchsandes wurden ermittelt:

	8,6 g trockener Sand und Kohle	86,0%
	1,4 g Ton und zum Teil Steinkohle	14,0%
	8,1 g trockener Sand nach dem Glühen und Schlämmen	81,0%
mithin	0,5 g Kohle	5,0%

Die Korngrößenbestimmung des kohlefreien Sandes ergab:

Größe	1.	8,4%
„	2.	14,5%
„	3.	47,3%
„	4.	6,4%
„	5.	4,4%
		81,0%

Die Bestimmung der Korngrößen gebrauchter Sande erlaubt einen Rückschluß auf eingetretene Verkleinerung des Kornes durch Zerspringen infolge Erhitzens oder Kollerns; starke Zunahme der gröberen Anteile deuten auf Konglomeratbildung, die mit Hilfe des Mikroskops erkennbar ist; man erblickt alsdann unregelmäßige rauhe Gebilde, die aus zusammengefritteten Sandkörnern bestehen, ein Zeichen oberflächlicher Verschlackung; nimmt deren Menge in erheblicher Weise zu, so ist der Sand nicht mehr zu verwenden.

Versuch einer Klassifizierung der Formsande.

Die Betrachtung eines trockenen Frischsandes unter dem Mikroskop vermag irgendwelchen Aufschluß nicht zu geben, da nur ein wirres Durcheinander von gröberen Aggregaten tonumhüllter Sandkörner zu erblicken ist. Es hat demnach nur Wert, geschlämmte tonfreie Sande einer mikroskopischen Untersuchung zu unterziehen.

Breitet man eine gut gemischte kleine Probe des trockenen Sandes auf einem Objektträger aus, was durch leichtes Klopfen gelingt und betrachtet das Feld bei einer 30—60-fachen Vergrößerung, so läßt sich die Kornverfassung gut erkennen, sei es mit Spiegelbeleuchtung, sei es im Dunkelfeld. Der allgemeine Eindruck wird der eines grob-, mittel- oder feinkörnigen Sandes sein, wenn eine der Korngrößenstufen vorwiegt. Es hat sich im Laufe der zahlreichen Untersuchungen als zweckmäßig erwiesen, die 5 Korngrößenanteile in 3 Gruppen zusammenzufassen, und zwar 1 und 2, 3, 4 und 5. Beträgt der Anteil der Körner von Größe 1 und 2 mehr als 20%, so handelt es sich um einen grobkörnigen Sand; bei mehr als 45% in Größe 3 ist er mittelkörnig; bei mehr als 40% in 4 und 5 feinkörnig.

Beispiele:		Grobkörniger Sand		Mittelkörniger Sand	Feinkörniger Sand	
Sandgehalt:		80,7%		86,5%	73,8%	
Korngrößen	1.	54,5%	67,2%	0,5%	0,1%	
„	2.	12,7%		5,8%	0,2%	
„	3.	8,2%		66,6%	14,4%	
„	4.	1,5%		7,8%	22,4%	59,1%
„	5.	3,8%		5,8%	36,7%	
		80,7%		86,5%	73,8%	

Eine gleichmäßige Verteilung der Korngrößen ist selten zu beobachten; sie wäre auch unerwünscht, wie späterhin gezeigt werden soll. Hingegen zeigt sich sehr häufig der sog. „Zickzackkurs“ mit auf und ab der Korngrößen in den aufeinanderfolgenden Größenklassen, z. B.:

Sandgehalt:		77,7%	82,4%	79,4%
Größe	1.	10,9%	19,4%	6,6%
„	2.	5,4%	13,5%	3,8%
„	3.	33,0%	30,3%	25,1%
„	4.	12,5%	7,5%	15,2%
„	5.	15,9%	11,7%	28,7%

Derartige Sande sind wenig geeignet, da ihre Gasdurchlässigkeit gering ist; die Poren zwischen den gröberen Anteilen werden durch die kleineren Korngrößenanteile verstopft.

Der Tongehalt schwankt in den Formsanden im allgemeinen von 4—30%, höhere Gehalte sind unerwünscht, da sich derartige Sande den Lehmen nähern, oder sie bestehen aus Kaolin, der dem Sande eine nur geringe Bildsamkeit verleiht. Die zahlreichen untersuchten Sande lassen eine Einteilung in magere, mittelfette und fette Sande zu, derart, daß magere einen Tongehalt bis 8%, mittelfette von 8—18% und fette über 18% Ton aufweisen. Dabei ist zu beachten, daß diese Einteilung nur im großen und ganzen Geltung haben kann, da es allein auf die Bindefähigkeit des Tones ankommt. So können Sande mit 14—16% Ton bereits den Charakter fetter Sande besitzen, wenn in ihnen der Gehalt an kolloidaler Tonsubstanz eine gewisse Höhe erreicht.

Man hat, namentlich von seiten amerikanischer Forscher, für die Ermittlung der Bindetonsubstanz[1]) die Farbadsorption vorgeschlagen. Verschiedene Sande besitzen verschiedene Fähigkeit, gewisse Teerfarbstoffe zu adsorbieren, und zwar um so mehr, je größer der Anteil an kolloidaler Tonsubstanz in einem Sande ist. Zu diesen Substanzen rechnet man wasserhaltige kieselsaure Tonerde, Eisenoxydhydrat, wasserhaltige Kieselsäure und andere Metallhydrate; alle diese Bestandteile sind von gelatinöser, klebriger Beschaffenheit und tragen dazu bei, dem Sand eine höhere Bindefestigkeit zu verleihen.

Zahlentafel 92.

Klassifikationstafel.

Herkunft des Sandes	Schorndorf	Ellrich	Kaiserslautern	Bottrop	Elsterwerda	Ratingen	Fürstenwalde	Fürstenwalde	Kunzendorf
Bezeichnung	grobkörnig fett	grobkörnig mittelfett	grobkörnig mager	mittelkörnig fett	mittelkörnig mittelfett	mittelkörnig mager	feinkörnig fett	feinkörnig mittelfett	feinkörnig mager
Sandgehalt in %	63,1	88,7	92,4	74,9	83,5	93,2	52,0	89,2	92,0
Tongehalt in %	36,9	11,3	7,6	25,1	16,5	6,8	48,0	10,8	8,0
Korngrößen									
a) größer als 0,3 mm	21,8	38,5	27,4	3,0	2,7	1,5	1,8	0,1	1,2
b) von 0,2—0,3 mm	9,8	15,6	21,5	11,3	1,2	16,1	1,5	0,5	2,9
c) von 0,09—0,2 mm	17,2	28,2	39,3	56,0	54,8	70,1	3,0	5,0	25,8
d) von 0,05—0,09 mm	4,2	3,8	2,6	2,8	15,3	3,6	2,7	24,7	30,1
e) kleiner als 0,05 mm	10,1	2,6	1,6	1,8	9,5	1,9	43,0	58,9	32,0

Korngrößen

grobkörnig: Gehalt von a + b mehr als 20%;
mittelkörnig: Gehalt von c mehr als 45%;
feinkörnig: Gehalt von d + e mehr als 40%;

Tongehalt

fett: mehr als 18%
mittelfett: von 8 bis 18%
mager: weniger als 8%

Die Formsande von geringerer Bindefestigkeit zeigen gewöhnlich ein geringeres Adsorptionsvermögen in Übereinstimmung mit einem geringen Gehalt an kolloidaler Tonsubstanz. Nicht anwendbar dürfte das Verfahren für Modellsande sein, da der Gehalt an Kohlesubstanz das Adsorptionsvermögen erheblich steigert und somit einen hohen Gehalt an kolloidaler Tonsubstanz vortäuscht.

Der Tongehalt im Verein mit der Korngrößenstufung läßt eine Klassifizierung der Formsande zu in der Weise, daß die 3 Hauptkorngrößenanteile: grob-, mittel- und feinkörnige Sande, die Tongehalte: fette, mittelfette und magere, die Möglichkeit zur Aufstellung von 9 Formsandklassen bieten. Die für Korngrößen und Tongehalte gefundenen Grenzwerte der Zahlentafel 92 wurden aus mehr als 400 untersuchten Sanden durch Auszählung ermittelt mit dem Erfolg, daß für jeden Sand die Einreihung in eine der 9 aufgestellten Sandklassen möglich war.

Die chemische Prüfung.

Was die chemische Untersuchung des Formsandes anbetrifft, so erstreckt sie sich nur auf wenige Ermittlungen. Die wichtigste ist wohl die Kalkbestimmung, die in den meisten Fällen nur qualitativ zu erfolgen hat, wenn es sich nur um geringe Mengen handelt: Etwa 1 g Sand wird in einem Reagenzglas mit 5 cm³ destilliertem Wasser geschüttelt, alsdann bis nahe zum Sieden erhitzt und mit einigen Tropfen Salzsäure versetzt; auftretende Gasblasen zeigen Spuren von kohlensaurem Kalk an. Das Erhitzen ist notwendig, da kaltes Wasser Kohlensäure löst und letztere daher nicht in die Erscheinung

[1]) Standard Methods 1928, p. 72, vgl. auch ds. Handbuch, Bd. I, S. 593.

treten kann. Bei stärkerem Aufbrausen ist der Sand unbedingt quantitativ auf Kalkgehalt zu untersuchen. Man verfährt hierbei wie folgt:

5—10 g Sand werden in einem Becherglas von 250 cm³ mit Uhrglas nach Zusatz von 20 cm³ konzentrierter Salzsäure und einigen Tropfen Salpetersäure auf dem Sandbad gelinde erwärmt, danach mit 30 cm³ destilliertem Wasser verdünnt und filtriert. Sand und Ton bleiben auf dem Filter, während Eisen, Kalk und Tonerdehydrat in Lösung gegangen sind. Das Filtrat wird mit Ammoniak in geringem Überschuß versetzt und zum Sieden erhitzt; der entstandene Niederschlag wird abfiltriert und der Kalk im klaren Filtrat mit Ammoniumoxalat in der Siedehitze gefällt, abfiltriert und hierauf nach Zusatz von Schwefelsäure mit Kaliumpermanganat titriert (Eisentiter durch 2 = CaO-Titer). Gehalte von mehr als 4% $CaCO_3$ gelten als schädlich.

Der auf dem Filter verbliebene Niederschlag kann ohne weiteres zur Eisenbestimmung nach dem Reinhardtschen Verfahren[1]) herangezogen werden: Lösen in Salzsäure, Reduzieren mit Zinnchlorür, Versetzen mit Quecksilberchlorid, Verdünnen mit 1 l Wasser, dem 25 cm³ einer Mangansulfatlösung zugefügt werden und Titrieren mit Kaliumpermanganat. Eisengehalte in Formsanden von mehr als 5% Eisenoxyd verursachen Anbrennen des Sandes an das Gußstück.

Eine vollständige Analyse des Formsandes (Bauschanalyse) ist für seine Beurteilung vollkommen wertlos; sie gibt die prozentuale Zusammensetzung an für Stoffe, die für die Beurteilung eines Formsandes gar nicht maßgebend sind. Die Gesamtkieselsäure setzt sich zusammen aus der des Quarzes, des Tones, Glimmers, Glaukonits und Feldspates; ähnliches gilt für die Gesamttonerde.

Eine Analyse soll die Grundlage bilden für ein Werturteil, das sich mit Änderung der Zahlen auch ändern muß. Ein derartiges Verfahren ist jedoch für Formsande unanwendbar, da ihre Beurteilung auf einem ganz anderen Gebiete liegt. Das gleiche gilt von der sog. rationellen Analyse[2]), die auf Formsand angewandt. rechnerische Gehalte an Feldspat ergibt, die keineswegs vorhanden sind, sonst wären sie unter dem Mikroskop nachweisbar.

Die mechanisch-physikalische Prüfung.

Ist durch die vorangegangenen Feststellungen die Struktur eines Formsandes ermittelt worden, so wird durch die physikalisch-mechanische Untersuchung dargetan, in welcher Weise die Strukturverhältnisse das Verhalten des Sandes als Formmittel bedingen.

Die physikalisch-mechanischen Zahlenwerte sind gewissermaßen als Resultante der verschiedengearteten Wesenskomponenten, wie Sand und Tongehalt, Korngrößenstufung und Kornform zu betrachten. Ihre Ermittlung ist daher von hohem praktischen Wert und für eine sichere Beurteilung der Formsande nicht zu umgehen. Es gibt eine große Anzahl von Vorschlägen, die sich mit der physikalisch-mechanischen Prüfung befassen, so daß die Frage aufgeworfen werden kann, welche Verfahren besonders geeignet sind, um die Eigenschaften von Formsanden und Formsandgemischen so zu erfassen, daß sie dem Gießereifachmann in seinem Betriebe auch Nutzen bringen. Hierfür wird als erste Bedingung schnelle und verläßliche Ausführungsform der angewandten Prüfverfahren zu erfüllen sein. Weiterhin wird man fragen, welche Normen in Zahlenwerten ausgedrückt, den Ansprüchen an brauchbare Sandgemische zugrunde zu legen sind. Soweit aus dem Schrifttum ersichtlich ist, sind bisher nur geringe Ansätze in der Beantwortung dieser Fragen gemacht worden. Es soll deshalb versucht werden, eine Grundlage dafür zu schaffen, die sich auf Ermittlungen aus der Gießereipraxis stützend, Wertungsziffern darbietet, an denen die zu prüfenden Werkstoffe zu messen wären.

Die wichtigsten Gebrauchseigenschaften eines Formsandgemisches (Modellsand) sind Gasdurchlässigkeit in erster Linie und Standfestigkeit (Bindefestigkeit). Ersteres Verhalten wird bedingt durch die Textur des Sandes einer regelrecht hergestellten Form, wobei die Art der Herstellung der Form, sei es von Hand durch Auf-

[1]) Siehe Bd. I, S. 649. [2]) Vgl. Bd. I, S. 591.

stampfen, sei es auf mechanischem Wege mittels Formmaschinen, von erheblichem Einfluß ist. Daraus ergibt sich zwanglos die Aufgabe, die für das jeweilig angewandte Formgebungsverfahren günstigste Gasdurchlässigkeit anzustreben.

Ein Sandgemisch, das gute Abgüsse liefert mit Ausschußziffern, die nicht unmittelbar auf mangelhafte Sandbeschaffenheit zurückzuführen sind, ist der Untersuchung zugänglich, sowohl der strukturellen als auch der physikalisch-mechanischen, mithin werden die sich hierbei ergebenden Zahlenwerte als Unterlage dienen können. Sie aufrecht zu erhalten, ist Sache einer regelrechten täglichen Prüfung. Da die eingehenden Frischsande, mit denen das Modellsandgemisch stets wieder aufzufrischen ist, einer gleichen Untersuchung zu unterziehen sein werden, so wird sich binnen kurzer Zeit eine regelmäßige Sandwirtschaft erzielen lassen, vorausgesetzt, daß alle Maßnahmen (Aufbereitungsanlagen, Formsandbezugsquellen, Sandbehandlung) einer gewissenhaften Aufsicht unterworfen werden.

Es ist natürlich unmöglich, die Formsandwirtschaft auf Grund einer einzigen bestimmten Norm aufzubauen; daran hindern die Verschiedenheit der herzustellenden Gußstücke und die Herrichtung der Formen aus den zur Verfügung stehenden Formsandgemischen.

Ausführung der physikalisch-mechanischen Prüfung.

Herrichtung des Probegutes. Auf die Probenahme des Sandes ist bereits früher hingewiesen worden. Da die Feuchtigkeit des zu prüfenden Sandes oder Sandgemisches von erheblicher Bedeutung ist, wird die Vorbereitung der Probe zunächst in dieser Richtung zu erfolgen haben. Ein Formsand erhält erst durch Behandlung mit Wasser in der ihm angepaßten Menge seine Gebrauchseigenschaften, Bildsamkeit und Bindefestigkeit, indem die Tonhülle, die das Sandkorn mehr oder weniger regelmäßig umgibt, langsam so viel Wasser aufnimmt, um die Bildsamkeit (Plastizität) hervorzurufen. Genügt die Wassermenge nicht, um den Ton völlig zu durchtränken, so ist der Sand zu trocken, er besitzt nicht die Eigenschaft zu „stehen“, er bröckelt beim Zerdrücken ab. Ist zuviel Wasser zugegeben, so haftet er am Modell, er klebt, ist also übernäßt. Zwischen diesen beiden leicht erkennbaren Eigenschaften liegt der „formgerechte“ Befeuchtungsgrad, der vom Former stets angestrebt wird und auch von ihm ohne weiteres erkannt wird. Wie die bisherige Untersuchung der verschiedenartigsten Formsande gezeigt hat, macht sich in der für die formgerechte Herrichtung erforderlichen Wassermenge ein ganz erheblicher Unterschied bemerkbar. Die brauchbarsten Sande zeigen, abgesehen von mageren Kernsanden, daß sie mit verhältnismäßig geringen Wassermengen „formgerecht“ erhalten werden können; ist eine erheblichere Wassermenge zur Erreichung dieses Zieles erforderlich, so ist der Sand mit Vorsicht zu verwenden.

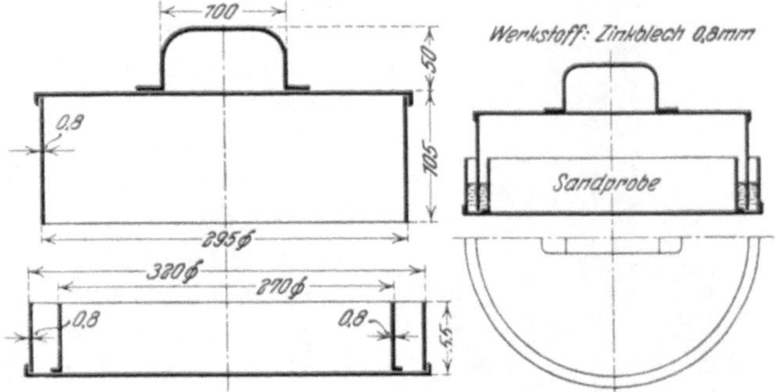

Abb. 450. Behälter zur Aufnahme der Sandprobe.

Die Sandprobe im Gewicht von $1-1^1/_2$ kg wird auf eine Glasplatte 80×80 cm mit Drahteinlage gesiebt (Sieb von 2 mm Maschenweite), ausgebreitet und mit einer meßbaren Menge Wassers angefeuchtet; man bedient sich hierfür einer gewöhnlichen Bürette, mit deren Ausflußstrahl man den Sand gleichmäßig bestreicht. Nach mehrfacher Durchmischung und Siebung wird die Anfeuchtung bis zur „formgerechten“ Verfassung durchgeführt und das Probegut zwecks „Durchziehens“ in einen Behälter mit Wasserverschluß (Abb. 450) untergebracht, um darin 1—2 Stunden zu verweilen. Von der Probe wird nun eine Wasserbestimmung vorgenommen. Bisher pflegte man diese mit Mengen von 50 und 100 g in einem Trockenschrank gewöhnlicher Art vorzunehmen, was längere Zeit beanspruchte. Durch mehrfache Versuchsreihen wurde dargetan, daß diese Trockendauer erheblich herabgesetzt werden kann, wenn Mengen von nur 10 g zur Verwendung gelangen. Als Behälter zur Aufnahme der Sandproben bedient man sich tarierter und numerierter dünner Messingschalen, auf denen der Sand in dünner Lage ausgebreitet wird. In einem eigens hierfür entworfenen Trockenschrank[1]), der gleichzeitig zur Trocknung der Sandfilter dient, können die Messingschalen mit Inhalt bei 105° C in längstens 10, meist 6—8 Minuten getrocknet werden. Dies ist die einfachste und genaueste Art der Feuchtigkeitsermittlung und macht alle übrigen Trockenverfahren, wie z. B. die elektrische Widerstandstrocknung und sonstige Apparate überflüssig.

Die zur gleichzeitigen Prüfung der Gasdurchlässigkeit und Bindefestigkeit dienende Sandprobe wird nun unter den Rammapparat gebracht und verdichtet.

Die Prüfapparate.

Es gibt eine große Zahl von Apparaten, die für die Prüfung der mechanischen Eigenschaften in Vorschlag gebracht worden sind; fast allen haften mehr oder weniger Unzulänglichkeiten an, so daß es geboten erscheint, nur solche Einrichtungen in Gebrauch zu nehmen, die bei einfacher Handhabung zuverlässige und kontrollierbare Ergebnisse zeitigen. Den Anfang einer gründlichen Behandlung dieser Frage machte die „American Foundrymen's Association" in den Vereinigten Staaten im Jahre 1921, die mit einem Stabe eifriger Forscher bisher zu einem höchst befriedigenden Erfolg gelangt ist. Es wurden „Standard"-Apparate für Gasdurchlässigkeit, Scher- und Druckfestigkeit herausgearbeitet, an deren Herstellung H. W. Dietert in Detroit einen verdienstvollen Anteil nahm. Diese Apparate wurden den folgenden Versuchen zugrunde gelegt, und es kann gesagt werden, daß sie voll und ganz den Erwartungen bezüglich Handhabung und Zuverlässigkeit der Ergebnisse entsprochen haben.

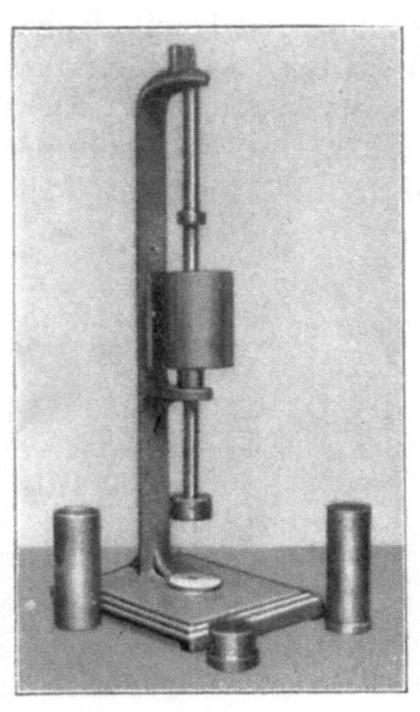

Abb. 451. Rammapparat.

Der Rammapparat (Abb. 451) besteht aus einem Gestell, dessen Bodenplatte eine etwas erhöhte kreisrunde Grundfläche trägt zum Auflegen des Preßzylinders. Im Gestell ist die leichtbewegliche Rammstange mit Kolben und Rammgewicht eingefügt; das letztere gleitet zwischen zwei Stellringen. Das Preßrohr mit dem eingepaßten Bodenfußstück wird auf einer Tafelwage gewogen und das Gewicht zweckmäßig auf dem Rohr vermerkt.

Hierauf schüttet man die erforderliche Menge der formgerecht angesetzten Probe in den Preßzylinder. Die für den normalerweise 50 mm hohen Probezylinder erforderliche Sandmenge bewegt sich zwischen 150 und 180 g, in den meisten Fällen 160—172 g einschließlich Feuchtigkeit, je nach den Strukturverhältnissen des Sandes; das genaue Gewicht kann leicht durch Versuche ermittelt werden. Das Preßrohr mit der Probe wird nun auf die Grundfläche unter den Rammer gestellt; behufs Geradführung läßt man den Kolben vorsichtig auf die Sandprobe gleiten. Alsdann erfolgt die eigentliche Verdichtung mittels dreier Gewichtschläge, indem man das Rammgewicht mit beiden Händen bis zum oberen Anschlag anhebt und dann fallen läßt. Die neuen Rammapparate zeigen eine Kurbelvorrichtung, die das Heben und Loslassen des Rammgewichtes bewirkt. Am Kopf des Rammgestells befinden sich drei Markenstriche, von denen der mittlere die genaue Höhe des Probezylinders von 50 mm anzeigt, während der obere + 6, der untere — 6% von 50 mm Höhe angibt.

Der Rammapparat muß auf einer festen Unterlage ruhen; am geeignetsten hierfür ist ein Betonpfeiler oder Holzklotz, um störende Schwingungen zu vermeiden, die durch das Aufschlagen des Rammgewichtes verursacht werden. Zwecks Rostverhütung reibt man die Eisenteile mit etwas Maschinenöl ab.

[1]) Siehe Seite 539, No. 5.

Der Gasdurchlässigkeitsapparat (Abb. 452). Der offene Hohlzylinder dient zur Aufnahme von Sperrwasser (möglichst destilliertes) und wird damit bis zur Höhe der außen angebrachten Marke angefüllt. Die Tauchglocke wird durch ein an der inneren Wand auf Schraubenköpfen aufgelegtes Ringgewicht in senkrechter Lage gehalten und trägt an der oberen Seite ein Kegelventil. Zwecks Einführung der Glocke in den Hohlzylinder faßt man das Kegelventil, senkt die Glocke in das Sperrwasser und läßt gleichzeitig das Ventil los. Die unter konstantem Druck von 10 cm Wassersäule stehende, abgesperrte Luft gelangt bei geöffnetem Hahn durch das im Innern des Hohlzylinders angebrachte Rohr zur Düse. Nunmehr schließt man das Preßrohr mit der Sandprobe durch vorsichtiges Drehen an den leicht angefetteten Gummistopfen luftdicht an.

Der Windkasten am Gestell ist mit einem Manometer aus Glas verbunden, das die Ablesung des sich einstellenden statischen Druckes erlaubt; dasselbe wird zuvor mittels einer Pipette mit Wasser soweit gefüllt, bis der Wasserspiegel etwa 6 mm über die Fassung des Manometerrohres hinausragt. Eine vor dem Manometer angebrachte, in einem Schlitz verschiebbare Meßscheibe ermöglicht deren Einstellung auf den Nullpunkt des Manometers. Hat sich durch Öffnen des Hahnes der statische Druck am Manometer entsprechend der Gasdurchlässigkeit der Probe eingestellt, so dreht man die Meßscheibe soweit, bis ein Teilstrich auf derselben mit dem Manometerspiegel übereinstimmt. Hierdurch wird der Zeitverlust vermieden, der entsteht, wenn man die Gasdurchlässigkeit in der Weise ermittelt, daß 2000 cm³ Luft durch die Sandprobe gedrückt werden.

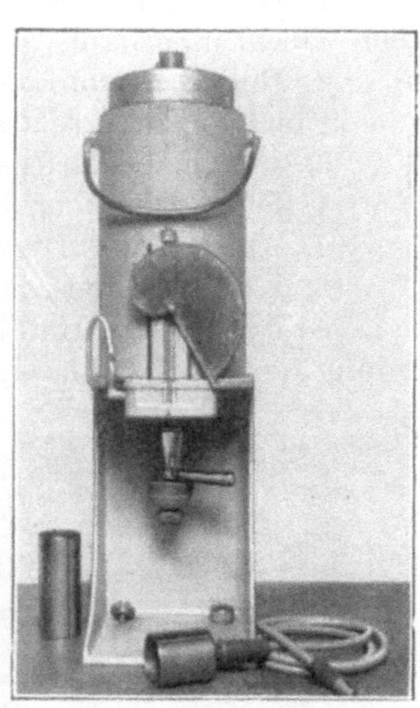
Abb. 452. Apparat zur Bestimmung der Gasdurchlässigkeit.

Die Werte auf der Meßscheibe sind auf dem Versuchswege ermittelt worden.

Die Durchlässigkeitszahl gibt an, wieviel cm³ Luft bei einem Wasserdruck von 10 cm Wassersäule in 1 Minute durch einen verdichteten Sandwürfel von 1 cm Kantenlänge durchschnittlich hindurchgehen.

Läßt man zur Kontrolle der mit der Kurvenscheibe ermittelten Werte 2000 cm³ Luft durch die Probe gehen, so erfolgt die Berechnung nach der Formel:

$$D = \frac{2000 \times \text{Höhe der Probe (cm)}.}{\text{Querschnitt der Probe (cm}^2) \times \text{Wassersäule (cm)} \times \text{Zeit in Minuten für 2000 cm}^3\text{ Luft}},$$

wobei die Zeitdauer mittels Stoppuhr genau zu messen ist.

Der Apparat ist mit zwei Düsen versehen:

a) kleine Düse, Öffnung 0,5 mm Durchmesser, mit einer Durchgangszeit von 4 Minuten 30 Sekunden für 2000 cm³ Luft;

b) große Düse, Öffnung 1,5 mm Durchmesser, Durchgangszeit = 30 Sekunden.

Die große Düse dient zur Bestimmung der Durchlässigkeiten von über 90; die abgelesene Zahl ist mit 10 zu vervielfältigen. Die außerordentlich genau eingestellten Düsen müssen sehr sorgfältig behandelt werden; die geringste Veränderung der Öffnung, sei es durch Wasserbelag, Staub u. a., verändert die Ergebnisse, weshalb eine öftere Prüfung der Durchgangszeiten mittels Stoppuhr vorzunehmen ist. Niemals darf eine Verstopfung mit Metallnadeln, sondern nur mit steifen Borsten nach vorangehendem versuchsweisen Ausblasen beseitigt werden. Zwecks Erhaltung der Düsenöffnung sind diese in Gold gebohrt; die ursprüngliche Bohrung in Messing ließ nach einiger Zeit eine Verengung erkennen, die durch Oberflächenoxydation des Messings hervorgerufen war.

Die allerneuesten Apparate vermeiden den Anschluß des Probezylinderrohrs an den Gummistopfen; an Stelle dessen tritt ein Quecksilberverschluß in der Weise, daß die Düse mit dem Anschlußstopfen aus dem Quecksilbernapf soweit herausragt, daß der Zylinder mit der Sandprobe darüber gestülpt werden kann; auch fehlt das Kegelventil an der Tauchglocke.

Zur Feststellung der Gasdurchlässigkeit an fertigen Gußformen wird der tragbar eingerichtete Apparat an Ort und Stelle gebracht und an Stelle des Preßzylinders ein Metallzylinder mit daran befestigtem Metallschlauch angeschlossen. Am Ende des Schlauches befindet sich ein Ansatzstück aus Gummi von 1 cm^2 Öffnung, das zum Anlegen an die zu prüfende Stelle der Gußform dient; auf diese Weise lassen sich in kurzer Zeit beliebig viele Ablesungen bewerkstelligen.

Gerammte feuchte Sandproben, deren Gasdurchlässigkeit im getrockneten Zustande bestimmt werden soll, prüft man in gleicher Weise durch Auflegen des Gummiansatzes auf die Grundflächen des Sandzylinders und zieht aus den erhaltenen Zahlen den Mittelwert.

Die Arbeitsvorgänge sind zusammengefaßt folgende:

1. Befestigung des Preßzylinders mit Probe am Gummistopfen oder Einsetzen in den Quecksilbernapf.
2. Einlassen von Luft durch Heben des Kegelventils bei gleichzeitigem Hochziehen der Tauchglocke, Loslassen des Ventils.
3. Öffnen des Absperrhahnes.
4. Schwenken der Scheibe zwecks Einstellen auf den Meniskus der Wassersäule.
5. Ablesen der Durchlässigkeitsziffer.
6. Kontrolle der Ziffer mittels Luftdurchlaß von 2000 cm^3.

Scher- und Druckfestigkeitsapparat. Die Probe, die bereits für die Bestimmung der Gasdurchlässigkeit diente, wird aus dem Preßrohr durch Aufsetzen auf den Ausdrückbolzen und leichtes Nachuntendrücken freigelegt und alsdann in der Weise in die Schale des Scherfestigkeitsapparates gelegt, daß die ursprüngliche Rammoberfläche dem Arbeitskolben gegenüber zu liegen kommt.

Abb. 453. Apparat zur Bestimmung der Scherfestigkeit.

Der Apparat (Abb. 453) besteht aus einem mit Öl gefüllten Preßzylinder, in dem sich zwei Kolben bewegen. Der eine — Druckkolben — wird durch Drehen des Handrades bewegt; der sich dabei einstellende Druck pflanzt sich zugleich auf den Arbeitskolben und auf die angeschlossenen Manometer fort, von denen stets nur eines benutzt werden darf; auf festen Verschluß des anderen Absperrhahnes ist daher streng zu achten. Das Manometer mit kleinem Meßbereich dient zur Prüfung der Frisch- und Naßgußsandgemische, das mit dem großen Meßbereich für getrocknete Sandproben.

Die Werte sind ausgedrückt: a) in Pfund amerikanisch auf 1 Quadratzoll, b) in Kilogramm auf 1 Quadratzoll (äußere Skala); aus den letzten Werten läßt sich durch Rechnung der Wert: g/cm^2 finden.

Die Füllung des Apparates mit Öl erfolgt in der Weise, daß man letzteres in den Ölbehälter bei geöffneten Manometerhähnen gießt und darauf den Druckkolben des öfteren hin und her bewegt, bis sich an der Oberfläche im Behälter kein Aufsteigen von Luftblasen mehr bemerkbar macht; dies ist für die Ermittlung richtiger Werte ausschlaggebend. Es empfiehlt sich, das Handrad ruhig und erschütterungsfrei zu bewegen, damit sich der Zeiger am Manometer in stetig gleichmäßiger Weise über die Skala fortbewegt.

Die neueste Form des Scher- und Druckfestigkeitsapparates (Abb. 454) ist wesentlich vereinfacht worden, indem die Druckübertragung auf die Manometer fortfällt. Der Apparat besteht aus einem standfesten Gestell, in dem ein Gewicht in Kugellagern aufgehängt ist; dieses besitzt unten einen seitlichen Anschlag, an dem eine Scherplatte befestigt ist. Ein beweglicher Arm trägt die Gegendruckplatte nebst Auflageschale für den Probezylinder, die sämtlich auswechselbar sind. Der bewegliche Arm wird mittels Handrad, an dem eine Zahnradübertragung angebracht ist, auf einer Kurvenzahnstange entlang gedrückt. Der aufgelegte Sandzylinder erleidet durch das darauf ruhende und in die Höhe gedrückte Pendelgewicht einen wachsenden Druck, durch den die Abscherung veranlaßt wird. Die Festigkeitsziffer (g/cm^2) wird durch einen Mitnehmer, der beim Zurückweichen des Gewichtes an der höchsterreichten Stellung stehen bleibt, auf der Skala abgelesen. Die untere Schervorrichtung ergibt Werte bis 1100 g/cm². Eine zweite ebensolche Schervorrichtung ist darüber angebracht, die im Übersetzungsverhältnis von 1 : 2,5 höhere Scherfestigkeiten (bis 2760 g/cm²) zu bestimmen erlaubt.

Vertauscht man die Halbmonddruckplatten für Scherfestigkeit mit kreisrunden Druckplatten, so läßt sich in gleicher Weise die Druckfestigkeit eines Formsandes bzw. Formsandgemisches bestimmen. Die Skalenwerte sind alsdann auf die ganze Grundfläche des Probezylinders zu beziehen. Mithin ergibt sich eine vierfache Skala: zwei Wertreihen für niedere und hohe Scherfestigkeit, und zwei für niedere und hohe Druckfestigkeit. Die Skalenwerte ergeben sich aus dem Sinussatz; zur Sicherheit wurden sie noch durch unmittelbare Auswuchtung mittels Gegengewicht kontrolliert, was eine völlige Übereinstimmung der Zahlenwerte ergab.

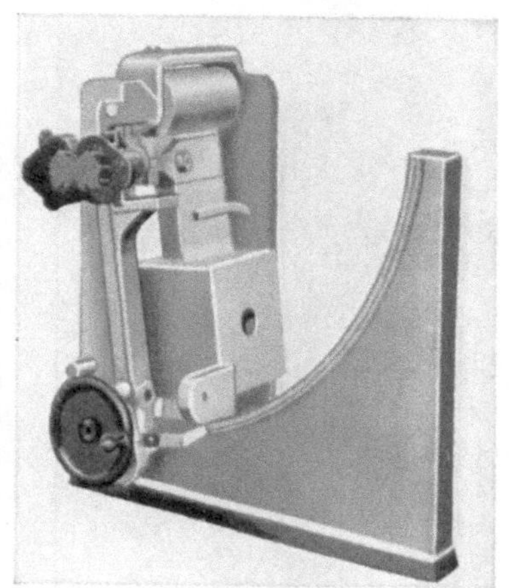

Abb. 454. Scher- und Druckfestigkeitsapparat.

Der Apparat ist in seiner wenig empfindlichen Ausführungsform für den praktischen Gebrauch im Gießereibetrieb geeigneter als der Manometerapparat, der gleichfalls sehr genaue Werte liefert, aber mehr für das Laboratorium zu empfehlen ist. Beide Apparate anzuschaffen, ist nicht erforderlich. Will man noch die Festigkeit von Kernsandgemischen einer Prüfung im getrockneten Zustande unterziehen, so läßt sich eine Zugvorrichtung, ähnlich der für die Zementprüfung anbringen. Es ist hierfür eine Preßform erforderlich, die eine genau in die Zugvorrichtung passende Probe liefert.

Die Beanspruchung der Gußform auf Druck ist durch den Einguß flüssigen Eisens bedingt und rechnerisch erfaßbar. Sie wird in den meisten Fällen auf erfahrungsmäßigem Wege festgestellt. Es zeigt sich aber vielfach eine Erscheinung, die unter der Bezeichnung „Treiben“[1]) bekannt ist. Darunter versteht man die zu beobachtende Überschreitung der Maße eines Gußstückes; sie wird dadurch hervorgerufen, daß das Eisen einen Druck auf die Formwandung ausgeübt hat, der dazu führt, daß der Querschnitt des herzustellenden Gußstückes eine Dickenzunahme erfährt, die auf eine Kompression der Modellsandumgebung zurückzuführen ist.

Zur üblichen Prüfung auf Druckfestigkeit wird ein Probezylinder von 50 × 50 mm, nachdem er in formgerechter Weise hergestellt und davon die Gasdurchlässigkeit bestimmt war, in den Druckfestigkeitapparat eingelegt. Ist die Druckfestigkeitgrenze

Zahlentafel 93.

Gesetzmäßigkeiten bei der Untersuchung von Formsanden.

	Sandart	Sand %	Ton %	Korngrößenstufung über 0,3 mm	0,2 bis 0,3 mm	0,09 bis 0,2 mm	0,05 bis 0,09 mm	unter 0,05 mm	H_2O formgerecht %	Mech.-physikalische Eigenschaften Durchlässigkeit cm³/min	Scherfestigkeit g/cm²	Druckfestigkeit g/cm²	Treibpunkt liegt bei g/cm²	Treibpunkt = der Bruchbelastung %
1	grobkörnig, mager .	92,8	7,2	43,3	26,4	17,8	1,1	4,2	5,2	63	140	670	525	78,4
2	„ mittelfett	88,0	12,0	22,7	24,9	29,1	3,0	8,3	6,2	40	176	715	670	93,7
3	„ fett . .	79,6	20,4	3,4	34,9	22,4	2,3	16,6	9,9	20	317	1180	830	70,3
1	mittelkörnig, mager .	93,2	6,8	0,3	2,6	69,5	14,5	6,3	4,5	34	84	320	260	81,3
2	„ mittelfett	88,0	12,0	5,7	13,7	52,6	7,8	8,2	5,0	40	150	545	520	95,4
3	„ fett . .	79,6	20,4	6,0	12,8	50,5	1,6	8,7	10,3	43	310	1090	620	56,9
1	feinkörnig, mager . .	92,7	7,3	0,6	0,7	17,5	10,1	63,8	6,1	8	77	305	265	86,9
2	„ mittelfett	87,4	12,6	10,3	3,3	19,2	13,6	41,0	7,0	9	119	570	510	89,5
3	„ fett . . .	80,0	20,0	3,4	1,3	3,8	2,8	68,7	8,0	5	208	718	595	82,9

[1]) Gieß. 1930. S. 875—876.

erreicht, bricht der Zylinder in Stücke, der Schieber bleibt stehen und erlaubt die Enddruckziffer festzustellen. Gelegentlich mehrfacher Versuchsreihen wurde nun beobachtet, daß dem endgültigen Bruch der Probe eine Kontraktion vorangeht, die zu einer Anschwellung bzw. Verkürzung des Sandzylinders führt, in gewissem Sinne analog der Streck- oder Elastizitätserscheinung bei Zerreißstäben. Der Druck, bei welchem die Kontraktion beginnt, möge als „Treibpunkt" bezeichnet werden, während die Kontraktionserscheinung bis zum endgültigen Bruch der Probe als „Treibspanne" gilt. Dabei zeigt sich die beachtenswerte Erscheinung, daß sich die Formsande je nach ihren Strukturmerkmalen, d. h. Sand- und Tongehalt, Korngrößenstufung und Kornform, ganz verschieden verhalten, und zwar hat sich aus einer Reihe von Versuchen bisher bereits eine Gesetzmäßigkeit erkennen lassen, die in der Zahlentafel 93 aufgezeigt ist. Es wurden hierfür die früher dargelegten Klassifikationsmerkmale[1]) zwecks Auswahl der zu untersuchenden Formsande herangezogen. Zahlentafel 93 zeigt die Anordnung mit steigendem Tongehalt und fallender Korngröße in drei Gruppen.

Abb. 455. Bestimmung der Querbruchfestigkeit nach Doty.

Der Vollständigkeit wegen sei noch das mancherorts geübte Verfahren der Bestimmung der Querbruchfestigkeit nach Doty erwähnt (Abb. 455)[2]). Sie macht die Herrichtung einer besonderen Versuchsprobe erforderlich, die sehr sorgfältig vorzubereiten ist, wenn vergleichbare Werte erhalten werden sollen. Im allgemeinen dürfte sie trotz aufschlußreicher Ergebnisse entbehrlich sein, zumal sie zu ihrer Durchführung bedeutend mehr Zeit beansprucht; auch läßt sich gegen sie der Einwand einer zu großen Probemenge erheben (1 kg). Deren Verdichtung muß stets einheitlich sein, und das ist mit einer zwar nicht zu kleinen, aber auch nicht zu großen Sandmenge allein erreichbar.

Die Arbeitsweise mit der Dotyschen Maschine ist kurz folgende: Die 1000 g trocknem Sand entsprechende, formgerecht angefeuchtete Sandprobe wird in einer zerlegbaren Preßform gleichmäßig mittels Streichbrettern eingeformt und darauf sechsmal mit einem Fallgewicht von 9070 g Schwere aus einer Höhe von 40 cm gerammt. Der so erhaltene prismatische Probestab, auf Ölpapier ruhend, wird über eine scharfe Kante mit einer Geschwindigkeit von 15 cm/min. gezogen, bis Abbruch erfolgt. Die Bruchfestigkeit wird ermittelt, indem man das auf trockenen Sand umgerechnete Bruchstückgewicht unter Einbeziehung des Verdichtungsgrades in Prozent ausdrückt, wobei 500 g = 100% bedeuten; es genügt indes, das auf Normalhöhe (= 2,54 cm) umgerechnete Bruchstückgewicht anzugeben, um Vergleiche zu üben.

Ergebnisse der Formsandprüfung und deren Nutzanwendung.

Die Formsande Deutschlands, soweit sie in den Gießereien Verwendung finden, einer Prüfung in der vorbeschriebenen Weise zu unterziehen, verfolgte den Zweck, den Gießereien die Auswahl der geeignetsten Sande ihres Bezirkes in wirtschaftlich günstigem Sinne zu erleichtern. Die hierfür erforderlichen Sandproben wurden in genau vorgeschriebener Form unmittelbar von den Gießereien erbeten und entstammten Waggonsendungen, wie sie ihnen seitens der Gruben geliefert wurden. Es besteht somit die Gewähr, daß die Sandproben der tatsächlichen Beschaffenheit, wie sie die Gruben zu liefern vermögen, entsprechen und daher von einer bevorzugten Entnahme nicht gesprochen werden kann. Wenn auch nicht alle Vorkommen erfaßt werden konnten, wurde dennoch auf diese

[1]) Gieß. 1928. S. 937.

[2]) Foundry 1923. p. 15/18, 53/71; Stahleisen 1923. S. 217/219; s. auch Literaturübersicht auf S. 539.

Zahlentafel 94.

Deutsche und ausländische Formsande nach steigendem Tongehalt geordnet.

Herkunft	Sand	Ton	Korngrößenstufung in %					H_2O %	D	F	Charakter des Sandes[1])
	%	%	über 0,3 mm	0,2 bis 0,3 mm	0,09 bis 0,2 mm	0,05 bis 0,09 mm	unter 0,05 mm	formgerecht	cm³/min	g/cm²	
Rheinland.											
Erkrath	94,9	5,1	1,1	13,8	72,8	4,5	2,7	3,2	47,2	95	mk; m
Ratingen	92,7	7,3	1,5	15,0	67,0	4,9	4,3	5,0	56,0	56	mk; m
Rosenthal . . .	90,6	9,4	6,4	22,7	60,0	0,3	1,2	6,0	90,0	197	mk; mf
Ratingen	86,8	13,2	0,4	1,9	61,4	6,0	17,1	5,2	34,5	100	mk; mf
Heddesheim . . .	85,2	14,8	11,7	9,9	43,9	8,4	11,3	6,0	21,0	191	gk; mf
Grefrath	84,6	15,4	1,4	14,4	59,2	9,0	0,6	7,4	34,3	322	mk; mf
Westfalen.											
Dülmen	99,8	0,2	38,0	46,8	14,6	0,1	0,3	0,8	250,0	Kernsand	gk
Bottrop	87,8	12,2	4,1	13,7	63,2	0,8	6,0	7,5	49,0	301	mk; mf
Kirchhellen . . .	85,0	15,0	2,0	8,4	61,4	4,4	8,8	10,6	34,0	311	mk; mf
Bottrop	84,2	15,8	51,1	15,6	11,1	1,0	5,4	8,2	77,6	336	gk; mf
Bottrop	83,3	16,7	9,6	17,3	49,5	1,1	5,8	8,5	44,0	315	mk; mf
Osterfeld	79,6	20,4	6,0	12,8	50,5	1,6	8,7	10,8	43,0	436	mk; f
Norddeutschland.											
Hambühren . . .	99,3	0,7	29,4	38,6	29,3	0,7	1,3	5,7	170,0	Kernsand	gk
Gödringen . . .	89,7	10,3	1,9	7,6	56,9	10,7	12,6	5,7	39,0	197	mk; mf
Söllingen	88,3	11,7	0,2	0,7	61,8	14,7	10,9	6,0	24,5	103	mk; mf
Landwehrhagen .	86,8	13,2	0,7	1,6	21,8	35,3	27,4	7,0	22,0	147	fk; mf
Sarstedt	84,3	15,7	1,3	7,2	51,5	10,7	13,6	6,7	17,0	133	mk; mf
Provinz Sachsen.											
Schönebeck . . .	99,3	0,7	39,7	38,4	20,2	0,4	0,6	0,7	190,0	Kernsand	gk
Halle	96,0	4,0	0,6	20,7	65,3	5,4	4,0	2,7	85,0	22	mk; m
Halle	91,8	8,2	0,8	5,4	53,0	18,8	13,8	5,3	21,0	93	mk; mf
Oschersleben . .	90,7	9,3	4,4	5,5	61,5	6,2	13,1	6,0	29,5	174	mk; mf
Ellrich	90,3	9,7	36,3	24,3	23,5	1,9	4,3	6,0	41,7	152	gk; mf
Offleben	90,0	10,0	2,8	7,6	63,6	10,4	5,6	6,4	36,0	248	mk; mf
Walkenried . . .	88,8	11,2	34,9	28,3	20,0	1,5	4,1	5,0	48,0	140	gk; mf
Halberstadt . . .	85,8	14,2	0,8	0,8	14,2	18,4	51,6	6,7	13,8	130	fk; mf
Halle	83,0	17,0	0,7	3,0	26,6	8,4	44,3	7,7	6,6	140	fk; mf
Seehausen . . .	81,5	18,5	0,2	2,4	56,4	13,2	9,3	5,5	35,0	119	mk; f
Brandenburg.											
Fürstenwalde . .	99,5	0,5	66,5	20,5	10,4	0,4	1,7	1,3	250,0	Kernsand	gk
Fürstenwalde . .	91,9	8,1	1,7	0,9	60,2	12,8	16,3	8,2	17,0	90	mk; mf
Ukrow	88,8	11,2	31,8	15,7	22,4	4,2	14,7	3,7	27,1	112	gk; mf
Fürstenwalde . .	86,7	13,3	0,2	0,1	1,1	1,8	83,5	8,8	2,0	145	fk; mf
Schlesien.											
Krebsberg . . .	93,7	6,3	62,3	13,2	17,2	0,5	0,5	3,5	14,7	53	gk; m
Neusalz	92,7	7,3	0,6	0,7	17,5	10,1	63,8	3,8	8,0	70	fk; m
Lorenzdorf . . .	90,6	9,4	0,8	2,1	30,6	7,1	50,0	5,7	7,5	92	fk; mf
Dtsch-Wartenberg	89,1	10,9	1,8	1,1	8,2	9,1	68,9	4,9	5,6	124	fk; mf
Liegnitz	87,1	12,9	2,8	2,2	4,8	3,5	73,8	6,4	4,5	150	fk; mf
Freistaat Sachsen.											
Hellendorf . . .	99,5	0,5	41,6	44,4	12,0	0,9	0,6	0,8	230,0	Kernsand	gk
Niederstriegis . .	94,8	5,2	2,0	8,6	52,2	7,2	24,8	5,0	25,0	35	mk; m
Niederstriegis . .	84,5	15,5	50,2	10,1	17,2	1,4	5,6	4,5	117,2	228	gk; mf
Käferhain	83,7	16,3	0,1	0,4	58,0	9,1	16,1	6,7	11,7	190	mk; mf
Rötha	82,9	17,1	0,2	1,2	44,5	18,7	18,3	9,0	11,0	190	mk; mf
Hessen und Rheinhessen.											
Ziegenhain . . .	92,0	8,0	1,8	17,6	69,6	2,1	0,9	3,7	85,0	259	mk; m
Eschhofen . . .	87,2	12,8	27,9	27,6	20,5	2,3	8,9	6,9	112,0	190	gk; mf
Goßfelden . . .	83,3	16,7	3,7	5,4	43,3	12,1	18,8	5,8	20,0	154	mk; mf
Nieder-Mockstadt	83,1	16,9	1,0	2,7	15,1	13,5	50,8	9,6	14,0	224	fk; mf
Mainzlar	80,7	19,3	3,6	6,3	41,3	11,9	17,6	7,2	19,5	169	mk; f

[1]) gk = grobkörnig, mk = mittelkörnig, fk = feinkörnig, f = fett, mf = mittelfett, m = mager.

Zahlentafel 94 (Schluß).

Herkunft	Sand %	Ton %	Korngrößenstufung in % über 0,3 mm	0,2 bis 0,3 mm	0,09 bis 0,2 mm	0,05 bis 0,09 mm	unter 0,05 mm	H_2O % formgerecht	D cm^3/min	F g/cm^2	Charakter des Sandes
Pfalz.											
Weltersbach . .	96,1	3,9	45,4	38,8	10,2	0,5	1,2	2,3	210,0	14	gk; m
Kindsbach . . .	93,8	6,2	42,0	28,5	18,5	1,4	3,4	4,0	113,0	67	gk; m
Miesenbach . . .	91,5	8,5	15,0	20,6	51,4	2,5	2,0	6,4	67,3	98	gk; mf
Frankenstein . .	88,2	11,8	5,7	9,7	58,8	3,5	10,5	4,6	26,3	196	mk; mf
Kaiserslautern . .	86,3	13,7	66,2	8,2	6,7	1,3	3,9	4,7	366,0	323	gk; mf
Enkenbach . . .	81,3	18,7	4,9	7,7	43,7	4,6	20,4	6,6	9,5	298	mk; f
Mainlinie.											
Alzenau	94,1	5,9	20,1	27,5	24,1	2,9	19,5	4,6	24,2	85	gk; m
Miltenberg . . .	93,3	6,7	58,2	14,2	13,3	1,4	6,2	4,0	175,0	74	gk; m
Klingenberg . . .	89,9	10,1	68,6	8,6	5,2	0,9	6,6	4,6	39,0	335	gk; mf
Bayern.											
Steppach	95,6	4,4	35,8	28,4	24,5	1,9	5,0	5,5	82,0	33	gk; m
Wurzhof	93,9	6,1	14,5	19,3	55,4	1,5	3,2	3,5	70,0	63	gk; m
Pegnitz	91,4	8,6	74,3	6,8	4,8	0,7	4,8	6,0	410,0	314	gk; mf
Freihung	90,0	10,0	40,0	18,3	20,0	1,6	10,1	8,7	30,0	186	gk; mf
Mappach	87,2	12,8	3,1	8,6	63,9	3,8	7,8	8,4	46,0	211	mk; mf
Rothenstadt . .	86,9	13,1	6,9	6,4	16,8	5,7	51,1	10,2	6,3	241	fk; mf
Bodenwöhr . . .	86,4	13,6	1,1	2,3	64,5	5,6	12,9	8,9	22,0	274	mk; mf
Sollern	85,4	14,6	43,9	21,5	7,7	2,0	10,3	7,8	100,0	279	gk; mf
Ottmarshausen .	83,4	16,6	2,8	7,3	16,7	6,3	50,3	9,5	16,2	296	fk; mf
Württemberg.											
Wasseralfingen .	95,2	4,8	0,8	1,5	85,4	1,7	5,8	4,5	62,0	28	mk; m
Oggenhausen . .	93,5	6,5	11,9	49,3	24,5	1,9	5,9	7,4	55,0	140	gk; m
Röthard	89,5	10,5	5,0	2,9	68,9	2,4	10,3	5,1	31,5	99	mk; mf
Mutlangen . . .	83,5	16,5	13,9	8,9	14,9	7,4	38,4	9,9	15,6	185	gk; mf
Nassach	82,1	17,9	41,2	10,1	9,8	2,2	18,8	6,9	19,5	311	gk; f
Baden.											
Rastatt	98,9	1,1	46,8	34,3	16,2	0,6	1,0	1,4	185,0	Kernsand	gk
Bettnang	90,3	9,7	9,1	22,0	37,7	5,0	16,5	6,6	34,0	126	gk; mf
Mühlingen . . .	86,1	13,9	3,0	4,2	16,7	8,5	53,7	5,6	2,0	189	fk; mf
Pforzheim . . .	84,6	15,4	22,0	24,9	21,5	2,6	13,6	8,7	37,5	281	gk; mf
Saargebiet.											
Rohrbach	93,0	7,0	50,1	22,3	14,9	2,0	3,7	4,3	127,0	131	gk; m
Fraulautern . . .	87,8	12,2	3,6	6,4	51,2	11,1	15,5	6,0	19,8	131	mk; mf
Fechingen	82,3	17,7	4,6	10,9	26,3	5,6	34,9	10,4	10,0	260	fk; f
Löß-Sande (für Metallguß).											
Grötzingen . . .	92,1	7,9	0,6	0,5	4,1	4,0	82,9	4,5	3,0	82	—
Pfeddersheim . .	86,9	13,1	2,2	3,0	5,3	1,8	74,6	5,0	1,7	169	—
Wöschbach . . .	71,5	28,5	3,0	1,8	3,5	2,2	61,0	7,0	3,5	77	16,8 % $CaCO_3$
Wöschbach . . .	44,7	55,3	1,3	0,7	1,7	1,0	40,0	9,8	6,5	392	1,07 % $CaCO_3$
Ausländische Sande.											
Nord-Amerika . .	89,7	10,3	5,7	17,5	39,5	8,0	19,0	5,8	30,0	86	mk; mf
„ . .	81,7	18,3	2,9	12,7	26,5	13,8	25,8	7,6	21,0	105	fk; f
Frankreich . . .	85,5	14,5	1,1	4,4	15,4	28,7	35,9	5,2	28,0	187	fk; mf
„ . . .	73,9	26,1	28,5	19,1	15,6	1,8	8,9	9,5	95,0	348	gk; f
Rumänien . . .	92,3	7,7	4,1	0,2	67,5	8,6	11,9	4,1	33,0	100	mk; m
Belgien	84,5	15,5	56,6	9,5	10,6	1,3	6,5	6,5	520,0	176	gk; mf
Gebrauchsande.											
A	87,7	12,3	39,0	14,2	22,9	4,6	7,0	4,8	94,0	183	—
B	80,8	19,2	5,1	6,9	37,5	10,7	20,6	9,5	19,5	140	—
C	78,5	21,5	2,3	2,5	37,0	18,9	17,8	7,8	16,5	120	—
Altsande.											
A	84,9	15,1	4,7	10,8	52,7	7,2	9,5	4,9	36,0	75	—
B	80,0	20,0	0,8	3,0	36,2	19,7	20,3	6,6	18,5	113	—
C	82,6	17,4	3,6	9,8	46,5	8,5	14,2	7,3	24,0	75	—
D	91,2	8,8	6,7	9,8	41,4	13,7	19,6	8,3	28,0	56	—

Weise die nicht unerhebliche Zahl von über 500 Einzelproben nach einheitlichen Grundzügen untersucht.

In der Zahlentafel 94 sind die kennzeichnenden Merkmale: Sand und Tongehalt, Korngrößenstufung, Wassergehalt für die Herstellung der Probezylinder im „formgerechten" Zustand zwecks Ermittlung der Gasdurchlässigkeit (D) und Scherfestigkeit

Zahlentafel 95.

Formsande von Beidersee bei Halle, geordnet nach steigendem Tongehalt.

Bezeichnung der Proben	Sand %	Ton %	Korngrößenstufung mm Durchmesser > 0,3	0,2—0,3	0,09—0,2	0,05 bis 0,09	< 0,05	Wasser %	D cm³/min	F g/cm²
1. Halbmager . .	96,0	4,0	0,6	20,7	65,3	5,4	4,0	2,7	85	22
2. Gelbmager . .	95,2	4,8	0,8	29,5	58,0	3,8	3,1	2,0	62	35
3. Abhang . . .	93,7	6,3	0,3	2,4	77,2	7,0	6,8	4,3	52	52
4. Graumager . .	91,9	8,1	0,5	2,4	50,2	10,7	28,1	4,9	25	107
5. Gelbmager . .	91,5	8,5	0,5	1,9	55,5	11,7	21,9	4,2	27,2	92
6. Gelbmittel . .	90,8	9,2	0,3	3,6	58,7	9,3	18,9	4,6	33	64
7. Rotfett	90,7	9,3	0,9	2,2	43,6	14,8	29,2	7,3	13	122
8. Gelbmittel . .	90,6	9,4	0,8	7,5	57,5	13,9	10,9	6,3	34	85
9. Goldgelb . . .	90,5	9,5	0,3	1,8	57,7	9,6	21,1	5,0	30	101
10. Gelbmittel . .	89,8	10,2	0,3	2,9	50,9	11,2	24,5	4,6	30,3	74
11. Gelbfett . . .	89,6	10,4	0,7	4,1	44,6	6,5	33,7	4,6	17,8	110
12. Rotfett	88,8	11,2	0,7	3,1	44,2	13,3	27,5	5,9	18,8	146
13. Rotfett	88,4	11,6	0,3	4,5	35,7	14,9	33,0	9,2	13,8	103
14. Gelbfett . . .	87,2	12,8	0,7	2,6	33,2	9,2	41,5	6,7	12,2	105
15. Graufett . . .	87,0	13,0	1,3	2,8	29,4	8,7	44,8	10,7	5,0	123
16. Gelbfett . . .	85,6	14,4	0,8	3,9	30,8	17,0	33,1	8,7	14,0	121
17. Abhang . . .	84,7	15,3	2,0	4,3	36,9	12,9	28,6	8,5	13,7	145
18. Graufett . . .	83,0	17,0	0,7	3,0	26,6	8,4	44,3	7,7	6,6	140
19. Graufett . . .	80,5	19,5	0,8	3,9	33,4	11,9	30,5	9,5	9,5	185
Im Mittel	89,2	10,8	0,7	5,6	46,8	10,5	25,5	6,2	26,5	102

Der Klassifizierung nach sind Nr. 1—3 magere, 4—18 mittelfette, 19 fetter Formsand; Nr. 1—10 mittelkörnige, 11—19 feinkörnige Sande.

Zahlentafel 96.

Eisengehalte einiger Formsande.

Herkunft	Farbe des Sandes	Eisengehalt %
1. Reichenbach	gelblichweiß	0,44
2. Höfles	rosa	0,82
3. Ellrich	rosa	0,85
4. Fürstenwalde	dunkelviolett	0,92
5. Kaiserslautern	ziegelrot	1,04
6. Rosenthal	grün	1,65
7. Halle	gelb	1,96
8. Gödringen	grünlichgrau	2,58
9. Kirchhellen	gelbbraun	2,75
10. Söllingen	grün	2,86
11. Bottrop	hellgelbbraun	3,11
12. Osterfeld	bräunlichgrün	3,59

(Standfestigkeit F) zur Charakterisierung der Formsande angeführt. Hierbei ist noch zu bemerken, daß die physikalisch-mechanischen Ergebnisse (D und F) Höchstwerte darstellen als Folge sorgfältig gemischter, oftmals gesiebter Untersuchungsproben geringen Gewichtes im Gegensatz zur technisch durchgeführten Sandaufbereitung im Gießereibetriebe. Die Auswahl der Sande einzelner Gebiete erstreckte sich auf typische grob- mittel- und feinkörnige Sande verschiedenen Tongehaltes und zeigt in anschaulicher Weise die „Natur" der Sande, d. h. die Resultante der Strukturelemente bezüglich der Gebrauchseigenschaftsmerkmale (D und F).

Eine weitere Zusammenstellung in Zahlentafel 95 gibt die Charakteristik der bekannten Formsande von Beidersee bei Halle a. d. S. („Hallescher Sand"), geordnet nach steigendem Tongehalt wieder, um zu zeigen, wie unsicher sich die den Sanden auf den Weg gegebenen Handelsbezeichnungen gestaltet haben, weil ein kennzeichnendes Untersuchungsverfahren bisher fehlte, daher den Sandlieferern gegenüber ein Vorwurf nicht erhoben werden kann. In Zukunft dürfte hierin Wandel zu schaffen sein. Für die süddeutschen Sande betrug die Zahl der den ermittelten Tatsachen widersprechenden Handelsbezeichnungen beispielsweise 47%.

In der Zahlentafel 96 sind die Eisengehalte an 12 Beispielen erläutert; je nach der Art der Eisenverbindung zeigt der Sand eine ihm eigentümliche Farbe. Die Höhe des Eisengehaltes (auf metallisches Eisen bezogen) ist nicht immer in die Augen springend (vgl. Bottroper und Osterfelder Sande mit dem von Kaiserslautern), woher sich auch die verhältnismäßig geringe Feuerbeständigkeit des Osterfeld-Bottroper Sandes herleitet, der den leichtschmelzigen Glaukonit mit seinem Alkaligehalt enthält.

Nunmehr sollen einige Besonderheiten aufgezeigt werden, die bei Formsanden in ihrem Verhalten bei der physikalisch-mechanischen Untersuchung beobachtet werden konnten.

a) Wirkung steigender Verdichtungsarbeit auf die Gasdurchlässigkeit, Scherfestigkeit und Volumen eines Formsandes (Zahlentafel 97).

Sandprobe: Bottrop, mittelfett grau.
Sandgehalt: 85,4%. Tongehalt: 14,6%.
Korngrößen: 1. 3,3%. 2. 11,5%. 3. 63,4%. 4. 2,0%. 5. 5,2%.
Sandprobenmenge: 158 g im formgerechten Zustande.

Für jede der 9 Versuche (1—9 Schläge) war eine besondere Sandprobe zwecks Verdichtung verwendet. Die Zahlen zeigen das entgegengesetzte Verhalten von Durchlässigkeit und Festigkeit sowie den Höchstwert von D bei 3 Schlägen, der einem Optimum von F = 240 g/cm² entspricht. 3 Schläge werden stets zur Verdichtung des Probezylinders bei Sanduntersuchungen angewandt.

Zahlentafel 97.

Wirkung steigender Verdichtungsarbeit usw.

Schläge	Verdichtungsarbeit Rammgewicht 6340 g Fallhöhe 5,80 cm	D in cm³/min.	F in g/cm²	Höhe des Probezylinders bei 20,27 cm² Querschnitt
1	36,8 cmkg	90,0	93,0	55,0 mm
2	73,6 „	71,0	180,0	52,5 „
3	110,4 „	60,0	240,0	50,8 „
4	147,2 „	51,0	280,0	49,5 „
5	184,0 „	44,0	316,0	48,5 „
6	220,8 „	38,0	340,0	47,5 „
7	257,6 „	36,0	358,0	47,4 „
8	294,4 „	34,0	366,0	47,3 „
9	331,2 „	34,0	368,0	47,2 „

b) Änderung von Gasdurchlässigkeit und Festigkeitswerten bei steigenden Wassergehalten (Zahlentafel 98).

Die Festigkeitswerte zeigen für Kaiserslauterner Sand bei 6% Wasser ein erstes, bei 8,3% ein zweites Maximum, dazwischen liegen Minima, um von 10,5% an stetig anzuwachsen; bei dem Rothenstadter Sand tritt es bei 9% und 10,5% Wasser auf. Die Gasdurchlässigkeitswerte weisen bei beiden Sanden ein ausgeprägtes Maximum auf

(Kaiserslautern 6,2%, Rothenstadt 12,1%). Die Höchstwerte sind nicht ausnutzbar, da sie außerhalb des formgerechten Bereiches liegen (Kaiserslautern 3,5—5,5% Wasser, Rothenstadt 9—11% Wasser).

Zahlentafel 98.

Änderung von Gasdurchlässigkeit usw.

Kaiserslautern				Rothenstadt			
Nr.	H_2O %	D cm³/min	F g/cm²	Nr.	H_2O %	D cm³/min	F g/cm²
1	2,2	20,0	56	1	3,5	1,8	154
2	3,5	25,0	119	2	5,0	1,8	199
3	4,8	30,0	126	3	6,8	1,8	229
4	6,0	39,0	133	4	8,3	2,5	260
5	6,2	44,0	119	5	9,0	3,5	267
6	7,3	43,0	119	6	9,5	4,2	260
7	8,3	41,3	138	7	10,5	6,0	265
8	9,0	42,0	133	8	11,5	8,5	281
9	9,8	28,0	183	9	12,1	10,3	317
10	10,5	20,0	183	10	13,0	9,3	317
11	12,1	15,0	204	11	14,1	7,0	302
12	14,2	3,3	236	12	16,0	4,3	371

c) Das Verhalten von Formsanden bei wiederholten Verdichtungen (Zahlentafel 99).

Derselbe Sand bei gleichem Feuchtigkeitsgehalt untersucht, dieselbe Probe zerdrückt, gesiebt und wiederum gerammt, zeigt bei drei aufeinanderfolgenden Versuchen stets eine Abnahme von Gasdurchlässigkeit (D) und eine Zunahme der Festigkeit (F). Der Grund hierfür dürfte in der durch die wiederholte Aufbereitung verursachten Verteilung des Tongehaltes zu suchen sein.

Zahlentafel 99.

Verhalten von Formsanden bei wiederholten Verdichtungen.

Herkunft	Verdichtung	H_2O %	D cm³/min	F g/cm²
Ottmarshausen	1.	7,6	21,0	166
	2.	7,6	15,5	218
	3.	7,6	13,5	244
Kapplerwald	1.	6,6	36,0	204
	2.	6,6	34,0	211
	3.	6,6	33,0	267
Pforzheim	1.	9,7	60,0	302
	2.	9,7	40,0	342
	3.	9,7	34,0	373

d) Verhalten eines Formsandes beim Eintrocknen und wiederholter Befeuchtung (Zahlentafel 100).

Rosenthaler Stahlnaßgußsand wurde allmählich befeuchtet unter Feststellung der D- und F-Werte. In gleicher Weise wurden diese Werte beim Eintrocknen derselben Sandprobe festgestellt, worauf das Befeuchten und Eintrocknen wiederholt wurde. Die erhaltenen Zahlen zeigen die Mannigfaltigkeit der physikalischen Einwirkung auf die Strukturelemente.

e) Einfluß des Steinkohlenstaubzusatzes auf die Gasdurchlässigkeit und Festigkeit eines Formsandes (Zahlentafel 101).

Ein mittelkörniger, mittelfetter Sand von Kirchhellen (89,0% Sand und 11,0% Ton) wurde nach und nach mit erhöhtem Steinkohlenstaubzusatz bei steigendem Wasserzusatz der Prüfung unterzogen. Hierbei zeigte sich, daß Zusätze über 6% Staub von erniedrigendem Einfluß auf die mechanischen Eigenschaften sind.

Zahlentafel 100.

Verhalten eines Formsandes beim Eintrocknen und wiederholter Befeuchtung.

Behandlung	H_2O %	D cm³/min	F g/cm²	Behandlung	H_2O %	D cm³/min	F g/cm²
1. Anfeuchtung	2,4	88,0	—	2. Anfeuchtung	0,6	88,3	—
	3,9	82,0	224		3,0	80,0	218
	5,0	90,0	218		5,5	84,0	304
	6,0	90,0	197		7,2	54,3	183
	7,5	61,0	192		8,2	39,0	166
1. Eintrocknung	6,5	80,0	211	2. Eintrocknung	5,8	75,0	260
	4,4	130,0	274		4,3	100,0	317
	3,2	110,0	224		2,8	86,0	194
	2,3	96,3	—		1,8	80,0	—
					0,6	70,0	—

Zahlentafel 101.

Einfluß des Steinkohlenstaubzusatzes usw.

Kohlenstaubgehalt %	H_2O %	D cm³/min	F g/cm²
0	4,3	43,6	169
	6,9	45,0	207
	8,2	46,0	246
	10,0	37,3	251
3	4,4	30,0	134
	6,7	37,0	214
	8,5	40,3	229
	10,0	39,0	281
6	4,2	18,3	112
	6,5	27,6	206
	8,3	35,0	220
	9,5	36,6	293
9	4,5	13,0	107
	6,5	22,0	186
	8,0	29,0	207
	9,7	32,0	267

Kohlenstaubgehalt %	H_2O %	D cm³/min	F g/cm²
12	4,5	8,0	97
	6,5	17,0	159
	8,0	23,0	197
	9,5	25,0	230
15	4,0	6,0	85
	6,0	11,5	159
	8,0	16,8	188
	9,5	19,8	216
	10,7	18,6	239
	11,8	17,3	295
18	4,0	3,5	97
	6,0	8,8	154
	8,0	13,0	176
	9,5	19,1	203
	10,6	18,3	239
21	4,0	3,0	77
	6,0	6,5	142
	8,0	12,0	169
	9,5	17,0	209
	10,5	18,5	226

Versuche, die Gasdurchlässigkeit auf Grund der Korngrößenverfassung vorauszusagen, lieferten nur für grob- und feinkörnige Sande zufriedenstellende Ergebnisse. Bei mittelkörnigen Sanden ließ sich eine Gesetzmäßigkeit nicht erkennen.

Die Festigkeit steigt im allgemeinen mit dem Tongehalt; es ergaben Sande von 0—8% Tongehalt im Mittel bis 90 g/cm², von 8—18% Ton 90—250 g/cm², über 18% Ton mehr als 250 g/cm² Festigkeit. Sande von hohem kolloidalen Tongehalt überschreiten diese Mittelwerte erheblich, während Sande mit hohem Tongehalt verhältnismäßig niedrige Festigkeiten dann aufzuweisen pflegen, wenn Kaolinite die Hauptmenge des Sandes ausmachen.

Aus einer großen Zahl untersuchter Formsande, Modell- und Altsande ließen sich vielleicht die folgenden Werturteile bezüglich Gasdurchlässigkeit und Festigkeit herleiten:

1. Gasdurchlässigkeit:	sehr gering	0— 5 cm³/min/1 cm³ Sand
	gering . . .	5—15 „ „ „ „
	mittel . . .	15—28 „ „ „ „
	gut, mehr als	28 „ „ „ „
2. Scherfestigkeit:	gering . . .	0—100 g/cm²
	mittel . . .	100—200 „
	gut, mehr als	200 „

Späterhin wird eine gewisse Normierung in dieser Hinsicht anzustreben sein.

Eine ganze Reihe von Fragen harrt noch der Lösung, unter anderem betreffend die Eignung der Sande für Naß- und Trockenguß, die Lebensdauer von Modellsandgemischen, die Kernsande, Kernbindemittel und deren Bewertung; sie bleiben der weiteren Bearbeitung vorbehalten.

Durchführung der Sandprüfung im Gießereibetriebe.

Im Betriebe kommt es darauf an, sichere Unterlagen für die Beurteilung der Frisch- und Gebrauchsande zu gewinnen, an denen mittels fortgesetzter regelmäßiger Überwachung durch Untersuchung festzuhalten ist.

In Anbetracht der Mannigfaltigkeit der Formsande wäre zunächst zu ermitteln, ob mit den in näherer Umgebung vorkommenden Sanden ein brauchbares Gemisch hergestellt werden kann. Dies ist wohl eine der wichtigsten Fragen, auch vom wirtschaftlichen Gesichtspunkte aus, die bisher nicht beantwortet werden konnte.

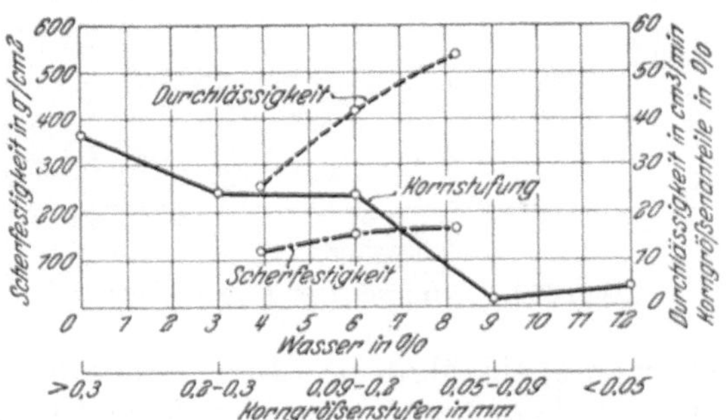

Abb. 456. Ellricher Sand.

Um aufzuzeigen, wie die Struktur bezüglich der Gebrauchseigenschaften eines Formsandes durch die Korngrößenbeschaffenheit beeinflußt wird, betrachte man die Linien (Abb. 456—459). Die Kornstufungs-Linie zeigt fünf Haltepunkte, entsprechend den fünf ermittelten Korngrößenstufen, deren Größen in Millimeterdurchmesser angegeben und in Prozent auf der rechten Seite kenntlich gemacht sind. Die Linie für die Scherfestigkeit betrifft die Stand- oder Bindefestigkeit. Die Linie der Gasdurchlässigkeit zeigt je drei Haltepunkte, entsprechend dem unten angegebenen Wassergehalt. Dies soll zeigen, mit welchen Wassergehalten ein Formsand zu wenig, gerade richtig (formgerecht) und zu viel versehen ist.

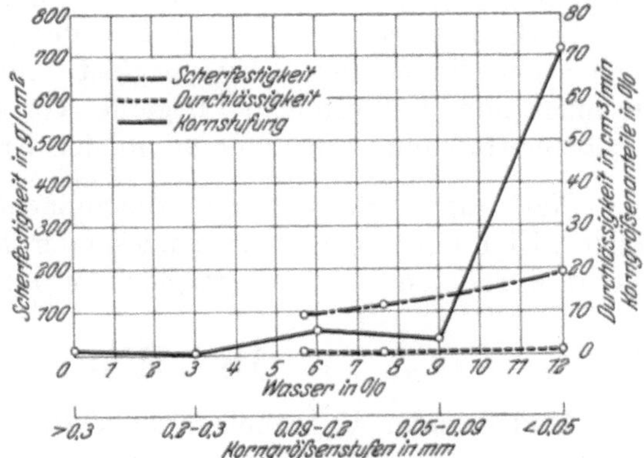

Abb. 457. Fürstenwalder Sand.

Der Ellricher Formsand (Abb. 456), nach seiner Korngrößenstufung ein grobkörniger, nach seinem Tongehalt ein schwach mittelfetter Sand zeigt bei 6% Wassergehalt eine mittlere Scherfestigkeit (151 g/cm²) und eine gute Gasdurchlässigkeit (41,7 cm³/min). Die Begründung dieser Ergebnisse läßt sich wie folgt geben: Der Tongehalt ist niedrig zu nennen (bis 8% gelten Sande für gewöhnlich als mager), daher die verhältnismäßig geringe Scherfestigkeit; der zur Verfügung stehende Ton reichte nicht aus, um die einzelnen Körner vollständig mit einer Hülle zu versehen. Anders verhält es sich mit der Gasdurchlässigkeit: die grobe Kornverfassung ermöglicht der Luft ihren Weg zu finden, zumal der Feinsandanteil (4 und 5%) eine nur geringe Menge ausmacht.

Ein anderes Bild liefert die Sandprobe von Fürstenwalde (Abb. 457). Die Korngrößenverfassung ist die eines feinkörnigen, der Tongehalt der eines mittelfetten Formsandes. Die Scherfestigkeit ist eine mittlere, obwohl der Tongehalt höher ist als in dem vorigen Sand. Der Grund ist lediglich auf die Feinheit des Kornes zurückzuführen. Sehr charakteristisch ist die äußerst niedrige Gasdurchlässigkeit, die wiederum durch die Kornfeinheit bedingt ist. Weiterhin werden zwei Gebrauchsande in Abb. 458 und 459 zur Darstellung gebracht. Abb. 458 stellt einen Gebrauchsand dar, der sich gut, Abb. 459 einen solchen, der sich nicht bewährt hat. Der gute Gebrauchsand stellt eine mittelkörnige Mischung von mittelfettem Charakter dar. Der Bindetongehalt läßt sich bei einem Gebrauchsand nicht feststellen, da sowohl der unverbrauchte bildsame als auch der bereits totgebrannte, d. h. unwirksame Ton durch das Schlämmverfahren entfernt wird. Bemerkenswert ist die Korngrößenverfassung, die ein schroffes Ansteigen zur Mittelkörnigkeit (51,7 %) und ebensolche Abnahme zeigt. Bei mittlerer Scherfestigkeit (167 g/cm²) ist die Gasdurchlässigkeit eine gute (39 cm³/min). Vergleicht man damit die Körnerverfassung des geringwertigen Gebrauchsandes, so fällt auf, daß sich die Korngrößenanteile ab und auf, also im Zickzack bewegen. Die Scherfestigkeit ist trotz höheren Tongehaltes zurückgegangen, die Durchlässigkeitslinie ist unter die der Festigkeit gesunken, da die feineren Kornanteile die Zwischenräume zwischen den gröberen verstopfen. Zahlreiche Feststellungen vorstehender Art ergaben zu allermeist ein ähnliches Bild; Ausnahmen konnten jedoch stets ihre Begründung in Besonderheiten z. B. der Kornform (rund, vieleckig, zackig) finden.

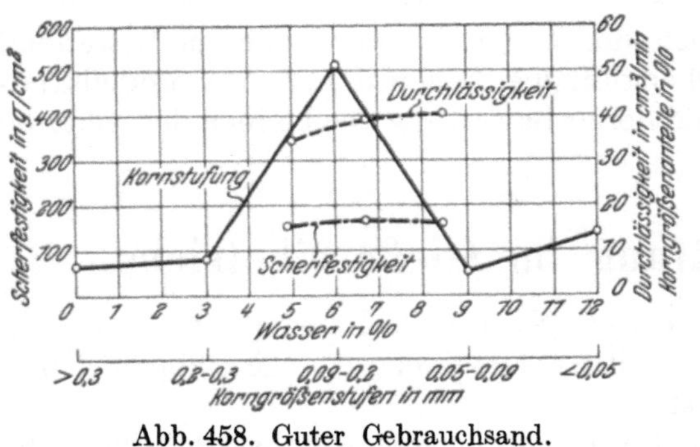

Abb. 458. Guter Gebrauchsand.

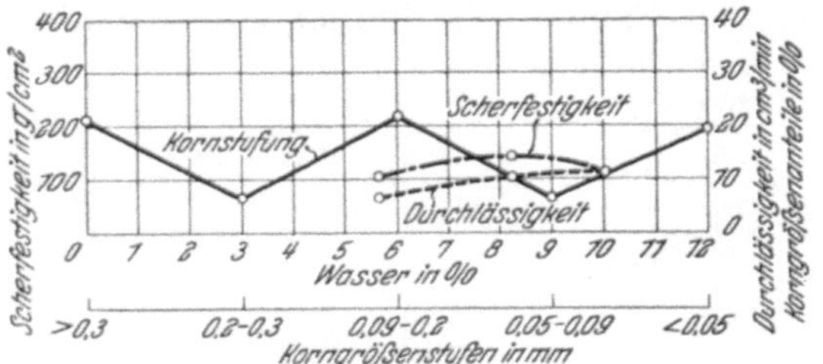

Abb. 459. Geringwertiger Gebrauchsand.

Ist somit die einwandfreie Ermittlung der Korngrößenstufung der Grund für das Verhalten gegenüber den mechanisch-physikalischen Beanspruchungen, so kann erstere als Erklärungsgrund für ein gutes oder geringes Ergebnis der letzteren gelten. Wird daher ein Sinken der Scherfestigkeit und vor allem der Gasdurchlässigkeit eines Gebrauchsandes festgestellt, so liegt der Grund einmal in der ungünstig gewordenen Korngrößenverfassung, zum anderen in der Erschöpfung des Bindetongehaltes.

Nach diesen Erörterungen, die zunächst die Möglichkeit der Erkennung der „Natur" oder „Eignung" eines Formsandes oder Sandgemisches darzutun bezwecken, soll versucht werden, den systematischen Aufbau der Formsandwirtschaft anzubahnen.

Die Wahl des Formsandes.

Modell- oder Gebrauchssand setzt sich zusammen aus bereits gebrauchtem Sand und Frischsand unter Zusatz von Steinkohlenstaub. Zweck des Zusatzes von Frisch- oder Neusand ist, den verbrauchten Bindetongehalt zu ersetzen. Dies setzt voraus, daß der Frischsand einen möglichst hohen Gehalt an Bindeton besitzt. An einem Beispiel läßt sich dies wiederum am besten zeigen. Als ein solcher Sand kann z. B. der Bottroper Formsand gelten, der folgende Werte zeigt:

	Körnungsstufen	
Sand 84,4 %	1. 5,9 %	Beschaffenheit: mittelkörnig. stark mittelfett.
Ton 15,6 %	2. 14,7 %	Scherfestigkeit bei 7 % Wasser 295 g/cm².
	3. 56,9 %	Gasdurchlässigkeit 58 cm³/mm.
	4. 1,6 %	
	5. 5,3 %	

Durch die systematische Untersuchung wurde jedoch erst erwiesen, was früher nur auf Grund praktischer Erfahrung möglich war. Vom wirtschaftlichen Standpunkt aus kann jedoch die Frage gestellt werden, wieviel Frischsand einer gegebenen Menge gebrauchten Sandes zuzusetzen ist, um ein zufriedenstellendes Gebrauchsgemisch zu erhalten. Diese Frage wird auf dem Versuchswege derart zu beantworten sein, daß man zunächst den Altsand auf Scherfestigkeit und Gasdurchlässigkeit im formgerechten Zustande prüft und nun schrittweise Frischsand in abgewogenen Mengen zu einer größeren Menge Altsand hinzufügt, um alsdann die oben bezeichneten Prüfungen vorzunehmen. Dabei wird sich häufig zeigen, daß man früher zuviel Frischsand verwendet hat, daß man also hätte sparen können. Es wäre daher mit einem jeden Sande so zu verfahren. Daß es in allen Fällen nicht ohne Ausgleiche abgehen wird, ist zu erwarten, da sich nicht jede Gießerei die anerkannt besten Sande beschaffen kann, zumal letztere nach den bisher gemachten Feststellungen nicht allzu häufig vorkommen, daher man auch mit weniger guten Sanden auskommen muß.

Soll nach dem Vorangegangenen die Beschaffenheit des zuzusetzenden Frischsandes eine solche sein, daß sie den Gebrauchsand günstig beeinflußt, so muß man sich ebenso sehr davor hüten, einen minderwertigen Sand, weil er billig ist, zu verwenden. Es ist ferner zu beachten, daß man die Sandaufbesserung nicht mit einem Male durchführen kann. Erst muß der Altsand die Kornverfassung, die sich als vorteilhaft erwiesen hat, allmählich durch Ausmerzung des früheren unvorteilhaften Altsandes annehmen, dann wird das angestrebte Maß von Gasdurchlässigkeit erhalten bleiben, und es wäre nur die Ergänzung des verbrauchten Bindetongehaltes durch entsprechende Mengen Frischsand nach Bestimmung der geforderten Scherfestigkeit zu veranlassen. Bisher wurden Altsande dann abgesetzt, wenn sie nicht mehr „standen“, d. h. eine unzulängliche Bindefestigkeit zeigten. Nun konnte in verschiedenen Fällen gezeigt werden, daß solch ein abgesetzter Sand dennoch die volle Gebrauchsfähigkeit sowohl an Bindefestigkeit als auch an Gasdurchlässigkeit aufwies, also noch nicht völlig ausgenutzt war. Es bedarf wohl keines Hinweises, daß gerade dieser Umstand für Gießereien von Bedeutung ist, wo täglich große Mengen Sand eingeführt und abgesetzt werden.

Die Frage bezüglich der Gattierung, d. h. der zweckmäßigen Mischung von Formsanden zur Gewinnung von Modellsand kann nur ganz allgemein beantwortet werden, da die Natur der Sande überaus verschieden ist. Vor allem muß davor gewarnt werden, zuviel Sandsorten zu verwenden; hierdurch läßt sich eine günstige Verfassung des Sandgemisches, wie die Erfahrung lehrt, nicht herstellen. Das Ziel, ein genügend standfestes und gasdurchlässiges Sandgemisch herzustellen, setzt voraus, daß man die Sande in ihrer Struktur kennt, d. h. es müssen Tongehalt und Korngrößenstufung zuvor ermittelt werden; die Bestätigung wird durch die Bestimmung der Scherfestigkeit und Gasdurchlässigkeit erhalten.

Ist nunmehr ein brauchbares Gemisch herausgefunden, so wird sich dessen günstige Verfassung auch im Altsand alsbald bemerkbar machen. In ihm ist im großen und ganzen die Kornverfassung nur dadurch einer Veränderung unterworfen, daß die Staubanteile, herrührend von der Asche des Steinkohlenstaubes und vom verbrauchten, d. h. totgebrannten Bindeton, der also seine Bildsamkeit durch den Einfluß des hocherhitzten Gußeisens eingebüßt hat, die Gasdurchlässigkeit ungünstig beeinflussen.

Im Anschluß hieran wäre noch die Frage der Wiederauffrischung (Regenerierung) des Gebrauchsandes durch Bindetonzusatz zu erörtern. Es liegt nahe, durch geeignete Maßnahmen dem Sande die verbrauchten Bindetongehalte als Tonsubstanz wieder zuzufügen. Das Schrifttum, namentlich seitens amerikanischer Gießereifachleute, zeigt bemerkenswerte Vorschläge und Äußerungen über diese Angelegenheit[1]).

Einige Richtlinien, an Hand derer das Verfahren in die Wege geleitet werden kann, mögen angedeutet werden. Zunächst sei die Wahl eines geeigneten Bindetones zu treffen. Reiner, sog. feuerfester Ton ist nicht ganz leicht zu behandeln, er setzt dem Zerkleinern bis zur Mehlfeinheit einen erheblichen Widerstand entgegen, wenn ein geringer Feuchtigkeitsgehalt vorliegt, er ballt sich zusammen und bildet dünne Plättchen, die, ohne vorher

[1]) Vgl. Literaturübersicht auf S. 539.

getrocknet zu werden, sich nicht weiter zerkleinern und sieben lassen. Es gibt nun eine Reihe von Tonen, die mit geringem Sandgehalt behaftet sind und trotzdem einen hohen Gehalt an kolloidaler Tonsubstanz aufweisen; sie sind die geeignetsten. Gut vorgetrocknet, lassen sich diese auch leicht in Tonmehl verwandeln. Die Hauptschwierigkeit liegt nach den vorliegenden Erfahrungen in der zweckmäßigsten Einverleibung des Tones in den Sand.

Es gibt zwei Möglichkeiten hierfür; entweder mischt man das Tonpulver in Schleudermühlen in genügender Menge zu, oder man verwandelt den Ton in einen dünnen Brei — Tonmilch — und läßt diesen an Stelle von Befeuchtungswasser in geeigneter Weise zufließen. Systematische Verfahren liegen, wie bereits erwähnt, noch nicht vor; dessenungeachtet mag der einzelne sich mit dieser Aufgabe praktisch befassen; die stets vorzunehmende Prüfung des Erzeugnisses gibt Auskunft, ob man sich auf dem richtigen Wege befindet. In jedem Falle fange man mit geringen Tonmengen an und warte auf den Erfolg der Prüfung. Mißerfolge zeigen nur, daß man nicht den geeigneten Ton zur Anwendung brachte oder bei der richtigen Mengenbemessung fehlte. Minderwertige, stark sandige Lehme kommen nicht in Frage. Der Gehalt an feinstkörnigem Quarzsand ist bei ihnen die Regel, der denn auch das Korngrößenverhältnis des ursprünglichen Sandes ungünstig beeinflussen würde. Hauptsache ist, dem gebrauchten Sand dasjenige Mindestmaß an Bindeton in einer Weise einzuverleiben, die eine weitestmögliche Verteilung im Sande gewährleistet; Anhäufungen von Ton werden sich immer unliebsam bemerkbar machen.

Der Wiederauffrischungsgedanke ist zweifellos der Beachtung wert, da einmal eine Zeit kommen wird, in der die besten Formsande abgebaut sein werden; indessen wird der Zusatz von geringen Mengen Frischsand zur Unterstützung beizubehalten sein, solange man nicht zu befriedigenden Ergebnissen mit Tonzusatz allein gelangt. Es möge noch erwähnt werden, daß die Oberflächengestaltung der Sandkörner insofern von Bedeutung ist, als die schrundige, rauhe Form die geeignetste für die Haftung des Tones ist. Man wird daher die Erfahrung machen, daß nicht ein jeder Sand für die Wiederauffrischung mit Ton geeignet ist. Um den Grund dafür festzustellen, bediene man sich des Mikroskopes; man wird an einer kleinen Probe erkennen, daß die Sandkörner nur mäßigen Zusammenhang mit der Tonsubstanz zeigen, oder, wenn sie eine sehr glatte Oberfläche besitzen, keinen Ton annehmen.

Die Formsandlagerstätten und deren Bewirtschaftung.

Zur Zeit vollzieht sich die Gewinnung des Formsandes auf Grund rein erfahrungsmäßiger Beurteilung und Handhabung. Eine Zusammenarbeit von Sandlieferern und Sandverbrauchern in der Weise, daß letztere fordern und erstere liefern, konnte es bislang nicht geben, weil eine begründete Kenntnis des Formsandes hinsichtlich seiner Beschaffenheitsmerkmale fehlte. Nur die rein handwerksmäßige Erfahrung hat den Weg für den Bezug geeigneter Formsande gewiesen, allerdings unter Inkaufnahme auftretender Mißerfolge, wenn die Lieferung anfänglich günstig zusammengesetzter Formsande sich nach und nach oder plötzlich änderte, sei es durch Änderung der Beschaffenheit innerhalb der Lagerstätte oder durch Außerachtlassen der nötigen Vorsicht beim Verladen durch die Grubenarbeiter.

Es soll nun versucht werden, die planmäßige Gewinnung des Formsandes in der Grube an Hand von leicht durchführbaren Vorschlägen in die Wege zu leiten, um die gleichmäßige Lieferung zu gewährleisten. Es ist nicht zu leugnen, daß in der Industrie ganz allgemein der Grundsatz vertreten wird, von einem gelieferten Stoff auch die Beschaffenheit wissen zu wollen. Die Abnahmevorschriften z. B. von Eisen und Stahlerzeugnissen zeigen auf das deutlichste, inwieweit die Forderungen des Abnehmers vom Erzeuger zu erfüllen sind. Sollte das nicht auch in gewissem Maße für den zu liefernden Formsand Geltung haben? Zum Gießen gehören zwei Dinge: das flüssige Gußeisen und die zu füllende Gußform. Ersteres ist in seiner Zusammensetzung durch vorangehendes Gattieren bekannter Eisensorten in den allermeisten Fällen bekannt, während die Gußform aus angeliefertem Frischsand und bereits früher gebrauchtem Modellsand nach vorangehender

Aufbereitung auf reinem Erfahrungswege erstellt wird, wobei das Gefühl von ausschlaggebender Bedeutung noch heute ist; nun ist „Gefühl" die subjektive Äußerung eines unserer Sinnesorgane, das oftmals einer Täuschung unterliegt.

Die Formsandlagerstätten sind in ihrer Ausbildung sehr verschiedenartig. Entweder liegt der Sand versandfertig vor, oder er muß einer Zerkleinerung an Ort und Stelle oder erst in der Gießerei unterworfen werden. Dies hängt mit dem Stande der Verwitterung des Ursprungsgesteins, meist tonigen Sandsteines, zusammen. In den allermeisten Fällen handelt es sich um die Ausbeutung von Ablagerungen über dem Grundwasserspiegel, und nur, wenn die Möglichkeit der Wasserabführung besteht, wird man auch die tieferliegenden Sandmengen gewinnen können. Betrachtet man eine Formsandgrube näher, so fällt die verschiedenartige Ausbildung des Sandlagers in die Augen. Meist von einer gewissen Mächtigkeit, die je nach der Erhebung des Vorkommens über die nähere Umgebung mitunter 10 bis 12 m beträgt, fällt zunächst die Farbe des Sandes und die Art der Ablagerung in die Augen. Ein normales Sandvorkommen ist in seinem obersten Teil von einer mehr oder weniger mächtigen, unbrauchbaren Decke überschichtet, die mit „Abraum" bezeichnet wird (Abb. 460 und 461).

Abb. 460. Grube Ratingen, Stufenbau.

Zu oberst liegt die Ackerbodenschicht, erkennbar an der dunkleren Farbe, vom Humusgehalt bedingt; darunter folgen entweder lehmige, mit Gesteinstrümmern durchsetzte Schichten der Grundmoräne (Norddeutschland) oder grobe Schotter, Kiese, Grande, auch bereits feine magere Sande; mit einem gewissen Tongehalt durchsetzt, können derartige Sande als Kern- oder Formsand ausgebeutet werden. Die Beschaffenheit der tieferliegenden Sandschichten ändert sich in vielen Fällen in auffallender Weise, so daß nichts weiter übrig bleibt, als ein möglichst einheitliches Gemisch der gesamten Sandhöhenschicht als Formsand zur Versendung zu bringen. Ist der Unterschied zwischen den einzelnen Sandlagen derart groß, daß sie mit der Schaufel abgebaut werden können, so lassen sich aus einer Grube ziemlich scharf unterschiedliche Sandsorten gewinnen.

Abb. 461. Grube Osterfeld, Baggerbetrieb.

Verfolgt man eine Steilwand von oben nach unten durch Einschneiden mit einem starken Messer, so beobachtet man einen gewissen Widerstand, der sich dem Hinunterdrücken des Messers entgegensetzt. Je größer derselbe, um so tonhaltiger, d. h. fetter ist der Sand. Das gleiche läßt sich auch an einer Wand beobachten, die längere Zeit ohne Abbau gelassen wurde; hier zeigen sich die fetteren Lagen (Bänke) mit glatter Oberfläche, die mageren hingegen sind von rauherer Beschaffenheit und bereits etwas ausgehöhlt, eine Folge des darüber hinweggelaufenen Regenwassers; trocknet die Oberfläche, zumal im Sommer, erheblich aus, so rieselt der magere Sand unter der Wirkung des Windes allmählich ab, während der fette Sand „steht", also kaum dadurch beeinflußt wird.

Bei der Gewinnung des Sandes verdient der Abraum besondere Beachtung; derselbe muß sorgfältig abgedeckt werden und zwar so weit nach hinten, daß sein Abstürzen über die Sandwand auf den Grund der Grube ausgeschlossen ist. In Gruben mit hoher Erzeugung wird dieser Forderung zu allermeist Genüge geleistet, da ohne sie eine Erledigung der eingehenden Aufträge unmöglich wäre. In Gruben mäßiger Sandgewinnung kann man häufig beobachten, daß ganze Massen Deckschotter in die Grube abgeglitten sind, die den Betrieb einmal erheblich behindern und zum anderen zu Verlusten an brauchbarem Sand führen, abgesehen von den vermehrten Gestehungskosten. Werden die Aufräumungsarbeiten nicht sorgfältig ausgeführt, so kommen diese Schotter und Kiese mit in den zur Versendung gelangenden Formsand und führen mit Recht zu Beanstandungen. Der Grund für diese Vorkommnisse ist in der scheinbar unproduktiven Ausgabe für Arbeiten zu erblicken, die vorher zu leisten sind, ehe die produktive Arbeit einsetzt. Beanstandungen kieshaltiger Formsandsendungen sollten daher stets unter Inaugenscheinnahme der Grube vorgenommen werden.

Was nun den Formsand eines Vorkommens anbetrifft, so findet man häufig das Bestreben, möglichst viele Sorten herauszuwirtschaften, so daß mitunter eine ganze Skala von mager bis fett mit Farbenbezeichnungen auf Angeboten erscheint. Dies bedeutet eine Erschwernis sowohl für den Erzeuger als auch für den Verbraucher. Zunächst hält es schwer, die angepriesenen Sandsorten streng auseinanderzuhalten, je größer deren Zahl ist, da doch letzten Endes der Grubenarbeiter seiner Gewohnheit folgend diese Unterscheidung zu treffen hat. Verhältnismäßig leicht gestaltet sich die Scheidung von mageren und fetten Sandsorten, die sich mit dem Spaten herausfühlen lassen, während die mittelfetten Sorten schwieriger zu beurteilen sind, zumal bei feuchtem Wetter. Sande mit geringerem Tongehalt erwecken alsdann den Eindruck, als ob es sich um fettere Sandsorten handele, während bei langanhaltender Trockenheit das Gegenteil vorgetäuscht wird. Auch hier zeigt sich wiederum, wie mangels feststehender Unterscheidungsmerkmale eine reinliche Scheidung zur Unmöglichkeit wird.

Über die Farbe der Formsande läßt sich nur sagen, daß sie eine gewisse Wirkung auf die Haftung der Feuchtigkeit am Sande ausübt, eine Erscheinung, die als Adsorption bezeichnet wird. Es ist als erwiesen zu erachten, daß zwei Sande mit gleichem Tongehalt und ähnlicher Korngrößenverfassung, der eine hellfarben, der andere durch Eisen gefärbt, unterschiedliche Mengen Wasser erfordern, um in den „formgerechten" Zustand versetzt zu werden, und zwar wird der letztere weniger Wasser dazu erfordern als der erstere, ein Vorzug, der sich in der Gießerei insofern günstig auswirkt, als die Trockenzeiten der Formen kürzer sind, bzw. bei Naßguß weniger Dampfentwicklung verursacht wird. Über die Färbung und ihre Ursachen wurde bereits auf S. 528 gesprochen; erwähnt sei noch die dunkle bis schwarze Farbe mancher Formsande, zumal die der Braunkohlenformation (Elsterwerda), die durch bituminöse Stoffe hervorgerufen wird. Alle hellfarbenen Formsande sind mit nur geringen Eisengehalten behaftet. Sind so die Verhältnisse der Sandvorkommen in der Grube in großen Zügen geschildert, so wäre noch auf einige wirtschaftliche Gesichtspunkte hinzuweisen. Der Formsand wird in althergebrachter Weise gewonnen und verladen, gleichviel bei welchem Wetter. Eine Normierung des mitunter recht beträchtlichen Wassergehaltes, der sich bei weiteren Transporten recht ungünstig auswirkt, gibt es bislang nicht, obwohl derselbe bei Kohlen, Erzen und vielen anderen Rohstoffen einer Feststellung und Bewertung unterzogen wird. Ein gewisser Wassergehalt ist selbst im lufttrocknen Zustande festzustellen und daher unvermeidlich. Nun kann der Wassergehalt soweit steigen, daß der Sand eine breiige Form annimmt, er ist übernäßt; diese Erscheinung zeigt sich überall dort, wo man auf dem Grundwasserspiegel eines Vorkommens angelangt ist, weshalb man zumeist von der Ausbeutung dieser Sande absieht, falls sie nicht von besonders guter Beschaffenheit sind (vgl. Zahlentafel 102). Es ist praktisch undurchführbar, daß eine Grube dauernd lufttrockenen Sand liefern kann; maßgebend müßte der grubenfeuchte Zustand sein. Unter „grubenfeucht" ist der Feuchtigkeitsgehalt zu verstehen, der sich unbeeinflußt durch meteorologische Änderungen eingestellt und daher eine gewisse Beständigkeit erlangt hat. Bei dauerndem Abbau wird er in jedem einzelnen Fall, sei es bei fettem oder magerem Sand, ungefähr denselben Betrag ausmachen, es sei denn, daß langanhaltende Trockenheit oder Regen ihn erniedrigen bzw. erhöhen. Immerhin wird mit der Zeit eine Berücksichtigung dieses Umstandes in die Wege zu leiten sein, denn nicht nur wird Geld für Wassertransport ausgegeben, sondern es wird auch Wasser für Sandgewicht in Kauf genommen.

Zahlentafel 102.

Sättigungsgrade einiger Formsande für Wasser.

Herkunft	Sand %	Ton %	Korngrößen %					Wassergehalt %		
			1.	2.	3.	4.	5.	maximal	nach 102 Std.	formgerecht
Halle, graufett . .	87,0	13,0	1,3	2,8	29,4	8,7	44,8	51,6	13,8	5,0
Fürstenwalde . . .	91,9	8,1	1,7	0,9	60,2	12,8	16,3	41,2	10,2	8,2
Bottrop	85,4	14,6	3,3	11,5	63,4	2,0	5,2	35,7	9,5	8,4
Halle, gelbmager .	91,5	8,5	0,5	1,9	55,5	11,7	21,9	32,2	7,5	4,2
Ratingen	83,5	16,5	0,4	2,1	61,5	10,2	9,3	30,0	8,9	6,0
Kaiserslautern . .	84,1	15,9	23,9	15,4	26,1	3,5	15,2	27,9	13,2	5,9

Nicht allein dies ist von wirtschaftlicher Bedeutung, es kommen auch noch die Kosten für Trocknung in der Gießerei hinzu, die bei fetteren Sanden zum Zusammenballen führen, was wiederum ein Zerkleinern durch Walzen, Kollern und Absieben erforderlich macht, wodurch die ursprüngliche Beschaffenheit des Formsandes leidet. Ein Beispiel ist in Zahlentafel 103 wiedergegeben.

Ein weiterer, nicht minder wichtiger Gesichtspunkt ist die Lieferung aufbereiteten Formsandes seitens der Gruben von bestimmter und vor allem gleichmäßiger Beschaffenheit, so daß die Gießereien ihn ohne weiteres zu Modellsandgemischen,

Zahlentafel 103.

Wirkung des Kollerns in Bezug auf die mechanischen Eigenschaften.

Formsand von Bottrop, mittelfett grau, wurde vor und nach dem Kollern untersucht; es ergaben sich folgende Veränderungen:

	Sand %	Ton %	Korngrößen %					Wasser: formgerecht	D cm^3/min	F g/cm^2
			1.	2.	3.	4.	5.			
1. Vor dem Kollern . . .	83,5	16,5	3,9	12,0	61,8	1,4	4,4	6,5	76,5	253
2. Nach dem Kollern . .	81,8	18,2	4,1	12,8	59,7	1,2	4,0	6,6	58,0	346

Die Verschiebung des Tongehaltes (1,7%) beruht auf der Probeentnahme. Die Gasdurchlässigkeit ist erheblich gesunken (Verstopfung der Zwischenräume durch abgeriebenen Ton), die Festigkeit gestiegen, infolge innigeren Verbandes der Körner.

ohne Mißerfolge zu fürchten, benutzen können. Es würde dies zu Einheitssanden einer Grube führen, was ja auch seitens einiger Gruben bereits versucht worden ist, sei es, daß die ganze Sandhöhe des Lagers von unten nach oben durch Löffelbagger oder durch Spatenarbeit von oben nach unten durchzogen wird. In beiden Fällen ist die Mischung eine unvollkommene, da ja die gewonnenen Sandmengen, auf den Förderwagen geworfen, sich nur überlagern und nur noch zweimal durch Kippen in den Wagen und Entleeren des Sandes in der Gießerei einer Mischungsmöglichkeit unterworfen werden. Bei fetten Sanden mit hohem Wassergehalt ist diese Mischungsarbeit ziemlich ergebnislos wegen Ballenbildung, während magere Sande sich eher dazu eignen.

Für die unmittelbare Prüfung des Sandes an der Grube wäre ein einfaches Untersuchungsverfahren am Platze, das vom Aufseher oder Vorarbeiter angewandt,

Änderungen des Tongehaltes in der Abbauwand anzeigte, um danach Anordnungen für die angeforderte Sandsorte zu treffen.

E. W. Smith[1]) hat dies in der Weise versucht, daß er eine gewisse Sandmenge (5 g) in einem graduierten Glaszylinder mit Wasser solange schüttelte, bis der Ton zum größten Teil ausgeschwemmt wurde, um sich nach längerer Zeit über dem Sand abzusetzen. Die Höhe der Tonsäule gibt dann ein Maß ab für den Tongehalt, wenn derselbe vorher auf genaue Weise, wie oben beschrieben, ermittelt worden war.

Das Verfahren ist keineswegs genau und einwandfrei, aber es ist zum wenigsten geeignet, ein ungefähres Urteil über hohen oder niederen Tongehalt zu gewinnen. Man würde zweckmäßig folgende Einrichtung zu treffen haben: Von den verschiedenen Sandsorten einer Grube läßt man die Tongehalte nach dem Schlämmverfahren ermitteln und bringt davon je 5 g in Röhren von 15 cm Länge und 15 mm Weite. Alsdann schüttelt man kräftig mit Wasser (10 cm Höhe) während 5 Minuten und bringt die Röhren aufrecht in einem Holzgestell unter. Nach längstens 24 Stunden hat sich der Ton über dem Sand scharf abgesetzt. War zuvor auf den Röhren der ermittelte Tongehalt vermerkt, so wird man den zu ermittelnden Tongehalt einer der Abbauwand entnommenen Probe nach dem Schütteln und Absetzenlassen durch Vergleich mit einer der genau ermittelten Tongehalte abschätzen können.

Das Verfahren wurde vom Verfasser bereits erprobt und hat bisher zufriedenstellende Ergebnisse insofern erzielt, als in der Folge grobe Irrtümer vermieden wurden. In größeren Grubenbetrieben würde sich das Schlämmverfahren in einfachster Form vorteilhafter verwenden lassen.

Bezug und Lagerung der Formsande.

Eine Gießerei sollte den Vorrat für den Winter möglichst in der trockenen Jahreszeit tätigen, denn, abgesehen von den Kosten für erhöhten Wassergehalt und Transport, wird die Einverleibung desselben in das Modellsandgemisch erschwert, wenn nicht besondere Trockenvorrichtungen vorliegen. Die Lagerung des Sandes muß in getrennten Bunkern unter Dach, am besten in unmittelbarer Nähe der Aufbereitungsanlage erfolgen; nie darf ein Formsand unter freiem Himmel liegen, da der Regen den Ton teilweise herauswäscht.

Wirtschaftliche Bedeutung der Formsandüberwachung.

Es dürfte von Interesse sein, ein Urteil amerikanischer Gießereifachleute hierüber zu hören. In den Vereinigten Staaten betrug laut Handelskammerbericht von 1923 (die Formsandprüfung setzte dort in 1921 ein), der Wert der erzeugten Gußwaren 572 000 000 Dollar[2]). Bei einem mittleren Verlust von 10% beträgt der Wert des Gußausschusses mehr als 57 000 000 Dollar. Überschlägt man den unmittelbar oder mittelbar durch Formsand verursachten Ausschuß auf 55% der Gesamtsumme, so entfallen auf ungeeigneten Sand 31 000 000 Dollar. Fügt man zu dieser Summe noch 50% der Sandkosten hinzu, die aber durch Sanduntersuchung und Sandbehandlung hätten erspart werden können, so erhält man eine Verlustsumme von 45 000 000 Dollar.

Für deutsche Verhältnisse würden sich rechnerisch folgende Werte ergeben: Wert der erzeugten Gußwaren 1 012 000 000 Mk. (Jahresmittel von 1913, 1922, 1923). 10% der obigen Summe 101 200 000 Mk. Verlust verursacht durch Formsandausschuß (55% des Ausschußwertes) mithin 55 660 000 Mk. Faßt man nur einen Bruchteil dieser Summe ins Auge, so erhellt daraus, wie notwendig die Anbahnung einer rationellen Formsandwirtschaft ist.

[1]) Transactions Amer. Foundrymen's Assoc. 1924. p. 623—630; Foundry 1924. p. 86/87; Stahleisen 1924. S. 321.

[2]) Foundry 1925. Nr. 18.

Zusammenstellung von Geräten zur Formsandprüfung[1]).

A. Apparate.

1. Rammapparat nach Dietert mit Zubehör zur Herstellung der Probezylinder.
2. Gasdurchlässigkeitsapparat mit Kurvenscheibe zur unmittelbaren Ablesung der Durchlässigkeitsziffer und zur Prüfung an der Gußform.
3. Scher- und Druckfestigkeitsapparat, neueste Ausführungsform, nach Dietert.
4. Siebsatz aus Seidengaze, 4 Stück, mit doppelteiligem Siebring zum Einspannen.
5. Trockenapparat zur Bestimmung der Sandfeuchtigkeit in 10 Minuten mit Trockenschalen aus Messingblech, auch zum Trocknen der Sandfilter.
6. Sandbehälter mit Wasserverschluß zur Aufbewahrung angefeuchteter Sandproben.
7. Feinwage mit Gewichtsatz 0,1—50 g zur Korngrößenbestimmung und Wiegeschiffchen.
8. Mikroskop einfachster Form zur Untersuchung der Kornform (60—120fach).
9. Apparat zur Prüfung der Zerreißfestigkeit getrockneter Kernsande (an 3. anzubringen).

B. Geräte.

1. Bechergläser, 600 cm³ Inhalt, breite Form mit Nummerschild.
2. Dreifüße mit Drahtnetz und Bunsenbrenner; gegebenenfalls elektrische Heizplatten.
3. Glasstäbe, 14 cm lang, mit Gummikappe; Spritzflasche 1 l Inhalt.
4. Glastrichter 11 cm Durchmesser und Filterscheiben 11 cm Nr. 597 (Schleicher u. Schüll).
5. Filtriergestell aus Holz mit 4 Öffnungen, auch zum Abstellen der Sandfilter.
6. Schwarzes Glanzpapier, steife Kartonblätter und Dachshaarpinsel (Siebarbeit).
7. Messingschaufel zum Einwiegen, Papierbeutel 10 × 6,5 cm zur Aufbewahrung der Korngrößen.
8. Glasbürette, 50 cm³ Inhalt zum Befeuchten der Sandprobe.
9. Glasplatte mit Drahteinlage zur Herrichtung der Sandproben (80 × 80 cm).
10. Formersieb 2 mm Maschenweite zur Vorbereitung der Proben.
11. Handfeger und Kehrblech.
12. Tafelwage (gewöhnlich) mit Gewichtsatz bis 1 kg zum Wiegen der Probezylinder.
13. Schalenwage, Genauigkeit 0,1 g, 500 g Belastung zur Feuchtigkeitsbestimmung.

Literatur [2]).

Aulich, P.: Über Formsandprüfungen nach Doty und Amer. Foundr. Assoc. Stahleisen 1924. S. 217/223.
— Das Wesen des Formsandes und seine Bedeutung für die Gießereitechnik. Gieß. 1924. S. 737/741.
— Über ein neues Verfahren zur Formsanduntersuchung. Gieß. 1925. S. 313/316.
Diepschlag, E.: Über die Konstitution der Formsande. Gieß. 1926. S. 125/130, 149/154, 173/176, 189/194, 209/213.
— Die Prüfung von Kernbindemitteln. Gieß. 1926. S. 752/754.
Aulich, P.: Formstoffuntersuchung im Stahlgießereibetriebe. Stahleisen 1926. S. 393/396.
Treuheit, L. und L.: Formstoff und Formenprüfung. Stahleisen 1927. S. 121/128, 298/302.
Reitmeister, W.: Ein neues Formsandprüfverfahren. Gieß.-Zg. 1927. S. 621/629. Gieß. 1928. S. 245/248.
Kleinsorge, Th. W.: Formsand und Formtechnik in amerik. Stahlgießereien. Gieß. 1928. S. 272/274.
Rodehüser, A.: Die Betriebsüberwachung in der Gießerei. Gieß. 1928. S. 329/335.
Maske, F. und E. Piwowarsky: Beitrag zur Kenntnis der Gasdurchlässigkeit von Formsanden. Gieß. 1928. 559/566.
Aulich, P.: Über Formsandprüfung. Gieß. 1928. S. 937/944.
Behr, J.: Geologie, Mineralogie und Wirtschaftsgeographie der deutschen Formsandvorkommen. Gieß. 1928. S. 945/948.
Teike, M.: Was muß der Praktiker von einem Formsand verlangen? Gieß. 1928. S. 952/954.
Nipper, H. und E. Piwowarsky: Formsanduntersuchungen. Gieß. 1928. S. 1097/1108; 1929, S. 219/225, 237/249.
Pinsl, H.: Der Einfluß des Trocknens auf die Eigenschaften von Gebrauchssanden. Gieß. 1929. S. 285/291.
Rodehüser, A.: Die mechanischen Eigenschaften des Formsandes, ihre physikalischen Zusammenhänge und ihre Messung durch neue Prüfverfahren. Dissertation Karlsruhe 1929.
— Über die Verdichtungsverhältnisse und den Arbeitsbedarf beim Pressen und Rütteln von Gußformen. Gieß. 1929. S. 413/421.
Riebold, A. und Th. Prinz: Versuche zur Prüfung von Kernen. Gieß. 1929. S. 820/822, 862/874.
Feil, E.: Beiträge zur Formsandfrage. Gieß. 1929. S. 1049/1056; 1930, S. 505/509.
Nipper, H. und E. Piwowarsky: Über die Prüfung des Formsandes auf seine Strukturelemente. Gieß. 1930. S. 498/503.
— — Ein Beitrag zur Kenntnis der Feuerbeständigkeit von Formsanden. Gieß. 1930. S. 625/630.
Aulich, P. und W. Lewerenz: Über Druckfestigkeit der Formsande. Gieß. 1930. S. 875/876.
Aulich, P.: Über Feuerbeständigkeit der Formsande. Gieß. 1930. S. 876/878.

[1]) Über den Bezug vorstehender Apparate erteilt der Verfasser Auskunft.
[2]) Vgl. auch die Literaturzusammenstellung in Bd. I. S. 616.

X. Der Faktor „Mensch“ im Gießereibetriebe.

Von

Friedrich Dellwig in Gelsenkirchen [1]).

Allgemeines über die Belegschaftsverhältnisse im Gießereigewerbe.

Im Frühjahr 1929 ist der letzte, noch einigermaßen vollbesetzte Vorkriegsgeburten-Jahrgang unseres Volkes ins Erwerbsleben getreten. Nun nimmt das Nachwuchsangebot stetig ab; Deutschlands einziger Reichtum, die Arbeitskraft seiner Bevölkerung, wird von Jahr zu Jahr zahlenmäßig geringer, bis wir 1931/33 den größten Tiefstand erreichen werden (Zahlentafel 104)[2]).

Zahlentafel 104.

Jährliche Zunahme (+) bzw. Abnahme (—) der Erwerbstätigen in Deutschland[3]).

1926	+ 457 000 Erwerbstätige	1933	— 44 000 Erwerbstätige
1927	+ 368 000 „	1934	+ 190 000 „
1928	+ 334 000 „	1935	+ 219 000 „
1929	+ 147 000 „	1936	+ 243 000 „
1930	+ 15 000 „	1937	+ 202 000 „
1931	— 54 000 „	1938	+ 192 000 „
1932	+ 11 000 „	1939	+ 174 000 „

Diese Tatbestände sind für das Gießereigewerbe um so schwerwiegender, als dort bereits seit mehr als 20 Jahren über Nachwuchsmangel geklagt wird. Wohin man sieht, überall bietet sich dasselbe Bild. Einmal ist die Zahl der Meldungen für die vielen offenen Lehrstellen im Formerberuf viel zu gering, und dann genügen die körperlichen und geistigen Eigenschaften der Lehrlinge nicht den Anforderungen, die man zum Vorteil eines so wichtigen Berufes unbedingt stellen muß. Dieser bedauerliche Zustand herrscht aber

[1]) Leiter der Psychologischen Begutachtungsstelle und der Werkschule der Vereinigte Stahlwerke-Aktiengesellschaft in Gelsenkirchen.

[2]) Vergleiche auch:

1. Statistik des Deutschen Reiches, Bd. 402/III, S. 423:

„Die Zahl der Erwerbstätigen eines Landes ist in erster Linie von der Größe und dem Altersaufbau seiner Bevölkerung abhängig. Die tiefgreifenden Veränderungen in der Altersstruktur der deutschen Bevölkerung, die der Krieg mit seinen Menschenverlusten und seinem Geburtenausfall und der Geburtenrückgang der Nachkriegszeit verursacht haben, lassen sich auf die kurze Formel bringen: „Weniger Kinder, aber mehr Erwachsene und Greise als früher“ (1910 waren 33,4% der Bevölkerung unter 15 Jahre alt, 1925 nur noch 25,7%).

2. Stahleisen 1930. S. 591:

„Ein Umstand mag in späteren Jahren für den Arbeitsmarkt und die Arbeitslosigkeit von sehr starker Auswirkung sein: der Geburtenstreik, zwar eine internationale Erscheinung, die sich aber in keinem europäischen Staate so ausgeprägt zeigt, wie in dem Deutschland der Nachkriegszeit. Die Geburtenkennzahl fällt von Jahr zu Jahr; sie liegt für Deutschland für das vergangene Jahr schon unter 2, in Berlin sogar schon unter 1; sie müßte sich mindestens auf 3,4 belaufen, wenn die Volkszahl nicht zurückgehen soll.“

[3]) Nach Horwitz: Um Deutschlands wirtschaftliche Zukunft. Berlin 1930. S. 25.

nicht nur in Deutschland oder der alten Welt, auch Amerika leidet unter demselben Mangel [1]). Eine eingehende Behandlung dieser wichtigen Frage dürfte daher nicht nur bei dem Gießereifachmann, sondern auch in der Öffentlichkeit Beachtung finden.

Facharbeiterstand und Lehrlingshaltung.

Die Modelltischler- und Formerlehrlingshaltung in der Vor- und Nachkriegszeit.

Zunächst muß das Verhältnis von Lehrlingshaltung und Facharbeiterbeschäftigung im Gießereigewerbe dargelegt werden. Der Anteil der Lehrlinge an den Facharbeitern liegt bekanntlich zwischen 15 und 20% und wird bei vierjähriger Lehrzeit allgemein mit 18% im Durchschnitt (oder 4,5% für jedes Lehrjahr) angegeben. Dieser Prozentsatz wurde durch A. v. Rieppel auf Grund einer 1907 veranstalteten Umfrage der rheinisch-westfälischen Handelskammern (898 Betriebe mit 322 068 Arbeitern und 10 678 Lehrlingen) errechnet und auf der Tagung des DATSCH am 22. November 1909 gefordert. „Unter Voraussetzung einer vierjährigen Lehrzeit hat die Maschinenindustrie einen Stamm von Lehrlingen zu halten:

a) Schlosser und Dreher je 20%,

b) Former, Gießer und Modelltischler 12—14%

der beschäftigten genannten Handwerker". Rieppel gab selbst zu, daß die Umfrage der Handelskammern zwar mehr, seine eigene Umfrage bei 18 Maschinenfabriken etwa das gleiche Verhältnis (19,1%) ergeben hatte. Bei den Formern erzielte Rieppel unter 6 Werken durchschnittlich 20,5% (bzw. 6,4% unter 3 anderen Werken), bei den Modelltischlern 22,9% in 5 und 5,4% in 5 weiteren Betrieben und 38% bzw. 6,5% bei den Kernformern auf je einem Werk. Die Handelskammerumfrage ergab für die Gesamtindustrie folgende Zusammenhänge:

Former: Formerlehrlingen . . . . . . = 4 666 : 473 = 10,1%
Schreiner: Schreinerlehrlingen . . . . . = 1 855 : 232 = 12,5%.

Bei alleiniger Berücksichtigung der Maschinenindustrie bot sich ein etwas verändertes Bild:

Former: Formerlehrlingen . . . . . . = 2 030 : 199 = 9,8%
Schreiner: Schreinerlehrlingen . . . . . = 740 : 134 = 18,1%;

jedoch zeigte der Maschinenbau die relativ und absolut höchste Zahl an Lehrlingen (10,89% der Arbeiter) im Gegensatz zu den Hütten- und Walzwerken mit nur 3,4% [2]). Diese Verhältniszahlen wurden auf den späteren DATSCH-Tagungen stark umstritten, bis man sich 1912 auf folgende Fassung einigte:

Die Zahl der Lehrlinge eines Betriebes richtet sich in der Regel

a) nach der Dauer der Lehrzeit,

b) nach den Anforderungen, die im Interesse einer gesicherten und guten Ausbildung der Lehrlinge zu stellen sind,

---

[1]) In der amerikanischen Zeitschrift „The Iron Age" 1929, S. 203/206 wurden in einem Aufsatz über die Bedeutung der allgemeinen Lehrlingsausbildung in Amerika folgende Ziffern berichtet: 5% der Industriearbeiter müssen in jedem Jahr ersetzt werden; 15—20% der Gesamtsumme der gelernten Arbeiter müssen sich dauernd in der Ausbildung befinden. Man schätzt die Anzahl der gelernten Arbeiter in Amerika auf 4 500 000, so daß 675 000—900 000 Lehrlinge ständig in Ausbildung begriffen sein müßten; aber tatsächlich waren nur 144 000 Lehrlinge vorhanden (nach Gieß. 1929. S. 803).

Eine erschöpfende Auskunft über die Verhältnisse des In- und Auslandes (Schrifttum, Ausstellungen, Tagungen usw.) vermittelt die Zeitschrift „Die Gießerei" in der „Rundschau über das gesamte Gießereiwesen" unter den Stichworten: Menschenwirtschaft, Lehrlingswesen, Berufsausbildung, Psychotechnik, Unfallverhütung u. a. m. Man vergleiche besonders 1928, S. 22, 119, 215, 325, 431, 531, 667, 779, 877, 1015, 1119; 1929, S. 119, 215, 330, 430, 518, 623, 706, 803, 943, 1038, 1133; 1930, S. 127, 224, 345, 446, 551, 671, 765 usw.

[2]) 1925 lagen die Verhältnisse gerade umgekehrt: vgl. Zahlentafel 112 auf S. 552 und Abb. 463 auf S. 550.

c) nach der Dauer der durchschnittlichen Arbeitsfähigkeit des ausgebildeten Facharbeiters des betreffenden Gewerbezweiges.

Wird beispielsweise für die Arbeitsfähigkeit des ausgebildeten Facharbeiters in der mechanischen Industrie eine Dauer von durchschnittlich 30 Jahren zugrunde gelegt, so würde die mechanische Industrie bei 3—4jähriger Lehrzeit ihren eigenen Bedarf an Facharbeitern decken, wenn sie in ihrer Gesamtheit an Lehrlingen jährlich 10—12,5% ihrer Facharbeiter einstellt. Da manche Betriebe der mechanischen Industrie (z. B. solche mit rein massenmäßiger Herstellungsweise) nicht geeignet sind, Lehrlinge auszubilden, so wird in einzelnen Betrieben die Zahl der Lehrlinge im allgemeinen größer sein müssen [1]).

In der Nachkriegszeit haben Toussaint [2]) und Kantorowicz [3]) auf Grund von statistischen Erhebungen des Verbandes Berliner Metallindustrieller (VBMI) aus den Jahren 1922 und 1925 sich erneut mit der Frage der Lehrlingshaltung beschäftigt. Danach bildet die Kenntnis sowohl der genauen Zahl der betreffenden erwerbstätigen Facharbeiter, als auch ihrer durchschnittlichen Beschäftigungsdauer vom Tage der Gesellenprüfung an bis zum Ausscheiden aus der Facharbeitertätigkeit die Hauptgrundlage für eine zahlenmäßige Feststellung des Nachwuchsbedarfes. Nun kann in diesem ganzen Fragenkreis eine einmalige Erhebung zwar äußerst wertvolle Erkenntnisse ans Tageslicht fördern, sie darf aber niemals dazu führen, eine bestimmte Prozentzahl endgültig festzulegen oder diesen Satz auf andere Berufe zu übertragen. Die Facharbeiterzahl ist, wie die Belegschaftsziffer überhaupt, den Marktschwankungen unterworfen. Nur eine laufende sorgfältige Beobachtung des fließenden Lebens in jedem einzelnen Grundberufe kann einwandfreie Unterlagen vermitteln.

Ebenso sorgfältig müssen die strukturellen Veränderungen beobachtet werden. Gerade heute ist es von grundlegender Bedeutung, fortlaufend zu prüfen, ob auf Grund der Entwicklung neuer Herstellungsverfahren (Ersatz der Gußstücke durch geschweißte Walzerzeugnisse, Schweißung gebrochener Gußstücke, Ersatz des Gußeisens durch Leichtmetalle, Formmaschinen im Zusammenhang mit der Normung usw.) der Former in Zukunft noch die gleiche Rolle in der Erzeugung spielen wird wie bisher.

Das durchschnittliche Berufsalter zu bestimmen, ist eine weitere schwierige Aufgabe, in die sehr schlecht greifbare Umstände, wie Abwanderung in andere Industrieberufe, ins Handwerk, in die Laufbahn des Beamten (Heer, Marine, Polizei) oder des selbständigen Gewerbetreibenden, Berufskrankheiten usw. hineinspielen, und für deren Lösung die Unterlagen erst noch in langwieriger Arbeit geschafft werden müssen. Toussaint erhielt vom Deutschen Metallarbeiterverband für Former und Kernmacher folgende Angaben:

Anzahl der Gestorbenen	Gesamtzahl der Lebensjahre	Durchschnittsalter (A)
111	5624	50,7 Jahre

Die erforderliche Lehrlingsziffer [4]) wurde nun in der Art ermittelt, daß der Beginn der Lehrzeit mit 14 Jahren angenommen wurde, daß also, wenn das Berufsalter mit A bezeichnet wird, die Berufsdauer A — 14 Jahre beträgt. Von dieser Zeit werden 4 Jahre auf die Ausbildung verwendet, so daß also die theoretisch erforderliche Lehrlingszahl $\frac{4}{A-14} = 10{,}9\%$ betragen muß. Wegen der Abwanderung während der Lehrzeit und in den ersten Gesellenjahren erschien es richtig, zu den so errechneten Zahlen einen Sicherheitszuschlag von 20% zu machen, so daß man zu der Zahl 13,1% oder — bei Berücksichtigung der fallenden Abwanderung während der Lehrjahre — auf die Verhältniszahlen 13,1; 12,5; 11,9 und 11,4% für das 1.—4. Lehrjahr gelangte.

[1]) Abhandlungen und Berichte über technisches Schulwesen. DATSCH-Berlin 1912. Bd. III, S. 302f.

[2]) E. Toussaint: „Der Facharbeiternachwuchs in der Berliner Metallindustrie". Maschinenbau Abt. Wirtschaft Berlin 1922/23. Heft 17, S. 118—122.

[3]) H. Kantorowicz: „Die Facharbeiterfrage". Veröffentlichungen der Lehrlingskommission des Verbandes Berliner Metallindustrieller. Berlin 1927. Heft 3, S. 1—18.

[4]) „Setzt man die Lehrlinge in Beziehung zu der Gesamtzahl der unselbständigen Erwerbstätigen eines Berufes, so erhält man die sog. Lehrlingsziffer." Puttkammer: Die Lehrlingshaltung im Metallgewerbe usw. Technische Erziehung 5 (1930), S. 8f.

Die Ergebnisse der beiden Berliner Erhebungen aber sind folgende:

		Facharbeiter	Lehrlinge im 1. Lehrjahr	2.	3.	4.	Lehrlinge insgesamt	%	
für Former	1922	1451	89	61	20	7	117	12,2	
	1925	1156	89	124	96	36	345	29,8	(13,3% Metallformer allein)
für Modellschreiner	1922	415	20	14	27	6	67	16,15	
	1925	269	20	30	27	16	93	34,60	

Kantorowicz verarbeitet diese Zahlen nach dem Verfahren Toussaints und stellt danach ein erhebliches Zuviel an Gießereilehrlingen im Jahre 1925 in Berlin fest, wenn er wie folgt berichtet:

	Facharbeiterzahl:	Lehrlingszahl erforderliche	vorhandene	Zuviel an Lehrlingen
Former	1156	141	345	204
Modelltischler	269	33	93	60

Dieser an sich erfreuliche Aufschwung in der Gießereilehrlingshaltung setzt sich aber bei einigen Grundberufen auch in den nächsten Jahren von 1927—1930 fort, wovon die Zahlentafel 105 ein sehr anschauliches Bild vermittelt. Am 2. Januar 1930 ist in Berlin

Zahlentafel 105.

Facharbeiterbeschäftigung und Lehrlingshaltung im Verband Berliner Metallindustrieller (VBMI)[1].

Vergleich der Ergebnisse der Erhebungen vom 2. Januar 1927, 1928, 1929 und 1930.

Grundberuf	Anzahl der Facharbeiter beschäftigenden Firmen	Anzahl der Facharbeiter	Anzahl der Lehrlinge ausbildenden Firmen	Anzahl der Lehrlinge	Änderung der Lehrlingszahl in %	Verteilung auf Lehrjahre							Lehrlinge zu Facharbeitern in %	Lehrlinge des 1. Lehrjahres zu Facharbeit.	Ausbild. Firmen zu Facharbeiter besch. Firmen in %
		1927		1927			1927		1	2	3	4	1927	1927	1927
		1928		1928	28/27		1928	1	2	3	4		1928	1928	1928
		1929		1929	29/28		1	2	3	4		1929	1929	1929	1929
		1930		1930	30/29	1	2	3	4			1930	1930	1930	1930
Eisenformer	22	540	21	281					77	77	63	64	52,0	14,3	95,5
	22	690	20	224	— 27,4			49	59	64	52		32,6	7,1	91,0
	22	576	20	200	— 10,6		38	53	55	54			34,8	6,6	91,0
	20	505	18	165	— 17,5	45	36	40	45				33,0	8,9	90,0
Lehmformer	2	25	1	4							3	1	16,0		50,0
	4	36	2	7	+ 75,0			1	3	3			19,4	2 8	50,0
	2	33	2	4	— 42,5			1	1	2			12,1	3,3	100,0
	2	41	2	5	+ 25,0	1		1	3				12,2	2,4	100,0
Stahlformer	4	72	3	24					3	11	5	5	33,3	4,2	75,0
	3	92	2	31	+ 29,0			12	2	11	6		33,7	13,0	66,7
	3	71	2	32	+ 3,0		7	12	2	11			46,5	9,9	66,7
	3	65	2	21	— 34,0	2	8	9	2				32,2	3,1	66,7
Metallformer	23	188	14	62					16	18	17	11	33,0	8,5	61,0
	25	241	11	53	— 14,5			6	17	15	15		22,0	2,5	44,0
	28	236	10	48	— 9,5		5	11	18	14			20,4	2,1	35,6
	25	196	7	43	— 10,0	11	5	9	18				21,9	5,6	28,0
Kernformer	9	76	3	12					4	6	2		15,8	5,3	33,3
	22	159	7	27	+ 125,0			9	8	10			17,0	5,7	31,8
	23	117	5	22	— 18,5		6	9	6	1			18,8	5,1	20,8
	21	119	3	24	+ 9,0	8	7	9					21,0	6,7	14,3
Modelltischler	63	602	37	167					29	52	34	52	27,7	4,9	59,0
	62	676	33	141	— 15,5			28	27	50	36		21,9	4,1	53,2
	56	628	30	132	— 6,5		31	29	29	43			21,0	4,9	54,0
	64	582	32	117	— 11,2	29	33	28	27				20,5	5,0	50,0

[1]) Aus Veröffentlichungen der Kommission für technische Berufsausbildung des VBMI. Berlin 1930. H. 1

Zahlentafel 106.

Facharbeiterbeschäftigung und Lehrlingshaltung im Verbande Württembergischer Metallindustrieller in Stuttgart.

Grundberuf	Verhältnis der Lehrlinge zu den Facharbeitern in % am 2. Januar				Durchschnittlich während der 4 Jahre in %
	1927	1928	1929	1930	
Eisenformer	27,0	21,1	24,2	24,4	24,2
Stahlformer	10,5	18,8	26,7	4,8	15,2
Metallformer	25,5	15,0	15,5	13,3	17,3
Kernformer	—	1,5	5,9	5,3	3,1
Modelltischler	26,8	22,8	20,7	21,0	27,8
Durchschnitt je Jahr in %	22,4	19,8	23,2	17,2	21,9

zwar die Lehrlingskennziffer in den „wichtigen" Berufen auf 14,9%, bei der Gesamtheit sogar auf 13,8% gesunken; jedoch halten die Gießereilehrlinge mit Ausnahme der Lehmformer einen recht günstigen Durchschnitt[1]) von 25,7%, wenn auch nicht unbeachtet bleiben darf, daß während der letzten vier Jahre durchweg sowohl die Lehrlingsziffer als auch die Anzahl der Ausbildungsbetriebe stetig zurückgegangen ist. In Württemberg (Zahlentafel 106) liegen die Verhältnisse nur bei den Kernformern äußerst ungünstig; alle anderen Grundberufe überschreiten den festgesetzten Wert von 13,1%.

Innerhalb der Statistik des Gesamtverbandes Deutscher Metallindustrieller (Zahlentafel 107) fallen nur die Lehm- und Kernformer deutlich heraus, hier genügt die Lehrlingshaltung bei weitem nicht dem Durchschnitt; dagegen sind alle anderen

Zahlentafel 107.

Facharbeiterbeschäftigung und Lehrlingshaltung im Gesamtverband Deutscher Metallindustrieller.

Vergleich der Erhebungs-Ergebnisse 1927/30 (Stichtag: 2. Januar).

Grundberuf		Anzahl der Facharbeiter	Anzahl der Lehrlinge	Lehrlinge und Facharbeiter %	Durchschnittlich
Eisenformer	1927	10 722	3225	30,08	27,01%
	1928	14 453	3105	21,48	
	1929	12 012	3137	26,11	
	1930	10 167	3090	30,38	
Lehmformer	1927	407	31	7,61	9,02%
	1928	455	36	7,91	
	1929	406	44	10,83	
	1930	420	41	9,76	
Stahlformer	1927	826	197	23,85	24,25%
	1928	1122	230	20,39	
	1929	1039	227	21,84	
	1930	848	236	27,83	
Metallformer	1927	1601	417	26,04	22,82%
	1928	1988	379	19,06	
	1929	1755	405	23,07	
	1930	1512	351	23,14	
Kernformer	1927	2023	157	7,76	9,06%
	1928	2607	198	7,59	
	1929	2289	183	7,99	
	1930	1985	246	12,39	
Modelltischler	1927	5574	1715	30,76	27,37%
	1928	6545	1685	25,74	
	1929	6368	1615	25,36	
	1930	5504	1522	27,65	

[1]) Ewert berechnet die Lehrlingsziffer der Gießer und Schmelzer für Berlin auf 4,7%, für die Provinz Brandenburg auf 7,4%. Technische Erziehung 1929. S. 44/45.

Grundberufe, wie Eisen-, Stahl- und Metallformer und die Modelltischler, mit ausreichendem Lehrlingsnachwuchs (in diesen Grundberufen annähernd 25%) versehen.

Zahlentafel 108.

Formerlehrlingsziffer, Facharbeiterbestand und Gesamtbelegschaft in verschiedenen Gießereibetrieben[1]).

% Lehrlinge	Belegschaftsziffer	Facharbeiterzahl
0	**150**	**4**
0	**66**	**28**
0	**93**	**25**
1	2018	518
3	**110**	**27**
4	*432*	*55*
8	**176**	**37**
8	*200*	*15*
8	*297*	*39*
8	*157*	*19*
10	*472*	*39*
10	*105*	*24*
11	635	223
13	**232**	**23**
14	**128**	**34**
14	**134**	**28**
16	933	245
16	**54**	**6**
17	**156**	**17**
20	3722	85
20	*325*	*172*
20	*360*	*81*
20	**103**	**15**
21	*426*	*74*
22	*408*	*41*
24	**97**	**25**
25	**105**	**23**
25	1428	29
26	1615	113
27	*354*	*37*
29	**184**	**43**
30	*493*	*146*
30	**78**	**50**
34	666	38
35	**277**	**40**
37	**164**	**43**
39	4953	93
40	*401*	*18*
41	*414*	*51*
46	*333*	*84*
46	*160*	*16*
49	922	103
50	*432*	*4*
50	**46**	**6**
51	**124**	**34**
55	**205**	**38**
55	**96**	**11**
58	**52**	**17**
60	*454*	*39*
60	**71**	**10**
61	*420*	*36*
68	*377*	*75*
70	**176**	**19**
70	**240**	**19**
75	**238**	**33**
75	**48**	**12**
80	583	54
80	**198**	**33**
82	**288**	**34**
86	**136**	**14**
88	*328*	*36*
88	**108**	**26**
90	**211**	**31**
100	*317*	*15*
100	**127**	**15**
100	**8**	**2**
108	*417*	*38*
131	*487*	*35*
162	**209**	**16**
200	*319*	*16*

[1]) Betriebe mit einer Belegschaft von über 500 Arbeitern
,, ,, ,, ,, ,, *301—500* ,,
,, ,, ,, ,, ,, 101—300 ,,
,, ,, ,, ,, **bis 100** ,,

Auch eine vom Verfasser bearbeitete Erhebung des Vereins Deutscher Eisengießereien vom Sommer 1930 brachte

für die Former eine Lehrlingsziffer von 30,3%
für die Modelltischler eine Lehrlingsziffer von 26,8%
für die Kernformer eine Lehrlingsziffer von nur . . . 7,8%.

Diesen Zahlen kann man aber nur symptomatischen Wert zuerkennen, da einmal die Firmen bei der Erhebung den angegebenen Stichtag vom 2. Januar 1930 nicht einheitlich berücksichtigten, daß somit auch Belegschaftsziffern vom August 1930, als der Beschäftigungsgrad der Gießereien bereits sehr zurückgegangen war, mit verrechnet

Zahlentafel 109.

Facharbeiterbestand und Modelltischlerlehrlingsziffer, Gesamtbelegschaft in verschiedenen Gießereibetrieben[1]).

110 / 6	128 / 5	184 / 5	291 / 1	48 / 1	54 / 1	66 / 2	93 / 6																					
108 / 2										96 / 4																		
103 / 1										240 / 16																		
414 / 5							297 / 14			176 / 16																		
433 / 3							*160 / 10*			164 / 21							78 / 7		105 / 9									
432 / 2							*420 / 5*			156 / 4			277 / 7		*454 / 35*		97 / 3		8 / 2									
2018 / 6		*472 / 24*	288 / 11				1428 / 5			124 / 8			176 / 7	205 / 18	*360 / 50*	*426 / 35*	71 / 12	*200 / 5*	127 / 2					157 / 5			52 / 1	
943 / 2	198 / 24	*354 / 12*	209 / 11	232 / 20	*319 / 23*	*493 / 25*	1615 / 47	4953 / 67	933 / 75	105 / 8	*417 / 26*	666 / 26	*408 / 7*	922 / 38	*333 / 23*	3722 / 51	136 / 6	583 / 11	*401 / 2*	238 / 10	211 / 8	635 / 10	*487 / 8*	206 / 3	*328 / 4*	*377 / 18*	46 / 1	Belegschaftsziffer / Facharbeiterzahl
0	4	8	9	15	16	17	21	22	24	25	26	27	28	29	30	31	33	36	50	60	62	70	75	100	175	190	200	% Lehrlinge

Zahlentafel 110.

Kernformerlehrlingsziffer, Facharbeiterzahl und Gesamtbelegschaft in einigen Gießereibetrieben[1]).

408 / 78	*414 / 28*	*420 / 16*	*426 / 28*	*432 / 37*	*433 / 6*	*454 / 45*	*377 / 26*	*417 / 22*	156 / 2	126 / 4	232 / 4	240 / 5	288 / 5	105 / 6	124 / 7	103 / 8	162 / 9	110 / 10	176 / 15	134 / 17	291 / 21	108 / 24	136 / 27	8 / 1	52 / 2	54 / 4	96 / 4	97 / 5	93 / 5
																		209 / 10	160 / 23	297 / 21	105 / 19								

360 / 39																
354 / 38																
328 / 12																
325 / 33																
1428 / 124																
2018 / 153																
3722 / 58					184 / 28				48 / 3							
943 / 16	128 / 28				164 / 34		78 / 4		*319 / 51*							
666 / 16	922 / 21	*487 / 14*	*472 / 12*	1615 / 50	*333 / 29*	66 / 5	583 / 12	205 / 25	635 / 23	46 / 2	238 / 18	198 / 7	211 / 14	127 / 4	71 / 3	Belegschaftsziffer / Facharbeiterzahl
0	4	7	8	16	17	20	25	32	33	50	55	57	64	100	166	% Lehrlinge

[1]) Siehe Fußnote bei Zahlentafel 108.

wurden, da weiter eine scharfe Berufsabgrenzung bei der Ausfüllung der Fragebogen wahrscheinlich nicht vorgenommen wurde, und da schließlich die Zahl der untersuchten Betriebe verhältnismäßig klein ist. Trotzdem bieten die großen Gegensätze zwischen Gesamtbelegschaft und Facharbeiterzahl einerseits und zwischen Lehrlingssoll- und Lehrlingsistbestand andererseits, wie sie in den Zahlentafeln 108—110 wiedergegeben sind, bedeutsame Einblicke in die Arbeitsverhältnisse der Gießereien überhaupt. Die Tatsachen, daß die Lehrlingsziffer zwischen 0% und 200% schwankt, daß manche Firmen mit zum Teil erheblichen Facharbeiterziffern (Kernmacher) keine Lehrlinge ausbilden, andere dagegen auf 1 Facharbeiter 2 Lehrlinge zählen, müssen alle beteiligten Kreise wachrufen, damit man zu einer allgemeinen Durchführung einer zweckentsprechenden Lehrlingshaltung im Gießereigewerbe gelangt. Nach dem „Rahmentarif über die Arbeitsverhältnisse der Arbeiter in der rheinisch-westfälischen Eisen- und Stahlindustrie vom 26. Mai 1930“ ist jeder dazu geeignete Betrieb mit Berufsarbeitern „gehalten, Lehrlinge einzustellen, doch muß die Zahl derselben in einem angemessenen Verhältnis zu den Berufsarbeitern (Facharbeitern) stehen und darf im allgemeinen ein Drittel von diesen nicht übersteigen“. Ist danach eine Lehrlingsziffer von 30% noch als normal anzusprechen, so müssen doch darüber liegende Prozentsätze, falls sie dauernd auftreten und nicht durch die wirtschaftliche Lage — die zur Entlassung älterer Arbeiter führt, während die Lehrlinge infolge ihres Vertrages sich diesem Einflusse entziehen — entstanden sind, zur „Lehrlingszüchterei“ führen[1]).

Bei der Beurteilung eines Betriebes daraufhin, ob er zuviel Lehrlinge ausbildet, darf man nicht in den Fehler verfallen, einfach den theoretisch errechneten Höchstprozentsatz als Maßstab anzulegen, sondern es muß, bei der überall vorhandenen Verschiedenheit der Verhältnisse, individuell die Güte der ganzen Ausbildung durchaus mit in Rechnung gezogen werden. Das gilt insbesondere für Betriebe, deren Leiter eine besondere Eignung für die Lehrlingsausbildung aufweisen, sich dieser Aufgabe mit Freuden und Hingabe unterziehen und infolgedessen im Verhältnis zu ihrer Facharbeiterbelegschaft eine größere Lehrlingszahl gut auszubilden in der Lage sind als andere Betriebe.

Zusammenfassend stellen wir für die wesentlichen Gießereigrundberufe eine im Verhältnis zu der vorhandenen Facharbeiterschaft ausreichende Lehrlingshaltung fest, und es kann somit von einem Nachwuchsmangel allgemein nicht die Rede sein.

Der ausgesprochene Mangel an Bewerbern für den Formerberuf.

Dem Gedanken an eine vielleicht örtliche „Überproduktion“ an Lehrlingen treten überall die Tatsachen entgegen, daß die offenen Lehrstellen in der Regel kaum zur Hälfte besetzt werden können. Bei den öffentlichen deutschen Einrichtungen für Berufsberatung und Lehrstellenvermittlung wurden in der Zeit vom 1. Juli 1926 bis 30. Juni

[1]) Über die Verhältnisse im Handwerk vgl. Wirtschaft und Statistik 1929, S. 195: Mehr als die Hälfte der beschäftigten Lehrlinge — 544 000 — gehört dem Handwerk an. Im Durchschnitt trifft auf je 5 im Handwerk beschäftigte Personen 1 Lehrling oder nach Abzug der selbständigen Meister auf je 2 Arbeitnehmer 1 Lehrling.

Im Freistaat Braunschweig ist durch ministerielle Verordnung auf Grund von § 128 Abs. 2 G. O. eine besondere Regelung über die Zahl der Lehrlinge in Betrieben der Metallindustrie getroffen. Danach dürfen an Schlosser-, Dreher- und Mechanikerlehrlingen gehalten werden:

bei	1— 2	Facharbeitern	1 Lehrling
„	3— 5	„	2 Lehrlinge
„	6— 9	„	3 „
„	10—15	„	4 „
„	16—20	„	5 „

und bei Beschäftigung von je weiteren 5 Facharbeitern mit beendeter Berufsausbildung je 1 Lehrling mehr (20%). Reichsarbeitsministerium, Arbeiterschutzfragen nach den Jahresberichten der Gewerbeaufsichtsbeamten. 1930. S. 7.

Vgl. auch die §§ 8 und folgende in dem „Entwurf eines Berufsausbildungsgesetzes“, in dem von der Beschränkung der Zahl der Jugendlichen im Beruf, im Betrieb usw. die Rede ist. Technische Erziehung 1927. S. 53f.

1930 jährlich durchschnittlich 2677 offene Formerlehrstellen gemeldet (Zahlentafel 111). In dem gleichen Zeitraum holten sich im Mittel 927 Jungen bei den Berufsämtern Rat und Auskunft über die Formerei; jedoch konnten regelmäßig nur etwa 1124 Stellen vermittelt werden. Für die restlichen 1553 Formerlehrlingsplätze fanden sich nach diesen Statistiken Jahr für Jahr keine Bewerber. Ähnlich verhält es sich z. B. in Gelsenkirchen, wo bekanntlich eine der größten Eisengießereien des Festlandes beheimatet ist.

Zahlentafel 111.

Gießereiberufe in der Berufsberatungsstatistik der öffentlichen Arbeitsnachweise[1]).

Beruf		Zahl der Rat-suchenden (1. Juli bis 30. Juni)	Davon waren Schüler mittlerer und höherer Lehranstalten ohne Obersekundareife	mit Obersekundareife	Offene Anlern- und Lehrstellen	Zahl der Ratsuchenden, die durch Vermittlung der Berufsämter in offene Anlern- und Lehrstellen eintraten	Davon waren Schüler mittlerer und höherer Lehranstalten ohne Obersekundareife	mit Obersekundareife	Von den Beratenen wurden in Fachschulen übergeleitet
Former und Gießer .	1927	966	9	1	2662	1237	8	4	—
	1928	1001	7	4	3109	1250	18	1	—
	1929	862	4	4	2689	1081	12	2	—
	1930	879	8	5	2251	930	—	—	—
Durchschnittlich . . .		927	7	3,6	2677,7	1124,5	9,5	1,7	—
Modelltischler . . .	1927	871	11	4	631	536	8	2	4
	1928	723	24	3	677	497	18	2	4
	1929	735	19	1	702	521	14	1	1
	1930	488	12	6	600	361	—	—	8
Durchschnittlich . . .		704,2	16,5	3,6	652,5	478,7	10	1,25	4,25

Von 1944 (3200) zur Entlassung kommenden Knaben wollten 1931 (1930) werden:

312 (475) Auto- und Maschinen-Schlosser
129 (278) Friseur
117 (267) Anstreicher
138 (239) Tischler
48 (197) Maurer
86 (115) Elektro-Installateur
78 (107) Metzger
92 (105) Bäcker
93 (101) Schumacher

Die Industrieberufe eines Formers, Bergmanns und Drehers wählten in den letzten 5 Jahren 1927—1931 durchschnittlich aber nur 5, 36 und 7 Knaben. Auch in Frankfurt a. M.[2]) ist bei den Jugendlichen der Wunsch, Former zu werden, so gering, daß der Bedarf bei weitem nicht gedeckt werden kann, wie die folgende Übersicht zeigt:

Jahrgang	offene Lehrstellen	Zahl der Jugendlichen mit Berufswunsch Former	Zahl der durch Berufsamt vermittelten Former-Lehrlinge
1926	35	3	20
1927	32	5	11
1928	30	4	9
1929	28	2	5
1930	23	2	4
insgesamt:	148	16	49

[1]) Nach „Berufskundliche Nachrichten“. Anlagen zu der Zeitschrift „Arbeit und Beruf“. Grüner Verlag Berlin. 1928, Heft 9; 1929, Heft 14; 1930, Heft 2; 1931, Heft 4.

[2]) „Arbeit und Beruf“ Ausg. A. 1930. S. 527/528. In Hinsicht auf die Abneigung gegen die Formerlaufbahn ist die Entwicklung einiger „Modeberufe“ sehr aufschlußreich. In derselben Stadt wollten nach den von der Berufsberatung noch nicht beeinflußten Berufswünschen werden:

	1923	1924	1925	1926	1927	
Friseur	10	6	32	51	137	Knaben
Konditor und Koch . . .	29	47	70	145	154	„
Kaufmann	598	920	663	406	348	„
Mechaniker	404	438	298	232	158	„

(Nach Feld: Grundfragen der Berufsschul- und Wirtschaftspädagogik. Langensalza 1928. S. 74.)

Die „Kommission für technische Berufsausbildung des VBMI“ berichtet für 1928 über denselben Mangel an Bewerbern für das Gießereigewerbe in folgender Zusammenstellung:

Grundberuf	Lehrstellen offene	Lehrstellen besetzte	Lehrstellen nicht besetzte %
Eisenformer	51	24	47
Stahlformer	10	2	20
Metallformer	7	2	28,5
Kernformer	9	1	11

Ebenso weisen sämtliche Jahresberichte der Gewerbeaufsichtsbeamten und Bergbehörden für das Jahr 1929 auf den „Mangel an Formerlehrlingen in Gießereien“ hin. Eine sehr deutliche Sprache redet auch eine „Denkschrift der Arbeitsämter Siegen und Olpe“ über den dortigen „Arbeitsmarkt“, wenn sie bei den Berufswünschen der Volksschulabgänger“ feststellt, daß im Durchschnitt von 100 Berufsanwärtern 50 in die handwerklichen, 13 in die kaufmännisch-technischen, dagegen nur 25 in die industriellen Berufe wollen. Im Bezirk des Arbeitsamtes Siegen beabsichtigten 1929 nur 0,4%, 1930 etwa 2% der Jugendlichen Former zu werden, gegenüber 12%, die den Schlosserberuf ergreifen wollten; in Olpe verhielten sich die Zahlen 1930 wie 0,9% : 11,3%.

Im Gegensatz zur ausreichenden Lehrlingshaltung erkennen wir hier, daß für alle Formergrundberufe, zahlenmäßig betrachtet, das Angebot der Bewerber völlig unzureichend ist, daß im Gießereigewerbe also ein ausgesprochener Angebotsmangel, bei den Jugendlichen demnach eine ausgeprägte Abneigung gegen den Formerberuf herrscht.

Die Belegschaftsverhältnisse nach der Berufszählung von 1925.

Infolge der außerordentlichen Schwierigkeiten, aus der Mehrzahl der deutschen Gießereibetriebe wirklich einwandfreie Zahlenunterlagen zu erhalten, ist aber die Lösung der Frage: „ausreichende Lehrlingshaltung und Angebotsmangel“ nicht leicht, und es erscheint notwendig, die Belegschaftsverhältnisse zunächst einmal ganz allgemein zu betrachten. Dabei soll auf die Ergebnisse der Volks-, Berufs- und Betriebszählung vom 16. Juni 1925 zurückgegriffen werden. In der Zahlentafel 112 sind aus 9 Wirtschaftszweigen alle Former, Gießer und Schmelzer nach ihrem Familienstand und ihrer Altersgliederung zusammengestellt [1]). Der besseren Übersicht wegen sind die 1925 gezählten

[1]) Die „Statistik des Deutschen Reiches“ (Bd. 402 I/II, S. 122) unterscheidet die „Former“ von den „Gießern und Schmelzern“ und versteht unter „Former“ (Berufsnummer 22) folgende Bezeichnungen: Amerika-, Bank-, Bauguß-, Boden-, Grauguß-, Groß-, Handelsguß-, Hand-, Herd-, Kasten-, Kunst-, Maschinen-, Masse-, Metall-, Rohr-, Stahl-, Stahlguß-, Stempelguß-, Tempergußformer, Kernmacher und Zuleger.

Unter „Gießer und Schmelzer“ (Berufsnummer 34) sind die folgenden Berufsbezeichnungen zusammengezählt: Ausgießer, Bestoßer, Blei-, Bronze-, Eisen-, Eisenkunst-, Elektro-, Erz-, Fein-, Gelb-, Glocken-, Knopf-, Kunst-, Löffel-, Messing-, Metall-, Panzer-, Platten-, Plomben-, Röhren-, Sand-, Stahl-, Walzen-, Zinkgießer, Bleireduzierer, Einsetzer, Eisenputzer, Eisenschmelzer, Gießhelfer, Gußbestoßer, Gußputzer, Gußrichter, Gußschleifer, Metallschmelzer, Oberschmelzer, Ofen- und Pfannenarbeiter, Pfannenmacher und -männer, Sandbläser, Rohrrichter, Schmelzer, Spritzer, Temperer, Ver- und Vorgießer, Verschmelzer und Zinkschmelzer.

Die Gießer und Schmelzer sind in der „Zusammenfassung der Berufe“ besonders ausgezählt, dagegen sind die an Zahl überlegenen Former nur innerhalb der einzelnen Wirtschaftszweige als sog. „Arbeiter in charakteristischen Berufen“ ausgezählt worden.

Dieses endlose Durcheinander von Berufsbezeichnungen veranschaulicht, wie bitter notwendig eine Berufsabgrenzung ist. Die Lehrlingskommission des VBMI hat diese Arbeit 1926 begonnen und unterscheidet Facharbeiter, angelernte und ungelernte Arbeiter. Bei den Facharbeitern werden die Grundberufe von den Sonderberufen getrennt. Zu den Grundberufen gehören u. a.: Eisen-, Lehm-, Stahl-, Metallformer, Kernformer (im Gegensatz zu den angelernten Kernmachern) und Modelltischler; zu den angelernten Arbeitern gehören Abstecher, Gießer, Gußputzer, Kernmacher, Maschinenformer, Schmelzer, Spritzgießer u. a. m. Für jeden Grundberuf hat die Kommission Berufsbilder (siehe S. 569f.) aufgestellt, die für die Zwecke der Berufsabgrenzung, Lehrlingsausbildung und Gesellenprüfung eine knappe aber genaue Bezeichnung des Arbeitsgebietes und der Fertigkeit enthalten.

rund 119 000 Gießereiarbeiter in der Abb. 462 nach männlichen und weiblichen Arbeitskräften sowie nach ihrem Familienstand gesondert dargestellt, in Abb. 463 nach ihrer Verteilung auf 9 einzelne Wirtschaftszweige und in Abb. 464 nach ihrer Altersgruppierung. Die Verteilung der in Gießereien tätigen Frauen zeigt die Abb. 465. Überrascht

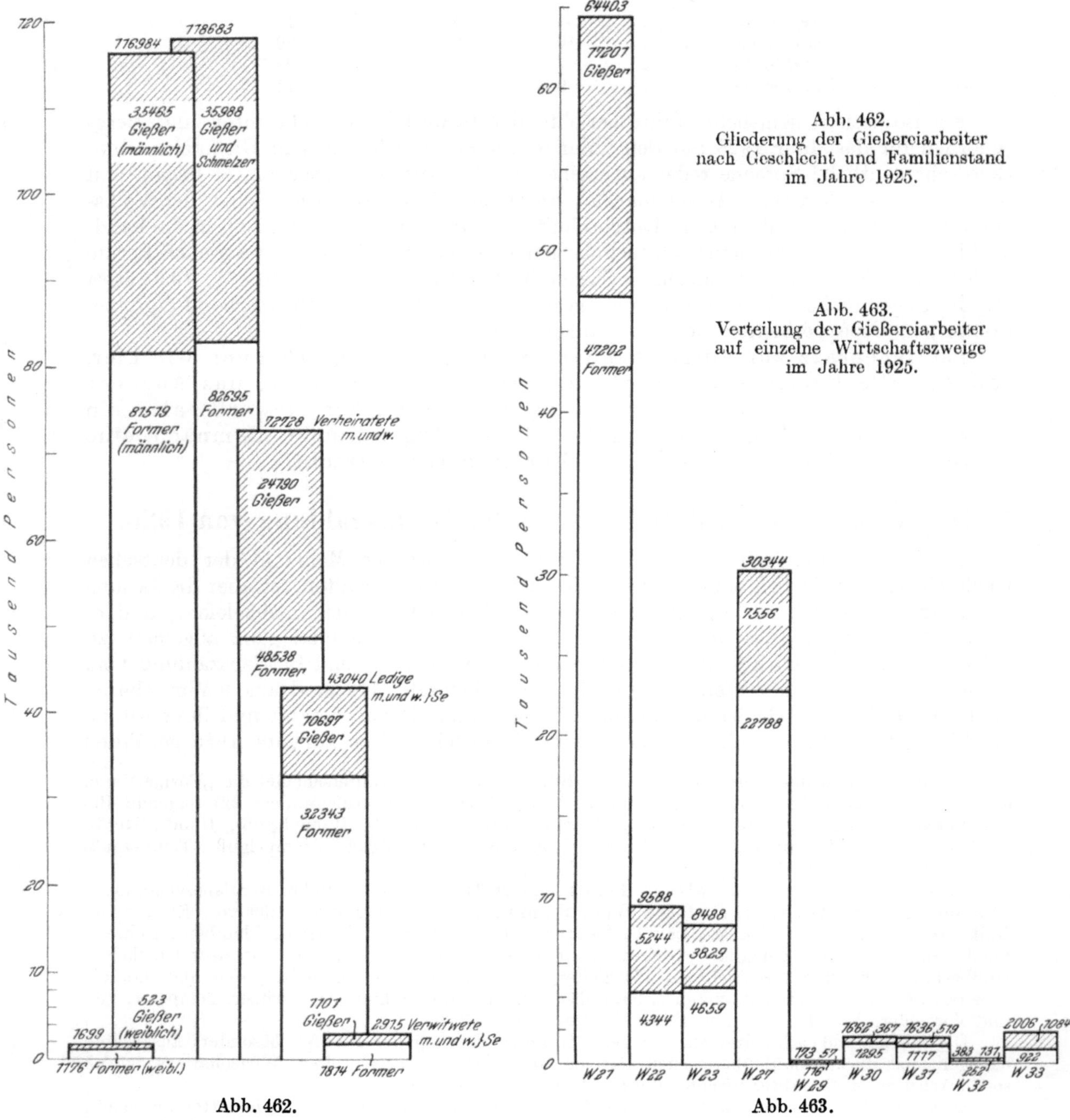

Abb. 462. Gliederung der Gießereiarbeiter nach Geschlecht und Familienstand im Jahre 1925.

Abb. 463. Verteilung der Gießereiarbeiter auf einzelne Wirtschaftszweige im Jahre 1925.

Abb. 462.

Abb. 463.

auch zunächst bei diesen Darstellungen der Anteil der weiblichen Kräfte (1,43 %), — Kernmacherinnen, Arbeiterinnen an Formmaschinen, zum Teil auch Gußputzerinnen — so kommt es hier doch nur auf die Verteilung der gesamten Gießereiarbeiterschaft auf 12 Altersklassen an, da das durch diese Abbildungen gewonnene Bild nicht mit dem allgemeinen Bild von dem Altersaufbau der Arbeiterschaft in Industrie und Handwerk übereinstimmt.

Mit Ausnahme der Altersklassen unter 14 und von 30—40 Jahren hat nämlich die männliche Industriebelegschaft, ganz allgemein betrachtet, in allen Jahrgängen gegenüber

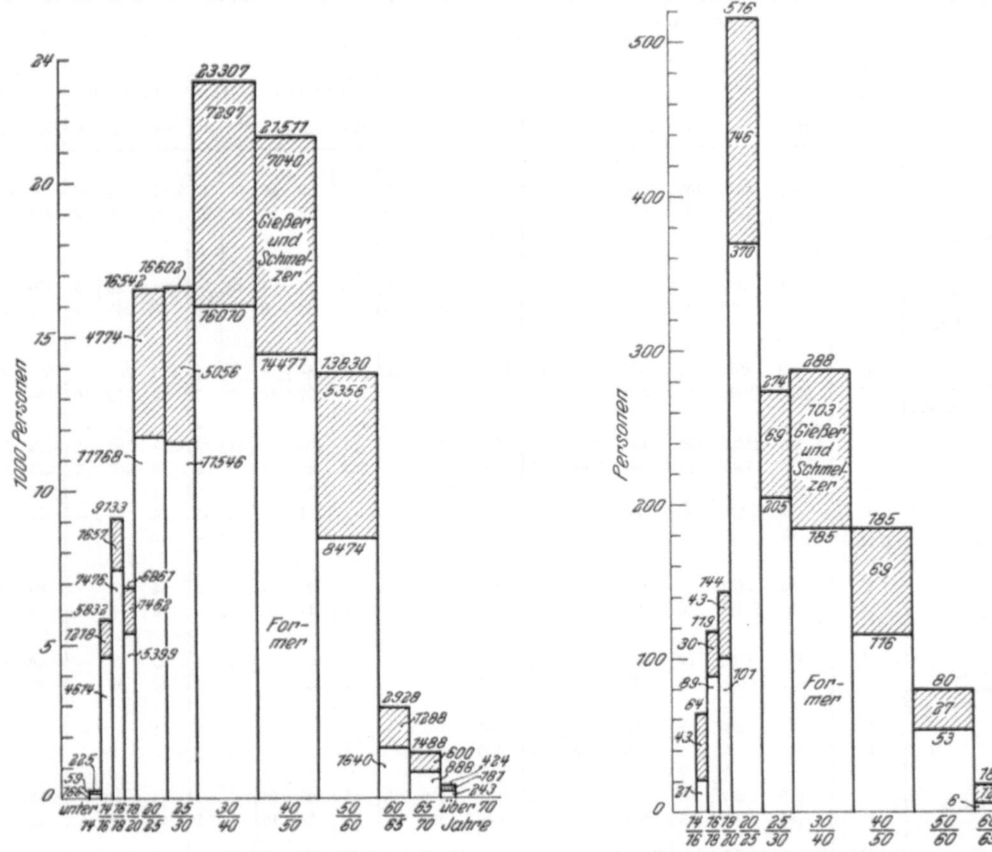

Abb. 464. Altersstufenverteilung der Former, Gießer und Schmelzer im Deutschen Reich 1925.

Abb. 465. Altersstufengliederung der weiblichen Former, Gießer und Schmelzer in Deutschland 1925.

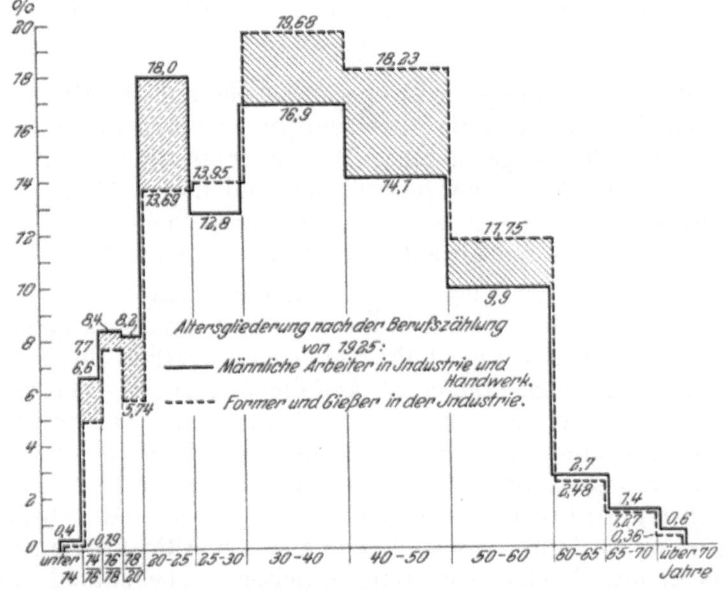

Abb. 466. Altersgliederung der männlichen Arbeiter und der Former und Gießer in Industrie und Handwerk im Jahre 1925.

dem Jahre 1907 eine Zunahme erfahren. Von dem Gesamtzuwachs von 1 821 000 entfallen nahezu $^1/_2$ Million auf die 20—25jährigen, über 400 000 auf die unter 20jährigen,

Zahlen-

Zusammenstellung der Former, Gießer und

Wirtschaftszweig	Former und Gießer	Summe der erwerbstätigen Former, Gießer und Schmelzer nach ihrem Familienstand												Erwerbstätige Former,							
		Zusammen			Ledige			Verheiratete			Verwitwete u. Geschiedene			unter 14		14 bis unter 16			16 bis unter 18		
		Se	m	w	Se	m	w	Se	m	w	Se	m	w	Se	m	Se	m	w	Se	m	w
W 21 Großeisenindustrie: Hochöfen, Stahl-, Walz-, Hammer-, Preßwerke, Stahl- und Eisengießereien	F	47202	46442	760	18688	18204	484	27529	27342	187	985	896	89	95	95	2523	2490	33	4258	4194	64
	G	17201	17109	92	5177	5128	49	11534	11508	26	490	473	17	31	31	578	576	2	824	818	6
W 22 Metallhütten- und Metallhalbzeugwerke (einschl. Metallgießereien)	F	4344	4247	97	1875	1815	60	2386	2355	31	83	77	6	15	15	294	289	5	390	387	3
	G	5244	5209	35	1766	1749	17	3337	3328	9	141	132	9	8	8	250	249	1	318	317	1
W 23 Herstellung von Eisen-, Stahl- und Metallwaren (ausschl. Schmiederei usw.)	F	4659	4579	80	2084	2032	52	2481	2461	20	94	86	8	7	7	370	367	3	397	390	7
	G	3829	3612	217	1236	1108	128	2457	2407	50	136	97	39	7	7	129	113	16	169	152	17
W 27 Maschinenbau	F	22788	22638	150	8338	8250	88	13903	13864	39	527	524	23	41	41	1234	1232	2	2142	2130	12
	G	7556	7507	49	1798	1764	34	5497	5485	12	261	258	3	8	8	168	167	1	245	242	3
W 29 Eisenbau (Eisenkonstruktion)	F	116	116	—	60	60	—	55	55	—	1	1	—	1	1	14	14	—	11	11	—
	G	57	57	—	18	18	—	39	39	—	—	—	—	—	—	2	2	—	2	2	—
W 30 Schiffsbau (einschl. Schiffskesselbau)	F	1295	1287	8	401	397	4	862	860	2	32	30	2	—	—	54	54	—	85	85	—
	G	367	367	—	66	66	—	290	290	—	11	11	—	—	—	6	6	—	9	9	—
W 31 Bau von Land- und Luftfahrzeugen	F	1117	1103	14	439	433	6	651	644	7	27	26	1	1	1	60	60	—	108	108	—
	G	519	514	5	207	203	4	291	290	1	21	21	—	1	1	40	40	—	43	41	2
W 32 Eisenbahnwagenbau	F	252	250	2	99	99	—	143	142	1	10	9	1	2	2	11	11	—	30	30	—
	G	131	129	2	25	23	2	105	105	—	1	1	—	3	3	2	2	—	2	2	—
W 33 Elektrotechnische Industrie	F	922	857	65	359	324	35	528	510	18	35	23	12	4	4	54	54	—	55	52	3
	G	1084	961	123	404	340	64	640	597	43	40	24	16	1	1	43	42	1	45	44	1
Se	Former	82695	81519	1176	32343	31614	729	48538	48233	305	1814	1672	142	166	166	4614	4571	21	7476	7387	89
Se	Gießer	35988	35465	523	10697	10399	298	24190	24049	141	1101	1017	84	59	59	1218	1197	43	1657	1627	30
Gesamt-Summe		118683	116984	1699	43040	42013	1027	72728	72282	446	2915	2689	226	225	225	5832	5768	64	9133	9014	119

rund 335 000 auf die 50—60jährigen und knapp 300 000 auf die Altersgruppe der 40 bis 50jährigen. Bei den Frauen haben die Altersgruppen zwischen 20 und 50 Jahren absolut und prozentual am stärksten zugenommen. Das Ergebnis der Umschichtung ist bei den Männern eine Stärkung des Anteils der jugendlichen und älteren Altersgruppen auf Kosten der von Kriegsverlusten betroffenen mittleren Jahrgänge, bei den Frauen eine Stärkung des Anteils der mittleren Jahrgänge auf Kosten der Jugendlichen.

Diese Umschichtung in der Verteilung der Erwerbstätigen auf die einzelnen Jahrgänge ist in der Abb. 466 für die Arbeiter in Industrie und Handwerk aufgezeichnet; gleichzeitig ist aber auch angegeben, wieviel Prozent der Gesamtheit der Former und Gießer auf jede Altersklasse entfallen. Dabei ist auffallend, wie die Gießereiberufe bis zum 25. Lebensjahre sehr deutlich unter, vom 25. bis zum 60. Lebensjahr deutlich über und von da ab wieder unter dem Reichsdurchschnitt der Arbeiter liegen. Nach der Berufszählung von 1925 sind also die Altersstufen 14 bis unter 18 Jahre prozentual noch genügend zahlreich an der Gießereibelegschaft beteiligt, während Arbeitskräfte im Alter von über 18 bis unter 25 Jahre — also gerade aus den Altersklassen, die seit 1907 den größten Zuwachs in der Reichsbevölkerung erhielten — bedeutend geringer vertreten sind. Demgegenüber ist die Beteiligung der Jahrgänge über 25, besonders aber die der durch den Krieg geschwächten Stufen zwischen 30 und 50 Jahre, auffallend stark. Zahlenmäßig ergibt sich für die Gesamtheit der Former und Gießer somit neben der Tatsache eines auffallenden Mangels an jungen Kräften zwischen 20 und 25 Jahren das Bild

tafel 112.

Schmelzer nach Familienstand und Alter.

Gießer und Schmelzer (im Hauptberuf) im Alter von .... Jahren

18 bis unter 20			20 bis unter 25			25 bis unter 30			30 bis unter 40			40 bis unter 50			50 bis untei 60			60 bis unter 65			65 bis unter 70			70 und darüber		
Se	m	w	Se	m	w	Se	m	w	Se	m	w	Se	m	w	Se	m	w	Se	m	w	Se	m	w	Se	m	w
3197	3130	67	6987	6733	254	6818	6695	123	9213	9110	103	8105	8039	66	4599	4559	40	831	827	4	454	450	4	122	120	2
716	712	4	2323	2301	22	2492	2478	14	3516	3498	18	3335	3316	19	2488	2482	6	555	555	—	270	270	—	73	72	1
316	307	9	623	591	32	684	659	25	904	890	14	654	647	7	343	343	—	78	77	1	33	33	—	10	9	1
228	225	3	732	723	9	830	828	2	1155	1146	9	939	934	5	582	579	3	122	121	1	61	61	—	19	18	1
318	311	7	787	766	21	680	664	16	869	855	14	712	702	10	409	407	2	69	69	—	32	32	—	9	9	—
173	152	21	579	523	56	513	488	25	721	692	29	732	704	28	532	517	15	159	150	9	88	88	—	27	26	1
1346	1335	11	2919	2876	43	2930	2905	25	4245	4215	30	4264	4244	20	2665	2659	6	586	585	1	323	323	—	93	93	—
256	253	3	814	801	13	962	947	15	1448	1440	8	1611	1608	3	1444	1442	2	388	387	1	160	160	—	52	52	—
8	8	—	18	18	—	17	17	—	13	13	—	17	17	—	15	15	—	1	1	—	1	1	—	—	—	—
2	2	—	11	11	—	13	13	—	11	11	—	9	9	—	3	3	—	2	2	—	2	2	—	—	—	—
89	88	1	104	103	1	110	108	2	280	279	1	299	298	1	189	188	1	46	46	—	32	32	—	7	6	1
7	7	—	30	30	—	27	27	—	86	86	—	99	99	—	77	77	—	16	16	—	8	8	—	2	2	—
64	63	1	169	168	1	158	154	4	230	223	7	192	191	1	114	114	—	14	14	—	6	6	—	1	1	—
31	30	1	67	65	2	56	56	—	82	82	—	97	97	—	75	75	—	16	16	—	6	6	—	5	5	—
15	15	—	28	28	—	25	25	—	50	49	1	47	46	1	36	36	—	3	3	—	5	5	—	—	—	—
3	2	1	7	6	1	10	10	—	34	34	—	33	33	—	29	29	—	7	7	—	1	1	—	—	—	—
46	41	5	133	115	18	124	114	10	206	191	15	181	171	10	104	100	4	12	12	—	2	2	—	1	1	—
46	36	10	211	168	43	153	140	13	244	205	39	185	171	14	126	125	1	23	22	1	4	4	—	3	3	—
5399	5298	101	11768	11398	370	11546	11341	205	16010	15825	185	14471	14355	116	8474	8421	53	1640	1634	6	888	884	4	243	339	4
1462	1419	43	4774	4628	146	5056	4887	69	7297	7194	103	7040	6971	69	5356	5329	27	1288	1276	12	600	600	—	181	178	3
6861	6717	144	16542	16026	516	16602	16328	274	23307	23019	288	21511	21326	185	13830	13750	80	2928	2910	18	1488	1484	4	424	417	7

einer deutlichen Überalterung. Einige Gegenüberstellungen mögen diese Tatbestände weiter belegen:

Arbeiter in Industrie und Handwerk unter 25 Jahren 41,6%
Former 35,3%
Former und Gießer 32,2%
Mechaniker 62,0%
Dreher 43,5%
Arbeiter in Industrie und Handwerk von 25—50 Jahren 43,8%
Former 50,9%
Former und Gießer 51,8%
Maschinisten 66,0%
Maschinenarbeiter-Metall 55,0%
Arbeiter in Industrie und Handwerk 50 Jahre und darüber . . 14,6%
Former 13,8%
Former und Gießer 15,8%
Böttcher 52,0%
Schmiede 39,0%
Tischler . . . . 38,0%.

Nach dem Überschreiten der Altersgrenze von 65 Jahren, die wegen der an diese Grenze gebundenen Leistungen der Invalidenversicherung usw. für die Masse der Arbeiter von Bedeutung ist, beträgt der Prozentsatz der noch erwerbstätigen Former und Gießer rund 1,5%, was im Gegensatz zu den Webern mit 6%, den Böttchern mit 4% oder den Drechslern, Maurern, Zimmerern mit 3% recht gering ist.

Die Beschäftigung von Jungformern im Alter von 18—25 Jahren.

Berücksichtigt man nur das Lehrlingsalter bis unter 18 Jahre (Lehrlinge und jugendliche Arbeiter zählt die Reichsstatistik zusammen [1]), so erhält man — im Vergleich zu der oben genannten Lehrlingsziffer von 13,1%, aber nicht im Vergleich zu manchen Handwerkerberufen — den Eindruck einer noch ausreichenden Lehrlingshaltung im Gießereiwesen:

Former (allein)	14,8%	Bäcker	36%
		Tischler	28%
		Mechaniker	28%
Former und Gießer	12,8%	Dreher	13%
		Maschinenarbeiter	8%
		Bergarbeiter	4%

Bei rein äußerlicher Betrachtung der bisherigen Darstellungen aus der Reichsstatistik kann man leicht zu der Meinung kommen, daß die einzelnen Jahrgänge zwischen 31 und 50 Jahren den größten Prozentsatz der Gießereibelegschaft stellen. Tatsächlich wird jedoch der Anteil der älteren Jahresklassen, dem „Lebensbaum“ des deutschen Volkes entsprechend, gleichmäßig geringer, so daß also die Jahrgänge der „Jungen“ prozentual die meisten Arbeiter stellen. Um das zu veranschaulichen, ist aus den objektiven Zahlen der Reichsstatistik über die männliche und weibliche Wohnbevölkerung von 1925 unter Vernachlässigung der Jahrgänge unter 14 und über 65 Jahre und bei Zusammenfassung der Jahrgänge von 50—65 Jahren der Durchschnittsanteil, der auf jedes einzelne Jahr entfällt, in folgender Zusammenstellung errechnet worden:

	Wohnbevölkerung			
	männlich		weiblich	
	Anteil der Altersstufen	Jahresanteil	Anteil der Altersstufen	Jahresanteil
Bis 14	7 497 010		7 301 761	
14 bis unter 16	1 306 660	653 330	1 280 318	640 159
16 „ „ 18	1 338 090	669 045	1 320 985	660 493
18 „ „ 20	1 285 401	642 701	1 284 734	642 367
20 „ „ 25	3 064 728	612 946	3 085 807	617 161
25 „ „ 30	2 467 938	493 588	2 893 342	578 668
30 „ „ 40	3 991 665	399 167	4 871 426	487 143
40 „ „ 50	3 713 490	371 349	4 040 581	404 058
50 „ „ 60	2 914 955	262 930	3 046 159	278 875
60 „ „ 65	1 028 991		1 136 965	
über 65 Jahre	1 587 895		2 005 718	

Die Anteile je Jahr sind dann für die so erzielten 8 Stufen auf 100 umgerechnet und in Abb. 467 dargestellt. Dieselbe Bearbeitung geschah mit den Zahlen über die Erwerbstätigen (Abb. 468) und mit den Zahlen der beschäftigten Former und Gießer (Abb. 469). Auch hier ist wieder das erhebliche Absinken nach dem 18. Lebensjahre besonders auffällig. Auf dieselben Tatbestände deutet auch die Abb. 470 hin, die aus den Ergebnissen der bereits erwähnten Erhebung des Vereins Deutscher Eisengießereien entstanden ist. Wenn wir auch nicht daran denken, allen hier gebrachten Zahlen höchste Objektivität und Allgemeingültigkeit beizulegen, so scheinen uns doch die Unterlagen zu beweisen, daß nach dem 18. Lebensjahr eine für die Gießereiverhältnisse symptomatische Entlassung von Arbeitskräften, die scheinbar erst nach dem 25. Lebensjahr wieder aufgenommen werden, einsetzt. Diese Meinung wird offenbar auch bestätigt durch eine Statistik aus 4 Arbeits-

[1]) Für die Abteilung Industrie und Handwerk ergibt sich, daß im Durchschnitt 71% der Gesamtzahl auf die qualifizierten und 29% auf die übrigen Arbeitskräfte entfallen. Bei den Jugendlichen unter 16 Jahren beträgt der Anteil der Qualifizierten, der die Lehrlinge einschließt, dagegen 86,3%, bei den 16—18jährigen 81,8% und bei den 18—20jährigen 76,8% der Arbeiter in den entsprechenden Altersgruppen. Der Zustrom der Jugendlichen zu den qualifizierten Berufen zeigt deutlich das weit verbreitete Streben nach beruflicher Ausbildung.

Statistik des Deutschen Reiches Bd. 402/III, S. 430.

amtsbezirken [1]), nach der 60% aller arbeitslosen Gießereifacharbeiter der Altersklasse 18—25 Jahre angehören (Abb. 470, schraffierte Säulen). Auch **Burkhardt** [2]) bestätigt unsere Ansicht durch Veröffentlichung folgender Erwerbslosenziffern aus Frankfurt a. M.:

25,80%	der	beschäftigungslosen	Former	waren	im	Alter	von	17—20	Jahren
27,09%	,,	,,	,,	,,	,,	,,	,,	21—30	,,
9,70%	,,	,,	,,	,,	,,	,,	,,	31—40	,,
9,03%	,,	,,	,,	,,	,,	,,	,,	41—50	,,
22,58%	,,	,,	,,	,,	,,	,,	,,	51—60	,,
4,50%	,,	,,	,,	,,	,,	,,	,,	61—70	,,
1,30%	,,	,,	,,	,,	,,	,,	,,	72 und 79	Jahren.

Worauf ist diese Erscheinung zurückzuführen? Infolge ihrer eigenartigen Struktur herrscht in den meisten sog. „Handformereien" **Gruppenarbeit** vor, d. h. der Former arbeitet in der Regel mit 1—2 Hilfskräften, die bei Akkordarbeit auch von ihm bezahlt

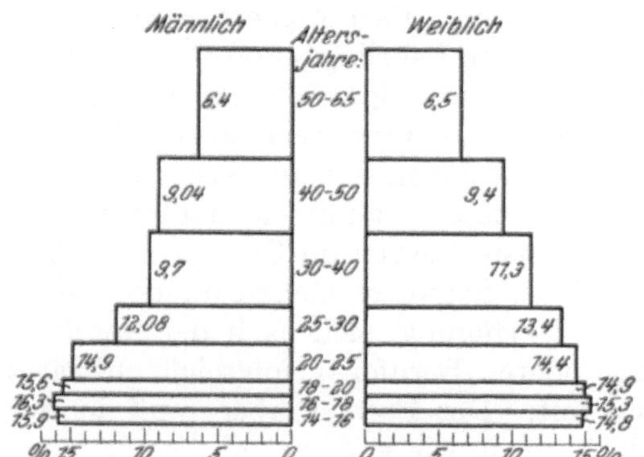

Abb. 467. Prozentualer Anteil der einzelnen Altersstufen an der Reichsbevölkerung im Jahre 1925.

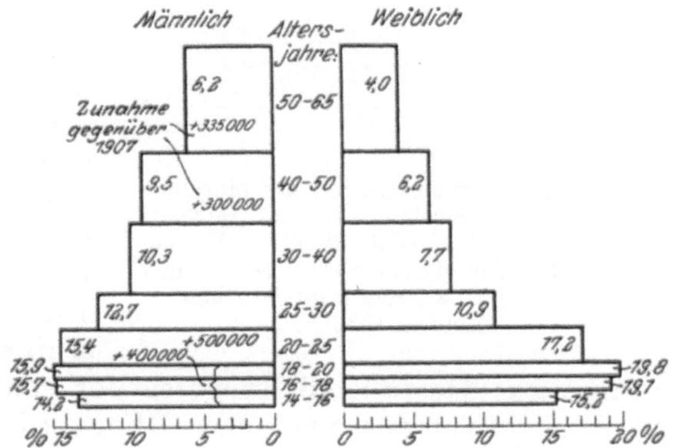

Abb. 468. Prozentualer Anteil der einzelnen Altersstufen an der Gesamtheit der Erwerbstätigen 1925.

werden. Die geeignetste und billigste **Hilfskraft** stellt der **Formerlehrling** dar, der das Handwerk erlernen soll, indem er „hilft". Der Former soll ihm „alles beibringen", indem er ihn zu jeder Arbeit heranzieht. Bei dieser Art der Lehre können nur Jungen von ganz besonderer Eigenart etwas Tüchtiges erlernen. In der überwiegenden Mehrzahl der Fälle fehlt aber den ohne gründliche Eignungsuntersuchung einfach hereingeholten „Formerlehrlingen" jeglicher Antrieb und naturgemäß auch die Möglichkeit zu selbständig verantwortlicher Tätigkeit. Fehlen dann dem meist spezialisierten „**Lehrformer**" auch noch Zeit und geistige Fähigkeiten (eine wahrhaft „erzieherische Geisteshaltung" kann man naturgemäß nur äußerst selten antreffen), seinem Lehrbuben das ihm überall entgegentretende „Warum?" zu erklären, dann wird aus dem **Formerlehrling** nur ein „Handlanger". In dem Augenblick aber, wo der Lehrvertrag abgelaufen ist, erhält der 18jährige Facharbeiter den entsprechenden Lohn: von 32,3 Pfg./Std. im 4. Lehrjahr springt er auf 58,8 Pfg./Std., mit 19 Jahren auf 67,2 Pfg./Std., mit 20 auf 75 Pfg./Std. und mit 21 Jahren auf 84 Pfg./Std. (Gelsenkirchener Verhältnisse,

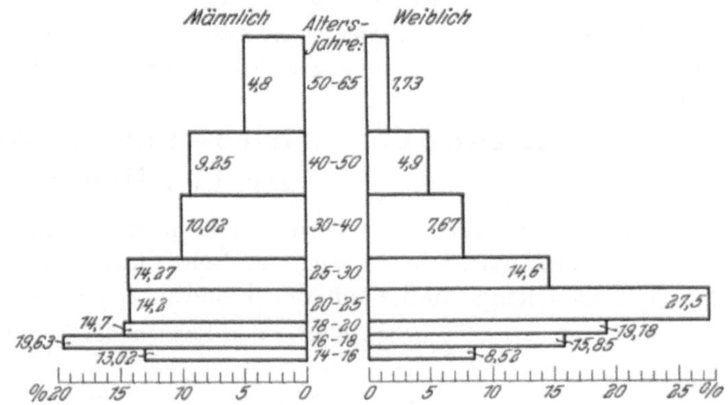

Abb. 469. Prozentualer Anteil der einzelnen Altersstufen an der Gesamtheit der Former und Gießer 1925.

[1]) An dieser Stelle danke ich Herrn Dr. **Blümer** vom Arbeitsamt Gelsenkirchen für weitgehende Unterstützung. Der Verfasser.

[2]) „Arbeit und Beruf". 1930, S. 528.

Sommer 1930). Dadurch wird die Hilfskraft dem Former zu teuer, er verlangt einen neuen Lehrling.

Der junge Geselle ist aber infolge seiner einseitigen Ausbildung nicht in der Lage, selbständig zu arbeiten; er ist deshalb auch für den durch die heutigen Wirtschaftsverhältnisse schwer belasteten Gießereibetrieb zu teuer und wird bald arbeitslos, wechselt seinen Beruf, wird Hilfsarbeiter oder Erwerbsloser und dann — warnt er vor dem Formerberuf.

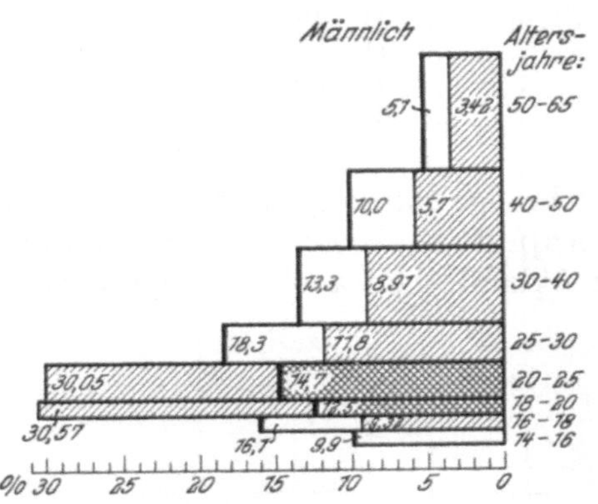

Abb. 470. Prozentualer Anteil der einzelnen Altersstufen an verschiedenen Gießereibelegschaften (Statistik VDEG 1930) in Verbindung mit dem Anteil der erwerbslosen Former und Gießer in 4 Arbeitsamtsbezirken (August 1930).

Hier liegt für die Lehrlingswerbung ein wichtiges psychologisches Moment, das Beachtung fordert. An dieser Stelle erkennen wir eine schwerwiegende lohnpolitische Aufgabe; denn es ist dem jungen Former mehr mit einer geregelten Gesellenarbeit, die sich unmittelbar an die Lehrzeit anschließt, gedient, als mit einem wesentlichen Unterschied zwischen Lehrlings- und Gesellenlohn. Es ist dringend notwendig, daß der ausgelernte Former in seinem Ausbildungswerk noch 1 2 Jahre als Geselle arbeitet und in seinem Berufe vorwärts kommt[1]); denn dieses Handwerk hat vor allen anderen die kleinste Basis zum Sprung in andere Tätigkeiten. Dem Schlosser stehen hundert Möglichkeiten zur Verfügung, sich nach der Gesellenprüfung in anderen Berufen erfolgreich aufwärts zu arbeiten; fast überall bringt er Vorkenntnisse mit. Der Former aber muß in der Regel wieder von vorne anfangen. Hier wird es klar, warum wir so dringend die lebendige Gießereiarbeiterstatistik forderten, um nämlich nur soviel Former und Modelltischler auszubilden, wie der Arbeitsmarkt aufnehmen kann — aber wir möchten auch gerne, daß das, was der „Markt“ aufnimmt, nun auch wirklich Qualitätsware darstellt.

Der Mangel an tüchtigen Facharbeitern im Alter von 18—25 Jahren in Verbindung mit einer Überalterung der Belegschaft ist im wesentlichen somit eine Folge veralteter Ausbildungsgepflogenheiten, ergibt sich aus der kritiklosen Zuteilung von Jugendlichen als Lehrlinge an ältere Former, ist bedingt durch die zum Vorteil der Wettbewerbsfähigkeit notwendige Verwendung von billigen Arbeitskräften und die Gleichsetzung von Formerarbeitsplätzen mit Lehrstellen.

Berücksichtigung der Betriebs- und Schulverhältnisse bei Festlegung der Lehrlingsziffer.

Nach der Facharbeiterprüfung, also in der Regel zwischem dem 17. und 19. Lebensjahre — wenn man den Anfang der Lehre kurz nach der Volksschulentlassung annimmt und berücksichtigt, daß nach der Erhebung des Vereins Deutscher Eisengießereien

bei 39,2% der Firmen die Lehrzeit 3 Jahre
„ 11,5% „ „ „ „ $3^1/_2$ „
„ 39,3% „ „ „ „ 4 „

[1]) Auf Grund 10jähriger Erfahrungen in der Formerlehrlingsausbildung (Abb. 471—473) rechnet der Verfasser mit einem Ausscheiden von etwa 25% während und von rund 15% nach Beendigung der Lehre. Kath (Ein Versuch rechnerischer Ermittlung der Zahl jährlich einzustellender Lehrlinge. Technische Erziehung 1927, S. 101/102) rechnet bei Werkzeugmachern, Drehern und Schlossern:

9,5% Abgang im Probevierteljahr
2% Abgang während der Lehrzeit
18% Abgang nach der Gesellenprüfung.

Tripp berichtet, daß bei der General Electric Company durchschnittlich jährlich 67% der angenommenen Lehrlinge wegen Mangel an Begabung, Krankheit usw. ausscheiden. (Nach Gieß. 1929. S. 518.)

Bei den höheren und Volksschulen Deutschlands erreicht seit 1890 nur jeder 5. Sextaner das Reifezeugnis, nur bis zu 50% der Volksschüler gelangen in die oberste Klasse. (Nach F. Schneider, Pädagogik und Individualität. Erfurt 1930. S. 124.)

Abb. 471.
28 Former- und
2 Modelltischlerlehrlinge
am 1. Tag ihrer Lehrzeit.

Abb. 472.
17 Former- und
2 Modelltischlerlehrlinge
2 Jahre später.

Abb. 473.
14 Former- und
2 Modelltischlerlehrlinge
am Ende ihrer Lehrzeit.
(Von diesen 16 Lehrlingen trugen 10 am Tage der Facharbeiterprüfung das Deutsche Turn- und Sportabzeichen in Bronze.) (Ein 3. Modelltischler trat im letzten Semester ein.)

Abb. 471—473. Die Entwicklung einer Formerlehrlingsklasse während der 4 Lehrjahre.

dauert —, kommt für die Laufbahn des Gießereifacharbeiters der Wendepunkt, an dem sich sein Schicksal entscheidet. Diese Entscheidung darf aber der Gießereileitung nicht gleichgültig sein; denn die Tatsache, ob der 18jährige seinem Beruf den Rücken kehrt oder in ihm Brot und Vorwärtskommen findet, wirkt abschreckend oder fördernd auf die kommenden Lehrlingsanwärter und vermindert oder hebt den Anteil der jungen, wendigen Facharbeiter an der Belegschaft.

Aber auch gut geleitete Betriebe müssen der Entwicklung ihres Facharbeiterstammes dauernde Aufmerksamkeit widmen und erforderlichen Falles ihre Formerlehrlingshaltung auf theoretisch 15,3% (durch 40% Sicherheitszuschlag), praktisch vielleicht auf 20% (besonders auch bei den Kernformern) erhöhen, um eine Schmälerung des Anteils der Facharbeiter zwischen 20 und 30 Jahren zu verhüten. In Abb. 474 finden wir z. B. von einer bekannten Maschinenfabrik mit langjährigen Erfahrungen in der Former- und Modelltischlerlehrlingsausbildung 4 verschiedene Altersstufengliederungen aufgezeichnet:

1. der Gesamtbelegschaft des Werkes,
2. der Belegschaft aus den eigentlichen Gießereibetrieben,
3. der Belegschaft aus den reinen Handformereien und
4. der gelernten Former in den Handformereien.

Im Gegensatz zu den sehr geringen Anteilen der jungen Altersgruppen zwischen 17 und 30 Jahren erkennt man den Einfluß der älteren Former zwischen 40 und 65 Jahren als geradezu überragend. Mit Abb. 466—470 oder den Gegenüberstellungen auf S. 553 verglichen, ergibt sich folgende Lage:

Belegschaft	Gesamtwerk %	Nur Modellschreinerei Eisen- u. Metallgießerei %	Nur Handformerei %	Nur gelernte Former %
Bis zu 25 Jahren	18,8	14,9	12,18	14,0
25 bis 50 Jahren	56,9	56,7	56,07	57,9
50 Jahre und darüber	24,2	28,4	31,75	28,0

Hieraus folgt die Notwendigkeit, die Lehrlingsziffer, die bisher bei den Formern 20%, bei den Kernformern 0% betrug, systematisch zu erhöhen, um einer Überalterung der Belegschaft wirksam entgegenzutreten.

Noch weitere Gründe sprechen für eine Anpassung der Lehrlingszahl an die örtlichen Verhältnisse. Wird streng nach dem alten Prozentsatz (13,1%) ausgebildet, so können selbst in einer Stadt wie Gelsenkirchen mit großen Gießereien jährlich höchstens 8 bis 10 Former und 2—3 Modelltischler eingestellt werden, die dann aber in der so notwendigen fachtheoretischen Schulung vernachlässigt bleiben müssen, weil die Berufs(Werk)schulen mit so wenig Schülern keine Fachklasse bilden können [1]). Die Lehrlinge werden dann auf die Maschinenschlosser (eine Zuteilung der Modelltischler zu den Möbelschreinern ist gänzlich zu verwerfen) verteilt und hören dadurch notwendigerweise von ihrem eigenen Fach wenig. Es ist sogar der Fall denkbar, daß die Former infolge ihrer Meinung, der ganze Unterricht gelte überhaupt nur den Schlossern, geistig verkümmern. Auch eine Vereinigung mehrerer Formerjahrgänge zu einer Klasse oder eine Zusammenfassung der Former und Modelltischler zu einer Gemeinschaftsklasse ist wegen der sehr verschiedenen geistigen Fähigkeiten nur bedingt zu empfehlen [2]).

Wie aber ist der Tatbestand? O. Brandt [3]) berichtet von Magdeburg, einer der ersten Großstädte, die bereits 1900 Pflichtfortbildungsschulen einrichteten, folgendes: Bis

[1]) Die Zahl der Schüler soll in Berufsschulklassen nicht mehr als 30 und nicht weniger als 20 betragen.

[2]) Christiansen: Zur Ausbildung der Former- und Modelltischlerlehrlinge in der Berufsschule. Zeitschrift für Berufs- und Fachschulwesen 1929. S. 394—401.

R. Löwer: Die berufsschulmäßige Ausbildung der Modellbauer- und Formerlehrlinge. Gieß. 1928. S. 158—160. (Verfasser schildert den Aufbau der Gemeinschaftsklasse der Modellbauer und Former an der Berufsschule in Offenbach a. M.

[3]) Dr. Otto Brandt: Die Ausbildung der Formerlehrlinge in Gießereien. DATSCH, Abhandlungen und Berichte III a. a. O. S. 109—128. (Die Arbeit Brandts, wie überhaupt der ganze Bd. 3 bietet für den hier zur Behandlung stehenden Gegenstand eine Fülle von Anregungen.)

zu Ostern 1911 bestanden besondere Former- und Gießerfachklassen, danach aber wurden die in Maschinenfabriken beschäftigten Lehrlinge in besonderen Werkklassen (Kruppsche Klassen, R. Wolfsche Klassen usw.) untergebracht. Infolgedessen konnten die früher reinen Former- und Gießerklassen nicht mehr aufrecht erhalten werden. Der kleine Nachteil, der sich hieraus ergibt, wird reichlich aufgehoben durch Vorteile für die betreffenden Werke und auch die Schule. Überdies läßt sich auch in solchen Werkklassen die Tätigkeit der Former und Gießer im Unterricht berücksichtigen. –

Gewiß ist die letztgenannte Berücksichtigung möglich, aber für die theoretische Ausbildung unserer Gießereilehrlinge ist nur die reine aufsteigende Fachklasse, die auch frei bleiben muß von Schülern aus anderen Berufen, eine gute Lösung [1]).

Ein Großbetrieb Mitteldeutschlands zählt unter anderem 18 Modelltischler, 20 Eisen-, 16 Stahlformer und 4 Laboranten und verteilt sie auf 4 Werkschulklassen (hier stören die Laboranten).

Eine bekannte Maschinenfabrik Süddeutschlands vereinigte im 1. Jahrgang 6 Modellschreiner, 4 Bau- und Möbeltischler und 17 Former, im 2. Jahrgang 7 Modellschreiner, 3 Klempner und 3 Former, im 3. Jahrgang 7 Modellschreiner, 4 Klempner, 3 Bau- und Möbeltischler und 9 Former zu je einer Klasse (Störung durch Bau-, Möbelschreiner und Klempner).

Die Werkschule Vereinigte Stahlwerke A.G. Schalker Verein in Gelsenkirchen faßt in 8 aufsteigenden Klassen Eisen-, Lehm-, Kernformer und Modelltischler zusammen. Der Unterricht wird nach dem Formerlehrplan des DATSCH erteilt, die Modelltischler aber erhalten während der 4jährigen Lehrzeit durch ihren Lehrmeister wöchentlich 3 Stunden Zusatzunterricht in Fachkunde, Fachrechnen und Fachzeichnen. Auch den Lehmformern wird im letzten Jahre Sonderunterricht von einem Fachmann erteilt. Die Gelsenkirchener Lösung muß als eine glückliche angesehen werden, und es sollte Aufgabe der Arbeitgebervereinigungen sein, ähnliche Organisationsformen auch mit Berufsschulen anzustreben, unter den örtlichen Gießereien eine Einigung zu erzielen, daß sie soviel Former- und Modelltischlerlehrlinge einstellen, um wenigstens von diesen beiden Berufen Fachklassen, die dann regelmäßig aufsteigen, bilden zu können. Ein anderer

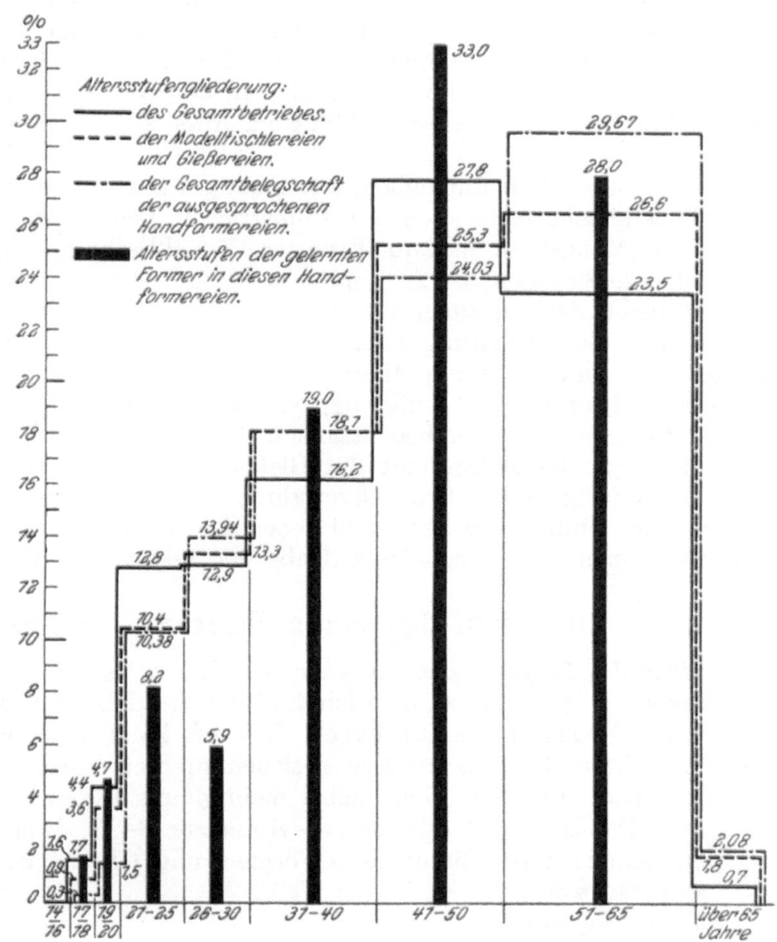

Abb. 474. Alterstufengliederung der Belegschaft einer Maschinenfabrik.

[1]) Als unbedingte Voraussetzung für eine fruchtbare pädagogische Arbeit der Berufsschule erscheint die sorgfältige Trennung der Schüler nach den Berufen, die sie vertreten, angebracht zu sein. E. Barschak: Die Idee der Berufsbildung und ihre Einwirkung auf die Berufserziehung im Gewerbe. Leipzig 1929. S. 130f.

Weg würde sein, nur alle 2 Jahre, dafür aber die doppelte Anzahl der Lehrlinge anzunehmen, um die Fachklassenbildung zu ermöglichen. Die Schwierigkeit, die durch den Ausfall an Gesellennachschub entsteht, dürfte durch die zu erwartende gute theoretische Ausbildung wieder wettgemacht werden [1]).

Zusammenfassend stellten wir bisher fest:

1. Bei den Volksschulabgängern herrscht eine ausgeprägte Abneigung gegen den Formerberuf.

2. Dementsprechend besteht im Gießereigewerbe ein außerordentlicher Mangel an Lehrlingsanwärtern.

3. Trotzdem ist im Vergleich zum Facharbeiterbestand die durchschnittliche Lehrlingshaltung in den Gießereien zahlenmäßig befriedigend.

4. Bei den Formern und Modelltischlern macht sich eine deutliche Überalterung der Belegschaften bemerkbar; es fehlen in den Gießereien junge, wendige Facharbeiter mit vielseitiger gediegener Ausbildung im Alter 20—25 Jahren, die selbständig arbeiten können.

5. Es ist zur Zeit unmöglich, allgemein gültig und genau anzugeben, wieviel Prozent der Gießereifacharbeiter von der Industrie an Lehrlingen ausgebildet werden müssen, um einen Mangel an hochqualifizierten Modelltischlern und Formern zu verhindern; der bisherige Satz von 15—20% kann nur eine Richtschnur sein, die nach den besonderen Verhältnissen der einzelnen Betriebe umgeändert werden muß.

6. Die Gießereileitung muß die Entwicklung ihres Facharbeiterstammes laufend beobachten und bei ihren Maßnahmen auch die außerhalb des Betriebes liegenden Faktoren (theoretische Ausbildung, Nachwuchsangebot) berücksichtigen.

7. In Anbetracht der bedeutsamen, durch Krieg und Nachkriegszeit bedingten Umschichtung in der Belegschaft der Gießereien und des Rückganges gelernter Arbeiten infolge Vordringens der Schweißverfahren, Formmaschinen, Leichtmetalle usw. ist die eingehende, ununterbrochene und lebendige Beobachtung der Arbeiterverhältnisse in den Gießereien eine dringliche Aufgabe der zuständigen Organisationen.

Ursachen des mangelhaften Lehrlingsangebotes.

Die (auf S. 548) gemachten Angaben aus den Statistiken der deutschen Berufsämter veranschaulichen leider nur zu deutlich die Tatsache, daß wir es beim Former nie und nimmer mit einem Modeberuf zu tun haben. Wie oft kann man, wenn man bei Volksschülern kurz vor ihrem Eintritt ins Erwerbsleben für den Formerberuf wirbt, den Ausspruch hören: „Was? Former?! Nein, lieber mein ganzes Leben lang Hilfsarbeiter!“ [2]).

Fünf Punkte sind es, die immer wieder zur Begründung der Ablehnung vorgetragen werden, nämlich: Der Beruf eines Formers und Gießers ist:

a) zu schwer,

b) zu ungesund [3]),

---

[1]) Einen anderen Weg beschreibt Henscher, Direktor der staatlichen Fachschule in Siegen: Gemeinschaftseinrichtung zur Ausbildung von Formerlehrlingen. Gieß. 1928. S. 978—980.

[2]) Bues (Die Stellung des Jugendlichen zum Beruf und zur Arbeit. Bernau 1926) befragte unter anderem 27 Former- und 15 Modelltischlerlehrlinge aus Harburg und Altona nach den „Licht- und Schattenseiten“ ihres Berufes. Er verrechnete die Ergebnisse seines Fragebogens nach Punkten und erzielte 1,1 Licht- und 1,8 Schattenseitenpunkte je Formerlehrling, bei den Modelltischlern 1,8 : 2,0 je Lehrling. Die Former erklärten wegen schlechter Luft, Schmutz, Staub und Kälte im Winter ihren Beruf für ungesund, klagten über Handlanger- und einseitige Arbeit, Lebensgefahr und Verbrennen der Kleider, schlechte Behandlung, schlechte Bezahlung und schwieriges Fortkommen.

[3]) Diesem Vorwurf kann man am besten entgegentreten, wenn man den Jungen, vielleicht in Form einer Tafel, das durchschnittliche Lebensalter der verschiedenen Handwerker nach den Zusammenstellungen des Deutschen Metallarbeiterverbandes (siehe S. 542) wie folgt vorführt:

Werkzeugmacher	37,14 Jahre	Schlosser.	42,32 Jahre
Elektroinstallateure . . .	40,33 „	Schmied	47,26 „
Mechaniker	40,71 „	Former und Kernformer	50,7 „
Dreher	41,84 „	Klempner	51,75 „

Auch bei der Lehrlingswerbung lassen sich diese Zahlen erfolgreich verwerten (Metallarbeiterzeitung vom 23. 12. 1922).

c) zu schmutzig,
d) in bezug auf Vorwärtskommen so wenig aussichtsreich und
e) stets von der Industrie abhängig, so daß man sich nicht „selbständig" machen kann und auch nur eine ganz geringe Freizügigkeit besitzt [1]).

Wenn ein einigermaßen neuzeitlicher Gießereibetrieb zugrunde gelegt wird, sind bei näherem Zusehen natürlich die wesentlichen Behauptungen kaum stichhaltig. Sie wurzeln aber zu tief, weil

a) die alten Former meist aus lohnpolitischen Gründen von ihrem eigenen Beruf abraten,
b) weil der 14jährige sich in der Regel die Tätigkeit eines Formers gar nicht vorstellen kann, wenngleich er auch bei der Beobachtung von anderen Berufsarbeiten (z. B. des Friseurs, Feinmechanikers) ein ganz falsches Bild von den Anforderungen usw. gewinnt und meistens an Äußerlichkeiten kleben bleibt,
c) weil der Volksschüler infolge des genossenen Werkunterrichtes in Holz- oder Metallverarbeitung glaubt, für den einen oder anderen Beruf bereits Vorkenntnisse zu besitzen.

Erhöhung des Lehrlingsangebotes durch Aufklärung und Neuordnung des Ausbildungsverfahrens.

Der Mangel an Meldungen für den Formerberuf ist in erster Linie auf das Fehlen von klaren Vorstellungen über Anforderungen, Arbeitsgebiete und Berufsaussichten zurückzuführen. Die Gießereien müssen daher zunächst einmal für die notwendige Aufklärung sorgen. Sehr gute Dienste leistet das Werbeheftchen „Soll ich Former werden?", das der Verein Deutscher Eisengießereien unter Mitwirkung der Landesberufsämter Rheinland-Westfalen herausgebracht hat [2]). In Form eines Gespräches zwischen einem altgedienten Former und einem schulentlassenen Knaben wird hier versucht, die Jugend für den Formerberuf zu werben [3]).

Daneben ist es aber durchaus notwendig, daß die Werke auch selbst aktiv die Werbetrommel rühren: sie müssen eigene Werbedrucksachen mit Bildern [4]) herausbringen, den Oberklassen der Volksschulen bereitwilligst ihre Tore öffnen (Unfallgefahr!), den Berufsämtern Anschauungsbeispiele (die möglichst in Natur den Werdegang eines Gußstückes von der Zeichnung bis zum Einbau erläutern, daneben auch die Arbeitszeit, die Lohnverhältnisse und die Aufstiegmöglichkeiten aufzeigen) zur Verfügung stellen [5]). In der Zeit nach Weihnachten, wo in der Regel die Berufswahl entschieden wird,

---

[1]) Der Mangel an Formerlehrlingen „mag einmal auf die schmutzige und anstrengende Arbeit zurückzuführen sein, zum anderen wird der Grund in der Ausrüstung der Gießereien mit Formmaschinen, die gerade in den letzten Jahren erhebliche Fortschritte gemacht haben, zu suchen sein. Die abschreckenden Folgen, Entlassungen usw. mögen noch zu sehr in Erinnerung sein." Reichsarbeitsministerium, Arbeiterschutzfragen a. a. O. S. 8.

[2]) Verein Deutscher Eisengießereien: „Soll ich Former werden?" 2. verb. Aufl. 16 S., 7 Abb., 1 farb. Bild.

[3]) Zweckentsprechende Aufklärung schöpft der einen Beruf suchende Volksschüler auch durch das Studium folgender billiger Heftchen:

Beinhoff: „Der Facharbeiter in der Maschinenindustrie". Bd. 1: Modelltischler, Former und Schmied. Berlin 1923. S. 1—69.

Reich: Former-Gießer-Schmied. Heft 14 der Schriften des berufskundlichen Ausschusses bei der Hauptstelle der Reichsanstalt für Arbeitsvermittlung und Arbeitslosenversicherung. Herausg. unter Mitwirkung des DATSCH. Verlag R. Hobbing Berlin.

[4]) Abb. 475 gibt einige vom Verfasser entworfene Bilder aus dem Werbeheft der Verein. Stahlw. A.G. Schalker Verein in Gelsenkirchen wieder, in dem der Gang der Lehrlingsausbildung in lustigen Bildern dargestellt ist. Die Originale sind auf pausfähigem Papier gezeichnet, dann sind Ozalidpausen angefertigt, die flott mit Wasserfarben angelegt wurden. Ein solches Heft ist verhältnismäßig billig und hat große Werbekraft.

[5]) Die Berufsberatung Hamburg hat ein vorzügliches Aufklärungsblatt unter dem Titel: „Willst Du einen nicht alltäglichen Beruf ergreifen, so werde Former" herausgebracht. An Hand von 5 Betriebsaufnahmen und 10 „technologischen Bildern" werden folgende Fragen beantwortet: Wo und was schafft der Former? Welche Eigenschaften und Fähigkeiten gehören dazu? Welche Aussichten bietet der Formerberuf? u. a. m.

veranstaltet man zweckmäßig Ausstellungen von Lehrlingsarbeiten mit Lichtbildervorträgen und lädt dazu öffentlich Schüler und Eltern ein.

Ein außerordentlich zugkräftiges Werbemittel besitzen die Firmen jedoch in ihren Werkszeitungen[1]). Eine gut aufgezogene Lehrlingssondernummer (Abb. 476), zur rechten Zeit herausgebracht und nach Rücksprache mit den Behörden in den Volksschul-

Abb. 475. Proben aus einem Lehrlingswerbeheft.

oberklassen der näheren und weiteren Umgebung und an die Berufsämter verteilt, hat sich seit Jahren als vorzügliches Werbemittel bewährt[2]).

[1]) Man wende sich an den Verlag „Hütte und Schacht“ (Vereinigte Werkszeitungen des Deutschen Institutes für technische Arbeitsschulung. Düsseldorf, Ratherstr. 105), der die 1921 begonnenen Werks- und Hüttenzeitungen herausgibt (1930: 80 Zeitungen in einer Gesamtauflage von 420 000 Stück).

[2]) Ein originelles Verfahren wandte die Pittsburgh Foundrymen's Association an, die im Verein mit der Leitung des öffentlichen Schulwesens einen Wettbewerb für Jungen des 7., 8. und 9. Schuljahres veranstaltete über das Thema: Die Gießereiindustrie, eine gute Lebenslaufbahn. Für die besten Arbeiten wurden Preise von 5—25 Dollar ausgesetzt. Gieß. 1928. S. 326.

Die wichtigste Aufgabe ist aber, im Betriebe selbst durch Einrichtung von Lehrwerkstätten die Grundlage für eine wirklich vielseitige praktische Ausbildung zu schaffen. Das kann im Hinblick auf die zukünftige Entwicklung des Gießereigewerbes nicht energisch genug gefordert werden. Ist die Gießerei nicht groß genug, um den Betrieb einer Lehrformerei zu rechtfertigen, so läßt sich die Einrichtung einer besonderen

Jeder Werksangehörige erhält die Zeitung kostenlos

Die „Hütten-Zeitung" erscheint jeden Freitag

Hütten=Ze… …ung

Lehrlings=Sondernummer

…er Vereins

Verein… Stahlwerke Aktien=Gesellschaft

10. Jahrgang | Zuschriften sind unmittelbar an die Schriftleitung „Hüttenzeitung" zu richten | 28. Februar 1930 | Nachdruck nur unter Quellenangabe und nach vorheriger Einholung der Genehmigung der Hauptschriftleitung gestattet | Nr. 9

UNSERE

LEHRLINGE

HUGO-RUHOFER

Abb. 476. Titelblatt einer Lehrlings-Werbenummer.

Lehrlingsecke auch im Mittel- und Kleinbetrieb ermöglichen. Jedenfalls muß der Lehrling während der Lehrzeit nach besonderem Plan an allen wesentlichen Betriebspunkten beschäftigt werden, um eine sonst unvermeidbare einseitige Ausbildung zu verhindern. Gerade auf die Vielseitigkeit kommt es an und nicht auf die Spezialisierung.

Daneben ist eine gediegene theoretische Ausbildung für jeden zukünftigen Facharbeiter von größter Bedeutung. Aus dieser Erkenntnis heraus muß der Lehrherr die Arbeit der Berufschulen (Werkschulen) nach Kräften unterstützen und den Lehrling, falls 4jährige Lehrzeit besteht, aber nur 3jährige Berufschulpflicht, veranlassen, im letzten Lehrjahr noch Abendkurse zu seiner Weiterbildung zu besuchen. Auch muß angestrebt werden, die Lehre durch eine ordnungsmäßige Facharbeiter-(Gesellen-)Prüfung, die den Formern der Industrie dieselben Rechte gewährt wie den Lehrlingen des Handwerks, abzuschließen[1]). Endlich aber muß mit jener, bereits oben geschilderten leidigen Gepflogenheit der Entlassung nach beendeter Lehrzeit gebrochen und müssen Mittel und Wege gefunden werden, um dem jungen Facharbeiter noch im Ausbildungswerk 1—2 Jahre die Möglichkeit zu geben, als selbständig arbeitender Formergeselle Erfahrungen zu sammeln und sich in seinem Handwerk zu vervollkommnen. Hier müssen die Betriebsleitungen im Hinblick auf die Zukunft Opfer bringen und die mit viel Geld und Mühe großgezogenen Facharbeiter nach Abschluß der Lehre noch längere Zeit behalten; dann aber sollten sie hinaus zu fremden Firmen und sich im freien Wettbewerb ihr Brot verdienen. Erfahrungsgemäß kehren die besten nach einigen Jahren wieder zur Lehrfirma zurück.

Notwendigkeit der Lehrlingsauslese.

Wenn wir auch oben feststellten, daß die Lehrlingshaltung in den Gießereien ausreicht, so gilt das nicht für die körperlichen und geistigen Fähigkeiten und die Geschicklichkeitsleistungen mancher Formerlehrlinge, und kein Betrieb wird unsere letzte Forderung auf 2 Jahre Gesellenzeit im Ausbildungswerk erfüllen, wenn er während der Lehrzeit dauernd erkennen muß, daß aus dem vorhandenen Lehrling niemals ein brauchbarer Former wird. Da das Angebot bisher so sehr gering war, mußten die meisten Betriebe bei ihrem Nachwuchs-„Hunger“ alles nehmen, was sich ihnen bot: Schwachbegabte, die in der Volkschule zwei- bis dreimal nicht versetzt wurden oder auch Hilfschüler[2]); Ungeschickte, die sich während der Probezeit schlecht und recht durchschlugen, aber im Laufe der Lehrzeit alles nur mit dem „guten Willen“ fertigbrachten; körperlich unter dem Durchschnitt entwickelte Knaben, vielleicht sogar mit schweren Störungen der Sinne (Augen, Ohren), die man aus „Mitleid“ durchschleppte. Einige Beispiele mögen diese Behauptungen belegen[3]).

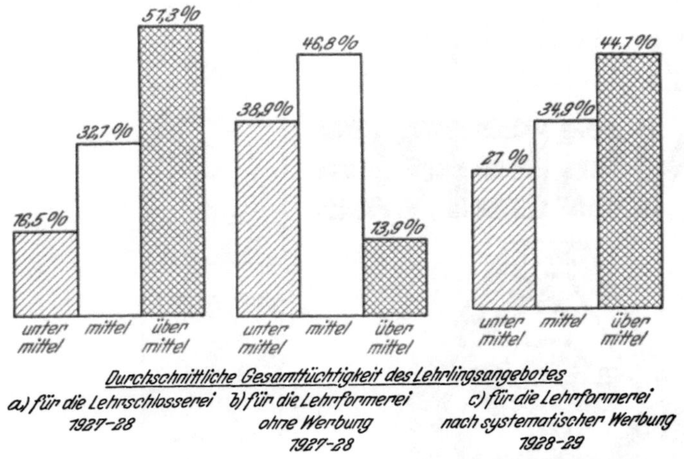

Abb. 477. Durchschnittswerte der Gesamtleistungen von Lehrlingen.

In Abb. 477 sind von allen Volksschulentlassenen, die sich uns bisher ohne besondere Werbung als Lehrlingsanwärter für den Schlosser- oder Formerberuf zur Verfügung stellten, die Durchschnittswerte ihrer Gesamtleistungen bei der Eignungsprüfung errechnet und die Anwärter der beiden Berufe nach „unter mittel“, „mittel“, „über mittel“ aufgeteilt. Man erkennt, daß von den Bewerbern für die Schlosserei — im ganzen betrachtet — nur 16,5 % unter den normalen Anforderungen bleiben; dagegen überboten mehr als die Hälfte aller dieser Bewerber den üblichen Durchschnitt. Bei den Formern war die durchschnittliche Leistungshöhe bisher gerade umgekehrt gelagert. Die Unterdurchschnittlichen bildeten fast die Menge. Diese traurige Tatsache macht sich aber

[1]) Siehe S. 603.

[2]) Nach dem Bericht der anhaltischen Gewerbeaufsichtsbeamten soll „besonders bei den sich meldenden Formerlehrlingen die Schulbildung sehr mäßig sein“. Reichsarbeitsministerium a. a. O. S. 13. Man vergleiche auch: Schuth: Das Fachzeichnen in Formerklassen an gewerblichen Berufsschulen. Gieß. 1928. S. 1254/1255. Christiansen: a. a. O. S. 983.

[3]) Vgl. auch F. Dellwig: Die psychologische Begutachtungstelle im Dienste der Gießerei. Gieß. 1928. S. 974f.

in der Abbildung nicht in ihrer ganzen Schwere bemerkbar, da Prozentzahlen aufgezeichnet sind. Die wirkliche Sachlage wird erst dann deutlich, wenn man 30 Plätze besetzen soll und nur 5—8 Bewerber hat.

Aus dieser Zwangslage heraus gestalteten wir eine systematische Werbung mit überraschenden Erfolgen, wie aus derselben Abbildung ersichtlich ist:

1. Das Angebot mehrte sich stark, so daß deutlich der Bedarf überboten wurde,

2. beinahe die Hälfte aller Bewerber gehörte zu den Überdurchschnittlichen.

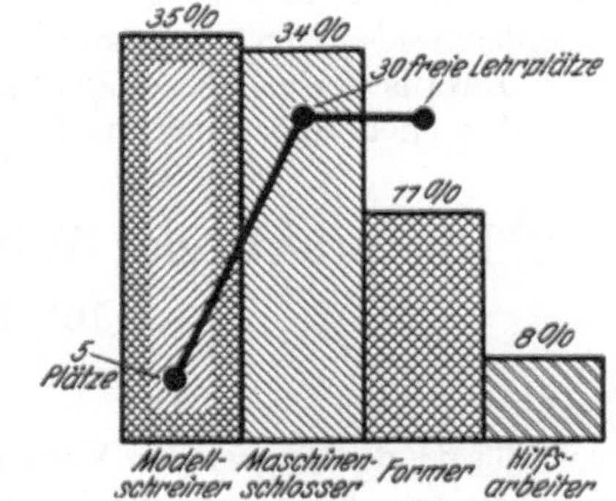

Abb. 478. Die Häufigkeit der „übermittel-intelligenten“ Bewerber bei den einzelnen Berufsgruppen im Vergleich zu den freien Lehrlingsplätzen.

In der Abb. 478 ist von je 100 Lehrlingsanwärtern für den Beruf des Modelltischlers, Maschinenschlossers und Formers die Anzahl derjenigen aufgezeichnet, deren Leistungen in den Intelligenzprüfungen über dem Durchschnitt lagen. Gleichzeitig sind die freien Lehrstellen aufgeführt. Man erkennt sofort, daß man bei den Schlossern und erst recht bei den Modelltischlern sehr einfach seine 30 bzw. 5 freien Lehrplätze mit intelligenten Jungen besetzen kann, ja sogar, daß noch eine Anzahl tüchtiger Knaben übrigbleibt. Bei den Formern ist es aber leider nicht der Fall. Zum Teil muß für diesen hochwertigen Handwerkerberuf der Bedarf gedeckt werden mit Jungen, deren geistiges Wissen und Können tiefer liegt als „üblich niedrig“. Darüber hinaus zeigt die Abbildung, daß ein wesentlicher Prozentsatz von intelligenten Jungen der Formerlehre lieber fernbleibt, Hilfsarbeiter, Laufbursche oder etwas ähnliches wird, nur nicht Former.

Ein anderes Beispiel von der Notwendigkeit, für den Formerberuf nur wirklich brauchbare Jungen auszuwählen, die allein die Gewähr bieten, später hochqualifizierte Gießereifacharbeiter zu werden, bringt die Abb. 479. Es handelt sich hier um je rund 70 Formerlehrlinge des 1. und 2. Lehrjahres von zwei verschiedenen Werken des Ruhrgebietes, die ihrer Struktur nach ziemlich gleich sind. Bei dem einen Werk waren die Lehrlinge ohne eine Eignungsprüfung nach der früher üblichen Weise eingestellt worden. Bei einer vorzunehmenden Teilung des Lehrlingsbestandes wurde nun der Begutachtungstelle des Schalker Vereins in Gelsenkirchen die Aufgabe zuteil, diese beiden Jahrgänge nach psychologischen Verfahren zu untersuchen. Die Ergebnisse wurden für die Prüfgruppen

a) körperliche Leistungsfähigkeit,

b) Handgeschicklichkeit und

c) Intelligenz

getrennt in Häufigkeitskurven zusammengestellt, und es wurde aufgezeichnet, wieviel Prozent jeder Prüfgruppe auf die Urteile „unter mittel“, „mittel“ und „über mittel“ entfielen. Man sieht hier, besonders aber bei der körperlichen Leistungsfähigkeit und den Intelligenzleistungen, deutlich die Neigung der Kurve 1 nach der Schlechtseite. Zum Vergleich sind von dem zweiten Werk nach demselben Verfahren errechnete Prüfungsergebnisse von gleichviel Formerlehrlingen des 1. und 2. Lehrjahres in einer weiteren Kurve 2 mit eingezeichnet. Diese Lehrlinge waren auf Grund einer sorgfältigen psychotechnischen Begutachtung ausgewählt worden. Es wurden diejenigen Leistungen zugrunde gelegt, welche die 70 Knaben vor ihrer Einstellung erzielten. Hätten wir sie kurz vor Ablauf

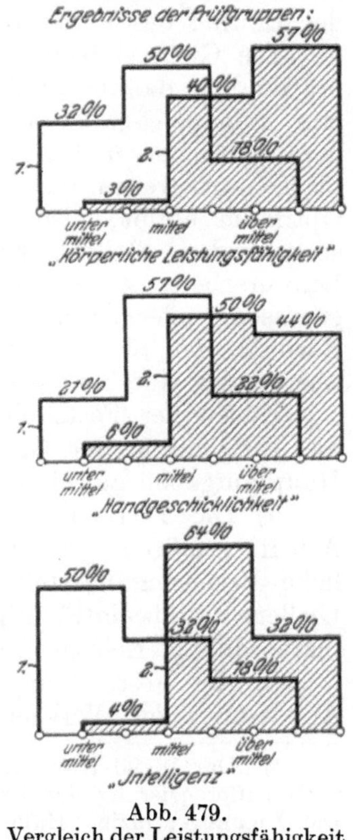

Abb. 479. Vergleich der Leistungsfähigkeit bei Gießereilehrlingen des 1. und 2. Lehrjahres nach den Ergebnissen der Begutachtung: 1. eingestellt, ohne psychotechnische Eignungsprüfungen, 2. eingestellt auf Grund der psychologischen Begutachtung.

des 1. und 2. Lehrjahres begutachtet, wie es bei den anderen der Fall war, so wären weit bessere Ergebnisse zu erwarten gewesen. Man sieht, wie in allen drei Prüfgruppen die Kurven 2 ausgeprägt nach rechts zur Gutseite neigen, als ob es Spiegelbilder der „schlechten“ Kurve 1 wären.

Daraus ergibt sich eindeutig die Notwendigkeit einer Auslese der Lehrlingsanwärter für das Gießereigewerbe nach psychologischen Verfahren.

Die praktische Wirtschaftspsychologie (Psychotechnik) im Dienste der Gießerei.

Aufgabenkreis.

Trotz des siegreichen Vordringens der Formmaschine ist auch heute noch der hochqualifizierte Facharbeiter, der mit geschickter Hand sowohl körperlich als auch geistig seine Arbeitsaufgaben beherrscht und persönliche Befriedigung über sein Werk empfindet, die notwendigste Voraussetzung für die Wirtschaftlichkeit des Betriebes. Gerade die schwierigsten und schwersten Gußstücke werden mit Verwendung oft einfacher Hilfsmittel meist „von Hand“ hergestellt, und auch der angelernte Arbeiter kann sich an der Formmaschine nur behaupten, wenn er für diese Arbeit wirkliche Eignung mitbringt [1]). Mithin ist es Tatsache, daß in den Gießereien — mehr als in vielen anderen Betrieben — der Einfluß des Faktors „Mensch“ von ausschlaggebender Bedeutung ist.

Die Gießerei bietet daher mit ihren Formern, angelernten und ungelernten Hilfskräften ein dankbares Arbeitsfeld für die praktische Wirtschaftspsychologie [2]), deren eine Aufgabe es ja ist, aus einem größeren Angebot die für das Werk geeigneten Arbeiter herauszusuchen und eine beste Verteilung der Belegschaft auf die einzelnen Arbeitsplätze anzustreben, damit „sich sowohl für den Arbeiter als auch das Werk das relative Optimum ergibt, also z. B. Hochintelligente an die wenigen, Hochintelligenz beanspruchenden Stellen; Kräftige — Ausdauernde — Unintelligente zur gewöhnlichen Schwerarbeit; Arbeiterinnen mit großer Geschicklichkeit der Finger zur Bedienung gewisser Sondermaschinen (Kernformmaschinen) usw.“ Ferner soll bei einzelnen wichtigen Berufen, wie Kranführern, Modellkontrolleuren, Kalkulationsbeamten usw. ein Urteil über deren Güte herbeigeführt werden.

Neben der Feststellung der Eignung (Auswahl) des Arbeiters oder Lehrlings für die Tätigkeit in der Gießerei kann man der industriellen Psychotechnik zwei weitere Hauptaufgaben zuweisen [3]):

a) Die Feststellung der schnellsten und günstigsten Ausbildungs-, Anlern- und Arbeitsverfahren. (Vermeidung von Zwangshaltungen, die für den Former eine wesentliche Belastung darstellen und die Präzisionshantierungen des Formens, Verputzens, Gießens usw. beeinträchtigen, richtiger Gebrauch der Werkzeuge, günstige Griffe, Arbeitsplatzordnung, richtige Pausen);

b) die Feststellung der günstigsten Arbeitsbedingungen (Beleuchtungsteigerung, Anpassung von Werkzeug und Maschine an den Menschen (Verringerung des Form-

---

[1]) „Der Wandertisch macht die Forderung der Eignung des Arbeiters und damit diejenige nach Differenzierung der Kräfte nicht überflüssig; vielmehr verlangt er sie geradezu.“ Hische: Das Eignungsprinzip. Halle 1926. S. 19.

[2]) Wilhelm Weber (Praktische Psychologie im Wirtschaftsleben, eine systematische und kritische Zusammenfassung des gesamten Gebietes der Wirtschafts-Psychotechnik, Leipzig 1927) nennt als Gegenstände der praktischen Wirtschaftspsychologie die Berufspsychologie (psychologische Berufskunde und psychologische Feststellung der Berufseignung), die Arbeitspsychologie (Zeit-, Arbeitsstudie, Anlernung, Unfallverhütung) und die Psychologie im Dienste des Güterabsatzes.

[3]) Fr. Giese (Methoden der Wirtschaftspsychologie, Berlin 1927) vermeidet den „leidigen“ Ausdruck Psychotechnik, wählt dafür die allgemeinere Bezeichnung Wirtschaftspsychologie als die Anwendung der Seelenkunde auf alle Lebensgebiete, deren Endziel ökonomische Werte darstellen. Er trennt nach subjekts- und objektspsychotechnischem Feld und rechnet zur Subjektspsychotechnik: Berufskunde, Berufsberatung, Arbeiterauslese, Anlernung, Menschenbehandlung; zur Objektspsychotechnik: Zeit-, Bewegungs- und Ermüdungsstudien, Rationalisierung des Arbeitsplatzes, Energiewirtschaft und Werbekunde.

kastengewichtes, Fortfall des Sandschaufelns durch Sandzuführung mittels Bunker), Anreize aus der Organisation (Fließarbeit), Lohnsystem, Aufstiegsmöglichkeit, Behandlung der Arbeiter durch Vorarbeiter und Meister, Wohnungs-, Familien- und Ernährungsverhältnisse).

Während die erste Aufgabe die Leistungsfähigkeit jedes einzelnen Menschen mit Hilfe von Eignungsuntersuchungen feststellt, soll die zweite auf „schnellste und bestmögliche Weise dem Berufs- oder Betriebsanwärter mittels industriell-pädagogischer Verfahren alle diejenigen Kenntnisse, Fertigkeiten und Verhaltungsweisen vermitteln, die er für guten Arbeitserfolg benötigt" (Betriebspädagogik). Die letzte Aufgabe will Bereitstellung der geeignetsten Vorbedingungen für ein möglichst verlustfreies Einsetzen der Fähigkeiten der arbeitenden Menschen, will also Arbeitsbestgestaltung.

Stand der Entwicklung der Gießereiarbeiter-Psychotechnik.

Infolge der eigenartigen Betriebsverhältnisse haben die Verfahren der Wirtschaftspsychologie — im Gegensatz zu ihren Erfolgen in manchen anderen Industriezweigen und in Handel und Verkehr — in der Formerei erst wenig Eingang gefunden. Bereits 1924 wünschte Rupp [1]) im Interesse der gesamten Wirtschaft, daß „die Gießereien aus ihrer passiven Haltung heraustränten und für ihre kritischen Berufe psychotechnische Eignungsprüfungen entwickeln". Dieselbe Forderung klingt 4 Jahre später durch die Aufsätze der Zeitschrift „Die Gießerei" [2]). Aber auch heute (1930) benutzen bei der Lehrlings- und Arbeiterauswahl oder -verteilung psychotechnische Verfahren kaum 10% der deutschen Gießereibetriebe. Wenn aber in diesem Gewerbe das Gebot der Stunde lautet: „Sparsame Wirtschaft", dann gilt es erst recht in bezug auf die menschliche Arbeitskraft, und alle Rationalisierungsmaßnahmen müssen gerade in der Gießerei Stückwerk bleiben, wenn die psychotechnischen Erfahrungen, die von Industrieprüfstellen in jahrelanger Zusammenarbeit mit dem Betrieb gewonnen wurden, unberücksichtigt bleiben.

Es ist aber schwer, über den augenblicklichen Stand der Gießereiarbeiter-Psychotechnik ein einwandfreies Bild zu entwerfen, da die Fachpresse über die Bewährung von neuerarbeiteten Prüfverfahren im besonderen in der Gießerei nur selten über Andeutungen hinausgeht. Selbst Bültmann [3]) erprobte seine Serie zur „Berufseignungsprüfung von Gießereifacharbeitern" nur an 68 Lehrlingen und 10 Formern. Moede widmet in seinem Lehrbuch [4]) einen besonderen Abschnitt der Formereignungsprüfung (Abb. 480), bietet aber keine Belege, wieweit diese Prüfungen in den Gießereien Eingang gefunden haben. Heller, Klemm und Biegeleisen [5]) berichten über Unfallverhütung und Leistungsteigerung in der Holzindustrie auf Grund von Eignungsprüfungen und rücken damit auch den Modelltischler, vor allen Dingen in seinen Tätigkeiten an den Bearbeitungsmaschinen, in den Kreis der Untersuchungen. Ihre Prüfanordnungen stellt Moede [6]) zusammen (Abb. 481) und weist aus den Jahren 1921/22 eine Leistungsteigerung von etwa 30% nach. Die Brauchbarkeit neuer Prüfgeräte zur Begutachtung von Formern und Gießern wird ebenso von Rupp [7]) in allen seinen Arbeiten erwogen, jedoch finden wir auch dort keine Darlegung der Gesamtergebnisse einer Gießereiarbeiterpsychotechnik [8]).

[1]) H. Rupp: Psychotechnik und Gießereiwesen. Gieß. 1924. S. 305/308.

[2]) Siehe das Ausbildungs-Sonderheft 1928, S. 961/984 mit den Arbeiten von Lischka, Poppelreuter, Bültmann, Fraenkel und Dellwig.

[3]) Sein Buch „Psychotechnische Berufseignungsprüfungen von Gießereifacharbeitern", Berlin 1928 stellt wohl die erste geschlossene Veröffentlichung über Psychotechnik in der Gießerei dar.

[4]) Lehrbuch der Psychotechnik. Bd. I. Berlin 1930. S. 359/60.

[5]) Heller: Eignungsprüfung und Unfallvorbeugung in der Holzindustrie. Industrielle Psychotechnik 1924. S. 99/118. — Klemm: Ein Streckenregistrierhobel. Industrielle Psychotechnik 1924. S. 118/120. Biegeleisen: Leistungssteigerungen durch Facharbeitereignungsprüfungen in der Holzindustrie. Industrielle Psychotechnik 1926. S. 238.

[6]) W. Moede: a. a. O., S. 401/405.

[7]) H. Rupp: Eignungsprüfungen. Hütte, Taschenbuch für Betriebsingenieure. 1924. S. 658/690; 1929. S. 530/549.

[8]) 1928 wurde von Hische, Bültmann, Lischka und Dellwig auf eine Anregung des Vereins Deutscher Eisengießereien ein „Ausschuß für Gießereiarbeiterpsychotechnik" gegründet, der aber infolge des Todes von Lischka seine Arbeiten nicht aufnahm.

Auf der 5. Gießereifach-Ausstellung 1929 in Düsseldorf berichteten das „Rheinische Provinzialinstitut für Arbeits- und Berufsforschung“ in Düsseldorf und die „Psychologische Begutachtungstelle des Schalker Vereins“ (Vereinigte Stahlwerke A.G.) in Gelsenkirchen, letztere in Zusammenarbeit mit dem „Deutschen Institut für technische Arbeitschulung (DINTA)“ in Düsseldorf, über Art und Erfolge ihrer Eignungsprüfungen. Zwei Verfahren konnte der Besucher vergleichen: Die in Gelsenkirchen angewandte Prüfserie Poppelreuters[1]) und die des Leiters des Rheinischen Provinzialinstitutes[2]). Beide Prüfserien veranschaulichten in Leistungstaffeln ihre wachsende Bedeutung und erbrachten damit eigentlich den besten Beweis für die Bewährung der Eignungsprüfungen überhaupt[3]).

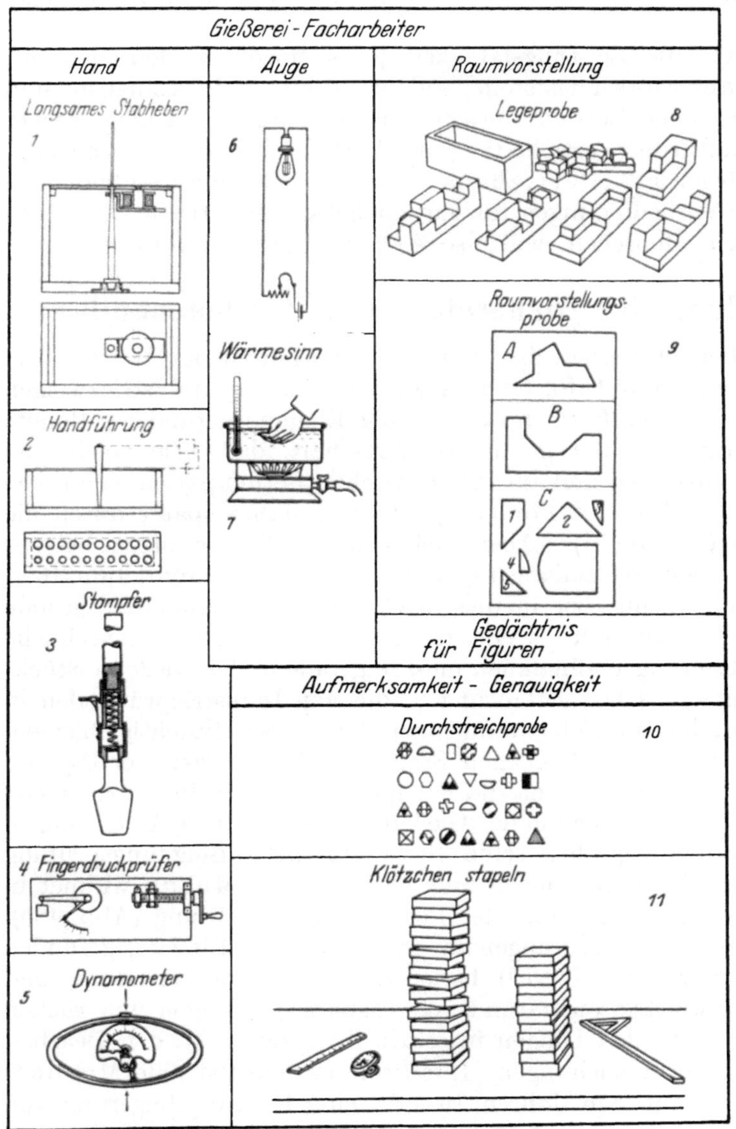

Abb. 480. Eignungsprüfungen für Gießereifacharbeiter.

Das Provinzialinstitut legte für die besondere Frage nach der Bewährung in der Gießerei keine positiven Unterlagen vor; weil es ja auch schließlich andere Aufgaben zu bearbeiten hat als die unmittelbar in der Praxis stehende industrielle Psychotechnik. Hier steht die Begutachtungstelle des Schalker Vereins als Untersuchungsinstitut einer der größten

[1]) Das Verfahren ist von Poppelreuter selbst dargestellt in: Gottstein-Schloßmann-Teleky: Handbuch der sozialen Hygiene und Gesundheitsfürsorge, 1927. Bd. VI, S. 526/557 (25 Abb.) unter dem Titel: „Psychologische Berufsberatung“. Vgl. außerdem: 1. Poppelreuter: Allgemeine methodische Richtlinien der praktischen psychologischen Begutachtung. Leipzig 1923. 2. Poppelreuter: Arbeitspsychologische Leitsätze für den Zeitnehmer. München 1929. 3. Poppelreuter: Zeitstudien und Betriebsüberwachung im Arbeitsschaubild. München 1929. 4. Oberhoff: Die neuere Entwicklung der psychotechnischen Begutachtung. Düsseldorf. Arch. f. Eisenhüttenwesen 1929. S. 601/606. 5. Dellwig: Die psychologische Begutachtungsstelle im Dienste der Gießerei. Gieß. 1928. S. 968/978. 6. Dellwig: Psychologische Begutachtungsmethoden im Eisenhüttenwerk. Gieß. 1925, S. 621/629.

[2]) W. Schulz: Die Eignungspsychologie in der deutschen Berufsberatung. Arch. f. Eisenhüttenwesen 1928. S. 395/398. — W. Schulz: Das Rheinische Provinzialinstitut für Arbeits- und Berufsforschung (Wohlfahrtspflege in der Rheinprovinz). Düsseldorf 1929. H. 12. S. 193/196. S. a. die von Schulz herausgegebenen „Mitteilungen des Rheinischen Provinzialinstituts für Arbeits- und Berufsforschung“. (Als Manuskript gedruckt, erscheinen nach Bedarf.)

[3]) F. Dellwig: Psychotechnik und Lehrlingsausbildung auf der 5. Gießereifachausstellung, Düsseldorf 1929. Gieß. 1930. S. 754/757.

Gießereien mit an erster Stelle. Neben der Prüfung von mehreren Tausend Berufsanwärtern für Formerei und Modellschreinerei sind dort in letzter Zeit 77 gelernte Former, 16 Kernmacher, 51 Rohrformer geprüft und außerdem 1335 Personen für die Verwendung als Maschinenformer untersucht worden.

Dort liegen die Verhältnisse auch insofern recht günstig, als nach Bewährung der Jugendlichen-Begutachtung seit 1924 in Zusammenarbeit mit der „Forschungsstelle für

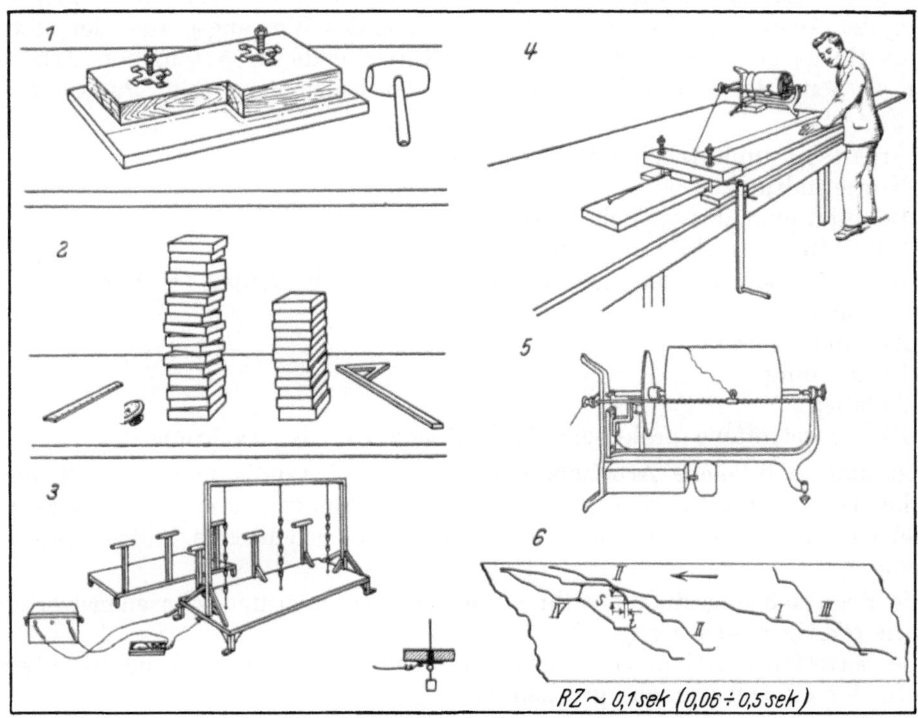

Abb. 481. Eignungsprüfungen im Holzgewerbe.

industrielle Schwerarbeit" bereits 1926 das System der Eignungsprüfungen in die Formalitäten des gesamten Arbeiterannahmegeschäftes eingeschaltet und außerdem die „Schaffung einer zuverlässigen arbeitskundlichen Grundlage" in Angriff genommen werden konnten: die „Sammlung von genauen Arbeitsbildern, die es der Begutachtungstelle ohne weiteres ermöglichen, den Grundsatz durchzuführen, den richtigen Mann an den richtigen Platz zu stellen[1])."

Arbeitsbilder als Grundlagen der psychologischen Begutachtungstelle.

Richtlinien zur Aufstellung von Arbeitsbildern schuf Poppelreuter bereits 1924. Er verglich die Großbetriebs-Prüfstelle, deren Hauptaufgabe in der Begutachtung von Arbeitermassen liegt, mit einem Lieferanten: nur dann, wenn der Besteller eindeutig und klar seine Wünsche aufgibt, kann richtig geliefert werden. Die üblichen Berufsbezeichnungen genügen da nicht; sie sind meist zu kollektiv, zu dürftig oder zu nichtssagend für die örtlichen Betriebsverhältnisse. Als Former bezeichnet sich sowohl der hochqualifizierte Lehmformer mit jahrzehntelanger Erfahrung als auch der „Knüppelmacher", der nur C-Stücke formen kann, wie auch der angelernte Achtzehnjährige an der Formmaschine. Es ist auch unmöglich, in jedem einzelnen Falle einer Arbeiteranforderung zur Gießerei zu laufen und dort Erkundigungen über die notwendigen und wünschenswerten Eigenschaften des verlangten Mannes anzustellen. Darum ist eine

[1]) Wallichs, Poppelreuter, Arnhold: Forschungsaufgaben der industriellen menschlichen Schwerarbeit. Düsseldorf. Stahleisen 1925, S. 4ff.

möglichst lückenlose Sammlung von Beschreibungen aller Arbeiten, wie sie gerade in dem betreffenden Betriebe vor sich gehen, für den Wirkungsgrad einer Prüfstelle von grundlegender Wichtigkeit.

Idealbilder dürfen die Arbeitschilderungen natürlich nicht sein. Sie müssen sich in bezug auf die Fähigkeiten von übertriebenen Forderungen fernhalten, der Tatsache, daß gute Leute selten sind, Rechnung tragen und Kraft, Geschicklichkeit, Intelligenz usw. nur dort verlangen, wo sie wirklich unentbehrlich sind. Wenn man aber von einer Steigerung der Ansprüche eine erhebliche Erhöhung des Wirkungsgrades der betreffenden Arbeit mit Recht erwartet, sollen natürlich Hinweise dieser Art in den Arbeitsbildern vermerkt werden. Bei jedem Arbeitsbild sind der Reihe nach zehn Punkte zu berücksichtigen:

1. Arbeitsort und Arbeitsumgebung.
2. Körperhaltung.
3. Beschreibung der täglichen Arbeit.
4. Vorbildung, Ausbildung, Alter.
5. Betriebsarbeitsschädlichkeiten und -unannehmlichkeiten, Unfälle.
6. Angebot.
7. Arbeiterwechsel.
8. Entlohnung.
9. Aufstieg.
10. Bisher getroffene praktische Maßnahmen zur Begutachtung [1]).

Es ist klar, daß solche Arbeitsbeschreibungen vollständig und planvoll nur an Ort und Stelle vom Arbeitswissenschaftler, vom Psychologen und Betriebspraktiker als Gemeinschaftsarbeit gewonnen werden können und bedeutende Aufwendungen erfordern, wenn

1. die Begutachtungsstelle aus ihnen die erforderlichen und wünschenswerten Eigenschaften in richtiger Abstufung erkennen und
2. die betreffende Arbeit sich auch vor dem geistigen Auge desjenigen Lesers aufbauen soll, der sie selber nicht gesehen hat.

Nun reizte das Formen und Gießen als eine der ältesten menschlichen Fertigkeiten von jeher zur Beschreibung der einzelnen Arbeitsstufen. Im „Lied von der Glocke“, in dem „Glockenguß zu Breslau“ und „In der Gießerei“ (Gedicht von Max Eyth) ist nicht nur von technologischen Vorgängen die Rede, sondern auch die Bedeutung des menschlichen Faktors, die Berufsanforderungen und charakteristischen Eigenschaften des Formers und Gießers werden herausgearbeitet. Das Schrifttum der letzten Jahre [2]) hat im Interesse der Berufsberatung unter dem Titel „Berufsbilder“ Veröffentlichungen herausgebracht, von denen einige beabsichtigen, die zur Entlassung kommenden Volksschüler unter der Hand das finden zu lassen, was ihnen gemäß ist [3]). Für Zwecke der Berufsabgrenzung in der Industrie entstanden z. B. die Berufsbilder des Verbandes Berliner Metallindustrieller [4]), von denen wir ein Beispiel bringen.

Lehmformer. a) Arbeitsgebiet: Herstellung von Formen zum Gießen großer Hohlkörper durch Aufbau einer gemauerten Form. Formen mittels Schablone auch unter Verwendung von Hilfsmodellen. Formen in Lehm und Sand.

b) Fertigkeiten: Aufbau der Unterlage und der Drehspindel. Anrichten von Mörtel und Lehm. Mauern mit Klinkern und Mörtel. Auftragen von Lehm. Schablonieren, Polieren, Schwärzen, Setzen der Luftabführung. Setzen des Gießtrichters und Steigers. Formen in Sand. Transport und Trocknen von Formteilen. Gußputzen. Abräumen der Form.

---

[1]) Vgl. 1. Wallichs, Poppelreuter, Arnhold, Fraenkel: Arbeitsforschung in der Schwerindustrie. Bericht über die Tätigkeit der Forschungsstelle für industrielle Schwerarbeit der Verein. Stahlw. A.G. 1930. 2. W. Moede: Lehrbuch a. a. O. S. 284/296 (Berufs- und Arbeitsbilder, Funktions- und Strukturbilder der Berufs- und Arbeitsleistung als funktionale Längs- und Querschnitte).

[2]) Friedrich Schneider zieht in einer Arbeit über die Psychologie des Lehrers auch das Berufsbild eines Eisenformers heran zur Verdeutlichung der Rückwirkungen von Objekt und Form der Arbeit auf den Berufsträger. „Erzieher und Lehrer“. Paderborn 1928. S. 205ff.

[3]) Vgl. die Fußnoten S. 561.

[4]) Veröffentlichungen des VBMI. 1928. S. 29.

Auch bei der Gesellen- (Facharbeiter-) prüfung werden „Berufsbilder“ gebraucht, wie der folgende Ausschnitt aus den „Richtlinien zur Ablegung der Facharbeiterprüfung im Modellschreinerberuf“ [1]) zeigt.

Berufsbild des Modellschreiners. Das Arbeitsgebiet des Modellschreiners umfaßt die von Hand oder maschinell vorzunehmende Anfertigung sowie das fachgemäße Zusammenbauen von Einzelteilen.

Demnach gehört zu seinen Fertigkeiten:

a) Das Verrichten von Modellschreinerarbeiten jeder Art, wie Aufreißen, Sägen, Hobeln, Profilieren, Stechen, Stemmen, Raspeln, Feilen, Bohren, Verleimen, Drechseln, Verputzen, Lackieren und Beschriften;

b) die Fähigkeit, Zeichnungen einwandfrei zu lesen und das Arbeitsstück hiernach maßgerecht herzustellen;

c) die Kenntnisse der Meßgeräte und Bearbeitungszeichen;

d) die allgemeinen Kenntnisse aus der Form- und Gießtechnik.

Für die öffentliche Berufsberatung ist von der Reichsanstalt für Arbeitsvermittlung und Arbeitslosenversicherung im „Handbuch der Berufe [2]) ein Standardwerk geschaffen worden, das nach einer genauen Berufsbezeichnung für die einzelnen „Berufsbilder“ ein erschöpfendes Gliederungsschema zugrunde legt:

I. Wesen des Berufs (Entwicklung, Bedeutung, Arbeitsbeschreibung, Berufsgefahren).

II. Körperliche und seelische Anforderungen (erforderliche, besonders fördernde, ausschließende oder hindernde und nicht ausschließende Faktoren).

III. Ausbildung (Schulbildung, Ausbildungsgang, Fortbildung, Fachschulen).

IV. Wirtschaftlich-soziale Verhältnisse (Arbeitsbedingungen, Berufswege, Arbeitsmarkt, Organisationen, Tarif und sonstige Regelungen).

V. Literatur (Fachzeitschrift, sonstige berufskundliche Literatur).

VI. Bildmaterial (Stehbilder, Bildstreifen).

Diese letztgenannten „Berufsbilder“ können für eine Betriebsprüfstelle infolge ihrer Ausführlichkeit als wertvolle Unterlagen für die Lehrlingsauswahl gelten, für die Eingruppierung der erwachsenen Arbeiter in den Großbetrieb müssen sie jedoch noch eine weitergehende Ergänzung erfahren. Hier bildet die „Sammlung möglichst vieler Einzelarbeiten die Hauptsache; denn nur diese ermöglicht die notwendige Einordnung gerade in bezug auf die verschiedene „Schwere“ der Arbeitsverrichtungen, ihre Sonderung nach Art und Menge einerseits und Zusammenfassung in bestimmt zu unterscheidende Gruppen andererseits“.

Vor der Aufstellung von „Arbeitsbildern“ ist zunächst über die betreffende Betriebsbelegschaft eine Statistik anzufertigen, wie sie das folgende Schema veranschaulicht:

Betrieb: Röhrengießerei.

Leitung: Betriebsführer ....

(Name, Fernsprecher und Anzahl der Obermeister, Meister, Vorarbeiter usw.)

Am Gießkarussel I (Partie I).

Auf Flur:	1 erster Mann	Im Keller:	1 erster Feuermann
	1 Maschinist		1 zweiter Feuermann
	1 Kranführer		2 Sandleute
	2 Rohrzieher		

1. Kernbank: 1 erster Kernmacher
1 zweiter Kernmacher

2. Kernbank: 1 erster Kernmacher
1 zweiter Kernmacher

Dazu kommen noch die Leute, die für alle Partien arbeiten:

2 Mann an den Lehm- und Schlichtmühlen
1 Mann an der Sandschleudermaschine
4 Mann Rohrfahrer usw.

---

[1]) Aufgestellt vom Facharbeiterprüfungsausschuß der Industrie- und Handelskammer Düsseldorf im Bereich der Arbeitgebervereinigung für Düsseldorf und Umgebung; vgl. auch: Richtlinien für die Werkstattausbildung der Former, aufgestellt vom Prüfungsauschuß für Former in der Eisen- und Stahlindustrie von Dortmund und Umgebung. Zu beziehen durch die Geschäftsstelle in Dortmund, Goebenstr. 28.

[2]) Handbuch der Berufe, Teil I. Berufe mit Volks-, Mittel- oder höherer Schulbildung. Bd. 2. Berufsgruppen V/VI (Metallverarbeitung). Leipzig 1930. S. 35/78.

Nach diesen statistischen Vorarbeiten können für die Psychotechnik schnell Arbeitsbilder geliefert werden, die vorerst nicht in die Tiefe, sondern in die Breite gehen und von allen Arbeitsarten eines Betriebes die groben Skizzen festlegen in der Form etwa, wie es der folgende Ausschnitt aus dem Rohrbau zeigt.

Beschreibung der täglichen Arbeiten des ersten Mannes (Abschnitt 3 des Arbeitsbildes).

Der erste Mann ist der Führer der Partie. Die von ihm zu erledigenden Arbeiten sind folgende: Nachdem er an dem von der Maschine gestampften Kasten die Trichter und das „Bändchen“ eingeschnitten hat, muß er die Form schwärzen, indem er die vorbereitete Schwärze mit einem Eimer durch die Form in einen darunter stehenden Kübel gießt, eine Arbeit, die eine gewisse Handfertigkeit erfordert, wenn nicht Schwärzestreifen oder ungeschwärzte Stellen auftreten sollen. Bei dem weitergehenden Kasten muß er darauf achten, daß die Form richtig getrocknet wird. Wenn er sich davon überzeugt hat, beginnt das Einsetzen der Kerne. Vorher sind vom Keller aus die Gießklappen festgekeilt. Das Kerneinsetzen muß vorsichtig, ohne ein Beschädigen der Form und mit besonderer Aufmerksamkeit auf gutes Passen der Führung vor sich gehen, da sonst die Rohre einseitig werden. Zu dem nun folgenden Guß hat er das Eisen zu bestellen, die Pfanne abzuschlacken und zu beurteilen, ob das Eisen die zum Gießen brauchbare Temperatur besitzt. Nötigenfalls muß bei zu heißem Eisen gewartet werden, um ein Kochen in der Form zu verhindern. Beim Gießen wird er durch einen Rohrzieher unterstützt, der von der anderen Seite mit einem aufgesteckten Rohr die Pfanne dirigieren muß. Die Trichter müssen beim Gießen vollgehalten werden, da sonst Schlacke mit ins Rohr kommt.

Außer diesen Arbeiten soll er auch, soweit es der Betrieb zuläßt, die Verrichtungen seiner Kameraden kontrollieren. Hier muß also ein Mann stehen, welcher, wenn möglich, schon alle Arbeiten gemacht hat. Es empfiehlt sich daher, stets für den geeigneten Ersatz zu sorgen, d. h. einige Leute durch alle Arbeitsstellen gehen zu lassen, damit sie die nötige Erfahrung sammeln.

Erfordernisse bzw. Eignungsmerkmale.

1. Körperlich stellt der Posten, bis auf eine gewisse Widerstandsfähigkeit gegen Rauch, Staub und strahlende Hitze normale Ansprüche.
2. Ausgesprochener Antrieb.
3. Gute optische Aufmerksamkeit.
4. Verständnis für die Eigenart des Verfahrens (praktische Intelligenz).
5. Befähigung zum einfachen logischen Denken.

Arbeits- und Belastungsanalysen als Grundlagen für die psychologische Begutachtung.

Von den „Arbeitsbildern“ unterscheiden sich die „Arbeitsanalysen“ durch ihre ausführliche Untersuchung einer einzelnen Arbeit. Sie enthalten außer der besonderen Zeit- und Bewegungsstudie eine bis ins einzelne gehende Ermittlung der menschlichen Bedingungen [1]), alles dies aber geordnet nach dem durch die betreffende Arbeit bedingten Zeitverlauf.

Ausschnitte von solchen „Arbeits- und Belastungsanalysen von Gießereiarbeitern“ entnehmen wir dem bereits erwähnten Tätigkeitsbericht der Forschungsstelle für industrielle Schwerarbeit der Vereinigten Stahlwerke A.G. [2]) in Gelsenkirchen aus einer Maschinenformerei für dünnwandigen Guß, bei dem z. B. aus gießereitechnischen Gründen Ölkerne verwendet werden müssen, die nach dem Abguß entsprechend beizende Dämpfe verursachen.

Bei den Untersuchungen ergab sich, daß in diesem Betrieb Zusatzbelastungen wie Staub, Hitze, Dämpfe auftreten, daß auch die höchste Belastung für die beiden Arbeitergruppen der Maschinenformer und Ausleerer die körperliche Arbeit darstellt. Aus diesem Grunde wurden außer den Zeitstudien und Belastungsanalysen die Hubbewegungen und Förderwege unter Last genau ermittelt.

Ein Beispiel für die Zeitstudien mit Analyse soll das Abstreichen des Formkastens zeigen.

[1]) Über erfolgreiche arbeitsphysiologische Untersuchungen in der Gießerei berichtet: G. Stern: Die Beanspruchung des Menschen bei den einzelnen Arbeitsvorgängen in der Gießerei. Gieß. 1929. S. 1068/76 und 1930. S. 770/774. — Man vergleiche auch: Simonson: Arbeitsphysiologische Rationalisierung des Formens auf Grund des Verhaltens des Energieverbrauchs. Arbeitsphysiologie. Berlin 1929. S. 503/539. — Simonson: Über die Erholung während und nach beendeter Arbeit und das Verhalten des kalorischen Ventilationsquotienten und des respiratorischen Quotienten beim Formen und seinen Elementen. Berlin 1929. S. 540/563. — Simonson-Dolgin: Weitere Untersuchungen über arbeitsphysiologische Rationalisierung des Formens. Berlin 1930. S. 254/275.

[2]) a. a. O. S. 40ff. und 52ff.

Beobachtung: Der Maschinenformer streicht mittels Abstreicheisen mit beiden Händen die Form glatt. Erforderlichenfalls nachglätten mit der Hand (Schicht von etwa 0,3 mm Formsand muß über dem Formkastenrand bleiben).

Belastung: Mittlere Belastung in gebückter Stellung. Aufmerksamkeit auf gleichmäßiges Abstreichen. In der Endstellung liegt er über dem Kasten, bei mittelgroßen Arbeitern drücken die Oberschenkel, bei kleinen der Unterleib gegen den Kastenrand [1]).

Abb. 482. Arbeitsphysiologische Untersuchungen an einem Formmaschinenarbeiter.

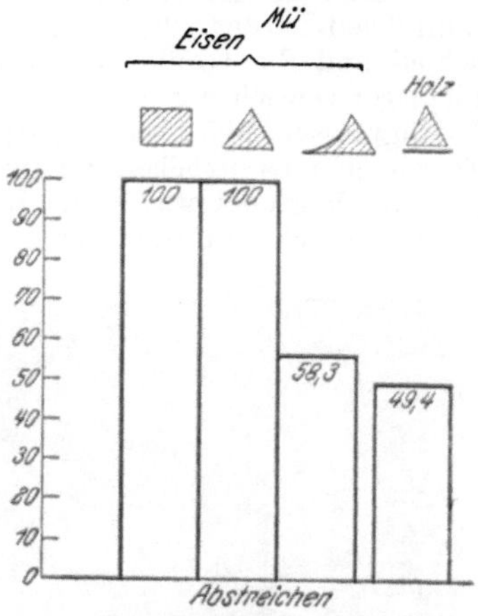

Die Hubbewegungen unter Last und die Förderwege einer bestimmten Modellart waren folgende:

1. Leere Formkasten (meist 4 Stück): Heben vom Stapel, Transport zur Formmaschine, Absetzen.

2. Volle Formkasten: Heben von der Maschine (gegebenenfalls Wenden auf der Längsseite), Beförderung zum Stapel, Absetzen auf Grundplatte oder auf Unterkasten oder auf Oberkasten, auch Stapeln auf Längsseite.

3. Gießen: Beförderung der Gabelpfannen zur Gießpfanne, Heben der vollen Gabelpfanne, Beförderung zum Stapel, Heben auf Höhe der einzelnen Eingußtrichter.

Abb. 483. Ergebnis einer arbeitsphysiologischen Untersuchung: Senkung des Kalorienverbrauches durch Einführung eines Abstreichlineals aus Holz oder Aluminium in Dreikantform, das unten mit einer angeschraubten Stahlschneide armiert ist.

Zur Vereinfachung der Rechnung ist angenommen, daß erst die Gesamtzahl der Unterkasten geformt und gestapelt wird und nachfolgend die entsprechende Zahl der Oberkasten. Bei der Arbeit selbst werden immer Gruppen von Stapeln nacheinander geformt und gebaut, so daß die wirkliche Beanspruchung ungleichmäßiger ist. Nach vorstehender Aufstellung ergibt sich die Anzahl der Hubbewegungen aus:

1. 120 Stück Einzelkasten zu je 4 Stück,
   2 × 30 Hübe mit 160 kg;
2. 60 Stück Unterkasten maschinenfertig,
   4 × 60 Hübe mit 100 kg;
   60 Stück Oberkasten maschinenfertig,
   2 × 60 Hübe mit 100 kg,
   15 Grundplatten beim Unterlegen,
   15 Deckplatten vor dem Guß,
   1 × 30 Hübe mit 50 kg;
3. 35—40 Pfannen je Schicht,
   5 × 40 Hübe mit 115 kg.

Abb. 484. Ergänzung der „Arbeitsbilder" durch Photographien. Die Muskelbeanspruchung der Ausleerer.

Als Belastung je Mann und Schicht ergeben sich also:

Hübe		kg
60 Hübe	. . . . .	80 kg
240 „	. . . . .	50 „
120 „	. . . . .	50 „
30 „	. . . . .	50 „
200 „	. . . . .	60 „
650 Hübe	mit etwa	60 kg

Aus den oben genannten Gründen hat man einen Zuschlag von etwa 10% für die Anzahl der Hübe in Rechnung zu stellen, so daß also der einzelne Former in diesem Falle 700 Hübe in der Schicht, d. h. etwa 1,2 Hübe je Minute leisten muß. Die Förderwege wurden in der Weise ermittelt, daß die Entfernungen von jedem Stapel gemessen wurden, und zwar zwischen Formmaschinen, leeren Kastenstapeln und den fertig geformten Kasten, ebenso die Entfernung zwischen Gießpfanne und dem geformten Kasten. Es ergaben sich folgende Werte:

1. 300 m mit 80 kg je Mann (leere Kasten);
2. 700 „ „ 50 „ „ „ (geformte Kasten);
3. 400 „ „ 60 „ „ „ (für flüssiges Eisen).

Die Geschwindigkeit bei dieser Belastung betrug durchschnittlich 3 km je Stunde.

[1]) G. Stern untersucht bei seinen arbeitsphysiologischen Arbeiten (s. Abb. 482 und 483) den Kalorienverbrauch bei Benutzung von Abstreichlinealen mit verschiedenen Querschnitten.

Auch diese Zahlen entsprechen nur einem normalen Verlauf des Gießvorganges. In vielen Fällen erfordert aber die Anlieferung des Eisens ein Umsetzen der nebeneinander liegenden Stapel oder eine unmittelbare Folge von mehreren Abgüssen, so daß sich die Wege und Belastungen auf kurze Zeiträume zusammendrängen und die Former dadurch höher beanspruchen.

Auch das Einsetzen eines Mittelwertes der Gewichtsbelastung ist nur bedingt richtig, da vorläufig seitens der Physiologen die Untersuchungen noch nicht abgeschlossen sind über den Unterschied und die Größe der körperlichen Beanspruchung bei Belastung durch eine größere Anzahl kleinerer Gewichte gegenüber einer kleineren Anzahl größerer Gewichte unter sonst gleichen Arbeitsbedingungen. Bei diesem Beispiel sind die Einzelgewichte bereits so groß, daß wenigstens für kurze Zeiten eine Grenzbelastung für eine normale körperliche Leistungsmöglichkeit vorliegt.

Noch größer waren die Beanspruchungen bei einer zweiten Arbeitergruppe, den Ausleerern. Unter Berücksichtigung der mittleren Erzeugungsmenge ergaben sich für die Hübe und Wege unter Last folgende Zahlen, für die die vorher genannten Einschränkungen gelten:

Abb. 485. Ergänzung der „Arbeitsbilder“ durch Photographien. Die Muskelbeanspruchung der Ausleerer.

Hübe unter Last je Mann und Schicht:

325	Hübe mit	6,5 kg	=	2 110 Hubkg
1140	„ „	25 „	=	28 500 „
480	„ „	36 „	=	17 300 „
12	„ „	50 „	=	600 „
480	„ „	50 „	=	24 000 „
480	„ „	85 „	=	40 800 „
2917	Hübe mit etwa	40 kg	=	113 310 Hubkg

Wege unter Last je Mann und Schicht:

1000 m	mit	6,5 kg	=	6 500 mkg
1800 „	„	25 „	=	45 000 „
1500 „	„	36 „	=	54 000 „
50 „	„	50 „	=	2 500 „
500 „	„	50 „	=	25 000 „
500 „	„	85 „	=	42 500 „
5350 m	mit etwa	33 kg	=	175 500 mkg

Die Höhe der körperlichen Belastung, die schon aus diesen Zahlenwerten hervorgeht, ist auf den Abb. 484 und 485 deutlich an der Muskelbeanspruchung der dort dargestellten Arbeiter zu sehen, insbesondere am Halse, an den Oberarmen und den Rückenpartien, ebenso an dem angestrengten Gesichtsausdruck.

Abb. 486. Belastungsprofil eines Hilfsformers in einer Stahlformgießerei.

Werden die einzelnen Belastungen, z. B. körperliche Belastung, Hitze, Dampf, Staub, Aufmerksamkeit, Grob-, Schnellhantierung, statische Arbeiten (Gehen und Stehen usw.) in einem Belastungsprofil (Abb. 486) zusammengestellt, so erhält man als Ergebnis dieser Untersuchungen die sachliche Feststellung der Belastung einzelner Arbeitergruppen gegenüber dem subjektiven Urteil: leicht, mittel, schwer und damit, von der Arbeit aus gesehen, eine objektive Charakteristik, wie sie für die Zwecke einer Werksbegutachtungstelle nicht besser gedacht werden kann.

Der Besitz solcher objektiven Kenntnisse von den differenzierten Anforderungen der Betriebsarbeit bildet die Grundlage für die Lösung aller einzelnen wirtschaftspsychologischen Aufgaben, die der werkseigenen Begutachtungstelle (im Gegensatz zur öffentlichen Berufsberatung, der mehr die Grobsortierung zufällt) erwachsen. Ihr Erfolg ist wesentlich durch ihre Betriebsnähe und die Möglichkeit gewährleistet, dauernd und unmittelbar die beständige Entwicklung der Fabrikarbeit zu beobachten.

Berufsanforderungen im Gießereigewerbe.

Auf Grund der Arbeitsbilder und Belastungsanalysen kommen wir zur Frage nach den Fähigkeiten, welche die fünf Former-Grundberufe, die Modelltischlertätigkeit, die Arbeiten an den Formmaschinen usw. verlangen. Dabei muß man sich jedoch hüten, äußere Leistungen, wie z. B. das schnelle, zielsichere Stechen des Formers mit dem Luftspieß, mit psychischen Fähigkeiten oder Anlagen zu verwechseln, sonst würde es soviel Fähigkeiten geben wie äußere Leistungen. Vielmehr muß die Frage lauten: Auf welchen Fähigkeiten beruht die Leistung, welche körperlichen und seelischen Hauptfaktoren müssen für eine erfolgreiche Gießereilaufbahn vorhanden sein? Jedoch genügt die Fähigkeitsfeststellung allein nicht. Bogen[1]) glaubt sogar, daß sie in der Berufsberatung „gegenüber der Neigungsanalyse Moment zweiter Klasse" ist und bietet feinsinnige Belege für den Unterschied von Berufswunsch und Berufsneigung. Auch der Arbeitswille, der positive Entschluß zum Beruf, gehört mit zu den seelischen Voraussetzungen für einen geordneten Arbeitsablauf. Berufsneigung und -wille sind aber gerade im Hinblick auf den Gießereilehrling von unschätzbarer Bedeutung, weil es sich hier um einen durchaus unbeliebten Beruf handelt. Legt die Gießerei Wert auf einen tüchtigen stabilen Nachwuchs, so müssen wahrscheinlich die Arbeitsverhältnisse und Berufsaussichten ganz allgemein gehoben werden, damit kräftige Jungen mit guten Leistungsfähigkeiten der Hand und durchschnittlicher Intelligenz in dieser Laufbahn die Entfaltung ihrer Gerichtetheit sehen. Findet aber die Neigung des Lehrlings in der Gießerei keine oder ihrer Tendenzstärke nach zu geringe Gelegenheit zum Wachsen, so stellt sich ein Suchen nach einer entsprechenden „nebenamtlichen" Tätigkeit ein, die so stark werden kann, daß der Beruf nur noch Erwerbsmöglichkeit wird und lediglich der Entfaltung im Nebenberuf dient. Beim Former tritt dann „Flucht" aus der Lehre oder Berufswechsel nach der Gesellenprüfung ein: Entwicklungen, die nicht im Sinne der Menschenwirtschaft, der psychotechnischen Rationalisierung liegen. Sehr geschickte Jugendliche mit ausgesprochener geistiger Beweglichkeit aber, die infolge ihrer auf gedankliches Material gerichteten Anlagen über den Grundberuf hinausstreben, braucht die Gießerei nur ganz vereinzelt.

Vor aller Eignungsprüfung steht also eine äußerst schwierige, wissenschaftliche Aufgabe: einmal die Gesamtheit der erforderlichen Fähigkeiten in Bausch und Bogen aufzustellen, dann die Scheidung in berufswichtige und unwichtige, erfaßbare und nicht erfaßbare, in übbare und nicht übbare, in ersetzbare und nicht ersetzbare, in beachtenswerte und nicht beachtenswerte vorzunehmen, um schließlich auf Grund zahlreicher Sonderstudien die Gewichtszahlen für die Bedeutung der einzelnen erforderlichen Fähigkeiten ansetzen zu können [2]).

Einheitliche Berufsanforderungen wurden für die Gießereiberufe bisher nicht ausgearbeitet, doch geht aus den in der Zahlentafel 113 zusammengestellten berufskundlichen Analysen hervor, daß bei bestimmten körperlichen und seelischen Anforderungen eine gewisse Übereinstimmung vorliegt. Darüber hinaus gibt das „Handbuch der Berufe" eine Reihe von ausschließenden oder hindernden Eigenschaften an wie: „Schwache Beine und Arme, schwere Rückgrat-, Bein-, Arm-, Hand- oder Fingergebrechen, Unterleibsbruch, Überempfindlichkeit gegen Hitze, empfindliche Atmungsorgane (Tuberkulose, Neigung zu Halsleiden), leicht reizbare Haut, Hautausschläge (Psoriasis, Ekzem, Acae rosacea), Nervenleiden, Herzleiden, Neigung zu Krampf- oder Schwindelanfällen (Epilepsie). Sehschwäche, hochgradige Kurzsichtigkeit, chronische Bindehaut- und

[1]) H. Bogen: Psychologische Grundlagen der praktischen Berufsberatung. Langensalza 1927. S. 131ff.

[2]) Eine psychologische Grundlegung auch nur in großen Zügen zu entwickeln, würde zu weit führen. Wir müssen da auf das Studium der angeführten Buchliteratur und auf die Veröffentlichungen in den Zeitschriften verweisen. Es kann hier nur der Blick geweitet werden für die außerordentlichen Schwierigkeiten, die gerade im Gießereifach für die Berufszuweisung bestehen, für die hohe Verantwortung, die den Prüfleiter bei allen Maßnahmen zur Menschenauslese trifft, für die Tatsache, daß die Eignungsprüfung nur ein Teilgebiet der menschlichen Rationalisierung darstellt und daß für die Bewährung ihrer Verfahren das wahre Urteil erst Jahre nach der Beendigung der Lehre gefällt wird.

Zahlen-
Zusammenstellung der Berufs-

Prüfgruppe.	Handbuch der Berufe, herausgegeben von der Reichsanstalt für Arbeitsvermittlung und Arbeitslosenversicherung.	Moede, Lehrbuch der Psychotechnik. S. 116, 125, 297.
Sinnesleistungen.	Sehschärfe $^2/_3$ auf dem einen, $^1/_3$ auf dem andern Auge erforderlich. Nicht ausschließend: korrigierbare Sehschwäche, mittelgradige Schwerhörigkeit (Taubheit nur an nicht unfallgefährdeten Posten) und Sprachfehler. Für Gießer: Glühfarbensinn, volles Farbenunterscheidungsvermögen, normales Gehör.	Schwere Verbrennungen können vorkommen, wenn der Gießer nicht durch die Hitzempfindung vor dem herannahenden flüssigen Eisen gewarnt wird.
Körperliche Leistungsfähigkeit.	Mittelkräftiger gesunder Körper (für Großformer kräftiger Körperbau), kräftiges Rückgrat, kräftige Beine und Arme. Gesunde Haut, Nerven, Lunge, Herz. Besondere Widerstandsfähigkeit erfordern der starke Temperaturwechsel, die Nässe und Hitze. Für Gießer: Behendigkeit.	Körperliche Kraft. Ausdauer bei Kraftleistungen. Gewisse Unempfindlichkeit gegen Staub und Hitze.
Handgeschicklichkeit.	Zweihandgeschicklichkeit (nicht ausschließend: einzelne steife Finger der linken Hand). Handruhe. Druckempfindlichkeit der Finger. Gelenkempfindlichkeit. Ausgeprägter Tast- und Formensinn. Fähigkeiten im Zeichnen und Modellieren fördernd!	Geschicklichkeit. Das Beurteilen zusammenzudrückender Gummibälle, die mit Quecksilber oder Preßluft gefüllt sind, kommt der Sandfestigkeitsprüfung der Praxis nahe (Reaktionsfähigkeit).
Praktisch-technische Intelligenz.	Tastsinnliches und Formengedächtnis. Raumvorstellungsvermögen. Technisches Verständnis.	Überlegung, technisches Denken. Raumvorstellung, Merkfähigkeit. Erinnern.
Schulisch-sprachlich-begriffliche Intelligenz.	Kombinationsgabe! Leichte Auffassung.	Auffassungsvermögen. Rechnen.
Arbeitscharakter.	Fördernd sind: Konzentrationsfähigkeit, Strebsamkeit, Geduld, Ausdauer, Freude am körperlichen Formen. Für Gießer: Fähigkeit zu periodischer Anspannung der Aufmerksamkeit. Ruhe.	Aufmerksamkeit.

tafel 113.

anforderungen für Gießereiarbeiter.

Bültmann, Psychotechnische Berufseignungsprüfungen von Gießereifacharbeitern.	Berufsberatung Hamburg.	Dellwig.
Gedächtnis für Glühfarben Unterschiedsempfindung des Auges für Glühfarben Empfinden für Farbenänderung.	Gute Augen.	Normales Auge. Geringe, durch Gläser auszugleichende Sehschärfe schließt nicht aus, doch ist Brille oft hinderlich. Über die notwendige Farbentüchtigkeit liegen keine Untersuchungen vor; es ist jedenfalls in der Regel Sache des Meisters, nach den Glühfarben die Temperatur des flüssigen Eisens festzustellen (optische Pyrometer usw.). Normales Ohr (ist allgemein für den Industriebetrieb wegen der Unfallgefahr zu fordern).
Muskelkraft.	Gesunder kräftiger Körper, gesunde Lungen.	Ein kräftig entwickelter, widerstandsfähiger Körper, der über eine mittlere Gewandtheit verfügt und möglichst unempfindlich ist gegen strahlende Hitze, gegen Rauch- und Staubbelästigung. Maschinenformer, Ausleerer, Putzer müssen in der Regel über ganz ausgeprägt kräftigen und robusten Körper und große Ausdauer verfügen. Allgemeine körperliche Gewandtheit ist bei allen Berufen im Interesse der Unfallverhütung erwünscht. Für Jugendliche Begabung für Leibesübungen zum Ausgleich einseitiger Arbeitsbelastung.
Ruhe und Sicherheit der Hand, Zusammenarbeit vonAuge und Hand, Aufmerksamkeit für kurze Zeit, Führung und Beherrschung der Bewegung. Anstelligkeit, Gelenkempfindung, besonders des Fingers. Gelenkgedächtnis. Impulsbeherrschung, Gedächtnis für Stoß, Stoßgefühl, Muskelgefühl.	Ruhige Hand, Feingefühl und Gelenkempfindlichkeit.	Eine ruhig-langsame und doch flinke, leichte und doch starke, sichere und geschickte Hand. Für alle Berufe genügt die auch für andere handwerkliche Tätigkeiten erforderliche Geschicklichkeit. Für Ausleerer und Putzer genügt eine mehr grobe Hand, der Maschinenformer dagegen muß schnell, gewandt, fix bei allen einfachen Hantierungen sein, nicht „nervös“. Fördernd für den Modelltischler und Lehmformer ist eine überdurchschnittliche Handgeschicklichkeit. Als Arbeitstyp ist der Former, besonders der Modelltischler der ruhig-langsam, mit Überlegung und Konzentration schaffende Exaktheitstyp.
Räumliches Vorstellungsvermögen, besonders in Verbindung von Positiv und Negativ. Zweidimensionales Vorstellungsvermögen. Schätzung von Flächengrößen. Gedächtnis für Formen.	Sinn für physikalische Vorgänge. Fähigkeit, sich nach der Zeichnung den Körper vorzustellen. Raumvorstellung. Förderlich: Formensinn und künstlerisches Empfinden.	Ein normales räumliches Denken und die Fähigkeit, sich Formen, Raumgebilde usw. anschaulich und nachhaltig vorstellen zu können. Für Maschinenformer und sonstige Hilfsarbeiter genügt das Vorhandensein der Fähigkeit, für Modellformer eine genügende Ausgeprägtheit, bei Lehmformern und Modelltischlern spielt das räumliche Denken allerdings eine ganz hervorragende Rolle.
	Aus der 1. Volksschulklasse, mindestens aus der 2. Klasse abgegangen.	Eine normale Intelligenz und sachlich-begriffliche Kombinationsfähigkeit, die in guter Ausprägung beim Modelltischler und Lehmformer besonders fördernd ist.
Aufmerksamkeit für kurze Zeit und Daueraufmerksamkeit. Gewissenhaftigkeit, Ordnungsliebe.	Umsichtigkeit und die Fähigkeit, peinlich sorgfältig und zuverlässig zu arbeiten.	Maschinenformer: Schwerarbeitstyp mit ausgesprochenem Tempo und flüssiger Ausgeglichenheit bei allen einfachen Hantierungen. Former: Exaktheitstyp (beim Lehmformer mit gutem räumlichen Denken). Modellschreiner: Exaktheitstyp mit hervorragendem räumlichen Denken und guter Intelligenz.

Lidrandentzündung oder Neigung dazu. Nervosität, zerfahrenes Wesen (Unfallgefahr). Außerdem noch für Gießer: Beinverletzungen, die die volle Bewegungsfreiheit ausschließen (Unfallgefahr)“. Die vom Verfasser aufgestellten berufswichtigen Eigenschaften bedürfen ihrer Ergänzung durch das Urteil des Arztes über die Gesundheit der inneren Organe (Veranlagung zu Rheumatismus beim Lehmformer usw.) und beziehen sich auf die Anforderungen großer Eisen- und Stahlgießereien in Eisenhüttenwerken. Für kleinere Betriebe muß die Analyse entsprechende Abänderung erfahren, ebenso für leichteren Formmaschinenbetrieb usw.

Die Durchführung der psychologischen Begutachtung.

Bei der Darstellung der Prüfverfahren beschränken wir uns bewußt auf die allgemeinen Verfahren handwerklicher Begutachtung in bezug auf hauptsächliche Arbeitsfaktoren, die ganz allgemein gestaltet sind und die Begutachtungsfragen für die große Kategorie der Handarbeiterberufe entscheiden sollen, ohne sich aber auf einzelne bestimmte Berufskategorien festzulegen, und bringen aus siebenjähriger Erfahrung Beispiele aus der Prüfserie nach Poppelreuter, die auch den von den Vertretern der behördlichen Psychotechnik gestellten Anforderungen „in methodischer und organisatorischer Hinsicht in weitem Maße Rechnung trägt und wohl mit Recht bezeichnet werden kann als das Berufsberatungsverfahren“ [1]).

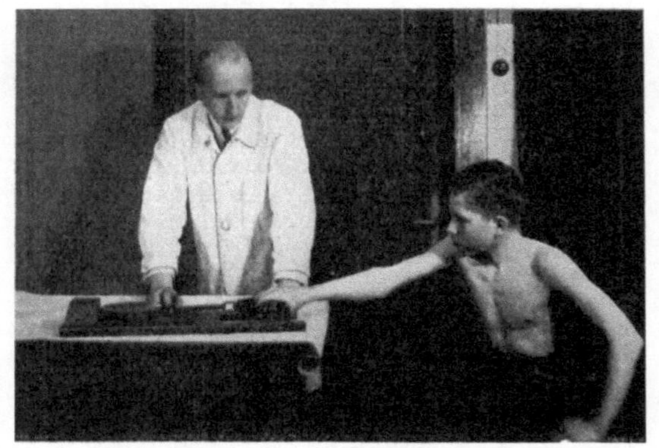

Abb. 487. Prüfung der Handkraft.

Wir treten damit in bewußten Gegensatz zu den teilweise psychotechnischen Umbildungen von praktischen Berufsleistungen, wie sie z. B. Bültmann [2]) in seinem Glühfarben-, Fingerdruck- und Stampfgerät usw. darstellt und mit denen er durchschnittlich nur eine geringe Rangkorrelation von $\varrho = +0{,}62$ (nach Auslassung grober Rangplatzdifferenzen beim Vergleich mit dem Betriebsurteil) erzielte. Wir „prüfen“ nicht eng für den bestimmten Beruf, sondern „begutachten allgemein psychologisch“, berücksichtigen stets den „ganzen Menschen“.

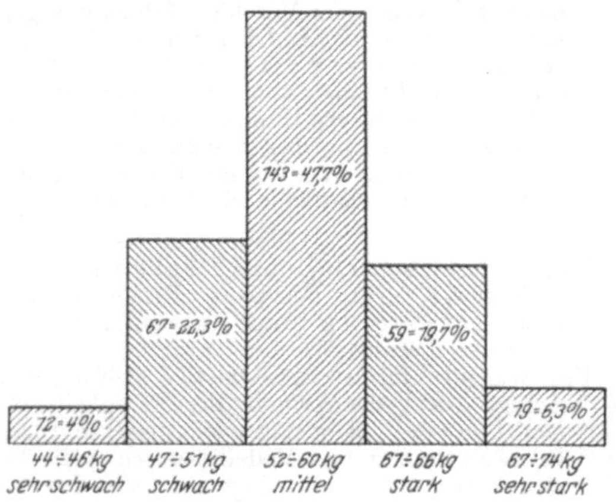

Abb. 488. Aufgeteilte Häufigkeitskurve zur Beurteilung der Handkraft bei Gießereiarbeitern.

Es ist daher selbstverständlich, daß unsere Proben nicht bloß nach der reinen Leistungsmessung ausgewertet werden, sondern daß eine sorgfältige symptomatische Begutachtung des arbeitscharakterologischen Anteils im Hinblick auf die Ganzheit der Persönlichkeit weit im Vordergrund steht. (Wir versuchen, in den folgenden Beispielen neben dem Leistungsurteil auch gröbere Einzelheiten aus der Symptomatik mitzuteilen).

1. Beispiel: Prüfung der Handkraft [3]). An einem geeichten Dynamometer (Abb. 487) muß der Prüfling je fünfmal mit beiden Händen abwechselnd „drücken, so stark er kann“. Die erzielte Leistung in kg wird an einer aufgeteilten Häufigkeits-

[1]) v. d. Wyenbergh im 32. Sonderheft zum Reichsarbeitsblatt: Berufsberatung, Berufsauslese und Berufsausbildung. Berlin 1925. S. 158, 114. [2]) a. a. O. S. 37ff.

[3]) Vgl. F. Dellwig: Die Begutachtung der körperlichen Leistungsfähigkeit der Jugendlichen im psychotechnischen Verfahren. Z. angew. Psychol. 1926. S. 299/336.

kurve (Abb. 488) umgewandelt in ein Werturteil. Preßt z. B. ein Maschinenformer 69 kg, so erhält er das Leistungsurteil „Handkraft: sehr stark". Die Messung der Handschlußkraft ist aber keine rein physiologische, sondern auch eine psychologische Prüfung, bei der das Ergebnis nicht nur durch die reine Kraft des Muskels, sondern vor allem durch das nur psychologisch zu erfassende Willensverhalten bestimmt ist. Der Prüfer muß demnach seine Aufmerksamkeit ganz auf die Art und Weise einstellen, wie der Bewerber drückt, ob letzte Kraftreserve eingesetzt oder ob der Wert mühelos erreicht wurde, ob er ihn wirtschaftlich mit nur einem Kraftimpuls herausholte oder ob er die Hand langsam „zuschraubte" usw.

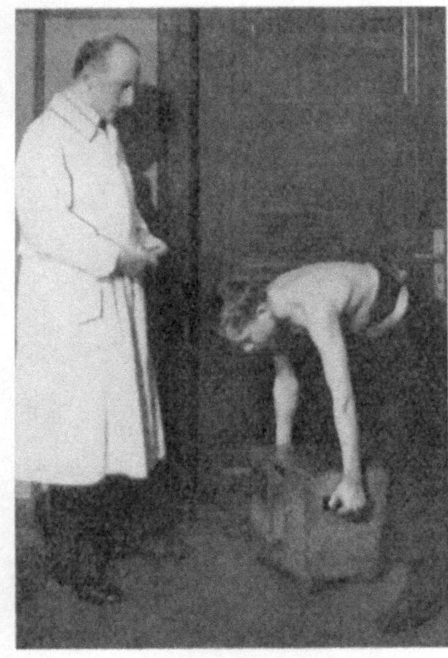

Abb. 489.
Prüfung der körperlichen Ausdauer.

2. Beispiel: Prüfung der körperlichen Ausdauer[1]. Ist auch die Handkraft der gesamten Körpermuskelkraft ziemlich genau proportional, so ist es doch wichtig, einen weiteren Grundfaktor der körperlichen Leistungsfähigkeit anzuschneiden und die Widerstandsfähigkeit gegenüber den durch Schwerarbeit, besonders beim Bücken auftretenden körperlichen Unlustgefühlen zu untersuchen durch Haltenlassen eines 37,5 kg schweren Kastens von bestimmter Gestalt bis zum „Nichtmehrkönnen" (Abb. 489).

153 Lehrlinge (14,2 Jahre alt) halten die Kiste:	5,9%	22,3%	48,6%	18,4%	4,6%	% der Prüflinge
	21—30	31—45	46—120	121—199	200—280	sek.
300 Gießereiarbeiter (22—35 Jahre alt)	110—170	171—250	281—390	391—530	531—770	sek.
	5,3%	21,3%	51,3%	19,6%	2,3%	% der Prüflinge
	sehr schlecht	schlecht	mittel	groß	sehr groß	Noten

Die durch die vorstehende Zahlenzusammenstellung ersetzte Häufigkeitskurve aus den gemessenen Zeiten zeigt, wie die Streuung der Leistungen ganz außerordentlich durch die Verschiedenheit des Arbeitswillens nach dem Leistungsmaximum und -minimum auseinander gezogen ist. Die ganze Prüflage aber, wie sie aus der Abb. 489 hervorgeht, fordert den Prüfleiter geradezu heraus, festzustellen, wie z. B. der zukünftige Modelltischlerlehrling trotz seiner geringen Körpergröße (1,36 m), trotz seiner sehr schlechten Handkraft (18 kg) hier durch äußerste Anstrengung mit 121 Sekunden die Note „gut" „erkämpfte". Das ganze Verhalten legte Zeugnis ab von seiner großen Energie,

Abb. 490. Beidhändige Genauigkeitsarbeit.

[1] Vgl. F. Dellwig: Die Begutachtung der körperlichen Leistungsfähigkeit der Jugendlichen im psychotechnischen Verfahren. Z. angew. Psychol. 1926. S. 299/336.

von dem Willen zur Arbeit, den der junge Mensch so notwendig braucht zur Selbstbeherrschung, zur Bewältigung aller Berufsschwierigkeiten, zur Überwindung der toten Punkte im industriellen Arbeitsleben und zur Bildung der eigenen Persönlichkeit.

Abb. 491. Prüfung der Handruhe.

3. Beispiel: Prüfung der Handgeschicklichkeit. Die Prüfung der Handgeschicklichkeit spielt im Former- und Modelltischlerberuf eine ganz wesentliche Rolle, denn die Formbildung aus irgendeinem Stoff mit oder ohne Werkzeug ist die Kernleistung der Geschicklichkeit. Wir sind aber nicht der Meinung, daß die geschickten Leistungen der Hand, wie sie beim Modellausheben, Polieren, Verputzen usw. vorliegen, nur auf „Empfindlichkeit“ der Gelenke beruhen, sondern glauben, daß unser Organismus wahrscheinlich viel zentralere und allgemeinere Funktionen besitzt, die Geschicklichkeit bedingen, etwa leichte Anpassungsfähigkeit der Bewegungen, leichter Zusammenschluß zu guter Hantierung usw. Jedenfalls kommen wir einer so komplexen Fähigkeit nur durch eine Allgemeinprüfung bei. Die Abb. 490—492 bringen Proben zur Prüfung der Handgeschicklichkeit. Bei allen drei Prüfungen muß ein auf einem Brett befestigter Vordruck (s. Abb. 493 und 498) so geführt werden, daß ein feingespitzter Tintenstift möglichst genau zwischen den Grenzlinien des Vordrucks schreibt. Bei der Arbeitsverrichtung wird, dem Prüfling sichtbar, die Zeit gemessen, er wird also vor die Entscheidung zwischen Schnelligkeit und Genauigkeit gestellt. Die Entfernung zwischen den Grenzlinien des Vordruckes ist bei der ersten Probe bedeutend geringer als bei der zweiten und dritten (vgl. Abb. 498 und 493); dazu kommt weiter, daß die Handruheprüfung (Abb. 491) freihändig, Prüfung Abb. 492 zwar mit beiden Händen durchgeführt werden muß, aber unter starker Belastung durch eine 5 kg[1]) schwere Stahlplatte.

Abb. 492.
Belastete beidhändige Genauigkeitsarbeit.

Wie verschieden die Leistungen bei diesen Prüfungen ausfallen, zeigen die Abb. 493 und 498. Die Auswertung der Prüfungsergebnisse erfolgt bei jeder Probe durch Messung der gebrauchten Zeit und durch Auszählung der gemachten Fehler. Um zu einer Beurteilung der Leistung zu gelangen, wird nachgesehen, an welchen Stellen der für die einzelnen Prüfungen ausgearbeiteten beiden Häufigkeitskurven, wie sie die Abb. 494 zeigt, die betreffenden individuellen Leistungen liegen. Danach erhalten die Prüflinge Leistungsprädikate, wie sie in dem Text zur Abb. 493 angeführt sind, mit

[1]) Das Gewicht wird entsprechend dem Alter bzw. der Körperkraft des Prüflings verändert.

anderen Worten: auf Grund der Ergebnisse aller Proben der gesamten Gruppe wird schließlich gesagt, daß die Prüflinge in Abb. 493a und 493c eine geschickte Hand und einen ausgeprägten Exaktheitswillen besitzen, wie sie ein Former besonders benötigt, die Prüflinge in Abb. 493b und 493d jedoch ungeschickt, unsorgfältig und deshalb unfähig seien, in diesem Handwerk etwas zu leisten[1]). Es wird also aus einer jeweiligen Leistung in bezug auf einzelne Faktoren mit einer für praktische Zwecke hinreichenden Genauigkeit ein allgemeines Urteil über die Leistungsfähigkeit ausgesprochen, vom einmaligen Arbeitsverhalten bei einer Prüfung wird auf ein dauerndes Verhalten in der Praxis geschlossen.

4. Beispiel: Prüfung des räumlichen Denkens. „Kennzeichnend für den Formerberuf ist das hohe Maß von räumlichem Vorstellungsvermögen, besonders in

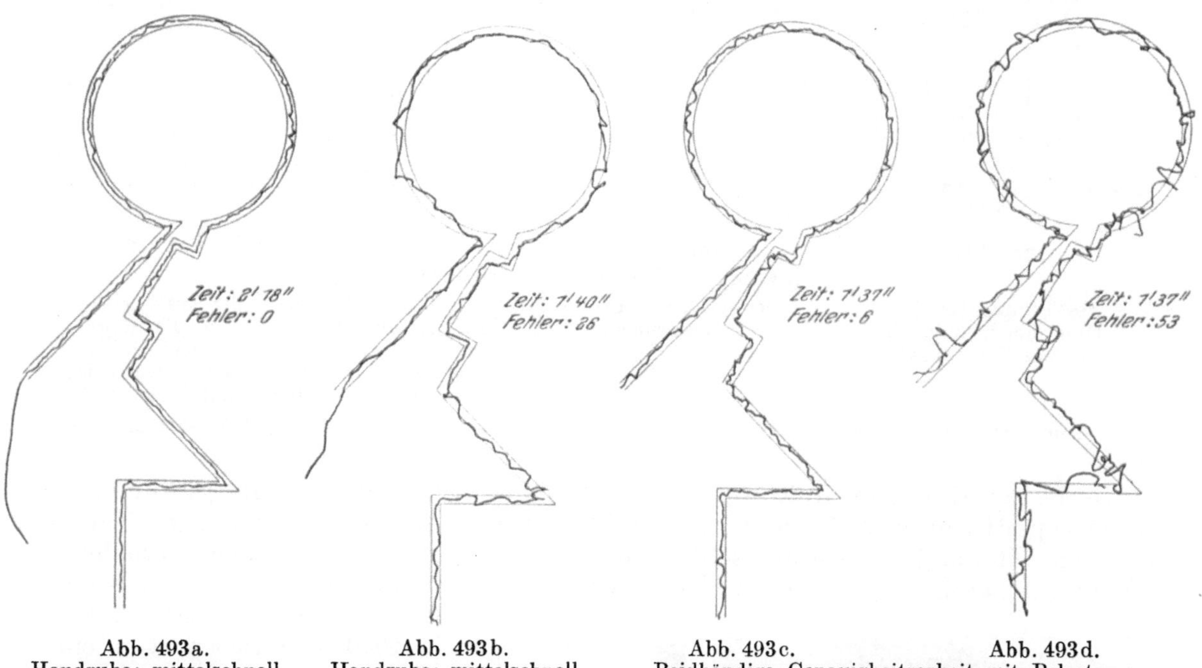

Abb. 493a. Handruhe: mittelschnell und sehr gut.

Abb. 493b. Handruhe: mittelschnell und schlecht.

Abb. 493c. / Abb. 493d. Beidhändige Genauigkeitsarbeit mit Belastung: Überdurchschnittliche Leistung bei mittlerem Tempo. / mittelschnell, aber unterdurchschnittliche Leistung.

Abb. 493a—d. Ergebnisse aus den Prüfungen der Handgeschicklichkeit.

Verbindung von Positiv und Negativ, sowie ein gutes Gedächtnis für Formen". Wir bringen daher in Abb. 495 die Prüfanordnung zu der Probe „Räumliches Denken". Die Aufgabe besteht darin, die Abwicklung eines Blechmodells von bestimmter Gestalt auf einem genau passenden Zettel (Abb. 496b) aufzuzeichnen. Zum Ausgleich der rein zeichnerischen Fertigkeit sind Modell und Zettel mit einem Quadratnetz versehen, so daß die ebene Wiedergabe durch einfaches Abzählen und Nachziehen der Linien möglich ist. Um eine Zuhilfenahme des Tastsinnes zu unterbinden, ist der Prüfling durch eine Glasscheibe von seinem Modell getrennt. Die in Abb. 496 wiedergegebenen Beispiele zeigen die ganze Streubreite der Prüfungen von der kindlichen, symbolhaften Andeutung irgendeines Gebildes bis zur vollkommenen Lösung durch Darstellung von nur Außenkonturen, wodurch ja gerade angedeutet wird, daß der Prüfling „richtig räumlich gedacht hat, daß er unter restloser Erfassung der Beziehung des Ganzen zu den einzelnen Teilen eine von der Erscheinungsform völlig unabhängige Wiedergabe" schaffen konnte.

[1]) Daß die Prüfung einer so komplexen Fähigkeit, wie es die Handgeschicklichkeit wirklich ist, außerordentliche Schwierigkeiten bietet, daß eine Unsumme von Vorarbeiten nötig ist, um eine geeignete Probenserie zu schaffen, kann hier nicht weiter erörtert werden. Jedenfalls darf der Leser auf keinen Fall glauben, daß das Fähigkeitsurteil so säuberlich klar nach einer solchen Prüfung aufmarschiert, wie es aus der kurzen Darstellung vielleicht zu entnehmen ist.

Nach diesen Leistungen würde man wieder in bezug auf die Fähigkeit, räumlich denken zu können, zu folgenden Urteilen kommen:

Das räumliche Denken ist bei dem Prüfling 496a: sehr schlecht, 496b: sehr gut.

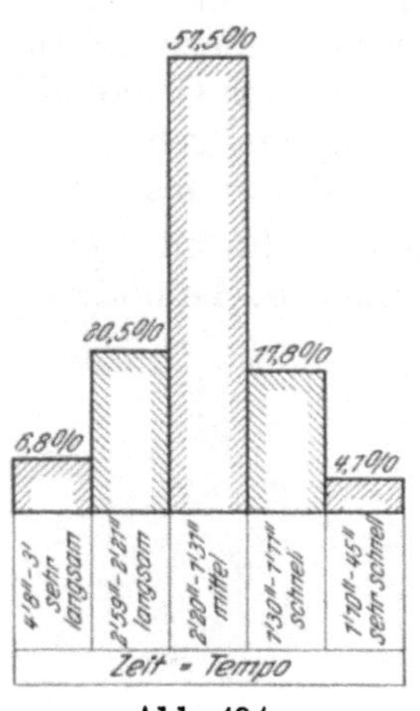

Abb. 494a.

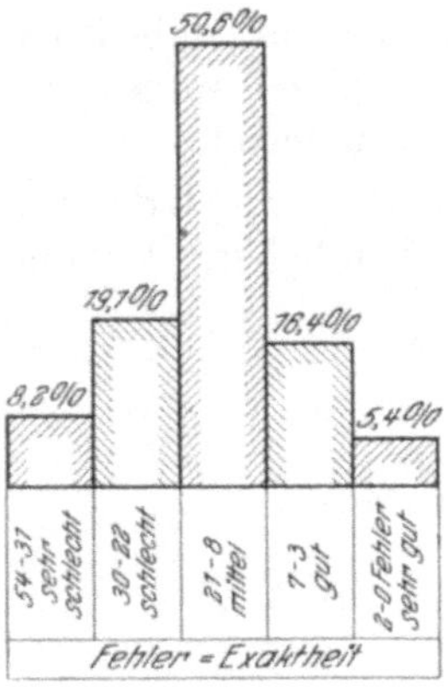

des Tempos bei der „Handruhe“, aufgeteilt nach dem Fünfer-Urteil.

Abb. 494b.

Häufigkeitskurven zur Beurteilung der Exaktheit bei der „Handruhe“.

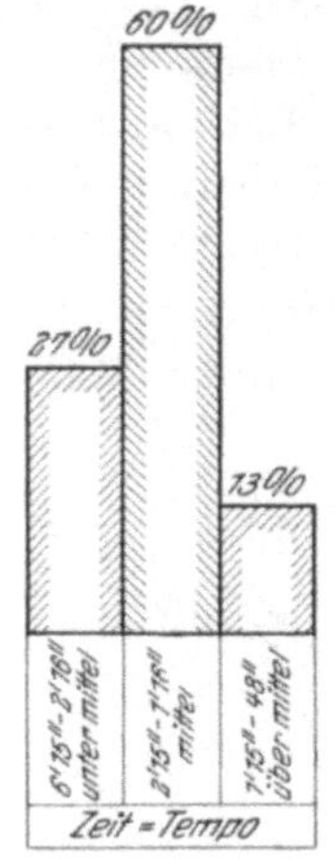

Abb. 494c.

des Tempos bei der Prüfung: „Beidhändige Genauigkeitsarbeit mit Belastung“, aufgeteilt nach dem Dreier-Urteil.

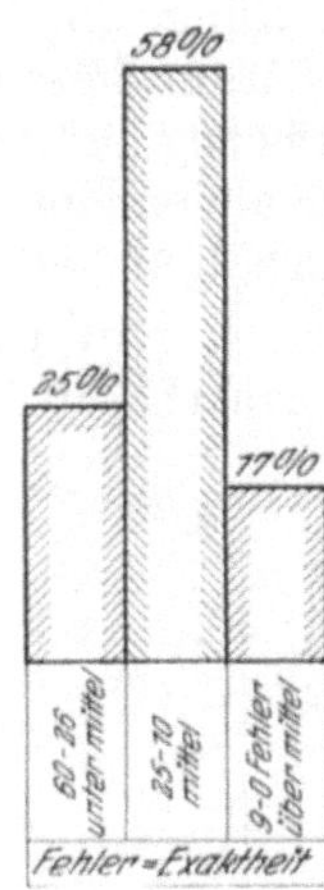

Abb. 494d.

der Exaktheit bei der Prüfung: „Beidhändige Genauigkeitsarbeit mit Belastung“.

Abb. 494a—d. Häufigkeitskurven zur getrennten Beurteilung von Tempo und Exaktheit.

5. Beispiel: Untersuchungen des Exaktheitstypus mittels langdauernder Arbeitsprüfungen[1]). Zugleich mit der Untersuchung der berufsnotwendigen Hauptfaktoren hat die Begutachtungsstelle sich mit der Beurteilung des Arbeitsverhaltens, des Arbeitscharakters, zu befassen. Diese zweite Aufgabe ist für die Mehrzahl aller Begutachtungsfälle, insbesondere aber bei Einstellungen in Gießereibetrieben, von entscheidender Bedeutung. Sie ist aber auch die schwierigste, weil die Fragestellung weniger auf einzelne Berufsfaktoren geht als auf die Gesamtheit der Arbeitstypen, auf das Gesamtverhalten, das sich seiner Natur nach nicht „messen“, sondern nur „typologisch kennzeichnen“ läßt. Da es sich als notwendig erweist, hier weitgehend die bereits erwähnte symptomatische Begutachtung, d. h. die wissenschaftlich gestaltete Eindrucksdiagnose, sowie die psychologische Ausdeutungs- und Kombinationsfähigkeit des Prüfers hinzuzunehmen, so ist eine gründliche Vorbildung und eine besondere Begabung des Gutachters notwendige Voraussetzung für die richtige Durchführung der Arbeitstypenprüfungen.

Abb. 495. Prüfung auf räumliches Denken.

Die Formertätigkeit verlangt unbedingt ein „individuelles Gerichtetsein auf exakte Arbeitsprodukte“. Es gilt also, bei unseren Prüfungen nach Abb. 490—492 nicht nur die niedere motorische Geschicklichkeit festzustellen, sondern vor allen Dingen den „Arbeitstypus bei Exaktheitsarbeiten“, „die Stellungnahme des Arbeitenden zur Exakt-

[1]) W. Poppelreuter: Die Arbeitskurve in der Diagnostik von Arbeitstypen. Psychotechn. Z. 1928. H. 2. Oldenbourg, München.

heit", den „Willen zur Sorgsamkeit" klar herauszuarbeiten. Das ist bei den genannten Prüfungen bereits möglich, wenn man das Gesamtverhalten auch symptomatisch beurteilt und außerdem noch für die Diagnose eine gewissermaßen „graphologische Auswertung des Zeichenbefundes" mit berücksichtigt. Da aber das bei einer kurzen Prüfung gezeigte Verhalten nur bei einem Teil der geprüften Personen dasselbe ist wie beim Dauerverfahren, so kann die Diagnose der Arbeits- und Berufseigenschaften auf Grund des Kurzverhaltens nur dann als den Erwartungen entsprechend angesehen werden, wenn man nach den Gesetzen großer Zahlen und den Grundsätzen der Konkurrenzauslese Massen sortiert und dabei einen gewissen Prozentsatz (10—15%) als Fehldiagnosen in Kauf nimmt.

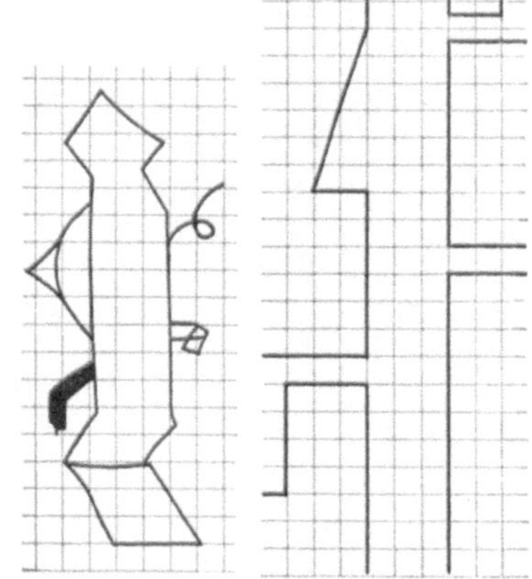

Abb. 496a. Sehr schlecht (kindliche, symbolhafte Darstellung). Abb. 496b. Sehr gut.

Abb. 496a und b. Lösung zur Prüfung: Räumliches Denken.

Aus naheliegenden Gründen verlangen die Gießereibetriebe größte Genauigkeit der psychologischen Prognose bei jedem einzelnen geprüften Arbeiter. Das ist aber nur möglich durch Einführung von langdauernden psychologischen Arbeitsprüfungen mit selbsttätiger Registrierung der Arbeitskurve auf Poppelreuters Arbeitsschauuhr[1]).

Für die Methodik dieser Prüfungen gibt Poppelreuter in seiner Arbeit über „die Arbeitskurve in der Diagnostik von Arbeitstypen" folgende Richtlinien:

1. Die geprüfte Leistung wird als Dauerarbeit gestaltet und so eingerichtet, daß sich sowohl die quantitativen Verhältnisse, d. h. die Arbeitszeitverhältnisse, als auch die qualitativen Momente, das sind insbesondere Fehler usw. meßbar in einem Ordinatensystem darstellen lassen.

2. Die Zeiten der einzelnen Arbeiten bzw. deren Geschwindigkeit, Regelmäßigkeit, ferner Lage und Länge der Pausen werden durch passende Übertragung auf meine „Arbeitsschauuhr" selbsttätig als charakteristische Kurven aufgezeichnet.

3. Die ganze Arbeit erhält den „Erlebnischarakter der Selbsterledigung". Eine Arbeitsaufgabe wird gegeben, die Erledigung dem Prüfling möglichst ohne besondere Einwirkung überlassen.

4. Der Prüfer gibt eine genaue Beschreibung des Arbeitsverhaltens und setzt dieses mit dem Kurvenbild in Beziehung.

5. Die Fehler werden nachträglich ermittelt und in die Kurve eingezeichnet.

6. Die „Stellungnahme" des Prüflings zu der betreffenden Arbeit, also z. B. ob „gern" oder „ungern" gearbeitet usw. wird, wird evtl. auch durch nachträgliches Befragen ermittelt.

Abb. 497. Beidhändige Genauigkeitsarbeit als Dauerprüfung an der Arbeitsschauuhr.

Die für den Modelltischler und Former notwendige Gerichtetheit auf Sorgsamkeit wird nun z. B. dadurch geprüft, daß die in Abb. 490 und 498 dargestellte Einzelprobe „beidhändige Genauigkeitsarbeit" als Dauerprüfung (Abb. 497) verwandt wird.

Nach Poppelreuter zeigen sich „Sorgsamkeits- und Unsorgsamkeitstypus" so recht in ihrem Dauerverhalten. Der Unsorgsame unterliegt gewissermaßen kampflos den Gesetzen der reinen motorischen Übung. Die motorischen Impulse werden immer schneller zu Einheiten zusammengefaßt und je mehr sie „uno tenore" werden, um so mehr steigen die Fehler-

[1]) W. Poppelreuter: Die Arbeitskurve in der Eignungsprüfung, neues Modell der Arbeitsschauuhr. Industrielle Psychotechnik. 1926. S. 161/167. Vgl. auch Arch. f. d. Eisenhüttenwesen. 1928. S. 275ff.

möglichkeiten. Der Sorgsame aber lernt allmählich umgekehrt die Fehler dadurch zu vermeiden, daß eine Bremsung der Einzelimpulse bzw. deren immer vorsichtigere Ausführung gewählt wird. Während bei dem Unsorgsamen sich das Streben ausbildet, zunächst immer schneller fertig zu werden, zeigt sich bei ausgesprochenen Sorgsamkeitstypen sogar ein Streben, immer langsamer zu werden und dementsprechend die Fehler zu verringern.

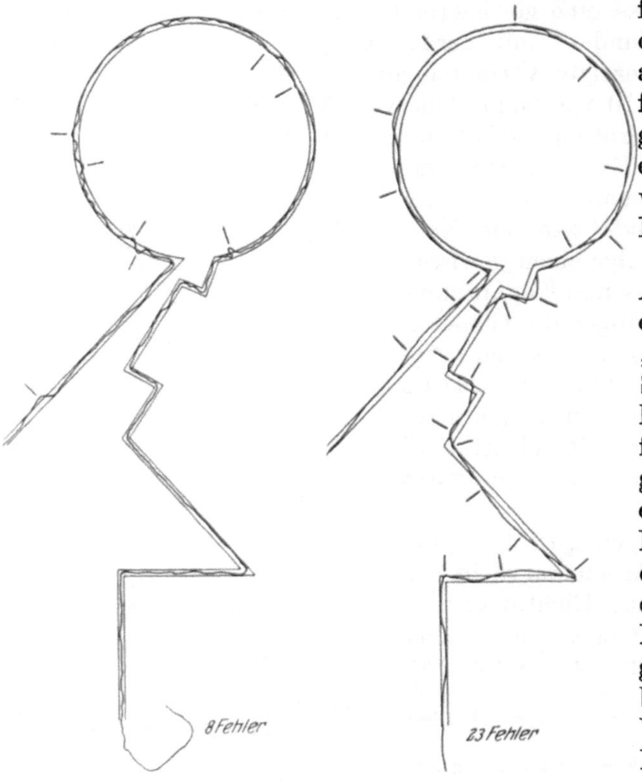

Abb. 498a. Abb. 498b.

Abb. 498a und b. Anfangs- und Endleistung eines Prüflings.

Infolge der längeren Dauer der Arbeit fällt einerseits der Fehlerfaktor einer durch die Prüflage erklärlichen „aktuellen“ Einstellung, sei diese auf Schnelligkeit, sei diese auf Sorgsamkeit gerichtet, fort; andererseits aber finden wir im weiteren Verlauf ein genaueres Durchdringen des Typus, einerseits gegenüber dem Faktor der Monotonie, andererseits gegenüber dem Faktor des Selbstlernens bzw. der endogenen Beeinflussung durch Erfolg und Mißerfolg. Es gilt deshalb gerade für diese Prüfung in ganz besonderem Maße, daß ein richtiges Urteil über den Arbeitstypus eines Prüflings erst durch die längere Dauer und Aufzeichnung einer Arbeitskurve ermöglicht wird; denn wie die Abb. 499 zeigt, ist die Aufgabe nicht schwer, wenn mehr als $25^0/_0$ von 300 Gießereiarbeitern sie ohne einen Fehler erledigen.

Abb. 500 veranschaulicht in geradezu grotesker Weise, wie ungemein stark das spätere Verhalten vom Anfangsverhalten abweichen kann; denn wir erkennen in der Arbeitskurve:

1. Allgemein schnelleres Tempo.
2. Stark ausgesprochene Beschleunigung.
3. Starke Unregelmäßigkeiten der Zeiten im späteren Verlauf.
4. Ein ausgesprochenes Anwachsen der Fehler.

Hätte man die Fehler nach dem genaueren Verfahren nicht nur gezählt, sondern auch gemessen, so wäre das Anwachsen des Fehlers noch mehr in die Erscheinung getreten. Zum Vergleich sind in den Abb. 498a und 498b das Anfangs- und Endergebnis dieses Prüflings wiedergegeben, in denen sich das Verhalten in der ganzen Linienführung auch graphologisch deutlich ausprägt. Im Anfang ist aus der Art der Strichführung immerhin noch ein Wille zur Sorgsamkeit herauszulesen; als Einzelprüfung hätte man das Urteil „mittel“, d. h. weder exakt noch unexakt, abgegeben. Dann aber geht es unaufhaltsam ins Schlechte hinein; das letzte Blatt Abb. 498b zeigt nur das wüste „Ludern“ des unexakten bzw. unsorgsamen Menschen an, der für die Laufbahn eines Formers oder Modelltischlers vollständig ausfällt.

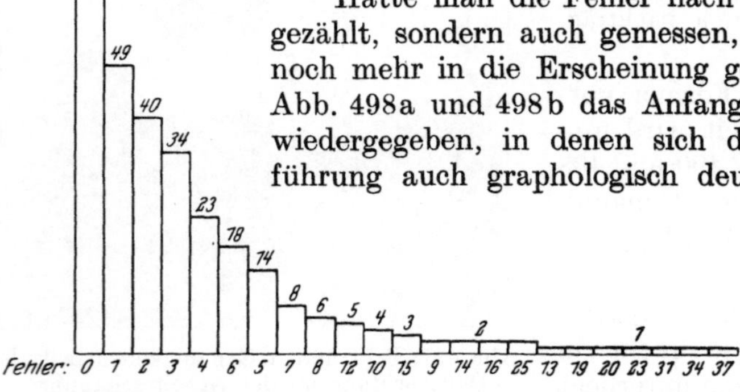

Abb. 499. Häufigkeitskurve zur Prüfung „Beidhändige Genauigkeitsarbeit“. (Die Verteilung der gemachten Fehler von 300 Gießereiarbeitern beim 1. Versuch.)

6. Beispiel: Prüfung des Gießerei-Schwerarbeitertypus. Die Gießerei-

tätigkeit ist aber auch regelmäßig Schwerarbeit, verbunden mit einer oft bedeutungsvollen Monotonie; und nur dann kann die Berufszuweisung für beide Teile erfolgreich sein, wenn dem Arbeiter seiner inneren Einstellung nach diese eigenartige Struktur des Arbeitsplatzes „liegt". Diese Behauptung besteht sicherlich schon zu Recht, wenn man an den Gießereifacharbeiter denkt, ist aber von geradezu grundsätzlicher Bedeutung für den Maschinenformer und die Massenfabrikation. Auch hier schuf Poppelreuter in seiner „Schwerarbeit" (Abb. 501) eine Dauerprüfung, die es uns ermöglicht, der Gießerei für den jeweiligen Arbeitsplatz den geeigneten Mann auszusuchen. Nachdem der Prüfling mit dem schweren Stempel ein Loch in den Papierstreifen gestanzt hat, setzt er das Gewicht in eine Haltevorrichtung, reißt den gelochten Papierstreifen ab und streift ihn über die senkrechte Nadel des Arbeitshakens. Der Arbeitshaken ist durch einen Bowdenzug mit dem Zählschreiber der Arbeitsschauuhr verbunden, die beim Anheben dieses Hakens eine „Treppe" selbsttätig aufzeichnet. Die Steigungswinkel der „Treppe" entsprechen der Geschwindigkeit des Arbeitens, die wagerechten Unterbrechungen bedeuten die Pausen. Danach stanzt der Prüfling ein weiteres Loch in den Papierstreifen.

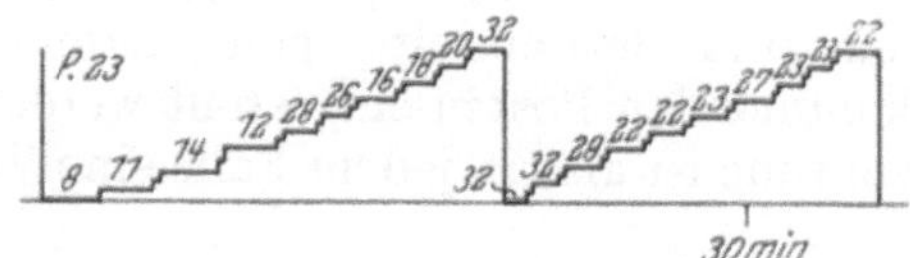

Abb. 500. Arbeitskurve aus der Dauerprüfung „Beidhändige Genauigkeitsarbeit".

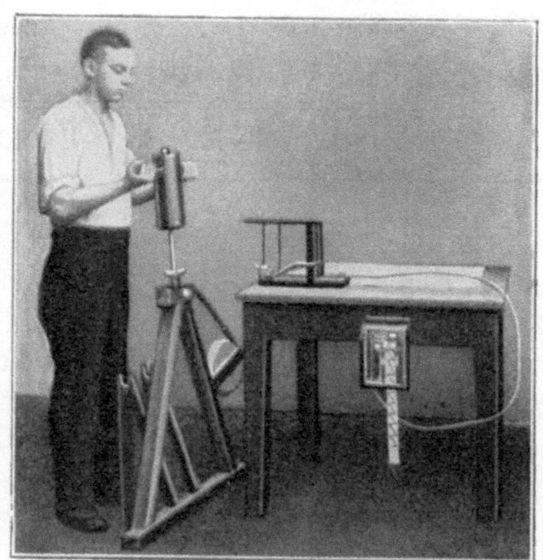

Abb. 501. Langdauernde Arbeitsprüfung: Schwerarbeit. (Hochheben des Stempels, Lochstanzen in Papierstreifen.)

Die Abb. 502 bringt „zwei Fälle", welche zeigen, wie falsch die Beurteilung nach einer kurzen Probearbeit ausgefallen wäre. Die beiden Prüflinge (P 16 und P 17) haben fast genau die gleiche Anfangsleistung. Eher wäre sogar die Leistung des ersten, weil etwas unregelmäßiger, als schlechter zu beurteilen gewesen. Wir sehen aber, daß der fernere Verlauf der beiden Kurven den größten Unterschied zwischen den beiden Prüflingen herauskommen läßt. Während der erste Prüfling regelmäßiger und etwas beschleunigter wird, finden wir bei dem zweiten Prüfling sehr bald ausgesprochene Tempounregelmäßigkeiten, hauptsächlich Verlangsamungen und das Einlegen von großen Pausen. Nach dem äußeren Befunde waren die beiden körperlich ziemlich gleich. Der

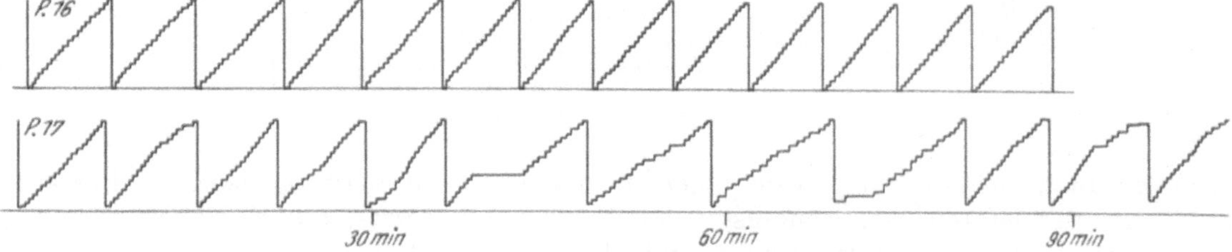

Abb. 502. Arbeitskurven aus der Schwerarbeit.

Unterschied lag nur daran, daß der eine sich gut einarbeitete, mit gleichmäßigem körperlichem Antrieb durchhielt, der andere aber in seiner Leistung deutlich nachließ, Pausen einlegte und das Tempo unregelmäßig verlangsamte. Es handelte sich bei Prüfling P 17 nicht etwa um einen schlechten Arbeitswillen, auch nicht um abnorme Ermüdbarkeit, sondern um einen schwachen Antrieb, der ihn für den zu besetzenden Arbeitsplatz unbrauchbar machte.

Die Verdichtung der Prüfergebnisse zum Gutachten.

Aus den Ergebnissen der Leistungs- und psychologischen Arbeitsprüfungen oder noch etwaigen Sonderprüfungen bildet der Prüfleiter den Prüfungsbefund, das Gutachten, das zum Betriebsleiter geht, damit er entscheidet, ob der Bewerber für den in Frage kommenden Posten eingestellt werden soll. Der Schlußakt in der psychologischen Begutachtung ist also in jedem Falle eine Verdichtung der gesamten Untersuchungsergebnisse —

Zahlentafel 114.

Psychologische Begutachtungstelle **Prüfungsbefund Nr.** *1642* **vom** *24. Dezember 1925* (Methode: Professor Poppelreuter)	Name: *Sch., Rudolf* Wohnort: .... Straße: .... Geb.: *12. 12. 11* Stand: *Lehrlingsanwärter* Erwünschter Beruf: *Schreiner* Vater: *Bergmann †*	Entscheidungen: *1. Laufbursche in Abtlg. B. O.* *2. Am 11. 10. 1926 Modelltischlerlehrling in Lehr-Modelltischlerei.* *3. Ergebnis der Facharbeiterprüfung am 25. 10. 1930: Praktisch: sehr gut; Theoretisch: sehr gut; Gesamtnote: sehr gut.*

sehr schlecht	schlecht	mittel	gut	sehr gut
		Sinnesleistungen.		
			Sehen *Farbenunterscheidung*	
		Körperliche Leistungsfähigkeit.		
		Gewandtheit beim Balancieren *Größe*	*Gewicht* *Kraft der Hände* *Ausdauer beim belasteten Bücken*	*Brustumfang*
		Geschicklichkeit.		
		Einfache handwerkliche Arbeit *Augenmaß* *Rechtwinkligkeit (bei sehr langsamem Tempo)*	*Geschwindigkeit einfacher Hantierung* *Abzeichnen*	*Beidhändige Genauigkeit (bei sehr langsamem Tempo)*
		Intelligenz. A. Praktisch-technisch.		
		Formenunterscheidung *Konstruktive Fähigkeit* *Praktisches Denken*		*Räumliches Denken (sehr schnell)* *Merkfähigkeit für mündliche Bestellungen*
		Intelligenz. B. Schulisch-sprachlich-begrifflich.		
		Kenntnis der üblichen Maßeinheiten *Arbeiten mit Namen*	*Kenntnis der Rechenoperationen* *Arbeiten mit Zahlen* *Höheres begriffliches Denken*	

Zusammenfassung der Prüfungsergebnisse:

1. *Die Sinnesleistungen sind gut.*
2. *Bei mittelgroßer voller Gestalt verfügt Sch. über gute Kräfte und vorzügliche Ausdauer.*
3. *Sch. ist ein ausgesprochener Präzisionstyp, der gute Handgeschicklichkeit mit stark ausgeprägtem Exaktheitswillen verbindet. Bei einfachen Hantierungen arbeitet er flott und flüssig.*
4. *Sch. besitzt normale technisch-praktische Begabung, dagegen ist das räumliche Denken sehr gut, schnell und sicher.*
5. *Die schulisch-sprachlich-begriffliche Intelligenz ist gut.*
6. *Sonstiges:*
   a) Berufswunsch beruht auf ausgeprägter Neigung.
   b) Eignung zum Modelltischler: gut bis sehr gut.

zu denen auch die Erfahrungen bei einer abrundenden Unterhaltung nach der Prüfung, die Noten der letzten Schulzeugnisse, der Befund des Arztes, die Ergebnisse aus der Besprechung mit den Eltern des Jugendlichen bei der Anmeldung gerechnet werden müssen — zu einem Gutachten, entweder in Form einer Leistungsübersicht (Zahlentafel 114) oder als Kurzprüfungsbefund (Zahlentafel 115).

Erfolge der Gießereiarbeiter-Psychotechnik[1]).

Der Nutzen, der einer Gießerei durch Einschaltung psychologischer Verfahren in den Verteilungsplan ihrer Arbeitskräfte erwächst, ist sehr schwer in Werten auszudrücken,

[1]) Es soll hier nicht auf die ganze Methodik der Bewährungs- (Erfolgs-) kontrollen eingegangen werden (dafür verweisen wir auf die Literatur), sondern nur auf Belege der tatsächlichen Gießereipraxis.

die der Industrie geläufig sind. Er liegt im wesentlichen in der Schaffung einer besseren Arbeiterschaft mit höheren Leistungen und geringerer Unfallgefährdung, im Sinken der Fluktuation und der Ausgaben für Aufnahme und Anlernung ungeeigneter Kräfte — Vorteile, die auf der anderen Seite auch dem Arbeitnehmer zugute kommen.

Wichtig ist zunächst die Fernhaltung der Ungeeigneten und die Zuweisung von Geeigneten. Ein Industrieführer sagte einmal: „Wenn sie uns nur 10% der Ungeeigneten fernhalten, die den Betrieb stören, ist der Wert der Sache für mich schon erwiesen“ [1]).

Zahlentafel 115.

Ergebnis einer Massen-Kurzprüfung.

Nr. *7052* / Prüfbefund / Datum: *24. 1. 28*	Psychologische Begutachtungstelle	Kontroll Nr.	Vorname	Zuname
			Ad.	*Steg.-*

Methode Professor Poppelreuter.	**Kurz-Prüfung-Ergebnis**	**Zusammenfassung**
1. Sinnesleistung:		*St. ist mittelgroß, von voller Figur und gesundem Aussehen. Er hat einen kräftigen Körperbau mit stark ausgeprägter Muskulatur. Seiner körperlichen Leistungsfähigkeit nach wird er vollauf den Anforderungen genügen.*
Sehen:	*gut*	
2. Körperliche Leistungsfähigkeit:		
Alter: *25. 12. 96*	*31 Jahre*	
Handkraft:	*über mittel*	
Ausdauer:	*über mittel*	
3. Geschicklichkeit:		*St. arbeitet stets mit Antrieb und Konzentration; dabei sind seine Hantierungen mittelschnell und ausgeglichen. Er besitzt einen guten Exaktheitswillen und ist normalgeschickt. St. ist ein ruhiger, anstelliger Mann. Brauchbarkeit als Maschinenformer: über mittel.*
Grob-Schnell-Hantierung:	*mittel*	
Beidhändige Genauigkeit:	*langsam u. mittelexakt*	
4. Praktische Intelligenz:		
Konstruktive Fähigkeit:	*über mittel*	
Räumliches Denken:	*mittel*	
Praktisches Denken:	*über mittel*	
5. Bildungshöhe nach Schulprinzip:		
Grundrechnungsarten:	*vorhanden*	
Begriffliches Denken:	*über mittel*	
Geistiges Niveau:	*mittel*	

Einige Beispiele aus der Gießereipraxis (Maschinenformer) sollen das Gesagte verdeutlichen.

a) Die Begutachtungsstelle empfiehlt auf Grund ihres Prüfungsergebnisses die Einstellung eines Bewerbers.

1. Zusammenfassung des Kurzprüfungsbefundes vom 3. November 1927:

R. ist von mittelgroßer, schlanker Gestalt und muskulös gebaut. Er ist leistungsfähig.

R. arbeitet in schnellem Tempo bei guter Sorgfalt und Konzentration. Er ist in seiner Arbeitsweise flüssig und ausgeglichen und schafft mit gutem Antrieb. Er hat einen leichten sicheren Griff. R. zeigt sich sehr willig und kann schwere Arbeit leisten. Er ist nach Eingewöhnung als Maschinenformer brauchbar.

2. Betriebsurteil vom 17. Januar 1931.

R. ist seit dem 3. November 1927 als Maschinenformer tätig. Er hat sich sehr gut bewährt, ist bereits über 2 Jahre erster Mann an der Maschine und gilt als einer der besten Arbeiter in der Abteilung.

b) Die Begutachtungstelle warnt vor Einstellung wegen Minderleistungsfähigkeit.

[1]) Dr. Gastov Roffenstein: Das Für und Wider in der psychologischen Berufseignungsprüfung. Z. f. Berufs- u. Fachschulwesen. Langensalza 1927. S. 161.

1. Zusammenfassung des Kurzprüfungsbefundes vom 18. März 1927:

G. ist mittelgroß und schlank gebaut, strengt sich an, ist aber weniger leistungsfähig. G. ist sehr langsam und vielleicht unpraktisch. Er kann sich nicht konzentrieren und arbeitet trotz Sorgfalt unexakt.

G. ist unintelligent, geistig sehr unbeholfen, für Bückarbeit nicht zu gebrauchen, da Beinverletzung.

2. Betriebsurteil vom 25. März 1927:

Hat nur eine Schicht gearbeitet und seine Entlassung genommen, weil ihm die Arbeit zu schwer war.

c) Die Begutachtungstelle warnt vor Einstellung, da der Bewerber kein Schwerarbeitertyp.

1. Zusammenfassung des Kurzprüfungsbefundes vom 11. Februar 1927:

W. ist groß, schlank, von gesundem und gepflegtem Aussehen, er zeigte sich nur mittelleistungsfähig, müßte aber mehr darstellen können. Bei Schwerarbeit schnell Unlust. Arbeitsweise sorgfältig und geschickt, gute Handruhe.

2. Betriebsurteil vom 14. Februar 1927:

Mußte nach 3 Tagen entlassen werden, stand im Betrieb herum und rauchte Zigaretten.

d) Die Begutachtungstelle warnt vor Einstellung wegen schlechter Betriebsaufmerksamkeit.

Zusammenfassung des Kurzprüfungsergebnisses vom 4. Juni 1927:

Z. ist mittelgroß, schlank und normal kräftig gebaut, dabei aber ungelenkig. Er arbeitet in mittlerem Tempo ruhig und gleichmäßig. Z. könnte etwas mehr Eifer und Interesse zeigen und muß zur Lebhaftigkeit und Sorgfalt angehalten werden. Er geht oft in Gedanken umher und steht anderen im Wege. Z. kommt nur für mittelschwere Arbeit in Frage.

1. Bericht des Betriebes:

30. Juli 1927: Z. ist im Akkord als Steinverlader beschäftigt, seine Leistungen sind gut.

2. Bericht des Betriebes:

19. August 1927: Z. ist im Akkord als Steinverlader beschäftigt, seine Leistungen sind gut. Nachträgliche Bemerkung vor Absendung des Berichtes: Z. ist am 19. August 1927 zwischen zwei Wagen gekommen und dabei tödlich verunglückt.

Weitere Beweisunterlagen für die Bedeutung des Gesichtspunktes: „Fernhaltung der Ungeeigneten“ wird in den Abb. 503 bzw. 504 vorgelegt, die eine Übersicht über die Tätigkeit einer Prüfstelle für eine größere Gießerei mit Bearbeitungswerkstatt bieten. Danach wurden durch den Einfluß der Begutachtungstelle im 1. Jahr 234 Ungeeignete oder 28,2%, im 2. Jahr 196 Ungeeignete oder 32,3% der Bewerber dem Betriebe ferngehalten. Solche Zahlen bedeuten für das Werk einen wesentlichen Gewinn. Veranschlagt man z. B. die auf einen Arbeiter bei dem Einstellungs- und Entlassungsgeschäft durch Annahmebüro, Lohnbüro und Betriebskrankenkasse entfallenden Unkosten niedrig gerechnet auf RM 3.—, so würde durch die Fernhaltung der 440 Ungeeigneten bereits die Summe von RM 1320 erspart. Schwierigkeiten bereitet es allerdings, den Vorteil in Reichsmark-Werten auszudrücken, den die Formerei durch die Zurückweisung der Minderleistungsfähigen erzielt; er ist aber sehr wesentlich, selbst wenn man annimmt, daß solch ein Ungeeigneter durchschnittlich nur 3 Tage beschäftigt wird zu einem Stundenlohn von RM 0.60; denn das ergibt bereits eine Lohnsumme von rund RM 5500,—. Diese dreitägige Beschäftigung an der Maschine (nicht im Akkord, sondern im Stundenlohn) kostet die Gießerei aber noch mehr, wenn man berücksichtigt, daß beim Minderleistungsfähigen Überausschuß entsteht, daß Betriebstoffe (Werkstoffe, Licht, Kraft, Wasser usw.) vergeudet wurden und Vorarbeiter, Meister und Betriebsleiter ihre Zeit unnütz an Aufsicht und Anlernung aufwandten.

Dieser rein negativen Tätigkeit der Begutachtungstelle muß sich aber mehr und mehr die positive zugesellen, nämlich für den an der einen Stelle Unbrauchbaren einen Platz innerhalb des Betriebes ausfindig zu machen, wo für ihn und den Arbeitgeber das Maximum des Erfolges liegt. Das ist eine der dringendsten Aufgaben, der sich aber immer wieder organisatorische Schwierigkeiten entgegenstemmen.

Die Hebung des Belegschaftsniveaus, die Gütesteigerung der Erzeugnisse infolge Arbeiterauswahl nach psychologischen Verfahren läßt sich zahlenmäßig im Gießereibetrieb wohl kaum nachweisen; vielleicht bei den Former- und Modelltischlerlehrlingen, wenn wir auf die Abb. 471—473 und auf die Begutachtungsergebnisse S. 586, Abb. 523,

524, 526 und Zahlentafel 119 zurückweisen; vielleicht auch an dem Abflauen des Belegschaftswechsels, wenn von einer bestimmten Abteilung folgende Zahlen vorgelegt werden:

1925 betrug im Jahresverlauf die Gesamtzahl der Eingestellten [1]) in der Gießerei R 4074 Arbeiter; in derselben Zeit verließen wieder 474 Arbeiter = 11,7% die Arbeit.

1927 war die Zahl der Eingestellten nach Einführung einer Begutachtung vor der Einstellung 5678 Arbeiter; davon verließen 346 = 6,9% die Arbeit.

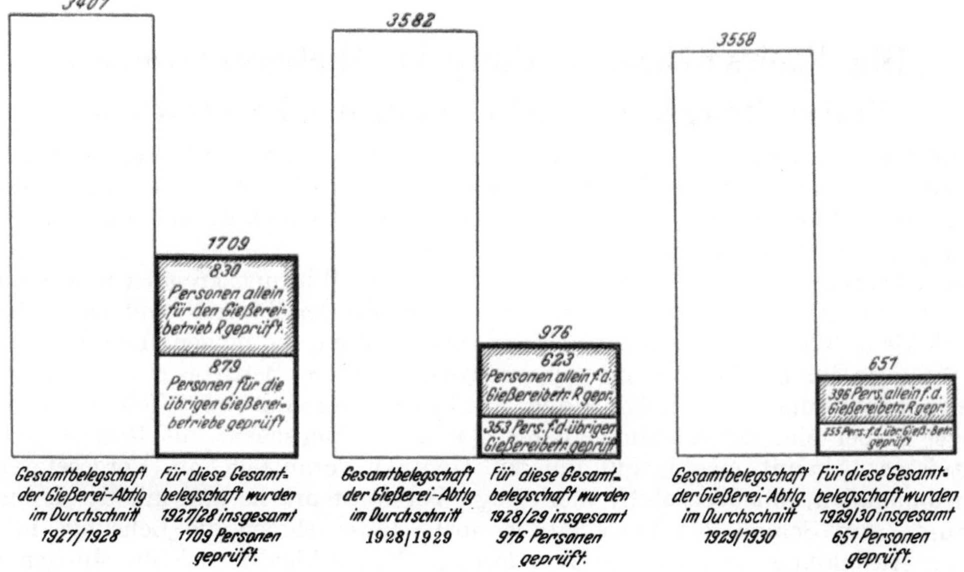

Abb. 503. Die Tätigkeit einer Werkbegutachtungsstelle für die Gießerei. Die sinkende Prüfungszahl zeigt den Anteil der Begutachtungsstelle an der Schaffung eines leistungsfähigen Arbeiterstammes.

1928 war die Zahl der Eingestellten (bei Vernachlässigung der Betriebsstillegung im November und Dezember) 5830 Arbeiter; davon verließen 351 = 6,02% die Arbeit.

1929 war die Zahl der Eingestellten 8688 Arbeiter; davon verließen 280 = 3,2% die Arbeit.

1930 war die Zahl der Eingestellten (von Januar bis Juni) 4782 Arbeiter, davon verließen 139 = 2,90% die Arbeit.

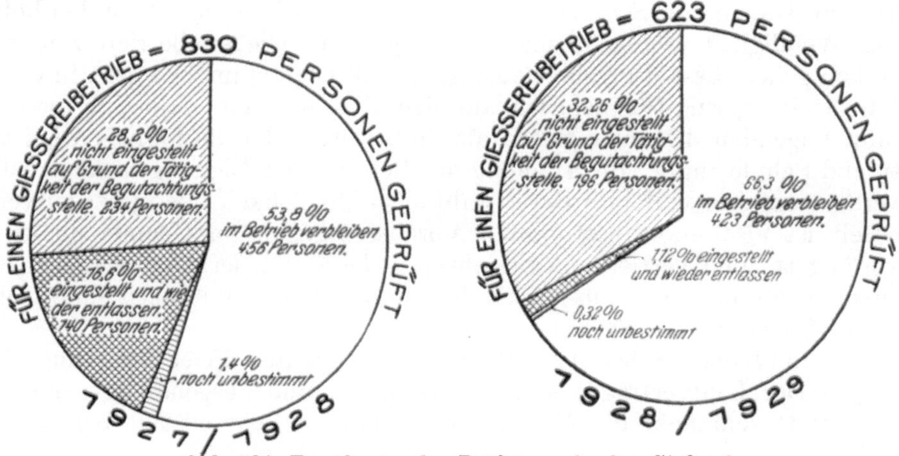

Abb. 504. Bewährung der Prüfungen in der Gießerei.

Auch im Dienste der Unfallverhütung haben Begutachtungsstelle und Gießereileitung noch ein großes Arbeitsfeld zu bestellen. Wenn Marbe [2]) behauptet, daß jeder Mensch, abgesehen von der schwankenden plötzlichen Unfallneigung, eine bestimmte relativ konstante, individuelle, persönliche Unfalldisposition oder Unfallneigung aufweist,

[1]) Die Summe aus dem Belegschaftsbestand am 1. eines jeden Monats wurde verglichen mit der Summe der monatlichen Entlassungen.

[2]) K. Marbe: Praktische Psychologie der Unfälle und Betriebsschäden. München 1926.

dann muß es einer psychologischen Begutachtungsstelle möglich sein, auch hier zum Vorteil von Arbeitnehmer und Arbeitgeber zu arbeiten[1]).

Die Verfahren der Wirtschaftspsychologie — die Eignungsprüfung stellt nur einen Teil dar — haben in den Gießereibetrieben erst wenig Eingang gefunden, trotzdem gerade hier infolge der ausgesprochenen Bedeutung des menschlichen Faktors ein hoher wirtschaftlicher und sozialer Nutzen für den Betrieb und die Arbeiterschaft zu erwarten ist.

Die Nachwuchsausbildung im Gießereigewerbe.

Vorbereitung der Lehrlinge auf die Berufsarbeit.

Nachdem auf Grund der Tätigkeit des Berufsamtes oder der Werksbegutachtungsstelle und nach einer sorgfältigen ärztlichen Untersuchung die notwendige Anzahl Former- und Modelltischlerlehrlinge ausgewählt ist, erfolgt ihre Annahme und damit ihre Eingliederung in die Arbeitsgemeinschaft des Betriebes[2]).

Der Übergang von der Volksschule zu dem neuen Wirkungskreis ist aber so außerordentlich schroff, und die ersten Eindrücke vom Gießereibetrieb sind so nachhaltig, daß auch kleine Werke es sich nicht nehmen lassen sollten, die jungen Menschen in geeigneter Weise in ihren Pflichtenkreis einzuführen. Größere Betriebe richten einen nach pädagogischen Grundsätzen aufgebauten Vorbereitungskursus (Vorlehre) von 6 bis 12tägiger Dauer ein, der die Jungen mit den neuen Menschen, mit Raum- und Zeitverhältnissen bekannt macht und inneren Kontakt vermittelt mit Vorgesetzten und Arbeitskameraden, mit Werkstoff, Werkzeug Werkstattsprache und mit der Lohnarbeit überhaupt. Am Schluß der Vorbereitungswoche unternehmen die Lehrlinge mit dem gesamten Ausbildungspersonal eine Wanderung. Eng schließen sich die Jungen aneinander. Die Tugenden des Gemeinschaftslebens: Ehrlichkeit, Kameradschaftlichkeit erwachen und werden mitgenommen in die Werkstatt. Auch an ihre Vorgesetzten rücken die Jungen näher heran. Sie fühlen sich zu denen hingezogen, die ihnen mehr sein wollen als bloße Lehrmeister, die ihnen Freund und Führer sein möchten und ihre ganze Persönlichkeit einsetzen für die Emporbildung ihrer geistigen und sittlichen Kräfte[3]).

Nach dem Einschulungskursus kommen die Former und Modelltischler zweckmäßig in die Lehrschlosserei, um in einem 6—12tägigen Kursus am Schraubstock, mit Hammer und Meißel, am Amboß, am Schmiedefeuer fleißig zu arbeiten, damit sie den hohen Grad körperlicher Wendigkeit erlangen, den ein zeitgemäßer Gießereibetrieb von ihnen verlangt. Danach gehen diese Jungen erfahrungsgemäß noch einmal so gern in die Gießerei und sind nicht im geringsten neidisch auf den Schlosser und seine „bessere" Arbeit.

Die nun folgenden 3 Monate gelten als Probezeit, in der die täglichen Leistungen in Werkstatt und Schule unter Hinzuziehung der Befunde der Eignungsuntersuchung nachgeprüft werden, um eine verfehlte Berufswahl nach Möglichkeit noch jetzt zu verhindern. Die Probezeit ist also unter bestimmten Voraussetzungen im Grunde nichts anderes, als eine verlängerte und vertiefte Begutachtung; denn man lernt einen Beruf erst dann ganz kennen, wenn man ihn auszuüben beginnt, und da stellt sich dann leicht eine schlimme Enttäuschung ein.

Nach Abschluß der Probezeit wird in einer schlichten Feier der Junge als Lehrling bestätigt. Der Lehrvertrag[4]) wird unterzeichnet und ausgehändigt, das Abzeichen der Lehrwerkstatt schmückt die Mütze, die vierjährige Lehrzeit hat begonnen.

[1]) Vgl. H. Hildebrandt, Unfallpsychologie in F. Ludwig, Der Mensch im Fabrikbetrieb. Berlin 1930. S. 38/72.

[2]) Vgl. G. Lippart: Die berufliche Erziehung und Ausbildung des Facharbeiters in der mechanischen Industrie. Betriebshütte 1924. S. 691/708; 1929. S. 550ff.

[3]) F. Dellwig: Einführung der Lehrlinge in die Werksarbeitsgemeinschaft. Arbeitsschulung 1930. H. 3.

[4]) Das gesamte Lehrverhältnis wird auf Grund der bestehenden gesetzlichen Bestimmungen durch den Lehrvertrag geregelt. Gesetzliche Unterlagen und Lehrvertrag sollen hier nicht weiter erörtert werden; Auskunft gibt: Heerde: Der Lehrvertrag für gewerbliche Lehrlinge. Veröffentlichungen des VBMJ 1929. S. 19/24. Dem Aufsatz liegt ein Musterlehrvertrag des VBMJ in neuester Fassung bei. — Wir verweisen hier nochmals auf den „Entwurf eines Berufsausbildungs-

Die praktische Ausbildung der Former- und Modelltischler-Lehrlinge.

Eine der ersten Lehrwerkstätten zur systematischen Ausbildung von Formerlehrlingen (Abb. 505—507) wurde von der Maschinenfabrik Augsburg-Nürnberg A.G. um 1889 im Werk Nürnberg eingerichtet [1]). Andere Gießereien folgten bald nach. Im Jahre 1899 berichtet der Gewerbeinspektor von Essen [2]):

Abb. 505. Blick in die Lehrgießerei (Gußeisen) von Fried. Krupp, Grusonwerk, A.-G. in Magdeburg-Buckau.

Abb. 506. Blick in die Lehrgießerei (Stahlguß) von Fried. Krupp, Grusonwerk, A.-G. in Magdeburg-Buckau.

„Der Mangel an gelernten Arbeitern in der Eisenindustrie macht die Ausbildung von Lehrlingen immer notwendiger. Die Firma Fried. Krupp hat in ihrer Eisengießerei eine Formerlehrlingsabteilung eingerichtet. Auf Grund eines schriftlichen, auf 4 Jahre abgeschlossenen Lehrvertrages werden die Jungen zunächst 2 Jahre lang in einem besonderen, hellen, gut gelüfteten Raume, der

gesetzes", das, wenn der Entwurf Gesetzeskraft erlangt, von außerordentlicher Bedeutung für die gesamte Nachwuchsbildung sein wird. (Drucksachen des Reichstages Nr. 1303. VI. Wahlperiode 1928 abgedruckt in Technische Erziehung. Berlin 1927. Sondernummer. Vgl. auch Amtliches Mitteilungsblatt. Langensalza 1930. S. 47/52.)

[1]) Seyfried: Die Ausbildung der Former- und Gießereilehrlinge in der Maschinenfabrik Augsburg-Nürnberg AG., Werk Nürnberg. DATSCH, Berlin.

[2]) Jahresberichte der Kgl. preußischen Regierungs- und Gewerberäte und Bergbehörden für 1899. S. 505.

mit Kran und allen Formereieinrichtungen versehen ist, von einem geschickten Vorarbeiter unter Anleitung eines Betriebsführers planmäßig ausgebildet, sodann wird jeder Junge einem älteren zuverlässigen Former auf weitere 2 Jahre zugeteilt. Die Jungen bekommen sofort einen Schichtlohn von 60 Pf. und vierteljährlich je nach der Leistung eine Zulage von 10–20 Pfg. Vom 3. Halbjahr ab können die besseren Jungen Akkord bekommen. An den Lohntagen wird wie bei sämtlichen Lehrlingen der Firma nur die Hälfte des Lohnes ausgezahlt; die zweite Hälfte erhalten sie nach ordnungsmäßiger Beendigung der Lehrzeit mit 5 % Zinseszinsen. Auch das erst vor kurzer Zeit in Betrieb genommene Westdeutsche Eisenwerk in Kray beabsichtigt, eine besondere Lehrlingsabteilung einzurichten."

Abb. 507. Blick in die Lehr-Modelltischlerei der A.E.G. in Berlin.

In diesem Bericht sind bereits ähnliche Gedanken über die werkstattpraktische und erzieherische Seite der Gießerei-Lehrlingsausbildung zu erkennen, wie Seyfried sie 1922 aus den Lehrbetrieben der MAN berichtet, die wir bis in alle Einzelheiten systematisch dargestellt finden in den Lehrgängen des DATSCH für die praktische Ausbildung der Modelltischlerlehrlinge (Abbildung 508), der Formerlehrlinge (Abb. 509) und der Metallformerlehrlinge (Abb. 510). Die DATSCH-„Lehrgangsbücher" legen in einer Sammlung zum Teil mustergültiger Zeichnungen „die anzustrebende Idealbildung eines Facharbeiters gewissermaßen als Dokument fest, naturgemäß nicht nach den dargestellten Gegenständen". Es ist vielmehr Sache des Lehrmeisters, möglichst den „Lehrgangszeichnungen" nach Art und Schwierigkeit entsprechende produktive Arbeiten aus seinen Aufträgen herauszuholen und nach dem „Lehrstoffverzeichnis" zu erkennen, auf welchen Gebieten und in welcher Reihenfolge die Ausbildung zu erfolgen hat. Aus den „Arbeitsbeispielen" aber ersieht sowohl der Lehrwerkstättenmeister als auch der Betriebsleiter, der die Lehrlingsausbildung nur neben seiner Haupttätigkeit für die Fabrikation ausüben kann, an welchen Arbeiten dem jungen Former oder Modelltischler stufenweise die zur vollen Ausübung seines Berufes nötigen handwerksmäßigen Fertigkeiten beizubringen sind[2]).

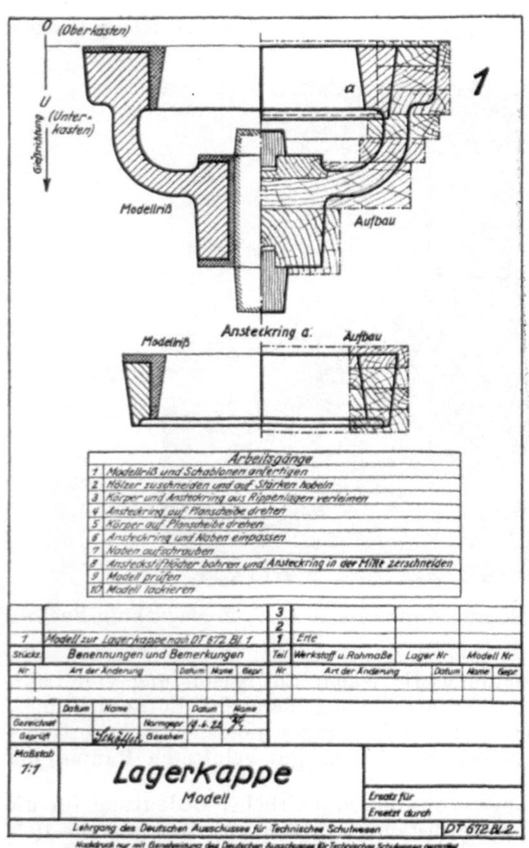

Abb. 508. Arbeitsbeispiel aus dem Modelltischlerlehrgang des DATSCH[1]).

[1]) Berlin W 35.

[2]) Wir betrachten es nicht als unsere Aufgabe, die Tafeln der einschlägigen DATSCH-Lehrgänge kritisch zu besprechen oder dem Aufbau des praktischen Ausbildungsganges – über die DATSCH-

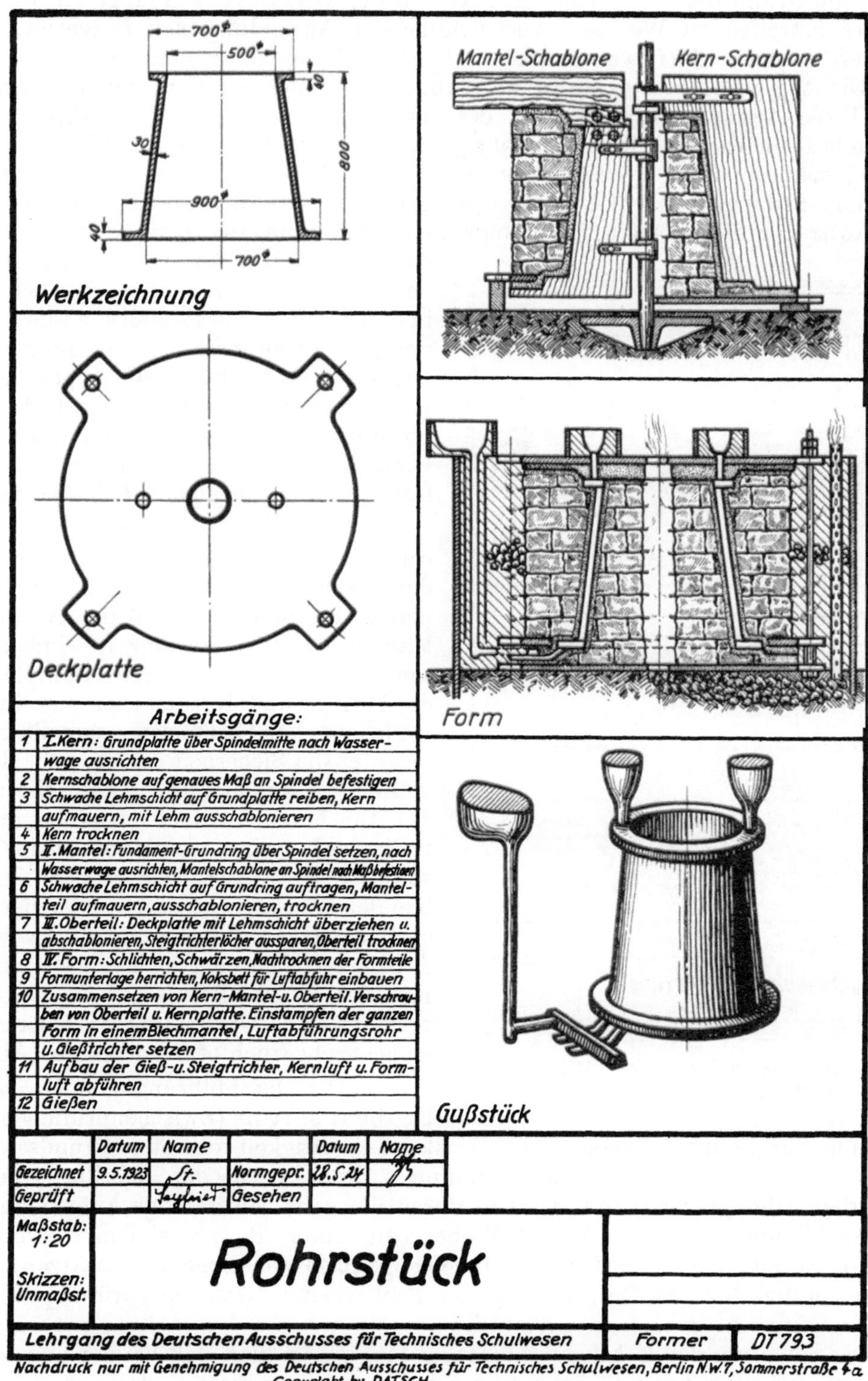

Arbeitsgänge:

1	I. Kern: Grundplatte über Spindelmitte nach Wasserwage ausrichten
2	Kernschablone auf genaues Maß an Spindel befestigen
3	Schwache Lehmschicht auf Grundplatte reiben, Kern aufmauern, mit Lehm ausschablonieren
4	Kern trocknen
5	II. Mantel: Fundament-Grundring über Spindel setzen, nach Wasserwage ausrichten, Mantelschablone an Spindel nach Maß befestigen
6	Schwache Lehmschicht auf Grundring auftragen, Mantelteil aufmauern, ausschablonieren, trocknen
7	III. Oberteil: Deckplatte mit Lehmschicht überziehen u. abschablonieren, Steigtrichterlöcher aussparen, Oberteil trocknen
8	IV. Form: Schlichten, Schwärzen, Nachtrocknen der Formteile
9	Formunterlage herrichten, Koksbett für Luftabfuhr einbauen
10	Zusammensetzen von Kern-Mantel-u. Oberteil. Verschrauben von Oberteil u. Kernplatte. Einstampfen der ganzen Form in einem Blechmantel, Luftabführungsrohr u. Gießtrichter setzen
11	Aufbau der Gieß-u. Steigtrichter, Kernluft u. Formluft abführen
12	Gießen

	Datum	Name		Datum	Name
Gezeichnet	9.5.1923		Normgepr.	28.5.24	
Geprüft			Gesehen		

Maßstab: 1:20

Skizzen: Unmaßst.

Rohrstück

Lehrgang des Deutschen Ausschusses für Technisches Schulwesen | Former | DT 793

Abb. 509. Arbeitsbeispiel aus dem Formerlehrgang des DATSCH[1]).

Lehrpläne hinaus — weitere Erörterungen zu widmen, glauben vielmehr, daß jeder, der sich mit der theoretischen oder praktischen Gießereilehrlingsausbildung von Berufswegen zu befassen hat, die genannten Lehrgänge selbst kritisch durcharbeiten wird. (Man verlange das neueste Verlagsverzeichnis vom DATSCH, Berlin W 35, Potsdamer Straße 119b.

[1]) Berlin W 35.

Ist auf Grund der allgemeinen Richtlinien der DATSCH-Lehrgänge ein die Eigenarten des betreffenden Werkes berücksichtigender Ausbildungsplan festgelegt, so sind als weitere wichtige Aufgaben des Ausbildungsleiters zu nennen:

1. Die Auswahl der geeigneten Lehrkräfte (Meister, Vorarbeiter, Lehrgesellen usw.). Diese Auswahl ist eine ganz besonders verantwortungsvolle Aufgabe, da der betreffende Facharbeiter (Meister) nicht nur über große Erfahrungen und sicheres Wissen verfügen, sondern auch die Fähigkeit besitzen muß, sein Können anderen weiter zu geben, mit pädagogischem Geschick vom Leichten zum Schwereren vorzugehen, aus seinen Aufträgen die Arbeiten den Fähigkeiten der Lehrlinge entsprechend auszuwählen, die Jungen unter Berücksichtigung ihrer Veranlagung anzusetzen und darüber hinaus in seiner ganzen Geisteshaltung ihnen Freund und Führer zu sein — auch außerhalb des Dienstes. Es ist klar, daß es gerade in der Gießerei sehr schwer sein wird, die besten Kräfte für die Nachwuchsschulung zu gewinnen, da neben anderem auch die Lohnfrage eine entscheidende Rolle spielt.

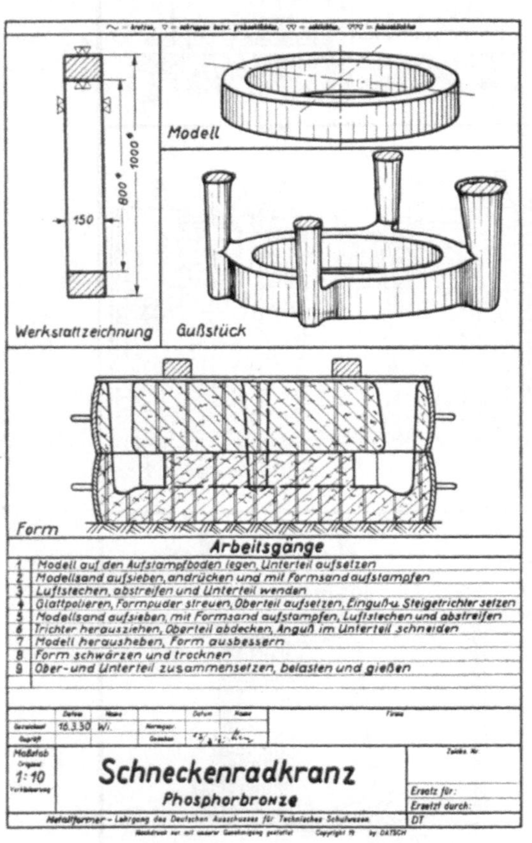

Abb. 510. Arbeitsbeispiel aus dem Metallformerlehrgang des DATSCH[3]).

2. Die Überwachung des Ausbildungsganges. Der planmäßigen Versetzung der Lehrlinge an die verschiedenen Arbeitsplätze des Betriebes muß der Ausbildungsleiter große Aufmerksamkeit widmen — besonders gilt das für die letzten Jahre, in denen die Former und Kernmacher aus der Lehrwerkstatt den Gießereien zugeteilt sind —, wenn er die Sicherheit haben will, daß eine vielseitige Ausbildung gewährleistet ist[1]).

Ein bewährtes Hilfsmittel bei der Kontrolle der Lehrlingsausbildung ist das Werkstatt-Tagebuch[2]), das, je nach dem Ausbau der Lehrlingsabteilung, entweder nur in einer einfachen Aufschreibung der geleisteten Arbeit bestehen oder — in Zusammenarbeit mit der Werk-(Berufs-)schule — bis zur zeichnerischen Darstellung einzelner Arbeitsgänge hochgezüchtet werden kann (Abb. 511).

3. Die Durchführung von Halbjahrs-Probearbeiten (Zwischenprüfungen). Die „Erziehung zur Selbständigkeit“ ist bei aller Lehrtätigkeit oberster Grundsatz, auch in der Modelltischler- und Formerausbildung. Deshalb soll der Lehrling regelmäßig (halbjährlich oder jährlich) sein Können durch die ganz selbständige Anfertigung einer seiner Ausbildungsstufe angepaßten Probearbeit unter Beweis stellen. Zweckmäßig wird diese Arbeit in der Lehrformerei angefertigt nach denselben Grundsätzen, wie wir sie weiter unten bei der Besprechung der Facharbeiter-(Gesellen-)prüfung behandeln werden.

4. Die Sorge um den richtigen Arbeitsgeist. Es ist klar, daß bei der ungefestigten Geistesverfassung des Jugendlichen und bei dem gewaltigen Einfluß, den seine Umgebung (Elternhaus, Straße, Umgang, Betrieb usw.) auf ihn ausübt, der Ausbildungsleiter auf den ganzen Arbeitsgeist der ihm anvertrauten Jugend sein besonderes Augenmerk richten muß. Es gilt, den Lehrling sowohl als auch den Hilfsarbeiter mit einem durchaus freudigen

[1]) Vgl. S. 555ff.

[2]) Vgl. das „Werksarbeitsbuch“ des DATSCH zum Einzeichnen von Skizzen und Arbeitsgängen der in der Werkstatt hergestellten Gegenstände.

[3]) Berlin W 35.

Arbeitsgeist zu erfüllen, der auf Fortschritt und gutes Arbeiten gerichtet ist. Dazu müssen Vorarbeiter, Meister und Betriebsführer seinen Wetteifer in der rechten Weise anregen, anspornen, ihm ehrlich helfen, sein Vertrauen wecken; andererseits dürfen sie nicht weichlich sein, vielmehr die Forderungen der Pflicht unerbittlich, jedoch gerecht und unparteiisch, behandeln[1]). Darüber hinausgehend sucht man vielfach durch Sport, Spiele, gemeinsame Wanderungen, durch Werkzeitungen, Büchereien usw. eine freundliche Stimmung zu schaffen, da man einsieht, daß das Jugendalter für die ganze Haltung im späteren Leben von grundlegender Bedeutung ist. — Unter diesen Gesichtspunkten ist die Entwicklung der Lehrlingsausbildung überhaupt von der Persönlichkeit des Ausbildungsleiters abhängig[2]). Es dürfte daher für die in Frage kommenden Einrichtungen (Deutsches Institut für technische Arbeitsschulung in Düsseldorf [DINTA] und Berufspädagogisches Institut zur Ausbildung von Gewerbelehrern in Berlin, Köln, Frankfurt) eine dankbare Aufgabe sein, für die Nachwuchsschulung im Gießereigewerbe besonders geeigneten Ingenieuren (Lehringenieuren) eine zusätzliche Ausbildung in Erziehungs- und Schulungsfragen zu vermitteln[3]).

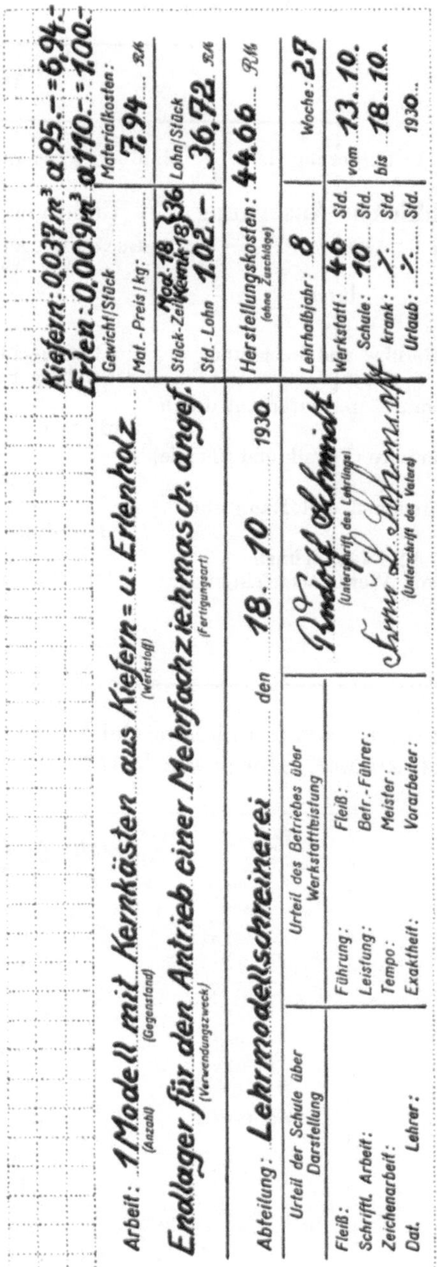

Abb. 511. „Kopf" einer Seite aus dem Werkstatt-Tagebuch eines Modelltischlerlehrlings. (Der Vordruck des nach Angaben des Verfassers hergestellten Werkstatt-Tagebuches (Ringbuch) will den Lehrling zur genauen sprachlichen Formulierung und zum kalkulatorischen Durchdenken seines Auftrages zwingen. Außerdem will der Vordruck durch Unterschrift und Zensurgebung zur Gemeinschaftsarbeit von Werkstatt, Schule und Elternhaus anregen.)

Die theoretische Ausbildung der Gießereilehrlinge.

Bei der Mehrzahl der Gießereilehrlinge erfolgt die theoretische Ausbildung in den öffentlichen Berufsschulen, und nur verhältnismäßig wenig mittlere und große Unternehmungen haben eigene Werkschulen[4]) eingerichtet (Zahlentafel 116). O. Brandt[5]) meinte 1911, daß in beiden Schularten für eine zweckentsprechende Berufsausbildung der Formerlehrlinge noch mancherlei geschehen müsse, daß vor allen Dingen mehr System und Gleichmäßigkeit in den Unterrichtsbetrieb zu bringen sei. Nach dem Kriege erhielt der fachtheoretische Unterricht der Former- und Modelltischler — dank der Vorarbeit der MAN-Werkschule — kräftige Anregungen durch die DATSCH-Lehrgänge und -„Falsch-Richtig"-Blätter (Abb. 512 und 513), an die der

[1]) Friedrich: Richtlinien für die Mitarbeit im Betrieb. Berlin 1928.

[2]) C. Arnhold: Industrielle Führerschaft im Sinne des DINTA in Goetz-Briefs, Probleme der sozialen Betriebspolitik. Berlin 1930.

[3]) Vgl. Bericht über die Tätigkeit des Vereins Deutscher Eisengießereien 1928/29. Gieß. 1929. S. 889.

[4]) P. Dehen: Die deutschen Industriewerkschulen in wohlfahrts-, wirtschafts- und bildungsgeschichtlicher Beleuchtung. München 1928.

[5]) a. a. O. S. 126.

Zahlentafel 116.

Die Aufgaben der öffentlichen Berufsschulen und der privaten Werkschulen der Industrie sind gleich.

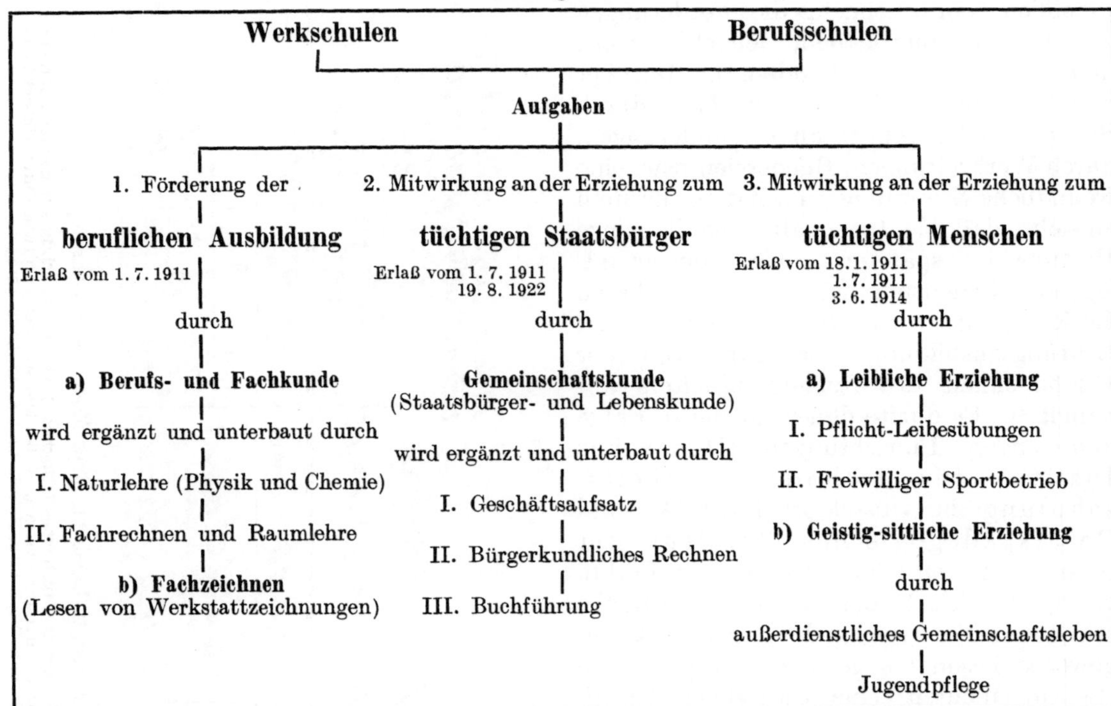

Werkschulen — **Berufsschulen**

Aufgaben

1. Förderung der **beruflichen Ausbildung**
Erlaß vom 1. 7. 1911
durch
a) Berufs- und Fachkunde
wird ergänzt und unterbaut durch
I. Naturlehre (Physik und Chemie)
II. Fachrechnen und Raumlehre
b) Fachzeichnen
(Lesen von Werkstattzeichnungen)

2. Mitwirkung an der Erziehung zum **tüchtigen Staatsbürger**
Erlaß vom 1. 7. 1911
19. 8. 1922
durch
Gemeinschaftskunde
(Staatsbürger- und Lebenskunde)
wird ergänzt und unterbaut durch
I. Geschäftsaufsatz
II. Bürgerkundliches Rechnen
III. Buchführung

3. Mitwirkung an der Erziehung zum **tüchtigen Menschen**
Erlaß vom 18. 1. 1911
1. 7. 1911
3. 6. 1914
durch
a) Leibliche Erziehung
I. Pflicht-Leibesübungen
II. Freiwilliger Sportbetrieb
b) Geistig-sittliche Erziehung
durch
außerdienstliches Gemeinschaftsleben
Jugendpflege

Lehrer seine fachkundlichen Belehrungen, Zeichenübungen und Rechenaufgaben anschließen konnte. Durch die Veröffentlichung eines „Lehrplan für den Unterricht

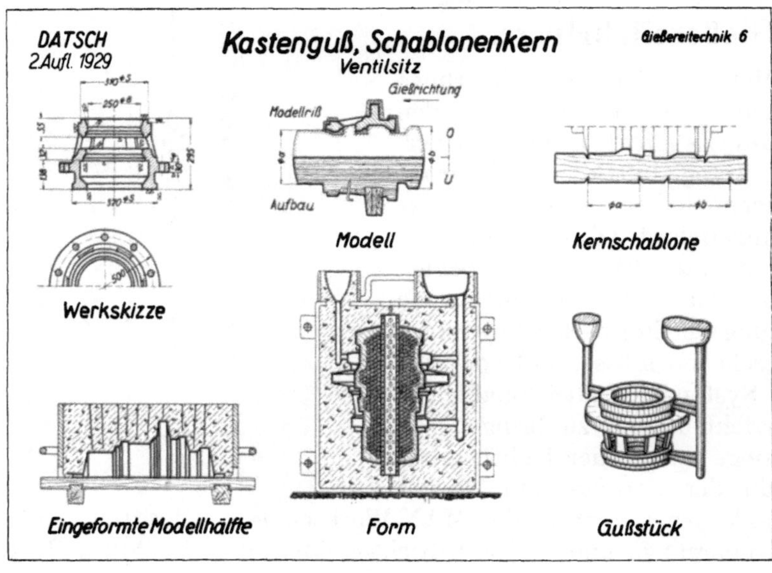

Abb. 512. Lehrtafel für Werkstatt und Schule[1]).

der Former- und Gießerlehrlinge an Berufs- und Werkschulen“[2]) wurde dann die allgemeine Grundlage für eine einheitliche Stoffverteilung und -gestaltung[3])

[1]) Aus dem Formerlehrgang des DATSCH, Berlin W 35. [2]) DATSCH 1930.

[3]) Vgl. auch: Barth: Arbeitsunterricht in Formerfachklassen. Die Berufsschule. Langensalza 1925. S. 165/168. — Sauerland: Ausbildung von Formern und Modelltischlern. Die Berufsschule.

geschaffen. Zahlentafel 117 bringt aus dem „Lehrplan" die Übersichtstafel über die Stoffgebiete des 1. bis 6. Lehrhalbjahres für Fachkunde, Naturlehre, Rechnen und Zeichnen; im übrigen sei auf das Studium des Lehrplanes selbst verwiesen.

Als vornehmste Aufgabe des Berufsschul- (Werkschul-) Unterrichts gilt neben der Mitwirkung an der Erziehung zum tüchtigen Staatsbürger die Förderung der beruflichen Ausbildung. Eine Unterstützung der Werkstattlehre ist aber nur möglich, wenn die

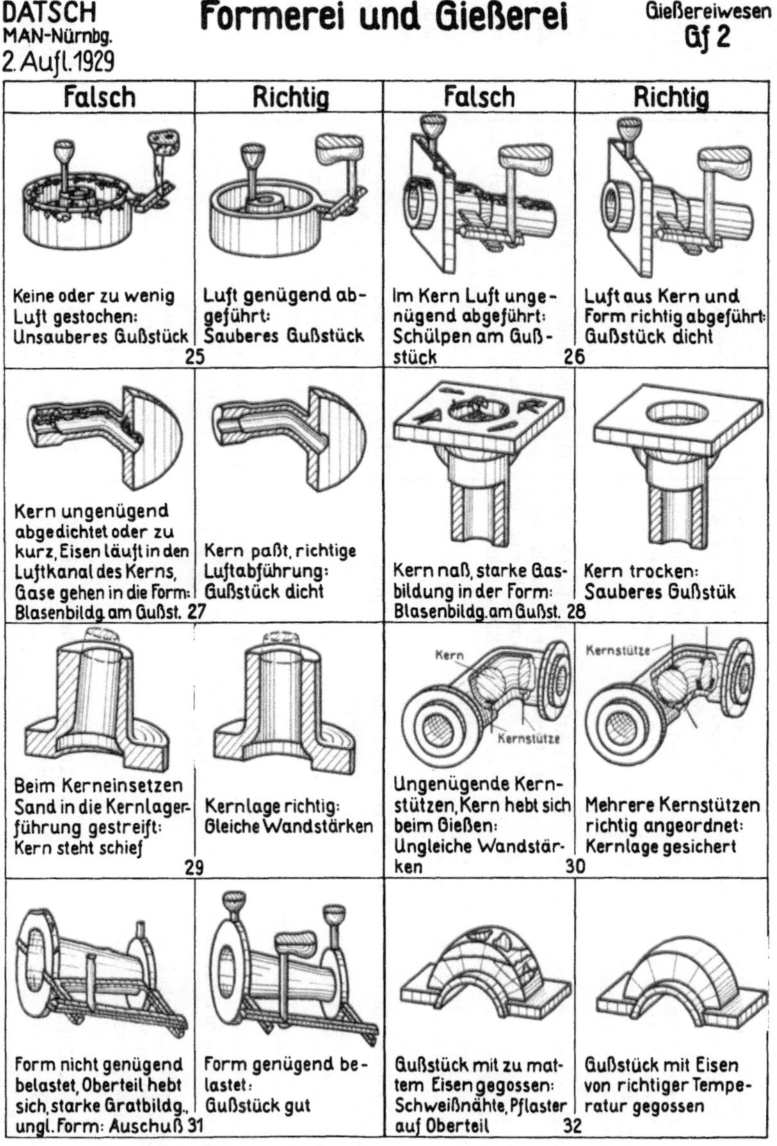

Abb. 513. Falsch-Richtig-Tafel für Werkstatt und Schule [1]).

Schule das „Warum" an betriebsechten Beispielen erläutert, wenn der Lehrer die Formereien, in denen seine Schüler lernen, nicht nur persönlich kennt, sondern bei allen fachlichen Belehrungen den „Gießereibetrieb" unmittelbar in die Schule holt. Es hilft also nicht viel, wenn nur mit Kreide an der Wandtafel und mit Worten Beispiele aus den

Langensalza 1925. S. 374/377. — Christiansen: Die Ausbildung der Former- und Modelltischlerlehrlinge in der Berufsschule. Z. f. Berufs- u. Fachschulwesen. Langensalza 1929. S. 394/401. — Löwer: Zur Ausbildung der Modelltischler- und Formerlehrlinge in der Berufsschule. Z. f. Berufs- u. Fachschulwesen. Langensalza 1930. H. 13. 1931. H. 2.

[1]) Aus dem Formerlehrgang des DATSCH, Berlin W 35.

Zahlentafel 117. **Ausschnitt aus der Übersichtstafel des Formerlehrplanes.**

Halbjahr	Berufskunde		Rechnen	Zeichnen
	a) Fachkunde	b) Naturlehre		
1.	**I. Einführung des Lehrlings in seine neue Arbeitsstätte.** 1. Aufgaben der Gießerei. 2. Überblick über die Einrichtungen der Gießerei, mit besonderer Berücksichtigung der Unfallverhütung. 3. Überblick über die Einrichtungen der Modelltischlerei und der anderen Werkstätten. 4. Die Beziehungen der Gießerei zur Modelltischlerei und den übrigen Fertigungswerkstätten. **II. Die für die ersten Arbeiten notwendigen Formstoffe und Werkzeuge.** 1. Zusammensetzung und Eigenschaften der Formstoffe, Bindemittel und Beimengungen. 2. Werkzeuge und Geräte zum Einformen (Normung). 3. Meßwerkzeuge: Maßstab, Zirkel, Taster, Wasserwaage usw. **III. Erklärung der ersten Lehrarbeiten in der Werkstatt durch praktische Beispiele.** 1. Herstellung einfacher Kerne und Trocknen der Kerne. 2. Einformen einfacher Modelle mit und ohne Kern. **IV. Grundlegendes aus dem Modellbau.** 1. Formgerechter Aufbau einfacher Modelle und Kernkästen. 2. Schwindmaß- und Bearbeitungszugaben. 3. Anstrich der Modelle (Normung). 4. Behandlung und Aufbewahrung der Modelle.	**I. Allgemeine Eigenschaften der Körper.** Zustandsformen, Rauminhalt (Maßeinheiten), Teilbarkeit (Kohäsion, Porosität, Adhäsion), Gewicht (Gewichtseinheiten, spez. Gewicht). **II. Wichtige Eigenschaften des Gußeisens, des Stahlgusses, der Nichteisenmetalle und der Legierungen, Bildsamkeit und Porosität.** **III. Verdunsten, Sieden, Verdampfen.** **IV. Das Holz und seine für den Modellbau und Gießereibetrieb wichtigen Eigenschaften.**	**I. Befestigung der vier Grundrechnungsarten.** Ganze Zahlen, Dezimalzahlen und Brüche. **II. Maße und Gewichte.** Angewandte Aufgaben über Längenmaße, Flächenmaße, Körpermaße und Gewichte (siehe Naturlehre). **III. Prozent- und Zinsrechnung.** Aufgaben aus dem Beruf des Formers, aus der Haus- und Volkswirtschaft (Krankenversicherung). **IV. Flächenberechnung.** Quadrat, Rechteck, Dreieck, und Trapez. Angewandte Beispiele aus dem Berufs- und Erfahrungskreis des Schülers.	**I. Belehrung über Zweck, Bedeutung der Zeichnung und ihre normengerechte Anfertigung.** **II. Übungen zur Bildung des räumlichen Vorstellungsvermögens durch:** 1. Modellierübungen nach gegebenen Skizzen (Methodisches). 2. Anfertigung von Handskizzen nach Modellen einfachster Form unter Beachtung der Zeichnungsnormen (Maßbehandlung und Oberflächenzeichnen). Modellfolge: a) einfache prismatische Stücke (Flacheisen mit Zapfen, Nuten und Schlitzen, prismatische Kerne, scharfkantige Profileisen, Winkelstücke, Führungsplatten mit Leisten und schwalbenschwanzförmigen oder T-Nuten und Aufspannplatten. b) Zylindrische Stücke (Rohre, Buchsen, runde Kerne, Bolzen).
2.	**I. Arten der Formen und des Einformens.** 1. Verlorene Formen und Dauerformen, grüne und trockene, offene und geschlossene Formen, Herd- und Kastenformen. 2. Modell- und Schablonenformerei, Formerei mit Kernstücken (Außenkernverfahren). **II. Herstellung offener und abgedeckter Herdformen.** 1. Herrichten des Herdes mit Übungen (Herrichten und Fällen von Loten, Teilen von Strecken, Übertragung von Winkeln). 2. Einformen von Modellen.	**I. Aus der Mechanik flüssiger Körper.** 1. Flüssigkeitsdruck. 2. Kommunizierende Röhren. 3. Bodendruck, Seitendruck, Auftrieb. **II. Aus der Wärmelehre.** 1. Wärmequellen. 2. Wärmeleitung, Wärmestrahlung und Ausdehnung durch die Wärme.	**I. Flächenberechnung** (Fortsetzung). Vielecke und Kreis. **II. Oberflächen-, Inhalts- und Gewichtsbestimmung einfacher Körper.** Würfel, Prisma, Zylinder, Pyramide und Kegel. Schätzen von Gewichten und Prüfen der Schätzung durch Auswiegen.	**I. Übungen zur Bildung des räumlichen Vorstellungsvermögens durch:** 1. Modellierübungen nach gegebenen Skizzen. 2. Anfertigung von Handskizzen nach Modellen einfachster Form unter Beachtung der Zeichnungsnormen.

	III. Herstellung einfacher Kastenformen. 1. Einformen von geteilten Modellen und von Modellen mit Ansteckteilen. 2. Lagerung und Einlegen der Kerne. 3. Eingüsse, Schlackenlauf, Anschnitte und Steiger.		**III. Übungen im Gebrauch von Zahlentafeln.** Tabellen über Quadratzahlen, über den Kreisumfang und Kreisinhalt, über Schmelzpunkte, Temperaturen usw. **IV. Prozentrechnung** (Fortsetzung). Aufgaben aus der Unfall-, Feuer- und Lebensversicherung.	3. Skizzen aus dem Gedächtnis. 4. Durch Ergänzungszeichnen, Modellfolge: a) Stücke mit verjüngten Körperformen (Druck-, Ankerplatten, Handgriffe, Schmiedegesenke — passende Kerne). b) Stücke mit zusammengesetzten Körperformen (schwierigere Grundabdeckplatten).
3.	**I. Wichtige Fördereinrichtungen.** **II. Schmelzstoffe, Formstoffe, Hilfsstoffe und ihre Aufbereitung.** **III. Kernmacherei.** 1. Herstellung schwieriger Kerne. 2. Trocknen der Kerne. Trockenöfen. **IV. Herd- und Kastenformerei mit Modellen und Kernstücken.** **V. Ursachen und Verhütung von Fehlgüssen.** 1. Fehler beim Einformen. 2. Verwendung ungeeigneter Werkstoffe. 3. Gießfehler.	**I. Aus der Mechanik der festen Körper.** 1. Von den Kräften. 2. Einfache Maschinen. **II. Das Wichtigste aus der Bewegungslehre.** 1. Grundbegriffe (Zeit, Weg, Geschwindigkeit). 2. Gleichförmige, geradl. u. kreisförmige Bewegung. 3. Ungleichförmige Bewegung (freier Fall). **III. Der Elektromagnet und seine Anwendung.** **IV. Aus der Wärmelehre** (Forts.). 1. Wärme- und Temperaturmessung (Thermometer, Segerkegel, Pyrometer). 2. Änderung der Zustandsform durch Wärme-Zu- u. -Abfuhr. 3. Schmelz- und Verdampfungsvorgang. 4. Erstarrungsvorgang beim Gießen.	**I. Graphische Darstellungen einfacher Art.** Anwendung aus den versch. Stoffgebieten. **II. Einfache Aufgaben aus der Mechanik.** Gleichförmige, geradlinige und kreisförmige Bewegung (Weg, Zeit, Geschwindigkeit, Umlaufzahlen), Kraft, Arbeit, Leistung und Wirkungsgrad. **III. Oberflächen-, Inhalts- und Gewichtsberechnung einfacher Körper** (Fortsetzung). Angewandte Beispiele aus dem Berufs- und Erfahrungskreis des Formers. **IV. Lohnberechnungen.** Aufgaben über Stundenlohn und Akkordlohn.	**I. Übungen zur Bildung des räumlichen Vorstellungsvermögens durch:** 1. Modellierübungen nach gegebenen Skizzen. 2. Anfertigung von Handskizzen nach Modellen. 3. durch Gedächtnis- und Ergänzungszeichnen. **II. Einführung in die Darstellung von Körperschnitten** (ausgehend vom Modellieren). Beispiele: Rohrstücke, Maschinengußteile einfacher Art, Stellringe, Deckel, Kappen. Zeichnerische Darstellung des Werdeganges einzelner dieser Teile vom Modell bis zum fertigen Gußstück.
4.	**I. Ziehbrett- (Schablonen)formerei.** 1. Anfertigung der Ziehbretter. 2. Einbau der Spindel und Herrichten des Herdes. 3. Arbeitsfolge beim Ziehen. **II. Lehmformerei.** 1. Getrennte Herstellung des Mantels und des Kernes. 2. Gemeinsame Herstellung des Mantels und Kernes mit Zwischenstück (Hemd, Kaliber). **III. Formerei in Kokillen.** Dauerformen, Schalenhartguß, Hartguß. **IV. Gießereierzeugnisse und ihre Klasseneinstellung.** Grauguß DIN 1691, Temperguß DIN 1692, Stahlguß DIN 1681 und Nichteisenmetallguß DIN 1701 bis 1712.	**I. Wasserwaage und Lot.** **II. Einfluß von Wärmeänderungen auf das Gußgefüge.** **III. Die wichtigsten Eigenschaften der Gießereierzeugnisse unter Berücksichtigung der verschiedenen Begleiter** (Kohlenstoff. Silizium, Mangan, Phosphor, Schwefel.)	**I. Oberflächen-, Inhalts- und Gewichtsberechnung von Körpern** (Fortsetzung). Abgestumpfte Pyramide und abgestumpfter Kegel. Zusammengesetzte Körper der bisher behandelten Grundformen. Angewandte Beispiele aus dem Berufs- und Erfahrungskreis des Formers. **II. Verhältnisrechnungen einfacher Art.** **III. Aufgaben über Riemen- und Zahnrädertrieb.** Umlaufzahlen und Durchmesser von Riemenscheiben, Umlaufzahl, Durchmesser u. Zähnezahl von Zahnrädern.	**Skizzieren schwierigerer Gußteile** (Riemenscheiben, Handräder, Lager, Lagerböcke usw.). Übertragung einiger angefertigter Skizzen auf den Reißbrettbogen.

Zahlentafel 117. Schluß.

Halbjahr	Berufskunde		Rechnen	Zeichnen
	a) Fachkunde	b) Naturlehre		
5.	**I. Gattieren und Schmelzen.** 1. Schmelz- und Brennstoffe. 2. Ausführung und Arbeitsvorgang der Schmelzöfen. (Schacht-, Flamm-, Siemens-Martin- und Tiegelöfen, Kleinkonverter und Elektroöfen. 3. Schmelztechnik, Gattieren, Verfeinerungsverfahren, Windbedarf, Winderhitzung. **II. Gießen.** 1. Gießlöffel, Hand- und Kranpfannen, Gießmaschinen und Transport des flüssigen Metalles. 2. Vorsichtsmaßregeln beim Gießen. a) beim Abstich und Transport, b) beim Vergießen. **III. Herstellung von Sonderguß.** Röhren-, Walzen-, Zylinder-, Kunst-, Spritz-, Schleuderguß. **IV. Nachbehandlung von Gußstücken.** 1. Tempern. 2. Glühen. 3. Kühlen.	**I. Brennstoffe und Verbrennungsvorgang.** Temperaturmessung. **II. Mechanik gasförmiger Körper.** 1. Luft- und Gasdruck. 2. Ausdehnung und Verdichtung von Luft und Gas. 3. Messung des Luft- und Gasdruckes. 4. Erzeugung des Gebläsewindes und der Preßluft. **III. Wichtige Eigenschaften gießbarer Körper.** 1. Dünn- und Dickflüssigkeit. 2. Gefügeänderung durch Entziehen von Begleitern in glühendem Zustande. 3. Entstehen von Spannungen und deren Beseitigung.	**I. Aufgaben über das Gattieren und Schmelzen.** Zusammensetzen verschiedener Beschickungssätze für Maschinenguß, Hartguß und Legierungsmischungen. **II. Oberflächen-, Inhalts- und Gewichtsberechnung** (Fortsetzung). Kugel, Ringe und zusammengesetzte Körper der bisher behandelten Grundformen. Angewandte Beispiele aus dem Berufs- und Erfahrungskreis des Formers. **III. Aufgaben über den Auftrieb beim Gießen.** Ermittlung des erforderlichen Belastungsgewichtes.	**I. Besprechung der Sinnbilder von Zahn- und Kegelrädern** nach den DIN-Normen und Skizzieren eines Stirnrades. **II. Typische Formen aus der Ziehbrett- (Schablonen-) Formerei.**
6.	**I. Maschinenformerei.** 1. Formplatten. 2. Handformmaschinen. 3. Formmaschinen mit Kraftantrieb. 4. Sonderformmaschinen. 5. Kastenlose Formerei. **II. Herstellung schwieriger Formplatten.** **III. Putzen.** 1. Entfernen der verlorenen Köpfe, Trichter, Steiger usw. 2. Putzen von Hand. 3. Putzen mit Maschinen. **IV. Oberflächenbehandlung und Überziehen der Gußstücke.** Beizen und Asphaltieren. **V. Beseitigung von Gußfehlern.** Verstemmen und Verschweißen. **VI. Das Wichtigste über die Weiterbearbeitung von Gußkörpern.** 1. Bearbeitung am Schraubstock. 2. Bearbeitung auf Werkzeugmaschinen. **VII. Die Normung in der Gießerei.** 1. Normung des Gießereibedarfes. 2. Normung der Gießereierzeugnisse.	**I. Kraftantrieb für Formmaschinen.** 1. Kraft, Arbeit, Leistung. 2. Bedienung und Wartung von Elektromotoren. 3. Erzeugung und Verwendung von Preßluft und Preßwasser. **II. Das Beizen.** 1. Verminderung der Härte der Gußhaut. 2. Änderung der Farbe durch Herausbeizen eines Grundstoffes. **III. Wichtiges aus der Gasschmelz- und Elektroschweißung.** **IV. Das Wichtigste aus der Werkstoffprüfung.**	**I. Oberflächen-, Inhalts- und Gewichtsrechnung von Körpern** (Fortsetzung). Zusammengesetzte Körper der bisher behandelten Grundformen (Berechnung nach Werkzeichnung u. Modellen). **II. Kostenberechnung.** Ermittlung der Löhne, der Werkstoffkosten, der allgemeinen Geschäftsunkosten, der Selbstkosten und des Verkaufspreises. **III. Aufgaben aus dem Versicherungs- und Steuerwesen.** **IV. Einfache Aufgaben aus der Festigkeitslehre.**	**I. Anfertigung von Handskizzen nach Gußmodellen mit gesteigerter Schwierigkeit unter Anlehnung an den Unterricht in der Berufskunde.** **II. Herauszeichnen von Einzelteilen aus Werkstattzeichnungen. Übertragung von Skizzen auf Reißbrettbogen.** **III. Leseübungen an Hand größerer Zeichnungen.** **IV. Gelegentliche Anfertigung perspektivischer Zeichnungen an Hand von Modellen.**

DATSCH-Lehrgängen „durchgenommen“ werden! Gerade der Former muß das Modell mit den Händen fassen, wenn er eine richtige Vorstellung davon haben soll, muß Werkstattzeichnungen aus dem Betrieb (die bekanntlich oft ganz anders aussehen als die für die Schule zurechtgemachten) vorgelegt erhalten, wenn er beim Kerneinlegen sich rasch an der Zeichnung unterrichten will, der Modellschreiner muß den Modellriß mit Streichmaß, Anschlagwinkel usw. auf wirklichem Holz „aufreißen“ und weniger auf Zeichenbogen, wenn der Unterricht eine Förderung seiner beruflichen Ausbildung bezweckt.

Abb. 514. Im Werkschulunterricht nach DATSCH-Lehrgang (Abb. 509) hergestellte betriebsechte Lehmform. Nach dem Abguß mit Gips wurde die Form aufgesägt und ein Viertel des Rohrstückes freigelegt, um die Sauberkeit des Gipsabgusses zu prüfen.

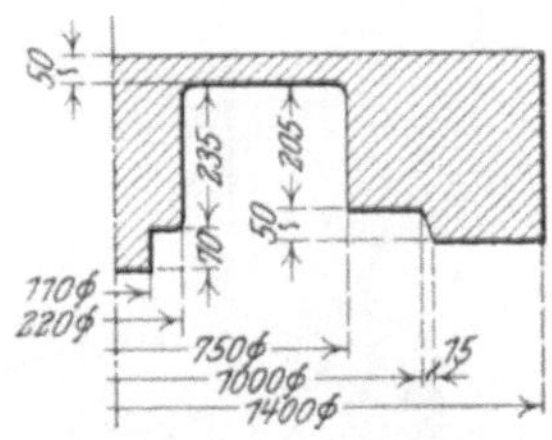

Abb. 516. Aus dem Fachkundeheft eines Formerlehrlings. (Ziehbrett für die Herstellung des unteren „Ballens“ der Transportband-Trommel.)

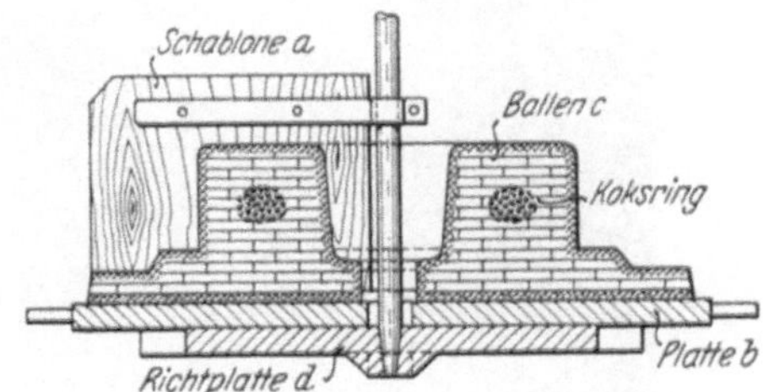

Abb. 517. Aus dem Fachkundeheft eines Formerlehrlings. (Die Herstellung des unteren „Ballens“ der Transportband-Trommel nach dem Arbeitsbeispiel in der Schule.)

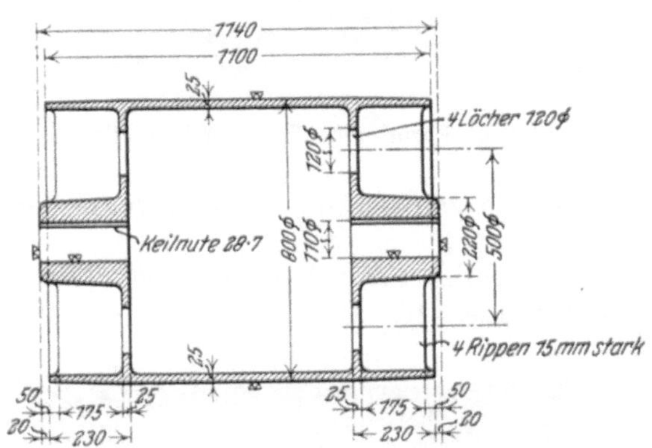

Abb. 515. Muster aus dem fachkundlichen Unterricht. Werkzeichnung einer Transportband-Trommel, 800 mm Durchmesser, 1100 mm breit, die zur Veranschaulichung der Griffe usw. in der Lehmformerei im Unterricht betriebsecht hergestellt wurde. (Nach DIN genügt die Darstellung einer Hälfte.)

Abb. 518. Betriebsechte Lehmform aus dem Fachunterricht für Formerlehrlinge. (Gezogenes Unterteil mit Rippen, Naben- und „Spiegel“-Kernen.)

Von den DATSCH-Lehrgängen soll, bzw. kann man in der Schule ausgehen (Abb. 509 und 514), dann aber müssen möglichst bald geeignete Stücke aus der Erzeugung der Lehrfirmen genommen und in der Art der DATSCH-Beispiele verarbeitet werden (Abb. 515—520 und 521 und 522). Der Betrieb muß das lebendige Buch sein, aus dem Former und Modelltischler unter Leitung ihrer Lehrer Kenntnisse und Können schöpfen; die Gießereien aber müssen ihre Tore den Schulen öffnen, damit Lehrer und Lehrling aus diesem nie veraltenden „Buche“ wirklich lernen können.

Jugendpflegerische Betreuung des Gießereinachwuchses.

Bedeutungsvoll für die Erziehung eines hochwertigen Nachwuchses sind die bereits oben erwähnten Maßnahmen zur Jugendpflege, die besonders durch die Einrichtung von

Werkschulen gefördert worden sind. Infolge der starken und oft einseitigen Belastung durch die Betriebsarbeit, die leicht zu Körperverbildungen (z. B. Schreinerbuckel des Modelltischlers) führt, verdienen die ausgleichenden Leibesübungen hier erste Erwähnung, zumal sie neben allgemeiner Ertüchtigung die körperliche Wendigkeit, die ein Former bei aller Ruhe doch besitzen muß, wesentlich beeinflussen[1]). Und was Former- und Modelltischlerlehrlinge bei rechter Führung auf den Gebieten des Geräteturnens, der Rasenspiele, Leichtathletik oder des

Abb. 519.
Aufgesetzter Hauptkern und Nabenkern für Oberteil.

Abb. 520.
Gießfertige Form einer Transportband-Trommel.

Wassersportes erreichen, kann sich mit den Leistungen von Lehrlingen aus jeder anderen Berufsgruppe messen (vgl. Abb. 471—473).

Auch gemeinschaftliche Wanderungen mit anschließenden Betriebsbesichtigungen, die Schaffung von Lehrlingsbüchereien, Bastelabenden für Radioapparate, Segelflug-

Abb. 521.

Abb. 522.

Abb. 521 und 522. Wachs-Gips-Modell aus dem Fachzeichnen-Unterricht der Former.

(Nach gegebener Werkzeichnung wurde das Modell in Wachs modelliert, mit Gips umgossen, durchgesägt, dann das Wachs im Wasserbad herausgeschmolzen, der Kern neu eingesetzt und Einguß und Steiger eingearbeitet. Das so vorbereitete Schnittmodell dient vorzüglich zur Erläuterung einer „geschnittenen Form“, da jetzt die „unsichtbaren“ Kanten, der „nicht geschnittene“ Kern usw. mühelos gezeigt werden können.)

zeuge usw., Schachabende u. a. m. schaffen ein außerdienstliches Gemeinschaftsleben zwischen Lehrer und Schüler, zwischen Lehringenieur, Meister und Lehrling, das sich

[1]) Dellwig: Industrielle Sportkultur in Matthias-Giese: Männliche Körperbildung. Bd. 2, S. 76—85. München 1926. — Riedel: Anlernung von Arbeitsbewegungen. Arbeitsschulung. Düsseldorf 1931. H. 1. — W. Schulte: Sport und Arbeit in Ludwig: a. a. O. S. 73—84.

nicht nur leistungssteigernd auf die Betriebsarbeit auswirkt, sondern auch den jungen Menschen emporbilden hilft zur Facharbeiter-Persönlichkeit.

Abschluß der Lehrzeit durch die Facharbeiterprüfung.

Eine einheitliche Regelung des Gesellenprüfungswesens im Gießereigewerbe ist erst auf Grund des zur Beratung stehenden Berufsausbildungsgesetzes zu erwarten; zur Zeit werden entweder überhaupt keine Schlußprüfungen abgelegt, oder es finden ordnungsmäßige Gesellenprüfungen unter dem Vorsitz der Handwerkskammern [1]), vor gemischten Prüfungsausschüssen [2]) oder reine Facharbeiterprüfungen der Industrie- und Handelskammer statt.

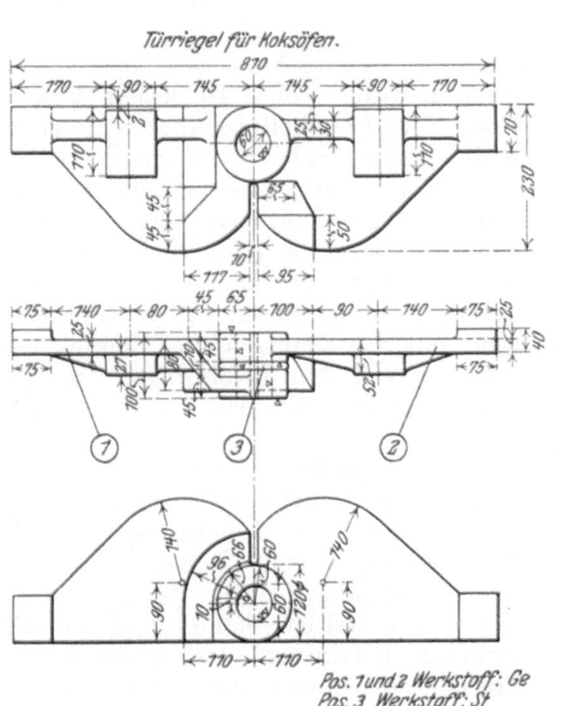

Abb. 523. Werkzeichnung für ein Modelltischler-Gesellenstück.

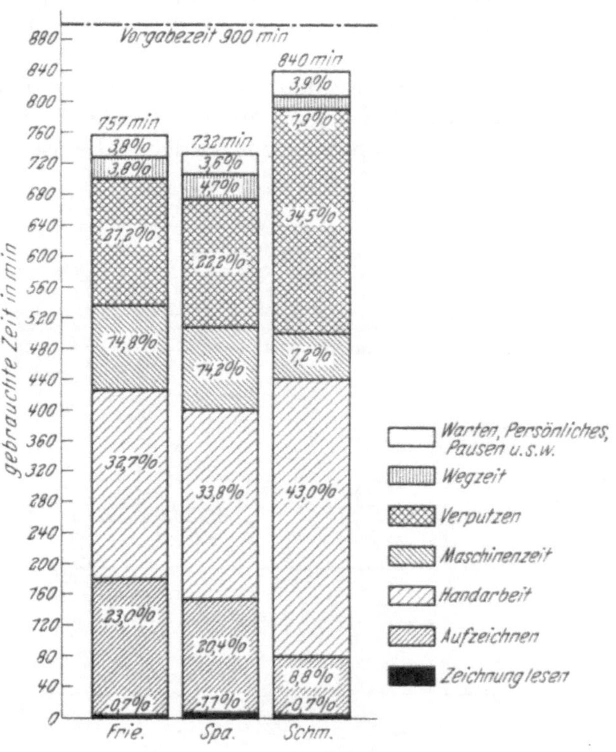

Abb. 524. Zusammenstellung der Griff-Gruppen-Zeiten aus der Modelltischler-Gesellenprüfung.

Der praktische Teil der Prüfung besteht in der fachgerechten und selbständigen Herstellung eines Gesellenstückes (Probearbeit, Facharbeit), das so ausgewählt sein muß, daß die Prüfungskommission den erreichten Grad der Ausbildung des Lehrlings in den durch das Berufbild [3]) festgelegten Fertigkeiten erkennen kann. Die Beurteilung der Probearbeit geschieht nach vier Gesichtspunkten:

1. Schwierigkeit,
2. Maßhaltigkeit, Passen, formgerechte Ausführung;
3. Sauberkeit der Ausführung;
4. Dauer der Ausführung.

Die bisherigen Erfahrungen und die Zahlentafel 118 aus veröffentlichten Gesellenprüfungs-Ergebnissen lassen aber erkennen, daß gerade die Beurteilung des praktischen Stückes in Formerei und Modelltischlerei außerordentliche Schwierigkeiten bietet, besonders dann, wenn jeder Lehrling eine andere Arbeit anfertigt, und somit jede einheitliche Bewertungsgrundlage fortfällt. Der Vergleich mit den Ergebnissen der Maschinenschlosser, deren Arbeiten wesentlich genauer auf Maßhaltigkeit, Selbständigkeit und Zeitdauer

[1]) Maschinenfabrik Augsburg-Nürnberg A.G.: Lehrlingsausbildung. Mitteilung Nr. 49. 1923. S. 23.

[2]) Gemeinsame Prüfungsausschüsse der Handwerkskammer zu Berlin und des VBMI.

[3]) Vgl. S. 571ff.

Zahlentafel 118.

Ergebnisse der Gesellenprüfungen[1]).

Grundberuf	Former		Modelltischler		Maschinenschlosser	
Geprüft wurden	115	%	34	%	3855	%
Recht gut	15	13,0	1	2,9	179	4,6
Gut	49	42,6	21	61,8	1095	28,3
Ziemlich gut	38	33,1	8	23,6	1404	36,3
Genügend	11	9,6	3	8,8	976	25,6
Nicht bestanden	2	1,7	1	2,9	201	5,2

ausgewertet werden, zeigt, wie häufig beim Former die höchste Note, bzw. das Urteil: „das Stück ist gut“ in den Gießereibetrieben gegeben wird — ohne Rücksicht darauf, daß die Höchstleistungsfähigen, die Besten mit der Note I verhältnismäßig sehr selten sind — besonders bei den Formern. Selbst wenn man scharfe Auswahl und hervorragende Ausbildungsverfahren, die die Lehrlingsleistungen nach oben drücken, berücksichtigt, ist die Verteilung der Gesellenprüfungs-Noten bei den Formern nicht mit den Gesetzen der Häufigkeitsstatistik oder den Erfahrungen aus der Psychotechnik in Einklang zu bringen, wie es bei den Maschinenschlossern der Fall ist. Weitere Schwierigkeiten liegen dann in der langen Dauer des Probestückes, bei dem oft Hilfskräfte benötigt werden, die dem Prüfling so viel „helfen“, daß von einer selbständigen Arbeit gar nicht mehr gesprochen werden kann, und in der geringen Erfahrung des paritätischen Prüfungsausschusses zum differenzierten Beurteilen des fertigen Abgusses, wenn das Gußstück nicht vorher auf der Richtplatte „angerissen“ wurde.

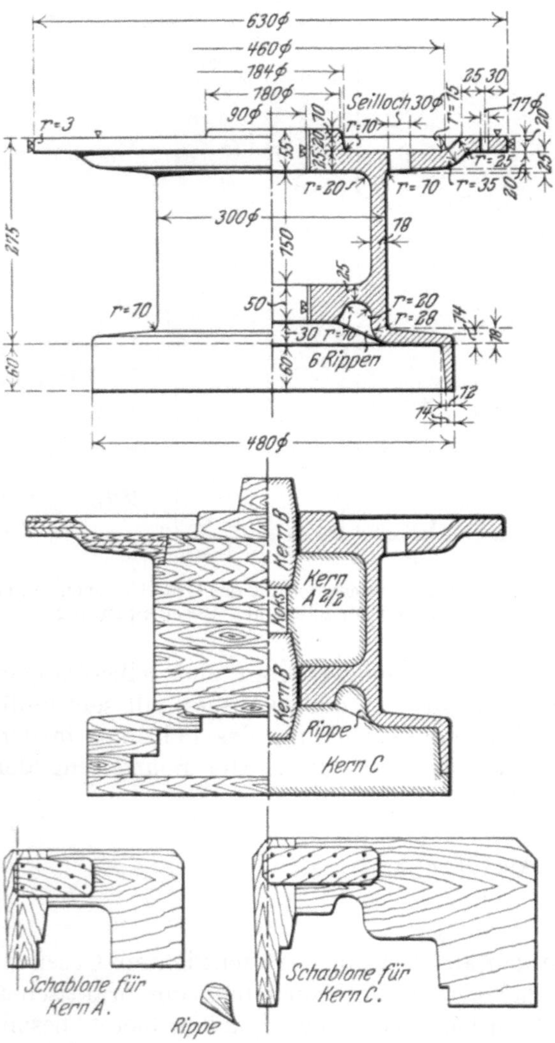

Abb. 525. Aufgabe und Lösung aus der mündlichen Gesellenprüfung für Modelltischler und Former.

(Nach der gegebenen Werkzeichnung einer Seiltrommel für einen Säulenhaspel sind Modellaufbau, Modellriß und Kernschablonen aufzuzeichnen.)

Aus diesen Erwägungen heraus wurde an Stelle des vielleicht vom Prüfling selbstgewählten oder vom Vorgesetzten aus der gerade laufenden Erzeugung rasch herausgegriffenen und unter unkontrollierbaren Umständen entstandenen Gesellenstückes die einheitliche Facharbeit oder das Einheitsstück geschaffen. Vergleichbare Bedingungen fanden jetzt alle Prüflinge vor: Die gleiche Überraschung infolge völliger Unkenntnis über die Art der bevorstehenden Arbeit, die gleichen Arbeitsplatzverhältnisse, die gleichen Bearbeitungs- und Meßwerkzeuge, Maschinen und Hilfseinrichtungen, in gleicher Weise vorbereiteter Werkstoff, und dann eine Prüfungsaufgabe, genau kalkuliert und

[1]) Nach Veröffentlichungen der Kommission für technische Berufsausbildung des VBMI. 1928. S. 73ff.

erprobt auf Herstellungszeit und -verlauf und so ausgewählt, daß sich an ihr alle verlangten Fertigkeiten eines Facharbeiters offenbaren konnten. In dem Augenblick, wo der Prüfling seine Aufgabe erhielt, war auch die Prüfungskommission anwesend und beobachtete vom ersten bis zum letzten Griff den Fertigungsverlauf.

Zahlentafel 119.

Beobachtung bei der Zeitaufnahme zur Modelltischler-Gesellenprüfung.

1. Prüfling F. arbeitet hastig und unüberlegt; infolgedessen wurde eine Modellhälfte ein Fehlstück, das neu gemacht werden mußte.

Note der Prüfungskommission: 4 Fehler in der Maßhaltigkeit, 3 Fehler in der Sauberkeit, Gesamturteil: genügend.

2. Prüfling Sp. arbeitet teilweise mit guter Überlegung. Er strengt sich bei der Arbeit nicht an und hätte, wie zugegeben, schneller fertig sein können. Die Arbeit wurde maßhaltig und sauber ausgeführt.

Note der Prüfungskommission: fehlerfrei, genau, sehr sauber. Gesamturteil: sehr gut.

3. Prüfling Schm. arbeitet zielbewußt und sicher, überlegt alle Arbeiten vorher genau und ist in der Ausführung peinlich genau. Geschicklichkeit und Arbeitstempo sind gut. Schm. hat ausgesprochenen Willen zu genauem Arbeiten und Ordnungsgefühl. Infolge seines hohen Pflichtgefühls gibt er sein Bestes für die Arbeit her. Schm. verlor 45 Minuten, da er die vom Drechsler gelieferten Scheiben, die um 2 mm zu dick waren, nicht sofort nachprüfte und deshalb sie später am fast fertiggestellten Modell noch nacharbeiten mußte (vgl. Zahlentafel 114).

Note der Prüfungskommission: fehlerfrei, genaue Arbeit, sehr sauber. Gesamturteil: sehr gut.

Um aber gerade den Gutachter bei der Beurteilung des fertigen Stückes mit genauen Unterlagen zu unterstützen, ließ der Verfasser [1]) das Einheitsstück der Former- und Modelltischlerlehrlinge noch unter genauer Zeitkontrolle durch erfahrene Zeitnehmer herstellen und erreichte dadurch eine zufriedenstellende Differenzierung und gerechte

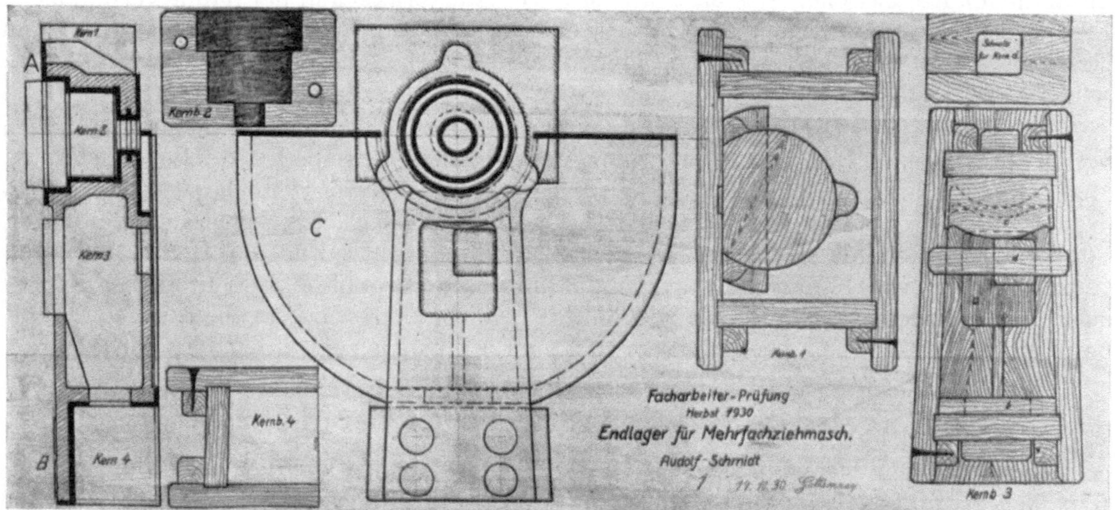

Abb. 526. Aufgabenbeispiel aus der Gesellenprüfung für Modelltischler.

Notengebung (Abb. 523 und 524 und Zahlentafel 119). Die theoretische Prüfung (Zahlentafel 120) zerfällt in einen schriftlichen und einen mündlichen Teil, erstreckt sich in der Regel auf alle Fächer der Werk-(Berufs-)schulen und wird meistens in Zusammenarbeit mit den Lehrkräften dieser Schulen durchgeführt (Abb. 525 und 526). Die Aushändigung der Facharbeiterzeugnisse und die damit verbundene Freisprechung der Lehrlinge zu Gesellen erfolge in feierlicher Form und würdiger Umgebung und trage dazu bei, Berufsfreude und -stolz im Jungformer zu stärken.

[1]) Fraenkel-Dellwig: Gesellen-(Facharbeiter-)Prüfungen unter Zeitkontrolle. Arbeitsschulung. Düsseldorf 1930. H. 2.

Zahlentafel 120.

Plan einer Gesellenprüfung für Gießereilehrlinge.

1. Praktische Prüfung:
   Anfertigung eines Einheitsstückes unter Zeitkontrolle.
2. Leibesübungen:
   Einzelprüfungen in Geräteturnen, Freiübungen, Leichtathletik, Schwimmen. (Prüfung kann fortfallen, wenn Prüfling über 18 Jahre alt ist und das Deutsche Turn- und Sportabzeichen besitzt.)
3. Theoretische Prüfung:

a) Schriftlicher Teil (vor der Werk- [Berufs-] schule).

1. Fachkunde	3 Stunden	6. Gemeinschaftskunde	2 Stunden
2. Naturlehre	$1^1/_2$ „	7. Geschäftsaufsatz	1 „
3. Fachrechnen	$1^1/_2$ „	8. Gemeinschaftskundliches Rechnen	1 „
4. Buchstabenrechnen	$1^1/_2$ „	9. Buchführung	1 „
5. Zeichnen	3 „		

b) Mündlicher Teil (vor der Prüfungskommission).
1. Fachliche Fragen (10 Minuten).
2. Fragen aus der Gemeinschaftskunde (10 Minuten).

Fragen der Erwachsenen-Bildung.

Die Fortbildung des Gießereifacharbeiters.

Wenn es auch Tatsache ist, daß ein gesunder Arbeitsgeist in den Werkstätten nur von unten her durch Schulung des Nachwuchses aufgebaut werden kann, so ist die Fortbildung tüchtiger Facharbeiter zu Vorarbeitern, Meistern usw. doch eine Angelegenheit, in die sich die Gießerei-Betriebsleitung auf Grund ihrer tieferen Einsicht in die Zusammenhänge zwischen Wissenschaft und Werkstattpraxis und der damit verbundenen Einführung von Neuerungen und ihrer vielleicht örtlichen Bedingtheit und auf Grund ihrer Kenntnis von den Leistungsfähigkeiten der Arbeiterpersönlichkeit bewußt einschalten sollte.

Für die rein praktische Weiterbildung des Gesellen ist es selbstverständlich von grundlegender Bedeutung, wenn er in möglichst verschiedenen Gießereien oder Modelltischlereien arbeitet und sich dadurch neue Arbeitsweisen aneignet — eine Forderung, die bei den heutigen Wirtschaftsverhältnissen auf größte Schwierigkeiten stößt. Sonderfachschulen für Former und Gießer bestehen nicht. Für die Hebung der Allgemeinbildung und Förderung der Fachbildung sind die mit einzelnen Fach-, Berufs- oder Werkschulen verbundenen Abendkurse von besonderem Vorteil, da die hauptberufliche Tätigkeit des Facharbeiters nicht unterbrochen zu werden braucht [1]).

Angelernte Arbeitskräfte im Gießereibetrieb.

Ein noch sehr wenig planmäßig bearbeitetes Gebiet ist das der Anlernung, trotzdem fachunkundige Kräfte mit dem Vordringen der Formmaschinen im Gießereibetrieb immer mehr an Bedeutung gewinnen werden. Dementsprechend wurde in der Erhebung des Vereins Deutscher Eisengießereien die gestellte Frage, ob es zweckmäßig und erforderlich sei, für den Formmaschinenbetrieb einen Stamm wendiger Arbeiter anzulernen, von 85 % der beteiligten Firmen bejaht und besonders darauf hingewiesen, daß sich für die Formmaschinen gelernte Facharbeiter weniger eignen, weil sie erfahrungsgemäß nicht das nötige Arbeitstempo erreichen.

[1]) Zur Frage der Ausbildung an technischen Mittel- und Hochschulen vgl. 1. C. Geiger: Die Pflege des Gießereiwesens an technischen Mittelschulen. Gieß. 1929. S. 668/673; 1930. S. 816, 955/956. 2. M. Paschke: Die Ausbildung von Gießereifachleuten an den Technischen Hochschulen und Bergakademien. Gieß. 1929. S. 665ff. — 3. Über den „Deutschen Formermeisterbund“ siehe: Deutsches Gießereitaschenbuch. München 1923. S. 469ff. und das „alleinige amtliche Organ des Deutschen Formermeisterbundes“: Zeitschrift für die gesamte Gießereipraxis. Eisenzeitung. Das Metall. Berlin.

Es wurde bereits dargestellt, wie für die jeweiligen Betriebsverhältnisse mittels genauer Arbeitsanalysen die spezifischen Körperbefähigungen, handwerklichen Anlagen, Intelligenz oder arbeitscharakterlichen Eigentümlichkeiten erforscht werden, und wie man mit Hilfe der Eignungsprüfungen die Arbeitskräfte ihrer Veranlagung entsprechend verteilt. Aus den Arbeitsuntersuchungen ergibt sich aber auch die Bestimmung des für jede Arbeitsverrichtung als am besten anzusehenden Arbeitsverfahrens und damit die Grundlage der Anlernung überhaupt. Gerade für die Gruppe der angelernten Arbeiter müssen wir recht bald zu einer zweckgerichteten Kurzlehre kommen, die Arbeitskönnen, Arbeitswillen und innere Haltung des Arbeiters zur Fabriktätigkeit — Faktoren, von denen der Gesamteffekt der Gießerei zu über 50% abhängig ist — wesentlich beeinflußt.

Die bisher zur Verfügung stehenden Unterlagen aus der Gießereiarbeiter-Anlernung sind aber so gering, daß wir uns mit einem Hinweis auf die vorliegende Literatur aus verwandten Gebieten begnügen müssen [1]).

Die „Entsorgung“ des alternden Gießereiarbeiters.

„Der entscheidende Faktor unserer Betriebe ist und bleibt der Mensch!“ Soll er möglichst ohne Unfall und unter vollem Einsatz seiner körperlichen und seelischen Kräfte schaffen, so muß er nicht nur auf Grund seiner besonderen Schulung das Bewußtsein in sich tragen, Herr von Maschine und Arbeit zu sein, sondern er muß auch in der Gewißheit leben, daß er nicht „zum alten Eisen geworfen“ wird, wenn einmal seine Kräfte nachzulassen beginnen. Das ist unbedingt erforderlich, wenn der Beruf als Fundgrube von Befriedigung und Glück bewußt wieder in den Lebenskreis der Arbeiterschaft treten und das Werk, die Gießerei den starken Boden für die Wurzeln seiner Kraft abgeben soll. Tatsächlich ist der alternde Modelltischler und Former prozentual verhältnismäßig stark an der Belegschaft beteiligt [2]), und es gibt auch für ältere Facharbeiter, die körperlich den Anforderungen ihres erlernten Berufes nicht mehr gewachsen sind, andere Beschäftigungsmöglichkeiten, die, wie z. B. beim Modellverwalter Gewissenhaftigkeit, Umsicht und Ordnungsliebe erfordern. Für eine größere Zahl wird aber bei eintretendem Leistungsrückgang infolge Alter oder Unfall keine lohnende Beschäftigung in der Erzeugung mehr zu finden sein, besonders nicht im restlos durchorganisierten Betriebe. Die Frage lautet demnach: Wie ist es möglich, alle Plätze nur mit Volleistungsfähigen zu besetzen, die, ohne Sorge um die Zukunft, unbelastet arbeiten können und gleichzeitig die Minderleistungsfähigen, die zum Teil als alte, treugediente Arbeiter einen moralischen und als Unfall- oder Kriegsbeschädigte einen gesetzlichen Anspruch auf Fürsorge zugebilligt erhielten, zu ihrem Recht kommen zu lassen, ohne andererseits die Erzeugung durch sie irgendwie zu hemmen.

Eine sozial, wie arbeitsorganisatorisch gleichbewährte Lösung der Frage stellt das „Alters- und Invalidenwerk“ dar [3]), in denen die „Veteranen der Arbeit“ auf Grund regelmäßiger, leichter Beschäftigung in geeigneten Räumen sich einen Zuschlag zu ihrer Rente erarbeiten.

[1]) VBMI-Richtlinien für das planmäßige Anlernen in der Metallindustrie, Blatt A 9: Richtlinien für das Anlernen von Maschinenformern. Blatt A 10: Richtlinien für Kernmacher. Berlin 1926. — W. Poppelreuter: Abgrenzung einer spezifisch-psychologischen Anlernung. Arbeitsschulung 1931, H. 1. — H. Rupp: Anlern- und Ausbildungsverfahren. Arbeitsschulung 1931, H. 1 u. 2. — Riedel: Anlernung von Arbeitsbewegungen. Arbeitsschulung 1931. H. 1. — Mann: Psychologische Anlernung in der DINTA-Praxis. Arbeitsschulung 1930. H. 5. — Arnhold-Ascher-Atzler-Rupp: Grundlagen und Aufgaben der physiologischen Arbeitseignungsprüfung und der Anlernung. Beiheft 9 zum Zentralbl. f. Gewerbehygiene u. Unfallverhütung. Berlin 1928. — Riedel: Arbeitskunde. Berlin 1925.

[2]) Vgl. Franz Müller: Das soziale Schicksal des alternden Arbeitnehmers. Vorbericht über die Ergebnisse einer Umfrage in Brauer-Eckert-Lindemann-v. Wiese: Sozialrechtliches Jahrbuch. Bd. 1. Mannheim 1930. S. 3/80.

[3]) Osthold: Das Alters- und Invalidenwerk der Gelsenkirchener Bergwerks-A.-G. Düsseldorf 1926. — Peter Bäumer: Das deutsche Institut für technische Arbeitsschulung (DINTA) in Goetz-Briefs, Probleme der sozialen Werkspolitik. München 1930. S. 80ff.

Wir werden lernen müssen, unsere Betriebe nach den darin tätigen Menschen zu ordnen, damit der Gesamtarbeitserfolg sein Bestes zu erreichen vermag [1]). Wir werden lernen müssen, den arbeitenden Menschen auf eine gewisse Höhe des Pflichtgefühls, der Selbstachtung und der inneren Unabhängigkeit empor zu heben. Ja, es ist im industriellen Zeitalter für ein aufstrebendes Volk geradezu eine absolute Notwendigkeit, daß neben dem Aufsteigen der Großbetriebe gleichzeitig die Gegenwirkungen der Persönlichkeitsbestrebungen nicht aufhören; denn alle Arbeit, auch im Großbetriebe, ist im letzten Grunde Persönlichkeitsleistung. „Immer wird die Persönlichkeit, nimmer die Masse den Fortschritt bedeuten. Erdschätze versiegen, Werke vergehen, Gesetze erstarren, Ideen erkalten, schöpferisch bleibt nur der Mensch!“

Literatur.

Deutscher Ausschuß für technisches Schulwesen (DATSCH): Abhandlungen und Berichte über technisches Schulwesen. Bd. 3, Bd. 6, Bd. 7ff. Berlin 1912ff.

Gehle: Die männliche Arbeiterschaft Deutschlands nach der Berufszählung 1925. Eine statistische Untersuchung in Brauer-Eckert-Lindemann-v. Wiese: Sozialrechtliches Jahrbuch. Bd. 2. Mannheim 1931. S. 3/66.

Reichsanstalt für Arbeitsvermittlung und Arbeitslosenversicherung: Handbuch der Berufe. Teil 1. Bd. 2. Metallverarbeitung. 652 S. Leipzig 1930.

Verein deutscher Eisenhüttenleute: Gemeinfaßliche Darstellung des Eisenhüttenwesens. Düsseldorf 1929. S. 563/615.

Hütte: Taschenbuch für Betriebsingenieure. Berlin 1929. S. 530ff.

Baumgarten, Fr.: Die Berufseignungsprüfungen. 742 S. München 1928.

Bogen, H.: Psychologische Grundlagen der praktischen Berufsberatung. 450 S. Langensalza 1927.

Giese, Fr.: Methoden der Wirtschaftspsychologie. 631 S. Berlin 1927.

— Handbuch psychotechnischer Eignungsprüfungen. 870 S. Halle 1925.

Moede, W.: Lehrbuch der Psychotechnik. Bd. 1. 448 S. Berlin 1930.

Poppelreuter, W.: Allgemeine methodische Richtlinien der praktisch-psychologischen Begutachtung. 163 S. Leipzig 1923.

— Arbeitspsychologische Leitsätze für den Zeitnehmer. München 1929.

— Zeitstudie und Betriebsüberwachung im Arbeitsschaubild. München 1929.

Stern-Wiegmann: Methodensammlung zur Intelligenzprüfung von Kindern und Jugendlichen. 514 S. Leizig 1926.

Watts: An Introduction to the Psychological Problems of Industry. London 1921. Deutsch von Herbert Grote. Berlin 1922.

Horneffer, E.: Der Weg zur Arbeitsfreude. 47 S. Berlin o. J.

Ludwig, F.: Der Mensch im Fabrikbetrieb. Beiträge zur Arbeitskunde. 204 S. Berlin 1930.

Soziales Museum e.V. Frankfurt: Industrielle Arbeitsschulung als Problem. 142 S. Berlin 1931.

Reichskuratorium für Wirtschaftlichkeit: Der Mensch und die Rationalisierung. Fragen der Arbeits- und Berufsauslese, der Berufsausbildung und Bestgestaltung der Arbeit. Bd. I. 370 S. Jena 1931.

Smith, E. D.: Psychologie für Vorgesetzte. 271 S. Stuttgart 1930.

Kühne, A.: Handbuch für das Berufs- und Fachschulwesen. 737 S. Leipzig 1929.

Barth-Bode-Erben: Beschulung der Ungelernten. 332 S. Wittenberg 1928.

Rennschmid, L.: Der Lehrling in der Industrie. 88 S. Jena 1931. Dissertation.

Rosenstock: Erwachsenenbildung und Betriebspolitik in Brauer und Mitarbeiter: Sozialrechtliches Jahrbuch. Bd. 1. S. 135/152.

Lütz: Werkmeisterschulung in Amerika in Brauer und Mitarbeiter: Sozialrechtliches Jahrbuch. Bd. 2. S. 151/157.

Müller, Franz: Das soziale Schicksal des alternden Arbeitnehmers in Brauer und Mitarbeiter: Sozialrechtliches Jahrbuch. Bd. 1. 1930. S. 3/82.

Kautz: Die Industriefamilie als Wirtschaftsverband in Brauer und Mitarbeiter: Sozialrechtliches Jahrbuch. Bd. 2. S. 183/210.

---

[1]) C. Arnhold: Rationalisierung in dem an Kapital armen, jedoch an Arbeitskräften reichen Deutschland. Arbeitsschulung 1930. H. 5.

Namenverzeichnis.

Sachverzeichnis.

Handbuch der Eisen- und Stahlgießerei

unter Mitarbeit zahlreicher Fachleute herausgegeben von

Dr.-Ing. C. Geiger

Professor an der Staatl. Württemberg. Höheren Maschinenbauschule in Eßlingen a. N.

Zweite, erweiterte Auflage.

Früher erschienen:

Erster Band: Grundlagen

Mit 278 Abbildungen im Text und auf 11 Tafeln. X, 661 Seiten. 1925. Gebunden RM 49.50

Inhaltsübersicht:

Einleitung. **Geschichte der Eisen- und Stahlgießerei.** Von Professor Dr. Dipl.-Ing. e. h. Ludwig Beck †. Nachtrag von Dr.-Ing. C. Geiger. — **Wirtschaftsstatistische Zahlentafeln über Eisen- und Stahlgießereien.** Von T. Cremer. — **Metallurgische Chemie des Eisens. Metallographie.** Von Professor Dr.-Ing. e. h. O. Bauer. — **Das Roheisen.** Von Dr.-Ing. C. Geiger. — **Ferrolegierungen und Zusatzmetalle.** Von Dr.-Ing. R. Durrer. — **Gußbruch und Schrott.** Von Oberbergrat J. Hornung. — **Die Brikettierung der Eisen- und Stahlspäne und der Schmelzzusätze.** Von Dipl.-Ing. S. J. Waldmann. — **Das Gußeisen und das Gattieren.** Von Ing. C. Irresberger. — **Flußstahl.** Von Dr.-Ing. M. Philips. — **Der Temperguß oder schmiedbare Guß.** Von Dr.-Ing. Rudolf Stotz. — **Die wichtigsten Eigenschaften des gießbaren Eisens und ihre Abhängigkeit von der chemischen Zusammensetzung.** Von Professor Dipl.-Ing. G. Hellenthal. — **Die Festigkeitseigenschaften und die mechanische Prüfung des gießbaren Eisens.** Von Dipl.-Ing. G. Fiek. — **Die Verbrennung.** Von Ing. Georg Buzek. — Anhang: **Theorie des Kuppelofenbetriebes.** Von Ing. G. Buzek. — **Die Brennstoffe.** Von Dr.-Ing. C. Geiger. — **Temperaturmessung im Gießereibetrieb.** Von Dr.-Ing. K. Daeves. — **Die feuerfesten Baustoffe.** Von Ing. Fr. Wernicke. — **Die Formstoffe.** Von Ing. C. Irresberger. — **Die Zuschlagstoffe.** Von Ing. C. Irresberger. — **Chemische Untersuchungen der Rohstoffe und Fertigerzeugnisse der Gießereibetriebe.** Von Dr.-Ing. M. Philips und Dr.-Ing. A. Stadeler. — **Sachverzeichnis.**

Zweiter Band: Formen und Gießen

Von

Ing. C. Irresberger

Gießerei-Direktor a. D. in Salzburg

Mit 1702 Abbildungen im Text. X, 584 Seiten. 1927. Gebunden RM 57.—

Inhaltsübersicht:

Einleitung. Einführung. Die Formkasten. — **I. Die Handformerei.** Kerne. Die Herdformerei. Einfache Kastenformerei. Ausführungsbeispiele. Kernformerei. Lehren- oder Schablonenformerei. Lehmformerei. Schreckschalen-(Kokillen-)Formerei. Hartguß. Rohrgießerei. Gliederkessel und Rippenheizkörper. Zylinderguß. Kunstguß. Großguß. Blockformen (Stahlwerkskokillen). Dauerformen. Eingießen schmiedeiserner Speichen. — **II. Die Trockenvorrichtungen.** Das Schwärzen und Trocknen. Trockenkammern und Trockengruben. — **III. Stahl- und Temperguß.** — **IV. Formplatten und Formmaschinen.** Form- oder Modellplattenformerei. Maschinenformerei. Handstampfmaschinen. Handpreßmaschinen. Kraftpreßmaschinen. Rüttelmaschinen. Stampfformmaschinen. Ziehformmaschinen. Schleuderformmaschinen. Walzformmaschinen. Kernformmaschinen. Kern-Einsetzmaschinen (Zahnrad-Formmaschinen). Zusammensetzmaschinen und andere Behelfe. Die Eignung verschiedener Formmaschinen für bestimmte Zwecke. — **V. Das Gießen und die Gießmaschinen.** Das Gießen. Dauerformmaschinen. Schleudergußmaschinen. Nachtrag: Kernformmaschinen. Preßluft-Kernspritzen. — **Namen- und Sachverzeichnis.**

Dritter Band: Schmelzen, Nacharbeiten und Nebenbetriebe

Mit 967 Abbildungen im Text. IX, 747 Seiten. 1928. Gebunden RM 68.50

Inhaltsübersicht:

I. Das Schmelzen im Tiegel. Von Ing. C. Irresberger. — **II. Das Schmelzen im Gießereischachtofen (Kuppelofen).** Von Ing. C. Irresberger. — **III. Das Schmelzen im Flammofen.** Von Dr.-Ing. E. Schüz. — **IV. Das Schmelzen im Siemens-Martin-Ofen.** Von Dr.-Ing. C. Schwarz. — **V. Die Kleinbessemerei.** Von Oberingenieur Max Escher. — **VI. Das Schmelzen im Elektroofen.** Von Dr.-Ing. Karl Dornhecker. — **VII. Die Darstellung des Tempergusses.** Von Dr.-Ing. Rud. Stotz. — **VIII. Die Gußputzerei.** Von Professor Dipl.-Ing. U. Lohse. — **IX. Die Behandlung der Oberfläche und Veredlung der Eisengußwaren.** Von Ing. C. Irresberger. — **X. Die Wärmebehandlung von Stahlguß.** Von Dipl.-Ing. Fr. Märtens. — **XI. Das Schweißen von Gußeisen- und Stahlgußstücken.** Von Dipl.-Ing. H. Witte. — **XII. Aufbereitung und Mischung der Formstoffe.** Von Prof. Alfred Widmaier. — **XIII. Modelle und ihre Anfertigung, einschließlich Kernkasten und Lehren.** Von Werksdirektor Leonhard Treuheit. — **Namen- und Sachverzeichnis.**

Sonderabdruck aus
Handbuch der Eisen- und Stahlgießerei
Herausgegeben von
C. Geiger
Zweite Auflage Vierter Band
Verlag von Julius Springer, Berlin
Printed in Germany

Akkordwesen und Zeitstudien in der Eisen- und Stahlgießerei

von
Heinrich Tillmann

Nicht im Handel

Sonderabdruck aus
Handbuch der Eisen- und Stahlgießerei
Herausgegeben von
C. Geiger
Zweite Auflage Vierter Band
Verlag von Julius Springer, Berlin
Printed in Germany

Grundzüge der Rationalisierung in der Gießerei.

von

Heinrich Tillmann

Nicht im Handel

Sonderabdruck aus
Handbuch der Eisen- und Stahlgießerei
Herausgegeben von
C. Geiger
Zweite Auflage Vierter Band
Verlag von Julius Springer, Berlin
Printed in Germany

Neuere Anschauungen über das Wesen des Formsandes und seine Prüfung

von

P. Aulich

Nicht im Handel

Sonderabdruck aus
Handbuch der Eisen- und Stahlgießerei
Herausgegeben von
C. Geiger
Zweite Auflage Vierter Band
Verlag von Julius Springer, Berlin
Printed in Germany

Der Faktor „Mensch" im Gießereibetriebe

von

Friedrich Dellwig

Nicht im Handel

Additional material from *Handbuch der Eisen- und Stahlgießerei,*
ISBN 978-3-540-01138-5, is available at http://extras.springer.com